Visual C++ 2017 从入门到精通

朱晨冰 著

清華大學出版社
北京

内 容 简 介

本书从初学者的角度出发，以通俗易懂的语言，配合丰富多彩的实例，详细介绍使用 Visual C++ 2017（简称 VC++ 2017）进行程序开发应该掌握的各方面知识。

全书共分 10 章，包括 Visual C++ 2017 概述，Windows 编程基础，MFC 对话框程序设计，MFC 控件程序设计，菜单、工具栏和状态栏的开发使用，图形和图像，动态链接库，多线程编程，数据库编程，网络 Socket 编程。书中所有知识都结合具体实例进行介绍，涉及的程序代码给出了详细的注释，可以使读者轻松领会 Visual C++ 2017 程序开发的精髓，快速提高开发技能。

本书适合作为软件开发入门者的自学用书，可供开发人员查阅、参考，也适合作为高等院校相关专业的教学参考书。

图书在版编目（CIP）数据

Visual C++ 2017 从入门到精通/朱晨冰著. —北京：清华大学出版社，2019.11
ISBN 978-7-302-54286-5

Ⅰ. ①V… Ⅱ. ①朱… Ⅲ. ①C++语言－程序设计 Ⅳ. ①TP312.8

中国版本图书馆 CIP 数据核字（2019）第 259208 号

责任编辑：夏毓彦
封面设计：王　翔
责任校对：闫秀华
责任印制：李红英

出版发行：清华大学出版社
　　网　　址：http://www.tup.com.cn，http://www.wqbook.com
　　地　　址：北京清华大学学研大厦 A 座　　**邮　　编**：100084
　　社 总 机：010-62770175　　**邮　　购**：010-62786544
　　投稿与读者服务：010-62776969，c-service@tup.tsinghua.edu.cn
　　质量反馈：010-62772015，zhiliang@tup.tsinghua.edu.cn
印 装 者：三河市铭诚印务有限公司
经　　销：全国新华书店
开　　本：190mm×260mm　　**印　　张**：49　　**字　　数**：1254 千字
版　　次：2019 年 12 月第 1 版　　**印　　次**：2019 年 12 月第 1 次印刷
定　　价：149.00 元

产品编号：081272-01

前　　言

时光如斯，人生如梦。VC++这款伟大的开发工具已经伴随我几十个年头，但宝刀依然不老，依旧是宇宙第一开发利器。可以说，C 语言是大多数开发者的初恋语言，而 VC++就是初次约会的地方。无论以后工作会从事何种语言开发、会使用何种 IDE 工具，VC++应该是每个开发者的基本功，因为会了 VC++，其他开发工具的使用基本都是小菜一碟。毕竟 VC++是 IDE 界的祖师爷。

VC++发展至今，业界主流的开发版本已经升至 VC++ 2017，但目前市场上讲述 VC++ 2017 的书凤毛麟角，而且浅尝辄止。笔者遂推出这一本 VC++ 2017 的经典开发图书。任何学过 C/C++语言并立志成为一名 Windows 开发工程师的朋友，都可以从本书起步。本书虽然有点厚实，但内容通俗易懂、由浅入深，并且实例丰富、步骤详细、注释充分，相信大家都能看得懂。对于中高级开发人员，也可以通过本书快速将 Visual C++ 2017（简称 VC 2017）这个强大的开发工具应用于实际开发工作中。另外，本书并没有讲述 C++语言部分，因为这是一本 Windows 编程的图书，里面都是实实在在 Windows 编程的干货。

相对于以前版本的 VC++，VC 2017 采用了全新的开发向导，乍一看让人不知道如何下手，但上手之后，会更加佩服微软的设计安排是如此精妙。另外，使用 VC 2017 开发更加让人顺手，一些自动生成的注释也更加详细。IDE 的速度也有了不少提高，尤其和 VC 2015 相比。可以说，是 VC++最新的跑车级工具。快，是 VC 2017 的一大特点。建议还在用启动速度慢如拖拉机的 VC 2010/VC 2013/VC 2015 的同志尽快升级到 VC 2017，它会让你开发效率大大提高！

本书最大的特点就是实例丰富。大家知道，编程开发仅了解理论是不够的，只有自己上机调试实例，才能深刻理解编程，对于 VC 编程更是如此。另外，为了照顾初学者，每个实例步骤都非常详细，从建立工程到运行工程，都有丰富的注释。步骤细腻是本书区别于市场上其他书籍的一大特点。

代码与技术支持

本书代码下载地址可扫描右边二维码获得。

如果下载有问题，请联系 booksaga@163.com，邮件主题为“Visual C++ 2017 从入门到精通”。

本书作者

本书作者除了封面署名作者外，还有李建英老师，在此表示感谢。

作　者

2019 年 11 月

目　录

第1章 Visual C++ 2017概述

1.1 Visual C++ 2017简介

Visual C++ 2017（简称 VC 2017）是美国微软公司推出的可视化开发工具包 Visual Studio 中的一个专门用来开发 C/C++程序的集成开发环境（Integrated Development Environment，IDE）。对于集成开发环境，相信大家不陌生了，它通常包括属性编辑器、解决方案/工程管理器、代码编辑器、类浏览器和调试器等。当前比较流行的开发工具，如 Eclipse、Visual C#、C++ Builder 和 PowerBuilder 等提供的都是集成开发环境。Visual C++也不例外，从 6.0 开始，我们就体验到它的强大功能了。在 IDE 中，可以把工程管理、代码编辑、代码编译、代码调试、控件拖放等工作放在一个图形界面中完成，大大提高了开发效率。

Visual C++ 2017 是当前流行的 Windows 开发工具。通过它可以开发多种类型的 Windows 程序，比如传统的 Windows 32 程序、MFC 程序，还能开发 ATL 程序、托管的 CLR（公共语言运行库）等。相比以前的 Visual C++开发环境，Visual C++ 2017 提供了更为简便优化的界面，并加入了针对 Windows 8 项目的可视化的工具集。在语言方面也增强了对 ISO C99 的支持，C99 标准是 ISO/IEC 9899:1999 - Programming languages -- C 的简称，是 C 语言的官方标准第二版。1999 年 12 月 1 日，国际标准化组织（ISO）和国际电工委员会（IEC）旗下的 C 语言标准委员会（ISO/IEC JTC1/SC22/WG14）正式发布了这个标准文件。在 ANSI 标准化发布了 C89 标准以后，C 语言的标准在一段相当长的时间内都保持不变，尽管 C++继续在改进。（实际上，Normative Amendment1 在 1995 年已经开发了一个新的 C 语言版本（C95），但是这个版本很少为人所知。）标准在 20 世纪 90 年代才经历了改进，这就是 ISO/IEC 9899:1999（1999 年出版）。这个版本就是通常提及的 C99。C99 标准定义了一个新的关键字_Bool，它是一个布尔类型。以前，C 程序员总是使用自己的方法定义布尔类型，可以使用 char 类型表示一个布尔类型，也可以使用 int 类型表示一个布尔类型，现在可以在 C 语言中直接使用布尔类型了。

如果你以前一直用 Visual C++开发环境，相信能很快上手 Visual C++ 2017。和以前版本相比，默认情况下 Visual C++ 2017 中新建的工程都使用的是 Unicode 字符集。如果希望自己的项目是多字节字符集，则可以在工程属性中选择“多字节字符集”。相对上一版的 VC 版本，Visual C++ 2017 引入了许多更新和修补程序。在编译器和工具方面修复了 250 多个 bug 及所报告的问题，可以说“宇宙 IDE 一哥”的江湖地位更加巩固了。

除了可以开发传统 Windows 程序外，Visual C++ 2017 还能开发 Linux 应用程序、安卓程序甚至 Qt 程序。

Visual C++ 2017 提供了强大、灵活的开发环境，可用于创建基于传统 Windows 程序和最新的.NET 程序。Visual C++ 2017 非常庞大，但主要包括下列组件：

（1）编译工具

Visual C++ 2017 编译工具是支持面向 x32 和 x64 位的编译器，支持传统本机代码开发和面向虚拟机平台，如 CLR（公共语言运行库）。注意，Visual C++ 2017 不再支持 Windows 95、Windows 98、Windows ME 和 Windows NT 平台。

（2）Visual C++库

包括标准 C++库、活动模板库（ATL）、Microsoft 基础类库（MFC 库）。这些库由 iostream 库、标准模板库（STL）和 C 运行时库（CRT）组成。其中，STL/CLR 库为托管代码开发人员引入了 STLK。

（3）开发环境

Visual C++ 2017 开发环境为项目管理与配置（包括更好地支持大型项目）、源代码编辑、源代码浏览和调试工具提供强力支持。该环境还支持 IntelliSense，该功能十分有用，在用户编写代码时，可以提供智能化且特定于上下文的建议。

俗话说，工欲善其事，必先利其器。本章主要介绍 Visual C++ 2017 集成开发环境中的窗口元素、操作界面、定制集成开发环境、附属工具及如何使用帮助系统等内容。通过本章的学习，读者可以对 Visual C++ 2017 的集成开发环境有较为深入的理解。

1.2 安装 Visual C++ 2017 及其帮助

Visual C++ 2017 必须在 Windows 7 或以上版本的操作系统上安装，并且 IE 浏览器的版本要达到 10。满足了这 2 个条件后，就可以开始安装了。

和大多数 Windows 应用程序一样，安装十分简单。先获取 Visual C++ 2017 的 ISO 文件，然后加载到光驱，再在虚拟光驱里找到安装文件，如 vs_setup.exe，双击它即可开始安装。

安装的时候，会出现一个对话框让我们选择需要安装的内容，本书我们主要使用 VC++开发 Windows 程序，因此只需对“使用 C++的桌面开发”打勾，如果需要用 C++开发.NET 程序，还需要在右边的可选列表下面对“对 C++的 Windows XP 支持”“用于 x86 和 x64 的 Visual C++ MFC”和“C++/CLI 支持”打勾。安装完毕后，就可以单击“启动”按钮，直接启动 Visual C++ 2017。

关于帮助，建议更多地用联网在线的帮助内容。有问题只要选择相应的函数，然后按 F1 就会自动跳转到相关内容。当然，现在流行查看在线帮助，所以不安装帮助也没有关系，只要联网即可。用网络帮助有一个好处，即内容是最新的。

1.3 认识 Visual C++ 2017 集成开发环境

1.3.1 起始页

第一次打开 Visual C++ 2017 集成开发环境时，会出现 Visual C++ 2017 的起始页，如图 1-1 所示。

在起始页上，我们可以进行“新建项目”“打开项目”等操作，并且最近打开过的项目也能在起始页上显示。如果开发者的电脑能连接 Internet，起始页上还会自动显示一些微软官方的公告、产品信息等。如果不想让 IDE 每次启动都显示起始页，可以把起始页左下角处的“启动时显示此页”旁边的勾去掉，这样下一次打开 IDE 的时候不再显示起始页。不显示起始页其实也有好处，就是每次都是联网显示新闻公告等，能加快 IDE 的打开速度。

如果某天又想每次启动 IDE 都显示起始页了，可以单击主菜单“视图”｜“起始页”命令来打开起始页，如图 1-2 所示。

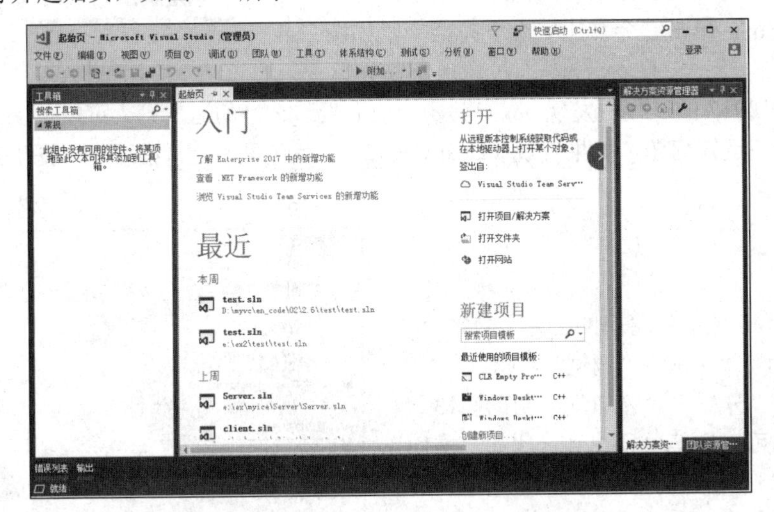

图 1-1

图 1-2

然后在起始页的左下角处把“启动时显示此页”旁边的勾选中，这样下次启动 IDE 的时候就能显示起始页了。

1.3.2　主界面

在 Visual C++ 2017 主界面上，集成开发环境的操作界面包括 7 个部分：标题栏、菜单栏、工具栏、工作区窗口、代码编辑窗口、信息输出窗口和状态栏，如图 1-3 所示。

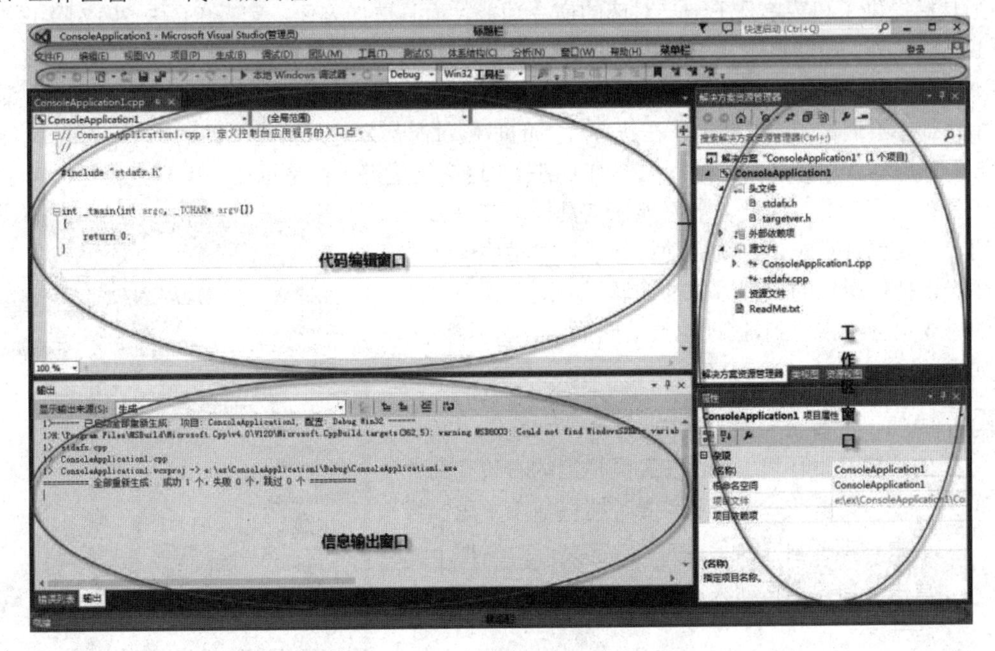

图 1-3

1.3.3 标题栏

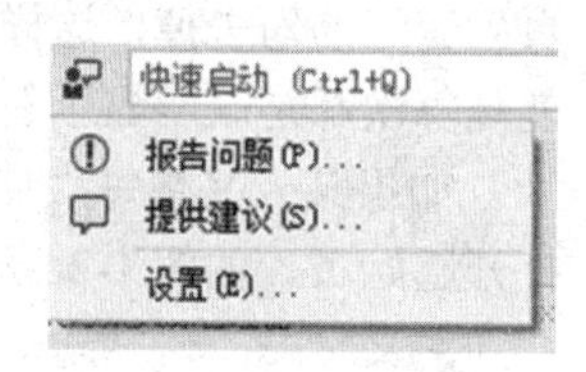

图 1-4

在标题栏上可以看到当前工程的名称和当前登录操作系统的用户类型，比如管理员类型，那么开发的程序可以对内核进行操作。另外，在标题栏的右边有一个反馈按钮，单击它会弹出一个下拉菜单，如图 1-4 所示。

如果在使用 Visual C++ 2017 的过程中发现 bug（其实一般人没那么好的运气），可以单击菜单“报告问题”来向微软公司反馈问题。如果发现 Visual C++ 2017 有哪里不足，则可以“提供建议”。

1.3.4 菜单栏

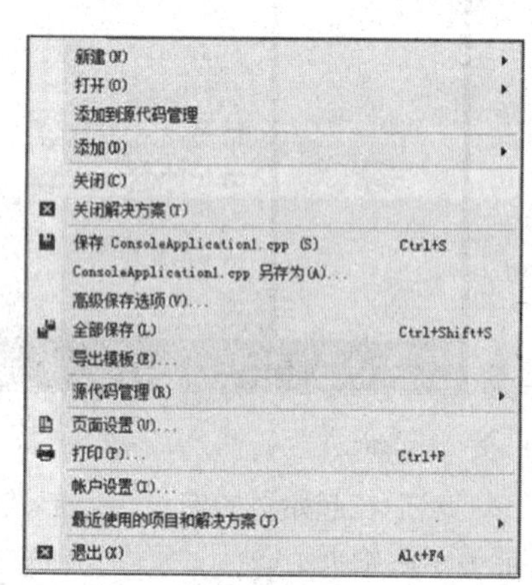

图 1-5

Visual C++ 2017 的菜单栏位于主窗口的上方，包括“文件”“编辑”“视图”“项目”“生成”“调试”“团队”“工具”“测试”“体系结构”“分析”“窗口”“帮助”13 个主菜单。IDE 的所有功能都可以在菜单里找到，比如“文件”菜单里面可以进行文件、项目和解决方案的打开和关闭，以及 IDE 的退出等，如图 1-5 所示。

很多菜单功能都会用到，所以我们一开始也没必要每项菜单都去熟悉，用到的时候自然会熟悉，而且有些菜单功能不如快捷键来得方便，比如启动调试（F5）、单步调试（F10/F11）、开始运行（Ctrl+F5）等。

1.3.5 工具栏

工具栏提供了和菜单几乎一一对应的命令功能，而且更加方便。Visual C++ 2017 除了提供标准的工具栏之外，还能自定义工具栏，把一些常用的功能放在工具栏上，比如在工具栏上增加“生成解决方案”和“开始执行（不调试）”按钮。默认情况下，工具栏上是没有“生成解决方案”和“开始执行（不调试）”按钮的，在执行程序的时候每次都要进入菜单“调试”|“开始执行（不调试）”来启动程序，非常麻烦，虽然有 Ctrl+F5 这个快捷键，但是也要让手离开鼠标，对于懒人来讲还是有点痛苦的。因此，最好能在工具栏上有这么一个按钮，只要鼠标点一下，就启动执行了。“生成解决方案”相当于把修改过的工程原码都编译了一遍，在不需要执行的时候也会经常用到，因此也要让它显示在工具栏上。步骤如下：

图 1-6

步骤 01 添加一个自定义的工具栏。打开 Visual C++ 2017 的集成开发环境，然后在工具栏上的右边空白处右击，会出现一个快捷菜单，在快捷菜单里选择最末一项“自定义”，在“自定义”对话框上，单击“新建”按钮来新建一个工具栏，如图 1-6 所示。

自定义的工具栏的名称保持默认即可，如图 1-7 所示。

然后单击“确定”按钮，则在集成开发环境的工具栏上会多出一个工具栏，但不仔细看是看不出来的，因为我们还没给它添加命令按钮。

步骤 02 在“自定义”对话框上选择“命令”，在“命令”页上，选择“工具栏”，然后在右边选择“自定义 1”，如图 1-8 所示。

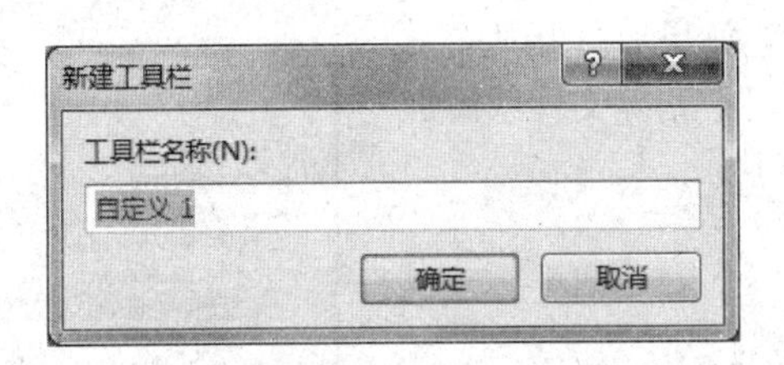

图 1-7

图 1-8

然后单击“添加命令”按钮，出现“添加命令”对话框，在“添加命令”对话框的左边“类别”下面选择“生成”，在右边“命令”下面选择“生成解决方案”，如图 1-9 所示。然后单击“确定”按钮。此时，我们新建的工具栏上就有了一个“生成解决方案”按钮。

步骤 03 再添加“开始执行（不调试）”按钮。同样，在“自定义”对话框上，单击“添加命令”，然后在“添加命令”对话框上，在左边“类别”下面选择“调试”，在右边“命令”下面选择“开始执行（不调试）”，如图 1-10 所示。

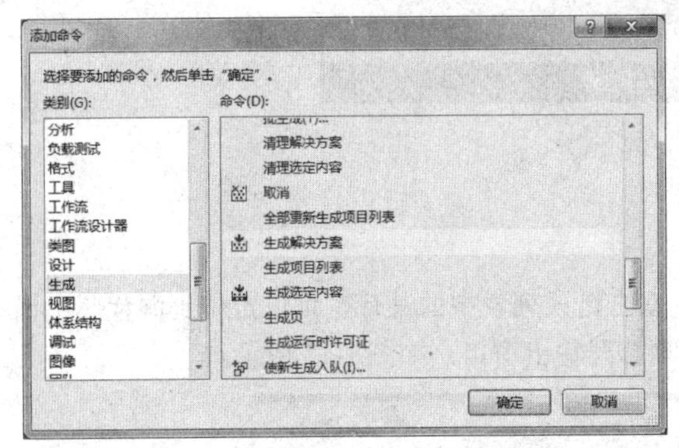

图 1-9

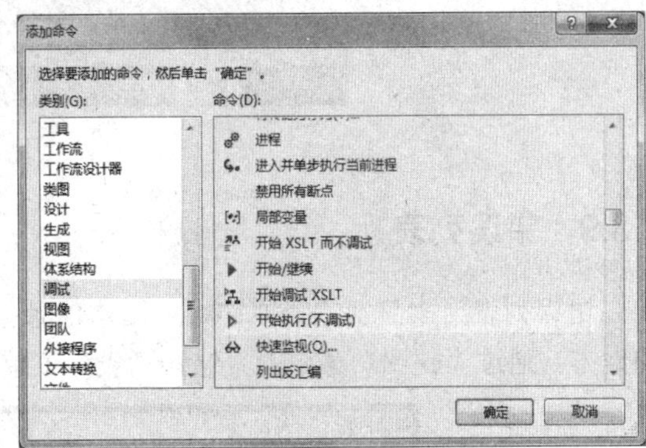

图 1-10

最后单击“确定”按钮关闭“添加命令”对话框，再关闭“自定义”对话框，此时我们新建的工具栏上又多了一个按钮，共有 2 个按钮了，如图 1-11 所示。

图 1-11

用线框起来的地方就是我们新建的工具栏，上面已经有我们添加的命令按钮了。

1.3.6 类视图

类视图用于显示正在开发的应用程序中的类名及其类成员函数和成员变量。可以在“视图”菜单中打开“类视图”窗口。类视图分为上部的“对象”窗格和下部的“成员”窗格。“对象”窗格包含一个可以展开的符号树，其顶级节点表示每个类，如图 1-12 所示。

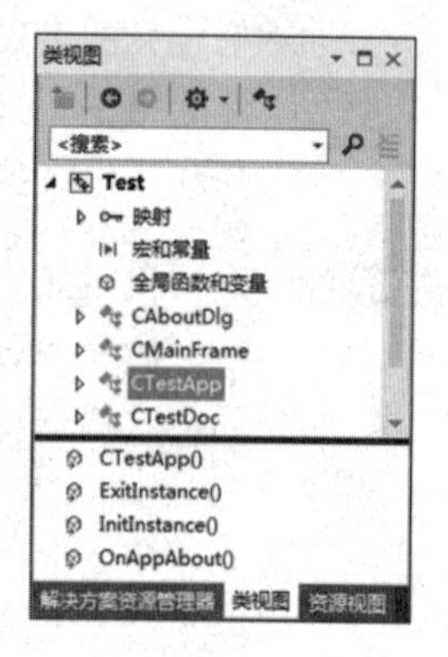

图 1-12

1.3.7 解决方案资源管理器

这个视图显示的是当前解决方案中的各个工程，以及每个工程中的源文件、头文件、资源文件的文件名，并且分类显示，如果要打开某个文件，直接双击文件名即可。我们还能在解决方案管理器中删除文件或添加文件。如图 1-13 所示就是一个解决方案管理器。

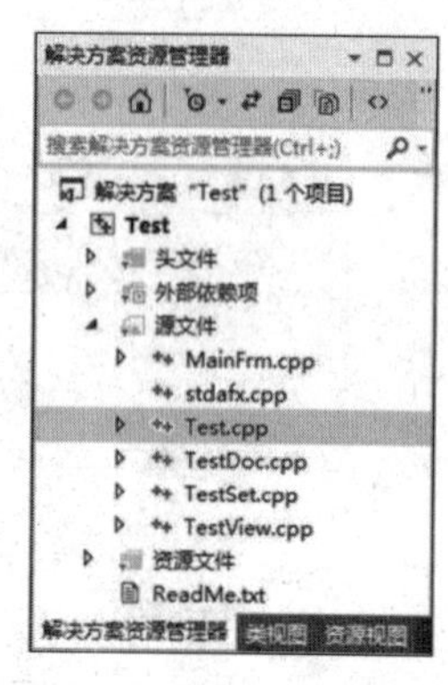

图 1-13

1.3.8 输出窗口

输出窗口用于显示程序的编译结果和程序执行过程中的调试输出信息，比如我们调用函数 OutputDebugString 就可以在输出窗口中显示一段字符串。通过“视图”菜单的“输出”菜单项打开输出窗口，如图 1-14 所示。

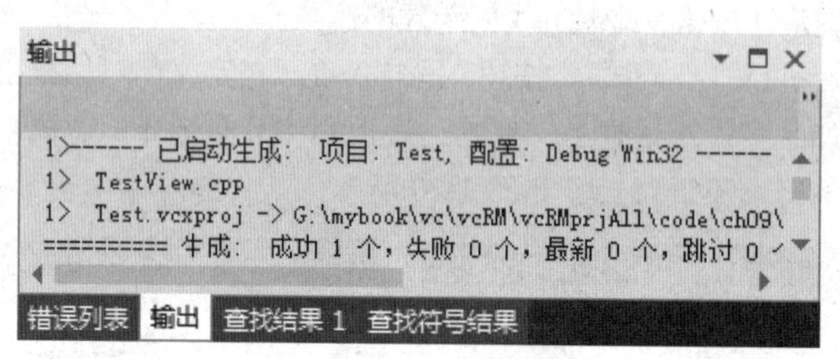

图 1-14

1.3.9 错误列表

错误列表用来显示编译或链接的出错信息。双击错误列表中的某行，可以定位到源代码出错的地方。通过“视图”菜单的“错误列表”菜单项打开输出窗口，如图 1-15 所示。

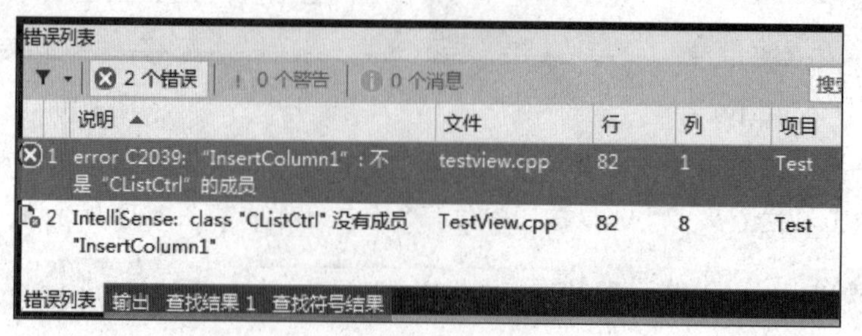

图 1-15

1.3.10　设置源码编辑窗口的颜色

默认情况下，源代码编辑窗口的背景色是白色，代码文本颜色是黑色，这样的颜色对比比较强烈，看久了容易眼睛疲劳，为此我们可以设置自己喜欢的背景色。方法是在主界面菜单上选择“工具”｜“选项”，打开“选项”对话框，然后在左边展开“环境”，在展开的项目的末尾找到并选中“字体和颜色”，接着在右边显示项中选择“纯文本”，就可以在旁边通过设置“项前景”和“项背景”来设置源代码编辑窗口的前景色和背景色，如图 1-16 所示。

图 1-16

1.3.11　显示行号

默认情况下，源码编辑窗口的左边是不显示行号的，如果要显示行号，可以在主界面菜单上选择“工具”｜“选项”，打开“选项”对话框，然后在左边展开“文本编辑器”，在展开的项目中找到并选中“C/C++”，接着在右边就可以看到“行号”，如图 1-17 所示。

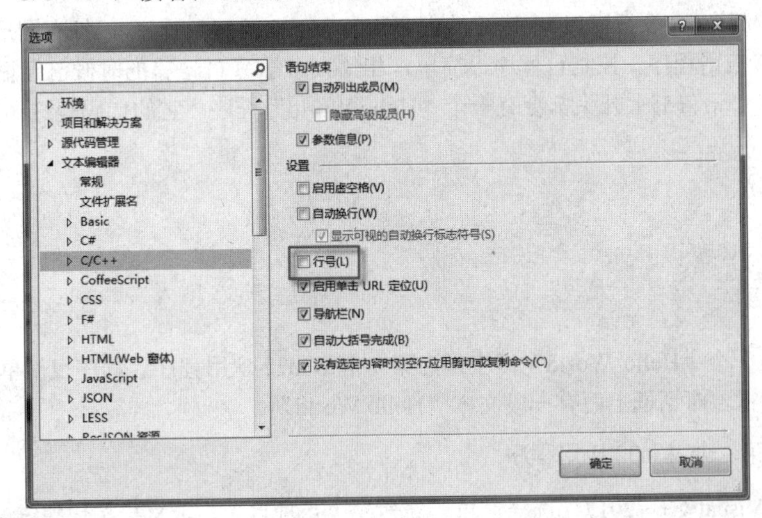

图 1-17

第 2 章 Windows 编程基础

2.1 开发 Windows 程序的 3 种方式

用 Visual C++ 2017 开发 Windows 图形界面应用程序有 3 种方式：SDK 方式、MFC 方式和托管方式。

2.1.1 SDK 方式

SDK 方式使用 C 语言和 Windows 应用程序编程接口（Windows API）来开发 Windows 应用程序，Windows API 里面都是 C 函数，类似于 C 语言的标准函数库，只是 Windows API 这个函数库（或称开发包）用来开发 Windows 应用程序。微软通过 Windows 软件开发包（Windows Software Development Kit，SDK）来提供 Windows API。这种方式是早期开发 Windows 应用程序的唯一方式，现在在界面开发中用的不多，但在非界面领域，比如多线程、网络、图形图像等某些对速度要求较高的场合会经常用到。SDK 方式是底层的开发方式，熟悉了 SDK 方式后，对理解 MFC 方式大有裨益。用这种方式开发要求开发者熟悉 C 语言和 Windows 环境。这种方式开发的 Windows 程序习惯称为 Win32 程序。

用这种方式开发 Windows 应用程序的最大好处是只需熟悉 C 语言，不必学习 C++语言，学会这种开发方式后能对 Windows 操作系统底层运行机制有相当深入的理解，而且这种方式开发出来的程序相对其他两种方式运行速度更快。下面我们来看一个简单的 Win32 程序。

通常把在控制台(命令行窗口)中运行的程序称为Win32控制台程序,而拥有图形界面的Win32程序称为 Win32 应用程序。控制台程序很简单，相信大家学习 C 语言的时候已经很熟悉了，这里不再赘述。很多 C 语言书上开头都会有一个“Hello World”程序，它的代码是这样的：

```
#include "stdio.h"
int main()
{
    printf("Hello World");
      return 0;
}
```

下面我们写一个“Hello World”程序作为第一个 Win32 应用程序。程序很简单，就是在屏幕上出现一个对话框，对话框上面有一段文本“Hello World”。

【例 2.1】第一个 Win32 应用程序

（1）打开 Visual C++ 2017，选择菜单“新建”｜“项目”，或直接按快捷键 Ctrl+Shift+N，弹出“新建项目”对话框，在该对话框上，在左边展开“已安装”｜“Visual C++”｜“Windows 桌面”（“Windows 桌面”其实就是 Win32），在右边选中“Windows 桌面向导”，如图 2-1 所示。

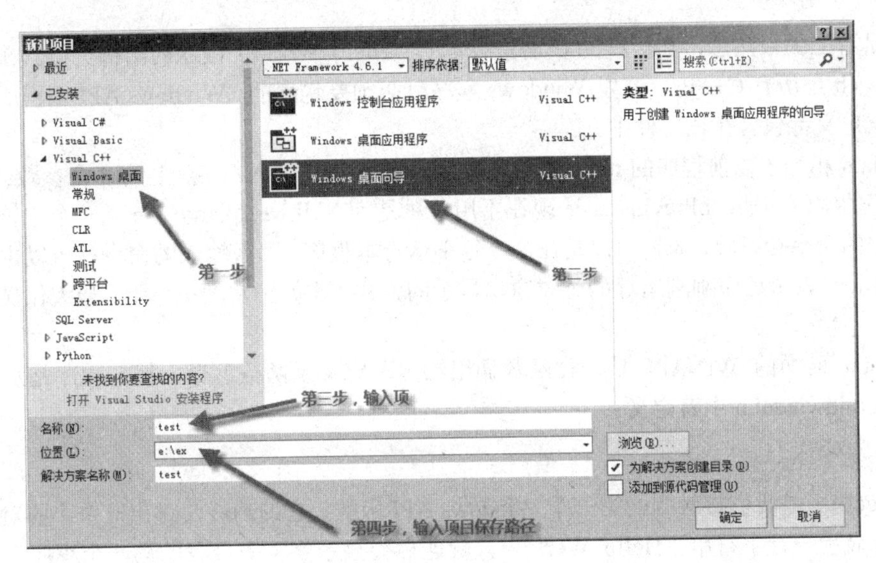

图 2-1

然后在下面的“名称”文本框中输入项目名称，如“test”，并输入一个项目位置。最后单击“确定”按钮。随后会出现“Windows 桌面项目”对话框，然后在右边的其他选项下选择“空项目”，如图 2-2 所示。

最后单击“确定”按钮。此时，一个空的项目完成了，下面我们开始添加文件和代码。

（2）在“解决方案资源管理器”上展开 test，右击“源文件”，在快捷菜单上选择“添加”|“新建项”，出现“添加新项”对话框，在该对话框上选择“C++文件(.cpp)”，并输入名称“test.cpp”，如图 2-3 所示。

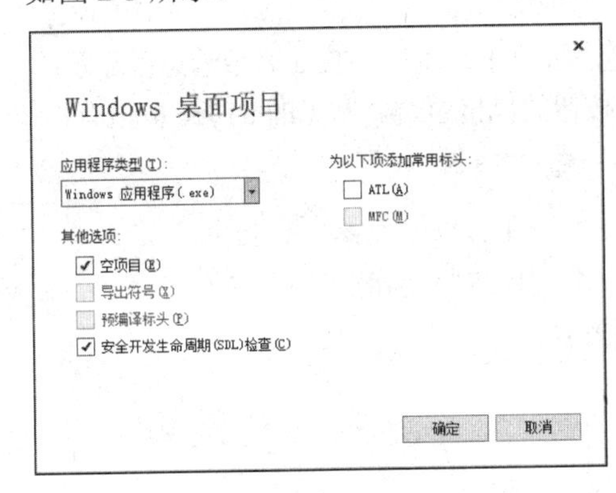

图 2-2

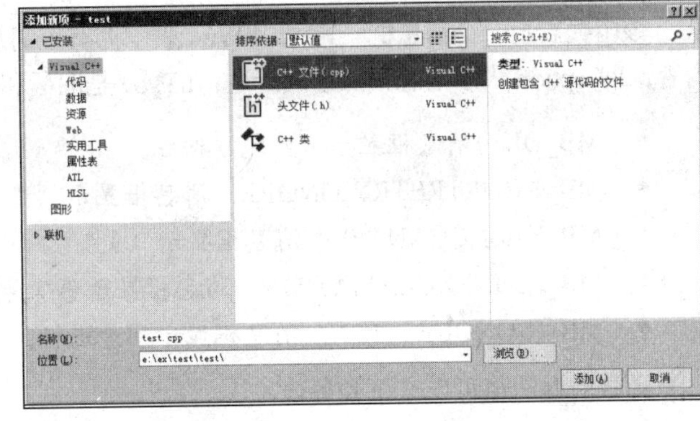

图 2-3

最后单击“添加”按钮。此时在 IDE 上会自动打开 test.cpp 这个文件。然后我们开始输入代码。

（3）在 test.cpp 中输入如下代码：

```
#include <windows.h>

int WINAPI WinMain(HINSTANCE hInstance, HINSTANCE hPrevInstance,LPSTR
lpcmdLine, int nCmdShow)
{
    MessageBox(NULL, TEXT("Hello World"), TEXT("我的第一个程序"), MB_OK);
    return 0;
}
```

是不是看上去很熟悉，和传统的 C 语言版本的“Hello World”程序的结构类似。在这段程序中，windows.h 是所有 C++语言开发 Windows 程序时必须要包含的。Windows API 编程所需的系统头文件和宏定义都包含在该文件中。

WinMain 相当于以前程序的 main 函数，是 Windows 程序的入口点。它有 4 个参数：hInstance 是当前程序的实例句柄；hPrevInstance 现在不用，总是为 NULL；lpcmdLine 是一个字符串指针，表示传进来的命令行参数，如果用户是在命令行下运行本程序，那么输入的命令行可以由该参数获得；nCmdShow 表示程序刚刚运行的时候窗口显示的方式（比如正常大小显示、最大化显示或最小化显示）。

WinMain 前面的 WINAPI 是一种函数调用约定，定义了函数参数入栈的次序是从右到左。WINAPI 在 minwindef.h 中有定义：

```
#define WINAPI __stdcall
```

MessageBox 是我们接触到的第一个 Windows API 函数，它的功能是跳出一个小的对话框，对话框中间会显示一行字符串“Hello World”，标题栏会显示字符串“我的第一个程序”。字符串前面的 TEXT 是一个系统定义的宏，主要是让字符串支持 Unicode 环境和多字节环境，关于 Unicode 以后会讲到。

MessageBox 函数的声明如下：

```
int MessageBox(
HWND hWnd,
   LPCTSTR lpText,
   LPCTSTR lpCaption,
   UINT uType
);
```

该函数显示一个消息框。其中，hWnd 表示拥有该消息框的窗口句柄；lpText 表示消息框显示的内容；lpCaption 表示消息框显示的标题；uType 是图标和按钮的风格组合。常见的 uType 取值有：

- MB_OK：消息框显示“确定”按钮。
- MB_ABORTRETRYIGNORE：消息框显示“终止”“重试”“忽略”按钮。
- MB_YESNOCANCEL：消息框显示“是”“否”和“取消”按钮。
- MB_ICONEXCLAMATION：消息框显示感叹号图标。
- MB_ICONQUESTION：消息框显示问号图标。

函数的返回值可以是下列各值：

- IDABORT：用户选择了退出按钮。
- IDCANCEL：用户选择了取消按钮。
- IDCONTINUE：用户选择了继续按钮。
- IDIGNORE：用户选择了忽略按钮。
- IDNO：用户选择了否按钮。
- IDOK：用户选择了确定按钮。
- IDRETRY：用户选择了重试按钮。
- IDTRYAGAIN：用户选择了再试一次按钮。
- IDYES：用户选择了是按钮。

这些取值都是系统预定义的宏，可以直接使用。

（4）开始运行工程。单击菜单“调试”|“开始执行（不调试）”，或直接按 Ctrl+F5 键来运行工程，运行结果如图 2-4 所示。

图 2-4

2.1.2　MFC 方式

MFC 方式使用标准 C++语言和微软基础类库（Microsoft Foundation Class Library，MFC）来开发 Windows 应用程序，这里所说的标准 C++语言是指 ANSI/ISO C++语言。MFC 库是一个 C++类库，它通过把 Windows API 进行 C++封装，屏蔽了 Windows 编程的内部复杂性，并通过集成开发环境的帮助，使得 Windows 界面开发可以以可视化的方式进行。MFC 方式比 SDK 方式的开发效率高（注意是开发者的开发效率，不是指程序运行速度），是 Visual C++开发界面程序的主流选择。这种方式要求开发者熟悉标准 C++和 Windows 程序基本运作过程。这种方式开发的 Windows 程序习惯称为 MFC 程序。

1. 通过向导生成一个简单的 MFC 程序

Visual C++ 2017 对 MFC 开发提供了强大的可视化操作，甚至不需要编写一行代码，只需通过 Visual C++ 2017 提供的向导就可以生成一个完整的程序。下面我们通过向导来生成一个简单的 MFC 程序。

【例 2.2】通过向导生成一个简单的 MFC 程序

（1）打开 VC 2017，选择菜单“新建”|“项目”，或直接按快捷键 Ctrl+Shift+N，弹出“新建项目”对话框。在该对话框上，在左边展开“已安装”|“Visual C++”|“MFC/ATL”，然后在右边选择“MFC 应用程序”，如图 2-5 所示。

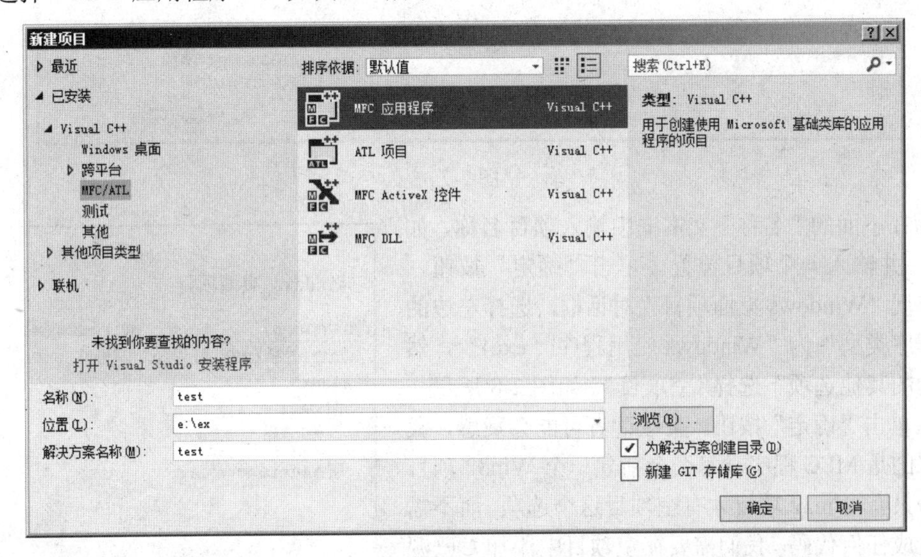

图 2-5

接着在下方“名称”文本框中输入项目名称，在“位置”文本框中输入项目存放路径，最后单击“确定”按钮。随后出现“MFC 应用程序向导”对话框，在该对话框的左边选择“应用程序类型”，然后在右边选择应用程序类型为“多个文档”，项目样式为“MFC standard”，接着单击“完成”按钮。此时一个多文档类型的 MFC 程序的框架完成了，而我们无须写任何代码。

（2）开始运行工程。单击菜单“调试”|“开始执行（不调试）”，或直接按 Ctrl+F5 键来运行工程，运行结果如图 2-6 所示。

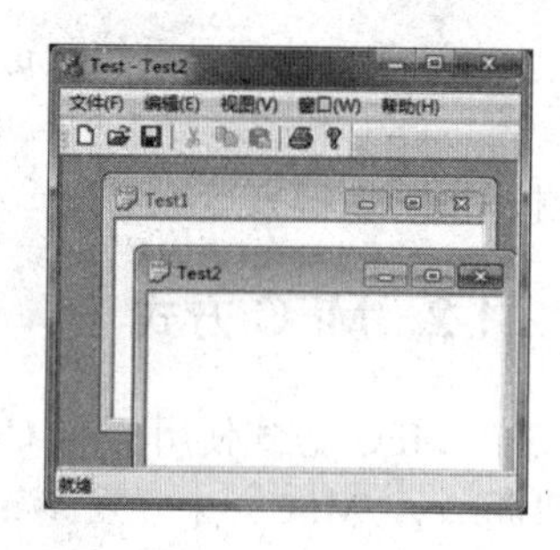

图 2-6

2. 手工写一个简单的 MFC 程序

上面我们没有写一行代码就生成了一个 MFC 应用程序，所有代码都是 Visual C++自动生成的。现在我们自己动手来写一个 MFC 应用程序，不借助向导。

【例 2.3】手工写一个简单的 MFC 程序

（1）打开 VC 2017，选择菜单“新建”|“项目”，或直接按快捷键 Ctrl+Shift+N，弹出“新建项目”对话框。在该对话框上，在左边展开“已安装”|“Visual C++”|“Windows 桌面”，在右边选中“Windows 桌面向导”，如图 2-7 所示。

图 2-7

然后在下面的“名称”文本框中输入项目名称，如“test”，并输入一个项目位置。单击“确定”按钮，随后会出现“Windows 桌面项目”对话框，选择左边的“应用程序类型”为“Windows 应用程序(*.exe)”，然后在右边的其他选项下选择“空项目”，如图 2-8 所示。

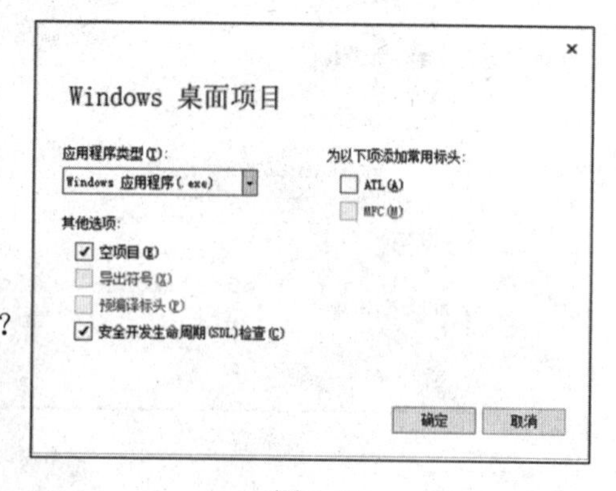

图 2-8

最后单击“确定”按钮。某些读者可能会疑惑，我们要建立的是 MFC 程序，怎么会新建一个 Win32 项目？这是因为只有 Win32 项目才有空项目这个选项，而不需要向导生成任何代码，我们需要在空项目中添加 C++源文件和头文件。如果选择 MFC 项目就肯定会有一大堆向导代码。

（2）在“解决方案资源管理器”上展开 Test，右击“源文件”，在快捷菜单上选择“添加”|“新建项”，出现“添加新项”对话框。在该对话框上，选择“C++文件（.cpp）”，并输入名称“test.cpp”，如图 2-9 所示。

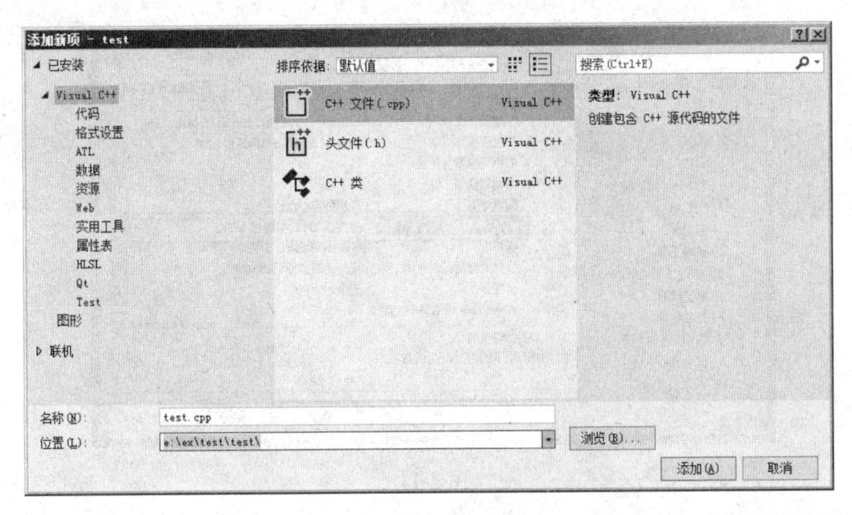

图 2-9

单击“添加”按钮，再在“解决方案资源管理器”上展开 test，右击“头文件”，在快捷菜单上选择“添加”|“新建项”，出现“添加新项”对话框。在该对话框上，选择“头文件（.h）”，并输入名称“test.h”，如图 2-10 所示。

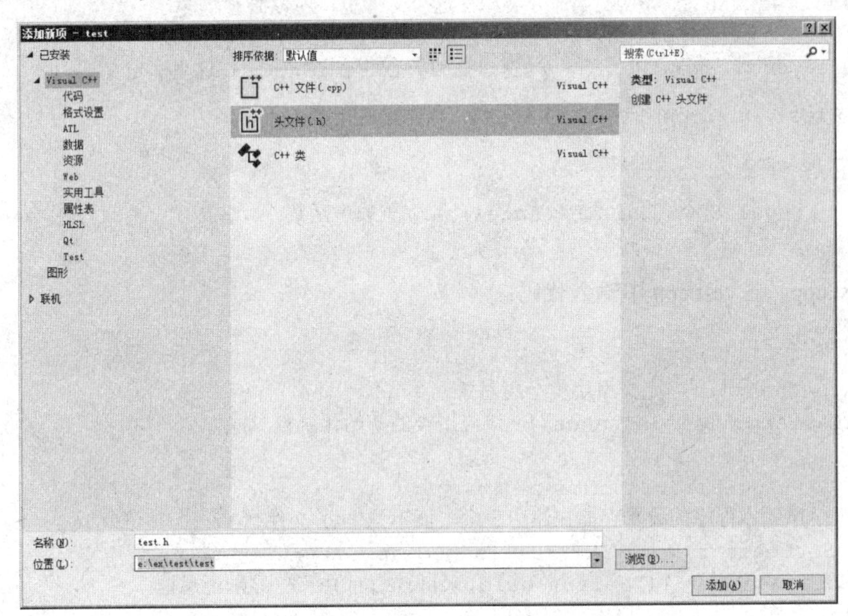

图 2-10

最后单击“添加”按钮。

（3）返回到 IDE 上，打开解决方案管理器，右击管理器内的“test”，然后在快捷菜单上选择“属性”来打开 test 的工程属性页，我们的 Test 工程属性都在这个对话框上设置，在左边选择“常规”，在右边找到“MFC 的使用”，然后在旁边选择“在共享 DLL 中使用 MFC”，如图 2-11 所示。

最后单击“确定”按钮。

DLL 是动态链接库，相当于一个函数库。这里我们选择使用 MFC 动态链接库后就可以使用 MFC 类库里面的东西了。

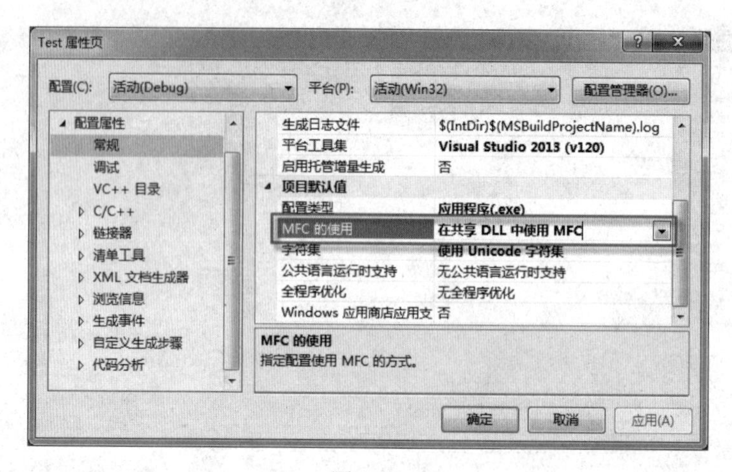

图 2-11

（4）打开 test.h，在 test.h 中输入代码：

```
#pragma once //为了防止头文件被重复引用

#include <sdkddkver.h> //定义开发包 SDK 的版本
#include <afxwin.h> //MFC 部分类库在这个文件里，所以必须包含
#include <afxwinappex.h> //应用程序类 CWinAppEx 在这里面定义
#include <afxframewndex.h> //窗口框架类 CFrameWndEx 在这里面定义

class CTestApp : public CWinAppEx //定义应用类
{
public:
        virtual BOOL InitInstance(); //重载虚函数
};
```

打开 test.cpp，在 test.cpp 中输入代码：

```
#include "test.h"

CTestApp theApp; //定义引用类全局对象
BOOL CTestApp::InitInstance() //应用类的初始化函数
{
        CWinAppEx::InitInstance();
        //声明本程序的设置存储在注册表中，而不是 INI 文件
        SetRegistryKey(TEXT("Hello MFC app."));
    AfxMessageBox(_T("Hello World,来自 MFC")); //显示消息框

    return TRUE;
}
```

每个 MFC 程序都要有一个继承自 CWinApp（或 CWinAppEx）的应用类，比如 CTestApp。应用类的生命期从程序开始执行到执行结束。应用类必须重载 CWinApp 的虚函数 InitInstance，程序的初始化操作通常放在这个函数里。这里我们让程序刚运行时就跳出一个消息框，因此把 AfxMessageBox 放在 InitInstance 里。AfxMessageBox 是 MFC 中显示消息框的函数，_T 的作用与 TEXT 相同，都是为了让字符串同时支持 Unicode 字符集和多字节字符集环境。AfxMessageBox 是一个全局函数，MFC 中好多全局函数都以 Afx 开头。该函数的用法和 MessageBox 差不多，有以下两种声明形式：

```
int AfxMessageBox(
   LPCTSTR lpszText,
   UINT nType = MB_OK,
   UINT nIDHelp = 0
);
```

```
int AFXAPI AfxMessageBox(
   UINT nIDPrompt,
   UINT nType = MB_OK,
   UINT nIDHelp = (UINT)-1
);
```

其中，lpszText 是要显示字符串内容；nType 是消息框上按钮的类型；nIDHelp 表示帮助事件的 ID，如果是 0 就表示使用当前程序的默认帮助；nIDPrompt 是当前程序字符串资源表中的字符串 ID 号。函数的返回值可以取下列值：

- IDABORT：用户选择了退出按钮。
- IDCANCEL：用户选择了取消按钮。
- IDIGNORE：用户选择了忽略按钮。
- IDNO：用户选择了否按钮。
- IDOK：用户选择了确定按钮。
- IDRETRY：用户选择了重试按钮。
- IDYES：用户选择了是按钮。

（5）开始运行工程。单击菜单“调试”|“开始执行（不调试）”，或直接按 Ctrl+F5 键来运行工程，运行结果如图 2-12 所示。

图 2-12

3. 手工写一个稍复杂的 MFC 程序

上面的例子虽然是一个 MFC 程序，但它没有涉及框架类、消息响应等内容，这里我们手工写一个稍复杂的 MFC 程序。在该程序里我们会创建一个 MFC 主窗口，在主窗口里显示一个字符串，并且在主窗口上单击鼠标左键时会跳出一个消息框。

【例 2.4】 手工写一个稍复杂的 MFC 程序

（1）打开 Visual C++ 2017，同样新建一个空的 Windows 桌面项目，即 Win32 项目。

（2）打开解决方案管理器，为项目添加两个头文件（Test.h 和 MainFrm.h），以及两个源文件（Test.cpp 和 MainFrm.cpp），并在 Test.cpp 中实现应用类、在 MainFrm.cpp 中实现主窗口的框架类。

（3）打开 Test.h，在 Test.h 中输入代码：

```
#pragma once //为了防止头文件被重复引用

#include <sdkddkver.h> //定义开发包 SDK 的版本
#include <afxwin.h> //MFC 部分类库在这个文件里，所以必须包含
#include <afxwinappex.h> //应用程序类 CWinAppEx 在这里面定义
#include <afxframewndex.h> //窗口框架类 CFrameWndEx 在这里面定义

class CTestApp : public CWinAppEx //定义应用类
{
public:
```

```
    virtual BOOL InitInstance(); //重载虚函数
};
```

打开 Test.cpp，在 Test.cpp 中输入代码：

```
#include "Test.h"
#include "MainFrm.h"

CTestApp theApp; //定义引用类全局对象
BOOL CTestApp::InitInstance() //应用类的初始化函数
{
        CWinAppEx::InitInstance();
        //声明本程序的设置存储在注册表中，而不是 INI 文件
        SetRegistryKey(TEXT("Hello MFC app."));

        // m_pMainWnd 在 afxwin.h 中定义，这里分配窗口框架的内存空间
        m_pMainWnd = new CMainFrame();
        m_pMainWnd->ShowWindow(SW_SHOW); //显示窗口
        m_pMainWnd->UpdateWindow(); //更新绘制窗口

        return TRUE;
}
```

这两段代码基本和上例类似，只是在应用类的初始化函数 InitInstance 中，为主窗口框架类指针分配了存储空间，然后显示了主框架窗口。其中，主窗口框架类指针 m_pMainWnd 在 afxwin.h 中定义。

打开 MainFrm.h，在 MainFrm.h 中输入代码：

```
#pragma once //防止头文件被重复引用

//定义继承于 CFrameWndEx 的框架类 CMainFrame
class CMainFrame : public CFrameWndEx
{
public:
    CMainFrame(); //构造函数
    DECLARE_MESSAGE_MAP() //声明消息映射表
    afx_msg void OnPaint(); //声明绘制窗口消息的处理函数
    //声明鼠标单击左键消息的处理函数
    afx_msg void OnLButtonDown(UINT nFlags, CPoint point);
};
```

打开 MainFrm.cpp，在 MainFrm.cpp 中输入代码：

```
#include "Test.h"
#include "MainFrm.h"

CMainFrame::CMainFrame(void)
{
        Create(NULL, _T("主窗口")); //创建主窗口，窗口标题栏上显示字符串“主窗口”
}

BEGIN_MESSAGE_MAP(CMainFrame,CFrameWndEx) //开始定义消息映射表
    ON_WM_PAINT() //定义绘制窗口消息映射项
    ON_WM_LBUTTONDOWN() //定义鼠标单击左键消息映射项
    END_MESSAGE_MAP() //消息映射结束

void CMainFrame::OnPaint() //定义绘制窗口消息的处理函数
```

```
    {
        CPaintDC dc(this); // 定义窗口的绘图设备描述表
        // TODO: Add your message handler code here
        CRect rc; //定义矩形坐标
        GetClientRect(&rc); //得到窗口客户区的大小
    /*
    在窗口中间输出一行字符串,DT_VCENTER 表示输出在 rc 范围内的垂直方向的中间,DT_SINGLELINE
表示单行, DT_RIGHT 表示输出在 rc 范围内的水平方向的右边
    */
        dc.DrawText(TEXT("Hello World! 这是一个 MFC 程序! "), &rc, DT_ENTER |
DT_SINGLELINE | DT_RIGHT);
    }
    //定义鼠标单击左键消息的处理函数
    void CMainFrame::OnLButtonDown(UINT nFlags, CPoint point)
    {
        // TODO: Add your message handler code here and/or call default
        AfxMessageBox(TEXT("你单击了鼠标左键! ")); //跳出一个消息框
        //调用父类框架的鼠标单击左键消息的处理函数
        CFrameWndEx::OnLButtonDown(nFlags, point);
    }
```

框架类用来实现程序主窗口。一般一个 MFC 程序只拥有一个主窗口，在主窗口里还可以显示一个或多个子窗口。我们要在窗口中间写入一行字符串，因此我们要对绘制窗口消息 WM_PAINT 进行处理。在该消息的处理函数中，定位好坐标，然后调用画字符的函数 DrawText。如果我们不在窗口中间画文字，那么 OnPaint 是不需要的，大家可以注释掉它看看效果。当然，其消息映射 ON_WM_PAINT()和 OnPaint 的声明也要同时注释。

我们需要在窗口内单击鼠标左键，然后程序做出响应，所以我们要对窗口的单击鼠标左键的消息进行处理，函数 OnLButtonDown 就是该消息的处理函数，当用户在窗口范围内单击鼠标左键的时候系统会调用该函数。在这个函数中，我们调用 AfxMessageBox 来跳出一个消息框，因此用户单击左键的时候会出现一个消息框。

（4）打开工程属性，设置“MFC 的使用”为“在共享 DLL 中使用 MFC”，然后单击确定按钮。最后按 Ctrl+F5 键来运行工程，运行结果如图 2-13 所示。

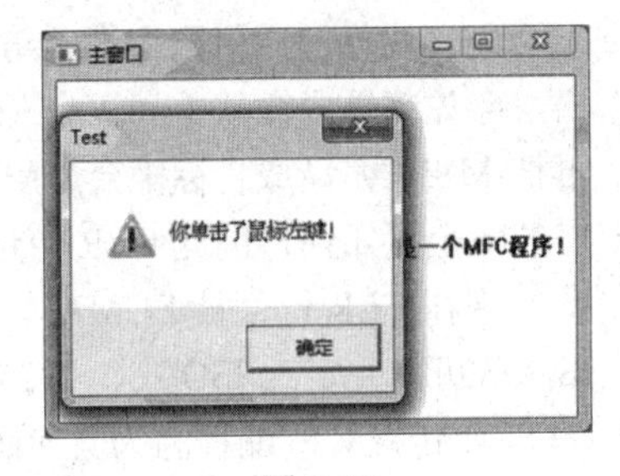

图 2-13

2.1.3　托管方式

托管方式是使用托管 C++语言和.NET Framework 开发的 Windows 应用程序。托管 C++对 ISO/ANSI C++进行了扩展，以便更好地支持.NET 编程环境。.NET Framework 是一个编程框架，对操作系统进行了封装，使得用.NET Framework 开发的应用程序和操作系统特性无关，类似于 Java 的虚拟机 JVM。因此，只要操作系统支持.NET Framework，其应用程序就可以在上面运行，而且不需要重新编译。此外，.NET Framework 会对用户程序进行管理，故用这种方式开发的 Windows 程序习惯称为托管程序。下面我们对托管程序开发涉及的概念进行简要介绍。

1. .NET Framework 的概念

.NET Framework 是微软近十年力推的一套应用程序开发框架，具有跨平台和跨语言的特点。它主要是用来对付 Java 开发平台的。我们知道，传统的编译器是把高级语言编译成可执行的二进制码，然后直接运行。而 Java 开发平台是先把 Java 语言解释成中间语言，再用这个中间语言在 Java 虚拟机（JVM）中执行。有了虚拟机就可以实现 Java 的跨平台，只要目标平台支持 Java 虚拟机即可。除了跨平台外，虚拟机还能对用户代码进行管理，比如安全检查、内存垃圾回收等。这些优点克服了传统开发语言容易出现的内存泄漏等问题（当然，这些问题都是人为疏忽造成的），所以使得 Java 大为流行起来。作为软件巨头，微软为了紧跟技术步伐推出了.NET Framework。在.NET Framework 平台开发出来的程序，也是在.NET Framework 的虚拟机中执行的，并且.NET Framework 也用用户代码进行管理，比如安全检查、内存垃圾回收等。比 Java 更胜一筹的是，.NET Framework 是编译执行的，而 Java 虚拟机是解释执行的。大家知道，编译执行的速度比解释执行的速度要快得多。此外，.NET Framework 支持多种语言，如 C++、C#、Visual Basic 等，大家可以选择自己熟悉的语言进行开发，而每种语言调用的系统库函数都来自.NET Framework 类库，因此除了语言差异外，其他的差别就很小了，这使得会用 C++开发.NET 程序的人也很容易转到其他语言的开发，因为类库是一样的。

.NET Framework 是一套很大的开发框架，主要由两部分构成：公共语言运行时库（Common Language Runtime，CLR）和.NET Framework 类库。

.NET Framework 是微软大力支持的一个开发平台。在 Visual C++ 2017 中，.NET Framework 已经发展到 4.5.1 版本。

2. 公共语言运行时库

公共语言运行时库也称为.NET 运行库。为了让.NET Framework 实现跨平台，微软首先提出了一套语言规范—通用语言基础结构（CLI），而 CLR 就是微软对它的实现。在托管编程中，高级语言会先编译成微软中间语言（Microsoft IL，MSIL），然后 CLR 里的 JIT（Just-In-Time）编译器再把 MSIL 编译成目标平台专用的代码，同时 CLR 还对代码进行内存管理、线程管理等来提高程序的安全可靠性，因此 CLR 中运行的程序是托管的，托管程序通过 CLR 和操作系统进行通信。

现在 CLR 已经被 ECMA（欧洲计算机制造）的 CLI 标准（ECMA-335）收录，并且 CLI 也被 ISO 认可，并定为 ISO/IEC 23271 的标准。支持 CLR 的 C++也被称为 C++/CLI，或直接叫作托管 C++，而传统 C++编程因为其代码直接被编译为本地机器代码，并且没有 CLR 提供的安全性检查、自动内存释放等服务，因此传统 C++也称为非托管 C++或本地 C++。

3. .NET Framework 类库

.NET Framework 类库是生成.NET 应用程序、组件和控件的编程基础。现代编程语言都离不开类库的支持，比如传统的 Viusal C++以 MFC 作为类库，Delphi 和 C++ Builder 以 Visual C++ L 作为类库。.NET Framework 类库提供了数据库、网络、文件、多媒体等各方面编程的支持。

.NET Framework 类库十分庞大，本书以 MFC 为主，因此对.NET Framework 类库的使用只能进行简单的介绍。

4. 第一个托管 C++控制台程序

这里我们通过托管 C++来写一个“Hello World”程序，程序结构和传统 C++类似，打印语句用了传统 C++中的 cout 和.Net Framework 托管 C++中的类库函数。

【例 2.5】第一个托管 C++控制台程序

（1）打开 Visual C++ 2017，选择菜单“新建”｜“项目”，或直接按快捷键 Ctrl+Shift+N，弹出“新建项目”对话框，在该对话框上，在左边展开“已安装”｜Visual C++｜CLR，然后在右边选择“CLR 控制台应用程序”，如图 2-14 所示。

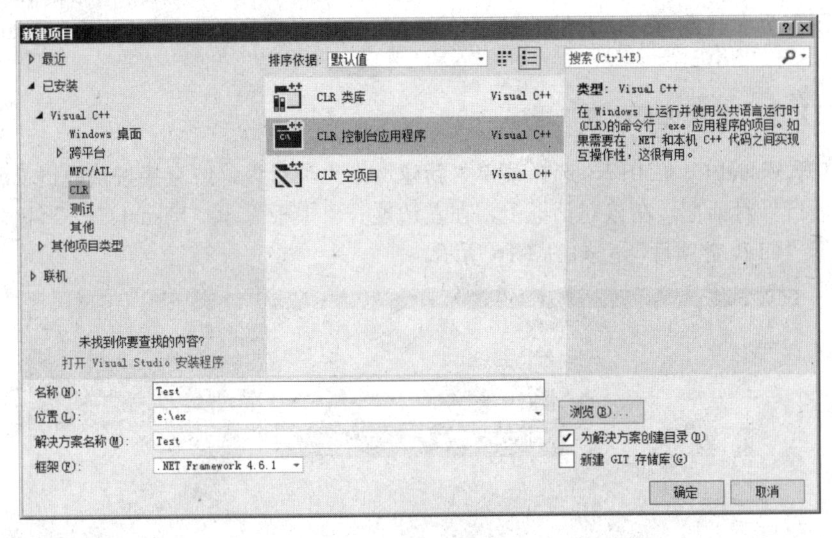

图 2-14

然后在下面的“名称”文本框中输入项目名称，如“Test”，并输入一个项目位置。单击“确定”按钮，随后会出现 Test.cpp 的代码编辑窗口。Visual C++向导已经为我们生成了一个完整的 main 函数，如下代码：

```
#include "stdafx.h"
using namespace System; //使用 System 命名空间
int main(array<System::String ^> ^args)
{
   Console::WriteLine(L"Hello World"); //在控制台上打印 Hello World
   return 0;
}
```

在上面的代码中，System 是一个命名空间。命名空间相当于一个包含类声明作用域，用来处理程序中常见的同名冲突。例如，标准 C++库中所包含的所有内容（包括常量、变量、结构、类和函数等）都被定义在命名空间 std 中。托管 C++中也有很多命名空间，对命名空间中成员的引用需要使用命名空间的作用域解析运算符::。

args 是一个命令行参数，类型是 String^，相当于一个字符串指针。

Console::WriteLine 是向控制台窗口打印内容的类函数。Console 是一个类，表示控制台应用程序的标准输入流、输出流和错误流，该类位于命名空间 System 中。函数 WriteLine 在输出内容后会自动换行，如果不需要换行，可以使用另一个成员函数 Write。

L 表示字符串“Hello World”是一个宽字符串，每个字符占用两个字节。

（2）开始运行工程。单击菜单“调试”|“开始执行（不调试）”，或直接按 Ctrl+F5 键来运行工程，运行结果如图 2-15 所示。

图 2-15

5. 第一个托管 C++表单程序

上面是一个用托管 C++编写的控制台程序，下面我们来看一个用托管 C++编写的图形界面程序，即 Windows Forms（表单）程序。表单（Form）类似于 MFC 编程中的对话框，可以把工具箱中的控件拖放到表单上，然后为控件添加所需事件的处理函数即可。托管 C++表单编程已经是快速的可视化图形界面开发方式，开发的速度丝毫不逊色于可视化开发工具，如 Visual C#、Visual Basic.NET。

【例 2.6】第一个托管 C++表单程序

（1）打开 Visual C++ 2017，选择菜单“新建”｜“项目”，或直接按快捷键 Ctrl+Shift+N，弹出“新建项目”对话框。在该对话框上，在左边展开“模板”｜“Visual C++”｜“CLR”，然后在右边选择“CLR 空项目”，如图 2-16 所示。

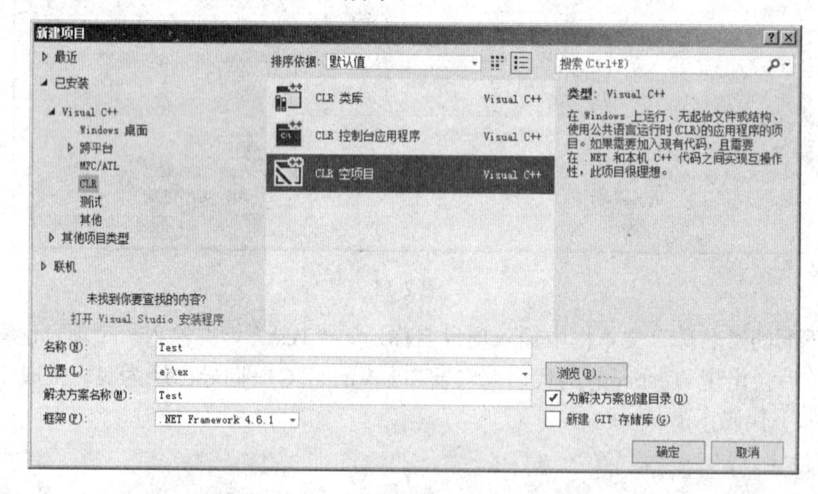

图 2-16

在下方输入项目名称和路径，最后单击“确定”按钮，会生成一个空的 CLR 应用程序。这里要提示一下：在 Visual C++ 2010 中，CLR 的工程模板里还是有 CLR 表单工程的，就是不需要添加任何代码都会自动生成一个表单程序；到 Visual C++ 2017 后，居然只有 CLR 空项目了，所以表单资源和程序入口点（main 函数）要自己手动添加。由此可见，微软似乎对用 C++开发.NET 程序不加重视了。如果要开发.NET 程序，还是用 C#比较好，至少微软也是这么推荐的。

（2）现在项目是空的，我们要为它添加窗体。打开解决方案资源管理器，然后对“解决方案 Test”下方的 Test 进行右击，在快捷菜单上选择“添加”｜“新建项”，然后出现“添加新项”对话框，在该对话框的左边选择 UI，再在右边选择“Windows 窗体”，名称可以保持默认，如图 2-17 所示。

单击“添加”按钮，在解决方案资源管理器中会生成 MyForm.h 和 MyForm.cpp，在 Visual C++设计界面中出现了一个名字为 MyForm 的表单，同时左边会自动出现工具箱。在工具箱中展开“公共空间”，然后单击“Button”并拖住，一直把它拖动到表单上再释放，这个过程叫拖拉控件到表单上。Button 就是按钮，最常见的 Windows 界面元素。当我们单击按钮时，它会产生反应，当然这必须要为它添加单击按钮事件的处理函数。我们通过双击表单上的 button1 来添加事件处理函数，如下代码：

```
    private: System::Void button1_Click(System::Object^  sender, System::
EventArgs^  e) {
            MessageBox::Show(this, "Hello World"); //显示一个消息框
       }
```

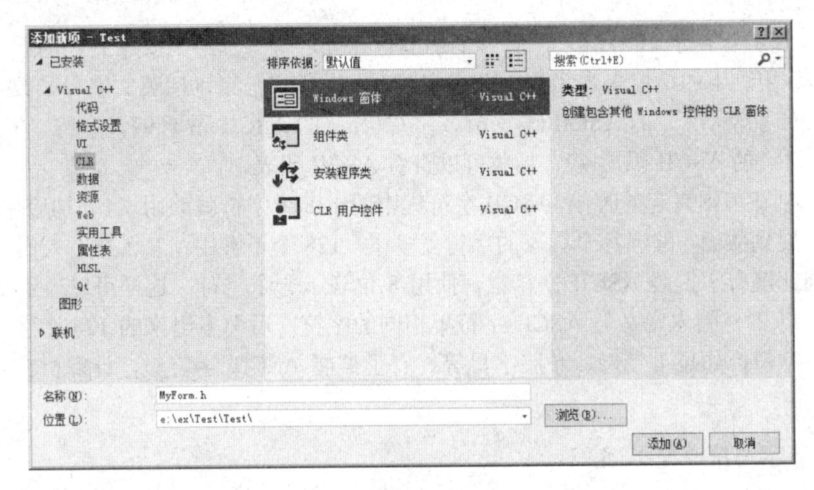

图 2-17

代码很简单，调用 MessageBox 的方法 Show 来显示一个消息框。

此时编译工程会提示程序没有入口点，因为我们建立的是空项目，还没写 main 函数。

（3）打开 MyForm.cpp，加入代码：

```
using namespace Test; //使用 Test 命名空间
int main(array<System::String ^> ^args)
{
    Application::Run(gcnew MyForm()); //运行表单程序
    return 0;
}
```

其中，gcnew 相当于传统 C++中的 new，意思是为表单分配内存空间。

（4）开始运行工程。单击菜单“调试”|“开始执行（不调试）”，或直接按 Ctrl+F5 键来运行工程，运行结果如图 2-18 所示。

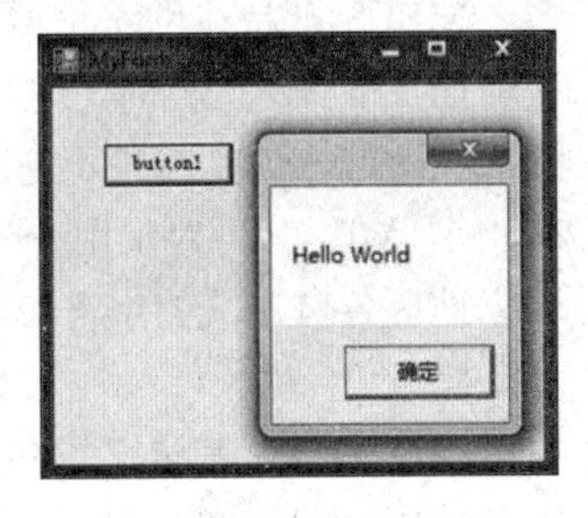

图 2-18

2.2 字符集

2.2.1 计算机上的 3 种字符集

在计算机中每个字符都要使用一个编码来表示，而每个字符究竟使用哪个编码来表示要取决于使用哪个字符集（charset）。

计算机字符集可归类为 3 种：单字节字符集（SBCS）、多字节字符集（MBCS）和宽字符集（Unicode 字符集）。

1. 单字节字符集（SBCS）

SBCS（Single-Byte Character System，单字节字符系统）的所有字符都只有一个字节的长度，是一个理论规范，具体实现时有两种字符集：ASCII 字符集和扩展 ASCII 字符集。

ASCII 字符集主要用于美国，由美国国家标准局（ANSI）颁布，全称是美国国家标准信息交换码（American National Standard Code For Information Interchange）。它使用 7 位来表示一个字符，总共可以表示 128 个字符（0~127），但一个字节有 8 位，有一位不需要用到，因此人们把最高一位永远设为 0，用剩下的 7 位来表示这 128 个字符。ASCII 字符集包括英文字母、数字、标点符号等常用字符，如字符‘A’的 ASCII 码是 65、字符‘a’的 ASCII 码是 97、字符‘0’的 ASCII 码是 48、字符‘1’的 ASCII 码是 49，具体可以查看 ASCII 码表。

计算机刚刚在美国兴起的时候，ASCII 字符集中的 128 个字符就够用了，一切应用都是妥妥的。后来计算机发展到欧洲，欧洲各个国家的字符就多了，128 个不够用，怎么办？人们对 ASCII 码进行了扩展，因此就有了扩展 ASCII 字符集，使用 8 位表示一个字符，这样可以表示 256 个字符，在前面 0 到 127 的范围内定义与 ASCII 字符集相同的字符，后面多出来的 128 个字符用来表示欧洲国家的一些字符，如拉丁字母、希腊字母等。有了扩展 ASCII 字符集，计算机在欧洲的发展也是妥妥的。

2. 多字节字符集（MBCS）

随后计算机普及到更多国家和地区（比如东亚和中东），由于这些国家的字符更加多，8 位的单字节字符系统（SBCS）不能满足信息交流的需要。为了能够表示其他国家的文字（比如中文），人们对 ASCII 码继续扩展，就是在欧洲字符以及扩展的基础上再扩展：英文字母和欧洲字符为了和扩展 ASCII 兼容，依然用 1 个字节表示，而对于其他各国的字符（如中文字符）则用 2 个字节表示，这就是多字节字符系统（Multi-Byte Character System，MBCS）。它也是一个理论规范，具体实现时各个国家和地区根据自己的语言字符分别实现了不同的字符集，比如中国大陆实现了 GB-2312 字符集（后来又扩展出 GBK 和 GB18030）、中国台湾地区实现了 big5 字符集、日本实现了 jis 字符集，等等。这些具体的字符集虽然不同，但实现依据都是 MBCS，即 256 后面的字符用 2 个字节表示。

MBCS 解决了欧美地区以外的字符表示，但缺点也是明显的。MBCS 保留原有扩展 ASCII 码（前面 256 个）的同时，用 2 个字节来表示各国的语言字符，这样就导致占用一个字节和两个字节的混在一起，使用起来不方便。例如，字符串“你好 abc”，字符数是 5，而字节数是 8（最后还有一个‘\0’）。对于用++或--运算符来遍历字符串的程序员来说，这简直就是噩梦。另外，各个国家地区各自定义的字符集难免会有交集，因此使用简体中文的软件就不能在日文环境下运行（显示乱码）。

这么多国家都定义了各自的多字节字符集，以此来为各自国家的文字编码，那么操作系统如何区分这些字符集呢？操作系统通过代码页（CodePage）来为各个字符集定义一个编号，比如 437（美国英语）、936（简体中文）、950（繁体中文）、932（日文）、949（朝鲜语_朝鲜）、1361（朝鲜语_韩国）等都属于代码页。在 Windows 操作系统的控制面板中，可以设置当前系统所使用的字符集。打开 Windows 7 控制面板里的“区域和语言”对话框，然后切换到“管理”选项卡，可以看到当前非 Unicode（也就是多字节字符集）程序使用的字符集，如图 2-19 所示。

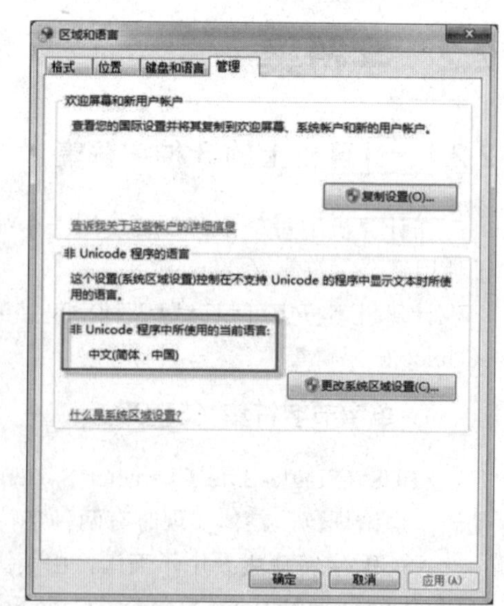

图 2-19

图 2-19 中选定的语言是“中文（简体，中国）”，所以系统此时的代码页是 936。我们可以编制一个控制台程序验证一下。需要说明的是，控制台程序输出窗口默

认使用的代码页（字符集）就是操作系统的代码页（字符集），也可以使用函数 SetConsoleOutputCP 修改控制台窗口的代码页。

【例 2.7】获取控制台窗口的代码页

（1）打开 Visual C++ 2017，建立一个控制台工程。

（2）在 Test.cpp 中输入如下代码：

```
#include "stdafx.h"
#include "windows.h"
int _tmain(int argc, _TCHAR* argv[])
{
    UINT codepage = GetConsoleOutputCP();//获得控制台输出窗口的代码页值
    printf("当前系统使用的代码页是：%d\n", codepage);

    return 0;
}
```

（3）保存并运行工程，运行结果如图 2-20 所示。

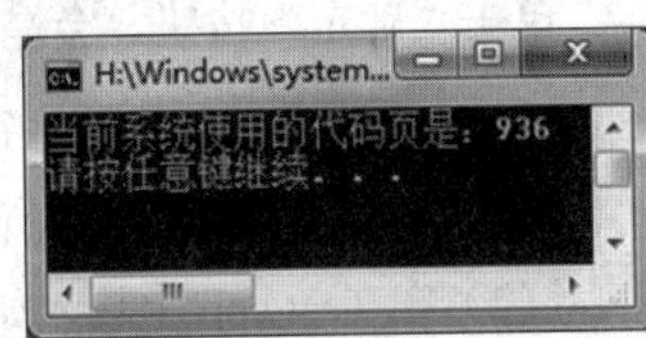

图 2-20

上面的程序说明当前系统所使用的代码页是 936，即使用的是简体中文语言。printf 里面的中文字符串也被正确地打印出来了，一切正常。可以在命令行窗口下查看代码页。在图 2-19 的窗口左上方单击黑色图标，出现快捷菜单，然后在菜单上选择“属性”命令，在属性对话框上即可看到当前操作系统的代码页，如图 2-21 所示。

如果我们在程序中把控制台窗口的代码页（字符集）修改成 437（美国英语），就不能正确输出中文了。

【例 2.8】设置控制台窗口的代码页

（1）打开 Visual C++ 2017，建立一个控制台工程。

（2）在 Test.cpp 中输入如下代码：

```
#include "stdafx.h"
#include "windows.h"
int _tmain(int argc, _TCHAR* argv[])
{
    SetConsoleOutputCP(437); //设置控制台窗口代码页为 437
    UINT codepage = GetConsoleOutputCP();
    printf("当前系统使用的代码页是：%d\n", codepage);

    return 0;
}
```

（3）保存并运行工程，运行结果如图 2-22 所示。

设置控制台窗口的代码页为 437（美国英语）后，控制台窗口中的中文就不能正确显示了，因为美国英语字符集中没有对中文文字的编码。

下面我们看看含有多字节字符的中文字符串程序是否能在使用日文字符集上正确显示。打开 Windows 7 控制面板里的“区域和语言”对话框，然后切换到“管理”选项卡，单击“更改系统区域设置”按钮，出现“区域和语言设置”对话框，在“当前系统区域设置”下拉列表框中选择“日语（日本）”选项，如图 2-23 所示。

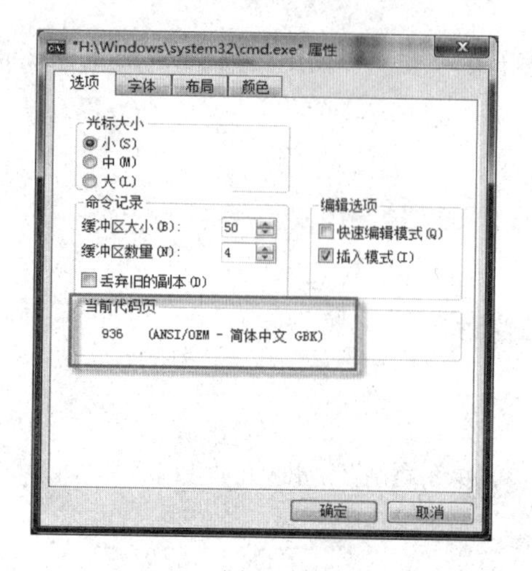

图 2-21

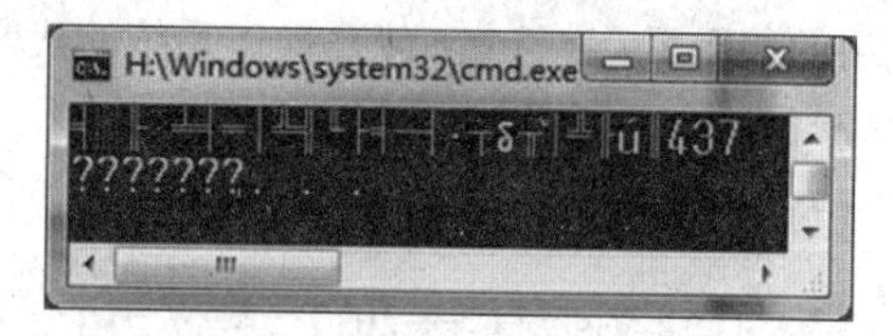

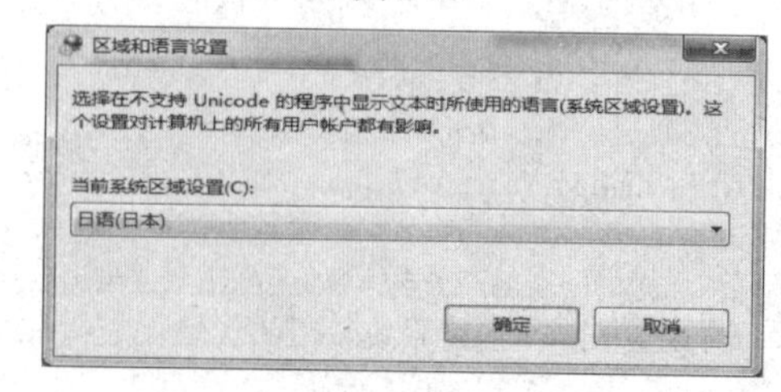

图 2-22

图 2-23

单击“确定”按钮，会提示重启。单击“确定”按钮重启电脑，之后再编制一个程序。

【例 2.9】尝试在日语字符集下打印中文

（1）打开 Visual C++ 2017，建立一个控制台工程。

（2）在 Test.cpp 中输入如下代码：

```
#include "stdafx.h"
#include "windows.h"
int _tmain(int argc, _TCHAR* argv[])
{
    SetConsoleOutputCP(936); //设置控制台窗口代码页为 936，简体中文
    UINT codepage = GetConsoleOutputCP();
    printf("当前系统使用的代码页是：%d\n", codepage);

    return 0;
}
```

（3）保存并运行工程，运行结果如图 2-24 所示。

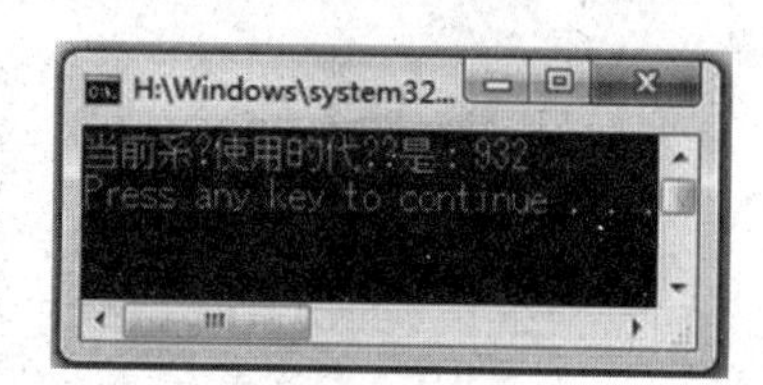

图 2-24

输出存在乱码。结果表明，即使设置了控制台的代码页为简体中文，中文字符串也不能被正确显示。这是因为系统中没有对中文编码的代码页（字符集）。这就说明了，含有多字节字符的中文信息软件不能在使用了其他字符集的系统上正确显示。怎么解决这个问题呢？方法是使用宽字符字符集，即 Unicode 编码。

3. Unicode 编码

Unicode 编码是纯理论的东西，和具体计算机没关系。为了把全世界所有的文字符号都统一进行编码，标准化组织 ISO 提出了 Unicode 编码方案。它可以容纳世界上所有文字和符号的字符编码方案，并规定任何语言中的任一字符都只对应一个唯一的数字，即代码点（Code Point），或称码点、码位。代码点用十六进制书写，并加上 U+前缀。比如，‘田’的代码点是 U+7530；‘A’的代码点是 U+0041。再强调一下，代码点是一个理论的概念，和具体的计算机无关。

所有字符及其 Unicode 编码构成的集合就叫 Unicode 字符集（Unicode Character Set，UCS）。早期的版本有 UCS-2，用两个字节编码，最多能表示 65 535 个字符。在这个版本中，每个码点的长度有 16 位，可以用 0 至 65 535（2 的 16 次方）之间的数字来表示世界上的字符（当初以为够用

了）。其中，0至127这128个数字表示的字符依旧跟ASCII完全一样。比如在Unicode和ASCII中，数字65都表示字母‘A’，数字97都表示字母‘a’。反过来却是不同的，字符‘A’在Unicode中的编码是0x0041，在ASCII中的编码是0x41，虽然它们的值都是97，但编码的长度是不一样的：Unicode码是16位长度，ASCII码是8位长度。

UCS-2后来不够用了，因此有了UCS-4。UCS-4用4个字节编码（实际上只用了31位，最高位必须为0），根据最高字节分成2^7=128个组（最高字节的最高位恒为0，所以有128个）。每个组再根据次高字节分为256个平面（plane）。每个平面根据第3个字节分为256行（row），每行有256个码位（cell）。组0的平面0被称作基本多语言平面（Basic Multilingual Plane，BMP），即范围在U+00000000到U+0000FFFF的码点。将UCS-4的BMP去掉前面的两个0字节就得到了UCS-2（U+0000 ~ U+FFFF）。每个平面有2^16=65 536个码位。Unicode计划使用了17个平面，一共有17×65 536=1 114 112个码位。在Unicode 5.0.0版本中，已定义的码位只有238 605个，分布在平面0、平面1、平面2、平面14、平面15、平面16。其中，平面15和平面16上只是定义了两个各占65 534个码位的专用区（Private Use Area），分别是0xF0000～0xFFFFD和0x100000～0x10FFFD。所谓专用区，就是保留给大家放自定义字符的区域，可以简写为PUA。平面0也有一个专用区：0xE000～0xF8FF，有6 400个码位。平面0的0xD800～0xDFFF，共2 048个码位，是一个被称作代理区（Surrogate）的特殊区域。代理区的目的是用两个UTF-16字符表示BMP以外的字符。在介绍UTF-16编码时会介绍。

在Unicode 5.0.0版本中，238605-65534×2-6400-2408=99089，余下的99 089个已定义码位分布在平面0、平面1、平面2和平面14上，它们对应着Unicode目前定义的99 089个字符，其中包括71 226个汉字。平面0、平面1、平面2和平面14上分别定义了52 080、3 419、43 253和337个字符。平面2的43 253个字符都是汉字。平面0上定义了27 973个汉字。

再归纳总结一下：

（1）在Unicode字符集中的某个字符对应的代码值称作代码点（Code Point），简称码点或码位，用十六进制书写，并加上U+前缀。比如，‘田’的代码点是U+7530；‘A’的代码点是U+0041。

（2）后来字符越来越多，最初定义的16位（UC2版本）已经不够用了，改用32位（UC4版本）表示某个字符的代码点，并且把所有CodePoint分成17个代码平面（Code Plane）：其中，U+0000 ~ U+FFFF划入基本多语言平面（Basic Multilingual Plane，简记为BMP）；其余划入16个辅助平面（Supplementary Plane），代码点范围为U+10000～U+10FFFF。

（3）并不是每个平面中的代码点都对应有字符的，有些是保留的，还有些是有特殊用途的。

2.2.2 Unicode 编码的实现

到目前为止，关于Unicode，我们都是在讲理论层面的东西，没有涉及Unicode码在计算机中的实现方式。Unicode的实现方式和编码方式不一定等价，一个字符的Unicode编码是确定的，但是在实际存储和传输过程中，不同系统平台的设计可能不一致以及出于节省空间的目的对Unicode编码的实现方式会有所不同。Unicode编码的实现方式称为Unicode转换格式（Unicode Transformation Format，UTF）。Unicode编码的实现方式主要有UTF-8、UTF-16、UTF-32等，分别以字节（BYTE）、字（WORD，2个字节）、双字（DWORD，4个字节，实际上只用了31位，最高位恒为0）作为编码单位。根据字节序的不同，UTF-16可以被实现为UTF-16LE或UTF-16BE，UTF-32可以被实现为UTF-32LE或UTF-32BE。再次强调，这些实现方式是对Unicode码点进行编码，以适合计算机的存储和传输。

1. UTF-8

UTF-8 以字节为单位对 Unicode 进行编码，这里的单位是程序在解析二进制流时的最小单元。在 UTF-8 中，程序是一个字节一个字节地解析文本。从 Unicode 到 UTF-8 的编码方式（对 Unicode 码点进行 UTF-8 编码）如表 2-1 所示。

表 2-1　对 Unicode 码点进行 UTF-8 编码

Unicode 编码（十六进制）所处范围	UTF-8 字节流（二进制）
000000~00007F	0xxxxxxx
000080~0007FF	110xxxxx 10xxxxxx
000800~00FFFF	1110xxxx 10xxxxxx 10xxxxxx
010000~10FFFF	11110xxx 10xxxxxx 10xxxxxx 10xxxxxx

从表 2-1 可以看出，UTF-8 的特点是对不同范围的字符（也就是 Unicode 码点，一个码点对应一个字符）使用不同长度的编码。对于 0x00～0x7F 之间的字符，UTF-8 编码与 ASCII 编码完全相同。UTF-8 编码的最大长度是 4 个字节。4 字节模板有 21 个 x，即可以容纳 21 位二进制数字。Unicode 的最大码点 0x10FFFF 也只有 21 位。

举个例子，‘汉’这个中文字符的 Unicode 编码是 0x6C49。0x6C49 在 0x0800 至 0xFFFF 之间，使用 3 字节模板：1110xxxx 10xxxxxx 10xxxxxx。将 0x6C49 写成二进制是 0110 1100 0100 1001，用这个比特流从左到右依次代替模板中的 x，得到 11100110 10110001 10001001，即 E6 B1 89。这样，‘汉’的 UTF-8 编码就是 E6B189。

再看个例子，假设某字符的 Unicode 编码为 0x20C30，0x20C30 在 0x010000 至 0x10FFFF 之间，使用 4 字节模板：11110xxx 10xxxxxx 10xxxxxx 10xxxxxx。将 0x20C30 写成 21 位二进制数字（不足 21 位就在前面补 0）0 0010 0000 1100 0011 0000，用这个比特流依次代替模板中的 x，得到 11110000 10100000 10110000 10110000，即 F0 A0 B0 B0。

2. UTF-16

UTF-16 编码以 16 位无符号整数为单位，即把 Unicode 码点转换为 16 比特长为一个单位的二进制串，以用于数据存储或传递。程序每次取 16 位二进制串为一个单位来解析。我们把 Unicode 编码记作 U。具体编码规则如下：

（1）代理区

因为 Unicode 字符集的编码值范围为 0～0x10FFFF，而大于等于 0x10000 的辅助平面区的编码值无法用一个 16 位来表示（16 位最多能表示到码点为 0xFFFF），所以 Unicode 标准规定：基本多语言平面（BMP）内，码点范围在 U+D800 到 U+DFFF 的值不对应于任何字符，称为代理区。这样，UTF-16 利用保留下来的 0xD800～0xDFFF 区段的码点来对辅助平面内的字符的码点进行编码。

（2）在 U+0000 至 U+D7FF 以及从 U+E000 至 U+FFFF 的码点

第一个 Unicode 平面（BMP）的码点从 U+0000 至 U+FFFF（除去代理区），包含了最常用的字符。这个范围内的码点的 UTF-16 编码数值等价于对应的码点，都是 16 位。

我们用 U 来表示码点，如果 U<0x10000，那么 U 的 UTF-16 编码就是 U 对应的 16 位无符号整数（为书写简便，下文将 16 位无符号整数记作 WORD）。

（3）从 U+10000 到 U+10FFFF 的码点

辅助平面（Supplementary Planes）中的码点，大于等于 0x10000，在 UTF-16 中被编码为一对 16 比特长的码元（32bit，4Bytes），称作理对（surrogate pair）。

如果码点 U≥0x10000，就先计算 U'=U-0x10000，然后将 U'（注意右上方有个撇）写成二进制形式 yyyy yyyy yyxx xxxx xxxx，再在 y 前加上 110110、在 x 前加上 110111，所以 U 的 UTF-16 编码（二进制）就是 110110yyyyyyyyyy 110111xxxxxxxxxx。

为什么 U'可以被写成 20 个二进制位？Unicode 的最大码点是 0x10FFFF，减去 0x10000 后，U'的最大值是 0xFFFFF，所以肯定可以用 20 个二进制位表示。例如，Unicode 编码 0x20C30，减去 0x10000 后，得到 0x10C30，写成二进制是 0001 0000 1100 0011 0000。用前 10 位依次替代模板中的 y，用后 10 位依次替代模板中的 x，得到 1101100001000011 1101110000110000，即 0xD843 0xDC30。按照这个规则，如果 Unicode 编码在 0x10000～0x10FFFF 范围内的，则 UTF-16 编码有两个 WORD：第一个 WORD 的高 6 位是 110110，第二个 WORD 的高 6 位是 110111。可见，第一个 WORD 的取值范围（二进制）是 11011000 00000000 到 11011011 11111111，即 0xD800～0xDBFF；第二个 WORD 的取值范围（二进制）是 11011100 00000000 到 11011111 11111111，即 0xDC00～0xDFFF。它们和码点具体对应关系见表 2-2。

表 2-2　UTF-16 编码的两个 WORD 和码点的对应关系

hi \ lo	DC00	DC01	…	DCFF
D800	10000	10001	…	103FF
D801	10400	10401	…	107FF
⋮	⋮	⋮	⋮	⋮
DBFF	10FC00	10FC01	…	10FFFF

通过代理区（Surrogate），我们很好地表示了 U≥0x10000 的码点，并且将一个 WORD 的 UTF-16 编码与两个 WORD 的 UTF-16 编码区分开了。

我们把 D800～DB7F 的范围称为高位代理（High Surrogates），意思就是代理区中的 D800～DB7F 是作为两个 WORD 的 UTF-16 编码的第一个 WORD（高位部分的那个 WORD）；把 DB80～DBFF 的范围称为高位专用代理（High Private Use Surrogates）；把 DC00～DFFF 的范围称为低位代理（Low Surrogates），意思就是代理区中的 DC00～DFFF 是作为两个 WORD 的 UTF-16 编码的第二个 WORD（低位部分的那个 WORD）。后来，由于高位代理比低位代理的值要小，为了避免混淆使用，Unicode 标准现在称高位代理为前导代理（lead surrogates）。同样，由于低位代理比高位代理的值要大，所以为了避免混淆使用，Unicode 标准现在称低位代理为后尾代理（trail surrogates）。

下面再说一下高位专用代理。首先我们要来看一下如何从 UTF-16 编码推导 Unicode 编码。

如果一个字符的 UTF-16 编码的第一个 WORD 在 0xDB80 到 0xDBFF 之间，那么它的 Unicode 编码在什么范围内？我们知道第二个 WORD 的取值范围是在 pl=0xDC00～0xDFFF，所以这个字符的 UTF-16 编码范围应该是 0xDB80 0xDC00 到 0xDBFF 0xDFFF。我们将这个范围写成二进制：

```
1101101110000000 11011100 00000000~1101101111111111 1101111111111111
```

按照编码的相反步骤，取出高低 WORD 的后 10 位，然后拼在一起，得到

```
1110 0000 0000 0000 0000~1111 1111 1111 1111 1111
```

即 0xE0000～0xFFFFF，按照编码的相反步骤再加上 0x10000，得到 0xF0000～0x10FFFF。这

就是 UTF-16 编码的第一个 WORD 在 0xDB80 到 0xDBFF 之间的 Unicode 编码范围，即平面 15 和平面 16。由于 Unicode 标准将平面 15 和平面 16 都作为专用区，所以 0xDB80 到 0xDBFF 之间的保留码点被称作高位专用代理。

下面讲述 UTF-16 的字节序（字节存储次序）问题。

UTF-16 的编码单元是 16 位，两个字节。这两个字节在传输和存储的过程中，高低位的位置不同，是不同的字符。比如，“田”的 UTF-16 编码是 0x7530，但是如果存成 0x3075，就变成了字符“ふ”，成了另外的字符。再比如‘奎’的 UTF-16 编码是 594E，‘乙’的 UTF-16 编码是 4E59，如果我们收到 UTF-16 字节流 594E，那么应该解释成“奎”还是“乙”？再如‘汉’字的 Unicode 编码是 6C49，那么写到文件里时究竟是将 6C 写在前面还是将 49 写在前面？

UTF-8 以字节为编码单元，没有字节序（字节存储次序）的问题。UTF-16 以两个字节为编码单元，在解释一个 UTF-16 文本前，就要弄清楚每个编码单元的字节序（Endian）。字节序有两种：大端（Big-Endian）和小端（Little Endian），或称大尾和小尾。大端是指将一个数的高位字节存储在起始地址，数的其他部分再顺序存储；小端是指将一个数的低位字节存储在起始地址，数的其他部分再顺序存储。

例如，16 位宽的数 0x1234 在小端模式 CPU 内存中的存放方式（假设从地址 0x8000 开始存放）为：

内存地址	0x8000	0x80001
存放的数据	0x34	0x12

而在大端模式的 CPU 内存中的存放方式则为：

内存地址	0x8000	0x80001
存放的数据	0x12	0x34

32 位宽的数 0x12345678 在小端模式的 CPU 内存中的存放方式（假设从地址 0x8000 开始存放）为：

内存地址	0x8000	0x8001	0x8002	0x8003
存放的数据	0x78	0x56	0x34	0x12

而在大端模式的 CPU 内存中的存放方式则为：

内存地址	0x8000	0x8001	0x8002	0x8003
存放的数据	0x12	0x34	0x56	0x78

大端小端是由硬件决定的，和操作系统没关系。通常 x86、ARM 等硬件平台都是小端。

为了识别一个编码的字节序，Unicode 标准建议用 BOM（Byte Order Mark）来区分字节序，即在传输字节流前，先传输被作为 BOM 的字符，该字符的码点为 U+FEFF，而它的相反 FFFE 在 Unicode 中是未定义的码位，所以两者结合起来可以分别表示字节序，即 BOM 字符在大端系统上的编码为 FEFF；而在小端系统上的值则为 FFFE。通常把 BOM 字符的编码放在文件开头，如果开头是 FEFF，就说明该文件是以大端方式存储的 UTF-16（UTF-16 大端可以写成 UTF-16BE）编码；如果文件开头是 FFFE，就说明该文件是以小端方式存储的 UTF-16（UTF-16 小端可以写成 UTF-16LE）编码。

数据传输过程也一样，如果接收者收到 FEFF，就表明这个字节流是大端的；如果收到 FFFE，就表明这个字节流是小端的。

UTF-8 不需要 BOM 来表明字节顺序，但可以用 BOM 来表明编码方式，BOM 的 UTF-8 编码为 11101111 1011101110111111（EFBBBF）。如果文件开头是 EFBBBF，就说明该文件的编码是 UTF-8；如果接收者收到以 EFBBBF 开头的字节流，也就知道这是 UTF-8 编码了。

在 Windows 的记事本上选择“另存为”的时候，用户可以选择不同的编码选项，对应编码选项有 “ANSI”“Unicode”“Unicode big endian”“UTF-8”。其中，“Unicode”“Unicode big endian” 对应的分别是 UTF-16LE 和 UTF-16BE。可以做个试验，先选一个字，比如“海”，“海”的码点是 U+6D77。在 Windows 下新建一个文本文档，输入“海”，然后选择菜单“另存为”，在另存为的时候选择编码方式为“Unicode big endian”，接着关闭文件。然后用可以查看二进制码的文本工具（比如 UltraEdit，但注意最好要用版本高一点的，比如版本 21，版本太低只会显示小端的情况，FF FE，比如 UltraEdit 版本 11 就是这样）。打开后，选择二进制查看方式，然后可以看到内容为 FE FF 6D 77。文件开头的两个字节是 FE FF，表示大端存储；6D 77 就是“海”UTF-16BE 编码（因为码点小于等于 0x10000，所以和码点一样；因为是大端，所以数据的高位字节 6D 存在低地址，即先存高位字节）。我们再把文本文件改为小端方式（在记事本另存为的时候选择编码为 Unicode）存储，然后用二进制查看，可以看到内容为 FF FE 77 6D。文件开头两个字节为 FF FE，表示小端存储；77 6D 为 UTF-16LE 编码，低位部分 77 存在低地址，即先存数据的低位字节。如果以 UTF-8 存放，则以二进制形式查看的时候可以看到开头 3 个字节是 EFBBBF。

3. UTF-32

UTF-32 编码以 32 位无符号整数为单位。Unicode 码点的 UTF-32 编码就是该码点值。UTF-32 很简单，其编码和 Unicode 码点一一对应。根据字节序的不同，UTF- 32 也被实现为 UTF-32LE 或 UTF-32BE。BOM 字符在 UTF-32LE（UTF-32 小端方式）的编码为 FF FE 00 00，BOM 字符在 UTF-32BE（UTF-32 大端方式）的编码为 00 00 FE FF。

既然 UTF-32 最简单，那么为什么很多系统不采用 UTF-32 呢？这是因为 Unicode 定义的范围太大了。在实际使用中，99%的人使用的字符编码不会超过 2 个字节，如果统一用 4 个字节，数据冗余就非常大，会造成存储上的浪费和传输上的低效，因此 16 位是最好的。就算遇到超过 16 位能表示的字符，我们也可以通过上面讲到的代理技术采用 32 位标识，这样的方案是最好的。现在主流操作系统实现 Unicode 方案还是采用的 UTF-16 或 UTF-8 的方案。比如 Windows 用的就是 UTF16 方案，而不少 Linux 用的就是 UTF-8 方案。

2.2.3　C 运行时库对 Unicode 的支持

Unicode 是后出来的，CRT 库（C 运行时库）为了支持 Unicode，也定义了很多新的内容。现在的数据类型、API 函数都分多字节字符版本和宽字符版本。

（1）字符类型

C/C++新定义了一个名为“宽字符类型”的数据类型，以提供对 Unicode 的支持。这种数据类型为 wchar_t，它的定义如下：

```
typdef unsigned short wchar_t;
```

从定义可以看出，wchar_t 就是一个无符号短整型，用它来定义的字符占用 2 个字节（16 位），例如：

```
    wchar_t ch = 'A'; //ch 占用 2 个字节
```

原来的字符类型 char 仍然可以用，用 char 来定义的字符依旧占用一个字节（8 位）。相对于 wchar_t，char 通常称为窄字符类型。

```
wchar_t 可以用来定义字符，也可以用来定义字符串和字符数组：
    wchar_t *psz = L"Unicode"; //定义字符串
    wchar_t arr[] = L"Style"; //定义字符数组
```

其中，L 要求编译器将其后的字符串按 Unicode 保存，即字符串中的每个字符占用 2 个字节，如果打印：

```
printf("%d,%d", sizeof(L"Unicode"), sizeof(arr));
```

可以发现结果是 16,12。注意，末尾的\0 也要占用 2 个字节。

为了统一处理窄字符类型 char 和宽字符类型 wchar_t，系统头文件 tchar.h 中定义了一个统一字符数据类型 TCHAR，其定义大致如下：

```
#ifdef _UNICODE
#define  wchar_t   TCHAR;
#else
typedef   char  TCHAR;
#endif
```

意思就是如果定义了宏_UNICODE，则 TCHAR 就定义为 wchar_t；如果没有定义_UNICODE，就定义 TCHAR 为 char，定义一个通用形式的字符可以这样：

```
TCHAR ch = 'A'; //ch 到底是窄字符还是宽字符，取决于前面有没有定义_UNICODE
```

（2）字符串处理

CRT 库是 C 语言运行时库的简称，提供 C 语言函数的调用。有了宽字符类型 wchar_t，字符串函数也有了相应的宽字符版本。比如求字符串长度函数 strlen 的宽字符版本是函数 wcslen，计算方式两者相同，都是计算字符串中的字符个数。比如对上面两个字符串求长度，如果打印：

```
printf("%d,%d", wcslen(L"Unicode"), wcslen(arr));
```

结果是 7,5。

除了求长度，其他字符串函数都有相应的宽字符版本。为了让代码看起来统一，微软提供了一个系统文件 tchar.h。在该函数中，对窄字符串函数和宽字符串函数进行统一处理，即提供一种函数形式来表示窄字符串函数或宽字符串函数，基本是将 str 换成了_tcs，最终代表哪一个要看是否定义了 UNICODE 宏：定义了 UNICODE 宏，则表示宽字符串函数；没有定义 UNICODE 宏，则表示窄字符串函数。比如求字符串长度的统一函数形式为_tcslen，在 tchar.h 中大致定义如下：

```
#ifdef _UNICODE
#define _tcslen     wcslen
#else
#define _tcslen     strlen
#endif
```

意思就是，如果定义了宏_UNICODE，则_tcslen 定义为 wsclen；如果没有定义_UNICODE，就定义_tcslen 为 strlen。

此外，前面的宽字符串前有一个 L，现在 tchar.h 中也对其进行统一处理，即用宏__T(x)来表示 L，定义如下：

```
#ifdef _UNICODE
       #define __T(x)   L##x
#endif
```

意思就是，如果定义了宏_UNICODE，__T 和 L 的功能相同，即后面的字符串是一个双字节字符串；如果没有定义，则后面字符串依旧是一个单字节字符串。另外，为了书写方便（2 个下画线比较麻烦），__T(x)又被定义为：

```
#define _T(x)   __T(x)
#define _TEXT(x)   __T(x)
```

__T(x)、_T(x)和_TEXT(x)三者功能相同，可以任选其一。因此，定义一个通用形式的字符串可以这样：

```
TCHAR *p = _T("HELLO,boy");
```

2.2.4 C++标准库对 Unicode 的支持

C++标准库中的 string 也有对应的宽字符版本 wstring，但没有提供统一的函数形式，不过可以自己定义一个，例如：

```
#ifdef _UNICODE
#define tstr  wstring
#else
#define tstr  string
#endif
```

然后在程序中使用 tstr 即可。类似的还有 fstream/wfstream、ofstream/wofstream 等，都有两个版本。

2.2.5 Windows API 对 Unicode 的支持

Windows API 函数也提供了两个版本，一个以 A 为结束的函数形式，针对多字节字符集；另外一个以 W 为结束的函数形式，针对 Unicode 字符集。比如显示信息框的 API 函数 MessageBox，其实它是一个统一形式；如果没有定义 UNICODE，则它是 MessageBoxA，里面的参数是单字节字符串；如果定义了 UNICODE，则它是 MessageBoxW，里面的参数是双字节字符串。定义如下：

```
#ifdef UNICODE
#define MessageBox  MessageBoxW;
#else
typedef  MessageBox  MessageBoxA;
#endif
```

其他 Windows API 函数都有如此形式的统一版本。

值得注意的是，从 Windows 2000 开始，Windows 内部的核心函数都使用 Unicode 字符串。如果调用一个 Windows 函数并传给它一个单字节字符串，那么系统会先将字符串转换为 Unicode 字符串，然后传给内核。这样转换会大大增加系统开销，因此强烈建议在工程中使用 Unicode 字符集。

2.2.6 Visual C++ 2017 开发环境对 Unicode 的支持

Visual C++开发环境支持两种字符集：多字节字符集和 Unicode 字符集。

新建一个 Visual C++工程后，可以在工程属性里选择本工程所使用的字符集。一定要记住：此选项只控制代码里的数据类型和通用形式的 Win32 API 函数是用宽字符版的还是多字节字符版的，控制不了代码里的字符是用 Unicode 编码还是多字节编码。如果选择了“使用 Unicode 字符集”，则代码里用到的 API 函数被解释为 UNICODE 版本的 API（带标记 W 的 API），如 MessageBox 被解释为 MessageBoxW。如果选择了“使用多字节字符集”，则代码里用到的 API 函数被解释为多字节版本的 API（带标记 A 的 API），如 MessageBox 被解释为 MessageBoxA。再比如对于代码中的宏_T，如果选择了 Unicode 字符集，则被解释成 L，其后的字符串是双字节字符串；如果选择多字节字符集，则其后的字符串是单字节字符串。

如果工程中使用了“多字节字符集”（就是系统预定义了宏_MBCS），则类型 TCHAR 将映射到 char。如果工程中使用了“Unicode 字符集”(就是系统预定义了宏_UNICODE)，则类型 TCHAR 将映射到 wchar_t。

到了 Visual C++ 2017，会发现系统新建工程都是 Unicode，工程向导中已经没有选择了。工程属性中如果没有多字节开发包，也是没法选择多字节字符集的。可见，微软建议大家直接用 Unicode 字符集开发软件。这不是没有道理的，使用 Unicode 字符集开发热键的确好处颇多。比如：

（1）Unicode 使程序的国际化变得更容易。

（2）Unicode 提升了应用程序的效率，因为代码执行速度更快，占用内存更少。Windows 内部的一切工作都是使用 Unicode 字符和字符串来进行的。所以，假如你非要传入 ANSI 字符或字符串，Windows 就会被迫分配内存，并将 ANSI 字符或字符串转换为等价的 Unicode 形式。

（3）使用 Unicode，你的应用程序能轻松调用所有的 Windows 函数，因为一些 Windows 函数提供了只能处理 Unicode 字符和字符串的版本。

（4）使用 Unicode，你的代码很容易与 COM 集成（后者要求使用 Unicode 字符和字符串）。

（5）使用 Unicode，你的代码很容易与.NET Framework 集成（后者要求使用 Unicode 字符和字符串）。

这么多好处，相信你以后就决定使用 Unicode 字符集编程了。如果你非要在 Visual C++ 2017 上使用多字节字符集编程，也是可以的。安装多字节版本的 MFC 库 Visual C++_mbcsmfc（这个可以从网上免费下载）。下载下来直接双击安装即可，很傻瓜化，不再赘述。

安装完毕后，在工程属性页的“常规”选项中可以选择“使用多字节字符集”或“使用 Unicode 字符集”，如图 2-25 所示。

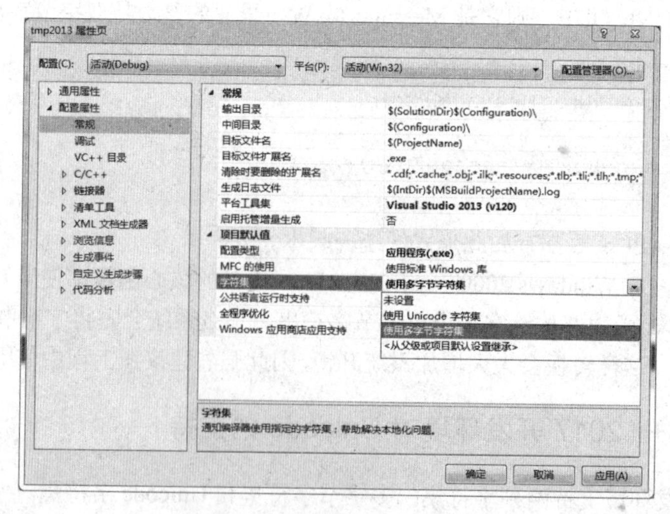

图 2-25

2.2.7 字符集相关范例

【例 2.10】求含中文字符的字符串的长度（字符数）

在 Visual C++ 2017 下新建一个控制台工程，使用 Unicode 字符集，求下列程序的运行结果。

```
#include "stdafx.h"
#include "string"
int _tmain(int argc, _TCHAR* argv[])
{
    char sz1[] = "aaa我";
    TCHAR sz2[] = _T("aaa我");

    printf("%s,", sz1);
    setlocale(LC_ALL, "chs"); //设置区域语言为简体中文字符集
    _tprintf(_T("%s\n"), sz2);
    printf("%d,%d\n", strlen(sz1), _tcslen(sz2));

    return 0;
}
```

其中，sz1 是单字节字符数组，一个字节为一个字符单位，中文字符“我”占用 2 个字节，被当作两个字符，因此 sz1 的字符个数是 5。

因为工程字符集是 Unicode，所以 TCHAR 相当于 wchar_t，因此 sz2 就是双字节字符数组，其中英文字符和中文字符都是占用 2 个字节空间，两个字节为一个字符单位，共有 4 个字符。

_tprintf 相当于 wprintf，但调用前需先调用 setlocale 来设置区域语言为简体中文字符集。

运行结果如图 2-26 所示。

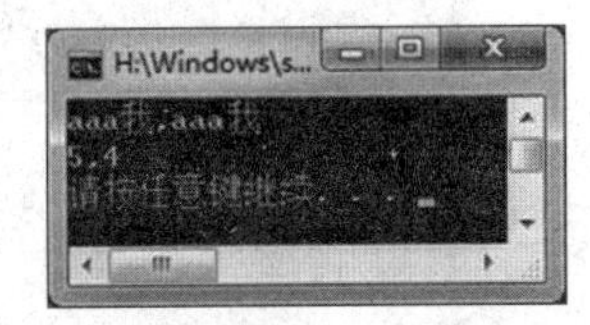

图 2-26

【例 2.11】Unicode 下的 wstring 转 string

主要利用 API 函数 WideCharToMultiByte 来转换。该函数声明如下：

```
int WideCharToMultiByte(
UINT CodePage,
DWORD dwFlags,
LPWSTR lpWideCharStr,
int cchWideChar,
LPCSTR lpMultiByteStr,
int cchMultiByte,
LPCSTR lpDefaultChar,
PBOOL pfUsedDefaultChar );
```

其中，参数 CodePage 指定执行转换的代码页，这个参数可以为系统已安装或有效的任何代码页所给定的值。也可以指定其为下面的任意一值：

- CP_ACP：ANSI 代码页。
- CP_MACCP：Macintosh 代码页。
- CP_OEMCP：OEM 代码页。
- CP_SYMBOL：符号代码页（42）。
- CP_THREAD_ACP：当前线程 ANSI 代码页。

- CP_UTF7：使用 UTF-7 转换。
- CP_UTF8：使用 UTF-8 转换。

dwFlags 允许进行额外的控制，会影响使用了读音符号（比如重音）的字符；lpWideCharStr 指定要转换为宽字节字符串的缓冲区；cchWideChar 指定由参数 lpWideCharStr 指向的缓冲区的字符个数；lpMultiByteStr 指向接收被转换字符串的缓冲区；cchMultiByte 指定由参数 lpMultiByteStr 指向的缓冲区最大值（用字节来计量）。若此值为 0，则函数返回 lpMultiByteStr 指向的目标缓冲区所必需的字节数。在这种情况下，lpMultiByteStr 参数通常为 NULL。lpDefaultChar 的作用是如果遇到一个不能转换的宽字符，函数便会使用 lpDefaultChar 参数指向的字符；pfUsedDefaultChar 的作用是当至少有一个字符不能转换为其多字节形式时，函数就会把这个变量设为 TRUE。如果函数运行成功，并且 cchMultiByte 不为 0，则返回值是由 lpMultiByteStr 指向的缓冲区中写入的字节数；如果函数运行成功，并且 cchMultiByte 为 0，则返回值是接收到待转换字符串的缓冲区所必需的字节数；如果函数运行失败，则返回值为 0。若想获得更多错误信息，可以调用 GetLastError 函数。注意：指针 lpMultiByteStr 和 lpWideCharStr 必须不一样。如果一样，函数将失败，GetLastError 将返回 ERROR_INVALID_PARAMETER 的值。

步骤如下：

步骤 01 打开 Visual C++ 2017，新建一个控制台，设置字符集为 Unicode。

步骤 02 在 Test.cpp 中输入如下代码：

```
#include "stdafx.h"
#include "windows.h"
#include "string"
using namespace std;

//将宽字符串转为窄字符串
string WideCharToMultiChar(wstring str)
{
    string strRes; //定义结果字符串

    //获取缓冲区的大小，缓冲区大小是按字节计算的
    int len = WideCharToMultiByte(CP_ACP, 0, str.c_str(), str.size(), NULL, 0, 
NULL, NULL);
    char *buffer = new char[len + 1]; //申请空间
    WideCharToMultiByte(CP_ACP, 0, str.c_str(), str.size(), buffer, len, NULL, 
NULL); //转换
    buffer[len] = '\0';
    strRes.append(buffer); //加入 string 中
    delete[] buffer; //删除缓冲区

    return strRes; //返回结果
}

int _tmain(int argc, _TCHAR* argv[])
{
    TCHAR sz2[] = _T("aaa 我");
    wstring wstr;

    wstr.append(sz2);
    string str = WideCharToMultiChar(wstr);
```

```
    printf("%s\n", str.c_str()); //显示结果
}
```

步骤 03　保存工程并运行，运行结果如图 2-27 所示。

图 2-27

【例 2.12】找出 wchar_t 类型的数组里的汉字

wchar_t 类型的数组中的每个字符占用 2 个字节，其中非中文字符的高字节为 0，以此可以判断是否为汉字。步骤如下：

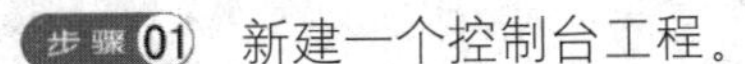

步骤 01　新建一个控制台工程。

步骤 02　在 Test.cpp 中输入如下代码：

```
#include "stdafx.h"
#include "windows.h"
#include "string" //函数 setlocale 需要
#include "iostream"
using namespace std;

int _tmain(int argc, _TCHAR* argv[])
{
    wstring str;
    wchar_t      arr[] = L"中国 woaini 江 345 苏";
    int      i;

    i = 0;
    while (arr[i])
    {
        if (arr[i] >> 7) //判断高字节是否为 0，如果不是，则为汉字
            str.push_back(arr[i]);
        i++;
    }
    setlocale(LC_ALL, "chinese-simplified"); // 设置区域语言为简体中文
    wcout << str<<endl; //输出找到的中文

    return 0;
}
```

在上面的代码中，wcout 是 cout 的宽字符版本，在调用它之前，先要调用 setlocale 来设置区域语言为简体中文，也可以写成"setlocale(LC_ALL, "chs");"。

步骤 03　保存工程并运行，运行结果如图 2-28 所示。

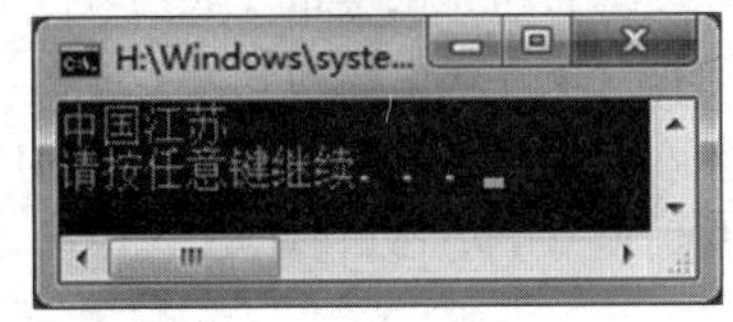

图 2-28

【例 2.13】找出 char 类型的数组里的汉字

char 类型的数组中的每个字符占用 1 个字节，其中非中文字符的高字节为 0，以此可以判断是否为汉字。步骤如下：

步骤 01　新建一个控制台工程，工程字符集为 Unicode，当然也可以是多字节。

步骤 02　在 Test.cpp 中输入如下代码：

```
#include "stdafx.h"
#include "string"
#include "iostream"
using namespace std;
```

```
int _tmain(int argc, _TCHAR* argv[])
{
    char sz1[] = "a 世界 a1a 都去 asdfad 哪啦";
    string str;
    int i, len = strlen(sz1); //得到字符数组长度
    for (int i = 0; i < len;)
    {
        if (sz1[i] < 0)   //负数则前后两个字节存的是汉字
        {
            str.push_back(sz1[i]);
            i++;
            str.push_back(sz1[i]);
        }
        i++;
    }
    cout << str << endl; //输出找到的汉字
    return 0;
}
```

步骤 03 保存工程并运行，运行结果如图 2-29 所示。

图 2-29

2.3 SDK 编程基础

通常所说的Win32应用程序开发就是利用C语言和Win32 API函数来开发Windows应用程序，这种开发方式也称为SDK方式。虽然现在直接用Win32 API开发应用程序的人已经不多了，但是深入理解Windows系统程序设计原理仍然是成为Windows开发高手的必经之路，对于理解MFC同样有着举足轻重的作用。

2.3.1 消息的定义

消息系统对于一个Win32编程来说十分重要，它是一个程序运行的动力源泉。一个消息是系统定义的一个32位的整数值，并用宏表示。它向Windows发出一个通知，告诉应用程序某个事情发生了。例如，单击鼠标、改变窗口尺寸、按下键盘上的一个键都会使Windows发送一个消息给应用程序。产生消息的来源有3个：

（1）由操作系统产生。
（2）由用户触发的事件转换而来。
（3）由另一个消息产生。

操作系统可以向应用程序发送或投递消息来控制应用程序的行为并提供输入。例如，对每一个输入事件，用户按键、移动鼠标、单击都会产生一个消息。应用程序通过响应这些消息处理用户的动作，实现和用户的交互。应用程序也可以向操作系统发送或投递消息以控制预先注册的类型空间窗口的行为。消息可以分为两种，一种是系统预定义的消息，另外一种是用户自定义的消息。其中，系统预定义的消息用一个宏来表示。在头文件winuser.h中这些消息宏被定义为32位整数，例如：

```
#define WM_CREATE         0x0001  //窗口创建消息
#define BM_CLICK          0x00F5  //按钮单击消息
```

消息宏分为两部分，前缀和后缀。前缀表示处理该消息的窗口的类别，后缀描述了该消息的目的，比如窗口创建消息的宏定义为WM_CREATE，其中WM是前缀、CREATE是后缀，两者用下画线相连。常见消息的前缀和说明见表2-3。

表2-3　常见消息的前缀和说明

前　缀	说　明	前　缀	说　明
WM	普通窗口（General Window）	MCM	日历控件（Month Calendar Control）
BM	按钮（Button Control）	PBM	进度条（Progress Bar）
CB	组合框（Combo Box Control）	PSM	属性（Property Bar）
CDM	通用对话框（Common Dialog Box）	RB	伸缩条　（Rebar Control）
DBT	设备消息（Device Control）	SB	状态栏（Status Bar Control）
DL	下拉列表（Drag List Box）	STM	静态条（Static Control）
EM	编辑框（Edit Control）	TB	工具条（Toolbar）
HKM	热键（Hot Key Control）	TBM	跟踪条（Trackbar）
IPM	IP控件（IP Address Control）	TCM	标签控件（Tab Control）
LB	列表框（List Box Control）	TVM	树视图（Tree-view Control）
LVM	列表视图（List View Control）	UDM	微调按钮控件（Up-down Control）

消息宏只是用来标识某个消息的名称，除此以外还需要其他信息来描述消息，比如接受消息的窗口、消息发生的时间等。在winuser.h中，用一个结构体来定义一个消息，这个结构体类型叫作MSG，在winuser.h中的定义如下：

```
typedef struct tagMsg
{
    HWND hwnd;                  // 接受该消息的窗口句柄
    UINT message;               // 消息常量标识符，也就是我们通常所说的消息号
    WPARAM wParam;              // 32位消息的特定附加信息，确切含义依赖于消息值
    LPARAM lParam;              // 32位消息的特定附加信息，确切含义依赖于消息值
    DWORD time;                 // 消息创建时的时间
    POINT pt;                   // 消息创建时的鼠标/光标在屏幕坐标系中的位置
}MSG;
```

其中，hwnd是32位的窗口句柄。窗口可以是任何类型的屏幕对象，因为Win32能够维护大多数可视对象的句柄（窗口、对话框、按钮、编辑框等）；message是消息号，用来存放消息常量值（就是消息宏）；wParam是消息参数，通常是一个与消息有关的常量值，也可能是窗口或控件的句柄；lParam也是消息参数，通常是一个指向内存中数据的指针。

2.3.2 预定义消息

Windows 预定义的消息应用于 Windows 自带的控件和窗口中，可以直接使用。Windows 预定义的消息大概有 400 多种，这些消息可以分为如下 3 类。

1. 窗口消息

窗口消息（Windows Message）用于窗口的内部运作，如创建窗口消息（WM_CREATE）、绘制窗口消息（WM_PAINT）、销毁窗口（WM_DESTROY）等。窗口消息可用于一般窗口，也可以是对话框、控件等，因为对话框和控件也是窗口。

不同的窗口消息，其消息参数的含义是不同的，几个常见的窗口消息及其参数见表 2-4。

表 2-4　常见的窗口消息

消　　息	说　　明
WM_CREATE	窗口创建消息。其中，wParam 不用，lParam 指向 CREATESTRUCT 结构体的指针，该结构体包含将要创建的窗口的信息
WM_PAINT	画窗口消息。调用函数 UpdateWindow 或 RedrawWindow，会发送该消息。wParam 和 lParam 不用
WM_DESTROY	销毁窗口消息。wParam 和 lParam 不用
WM_KILLFOCUS	焦点消息，对于正在失去焦点的窗口会收到 WM_KILLFOCUS 消息，其 wParam 参数是即将接收输入焦点的窗口的句柄
WM_SETFOCUS	对于即将获取焦点的窗口，会收到 WM_SETFOCUS 消息，其 wParam 参数是正在失去焦点的窗口的句柄
WM_MEASUREITEM	当具有自画风格的组合框、列表框、列表视图控件或菜单项被创建的时候，该消息会发送给这些控件或菜单的拥有者窗口，用来设置这些控件或菜单每个项的大小。比如列表框如果具有 LBS_OWNERDRAWFIXED 风格，那么它被创建的时候，系统会发送 WM_MEASUREITEM 消息来设置每项（每行）的高度；如果没有 LBS_OWNERDRAWFIXED 风格，就不会发送 WM_MEASUREITEM 消息。消息参数 wParam 的值为控件 ID；lParam 指向 MEASUREITEMSTRUCT 结构体的指针，该结构体包含自画控件或菜单项的尺寸信息
WM_DRAWITEM	当具有自画风格的按钮、组合框、列表框、列表视图控件或菜单的外观发生改变（需要重画）的时候，该消息会发送给这些控件或菜单的拥有者窗口，收到此消息之后控件才会执行重画。比如列表框如果具有 LBS_OWNERDRAWFIXED 风格，那么它需要重画的时候系统会发送 WM_DRAWITEM 消息来画出每项（每行）；如果没有 LBS_OWNERDRAWFIXED 风格，则不会发送 WM_DRAWITEM 消息。消息参数 wParam 的值为控件 ID；lParam 指向 DRAWITEMSTRUCT 结构体的指针，该结构为需要自绘的控件或者菜单项提供了必要的信息

2. 命令消息

命令消息（Command Message）用于处理用户请求，如用户单击菜单项或工具栏按钮或标准控件时就会产生命令消息。命令消息的形式是 WM_COMMAND，消息参数 wParam 的低字节，即 LOWORD(wParam)，表示菜单项或工具栏按钮。

值得注意的是，WM_COMMAND 除了作为命令消息外，还能作为标准控件的控件通知消息。区别是消息参数 lParam 是否为 NULL：如果是 NULL，则 WM_COMMAND 是一个命令消息；如果 lParam 是控件句柄值，则 WM_COMMAND 是一个标准控件通知消息。这里所说的标准控件包括按钮（Button ）、静态文本控件（Static）、编辑框（Edit）、组合框（ComboBox）、列表框（ListBox）、滚动块（ScrollBar）等。除了标准控件外，还有一类控件叫通用控件，通用控件有情况要向父窗口发送消息时，并不通过 WM_COMMAND，而是通过控件通知消息 WM_NOTIFY。

3. 控件通知消息

控件通知就是控件有情况需要通知其父窗口。控件通知消息有 3 种形式：

（1）作为窗口消息的子集

它的特征格式为 WM_XXXX，主要发生在以下 3 种场景：

- 控件窗口在创建或销毁之前，会发送 WM_PARENTNOTIFY 消息给它的父窗口。
- 控件窗口绘制自身窗口的消息，比如 WM_CTLCOLOR、WM_DRAWITEM、WM_MEASUREITEM、WM_DELETEITEM、WM_CHARTOITEM、WM_VKTOITEM、WM_COMMAND 和 WM_COMPAREITEM。
- 由滚动条控件发送，通知其父窗口滚动的消息，如 WM_VSCROLL 和 WM_HSCROLL。

（2）WM_COMMAND 形式

这种控件通知的方式是利用命令消息，就是向父窗口发送 WM_COMMAND 消息，但只有标准控件才采用这种方式。标准控件包括按钮（Button）、静态文本控件（Static）、编辑框（Edit）、组合框（ComboBox）、列表框（ListBox）、滚动块（ScrollBar）等。

在 WM_COMMAND 中，lParam 用来区分是命令消息还是控件通知消息：如果消息参数 lParam 为 NULL，则这是一个命令消息；否则 lParam 里面放的必然就是控件的句柄，是一个控件通知消息。消息参数 wParam 的低字节表示控件的 ID，高字节即 HIWORD(wParam)表示控件通知码，通知码标记了控件所发生的各种事件，常见的标准控件的通知码和含义如表 2-5 所示。

表 2-5　常见的标准控件的通知码和含义

标 准 控 件	通 知 码	说　明
按钮控件	BN_CLICKED	用户单击了按钮
	BN_DISABLE	按钮被禁止
	BN_DOUBLECLICKED	用户双击了按钮
	BN_HILITE	用户加亮了按钮
	BN_PAINT	按钮应当重画
	BN_UNHILITE	加亮应当去掉
	BN_DISABLE	按钮被禁止
	BN_DOUBLECLICKED	用户双击了按钮
组合框控件	CBN_CLOSEUP	组合框的列表框被关闭
	CBN_DBLCLK	用户双击了一个字符串
	CBN_DROPDOWN	组合框的列表框被拉出
	CBN_EDITCHANGE	用户修改了编辑框中的文本

（续表）

标准控件	通知码	说明
组合框控件	CBN_EDITUPDATE	编辑框内的文本即将更新
	CBN_ERRSPACE	组合框内存不足
	CBN_KILLFOCUS	组合框失去输入焦点
	CBN_SELCHANGE	在组合框中选择了一项
	CBN_SELENDCANCEL	用户的选择应当被取消
	CBN_SELENDOK	用户的选择是合法的
	CBN_SETFOCUS	组合框获得输入焦点
	CBN_CLOSEUP	组合框的列表框被关闭
	CBN_DBLCLK	用户双击了一个字符串
	CBN_DROPDOWN	组合框的列表框被拉出
编辑框控件	EN_CHANGE	编辑框中的文本已更新
	EN_ERRSPACE	编辑框内存不足
	EN_HSCROLL	用户单击了水平滚动条
	EN_KILLFOCUS	编辑框正在失去输入焦点
	EN_MAXTEXT	插入的内容被截断
	EN_SETFOCUS	编辑框获得输入焦点
	EN_UPDATE	编辑框中的文本将要更新
列表框控件	LBN_DBLCLK	用户双击了一项
	LBN_ERRSPACE	列表框内存不够
	LBN_KILLFOCUS	列表框正在失去输入焦点
	LBN_SELCANCEL	选择被取消
	LBN_SELCHANGE	选择了另一项
	LBN_SETFOCUS	列表框获得输入焦点
	LBN_DBLCLK	用户双击了一项

这些不用去记忆，大致了解即可，开发的时候可以查询帮助。

（3）WM_NOTIFY 形式

上面说到标准控件发送信息给父窗口是通过 WM_COMMAND，除此之外的通用控件（比如树型视图、列表视图）发送给父窗口的消息是 WM_NOTIFY。单击或双击一个通用控件或在通用控件中选择部分文本、操作通用控件的滚动条都会产生 WM_NOTIFY 消息。消息 WM_NOTIFY 的消息参数 wParam 和 lParam 分别表示控件 ID 和指向结构体 NMHDR 的指针。NMHDR 包含控件通知的内容，比如控件通知码。

有些朋友可能会疑惑了，既然有了 WM_COMMAND，为何要出现一个 WM_NOTIFY？这是因为控件日益增多，WM_COMMAND 消息无法承载更多信息所致。很久以前，大概是 Windows 3.x 的时代，那时 Windows 控件并不是很多，大致就是今天所谓的标准控件，这些控件通过 WM_COMMAND 发送信息给父窗口，然后两个消息参数里分别表示控件 ID 和通知码。对于简单的事件，这样的方式没有问题，但是对于复杂的事件，比如控件绘制事件，它需要很多信息传给父窗口，而 WM_COMMAND 的两个消息参数已经被占用了，怎么办？人们就专门为控件绘制定义一个新的消息 WM_DRAWITEM，并让 wParam 表示控件 ID，lParam 为指向结构体 DRAWITEMSTRUCT 的指针。结构体 DRAWITEMSTRUCT 包含了控件绘制所需要的全部信息，具体有 9 个，定义如下：

```
typedef struct tagDRAWITEMSTRUCT {
    UINT CtlType;
    UINT CtlID;
    UINT itemID;
    UINT itemAction;
    UINT itemState;
    HWND hwndItem;
    HDC hDC;
    RECT rcItem;
    ULONG_PTR itemData;
} DRAWITEMSTRUCT;
```

这些内容现在不必去理解，只需知道它们是控件绘制的必要信息即可。

好了，看来要传给父窗口很多信息可以通过增加消息的方式来进行。但是，随着 Windows 控件越来越多（比如通用控件的出现）、功能越来越复杂，难道要为每一个需要附加数据的通告消息增加一个新的 WM_*？如果这样增加消息，岂不是消息泛滥了？

于是 WM_NOTIFY 消息出现了。此时消息参数 wParam 的值为发生 WM_NOTIFY 消息的控件 ID。lParam 的值分两种情况。对于一些通知码，lParam 的值为指向结构体 NMHDR（Notify Message Handler）的指针，定义如下：

```
typedef struct tagNMHDR
{
HWND hwndFrom; //相当于原 WM_COMMAND 传递方式的 lParam
UINT_PTR idFrom; //相当于原 WM_COMMAND 传递方式的 wParam 的低字节
UINT code;  // 相当于原 WM_COMMAND 传递方式的通知码(wParam 的高字节)
}  NMHDR;
```

对于另外一些通知码，lParam 的值为指向包含更多信息结构体的指针，并且这个结构体的第一个字段必须是 NMHDR 类型的变量。比如我们在列表视图控件中按下键盘，列表视图控件会发送 WM_NOTIFY 消息给父窗口，并同时会发送 NMLVKEYDOWN 结构体的地址给消息参数 lParam，此时 lParam 就是指向 NMLVKEYDOWN 结构体的指针，而事件通知码 LVN_KEYDOWN 放到该结构体第一个字段 NMHDR 类型变量的 code 字段中。结构体 NMLVKEYDOWN 的定义如下：

```
typedef struct tagLVKEYDOWN {
    NMHDR hdr; //通知信息处理者句柄
    WORD wVKey; //按下的虚拟键值
    UINT flags; //总为 0
} NMLVKEYDOWN, *LPNMLVKEYDOWN;
```

可能现在还有些不大理解，以后可以结合具体程序回过头来看。

至此，WM_NOTIFY 形式的控件通知解决了不断需要增加新消息和消息参数所带信息容量不够的问题。现在 Windows 中通用控件的通知方式都是采用该消息的形式。

2.3.3　自定义消息

除了 Windows 预定义消息外，开发者还可以自己定义消息，以达到特殊功能的目的，注意不要和预定义消息的宏冲突。系统保留的消息标识符的值在 0x0000 到 0x03ff（WM_USER-1）范围内，这些值被系统定义消息使用。开发者不能使用这些值定义自己的消息。开发者如果要自己定义消息，可以从 WM_USER 开始，比如定义一个自定义的消息：

```
#define MY_MSG WM_USER+1
```

2.3.4 消息和事件

消息（Message）就是用于描述某个事件所发生的信息，而事件（Event）则是用户操作应用程序产生的动作（比如用户按下鼠标左键这个动作）。事件和消息两者密切相关，事件是原因，消息是结果，事件产生消息，消息对应事件。事件是一个动作，由用户触发的动作。消息是一个信息，传递给系统的信息。

事件与消息的概念在计算机中较易混淆，但本质是不同的，事件由用户（操作电脑的人）触发且只能由用户触发，操作系统能够感觉到由用户触发的事件，并将此事件转换为一个（特定的）消息发送到程序的消息队列中。这里强调的是：可以说“用户触发了一个事件”，而不能说“用户触发了一个消息”。用户只能触发事件，而事件只能由用户触发。一个事件产生后，将被操作系统转换为一个消息，所以一个消息可能是由一个事件转换而来（或者由操作系统产生）。一个消息可能会产生另一个消息，但一个消息决不能产生一个事件（事件只能由用户触发）。总而言之， 事件只能由用户通过外设的输入产生。

2.3.5 消息和窗口

Windows 的消息机制就是“以消息为基础，以事件为驱动”，即 Windows 程序是依靠外部发生的事件来驱动的。也就是说：程序不断地等待消息，外部事件以消息的形式进入系统后放入相应的队列，然后程序调用 API 函数 GetMessage 取得相应的消息并做出相应的处理。窗口是用来接收并处理消息的，每个窗口都对应一个函数来处理消息，这个处理消息的函数就叫窗口函数（Windows Procedure）。

Win32 应用程序（SDK）的实现主要分为以下步骤：

（1）WinMain 函数

大家都知道，main 函数是 C 程序的入口点，而 WinMain 函数是 Windows 程序的入口点。

（2）MSG 结构体

定义了一个窗口类 WNDCLASS。

（3）注册窗口

用 API 函数 RegisterClass 向系统注册窗口类。

（4）创建窗口

用 API 函数 CreateWindow 创建窗口，在创建窗口时它可以确定窗口类、窗口标题、窗口风格、大小以及初始位置等。

（5）显示窗口

创建窗口后需要使用 API 函数 ShowWindow 来显示窗口。

（6）刷新窗口

再调用 API 函数 UpdateWindow 函数来刷新窗口。

（7）消息循环

窗口显示完毕后，就要启动消息循环来等待接收针对窗口的消息了。消息循环使用 while 循环，不断地调用 GetMessage 来获取消息队列中的消息，获得消息再使用 TranslateMessage 将消息转化，最后调用函数 DispatchMessage 将消息传递给窗口函数去处理。

函数 GetMessage 的作用是从消息队列中获取消息。如果消息队列中没有消息，此功能函数则会一直等待消息。消息队列是操作系统维护的。

（8）WindowProc 窗口函数

窗口函数 WindowProc 非常重要，所有发往本窗口的消息都将在这个函数中处理，该函数是一个回调函数（Callback），就是系统调用的函数，用户不需要调用，只需把窗口函数的函数名赋值给窗口类 WNDCLASS 中的成员 lpfnWndProc，系统就知道了。在窗口函数中，常利用 Switch/Case 方式来判断消息的种类，然后进入各个分支针对某个具体消息进行处理。

前面我们通过 SDK 的方式编写了一个 Win32 程序。程序非常简单，通过 API 函数 MessageBox 在运行时会显示一个消息框。这个消息框只能用来显示信息，窗口上的元素基本是“死”（系统给予的）的，我们不能在窗口上面添加菜单，也无法在上面画画（比如画一个矩形）。现在我们来创建一个“活”的窗口，窗口上面的元素都是我们自己添加上去的。下面我们来看一个基本的 Win32 应用程序。

【例 2.14】 一个基本的 Win32 应用程序

（1）新建一个 Win32 应用程序，即在“新建项目”对话框上选择“Windows 桌面向导”，如图 2-30 所示。

输入名称和位置后，单击“确定”按钮，出现“Windows 桌面项目”对话框，选择“Windows 应用程序”，如图 2-31 所示。

图 2-30

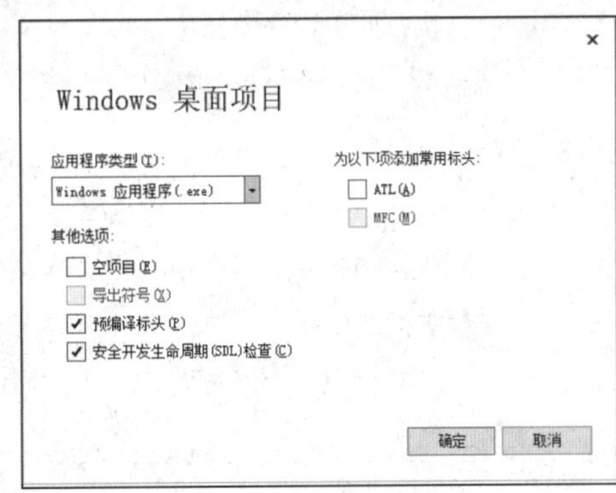

图 2-31

确保选中“Windows 应用程序”，默认情况下是不选中的。然后单击“完成”按钮，系统会自动生成一个 Win32 程序框架。

（2）在 Test.cpp 中找到函数 WndProc，然后在该函数的 case WM_PAINT 分支内添加一段画字符串代码，并在 case WM_CREATE 分支内添加一个显示消息框的代码。最后的完整如下代码：

```
// Test.cpp : 定义应用程序的入口点
//
#include "stdafx.h"
#include "Test.h"

#define MAX_LOADSTRING 100

// 全局变量:
HINSTANCE hInst;                                    // 当前实例
TCHAR szTitle[MAX_LOADSTRING];                      // 标题栏文本
TCHAR szWindowClass[MAX_LOADSTRING];                // 主窗口类名

// 此代码模块中包含的函数的前向声明
ATOM                MyRegisterClass(HINSTANCE hInstance);
BOOL                InitInstance(HINSTANCE, int);
LRESULT CALLBACK    WndProc(HWND, UINT, WPARAM, LPARAM);    //声明窗口函数
INT_PTR CALLBACK    About(HWND, UINT, WPARAM, LPARAM);

int APIENTRY _tWinMain(_In_ HINSTANCE hInstance,
                       _In_opt_ HINSTANCE hPrevInstance,
                       _In_ LPTSTR    lpCmdLine,
                       _In_ int       nCmdShow)
{
    UNREFERENCED_PARAMETER(hPrevInstance);
    UNREFERENCED_PARAMETER(lpCmdLine);

     // TODO:  在此放置代码
    MSG msg;
    HACCEL hAccelTable;

    // 初始化全局字符串
    LoadString(hInstance, IDS_APP_TITLE, szTitle, MAX_LOADSTRING);
    LoadString(hInstance, IDC_TEST, szWindowClass, MAX_LOADSTRING);
    MyRegisterClass(hInstance);

    // 执行应用程序初始化
    if (!InitInstance (hInstance, nCmdShow))
    {
        return FALSE;
    }

    hAccelTable = LoadAccelerators(hInstance, MAKEINTRESOURCE(IDC_TEST));

    // 主消息循环
    while (GetMessage(&msg, NULL, 0, 0))
    {
        if (!TranslateAccelerator(msg.hwnd, hAccelTable, &msg))
        {
            TranslateMessage(&msg);
            DispatchMessage(&msg);
        }
    }

    return (int) msg.wParam;
}

//
```

```
//  函数: MyRegisterClass()
//
//  目的: 注册窗口类
//
ATOM MyRegisterClass(HINSTANCE hInstance)
{
   WNDCLASSEX wcex;
//定制"窗口类"结构
   wcex.cbSize = sizeof(WNDCLASSEX);

   wcex.style          = CS_HREDRAW | CS_VREDRAW;       //定义窗口风格
   wcex.lpfnWndProc    = WndProc;
   wcex.cbClsExtra     = 0;
   wcex.cbWndExtra     = 0;
   wcex.hInstance      = hInstance;
     //加载图标
   wcex.hIcon          = LoadIcon(hInstance, MAKEINTRESOURCE(IDI_TEST));
   wcex.hCursor        = LoadCursor(NULL, IDC_ARROW);   //加载光标
   wcex.hbrBackground  = (HBRUSH)(COLOR_WINDOW+1);      //窗口背景
   wcex.lpszMenuName   = MAKEINTRESOURCE(IDC_TEST);     //获取菜单名称字符串
   wcex.lpszClassName  = szWindowClass;                 //保存窗口类名
   wcex.hIconSm     = LoadIcon(wcex.hInstance, MAKEINTRESOURCE(IDI_SMALL));

   return RegisterClassEx(&wcex);
}

//
//   函数: InitInstance(HINSTANCE, int)
//
//   目的: 保存实例句柄并创建主窗口
//
//   注释:
//
//        在此函数中，我们在全局变量中保存实例句柄并
//        创建和显示主程序窗口
//
BOOL InitInstance(HINSTANCE hInstance, int nCmdShow)
{
   HWND hWnd;

   hInst = hInstance; // 将实例句柄存储在全局变量中
     //创建窗口
   hWnd = CreateWindow(szWindowClass, szTitle, WS_OVERLAPPEDWINDOW,
     CW_USEDEFAULT, 0, CW_USEDEFAULT, 0, NULL, NULL, hInstance, NULL);

   if (!hWnd) //如果创建失败，则直接返回
   {
     return FALSE;
   }

   ShowWindow(hWnd, nCmdShow); //显示窗口
   UpdateWindow(hWnd); //更新窗口

   return TRUE;
}
```

```
//功能：处理主窗口的消息
//参数：窗口句柄，消息，消息参数，消息参数
LRESULT CALLBACK WndProc(HWND hWnd, UINT message, WPARAM wParam, LPARAM lParam)
{
        int wmId, wmEvent;
        PAINTSTRUCT ps;
        HDC hdc;
        RECT rt;

        switch (message)
        {
            case WM_CREATE: //新增创建窗口消息的处理
                //显示消息框
                MessageBox(hWnd, _T("窗口即将出现..."), _T("你好"),MB_OK);
                break;
            case WM_COMMAND: //处理应用程序菜单
                wmId    = LOWORD(wParam); //得到菜单 ID
                wmEvent = HIWORD(wParam);
                // 分析菜单选择:
                switch (wmId)
                {
                case IDM_ABOUT:
                    DialogBox(hInst, MAKEINTRESOURCE(IDD_ABOUTBOX),hWnd,About);
                    break;
                case IDM_EXIT:
                    DestroyWindow(hWnd);
                    break;
                default:
                    return DefWindowProc(hWnd, message, wParam, lParam);
                }
                break;
            case WM_PAINT: //处理窗口绘制消息，绘制主窗口
                hdc = BeginPaint(hWnd, &ps);
                // TODO: 在此添加任意绘图代码...
                //新增在窗口客户区中央画字符串的代码
                GetClientRect(hWnd, &rt);
                SetTextColor(hdc, RGB(255, 255, 0)); //设置要画的文本颜色
                SetBkColor(hdc, RGB(0, 128, 0)); //设置要画的文本背景色
                DrawText(hdc, _T("Hello,World"), -1, &rt,   //开始画文本
                    DT_SINGLELINE | DT_CENTER | DT_Visual C++ENTER);
                //新增结束
                EndPaint(hWnd, &ps);
                break;
            case WM_DESTROY: //窗口销毁消息
                PostQuitMessage(0); //发送一个退出消息 WM_QUIT 到消息队列
                break;
            default:
            //其他消息交给由系统提供的默认处理函数
                return DefWindowProc(hWnd, message, wParam, lParam);
        }
        return 0;
```

```
}
// "关于"对话框的窗口消息处理程序
INT_PTR CALLBACK About(HWND hDlg, UINT message, WPARAM wParam, LPARAM lParam)
{
        UNREFERENCED_PARAMETER(lParam);
        switch (message)
        {
        case WM_INITDIALOG: //窗口初始化消息，这里没啥需要处理，也可以注释掉
            return (INT_PTR)TRUE;

        case WM_COMMAND: //命令消息
            //如果用户单击 OK 或 Cancel 按钮
            if (LOWORD(wParam) == IDOK || LOWORD(wParam) == IDCANCEL)
            {
                EndDialog(hDlg, LOWORD(wParam)); //退出对话框
                return (INT_PTR)TRUE;
            }
            break;
        }
        //这里直接返回 FALSE 表示对于其他消息一概不处理
        return (INT_PTR)FALSE;
}
```

在上面的程序中，先注册了一个窗口类，那么窗口类到底有什么用呢？在 Windows 中运行的程序大多数都有一个或几个可以看得见的窗口，而在这些窗口被创建起来之前，操作系统怎么知道该怎样创建该窗口，以及用户操作该窗口的各种消息交给谁处理呢？因此，Visual C++在调用 API 函数 CreateWindow 创建窗口之前，要求开发者必须定义一个窗口类（注意这个类不是传统 C++意义上的类）来规定所要创建该窗口需要的各种信息，主要包括窗口的消息处理函数名、窗口的风格、图标、 鼠标、菜单等，并通过一个结构体 WNDCLASSEXW（末尾有个 W 表示是 Unicode 下的版本，如果是多字节下的版本为 WNDCLASSEXA）来定义窗口类，其定义如下：

```
typedef struct tagWNDCLASSEXW {
    UINT        cbSize;
    UINT        style;
    WNDPROC     lpfnWndProc;
    int         cbClsExtra;
    int         cbWndExtra;
    HINSTANCE   hInstance;
    HICON       hIcon;
    HCURSOR     hCursor;
    HBRUSH      hbrBackground;
    LPCWSTR     lpszMenuName;
    LPCWSTR     lpszClassName;
    HICON       hIconSm;
} WNDCLASSEXW;
```

其中，参数 cbSize 表示该结构体的大小，一般为 sizeof(WNDCLASSEX)；style 表示该类窗口的风格，如 style 为 CS_HREDRAW | CS_VREDRAW 表示窗口在水平移动、垂直移动或者调整大小时需要重画；lpfnWndProc 为一个指针，指向用户定义的该窗口的消息处理函数（也称窗口过程或窗口过程函数）；cbClsExtra 用于在窗口类结构中保留一定空间，用于存储自己需要的某些信息；

cbWndExtra 用于在 Windows 内部保存的窗口结构中保留一定空间；hInstance 表示创建该窗口的程序的运行实体句柄；hIcon、hCursor、hbrBackground、lpszMenuName 分别表示该窗口的图标、鼠标形状、背景色以及菜单；lpszClassName 表示该窗口类别的名称，即标识该窗口类的标志；hIconSm 表示窗口的小图标。

从上面可以看出一个窗口类就对应一个 WNDCLASSW 结构（这里以 Unicode 为例），当程序员将该结构按自己要求填写完成后，就可以调用 RegisterClassEx 函数将该窗口类向操作系统注册，这样以后凡是要创建该窗口，只需要以该类名（lpszClassName 中指定）为参数调用 CreateWindow，是不是很方便，注册窗口的函数是 RegisterClassEx，该函数声明如下：

```
ATOM  RegisterClassEx(CONST WNDCLASSEX *lpwcx);
```

其中，参数为指向窗口类结构体的指针。如果函数成功，就返回 ATOM 类型的数值，该数值可以标识被注册成功的窗口类。如果失败就返回 0。ATOM 其实就是 WORD，它在 minwindef.h 中定义如下：

```
typedef WORD ATOM;
```

创建窗口的函数是 CreateWindow，该函数声明如下：

```
HWND CreateWindow( LPCTSTR lpClassName, LPCTSTR lpWindowName,DWORD dwStyle,int
x,int y, int nWidth,int nHeight,HWND hWndParent,HMENU hMenu,HINSTANCE
hInstance,LPVOID lpParam);
```

其中，lpClassName 指向窗口类名的指针；lpWindowName 指向窗口名称的指针；dwStyle 表示窗口风格，比如 WS_OVERLAPPEDWINDOW 表示一个可以重叠的窗口，这种风格的窗口含有一个标题栏，标题栏的左边有一个窗口图标和窗口标题，并且单击窗口图标会出现系统菜单，标题栏的右边有最小化、最大化和关闭按钮，窗口四周还包围着一个边框（窗口边框），WS_OVERLAPPEDWINDOW 风格在 winuser.h 中定义：

```
#define WS_OVERLAPPEDWINDOW (WS_OVERLAPPED     | \
                             WS_CAPTION        | \
                             WS_SYSMENU        | \
                             WS_THICKFRAME     | \
                             WS_MINIMIZEBOX    | \
                             WS_MAXIMIZEBOX)
```

第 4 到 7 个参数用来表示窗口的起始位置和大小。在上面的程序中，使用的 CW_USERDEFAULT 表示使用默认的初始位置和默认的初始大小；参数 hWndParent 表示父窗口的句柄，如果设为 NULL，则表示该窗口没有父窗口，是程序中“最高级的”窗口；hMenu 表示窗口拥有的菜单句柄，如果设为 NULL，表示该窗口没有菜单；hInstance 表示该窗口应用程序实例句柄；最后一个参数 lpParam 表示窗口创建参数，可以通过该参数来访问想要引用的程序数据。如果函数执行成功，则返回创建成功的窗口句柄，否则为 NULL。有了窗口句柄，就可以对窗口进行操作，比如调整位置、大小，让其关闭等。

窗口创建完毕后，就要显示窗口，显示窗口的函数是 ShowWindow，该函数声明如下：

```
void ShowWindow(HWND hwnd,int nCmdShow);
```

其中，hwnd 表示要显示窗口的句柄；nCmdShow 是窗口的显示方式，比如最大化显示、最小化显示和常规大小显示等，具体取值如表 2-6 所示。

表 2-6　nCmdShow 的取值

宏	说　明
SW_SHOWMAXIMIZED	最大化显示一个窗口，同时激活
SW_SHOWMINMIZED	最小化显示一个窗口，同时激活
SW_SHOWMINNOACTIVE	最小化显示一个窗口，但不激活
SW_SHOWNORMAL	以常规大小显示一个窗口，同时激活

窗口显示完毕后，程序中用 UpdateWindow 函数来刷新窗口。所谓刷新窗口，就是发送一个 WM_PAINT 消息给窗口，在窗口函数 WndProc 中会做 WM_PAINT 的处理（见 switch/case 中的 WM_PAINT）。本程序中可以不调用该函数，也能正常显示窗口，大家可以试试。

窗口注册、创建、显示完毕后，就要开始窗口的消息循环了。我们看到程序中消息循环的代码是这样的：

```
// 主消息循环:
while (GetMessage(&msg, NULL, 0, 0))
{
    if (!TranslateAccelerator(msg.hwnd, hAccelTable, &msg))
    {
        TranslateMessage(&msg);
        DispatchMessage(&msg);
    }
}
```

其中，GetMessage 从进程的主线程消息队列中获取一个消息并将它复制到 MSG 结构，如果队列中没有消息，则 GetMessage 函数将等待一个消息的到来以后才返回。如果你将一个窗口句柄作为第二个参数传入 GetMessage，那么只有指定窗口的消息可以从队列中获得。然后 TranslateAccelerator 判断该消息是不是一个按键消息并且是一个加速键消息，如果是，则该函数将把几个按键消息转换成一个加速键消息传递给窗口的回调函数，处理了加速键之后，函数 TranslateMessage 将把两个按键消息 WM_KEYDOWN 和 WM_KEYUP 转换成一个 WM_CHAR。不过需要注意的是，消息 WM_KEYDOWN 和 WM_KEYUP 仍然将传递给窗口的回调函数。处理完之后，DispatchMessage 函数将把此消息发送给该消息指定的窗口中已设定的回调函数。如果消息是 WM_QUIT，则 GetMessage 返回 0，从而退出循环体。应用程序可以使用 PostQuitMessage 来结束自己的消息循环。通常在主窗口的 WM_DESTROY 消息中调用。

总之，系统将会针对这个程序的消息依次放到程序的“消息队列”中，由程序自己依次取出消息，再分发到对应的窗口中去。因此，建立窗口后，将进入一个循环。在循环中，取出消息、派发消息，循环往复，直到取得的消息是退出消息。循环退出后，程序即结束。

分派了消息，就要引出 Win32 窗口编程中最重要的窗口（过程）函数了，WndProc 函数和 About 函数都是窗口过程函数，分别用来处理各自窗口的消息。我们来看一下窗口函数的声明：

```
LRESULT CALLBACK WndProc(HWND hWnd, UINT message, WPARAM wParam, LPARAM lParam);
```

好多类型都是第一次看到，它们的定义如下：

```
typedef LONG_PTR                LRESULT;        //表示会返回多种 long 型值
//CALLBACK 是一个宏，表示这个函数是回调函数（由系统调用，而不是开发者调用）；
#define    CALLBACK    __stdcall
DECLARE_HANDLE                   (HWND);        //HWND 窗口句柄，一个整型值
```

```
typedef unsigned int            UINT;          //UINT 就是unsigned int
typedef UINT_PTR                WPARAM;
                //就是unsigned int，因为typedef  unsigned int UINT_PTR
typedef LONG_PTR  LPARAM;
                //就是unsigned long，因为typedef  unsigned long ULONG_PTR
```

其中，参数 hWnd 表示窗口句柄；message 表示消息；wParam 表示消息参数；lParam 表示消息参数。

一个消息由一个消息名称 message（UINT）和两个参数（WPARAM，LPARAM）组成。当用户进行了输入或是窗口的状态发生改变时系统都会发送消息到某一个窗口。例如，当菜单转换之后会有 WM_COMMAND 消息发送，WPARAM 的高字节（HIWORD(wParam)）是命令的 ID 号，对菜单来讲就是菜单 ID。当然用户也可以定义自己的消息名称，还可以利用自定义消息来发送通知和传送数据。

窗口过程是一个用于处理所有发送到这个窗口的消息的函数。任何一个窗口类都有一个窗口过程。同一个类（就是窗口类名相同）的窗口使用同样的窗口过程来响应消息。系统发送消息给窗口过程将消息数据作为参数传递给它，消息到来之后，按照消息类型排序进行处理（程序中的 switch/case 部分），其中的参数 message 则用来区分不同的消息。也可以忽略某个消息，比如如果我们不想要在窗口创建的时候显示一下信息框（MessageBox），那么我们就可以把“case WM_CREATE”注释掉，这样 WM_CREATE 消息将不处理。虽然开发者不对消息处理，但系统还是会将不处理的消息传给 DefWindowProc 函数进行默认处理。大多数窗口只处理小部分消息。

在框架自动生成的代码基础上，我们新增了两处代码：一个处理 WM_CREATE 消息，就是在窗口创建的时候，先跳出一个消息框；另一个是在处理 WM_PAINT 消息的时候，我们新增了在屏幕中央画出一个字符串的代码。注意，这个字符串“Hello,World”是画出来的。既然是画，首先要确定画的位置。其中函数 GetClientRect 是获取窗口客户区（现在暂时认为空白区域）的坐标和大小，并存入 RECT 类型的变量中。RECT 是一个结构体，定义了一个矩形区域的位置：

```
typedef struct tagRECT
{
    LONG    left; //左边坐标
    LONG    top; //上方坐标
    LONG    right; //右边坐标
    LONG    bottom; //下方坐标
} RECT
```

接着，用 SetTextColor 函数设置要画的字符串的颜色，并用 SetBkColor 函数设置字符串的背景颜色，最后用函数 DrawText 画出文本字符串，该函数声明如下：

```
int DrawText(LPCTSTR lpszString,int nCount, LPRECT lpRect,UINT nFormat );
```

其中，lpszString 是要画出的文本字符串，其类型是 LPCTSTR，在 unicode 下就是 wchar *；nCount 确定要画出的字符个数，如果是-1，则画出 lpszString 中全部字符；lpRect 指向文本所画位置的矩形区域；nFormat 表示在矩形区域中的显示格式，比如 DT_SINGLELINE 表示单行输出，DT_CENTER 表示在矩形区域的水平中央，DT_Visual C++ ENTER 表示在矩形区域的垂直中央。如果函数执行成功，就返回文本字符串的高度。

（3）保存工程并运行，运行结果如图 2-32 所示。

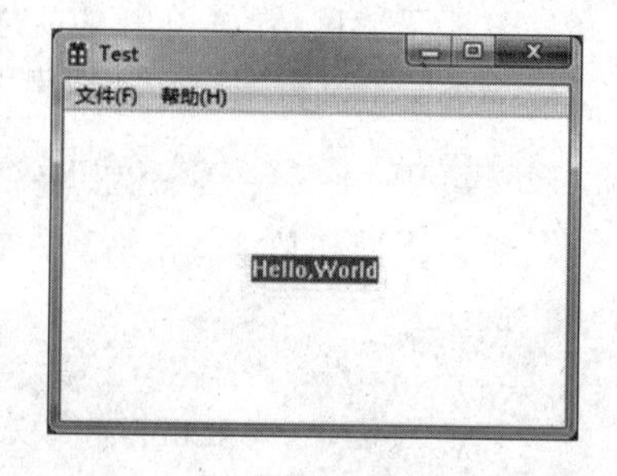

图 2-32

通过这个程序我们要知道，Windows 程序是事件驱动的。对于一个窗口，它的大部分例行维护是由系统维护的。每个窗口都有一个消息处理函数。在消息处理函数中，对传入的消息进行处理。系统内还有它自己的默认消息处理函数。客户写一个消息处理函数，在窗口建立前，将消息处理函数与窗口关联。这样，每当有消息产生时，就会去调用这个消息处理函数。通常情况下，客户都不会处理全部的消息，而是只处理自己感兴趣的消息，其他的消息则送回到系统的默认消息处理函数中去。Win32 窗口编程最重要的概念就是窗口和消息，需要理解的要点如下：

(1)消息的组成：一个消息由一个消息名称 message(UINT)和两个参数(WPARAM，LPARAM)组成。当用户进行了输入或是窗口的状态发生改变时系统都会发送消息到某一个窗口。例如，当菜单转换之后会有 WM_COMMAND 消息发送，WPARAM 的高字节（HIWORD(wParam)）是命令的 ID 号，对菜单来讲就是菜单 ID。当然用户也可以定义自己的消息名称（自己定义消息宏），也可以利用自定义消息来发送通知和传送数据。

(2) 消息的接收者：一个消息必须由一个窗口接收。在窗口的过程（WNDPROC）中可以对消息进行分析，对自己感兴趣的消息进行处理。例如，你希望对菜单选择进行处理，那么你可以定义对 WM_COMMAND 进行处理的代码，如果希望在窗口中进行图形输出就必须对 WM_PAINT 进行处理。

(3) 消息的默认处理：如果用户没有对某个消息进行处理，那么通常窗口会对其进行默认处理。微软为窗口编写了默认的窗口过程，这个窗口过程将负责处理那些你不处理的消息。正因为有了这个默认窗口过程，我们才可以利用 Windows 的窗口进行开发而不必过多关注窗口各种消息的处理。例如，窗口在被拖动时会有很多消息发送，而我们都可以不予理睬，让系统自己去处理。

(4) 窗口句柄：说到消息就不能不说窗口句柄，系统通过窗口句柄来在整个系统中唯一标识一个窗口，发送一个消息时必须指定一个窗口句柄表明该消息由那个窗口接收。而每个窗口都会有自己的窗口过程，所以用户的输入就会被正确地处理。例如，有两个窗口共用一个窗口过程代码，你在窗口 A 上按下鼠标时消息就会通过窗口 A 的句柄被发送到窗口 A 而不是窗口 B。

2.3.6 工程目录结构

本书中的工程和项目是同一概念，英文都是 Project。在 Visual C++ 2017 中，每个 Project 都存在于一个 Solution(解决方案)中，一个解决方案可以包含一个或多个 Project。在新建项目的时候，输入的项目名称就和解决方案同名。

以上面的例 2.14，我们看到最外层的目录是 Test，这个 Test 文件夹就是解决方案文件夹，它下面包含有工程文件夹，并且名字也是 Test，如图 2-33 所示。

名称	修改日期	类型	大小
Debug	2015/8/14 11:14	文件夹	
ipch	2015/8/14 10:32	文件夹	
Test	2015/8/18 9:04	文件夹	
Test.opensdf	2015/8/26 8:53	OPENSDF 文件	1 KB
Test.sdf	2015/8/26 10:07	SDF 文件	57,984 KB
Test.sln	2015/8/14 10:32	Microsoft Visua...	1 KB
Test.v12.suo	2015/8/20 16:59	Visual Studio S...	26 KB

图 2-33

其中，Debug 文件夹是用来存放 Debug 编译配置下生成的可执行程序。还有一种编译配置是 Release，如果选中 Release 配置，则解决方案目录下会有一个 Release 文件夹，用来存放 Release 配置下的可执行文件。

Test.sln 是解决方案文件，平时我们打开工程，只要打开这个文件，就能把该解决方案下面的所有工程都加载到 Visual C++ 2017 中。其他文件目录我们现在不必理会，都是一些 Visual C++自己使用的东西。

下面我们打开图 2-33 中的 Test 文件夹。它是一个工程文件夹，里面存放有程序的源代码，如图 2-34 所示。

在图 2-34 中用红线框起来的部分就是源代码文件，我们的程序主要在 Test.cpp 中。图 2-33 中的 Debug 目录用来编译过程中生成的中间文件。Test.rc 是资源文件。Test.vcxproj 文件是工程文件，但我们不直接打开它，而是通过打开解决方案文件 Test.sln 来加载工程。small.ico 和 Test.ico 是两个图标文件。

以上就是新建 Visual C++项目的时候，Visual C++自动生成的目录结构。当然源文件和生成的可执行文件也是可以更改存放位置的，但建议初学者不要这样做。

图 2-34

2.3.7 调试初步

Visual C++开发工具之所以能独步天下，与其强大的调试功能密不可分。调试技术是捕捉程序 bug 的强大核武器。最基本的调试方式就是在某行设个断点，然后按 F5 键启动调试，Visual C++会在断点那一行停下来，此时开发者就可以查看此处变量的值，来确定其值是否为预期值。

要在某行设断点，可在某行前面空白处用鼠标单击，然后会出现一个红色的圆圈，如图 2-35 所示。

设了断点后，就可以在程序调试执行中在断点行停下来。启动调试执行可以按 F5 键或单击菜单中的“调试”｜“启动调试”命令。我们按 F5 键，然后发现程序运行后在 while 处停下来了，如图 2-36 所示。

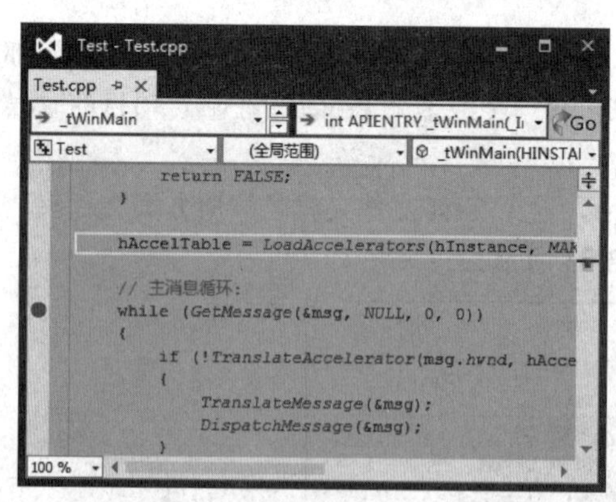

图 2-35

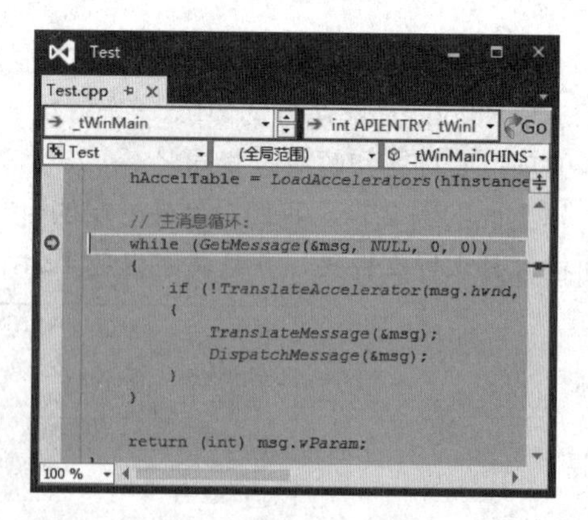

图 2-36

程序停下来后，我们就可以查看现场变量的值（查看调试运行过程中变量的值叫监视）了。比如查看结构体变量 msg 的内容，首先要单击菜单“调试”｜“窗口”｜“监视”｜“监视 1”来打开监视窗口，然后在监视窗口的名称一列中输入变量名，这里是 msg（因为 msg 是一个结构体变量，因此旁边有一个小箭头，可以用来展开查看结构体中各个字段的值），如图 2-37 所示。

图 2-36 中 msg 的各字段值都是乱值，因为 GetMessage 还没有执行完，msg 还没有获取到消息。这也说明断点停下的那一行是正要（即将）执行的那一行。然后我们开始执行断点那一行，按 F10 键或单击菜单“调试”|“逐过程”命令使得程序向前走一步，停在下一个代码行，如图 2-38 所示。

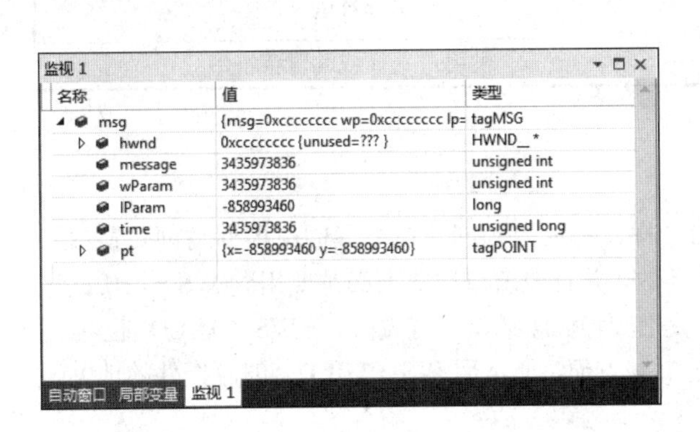

图 2-37

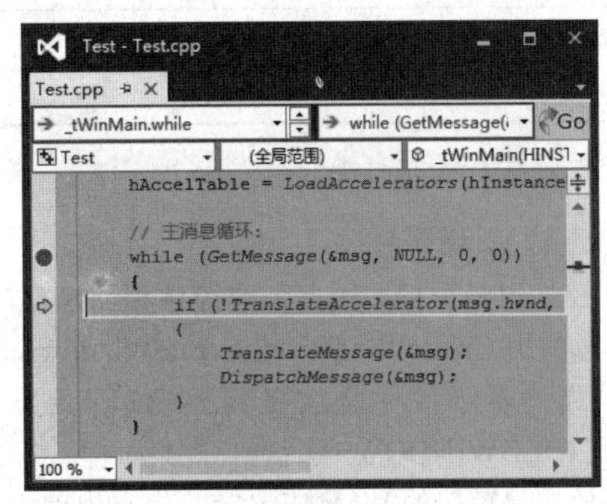

图 2-38

此时再看监视窗口，发现结构体变量 msg 各字段都有值了，如图 2-39 所示。

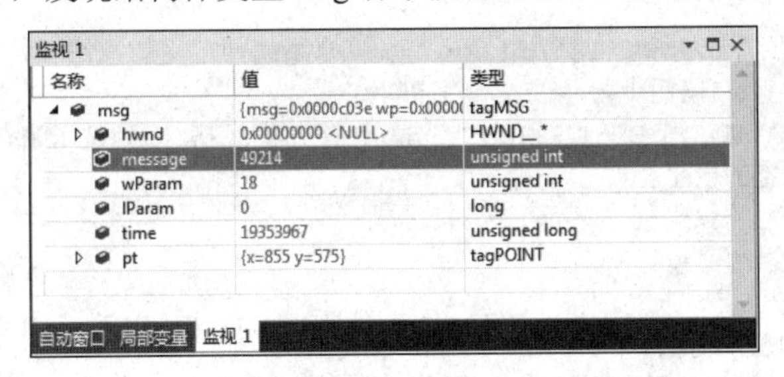

图 2-39

图 2-39 中的 msg 变量值可以称为现成值，它可以和我们预期的理论值进行比较，如果不对，可以修改程序重新来运行。以上就是一个基本的调试过程。

另外说一下，逐过程（F10）和逐语句（F11）这两种方式都叫单步执行。对于某行只有语句来说，逐过程和逐语句是一样的效果，都是执行该行语句。如果某行有函数，逐过程不会进到函数内部中去，只会执行到函数行的下一代码行，并可以看到函数返回的结果。逐语句指的是碰到函数的时候会进入函数内部单步执行。

2.3.8　Win32 控件编程

前面程序介绍了窗口，除了菜单外，窗口上空空如也，无法提供更多的功能。现在我们来介绍控件。控件的作用就是和用户交互来完成相应的功能。Visual C++提供了很多控件，并且在不断更新中，每一版的 Visual C++都会有新的控件出来。我们这里介绍几种常见控件的开发。控件无法单独存在，它必须放置在主窗口上。其实控件相当于一个子窗口，是附着在主窗口上的子窗口。常见控件及其功能见表 2-7。

表 2-7　常见控件及其功能

控 件 名 称	预定义的窗口类名（不区分大小写）	功　能
按钮控件	Button	提供单击或选择功能
静态文本控件	Static	显示文本字符串

（续表）

控 件 名 称	预定义的窗口类名（不区分大小写）	功　　能
编辑框控件	Edit	显示和输入文本字符串
列表框	Listbox	列表显示字符串
组合框	combobox	供用户选择或编辑字符串

控件编程的共有操作有：

（1）创建窗口

控件也是窗口，因此创建控件和创建窗口一样，都要用到创建窗口。创建控件与创建窗口一样，也使用 CreateWindow 或 CreateWindowEx 函数，并且在窗口样式上必须要用到 WS_CHILD 这个样式，表示控件是放在其他窗口上的，是作为其他窗口的子窗口。WS_CHILD 也可用 WS_CHILDWINDOW 来代替，效果一样，为了书写方便，通常用 WS_CHILD。创建控件的地方通常是放在父窗口的 WM_CREATE 消息处理中。

因为系统已经预定义了常用控件的窗口类，所以使用这些常用控件的时候不需要再注册窗口。比如创建一个按钮可以这样写：

```
hButton = CreateWindow(_T("button"),  //系统预定义的按钮（窗口）类名
_T("请单击按钮"), //按钮上显示的文本字符串
WS_VISIBLE | WS_CHILD | BS_PUSHBUTTON, //按钮的风格,因为是子窗口,所以必须有 WS_CHILD
40, //按钮显示位置的横坐标
45, //按钮显示位置的纵坐标
150, //按钮的宽度
82, //按钮的高度
hWnd, //父窗口的窗口句柄
(HMENU)ID_MYBTN,  //按钮控件的 ID，每个控件都必须要有一个 ID
hInst, //程序实例句柄
NULL); //其他参数
```

其中，button 是系统预定义的按钮（窗口）类名，不区分大小写，也可写成 Button。WS_VISIBLE 表示创建按钮的同时就显示出来，如果没有该风格，则创建成功后不会显示，一直等到调用 ShowWindow 函数的时候才会显示。BS_PUSHBUTTON 表示该按钮是一个下压按钮。在 Visual C++ 中，按钮不仅仅包括下压按钮，还包括单选按钮和复选按钮，它们的窗口类名都是 button，用风格参数来区分；WS_CHILD 表示按钮控件是一个子窗口，依附在其他窗口上。为了知道按钮创建在哪个窗口之上，必须要指明该窗口的句柄 hWnd，该窗口也称为按钮的父窗口。每个控件都必须有一个唯一的 ID（其实就是一个整数值），ID_MYBTN 是自定义的按钮 ID。有了 ID，父窗口就能区分各个控件了。就像每个孩子都有一个唯一的身份证号一样，这个参数在创建非控件窗口的时候是用来指定菜单句柄。在创建控件窗口的时候（控件没有菜单）可以用这个菜单句柄参数存放控件 ID，但需要强制转换一下，因为 CreateWindow 函数声明的时候这个参数是一个菜单句柄。CreateWindow 已经介绍过了，可以看看前面 CreateWindow 函数的声明。如果创建成功，函数返回的是按钮的窗口句柄，通过按钮句柄，可以对按钮进行操作，比如移动位置、使其失效等。

（2）控件和父窗口之间的消息交互

当用户对某窗口上的控件进行操作的时候，操作产生的事件会被控件转换为消息，然后发送给父窗口。消息的名字系统预定义为 WM_COMMAND，消息的参数 wParam 和 lParam 用来存放相关信息：wParam 的低字节部分 LOWORD(wParam)表示控件 ID，wParam 的高字节部分

HIWORD(wParam)表示通知码，通知码就是表示某种操作的宏，定义在 winuser.h 中；lParam 表示控件句柄。WM_COMMAND 只是告诉父窗口控件产生消息了，但具体是什么操作，由通知码来获得，不同的控件通知码不同，因为不同的控件所拥有的操作是不同的。

除了控件向父窗口发送消息外，父窗口也能向控件发送消息，让它执行某个操作或返回控件的当前内容。比如，父窗口需要知道编辑框控件当前所使用的字体句柄，可以这样：

```
HFONT hFont = SendMessage(hEdit,WM_GETFONT,0,0);
```

其中，hEdit 是编辑框控件的窗口句柄; WM_GETFONT 是系统预定义的获取字体的消息。又比如，父窗口想设置编辑框控件的字体，可以这样：

```
SendMessage(hEdit,WM_SETFONT,(WPARAM)hFont,0);
```

其中，WM_SETFONT 是系统预定义的向编辑框设置字体的消息；hFont 是要向编辑框控件设置的字体句柄，一般在创建字体的时候获取。

（3）控件的大小、位置、使能、可见性和销毁

控件也是窗口，用来调整窗口的大小和位置的函数是 MoveWindow 或 SetWindowPos，该函数也可以用于控件。同样判断窗口可见性的函数 IsWindowVisible 也可以用于控件。如果要让某个控件不可用，可以使用函数 EnableWindow。如果要销毁某个控件，可以使用 DestroyWindow，但一般主窗口销毁的时候，其拥有的子窗口（包括控件）都会自动销毁，所以不需要显式地去调用 DestroyWindow。

下面我们对常用控件进行介绍。

1. 按钮控件

按钮控件是最常用的控件。按钮控件不仅仅指下压按钮（下压按钮通常简称按钮），还包括单选按钮和复选按钮，主要通过按钮风格来区分。比如，风格 BS_PUSHBUTTON 表示普通的下压矩形按钮，下压按钮就是当用户鼠标单击的时候，它会按下去然后弹起来；BS_AUTORADIOBUTTON 表示单选按钮，单选按钮左边有个小圆圈，如果单击它会出现一个小黑点，表示选中，单选按钮通常用于互斥选择的场合；BS_AUTOCHECKBOX 表示复选按钮，复选按钮左边有个小矩形框，如果单击它，就会出现一个勾，表示选中，再次单击则勾又消失，表示没有选中。

按钮控件的窗口类名为“button”，类名是不区分大小写的，也可以使用类名的宏 WC_BUTTON。

按钮控件可以向父窗口发送消息，消息的名称是 WM_COMMAND，但具体是什么操作，需要同时附带通知码来告诉父窗口，即按钮控件向父窗口发送消息的同时会附带通知码，通过通知码，父窗口就知道按钮发生了什么操作。通知码是放在消息参数 wParam 的高字节 HIWORD(wParam) 中的。常用的按钮通知码定义如表 2-8 所示。

表 2-8 常用的按钮通知码

按钮通知码	说　明	按钮通知码	说　明
BN_CLICKED	按钮被单击	BN_PUSHED	同 BN_HILITE，按钮被按下
BN_PAINT	按钮需要绘制	BN_UNPUSHED	同 BN_UNHILITE，按钮未被按下
BN_HILITE	按钮被按下	BN_DBLCLK	同 BN_DOUBLECLICKED，按钮被双击

（续表）

按钮通知码	说　明	按钮通知码	说　明
BN_UNHILITE	按钮未被按下	BN_SETFOCUS	按钮获得键盘输入焦点
BN_DISABLE	按钮失效（不可用）	BN_KILLFOCUS	按钮失去键盘输入焦点
BN_DOUBLECLICKED	按钮被双击		

父窗口也可以向按钮控件发送消息，消息名通常以 BM_为前缀（Button Message）。常见的按钮消息如表 2-9 所示。

表 2-9　常见的按钮消息

按钮控件消息	说　明
BM_GETCHECK	获取单选按钮或复选按钮的选择情况（选中或未选中）
BM_SETCHECK	设置单选按钮或复选按钮选中状态
BM_GETSTATE	获取按钮状态
BM_SETSTATE	设置按钮状态
BM_SETSTYLE	设置按钮风格
BM_CLICK	模拟鼠标单击按钮
BM_GETIMAGE	获得按钮图片
BM_SETIMAGE	设置按钮图片

比如，要想让按钮保持按下的状态，可以向它发送 BM_SETSTATE 消息，并且设消息参数 wParam 为 1，如下代码：

```
SendMessage(hBtn,BM_SETSTATE,1,0); // hBtn 为按钮句柄
```

如果要模拟用户单击按钮的操作，可以向按钮发送 BM_CLICK 消息，如下代码：

```
SendMessage(hBtn,BM_CLICK,0,0);
```

这个代码和用户用鼠标单击按钮产生的效果是一样的。有些人或许会想，那上面的按下状态代码再加上弹起，不也是一个单击过程吗？即：

```
SendMessage(hBtn,BM_SETSTATE,1,0); // 让按钮按下
SendMessage(hBtn,BM_SETSTATE,0,0); // 让按钮弹起
```

虽然这个过程看起来是先按下再弹起，过程和单击过程一样，但其实产生的事件效果是不同的。用户用鼠标单击，产生的消息是 WM_COMMAND，消息通知码是 BN_CLICKED，这个通知码的效果和消息 BM_CLICK 的效果是一样的。而消息 BM_SETSTATE 只是改变按钮的状态。所以不能用连续改变两次按钮状态（一次按下，一次弹起）来模拟鼠标单击操作。要模拟鼠标单击操作应该用 BM_CLICK 消息。

如果要获得单选按钮或复选按钮的选择情况，可以发送 BM_GETCHECK 消息，比如：

```
int iCheckFlag = (int)SendMessage(hBtn,BM_GETCHECK,0,0);
```

如果单选按钮或复选按钮处于选中状态，则返回 1（BST_CHECKED），否则返回 0（BST_UNCHECKED）。如果按钮具有 BS_3STATE 风格和 BS_AUTO3STATE 风格，并且处于灰色不可用状态时，则返回 2（BST_INDETERMINATE）。

也可以用消息 BM_SETCHECK 来设置单选按钮或复选按钮的选择情况，让 SendMessage 的第三个参数 wParam 为 1 表示选中，为 0 表示不选中，比如：

```
    SendMessage(hBtn,BM_SETCHECK,1,0); //设置选中
```

也可以用下面一行代码实现根据当前选中状态来设置相反的选中状态：

```
    SendMessage(hBtn,BM_SETCHECK,(WPARAM)!SendMessage(hBtn,BM_GETCHECK,0,0),0);
//反选
```

【例 2.15】下压按钮的使用

（1）打开 Visual C++ 2017，新建一个 Win32 项目，应用程序类型为 Windows 应用程序。

（2）在 Test.cpp 中找到 WndProc 函数，然后在 switch (message)中添加 WM_CREATE 消息处理，如下代码：

```
    case WM_CREATE:
            //创建下压按钮控件
            CreateWindow(_T("button"), _T("请单击按钮"), WS_VISIBLE | WS_CHILD |
BS_PUSHBUTTON,40, 45, 150, 82, hWnd, (HMENU)ID_MYBTN, hInst, NULL);
            break;
```

CreateWindow 前面已经介绍过了。这里，_T("button")表示按钮控件的窗口类名，是一个系统预定义的窗口类，不区分大小写，也可以写成 Button，但 button1 就不可以了；ID_MYBTN 是自定义的宏，表示按钮控件的 ID（每个控件都需要一个 ID，工程中所有控件的 ID 不能出现重复）；hInst 是程序实例句柄，是一个全局变量。

此时运行工程，可以发现窗口上已经有一个按钮控件了，但单击它没有任何反应。

（3）在窗口上单击按钮，会向窗口发送 WM_COMMAND 消息，因此我们需要响应 WM_COMMAND 消息：

```
    case WM_COMMAND:
            wmId    = LOWORD(wParam);
            wmEvent = HIWORD(wParam);
            // 分析菜单选择
            switch (wmId)
            {
                case IDM_ABOUT:
                    DialogBox(hInst,MAKEINTRESOURCE(IDD_ABOUTBOX),hWnd, About);
                    break;
                case IDM_EXIT:
                    DestroyWindow(hWnd);
                    break;
                case ID_MYBTN: //判断是否是单击 ID 为 ID_MYBTN 的按钮发来的消息
                //更改按钮的标题文本
                SendMessage((HWND)lParam, WM_SETTEXT, NULL, (LPARAM)_T("该按钮已被
单击"));
                //显示消息框
                MessageBox(hWnd, _T("你单击了按钮控件"), _T("提示"), MB_OK |
MB_ICONINFORMATION);
                    break;
                default:
                    return DefWindowProc(hWnd, message, wParam, lParam);
            }
            break;
```

当单击按钮的时候，将向父窗口发送 WM_COMMAND 消息，并且消息的参数 wParam 的低

字节部分 LOWORD(wParam)的值就是按钮控件的 ID；消息参数 lParam 表示按钮的窗口句柄，有了它就可以用来操作按钮，比如更改按钮的标题文本，通过函数 SendMessage 向按钮的窗口句柄发送 WM_SETTEXT 消息，该消息请求修改按钮窗口的标题，并且把新的标题字符串放在 LPARAM 类型的消息参数中。API 函数 SendMessage 的声明如下：

```
    LRESULT SendMessage( HWND hWnd,UINT message, WPARAM wParam = 0, LPARAM lParam
= 0 );
```

其中，hWnd 表示发送消息给目标窗口的窗口句柄；wParam 和 lParam 表示消息参数，对于不同的消息，它们附带额外的信息。根据不同的消息，函数的返回值不同。这个函数一定要等到发送出去的消息处理完毕后才会返回。

MessageBox 用来显示信息框，前面已经介绍过了。

（4）保存工程并运行，运行结果如图 2-40 所示。

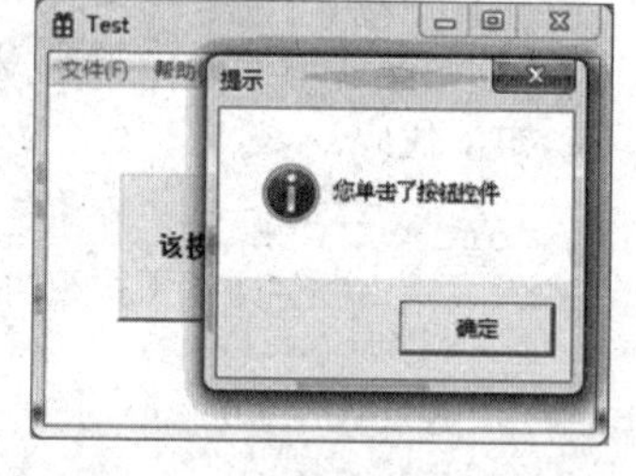

图 2-40

【例 2.16】单选控件的使用

（1）打开 Visual C++ 2017，新建一个 Win32 项目，应用程序类型为 Windows 应用程序。

（2）在 Test.cpp 中找到 WndProc 函数，然后在 switch (message)中添加 WM_CREATE 消息处理，如下代码：

```
    case WM_CREATE:
            // 第一组单选按钮
            CreateWindow(_T("Button"), _T("0--50 公斤"),//创建第一组中的第一个单选按钮
                WS_CHILD | WS_VISIBLE | BS_AUTORADIOBUTTON | WS_GROUP,
                x, y, w, h,
                hWnd,
                (HMENU) IDC_RADIO1,hInst, NULL);
            y += 20;
            CreateWindow(_T("Button"), _T("50--100 公斤"),
                                                    //创建第一组中的第二个单选按钮
                WS_CHILD | WS_VISIBLE | BS_AUTORADIOBUTTON,
                x, y, w, h,
                hWnd, (HMENU) IDC_RADIO2, hInst, NULL);

            y += 20;
            CreateWindow(_T("Button"), _T("100 公斤以上"),
                                                    //创建第一组中的第三个单选按钮
                WS_CHILD | WS_VISIBLE | BS_AUTORADIOBUTTON,
                x, y, w, h, hWnd, (HMENU) IDC_RADIO3, hInst, NULL);


            //第二组单选按钮
            x += 150;//横坐标递增
            y = 20; //纵坐标初始化
            CreateWindow(_T("Button"), _T("0--100 厘米"),
                                                //创建第二组中的第一个单选按钮
                WS_CHILD | WS_VISIBLE | BS_AUTORADIOBUTTON | WS_GROUP,
                x, y, w, h, hWnd, (HMENU) IDC_RADIO4, hInst, NULL);
            y += 20;
            CreateWindow(_T("Button"), _T("100--200 厘米"),
                                                //创建第二组中的第二个单选按钮
```

```
        WS_CHILD | WS_VISIBLE | BS_AUTORADIOBUTTON,
        x, y, w, h, hWnd, (HMENU) IDC_RADIO5, hInst, NULL);
    y += 20;
    CreateWindow(_T("Button"), _T("200 厘米以上"),
                                       //创建第二组中的第三个单选按钮
        WS_CHILD | WS_VISIBLE | BS_AUTORADIOBUTTON,
        x, y, w,h, hWnd, (HMENU) IDC_RADIO6, hInst, NULL);
    break;
```

其中，x 和 y 是单选按钮显示的坐标，w 和 h 是每个单选按钮的宽度和高度，它们在函数开头定义：

```
int x=20,y = 20,w = 110,h = 16;
```

每个单选按钮都有一个唯一 ID，ID 定义如下：

```
//单选按钮控件 ID
#define IDC_RADIO1     10001
#define IDC_RADIO2     10002
#define IDC_RADIO3     10003
#define IDC_RADIO4     10004
#define IDC_RADIO5     10005
#define IDC_RADIO6     10006
```

一共创建了 6 个单选按钮，并且每 3 个作为一组，前面说过单选常用于互斥选择的场合，因此通常把要互斥选择的几个单选按钮作为一组，分组的方法是每组第一个单选按钮创建的时候带有 WS_GROUP 风格，同组中其他单选按钮不需要此风格，直到碰到又一个单选按钮拥有 WS_GROUP 风格，说明本组结束。下一个拥有 WS_GROUP 风格的单选按钮是下一组中的第一个单选按钮。以此类推。比如在我们上面的代码中，第一组单选按钮让用户选择体重范围，第二组单选按钮让用户选择身高范围，那么体重范围一组中的单选按钮需要互斥选择，身高范围一组中的单选按钮需要互斥选择。互斥选择就是指要么选择 A，要么选择 B，不能同时选中 A 和 B。

（3）在窗口左上角画上一行文字：请选择体重范围和身高范围。画文字需要在 WM_PAINT 消息中进行，如下代码：

```
    GetClientRect(hWnd, &rt); //获取窗口客户区矩形坐标
    DrawText(hdc, _T("请选择体重范围和身高范围"),-1, &rt,//在左上角画文本字符串
    DT_SINGLELINE | DT_TOP | DT_LEFT);
```

其中，rt 表示窗口客户区矩形坐标，在函数开头定义：

```
RECT rt;
```

（4）为了让用户选中某个单选按钮时产生反映，我们需要响应窗口的 WM_COMMAND 消息，并判断是哪个单选按钮发生了消息，并且判断是什么通知码，如果是 BN_CLICKED，说明单选按钮被单击了，也就是被选中了。在 WM_COMMAND 消息处理中添加如下代码：

```
case WM_COMMAND:
       wmId    = LOWORD(wParam); //控件 ID
       wmEvent = HIWORD(wParam); //通知码
       // 分析菜单选择
       switch (wmId)
       {
       //开始新增部分-----------------------------------------
```

```
            case IDC_RADIO1:
                if (wmEvent==BN_CLICKED)
                    MessageBox(hWnd, _T("你的体重范围是 0-50 公斤"), _T("结果"),MB_OK);
                break;
            case IDC_RADIO2:
                if (wmEvent == BN_CLICKED)
                  MessageBox(hWnd, _T("你的体重范围是 50-100 公斤"), _T("结果"), MB_OK);
                break;
            case IDC_RADIO3:
                if (wmEvent == BN_CLICKED)
                MessageBox(hWnd, _T("你的体重范围是 100 公斤以上，要减肥了"), _T("结果"),
MB_OK);
                break;
            case IDC_RADIO4:
                if (wmEvent == BN_CLICKED)
                    MessageBox(hWnd, _T("你的身高范围是 0-100 厘米"), _T("结果"),
MB_OK);
                break;
            case IDC_RADIO5:
                if (wmEvent == BN_CLICKED)
                    MessageBox(hWnd, _T("你的身高范围是 100-200 厘米"), _T("结果"),
MB_OK);
                break;
            case IDC_RADIO6:
                if (wmEvent == BN_CLICKED)
                    MessageBox(hWnd, _T("你的身高范围是 200 厘米以上"), _T("结果"),
MB_OK);
                break;
        //新增部分结束-----------------------------------------
            case IDM_ABOUT:
                DialogBox(hInst, MAKEINTRESOURCE(IDD_ABOUTBOX), hWnd, About);
                break;
            case IDM_EXIT:
                DestroyWindow(hWnd);
                break;
            default:
                return DefWindowProc(hWnd, message, wParam, lParam);
            }
            break;
```

（5）保存工程并运行，运行结果如图 2-41 所示。

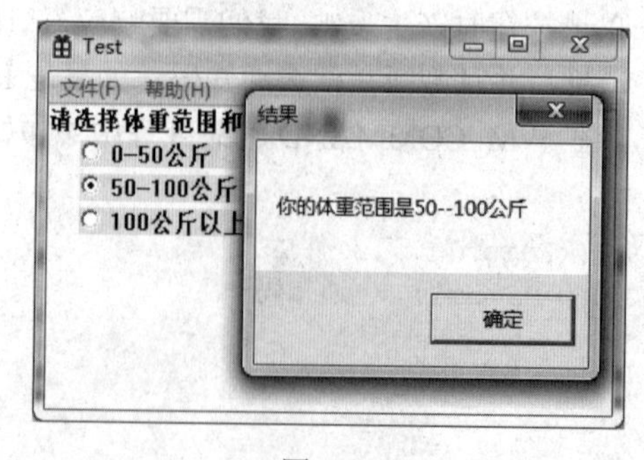

图 2-41

【例 2.17】复选按钮的使用

（1）打开 Visual C++ 2017，新建一个 Win32 项目，应用程序类型为 Windows 应用程序。

（2）在 Test.cpp 中找到 WndProc 函数，然后在 switch (message)中添加 WM_CREATE 消息处理，如下代码：

```
case WM_CREATE:
        CreateWindow(_T("Button"), _T("西瓜"), //创建第一个复选按钮
            WS_CHILD | WS_VISIBLE | BS_AUTOCHECKBOX,
            x, y, w, h,
            hWnd,
            (HMENU)IDC_CHECK1,
            hInst, NULL);
        y += 30;
        CreateWindow(_T("Button"), _T("苹果"), //创建第二个复选按钮
            WS_CHILD | WS_VISIBLE | BS_AUTOCHECKBOX,
            x, y, w, h,
            hWnd,
            (HMENU)IDC_CHECK2,
            hInst, NULL);
        y += 30;
        CreateWindow(_T("Button"), _T("桃子"), //创建第三个复选按钮
            WS_CHILD | WS_VISIBLE | BS_AUTOCHECKBOX,
            x, y, w, h,
            hWnd,
            (HMENU)IDC_CHECK3,
            hInst, NULL);
        break;
```

其中，x 和 y 是单选按钮显示的坐标，w 和 h 是每个单选按钮的宽度和高度，它们在函数开头定义：

```
int x=20,y = 20,w = 110,h = 16;
```

每个复选按钮都有一个唯一 ID，ID 定义如下：

```
#define IDC_CHECK1 10001
#define IDC_CHECK2 10002
#define IDC_CHECK3 10003
```

一共创建了 3 个复选按钮，复选按钮是可以同时选中或都不选中的。

（3）在窗口左上角画上一行文字：请选择你爱吃的水果。画文字需要在 WM_PAINT 消息中进行，如下代码：

```
    GetClientRect(hWnd, &rt); //获取窗口客户区矩形坐标
    DrawText(hdc, _T("请选择你爱吃的水果"), -1, &rt,   //在左上角画文本字符串
            DT_SINGLELINE | DT_TOP | DT_LEFT);
```

其中，rt 表示窗口客户区矩形坐标，在函数开头定义：

```
RECT rt;
```

（4）我们最终的目标是要知道用户选择了哪些水果。所以当用户选中了一个复选按钮时，就要把该复选按钮对应的水果名称记录下来，如果取消选择了某个复选按钮就要把相应的水果名称缓

冲区清空。用户单击复选框会向窗口产生 WM_COMMAND 消息，在这个消息中，我们判断哪个复选框被单击了，然后获取该复选框的选中状态（如果选中，就记录水果名称；如果没有选中，就清空名称缓冲区），同时还要进行窗口重画，在窗口上画出结果文本字符串，以反映出选择结果。如下代码：

```
    case WM_COMMAND:
        wmId    = LOWORD(wParam);
        wmEvent = HIWORD(wParam);
        GetClientRect(hWnd, &rt); //获取窗口客户区矩形坐标
        // 分析菜单选择
        switch (wmId)
        {
            //我们新增的代码------------------------------------------
            case IDC_CHECK1: //如果是第一个复选框
                iCheckFlag = (int)SendMessage((HWND)lParam, BM_GETCHECK, 0, 0);
                if (iCheckFlag) //判断是否选中
                    _tcscpy_s(szbuf1, _T("西瓜")); //记录水果名称
                else
                    _tcscpy_s(szbuf1, _T("")); //清空缓冲区
                InvalidateRect(hWnd, &rt, TRUE);
                                          //让父窗口无效，系统则会发送 WM_PAINT
                break;
            case IDC_CHECK2: //如果是第二个复选框
                iCheckFlag=(int)SendMessage((HWND)lParam, BM_GETCHECK, 0, 0);
                if (iCheckFlag) //判断是否选中
                    _tcscpy_s(szbuf2, _T("苹果")); //记录水果名称
                else //没选中
                    _tcscpy_s(szbuf2, _T(""));//清空缓冲区
                InvalidateRect(hWnd, &rt, TRUE);
                                          //让父窗口无效，系统则会发送 WM_PAINT
                break;
            case IDC_CHECK3: //如果是第三个复选框
                iCheckFlag = (int)SendMessage((HWND)lParam, BM_GETCHECK, 0, 0);
                if (iCheckFlag) //判断是否选中
                    _tcscpy_s(szbuf3, _T("桃子")); //记录水果名称
                else
                    _tcscpy_s(szbuf3, _T("")); //清空缓冲区
                InvalidateRect(hWnd, &rt, TRUE);
                                          //让父窗口无效，系统则会发送 WM_PAINT
                break;
            //新增代码结束------------------------------------
            case IDM_ABOUT:
                DialogBox(hInst, MAKEINTRESOURCE(IDD_ABOUTBOX), hWnd, About);
                break;
            case IDM_EXIT:
                DestroyWindow(hWnd);
                break;
            default:
                return DefWindowProc(hWnd, message, wParam, lParam);
        }
        break;
```

其中，函数_tcscpy_s 就是 strcpy 的 Uniocde 和非 Unicode 的通用版本，结尾加了_s 是 Visual C++ 2017 中推荐使用的，表示该函数的安全版本。szbuf1、szbuf2 和 szbuf3 是一个字符串缓冲区，它们定义在函数开头：

```
static TCHAR szbuf1[20] = _T(""), szbuf2[20]=_T(""),szbuf3[20]=_T("")
```

注意，必须要用静态 static，因为 WndProc 每次有消息都会调用到，如果不用静态，上次记录在缓冲区中的水果名称就会丢失，比如在消息 WM_COMMAND 中 szbuf1 被复制了“西瓜”字符串，然后调用窗口失效函数 InvalidateRect，系统会发生 WM_PAINT，则又会调用 WndProc 函数；如果不用静态，那么 szbuf1 又会被重新定义并初始化一次，内容变空了。当然不用局部静态方式，用全局变量也可以。

现在用户选择的水果名称都被保存在静态缓冲区里了，我们就可以在 WM_PAINT 消息中进行结果显示了，即把水果名称显示出来。所以要在 WM_PAINT 处添加代码，最终如下代码：

```
case WM_PAINT:
        hdc = BeginPaint(hWnd, &ps);
        // TODO:  在此添加任意绘图代码...
        GetClientRect(hWnd, &rt); //获取窗口客户区矩形坐标
        DrawText(hdc, _T("请选择你爱吃的水果"),-1,&rt,//在左上角画文本字符串
            DT_SINGLELINE | DT_TOP | DT_LEFT);

        //重新生成一个新的矩形范围
        rt.left = 0, rt.top = 100; rt.right = 350; rt.bottom = 150;
        _stprintf_s(szRes, _T("你爱吃的水果是: %s%s%s"), szbuf1, szbuf2, szbuf3);
        //组成结果字符串
        DrawText(hdc, szRes, -1, &rt,//在定义的矩形范围内的左上角画文本字符串
            DT_SINGLELINE | DT_TOP | DT_LEFT);
        EndPaint(hWnd, &ps);
        break;
```

其中，函数_stprintf_s 就是 strcpy 的 Uniocde 和非 Unicode 的通用版本，结尾加了_s 是 Visual C++ 2017 中推荐使用的，表示该函数的安全版本。szRes 是用来存放最终结果的字符串，在函数开头定义如下：

```
TCHAR szRes[256] = _T("");
```

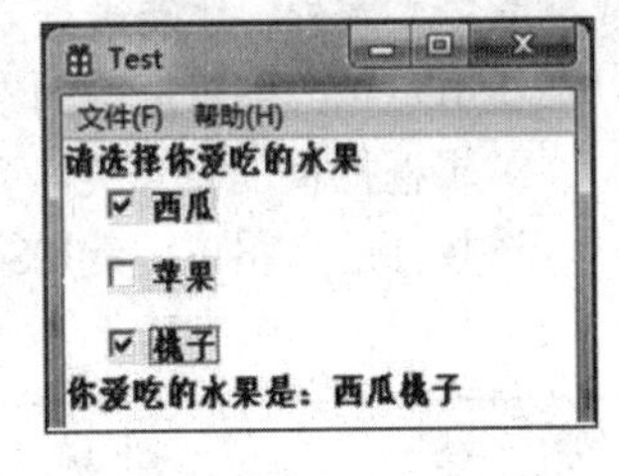

图 2-42

（5）保存工程并运行，运行结果如图 2-42 所示。

2. 静态文本控件

静态文本控件通常只用来在窗口上显示文本字符串。它通常不和用户交互，只是静静地显示信息，因此称为静态。

静态文本控件的窗口类名为“static”，也可以使用类名的宏 WC_STATIC。

该控件的风格以前缀 SS_开头（Static Style），如 SS_LEFT 表示左对齐开始显示文本，SS_CENTER 表示在静态文本控件的中间显示文本。

【例 2.18】静态文本控件的使用

（1）打开 Visual C++ 2017，新建一个 Win32 项目，应用程序类型为 Windows 应用程序。

（2）在 Test.cpp 中找到 WndProc 函数，然后在 switch (message)中添加 WM_CREATE 消息处理，如下代码：

```
        case WM_CREATE:
        //创建静态文本控件
        CreateWindow(_T("Static"), _T("我是静态文本控件"), SS_CENTER | WS_CHILD |
WS_VISIBLE, 10, 20 ,160, 18,hWnd,(HMENU)10001,hInst,NULL);
            break;
```

CreateWindow 前面已经介绍过了。这里，_T("Static")表示静态文本控件的窗口类名，是一个系统预定义的窗口类，不区分大小写，也可以写成 static，但 Static1 就不可以了；10001 是控件的 ID，注意工程中所有控件的 ID 不能出现重复；hInst 是程序实例句柄，是一个全局变量。

此时运行工程，可以发现窗口上已经有一个静态文本控件了，控件的颜色是灰色的，字符串显示在控件的中央，因为宽度定义了 160，比较宽，所以两边留出了一些灰白，如图 2-43 所示。

如果想让字符串的显示宽度正好和静态文本控件宽度一样，可以用风格 SS_SIMPLE，比如：

```
    CreateWindow(_T("Static"), _T("我是静态文本控件"), SS_SIMPLE | WS_CHILD |
WS_VISIBLE, 10, 20 ,160, 18,hWnd,(HMENU)10001,hInst,NULL);
```

此时运行工程，运行结果如图 2-44 所示。

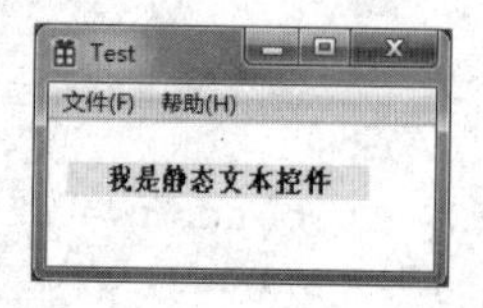

图 2-43

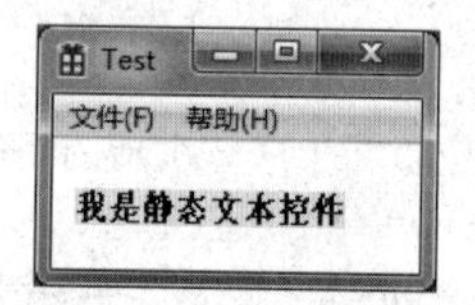

图 2-44

3. 编辑框

编辑框是显示字符串并能接收用户输入字符串的控件。用户除了可以在编辑框中输入可添加或插入的文本外，还能进行复制、粘贴、剪切、删除等编辑功能。通过设置编辑框的只读属性，可以不让用户修改编辑框中的字符串。

编辑框控件的窗口类名为“edit”，也可以使用类名的宏 WC_EDIT。

该控件的风格以前缀 ES_开头（Edit Style），常见的编辑框控件风格如表 2-10 所示。

表 2-10　常见的编辑框控件风格

风　格	说　明
ES_AUTOHSCROLL	当用户在行尾输入一个字符时，正文将自动向右滚动 10 个字符，当用户按回车键时，正文总是滚向左边
ES_AUTOVSCROLL	当用户在最后一个可见行按回车键时，正文向上滚动一页
ES_CENTER	在多行编辑框中使正文居中
ES_LEFT	左对齐正文
ES_LOWERCASE	把用户输入的字母统统转换成小写字母
ES_MULTILINE	指定一个多行编辑器。若多行编辑器不指定 ES_AUTOHSCROLL 风格，则会自动换行；若不指定 ES_AUTOVSCROLL，则多行编辑器会在窗口中正文装满时发出警告声响
ES_NOHIDESEL	默认时，当编辑框失去输入焦点后会隐藏所选的正文，当获得输入焦点时又显示出来。设置该风格可禁止这种默认行为

（续表）

风　格	说　明
ES_NUMBER	编辑框中只允许输入数字
ES_OEMCONVERT	使编辑框中的正文可以在 ANSI 字符集和 OEM 字符集之间相互转换。这在编辑框中包含文件名时是很有用的
ES_PASSWORD	使所有输入的字符都用“*”来显示
ES_READONLY	将编辑框设置成只读的
ES_RIGHT	右对齐正文
ES_UPPERCASE	把用户输入的字母统统转换成大写字母
ES_WANTRETURN	使多行编辑器接收回车键输入并换行。如果不指定该风格，按回车键会选择默认的命令按钮，这往往会导致对话框的关闭

编辑框可以是多行的，也就是在编辑框中显示多行文字，这就需要设置 ES_MULTILINE 风格，若想要多行编辑框支持回车键，则还要设置 ES_WANTRETURN。

应用程序可以向编辑框控件发送消息，让它执行某个操作或返回编辑框某个属性的当前状态。常见的编辑框消息如表 2-11 所示。

表 2-11　常见的编辑框消息

编辑框消息	说　明
EM_UNDO	撤销前一次在控件的编辑操作，当重复发送本消息，控件将在撤销和恢复中来回切换。消息参数 wParam 和 lParam 取值为 0
EM_CANUNDO	检测控件撤销缓冲区是否为空，通常控件把最后一次在控件的编辑操作保存在一个撤销缓冲区，如果缓冲区非空就返回 TRUE，表示上次操作可以撤销，否则返回 FALSE。应用程序可以利用该返回值来禁止或允许菜单或工具条的“撤销”项。消息参数 wParam 和 lParam 取值为 0
EM_EMPTYUNDOBUFFER	清除控件的撤销缓冲区，使其不能撤销前一次编辑操作。消息参数 wParam 和 lParam 取值为 0
EM_REPLACESEL	该消息用指定文本替换编辑控件中的当前选定内容，消息参数 wParam 用来指明替换操作能否被撤销，若为 TRUE，则本次操作允许撤销，为 FALSE 则禁止撤销；lParam 为指向将替换后的文本字符串的指针
EM_SETSEL	设置编辑控件中文本选定内容范围，该范围被高亮度显示，用于为复制、替换、粘贴、剪切、删除等编辑功能指定范围。使用本功能，键盘光标将被移至指定的终点后面，通常使用指定相同起点和终点来移动键盘光标而不选定范围。当指定的起点等于 0 和终点等于-1 时，全文全部被选中，此法常用在清空编辑控件。当指定的起点等于-2 和终点等于-1 时，全文均不选，键盘光标移至文本末端，此法常用在文本末端追加内容。注意：当控件没有输入焦点时，本操作将会失败，一般在执行本操作前都应调用 SetFocus 先取得输入焦点。消息参数 wParam 取值为起点，iParam 取值为终点
EM_GETSEL	取得编辑控件中选定内容的范围，返回值中低 16 位为起点与高 16 位为终点，如果 wParam 和 lParam 中指定了地址，则会在该地址填入相应值(dword)。本操作也常用来求取键盘光标位置。消息参数 wParam 取值为起点缓冲地址或 NULL，lParam 取值为终点缓冲地址或 NULL

（续表）

编辑框消息	说　明
EM_CHARFROMPOS	取得指定位置处的字符相对于文本头部的偏移，使用本操作应先在 lParam 的高 16 位指定行号、低 16 位指定列号，行列是按编辑控件的客户区左上角为原点(0,0)计算的。如果指定的位置超出控件客户区就返回 -1。wParam 取值为 0
EM_FMTLINES	决定是否在取回的文本字符串中包含软回车字符。消息参数 wParam 取值为 TRUE 或 FALSE，lParam 取值为 0
EM_GETFIRSTVISIBLELINE	取得编辑控件中显示的第一行。消息参数 wParam 和 lParam 取值都为 0
EM_GETHANDLE	取得编辑控件文本缓冲区。消息参数 wParam 和 lParam 取值都为 0
EM_GETLIMITTEXT	获取一个编辑控件中文本的最大长度。消息参数 wParam 和 lParam 取值都为 0
EM_GETLINE	从编辑控件取回一行内容，缓冲区第一个字（word）必须先填写缓冲区的长度。消息参数 wParam 的取值为行号，lParam 的取值为缓冲地址
EM_GETLINECOUNT	取得一个编辑控件的总行数，消息参数 wParam 和 lParam 取值都为 0
EM_GETMARGINS	获取编辑控件的左、右边距，返回值低 16 位为左边距、高 16 位为右边距，消息参数 wParam 和 lParam 取值都为 0
EM_GETMODIFY	获取编辑控件的修改标志，返回 TRUE 则控件文本已被修改，返回 FALSE 则未变，此值可以用来决定是否提示用户存盘，消息参数 wParam 和 lParam 取值都为 0
EM_GETPASSWORDCHAR	取得编辑控件用来显示密码的字符，返回 NULL 表示没有字符，消息参数 wParam 和 lParam 取值都为 0
EM_GETRECT	获取一个编辑控件的格式化矩形，消息参数 wParam 的取值为 0，lParam 的取值为 RECT 结构的地址
EM_GETTHUMB	取得多行文本编辑控件滚动框的当前位置，消息参数 wParam 和 lParam 取值都为 0
EM_GETWORDBREAKPROC	取得整字换行回调函数 EditWordBreakProc 指针，消息参数 wParam 和 lParam 取值都为 0
EM_LIMITTEXT	限制编辑中文本的最大长度，消息参数 wParam 的取值为最大值，lParam 的取值为 0
EM_LINEFROMCHAR	取得指定的字符偏移处的行号，消息参数 wParam 的取值为字符偏移，lParam 的取值为 0
EM_LINEINDEX	取得指定行第一个字符偏移，消息参数 wParam 的取值为行号，lParam 的取值为 0
EM_LINELENGTH	取得指定字符偏移处对应的一行长度字符数，消息参数 wParam 的取值为字符偏移，lParam 的取值为 0
EM_SETLIMITTEXT	限制编辑控件中的文本缓冲区最大长度，消息参数 wParam 的取值为长度（字节），lParam 的取值为 0
EM_SETMODIFY	用于设置或清除一个编辑控件的修改标志，消息参数 wParam 的取值为 TRUE 或 FALSE，lParam 的取值为 0

（续表）

编辑框消息	说　明
EM_SETPASSWORDCHAR	指定控件用来显示密码字符，默认为“*”，当 wParam 为 0 时，本操作将清除控件的 ES_PASSWORD 风格，并按实际字符显示，消息参数 wParam 的取值为字符，lParam 的取值为 0
EM_SETREADONLY	决定是否将编辑控件设为只读，同时决定控件的 ES_READONLY 风格，消息参数 wParam 的取值为 TRUE 或 FALSE，lParam 的取值为 0

编辑框发生某些事件时也会向其父窗口发送通知消息。常用的编辑框的通知消息如表 2-12 所示。

表 2-12　常用的编辑框的通知消息

编辑框的通知消息	说　明
EN_CHANGE	编辑框的内容被用户改变了，与 EN_UPDATE 不同，该消息是在编辑框显示的正文被刷新后才发出的
EN_ERRSPACE	编辑框控件无法申请足够的动态内存来满足需要
EN_HSCROLL	用户在水平滚动条上单击鼠标
EN_KILLFOCUS	编辑框失去输入焦点
EN_MAXTEXT	输入的字符超过了规定的最大字符数，在没有 ES_AUTOHSCROLL 或 ES_AUTOVSCROLL 的编辑框中，当正文超出了编辑框的边框时也会发出该消息
EN_SETFOCUS	编辑框获得输入焦点
EN_UPDATE	在编辑框准备显示改变了的正文时发送该消息
EN_VSCROLL	用户在垂直滚动条上单击鼠标

下面我们通过实例来了解编辑框控件的使用。

【例 2.19】编辑框控件的基本使用

（1）打开 Visual C++ 2017，新建一个 Win32 项目，应用程序类型为 Windows 应用程序。

（2）在 Test.cpp 中找到 WndProc 函数，然后在 switch (message)中添加 WM_CREATE 消息处理，如下代码：

```
    case WM_CREATE:
        CreateWindow(_T("edit"), _T("我是编辑框"), ES_LEFT | WS_BORDER |WS_CHILD
| WS_VISIBLE, 10, 20, 160, 20, hWnd, (HMENU)10001, hInst, NULL);
        break;
```

（3）保存工程并运行，运行结果如图 2-45 所示。

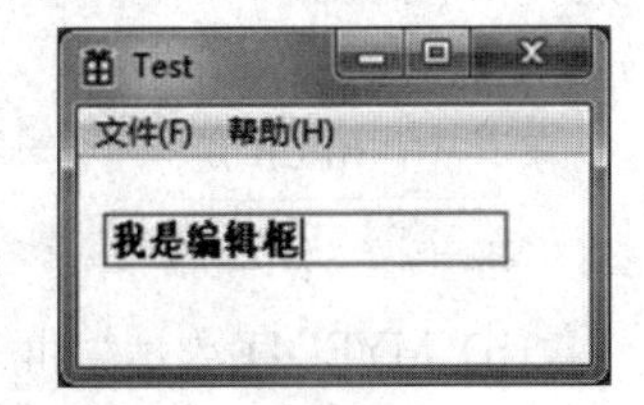

图 2-45

【例 2.20】获取编辑框中的内容

（1）打开 Visual C++ 2017，新建一个 Win32 项目，应用程序类型为 Windows 应用程序。

（2）在 Test.cpp 中找到 WndProc 函数，然后在 switch (message)中添加 WM_CREATE 消息处理，如下代码：

```
    case WM_CREATE:
     //创建编辑框
        hEdit = CreateWindow(_T("edit"), _T("我是编辑框"), ES_LEFT | WS_BORDER
```

```
| WS_CHILD | WS_VISIBLE, 10, 20, 160, 20, hWnd, (HMENU)ID_MYEDIT, hInst, NULL);
        //创建下压按钮控件
        CreateWindow(_T("button"), _T("获取编辑框内容"), WS_VISIBLE | WS_CHILD |
BS_PUSHBUTTON, 40, 45, 150, 42, hWnd, (HMENU)ID_MYBTN, hInst, NULL);
        break;
```

其中，hEdit 是一个全局变量，表示编辑框的句柄，定义如下：

```
HWND hEdit;
```

ID_MYEDIT 表示编辑框的控件 ID，ID_MYBTN 表示按钮的控件 ID。它们的定义如下：

```
#define ID_MYBTN 10001
#define ID_MYEDIT 10002
```

（3）添加按钮响应。在消息 WM_COMMAND 下的 switch 中添加代码：

```
case ID_MYBTN: //判断是否是单击 ID 为 ID_MYBTN 的按钮发来的消息
        //获取编辑框中的内容
        SendMessage(hEdit, WM_GETTEXT, 256 , (LPARAM)szText);
        //显示消息框
        MessageBox(hWnd, szText, _T("提示"), MB_OK | MB_ICONINFORMATION);
        break;
```

通过向编辑框发送 WM_GETTEXT 消息，可以获取到编辑框中的内容，但需用消息参数 wParam 指定获取的最大长度，lParam 指定获取到的字符串存放的缓冲区，szText 是一个局部变量，定义如下：

```
TCHAR szText[256] = _T("");
```

（4）保存工程并运行，运行结果如图 2-46 所示。

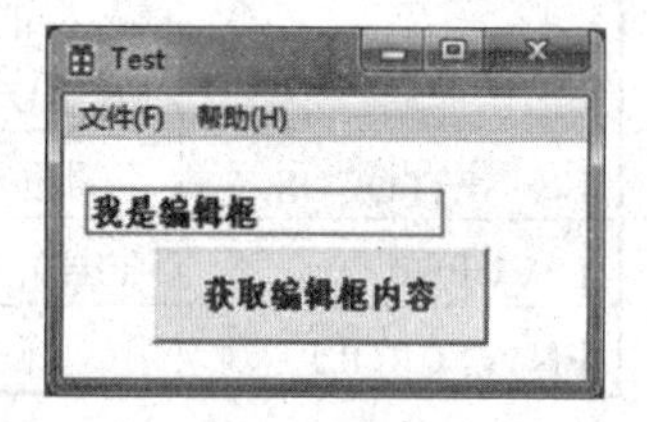

图 2-46

【例 2.21】修改编辑框的密码字符形式

（1）打开 Visual C++ 2017，新建一个 Win32 项目，应用程序类型为 Windows 应用程序。

（2）在 Test.cpp 中找到 WndProc 函数，然后在 switch (message)中添加 WM_CREATE 消息处理，如下代码：

```
    case WM_CREATE:
        hEdit = CreateWindow(_T("edit"), _T("我是编辑框"), ES_PASSWORD|ES_LEFT
| WS_BORDER | WS_CHILD | WS_VISIBLE, 10, 20, 160, 20, hWnd, (HMENU)ID_MYEDIT, hInst,
NULL);
        CreateWindow(_T("button"), _T("修改编辑框的密码形式"), WS_VISIBLE |
WS_CHILD | BS_PUSHBUTTON, 40, 45, 160, 42, hWnd, (HMENU)ID_MYBTN, hInst, NULL);
        break;
```

其中，hEdit 是一个全局变量，表示编辑框的句柄，定义如下：

```
HWND hEdit;
```

ID_MYEDIT 表示编辑框的控件 ID，ID_MYBTN 表示按钮的控件 ID。它们的定义如下：

```
#define ID_MYBTN 10001
#define ID_MYEDIT 10002
```

在创建编辑框的时候加了 ES_PASSWORD 风格，则编辑框中的内容都会是*，这也是默认的密码字符形式。下面我们来改变默认密码字符形式。

（3）添加按钮响应。在消息 WM_COMMAND 下的 switch 中添加代码：

```
case ID_MYBTN: //判断是否是单击 ID 为 ID_MYBTN 的按钮发来的消息
        SendMessage(hEdit, EM_SETPASSWORDCHAR, _T('+'), 0);//设置密码字符为+
        SetFocus(hEdit); //设置编辑框具有焦点光标
        break;
```

（4）保存工程并运行，运行结果如图 2-47 所示。

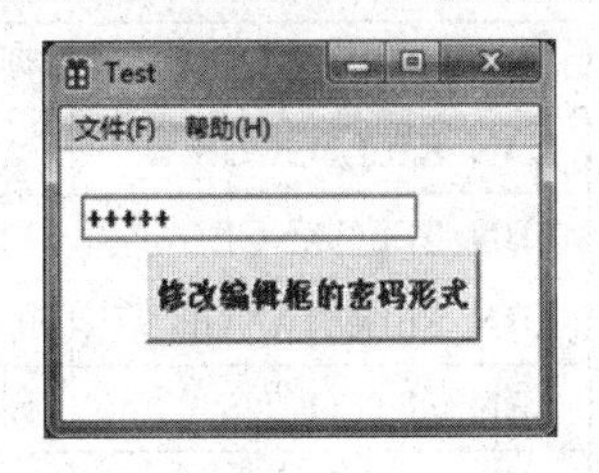

图 2-47

4. 列表框

列表框给出了一个选项清单，允许用户从中进行单项或多项选择，被选中的项会高亮显示。列表框可分为单选列表框和多选列表框。顾名思义，单选列表框中一次只能选择一个列表项，而多选列表框可以同时选择多个列表项。

列表框控件的窗口类名为“listbox”，也可以使用类名的宏 WC_LISTBOX。

该控件的风格以前缀 LBS_开头（List Box Style）。常见的列表框控件风格如表 2-13 所示。

表 2-13 常见的列表框控件风格

风 格	说 明
LBS_EXTENDEDSEL	支持多重选择，在单击列表项时按住 Shift 键或 Ctrl 键即可选择多个项
LBS_HASSTRINGS	指定一个含有字符串的自绘式列表框
LBS_MULTICOLUMN	指定一个水平滚动的多列列表框。值得注意的是，这里所说的多列并不是我们平时看到的那个做表格的多列，而是指当列表框一列显示不了所有项的内容时就会换列显示。如果你想要做一个表格，建议用 ListCtrl 这个控件
LBS_MULTIPLESEL	支持多重选择
LBS_NOINTEGRALHEIGHT	列表框的尺寸由应用程序而不是 Windows 指定
LBS_NOTIFY	当用户单击或双击鼠标时通知父窗口
LBS_OWNERDRAWFIXED	指定自绘式列表框，即由父窗口负责绘制列表框的内容，并且列表项有相同的高度
LBS_OWNERDRAWVARIABLE	指定自绘式列表框，并且列表项有不同的高度
LBS_SORT	使插入列表框中的项按升序排列
LBS_STANDARD	相当于指定了 WS_BORDER|WS_VSCROLL|LBS_SORT
LBS_USETABSTOPS	使列表框在显示列表项时识别并扩展制表符（'\t'），默认的制表宽度是 32 个对话框单位
LBS_WANTKEYBOARDINPUT	允许列表框的父窗口接收 WM_VKEYTOITEM 和 WM_CHARTOITEM 消息，以响应键盘输入
LBS_DISABLENOSCROLL	使列表框在不需要滚动时显示一个禁止的垂直滚动条

创建多选列表框时，只需要在单选列表框风格后添加 LBS_MULTIPLESEL 或 LBS_EXTENDEDSEL 风格。

列表框被操作时会向父窗口发送通知码。常用的列表框通知码定义如表 2-14 所示。

表 2-14　常用的列表框通知码定义

通　知　码	说　　明
LBN_DBLCLK	用户用鼠标双击了一列表项，只有具有 LBS_NOTIFY 的列表框才能发送该消息
LBN_ERRSPACE	列表框不能申请足够的动态内存来满足需要
LBN_KILLFOCUS	列表框失去输入焦点
LBN_SELCANCEL	当前的选择被取消，只有具有 LBS_NOTIFY 的列表框才能发送该消息
LBN_SELCHANGE	单击鼠标选择一个列表项，只有具有 LBS_NOTIFY 的列表框才能发送该消息
LBN_SETFOCUS	列表框获得输入焦点
WM_CHARTOITEM	当列表框收到 WM_CHAR 消息后，向父窗口发送该消息，只有具有 LBS_WANTKEYBOARDINPUT 风格的列表框才会发送该消息
WM_VKEYTOITEM	当列表框收到 WM_KEYDOWN 消息后，向父窗口发送该消息，只有具有 LBS_WANTKEYBOARDINPUT 风格的列表框才会发送该消息

应用程序可以向列表框控件发送消息，让它执行某个操作或返回列表框某个属性的当前状态。常见的列表框消息如表 2-15 所示。

表 2-15　常见的列表框消息

列表框消息	说　　明
LB_GETCOUNT	SendMessage 返回列表框中列表项的数目，如果发生错误就返回 LB_ERR。消息参数 wParam 和 lParam 不用，必须为 0
LB_GETSEL	SendMessage 返回 wParam 指定列表项的状态：如果该列表项被选择了，就返回一个正值；否则，返回 0；若发生错误，就返回 LB_ERR。消息参数 wParam 为某个列表项的索引；lParam 不用，必须为 0
LB_SETSEL	该通知码只用于多选列表框，使用它可以选择或取消选择指定的列表项。消息参数 wParam 为 TRUE 时选择指定列表项，否则取消选择指定列表项；lParam 指定某个列表项的索引，若为-1，则相当于指定了所有列表项
LB_ADDSTRING	用来向列表框中添加字符串：如果列表框指定了 LBS_SORT 风格，字符串就被以排序顺序插入到列表框中；如果没有指定 LBS_SORT 风格，字符串就被添加到列表框的结尾。消息参数 wParam 不用，lParam 指向要添加的字符串
LB_INSERTSTRING	用来在列表框中的指定位置插入字符串。与 AddString 函数不同的是，InsertString 函数不会导致 LBS_SORT 风格的列表框重新排序，因此不要在具有 LBS_SORT 风格的列表框中使用 InsertString 函数，以免破坏列表项的次序。消息参数 wParam 给出了插入位置（索引），如果值为-1，则字符串将被添加到列表的末尾，lParam 指向要插入的字符串
LB_DELETESTRING	用于删除指定的列表项。消息参数 wParam 指定了要删除项的索引；lParam 不用，必须为 0
LB_RESETCONTENT	用于清除所有列表项
LB_GETTEXT	用于获取指定列表项的字符串。消息参数 wParam 指定了列表项的索引；参数 lParam 指向一个接收字符串的缓冲区

（续表）

列表框消息	说　明
LB_GETTEXTLEN	指定列表项的字符串的字节长度。消息参数 wParam 指定了列表项的索引；lParam 不用，设为 0
LB_GETCURSEL	仅适用于单选列表框，用来返回当前被选择项的索引，如果没有列表项被选择或有错误发生，则函数返回 LB_ERR。消息参数 wParam 和 lParam 不用，必须为 0
LB_SETCURSEL	仅适用于单选列表框，用来选择指定的列表项，该消息会滚动列表框以使选择项可见，若出错，函数返回 LB_ERR。消息参数 wParam 指定了列表项的索引，若为-1，则将清除列表框中的选择；lParam 不用，设为 0
LB_GETSELCOUNT	仅用于多重选择列表框，返回选择项的数目，若出错则函数返回 LB_ERR。消息参数 wParam 和 lParam 不用，必须为 0
LB_FINDSTRING	用于对列表项进行与大小写无关的搜索。消息参数 wParam 指定了开始搜索的位置，合理指定 wParam 可以加快搜索速度，若 wParam 为-1，则从头开始搜索整个列表；参数 lParam 指定了要搜索的字符串。SendMessage 函数返回与 lParam 指定的字符串相匹配的列表项的索引，若没有找到匹配项或发生了错误则会返回 LB_ERR。FindString 函数先从 wParam 指定的位置开始搜索，若没有找到匹配项则会从头开始搜索列表。只有找到匹配项，或对整个列表搜索完一遍后，搜索过程才会停止，所以不必担心会漏掉要搜索的列表项
LB_SELECTSTRING	仅适用于单选列表框，用来选择与指定字符串相匹配的列表项。该消息会滚动列表框以使选择项可见。消息参数的意义及搜索的方法与 LB_FINDSTRING 类似。如果找到了匹配的项，函数 SendMessage 返回该项的索引；如果没有匹配的项，函数返回 LB_ERR，并且当前的选择不被改变

下面我们通过实例来了解列表框控件的使用。

【例 2.22】列表框的基本使用

（1）打开 Visual C++ 2017，新建一个 Win32 项目，应用程序类型为 Windows 应用程序。

（2）在 Test.cpp 中找到 WndProc 函数，然后在 switch (message)中添加 WM_CREATE 消息处理，如下代码：

```
case WM_CREATE:
        //创建列表框控件
        hListBox = CreateWindow(_T("listbox"),
            NULL,
            WS_CHILD | WS_VISIBLE | WS_VSCROLL | WS_TABSTOP| LBS_STANDARD,
            20, 20, 60, 80,
            hWnd, (HMENU)10000,
            (HINSTANCE)GetWindowLong(hWnd, GWL_HINSTANCE),
            NULL);

        SendMessage(hListBox, LB_ADDSTRING, 0, (LPARAM)_T("中国"));
                                                  //向列表框添加数据
        SendMessage(hListBox, LB_ADDSTRING, 0, (LPARAM)_T("美国"));
                                                       //向列表框添加数据
```

```
        SendMessage(hListBox, LB_ADDSTRING, 0, (LPARAM)_T("英国"));
                                                    //向列表框添加数据
        break;
```

其中，hListBox 是一个全局变量，用来存放列表框句柄，定义如下：

```
HWND hListBox = NULL;
```

函数 GetWindowLong 用来获取父窗口 hWnd 的某个属性，宏 GWL_HINSTANCE 表示需要获取父窗口所在程序的应用程序实例句柄，其实用全局变量 hInst 来代替这个函数也一样。

虽然我们添加列表框数据的时候先添加的是中国，但是因为创建列表框时用了风格 LBS_STANDARD，而这个风格是包括 LBS_SORT 排序风格的，所以添加进去的中文数据会按照拼音来排序，得到的结果是美国在第一行、英国在第二行、中国在第三行。

（3）为列表框添加选择改变事件的响应。在消息 WM_COMMAND 下的 switch 中添加代码：

```
case 10000: //10000 是列表框控件的 ID
        if (LBN_SELCHANGE == wmEvent) //是否为选择改变事件通知码
        {
        //得到当前选中项索引
            nCurIndex = SendMessage((HWND)lParam, LB_GETCURSEL, 0, 0);
        //得到选中项文本
            SendMessage((HWND)lParam, LB_GETTEXT, nCurIndex, (LPARAM)buf);
            MessageBox(0, buf, 0, 0); //打印结果
        }
        break;
```

（4）保存工程并运行，运行结果如图 2-48 所示。

图 2-48

【例 2.23】每行背景色不同的自画列表框

（1）打开 Visual C++ 2017，新建一个 Win32 项目，应用程序类型为 Windows 应用程序。

（2）在 Test.cpp 中找到 WndProc 函数，然后在 switch (message)中添加 WM_CREATE 消息处理，如下代码：

```
case WM_CREATE:
        //创建列表框
        hListBox = CreateWindow(_T("listbox"),NULL,WS_CHILD | WS_VISIBLE |
WS_VSCROLL | WS_TABSTOP | LBS_OWNERDRAWFIXED | LBS_HASSTRINGS,
                20, 20, 60, 120,
                hWnd, (HMENU)10000,
                (HINSTANCE)GetWindowLong(hWnd, GWL_HINSTANCE),
                NULL);
        //添加 3 行数据
        SendMessage(hListBox, LB_ADDSTRING, 0, (LPARAM)_T("中国"));
        SendMessage(hListBox, LB_ADDSTRING, 0, (LPARAM)_T("美国"));
        SendMessage(hListBox, LB_ADDSTRING, 0, (LPARAM)_T("英国"));
        break;
```

其中，hListBox 是一个全局变量，用来存放列表框句柄，定义如下：

```
HWND hListBox = NULL;
```

函数 GetWindowLong 用来获取父窗口 hWnd 的某个属性，宏 GWL_HINSTANCE 表示需要获

取父窗口所在程序的应用程序实例句柄，其实用全局变量 hInst 来代替这个函数也一样。

因为我们要实现一个自画的列表框，所以创建的时候需要有风格 LBS_OWNERDRAWFIXED。

（3）创建完毕后，我们开始画出列表框。所谓自画列表框，就是列表框每个项目（每行）的文本字体颜色和背景需要开发者自己完成。对于具有 LBS_OWNERDRAWFIXED 风格的列表框，画出每个项目（每行）是在消息 WM_DRAWITEM 中完成的，并且系统在发送 WM_DRAWITEM 消息前会发送 WM_MEASUREITEM 消息，发送该消息的目的是系统需要知道你要为列表框中每个项目（每行）设置的高度（宽度不需要设置，每个项目的宽度就是整个列表框的宽度，在创建列表框时已经确定）。

首先我们响应 WM_MEASUREITEM 消息，添加该消息响应如下代码：

```
case WM_MEASUREITEM:
        if (10000 == wParam) //10000 是我们的列表框控件的 ID
        {
            LPMEASUREITEMSTRUCT lpmis = (LPMEASUREITEMSTRUCT)lParam;
            lpmis->itemHeight = 30; //设置列表框每行高度，这是行的高度，不是字体高度
        }
        break;
```

其中，参数 wParam 存放控件的 ID 值；lParam 指向 MEASUREITEMSTRUCT 结构体的指针，该结构体包含自画控件或菜单项的尺寸信息。

设置完高度后，就可以画出列表框的每个项了。添加消息 WM_DRAWITEM，如下代码：

```
case WM_DRAWITEM:
        if (10000 == wParam) //10000 是我们的列表框控件的 ID
        {
            LPDRAWITEMSTRUCT pDI = (LPDRAWITEMSTRUCT)lParam;
            //创建一个固体画刷，用来刷背景
            HBRUSH brsh = CreateSolidBrush(RGB(240+ pDI->itemID, 80 *
pDI->itemID, 80 * pDI->itemID));
            FillRect(pDI->hDC, &pDI->rcItem, brsh); //每行的矩形大小区域用刷子填充
            DeleteObject(brsh); //用完要删除创建的刷子

            SetBkMode(pDI->hDC, TRANSPARENT); //设置背景透明
            //发送消息 LB_GETTEXT 来获取项文本，根据项的 ID（pDI->itemID）来获取
            SendMessage(hListBox, LB_GETTEXT, pDI->itemID, (LPARAM)szText);
        //定义画字符串的风格
            const DWORD dwStyle = DT_LEFT | DT_SINGLELINE | DT_Visual C++ENTER
| DT_NOPREFIX | DT_END_ELLIPSIS;
         //画出字符串
            DrawText(pDI->hDC,szText,_tcslen(szText),&pDI->rcItem, dwStyle);
        }
        break;
```

涉及一些 Visual C++画图方面的函数，现在只需了解即可。其中 pDI->itemID 就是行的索引号，3 行分别为 0、1、2。SetBkMode 用来设置文本背景透明，文本的背景色就是画刷的颜色，如果没有这个函数，文本的背景是白色的。DrawText 根据文本字符个数、文本所占区域大小（pDI->rcItem）和风格来画出文本字符串。

（4）保存工程并运行，运行结果如图 2-49 所示。

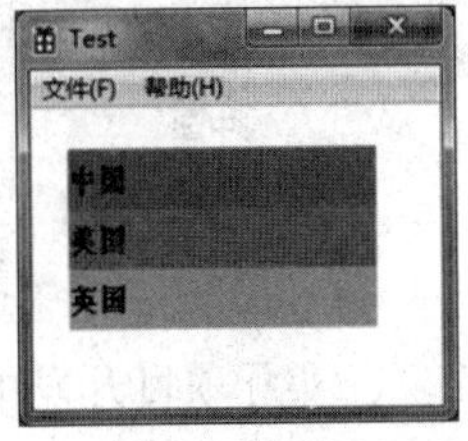

图 2-49

【例 2.24】多列列表框

（1）打开 Visual C++ 2017，新建一个 Win32 项目，应用程序类型为 Windows 应用程序。

（2）在 Test.cpp 中找到 WndProc 函数，然后在 switch (message)中添加 WM_CREATE 消息处理，如下代码：

```
case WM_CREATE:
    hListBox = CreateWindow(_T("listbox"),     //创建列表框
        NULL,
        WS_CHILD|LBS_MULTICOLUMN| LBS_USETABSTOPS | WS_BORDER |WS_VISIBLE,
        20, 10, 320, 100,
        hWnd, (HMENU)(100),
        (HINSTANCE)GetWindowLong(hWnd, GWL_HINSTANCE),
        NULL);
    SendMessage(hListBox, LB_SETCOLUMNWIDTH, 70, 0);     //设置每列的宽度
    for (i = 0; i < 20; i++)     //添加 20 条数据
    {
        _stprintf_s(buf, _T("%d:abcdefg"), i);
        SendMessage(hListBox, LB_ADDSTRING, 0, (LPARAM)buf);
    }
    break;
```

其中，hListBox 是一个全局变量，用来保存列表框控件的句柄，定义如下：

```
HWND hListBox;
```

风格 LBS_MULTICOLUMN 表示如果列表框数据项超过一列时，将继续从下一列开始存放，并且每列的宽度现在设为了 70。

（3）保存工程并运行，运行结果如图 2-50 所示。

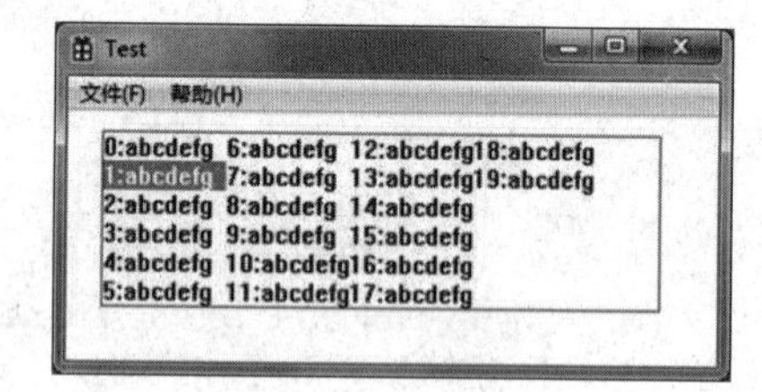

图 2-50

5. 组合框

组合框其实就是把一个编辑框和一个列表框组合到了一起，分为 3 种：简易（Simple）组合框、下拉式（Dropdown）组合框和下拉列表式（Drop List）组合框。下面讲讲它们的区别。

- 简易组合框中的列表框是一直显示的，效果如图 2-51 所示。
- 下拉式组合框默认不显示列表框，只有单击编辑框右侧的下拉箭头才会弹出列表框，列表框弹出后如图 2-52 所示。
- 下拉列表式组合框的编辑框是不能编辑的，只能由用户在下拉列表框中选择了某项后，在编辑框中显示其文本。下拉列表式组合框如图 2-53 所示。

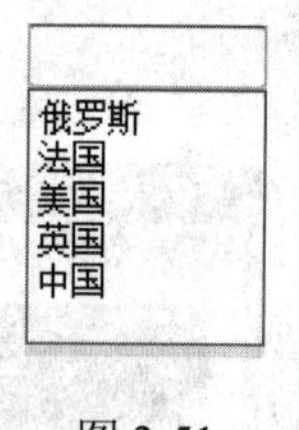

图 2-51

图 2-52

图 2-53

在实际项目开发中，最常用的当属下拉式组合框和下拉列表式组合框了。它们在很多时候能使程序看起来更专业、更简洁，让用户在进行选择操作时更方便。

组合框控件的窗口类名为“combobox”，也可以使用类名的宏 WC_COMBOBOX。

该控件的风格以前缀 CBS_开头（Combo Box Style）。常用的组合框控件风格定义如表 2-16 所示。

表 2-16　常用的组合框控件风格定义

风　格	说　明
CBS_SIMPLE	指定一个简易组合框
CBS_DROPDOWN	指定一个下拉式组合框
CBS_DROPDOWNLIST	指定一个下拉列表式组合框
CBS_OWNERDRAWFIXED	指定自绘式组合框，即由父窗口负责绘制列表框的内容，并且列表项有相同的高度
CBS_OWNERDRAWVARIABLE	指定自绘式组合框，并且列表项有不同的高度
CBS_AUTOHSCROLL	使编辑框组件具有水平滚动的风格
CBS_OEMCONVERT	使编辑框组件中的正文可以在 ANSI 字符集和 OEM 字符集之间相互转换。这在编辑框中包含文件名时是很有用的
CBS_SORT	自动对列表框组件中的项进行排序
CBS_HASSTRINGS	指定一个含有字符串的自绘式组合框
CBS_NOINTEGRALHEIGHT	组合框的尺寸由应用程序而不是 Windows 指定，通常由 Windows 指定尺寸会使列表项的某些部分隐藏起来
CBS_DISABLENOSCROLL	使列表框在不需要滚动时显示一个禁止的垂直滚动条
CBS_UPPERCASE	将编辑框和列表框中的所有文本都自动转换为大写字符
CBS_LOWERCASE	将编辑框和列表框中的所有文本都自动转换为小写字符

组合框被操作时会向父窗口发送通知码。常用的组合框通知码定义如表 2-17 所示。

表 2-17　常用的组合框通知码定义

通 知 码	说　明
CBN_CLOSEUP	组合框的列表框组件被关闭，简易组合框不会发送该通知消息
CBN_DBLCLK	用户在某列表项上双击鼠标，只有简易组合框才会发送该通知消息
CBN_DROPDOWN	组合框的列表框组件下拉，简易式组合框不会发送该通知消息
CBN_EDITUPDATE	在编辑框准备显示改变了的正文时发送该消息，下拉列表式组合框不会发送该消息
CBN_EDITCHANGE	编辑框的内容被用户改变了，与 CBN_EDITUPDATE 不同，该消息是在编辑框显示的正文被刷新后才发出的，下拉列表式组合框不会发送该消息
CBN_ERRSPACE	组合框无法申请足够的内存来容纳列表项
CBN_SELENDCANCEL	表明用户的选择应该取消，当用户在列表框中选择了一项，然后又在组合框控件外单击鼠标时就会导致该消息的发送
CBN_SELENDOK	用户选择了一项，然后按了回车键或单击了下拉箭头，该消息表明用户确认了自己所做的选择
CBN_KILLFOCUS	组合框失去了输入焦点
CBN_SELCHANGE	用户通过单击或移动箭头键改变了列表的选择
CBN_SETFOCUS	组合框获得了输入焦点

应用程序也可以向组合框控件发送消息让它执行某个操作或返回编辑框某个属性的当前状态。常见的组合框消息如表 2-18 所示。

表 2-18　常见的组合框消息

组合框消息	说　明
CB_ADDSTRING	向组合框控件中的列表框添加新的列表项。消息参数 wParam 不用，保持为 0；lParam 指向要添加的字符串的指针
CB_GETCOUNT	获取组合框控件的列表框中列表项的数量。消息参数 wParam 和 lParam 不用，必须为 0
CB_GETCURSEL	得到组合框控件的列表框中选中项的索引，如果没有选中任何项，该函数返回 CB_ERR。消息参数 wParam 和 lParam 不用，必须为 0
CB_SETCURSEL	在组合框控件的列表框中选择某项。消息参数 wParam 指定了要选择的列表项的索引，如果为-1，则列表框中当前选择项被取消选中，编辑框也被清空；lParam 不用，必须为 0
CB_GETEDITSEL	获取组合框控件的编辑框中当前选择范围的起始和终止字符的位置。SendMessage 返回一个 32 位数，低 16 位存放起始位置，高 16 位存放选择范围后面的第一个非选择字符的位置，如果该函数用于下拉列表式组合框时，就会返回 CB_ERR。消息参数 wParam 指向获得的当前选择范围的起始位置的指针；lParam 指向获得的当前选择范围的结尾位置的指针
CB_SETEDITSEL	用于在组合框控件的编辑框中选择字符。消息参数 wParam 不用，必须为 0；lParam 的低字部分指定起始位置，高字部分指定终止位置
CB_GETITEMDATA	获取组合框中指定项所关联的 32 位数据。消息参数 wParam 指定组合框控件的列表框某项的索引（从 0 开始）；lParam 不用，必须为 0
CB_SETITEMDATA	为某个指定的组合框列表项设置一个关联的 32 位数。消息参数 wParam 指定要进行设置的列表项索引；lParam 指定要关联的新值
CB_GETLBTEXT	从组合框控件的列表框中获取某项的字符串。消息参数 wParam 指定要获取字符串的列表项的索引，lParam 参数用于接收取到的字符串
CB_GETLBTEXTLEN	获取组合框控件的列表框中某项的字符串长度。消息参数 wParam 指定要获取字符串长度的列表项的索引；lParam 不用，必须为 0
CB_INSERTSTRING	向组合框控件的列表框中插入一个列表项。消息参数 wParam 指定了要插入列表项的位置；lParam 参数则指定了要插入的字符串。SendMessage 返回字符串被插入的位置，如果有错误发生就会返回 CB_ERR，如果没有足够的内存存放新字符串就返回 CB_ERRSPACE。注意：CB_INSERTSTRING 插入是不排序的，CB_ADDSTRING 的插入，如果组合框是 CBS_SORT 样式的，需要排序
CB_DELETESTRING	删除组合框中某指定位置的列表项。消息参数 wParam 指定了要删除的列表项的索引；lParam 不用，必须为 0。SendMessage 的返回值如果大于等于 0，那么它就是组合框中剩余列表项的数量。如果 wParam 指定的索引超出了列表项的数量就返回 CB_ERR
CB_FINDSTRING	在组合框控件的列表框中查找但不选中第一个包含指定前缀的列表项。消息参数 wParam 指定了第一个要查找的列表项之前的那个列表项的索引；lParam 指向包含要查找的前缀的字符串。SendMessage 的返回值如果大于等于 0，那么它是匹配列表项的索引，如果查找失败就返回 CB_ERR

（续表）

组合框消息	说　明
CB_SELECTSTRING	在组合框控件的列表框中查找一个字符串，如果查找到就选中它，并将其显示到编辑框中。消息参数含义同 FindString。如果字符串被查找到，则 SendMessage 返回此列表项的索引；如果查找失败，则返回 CB_ERR，并且当前选择项不改变
CB_LIMITTEXT	用于限制用户在组合框控件的编辑框中能够输入的最大字节长度。消息参数 wParam 指定了用户能够输入文字的最大字节长度，如果为 0，则长度被限制为 0x7FFFFFFE 个字符。lParam 不用，必须为 0。SendMessage 总是返回 TRUE

下面我们通过实例来了解组合框控件的使用。

【例 2.25】组合框的简单使用

（1）打开 Visual C++ 2017，新建一个 Win32 项目，应用程序类型为 Windows 应用程序。

（2）在 Test.cpp 中找到 WndProc 函数，然后在 switch (message)中添加 WM_CREATE 消息处理，如下代码：

```
    case WM_CREATE:
          //创建 Simple 风格的组合框
          hSimple = CreateWindow(_T("combobox"), NULL, WS_CHILD | WS_VISIBLE |
WS_VSCROLL | CBS_SIMPLE | CBS_HASSTRINGS,10, 20, 80, 100, hWnd, (HMENU)10000, hInst,
NULL);
          //添加数据
          for (i = 0; i < 3; i++)
              SendMessage(hSimple, CB_ADDSTRING, 0, (LPARAM)buf[i]);

           //创建 drop-down 风格的组合框
          hDropdown = CreateWindow(_T("combobox"), NULL, WS_CHILD | WS_VISIBLE |
WS_VSCROLL | CBS_DROPDOWN | CBS_HASSTRINGS,100, 20, 80, 100, hWnd, (HMENU)10001,
hInst, NULL);
          //添加数据
          for (i = 0; i < 3;i++)
              SendMessage(hDropdown, CB_ADDSTRING, 0, (LPARAM)buf[i]);

          //创建 drop-down list 风格的组合框
       hDroplist = CreateWindow(_T("combobox"), NULL, WS_CHILD | WS_VISIBLE |
WS_VSCROLL | CBS_DROPDOWNLIST | CBS_HASSTRINGS, 190, 20, 80, 100, hWnd, (HMENU)10002,
hInst, NULL);
        //添加数据
          for (i = 0; i < 3; i++)
          SendMessage(hDroplist, CB_ADDSTRING, 0, (LPARAM)buf[i]);
          break;
```

（3）为后面两个组合框添加选择改变事件的响应。在消息 WM_COMMAND 下的 switch 中添加代码：

```
    case 10001:case 10002: //10001 和 10002 是后两个组合框的 ID
          if (CBN_SELCHANGE == wmEvent) //如果是选择改变通知码
          {
              //获取当前选中项
             nCurIndex = SendMessage((HWND)lParam, CB_GETCURSEL, 0, 0);
```

```
        //获取选中项的标题
        SendMessage((HWND)lParam, CB_GETLBTEXT, nCurIndex, (LPARAM)buf[0]);
        MessageBox(0, buf[0], 0, 0);//显示结果
    }
    break;
```

（4）保存工程并运行，运行结果如图 2-54 所示。

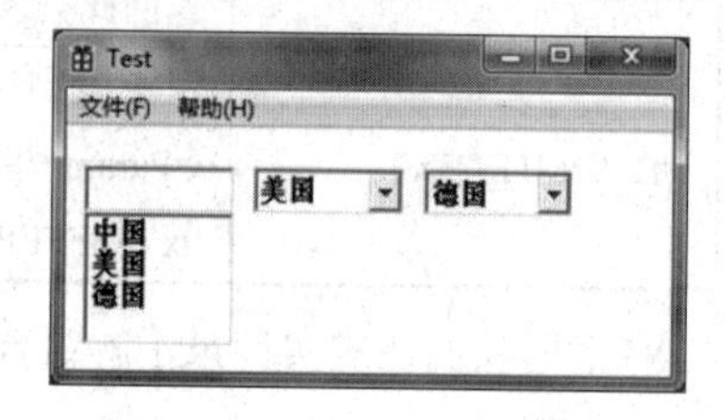

图 2-54

6. 列表视图控件

列表视图控件是通用控件的一种。它比列表框更适合用来显示表格类的数据，因为它有行和列，并且能对某行某列数据进行编辑。除了以表格方式（报告方式）显示数据外，列表视图控件还有 3 种显示数据的方法：大图标、小图标和列表。这些方法和在 Winodws 资源管理器中选择菜单“查看”|“大图标”“小图标”“列表”“详细信息”相对应。各种不同的显示方式只是显示了不同的外观而已，其中报告方式提供的消息最完全，其他的方式则要少得多。在刚创建一个列表视图时你可以选择一种初始显示方法，随后可以调用 SetWinodwLong 函数并设置 GWL_STYLE 标志位来改变显示方式。当处于报告风格显示的时候，第一列通常称为项，这一行的其他列称为子项。

创建一个列表视图控件有两种方法。第一种是最简单的方法：通过资源编辑器来创建，必须在对话框中进行。对话框我们在下一节会讲到，使用该种方法时需要在程序中加入函数 InitCommonControls 的调用（调用该函数只是为了隐式地加载包含通用控件的 DLL）；另一种方法是完全手工的方式，即调用 CreateWindow 函数。

列表视图控件的窗口类名为“SysListView32”，也可以用类名的宏 WC_LISTVIEWW。

该控件的风格以前缀 LVS_开头（List View Style），常见的组合框控件风格如表 2-19 所示。

表 2-19　常见的组合框控件风格

风　格	说　明
LVS_ALIGNLEFT	在图标和小图标视图中指定项左对齐
LVS_ALIGNTOP	在图标和小图标视图中指定项在控件的顶端对齐
LVS_AUTOARRANGE	在图标或小图标视图中指定图标自动保持对齐
LVS_EDITABELS	允许项文本能够进行编辑
LVS_ICON	指定为图标视图
LVS_NOCOLUMNHEADER	指定在报表视图中不显示列标题。默认时，在报表视图中列有标题
LVS_NOLABELWRAP	在图标视图的单行中显示项文本，默认时，在图标视图中项文本有可能被遮住
LVS_NOSCROLL	不允许滚动，所有项都必须在客户可视的区域内
LVS_NOSORTHEADER	指定列标题不像按钮那样工作，这种风格是有用的，比如当在报表视图中单击列标题时，将不会带来例如排序那样的动作
LVS_OWNERDRAWFIXED	在报表视图中允许所有者窗口为项着色。列表视图控件发送一条 WM_DRAWITWM 消息来为每一项着色，但它不为每一子项发送独立的消息。DRAWITEMSTRUCT 结构中的 itemDate 成员则包含了指定列表视图项的项数据
LVS_REPORT	指定报表视图

（续表）

风　格	说　明
LVS_SHAREIMAGELISTS	指定控件没有归属于它的图像列表的所有权（也就是说当控件被销毁后，图像列表不会被销毁），该风格能够使同一个图像列表用于多个列表视图控件中
LVS_SHOWSELALWAYS	总是显示选择框，即使任何控件都没有焦点
LVS_SINGLESEL	允许每次只能选择一项。如果没有这个风格，则默认时同时能选择多项
LVS_SMALLICON	指定为小图标视图
LVS_SORTASCENDING	使项按照项文本的升序方式排列
LVS_SORTDESCENDING	使项按照项文本的降序方式排列

以上风格是列表视图控件的标准风格，除此之外还有扩展风格。扩展风格的前缀是 LVS_EX_。常见的扩展风格如表 2-20 所示。

表 2-20　常见的扩展风格

扩展风格	说　明
LVS_EX_FULLROWSELECT	当一个项被选中时，这个行项和所有的子项都高亮，即一行全部选中。只适用于 Report 风格的列表视图控件
LVS_EX_CHECKBOXES	在每一项前设置复选框（Check Box）
LVS_EX_DOUBLEBUFFER	通过双缓冲区绘制，降低闪烁
LVS_EX_GRIDLINES	在项和子项中显示网格
LVS_EX_HEADERDRAGDROP	使列表视图控件列的拖曳有效
LVS_EX_REGIONAL	设置列表视图的窗口区域

值得注意的是，用 CreateWindow 创建列表视图控件的时候，只使用标准风格，而不使用扩展风格。要为列表视图控件使用扩展风格需要用专门的函数 ListView_SetExtendedListViewStyleEx 来设置。

列表视图控件被操作时会向父窗口发送 WM_NOTIFY 消息，并会在 NMHDR 结构体的 code 字段中存放通知码。常用的列表视图控件通知码定义如表 2-21 所示。

表 2-21　常用的列表视图控件通知码定义

通　知　码	说　明
LVN_BEGINDRAG	鼠标左键正在被触发以便进行拖放操作（当鼠标左键开始拖动列表视图控件中的项目时产生）
LVN_BEGINRDRAG	鼠标右键正在被触发以便进行拖放操作（当鼠标右键开始拖动列表视图控件中的项目时产生）
LVN_BEGINLABELEDIT	开始编辑项的文本
LVN_COLUMNCLICK	单击列（当鼠标单击列表视图控件列标题时产生）
NM_CLICK	当鼠标单击列表视图控件时产生
LVN_COLUMNCLICK	单击列
LVN_DELETEALLITEMS	删除所有项
LVN_DELETEITEM	删除某个项
NM_DBLCLK	当鼠标双击列表视图控件时产生

（续表）

通　知　码	说　　明
LVN_ENDLABELEDIT	结束对项文本的编辑
LVN_GETDISPINFO	请求需要显示的信息
LVN_GETINFOTIP	请求显示在工具提示窗口内的附加文本信息
LVN_HOTTRACK	鼠标滑过某个项目
LVN_INSERTITEM	当向列表视图控件插入项目时产生
LVN_ITEMACTIVATE	激活某个项目
LVN_ITEMCHANGED	某个项目已经发生变化
LVN_ITEMCHANGING	某个项目正在发生变化
NM_KILLFOCUS	当列表视图控件失去焦点时产生
LVN_KEYDOWN	某个键被按下
LVN_MARQUEEBEGIN	开始某个边框选择
NM_OUTOFMEMORY	当内存溢出时产生
LVN_ODCACHEHINT	虚拟列表控件显示区域的内容发生了变化
LVN_ODSTATECHANGED	虚拟列表控件的某个项或某个范围内的项已经发生变化
LVN_ODFINDITEM	需要拥有者查找一个特定的回调项
NM_RCLICK	当鼠标右键单击列表视图控件时产生
NM_RDBLCLK	当鼠标右键双击列表视图控件时产生
NM_SETFOCUS	当列表视图控件获得焦点时产生

应用程序也可以向列表视图控件发送消息，让它执行某个操作或返回编辑框某个属性的当前状态。常见的列表视图消息如表 2-22 所示。

表 2-22　常见的列表视图消息

列表视图消息	说　　明
LVM_SETTEXTCOLOR	设置文本前景色
LVM_SETTEXTBKCOLOR	设置文本背景色
LVM_APPROXIMATEVIEWRECT	计算需要显示的项目数的近似宽度和高度
LVM_ARRANGE	排列
LVM_CREATEDRAGIMAGE	创建拖动图像
LVM_DELETEALLITEMS	删除所有项
LVM_DELETECOLUMN	删除列
LVM_DELETEITEM	删除项
LVM_EDITLABEL	编辑标签
LVM_ENSUREVISIBLE	确保可见
LVM_FINDITEM	查找项
LVM_GETBKCOLOR	获取背景颜色
LVM_GETBKIMAGE	获取背景图像
LVM_GETCALLBACKMASK	返回列表视图控件的回调掩码

（续表）

列表视图消息	说　明
LVM_GETCOLUMN	取得列表视图控件的列的属性
LVM_GETCOLUMNORDERARRAY	以自左向右的顺序取得列表视图控件当前的列
LVM_GETCOLUMNWIDTH	取得列的宽度
LVM_GETCOUNTPERPAGE	当列表视图控件使用列表视图或者报告视图时，计算显示区域能垂直显示的项的数目。只有能完全显示的项才会被计数
LVM_GETEDITCONTROL	取得编辑列表视图项文本的编辑控件的句柄
LVM_GETEXTENDEDLISTVIEWSTYLE	取得列表视图控件现在正在使用的扩展风格
LVM_GETHEADER	取得列表视图控件使用的标头控件的句柄
LVM_GETHOTCURSOR	获取在焦点项上的鼠标值
LVM_GETHOTITEM	获取焦点项索引
LVM_GETIMAGELIST	获取图像列表
LVM_GETITEM	获取项
LVM_GETITEMCOUNT	获取行数，即项的数目
LVM_GETITEMPOSITION	获取项位置
LVM_GETITEMSPACING	获取项与项的间距
LVM_GETITEMSTATE	获取项的状态
LVM_GETITEMTEXT	获取项的文本
LVM_GETNEXTITEM	获取下一个项
LVM_INSERTCOLUMN	插入列
LVM_INSERTITEM	插入项
LVM_SETITEMSTATE	设置项状态
LVM_SETITEMTEXT	设置子项文本

上面的消息可以通过 SendMessage 来发送，例如：

```
SendMessage(hWndControl,LVM_SETITEMTEXT, wParam, lParam );
```

除此之外，系统定义了很多宏，可以直接调用宏来发送，比如：

```
#define ListView_SetItemText(hwndLV, i, iSubItem_, pszText_) \
{ LV_ITEM _macro_lvi;\
  _macro_lvi.iSubItem = (iSubItem_);\
  _macro_lvi.pszText = (pszText_);\
  SNDMSG((hwndLV), LVM_SETITEMTEXT, (WPARAM)(i), (LPARAM)(LV_ITEM *)
&_macro_lvi);\
}
```

以后要发送 LVM_SETITEMTEXT 消息，可以这样调用：

```
VOID ListView_SetItemText(
    HWND hwnd,
    int i,
    int iSubItem,
```

```
    LPCSTR pszText
);
```

其中，hwnd 是列表视图控件的句柄；i 是项索引（相当于行号）；iSubItem 是子项索引（相当于列号）；pszText 是要设置的文本字符串。

需要注意的是，ListView_SetItemText 看起来像函数，但其实是一个带参数的宏。其他消息都有这样类似的宏，通过宏的方式更直观。

下面通过实例来了解列表视图控件的使用。

【例 2.26】双击某行返回行内容的列表视图控件

（1）打开 Visual C++ 2017，新建一个 Win32 项目，应用程序类型为 Windows 应用程序。

（2）在 Test.cpp 中找到 WndProc 函数，然后在 switch (message)中添加 WM_CREATE 消息处理，如下代码：

```
case WM_CREATE:
    //创建列表视图控件
      hListview = CreateWindow(WC_LISTVIEW,
          NULL,
          LVS_REPORT |WS_CHILD | WS_BORDER | WS_VISIBLE,
          20, 10, 260, 100,
          hWnd, (HMENU)(10000),
          (HINSTANCE)GetWindowLong(hWnd, GWL_HINSTANCE),
          NULL);
    //设置扩展风格
    //先获取当前扩展风格
    dwStyle = ListView_GetExtendedListViewStyle(hListview);
    //选中某行使整行高亮（只适用于 report 风格的 listctrl）
    dwStyle |= LVS_EX_FULLROWSELECT;
    dwStyle |= LVS_EX_GRIDLINES;//网格线（只适用于 report 风格的 listctrl）
    dwStyle |= LVS_EX_CHECKBOXES;//item 前生成复选框控件
    //设置扩展风格
    ListView_SetExtendedListViewStyleEx(hListview, 0, dwStyle);

    //插入第一列列头
    ColInfo1.mask = LVCF_TEXT | LVCF_WIDTH | LVCF_FMT;
    ColInfo1.iSubItem = 0;
    ColInfo1.fmt = LVCFMT_CENTER;
    ColInfo1.cx = 100;
    ColInfo1.pszText = _T("姓名");
    ColInfo1.cchTextMax = 60;
    ::SendMessage(hListview, LVM_INSERTCOLUMN, WPARAM(0),
LPARAM(&ColInfo1));

    //插入第二列列头
    ColInfo2.mask = LVCF_TEXT | LVCF_WIDTH | LVCF_FMT;
    ColInfo2.iSubItem = 0;
    ColInfo2.fmt = LVCFMT_CENTER;
    ColInfo2.cx = 50;
    ColInfo2.pszText = _T("年龄");
    ColInfo2.cchTextMax = 20;
```

```
        ::SendMessage(hListview, LVM_INSERTCOLUMN, WPARAM(1),
LPARAM(&ColInfo2));
        //插入第一行项数据
        item.mask = LVIF_TEXT;
        item.pszText = _T("李四");
        item.iItem = 0;
        item.iSubItem = 0;
        ::SendMessage(hListview, LVM_INSERTITEM, 0, LPARAM(&item));
        //设置第一行第二列的子项数据
        item.mask = LVIF_TEXT;
        item.pszText = _T("31");
        item.iItem = 0;
        item.iSubItem = 1;
        ::SendMessage(hListview, LVM_SETITEM, 0, LPARAM(&item));
        //插入第二行项数据
        item.mask = LVIF_TEXT;
        item.pszText = _T("张三");
        item.iItem = 1;
        item.iSubItem = 0;
        ::SendMessage(hListview, LVM_INSERTITEM, 0, LPARAM(&item));
        //插入第二行第二列的子项数据
        item.mask = LVIF_TEXT;
        item.pszText = _T("49");
        item.iItem = 1;
        item.iSubItem = 1;
        ::SendMessage(hListview, LVM_SETITEM, 0, LPARAM(&item));
        //插入第三行项数据
        item.mask = LVIF_TEXT;
        item.pszText = _T("王五");
        item.iItem = 2;
        item.iSubItem = 0;
        ::SendMessage(hListview, LVM_INSERTITEM, 0, LPARAM(&item));
        //插入第三行第二列的子项数据
        item.mask = LVIF_TEXT;
        item.pszText = _T("63");
        item.iItem = 2;
        item.iSubItem = 1;
        ::SendMessage(hListview, LVM_SETITEM, 0, LPARAM(&item));
        break;
```

其中，hListview 是一个全局变量，用来保存列表视图控件的句柄，定义如下：

```
HWND hListview;
```

ColInfo1 和 ColInfo2 都是局部变量，分别存放构造列所需的数据，定义如下：

```
    LVCOLUMN ColInfo1 = { 0 };
    LVCOLUMN ColInfo2 = { 0 };
```

item 是局部变量，用来存放构造项或子项所需的数据，定义如下：

```
LVITEM item;
```

dwStyle 是局部变量，用来存放扩展风格，定义如下：

```
DWORD dwStyle;
```

项就是第一列数据，子项就是从第二列开始的数据，必须先插入项后才能再插入同行子项。在创建的时候，只能使用标准风格，而不能使用扩展风格。扩展风格要等创建完成后再调用宏 ListView_SetExtendedListViewStyleEx 来实现，该宏相当于发送 LVM_SETEXTENDEDLISTVIEWSTYLE 消息。

（3）因为列表视图控件是通用控件，所以需要包含通用控件的头文件和库，在 Test.cpp 开头添加如下内容：

```
#include "commctrl.h"
#pragma comment (lib,"comctl32.lib")
```

此时运行工程，可以看到窗口上有一个列表视图控件了，并且每行前面还有一个复选框（Check Box）。

下面我们为它添加点小功能，就是双击列表视图控件中的某行，将跳出一个信息框，显示该行内容。在列表视图控件上双击，会引发控件向父窗口发送 WM_NOTIYF 消息，如下代码：

```
    case WM_NOTIFY:
            if (10000 == wParam) //判断是否是列表视图控件，10000 是列表视图控件 ID
            {
                if (((LPNMHDR)lParam)->code==NM_DBLCLK)//判断通知码是否是双击
                {
                    //获取当前选中项索引
                    iSlected = SendMessage(hListview, LVM_GETNEXTITEM, -1,
LVNI_SELECTED);
                    if (iSlected == -1)
                    {
                MessageBox(hWnd, _T("请对某行双击"), _T("错误"), MB_OK |
MB_ICONINFORMATION);
                        break;
                    }
                    //为获取项文本，填充结构
                    memset(&item, 0, sizeof(item));
                    item.mask = LVIF_TEXT;
                    item.iSubItem = 0;
                    item.pszText = Text; //让指针指向一个字符数组
                    item.cchTextMax = 256;
                    item.iItem = iSlected;
                    //获取项文本
                    SendMessage(hListview, LVM_GETITEMTEXT, iSlected,
(LPARAM)&item);
                     //暂存到
                     _stprintf_s(szTemp1, Text);
                    //获取子项文本
```

```
                item.iSubItem = 1;
                SendMessage(hListview, LVM_GETITEMTEXT, iSlected,
(LPARAM)&item);
                _stprintf_s(szTemp, _T(" %s"), Text);
                _tcscat_s(szTemp1, szTemp);
                MessageBox(hWnd, Temp1, 0, MB_OK | MB_ICONINFORMATION);
            }
        }
        break;
```

“SendMessage(hListview, LVM_GETNEXTITEM, -1, LVNI_SELECTED);”获取当前选中的项索引，也可以用宏的形式“ListView_GetNextItem(hListview,-1, LVNI_SELECTED);”。

（4）保存工程并运行，运行结果如图 2-55 所示。

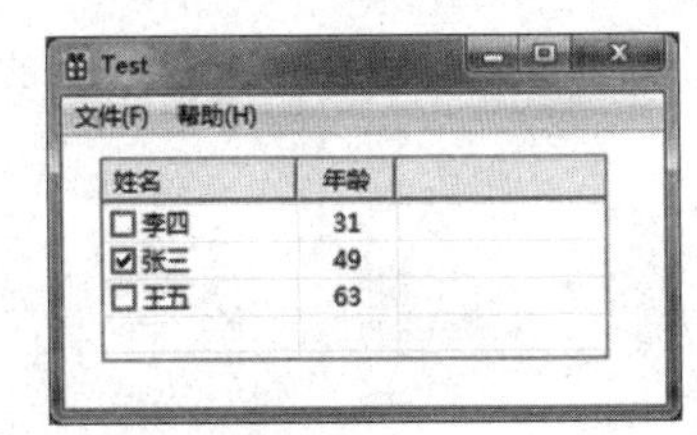

图 2-55

【例 2.27】支持按 Delete 键删除某行的列表视图控件

（1）打开 Visual C++ 2017，新建一个 Win32 项目，应用程序类型为 Windows 应用程序。

（2）在 Test.cpp 中找到 WndProc 函数，然后在 switch (message) 中添加 WM_CREATE 消息处理，如下代码：

```
    case WM_CREATE:
        //创建列表视图控件
          hListview = CreateWindow(WC_LISTVIEW,
              NULL,
              LVS_REPORT |WS_CHILD | WS_BORDER | WS_VISIBLE,
              20, 10, 260, 100,
              hWnd, (HMENU)(10000),
              (HINSTANCE)GetWindowLong(hWnd, GWL_HINSTANCE),
              NULL);

        //设置扩展风格
        //先获取当前扩展风格
        dwStyle = ListView_GetExtendedListViewStyle(hListview);
        //选中某行使整行高亮（只适用与 report 风格的 listctrl）
        dwStyle |= LVS_EX_FULLROWSELECT;
        dwStyle |= LVS_EX_GRIDLINES;//网格线（只适用于 report 风格的 listctrl）
        dwStyle |= LVS_EX_CHECKBOXES;//item 前生成复选框控件
        ListView_SetExtendedListViewStyleEx(hListview, 0, dwStyle); //设置扩展风格

        //插入第一列列头
        ColInfo1.mask = LVCF_TEXT | LVCF_WIDTH | LVCF_FMT;
        ColInfo1.iSubItem = 0;
        ColInfo1.fmt = LVCFMT_CENTER;
        ColInfo1.cx = 100;
        ColInfo1.pszText = _T("姓名");
        ColInfo1.cchTextMax = 60;
        ::SendMessage(hListview, LVM_INSERTCOLUMN, WPARAM(0),
LPARAM(&ColInfo1));

        //插入第二列列头
        ColInfo2.mask = LVCF_TEXT | LVCF_WIDTH | LVCF_FMT;
        ColInfo2.iSubItem = 0;
```

```
        ColInfo2.fmt = LVCFMT_CENTER;
        ColInfo2.cx = 50;
        ColInfo2.pszText = _T("年龄");
        ColInfo2.cchTextMax = 20;
        ::SendMessage(hListview, LVM_INSERTCOLUMN, WPARAM(1),
LPARAM(&ColInfo2));
        //插入第一行项数据
        item.mask = LVIF_TEXT;
        item.pszText = _T("李四");
        item.iItem = 0;
        item.iSubItem = 0;
        ::SendMessage(hListview, LVM_INSERTITEM, 0, LPARAM(&item));
        //设置第一行第二列的子项数据
        item.mask = LVIF_TEXT;
        item.pszText = _T("31");
        item.iItem = 0;
        item.iSubItem = 1;
        ::SendMessage(hListview, LVM_SETITEM, 0, LPARAM(&item));
        //插入第二行项数据
        item.mask = LVIF_TEXT;
        item.pszText = _T("张三");
        item.iItem = 1;
        item.iSubItem = 0;
        ::SendMessage(hListview, LVM_INSERTITEM, 0, LPARAM(&item));
        //插入第二行第二列的子项数据
        item.mask = LVIF_TEXT;
        item.pszText = _T("49");
        item.iItem = 1;
        item.iSubItem = 1;
        ::SendMessage(hListview, LVM_SETITEM, 0, LPARAM(&item));
        //插入第三行项数据
        item.mask = LVIF_TEXT;
        item.pszText = _T("王五");
        item.iItem = 2;
        item.iSubItem = 0;
        ::SendMessage(hListview, LVM_INSERTITEM, 0, LPARAM(&item));
        //插入第三行第二列的子项数据
        item.mask = LVIF_TEXT;
        item.pszText = _T("63");
        item.iItem = 2;
        item.iSubItem = 1;
        ::SendMessage(hListview, LVM_SETITEM, 0, LPARAM(&item));
    break;
```

其中，hListview 是一个全局变量，用来保存列表视图控件的句柄，定义如下：

```
HWND hListview;
```

ColInfo1 和 ColInfo2 都是局部变量，分别存放构造列所需的数据，定义如下：

```
    LVCOLUMN ColInfo1 = { 0 };
    LVCOLUMN ColInfo2 = { 0 };
```

item 是局部变量，用来存放构造项或子项所需的数据，定义如下：

```
LVITEM item;
```

dwStyle 是局部变量，用来存放扩展风格，定义如下：

```
DWORD dwStyle;
```

项就是第一列数据，子项就是从第二列开始的数据，必须先插入项后才能再插入同行子项。在创建的时候，只能使用标准风格，而不能使用扩展风格。扩展风格要等创建完成后再调用宏 ListView_SetExtendedListViewStyleEx 来实现，该宏相当于发送 LVM_SETEXTENDEDLISTVIEWSTYLE 消息。

因为列表视图控件是通用控件，所以需要包含通用控件的头文件和库，在 Test.cpp 开头添加如下内容：

```
#include "commctrl.h"
#pragma comment (lib,"comctl32.lib")
```

（3）在列表视图控件中按键盘，会触发控件发送 WM_NOTIFY 消息给父窗口。我们在 WndProc 的 switch 分支里添加 WM_NOTIFY 的处理：

```
case WM_NOTIFY:
        if (10000 ==wParam) //判断是否是我们创建的列表视图控件，10000 是控件 ID
        {
            if(((LPNMHDR)lParam)->code==LVN_KEYDOWN)//判断是否为按键通知码
            {
                p = (LPNMLVKEYDOWN)lParam; //把消息参数 lParam 转换为 LPNMLVKEYDOWN
                if (VK_DELETE == p->wVKey) //判断是否按了 Delete 键
                {
                    //获取选中的行索引
                    iSlected = SendMessage(hListview, LVM_GETNEXTITEM, -1,
LVNI_SELECTED);
                    if (iSlected == -1) //如果没有选中，则提示错误
                    {
        MessageBox(hWnd, _T("请先选择要删除的行"), _T("错误"), MB_OK |
MB_ICONINFORMATION);
                        break;
                    }
                    ListView_DeleteItem(hListview,iSlected); //删除选中的行
                }
            }
        }
        break;
```

对于 LVN_KEYDOWN 通知码，系统会把 NMLVKEYDOWN 结构体的地址传给消息参数 lParam。VK_DELETE 就是键盘上的 Delete 键的宏。如果用户按下 Delete 键，我们就获取当前选中的项的索引，然后删除选中项。ListView_DeleteItem 是一个带参数的宏，向列表视图控件发送 LVM_DELETEITEM 消息。

（4）保存工程并运行，运行结果如图 2-56 所示。

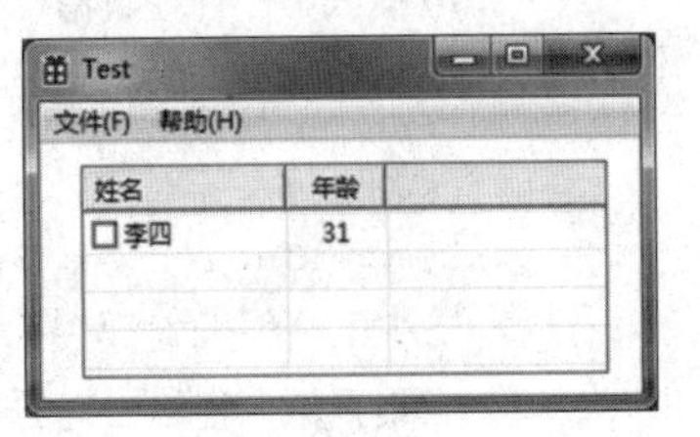

图 2-56

【例 2.28】支持主项可编辑的列表视图控件

（1）打开 Visual C++ 2017，新建一个 Win32 项目，应用程序类型为 Windows 应用程序。

（2）在 Test.cpp 中找到 WndProc 函数，然后在 switch (message)中添加 WM_CREATE 消息处理，如下代码：

```
    case WM_CREATE:
        //创建列表视图控件
          hListview = CreateWindow(WC_LISTVIEW,
             NULL,
             LVS_EDITLABELS| LVS_REPORT |WS_CHILD | WS_BORDER | WS_VISIBLE,
             20, 10, 260, 100,
             hWnd, (HMENU)(10000),
             (HINSTANCE)GetWindowLong(hWnd, GWL_HINSTANCE),
             NULL);
        //设置扩展风格
        //先获取当前扩展风格
        dwStyle = ListView_GetExtendedListViewStyle(hListview);
        //选中某行使整行高亮（只适用于 report 风格的 listctrl）
        dwStyle |= LVS_EX_FULLROWSELECT;
        dwStyle |= LVS_EX_GRIDLINES;//网格线（只适用于 report 风格的 listctrl）
        dwStyle |= LVS_EX_CHECKBOXES;//item 前生成复选框控件
        ListView_SetExtendedListViewStyleEx(hListview, 0, dwStyle); //设置扩展风格
        //插入第一列列头
        ColInfo1.mask = LVCF_TEXT | LVCF_WIDTH | LVCF_FMT;
        ColInfo1.iSubItem = 0;
        ColInfo1.fmt = LVCFMT_CENTER;
        ColInfo1.cx = 100;
        ColInfo1.pszText = _T("姓名");
        ColInfo1.cchTextMax = 60;
        ::SendMessage(hListview, LVM_INSERTCOLUMN, WPARAM(0),
LPARAM(&ColInfo1));
        //插入第二列列头
        ColInfo2.mask = LVCF_TEXT | LVCF_WIDTH | LVCF_FMT;
        ColInfo2.iSubItem = 0;
        ColInfo2.fmt = LVCFMT_CENTER;
        ColInfo2.cx = 50;
        ColInfo2.pszText = _T("年龄");
        ColInfo2.cchTextMax = 20;
        ::SendMessage(hListview, LVM_INSERTCOLUMN, WPARAM(1),
LPARAM(&ColInfo2));
        //插入第一行项数据
        item.mask = LVIF_TEXT;
        item.pszText = _T("李四");
        item.iItem = 0;
        item.iSubItem = 0;
        ::SendMessage(hListview, LVM_INSERTITEM, 0, LPARAM(&item));
        //设置第一行第二列的子项数据
        item.mask = LVIF_TEXT;
```

```
    item.pszText = _T("31");
    item.iItem = 0;
    item.iSubItem = 1;
    ::SendMessage(hListview, LVM_SETITEM, 0, LPARAM(&item));

    //插入第二行项数据
    item.mask = LVIF_TEXT;
    item.pszText = _T("张三");
    item.iItem = 1;
    item.iSubItem = 0;
    ::SendMessage(hListview, LVM_INSERTITEM, 0, LPARAM(&item));

    //插入第二行第二列的子项数据
    item.mask = LVIF_TEXT;
    item.pszText = _T("49");
    item.iItem = 1;
    item.iSubItem = 1;
    ::SendMessage(hListview, LVM_SETITEM, 0, LPARAM(&item));

    //插入第三行项数据
    item.mask = LVIF_TEXT;
    item.pszText = _T("王五");
    item.iItem = 2;
    item.iSubItem = 0;
    ::SendMessage(hListview, LVM_INSERTITEM, 0, LPARAM(&item));

    //插入第三行第二列的子项数据
    item.mask = LVIF_TEXT;
    item.pszText = _T("63");
    item.iItem = 2;
    item.iSubItem = 1;
    ::SendMessage(hListview, LVM_SETITEM, 0, LPARAM(&item));

    break;
```

其中，hListview 是一个全局变量，用来保存列表视图控件的句柄，定义如下：

```
HWND hListview;
```

ColInfo1 和 ColInfo2 都是局部变量，分别存放构造列所需的数据，定义如下：

```
    LVCOLUMN ColInfo1 = { 0 };
    LVCOLUMN ColInfo2 = { 0 };
```

item 是局部变量，用来存放构造项或子项所需的数据，定义如下：

```
LVITEM item;
```

dwStyle 是局部变量，用来存放扩展风格，定义如下：

```
DWORD dwStyle;
```

项是第一列数据，子项是从第二列开始的数据，必须先插入项后才能再插入同行子项。在创建的时候，只能使用标准风格，而不能使用扩展风格。扩展风格要等创建完成后再调用宏 ListView_SetExtendedListViewStyleEx 来实现，相当于发送 LVM_SETEXTENDEDLISTVIEWSTYLE 消息。值得注意的是，因为我们创建的是主项可以编辑的列表视图控件，所以必须包含风格 LVS_EDITLABELS。

因为列表视图控件是通用控件，所以需要包含通用控件的头文件和库，在 Test.cpp 开头添加如下内容：

```
    #include "commctrl.h"
    #pragma comment (lib,"comctl32.lib")
```

（3）响应 WM_NOTIFY。当用户在主项上完成编辑的时候会向父窗口发送 WM_NOTIFY 消息。如下代码：

```
    case WM_NOTIFY:
            if (10000 == wParam) //判断是否是我们创建的列表视图控件，10000 是列表视图控件 ID
            {
                //判断是否是开始编辑通知码
                if (((LPNMHDR)lParam)->code == LVN_BEGINLABELEDIT)
                {
                    //得到主项编辑框的窗口句柄
                    hEdit = ListView_GetEditControl(hListview);
                    //保存编辑前主项编辑框的内容
                    GetWindowText(hEdit, strRaw, sizeof(strRaw));
                }

                //判断是否是结束编辑通知码
                if (((LPNMHDR)lParam)->code == LVN_ENDLABELEDIT)
                {
                    int iIndex;
                    TCHAR buf[255] = _T("");

                    //得到当前拥有焦点项的索引
                    iIndex = SendMessage(hListview, LVM_GETNEXTITEM, -1,
LVNI_FOCUSED);
                    if (-1==iIndex)
                        break;

                    item.iSubItem = 0;

                    if (!gbPreeEscKey) //判断是否按下 Esc 键
                    {
                      //如果没有按下，则不需要还原原来的内容，用新输入的内容更新主项
                        item.pszText = buf;
                        GetWindowText(hEdit, buf, sizeof(buf));
                    SendMessage(hListview, LVM_SETITEMTEXT, (WPARAM)iIndex,
(LPARAM)&item);
                    }
                    else
                    {
                      //恢复主项原来的内容
                        item.pszText = strRaw;
                    SendMessage(hListview, LVM_SETITEMTEXT, (WPARAM)iIndex,
(LPARAM)&item);
                        gbPreeEscKey = false; //重置是否按下 Esc 键标记
                    }
```

```
            }
        }
        break;
```

其中，gbPreeEscKey 是一个全局变量，用来标记是否按下了 Esc 键，定义如下：

```
bool gbPreeEscKey = false;
```

hEdit 也是一个全局变量，用来存放列表视图控件的主项编辑框句柄，其实列表视图控件主项就是一个编辑框子窗口，因此可以支持编辑功能。hEdit 的定义如下：

```
HWND hEdit;
```

strRaw 是一个全局变量，用来存放主项编辑前原来的文本内容，这样用户如果在编辑的时候不想更新了，可以通过按 Esc 键来恢复原来的文本内容。strRaw 定义如下：

```
TCHAR strRaw[100]=_T("");
```

（4）判断用户是否按了 Esc 键。按键消息是 WM_KEYDOWN，我们可以通过这个消息来判断用户是否按下了 Esc 键，并且这个消息要在 WM_NOTIFY 之前就调用，以便我们设标记。因此，需要在主消息循环那里添加，如下代码：

```
// 主消息循环
    while (GetMessage(&msg, NULL, 0, 0))
    {
        if (!TranslateAccelerator(msg.hwnd, hAccelTable, &msg))
        {
          //判断是否是按键消息
            if (msg.message == WM_KEYDOWN) //这个 if 语句块就是我们添加的内容
            {
                if (VK_ESCAPE == msg.wParam) //判断按下键的键值是否是 Esc 键对应的宏
                    gbPreeEscKey = true; //如果是，则标记一下
            }
            TranslateMessage(&msg);
            DispatchMessage(&msg);
        }
    }
```

如果标记成功，就能在 WM_NOTIFY 消息处理中判断出 gbPreeEscKey 为 true，也就是按下 Esc 键了，就还原原来主项的文本内容。

（5）保存工程并运行，运行结果如图 2-57 所示。

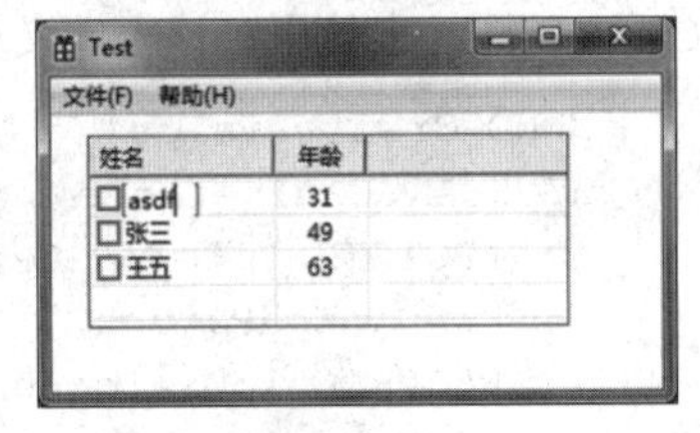

图 2-57

2.3.9　Win32 对话框编程

1. 模态对话框和非模态对话框

对话框在 Windows 操作系统上经常看到。对话框的重要功能就是在对话框上面可以放置各种控件，让控件和用户进行交互来完成相应的功能。对话框相当于控件的载体。其实，对话框也是一种窗口，也有自己的窗口函数，并在窗口函数中处理发给对话框的消息。

最简单的对话框要数 MessageBox 弹出来的对话框了，但该对话框系统已经定制好了，功能十分有限，就显示一条文本信息。现在我们来创建一个自己设计的对话框。

在创建自己设计的对话框之前，我们要了解一下对话框的分类。对话框可以分为模态对话框和非模态对话框，模态对话框一旦创建，就必须要关闭后才能切换到同一程序的其他窗口，在关闭之前，用户只能在模态对话框上进行界面操作，同程序的其他窗口是无法获得焦点的，当然不是同程序的其他窗口照样可以切换；非模态对话框正好相反，创建后可以在非模态对话框和同程序的其他窗口之间进行切换，在关闭非模态对话框之前，同程序的其他窗口是可以获得焦点的。

其实，模态对话框又可分为两类：应用程序模式对话框和系统模式对话框。应用程序模式对话框在关闭前不能切换到同一程序的另一窗口，而系统模式对话框在关闭前无法切换到其他程序的任何窗口（如关机时弹出的窗口）。我们主要是学习应用程序模式对话框。

上面所讲的是模式对话框和非模式对话框在运行时的区别，而在创建的过程中也有很大的不同。主要有以下 5 点区别：

（1）创建的 API 函数不同。创建模式对话框调用的 API 函数是 DialogBoxParam，而创建非模式对话框调用的 API 函数是 CreatDialogParam。另外，创建应用程序模式对话框和系统模式对话框之间的差别是对话框模板的 style 参数的不同，若要创建系统模式对话框，该参数必须“或”（用符号 | ）上 DS_SYSMODAL 标志位。

通常不直接使用函数 DialogBoxParam，而是把该函数定义成带参数的宏 DialogBox 来使用，该宏定义如下：

```
INT_PTR DialogBox(
HINSTANCE hInstance,
    LPCTSTR lpTemplate,
    HWND hWndParent,
    DLGPROC lpDialogFunc
);
```

这个宏根据对话框资源创建一个模式对话框，这个对话框必须用 EndDialog 来结束。其中，参数 hInstance 是当前应用程序实例句柄；lpTemplate 标识对话框模板资源，有两种使用方式，一种是把对话框模板的 ID 强制转为 LPCTSTR，如(LPCTSTR)(IDD_DIALOG1)，另一种可以使用 MAKEINTRESOURCE 宏得到标识 ID，如 MAKEINTRESOURCE(IDD_DIALOG1)；hWndParent 为父窗口的句柄；lpDialogFunc 是指向对话框消息处理函数的函数指针。

类似的，创建非模态对话框也不直接使用 CreatDialogParam，而是把该函数定义成带参数的宏 CreateDialog 来使用，该宏定义如下：

```
HWND CreateDialog(
HINSTANCE hInstance,
    LPCTSTR lpTemplate,
    HWND hWndParent,
    DLGPROC lpDialogFunc
);
```

这个函数根据对话框资源创建一个非模态对话框，这个对话框应该用 DestroyWindow 来结束。它的参数跟上面的 DialogBox 用法相同。

（2）显示的条件不同。如果不设置对话框资源的属性 Visible 为 True，那么非模态对话框创建完毕后是不可见的，必须通过调用 ShowWindow(SW_SHOW)来显示对话框；如果设置了属性 Visible 为 True，就不需要调用 ShowWindow。模态对话框则无须设置 Visible，总会显示对话框。默认情况下，对话框资源的 Visible 属性为 False。

（3）函数返回时间和返回值不同。CreateDialogParam 在创建对话框后直接返回，返回值是对话框的窗口句柄；而 DialogBoxParam 在对话框关闭时才返回，返回值是 EndDialog 中的 dwResult 参数。

（4）使用的消息循环不同。模态对话框自己处理消息循环（这个消息循环在 user32.dll 里面维护，看不到）且在对话框关闭后函数才会返回（返回值是 EndDialog 的第二个参数，所以可以用 EndDialog 的第二个参数来标识子控件的 ID）；而非模态对话框使用主窗口的消息循环，所以如果要处理非模态对话框的消息，需要在主窗口的消息循环中进行判断拦截，如果是对话框消息，系统会主动调用对话框的消息处理函数来处理，具体代码可以这样写：

```
// 主消息循环
    while (GetMessage(&msg, NULL, 0, 0))
    {
    //判断是否是对话框消息
    if (hDlgModeless == 0 || !IsDialogMessage(hDlgModeless, &msg))
        if (!TranslateAccelerator(msg.hwnd, hAccelTable, &msg))
        {
            TranslateMessage(&msg);
            DispatchMessage(&msg);
        }
    }
```

其中，IsDialogMessage 是系统 API，用来判断消息 msg 是否是对话框 hDlgModeless 的消息。如果是，就把该消息扔给对话框的消息处理函数。

不管是模态还是非模态对话框，对于不希望处理的消息，都不应该调用 DefWindowProc 来处理（否则会有问题），因为系统会主动对这些消息进行处理。对于不希望处理的消息，程序要做的只是返回 FALSE 即可；而对于处理过的消息，则应该返回 TRUE。这种情况跟主窗口的处理不同，主窗口对不希望处理的消息也要调用 DefWindowProc 来处理。

（5）关闭时使用的函数不同。关闭模态对话框使用 EndDialog 函数；关闭非模态对话框使用 DestroyWindow 函数，并且调用了 DestroyWindow 函数后会引发向对话框发送 WM_DESTROY 消息和 WM_NCDESTROY 消息，还可以把非模态对话框的全局窗口句柄的置 NULL 操作放在 WM_DESTROY 消息处理中，这样下次再创建非模态对话框时就可以通过判断全局窗口句柄是否为 NULL 而直接创建了。

【例 2.29】 模态对话框

（1）打开 Visual C++ 2017，新建一个 Win32 项目，应用程序类型为 Windows 应用程序。

（2）切换资源视图，然后展开 Menu，双击 IDC_TEST，在“文件”菜单项下添加一个菜单项“模态对话框”，然后设置该菜单项的 ID 为 IDM_MOD。再在资源视图里展开 Dialog，并右击 Dialog，然后在快捷菜单上选择“插入 Dialog”命令来新建一个对话框资源，该对话框的 ID 默认为 IDD_DIALOG1。当然也可以修改，这里就保持默认。

（3）我们的目标是在程序运行后，单击菜单项“模态对话框”，就会出现一个模态对话框，因此要添加菜单 IDM_MOD 的响应。在 Test.cpp 中找到 WndProc 函数，然后在 switch (message)中找到 WM_COMMAND 消息处理，然后添加如下代码：

```
case IDM_MOD:
    //创建模态对话框
```

```
        DialogBox(hInst, (LPCTSTR)(IDD_DIALOG1), hWnd, DialogProc);
        break;
```

其中，DialogProc 是自定义的对话框的消息处理函数，定义如下：

```
INT_PTR CALLBACK DialogProc(HWND hWnd, UINT uMsg, WPARAM wParam, LPARAM lParam)
{
    switch (uMsg)
    {
    case WM_INITDIALOG:
        SetWindowPos(hWnd, NULL, 50, 100, 0, 0, SWP_NOSIZE);
        return TRUE;  //该消息已经处理了，所以要返回 TRUE
    case WM_COMMAND:
        //判断是否是确定或取消按钮
        if (LOWORD(wParam) == IDOK || LOWORD(wParam) == IDCANCEL)
{
            EndDialog(hWnd, TRUE); //只用于模态对话框
            return TRUE; //该消息已经处理了，所以要返回 TRUE
        }
        break;
    }

    return FALSE;//消息没有被处理，交给父窗口继续处理
}
```

注意，DialogProc 函数的类型是 INT_PTR，而不是 LRESULT。对话框创建完毕并在显示之前会发送 WM_INITDIALOG 消息，可以把一些控件初始化或对话框显示的个性定制操作放在这个消息中，比如这里用了函数 SetWindowPos。该函数是用来设置对话框开始显示的位置的 API 函数，声明如下：

```
BOOL SetWindowPos( HWND hWnd, HWND hWndInsertAfter,int X, int Y,int cx,int
cy,UINT uFlags);
```

该函数用来改变窗口、弹出窗口和顶层窗口的大小、位置和 Z 轴次序，功能非常强大，窗口在屏幕上按照它们的 Z 轴次序排序。在 Z 轴次序上处于顶端的窗口将位于程序在所有其他窗口的顶部，处于顶部的窗口也叫顶层窗口。其中参数 hWnd 是将要调整的窗口的句柄；hWndInsertAfter 标识了在 Z 轴次序上位于这个 hWnd 窗口之前的窗口，这个参数可以是窗口的句柄，也可以是下列值：

- HWND_BOTTOM：将窗口放在 Z 轴次序的底部。如果这个 hWnd 是一个顶层窗口，则窗口将失去它的顶层状态。系统将这个窗口放在其他所有窗口的底部。
- HWND_TOP：将窗口放在 Z 轴次序的顶部。
- HWND_TOPMOST：将窗口放在所有非顶层窗口的上面。这个窗口将保持它的顶层位置，即使它失去了活动状态。
- HWND_NOTOPMOST：将窗口重新定位到所有非顶层窗口的顶部（这意味着在所有的顶层窗口之下）。这个标志对那些已经是非顶层窗口的窗口没有作用。

参数 X 指定了窗口左边的新位置；Y 指定了窗口顶部的新位置；cx 指定了窗口的新宽度；cy 指定了窗口的新高度；nFlags 指定了大小和位置选项，这个参数可以是下列值的组合：

- SWP_DRAWFRAME：围绕窗口画出边框（在创建窗口的时候定义）。

- SWP_FRAMECHANGED: 向窗口发送一条 WM_NCCALCSIZE 消息，即使窗口的大小不会改变。如果没有指定这个标志，那么仅当窗口的大小发生变化时才发送 WM_NCCALCSIZE 消息。
- SWP_HIDEWINDOW: 隐藏窗口。
- SWP_NOACTIVATE: 不激活窗口。如果没有设置这个标志，那么窗口将被激活并移动到顶层或非顶层窗口组（依赖于 pWndInsertAfter 参数的设置）的顶部。
- SWP_NOCOPYBITS: 废弃这个客户区的内容。如果没有指定这个参数，那么客户区的有效内容将被保存，并在窗口的大小或位置改变以后被复制回客户区。
- SWP_NOMOVE: 保持当前的位置（忽略 x 和 y 参数）。
- SWP_NOOWNERZORDER: 不改变拥有者窗口在 Z 轴次序上的位置。
- SWP_NOREDRAW: 不重画变化。如果设置了这个标志，则不发生任何种类的变化。这适用于客户区、非客户区（包括标题和滚动条）以及被移动窗口覆盖的父窗口的任何部分。当这个标志被设置的时候，应用程序必须明确地无效或重画要重画的窗口和父窗口的任何部分。
- SWP_NOREPOSITION ：与 SWP_NOOWNERZORDER 相同。
- SWP_NOSENDCHANGING: 防止窗口接收 WM_WINDOWPOSCHANGING 消息。
- SWP_NOSIZE: 保持当前的大小（忽略 cx 和 cy 参数）。
- SWP_NOZORDER: 保持当前的次序（忽略 pWndInsertAfter）。
- SWP_SHOWWINDOW: 显示窗口。

对话框上有“确定”和“取消”两个按钮，用户单击这 2 个按钮时，会向对话框发送 WM_COMMAND 消息，因此处理这两个按钮消息应该在该消息中进行。当用户单击“确定”或“取消”按钮时，将调用函数 EndDialog 来结束对话框，该函数将销毁一个模态对话框，声明如下：

```
BOOL EndDialog( HWND hDlg,INT_PTR nResult);
```

该成员函数用来销毁一个模态对话框，但它不会立即关闭对话框。它设置了一个标记，用以指定在当前消息处理程序返回时就关闭对话框。其中，参数 hDlg 为要销毁的对话框句柄；nResult 根据创建对话框的函数来确定返回给应用程序的值。如果函数成功，就返回非 0；否则，返回 0。

（4）保存工程并运行，运行结果如图 2-58 所示。

图 2-58

【例 2.30】非模态对话框

（1）打开 Visual C++ 2017，新建一个 Win32 项目，应用程序类型为 Windows 应用程序。

（2）切换资源视图，然后展开 Menu，双击 IDC_TEST，在文件菜单项下添加一个菜单项“非模态对话框”，然后设置该菜单项的 ID 为 IDM_MOD。再在资源视图里展开 Dialog，并右击 Dialog，然后在快捷菜单上选择“插入 Dialog”命令来新建一个对话框资源。该对话框的 ID 默认为 IDD_DIALOG1，当然也可以修改，这里就保持默认。

（3）我们的目标是程序刚运行后就出现一个非模态对话框，并且用户随时单击菜单项“非模态对话框”后会创建一个非模态对话框（若还没创建）或激活对话框（已经创建），因此要添加菜单 IDM_MODLESS 的响应。在 Test.cpp 中找到 WndProc 函数，然后在 switch (message)中找到 WM_COMMAND 消息处理，然后添加如下代码：

```
    case IDM_MODLESS:
            if (hDlgModeless) //通过全局变量来判断是否已经创建了非模态对话框
                DestroyWindow(hDlgModeless); //如果创建了，则先销毁
            //创建非模态对话框
            hDlgModeless = CreateDialog(hInst, MAKEINTRESOURCE(IDD_DIALOG1), hWnd,
DialogProc);
            if (!hDlgModeless)
                break;
            ShowWindow(hDlgModeless, SW_SHOW); //显示非模态对话框
            UpdateWindow(hDlgModeless); //重画
            break;
```

CreateDialog 根据资源名 IDD_DIALOG1 来创建一个非模态对话框。hDlgModeless 是全局变量，为非模态对话框的句柄，定义如下：

```
HWND  hDlgModeless;                                    //非模态窗口句柄
```

DialogProc 是对话框窗口处理过程，定义如下：

```
INT_PTR CALLBACK DialogProc(HWND hWnd, UINT uMsg, WPARAM wParam, LPARAM lParam)
{
    switch (uMsg)
    {
    case WM_INITDIALOG: //响应对话框初始化消息
        SetWindowPos(hWnd, NULL, 200, 200, 0, 0, SWP_NOSIZE);
        return TRUE; // 表示已经初始化
    case WM_COMMAND: //响应命令消息
     //判断是否单击了“确定”或“取消”按钮
        if (LOWORD(wParam) == IDOK || LOWORD(wParam) == IDCANCEL) //
            DestroyWindow(hDlgModeless);
        return TRUE;
    case WM_DESTROY: //响应销毁消息
        hDlgModeless = NULL; //置全局变量 hDlgModeless 为 NULL
        return TRUE;
    }
    return FALSE;//消息没有被处理，交给父窗口继续处理
}
```

和模态对话框一样，非模态对话框创建完毕后也会发送 WM_INITDIALOG 消息，用来进行一些初始化工作，这里调用 SetWindowPos 函数确定对话框的显示位置和大小（大小和设计时候的一样，因为使用了宏 SWP_NOSIZE，它将忽略该函数的 cx 和 cy 参数）。

对话框上有“确定”和“取消”两个按钮，用户单击这 2 个按钮时会向对话框发送 WM_COMMAND 消息，因此处理这两个按钮消息应该在该消息中进行。当用户单击“确定”或“取消”按钮时，将调用函数 DestroyWindow 来销毁对话框，该函数将销毁一个非模态对话框，声明如下：

```
BOOL DestroyWindow(HWND hWnd);
```

hWnd 是要销毁的对话框的句柄。调用该函数将会引发向父窗口发送 WM_DESTROY 和 WM_NCDESTROY 两个消息，因此可以把全局变量的对话框句柄重置 NULL 操作放在 WM_DESTROY 消息处理中，这样任何地方调用 DestroyWindow 函数都会确保对话框全局句柄同时被置空了。这样下次再要创建对话框的时候，就可以通过判断这个全局句柄是否为空来确定要不

要创建或者激活显示。一定要确保不要同时创建出多个非模态对话框来，否则资源无法回收，每时每刻只能有一个非模态对话框。

（4）为了让程序一开始就出现非模态对话框，我们在 InitInstance 函数的末尾处也创建对话框，如下代码：

```
    //创建非模态对话框，如果成功就把对话框句柄存于全局变量 hDlgModeless 中
    hDlgModeless = CreateDialog(hInstance, MAKEINTRESOURCE(IDD_DIALOG1), hWnd,
DialogProc);
        if (!hDlgModeless)
             return FALSE; //如果没有成功，则返回
        ShowWindow(hDlgModeless, SW_SHOW); //显示非模态对话框
        UpdateWindow(hDlgModeless);//更新重画
```

如果在设计对话框的时候设置属性 Visible 为 True 了，那么 ShowWindow 和 UpdateWindow 函数也可以不调用。

（5）非模态对话框使用主窗口的消息循环，所以如果要处理非模态对话框的消息，需要在主窗口的消息循环中进行判断拦截，如果是对话框消息，系统会主动调用对话框的消息处理函数来处理，我们必须要在主消息循环里面添加一个判断：

```
        // 主消息循环
        while (GetMessage(&msg, NULL, 0, 0))
        {
            //若是对话框消息，则对话框处理
            if (hDlgModeless == 0 || !IsDialogMessage(hDlgModeless, &msg))
            if (!TranslateAccelerator(msg.hwnd, hAccelTable, &msg))
            {
                TranslateMessage(&msg);
                DispatchMessage(&msg);
            }
        }
```

（6）保存工程并运行，运行结果如图 2-59 所示。

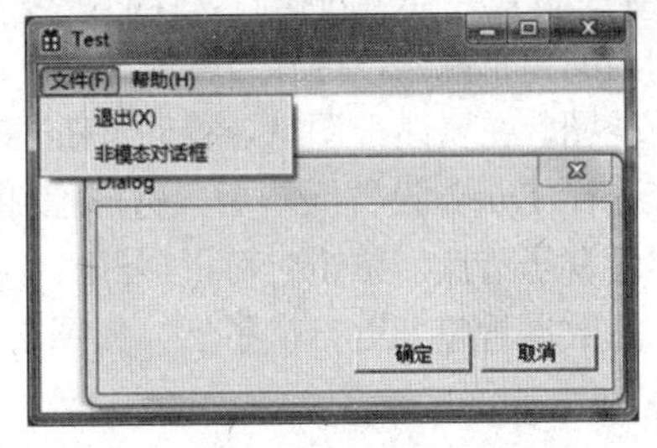

图 2-59

【例 2.31】在模态对话框上可视化创建树形控件

（1）打开 Visual C++ 2017，新建一个 Win32 项目，应用程序类型为 Windows 应用程序。

（2）切换资源视图，然后展开 Menu，双击 IDC_TEST，在“文件”菜单项下添加一个菜单项“模态对话框”，然后设置该菜单项的 ID 为 IDM_MOD。再在资源视图里展开 Dialog，并右击 Dialog，然后在快捷菜单上选择“插入 Dialog”命令来新建一个对话框资源。该对话框的 ID 默认为 IDD_DIALOG1，当然也可以修改，这里就保持默认。

（3）我们的目标是程序运行后，用户单击菜单项“模态对话框”后会出现一个模态对话框，因此要添加菜单 IDM_MOD 的响应。在 Test.cpp 中找到 WndProc 函数，然后在 switch (message)中找到 WM_COMMAND 消息处理，然后添加如下代码：

```
        case IDM_MOD:
    DialogBox(hInst,(LPCTSTR)(IDD_DIALOG1),hWnd,DialogProc);//创建模态对话框
        break;
```

其中，DialogProc 是自定义的对话框的消息处理函数，定义如下：

```
INT_PTR CALLBACK DialogProc(HWND hWnd, UINT uMsg, WPARAM wParam, LPARAM lParam)
{
    switch (uMsg)
    {
    case WM_COMMAND:
        //判断是否是确定或取消按钮
        if (LOWORD(wParam) == IDOK || LOWORD(wParam) == IDCANCEL)
        {
            EndDialog(hWnd, TRUE); //只用于模态对话框
            return TRUE; //该消息已经处理了，所以要返回 TRUE
        }
        break;
    }
    return FALSE;//消息没有被处理，交给父窗口继续处理
}
```

注意，DialogProc 函数的类型是 INT_PTR，而不是 LRESULT。

如果此时运行工程，可以发现单击菜单“模态对话框”后能出现一个模态对话框。下面我们来为其添加树形控件。

（4）可以采用可视化的方法添加。这比控件在窗口上（虽然对话框也是一个窗口，但不支持可视化操作）方便多了。切换到资源视图，然后双击“Dialog”下的 IDD_DIALOG1，此时会出现对话框的设计界面，同时会出现一个“工具箱”的视图。在工具箱中，我们找到树形控件，如图 2-60 所示。

然后对其单击，并保持不松开，把它拖动到对话框上，如图 2-61 所示。

拖放的过程。就相当于上一节的控件在窗口上创建的过程。现在如果运行工程，就可以发现对话框上有一个已经“创建”好了的树形控件，虽然我们没有写任何创建控件的代码，这个创建是 Visual C++自动为我们进行的，很方便。除了可以拖动外，还可以对其进行属性设置，右击对话框上的树形控件，选择“属性”菜单项，此时会出现属性视图，或者直接单击树形控件也会出现属性视图。在属性视图里，找到“Has Button”“Has Lines”“Lines At Root”3 个属性，分别在其右边选择 True。设置完毕后，树形控件上的节点前会出现虚线和“+-”小按钮：“+”表示这个节点下还有子节点，单击它可以展开；“-”按钮表示这个节点已经展开了。这 3 个属性能让树形控件中的数据看起来更一目了然，如图 2-62 所示。

图 2-60

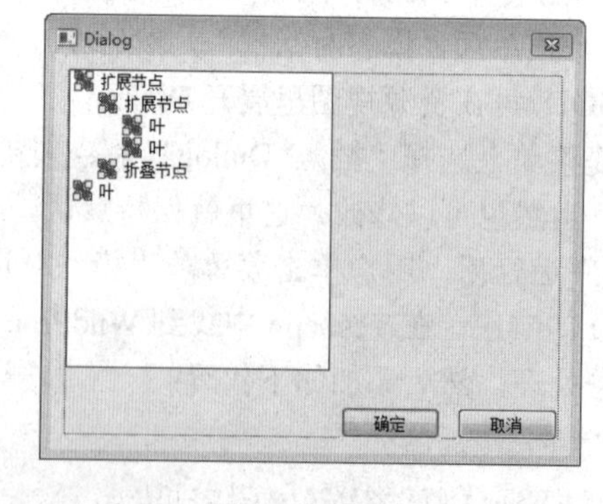

图 2-61

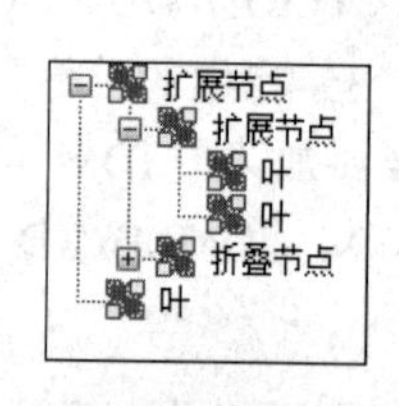

图 2-62

下面我们来为树形控件添加数据。

（5）在对话框的窗口过程函数 DialogProc 中添加局部变量：

```
TV_INSERTSTRUCT tvinsert; //要插入节点的信息结构体
HTREEITEM hParent;  //树形控件节点父句柄
```

然后添加 WM_INITDIALOG 消息，如下代码：

```
case WM_INITDIALOG:
    hTreeView = GetDlgItem(hWnd, IDC_TREE1); //获取树形控件句柄
  //初始化根节点数据
    tvinsert.hParent = NULL;
    tvinsert.hInsertAfter = TVI_ROOT; //表示这是一个根节点
    tvinsert.item.mask = TVIF_TEXT ;
    tvinsert.item.pszText = _T("亚洲");  //节点标题
    tvinsert.item.iImage = 0;
    tvinsert.item.iSelectedImage = 0;
    //向树形控件发送消息插入节点
    hParent = (HTREEITEM)SendMessage(hTreeView, TVM_INSERTITEM, 0,
(LPARAM)&tvinsert);

    tvinsert.hParent = hParent; //设置上面的根节点为当前将要插入节点的父节点
    tvinsert.hInsertAfter = TVI_LAST; //在末尾插入节点
    tvinsert.item.pszText = _T("中国"); //设置节点文本
    //发送消息插入节点
    SendMessage(hTreeView, TVM_INSERTITEM, 0, (LPARAM)&tvinsert);
    tvinsert.item.pszText = _T("韩国"); //设置节点文本
    //发送消息插入节点
    SendMessage(hTreeView, TVM_INSERTITEM, 0, (LPARAM)&tvinsert);
    tvinsert.item.pszText = _T("日本"); //设置节点文本
    //发送消息插入节点
    SendMessage(hTreeView, TVM_INSERTITEM, 0, (LPARAM)&tvinsert);
    tvinsert.item.pszText = _T("印度"); //设置节点文本
    //发送消息插入节点
    SendMessage(hTreeView, TVM_INSERTITEM, 0, (LPARAM)&tvinsert);

    return TRUE;  //该消息已经处理了，所以要返回 TRUE
```

通常，初始化对话框上的控件都在对话框的 WM_INITDIALOG 消息中进行。首先通过 GetDlgItem 函数来获得对话框上的树形控件的句柄，并存放到全局变量 hTreeView 中。hTreeView 是一个句柄。IDC_TREE1 是树形控件默认的 ID。TVM_INSERTITEM 是向树形控件插入节点的消息。

由于树形控件是一个通用控件，因此需要包含头文件：

```
#include "commctrl.h"
```

（6）保存工程并运行，运行结果如图 2-63 所示。

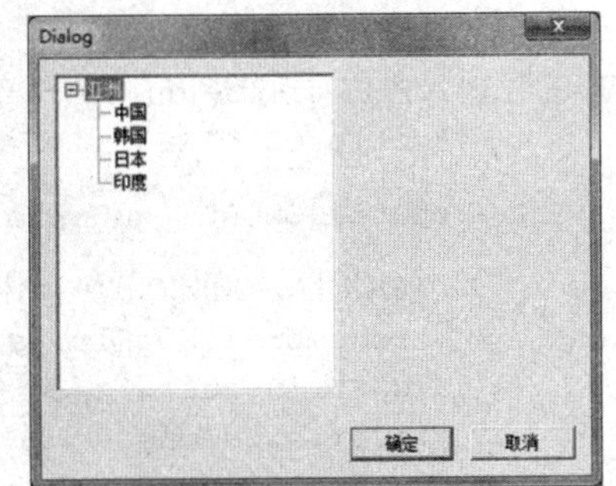

图 2-63

2. 通用对话框

通用对话框是系统提供的，预先封装了某种功能的对话框，可以直接拿来使用，大大减少了编程的工作量。常见的通用对话框包括颜色选择对话框、字体对话框、打开文件和保存

对话框、查找和替换对话框和页面设置对话框等。需要注意的是，所有使用通用对话框的地方都要包含头文件。下面演示几个对话框的使用。

【例 2.32】 颜色选择对话框

（1）打开 Visual C++ 2017，新建一个 Win32 项目，应用程序类型为 Windows 应用程序。

（2）切换到资源视图，然后展开 Menu，双击 IDC_TEST，在文件菜单项下添加一个菜单项"颜色选择对话框"，然后设置该菜单项的 ID 为 IDM_CLRDLG。

（3）我们的目标是程序运行后，用户单击菜单项"颜色选择对话框"后会出现一个颜色选择对话框，为此要添加菜单 IDM_CLRDLG 的响应。在 Test.cpp 中找到 WndProc 函数，然后在 switch (message)中找到 WM_COMMAND 消息处理，然后添加如下代码：

```
case IDM_CLRDLG:
    clr = ChooseClrDlg(hWnd);
    if (clr) //如果选择了颜色，则创建画刷并重画客户区
    {
        hbrush = CreateSolidBrush(clr);        //创建画刷
        InvalidateRect(hWnd, NULL, 1);         //重画客户区
    }
    break;
```

其中，clr、hbrush 是局部变量，定义如下：

```
COLORREF clr;  //定义一个颜色
    static HBRUSH hbrush = NULL;                // 画刷的句柄
```

COLORREF 就是 DWORD，用来表示颜色，定义如下：

```
typedef DWORD  COLORREF;
```

hbrush 表示画刷的句柄，必须是局部静态变量，因为我们调用 InvalidateRect 函数会使得窗口客户区无效而需要重画，系统会发送 WM_PAINT 消息，然后在 WM_PAINT 消息中我们需要使用上次创建的画刷来画窗口客户区的背景。

InvalidateRect 函数可以使得窗口某个区域无效而需要重画，它会引起 WM_PAINT 消息的发送。如果第二个参数是 NULL，就表示窗口客户区的全部区域都要重画。

函数 ChooseClrDlg 是我们自定义的函数，用于显示颜色选择对话框，并选择颜色后返回颜色值，如下代码：

```
COLORREF ChooseClrDlg(HWND hOwner)
{

CHOOSECOLOR dlgClr;    // 定义颜色选择对话框
    //颜色对话框下方有 16 个自定义颜色，它们需要存储空间
    static COLORREF acrCustClr[16];

    static DWORD rgbCurrent;

    //初始化 CHOOSECOLOR 结构体
    ZeroMemory(&dlgClr, sizeof(dlgClr));
    dlgClr.lStructSize = sizeof(dlgClr);
    dlgClr.hwndOwner = hOwner;
    dlgClr.lpCustColors = (LPDWORD)acrCustClr;
    dlgClr.rgbResult = rgbCurrent;
```

```
    dlgClr.Flags = CC_FULLOPEN | CC_RGBINIT;

    if (ChooseColor(&dlgClr) )  //判断是否单击了“确定”按钮
        return dlgClr.rgbResult;     //返回选定的颜色值

    return 0; //如果单击“取消”，则返回 0
}
```

要使用通用对话框，必须包含头文件：

```
#include "Commdlg.h"
```

（4）为 WM_PAINT 消息添加画背景代码：

```
case WM_PAINT:
        hdc = BeginPaint(hWnd, &ps);
        // TODO:  在此添加任意绘图代码...
        GetClientRect(hWnd,&rt);
        if (hbrush)
            FillRect(hdc, &rt, hbrush);
        EndPaint(hWnd, &ps);
        break;
```

其中，GetClientRect 是获取窗口客户区矩形大小的函数，rt 是一个局部变量，用来存放客户区大小，定义如下：

```
RECT rt;
```

FillRect 函数表示用画刷填充矩形区域。所谓填充，就是用画刷刷背景，画刷是什么颜色的，背景就是什么颜色。如同油漆工用刷子刷墙壁一样，墙壁的颜色取决于刷子的颜色。

（5）保存工程并运行，运行结果如图 2-64 所示。

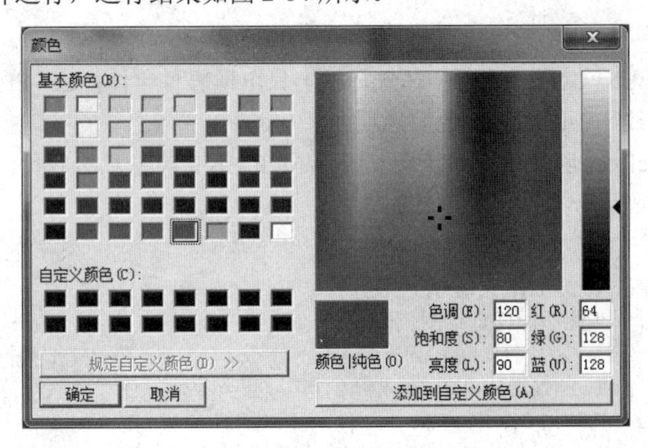

图 2-64

【例 2.33】字体选择对话框

（1）打开 Visual C++ 2017，新建一个 Win32 项目，应用程序类型为 Windows 应用程序。

（2）切换到资源视图，然后展开 Menu，双击 IDC_TEST，在“文件”菜单项下添加一个菜单项“字体选择对话框”，然后设置该菜单项的 ID 为 IDM_CLRDLG。

（3）我们的目标是程序运行后，单击菜单项“字体选择对话框”后会出现一个字体选择对话框，为此要添加菜单 IDM_CLRDLG 的响应。在 Test.cpp 中找到 WndProc 函数，在文件开头定义局部变量：

```
CHOOSEFONT cf;
    static COLORREF rgbCurrent;
    HFONT  hfontPrev;
    static LOGFONT lf;
    static HFONT hfont;
TCHAR sz[] = _T("中国崛起！！！ABC"); //要显示的文本
```

其中，cf 是字体选择对话框结构体；rgbCurrent 是选中的字体颜色；hfontPrev 是以前的字体句柄；lf 是逻辑字体结构体；hfont 是用选择的字体创建的字体句柄。

要使用通用对话框，必须包含头文件：

```
#include "Commdlg.h"
```

在 switch (message)中找到 WM_COMMAND 消息处理，然后添加如下代码：

```
case IDM_FONTDLG:
        // 初始化 CHOOSEFONT 结构体
        ZeroMemory(&cf, sizeof(cf)); //结构体清 0
        cf.lStructSize = sizeof(cf); //分配大小
        cf.hwndOwner = hWnd; //设置对话框句柄为其拥有者句柄
        cf.lpLogFont = &lf; //指向一个逻辑字体
        cf.rgbColors = rgbCurrent; //让字体对话框刚显示时字体颜色值就是上次选中的颜色
        cf.Flags = CF_SCREENFONTS | CF_EFFECTS;  //设置字体对话框选项
        if (ChooseFont(&cf))//如果选择了字体，就创建画刷并重画客户区
        {
            hfont = CreateFontIndirect(cf.lpLogFont); //创建逻辑字体
            rgbCurrent = cf.rgbColors; //保存字体颜色
            InvalidateRect(hWnd, NULL, 1); //重画客户区
        }
        break;
```

其中，CF_SCREENFONTS 表示字体选择框上只出现屏幕字体；CF_EFFECTS 选项表示字体选择对话框上有删除线、下画线和颜色等选项。

调用了 InvalidateRect 函数后，系统会发送 WM_PAINT 消息，然后我们在这个消息中用创建的字体和选中的颜色画出一行字，如下代码：

```
case WM_PAINT:
        hdc = BeginPaint(hWnd, &ps);
        //TODO:  在此添加任意绘图代码...
        hfontPrev = (HFONT)SelectObject(hdc, hfont); //把我们创建的字体选进上下文
        SetTextColor(hdc, rgbCurrent); //设置字体颜色
        TextOut(hdc, 10, 20, sz, _tcslen(sz)); //画一行文本
        SelectObject(hdc,hfontPrev); //恢复以前的字体
        EndPaint(hWnd, &ps);
        break;
```

（4）保存工程并运行，然后在字体选择对话框上选择“华文新魏”，并选择“下画线”，颜色选择紫色，运行结果如图 2-65 所示。

图 2-65

【例 2.34】打开文件对话框和另存为对话框

（1）打开 Visual C++ 2017，新建一个 Win32 项目，应用程序类型为 Windows 应用程序。

（2）切换到资源视图，然后展开 Menu，双击 IDC_TEST，在“文件”菜单项下添加一个菜单项“打开文件对话框”，然后设置该菜单项的 ID 为 IDM_OPENFILEDLG。

（3）我们的目标是程序运行后，用户单击菜单项“打开文件对话框”后，就会出现一个打开文件对话框，为此要添加菜单 IDM_ OPENFILEDLG 的响应。在 Test.cpp 中找到 WndProc 函数，在函数开头加入局部变量：

```
OPENFILENAME ofn;
TCHAR szFile[260];
```

ofn 是文件打开对话框结构体变量；szFile 用来缓存所选的路径。

然后在 switch (message)中找到 WM_COMMAND 消息处理，然后添加如下代码：

```
case IDM_OPENFILEDLG:
    // 初始化 OPENFILENAME 结构体
    ZeroMemory(&ofn, sizeof(ofn)); //清 0
    ofn.lStructSize = sizeof(ofn); //设置结构体大小
    ofn.hwndOwner = hWnd; //设置拥有者句柄
    ofn.lpstrFile = szFile; //设置文件名字缓冲区
    ofn.lpstrFile[0] = '\0'; //如果不设 0，则开始的时候就会默认选择 szFile
    ofn.nMaxFile = sizeof(szFile); //设置所选文件路径缓冲区最大长度
    ofn.lpstrFilter=_T("所有文件\0*.*\0 文本文档\0*.TXT\0\0"); //设置过滤字符串
    ofn.nFilterIndex = 1;
    ofn.lpstrFileTitle = NULL;
    ofn.nMaxFileTitle = 0;
    ofn.lpstrInitialDir = _T("C:"); //设置 C 盘为当前默认显示路径
    ofn.Flags = OFN_PATHMUSTEXIST | OFN_FILEMUSTEXIST; //设置标记
    if (GetOpenFileName(&ofn)) //显示文件打开对话框
        //显示所选路径
        MessageBox(hWnd, ofn.lpstrFile, _T("你所选的文件是: "),MB_OK);
    break;
```

其中，OFN_PATHMUSTEXIST 标记表示显示路径必须存在，OFN_FILEMUSTEXIST 表示显示文件必须存在。需要注意的是过滤字符串。过滤字符串是用来设置文件后缀名的，只有在过滤字符串中出现的文件后缀名才会显示在文件打开对话框中。过滤字符串的基本格式是文件类型名，然后用\0 隔开，接着加相应后缀名，然后用\0 隔开，再开始新的文件类型名。以此类推，直到最后碰到两个\0 的时候表示过滤字符串结束，比如上面“文本文档”是一个文件类型名，“.TXT”是一个后缀名，文件类型名是可以自己定义的，“文本文档”可以写成“我的文本文件”，而后缀名是固定的，但大小写均可，“.txt”也可以。lpstrInitialDir 表示对话框的初始化目录，这个字段可以是 NULL。lpstrDefExt 指定默认扩展名，如果用户输入了一个没有扩展名的文件，那么函数会自动加上这个默认扩展名。

GetOpenFileName 函数可以用来显示打开文件对话框。如果要显示另存为对话框，只需要把函数 GetOpenFileName 改为 GetSaveFileName 即可。

值得注意的是，要使用通用对话框，必须包含头文件：

```
#include "Commdlg.h"
```

（4）保存工程并运行，运行结果如图 2-66 所示。

图 2-66

【例 2.35】打印对话框

（1）打开 Visual C++ 2017，新建一个 Win32 项目，应用程序类型为 Windows 应用程序。

（2）切换到资源视图，然后展开 Menu，双击 IDC_TEST，在文件菜单项下添加一个菜单项“打印对话框”，然后设置该菜单项的 ID 为 ID_PRINTDLG。

（3）我们的目标是程序运行后，单击菜单项“打印对话框”后会出现一个打印对话框，因此要添加菜单 ID_PRINTDLG 的响应。在 Test.cpp 中找到 WndProc 函数，在函数开头加入局部变量：

```
PRINTDLG pd;
```

pd 是打印对话框结构体变量。然后在 switch (message)中找到 WM_COMMAND 消息处理，然后添加如下代码：

```
case ID_PRINTDLG:
        // 初始化 PRINTDLG 结构体
        ZeroMemory(&pd, sizeof(pd)); //结构体清 0
        pd.lStructSize = sizeof(pd); //设置结构体大小
        pd.hwndOwner = hWnd; //设置拥有者句柄
        pd.hDevMode = NULL;
        pd.hDevNames = NULL;
        pd.Flags = PD_USEDEVMODECOPIESANDCOLLATE | PD_RETURNDC;
        pd.nCopies = 1; //打印 1 份
        pd.nFromPage =1; //设置打印起始页号
        pd.nToPage =10; //设置打印结束页号
        pd.nMinPage = 1;
        pd.nMaxPage = 0xFFFF;

        if (PrintDlg(&pd) == TRUE) //显示打印对话框
        {
            //开始实际打印

            DeleteDC(pd.hDC); //用完要删除 DC
        }
        break;
```

（4）保存工程并运行，运行结果如图 2-67 所示。

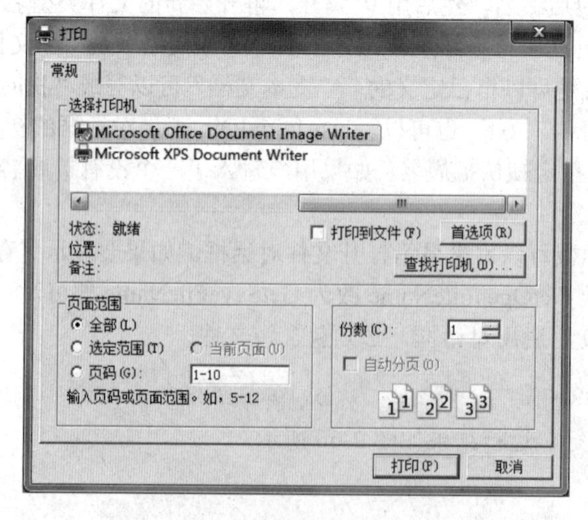

图 2-67

2.4　MFC 编程基础

MFC 的全称是 Microsoft Foundation Class（微软基础类）。这样的类有很多，它们的合集就是一个大大的类库，简称微软基础类库（MFC Library）。这个 MFC 库是一个应用程序编程框架，有了框架，我们就可以往框架内添加自己的代码来实现我们所需要的 Windows 应用程序，这个过程好比开发商造好了整幢大楼，把毛坯房卖给了你，而你要做的就是装修，使其可以居住。

整个 MFC 库是用 C++语言来实现的，它对 Windows 操作系统上的元素进行了 C++方式的封装，比如对话框专门有一个对话框类 CDialog、菜单有对应的菜单类 CMenu、文件专门有文件类 CFile、数据库有相应的数据类 CDatabase 等，而 Windows API 函数变成了这些类的方法。所以熟悉了传统的 SDK 方式编程后，相信学习 MFC 编程也不是很难。

2.4.1　MFC 类库概述

要成为 MFC 编程高手，熟悉 MFC 类库是必需的。在 Visual C++ 2017 中，MFC 的版本是 14，里面大部分都是类，除此以外还有宏、全局变量和全局函数。图 2-68 所示为 MFC 类库的类别层次结构。

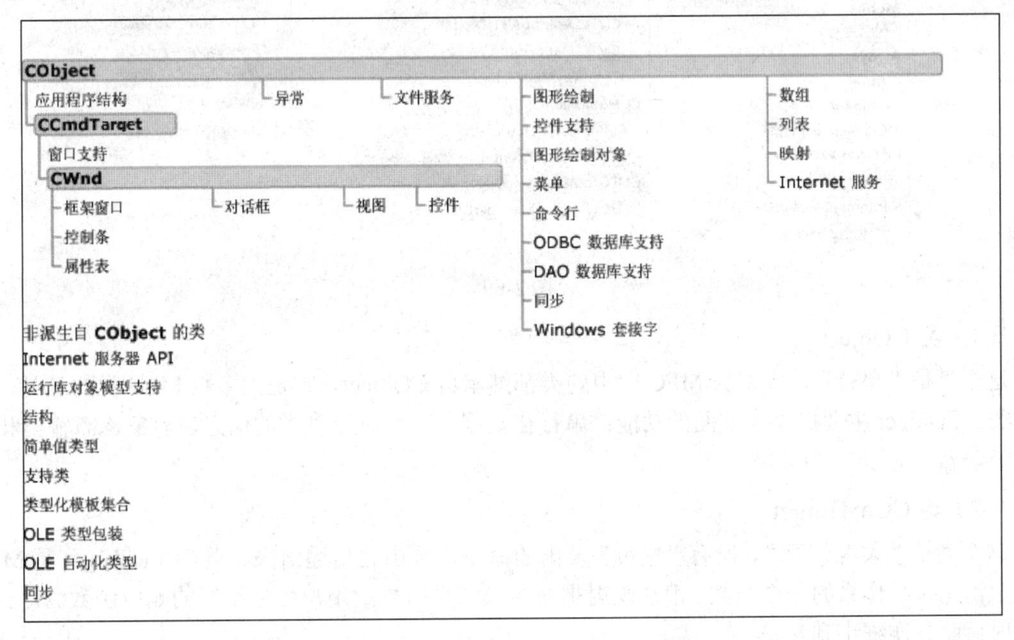

图 2-68

由图 2-68 可见，MFC 9.0 中的类一部分继承自 CObject（图中的上半部分），另外一部分不是从 CObject 派生。MFC 9.0 的类库很大，我们也不需要去全部记忆，刚学习时只需要抓住几个“头头”，其他“虾兵蟹将”（子类）在用到的时候再学习即可。MFC 9.0 全部类库图很大，现在把几个“头头”类拉出来，如图 2-69 所示。

图 2-69 是 MFC 中比较重要类之间的继承关系，不需要背，了解即可。下面对几个“头头”做简单介绍。

图 2-69

（1）类 CObject

这个类是“皇帝”，大多数 MFC 库中的类都继承自 CObject。它是大多数 MFC 类的基类，也称根类。CObject 主要提供 4 方面的功能：串行化数据、运行时提供类的信息、对象诊断输出和与收集类兼容。

（2）类 CCmdTarget

这个类是“大内总管”，所有“皇帝”发出的命令都要由它传递出来。类 CCmdTarget 是 MFC 类库中消息映射体系的一个基类。消息映射把命令或消息引导给用户为之编写的响应函数。关于消息映射后面会详细讲到。

（3）类 CWinApp

类 CWinApp 主要封装程序初始化、运行和结束等功能。比如类 CWinApp 有个成员函数 InitInstance，在这个函数中实现程序主窗口的创建。我们也可以在这个函数加入自己的代码，以便使程序刚运行时执行某些功能。如果需要在程序结束的时候加入一些功能，可以在其成员函数 ExitInstance 中加入自己的代码。

所有的 MFC 应用程序至少拥有两个对象，一个是由 CWinApp 定义应用程序对象，比如：

```
CMFCApplicationApp theApp;
```

它是一个全局变量。

另外一个对象是从 CWnd 继承下来的主窗口对象。通常，每个 MFC 应用程序都有一个主窗口。

（4）类 CWnd

类 CWnd 在 MFC 类结构中有着举足轻重的地位，几乎所有的窗口都从它派生而来。我们在屏幕上看到的一切对象都与窗口有关，CWnd 是 MFC 中对话框、控件、框架、视图、窗格等的父类。CWnd 继承于类 CCmdTarget。以前我们进行 SDK 编程的时候，经常会碰到窗口句柄 HWND。现在窗口句柄作为 CWnd 类的一个成员变量了，比如类 CWnd 有一个公共成员变量：

```
HWND m_hWnd;
```

前面提到，每个 MFC 应用程序都有一个主窗口，不同的应用程序类型对应的主窗口类也是不同的。通常 MFC 的程序类型有 3 种：单个文档程序、多个文档程序和基于对话框的程序。这 3 种程序的主窗口分别由类 CFrameWnd、CMDIFrameWnd 和 CDialog 来实现，这 3 个类都是由 CWnd 直接或间接派生。

（5）类 CFrameWnd

该类实现单文档程序（SDI）的主窗口功能。我们的单文档程序的主窗口类从 CFrameWnd 派生。CFrameWnd 实现的窗口也称框架窗口，框架窗口指构造应用程序或部分程序的窗口，通常包含视图窗口、工具栏、状态栏等元素的窗口。视图窗口也是一种窗口，通常和文档数据打交道，用来显示文档中的数据，是框架窗口的客户区（用来显示数据的子窗口）。框架窗口和视图窗口的关系如图 2-70 所示。

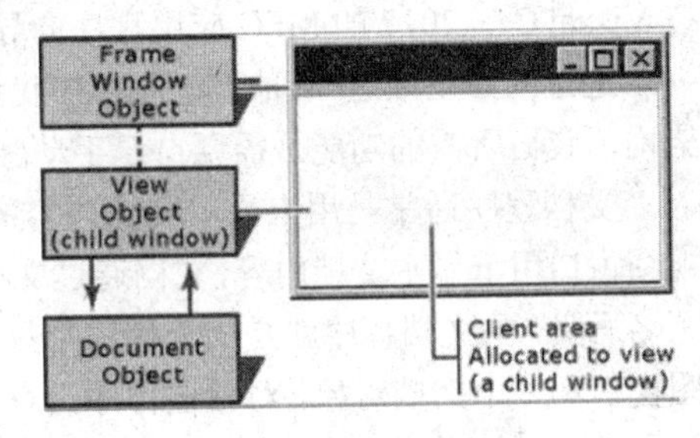

图 2-70

通常创建一个框架窗口有 3 种方法：直接通过 CFrameWnd 的成员函数 Create 来创建、通过成员函数 LoadFrame 来直接创建、通过文档模板来间接构造。

（6）类 CMDIFrameWnd

该类继承于 CFrameWnd，主要用来实现多文档程序（MDI）的框架窗口。

（7）类 CDialog

类 CDialog 主要用来实现程序中的各种对话框功能，包括模态对话框和非模态对话框。

（8）类 CCommonDialog

该类是各个通用对话框类的父类，通用对话框指的是系统提供的颜色选取对话框（CColorDialog）、字体设置对话框（CFontDialog）、文件打开保存对话框（CFileDialog）、搜索替换对话框（CFindReplaceDialog）、打印对话框（CPrintDialog）等。从继承关系可以看到，Windows 标准对话框类（CCommonDialog）继承自 CDialog。

（9）类 CView

CView 称为视图类，也是一种窗口，是框架窗口的客户区（显示数据的子窗口）。类 CView 的作用是为文档数据提供一个视图。视图就是显示数据、接受用户输入、编辑或选择数据的窗口。CView 又派生了很多不同显示数据方式的视图子类，比如让视图以列表方式显示的 CListView、让数据以树形方式显示的 CTreeView、支持用户编辑功能的视图 CEditView，让数据以超文本方式显示 CHtmlView。

（10）类 CDocTemplate

文档模板类主要用来整合文档、视图和框架窗口的创建。

（11）类 CDocument

文档类 CDocument 主要用来管理程序中的数据，相当于视图和文件之间的媒介。

上面涉及程序大框架方面的几个类。其他类都是针对某个功能的，比如 CSocket 是针对网络功能的实现、CMenu 是针对菜单功能的实现、CException 是针对异常功能的实现、CFile 是针对文件功能的实现。以后用到的时候再理解也不迟。

下面介绍 MFC 库中一些常用类的用法。这些类虽然不是一个大话题，但是经常会在各个场合中用到，所以熟悉是很有必要的。

2.4.2 MFC 应用程序类型

在程序中使用了 MFC 类库中的类后生成的可执行程序（.exe）叫作 MFC 应用程序。通常有 4 种 MFC 应用程序类型：单文档程序、多文档程序、基于对话框的程序和多个顶级文档应用程序。在 Visual C++ 2017 的 MFC 应用程序向导中可以选择这 4 种类型中的一种，如图 2-71 所示。

通过向导生成这 4 种类型的程序我们不需要写任何代码，但是向导生成的程序只是一个程序架构，我们所需的功能是需要自己手动敲入代码的。

文档程序通常是用来显示文档内容的，有一个主框架窗口，里面包含一个或多个视图窗口。视图窗口用于显示文档内容，文档通过文档类对象来管理，文档程序把数据的管理和显示分离开来。顾名思义，单文档程序就是一个程序中只有一个视图窗口和一个文档对象，多文档程序则有多个视图窗口和多个文档对象。对话框程序没有视图窗口和文档对象等概念，这类程序通常是在对话框上放置控件，然后通过控件的操作和用户交互。下面我们来看几个简单的 MFC 应用程序。

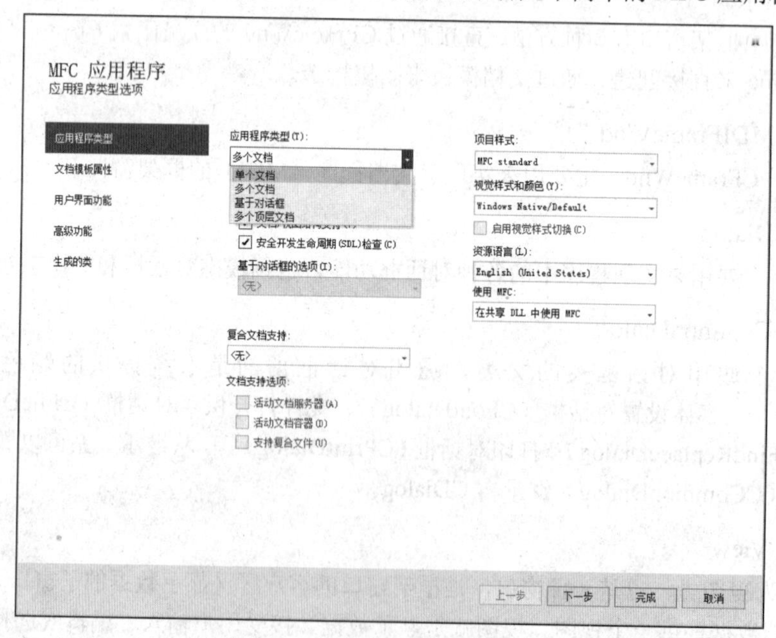

图 2-71

【例 2.36】一个简单的单文档程序

（1）打开 Visual C++ 2017，选择菜单“新建”｜“项目”，或直接按快捷键 Ctrl+Shift+N，

弹出“新建项目”对话框，在该对话框上，在左边展开“已安装”|Visual C++|MFC/ATL，然后在右边选择“MFC 应用程序”，如图 2-72 所示。

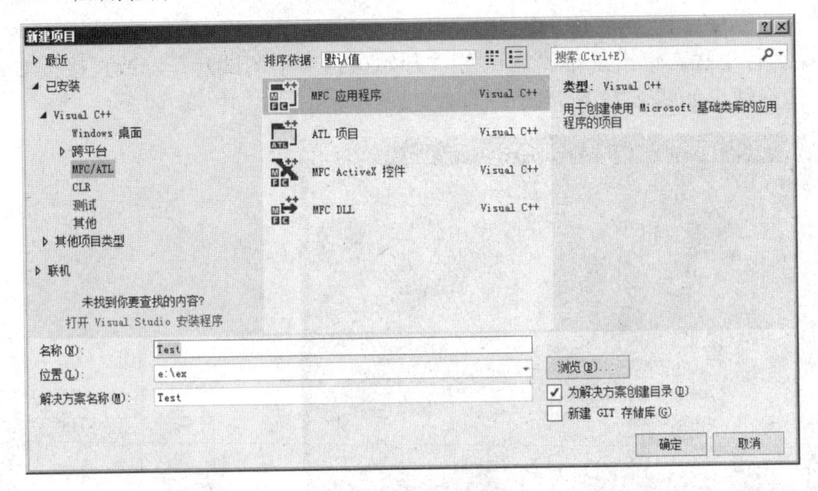

图 2-72

接着在下方“名称”中输入项目名称，在“位置”中选择项目存放路径，最后单击“确定”按钮。随后出现“MFC 应用程序向导”对话框，在该对话框的左边选择“应用程序类型”，然后在右边选择应用程序类型为“单个文档”、项目类型为“MFC 标准”，如图 2-73 所示。

接着单击“完成”按钮。此时一个单文档类型的 MFC 程序框架完成了，而我们无须写任何代码。

（2）开始运行工程。单击菜单“调试”|“开始执行（不调试）”，或直接按 Ctrl+F5 快捷键来运行工程，运行结果如图 2-74 所示。

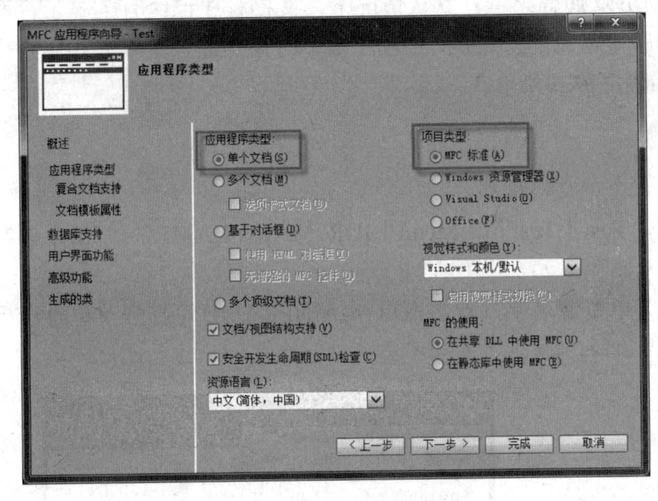

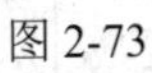
图 2-73

图 2-74

【例 2.37】一个简单的对话框程序

（1）打开 Visual C++ 2017，选择菜单“新建”|“项目”命令，或直接按快捷键 Ctrl+Shift+N，弹出“新建项目”对话框，在该对话框上，在左边展开“模板”|Visual C++|MFC/ATL，然后在右边选择“MFC 应用程序”。

接着在下方“名称”中输入项目名称，在“位置”中选择项目存放路径，最后单击“确定”按钮。随后出现“MFC 应用程序向导”对话框，在该对话框的左边选择“应用程序类型”，然后在右边选择应用程序类型为“基于对话框”、项目类型为“MFC 标准”，如图 2-75 所示。

接着单击“完成”按钮。此时一个简单的对话框类型的 MFC 程序的框架完成了，而我们无须写任何代码。

（2）开始运行工程。单击菜单“调试”|“开始执行（不调试）”，或直接按 Ctrl+F5 快捷键来运行工程，运行结果如图 2-76 所示。

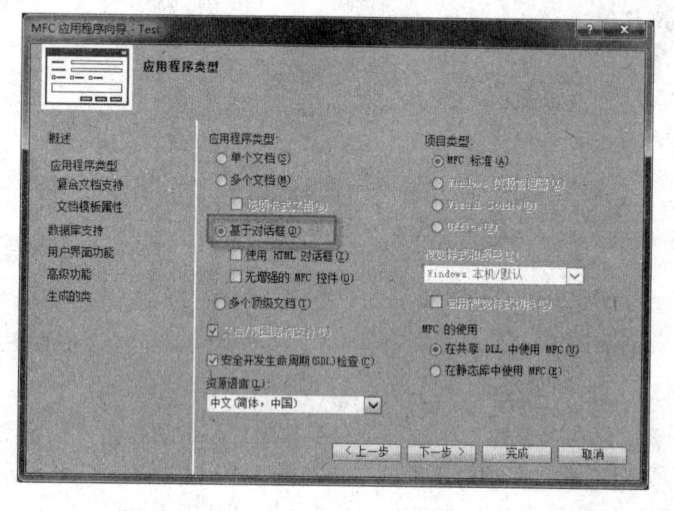

图 2-75

图 2-76

2.4.3 添加菜单

无论文档程序还是对话框程序，都可以拥有菜单。默认情况下，文档程序已经有菜单了，而对话框程序则没有。添加菜单是文档程序中常见的操作，文档程序很多时候是通过菜单来和用户交互的。我们通过例子来说明如何为文档程序添加菜单。

【例 2.38】 单文档程序添加菜单项

（1）打开 Visual C++ 2017，新建一个单文档程序。

（2）打开“资源视图”，并展开“Test | Test.rc | Menu | IDR_MAINFRAME”，如图 2-77 所示。

IDR_MAINFRAME 是这个程序的菜单资源名字，双击 IDR_MAINFRAME 可打开菜单设计界面，如图 2-78 所示。

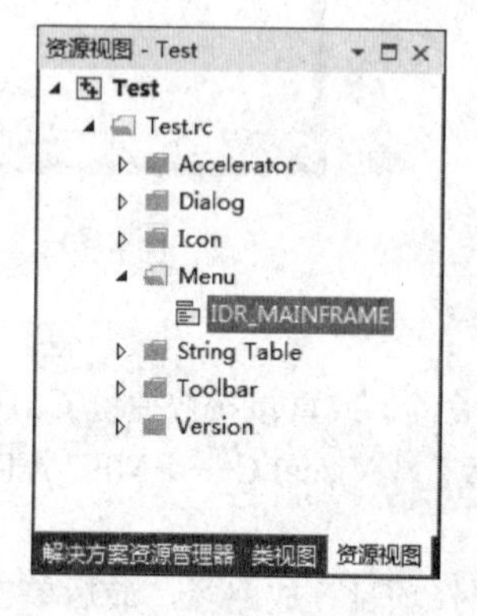

图 2-77

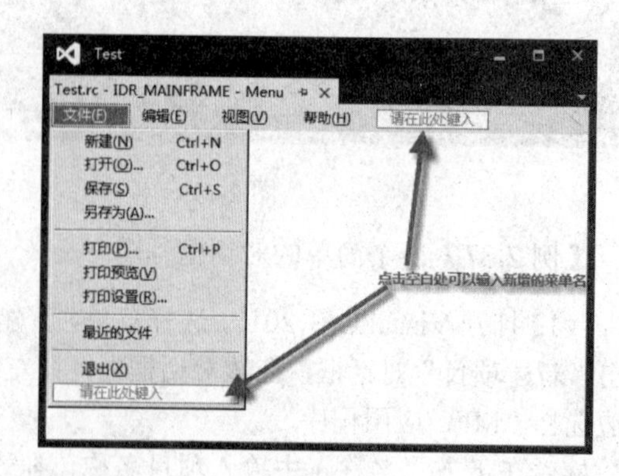

图 2-78

在图 2-78 中，每个位于横向位置上的菜单下面都有下拉菜单，下拉菜单称为横向菜单的子菜单，如“文件”是横向菜单的第一个菜单项，下面有“新建、打开…退出”这些子菜单项。我们既可以新增横向菜单项，也可以在下拉菜单中添加子菜单项。要添加菜单项，可以在“请在此处键入”的白色区域单击鼠标，然后输入我们需要新增的菜单名字，比如我们在“视图”菜单的下拉菜单中添加一个菜单项“显示你好”，如图 2-79 所示。

图 2-79

每个菜单项除了名字外，还有一个属性叫 ID。菜单 ID 用来标记菜单项，相当于我们的身份证，必须唯一。新增菜单的时候系统会分配一个默认的 ID，但不太直观，我们可以自己修改。右击“显示你好”菜单项，在快捷菜单上选择“属性”，打开属性视图，找到 ID，然后把其右边的值设为 ID_VIEW_SHOWHELLO，如图 2-80 所示。

此时运行工程，单击“视图”菜单，可以发现其下拉菜单里有一个菜单项“显示你好”，但单击它并没有什么反应，这是因为我们没有为这个菜单项添加事件处理。要为菜单项添加事件处理函数，可以通过可视化的方式切换到菜单设计界面，然后单击“视图”菜单来打开其下拉菜单，并右击“显示你好”菜单项，在快捷菜单上选择“添加事件处理程序”命令，如图 2-81 所示。

图 2-80

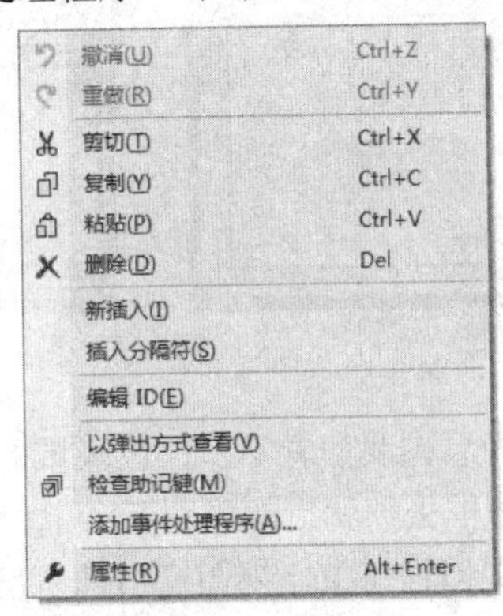

图 2-81

随后会出现“事件处理程序向导”对话框，在“消息类型”下选中“COMMAND”，在类列表里选中“CMainFrame”，表示我们要添加的消息处理函数是类 CMainFrame 的成员函数。最后单击“添加编辑”按钮，会打开代码编辑窗口，并自动定位到 CMainFrame::OnViewShowhello()函数处。这个函数是系统添加的消息处理函数，我们可以在这个函数中添加菜单的消息响应。这里简单地显示一个消息框，如下代码：

```
void CMainFrame::OnViewShowhello()
{
        // TODO:  在此添加命令处理程序代码
        AfxMessageBox(_T("你好")); //显示消息框
}
```

AfxMessageBox 是系统 API 函数，用来显示消息框，其参数是一个字符串，就是消息框上的文本字符串。

（3）保存工程并运行，然后单击菜单“视图”｜“显示你好”，运行结果如图 2-82 所示。

图 2-82

2.4.4 窗口客户区

无论是画图还是存放控件，通常都是针对窗口客户区的。因此我们有必要先了解一下窗口客户区的概念。在 Win32 程序中，窗口客户区比较简单，通常指除去菜单栏、滚动条后的中间区域部分，如图 2-83 所示。

MFC 程序的窗口客户区稍微复杂，尤其是文档程序。主窗口的客户区与视图窗口的客户区是不同的，通常画图程序是在视图窗口的客户区上进行的。我们先来看一下单文档程序的客户区。

单文档程序的客户区分为主窗口客户区和视图窗口客户区，主窗口的客户区和 Win32 程序的客户区类似，通常指除去菜单栏后的中间区域部分，但要注意单文档程序的工具栏和状态栏是显示在其客户区之内的，即主窗口客户区是包括工具栏和状态栏区域的，如图 2-84 所示。

上面红线框起来的部分就是主窗口的客户区部分，白色区域部分和白色区域四周的边框合起来就是视图窗口，而单单白色区域部分就是视图窗口的客户区，如图 2-85 所示。

图 2-83

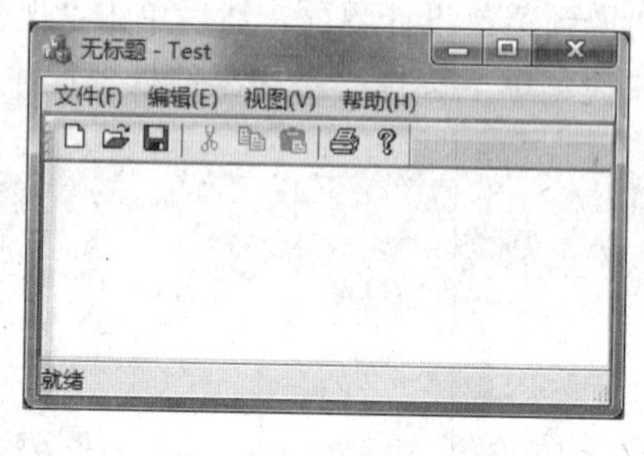

图 2-84

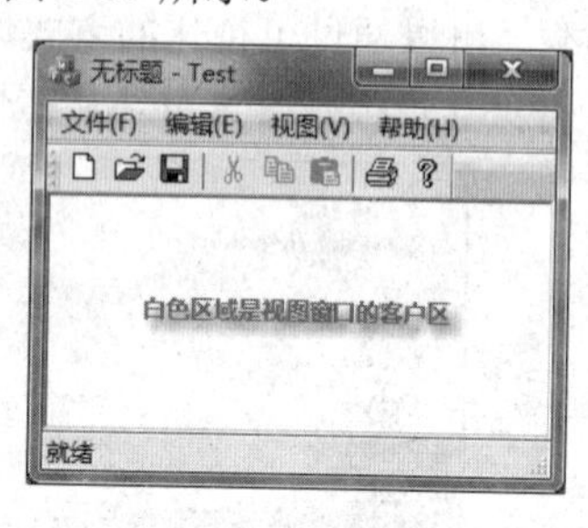

图 2-85

或许光看图我们看不出白色区域的四周边框，但它却是存在的（其实仔细看还是能看出来的，如果把其边框去掉就更能区别开来了，见下例）。默认情况下，视图窗口是有边框的。

在单文档程序中，视图窗口的宽度和主窗口客户区的宽度是一样的，而视图窗口客户区的宽度比主窗口客户区的宽度少了两个边框（视图窗口的边框）的宽度。我们可以来看一个例子。

【例 2.39】视图窗口的客户区

（1）打开 Visual C++ 2017，新建一个单文档程序。

（2）切换资源视图，双击菜单资源 IDR_MAINFRAME，然后在视图下添加两个菜单项“主框架窗口的客户区尺寸”和“视图窗口的客户区尺寸”，并修改它们的 ID 为 ID_MAIN_SIZE 和 ID_VIEW_SIZE。然后为“主框架窗口的客户区尺寸”菜单项添加 CMainFrame 类的事件处理函数，如下代码：

```
void CMainFrame::OnMainSize()
{
    // TODO: 在此添加命令处理程序代码
    CRect rt; //定义矩形尺寸
    CString str; //定义字符串

    GetClientRect(&rt); //获取客户区大小尺寸
    //格式化到字符串
    str.Format(_T("主窗口客户区的宽度: %d, 高度: %d"), rt.Width(), rt.Height());
    AfxMessageBox(str); //显示结果
}
```

CRect 是一个 MFC 类，用于表示一个矩形的大小，常见的成员函数如表 2-23 所示。

表 2-23　CRect 常见的成员函数

成 员 函 数	含　义
Width	计算 CRect 的宽度
Height	计算 CRect 的高度
Size	计算 CRect 的大小
TopLeft	返回 CRect 的左上角点
BottomRight	返回 CRect 的右下角点
CenterPoint	返回 CRect 的中心点
IsRectEmpty	确定 CRect 是否是空的。如果 CRect 的宽度或高度为 0，则它是空的
IsRectNull	确定 CRect 的 top、bottom、left 和 right 是否都等于 0
PtInRect	确定指定的点是否在 CRect 之内
SetRect	设置 CRect 的尺寸
SetRectEmpty	设置 CRect 为一个空的矩形（所有的坐标都等于 0）
CopyRect	将一个源矩形的尺寸复制到 CRect
EqualRect	确定 CRect 是否等于给定的矩形
InflateRect	增加 CRect 的宽度和高度
DeflateRect	减少 CRect 的宽度和高度
NormalizeRect	使 CRect 的高度和宽度返回规范
OffsetRect	将 CRect 移动到指定的偏移
SubtractRect	从一个矩形中减去另一个矩形
IntersectRect	设置 CRect 等于两个矩形的交集
UnionRect	设置 CRect 等于两个矩形的并集

CString 也是一个 MFC 类，用来表示字符串，功能十分强大，并且会经常接触，后续章节我们会详细阐述，这里只用到了其成员函数 Format，用于把不同类型的数据转换为字符类型，并组成一个新的字符串。

函数 GetClientRect 是 CWnd 的成员函数，因为 CMainFrame 从 CWnd 派生下来，所以也可以调用 CWnd 的成员函数 GetClientRect，并且在类 CMainFrame 的成员函数 OnMainSize 中调用 GetClientRect，得到的是主框架窗口的客户区尺寸，其结果保存在参数 rt 中。

同样，再为“视图窗口的客户区尺寸”菜单项添加 CTestView 类的事件处理函数，如下代码：

```
void CTestView::OnViewSize()
{
    // TODO:  在此添加命令处理程序代码
    CRect rt;
    CString str;

    GetClientRect(&rt);
    str.Format(_T("视图窗口客户区的宽度：%d，高度：%d"), rt.Width(), rt.Height());
    AfxMessageBox(str);
}
```

此时运行工程，分别单击新增的两个菜单，可以发现主窗口客户区的宽度比视图窗口客户区的宽度大了 4，而这多出来的 4 正是视图窗口左右两个边框的宽度之和。我们可以把视图窗口的边框去掉再看结果。

（3）切换到类视图，然后单击类 CTestView，在下方找到其成员函数 PreCreateWindow，双击它，出现代码编辑窗口。在函数 CTestView::PreCreateWindow 中添加去除视图窗口边框的代码：

```
BOOL CTestView::PreCreateWindow(CREATESTRUCT& cs)
{
    // TODO: 在此处通过修改
    //  CREATESTRUCT cs 来修改窗口类或样式
    cs.style &= ~WS_BORDER; //把边框风格去掉

    return CView::PreCreateWindow(cs);
}
```

函数 PreCreateWindow 是类 CWnd 的虚拟函数，因为视图窗口也是由 CWnd 派生下来的，所以可以调用 PreCreateWindow。该函数在窗口被创建之前调用，使得用户可以设置增减窗口风格，但要注意不要直接调用这个函数，该函数的声明如下：

```
virtual BOOL PreCreateWindow( CREATESTRUCT& cs );
```

其中，参数 cs 是一个 CREATESTRUCT 结构，传递给应用程序窗口过程的初始化参数，用户如果要修改初始化值，可以通过这个参数来进行。CREATESTRUCT 结构定义如下：

```
typedef struct tagCREATESTRUCT
{
  LPVOID  lpCreateParams; //指向将被用于创建窗口的数据的指针
  HANDLE  hInstance;  //标识了拥有新窗口的模块的模块实例句柄
  HMENU   hMenu;  //标识了要被用于新窗口的菜单。如果是子窗口，则包含整数 ID
  //标识了拥有新窗口的窗口。如果新窗口是一个顶层窗口，该参数可为 NULL
  HWND    hwndParent;
  int     cy; //指定了新窗口的高
  int     cx; //指定了新窗口的宽
  int     y; //指定了新窗口左上角的 y 轴坐标
  int     x; //指定了新窗口左上角的 x 轴坐标
  LONG    style; //指定了新窗口的风格
  LPCSTR  lpszName; //指定了新窗口的名字
  LPCSTR  lpszClass;  //指定了新窗口的 Windows 类名
  DWORD   dwExStyle; //指定了新窗口的扩展风格
} CREATESTRUCT;
```

在程序中，首先 WS_BOARD 取反，然后和 cs. style 进行与操作，就能把 cs. style 中 WS_BOARD 标记位去掉，这样视图窗口就没有边框了。

运行工程，分别单击两个新增菜单，可以发现主框架窗口的客户区宽度和视图窗口的客户区宽度一样大了。如果我们先单击“视图”下的菜单项“工具栏”和“状态栏”（就是隐藏它们，如果它们前面的勾没有就表示不显示），再看两个客户区的大小，就会发现现在连高度也一样大了。说明原来视图窗口客户区的高度比主框架窗口的客户区高度小，是因为工具栏和状态栏占用了地方，现在把它们隐藏后，视图窗口客户区和主窗口客户区的宽度高度都一样大了。这样说明，停靠着的工具栏和状态栏是包括在主窗口客户区内的。

（4）保存工程并运行，运行结果如图 2-86 所示。

上面说了单文档程序的客户区情况，下面看一下多文档程序的客户区。同样，多文档程序的客户区也分为主框架窗口的客户区和视图窗口的客户区。其实在多文档程序下，因为视图窗口可以浮动出来，所以更能区别出两种窗口（主窗口和视图窗口）的客户区，如图 2-87 所示。

在图 2-87 中，红线围起来的部分是视图窗口的客户区，绿线围起来的部分是主框架窗口的客户区。

对话框的客户区相对比较简单，如图 2-88 所示。

图 2-86

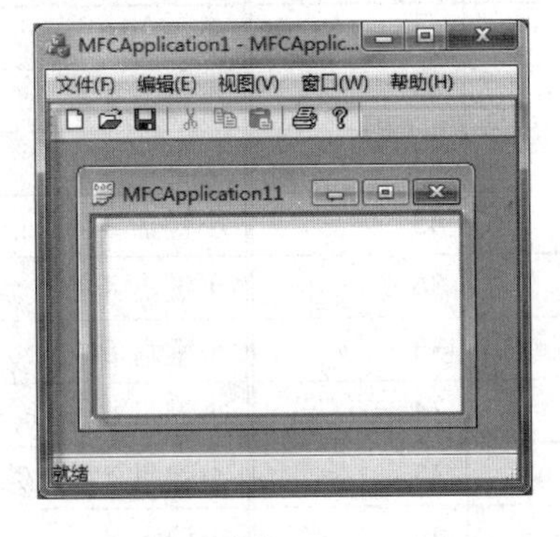

图 2-87

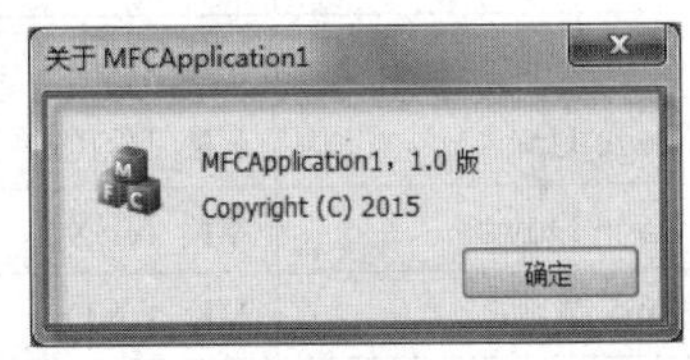

图 2-88

2.5 键盘

2.5.1 键盘概述

用程序来表达键盘和鼠标的操作是 Visual C++开发中经常会碰到的，本节先阐述键盘的操作。键盘的硬件原理是用户每次按下或释放某个键，键盘都会产生一个扫描码，以确定相应的键，并且按下的时候扫描码最高位是 0，释放的时候最高位是 1，因此每个键能产生两个不同的扫描码。

物理键盘产生扫描码，不同的键盘产生的扫描码不同。为了屏蔽不同的物理键盘的差异，Windows 系统通过一个虚拟键盘来提供与设备无关的键盘操作。虚拟键盘不是一个物理硬件，但 Windows 应用程序要访问键盘都必须先通过虚拟键盘，再通过物理键盘的驱动程序映射到物理键盘上，如果要更换物理键盘，只需要替换其驱动程序，虚拟键盘就知道了，而上层应用程序是不需要变动的，它只和虚拟键盘打交道。

虚拟键盘上的键码通过宏定义来表示，它们在 winuser.h 中定义。常见的虚拟键码如表 2-24 所示。

表 2-24 常见的虚拟键码

对应的键	常量名称	键值（十进制）	对应的键	常量名称	键值（十进制）
Esc 键	VK_ESCAPE	27	F5 键	VK_F5	116
回车键	VK_RETURN	13	F6 键	VK_F6	117
Tab 键	VK_TAB	9	F7 键	VK_F7	118
Caps Lock 键	VK_CAPITAL	20	F8 键	VK_F8	119
Shift 键	VK_SHIFT	16	F9 键	VK_F9	120
Ctrl 键	VK_CONTROL	17	F10 键	VK_F10	121
Alt 键	VK_MENU	18	F11 键	VK_F11	122
空格键	VK_SPACE	32	F12 键	VK_F12	123
退格键	VK_BACK	8	Num Lock 键	VK_NUMLOCK	144

（续表）

对 应 的 键	常 量 名 称	键值（十进制）	对 应 的 键	常 量 名 称	键值（十进制）
左徽标键	VK_LWIN	91	小键盘 0	VK_NUMPAD0	96
右徽标键	VK_RWIN	92	小键盘 1	VK_NUMPAD1	97
鼠标右键快捷键	VK_APPS	93	小键盘 2	VK_NUMPAD2	98
Insert 键	VK_INSERT	45	小键盘 3	VK_NUMPAD3	99
Home 键	VK_HOME	36	小键盘 4	VK_NUMPAD4	100
Page Up	VK_PRIOR	33	小键盘 5	VK_NUMPAD5	101
Page Down	VK_NEXT	34	小键盘 6	VK_NUMPAD6	102
End 键	VK_END	35	小键盘 7	VK_NUMPAD7	103
Delete 键	VK_DELETE	46	小键盘 8	VK_NUMPAD8	104
方向键(←)	VK_LEFT	37	小键盘 9	VK_NUMPAD9	105
方向键(↑)	VK_UP	38	小键盘.	VK_DECIMAL	110
方向键(→)	VK_RIGHT	39	小键盘*	VK_MULTIPLY	106
方向键(↓)	VK_DOWN	40	小键盘+	VK_MULTIPLY	107
F1 键	VK_F1	112	小键盘-	VK_SUBTRACT	109
F2 键	VK_F2	113	小键盘/	VK_DIVIDE	111
F3 键	VK_F3	114	Pause Break 键	VK_PAUSE	19
F4 键	VK_F4	115	Scroll Lock 键	VK_SCROLL	145

需要注意的是，数字键 0 到 9 并没有定义 VK_开头的宏，而是用 ASCII 的值'0' 到'9'，同样键盘上的 A 到 Z 也没有定义 VK_开头的宏，直接用'A'到'Z'。另外，键盘上都是大写的英文字母。

2.5.2 键盘消息

用户对键盘的操作都会产生一个事件，然后向相应的程序发送消息，由键盘事件产生的消息称为键盘消息，通常键盘消息分为两种：击键消息和字符消息。两者的区别是，只要按下或放开键盘上的键就会产生击键消息；按了可显示字符的键，不但会产生击键消息，还会产生字符消息。

1. 击键消息

击键消息是指用户按下键盘上的某个键或释放某个键而产生的消息。字符消息是指按下或释放的键是可显示的字符或回车键、Esc 键和 Tab 键时发出的消息，比如按下字符 K，就会产生字符消息，当然也会产生击键消息。只要操作键盘击键消息是肯定会产生的，但字符消息不一定。

击键消息分按下和释放两类消息。按下消息分为系统键按下消息和非系统键按下消息，前者用宏 WM_SYSKEYDOWN 表示，后者用 WM_KEYDOWN 表示。释放键消息也分为系统键释放消息和非系统键释放消息，前者用宏 WM_SYSKEYUP 表示，后者用 WM_KEYUP 表示。通常，按下和释放是成对出现的，释放消息跟在按下消息之后。

非系统键按下的消息是 WM_KEYDOWN。在 Visual C++中，可以可视化地为某个窗口添加消息处理函数，WM_KEYDOWN 消息的消息处理函数是这样的：

```
afx_msg void OnKeyDown( UINT nChar, UINT nRepCnt, UINT nFlags );
```

afx_msg 表示这个函数是一个消息处理函数。其中，参数 nChar 用来确定虚拟键值（注意是键值，不是字符，字符有可能是区分大小写的，但键值就是印在每个按键上的内容，比如键 F 的键值就是 F，但该键对应的字符可能会有'f'或'F'）；nRepCnt 表示重复次数；nFlags 用来表示扫描码、翻译键、以前键的状态等。

有时候，在处理按键消息时，还需要知道其他键的状态，比如 Ctrl 键或 Shift 键是否按着，大写键（Caps Lock）、数字键（Num Lock）、滚动键（Scroll Lock）是否打开。系统提供了两个函数 GetkeyState 和 GetAsyncKeyState 来获取这些键的信息。函数 GetKeyState 可以获取击键消息发生时指定键的状态，其声明如下：

```
SHORT GetKeyState( int nVirtKey);
```

其中，参数 nVirtKey 表示虚拟键码，如 VK_SHIFT。需要注意的是，如果要获取字母（'A'~'Z'或'a'~'z'）和数字键（'0'~'9'），必须用其字符对应的 ASCII 码值传入参数。函数返回值是虚拟键的状态：如果键处于按下状态，则最高位为 1，如果为弹起状态，最低位为 0；如果最低位是 1，则表示该键处于打开状态，比如大写键（Caps Lock）、数字键（Num Lock）和滚动键（Scroll Lock）。

函数 GetAsyncKeyState 用来获取执行该函数时指定键的状态，其声明如下：

```
SHORT GetAsyncKeyState( int vKey);
```

参数和返回值的含义同 GetKeyState。GetAsyncKeyState 用得不多，大多数场合用到的是 GetKeyState。

下面我们看个例子，显示用户按下的字母键值和 F1 键，并判断是否同时按下 Shift 和空格键，若不是，则退出程序。

【例 2.40】通过按键消息显示用户按键的键值

（1）打开 Visual C++ 2017，新建一个单文档工程。

（2）切换到类视图，然后找到类 CTestView，单击它，然后在属性视图中选择“消息”页，找到消息 WM_KEYDOWN，在其右边下拉框中选择 OnKeyDown，如图 2-89 所示。

图 2-89

这就是可视化的方式添加按键消息处理函数。此时会显示代码编辑窗口，并自动定位到函数 OnKeyDown 处，在该函数中添加如下代码：

```
void CTestView::OnKeyDown(UINT nChar, UINT nRepCnt, UINT nFlags)
{
    // TODO:  在此添加消息处理程序代码和/或调用默认值
    CString str;
    short sh =  GetKeyState(VK_SHIFT); //获取 Shift 键的状态
    if (nChar >= 'A' &&nChar <= 'Z') //如果用户按下的是字母键
    {
        str.Format(_T("你按了%c"), nChar); //格式化字符串
        AfxMessageBox(str); //显示信息
    }
    else if (nChar == VK_F1) //如果按下的是 F1 键
        AfxMessageBox(_T("帮助"));
    //如果按下的是空格键并且 Shift 键也同时按下了
    else if (nChar == VK_SPACE&&(sh & 0x8000))
        PostQuitMessage(0); //退出程序
```

```
    CView::OnKeyDown(nChar, nRepCnt, nFlags);
}
```

因为键盘上的字母键的键值都是大写的，所以 nChar 只需在'A'和'Z'直接判断即可。PostQuitMessage 是系统 API，会向窗口消息队列发送一个 WM_QUIT 消息，这样窗口收到后就会退出程序了。PostQuitMessage 函数的声明如下：

```
void PostQuitMessage( int nExitCode);
```

其中，参数 nExitCode 指定应用程序退出码，该参数其实就是消息 WM_QUIT 的消息参数 wParm，一般设 0 即可。如果用户按着 Shift 键，则 sh 的最高位为 1，所以要和 0x8000 进行与操作，就判断最高位是否为 0。

（3）保存工程并运行，运行结果如图 2-90 所示。

图 2-90

2. 拦截键盘消息

在 MFC 编程中，有关键盘编程还有一个经常碰到的场合就是预处理按键或释放消息，使得正常的按键或释放消息处理函数获取不到消息，以此达到定制某种控件的目的，比如我们不想让某个编辑控件能接收用户输入，就要提前拦截按键消息了。提前拦截消息的方法是重载虚拟函数 CWinApp::PreTranslateMessage。该函数在消息调度前被调用，声明如下：

```
virtual BOOL PreTranslateMessage( MSG* pMsg );
```

其中，参数 pMsg 为指向要处理的消息结构体 MSG 的指针。如果消息在 PreTranslateMessage 中被完全处理并且不需要进一步处理，就返回非 0 值。如果消息还需要按照通常方式处理，就返回 0。

消息结构体 MSG 前面已经阐述过了，里面有成员变量 wParam 和 lParam，按键消息所附带的信息就放在这两个消息参数中。其中，wParam 用来存放虚拟键码；lParam 用来确定重复计数、扫描码、扩展键标记、按键前的状态等，是 32 位值，不同部分的内容不同，具体如下：

- 0~15：表示当前消息的重复计数。
- 16~23：确定扫描码，依赖于 OEM。
- 24：是否为扩展键。
- 25~28：保留不用。
- 29：上下文键，如果是 WM_KEYDOWN 消息，则总为 0。
- 30：确定先前状态，如果消息发生前键是按着的则为 1，否则为 0。
- 31：过渡状态标记，如果是 WM_KEYDOWN 消息，则总为 0。

下面来看一个例子，在按键消息处理之前先拦截。

【例 2.41】拦截按键消息

（1）打开 Visual C++ 2017，新建一个单文档工程。

（2）切换到类视图，然后找到类 CTestView，单击它，然后在属性视图中选择“消息”页，找到消息 WM_KEYDOWN，在其右边下拉框中选择 OnKeyDown，为视图添加按键消息处理函数，并添加如下代码：

```
void CTestView::OnKeyDown(UINT nChar, UINT nRepCnt, UINT nFlags)
{
```

```
    // TODO:  在此添加消息处理程序代码和/或调用默认值
    CString str;
    str.Format(_T("OnKeyDown: 你按下了%c"), nChar); //格式化字符串
    AfxMessageBox(str); //显示信息

    CView::OnKeyDown(nChar, nRepCnt, nFlags);
}
```

（3）下面为视图重载 PreTranslateMessage 函数。切换到类视图，选中 CTestView，单击它，然后在属性视图中选择“重写”页，然后找到虚拟函数 PreTranslateMessage，在其右边下拉框中选择 PreTranslateMessage，如图 2-91 所示。

这样就为视图重载了虚拟函数 PreTranslateMessage，此时会自动打开代码编辑窗口，然后在该函数中添加如下代码：

```
BOOL CTestView::PreTranslateMessage(MSG* pMsg)
{
    // TODO:  在此添加专用代码和/或调用基类
    if (pMsg->message == WM_KEYDOWN) //消息是否为按键消息
    {
        CString str;
        str.Format(_T("拦截到按键消息: 你按下了%c"),pMsg->wParam); //格式化字符串
        AfxMessageBox(str); //显示信息
        return TRUE; //返回非 0 表示不再交给正常的消息处理函数处理
    }
    return CView::PreTranslateMessage(pMsg);
}
```

首先判断消息是否为按键消息，如果是就获取虚拟键码并组成字符串，显示结果，然后返回 TRUE，这样正常的消息处理函数 OnKeyDown 就接收不到了。如果返回 FALSE，则会执行 OnKeyDown。

（4）保存工程并运行，运行结果如图 2-92 所示。

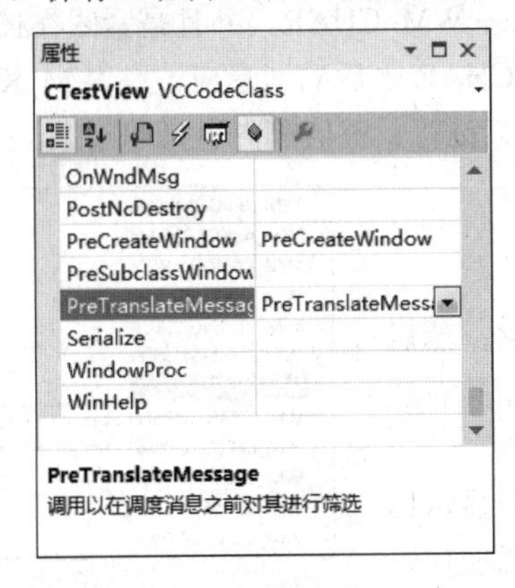

图 2-91

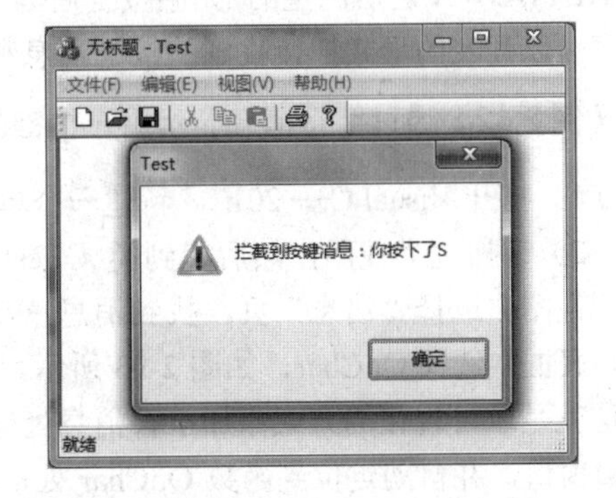

图 2-92

3. 字符消息

上面主要讲了按键消息（WM_KEYDOWN）的使用，除此之外字符消息也会经常用到。系统会对 WM_KEYDOWN 或 WM_SYSKEYDOWN 两个按键消息中的虚拟键码进行判断，如果是可显示字符，则会把字符消息放入消息队列中，这样在按键消息的下一次消息循环中，字符消息就会发

送给窗口。字符消息有 4 种，即 WM_CHAR、WM_DEADCHAR、WM_SYSCHAR 和 WM_SYSDEADCHAR，前两种跟随在 WM_KEYDOWN 后，后两种跟随在 WM_SYSKEYDOWN 后。WM_CHAR 是非系统字符中的一般字符消息，WM_DEADCHAR 是非系统字符中的死字符消息；WM_SYSCHAR 是系统字符中的一般字符消息，WM_SYSDEADCHAR 是系统字符中的死字符消息。某些非英语键盘上，一些给字母加音标的键自身并不产生字符，因此把它们所产生的消息称为死字符消息。Windows 已经对死字符消息进行了较好的处理，应用程序通常不需要去处理。

字符消息 WM_CHAR 的消息处理函数是窗口类的成员函数，即 CWnd::OnChar。它的函数声明如下：

```
afx_msg void OnChar(UINT nChar, UINT nRepCnt, UINT nFlags);
```

其中，参数 nChar 表示键的字符代码值；nRepCnt 表示重复计数，即当用户按下键时重复的击键数目；nFlags 表示扫描码、键暂态码、以前的键状态以及上下文代码等，是一个 32 位值，不同位部分的内容如下：

- 0~15：指定了重复计数。其值是用户按下键时重复的击键数目。
- 16~23：指定了扫描码。其值依赖于原始设备制造商（OEM）。
- 24：指明该键是否是扩展键，如增强的 101 或 102 键盘上右边的 ALT 或 CTRL 键。如果它是一个扩展键，则该值为 1；否则为 0。
- 25~28：Windows 内部使用。
- 29：指定了上下文代码。如果按键时 ALT 键是按下的，则该值为 1；否则为 0。
- 30：指定了以前的键状态。如果在发送消息前键是按下的，则值为 1；如果键是弹起的，则值为 0。
- 31：指定了键的暂态。如果该键正被放开，则值为 1；如果键正被按下，则该值为 0。

下面我们来看两个例子。第一个例子比较简单，通过字符消息来显示用户按下了字母键和 0~9 的字符键，并判断是否同时按下 Shift 和空格键，若是则退出程序。第二个例子有一定难度，综合了几个消息的应用，对于按下可显示的字符会产生字符消息 WM_CHAR，并且是紧跟在按键消息 WM_KEYDOWN 之后产生的，如果按键后马上弹起，WM_CHAR 之后的消息应该是 WM_KEYUP。该程序会以列表的形式把接收到的按键消息和字符消息及其键符、键值等内容打印出来。

【例 2.42】通过字符消息显示用户按键的字符

（1）打开 Visual C++ 2017，新建一个单文档工程。

（2）切换到类视图，然后找到类 CTestView，单击它，然后在属性视图中选择“消息”页，找到消息 WM_CHAR，在其右边下拉列表框中选择 OnChar，如图 2-93 所示。

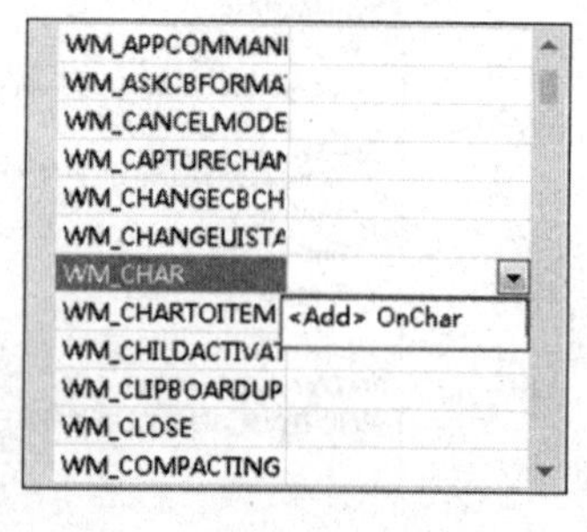

图 2-93

这就是以可视化的方式添加字符消息处理函数。此时会显示代码编辑窗口，并自动定位到函数 OnChar 处，在该函数中添加代码如下：

```
void CTestView::OnChar(UINT nChar, UINT nRepCnt, UINT nFlags)
{
    // TODO: 在此添加消息处理程序代码和/或调用默认值
    CString str;
    short sh = GetKeyState(VK_SHIFT); //获取 Shift 键的状态
```

```
    if (nChar >= '0' &&nChar <= '9') //如果用户按下的是数字字符
    {
        str.Format(_T("你按了%c"), nChar); //格式化字符串
        AfxMessageBox(str); //显示信息
    }
    if (nChar >= 'a' &&nChar <= 'z') //如果用户按下的是小写字母字符
    {
        str.Format(_T("你按了%c"), nChar); //格式化字符串
        AfxMessageBox(str); //显示信息
    }
    //如果按下的是空格键并且 Shift 键也同时按下了
    else if (nChar == VK_SPACE && (sh & 0x8000))
        PostQuitMessage(0); //退出程序

    CView::OnChar(nChar, nRepCnt, nFlags);
}
```

程序判断了用户是否按了‘0’到‘9’的字符和小写字母的字符键，如果是，则显示按下键所产生的字符，并且判断是否同时按下 Shift 键和空格键，如果是则退出程序。

需要注意的是，OnChar 中的 nChar 是按键所产生的字符，而不是按键所对应的键值。前面有例子通过按键消息显示用户按键的键值，大家可以对比一下两个例子的区别。

（3）保存工程并运行，运行结果如图 2-94 所示。

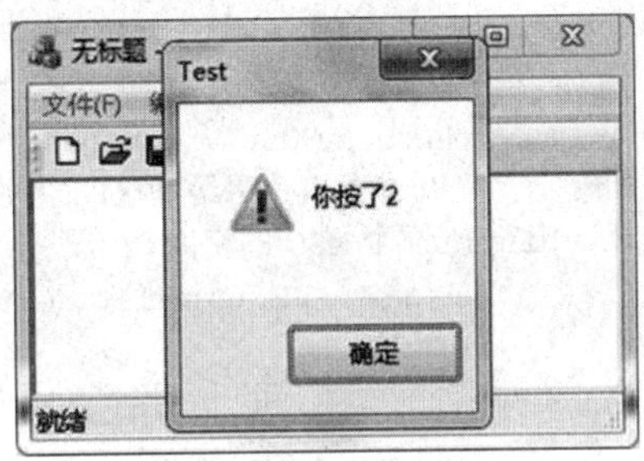

图 2-94

【例 2.43】打印按键消息和字符消息的键符和键值

（1）打开 Visual C++ 2017，新建一个单文档工程。

（2）切换到解决方案资源管理器，然后打开 Test.cpp，在该文件开头定义几个全局变量：

```
static int        cyChar; //保存字体高度
static int        cyClient; //客户区的当前高度
static int        cyClientMax; //客户区的最大高度
// cMaxLineNum 表示显示的最大行；cLineNum 为当前行
static int        cMaxLineNum, cLineNum;
static PMSG       pmsg; //指向接收到的消息的缓冲区
static RECT       rectScroll; //客户区中要滚动的矩形坐标
//定义各个列头的名称
static TCHAR    szTop[] = TEXT("消息       扫描码  键符       键值    字符   字符值
重复计数");
//有可能要打印的消息名称
static TCHAR *    szMessage[] = {
    TEXT("WM_KEYDOWN"), TEXT("WM_KEYUP"),
    TEXT("WM_CHAR"), TEXT("WM_DEADCHAR"),
    TEXT("WM_SYSKEYDOWN"), TEXT("WM_SYSKEYUP"),
    TEXT("WM_SYSCHAR"), TEXT("WM_SYSDEADCHAR")
};
```

（3）切换到类视图，然后找到类 CTestView，单击它，然后在属性视图中选择“消息”页，找到消息 WM_CREATE，在其右边下拉框中选择 OnCreate，这样为视图添加按键消息处理函数，并添加如下代码：

```
int CTestView::OnCreate(LPCREATESTRUCT lpCreateStruct)
{
    HDC          hdc;
    TEXTMETRIC   tm;

    if (CView::OnCreate(lpCreateStruct) == -1)
        return -1;

    // TODO:  在此添加你专用的创建代码
    cyClientMax = GetSystemMetrics(SM_CYMAXIMIZED); //获取屏幕高度

    hdc = ::GetDC(m_hWnd); //获取设备描述表句柄

    //把系统字体选入设备描述表
    ::SelectObject(hdc, GetStockObject(SYSTEM_FIXED_FONT));
    ::GetTextMetrics(hdc, &tm); //得到该字体尺寸
    cyChar = tm.tmHeight; //保存高度

    ::ReleaseDC(m_hWnd, hdc); //释放设备描述表

    cLineNum = 0;
    cMaxLineNum = cyClientMax / cyChar;//得到该字体的文本能在屏幕上显示的最大行数
    /*开辟存放消息缓冲区的空间，屏幕上最多能显示 cMaxLineNum 条消息，我们就开辟
cMaxLineNum 个 MSG 的空间*/
    pmsg = (PMSG)malloc(cMaxLineNum * sizeof(MSG));
    return 0;
}
```

（4）以同样的方法添加视图窗口尺寸改变消息 WM_SIZE，在其消息函数 OnSize 中添加如下代码：

```
void CTestView::OnSize(UINT nType, int cx, int cy)
{
    CView::OnSize(nType, cx, cy);

    // TODO:  在此处添加消息处理程序代码
    cxClient = cx; //保存客户区宽度
    cyClient = cy; //保存客户区高度

//窗口大小变了，客户区所容纳的内容也会变，我们要更新以后滚动时所需的客户区矩形坐标
    rectScroll.left = 0;
    rectScroll.right = cxClient;
    rectScroll.top = cyChar;
    rectScroll.bottom = cyChar * (cyClient / cyChar);

    InvalidateRect(NULL, TRUE); //重画整个客户区
}
```

（5）为视图窗口重载窗口消息处理函数 WindowProc，单击类 TestView，然后在其属性窗口中切换到“重写”页，在该页下找到“WindowProc”，然后单击右边空白处，选择 WindowProc，接着添加如下代码：

```
LRESULT CTestView::WindowProc(UINT message, WPARAM wParam, LPARAM lParam)
{
    // TODO:  在此添加专用代码和/或调用基类
    int i;
```

```
        /*判断是否是按键消息、键弹起消息、字符消息、系统按键消息、系统键弹起消息和系统字符消息*/
        if (WM_KEYDOWN == message || WM_KEYUP == message || WM_CHAR == message
        || WM_SYSKEYDOWN == message || WM_SYSKEYUP == message || WM_SYSCHAR ==
message )
        {
            //把消息往后移动一个位置，pmsg[cMaxLineNum - 1]被舍弃
            for (i = cMaxLineNum - 1; i > 0; i--)
                pmsg[i] = pmsg[i - 1];

            //刚刚接收到的消息存放在第一个位置
            pmsg[0].hwnd = m_hWnd;
            pmsg[0].message = message;
            pmsg[0].wParam = wParam;
            pmsg[0].lParam = lParam;

            //确定要消息显示在的那一行
            cLineNum = min(cLineNum + 1, cMaxLineNum);
            //数据更新了，滚动客户区的内容，往上滚动，最新的消息显示在最下行
            ScrollWindow(0, -cyChar, &rectScroll, &rectScroll);
        }

        return CView::WindowProc(message, wParam, lParam);
    }
```

重载窗口消息处理函数，可以拦截我们所需要处理的消息。拦截后，把数组位置向后移动，并把最新的消息存放在数组的第一个位置，这样最后一个位置的消息被覆盖舍弃了。然后我们看当前在客户区显示的行是否到达最大行了，如果不是，则递增。最后让客户区向上滚动，滚动客户区的内容的函数为 CWnd:: ScrollWindow，该函数声明如下：

```
    void ScrollWindow( int xAmount, int yAmount, LPCRECT lpRect = NULL,LPCRECT
lpClipRect = NULL );
```

其中，参数 xAmount 指定了水平滚动的量，使用设备单位，在左滚时，该参数必须为负；yAmount 指定了垂直滚动的量，使用设备单位，在上滚时，该参数必须为负；lpRect 指向一个 CRect 对象或 RECT 结构，指定了要滚动的客户区的部分，如果 lpRect 为 NULL，则将滚动整个客户区，如果光标区域与滚动矩形重叠，则被插字符将被重定位；lpClipRect 指向一个 CRect 对象或 RECT 结构，指定了要滚动的裁剪区域。只有这个矩形中的位才会被滚动，在矩形之外的位不会被影响，即使它们是在 lpRect 矩形之内，如果 lpClipRect 为 NULL，则不会在滚动矩形上进行裁剪。

（6）添加绘图消息 WM_PAINT。切换到类视图，然后找到类 CTestView，单击它，然后在属性视图中选择“消息”页，找到消息 WM_PAINT，在其右边下拉框中选择 OnPaint，并添加如下代码：

```
    void CTestView::OnPaint()
    {
        int             i,nType;
        TCHAR        szBuff[150], szKeyName[30]; // szKeyName 保存键符的名称

        CPaintDC dc(this); // device context for painting
        // TODO: 在此处添加消息处理程序代码
        // 不为绘图消息调用 CView::OnPaint()
        //把文本字体选进设备上下文
        dc.SelectObject( GetStockObject(SYSTEM_FIXED_FONT));
        dc.TextOut( 0, 0, szTop, lstrlen(szTop)); //画出各个列头的名称
```

```
    //画出已拦截到的消息及其各个参数，比如键符、键值等
        for ( i = 0; i < min(cLineNum, cyClient / cyChar - 1); i++)
        {
            if (pmsg[i].message == WM_CHAR || pmsg[i].message == WM_SYSCHAR)
                nType = 1; //如果是字符消息则要标记，以便下面键所对应字符
            else
                nType = 0;

            //获取键符，键符就是印在键盘上的字符
            if (!GetKeyNameText(pmsg[i].lParam, szKeyName, 30))
            {
                wsprintf(szBuff, _T("GetKeyNameText failed"));
                dc.TextOut(0, (cyClient / cyChar - 1 - i) * cyChar, szBuff,
_tcslen(szBuff));
                return;
            }

            wsprintf(szBuff,
            nType ? TEXT("%-13s %4d                    %1s  %c  0x%04X   %6u") :
                TEXT("%-13s %4d     %-15s%c  %3d          %6u"),
                szMessage[pmsg[i].message - WM_KEYFIRST],    //消息
                HIWORD(pmsg[i].lParam) & 0xFF,               //扫描码
                (PTSTR)(nType ? TEXT(" ") : szKeyName),      //键符
                (TCHAR)(nType ? pmsg[i].wParam : ' '),       //字符
                pmsg[i].wParam,                              //键值或字符值
                LOWORD(pmsg[i].lParam)                       //重复计数
                );
            //输出当前行
            dc.TextOut(0, (cyClient / cyChar - 1 - i) * cyChar, szBuff,
_tcslen(szBuff));
        }

    }
```

首先把系统字体选入设备描述表中，然后开始打印列头。关于设备描述表的概念在图形图像那一章会讲到，这里只需知道即可。

打印完列头，就开始一行一行打印所拦截到的消息，并且通过 nType 来标记是否为字符消息，如果是的话，就会打印出该键的字符。值得注意的是，键符和字符是不一样的，键符就是印在键盘上的字符，而字符有大写、有小写，不一定和键符相同，比如字符‘f’，而键符是‘F’，只有按了键符‘F’才会出现字符‘f’。

（7）保存工程并运行，运行结果如图 2-95 所示。

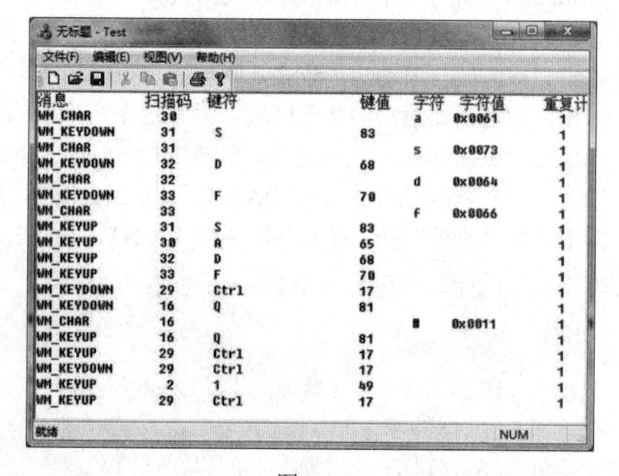

图 2-95

2.6 鼠标

2.6.1 鼠标概述

现在鼠标已是电脑的标配了，以前的鼠标都是 PS/2 接口的鼠标，现在大都是即插即用的 USB 鼠标和无线鼠标。鼠标可以说是使用频率最高的设备。常见的鼠标是双键鼠标，中间带有一个滚轮，通过滚轮我们可以迅速进行翻页。鼠标的属性可以在控制面板里的“鼠标”项下面查看或设置，比如设置左手使用方式还是右手使用方式、设置鼠标双击的速度和鼠标指针移动的速度、指针的图标等。

在 Visual C++程序开发中，系统提供了一个 Win32 函数 GetSystemMetrics 来判断鼠标的一些属性，比如判断鼠标是否存在：

```
BOOL bMouseExist = GetSystemMetrics(SM_MOUSEPRESENT);
if(bMouseExist)
     AfxMessageBox(_T("鼠标存在"));
else
       AfxMessageBox(_T("没有检测到鼠标"));
```

再比如，判断鼠标上键的个数：

```
int cn = GetSystemMetrics(SM_CMOUSEBUTTONS);
```

2.6.2 鼠标消息

用户操作鼠标都会产生鼠标事件，比如按下鼠标的左键或右键、移动鼠标。鼠标事件发生后，系统会向鼠标指针（下面简称鼠标）所在的窗口发送相应的鼠标消息，比如鼠标左键按下消息、鼠标移动消息等。根据鼠标所在窗口的位置不同，鼠标消息通常分为客户区消息和非客户区消息。顾名思义，在窗口客户区内发生的鼠标消息就是鼠标的客户区消息，在非客户区内产生的消息就是非客户区消息。

1. 鼠标的客户区消息

关于窗口的客户区的概念我们在前面章节已经讲述，这里不再赘述。鼠标的客户区消息很重要的一个用途就是用鼠标绘制图形的时候都是在窗口的客户区上进行，最典型的应用就是 Windows 自带的画图程序，它就是在窗口客户区上让用户用鼠标画出各种图形。要实现这一功能，就要对鼠标的客户区消息处理有相当的了解。常见的鼠标客户区消息见表 2-25。

表 2-25 常见的鼠标客户区消息

鼠标的客户区消息	描　述	鼠标的客户区消息	描　述
WM_LBUTTONDOWN	鼠标左键被按下	WM_RBUTTONUP	鼠标右键被释放
WM_MBUTTONDOWN	鼠标中键被按下	WM_LBUTTONDBLCLK	鼠标左键被双击
WM_RBUTTONDOWN	鼠标右键被按下	WM_RBUTTONDBLCLK	鼠标右键被双击
WM_LBUTTONUP	鼠标左键被释放	WM_MBUTTONDBLCLK	鼠标中键被双击
WM_MBUTTONUP	鼠标中键被释放	WM_MOUSEMOVE	鼠标移动

由表 2-25 可见客户区内的鼠标消息分的很细，像我们常说的单击鼠标左键，通常包括鼠标左键按下和释放的两个过程。

要处理客户区内的鼠标消息，还需要知道消息发生时鼠标的一些信息，比如鼠标的坐标位置。客户区鼠标的消息处理函数的参数就是起这样的作用。比如，按下鼠标左键的消息处理函数为：

```
void CWnd::OnLButtonDown(UINT nFlags, CPoint point);
```

其中，参数 nFlags 表示不同的虚拟键是否被按下。这个参数可以是下列值之一：

- MK_CONTROL：如果 Ctrl 键被按下，则设置此位。
- MK_LBUTTON：如果鼠标左键被按下，则设置此位。
- MK_MBUTTON：如果鼠标中键被按下，则设置此位。
- MK_RBUTTON：如果鼠标右键被按下，则设置此位。
- MK_SHIFT：如果 Shift 键被按下，则设置此位。

参数 point 表示鼠标相对于当前用户鼠标光标的窗口客户区左上角的坐标。

值得注意的是，鼠标的坐标分为客户区坐标（简称客户坐标，基于客户区原点）和屏幕坐标（基于屏幕左上角）。这两个坐标可以相互转换。了解鼠标坐标对于用鼠标画图形相当重要。屏幕坐标到客户区坐标的转换函数是 CWnd::ScreenToClient，该函数声明如下：

```
void ScreenToClient( LPPOINT lpPoint ) const;
void ScreenToClient( LPRECT lpRect ) const;
```

其中，参数 lpPoint 指向一个 CPoint 对象或 POINT 结构变量，包含了要转换的屏幕点坐标；lpRect 指向一个 CRect 对象或 RECT 结构变量，包含了要转换的屏幕矩形坐标。执行完成后，客户坐标由 lpPoint 或 lpRect 获得。

客户区坐标到屏幕坐标的转换函数是 CWnd::ClientToScreen，该函数声明如下：

```
void ClientToScreen( LPPOINT lpPoint ) const;
void ClientToScreen( LPRECT lpRect ) const;
```

其中，参数 lpPoint 指向一个 POINT 结构变量或 CPoint 对象，包含了要转换的客户区点坐标；lpRect 指向一个 RECT 结构变量或 CRect 对象，包含了要转换的客户区的矩形坐标。执行完成后，屏幕坐标由 lpPoint 或 lpRect 获得。

下面我们来看两个简单的例子。第一个例子是当鼠标左键按下、释放和双击的时候，跳出一个信息框。第二个例子是我们在移动鼠标的时候，实时显示它的客户坐标和屏幕坐标。

【例 2.44】鼠标在客户区内按下左键和双击右键

（1）打开 Visual C++ 2017，新建一个单文档工程，工程名是 Test。

（2）切换到类视图，单击类 CTestView，然后在属性视图里选择“消息”页，找到消息 WM_LBUTTONDOWN，然后添加消息处理函数，如图 2-96 所示。

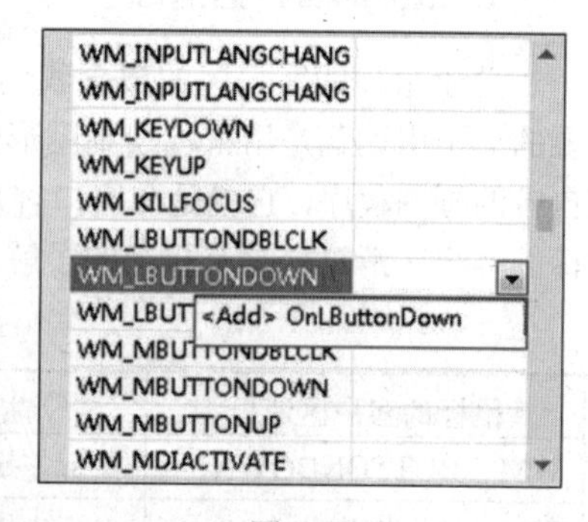

图 2-96

这就是可视化的方式添加按下鼠标左键的消息处理函数。此时会显示代码编辑窗口，并自动定位到函数 OnLButtonDown 处，在该函数中添加如下代码：

```
void CTestView::OnLButtonDown(UINT nFlags, CPoint point)
{
    // TODO:  在此添加消息处理程序代码和/或调用默认值
    AfxMessageBox(_T("鼠标左键被按下"));
    CView::OnLButtonDown(nFlags, point);
}
```

再添加鼠标右键双击的消息处理函数，如下代码：

```
void CTestView::OnRButtonDblClk(UINT nFlags, CPoint point)
{
    // TODO:  在此添加消息处理程序代码和/或调用默认值
    AfxMessageBox(_T("鼠标右键被双击"));
    CView::OnRButtonDblClk(nFlags, point);
}
```

（3）保存工程并运行，运行结果如图 2-97 所示。

【例 2.45】 实时显示鼠标坐标

（1）打开 Visual C++ 2017，新建一个单文档工程，工程名是 Test。

（2）添加鼠标移动消息处理函数。切换到类视图，单击类 CTestView，然后在属性视图里选择“消息”页，找到消息 WM_MOUSEMOVE，然后添加消息处理函数，如图 2-98 所示。

图 2-97

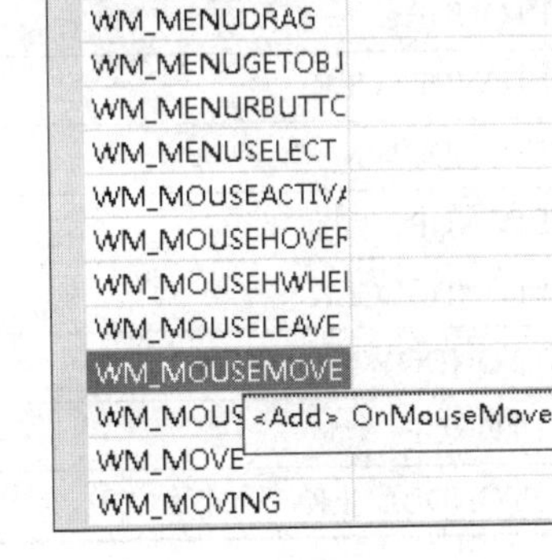

图 2-98

这就是可视化的方式添加鼠标移动的消息处理函数。此时会显示代码编辑窗口，并自动定位到函数 OnMouseMove 处，在该函数中添加如下代码：

```
void CTestView::OnMouseMove(UINT nFlags, CPoint point)
{
    // TODO:  在此添加消息处理程序代码和/或调用默认值
    CClientDC dc(this); //定义当前视图窗口客户区的设备描述表
    CString str;

    CPoint ptSrn(point); //定义屏幕坐标，并且把客户坐标 point 赋值给它
    ClientToScreen(&ptSrn); //把客户坐标转换为屏幕坐标
    str.Format(_T("鼠标客户坐标(%d,%d)，鼠标屏幕坐标(%d,%d)            "),point.x,
point.y, ptSrn.x, ptSrn.y); //格式化字符串
    dc.TextOut(0, 0, str); //在客户区原点处输出结果

    CView::OnMouseMove(nFlags, point);
}
```

OnMouseMove 函数的参数 point 存放鼠标当前的客户坐标，然后我们定义一个坐标 ptSrn，将存放鼠标屏幕坐标，用 point 对 ptSrn 初始化后，就可以利用函数 ClientToScreen 来获得鼠标屏幕坐标。dc 是我们定义的客户区设备描述表，有了它，就可以利用其成员函数 TextOut 来输出结果了。

（3）保存工程并运行，运行结果如图 2-99 所示。

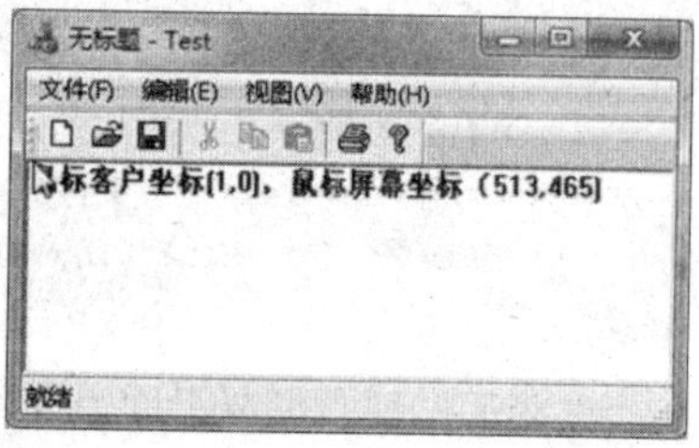

图 2-99

2. 鼠标的非客户区消息

非客户区通常指窗口的标题栏、菜单栏、边框和滚动条等区域。正常情况下，不必去处理鼠标的非客户区消息，让系统默认处理即可。有时候为了实现某些特殊功能，比如当用户单击标题栏上的最大化按钮时，不让窗口最大化，这时就要处理非客户区消息了。但要注意，在单文档或多文档程序中，鼠标的非客户区消息通常针对框架窗口，因为标题栏、菜单栏等区域都属于框架窗口的非客户区，而视图窗口的客户区一般就包括自己的边框。鼠标的非客户区消息见表 2-26。

表 2-26　鼠标的非客户区消息

鼠标的非客户区消息	描　述
WM_NCMOUSEMOVE	在非客户区上移动鼠标
WM_NCLBUTTONDOWN	在非客户区上按下鼠标左键
WM_NCLBUTTONUP	在非客户区上释放鼠标左键
WM_NCLBUTTONDBLCLK	在非客户区上双击鼠标左键
WM_NCRBUTTONDOWN	在非客户区上按下鼠标右键
WM_NCRBUTTONUP	在非客户区上释放鼠标右键
WM_NCRBUTTONDBLCLK	在非客户区上双击鼠标右键
WM_NCMBUTTONDOWN	在非客户区上按下鼠标中键
WM_NCMBUTTONUP	在非客户区上释放鼠标中键
WM_NCMBUTTONDBLCLK	在非客户区上双击鼠标中键

可以发现，鼠标非客户区消息的形式就是比客户区消息多了 NC。

通过添加鼠标非客户区的消息处理函数能对鼠标的非客户区消息进行处理，而处理消息时所需的信息可以通过消息处理函数的参数获得，比如在框架窗口的非客户区上按下鼠标左键的消息处理函数：

```
void CMainFrame::OnNcLButtonDown(UINT nHitTest, CPoint point);
```

其中，参数 nHitTest 表示鼠标的击中测试码。所谓击中测试就是确定鼠标的位置；参数 point 表示鼠标的屏幕坐标（注意是屏幕坐标，该坐标基于屏幕左上角（0，0））。

非客户区上鼠标常见的几种测试码如表 2-27 所示。

表 2-27　常见的非客户区上鼠标击中测试码

非客户区上鼠标击中测试码	描　述
HTBORDER	鼠标在窗口的边框上
HTBOTTOM	鼠标在窗口的底部边框上
HTBOTTOMLEFT	鼠标在窗口边框的左下角

（续表）

非客户区上鼠标击中测试码	描　述
HTBOTTOMRIGHT	鼠标在窗口边框的右下角
HTCAPTION	鼠标在窗口标题栏
HTCLOSE	鼠标在关闭按钮上
HTERROR	鼠标在窗口间的分界线上或窗口间的屏幕背景上
HTGROWBOX	鼠标在尺寸盒上
HTHSCROLL	鼠标在水平滚动条上
HTHELP	鼠标在帮助按钮上
HTLEFT	鼠标在左边框上
HTMAXBUTTON	鼠标在最大化按钮上
HTMENU	鼠标在菜单栏上
HTMINBUTTON	鼠标在最小化按钮上
HTTOP	鼠标在窗口的方边框上
HTTOPLEFT	鼠标在窗口的左上角
HTTOPRIGHT	鼠标在窗口的右上角
HTVSCROLL	鼠标在垂直滚动条上
HTZOOM	同 HTMAXBUTTON
HTREDUCE	同 HTMINBUTTON
HTSIZEFIRST	同 HTLEFT
HTSIZELAST	同 HTBOTTOMRIGHT
HTSIZE	同 HTGROWBOX

下面我们看一个例子，让窗口的最大化和关闭按钮失效。

【例 2.46】让框架窗口的最大化和关闭按钮失效

（1）打开 Visual C++ 2017，新建一个单文档工程，工程名是 Test。

（2）切换到类视图，单击类 CMainFrame，然后在属性视图里选择“消息”页，找到消息 WM_NCLBUTTONDOWN 来添加消息处理函数，并在函数中添加如下代码：

```
void CMainFrame::OnNcLButtonDown(UINT nHitTest, CPoint point)
{
    // TODO: 在此添加消息处理程序代码和/或调用默认值
    if (HTMAXBUTTON == nHitTest)
    {
        AfxMessageBox(_T("最大化已经不可用！"));
        return;
    }
    else if (HTCLOSE == nHitTest)
    {
        AfxMessageBox(_T("关闭按钮已经不可用，请用菜单文件|退出"));
        return;
    }
    CFrameWnd::OnNcLButtonDown(nHitTest, point);
}
```

程序判断用户是否单击了最大化按钮和关闭按钮，如果是，就直接返回，不去做系统默认处理，即不再调用“CFrameWnd::OnNcLButtonDown(nHitTest, point);”，这样两个按钮的系统默认功能就没有了。

（3）保存工程并运行，运行结果如图 2-100 所示。

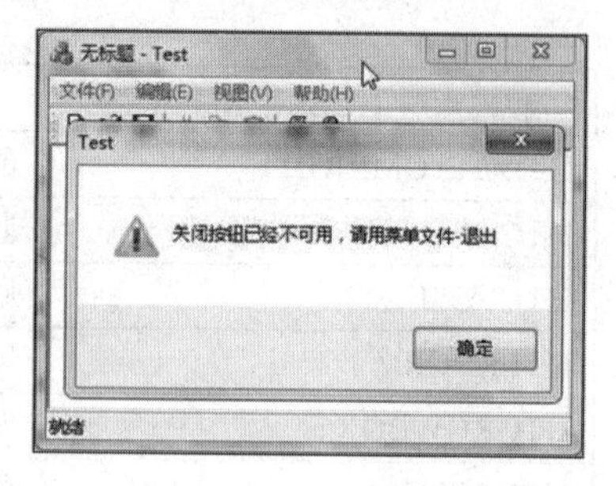

图 2-100

3. 命中测试消息

喜欢刨根问底的朋友或许想知道，系统怎么知道鼠标消息是发生在客户区还是非客户区？答案是在这两类消息发送之前，系统会先发送 WM_HITTEST 消息，判断当前鼠标事件发生在窗口的哪个部位，是客户区还是非客户区？我们有必要了解下消息 WM_HITTEST。

当鼠标在窗口上移动或按键时，系统首先将发送命中测试消息 WM_HITTEST 给窗口。通过该消息，可以知道鼠标当前所在的窗口部位，也称命中哪个部位，该消息也叫命中测试消息。该消息的消息处理函数的返回值指明了窗口的部位，比如 HTCAPTION 表示鼠标在窗口的标题栏、HTCLIENT 表示鼠标在窗口的客户区。

前面提到，在鼠标客户区消息或非客户区消息产生之前会先发送出 WM_HITTEST 消息，然后根据 WM_HITTEST 的消息处理函数的返回值来决定在哪个部位，继而再发送哪种类型的鼠标消息。我们来看一下鼠标键按下时的系统处理过程：

第一步，确定鼠标键单击的是哪个窗口。Windows 会用表记录当前屏幕上各个窗口的区域坐标，当鼠标驱动程序通知 Windows 鼠标键按下了，Windows 根据鼠标的坐标确定它单击的是哪个窗口。

第二步，确定鼠标键单击的是窗口的哪个部位。Windows 会向鼠标键单击的窗口发送 WM_NCHITTEST 消息，来询问鼠标键单击的是窗口的哪个部位。（WM_NCHITTEST 的消息响应函数的返回值会通知 Windows。）通常来说，WM_NCHITTEST 消息是系统来处理的，用户一般不会主动去处理它，也就是说，WM_NCHITTEST 的消息响应函数通常采用的是 Windows 默认的处理函数。

第三步，根据鼠标键单击的部位给窗口发送相应的消息（例如客户区消息或非客户区消息）。例如：如果 WM_NCHITTEST 的消息处理函数的返回值是 HTCLIENT，表示鼠标单击的是客户区，则 Windows 会向窗口发送 WM_LBUTTONDOWN 消息；如果 WM_NCHITTEST 的消息处理函数的返回值不是 HTCLIENT（可能是 HTCAPTION、HTCLOSE、HTMAXBUTTON 等），即鼠标单击的是非客户区，Windows 就会向窗口发送 WM_NCLBUTTONDOWN 消息。

下面我们来看一下 WM_HITTEST 的消息处理函数 CWnd::OnNcHitTest，其声明如下：

```
afx_msg UINT OnNcHitTest( CPoint point );
```

其中，参数 point 包含了鼠标所在位置的屏幕坐标。返回值表示鼠标所在窗口的部位，也叫鼠标击中测试码，取值如表 2-28 所示。

表 2-28　鼠标击中测试码

鼠标击中测试码	描　　述
HTBORDER	鼠标在窗口的边框上
HTBOTTOM	鼠标在窗口的底部边框上
HTBOTTOMLEFT	鼠标在窗口边框的左下角

（续表）

鼠标击中测试码	描　述
HTBOTTOMRIGHT	鼠标在窗口边框的右下角
HTCAPTION	鼠标在窗口标题栏
HTCLOSE	鼠标在关闭按钮上
HTERROR	鼠标在窗口间的分界线上或窗口间的屏幕背景上
HTGROWBOX	鼠标在尺寸盒上
HTHSCROLL	鼠标在水平滚动条上
HTHELP	鼠标在帮助按钮上
HTLEFT	鼠标在左边框上
HTMAXBUTTON	鼠标在最大化按钮上
HTMENU	鼠标在菜单栏上
HTMINBUTTON	鼠标在最小化按钮上
HTTOP	鼠标在窗口的方边框上
HTTOPLEFT	鼠标在窗口的左上角
HTTOPRIGHT	鼠标在窗口的右上角
HTVSCROLL	鼠标在垂直滚动条上
HTZOOM	同 HTMAXBUTTON
HTREDUCE	同 HTMINBUTTON
HTSIZEFIRST	同 HTLEFT
HTSIZELAST	同 HTBOTTOMRIGHT
HTSIZE	同 HTGROWBOX
HTCLIENT	鼠标在客户区中

【例 2.47】通过菜单栏来拖动窗口

（1）新建一个单文档工程。

（2）切换到类视图，为类 CMainFrame 添加 WM_NCHITTEST 的消息处理函数，如下代码：

```
LRESULT CMainFrame::OnNcHitTest(CPoint point)
{
    // TODO:  在此添加消息处理程序代码和/或调用默认值
    UINT nHitTest = CFrameWnd::OnNcHitTest(point);
    if (nHitTest == HTMENU) //如果用户单击了菜单，则准备返回标题栏
        nHitTest = HTCAPTION;

    return nHitTest;
}
```

（3）保存工程并运行，运行结果如图 2-101 所示。

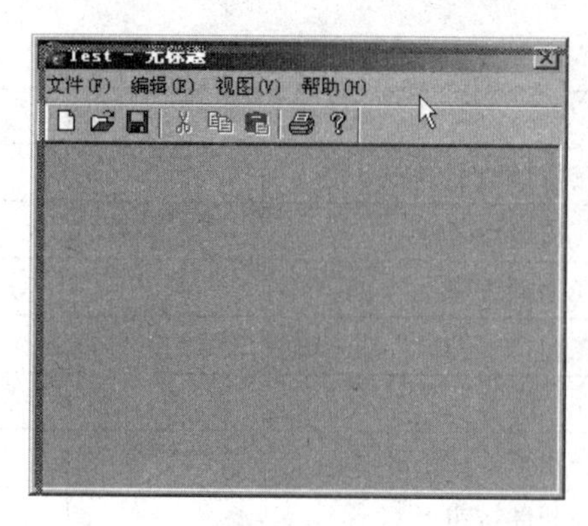

图 2-101

2.7 字符串

字符串相信大家很熟悉了，无论在 C 语言还是 C++中，都提供了丰富的字符串函数来操作字符串。本节介绍如何通过 Win32 API 函数来处理字符串，以及通过 MFC 中的 CString 类来处理字符串。

2.7.1 几个字符串类型

Visual C++编程会碰到 MBCS 和 UNICODE 两种编码的字符串，具体采用哪种编码要看工程属性中设置的字符集，而 Visual C++中的字符串类型有 LPSTR、LPCSTR、LPTSTR 和 LPCTSTR。L 表示 long 指针，是为了兼容 Windows 3.1 等 16 位操作系统遗留下来的，在 Win32 以及其他的 32 位操作系统中，long 指针和 near 指针及 far 修饰符都是为了兼容的作用，没有实际意义；P 表示这是一个指针；C 表示是一个常量；T 表示一个宏_T，用来表示你的字符是否使用 UNICODE 编码，如果工程属性的字符集选择了 UNICODE 编码，那么这个字符或者字符串将被作为 UNICODE 字符串，否则就是标准的 MBCS 字符串；STR 表示这个变量是一个字符串。

大家知道 C++的字符分成两种类型 wchar_t 和 char，前者定义的字符占两个字节空间（在 Windows 下），后者定义的字符占一个字节。Visual C++又定义了等价的字符类型 WCHAR 和 CHAR，定义如下：

```
typedef char CHAR;
typedef wchar_t WCHAR;    // 16-bit UNICODE character
```

LPSTR 的定义如下：

```
typedef  CHAR *  LPSTR;
```

LPCSTR 的定义如下：

```
typedef  CONST  CHAR *   LPCSTR
```

因此 LPSTR 和 LPCSTR 都是指针，指向 char*的，只不过后者是指向 CONST CHAR*。LPSTR 可以这样使用：

```
LPSTR lpstrMsg = "hello world";
char strMsg[]="hello world ";
LPSTR lpstrMsg = (LPSTR) strMsg;
```

LPTSTR 定义是这样的：

```
#ifdef  UNICODE
       typedef  LPWSTR  LPTSTR;
#else
       typedef  LPSTR   LPTSTR
#endif
```

其中，LPWSTR 就是 WCHAR*，定义如下：

```
typedef  WCHAR * LPWSTR;
```

LPCTSTR 的定义如下：

```
#ifdef  UNICODE
typedef  LPCWSTR  LPCTSTR;
#else
typedef  LPCSTR  LPCTSTR;
#endif
```

其中，LPCWSTR 就是 CONST WCHAR*，定义如下：

```
typedef  CONST  WCHAR *  LPCWSTR;
```

我们来看一下单字节字符串 char*/string 和宽字节字符串 wchar_t*/wstring 之间的相互转换。如下代码：

（1）将单字节 char*转换为宽字节 wchar_t*：

```
wchar_t* cs2wcs( const char* sz )
{
    size_t len = strlen( sz ) + 1;
    size_t converted = 0;
    wchar_t* wsz = (wchar_t*)malloc( len*sizeof(wchar_t) );
    mbstowcs_s(&converted, wsz, len, sz, _TRUNCATE);
    return wsz;
}
```

（2）将宽字节 wchar_t* 转换为单字节 char*：

```
char* wcs2cs( const wchar_t* wsz )
{
    size_t len = wcslen(wsz) + 1;
    size_t converted = 0;
    char* sz = (char*)malloc(len*sizeof(char));
    wcstombs_s(&converted, sz, len, wsz, _TRUNCATE);
    return sz;
}
```

以上代码在 MFC 对话框工程中可以运行通过，但要注意的是函数 wcstombs 不支持中文。因此该方法不完美，更好的方法如下：

```
wstring MultCHarToWideChar(string str)
{
    //获取缓冲区的大小，并申请空间，缓冲区大小是按字符计算的
    int len=MultiByteToWideChar(CP_ACP,0,str.c_str(),str.size(),NULL,0);
    TCHAR *buffer=new TCHAR[len+1];
```

```
        //多字节编码转换成宽字节编码
        MultiByteToWideChar(CP_ACP,0,str.c_str(),str.size(),buffer,len);
        buffer[len]='\0';//添加字符串结尾
        //删除缓冲区并返回值
        wstring return_value;
        return_value.append(buffer);
        delete []buffer;
        return return_value;
    }
    string WideCharToMultiChar(wstring str)
    {
        string return_value;
        //获取缓冲区的大小，并申请空间，缓冲区大小是按字节计算的
        int len=WideCharToMultiByte(CP_ACP,0,str.c_str(),str.size(),NULL,0,NULL,
NULL);
        char *buffer=new char[len+1];
        WideCharToMultiByte(CP_ACP,0,str.c_str(),str.size(),buffer,len,NULL,
NULL);
        buffer[len]='\0';
        //删除缓冲区并返回值
        return_value.append(buffer);
        delete []buffer;
        return return_value;
    }
```

2.7.2 Win32 API 中的字符串

Win32 API 的字符串函数基本功能和 C 语言的字符串函数类似，但功能更强大、更安全。它们在 strsafe.h 中声明。缺乏统一性是导致现在许多 C 语言字符串处理函数容易产生安全漏洞的根本原因，而 strsafe 系列函数始终用 HRESULT 语句作为返回值，安全性要高得多。

在使用 strsafe 系列函数的时候，字符串必须以 NULL 字符结尾，并且我们一定要检查目标缓冲区的长度。

我们来看几个常用的 strsafe 函数。

（1）StringCchPrintf 函数

函数 StringCchPrintf 用来格式化一个字符串并存入目标缓冲区中。该函数声明如下：

```
    HRESULT StringCchPrintf( LPTSTR pszDest, size_t cchDest, LPCTSTR
pszFormat, ...);
```

其中，参数 pszDest 指向一段缓冲区，该缓冲区存放以 NULL 结尾的、被格式化的字符串；cchDest 为目标缓冲区的长度，单位是字符个数，最大长度为 STRSAFE_MAX_CCH；pszFormat 指向一段缓冲区，该缓冲区存放的是 printf 风格的格式字符串。函数返回 HRESULT ，可以用宏 SUCCEEDED 和 FAILED 来判断函数正确与否。

StringCchPrintf 是 StringCchPrintfA 和 StringCchPrintfW 的统一版本，在功能上可以用来替换 sprintf、swprintf、wsprintf、wnsprintf、_stprintf、_snprintf、_snwprintf 和 _sntprintf。

下面的代码演示了 StringCchPrintf 函数的使用：

```
    TCHAR pszDest[30];
    size_t cchDest = 30;
```

```
LPCTSTR pszFormat = TEXT("%s %d + %d = %d.");
TCHAR* pszTxt = TEXT("The answer is");

HRESULT hr = StringCchPrintf(pszDest, cchDest, pszFormat, pszTxt, 1, 2, 3);
//运行后 pszDest 的内容为 "The answer is 1 + 2 = 3."
```

（2）StringCchLength 函数

该函数用来获取当前字符串的长度，单位是字符个数，长度不包括结尾字符 NULL。函数声明如下：

```
HRESULT StringCchLength(LPCTSTR psz, size_t cchMax, size_t *pcch);
```

其中，参数 psz 为要检查长度的字符串；cchMax 为 psz 的最大长度，最大取值为 STRSAFE_MAX_CCH；pcch 用来获取 psz 实际包含的字符数，不包括结尾字符 NULL。函数返回 HRESULT，可以用宏 SUCCEEDED 和 FAILED 来判断函数正确与否。

strsafe 系列函数有很多，这里我们列举的是后面章节会用到的几个函数。其实 strsafe 系列函数除了比 CRT 字符串函数有更高的安全性外，更是在某些不能使用 CRT 函数的场合下的替代品，比如 CreateThread 开辟的线程函数中不能使用 CRT 函数，此时 strsafe 系列函数就可以派上大用场了。

2.7.3　MFC 中的字符串

CString 类是 MFC 中常用的类，用来操作字符串，功能十分强大，使得操作字符串非常方便。下面将简要介绍 CString 类对字符串的常见操作。

CString 对象采用了动态分配内存的机制，即在创建 CString 对象时，不需对该对象指明内存大小，CString 会根据实际情况动态地进行分配。类 CString 常用的成员函数见表 2-29。

表 2-29　类 CString 常用的成员函数

成　员　函　数	含　　义
Mid:	从 CString 类对象包含的字符串中提取指定开头和结尾的字符串
Left:	获取字符串左边指定长度的字符串
Right:	获取字符串右边指定长度的字符串
SpanIncluding:	从字符串中提取包含在指定字符数组内的字符的子串
SpanExcluding:	从字符串中提取不包含在指定字符数组内的字符的子串
MakeUpper:	将字符串中所有的字符全部转化成大写形式
MakeLower:	将字符串中所有的字符全部转化为小写形式
MakeReverse:	将字符串中的所有字符以倒序排列
Replace:	用其他字符替换指定的字符
Remove:	从一个字符串中移走指定的字符
Insert:	在字符串中给定的索引位置插入一个字符或字符串
Delete:	从字符串中删除一个或多个字符
Format:	格式化字符串
TrimLeft:	去除字符串中最前面的空格
TrimRight:	去除字符串中最后面的空格
Find:	从一个字符串中查找字符或字符串

（续表）

成 员 函 数	含 义
IsEmpty:	测试 CString 类的对象包含的字符串是否为空
Empty:	使 CString 类的对象包含的字符串为空字符串
GetAt:	获得字符串指定位置处的字符
GetBuffer:	返回一个指向 CString 对象的指针
ReleaseBuffer:	释放对 GetBuffer 获取的缓冲区的控制权
LoadString:	从 Windows 资源中加载一个已经存在的 CString 对象

（1）CString 对象的初始化

创建一个 CString 类对象并为其赋值的方法有以下几种。

第一种方法先构造一个 CString 类的对象，然后使用赋值语句为其赋值，比如：

```
CString str;
str = _T("大家好");
```

第二种方法是在构造 CString 类对象的同时直接为其赋值，比如：

```
CString str(_T("大家好"));
```

第三种方法是在构造 CString 类对象的同时，利用其他 CString 对象为其赋值，比如：

```
CString str = str1; //str1 也是一个 str 对象
```

第四种方法是在构造 CString 类对象的同时，采用单字符为其赋值，比如：

```
CString str(_T('大'));
```

第五种方法是在构造 CString 类对象的同时，利用单字符加个数的形式为其赋值，比如.

```
CString str(_T('大'), 6); //可以指定单字符的个数
```

（2）GetLength 函数

CString 的成员函数 GetLength 可以获取字符串中对象的字符个数。该函数声明如下：

```
int GetLength( ) const;
```

函数返回 CString 对象的字符个数。

在多字节字符集下，其值和字符串的字节数相同。比如：

```
CString s( "abcde" );
    int len =s.GetLength(); //len 的结果为 5
    CString str= _T("我 abcde");//'我'占用两个字节，相当于两个 ANSI 字符所占字节
    int len = str.GetLength(); //len 为 7
```

在 Unicode 字符集下，该函数值不是字节数，是字符数，比如：

```
CString str = _T("abcde");
int len = str.GetLength(); //len 为 5
CString str = _T("我 abcde");
int len = str.GetLength(); //len 为 6
```

（3）Format 函数

该函数用来格式化一个字符串。函数声明如下：

```
void  Format( PCXSTR pszFormat,  [, argument]...);
```

其中，参数 pszFormat 是一个格式化字符串。Format 用于转换的格式字符有%c（单个字符）、%d（十进制整数，int 型）、%ld（十进制整数，long 型）、%f（十进制浮点数，float 型）、%lf（十进制浮点数，double 型）、%o（八进制数）、%s（字符串）、%u（无符号十进制数）、%x（十六进制数）；argument 为格式化字符串的参数。比如：

```
CString str;
int number=15;
str.Format(_T("%d"),number);   //str="15"
str.Format(_T("%4d"),number);  //str="  15", 4 表示将占用 4 位, 15 左边有 2 个空格
str.Format(_T("%.4d"),number);  // str="0015"

    CString str;
    int num = 255;
    str.Format(_T("%o"), num); //str="377", 8 进制
    str.Format(_T("%.8o"), num); //str="00000377"

//double 转换为 CString:
CString str;
double num=1.46;
str.Format(_T("%lf"),num);   //str="1.46"
str.Format(_T("%.1lf"),num); //str="1.5"(.1 表示小数点后留 1 位, 小数点后超过 1 位则
四舍五入)
str.Format(_T("%.4f"),num);   //str="1.4600"
str.Format(_T("%7.4f"),num); //str=" 1.4600"(前面有 1 个空格)
//float 转换为 CString 的方法也同上面的相似, 将 lf%改为 f%就可以了
```

（4）IsEmpty 函数

IsEmpty 函数用来判断 CString 对象中的字符串是否是空的。函数声明如下：

```
BOOL IsEmpty( ) const;
```

如果 CString 对象的长度为 0，就返回非 0 值；否则返回 0。

比如下列两种情况都是为空。

```
    CString s;
    ASSERT(s.IsEmpty());
    s = _T("");
    ASSERT(s.IsEmpty());
```

（5）连接两个 CString 对象

我们可以通过+或+=来连接两个 CString 对象，组成一个新的 CString 对象。比如：

```
CString s1 = _T("This ");        // Cascading concatenation
s1 += _T("is a ");
CString s2 = _T("test");
CString message = s1 + _T("big ") + s2;  // Message 中的内容是"This is a big test".
```

（6）Left 函数

提取字符串的左侧部分。函数原型如下：

```
CString Left( int nCount );
```

其中，nCount 指定要返回的字符个数。函数返回的字符串中包括原字符串左边的 nCount 个字符。比如：

```
CString s( _T("abcdef") );
ASSERT( s.Left(3) == _T("abc") );
```

（7）LoadString 函数

从 Windows 资源加载现有 CString 对象。函数原型如下：

```
BOOL LoadString(UINT  nID);
```

其中，nID 为字符串资源的 ID。如果资源加载成功就返回非 0，否则返回 0。比如：

```
CString s;
if (s.LoadString( IDS_FILENOTFOUND )) // IDS_FILENOTFOUND 是字符串资源的 ID
      AfxMessageBox(s); //加载成功，显示字符串内容
```

（8）Mid 函数

提取字符串的中心部分，函数原型如下：

```
CString Mid(int iFirst, int nCount) ;
CString Mid(int iFirst);
```

其中，iFirst 为要提取的字符串的第一个字符在原字符串中的索引；nCount 为要提取的字符个数，如果未提供此参数，则 iFirst 索引右边的字符全部提取出来。函数返回指定范围内的字符串的 CString 对象。比如：

```
CString s( _T("abcdef") );
ASSERT( s.Mid( 2, 3 ) == _T("cde") );
```

（9）Remove 函数

从字符串中移除字符。函数原型如下：

```
int Remove( CHAR chRemove);
```

其中，参数 chRemove 为要移除的字符。字符 chRemove 是大小写敏感的。函数返回移除字符的个数，如果为 0，则没有更改字符串。比如：

```
// 从一个句子中移走小写字母't':
CString str ("This is a test.");
int n = str.Remove('t');
ASSERT( n == 2);
ASSERT( str =="This is a es.");
```

（10）AppendFormat 函数

该函数在当前 CString 的字符串后追加一个格式化的字符串。函数原型如下：

```
void  AppendFormat( PCXSTR pszFormat,  [, argument]...);
```

其中，参数 pszFormat 是一个格式化字符串。Format 用于转换的格式字符有：%c（单个字符）、%d（十进制整数，int 型）、%ld（十进制整数，long 型）、%f（十进制浮点数，float 型）、%lf（十进制浮点数，double 型）、%o（八进制数）、%s（字符串）、%u（无符号十进制数）、%x （十六进制数）；argument 为格式化字符串的参数。比如：

```
CString str = _T("Result:  ");
str.AppendFormat(_T("X value = %.2f\n"), 12345.34644);
```

结果是 12345.35，要注意四舍五入。

（11）GetBuffer 函数

该函数用来获取 CString 对象内部使用的字符缓冲区或获取新申请的内存缓冲区。函数声明如下：

```
LPTSTR GetBuffer( );
LPTSTR GetBuffer(int  nMinBufferLength);
```

第一个函数相当于第二个函数参数为 0 的情况，返回 CString 对象内部使用的字符缓冲区的指针。

第二个函数中，参数 nMinBufferLength 指定要获取的缓冲区大小。如果 nMinBufferLength 小于等于当前字符串长度，函数并不分配内存，而是返回 CString 对象内部使用的字符缓冲区的指针；如果 nMinBufferLength 大于当前字符串长度，则会重新分配大小为 nMinBufferLength 的缓冲区，然后把 CString 对象的当前缓冲区给销毁掉，并返回新分配的缓冲区指针。

有了 CString 对象的字符缓冲区的指针时，我们就可以修改 CString 字符串中的内容了。需要注意的是，如果我们通过 GetBuffer 返回的指针修改了 CString 字符串中的内容，CString 内部的一些状态信息，比如 CString 的字符串长度变量记录的值和当前字符串真正的长度不同了，此时如果再调用一些 CString 的成员函数，尤其是那些需要知道 CString 当前字符串长度的成员函数（比如 AppendFormat）就会发生错误了。解决的办法是通过 GetBuffer 返回的指针修改了 CString 字符串中的内容后，要调用成员函数 ReleaseBuffer，该函数可以重新获取字符串当前的长度，并同步更新到 CString 内部用于记录字符串长度的变量中。当前如果 GetBuffer 以后程序结束运行退出了，作为局部变量的 CString 对象都不存在了，那么调用不调用 ReleaseBuffer 就没什么意义了。

示例 1：把读取文件的内容存放在 GetBuffer 获取的缓冲区中。

```
void ReadFile(CString& str, const CString  strPathName)
{
    FILE* fp = fopen(strPathName, "r"); // 打开文件
    fseek(fp, 0, SEEK_END);
    int nLen = ftell(fp); // 获得文件长度
    fseek(fp, 0, SEEK_SET); // 重置读指针
    char* psz = str.GetBuffer(nLen);
    fread(psz, sizeof(char), nLen, fp); //读文件内容
    fclose(fp);
    str.ReleaseBuffer();//这一句最好写上，让 str 知道当前字符串的实际长度
}
```

上面代码一下子把某个文本文件中的内容读取到 str 的字符缓冲区中。要注意的是，如果文本文件中有回车（‘\r’）、换行（‘\n’），读取的时候会把\r\n 转为\n 后再保存到缓冲区中。另外，最后一句 ReleaseBuffer 最好加上，否则 str.GetLength 返回的长度是 0。ReleaseBuffer 的作用下面会讲到。

示例 2：CString 转为 TCHAR*。

```
CString s(_T('This is a test '));
LPTSTR p = s.GetBuffer();
```

（12）ReleaseBuffer 函数

更新 CString 内部记录字符串长度的变量。函数原型如下：

```
void ReleaseBuffer(int nNewLength = -1);
```

其中，参数 nNewLength 为要更新给内部记录长度变量的值，如果为-1，则会在字符串中查找

'\0'，如果没有找到，则把当前 CString 内部字符缓冲区的大小赋值给内部记录长度的变量。因此，如果当前字符串是以'\0'结尾的，可以使用-1 或不用参数。比如：

```
CString s="abc";
    LPTSTR p = s.GetBuffer(1024);
    memcpy(p, "123456789",9); // 给缓冲区赋值
    p[9] = '\0';
    int len = s.GetLength(); // GetLength 还是 3，已经和实际长度不一致了
    s.ReleaseBuffer(); // 释放多余的内存，现在 p 无效。
    len = s.GetLength(); // GetLength 变为 9 了，和实际长度一致了
```

在上面的代码中，如果把"p[9]='\0';"去掉，则最后一句的 len 为 1024，因为 ReleaseBuffer 找不到'\0'了。

（13）整型、长整型转为 CString

转为整型可以利用函数 itoa，比如：

```
CString str;
itoa(i, str,10);/将 i 转换为字符串放入 str 中,最后一个数字表示十进制
itoa(i, str,2); //按二进制方式转换
```

如果是长整型转为 CString，就可以利用函数 ltoa，或者利用 CString 的 Format 成员函数。

（14）CString 转为整型、长整型、浮点型

利用函数 atoi，比如：

```
CString str="12345";
int i = atoi(str);
```

如果要转为长整型，可以使用函数 atol；如果要转为 float 型，可以使用函数 atof。

（15）char*转为 CString

如果当前工程使用多字节字符集，可以用下列方法进行转换：

```
    CString str;
    char sz[]="世界，你好！helloworld";
    str.Format("%s",sz); //利用 Format 函数
    str = (CString)sz; //强制转换
```

如果当前工程使用 Unicode 字符集，通常有以下几种方法可以进行转换：

第一种方法是使用 API 函数 MultiByteToWideChar 进行转换，比如：

```
    char * pFileName = "世界，你好！Hello,World";
    //计算 char *数组大小，以字节为单位，一个汉字占两个字节
    int charLen = strlen(pFileName);
    //计算多字节字符的大小，按字符计算
    int len = MultiByteToWideChar(CP_ACP,0,pFileName,charLen,NULL,0);
    //为宽字节字符数组申请空间，数组大小为按字节计算的多字节字符大小
    TCHAR *buf = new TCHAR[len + 1];
    //多字节编码转换成宽字节编码
    MultiByteToWideChar(CP_ACP,0,pFileName,charLen,buf,len);
    buf[len] = '\0'; //添加字符串结尾，注意不是 len+1
    //将 TCHAR 数组转换为 CString
    CString str;
```

```
    str.Append(buf);
    //删除缓冲区
    delete []buf;
```

第二种方法是使用函数 A2T 或 A2W，比如：

```
char * p = "世界，你好！Hello,World";
    USES_CONVERSION; //这个宏在 atlbase.h 中定义
    CString s = A2T(p);
    CString s2 = A2W(p);
```

（16）CString 变量转为 char*

如果当前工程使用多字节字符集，可以用下列方法进行转换：

```
CString str = "长城";
char *p = (LPSTR)(LPCTSTR)str; //强制转换
p = str.Getbuffer(); //利用成员函数 GetBuffer
```

如果当前工程使用 Unicode 字符集，通常有两种方法：

第一种方法是使用 API 函数 WideCharToMultiByte 进行转换，比如：

```
    CString str = _T("世界，你好！Hello,World");
    //注意：以下 n 和 len 的值大小不同,n 是按字符计算的，len 是按字节计算的
    int n = str.GetLength();
    //获取宽字节字符的大小，大小是按字节计算的
    int len = WideCharToMultiByte(CP_ACP,0,str,str.GetLength(),NULL,0,NULL,
NULL);
    //为多字节字符数组申请空间，数组大小为按字节计算的宽字节大小
    char * pFileName = new char[len+1];   //以字节为单位
    //宽字节编码转换成多字节编码
    WideCharToMultiByte(CP_ACP,0,str,str.GetLength(),pFileName,len,NULL,
NULL);
    pFileName[len+1] = '\0';   //多字节字符以\0 结束
```

第二种方法是使用函数 T2A 或 W2A，比如：

```
    CString str = _T("世界，你好！Hello,World");
    //声明标识符
    USES_CONVERSION; // 这个宏在 atlbase.h 中定义
    //调用函数，T2A 和 W2A 均支持 ATL 和 MFC 中的字符转换
    char * p = T2A(str);
    char * q = W2A(str); //效果同上行
```

2.8　控制台编程

DOS 的时代已经离我们远去，现在只能去控制台程序中寻找以往的情怀。但是图形界面大行其道的今天，为何还要了解控制台编程？为了在控制台下进行多线程编程，以及在图形界面程序中调用控制台，这样我们可以把调试语句写在控制台窗口中！当然，多线程编程是后面章节的事情了。这里只谈控制台！

以前学 C 语言的时候，要在控制台窗口中输出信息，最常用的就是使用 CRT 库函数 printf 了。现在 Visual C++提供了很多控制台函数，也可以用于在控制台窗口中输出信息，这样就不必使用

CRT 库函数 printf 了。有人说了，这样代替有什么意义呢？意义很大，这是因为创建线程的函数 CreateThread 所创建的线程函数中是不能使用 CRT 库函数的（会造成内存泄漏），所以如果要在 CreateThread 所创建的线程函数中输出信息到控制台，我们就可以使用控制台函数来替换 printf 了。

Visual C++提供了很多控制台 API 函数，如果在控制台程序中使用这些函数，需要包含 windows.h。常用的控制台函数有：

（1）GetStdHandle 函数

该函数从一个特定的标准设备（标准输入、标准输出或标准错误）中取得一个句柄，也就是获取这些标准设备的缓冲区句柄，以便用户可以进行输入输出。函数声明如下：

```
HANDLE GetStdHandle( DWORD  nStdHandle );
```

其中，参数 nStdHandle 用来标识标准输入、标准输出或标准错误，取值分别为 STD_INPUT_HANDLE（标准输入）、STD_OUTPUT_HANDLE（标准输出）、STD_ERROR_HANDLE（标准错误）。如果函数成功，就返回特定设备的句柄；如果函数失败，就返回 INVALID_HANDLE_VALUE。

比如我们获得当前标准输出设备的句柄：

```
HANDLE  hStdout = GetStdHandle(STD_OUTPUT_HANDLE);
```

（2）SetConsoleTextAttribute 函数

该函数用来设置输出到控制台屏幕（或窗口）的字符属性，比如前景色和背景色。函数声明如下：

```
BOOL  SetConsoleTextAttribute( HANDLE hConsoleOutput, WORD  wAttributes);
```

其中，参数 hConsoleOutput 是控制台屏幕缓冲区的句柄；wAttributes 为要设置给字符的属性，比如取值 FOREGROUND_BLUE 表示字体颜色为蓝色、取值 BACKGROUND_GREEN 表示背景颜色为绿色。如果函数成功就返回非 0，否则返回 0。

（3）WriteConsole 函数

该函数向控制台屏幕或窗口的缓冲区写入一段字符串，输出位置始于当前光标处。函数声明如下：

```
    BOOL  WriteConsole( HANDLE hConsoleOutput,  const VOID* lpBuffer,
    DWORD  nNumberOfCharsToWrite,  LPDWORD  lpNumberOfCharsWritten,  LPVOID
lpReserved);
```

其中，参数 hConsoleOutput 是控制台屏幕缓冲区的句柄；lpBuffer 指向字符缓冲区。

【例 2.48】向控制台窗口输出有颜色的字符串

（1）新建一个控制台工程。

（2）在 Test.cpp 中输入如下代码：

```
    #include "stdafx.h"
    #include <windows.h>
    void SetConsoleColor(unsigned short ForeColor = FOREGROUND_RED, unsigned short
BackGroundColor = 0)
    {
        HANDLE hCon = GetStdHandle(STD_OUTPUT_HANDLE); //获取控制台输出缓冲区的句柄
        //设置前景色和背景色
```

```
    SetConsoleTextAttribute(hCon, ForeColor | BackGroundColor);
}
int main()
{
    SetConsoleColor();
    printf("你好世界\n");
    SetConsoleColor(FOREGROUND_BLUE, BACKGROUND_GREEN);
    printf("同志们好！\n");
    return 0;
}
```

（3）保存工程并运行，运行结果如图 2-102 所示。

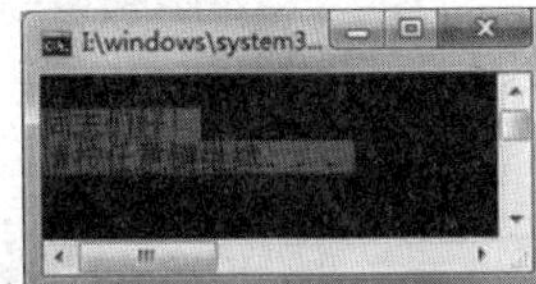

图 2-102

【例 2.49】使用 WriteConsole 函数输出字符串

（1）新建一个控制台工程。

（2）在 Test.cpp 中输入如下代码：

```
#include "stdafx.h"
#include "windows.h"
int _tmain(int argc, _TCHAR* argv[])
{
    HANDLE hStdout;
    DWORD dwChars;
    TCHAR msgBuf[] = _T("你好，世界，Hello world!\n");
    int len = lstrlen(msgBuf);
    //得到标准输出设备的句柄，为了打印
    hStdout = GetStdHandle(STD_OUTPUT_HANDLE);
    if (hStdout == INVALID_HANDLE_VALUE)
        return -1;
    WriteConsole(hStdout, msgBuf, len, &dwChars, NULL); //在终端窗口输出字符串
}
```

（3）保存工程并运行，运行结果如图 2-103 所示。

【例 2.50】在对话框程序中显示控制台窗口

（1）新建一个 MFC 对话框工程。

（2）切换资源视图，打开对话框编辑器，删除上面所有的控件，并放一个按钮，为其添加事件处理函数，如下代码：

```
void CTestDlg::OnBnClickedButton1()
{
    // TODO: 在此添加控件通知处理程序代码
    InitConsoleWindow();
    printf("你好，世界！\n ");
}
```

其中，InitConsoleWindow 是一个自定义的全局函数，如下代码：

```
void InitConsoleWindow()
{
    int nCrt = 0;
    FILE* fp;
```

```
    AllocConsole();
    nCrt = _open_osfhandle((long)GetStdHandle(STD_OUTPUT_HANDLE), _O_TEXT);
    fp = _fdopen(nCrt, "w");
    *stdout = *fp;
    setvbuf(stdout, NULL, _IONBF, 0);
}
在 TestDlg.cpp 的文件开头添加头文件包含：
#include <io.h>
#include <fcntl.h> //for _O_TEXT
```

（3）保存工程并运行，运行结果如图 2-104 所示。

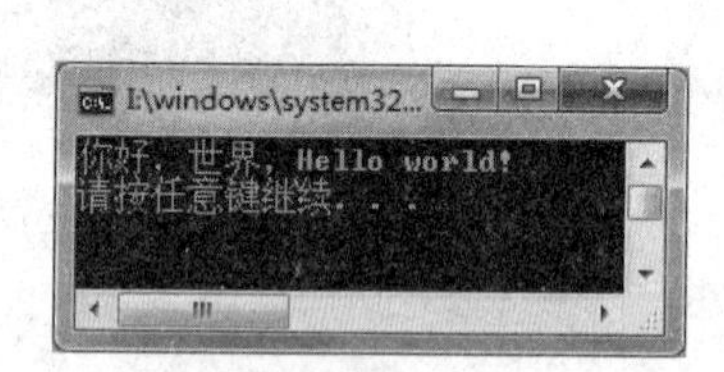

图 2-103

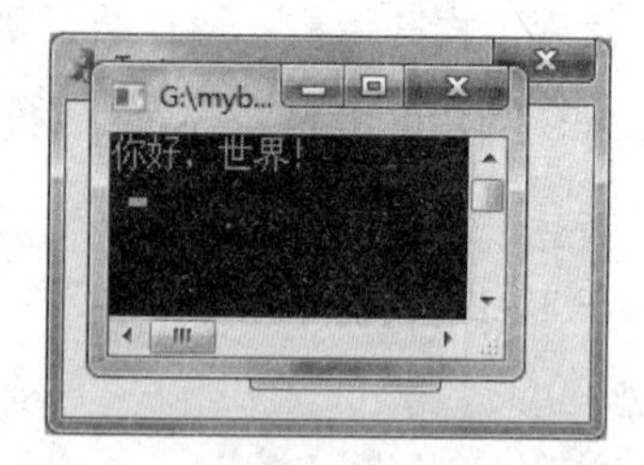

图 2-104

2.9 内存管理

大家学习 C 语言的时候，都知道可以用 CRT 库中函数 malloc 来分配内存空间，用 free 函数来释放内存空间。但在某些场合，比如 CreateThread 创建的线程函数中是不能使用 CRT 库函数的，此时如果要申请内存怎么办呢？方法是使用 Windows API 内存管理函数。这些内存管理函数效率高，但无法移植到非 Windows 平台。常见的内存管理 API 函数如下：

（1）HeapAlloc 函数

该函数用来申请一块内存堆空间，函数声明如下：

```
LPVOID HeapAlloc( HANDLE hHeap, DWORD dwFlags, SIZE_T dwBytes);
```

其中，参数 hHeap 是内存空间堆的句柄，函数将在该堆上开辟一块内存空间，句柄值可以由函数 HeapCreate 或 GetProcessHeap 来获得；dwFlags 是堆分配控制的标记，可以取下列值：

- HEAP_GENERATE_EXCEPTIONS：如果函数失败，系统将会抛出异常。
- HEAP_NO_SERIALIZE：这次分配的空间不允许串行访问。
- HEAP_ZERO_MEMORY：分配的内存将初始化为 0，不指定该标记，内存将不会初始化为 0。
- dwBytes：为要分配的空间的字节数。如果函数成功，返回指向分配的内存块的指针；如果没有指定标记 HEAP_GENERATE_EXCEPTIONS，就将返回 NULL。

注意，HeapAlloc 分配的内存要用函数 HeapFree 来释放。

（2）HeapFree 函数

该函数用来释放由 HeapAlloc 分配的空间，函数声明如下：

```
BOOL  HeapFree( HANDLE hHeap,  DWORD dwFlags, LPVOID lpMem);
```

其中，参数 hHeap 为内存空间堆的句柄; dwFlags 为堆释放的选项；lpMem 为指向要释放的内存块指针。如果函数成功，就返回非 0；否则返回 0。

（3）GetProcessHeap 函数

该函数获得调用进程的默认内存堆句柄。函数声明如下：

```
HANDLE  GetProcessHeap();
```

函数返回调用进程的默认内存堆句柄。

【例 2.51】分配内存堆并释放

（1）新建一个控制台工程。

（2）在 Test.cpp 中输入如下代码：

```
#include "stdafx.h"
#include <windows.h>
#include <strsafe.h>
typedef struct _MyData {  //定义传给线程的参数的类型
    int val1;
    int val2;
} MYDATA, *PMYDATA;

#define BUF_SIZE 100
int _tmain(int argc, _TCHAR* argv[])
{
    HANDLE hStdout;
    PMYDATA pData;
    TCHAR msgBuf[BUF_SIZE];
    size_t cchStringSize;
    DWORD dwChars;

    //得到标准输出设备的句柄，为了打印
    hStdout = GetStdHandle(STD_OUTPUT_HANDLE);
    if (hStdout == INVALID_HANDLE_VALUE)
        return -1;

 //申请堆空间
    pData = (PMYDATA)HeapAlloc(GetProcessHeap(), HEAP_ZERO_MEMORY,
sizeof(MYDATA));
    if (pData == NULL) //如果分配失败，则结束进程
        ExitProcess(2);

    pData->val1 = 10;
    pData->val2 = 20;

    StringCchPrintf(msgBuf, BUF_SIZE, _T("结果: %d, %d\n"),//构造字符串
        pData->val1, pData->val2);
    //得到字符串长度，存于 cchStringSize
    StringCchLength(msgBuf, BUF_SIZE, &cchStringSize);
    //在终端窗口输出字符串
    WriteConsole(hStdout, msgBuf, cchStringSize, &dwChars, NULL);
    HeapFree(GetProcessHeap(), 0, pData); //释放分配的堆空间
}
```

（3）保存工程并运行，运行结果如图 2-105 所示。

图 2-105

2.10 文件操作

在 C 语言中，CRT 库提供了一组操作文件的函数，比如打开文件 fopen、读取文件 fread、写入文件 fwrite、关闭文件 fclose 等。在 C++中，提供了不同功能的类来支持文件的输入输出，比如 ofstream 是一个用来写文件的类、ifstream 是一个读文件的类、fstream 是一个可同时读写操作的文件类，等等。

在 Visual C++开发中，除了可以使用上述两种方式来操作文件外，还可以使用 Win32 API 函数来操作文件，以及使用 MFC 类（比如 CFile、CStdioFile）来操作文件。

2.10.1 Win32 API 操作文件

Visual C++提供了一组 API 函数来操作文件，比如打开文件、读写文件、复制文件、关闭文件等，并且用一个句柄来表示一个已经打开的文件对象，这个句柄通常称为文件句柄。我们看一下 Win32 API 中对文件操作的几个常用函数。

（1）CreateFile 函数

该函数用来创建或打开一个文件。函数声明如下：

```
HANDLE  CreateFile( LPCTSTR lpFileName,  DWORD dwDesiredAccess, DWORD
dwShareMode, LPSECURITY_ATTRIBUTES lpSecurityAttributes, DWORD
dwCreationDisposition, DWORD dwFlagsAndAttributes,  HANDLE  hTemplateFile);
```

其中，参数 lpFileName 表示要创建或打开的文件的名字；dwDesiredAccess 表示对文件的访问权限是只读还是只写，还是既要读又要写，如果取值为 GENERIC_READ 就表示允许对文件进行读访问；如果为 GENERIC_WRITE 就表示允许对文件进行写访问（可组合使用，比如 GENERIC_READ | GENERIC_WRITE），如果为 0，就表示只允许获取与文件有关的信息；dwShareMode 表示文件的共享属性，0 表示不共享；FILE_SHARE_READ 或 FILE_SHARE_WRITE 表示允许对文件进行读/写共享访问；lpSecurityAttributes 指向一个 SECURITY_ATTRIBUTES 结构的指针，该结构定义了文件的安全特性；dwCreationDisposition 表示文件如何创建，比如：

- CREATE_NEW：新建文件，但如果文件已经存在则会出错。
- CREATE_ALWAYS：创建文件，而且同名文件存在，会改写已经存在的文件。
- OPEN_EXISTING：文件必须已经存在，否则会出错。
- OPEN_ALWAYS：若文件不存在，则创建它。
- TRUNCATE_EXISTING：将现有文件缩短为 0 长度。

dwFlagsAndAttributes 表示文件属性，通常取值为下列一个或多个宏的组合，比如：

- FILE_ATTRIBUTE_ARCHIVE：标记归档属性。
- FILE_ATTRIBUTE_COMPRESSED：将文件标记为已压缩，或者标记为文件在目录中的默认压缩方式。
- FILE_ATTRIBUTE_NORMAL：默认属性。
- FILE_ATTRIBUTE_HIDDEN：隐藏文件或目录。
- FILE_ATTRIBUTE_READONLY：文件为只读。
- FILE_ATTRIBUTE_SYSTEM：文件为系统文件。
- FILE_FLAG_WRITE_THROUGH：操作系统不得推迟对文件的写操作。
- FILE_FLAG_OVERLAPPED：允许对文件进行重叠操作。
- FILE_FLAG_NO_BUFFERING：禁止对文件进行缓冲处理。文件只能写入磁盘卷的扇区块。
- FILE_FLAG_RANDOM_ACCESS：针对随机访问对文件缓冲进行优化。
- FILE_FLAG_SEQUENTIAL_SCAN：针对连续访问对文件缓冲进行优化。
- FILE_FLAG_DELETE_ON_CLOSE：关闭了上一次打开的句柄后，将文件删除，特别适合临时文件。

hTemplateFile 表示一个模板文件的句柄，该文件具有只读访问权限。如果函数执行成功，就返回文件句柄；否则返回 INVALID_HANDLE_VALUE，可以调用函数 GetLastError 来获得错误码。

（2）WriteFile 函数

该函数用来向某文件的特定位置写入数据，这个特定位置由文件指示器确定。这个函数既可以用于同步操作也可以用于异步操作。函数声明如下：

```
    BOOL WINAPI WriteFile(  HANDLE hFile, LPCVOID lpBuffer, DWORD
nNumberOfBytesToWrite,
    LPDWORD lpNumberOfBytesWritten,  LPOVERLAPPED lpOverlapped);
```

其中，参数 hFile 是文件句柄；lpBuffer 指向一个缓冲区，该缓冲区中的内容就是要写入到文件中的内容；nNumberOfBytesToWrite 为要向文件写入的字节数；lpNumberOfBytesWritten 指向一个变量，该变量返回实际写入的字节数；lpOverlapped 指向一个 OVERLAPPED 结构，当文件句柄 hFile 的打开方式是 FILE_FLAG_OVERLAPPED 时，该结构被需要。如果函数成功，就返回非 0；否则返回 0。

（3）ReadFile 函数

该文件从某个文件中读取数据，读取的位置由当前文件指示器确定。该函数可以用来设计成同步操作或异步操作。函数声明如下：

```
    BOOL WINAPI ReadFile( HANDLE hFile, LPVOID lpBuffer, DWORD nNumberOfBytesToRead,
LPDWORD lpNumberOfBytesRead,  LPOVERLAPPED lpOverlapped);
```

其中，参数 hFile 是文件句柄；lpBuffer 指向一个缓冲区，该缓冲区用来存放从文件中读取的数据；nNumberOfBytesToRead 为要读取的数据字节数；lpNumberOfBytesRead 为实际读到的字节数；lpOverlapped 指向 OVERLAPPED 结构，当文件句柄 hFile 的打开方式是 FILE_FLAG_OVERLAPPED 时，该结构被需要。如果函数成功，就返回非 0；否则返回 0。

（4）SetFilePointer 函数

该函数移动一个打开文件的指针，这个指针也称指示器（也称文件指针，不是 C 语言中的指针），用来指示文件中的当前位置，以便在一个文件中设置一个新的读取或写入位置。函数声明如下：

```
DWORD SetFilePointer(HANDLE hFile, LONG lDistanceToMove, PLONG lpDistanceToMoveHigh, DWORD dwMoveMethod);
```

其中，参数 hFile 为文件句柄；lDistanceToMove 为偏移量（低位）；lpDistanceToMoveHigh 为偏移量（高位）；dwMoveMethod 决定文件指针的起始位置，取值如下：

- FILE_BEGIN：起始位置是文件开头。
- FILE_CURRENT：起始位置是当前位置。
- FILE_END：起始位置是文件末尾。

如果函数成功并且 lpDistanceToMoveHigh 为 NULL，它返回文件指针 DWORD 值的低字节序；如果函数成功并且 lpDistanceToMoveHigh 不为 NULL，它返回文件指针 DWORD 值的低字节序部分，并且 lpDistanceToMoveHigh 取值为文件指针 DWORD 值的高字节序部分；如果函数失败，它返回 INVALID_SET_FILE_POINTER，可以用函数 GetLastError 来获取错误码。

下列代码用来移动文件指针：

```
LARGE_INTEGER li={0};
li.QuadPart = 22333; //移动的位置
//移动文件指针
li.LowPart = SetFilePointer(handle,li.LowPart,&li.HighPart,FILE_BEGIN);
```

LARGE_INTEGER 用来定义一个 64 位的有符号整数值。

```
typedef union _LARGE_INTEGER {
struct {
DWORD LowPart;
LONG HighPart;
};
struct {
DWORD LowPart;
LONG HighPart;
} u;
LONGLONG QuadPart;
} LARGE_INTEGER,  *PLARGE_INTEGER;
```

LARGE_INTEGER 其实是一个联合体，通常可以表示数的范围为-3689348814741910324 到 +4611686018427387903。

【例 2.52】文件 API 函数简单应用

（1）新建一个对话框工程。

（2）切换到资源视图，在对话框上删除所有控件，然后添加一个按钮，并添加如下事件代码：

```
void CTestDlg::OnBnClickedButton1()
{
    // TODO:  在此添加控件通知处理程序代码
    HANDLE handle;
    DWORD Num;
    handle = ::CreateFile(_T("new.dat"), GENERIC_READ | GENERIC_WRITE, 0, NULL, OPEN_ALWAYS, FILE_FLAG_DELETE_ON_CLOSE, NULL);
    if (INVALID_HANDLE_VALUE != handle)
    {
        ::SetFilePointer(handle,0,0,FILE_BEGIN);//设置文件指示器到开头
```

```
        TCHAR Buffer[] = _T("这个字符串是文件里的内容");
        ::WriteFile(handle, Buffer, sizeof(Buffer), &Num, NULL);
        ZeroMemory(Buffer, sizeof(Buffer));
        ::SetFilePointer(handle,0,0,FILE_BEGIN);//设置文件指示器到开头
        ::ReadFile(handle, Buffer,sizeof(Buffer), &Num, NULL);
        AfxMessageBox(Buffer); //显示读取的文件内容
        ::CloseHandle(handle);
    }
}
```

（3）保存工程并运行，运行结果如图 2-106 所示。

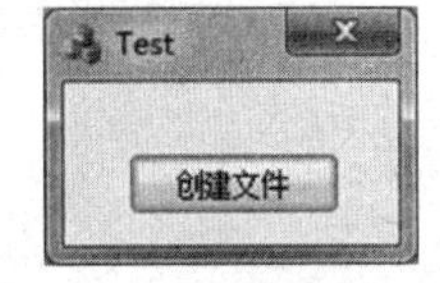

图 2-106

2.10.2　MFC 类操作文件

MFC 类库中也提供了对文件进行处理的类，通常用到的是 CFile 或 CStdioFile 类。

CFile 类是 MFC 文件类的基类，提供非缓冲方式的二进制磁盘输入、输出功能，但该类只能提供访问本地文件内容的功能，不支持访问网络文件的功能。CFile 常见成员如下：

（1）m_hFile 句柄

该成员是一个句柄，表示一个打开文件的操作系统文件句柄。

（2）hFileNull 句柄

该成员也是一个句柄，而且是一个静态变量，用来判断 CFile 对象是否拥有一个有效的句柄。可以用下列代码判断一个文件句柄是否有效：

```
if (myFile.m_hFile != CFile::hFileNull) // myFile 是 CFile 对象
    ;//处理文件操作
else
    ;//显示文件句柄无效
```

（3）构造函数 CFile

CFile 的构造函数有多种形式：

- CFile( );
- CFile(HANDLE hFile);
- CFile(LPCTSTR lpszFileName,UINT nOpenFlags);

其中，参数 hFile 是由 API 函数 CreateFile 成功打开文件后返回的句柄；lpszFileName 为需要打开文件的路径字符串，既可以是相对路径，也可以是绝对路径；nOpenFlags 表示文件的存取共享模式，比如可以取如下值：

- CFile::modeCreate：创建一个新文件，如果那个文件已经存在，就把那个文件的长度重设为 0。
- CFile::modeNoTruncate：通常同 modeCreate 一起用，如果要创建的文件已经存在，并不把它的长度设置为 0。
- CFile::modeRead：打开文件仅仅供读。
- CFile::modeReadWrite：打开文件供读写。
- CFile::modeWrite：打开文件只供写。

- CFile::modeNoInherit：阻止这个文件被子进程继承。
- CFile::shareDenyNone：打开这个文件同时允许其他进程读写这个文件。
- CFile::shareDenyWrite：打开文件拒绝其他任何进程写这个文件。

比如，我们可以这样打开一个文件：

```
HANDLE hFile = CreateFile(_T("CFile_File.dat"),
    GENERIC_WRITE, FILE_SHARE_READ,
    NULL, CREATE_ALWAYS, FILE_ATTRIBUTE_NORMAL, NULL);

if (hFile == INVALID_HANDLE_VALUE)
    AfxMessageBox(_T("Couldn't create the file!"));
else
{
    // 把文件句柄依附到 CFile 对象
    CFile myFile(hFile);
    /*
进行文件读写操作
     */
    myFile.Close(); //关闭文件句柄
}
```

（4）Open 函数

该函数用来打开一个文件，函数声明如下：

```
    BOOL Open( LPCTSTR lpszFileName,  UINT nOpenFlags,  CFileException* pError =
NULL );
```

其中，参数 lpszFileName 为需要打开文件的路径字符串，既可以是相对路径，也可以是绝对路径；nOpenFlags 表示文件的存取共享模式，指定文件打开时可以采取的操作，可以使用‘|’号来组合多个选项，可以取如下值：

- CFile::modeCreate：创建一个新文件，如果那个文件已经存在，就把那个文件的长度重设为 0。
- CFile::modeNoTruncate：通常同 modeCreate 一起用，如果要创建的文件已经存在，并不把它的长度设置为 0。
- CFile::modeRead：打开文件仅仅供读。
- CFile::modeReadWrite：打开文件供读写。
- CFile::modeWrite：打开文件只供写。
- CFile::modeNoInherit：阻止这个文件被子进程继承。
- CFile::shareDenyNone：打开这个文件同时允许其他进程读写这个文件。
- CFile::shareDenyWrite：打开文件拒绝其他任何进程写这个文件。

pError 指向一个文件异常类 CFileException 的对象。如果打开成功，函数就返回非 0；否则返回 0。

比如下列代码演示如何用 Open 打开文件：

```
CFile f;
CFileException e;
TCHAR* pszFileName = _T("Open_File.dat");
```

```
if(!f.Open(pszFileName, CFile::modeCreate | CFile::modeWrite, &e))
  TRACE(_T("File could not be opened %d\n"), e.m_cause);
```

（5）GetFileName 函数

该函数得到文件的名字，声明如下：

```
CString GetFileName();
```

函数返回文件的名字。

比如，c:\windows\write\下有一个文件 myfile.txt，函数 GetFileName 返回的是“myfile.txt”。

（6）GetFilePath 函数

该函数得到文件的全路径，声明如下：

```
CString GetFilePath();
```

函数返回文件的全路径。

比如，c:\windows\write\ 下有一个文件 myfile.txt，则 GetFilePath 返回的是“c:\windows\write\myfile.txt”。

（7）GetFileTitle 函数

该函数得到文件的标题。函数声明如下：

```
CString GetFileTitle();
```

函数返回文件的标题。

比如，c:\windows\write\下有一个文件 myfile.txt，则 GetFileTitle 返回的是“myfile”。

（8）GetLength 函数

该函数得到文件的长度。函数声明如下：

```
ULONGLONG GetLength();
```

函数返回文件的长度。

比如下列代码返回一个文件的长度：

```
CFile* pFile = NULL;
pFile = new CFile(_T("C:\\WINDOWS\\SYSTEM.INI"),
CFile::modeRead | CFile::shareDenyNone);
ULONGLONG dwLength = pFile->GetLength();
CString str;
str.Format(_T("Your SYSTEM.INI file is %I64u bytes long."), dwLength);
pFile->Close();
delete pFile;
AfxMessageBox(str);
```

（9）SeekToBegin 函数

该函数重定位当前文件指针到文件的开头。函数声明如下：

```
void SeekToBegin( );
```

（10）SeekToEnd 函数

该函数重定位当前文件指针到文件的结尾。函数声明如下：

```
void SeekToEnd ();
```

比如，可以通过 SeekToEnd 函数获得文件大小：

```
CFile f;
f.Open(_T("Seeker_File.dat"), CFile::modeCreate |CFile::modeReadWrite);
f.SeekToBegin(); //移动文件指针到文件开头
ULONGLONG ullEnd = f.SeekToEnd(); //可以获得文件的大小
```

（11）Read 函数

该函数从文件中读取 nCount 字节到缓冲区。函数声明如下：

```
UINT Read(void* lpBuf, UINT nCount );
```

其中，参数 lpBuf 指向一个缓冲区，该缓冲区存放从文件中读取的数据；nCount 为要读取的文件字节数。函数返回实际读取到的字节数，该值可能小于 nCount。

（12）Write 函数

该函数向文件写入数据。函数声明如下：

```
void Write(  const void* lpBuf, UINT nCount );
```

其中，参数 lpBuf 指向一个缓冲区，该缓冲区存放要写入到文件中的数据；nCount 为要写入的数据的字节数。

（13）Flush 函数

该函数强制系统缓存的内容马上写入文件。写数据时先写入内存（系统缓存），再写入文件。该函数只是为了确保数据尽快被写入文件，如果不调用 flush 函数，系统缓存达到一定的数据量也会自动写入磁盘文件，或者在关闭文件的时候把缓冲区的数据（如果有）强制写入磁盘文件。如果不是多线程写同一个文件，可以不用 flush 函数，最后结束前记得关闭就可以了。

比如下列代码演示了文件读取和写入的过程：

```
CFile cfile;
cfile.Open(_T("Write_File.dat"), CFile::modeCreate | CFile::modeReadWrite);
char pbufWrite[100];
memset(pbufWrite, 'a', sizeof(pbufWrite));
cfile.Write(pbufWrite, 100);
cfile.Flush();
cfile.SeekToBegin();
char pbufRead[100];
cfile.Read(pbufRead, sizeof(pbufRead));
ASSERT(0 == memcmp(pbufWrite, pbufRead, sizeof(pbufWrite)));
```

下面来看一个 CFile 使用的例子，对一个临时文件进行读写。临时文件是程序运行时建立的临时使用的文件，通常位于 C:\Windows\Temp 目录下，扩展名为 tmp。临时文件的使用方法基本与常规文件一样，只是文件名应该调用 API 函数 GetTempFileName()获得，该函数声明如下：

```
UINT GetTempFileName( LPCTSTR lpPathName, LPCTSTR lpPrefixString, UINT uUnique,
LPTSTR lpTempFileName);
```

其中，参数 lpPathName 是临时文件的目录路径，通常由 API 函数 GetTempPath 获得；lpPrefixString 是临时文件的文件名前缀；uUnique 指定生成文件名的十六进制数字，该参数和参数 lpPrefixString 一起形成临时文件名，如果该参数为 0，则函数会使用系统时间来和前缀形成文件名；lpTempFileName 指向一个缓冲区，缓冲区里存放获得的临时文件名。如果函数成功并且 uUnique

非 0，就返回 uUnique 的值；如果 uUnique 为 0，就返回文件名长度；如果函数失败，就返回 0。

【例 2.53】读写一个临时文件

（1）新建一个控制台工程，并在应用程序向导中勾选“MFC”，这样可以在控制台程序中使用 MFC 库中的类或函数，如图 2-107 所示。

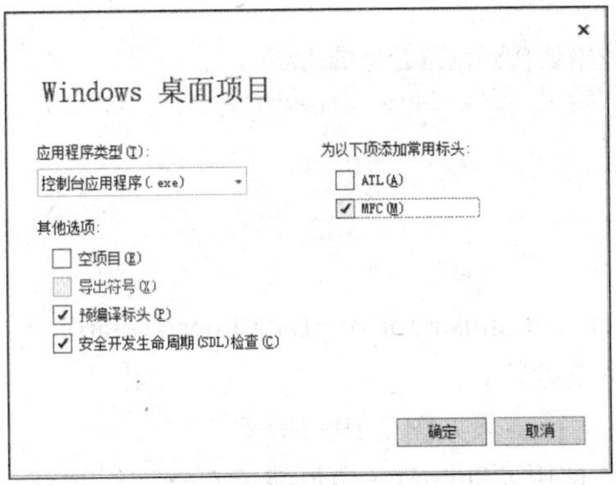

图 2-107

（2）打开 Test.cpp，在其中输入如下代码：

```
#include "stdafx.h"
#include "Test.h"

#ifdef _DEBUG
#define new DEBUG_NEW
#endif
// 唯一的应用程序对象
CWinApp theApp;
using namespace std;
int _tmain(int argc, TCHAR* argv[], TCHAR* envp[])
{
    int nRetCode = 0;
    HMODULE hModule = ::GetModuleHandle(NULL);
    if (hModule != NULL)
    {
        // 初始化 MFC 并在失败时显示错误
        if (!AfxWinInit(hModule, NULL, ::GetCommandLine(), 0))
        {
            // TODO: 更改错误代码以符合你的需要
            _tprintf(_T("错误: MFC 初始化失败\n"));
            nRetCode = 1;
        }
        else
        {
            // TODO: 在此处为应用程序的行为编写代码
            TCHAR szTempPath[_MAX_PATH], szTempfile[_MAX_PATH];
            GetTempPath(_MAX_PATH, szTempPath);
            GetTempFileName(szTempPath, _T("my_"), 16, szTempfile);
            CFile tmpfile(szTempfile, CFile::modeCreate | CFile::
modeReadWrite);
```

```
            char sz[] = "abc\r\n 我们大家";
            tmpfile.Write(sz, strlen(sz));
            tmpfile.Close();
        }
    }
    else
    {
        // TODO: 更改错误代码以符合你的需要
        _tprintf(_T("错误: GetModuleHandle 失败\n"));
        nRetCode = 1;
    }
    return nRetCode;
}
```

上面的代码会在“x:\Users\Administrator\AppData\Local\Temp”下新建一个 my_10.tmp 文件，然后在其中写入数据。x 是系统盘符。

（3）保存工程并运行，运行结果如图 2-108 所示。

图 2-108

除了类 CFile，MFC 中还使用 CStdioFile 类封装了 C++运行时刻文件流的操作。流文件采用缓冲方式，支持文件模式和二进制模式文件操作，默认方式为文本模式。CStdioFile 类从 CFile 类继承，具有如下 3 个构造函数：

```
CStdioFile();
CStdioFile(FILE* pOpenStream);
CStdioFile(LPCTSTR lpszFileName, UINT nOpenFlags);
```

其中，参数 pOpenStream 是 FILE 指针；lpszFileName 为要打开的文件的路径，可以是绝对路径或相对路径；nOpenFlags 是打开文件的方式，可以取如下值：

- CFile::modeCreate：创建新文件，并覆盖已有文件。
- CFile::modeRead：以只读方式打开文件。
- CFile::modeReadWrite：以读/写方式打开文件。
- CFile::modeWrite：以只写方式打开文件。
- CFile::shareExclusive：不允许其他进程读/写文件。
- CFile::typeText：表示以文本方式打开文件。
- CFile::typeBinary：表示以二进制方式打开文件。

比如我们可以这样新建打开一个文件：

```
    TCHAR* pFileName = _T("CStdio_File.dat");
    CStdioFile f1;
    if(!f1.Open(pFileName, CFile::modeCreate | CFile::modeWrite |
CFile::typeText))
        TRACE(_T("Unable to open file\n"));

        CStdioFile f2(stdout);
        try
    {
        CStdioFile f3( pFileName,CFile::modeCreate | CFile::modeWrite |
CFile::typeText );
    }
```

```
catch(CFileException* pe)
{
  TRACE(_T("File could not be opened, cause = %d\n"),pe->m_cause);
  pe->Delete();
}
```

类 CStdioFile 的重要成员函数如下：

（1）ReadString 函数

该函数读取一行文本到缓冲区，遇到“0x0D,0x0A”时停止读取，并且去掉硬回车“0x0D”，保留换行符“0x0A”，在字符串末尾添加字符‘\0’。nMax 个字符里包含字符‘\0’。函数声明如下：

```
LPTSTR ReadString(LPTSTR lpsz,UINT nMax );
BOOL ReadString( CString& rString);
```

其中，参数 lpsz 指向一个用户缓冲区，用来存放从文件中读到的数据；nMax 为要读取的数据的最大字节数；rString 是一个 CString 对象的引用，用来存放读取到的字符串数据。如果第一个函数成功，就返回缓冲区指针，否则返回 NULL；如果第二个函数中的文件未读完就返回 TRUE，否则返回 FALSE。

比如下列代码可以在控制台上输入数据：

```
CStdioFile f(stdin);
TCHAR buf[100]=_T("");
f.ReadString(buf, 99);
```

当文件存在多行数据需要逐行读取时，可用函数 ReadString(CString& rString)。当遇到‘\n’时读取截断，如果文件未读完，返回 TRUE，否则返回 FALSE，如下代码：

```
//逐行读取文件内容，存入 strRead
while(file.ReadString(strRead))
{
 ...;
}
```

（2）WriteString 函数

该函数向文件写入数据。函数声明如下：

```
void WriteString(LPCTSTR lpsz );
```

其中，参数 lpsz 指向一段 NULL 结尾的文本字符串。

【例 2.54】 用 WriteString 向控制台窗口输出文本

（1）新建一个控制台工程，并且在应用程序向导中勾选“MFC”。

（2）在 Test.cpp 中输入如下代码：

```
#include "stdafx.h"
#include "Test.h"

#ifdef _DEBUG
#define new DEBUG_NEW
#endif
// 唯一的应用程序对象
```

```
CWinApp theApp;
using namespace std;

int _tmain(int argc, TCHAR* argv[], TCHAR* envp[])
{
    int nRetCode = 0;
    HMODULE hModule = ::GetModuleHandle(NULL);

    if (hModule != NULL)
    {
        // 初始化 MFC 并在失败时显示错误
        if (!AfxWinInit(hModule, NULL, ::GetCommandLine(), 0))
        {
            // TODO:  更改错误代码以符合你的需要
            _tprintf(_T("错误:  MFC 初始化失败\n"));
            nRetCode = 1;
        }
        else
        {
            // TODO:  在此处为应用程序的行为编写代码。
            setlocale(LC_CTYPE, "chs");
            CStdioFile f(stdout);
            TCHAR buf[] = _T("阿凡达test string\n");
            f.WriteString(buf);

        }
    }
    else
    {
        // TODO:  更改错误代码以符合你的需要
        _tprintf(_T("错误:  GetModuleHandle 失败\n"));
        nRetCode = 1;
    }

    return nRetCode;
}
```

（3）保存工程并运行，运行结果如图 2-109 所示。

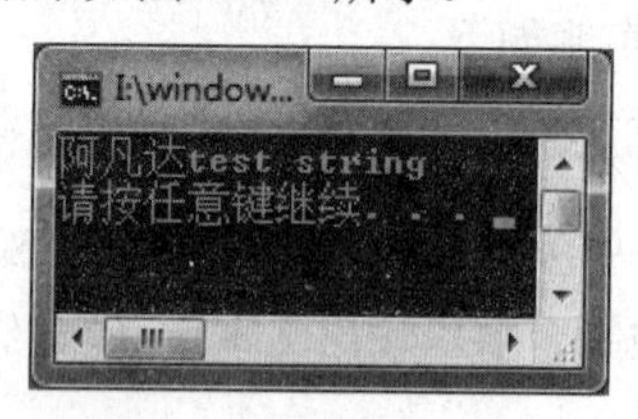

图 2-109

2.11 MFC 的异常处理

程序运行中的有些错误是可以预料但不可避免的，这是要力争做到允许用户排除环境错误，继续运行程序；至少要给出适当的提示信息。传统错误处理方法大致可以分为返回码机制和全局变量两种。

（1）返回码机制

这种处理错误的方法比较实用和简单，也是经常采取的手段之一。对于小型的程序来说这种异常处理机制的缺点暴露不明显，对于一个需要多人开发的软件程序来说，它的弊端非常明显。因为对于一个模块的实现者来说，有的返回 0 值代表错误；有的返回 0 值代表正确，非 0 代表错误。解决方法可以用一致性的条文来控制。通常，这些返回码就在一个公共的.h 文件中以宏的形式存在。这样暂时解决了团队之间的一致性，但是这些都不是标准，兼容性太差。对于如此多的返回码要分别解释各自的意义，从调用者的角度来说，需要分别对返回码进行检查来处理异常，这样的代码往往就显得非常臃肿，大大降低了可读性。

（2）全局变量

通过用一个全局变量来表示一次操作是否成功，这个方法在多线程中非常头痛。另外，在每次处理完异常之后就要复位这个变量，如果忘记这个步骤，就会引起其他操作的误解。

更好的方式是通过异常处理。异常处理是由程序设计语言提供的运行时刻错误处理的一种方式。通过异常处理，程序可以向更高的执行上下文传递意想不到的事件，从而使程序能更好地从这些异常事件中恢复过来。我们在学习 C++的时候已经接触过 C++中的异常处理了，现在我们介绍 MFC 中的异常处理。MFC 通过异常处理类和宏的联合使用来实现 MFC 中的异常处理。

MFC 把异常处理封装到 CException 类及其派生类中。CException 类是所有异常类的基类，是一个抽象类，不能使用它的对象，只能创建它的派生类的对象。它有两个公用函数 GetErrorMessage 和 ReportError，分别用于查找描述异常的信息和为用户显示一个错误信息的信息对话框。

表 2-30 给出了 MFC 提供的预定义异常类，这些类都从 CException 派生而来。

表 2-30 MFC 提供的预定义异常类

异 常 类	含 义
CMemoryException	内存不足
CFileException	文件异常
CArchiveException	存档/序列化异常
CNotSupportedException	响应对不支持服务的请求
CResourceException	Windows 资源分配异常
CDaoException	数据库异常（DAO 类）
CDBException	数据库异常（ODBC 类）
COleException	OLE 异常
COleDispatchException	调度（自动化）异常
CUserException	用消息框警告用户，然后引发一般 CException 的异常

为了使用这些异常类，MFC 还提供了 THROW、THROW_LAST、TRY、CATCH、AND_CATCH、END_CATCH 宏来处理异常。这些宏本质上也是标准 C++的 try、catch 和 throw 的进一步强化。这些宏在使用语法上有如下特点：

- 用 TRY 块包含可能产生异常的代码。
- 用 CATCH 块检测并处理异常。要注意的是，CATCH 块捕获的不是异常对象，而是指向异常对象的指针。此外，MFC 靠动态类型来辨别异常对象。
- 可以在一个 TRY 块上捆绑多个异常处理捕获块，第一次捕获使用宏 CATCH，以后的使用 AND_CATCH，而 END_CATCH 则用来结束异常捕获队列。

- 在异常处理程序内部，可以用 THROW_LAST 再次抛出最近一次捕获的异常。

标准 C++的异常处理可以处理任意类型的异常，而 MFC 异常处理宏则只能处理 CException 的派生类所表示的异常。下面我们看一个文件异常类 CFileException 的使用例子：

```
#include"afxwin.h"
int main()
{
TRY
{
    CFile f("c:\\1.txt", CFile::modeWrite );
}
CATCH(CFileException, e )
{
        if( e->m_cause ==CFileException::fileNotFound )
            AfxMessageBox("ERROR: File not found\n");
}
END_CATCH
}
```

如果文件不存在，会提示报错。

2.12 调试输出

2.12.1 调试程序常用快捷键

调试最重要的就是单步调试和调试信息的输出。在 Visual C++开发中调试有下面几个重要的快捷键：

- F9 键：在当前光标所在的行下断点，如果当前行已经有断点，就取消断点。
- F5 键：调试状态运行程序，程序执行到有断点的地方会停下来。
- F10 键：执行下一句话（不进入函数）。
- F11 键：执行（进入函数）。和 F10 的区别是，如果当前执行语句是函数调用，就会进入函数里面。
- Ctrl+F10 键：运行到光标所在行。

2.12.2 利用 Win32 API 进行调试输出

API 函数 OutputDebugString 可以输出调试信息。输出的结果可以在 Visual C++集成环境的输出窗口中看到，也可以使用工具 DbgView.exe 捕捉结果。函数声明如下：

```
void OutputDebugString(LPCTSTR lpOutputString);
```

其中，参数 lpOutputString 指向一个 NULL 结尾的字符串，里面包含了要显示的信息。

因为 OutputDebugString 的参数是字符串，而我们在实际使用过程中希望能像 printf 一样支持变参。可以用下面的一个自定义函数实现这个效果：

```
bool MyDbgstr(LPCSTR lpszFormat, ...)
{
```

```
    va_list   args;
    int       nBuf;
    TCHAR   szBuffer[512];

    va_start(args, lpszFormat);
    nBuf = _vsnprintf(szBuffer, sizeof(szBuffer)*sizeof(TCHAR), lpszFormat,
args);
    Assert(nBuf > 0);
    OutputDebugString(szBuffer);
    va_end(args);
}
```

2.12.3　在 MFC 程序调试输出

MFC 程序在调试的时候，可以用宏 TRACE 输出调试信息。宏 TRACE 只有在调试状态下才有所输出，既可以输出一个字符串，也可以输出带有参数的字符串。比如：

```
int x = 1;
int y = 16;
float z = 32.0;
TRACE( "This is a TRACE statement/n" );
TRACE( "The value of x is %d/n", x );
TRACE( "x = %d and y = %d/n", x, y );
TRACE( "x = %d and y = %x and z = %f/n", x, y, z );
```

2.12.4　可视化查看变量的值

在调试状态的时候，IDE 会自动显示一个“监视”窗口，里面可以添加变量、查看变量的值，如图 2-110 所示。

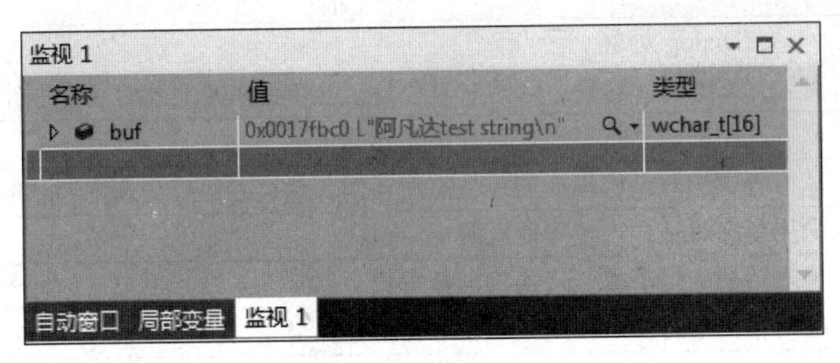

图 2-110

第 3 章 MFC 对话框程序设计

3.1 对话框程序设计概述

Visual C++开发的应用程序通常有 3 种界面类型：单文档应用程序、多文档应用程序和对话框应用程序。前两种将在后面章节中介绍，本章介绍对话框应用程序的设计。对话框应用程序的操作界面用来存放控件，对话框上通常有标题栏、客户区、边框等。标题栏上又有控制菜单、最小化最大化按钮、关闭按钮等。通过鼠标拖动标题栏，可以改变对话框在屏幕上的位置；通过最大化最小化按钮，可以对对话框进行尺寸最大化、恢复正常尺寸或隐藏对话框等操作。标题栏上还能显示对话框的文本标题。

MFC 库中提供的对话框类是 CDialog，继承于窗口类 CWnd。我们建立对话框的时候，都是从 CDialog 派生出自己的类。CDialog 的常用成员函数如表 3-1 所示。

表 3-1　CDialog 的常用成员函数

成 员 函 数	描　　述
CDialog	构造 CDialog 对象
Create	初始化 CDialog 对象。创建非模态对话框和附在其上的对话框控件
CreateIndirect	从内存中的对话框模板创建非模态对话框
InitModalIndirect	从内存中的对话框模板创建模态对话框。保存参数直到调用 DoModal 函数
DoModal	调用模态对话框，使用后返回
MapDialogRect	将对话框的矩形单位转换为屏幕单位
NextDlgCtrl	在对话框中将焦点移到下一个对话框控件上
PrevDlgCtrl	在对话框中将焦点移到前一个对话框控件上
GotoDlgCtrl	在对话框中将焦点移到指定的对话框控件上
SetDefID	改变对话框的默认按钮
GetDefID	获得对话框的默认按钮
SetHelpID	为对话框设置上下文的 help ID
EndDialog	关闭模态对话框
OnInitDialog	覆盖该函数可改变对话框初始设置
OnSetFont	覆盖该函数可指定在对话框控件中输入文本时使用的字体
OnOK	覆盖该函数可在对话框中进行 OK 按钮操作。默认值是关闭对话框，DoModal 返回 IDOK
OnCancel	覆盖该函数可在对话框中进行 Cancel 按钮操作或按 Esc 键。默认值是关闭对话框，DoModal 返回 IDCANCEL

3.2　建立一个简单的对话框程序

创建对话框程序非常简单，不需要编写一行代码，只需跟着 Visual C++ 2017 的工程向导操作即可。

【例 3.1】建立一个简单的对话框程序

（1）打开 Visual C++ 2017，选择菜单“新建”|“项目”，然后在“新建项目”对话框上输入项目名称和项目路径，如图 3-1 所示。

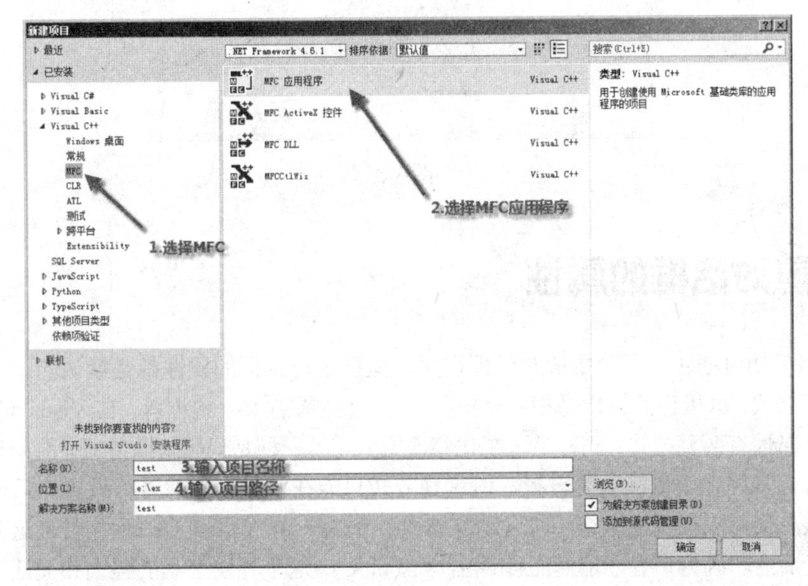

图 3-1

输入项目名称和路径后，单击“确定”按钮。

（2）出现“MFC 应用程序”对话框，如图 3-2 所示。

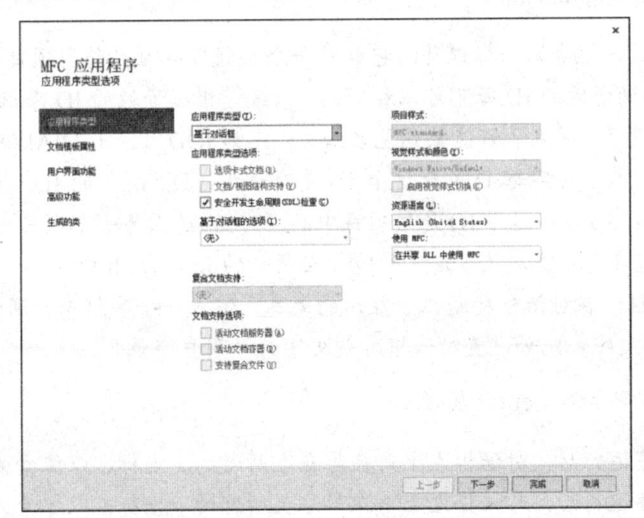

图 3-2

（3）在“MFC 应用程序”对话框上，选择“基于对话框”选项，然后单击“完成”按钮。至此对话框程序新建完成，我们开始编译运行它。

（4）在 Visual C++ 2017 中单击菜单“调试”|“开始执行（不调试）”选项，稍等一会，一个对话框程序出现了，如图 3-3 所示。

图 3-3

3.3 设置对话框的属性

前面介绍了如何创建一个简单的对话框程序，但那个对话框的属性都是默认的。这一节对对话框的属性进行修改，这里说的属性是指对话框的大小、标题、字体、边框等。在 Visual C++ 2017 中，修改对话框的属性有两种方式：一种是可视化修改方式，另一种是代码修改方式。前一种比较简单，是在对话框属性视图上用鼠标即可设置，但这种方式只能在程序运行前进行设置；后一种需要写代码，稍微复杂，但可以在程序运行的时候动态修改。作为一个 Visual C++程序员，这两种方式都要学会，尤其是后者，因为后者才能真正体现出 Visual C++这个开发工具的强大和灵活。考虑到学习的循序性，这里只介绍可视化方式设置对话框的属性，代码方式可以在本章的高级话题里看到。

这里介绍对话框的主要属性。

（1）ID 属性和 Caption 属性

- ID 属性：对话框资源的标识符。它就是一个整数，并且在整个项目中是唯一的，即一个项目中不同的资源的 ID 是不可以相同的。系统是根据资源的 ID 来识别不同资源的。资源的 ID 可以设置，并且最好能做到见名知义。比如 IDD_TEST_DIALOG，ID 开头表示这个属性是 ID，第 3 个字母 D 表示这个 ID 是对话框（Dialog）的 ID；TEST 表示项目名称；最后的 DIALOG 表示这个 ID 是该项目中的主对话框(因为一个项目中可能有多个对话框)。ID 的定义通常有系统定义，定义的地方在项目的 resource.h 中。
- Caption 属性：在对话框标题栏中显示的文本。它是一个字符串，通过该属性可以修改对话框的标题文字，比如设置对话框标题文字为“用户登录”。

（2）X Pos、Y Pos 和 Center 属性

- X Pos：程序运行后，对话框左上角在屏幕上所处的 x 坐标，以像素为单位，方向朝右。
- Y Pos：程序运行后，对话框左上角在屏幕上所处的 y 坐标，以像素为单位，方向朝下。
- Center 属性：对话框运行是否处于屏幕中央。

（3）Visible 属性

对话框是否可见，值为 True 时，对话框可以显示；值为 False 时，对话框不显示。

（4）Border 属性

设置对话框的边框样式，有 4 个值：

- None：对话框没有边框和标题栏。
- Thin：对话框有细的边框。
- Resizing：对话框边框可调整大小，方法程序运行后，将鼠标放到对话框边框处，当箭头改变的时候，就可以按住左键进行拖拉。
- Dialog Frame：对话框的边框，且显示标题栏，这是 Border 属性默认值。

（5）Font（Size）属性

对话框的字体属性，包括字的大小、字形（粗体、斜体等）、字符集等。单击 Font 属性后面的省略号按钮，会出现系统设置字体对话框。设置后，对话框所有控件上的文本字体都会发生改变。

（6）Disabled 属性

是否在程序刚运行的时候禁用对话框。值为 True 时对话框有效，此时对话框可以响应各种事件；值为 False 时对话框无效，不响应事件，此时，对话框对关闭、拖动等操作都没反应，所以运行后无法通过正常途径关闭，只能在任务管理器中结束其进程。

（7）Absolute Align 属性

设置对话框相对于屏幕对齐。值为 True 时，对话框运行后将位于屏幕左上角，对话框的左边和上边将和屏幕的左边和上边对齐；值为 False 时，对话框不对齐。

（8）Maximize Box 和 Minimize Box 属性

这两个属性用来显示对话框标题栏上的最大化和最小化按钮。值为 True 时，为显示；值为 False 时，不显示。默认情况下是不显示的。

（9）Title Bar 属性

表示对话框是否显示标题栏。值为 True 时，显示标题栏；值为 False 时，不显示标题栏。默认是显示标题栏的。

3.3.1　打开对话框资源的属性视图

把【例 3.1】的工程复制到硬盘，即把下载下来的源码 code\ch03\3.1\下的 Test 文件复制到硬盘，比如 D 盘，然后打开文件夹 D:\Test。

【例 3.2】可视化设置对话框属性

把 Test 文件夹复制过来后，可以看到有如图 3-4 所示的内容。

其中，Test 文件夹下还有一个 Test 文件夹，有两层 Test 文件夹，外层的 Test 文件夹叫解决方案文件夹，里层的 Test 文件夹叫项目文件夹（源码文件都是放在里层 Test 文件夹里）；Debug 文件夹里有我们最终生成的可执行程序（这里是 Test.exe 文件）；用线框起来的路径中的 Test 文件为解决方案文件，后缀名是 sln，这里没有显示，只能根据图标来判定。建议大家设置操作系统显示后缀名，设置方法为，选择菜单“组织”|“文件夹和搜索选项”，弹出“文件夹选项”对话框，如图 3-5 所示。

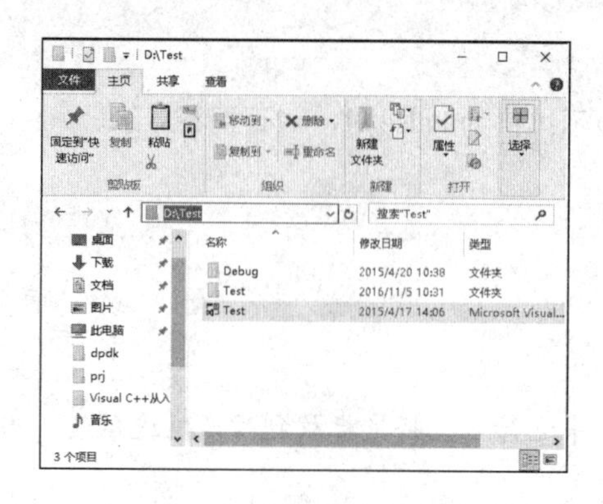

图 3-4

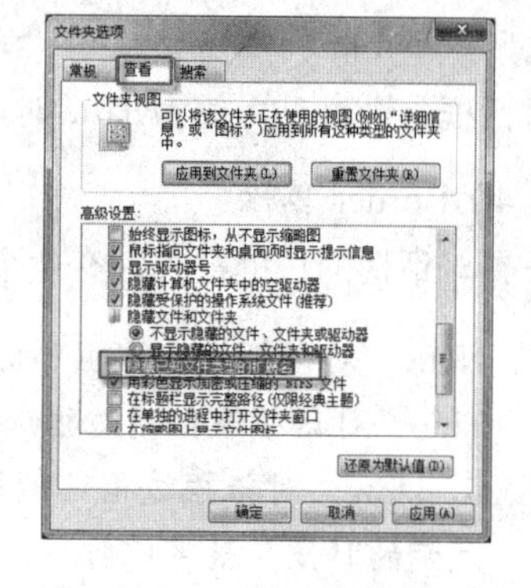

图 3-5

在“文件夹选项”对话框上，单击“查看”标签，然后在“高级设置”里把“隐藏已知文件类型的扩展名”前的勾去掉，再单击“确定”按钮。这样文件后面的后缀名就会显示了。

这样查看文件就一目了然了，此时 Test 文件夹下的内容如图 3-6 所示。

以后讲述文件时都将带有后缀名。双击 Test.sln，可以打开 Test 解决方案。注意，一个解决方案里可以有多个项目，在这里我们只有一个项目。

双击 Test.sln 文件来打开解决方案，然后在 Visual C++ 2017 中选择菜单“视图”|“其他窗口”|“资源视图”，此时会出现资源视图，在资源视图上双击 “Test.rc”|“Dialog”|“IDD-TEST-DIALOG”，如图 3-7 所示。

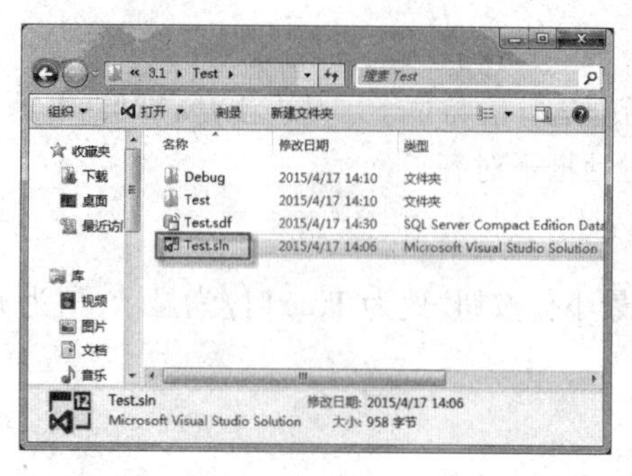

图 3-6

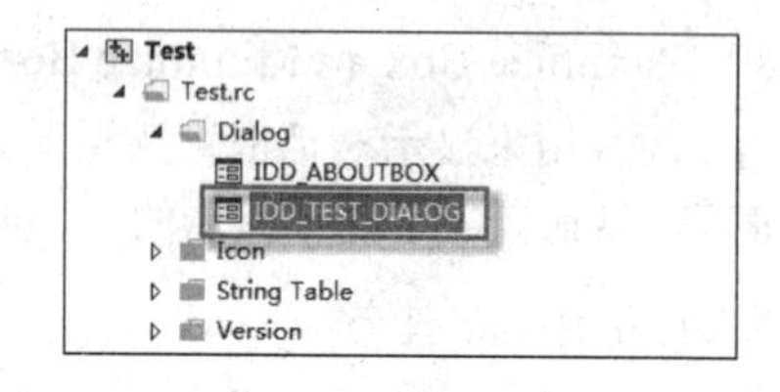

图 3-7

其中，IDD-TEST-DIALOG 是我们这个工程中对话框的资源名字，双击可以出现对话框资源编辑界面，如图 3-8 所示。

在这个编辑界面上，我们可以放置控件、设置对话框的属性风格等。在对话框资源编辑界面上右击，在快捷菜单上选择“属性”命令，此时会出现该对话框的属性视图，如图 3-9 所示。

图 3-8

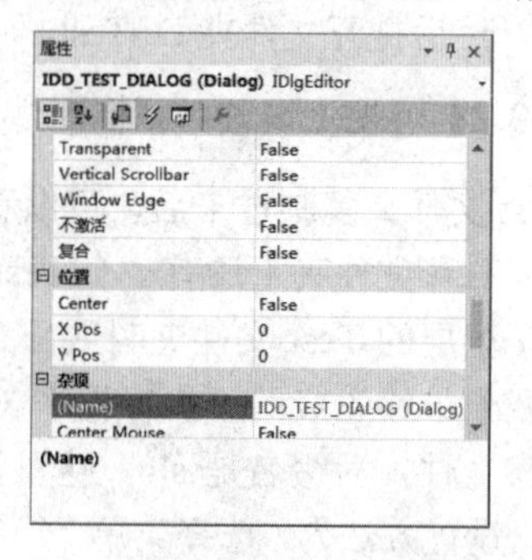

图 3-9

3.3.2　设置对话框的边框

在对话框的属性视图上就能对对话框属性进行设置，比如让对话框没有边框，可以在属性 Border 旁边选择“None”（表示对话框不显示边框和标题栏），如图 3-10 所示。

设置后，对话框就没有边框和标题栏了，可以在左边编辑界面上看到变化。本例中设置 Border 属性为 Resizing。

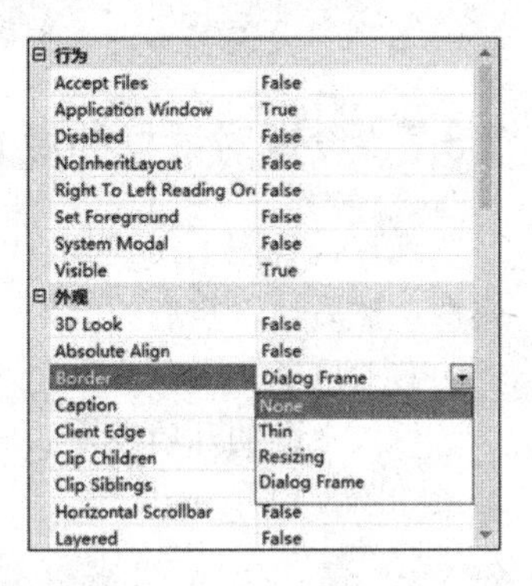

图 3-10

3.3.3　设置对话框的标题

如果要设置对话框的标题，可以在属性 Caption 的右边输入“我的对话框”或其他文字，如图 3-11 所示。注意，标题是显示在标题栏上面的，所以 Border 属性不能为 None，否则边框标题栏都没有了，也就看不到对话框的标题了。

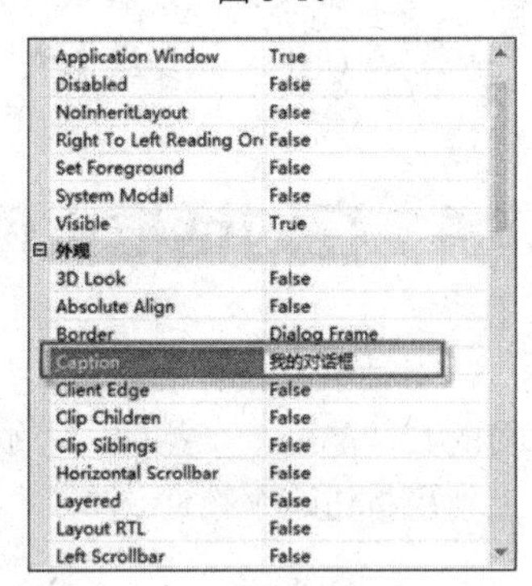

图 3-11

3.3.4　设置对话框运行后所处的坐标

比如，我们要让对话框运行后在屏幕（100,0）坐标处显示出来，可以将属性视图的 X Pos 设置为 100、Y Pos 设置为 0，如图 3-12 所示。

注意，屏幕坐标是 *x* 轴朝右、*y* 轴朝下的。

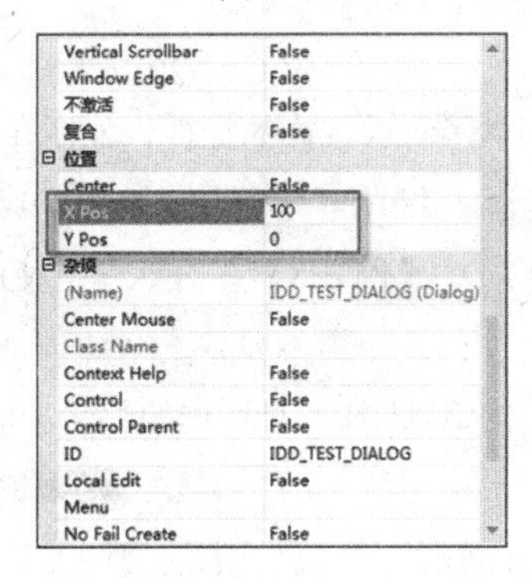

图 3-12

3.3.5　设置对话框的大小

在对话框资源的编辑界面上，可以看到对话框的右边和下边各有 3 个小黑点，把鼠标放到对话框边上的小黑点上，此时鼠标图形会发生改变，然后就可以按下鼠标左键拖拉边框，达到所需的大小后再释放鼠标左键，此时对话框的大小发生了改变。

3.3.6　设置对话框的字体

在属性视图上，在最末尾的 Font（Size）属性右边的小按钮上单击，可以出现字体对话框。在字体对话框上即可选择所需的字体及其大小，如图 3-13 所示。

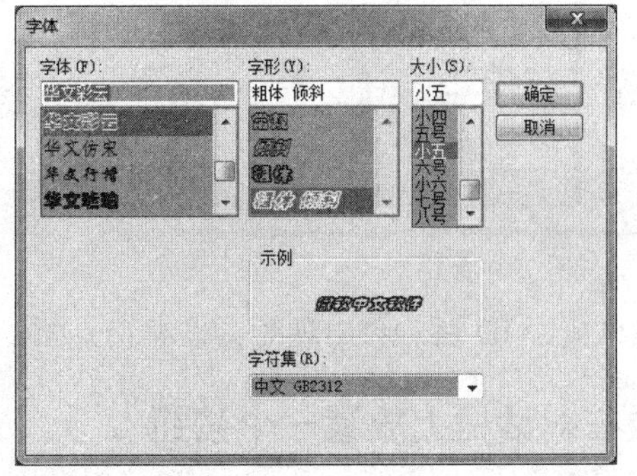

图 3-13

本例中设置字体为华文彩云，字形为粗斜体，大小为小五。

3.3.7 设置对话框的最大化和最小化按钮

在属性视图上找到 Maximize Box 和 Minimize Box 属性，然后设置它们的值为 True。可以看到左边对话框的右上角多了两个按钮了。

通过上面的几项设置后，再运行程序，得到的运行结果如图 3-14 所示。

图 3-14

技 巧

如果设置过程中，发现效果不好，可以按住 Ctrl+Z 组合键来恢复本次设置前的状态。

3.4 在对话框上使用按钮控件

对话框是控件的载体，相当于一艘航空母舰，控件就像甲板上的飞机。用户真正操作软件途径的其实是一个个控件，比如按钮、编辑框、下拉列表框、图像控件等。本节将介绍如何在对话框上使用按钮这个控件。

3.4.1 显示工具箱

在 Visual C++ 2017 的集成开发环境中，有一个视图叫“工具箱”。在“工具箱”视图里，提供了各种各样的控件，如图 3-15 所示。

控件工具箱通常要在对话框资源打开的时候才会显示。

【例 3.3】在对话框上使用按钮控件

新建一个对话框工程，工程名是 Test。然后切换到资源视图，在资源视图下双击对话框资源的 ID 来打开对话框的编辑界面，如图 3-16 所示。

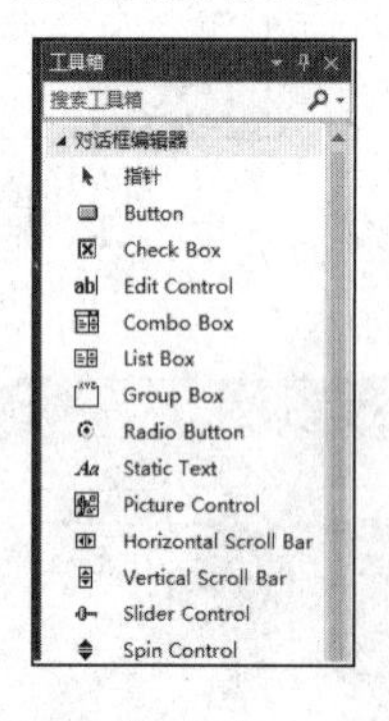

图 3-15

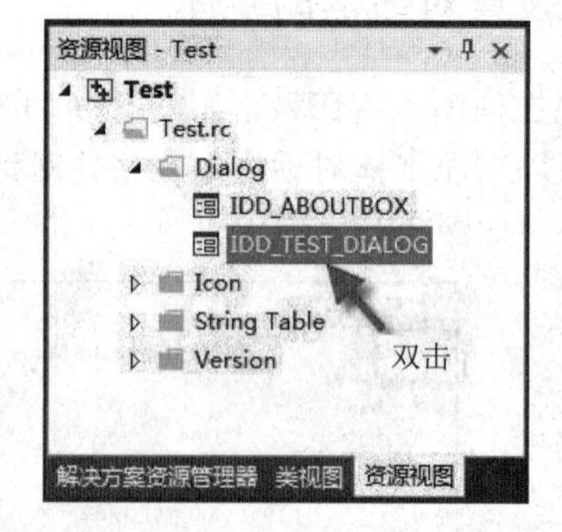

图 3-16

双击对话框资源 ID 后，会出现对话框编辑界面，“工具箱”也会自动出现。

3.4.2 一次在对话框上放置一个按钮

把鼠标移到“工具箱”里的“Button”上，然后按下鼠标左键，如图 3-17 所示。

按住鼠标左键不放，移动鼠标到对话框上，然后释放鼠标左键，此时会发现按钮已经在对话框上了，如图 3-18 所示。

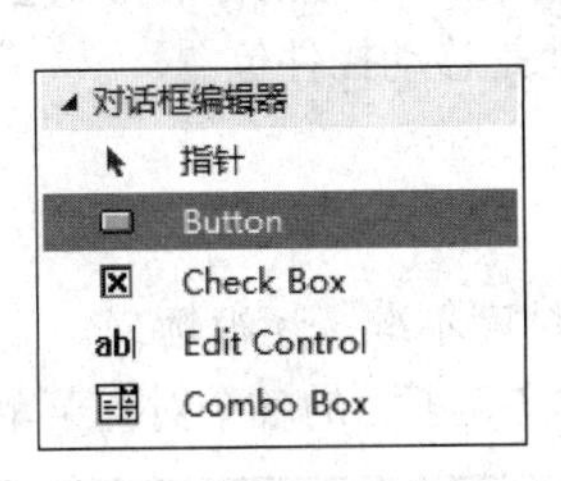

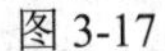
图 3-17

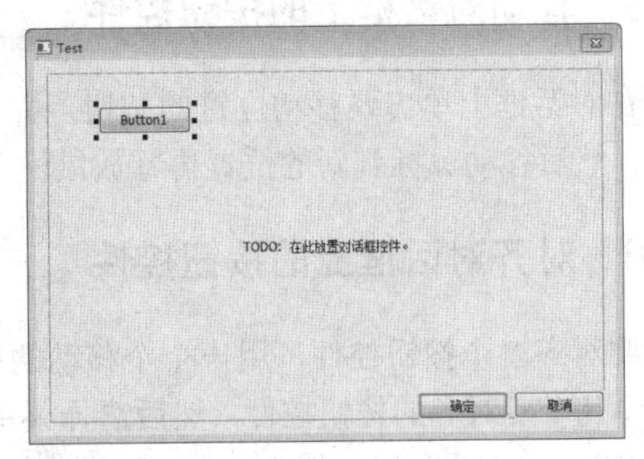

图 3-18

这个过程就是控件的拖动过程，用这个方法可以把工具箱里的其他控件也拖动到对话框上。

3.4.3　一次在对话框上放置多个按钮

一次在对话框上放置多个按钮有两种方法：

- 先按住 Ctrl 键，再把鼠标移动到工具箱的 Button 上。按下鼠标左键，移动鼠标到对话框上，放开 Ctrl 键，并释放鼠标左键，此时可以看到对话框上新增了一个按钮，而鼠标的形状是一个十字。这时在对话框的其他空白处单击左键，可以看到每次单击后会有一个按钮新添到对话框上。如果要结束放置按钮，可以把鼠标再移动到工具箱的指针上，此时鼠标又会恢复正常状态了，如图 3-19 和图 3-20 所示。

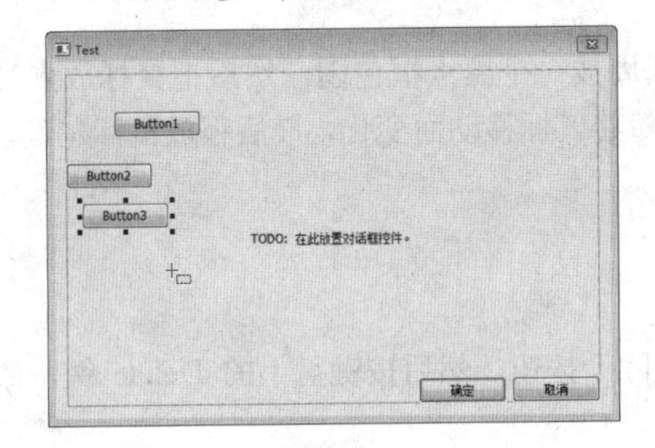

图 3-19

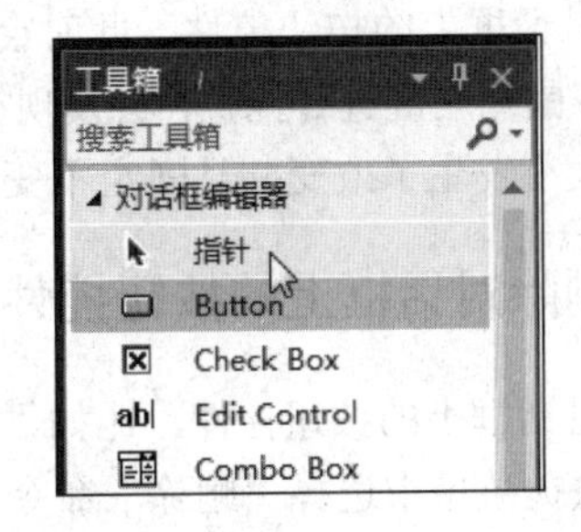

图 3-20

- 复制法。先选中已经在对话框上的按钮控件（就是单击一下按钮），然后按下 Ctrl+C 键，再按 Ctrl+V 键，此时在新的地方可以看到有一个按钮了。

这两种方法各有千秋：第一种方法速度较快，但新增控件的样式都是默认的；第二种方法可以在第一个按钮大小、风格都设置好后再进行复制，此时复制出来的按钮的大小风格都是和第一个一样的。

3.4.4　选中按钮控件

用鼠标对对话框上的按钮控件进行单击，按钮控件周围会被黑点框包围，此时这个按钮控件就算选中状态了。如果要同时选中多个按钮，则可以先按住键盘上的 Ctrl 键，再同时用鼠标单击多个按钮，这样单击过的按钮都会被选中。如果要全选所有控件，可以直接按 Ctrl+A 键。

如果要撤销选中，就对已经选中的按钮再次单击，按钮周围的黑点框会消失。

3.4.5 移动对话框上的按钮控件

在对话框上单击要移动位置的按钮，并且不要释放鼠标左键，此时鼠标的形状会变成一个十字架。然后移动鼠标到新的位置再释放鼠标左键，这个过程就是移动控件位置。

3.4.6 对齐对话框上的按钮控件

要对齐多个按钮控件，用一个个移动的办法不仅对齐的精度不准，还很烦琐。高效的方法是先选中几个要对齐的按钮控件，然后选择菜单“格式”|“对齐”下面的各个对齐菜单项。比如我们要以 Button2 为标准，把 Button1 和 Button3 的右边向 Button2 对齐，就可以先按下键盘上的 Ctrl 键，然后单击一下 Button1，再单击一下 Button3，最后单击一下 Button2，再选择菜单“格式”|“对齐”|“右对齐”，3 个按钮就都在同一列了，如图 3-21 所示。

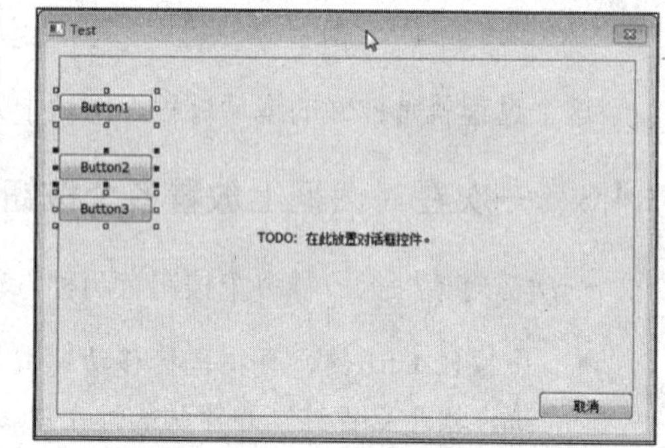

图 3-21

上对齐、左对齐类似，大家可以自己试试。值得注意的是，对齐肯定是按照其中某个按钮为参照物进行的，比如上面的 Button2，在逐个选中控件的时候，那个参照物控件应该在最后一个被选中，这样其他控件才会按照它来对齐。

3.4.7 调整按钮控件的大小

单击对话框上的按钮控件，此时会看到该按钮四周被一个黑点框包围，然后把鼠标放到某个黑点，按下鼠标左键进行拖拉，会发现按钮的大小跟随着鼠标移动而变化，最后释放鼠标左键，会发现按钮大小发生了改变并且固定不变了。

3.4.8 删除对话框上的按钮控件

单击对话框上的按钮控件，比如“确定”和“删除”按钮，然后按键盘上的 Delete 键，或者右击，在快捷菜单中选择“删除”命令。

3.4.9 为按钮添加变量

按钮除了拥有 ID 外，还能拥有变量：前者是它的资源标记；后者相当于按钮控件在程序代码中的名称，有了这个名称方能在程序中进行引用。为按钮添加变量的方法是首先在对话框上右击按钮，然后在快捷菜单里选择“添加变量”命令。此时会出现“添加控制变量”对话框，在这个对话框上输入变量名，然后单击“完成”按钮，如图 3-22 所示。

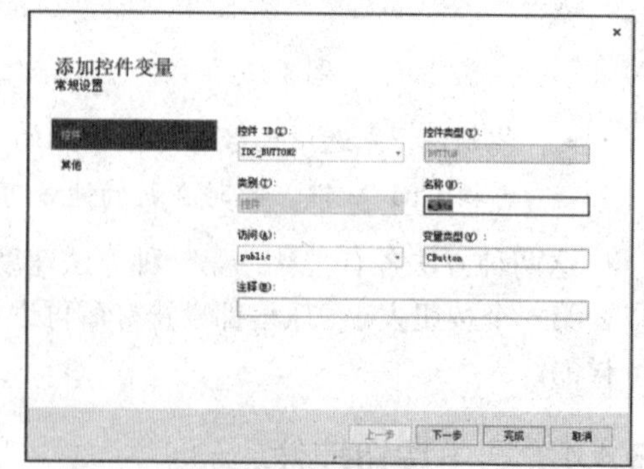

图 3-22

m_btn 就是一个变量名，并且它是一个控件变量名。如果“控件变量”复选框上有勾就表示添加的变量是控件变量，如果不打勾就是一个 C++数据变量。控件变量的类型是 CButton，可以调用

CButton 的成员函数；而 C++变量可以用来进行直接赋值，它的类型就是 bool、int 等普通的 C++数据类型。

关于变量名的写法也有一定的讲究，虽然不是硬性规定，但也算一个事实上的约定，即变量名的起名最好遵守匈牙利命名法。匈牙利命名法是一种编程时的命名规范，要求变量名的基本形式是：变量名=属性+类型+对象描述。其中，对象描述要求变量含义最好做到一目了然。

其中，属性部分为：

- g_：表示全局变量。
- c_：表示常量。
- m_：表示 C++类成员变量。
- s_：表示静态变量。

类型部分为：

- 数组：a。
- 指针：p。
- 函数：fn。
- 无效：v。
- 句柄：h。
- 长整型：l。
- 布尔：b。
- 浮点型（有时也指文件）：f。
- 双字：dw。
- 字符串：sz。
- 短整型：n。
- 双精度浮点：d。
- 计数：c（通常用 cnt）。
- 字符：ch（通常用 c）。
- 整型：i（通常用 n）。
- 字节：by。
- 字：w。
- 实型：r。
- 无符号：u。
- 句柄：h。
- 按钮控件：btn。
- 编辑框控件：edt。

常见的描述部分有：

- 最大：Max。
- 最小：Min。
- 初始化：Init。
- 临时变量：T（或 Temp）。

- 源对象：Src。
- 目的对象：Des。
- 窗口：Wnd。

比如，一个变量 m_hWnd：m_表示该变量是某个类的成员；h 是类型描述，表示该变量是一个句柄；Wnd 是变量对象描述，表示窗口，因此 m_hWnd 表示窗口句柄，且是一个类成员变量。

至此，我们上面定义的变量 m_btn 表示该变量是类 CTestDlg 的成员变量，并且是一个控件类型的变量。当然，m_btn 中没有对象（按钮）的描述，就是没说明这个变量是干什么的，因为这里没有说对应的按钮是干什么的，如果这个按钮是专门用来干某事的，比如用来退出程序的，那么就应该命名为 m_btnQuit，做到一目了然。这里只是示例，在具体开发中，最好在 btn 后面加上描述。

按钮的变量添加完成后，我们可以切换到“解决方案管理器”视图。顾名思义，解决方案管理器就是用来管理整个解决方案项目文件的，在里面我们可以找到某个源码文件，并能双击打开它，然后查看和编辑它的代码，如图 3-23 所示。

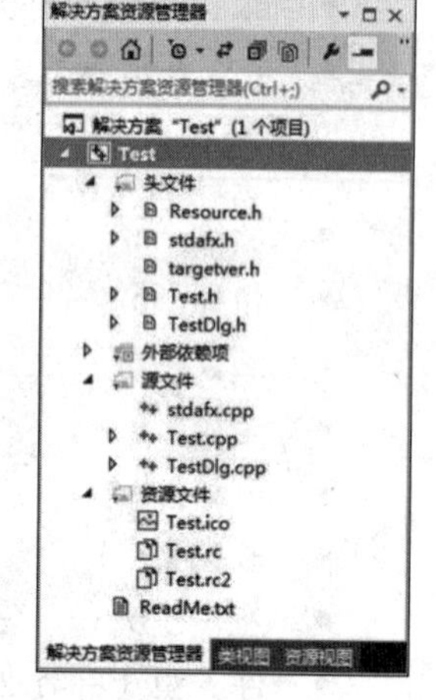

图 3-23

然后在“解决方案管理器”视图里双击 TestDlg.h，此时在左边会出现一个文本编辑器，里面正是 TestDlg.h 的源代码，我们可以在末尾看到刚才添加的变量 m_btn，如图 3-24 所示。

现在我们知道，原来系统自动将刚才可视化方式添加的变量放到 CTestDlg 的类里面了。有人可能会问，我们能否不通过可视化方式而直接打开 CTestDlg.h，然后在类 CTestDlg 里添加变量呢？这个问题要一分为二看，如果添加的是数据变量，这样是可以的；如果是控件变量，则不推荐这样做，因为控件变量向头文件添加的同时还要向源文件（cpp 文件）里添加内容。打开 CTestDlg.cpp，定位到函数 DoDataExchange，可以看到该函数里有一行代码“DDX_Control(pDX, IDC_BUTTON2, m_btn);”，如图 3-25 所示。

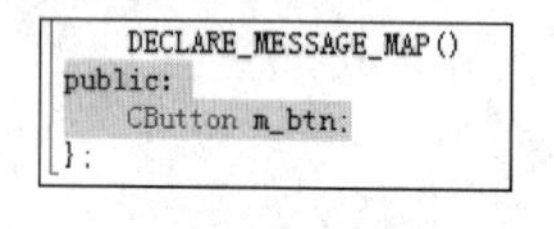

图 3-24

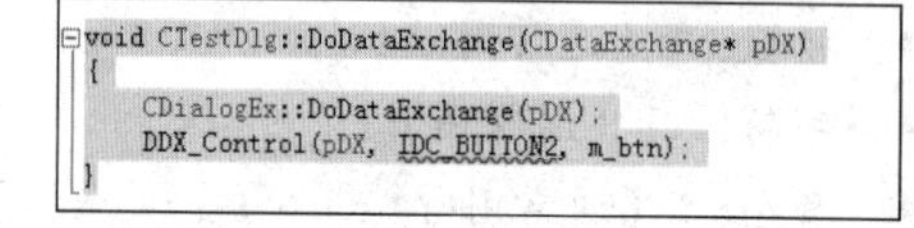

图 3-25

这行代码是系统自动添加的，表示变量 m_btnID 关联到 ID 为 IDC_BUTTON2 的按钮，DDX_Control 是系统 API 函数，对于控件变量，这个调用是必不可少的。

因此，如果我们硬是要手动添加控件变量，那么这一行代码也要自己写上，否则结果是灾难性的。既然 Visual C++ 2017 为我们提供了向导方式，何乐而不用呢？

3.4.10 为按钮控件添加事件处理程序

事件处理程序就是某个事件发生后控件要执行的程序。比如单击按钮控件是一个事件，后面发生的反应就是执行了按钮的事件处理程序。为按钮控件添加事件处理程序的方法是首先切换到资源视图，打开对话框，在对话框上右击要添加事件处理程序的按钮，然后在快捷菜单里选择“添加事件处理程序”菜单项，此时会出现“事件处理程序向导”对话框，如图 3-26 所示。

图 3-26

事件处理程序就是一个类成员函数。在图 3-26 中，我们看到要添加的事件处理程序的函数名是 OnBnClickedButton1，它是类 CTestDlg 的成员函数，对应的消息类型是 BN_CLICKED（BN_CLICKED 表示是由于鼠标单击了按钮这个事件发生的消息）。

最后单击“添加编辑”按钮，此时会出现代码编辑窗口，并自动定位到 OnBnClickedButton1 函数处。在这个函数里，我们添加一行代码，功能是退出程序：

```
void CTestDlg::OnBnClickedButton1()
{
    // TODO:  在此添加控件通知处理程序代码
    PostQuitMessage(0); //退出程序
}
```

其中，PostQuitMessage 是系统 API，表示退出当前程序。

运行程序，然后单击 Button1 按钮，发现程序退出了。

技 巧

直接对对话框上的按钮控件进行双击也可以添加事件处理程序。

3.5 显示消息对话框

上面所讲的对话框可以添加各种各样的控件，本节介绍一种消息对话框，通常用于向用户显示一段文本字符串信息，上面只有简单的几个按钮，比如“确定”“取消”等。这种对话框的显示非常简单，只需要调用系统 API 函数 AfxMessageBox 或 MessageBox。两者功能差不多，但前者只能用在 MFC 程序中，后者既可用于 MFC 程序又可用于 Win32 SDK 程序。所谓 MFC 程序，就是要 MFC（微软基础类库）这个微软类库支持的程序，是一种 C++程序。Win32 SDK 程序指的是仅用 SDK（软件开发包）开发出来的 Windows 程序，是一种 C 语言程序。

3.5.1 MessageBox 的常见应用

MessageBox 是一个 Win32 API 函数。Win32 API 就是 Win32 SDK 这个开发包中的系统 API，

用来显示消息的对话框。在不同的场合，它有各种不同的按钮和图标风格可以加以应用，使界面显得更加人性化。比如，询问用户是否保存，可以让 MessageBox 带有一个“问号”的图标；如果某用户进行了非法操作，可以用一个“感叹号”来提醒用户。MessageBox 的函数原型是：

```
int MessageBox(
HWND hWnd,
    LPCTSTR lpText,
    LPCTSTR lpCaption,
    UINT uType
);
```

该函数显示一个信息框。其中，hWnd 表示拥有该消息框的窗口句柄；lpText 表示消息框显示的内容；lpCaption 表示消息框显示的标题；uType 是图标和按钮的风格组合。常见的 uType 取值有：

- MB_OK：消息框显示“确定”按钮。
- MB_ABORTRETRYIGNORE：消息框显示“终止”“重试”“忽略”按钮。
- MB_YESNOCANCEL：消息框显示“是”“否”和“取消”按钮。
- MB_ICONEXCLAMATION：消息框显示感叹号图标。
- MB_ICONQUESTION：消息框显示问号图标。

函数的返回值可以是下列各值：

- IDABORT：用户选择了退出按钮。
- IDCANCEL：用户选择了取消按钮。
- IDCONTINUE：用户选择了继续按钮。
- IDIGNORE：用户选择了忽略按钮。
- IDNO：用户选择了否按钮。
- IDOK：用户选择了 OK 按钮。
- IDRETRY：用户选择了重试按钮。
- IDTRYAGAIN：用户选择了 Try Again 按钮。
- IDYES：用户选择了是按钮。

【例 3.4】用 MessageBox 显示信息框

（1）打开 Visual C++ 2017，新建一个对话框工程，工程名是 Test。

（2）切换到资源视图，打开对话框编辑器，然后去掉对话框上的所有控件，并放置 3 个按钮，放置按钮后的设计界面如图 3-27 所示。

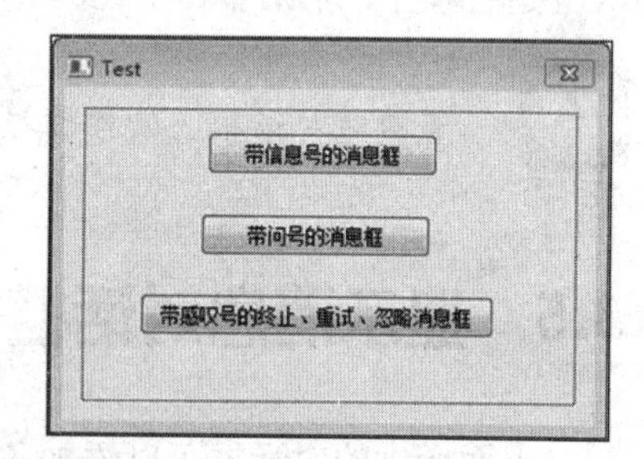

图 3-27

（3）从上到下依次为 3 个按钮添加消息函数，第一个按钮的消息函数如下代码：

```
void CTestDlg::OnBnClickedButton1()
{
    // TODO:  在此添加控件通知处理程序代码
    MessageBox(_T("今天天气不错，没有雾霾"), _T("提示"), MB_OK | MB_ICONINFORMATION);
}
```

其中，_T("")是一个宏，作用是让你的程序支持 Unicode 字符集。关于 Unicode 字符集的知识可见第 1 章。如果你编译一个程序使用的是多字节字符集，则_T 不起任何作用；如果编译一个程序使用的是 Unicode 字符集，则编译器会把程序中的字符串以 Unicode 方式保存。

第二个按钮的消息函数如下代码：

```
void CTestDlg::OnBnClickedButton2()
{
    // TODO:  在此添加控件通知处理程序代码
    if (MessageBox(_T("你是男孩吗？"), _T("询问"), MB_YESNO | MB_ICONQUESTION) ==
IDYES)
        MessageBox(_T("你好，男孩"));
    else
        MessageBox(_T("你好，女孩"));
}
```

第三个按钮的消息函数如下代码：

```
void CTestDlg::OnBnClickedButton3()
{
    // TODO:  在此添加控件通知处理程序代码
    int res = MessageBox(_T("安装过程中发生了一个错误，怎么办？"), _T("注意"),
MB_ABORTRETRYIGNORE | MB_ICONEXCLAMATION);
    if (res == IDABORT)
        MessageBox(_T("安装即将终止"));
    else if (res == IDIGNORE)
        MessageBox(_T("安装将忽略该错误，继续进行"));
    else if (res == IDRETRY)
        MessageBox(_T("安装将重试"));
}
```

（4）保存工程并运行，运行结果如图 3-28 所示。

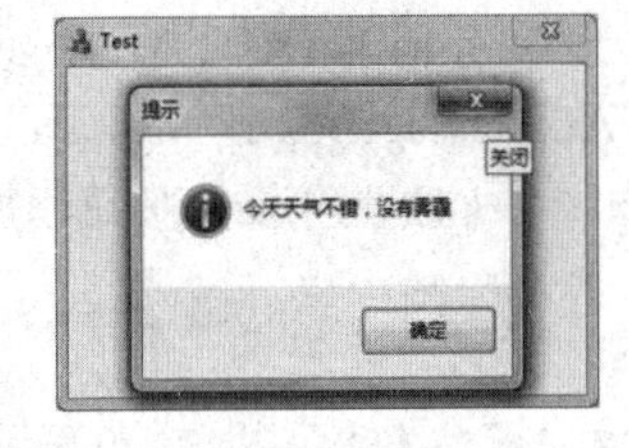

图 3-28

3.5.2 AfxMessageBox 的常见应用

通过上例，我们基本了解了 MessageBox 的用法，但在 MFC 中，另外一个弹出消息框函数 AfxMessageBox 使用得更加广泛。

函数 AfxMessageBox 的 2 个原型如下：

```
int AfxMessageBox(
    LPCTSTR lpszText,
    UINT nType = MB_OK,
    UINT nIDHelp = 0
);
```

其中，lpszText 是要显示字符串的内容；nType 是消息框上按钮的类型；nIDHelp 表示帮助事件的 ID，如果是 0，表示使用当前程序的默认帮助。

```
int AFXAPI AfxMessageBox(
    UINT nIDPrompt,
    UINT nType = MB_OK,
    UINT nIDHelp = (UINT)-1
);
```

其中，nIDPrompt 是当前程序字符串表中的字符串 ID 号；其他两个参数同上。

函数的返回值可以取下列值：

- IDABORT：用户单击了退出按钮。
- IDCANCEL：用户单击了取消按钮。
- IDIGNORE：用户单击了忽略按钮。
- IDNO：用户选择了否按钮。
- IDOK：用户选择了确定按钮。
- IDRETRY：用户选择了重试按钮。
- IDYES：用户选择了是按钮。

【例 3.5】用 Afx MessageBox 显示信息框

（1）打开 Visual C++ 2017，新建一个对话框工程，工程名是 Test。

（2）切换到资源视图，打开对话框编辑器，去掉上面所有的按钮，并放置 3 个按钮，为每个按钮添加一些文字，如图 3-29 所示。

（3）从上到下，依次为按钮添加事件函数，第一个按钮的代码为：

```
void CtestDlg::OnBnClickedButton1()
{
    // TODO: 在此添加控件通知处理程序代码
    if(AfxMessageBox(_T("你是男人吗？"),MB_YESNO)==IDYES)
       AfxMessageBox(_T("你好，男人！"));
    else AfxMessageBox(_T("你好，女人!"));

}
```

如果此时运行程序，消息框是带问号的，说明 AfxMessageBox 只要有 MB_YESNO，消息框就会带有问号，但 MessageBox 必须要有 MB_ICONQUESTION 才会出现问号，这也说明 AfxMessageBox 比 MessageBox 要设计的人性化一点。

（4）为第二个按钮添加事件函数，如下代码：

```
void CtestDlg::OnBnClickedButton2()
{
    // TODO: 在此添加控件通知处理程序代码
    AfxMessageBox(IDS_MYSTR);
}
```

其中，IDS_MYSTR 是在资源视图的字符串表中添加的字符串 ID。添加方法为首先切换到资源视图，然后打开 String Table，在右边空白处右击，选择“新建字符串”来添加 2 个字符串资源，如图 3-30 所示。

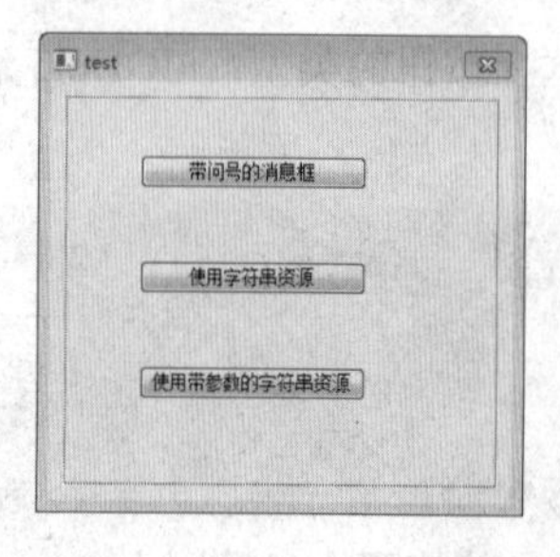

图 3-29

ID	值	标题
IDS_ABOUTBOX	101	关于 test(&A)...
IDS_MYSTR	102	这是字符串资源表中的文本
IDS_MYSTR2	103	现在的日期是%1,时间是%2

图 3-30

其中，IDS_MYSTR 在第二个按钮中用到，IDS_MYSTR2 在第三个按钮中用到。

（5）上面 2 个按钮都是静态地显示一个字符串，在第三个按钮中将通过参数的方式（类似 printf）来显示字符串，而且参数是和字符串资源 ID 一起显示出来的。这将要用到 AfxFormatString2 库函数，原型为：

```
void AfxFormatString2(
    CString& rString,
    UINT nIDS,
    LPCTSTR lpsz1,
    LPCTSTR lpsz2
);
```

其中，rString 为最终得到的结果；nIDS 是在字符串资源中定义的 ID，其中里面会有%1 和%2，用来表示这 2 个地方用 lpsz1 和 lpsz2 来代替；lpsz1 和 lpsz2 是传入的字符串参数。

这样第三个按钮的事件函数如下代码：

```
void CtestDlg::OnBnClickedButton3()
{
    // TODO: 在此添加控件通知处理程序代码
    CString  str;
    CTime t = CTime::GetCurrentTime();
    CString str1 = t.Format(_T("%Y%m%d"));
    CString str2 = t.Format(_T("%H:%M:%S"));

    AfxFormatString2(str,IDS_MYSTR2,str1,str2);
    AfxMessageBox(str);

}
```

其中，类 CTime 是 MFC 中表示时间和日期的类，函数 GetCurrentTime 是它的成员函数，表示获取当前日期和时间。

（6）保存工程并运行，运行结果如图 3-31 所示。

图 3-31

3.6　对话框的窗口消息

第 1 章提到，消息（Message）是用于描述某个事件所发生的信息，事件（Event）是用户操作应用程序产生的动作（比如用户按下鼠标左键）或 Windows 系统自身所产生的动作（比如某个时间点到了）。事件和消息两者密切相关，事件是原因，消息是结果，事件产生消息，消息对应事件。在 MFC 应用程序中传输的消息有 3 种类型：窗口消息、命令消息和控件通知。窗口消息（Window Message）一般与窗口的内部运作有关，如创建窗口、绘制窗口和销毁窗口等。通常，消息是从系统发送到窗口，或从窗口发送到窗口。

对话框的窗口消息很多，常用的消息如下：

- WM_CREATE 消息：建立对话框的时候将发送该消息。
- WM_ACTIVE 消息：对话框激活（获得焦点）的时候将发送该消息。
- WM_SHOWWINDOW：对话框窗口显示或隐藏的时候发送该消息。
- WM_PAINT：对话框窗口框架需要绘制的时候发送该消息。
- WM_SIZING：用户正在重新调整窗口的大小时发送该消息。

- WM_DESTROY：窗口即将销毁时发送该消息。
- WM_CLOSE：发出信号（比如单击关闭按钮或对话框系统菜单上的关闭菜单项）要关闭窗口时发送该消息。

在处理 WM_CREATE 消息的时候，对话框还没有被显示在屏幕上，而且对话框中的控件都还没有被创建，因此不能在它对应的消息处理函数 OnCreate 中使用控件。如果要对控件进行初始化，通常是在对话框类的虚函数 OnInitDialog 中进行。

这里要注意 WM_DESTROY 和 WM_CLOSE 的发送是有次序的。Windows 应用程序的完整退出过程是，用户单击窗口右上角的关闭按钮，发送 WM_CLOSE 消息，此消息处理中调用 DestroyWindow 函数，发送 WM_DESTROY 消息。此消息处理中调用 PostQuitMessage 函数，发送 WM_QUIT 消息到消息队列中。GetMessage 捕获到 WM_QUIT，返回 0，退出消息循环（应用程序真正退出，就是从任务管理器中看不到该进程了）。要注意只有关闭了消息循环，应用程序的进程才真正退出（在任务管理器里消失）。其中，WM_QUIT 是一个非窗口下消息，用它来关闭消息循环。WM_DESTROY 消息是在窗口正在关闭时发出的，当得到 WM_DESTROY 消息的时候，窗口已经从视觉上被删除了。GetMessage 表示从消息队列中获取一个消息。

因此，WM_CLOSE 消息发出的时候，用户可以根据自己的意愿来选择到底是否关闭窗口，WM_DESTORY 发出的时候窗口肯定在关闭了。WM_QUIT 发出的时候，进程肯定在退出了。一个主窗口被关闭，并不意味着应用程序结束了，它可以在没有窗口的条件下继续运行。

3.6.1 为对话框添加消息处理函数

上面讲了对话框常用的几个消息，本小节通过一个例子来说明如何为对话框添加消息处理函数。在这个例子中，可以看到 WM_CLOSE 和 WM_DESTROY 的触发条件是不同的。

【例 3.6】为对话框添加消息处理函数

（1）打开 Visual C++ 2017，新建一个对话框工程，工程名是 Test。

（2）切换到资源视图，打开对话框资源编辑界面，然后在对话框上右击，在快捷菜单上选择“属性”命令来打开属性视图。在属性视图上，单击“消息”小按钮，切换到“消息”页面，如图 3-32 所示。

此时，在图 3-32 的 CTestDlg 下可以看到很多 WM_开头的消息，这些消息都是对话框这个窗口的消息。现在来添加 WM_CREATE 的消息处理函数，在左边一列找到 WM_CREATE 消息，然后单击右边一格末尾处的小箭头按钮，再选择 OnCreate，如图 3-33 所示。

接着，系统自动出现编辑界面，并自动定位到消息处理函数，然后我们在该函数中添加代码，弹出一个消息对话框。如下代码：

```
int CTestDlg::OnCreate(LPCREATESTRUCT lpCreateStruct)
{
    if (CDialogEx::OnCreate(lpCreateStruct) == -1)
        return -1;

    // TODO:  在此添加你专用的创建代码
    AfxMessageBox(_T("我是消息对话框，马上出现主对话框。"));

    return 0;
}
```

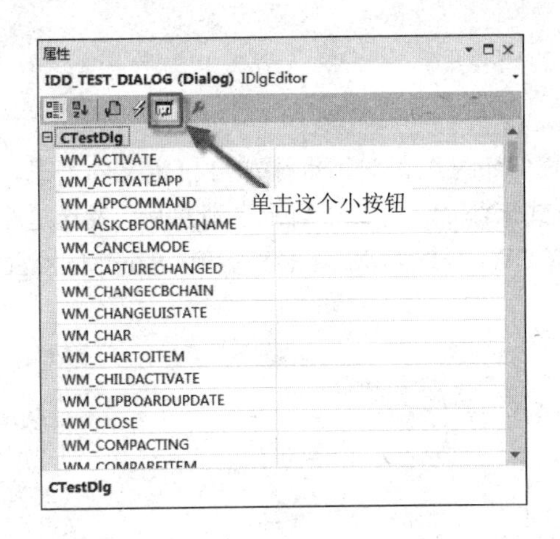

图 3-32

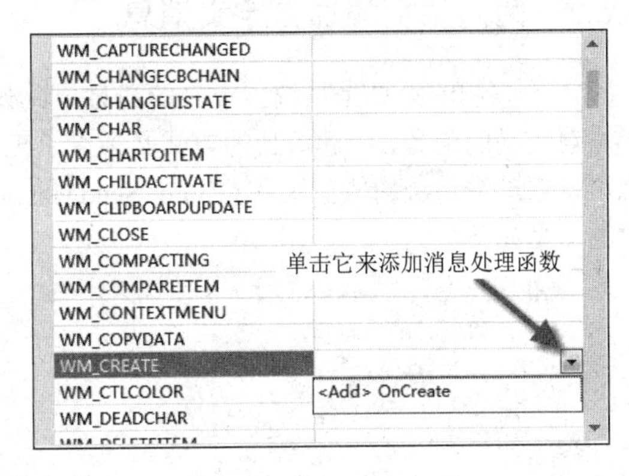

图 3-33

（3）响应 WM_CLOSE，在里面我们询问用户是否退出程序。添加 WM_CLOSE 消息处理函数后，如下代码：

```
void CTestDlg::OnClose()
{
    // TODO:  在此添加消息处理程序代码和/或调用默认值
    if (AfxMessageBox(_T("确定要关闭程序吗？"), MB_YESNO) == IDYES)
        CDialogEx::OnClose();
}
```

其中，在“CDialogEx::OnClose();”中会调用 DestroyWindow 函数，DestroyWindow 函数里面会发生 WM_DESTROY 消息。另外，要单击主对话框右上角的关闭按钮才会发生 WM_CLOSE。

（4）处理 WM_DESTROY 消息，当 WM_DESTROY 发送出来后，主对话框窗口肯定关闭了，但我们在这个消息的处理函数中弹出一个消息对话框，此时任务管理器中还能看到进程的名字，说明主对话框虽然关闭了但并不意味着进程已经退出。添加 WM_DESTROY 消息处理函数后，如下代码：

```
void CTestDlg::OnDestroy()
{
    CDialogEx::OnDestroy();

    // TODO:  在此处添加消息处理程序代码
    AfxMessageBox(_T("我是消息对话框\r 这个时候，主对话框已经在屏幕上消失了\r 但任务管理器中的进程还在"));

}
```

（5）保持工程并运行，运行结果如图 3-34 所示。

单击“是”按钮，出现如图 3-35 所示的消息对话框。

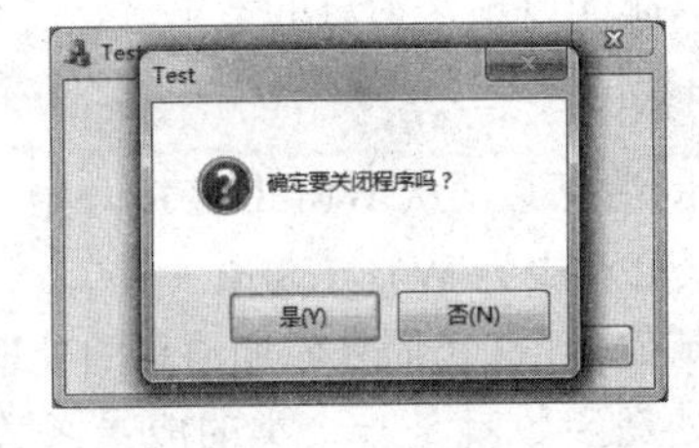

图 3-34

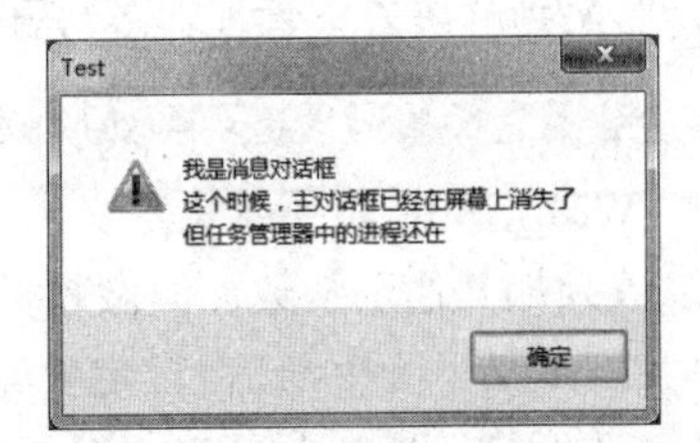

图 3-35

这个例子主要是为了说明对话框程序退出的时候发送出来的各个消息的前后次序。

3.6.2 为对话框添加自定义消息

上面添加的消息是系统预定义的消息。此外，我们还可以为对话框添加自己定义的消息，由于是自定义的消息，因此添加的方式必须以手工的方式来添加。定义了自定义消息后，发送这个消息可以通过窗口类的成员函数 CWnd::SendMessage 或 CWnd::PostMessage 来实现，SendMessage 函数的原型如下：

```
LRESULT SendMessage(
   UINT message,
   WPARAM wParam = 0,
   LPARAM lParam = 0
);
```

其中，message 表示要发送的消息；wParam 表示与消息有关的信息；lParam 表示其他消息相关的信息。LRESULT、WPARAM 和 LPARAM 都是系统预定义的类型，其实都是长整型，它们的定义如下：

```
typedef UINT_PTR          WPARAM;
typedef LONG_PTR          LPARAM;
typedef LONG_PTR          LRESULT;
```

CWnd:: PostMessage 函数的原型如下：

```
BOOL PostMessage(
   UINT message,
   WPARAM wParam = 0,
   LPARAM lParam = 0
);
```

参数含义和 SendMessage 相同。

因为对话框类 CDialog 是继承于窗口类 CWnd 的，所以在对话框中可以直接使用这两个函数。虽然这两个函数都是发送消息，但它们是有区别的。SendMessage 函数发送出消息后，该函数 SendMessag 不会立即返回，而是要等到发出消息所对应的消息处理函数执行完毕后才能返回，继续执行 SendMessage 后面的代码。PostMessage 发出消息后立即返回，马上执行 PostMessage 后面的代码，而不会去管消息处理函数是否执行完毕。我们可以通过下面的例子来体会这种差别。

【例 3.7】为对话框添加自定义消息

（1）打开 Visual C++ 2017，新建一个对话框工程，工程名是 Test。

（2）切换到资源视图打开对话框资源，删除对话框上所有的控件，并添加 2 个按钮，设置按钮的标题分别为“用 SendMessage 发送自定义消息”和“用 PostMessage 发送自定义消息”。

（3）切换到解决方案管理器，打开 TestDlg.h，在开头添加自定义消息的宏定义：

```
#define WM_MYMSG WM_USER+101//定义一个自定义消息
```

其中，WM_USER 是系统预定义的宏，我们自己定义的消息必须从 WM_USER 开始。这里加 101 也可以改为加其他正整数，但微软推荐自定义消息值最好至少为 WM_USER + 100。

（4）我们定义了一个消息，肯定要有这个消息的处理函数。现在我们来添加消息的处理函数，因为是自定义消息，所以只能在源码中直接添加。消息处理函数就是一个类的成员函数，打开 TestDlg.h，在类 CTestDlg 里的 DECLARE_MESSAGE_MAP()前面添加一个函数声明：

```
afx_msg LRESULT OnMyMsg (WPARAM wParam, LPARAM lParam);
```

其中，afx_msg 是一个宏，但它是空定义，仅仅表示声明的函数是一个消息响应函数。消息处理函数的说明前一般都有 afx_msg 的前缀，用于把消息处理函数与其他的窗口成员函数进行区分。

打开 TestDlg.cpp，在文件末尾添加 DoMyMsg 函数的实现代码：

```
LRESULT CTestDlg::OnMyMsg(WPARAM wParam, LPARAM lParam)
{
    AfxMessageBox((CString)(char*)wParam);

    return 0;
}
```

该段代码的含义是把收到的字符串显示出来。要注意类型转换，先转换成 char*，再转换成 CString 类型（CString 是 MFC 库中的字符串类）。

定位到 END_MESSAGE_MAP()处，在它上面一行添加如下代码：

```
ON_MESSAGE(WM_MYMSG, OnMyMsg)
```

其中，ON_MESSAGE 是处理自定义消息的宏，把我们定义的消息 WM_MYMSG 和消息处理函数 OnMyMsg 关联起来，就是让系统知道消息 WM_MYMSG 对应的消息处理函数是 OnMyMsg。

至此，自定义消息及其处理函数添加完毕。下面我们来发送这个消息。

（5）切换到资源视图，打开对话框，双击名为“发送自定义消息”的按钮，添加按钮的消息处理函数，如下代码：

```
void CTestDlg::OnBnClickedButton1() //SendMessage 方式
{
    // TODO:  在此添加控件通知处理程序代码
    char   szText[] = "Visual C++ 2017 开发工具";

    SendMessage(WM_MYMSG, (UINT)szText, 0);
}
```

其中，SendMessage 是发送消息的函数：第一个参数是我们要定义的消息；第二个参数目前是一个字符数组的地址，要传到消息处理函数中去。

再为另外一个按钮添加处理函数，如下代码：

```
void CTestDlg::OnBnClickedButton2() //PostMessage 方式
{
    // TODO:  在此添加控件通知处理程序代码
    char   szText[] = "Visual C++ 2017 开发工具";

    PostMessage(WM_MYMSG, (UINT)szText, 0);
}
```

（6）保存工程并运行，我们分别单击 2 个按钮，会发现 SendMessage 发出消息后弹出的消息框上的字符串就是我们参数里面所传的，而 PostMessage 发出消息后弹出的消息框上为空。这是因为 szText 是局部变量，它所拥有的字符串“Visual C++ 2017 开发工具”在函数 OnBnClickedButton1 或 OnBnClickedButton2 执行完毕后会自动释放。SendMessage 会等到消息处理函数执行完毕后才返回。所以，在消息处理函数中 szText 所指向的字符串还存在，可以在消息处理函数中打印正确的内容，如图 3-36 所示。

PostMessage 发出消息后立即返回，OnBnClickedButton2 马上执行完毕导致 szText 马上被释放，因此在消息处理函数中已经无法获得 szText 所指的字符串。运行结果如图 3-37 所示。

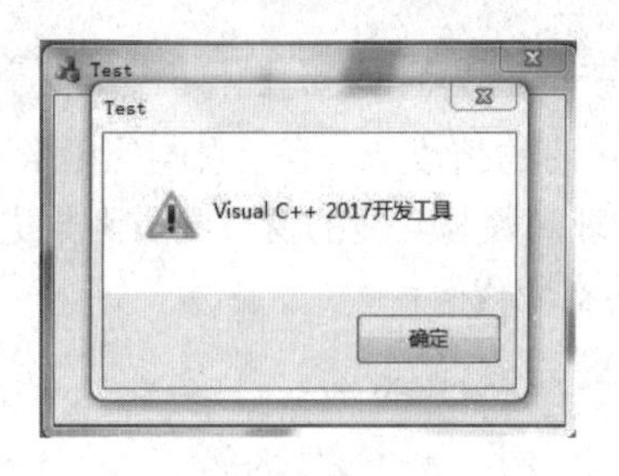

图 3-36

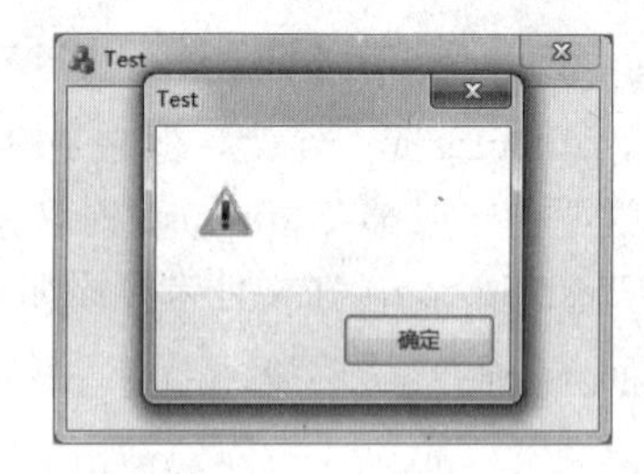

图 3-37

3.7 模态对话框和非模态对话框

所谓模态对话框，就是运行时获得焦点后，将垄断用户的输入，在关闭本对话框之前，用户无法对本程序的其他部分进行操作。非模态对话框类似于 Word 里的查找替换，在应用程序打开非模态对话框的同时还可以切换到其他窗口进行操作。这是功能上的区别，在编程实现的时候也是不一样的。

模态对话框使用 CDialog::DoModal 函数来创建。DoModal 会启动一个模态对话框自己的消息循环，这也是模态对话框要关闭后才能使用程序其他窗口的原因。DoModal 函数在对话框关闭后才返回。

非模态对话框使用 CDialog::Create 函数实现，由于 Create 函数不会启动新的消息循环，对话框与应用程序共用一个消息循环，因此就不会独占用户输入。下面用两个实例来说明模态对话框和非模态对话框的创建过程。

【例 3.8】创建一个模态对话框

（1）打开 Visual C++ 2017，新建一个对话框工程，工程名是 Test。

（2）切换到资源视图，打开对话框并删除上面所有的控件，然后添加一个按钮，标题是“显示模态对话框”。接着，右击资源视图中的 Dialog，出现快捷菜单，在上面选择“插入 Dialog”命令，如图 3-38 所示。

此时系统会新建一个对话框，左边可以看到新建对话框的界面，右边 Dialog 下多出来一个名为 IDD_DIALOG1 的 ID。打开 IDD_DIALOG1 的属性视图，然后在属性视图里把 ID 改为 IDD_MODEL，把 Caption 属性改为“模态对话框”，并把新建的对话框上的控件都删除，然后在对话框空白处右击，在快捷菜单中选择“添加类”命令，出现“MFC 添加类向导”对话框，如图 3-39 所示。

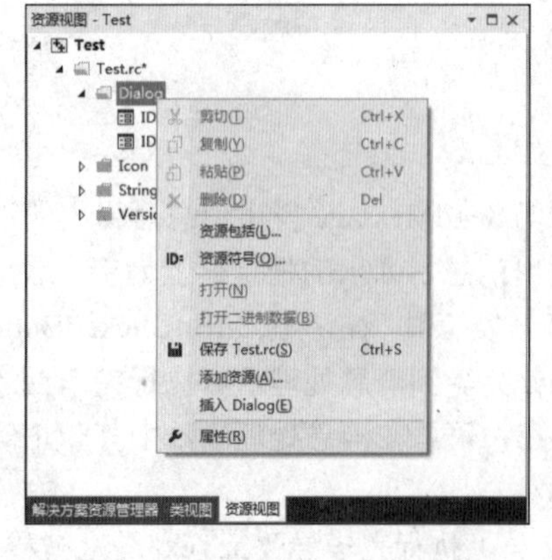

图 3-38

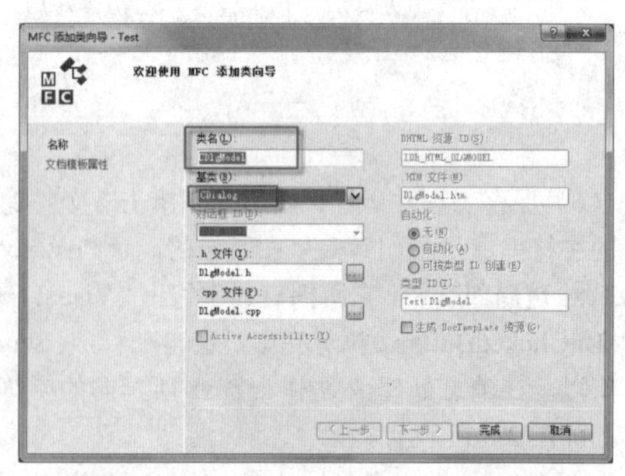

图 3-39

在上面选择基类为“CDialog”。其实基类也可以选择“CDialogEx”（CDialogEx 只是比 CDialog 扩展了一些功能）。接着，输入类名为 CDlgModel。类名可以自己决定，但最好以 C 开头，表示它是一个类。最后单击“完成”按钮，此时系统自动打开 DlgModel.h，这是我们刚才新建对话框类的头文件。

（3）切换到资源视图，打开 ID 为 IDD_TEST_DIALOG 的对话框，然后双击上面的“显示模态对话框”按钮，添加按钮消息处理函数，添加如下代码：

```
void CTestDlg::OnBnClickedButton1()
{
    // TODO:  在此添加控件通知处理程序代码
    CDlgModel dlg;
    dlg.DoModal(); //创建并显示模态对话框
}
```

然后在 TestDlg.cpp 的开头添加包含文件：

```
#include "DlgModel.h"
```

（4）保持工程并运行，运行结果如图 3-40 所示。

此时在 Test 对话框的关闭按钮或其他任何区域单击，发现它的功能都失效了，一直要等到模态对话框关闭以后 Test 对话框才能恢复正常使用。

图 3-40

【例 3.9】创建一个非模态对话框

（1）打开 Visual C++ 2017，新建一个对话框工程，工程名是 Test。

（2）切换到资源视图，打开对话框并删除上面的所有控件，然后添加一个按钮，标题是“显示非模态对话框”。接着，右击资源视图中的 Dialog，出现快捷菜单，选择“插入 Dialog”命令，此时将插入一个新的对话框。把新对话框上的按钮都删除，然后修改对话框的标题为“非模态对话框”，再在对话框上右击，然后选择“添加类”命令，出现类向导对话框，如图 3-41 所示。

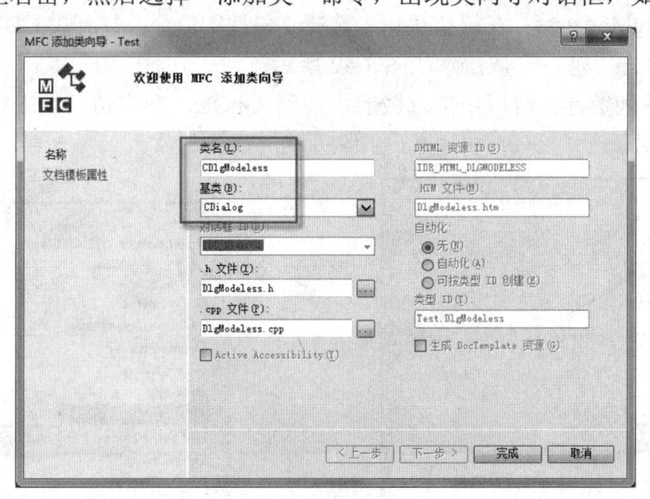

图 3-41

在向导对话框上输入类名为 CDlgModeless，并选择基类为 CDialog，然后单击“完成”按钮。

（3）切换到解决方案管理器，打开文件 TestDlg.cpp，然后在开头添加包含文件：

```
#include "DlgModeless.h"
```

并在该文件中定义一个全局变量：

```
CDlgModeless *g_dlgModeless=NULL; //定义非模态对话框指针
```

（4）切换到资源视图，打开 ID 为 IDD_TEST_DIALOG 的对话框，双击标题为“显示非模态对话框”的按钮，添加按钮消息处理函数，如下代码：

```
void CTestDlg::OnBnClickedButton1()
{
    // TODO: 在此添加控件通知处理程序代码
    if (!g_dlgModeless)    //如果非模态对话框对象还没创建则新建
    {
        g_dlgModeless = new CDlgModeless;
        g_dlgModeless->Create(CDlgModeless::IDD, this); //创建非模态对话框

    }
    g_dlgModeless->ShowWindow(SW_SHOW); //显示非模态对话框
    g_dlgModeless->SetActiveWindow();
}
```

非模态对话框的创建和显示完成了，在上面的代码中我们新生成了一个对话框对象（new CDlgModeless），而且在函数 OnBnClickedButton1 执行完毕时并没有销毁该对象。如果在函数 OnBnClickedButton1 的末尾销毁该对象（对象被销毁时窗口同时被销毁），而此时对话框还在显示，那么会出现错误。不销毁是不行的，熟悉 C++的朋友都知道，new 和 delete 必须对应起来使用，否则会造成内存的泄漏。

这就引出了一个问题：什么时候销毁该对象。通常使用的方法是在对话框退出时销毁自己。在非模态对话框中重载 OnOK 与 OnCancel，并在函数中调用父类的同名函数，然后调用 DestroyWindow()强制销毁窗口，接着在对话框中响应 WM_DESTROY 消息，在消息处理函数中调用“delete this;”来强行删除自身对象。

（5）切换到类视图，如果类视图没有打开，可以通过菜单“视图”|“类视图”来打开。在类视图上，右击 CDlgModeless，在快捷菜单上选择“属性”命令，打开类 CDlgModeless 的属性视图，在属性视图上单击“重写”按钮，如图 3-42 所示。

“重写”页下的函数都是可以用来重载的。找到 OnOK，在右边单击下拉箭头来添加 OnOK 函数，如图 3-43 所示。

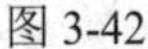
图 3-42

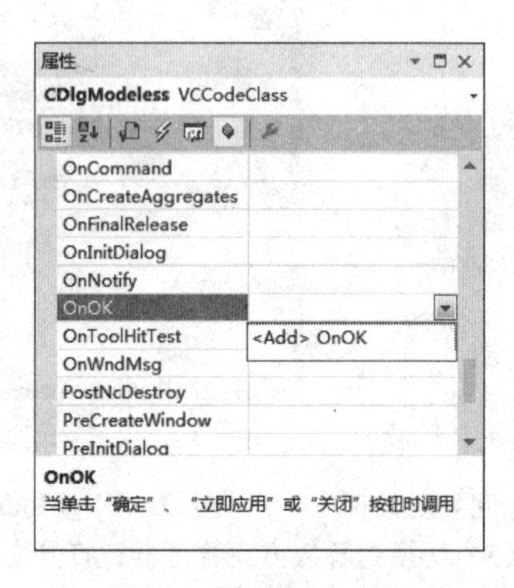

图 3-43

用同样的方法添加 OnCancel()重载函数，然后在 OnOK 和 OnCancel 函数中添加如下代码：

```
void CDlgModeless::OnOK()
{
    // TODO:  在此添加专用代码和/或调用基类

    CDialog::OnOK();
    DestroyWindow(); //销毁窗口，会发出 WM_DESTROY 消息
}

void CDlgModeless::OnCancel()
{
    // TODO:  在此添加专用代码和/或调用基类

    CDialog::OnCancel();
    DestroyWindow(); //销毁窗口，会发出 WM_DESTROY 消息
}
```

（6）响应对话框的 WM_DESTROY 消息。切换类视图，单击 CDlgModeless，然后在其属性窗口中选择消息页面，然后在消息列表中添加 WM_DESTROY 的响应函数 OnDestroy，如图 3-44 所示。

然后在 OnDestroy 中添加如下代码：

```
void CDlgModeless::OnDestroy()
{
    CDialog::OnDestroy();

    // TODO:  在此处添加消息处理程序代码
    delete this;
    g_dlgModeless = NULL;
}
```

在这个函数中，终于出现了 delete，这样就不担心内存泄露了。在 DlgModeless.cpp 的开头添加全局变量的引用“extern CDlgModeless *g_dlgModeless;”。

（7）保存工程并运行，运行结果如图 3-45 所示。

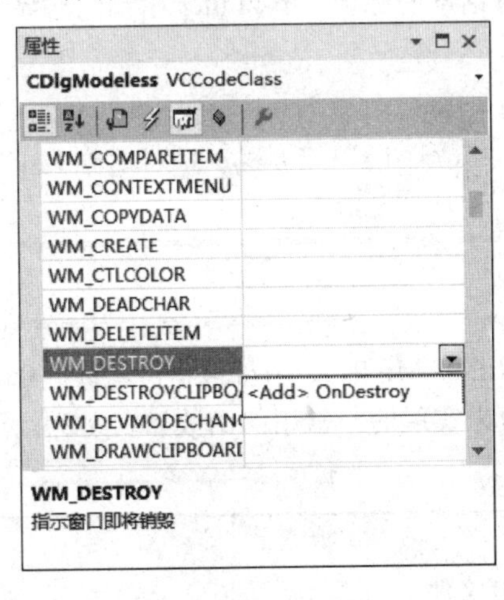

图 3-44

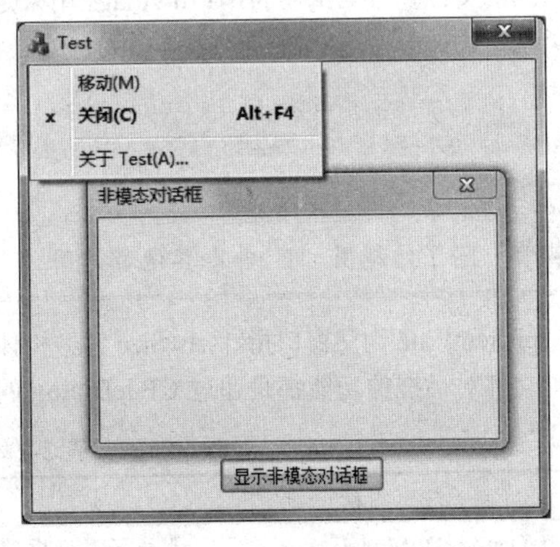

图 3-45

在非模态对话框显示出来后，我们照样可以单击 Test 对话框的系统菜单。

3.8 通用对话框

通用对话框是操作系统提供给所有应用程序使用的对话框，其功能已经实现好了，可以直接拿来使用。比如，打开/保存文件对话框、字体选择对话框、颜色选择对话框、打印设置和打印对话框、查找和替换对话框等。在 Visual C++ 2017 中，针对不同的通用对话框提供了不同的类。我们只需定义这些类的对象，然后调用其中的方法即可。

Visual C++ 2017 中，所有的通用对话框都是从 CCommonDialog 继承而来的。

3.8.1 文件对话框的使用

文件对话框就是打开文件或保存文件的对话框，在文件对话框上用户可以设置路径名和文件名等，比如在记事本程序里选择菜单“打开”或“保存”出现的对话框就是文件对话框。文件对话框是实际软件开发中经常会碰到的。

MFC 提供了类 CFileDialog 来实现文件对话框的各种功能。当 CFileDialog 构造函数的第一个参数是 TRUE 时，为打开对话框；第一个参数是 FALSE 时，为保存对话框。CFileDialog 的构造函数原型如下：

```
CFileDialog(
    BOOL bOpenFileDialog,
    LPCTSTR lpszDefExt = NULL,
    LPCTSTR lpszFileName = NULL,
    DWORD dwFlags = OFN_HIDEREADONLY | OFN_OVERWRITEPROMPT,
    LPCTSTR lpszFilter = NULL,
    CWnd* pParentWnd = NULL,
    DWORD dwSize = 0
);
```

其中，bOpenFileDialog 如果是 TRUE，就为打开对话框，否则是保存对话框；lpszDefExt 指向默认的文件扩展名的字符串；dwFlags 用来定制文件对话框的标记；lpszFilter 用于过滤显示的文件类型，比如一个合法的过滤字符串为：

```
static char BASED_CODE szFilter[] = "Chart Files (*.xlc)|*.xlc|Worksheet Files
(*.xls)|*.xls|Data Files (*.xlc;*.xls)|*.xlc; *.xls|All Files (*.*)|*.*||";
```

除了结尾用“||”外，其他都是用“|”来分割。

pParentWnd 为父窗口指针；dwSize 为结构体 OPENFILENAME 的大小，一般保持默认值 0 即可。

文件对话框的功能都是通过 CFileDialog 的成员函数来实现的。常用的函数如表 3-2 所示。

表 3-2　常用的函数

函　　数	说　　明
CFileDialog::DoModal	显示对话框并使用户选择文件
CFileDialog::EnableOpenDropDown	对话框中的“打开”或“保存”按钮将启用下拉列表
CFileDialog::GetEditBoxText	获取在编辑框控件的当前文本

（续表）

函　　数	说　　明
CFileDialog::GetFileExt	返回选定的文件扩展名
CFileDialog::GetFileName	返回选定的文件的文件名
CFileDialog::GetFileTitle	返回选定的文件的标题
CFileDialog::GetPathName	返回选定的文件的完整路径
CFileDialog::GetFolderPath	如果设置了初始目录，就返回目录路径；如果没有设置，就返回空

下面列举文件对话框的常见用法。

【例 3.10】文件对话框的常见用法

（1）打开 Visual C++ 2017，新建一个对话框工程，工程名是 Test。

（2）切换到资源视图并打开对话框编辑器，去掉上面的所有控件，并添加几个按钮后的设计界面如图 3-46 所示。

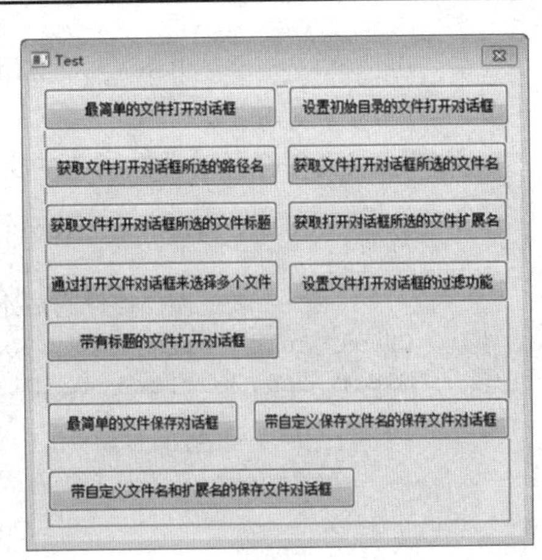

图 3-46

其中，横线上方的按钮都是演示打开对话框的，横线下面的演示保存对话框。图中的横线是一个图片控件，可以从工具箱里拖放一个 Picture Control 到对话框上，然后把它上下两条线纵向拉在一起，再把它横向拉直成一条长线，再设置它的属性 Color 为 Etched（蚀刻）。

（3）为“最简单的文件打开对话框”的按钮添加代码：

```
void CTestDlg::OnBnClickedButton1() //最简单的文件打开对话框
{
    // TODO:  在此添加控件通知处理程序代码
    CFileDialog dlg(TRUE, NULL, _T("MyDat"), NULL, NULL, this);
    dlg.DoModal();
}
```

为“设置初始目录的文件打开对话框”按钮添加代码：

```
void CTestDlg::OnBnClickedButton2()  //设置初始目录的文件打开对话框
{
    // TODO:  在此添加控件通知处理程序代码
    CFileDialog dlg(TRUE, NULL, NULL, NULL, NULL, this);
    dlg.m_ofn.lpstrInitialDir = _T("c:\\windows\\system32");

    dlg.DoModal();
    AfxMessageBox(_T("你设置的初始目录路径是: ") + dlg.GetFolderPath());

}
```

为“获取文件打开对话框所选的路径名”按钮添加代码：

```
void CTestDlg::OnBnClickedButton3() //获取文件打开对话框所选的路径名
{
    // TODO:  在此添加控件通知处理程序代码
    CFileDialog dlg(TRUE, NULL, NULL, NULL, NULL, this);
    dlg.m_ofn.lpstrInitialDir = _T("c:");

    if (IDOK == dlg.DoModal())
```

```
        AfxMessageBox(_T("你所选文件的路径是: ") + dlg.GetPathName());
}
```

为“获取文件打开对话框所选的文件名”按钮添加代码：

```
void CTestDlg::OnBnClickedButton4() //获取文件打开对话框所选的文件名
{
    // TODO:  在此添加控件通知处理程序代码
    CFileDialog  dlg(TRUE, NULL, NULL, NULL, NULL, this);
    dlg.m_ofn.lpstrInitialDir = _T("c:");

    if (IDOK == dlg.DoModal())
        AfxMessageBox(_T("你所选文件的文件名是: ") +dlg.GetFileName());
}
```

为“获取文件打开对话框所选的文件标题”按钮添加代码：

```
void CTestDlg::OnBnClickedButton5() //获取文件打开对话框所选的文件标题
{
    // TODO:  在此添加控件通知处理程序代码
    CFileDialog  dlg(TRUE, NULL, NULL, NULL, NULL, this);
    dlg.m_ofn.lpstrInitialDir = _T("c:");

    if (IDOK == dlg.DoModal())
        AfxMessageBox(_T("你所选文件的文件名是: ") + dlg.GetFileTitle());
}
```

为“获取打开对话框所选的文件扩展名”按钮添加代码：

```
void CTestDlg::OnBnClickedButton6() //获取打开对话框所选的文件扩展名
{
    // TODO:  在此添加控件通知处理程序代码
    CFileDialog  dlg(TRUE, NULL, NULL, NULL, NULL, this);
    dlg.m_ofn.lpstrInitialDir = _T("c:");

    if (IDOK == dlg.DoModal())
        AfxMessageBox(_T("你所选文件的扩展名是: ") + dlg.GetFileExt());
}
```

为“通过打开文件对话框来选择多个文件”按钮添加代码：

```
void CTestDlg::OnBnClickedButton7() //通过打开文件对话框来选择多个文件
{
    // TODO:  在此添加控件通知处理程序代码
    CFileDialog mFileDlg(TRUE, NULL, NULL, OFN_ALLOWMULTISELECT, _T("文本文件
(*.txt)|*.txt|All Files (*.*)|*.*||"), this);
    CString strRes = _T("你选择了这些文件:\r");
    #define  NAMEBUF  1024
    mFileDlg.m_ofn.lpstrFile = new TCHAR[NAMEBUF]; //重新定义 lpstrFile 缓冲大小
    memset(mFileDlg.m_ofn.lpstrFile, 0, NAMEBUF); //初始化定义的缓冲
    mFileDlg.m_ofn.nMaxFile = NAMEBUF;              // 重定义 nMaxFile

    CString pathName;
    if (mFileDlg.DoModal() == IDOK)
    {
        POSITION mPos = mFileDlg.GetStartPosition();
```

```
        while (mPos != NULL)
        {
            pathName = mFileDlg.GetNextPathName(mPos);
            strRes += pathName;
            strRes += _T("\n");
        }
        AfxMessageBox(strRes);
    }
    delete[] mFileDlg.m_ofn.lpstrFile; // 切记使用完后释放资源
}
```

为“设置文件打开对话框的过滤功能”按钮添加代码：

```
void CTestDlg::OnBnClickedButton8() //设置文件打开对话框的过滤功能
{
    // TODO:  在此添加控件通知处理程序代码
    CString  strFilter = _T("文本文件(*.txt)|*.txt|所有文件(*.*)|*.*||");
    CFileDialog dlg(TRUE, NULL, NULL, NULL, strFilter, this);
    dlg.DoModal();
}
```

为“带有标题的文件打开对话框”按钮添加代码：

```
void CTestDlg::OnBnClickedButton9() //带有标题的文件打开对话框
{
    // TODO:  在此添加控件通知处理程序代码
    CFileDialog Dlg(TRUE, NULL, NULL, NULL, NULL, this);
    Dlg.m_pOFN->lpstrTitle = _T("请麻烦你请选择要打开的文件：-) ");
    Dlg.DoModal();
}
```

为“最简单的文件保存对话框”按钮添加代码：

```
void CTestDlg::OnBnClickedButton10() //最简单的文件保存对话框
{
    // TODO:  在此添加控件通知处理程序代码
    CFileDialog dlg(FALSE, NULL, NULL, NULL, NULL, this);
    dlg.DoModal();
}
```

为“带自定义保存文件名的保存文件对话框”按钮添加代码：

```
void CTestDlg::OnBnClickedButton11() //带自定义保存文件名的保存文件对话框
{
    // TODO:  在此添加控件通知处理程序代码
    CFileDialog dlg(FALSE, NULL, _T("MyData"), NULL, NULL, this);
    dlg.DoModal();
}
```

为“带自定义文件名和扩展名的保存文件对话框”按钮添加代码：

```
void CTestDlg::OnBnClickedButton12() //带自定义文件名和扩展名的保存文件对话框
{
    // TODO:  在此添加控件通知处理程序代码
    LPCTSTR lpszFilters;
```

```
        lpszFilters = _T("BMP 文件|*.bmp|DIB 文件|*.dib|JPG 文件|*.jpg|TGA 文件
|*.tga|PCX 文件|*.pcx|TIF 文件|*.tif||");

        CFileDialog dlgFile(FALSE, _T(""), _T("图片"), OFN_HIDEREADONLY |
OFN_OVERWRITEPROMPT, lpszFilters, NULL);
        if (dlgFile.DoModal() == IDOK)
        {
            CString sPathName = dlgFile.GetPathName();
            AfxMessageBox(sPathName);
        }
    }
```

（4）保存工程并运行，运行结果如图 3-47 所示。

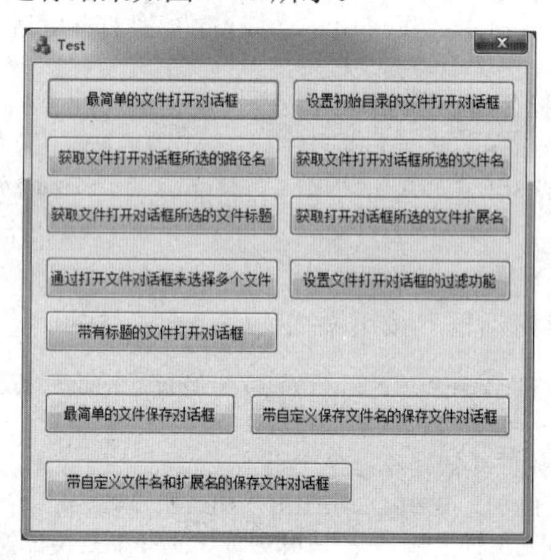

图 3-47

3.8.2 字体对话框的使用

字体对话框可以让用户选择字体的字符集、字体大小和是否斜体粗体等属性。MFC 库提供了一个类 CFontDialog 来实现字体对话框。CFontDialog 的构造函数原型如下：

```
CFontDialog(
   LPLOGFONT lplfInitial = NULL,
   DWORD dwFlags = CF_EFFECTS | CF_SCREENFONTS,
   CDC* pdcPrinter = NULL,
   CWnd* pParentWnd = NULL
);
```

其中，lplfInitial 是一个 LOGFONT 类型指针，用于设置默认的字体；dwFlags 设置字体对话框的行为，用分隔符|来合并多个标记；pdcPrinter 为指向打印机设备上下文的指针，默认为 NULL，如果提供，此参数指向字体要选择的打印机中的打印机设备上下文；pParentWnd 指向字体对话框的父窗口的指针。

CFontDialog 类中常用的成员函数如表 3-3 所示。

表 3-3　CFontDialog 类中常用的成员函数

函 数 名	说 明
GetCurrentFont	返回用户选择的字体
GetFaceName	返回用户在对话框中设置的字体名称

（续表）

函 数 名	说　　明
GetSize	返回用户在对话框中设置的字体大小
GetColor	返回用户在对话框中设置的字体颜色

GetCurrentFont 是最重要的函数，返回一个指向字体结构的指针。该结构记录了用户在对话框中所选择的字体的名称、大小、颜色等信息。字体的结构包含字体的属性，比如字体高度、宽度、磅值、是否粗体等，字体结构体定义如下：

```
typedef struct tagLOGFONT
{
LONG lfHeight;
LONG lfWidth;
LONG lfEscapement;
LONG lfOrientation;
LONG lfWeight;
BYTE lfItalic;
BYTE lfUnderline;
BYTE lfStrikeOut;
BYTE lfCharSet;
BYTE lfOutPrecision;
BYTE lfClipPrecision;
BYTE lfQuality;
BYTE lfPitchAndFamily;
TCHAR lfFaceName[LF_FACESIZE];
} LOGFONT;
```

其中：

- lfHeight：以逻辑单位指定字体字符元（character cell）或字符的高度。字符高度值为字符元高度值减去内部行距（internal-leading）值。当 lfHeight 大于 0 时，字体映射程序将该值转换为设备单位，并将它与可用字体的字符元高度进行匹配；当该参数为 0 时，字体映射程度将使用一个匹配的默认高度值；如果参数的值小于 0，就将其转换为设备单位，并将其绝对值与可用字体的字符高度进行匹配。对于任何一种情况，字体映射程度最终得到的字体高度值不会超过所指定的值。以 MM_TEXT 映射模式下，字体高度值和磅值的换算公式为：lfHeight=-MulDiv(PointSize, GetDeviceCaps(hDC, LOGPIXELSY), 72)。
- lfWidth：以逻辑单位指定字体字符的平均宽度。如果 lfWidth 的值为 0，则根据设备的纵横比从可用字体的数字转换纵横中选取最接近的匹配值，该值通过比较两者之间差异的绝对值得出。
- lfEscapement：以十分之一度为单位指定每一行文本输出时相对于页面底端的角度。
- lfOrientation：以十分之一度为单位指定字符基线相对于页面底端的角度。
- lfWeight：指定字体重量。在 Windows 中，字体重量这个术语用来指代字体的粗细程度。lfWeight 的范围为 0 到 1000，正常情况下的字体重量为 400，粗体为 700。如果 lfWeight 为 0，则使用默认的字体重量。
- lfItalic：当 lfItalic 为 TRUE 时使用斜体。
- lfUnderline：当 lfUnderline 为 TRUE 时给字体添加下画线。

- lfStrikeOut：当 lfStrikeOut 为 TRUE 时给字体添加删除线。
- lfCharSet: 指定字符集。可以使用以下预定义的值: ANSI_CHARSET、BALTIC_CHARSET、CHINESEBIG5_CHARSET 、 DEFAULT_CHARSET 、 EASTEUROPE_CHARSET 、GB2312_CHARSET、GREEK_CHARSET、HANGUL_CHARSET、MAC_CHARSET、OEM_CHARSET、RUSSIAN_CHARSET、SHIFTJIS_CHARSET、SYMBOL_CHARSET、TURKISH_CHARSET。在这些字符集中，OEM_CHARSET 表示字符集依赖本地操作系统；DEFAULT_CHARSET 表示字符集基于本地操作系统。例如，系统位置是 English (United States)，字符集将设置为 ANSI_CHARSET。
- lfOutPrecision：指定输出精度。输出精度定义了输出与所要求的字体高度、宽度、字符方向等的接近程度。可以为下面的值之一: OUT_CHARACTER_PRECIS、OUT_DEFAULT_PRECIS、OUT_STRING_PRECIS、OUT_STROKE_PRECIS。
- lfClipPrecision：指定剪辑精度。剪辑精度定义了当字符的一部分超过剪辑区域时对字符的剪辑方式，可以为下列值之一: CLIP_CHARACTER_PRECIS、CLIP_DEFAULT_PRECIS、CLIP_STROKE_PRECIS。
- lfQuality：定义输出质量。输出质量定义了图形设备接口在匹配逻辑字体属性到实际的物理字体所使用的方式，可以为下列值之一：DEFAULT_QUALITY（默认质量）、DRAFT_QUALITY（草稿质量）、PROOF_QUALITY（正稿质量）。
- lfPitchAndFamily：指定字体的字符间距和族。最低两位指定字体的字符间距为 DEFAULT_PITCH、FIXED_PITCH、VARIABLE_PITCH 之一，第 4～7 位指定字体族为 FF_DECORATIVE、FF_DONTCARE、FF_MODERN、FF_ROMAN、FF_SCRIPT、FF_SWISS 之一。字符间距和字体族可以使用逻辑或（OR）运算符来进行组合。
- lfFaceName：一个指定以 NULL 结尾的字符串，指定所用的字体名。该字符串的长度不得超过 32 个字符，如果 lfFaceName 为 NULL，图形设备接口将使用默认的字体名。

下面以一个实例来说明字体对话框的使用。要注意的是，本例在字体对话框上选择了字体后，将用所选的字体对对话框写一行字。在对话框上写字将涉及不少 Visual C++图形方面的知识，这里不理解也没关系，照着做即可，重点放在字体对话框的使用上。

【例 3.11】字体对话框的使用

（1）打开 Visual C++ 2017，新建一个对话框工程，工程名是 test。

（2）切换到资源视图，打开对话框编辑器，去掉上面所有的控件，并添加一个按钮，名称是“设置字体”。

（3）切换到类视图，双击 CtestDlg，为类 CtestDlg 添加两个成员变量：

```
LOGFONT m_font;
COLORREF m_clr;
```

其中，m_font 用来保存选择的字体，m_clr 用来保存所选的字体颜色。

（4）打开函数 CtestDlg::OnInitDialog()，在末尾 return TRUE 前添加代码：

```
m_font.lfHeight=25;
m_font.lfWidth=0;
m_font.lfEscapement=0;
m_font.lfOrientation=0;
m_font.lfWeight=FW_NORMAL;
```

```
    m_font.lfItalic=FALSE;
    m_font.lfUnderline=FALSE;
    m_font.lfStrikeOut=FALSE;
    m_font.lfCharSet=GB2312_CHARSET;
    m_font.lfOutPrecision=OUT_STROKE_PRECIS;
    m_font.lfClipPrecision=CLIP_STROKE_PRECIS;
    m_font.lfQuality=DRAFT_QUALITY;
    m_font.lfPitchAndFamily=VARIABLE_PITCH|FF_MODERN;
_tcscpy(m_font.lfFaceName, _T("黑体"));
    m_clr = RGB(0,0,255);

    Invalidate();
```

这段代码主要初始化字体和颜色变量。其中，_tcscpy 是 strcpy 的通用版本（在 unicode 字符集和多字节字符集环境都可以使用的版本）；Invalidate 函数的作用是使整个窗口客户区无效。窗口的客户区无效意味着需要重绘，这将引起 OnPaint 的执行。真正显示字体的函数在 OnPaint 中，见下一步。

（5）打开类 CtestDlg 的成员函数 OnPaint，在 else 后面添加代码：

```
CPaintDC dc(this); // 用于绘制的设备上下文
    CFont NewFont;
    CFont *pOldFont;
    NewFont.CreateFontIndirect(&m_font);
    pOldFont = dc.SelectObject(&NewFont);
    dc.SetTextColor(m_clr);
    dc.TextOut(20,20,_T("你好，本例演示字体对话框。"));
    dc.SelectObject(pOldFont);
```

其中，CPaintDC 是用于绘制的设备上下文，参数用了 this，表示当前对话框的窗口指针，所以当前的设备上下文就是当前对话框的窗口；CFont 是 MFC 库中关于字体的类；CreateFontIndirect 是 CFont 的成员函数，创建一种在指定结构定义其特性的逻辑字体，这种字体可在后面的应用中被任何设备环境选作字体；SelectObject 是 CPaintDC 的成员函数，用来把创建的字体选择进当前的设备上下文中，最后输出完毕的时候还要把原来的字体重新选择回设备上下文中；SetTextColor 用于设置当前设备环境的字体颜色；TextOut 是在当前窗口上输出一个字符串，前两个参数是要输出文字的坐标。

（6）切换到资源视图，打开对话框编辑器，双击按钮，添加如下事件代码：

```
void CtestDlg::OnBnClickedButton1()
{
    // TODO: 在此添加控件通知处理程序代码
    CFontDialog dlg;
    dlg.m_cf.lpLogFont = &m_font;
    dlg.m_cf.rgbColors = m_clr;
    dlg.m_cf.Flags |= CF_INITTOLOGFONTSTRUCT;
    if(dlg.DoModal()==IDOK)
    {
        dlg.GetCurrentFont(&m_font); //得到所选的字体
        m_clr = dlg.GetColor();  //得到所选的颜色
        Invalidate();
    }
}
```

其中，标记 CF_INITTOLOGFONTSTRUCT 的意思是当字体对话框显示的时候，用 dlg.m_cf.lpLogFont 来选中初始字体。

（7）保存工程并运行，结果如图 3-48 所示。

图 3-48

3.8.3 颜色对话框的使用

颜色对话框可以让用户选择颜色。在颜色对话框上，用户既可以直接选择颜色，也可以自己定义一个颜色（比如输入颜色的 RGB 值）。关于颜色，Visual C++中有一个 COLORREF 类型，用来描绘 RGB 颜色。其定义如下：

```
typedef DWORD COLORREF;
typedef DWORD *LPCOLORREF;
```

其实就是一个 DWORD 类型，32 位的双字类型，可以存放 4 个字节的数据，对于 COLORREF，我们通常使用宏 RGB 对其进行赋值。宏 RGB 的定义如下：

```
#define RGB(r,g,b)
((COLORREF)(((BYTE)(r)|((WORD)((BYTE)(g))<<8))|(((DWORD)(BYTE)(b))<<16)))
```

其中，r 表示颜色中红色分量的强度，g 表示颜色中绿色分量的强度，b 表示颜色中蓝色分量的强度，r、g、b 的取值范围是 0 到 255。RGB 对 COLORREF 变量赋值：

```
COLORREF color=RGB(0,255,0);
```

其中，红色和蓝色值都为 0，所以在该颜色中没有红色和蓝色，绿色为最大值，所以 color 表示绿色。

了解了颜色的知识外，我们来看一下颜色对话框的实现。

Visual C++ 2017 提供类 CColorDialog 来实现颜色对话框。在类 CColorDialog 的构造函数中可以用颜色值对其进行初始化，构造函数原型如下：

```
CColorDialog(
   COLORREF clrInit = 0,
   DWORD dwFlags = 0,
   CWnd* pParentWnd = NULL
);
```

其中，clrInit 为颜色对话框显示时默认的颜色选择。如果未指定任何值，则默认值为 RGB (0,0,0)（黑色）；dwFlags 为定义颜色对话框的功能和外观的标志；pParentWnd 为颜色对话框的父窗口指针。

颜色对话框类 CColorDialog 中常用成员函数如表 3-4 所示。

表 3-4　CColorDialog 中常用成员函数

函　　数	说　　明
CColorDialog::DoModal	显示颜色对话框
CColorDialog::GetColor	返回选定颜色的值，返回值类型是 COLORREF
CColorDialog::GetSavedCustomColors	返回用户创建的自定义颜色
CColorDialog::SetCurrentColor	强制当前颜色选择到指定的颜色

下面以一个实例来说明 CColorDialog 的使用。

【例 3.12】颜色对话框的使用

（1）新建一个对话框工程，工程名是 Test。

（2）为类 CTestDlg 添加成员变量：

```
COLORREF m_clr;
```

m_clr 用来保存在颜色对话框上所选的颜色。

（3）切换到资源视图，在对话框上添加一个按钮“显示颜色对话框”，然后添加按钮事件处理代码：

```
void CTestDlg::OnBnClickedButton1()
{
    // TODO: 在此添加控件通知处理程序代码
    CColorDialog dlg(0, CC_FULLOPEN, this);
    if (IDOK == dlg.DoModal())
    {
        m_clr = dlg.GetColor();
        Invalidate();
    }
}
```

（4）在对话框的初始化函数 CTestDlg::OnInitDialog()的末尾添加 m_clr 的初始化代码：

```
m_clr = RGB(240,240,240);
```

再定位到类 CTestDlg 的成员函数 OnPaint 处，在 else 代码段内的“CDialogEx::OnPaint();”前添加设置背景色的代码：

```
else
    {
        //注意：要添加在 CDialogEx::OnPaint();前
        CPaintDC dc(this);// 用于绘制的设备上下文
        CBrush  brush(m_clr);
        CRect Rect;
        GetClientRect(&Rect);
        dc.FillRect(Rect, &brush);

        CDialogEx::OnPaint();
    }
```

其中，CBrush 是 MFC 关于画刷的类；CRect 是关于矩形的类；GetClientRect 是获取当前对话框客户区的大小；FillRect 是用画刷填充矩形。

（5）保存工程并运行，结果如图 3-49 所示。

图 3-49

3.8.4　浏览文件夹对话框的使用

浏览文件夹对话框可以让用户来选择文件夹。显示文件夹对话框可用系统函数 SHBrowseForFolder，该函数由操作系统的 shell32.lib 提供，可以拿来直接使用。

涉及的重要函数或结构体如下：

结构体 BROWSEINFO：

```
typedef struct _browseinfo {
HWND hwndOwner; // 父窗口句柄
LPCITEMIDLIST pidlRoot; // 要显示的文件夹的根(Root)
LPTSTR pszDisplayName; // 保存被选取的文件夹路径的缓冲区
LPCTSTR lpszTitle; // 显示位于对话框左上部的标题
UINT ulFlags; // 指定对话框的外观和功能的标志
BFFCALLBACK lpfn; // 处理事件的回调函数
LPARAM lParam; // 应用程序传给回调函数的参数
int iImage; // 保存被选取的文件夹的图片索引
} BROWSEINFO, *PBROWSEINFO, *LPBROWSEINFO
```

其中：

- hwndOwner：浏览文件夹对话框的父窗体句柄。
- pidlRoot：ITEMIDLIST 结构的地址，包含浏览时的初始根目录，而且只有被指定的目录和其子目录才显示在浏览文件夹对话框中。该成员变量可以是 NULL，在此时桌面目录将被使用。
- pszDisplayName：用来保存用户选中的目录字符串的内存地址。该缓冲区的大小默认是定义的 MAX_PATH 常量宏。
- lpszTitle：该浏览文件夹对话框的显示文本，用来提示该浏览文件夹对话框的功能、作用和目的。
- ulFlags：该标志位描述了对话框的选项。它可以为 0，也可以是以下常量的任意组合：
  - BIF_BROWSEFORCOMPUTER：返回计算机名。除非用户选中浏览器中的一个计算机名，否则该对话框中的“OK”按钮为灰色。
  - BIF_BROWSEFORPRINTER：返回打印机名。除非选中一个打印机名，否则“OK”按钮为灰色。
  - BIF_BROWSEINCLUDEFILES：浏览器将显示目录，同时也显示文件。
  - BIF_DONTGOBELOWDOMAIN：在树形视窗中，不包含域名底下的网络目录结构。
  - BIF_EDITBOX：浏览对话框中包含一个编辑框，在该编辑框中用户可以输入选中项的名字。
  - BIF_RETURNFSANCESTORS：返回文件系统的一个节点。仅仅当选中的是有意义的节点时，“OK”按钮才可以使用。
  - BIF_RETURNONLYFSDIRS：仅仅返回文件系统的目录。例如，在浏览文件夹对话框中，当选中任意一个目录时，该“OK”按钮可用，而当选中“我的电脑”或“网上邻居”等非有意义的节点时，“OK”按钮为灰色。
  - BIF_STATUSTEXT：在对话框中包含一个状态区域。通过给对话框发送消息使回调函数设置状态文本。
  - BIF_VALIDATE：当没有 BIF_EDITBOX 标志位时，该标志位被忽略。如果用户在编辑框中输入的名字非法，浏览对话框将发送 BFFM_VALIDATEFAILED 消息给回调函数。
- lpfn：应用程序定义的浏览对话框回调函数的地址。当对话框中的事件发生时，该对话框将调用回调函数。该参数可用为 NULL。
- lParam：对话框传递给回调函数的一个参数指针。

- iImage：与选中目录相关的图像。该图像将被指定为系统图像列表中的索引值。

【例 3.13】浏览文件夹对话框的使用

（1）新建一个对话框工程，工程名是 Test。

（2）切换到资源视图，打开对话框编辑器，去掉上面的所有控件，并添加一个按钮，用来显示文件夹选择对话框。添加按钮的单击事件函数如下代码：

```
void CTestDlg::OnBnClickedButton1()
{
    // TODO: 在此添加控件通知处理程序代码
    BROWSEINFO BrowInfo;
    TCHAR csFolder[MAX_PATH] = {0};
    memset(&BrowInfo,0,sizeof(BROWSEINFO));
    BrowInfo.hwndOwner = m_hWnd;
    BrowInfo.pszDisplayName = csFolder;
    BrowInfo.lpszTitle = _T("请选择路径");
    BrowInfo.ulFlags = BIF_EDITBOX;
    ITEMIDLIST *pitem = SHBrowseForFolder(&BrowInfo);
    if (pitem)
    {
        SHGetPathFromIDList(pitem,csFolder);//把所选的内容转换成路径字符串
        CString str;
        str.Format(_T("你选择的路径是:%s"), csFolder);
        AfxMessageBox(str);
    }
}
```

这是传统的方法，现在有更简单的方法，只需一行代码：

```
theApp.GetShellManager()->BrowseForFolder(strSelectedFolder, this, strInitFolder);
```

其中，strSelectedFolder 是用户在文件夹对话框上选择的文件夹的路径，strInitFolder 是文件夹对话框刚刚打开时预设的路径。

（3）保存并运行工程，得到的运行结果如图 3-50 所示。

图 3-50

3.8.5　查找/替换对话框的使用

在 Windows 通用对话框中，查找/替换对话框是比较特殊的一个，因为它是一个非模态对话框，所以它的使用与其他通用对话框有所不同。值得注意的是，查找/替换对话框本身没有查找/替换功能，它只是为我们提供了一个接收用户要求的接口，使我们知道用户提出了何种查找/替换要求，真正的查找/替换工作需另行编程实现。这一点与文件对话框相似，用打开文件对话框不能真的打开文件，它只是让我们知道用户想要打开哪个文件而已。

在 Visual C++ 2017 中，类 CFindReplaceDialog 对查找/替换对话框进行了封装。作为非模态对话框，必须用 new 操作符分配存储空间，再用 Create 函数进行初始化，最后用 ShowWindow 函数显示对话框。而类 CFindReplaceDialog 里面就有成员函数 Create，函数原型如下：

```
BOOL Create(
BOOL bFindDialogOnly,
```

```
LPCTSTR lpszFindWhat,
LPCTSTR lpszReplaceWhat=NULL,
DWORD dwFlag=FR_DOWN,
CWnd* pParentWnd=NULL);
```

其中，bFindDialogOnly 为对话框类型，为 TRUE 时，显示查找对话框，为 FALSE 时，显示的是查找/替换对话框；lpszFindWhat 为在查找框中显示的字符串；lpszReplaceWhat 为在替换框中显示的字符串；dwFlag 为标志位，用来定制对话框，可以是一个或多个标志的组合，主要取值如下：

- FR_DOWN：如果设置，对话框中的“向下查找”单选按钮被选中；如果没有设置，“向上查找”单选按钮被选中。
- FR_HIDEUPDOWN：不显示查找方向单选按钮。
- FR_HIDEMATCHCASE：不显示区分大小写复选按钮。
- FR_HIDEWHOLEWORD：不显示全字匹配复选按钮。
- FR_MATCHCASE：使区分大小写复选按钮处于选中状态。
- FR_WHOLEWORD：使全字匹配复选按钮处于选中状态。
- FR_NOMATCHCASE：使区分大小写复选按钮处于禁止（变灰）状态。
- FR_NOUPDOWN：使查找方向单选按钮处于禁止（变灰）状态。
- FR_NOWHOLEWORD：使全字匹配复选按钮处于禁止（变灰）状态。
- FR_SHOWHELP：在对话框中显示一个帮助按钮。

pParentWnd 指向对话框的父窗口，如果为 NULL，则为主框架窗口，使用时需让它指向接收查找/替换消息的窗口。

值得注意的是，在 Create()创建对话框前，也可以用成员变量 m_fr 对对话框进行更详细的定制。

查找/替换对话框类 CFindReplaceDialog 中常用的成员函数如表 3-5 所示。

表 3-5　CFindReplaceDialog 中常用的成员函数

函　数	说　明
CFindReplaceDialog::Create	创建查找/替换对话框
CFindReplaceDialog::FindNext	判断用户是否单击“查找下一个”按钮
CFindReplaceDialog::GetFindString	获取当前的查找字符串（就是要查找的字符串）
CFindReplaceDialog::GetReplaceString	获取当前的替换字符串
CFindReplaceDialog::MatchCase	获取“区分大小写”状态，为 TRUE 时表示要求区分大小写
CFindReplaceDialog::MatchWholeWord	获取“全字匹配”状态，为 TRUE 时表示要求全字匹配
CFindReplaceDialog::ReplaceAll	判断用户是否单击“全部替换”按钮
CFindReplaceDialog::ReplaceCurrent	判断用户是否单击“替换”按钮
CFindReplaceDialog::SearchDown	获取查找方向，为 TRUE 时表示“向下查找”

下面以一个实例来说明查找/替换对话框的使用。

【例 3.14】 查找/替换对话框的使用

（1）新建一个对话框工程，工程名是 Test。

（2）切换到解决方案视图，打开 TestDlg.cpp，在开头定义几个全局变量：

```
CFindReplaceDialog* pFindReplaceDlg = NULL; //指向查找对话框或替换对话框
BOOL bLastCase = FALSE; //记录上一次的大小写情况
int pos = 0,curpos; //pos 是查找索引; curpos 是当前索引
//gstrEdit 存放上一次编辑框中的正文内容; gstrLast 存放上一次查找框中的内容
CString gstrEdit,gstrLast;
```

（3）切换到资源视图，打开对话框，把上面的控件都删掉，添加一个编辑框，这个编辑框中显示正文内容，设置编辑框的 Want Return 属性和 Multiline 属性为 True，再为编辑框添加控件变量 m_edt 和值变量 m_strEdit。然后添加一个按钮“显示查找对话框”，并添加按钮单击事件处理代码：

```
void CTestDlg::OnBnClickedButton2()//显示查找对话框
{
    // TODO:  在此添加控件通知处理程序代码
    if (!gpFindReplaceDlg)
    {
        gpFindReplaceDlg = new CFindReplaceDialog(); //开辟空间
        //创建查找对话框
        gpFindReplaceDlg->Create(true, NULL, NULL, FR_DOWN, this);
    }
    gpos = 0;//初始化搜索索引值
    gpFindReplaceDlg->ShowWindow(SW_SHOW);     //显示对话框
}
```

再添加一个按钮“显示替换对话框”，然后添加按钮单击事件处理代码：

```
void CTestDlg::OnBnClickedButton1()//显示替换对话框
{
    // TODO:  在此添加控件通知处理程序代码
    if (!gpFindReplaceDlg)
    {
        gpFindReplaceDlg = new CFindReplaceDialog(); //开辟空间
        gpFindReplaceDlg->Create(false, m_FindString, m_ReplaceString,
FR_DOWN, this);// 创建替换对话框
    }
    gpos = 0;//初始化搜索索引值
    gpFindReplaceDlg->ShowWindow(SW_SHOW);     //显示对话框
}
```

查找/替换对话框显示后，在上面单击任何一个按钮都会产生消息，但我们不需要为每个按钮添加消息函数，可以向父窗口注册一个消息，让父窗口能响应查找/替换对话框上的按钮消息，并让父窗口提供响应消息的处理函数。

注册消息的位置应该在查找/替换对话框的父窗口，这里是在类 CTestDlg 中注册。打开 TestDlg.h，然后定义一个全局变量：

```
static UINT WM_FINDREPLACE = ::RegisterWindowMessage(FINDMSGSTRING); //注册
消息
```

RegisterWindowMessage 是系统 API 函数，前面的“::”表示它是一个 Win32 API 函数，在 MFC 中使用 Win32 API 函数必须前面有“::”。

消息注册后，要添加消息处理函数，首先在头文件 TestDlg.h 中声明函数，定位到 DECLARE_MESSAGE_MAP()前面添加：

```
afx_msg LONG OnFindReplace(WPARAM wParam, LPARAM lParam);
```

再打开 TestDlg.cpp，添加函数：

```
LONG CTestDlg::OnFindReplace(WPARAM wParam, LPARAM lParam)
{
    BOOL bCase = gpFindReplaceDlg->MatchCase();
    BOOL bDown = gpFindReplaceDlg->SearchDown();
    CString strRawFind;

    //判断是否关闭查找替换对话框
    if (gpFindReplaceDlg->IsTerminating())
    {
        gpFindReplaceDlg = NULL;
        return 0;
    }
    //获取需要查找的文本
    CString strFind = gpFindReplaceDlg->GetFindString();
    int lenStrFind = strFind.GetLength();
    //获取需要替换所查找的文本
    CString strReplace = gpFindReplaceDlg->GetReplaceString();
    int lenStrReplace = strReplace.GetLength();
    CString strEdit;

    m_edt.GetWindowText(strEdit); //获取查找/替换对话框上查找框中的字符串

    if(gbLastCase != bCase)//大小写状态发生了变化，准备重新开始搜索
    {
        gbLastCase = bCase; //保持本次大小写状态
        if (bDown)
            gpos = 0;
        else
            gpos = strEdit.GetLength() - 1;
    }

    if (gstrEdit.Compare(strEdit)!=0)//如果用户修改了正文内容，则索引要初始化
    {
        gstrEdit = strEdit; //保存本次正文内容
        if (bDown)
            gpos = 0;
        else
            gpos = strEdit.GetLength() - 1;
    }
    //如果用户修改了查找框中的内容，则索引要初始化
    if (gstrLast.Compare(strFind) != 0)
    {
        gstrLast = strFind; //保存本次查找框中的内容
        if (bDown)
            gpos = 0;
        else
            gpos = strEdit.GetLength() - 1;
    }

    strRawFind = strFind;
    if (!bCase) //如果不区分大小写，则都转成大写
```

```
        {
            strEdit.MakeUpper(); //转换成大写
            strFind.MakeUpper();//转换成大写
        }

        if (gpFindReplaceDlg->FindNext()) //查找下一个
        {
            if (bDown) //如果是向下搜索
            {
                if (gpos == strEdit.GetLength() - 1)
                {
                    MessageBox(_T("已经向下查找到文件结尾，但没找到"), _T("查找替换"),
MB_OK | MB_ICONINFORMATION);
                    goto end;
                }
                gpos = strEdit.Find(strFind, gpos); //在正文字符串中查找
                if (gpos == -1)
                {
                    gpos = strEdit.GetLength() - 1;
                    MessageBox(_T("无法找到: ") + strRawFind);
                }
                else
                {
                    m_edt.SetFocus();
                    m_edt.SetSel(gpos, gpos + lenStrFind);
                    gcurpos = gpos;
                    gpos = gpos + lenStrFind; //更新索引，准备下一次查找
                }
            }
            else //如果是向上搜索
            {

                if (gpos == 0)
                {
                    MessageBox(_T("已经向上查找到文件开头，但没找到"), _T("查找替换"),
MB_OK | MB_ICONINFORMATION);
                    goto end;
                }
                wstring str = strEdit.GetBuffer(0);
                gpos = str.find_last_of(strFind, gpos); //find_last_of 是反向找
                strEdit.ReleaseBuffer();
                if (gpos == -1)
                {
                    gpos = 0;
                    MessageBox(_T("无法找到: ") + strRawFind);
                }
                else
                {
                    m_edt.SetFocus();
                    m_edt.SetSel(gpos, gpos + lenStrFind);
                    gcurpos = gpos;
                    gpos = gpos - lenStrFind;  //向后更新索引
                }
```

```
            }

        }
        //处理替代
        if (gpFindReplaceDlg->ReplaceCurrent()) //是否按下“替代”按钮
        {
            if (gcurpos >= 0)
            {
                m_edt.SetFocus();
                m_edt.SetSel(gcurpos, gcurpos + lenStrFind);
                m_edt.ReplaceSel(strReplace);
                m_edt.SetSel(gcurpos, gcurpos + lenStrReplace);
                gpos = gcurpos + lenStrReplace;
            }
        }
        //处理替代全部
        if (gpFindReplaceDlg->ReplaceAll()) //是否按下“替代全部”按钮
        {
            UpdateData(TRUE);
            m_strEdit.Replace(strFind, strReplace);
            UpdateData(FALSE);
        }
    end:

        return 0;
    }
```

这个函数代码较长，难点是字符串的一些查找操作、查找/替换对话框的消息状态的获取。从这个函数可以知道，查找/替换对话框只是提供一个人机界面，主要功能是获取用户的一些操作事件，而真正实现查找替换功能必须由自己实现，这需要对字符串操作熟悉才行。这里的字符串涉及两个，一个是MFC中的字符串CString，另外一个是C++标准库中的字符串string，这两个内容在前面章节中都已经介绍过。这里不再赘述。关于编辑框的一些操作，下一章会详细讲述。

（4）保存工程并运行，运行结果如图3-51所示。

图 3-51

3.8.6 打印对话框的使用

顾名思义，打印对话框提供了让用户进行打印的人机接口，大大简化了以前实现打印功能的烦琐操作。在Visual C++ 2017中，类CPrintDialog实现了打印对话框，打印对话框的所有功能都可以通过该类的成员函数来实现。类CPrintDialog的构造函数定义如下：

```
    CPrintDialog( BOOL bPrintSetupOnly, DWORD dwFlags = PD_ALLPAGES |
PD_USEDEVMODECOPIES | PD_NOPAGENUMS | PD_HIDEPRINTTOFILE | PD_NOSELECTION, CWnd*
pParentWnd = NULL );
```

其中，bPrintSetupOnly如果为TRUE，就创建“打印设置”对话框，如果为FALSE，就创建“打印”对话框；dwFlags用来定义打印对话框属性的一组标记；pParentWnd为指向打印对话框父窗口的指针。

CPrintDialog常用的成员函数如表3-6所示。

表 3-6　CPrintDialog 常用的成员函数

函 数 名 称	描　　述
CPrintDialog::CreatePrinterDC	创建一个打印机设备上下文，但不会显示打印对话框
CPrintDialog::DoModal	显示打印对话框
CPrintDialog::GetCopies	获取要打印的份数
CPrintDialog::GetDefaults	获取设备默认值，但不显示打印对话框
CPrintDialog::GetDeviceName	获取当前选择的打印机的名称
CPrintDialog::GetDevMode	获取 DEVMODE 结构
CPrintDialog::GetDriverName	获取当前所选打印机驱动程序的名称
CPrintDialog::GetPortName	获取当前所选打印机的端口
CPrintDialog::GetPrinterDC	获取打印设备上下文的句柄
CPrintDialog::PrintAll	决定是否打印所有页
CPrintDialog::PrintRange	决定是否打印一个指定的范围内的页

下面通过一个实例来说明打印对话框的使用。

【例 3.15】 打印对话框的使用

（1）新建一个对话框工程，工程名是 Test。

（2）为类 CTestDlg 添加一个成员函数 PrintText，函数定义如下：

```
/*
函数功能：打印字符串
参数说明：
str：为要打印的内容
bShowPrintDlg：表示是否显示打印对话框
返回值：无
*/
void CTestDlg::PrintText(CString str,BOOL bShowPrintDlg)
{
    HDC PrintDC;
    DOCINFO docin;

    docin.cbSize = sizeof(DOCINFO);
    docin.lpszDocName = _T("打印测试文件");
    docin.lpszOutput = NULL;

    CPrintDialog PrintDialog(TRUE, PD_ALLPAGES | PD_NOPAGENUMS, NULL);

    if (bShowPrintDlg)
    {
        if (PrintDialog.DoModal() != IDOK) //显示打印对话框
            return;
    }
    else
    {
        if (!PrintDialog.GetDefaults()) //如果不显示打印对话框，则使用默认值
            return;
    }
    PrintDC = PrintDialog.CreatePrinterDC(); // 返回一个打印 DC 句柄
```

```
        //重新定义纸张大小
        DEVMODE* lpDevMode = (DEVMODE*)PrintDialog.GetDevMode();
        lpDevMode->dmPaperSize = DMPAPER_USER; //设定为自定义纸张尺寸
        lpDevMode->dmFields |= DM_PAPERSIZE; //允许重新设置纸张大小
        lpDevMode->dmPaperLength = 300; //设定纸长为 3 厘米
        ResetDC(PrintDC, lpDevMode); //使设置的参数发挥作用

        StartDoc(PrintDC, &docin); // 启动打印工作
        StartPage(PrintDC); // 一页开始

        TextOut(PrintDC, 0, 0, str, str.GetLength()); //打印内容
        EndPage(PrintDC); // 一页结束
        EndDoc(PrintDC); // 终止打印工作

        if (DeleteDC(PrintDC))// 删除打印机 DC
            return;
        else
        {
            AfxMessageBox(_T("打印出错"), MB_OK);
            return;
        }
    }
```

（3）切换到资源视图，在对话框上添加 1 个按钮，标题是“显示打印对话框后打印”，然后添加按钮单击事件，如下代码：

```
void CTestDlg::OnBnClickedButton1()
{
    // TODO: 在此添加控件通知处理程序代码
    PrintText(L"一二三四", TRUE);
}
```

再在对话框上添加一个按钮，标题是“不显示打印对话框直接打印”，然后添加按钮单击事件，如下代码：

```
void CTestDlg::OnBnClickedButton2()
{
    // TODO: 在此添加控件通知处理程序代码
    PrintText(L"一二三四", FALSE);
}
```

（4）保存工程并运行，运行结果如图 3-52 所示。

如果电脑上安装有 Adobe Reader 软件，则可以选择打印到 pdf 文件。图 3-53 所示为打印到 pdf 文件中的结果。

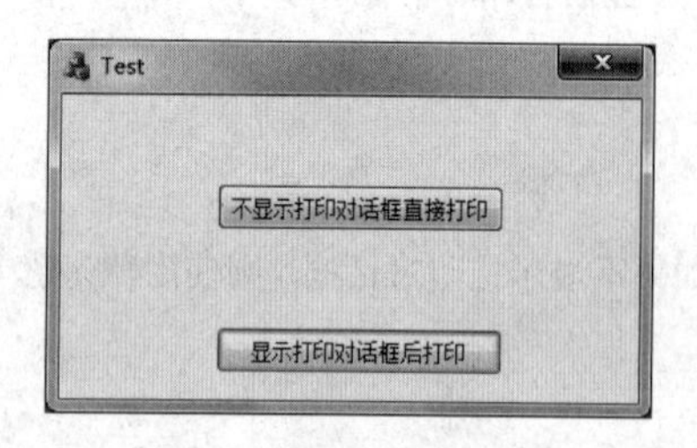

图 3-52

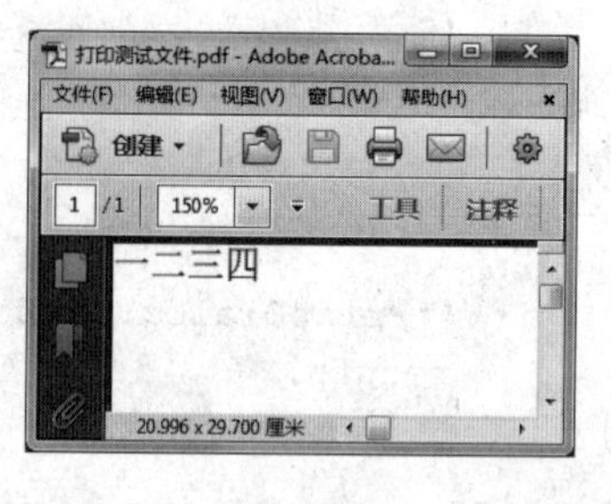

图 3-53

3.9　对话框的高级话题

前面的内容是入门级别的知识，本节列举一些对话框高级使用的话题，这是精通级别需要掌握的知识。这部分内容会涉及其他章节的知识，也可以先放一放，等学完后续内容再回头来看这部分知识。

3.9.1　在对话框非标题栏区域实现拖动

通常，鼠标拖动对话框的区域是标题栏，本例中可以在对话框的任何区域进行拖动。现在很多商业软件都是这样的，整个界面就是一个图片，然后拖拉图片任何部分都可以拖动对话框。

要在客户区上进行拖动，只需在客户区上响应 WM_NCHITTEST 消息，然后在它的消息函数里返回鼠标位置码 HTCAPTION 即可。

涉及的重要函数是 OnNcHitTest ，该函数是 WM_NCHITTEST 消息的消息处理函数，原型如下：

```
afx_msg UINT OnNcHitTest( CPoint point );
```

每当鼠标移动时，框架就为包含光标（或者是用 SetCapture 成员函数捕获了鼠标输入的 CWnd 对象）的 CWnd 对象调用这个成员函数。

其中，point 包含了光标的 *x* 轴和 *y* 轴坐标，这些坐标总是用屏幕坐标给出。函数返回值为下面列出的鼠标击中的枚举值：

- HTBORDER：在不具有可变大小边框的窗口的边框上。
- HTBOTTOM：在窗口的水平边框的底部。
- HTBOTTOMLEFT：在窗口边框的左下角。
- HTBOTTOMRIGHT：在窗口边框的右下角。
- HTCAPTION：在标题栏中。
- HTCLIENT：在客户区中。
- HTERROR：在屏幕背景或窗口之间的分隔线上（与 HTNOWHERE 相同，除了 Windows 的 DefWndProc 函数产生一个系统响声以指明错误）。
- HTGROWBOX：在尺寸框中。
- HTHSCROLL：在水平滚动条上。
- HTLEFT：在窗口的左边框上。
- HTMAXBUTTON：在最大化按钮上。
- HTMENU：在菜单区域。
- HTMINBUTTON：在最小化按钮上。
- HTNOWHERE：在屏幕背景或窗口之间的分隔线上。
- HTREDUCE：在最小化按钮上。
- HTRIGHT：在窗口的右边框上。
- HTSIZE：在尺寸框中（与 HTGROWBOX 相同）。
- HTSYSMENU：在控制菜单或子窗口的关闭按钮上。
- HTTOP：在窗口水平边框的上方。

- HTTOPLEFT：在窗口边框的左上角。
- HTTOPRIGHT：在窗口边框的右上角。
- HTTRANSPARENT：在一个被其他窗口覆盖的窗口中。
- HTVSCROLL：在垂直滚动条中。
- HTZOOM：在最大化按钮上。

【例 3.16】在对话框非标题栏区域实现拖动

（1）新建一个对话框工程，工程名是 Test。切换到资源视图，删掉对话框上的所有控件。

（2）打开类 CTestDlg 的属性视图，切换到消息页，然后找到 WM_NCHITTEST 消息后添加消息函数 OnNcHitTest，如图 3-54 所示。

（3）在 OnNcHitTest 中，修改如下代码：

```
LRESULT CTestDlg::OnNcHitTest(CPoint point)
{
    // TODO: 在此添加消息处理程序代码和/或调用默认值
    UINT nHitTest=CDialog::OnNcHitTest(point);
    return (nHitTest==HTCLIENT)?HTCAPTION:nHitTest;
}
```

（4）保存并编译运行工程，运行结果如图 3-55 所示。

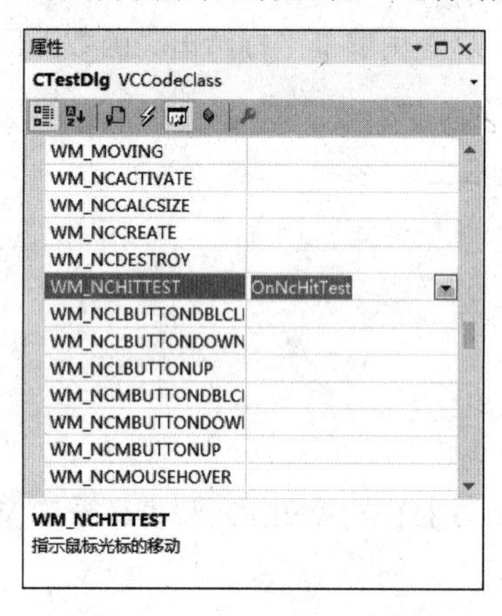

图 3-54

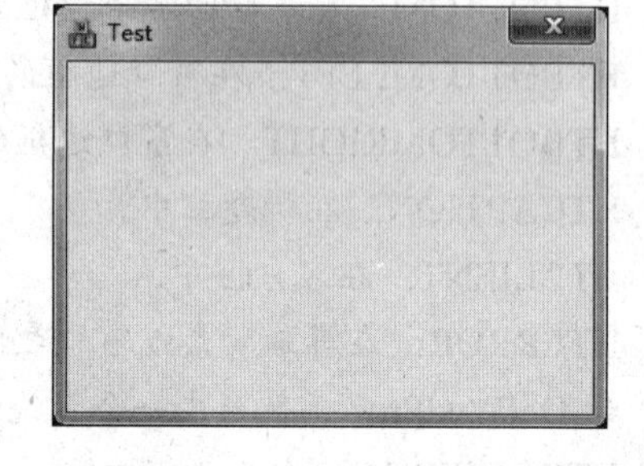

图 3-55

3.9.2 在对话框上显示状态栏

状态栏可以用来显示程序的当前状态，比如让用户知道当前程序运行到什么进度等。通常文档工程会自带有状态栏，而对话框工程是不会自动创建状态栏了，需要我们手动来添加，这里来实现在对话框上显示状态栏。

要在对话框上显示状态栏，首先要在对话框类中添加一个成员变量 CStatusBar_StatusBar，然后调用其成员函数进行创建并设置相关数据即可。

CStatusBar 是 MFC 库中表示状态栏的类，重要成员函数如下：

（1）SetPaneInfo

```
void SetPaneInfo( int nIndex, UINT nID, UINT nStyle, int cxWidth );
```

在创建状态条的代码后，用状态条的成员函数 SetPaneInfo 来设置每个窗格的 ID、风格和宽度（单位对话框，为 1/4 英文字母）。

其中，nStyle 的可取值如下：

- SBPS_NOBORDERS：窗格周围无三维边框。
- SBPS_POPOUT：窗格突出显示。
- SBPS_DISABLED：不画文本。
- SBPS_STRETCH：伸缩窗格以填满空间（每个状态条中只能有一个窗格可以被设置成伸缩的）。
- SBPS_NORMAL：不伸缩、无边框、不凸显。

（2）SetPaneText

```
BOOL SetPaneText(int nIndex, LPCTSTR lpszNewText, BOOL bUpdate = TRUE);
```

此函数用来将窗格文本设置为由 lpszNewText 指定的字符串。

其中，nIndex 为设置其文本的窗格的索引；lpszNewText 为指向新的窗格文本的指针；bUpdate 为是否立即更新显示；函数如果成功就返回非 0 值，否则返回 0。

（3）RepositionBars

```
    void RepositionBars(UINT nIDFirst,UINT nIDLast,UINT nIDLeftOver,UINT nFlag =
CWnd::reposDefault,LPRECT lpRectParam = NULL,LPCRECT lpRectClient = NULL,BOOL
bStretch = TRUE);
```

该函数用于显示工具栏、状态栏。

其中，nIDFirst 表示要重新定位并改变大小的控制条范围中的第一个控制条的 ID；nIDLast 表示要重新定位并改变大小的控制条范围中的最后一个控制条的 ID；nIDLeftOver 表示指定了填充客户区其余部分的 ID；nFlag 表示布局客户区域的标记；lpRectParam 表示指向一个 RECT 结构，其用法依赖于 nFlag 的取值；lpRectClient 指向一个 RECT 结构，其中包含了可用的客户区，如果为 NULL，则窗口的客户区将被使用；bStretch 指明控制条是否被缩放到框架的大小。

【例 3.17】在对话框上显示状态栏

（1）新建一个对话框工程，工程名是 Test。

（2）为类 CTestDlg 添加成员变量：

```
CStatusBar  m_StatusBar;
```

（3）在 CTestDlg::OnInitDialog()中末尾的“return TRUE;”前添加下列代码：

```
BOOL bRet = m_StatusBar.Create(this);              //创建状态栏
    UINT nIDS[3] = {1001, 1002, 1003};
    bRet = m_StatusBar.SetIndicators(nIDS, 3);         //添加面板

    //设置面板宽度
    m_StatusBar.SetPaneInfo(0, nIDS[0], SBPS_NORMAL  , 100);
    m_StatusBar.SetPaneInfo(1, nIDS[1], SBPS_NORMAL  , 200);
    m_StatusBar.SetPaneInfo(2, nIDS[2], SBPS_NORMAL  , 32565);
    m_StatusBar.SetPaneText(0, "我的状态栏");         //设置面板文本

    //显示状态栏
    RepositionBars(AFX_IDW_CONTROLBAR_FIRST,AFX_IDW_CONTROLBAR_LAST, 0);
```

（4）保存并编译运行工程，运行结果如图 3-56 所示。

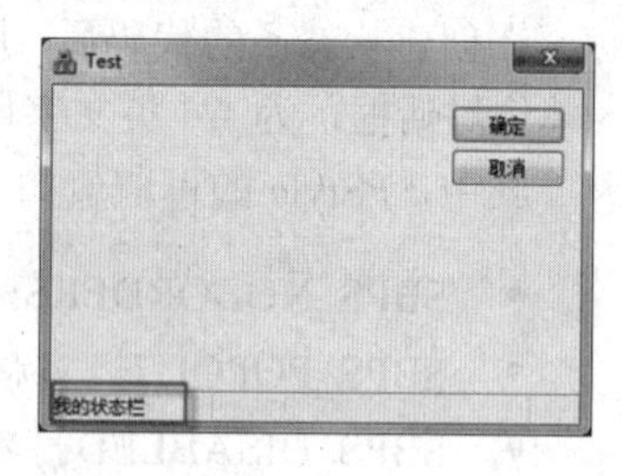

图 3-56

3.9.3 在对话框状态栏上显示菜单提示

用户体验好的软件，通常在细节的地方考虑得很周到，比如，将鼠标移到某个菜单上，就会在状态栏上显示该菜单的相关提示，这样便于用户理解该菜单项的相关功能。本例在对话框的状态栏上显示菜单提示。

当用户鼠标移到菜单项上时，对话框要知道。这可以通过消息 WM_MENUSELECT 来实现，所以在该消息响应中在状态栏上显示菜单的名称即可。

【例 3.18】在对话框状态栏上显示菜单提示

（1）新建一个对话框工程，工程名是 Test。

（2）在类 CTestDlg 中添加成员变量“CStatusBar m_StatusBar;”。

（3）为对话框添加状态栏。在 BOOL CTestDlg::OnInitDialog()中末尾的“return TRUE;”前添加下列代码：

```
BOOL bRet = m_StatusBar.Create(this);                    //创建状态栏
    UINT nIDS[3] = {1001, 1002, 1003};
    bRet = m_StatusBar.SetIndicators(nIDS, 3);           //添加面板
    //设置面板宽度
    m_StatusBar.SetPaneInfo(0, nIDS[0], SBPS_NORMAL  , 150);
    m_StatusBar.SetPaneInfo(1, nIDS[1], SBPS_NORMAL  ,150);
    m_StatusBar.SetPaneInfo(2, nIDS[2], SBPS_NORMAL  , 32565);
    m_StatusBar.SetPaneText(0, _T("中间的格子显示菜单提示"));     //设置面板文本
    //显示状态栏
    RepositionBars(AFX_IDW_CONTROLBAR_FIRST,AFX_IDW_CONTROLBAR_LAST, 0);
```

（4）切换到资源视图，新建一个菜单 IDR_MENU1，如图 3-57 所示。

（5）打开类 CTestDlg 的属性视图，添加 CTestDlg 的重载函数 WindowProc，如图 3-58 所示。

图 3-57

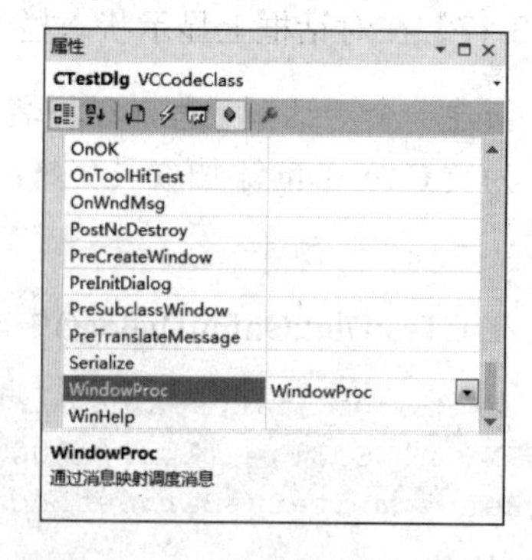

图 3-58

然后添加如下代码：

```
LRESULT CTestDlg::WindowProc(UINT message, WPARAM wParam, LPARAM lParam)
{
    // TODO: 在此添加专用代码和/或调用基类
    if (message==WM_MENUSELECT)
```

```
        ShowMenuName (1,LOWORD(wParam));
    return CDialog::WindowProc(message, wParam, lParam);
}
```

（6）为对话框添加一个成员函数 ShowMenuName，该函数的作用是在状态栏上显示菜单名称。

```
/*
功能：在状态栏的第 nPaneIndex 个格子上显示菜单 nCommand 的文本
参数：
nPaneIndex:状态上的某个格子序号，从 0 开始
nCommand:菜单 ID
*/
void CTestDlg::ShowMenuName(int nPaneIndex,int nCommand)
{
    CMenu *pMenu = GetMenu();
    if (pMenu != NULL)
    {
        CString szText;
        pMenu->GetMenuString( nCommand, szText, MF_BYCOMMAND);
        m_StatusBar.SetPaneText(nPaneIndex, szText);
    }
}
```

（7）切换到资源视图，打开 IDD_TEST_DIALOG 对话框，在它的属性视图中，选择 Menu 为 IDR_MENU1，这也是在对话框中添加菜单的方法，如图 3-59 所示。

（8）保存并编译运行工程，运行结果如图 3-60 所示。

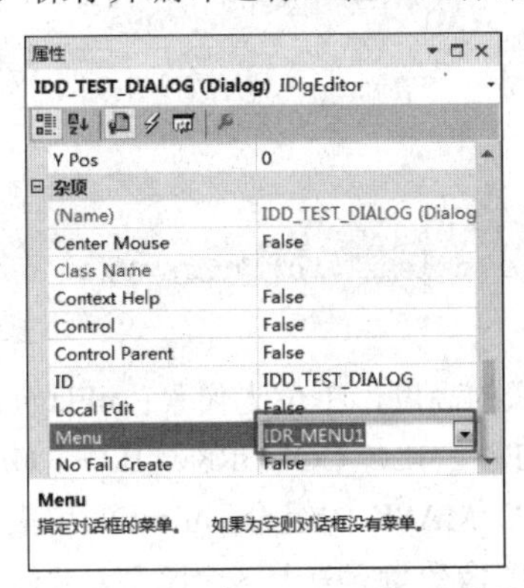

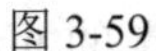
图 3-59

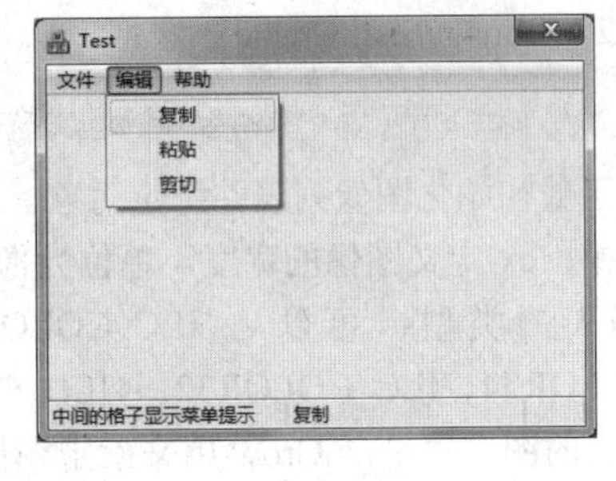

图 3-60

3.9.4　对话框上显示带下拉菜单的工具栏

通常，工具栏显示在单文档或多文档工程上面。本例在对话框上实现工具栏的显示，该工具栏带有下拉菜单。

要在对话框上显示带下拉菜单的工具栏，首先要创建一个 CToolBar，然后设置其中一个工具栏按钮具有下拉风格，再在下拉箭头事件响应函数中创建上下文菜单作为该工具栏按钮的下拉菜单。

本例涉及的重要函数有：

（1）CBitmap::LoadBitmap

在初始化 CBitmap 对象时，常用 CBitmap::LoadBitmap，即如下两种：

```
BOOL  LoadBitmap(LPCTSTR  lpszResourceName );
BOOL  LoadBitmap( UINT  nIDResource );
```

调用成功时返回 TRUE，否则为 FALSE。

其中，lpszResourceName 指向一个包含了位图资源名字的字符串（该字符串以 null 结尾）。nIDResource 指定位图资源中资源的 ID 号，说明本函数从应用的可执行文件中加载由 lpszResourceName 指定名字或者由 nIDResource 指定的 ID 号标志的位图资源，加载的位图被附在 CBitmap 对象上。如果由 lpszResourceName 指定名字的对象不存在，或者没有足够的内存加载位图，函数将返回 FALSE。可以调用函数 CgdiObject::DeleteObject 删除由 LoadBitmap 加载的位图，否则 Cbitmap 的析构函数将删除该位图对象。值得注意的是，在删除位图对象之前，要保证它没有被选到设备上下文中。lpszResourceName 按字面意思好像是“指向资源的名称字符串”，可实际上却不是一般理解的磁盘上的资源文件名，而是 Visual C++工程内部已导入的资源名，所以把外部文件的名称赋给它当然不成功了。问题怎么解决呢?用 API 函数“HBITMAP LoadImage("文件路径名");”，不过该函数返回的是指向所加载图片的句柄，所以还需要用到 CBitmap 的 Attach 方法，示例如下：

```
//直接从外部文件加载图片
HBITMAP bitmap;
bitmap=(HBITMAP)LoadImage(AfxGetInstanceHandle(),strFileName,IMAGE_BITMAP,
0,0,LR_LOADFROMFILE);
m_backBitmap.DeleteObject();
if(!m_backBitmap.Attach(bitmap))
{
   MessageBox("导入背景图失败!","提示",MB_OK);
   return;
}
```

（2）CImageList::Create

```
BOOL Create(int cx,int cy,UINT nFlags,int nInitial,int nGrow);
```

该函数初始化图像列表并绑定对象。

其中，cx 定义图像的宽度，单位为像素；cy 定义图像的高度，单位为像素；nFlags 确定建立图像列表的类型，可以是 ILC_COLOR、ILC_COLOR4、ILC_COLOR8、ILC_COLOR16、ILC_COLOR24、ILC_COLOR32、 ILC_COLORDDB、ILC_MASK 的组合；nInitial 用来确定图像列表包含的图像数量；nGrow 用来确定图像列表可控制的图像数量。关于这个函数，要注意的是，当你添加了两个图像元素以后，还想添加第三个的时候，初始创建分配的 nInitial 已经使用完了，此时系统会根据 nGrow 自动增大 3 个元素容量，此时我们的 Imagelist 就可以容纳 5 个图像元素了。如果 5 个元素使用完毕后会继续按照 nGrow 进行再分配，类似于一个可变数组，但参数到底设置多少，还是要根据实际的情况设置合理的值，既要避免浪费空间，又要避免频繁地对 Image 容器进行 resize 操作。

（3）CImageList::Add

```
int Add(CBitmap* pbmImage, CBitmap* pbmMask );
int Add(CBitmap* pbmImage, COLORREF crMask );
int Add(HICON hIcon );
```

函数添加一个或多个图像到图像列表中。

其中，pbmImage 为包含图像或图像的位图的指针，以图像的数目位图的宽度推断；pbmMask 为包含掩码位图的指针，如果掩码不使用于图像列表，此参数将被忽略；crMask 用于生成掩码，此颜色每像素的位图特定的已更改为黑色，并在掩码中对应的位设置为一个；hIcon 包含位图和掩码新图像的图标的句柄。

（4）CToolBar::SetSizes

```
CToolBar::SetSizes ( SIZE sizeButton, SIZE sizeImage );
```

调用这个成员函数来设置工具栏按钮的大小，以像素为单位，通过参数 sizeButton 来指定。sizeImage 必须包含工具栏位图中图像的像素大小。sizeButton 的尺寸必须足够容纳该图像在宽度上额外增加 7 像素、在高度上额外加 6 像素。该函数也可以设置工具栏高度匹配按钮。

【例 3.19】对话框上显示带下拉菜单的工具栏

（1）新建一个对话框工程，工程名是 Test。切换到资源视图，删除对话框上的所有控件，把 res 目录下的 bmp 文件导入到工程中。

（2）为 CTestDlg 类添加成员变量：

```
CToolBar    m_Toolbar;
   CImageList    m_ImageList;
```

在 TestDlg.h 开头定义 3 个命令 ID:

```
//定义工具栏按钮命令 ID
#define ID_SEARCH              1001
#define ID_UPDATEINFO          1002
#define ID_USER_MGR            1003
```

然后在 BOOL CTestDlg::OnInitDialog()中末尾“return TRUE; ”前添加如下代码：

```
// TODO: 在此添加额外的初始化代码
   //创建图像列表
   m_ImageList.Create(32, 32, ILC_COLOR24|ILC_MASK, 1, 1);
   //向图像列表中添加图像
   CBitmap bmp;
   for(int n=0; n<3; n++)
   {
      bmp.LoadBitmap(IDB_BITMAP1 + n);
      m_ImageList.Add(&bmp, RGB(255, 255, 255));
      bmp.DeleteObject();
   }
   //定义工具栏命令 ID 数组
   UINT nArray[3];
   for(int i=0; i<3; i++)
      nArray[i] = ID_SEARCH + i;

   m_Toolbar.CreateEx(this);
   m_Toolbar.SetButtons(nArray, 3);
   //设置工具栏按钮和按钮图像大小
   m_Toolbar.SetSizes(CSize(60, 56), CSize(24, 24));
   //设置工具栏文本
   m_Toolbar.SetButtonText(0, _T("信息查询"));
```

```
        m_Toolbar.SetButtonText(1, _T("信息修改"));
        m_Toolbar.SetButtonText(2, _T("人员管理"));
        //设置工具栏按钮显示图标
        m_Toolbar.GetToolBarCtrl().SetImageList(&m_ImageList);
        m_Toolbar.GetToolBarCtrl().SetExtendedStyle(TBSTYLE_EX_DRAWDDARROWS);
        //显示工具栏
        RepositionBars(AFX_IDW_CONTROLBAR_FIRST, AFX_IDW_CONTROLBAR_LAST, 0);
        // TODO: Add extra initialization here
        DWORD dwStyle =
m_Toolbar.GetButtonStyle(m_Toolbar.CommandToIndex(ID_SEARCH));
        dwStyle|= TBSTYLE_DROPDOWN;
        m_Toolbar.SetButtonStyle(m_Toolbar.CommandToIndex(ID_SEARCH),dwStyle);
```

（3）此时运行工程，对话框上已经有工具栏了，并且第一个工具栏按钮具有下拉箭头，但单击它暂时没有反映，所以我们要添加工具栏下拉的消息映射，让它出现一个下拉菜单。

先添加菜单资源，资源名为 IDR_TOOLBARMENU，如图 3-61 所示。

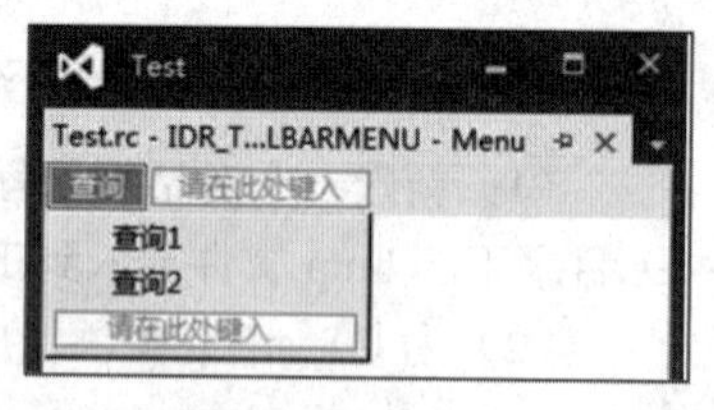

图 3-61

然后在 TestDlg.cpp 中手动添加消息映射：

```
    BEGIN_MESSAGE_MAP(CTestDlg, CDialog)
    ...
        ON_NOTIFY(TBN_DROPDOWN, AFX_IDW_TOOLBAR, OnToolbarDropdown) //这行是我们添
加的
    END_MESSAGE_MAP()
```

消息映射添加完毕后，添加消息响应函数 OnToolbarDropdown。OnToolbarDropdown 是单击下拉箭头时的响应函数，主要功能是当单击第一个工具栏按钮的箭头时能创建一个菜单，如下代码：

```
    void CTestDlg::OnToolbarDropdown(NMHDR  *pnmhdr, LRESULT *plr)
    {
        LPNMTOOLBAR pnmh = reinterpret_cast<LPNMTOOLBAR>(pnmhdr);
        CWnd *pWnd;
        switch(pnmh->iItem)
        {
        case ID_SEARCH:
            pWnd = &m_Toolbar;
            break;
        default:
            return;
        }
        CMenu menu;
        menu.LoadMenu(IDR_TOOLBARMENU); //加载菜单
        CMenu*pPopup = menu.GetSubMenu(0); //获取子菜单
        ASSERT(pPopup);
        CRect rc;
        pWnd->SendMessage(TB_GETRECT, pnmh->iItem, (LPARAM)&rc);
        pWnd->ClientToScreen(&rc); //把客户区坐标转换为屏幕坐标
        pPopup->TrackPopupMenu(TPM_LEFTALIGN|TPM_LEFTBUTTON|TPM_VERTICAL,
rc.left,rc.bottom,this, &rc); //显示下拉菜单
    }
```

（4）此时运行工程，单击下拉箭头，可以看到下拉菜单。下面开始添加工具栏各个按钮和下拉菜单项的事件响应函数。要注意工具栏各个按钮的添加方式只能是手动添加，而不是可视化添加，菜单事件可以可视化添加。先添加工具栏按钮的消息映射：

```
BEGIN_MESSAGE_MAP(CTestDlg, CDialog)
    …
    ON_COMMAND_RANGE(ID_SEARCH, ID_USER_MGR, OnToolBtnClick) //这行是我们添加的
END_MESSAGE_MAP()
```

然后，添加消息处理函数 OnToolBtnClick，如下代码：

```
void CTestDlg::OnToolBtnClick(UINT nID)
{
    switch(nID)
    {
    case ID_SEARCH:
        MessageBox(_T("进入信息查询模块"));
        break;
    case ID_UPDATEINFO:
        MessageBox(_T("进入信息修改模块"));
        break;
    case ID_USER_MGR:
        MessageBox(_T("进入人员管理模块"));
        break;
    default:
        break;
    }
}
```

（5）添加两个下拉菜单项的事件响应函数，这两个添加都可以在资源视图中可视化添加，这里不再赘述，代码如下：

```
void CTestDlg::On32771()
{
    // TODO: 在此添加命令处理程序代码
    MessageBox(_T("查询 1"));
}

void CTestDlg::On32772()
{
    // TODO: 在此添加命令处理程序代码
    MessageBox(_T("查询 2"));
}
```

（6）保存并运行工程，运行结果如图 3-62 所示。

图 3-62

3.9.5 创建一个向导式对话框

我们在安装程序中，经常可以看到安装下一步、再下一步的对话框，这就是向导对话框。本例实现一个可以上一步或下一步的对话框。

向导对话框是用属性表 CPropertySheet 类和属性页 CPropertyPage 类来实现的。“上一步”和“下一步”这些按钮不必自己添加，只需调用属性表的成员函数 SetWizardMode();即可。

要响应“下一步”所产生的事件，只需重载属性页的 OnWizardNext 函数。

CPropertyPage 是一个从 CDialog 派生而来的类，基本功能与对话框类一样。

CPropertySheet 不是一个 CDialog 的派生类，是派生自 CWnd 的，其实它就是一个 CDialog 上加了一个 CTabCtrl 的组合类。

涉及的重要函数有 CPropertySheet::AddPage，原型如下：

```
void CPropertySheet::AddPage(CPropertyPage *pPage);
```

该函数添加属性页到属性表中。

其中，pPage 指向要添加的属性页，注意不能为 NULL。调用 AddPage 时，CPropertySheet 是 CPropertyPage 的父级。若要从属性页中访问属性表，可以调用 CWnd::GetParent。

【例 3.20】创建一个向导式对话框

（1）新建一个对话框工程，工程名是 Test。

（2）切换到类视图，单击菜单“项目”|“添加类”，添加一个 MFC 类，该类继承于 CPropertySheet，类名是 CSheetWizard。

（3）切换到“解决方案资源管理器”，右击 TestDlg.cpp，然后选择“移除”命令，如图 3-63 所示。然后会出现确认对话框，在对话框上要单击“删除”按钮，如图 3-64 所示。

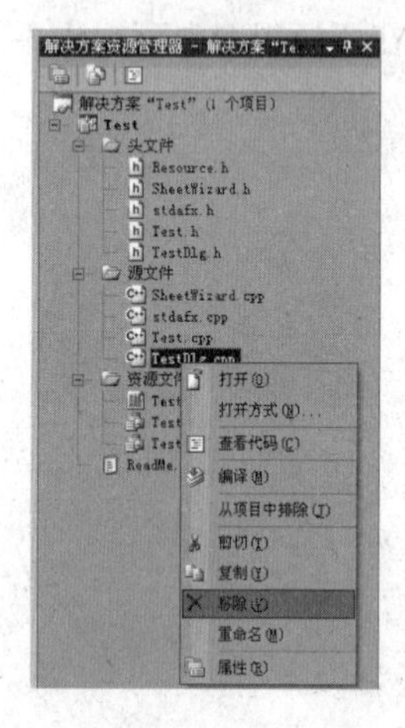
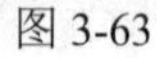

图 3-63

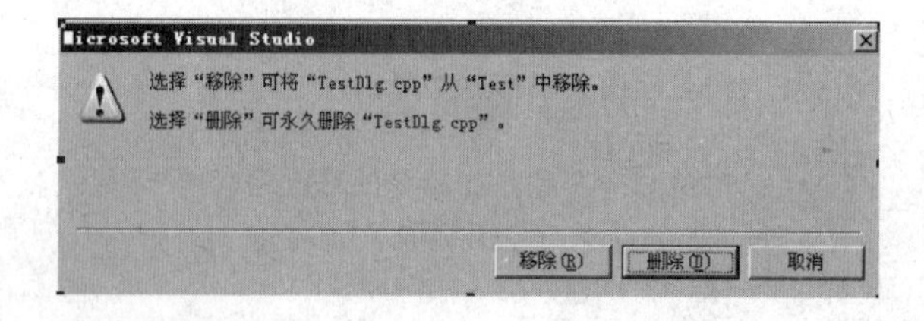

图 3-64

删除是指不但从工程中删掉，并且会把磁盘上的文件也删掉。移除只是从工程中删掉，但磁盘上的文件不会删。利用同样的步骤再把 TestDlg.h 删除。

（4）在 BOOL CTestApp::InitInstance()中，把 CTestDlg dlg 替换成 CSheetWizard dlg(_T(“test”));，添加包含头文件#include "SheetWizard.h"，并删掉#include "TestDlg.h"。

（5）在“资源视图”视图中，删除对话框 IDD_TEST_DIALOG，并添加 3 个对话框资源，并设标题分别为“第一步”“第二步”“第三步”。

（6）双击打开 IDD_DIALOG1，删除“确定”和“取消”按钮，在对话框上右击，然后选择“添加类”命令，添加一个继承于 CPropertyPage 的子类 CPage1。添加 CStatic Text 和 Edit Control。右击“添加类”，然后把 CStatic Text 的 Caption 修改为“姓名”，并为编辑框 Edit Control 添加一个 CString 变量 m_strName。

（7）双击打开 IDD_DIALOG2，删除“确定”和“取消”按钮，添加 CStatic Text 和 Edit Control。右击“添加类”，添加一个继承于 CPropertyPage 的子类 CPage2，然后把 CStatic Text 的 Caption 修改为“工作单位”，并为编辑框 Edit Control 添加一个 CString 变量 m_strUnit。

（8）双击打开 IDD_DIALOG3，删除“确定”和“取消”按钮，添加两个 CStatic Text 和两个 Edit Control。右击“添加类”，添加一个继承于 CPropertyPage 的子类 CPage3，然后把 CStatic Text 的 Caption 分别修改为“姓名”和“工作单位”，并分别为编辑框 Edit Control 添加 CString 变量 m_strName 和 m_strUnit，且都设为只读。

（9）打开 SheetWizard.h，为类 CSheetWizard 添加 3 个成员变量，即 CPage1 m_Page1、CPage2 m_Page2 和 CPage3 m_Page3，并添加相应的头文件；然后在 CSheetWizard 的两个构造函数中添加如下代码：

```
AddPage(&m_Page1);
    AddPage(&m_Page2);
    AddPage(&m_Page3);
    SetWizardMode();//设置向导模式
```

（10）为 CPage1 添加虚函数 OnSetActive，代码如下：

```
BOOL CPage1::OnSetActive()
{
    // TODO: 在此添加专用代码和/或调用基类
    CPropertySheet* pDlg = (CPropertySheet*) GetParent();
    //使得 page1 只有下一步按钮可用，而上一步按钮不可用
    pDlg->SetWizardButtons(PSWIZB_NEXT);

    return CPropertyPage::OnSetActive();
}
```

（11）为 CPage2 添加虚函数 OnSetActive，代码如下：

```
BOOL CPage2::OnSetActive()
{
    // TODO: 在此添加专用代码和/或调用基类
    CPropertySheet* pDlg = (CPropertySheet*) GetParent();
    //使 page2 的上一步和下一步都可用
    pDlg->SetWizardButtons(PSWIZB_BACK|PSWIZB_NEXT);
    return CPropertyPage::OnSetActive();
}
```

（12）为 CPage3 添加虚函数 OnSetActive，代码如下：

```
BOOL CPage3::OnSetActive()
{
    // TODO: 在此添加专用代码和/或调用基类
    CSheetWizard* pDlg = (CSheetWizard*) GetParent();
    //使 page3 的上一步可用，并有完成按钮
    pDlg->SetWizardButtons(PSWIZB_BACK| PSWIZB_FINISH);
```

```
    return CPropertyPage::OnSetActive();
}
```

在 Page3.cpp 开头添加：

```
#include "SheetWizard.h"。
```

（13）为了让用户必须输入姓名和工作单位后才能单击“下一步”按钮，就必须响应下一步按钮事件。添加 CPage1 的虚拟函数 OnWizardNext，并添加如下代码：

```
LRESULT CPage1::OnWizardNext()
{
    // TODO: 在此添加专用代码和/或调用基类
    UpdateData();
    if(m_strName.IsEmpty())
    {
        AfxMessageBox(_T("请输入姓名"));
        return -1;
    }
    return CPropertyPage::OnWizardNext();
}
```

同理，在 CPage2 中也要添加 OnWizardNext，如下代码：

```
LRESULT CPage2::OnWizardNext()
{
    // TODO: 在此添加专用代码和/或调用基类
    UpdateData();
    if(m_strUnit.IsEmpty())
    {
        AfxMessageBox(_T("请输入工作单位"));
        return -1;
    }
    return CPropertyPage::OnWizardNext();
}
```

在 CPage3 中添加虚函数 OnWizardFinish，以此响应单击 Finish 按钮的事件，如下代码：

```
BOOL CPage3::OnWizardFinish()
{
    // TODO: 在此添加专用代码和/或调用基类
    AfxMessageBox(_T("调查完毕"));

    return CPropertyPage::OnWizardFinish();
}
```

（14）保存并运行工程，运行结果如图 3-65 所示。

图 3-65

3.9.6 为对话框添加 BMP 图片作为背景

默认的对话框背景色彩比较单调，如果增加一幅图片作为背景，那么软件将增色不少。

要让 BMP 图片作为对话框背景，首先要把图片加载到一个刷子中，然后响应对话框背景绘制消息 WM_CTLCOLOR 来返回该刷子，系统就能用该刷子来画对话框背景了，效果就是图片显示在对话框上了。

涉及的重要函数有：

（1）CBrush:: CreatePatternBrush

```
BOOL CBrush:: CreatePatternBrush( CBitmap* pBitmap );
```

该函数用位图指定的模式初始化画刷。其中，pBitmap 指定一个位图。

（2）CWnd::CenterWindow

```
void CWnd::CenterWindow ( CWnd* pAlternateOwner = NULL );
```

这个函数将一个窗口定位到它的父窗口的中央。其中，pAlternateOwner 指向一个窗口的指针，本窗口将被定位到该窗口（而不是其他的父窗口）的中央。

【例 3.21】为对话框添加 BMP 图片作为背景

（1）新建一个对话框工程，工程名是 Test。

（2）把 res 目录下的 bk.bmp 导入到工程中，并命名为 IDB_BK。打开 IDD_TEST_DIALOG，删除对话框上的所有控件。

（3）为对话框类 CTestDlg 增加成员变量 CBrush m_brh;，在对话框初始化函数 BOOL CTestDlg::OnInitDialog()中添加如下代码：

```
    // TODO: 在此添加额外的初始化代码
    CBitmap bmp;
    bmp.LoadBitmap(IDB_BK);
    m_brh.CreatePatternBrush(&bmp);
    bmp.DeleteObject();
    //264,189 是图片的尺寸，让对话框大小和图片一样大，使得图片能完全显示
    MoveWindow(0,0,264,189);
    CenterWindow();//对话框居中
```

（4）为对话框增加 WM_CTLCOLOR 消息处理函数，并添加如下代码：

```
HBRUSH CTestDlg::OnCtlColor(CDC* pDC, CWnd* pWnd, UINT nCtlColor)
{
    HBRUSH hbr = CDialog::OnCtlColor(pDC, pWnd, nCtlColor);

    // TODO:  在此更改 DC 的任何属性
    if (pWnd == this)
        return m_brh;
    // TODO:  如果默认的不是所需画笔，则返回另一个画笔
    return hbr;
}
```

（5）保存并运行工程，运行结果如图 3-66 所示。

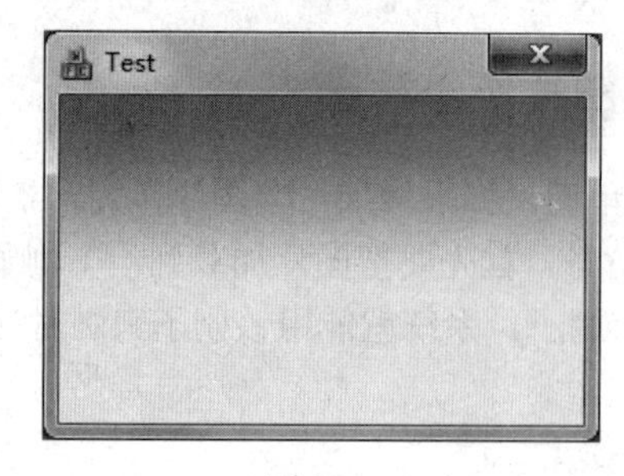

图 3-66

3.9.7 动画的方式显示对话框

通常，对话框是一下子就显示出来的，本例通过动画的方式让对话框慢慢地由小变大地显示。原理是通过设置一个计时器，在计时器函数里让对话框“慢慢地”显示出来，涉及的 API 函数是 MoveWindow。

涉及的重要函数有两个：

（1）CWnd* CWnd:: GetDesktopWindow()

这个函数返回 Windows 的桌面窗口。桌面窗口覆盖整个屏幕，并且所有的图标和其他窗口都画在它上面。函数返回值标识了 Windows 的桌面窗口。这个指针可能是临时的，因此不能被保存以供将来使用。

（2）UINT CWnd::SetTimer(UINT nIDEvent, UINT nElapse, void (CALLBACK EXPORT*lpfnTimer) (HWND, UINT, UINT, DWORD))

这个函数设置一个系统定时器。指定了一个定时值，每当发生超时，则系统向设置定时器的应用程序的消息队列发送一个 WM_TIMER 消息，或者将消息传递给应用程序定义的 TimerProc 回调函数。

```
lpfnTimer 回调函数不需要被命名为 TimerProc，但是它必须按照如下方式定义：
void CALLBACK EXPORT TimerProc(
  HWND hWnd,          // 调用 SetTimer 的 CWnd 的句柄
  UINT nMsg,          // WM_TIMER
  UINT nIDEvent       // 定时器标识
  DWORD dwTime        // 系统时间
);
```

定时器是有限的全局资源，因此对于应用程序来说，检查 SetTimer 返回的值以确定定时器是否可用是很重要的。

其中，nIDEvent 指定了不为 0 的定时器标识符；nElapse 指定了定时值，以毫秒为单位。lpfnTimer 指定了应用程序提供的 TimerProc 回调函数的地址，该函数被用于处理 WM_TIMER 消息，如果这个参数为 NULL，则 WM_TIMER 消息被放入应用程序的消息队列并由 CWnd 对象来处理。如果函数成功，则返回新定时器的标识符。应用程序可以将这个值传递给 KillTimer 成员函数以销毁定时器。如果成功，就返回非 0 值；否则返回 0。

【例 3.22】动画方式显示对话框

（1）新建一个对话框工程，删除对话框上的所有控件。拖拉一个 Picture Control 到对话框上，并把 res 目录下的 bk.bmp 导入工程中，并让 Picture Control 加载该图片，如图 3-67 所示。

图 3-67

（2）在对话框类 CTestDlg 中定义成员变量：

```
    CPoint m_point;
    int m_width,m_height,m_dx,m_dy;
```

为对话框类 CTestDlg 添加定时器消息函数，如下代码：

```
void CTestDlg::OnTimer(UINT_PTR nIDEvent)
{
    // TODO: 在此添加消息处理程序代码和/或调用默认值
    CRect rect,rc;
    GetWindowRect(rect);
    GetDesktopWindow()->GetWindowRect(rc);
    MoveWindow((-m_dx+rc.Width()-rect.Width())/2,
(-m_dy+rc.Height()-rect.Height())/2, +m_dx+rect.Width(),+m_dy+rect.Height());
    if(rect.Height()>=m_height)
    {
        m_dy=0;
    }
    if((rect.Width()>=m_width)&&(rect.Height()>=m_height))
    {
        KillTimer(1);
    }
    CDialog::OnTimer(nIDEvent);
}
```

（3）在 BOOL CTestDlg::OnInitDialog()中添加如下代码：

```
    CRect rect,rc;
    GetWindowRect(rect);
    GetDesktopWindow()->GetWindowRect(rc);

MoveWindow((rc.Width()-rect.Width())/2,(rc.Height()-rect.Height())/2,0,0);
    m_width=rect.Width();
    m_height=rect.Height();
    m_dx=2;
    m_dy=2;
    SetTimer(1,10,NULL);
```

（4）保存并运行工程，运行结果如图 3-68 所示。

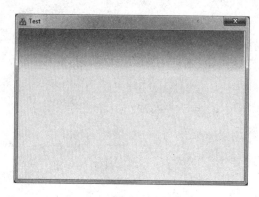

图 3-68

3.9.8 替换对话框的最小化和关闭按钮

我们经常看到一些流行软件，如 360 杀毒软件或 QQ 聊天软件的最小化和关闭按钮使用的不是默认形式的按钮，而是自绘的按钮，看起来非常漂亮。本例也来实现这一功能。基本原理就是先把默认的标题栏、最小化和关闭按钮去掉，然后在右上方原来最小化和关闭按钮的位置添加 2 个按钮，并用图片遮住，而图片的样子类似最小化和关闭按钮，然后响应鼠标在这 2 个图片位置的单击事件，使其实现对话框的最小化和关闭功能。

【例 3.23】替换对话框的最小化和关闭按钮

（1）新建一个对话框工程，工程名是 Test。

（2）把 res 目录下的 bk.bmp 导入到工程中，并设名为 IDB_BK。

（3）添加一个继承于 CButton 的子类 CTranButton，该类实现了按钮的自绘功能，比如按钮在正常的时候、获得鼠标的时候以及鼠标按下的时候显示的不同图片，以此表示按钮的不同状态。具体实现见代码 TranButton..h 和 TranButton.cpp。

（4）为自绘按钮添加 PNG 图片。切换到资源视图，新建自定义资源类型 PNG，并把 res 目录下的 min.png 和 close.png 导入到 PNG 下，并定义名称为 IDR_MIN 和 IDR_CLOSE。

（5）打开对话框 IDD_TEST_DIALOG，把对话框的 Border 属性设为 None，删除对话框上所有控件，然后添加 2 个按钮 IDC_MIN 和 IDC_CLOSE，把按钮的标题（Caption 属性）去掉，并为其添加 CTranButton 类型的变量 btn_min 和 btn_close，再为 CTestDlg 添加成员变量 CBrush m_brh。别忘了添加所需头文件#include "TranButton.h"。

（6）在 BOOL CTestDlg::OnInitDialog()中添加下列初始化代码：

```
CBitmap bmp;
bmp.LoadBitmap(IDB_BK);
m_brh.CreatePatternBrush(&bmp);
bmp.DeleteObject();

MoveWindow(CRect(0,0,463,297));//让对话框和背景图片大小相同
CenterWindow();

btn_min.Load(IDR_MIN, 28);//28 是最小化按钮的宽度
btn_min.SetAutoSize(false);
btn_close.Load(IDR_CLOSE, 39);//39 是关闭按钮的宽度
btn_close.SetAutoSize(false);
```

（7）为对话框绘制边框，在 CTestDlg::OnPaint()中添加如下代码（自己添加的代码见斜体部分）：

```
void CTestDlg::OnPaint()
{
    if (IsIconic())
    {
        CPaintDC dc(this); // 用于绘制的设备上下文

        SendMessage(WM_ICONERASEBKGND, reinterpret_cast<WPARAM>
(dc.GetSafeHdc()), 0);

        // 使图标在工作矩形中居中
        int cxIcon = GetSystemMetrics(SM_CXICON);
        int cyIcon = GetSystemMetrics(SM_CYICON);
        CRect rect;
        GetClientRect(&rect);
        int x = (rect.Width() - cxIcon + 1) / 2;
        int y = (rect.Height() - cyIcon + 1) / 2;

        // 绘制图标
        dc.DrawIcon(x, y, m_hIcon);
    }
    else
    {
        //我们添加的代码
        CPaintDC dc2(this);
        CRect rect;
        GetClientRect(rect);

        //外边框
        CPen *oldpen = NULL;
        CPen newpen(PS_SOLID, 1, RGB(27,147,186));
        oldpen = dc2.SelectObject(&newpen);

        dc2.MoveTo(rect.left, CORNER_SIZE);
        dc2.LineTo(CORNER_SIZE, rect.top);
        dc2.LineTo(rect.right-CORNER_SIZE-1, rect.top);
        dc2.LineTo(rect.right-1, CORNER_SIZE);
        dc2.LineTo(rect.right-1, rect.bottom-CORNER_SIZE-1);
        dc2.LineTo(rect.right-CORNER_SIZE-1, rect.bottom-1);
        dc2.LineTo(CORNER_SIZE, rect.bottom-1);
        dc2.LineTo(rect.left, rect.bottom-CORNER_SIZE-1);
        dc2.LineTo(rect.left, CORNER_SIZE);

        //填充空缺处
        dc2.MoveTo(rect.left+1, CORNER_SIZE);
        dc2.LineTo(CORNER_SIZE+1, rect.top);

        dc2.MoveTo(rect.right-CORNER_SIZE-1, rect.top+1);
        dc2.LineTo(rect.right-1, CORNER_SIZE+1);

        dc2.MoveTo(rect.right-2, rect.bottom-CORNER_SIZE-1);
        dc2.LineTo(rect.right-CORNER_SIZE-1, rect.bottom-1);

        dc2.MoveTo(CORNER_SIZE, rect.bottom-2);
        dc2.LineTo(rect.left, rect.bottom-CORNER_SIZE-2);
```

```
        dc2.SelectObject(oldpen);
        //内边框
        CPen newpen2(PS_SOLID, 1, RGB(196,234,247));
        oldpen = dc2.SelectObject(&newpen2);
        dc2.MoveTo(rect.left+1, CORNER_SIZE+1);
        dc2.LineTo(CORNER_SIZE+1, rect.top+1);
        dc2.LineTo(rect.right-CORNER_SIZE-2, rect.top+1);
        dc2.LineTo(rect.right-2, CORNER_SIZE+1);
        dc2.LineTo(rect.right-2, rect.bottom-CORNER_SIZE-2);
        dc2.LineTo(rect.right-CORNER_SIZE-2, rect.bottom-2);
        dc2.LineTo(CORNER_SIZE+1, rect.bottom-2);
        dc2.LineTo(rect.left+1, rect.bottom-CORNER_SIZE-2);
        dc2.LineTo(rect.left+1, CORNER_SIZE+1);
        CDialog::OnPaint();
    }
}
```

以上 else 部分主要为对话框绘制了一个边框。其中，CORNER_SIZE 是一个宏定义：

```
#define CORNER_SIZE 2
```

（8）为对话框绘制背景图片。添加 CTestDlg 的消息函数 OnCtlColor，如下代码：

```
HBRUSH CTestDlg::OnCtlColor(CDC* pDC, CWnd* pWnd, UINT nCtlColor)
{
    HBRUSH hbr = CDialog::OnCtlColor(pDC, pWnd, nCtlColor);
    // TODO:  在此更改 DC 的任何属性
    if (pWnd == this)
        return m_brh;
    // TODO:  如果默认的不是所需画笔，则返回另一个画笔
    return hbr;
}
```

（9）为对话框增加鼠标拖拉功能，前面例子已有，这里不再赘述。

（10）为最小按钮和关闭按钮添加相应事件，实现最小化和关闭功能，如下代码：

```
void CTestDlg::OnBnClickedMin()
{
    // TODO: 在此添加控件通知处理程序代码
    PostMessage(WM_SYSCOMMAND, SC_MINIMIZE);
}

void CTestDlg::OnBnClickedClose()
{
    // TODO: 在此添加控件通知处理程序代码
    PostMessage(WM_CLOSE, 0, 0);
}
```

（11）在实现对话框任何区域内实现拖动，响应事件 WM_NCHITTEST，事件函数如下代码：

```
LRESULT CTestDlg::OnNcHitTest(CPoint point)
{
    // TODO: 在此添加消息处理程序代码和/或调用默认值
```

```
    UINT nHitTest=CDialog::OnNcHitTest(point);
    return (nHitTest==HTCLIENT)?HTCAPTION:nHitTest;
}
```

（12）保存并运行工程，运行结果如图 3-69 所示。

图 3-69

3.9.9　为对话框添加 PNG 图片作为背景

前面有例子把 bmp 图片作为对话框的背景，在本例中把 png 图片作为背景。PNG 格式图片因其高保真性、透明性及文件体积较小等特性被广泛应用于网页设计、平面设计中。PNG 格式有 8 位、24 位、32 位 3 种形式。其中，8 位 PNG 支持两种不同的透明形式（索引透明和 alpha 透明），24 位 PNG 不支持透明，32 位 PNG 在 24 位的基础上增加了 8 位透明通道，因此可展现 256 级透明程度。本例的显示效果是透明的。

在 MFC 中，微软提供了 GDI+类库来处理图像，有了它，开发一般的图像处理程序变得十分简单。首先通过使用 GDI+载入 PNG 图片，然后使用 User32.DLL 中的 UpdateLayerWindow 函数进行窗口透明处理。

【例 3.24】为对话框添加 PNG 图片作为背景

（1）新建一个对话框工程，工程名是 Test。

（2）去掉对话框上的所有控件，编译运行，这样会生成一个 Debug 目录，把 bk.png 图片文件放到 Debug 目录下，即图片路径和程序路径一致，注意是和 Test.sln 同路径的 Debug 目录。

（3）在 CTestApp 下添加获取应用程序路径的函数：

```
//带斜杠
CString CTestApp::GetAppPath(void)
{
    CString path=AfxGetApp()->m_pszHelpFilePath;
    CString  str=AfxGetApp()->m_pszExeName;
    path=path.Left(path.GetLength()-str.GetLength()-4);

    return path;
}
```

（4）在 stdafx.h 中加入 GDI+相关的头文件和引用库：

```
#include <gdiplus.h>
using namespace Gdiplus;
#pragma comment(lib, "gdiplus.lib")
```

（5）在 CTestApp::InitInstance()中添加 GDI+的初始化代码：

```
    Gdiplus::GdiplusStartupInput gdiplusStartupInput;
    Gdiplus::GdiplusStartup(&gdiplusToken, &gdiplusStartupInput, NULL);
其中，gdiplusToken 是一个全局变量：
ULONG_PTR gdiplusToken;
```

（6）在 CTestDlg::OnInitDialog()中添加如下代码：

```
//设置 GDI+相关变量
    m_Blend.BlendOp=0;
    m_Blend.BlendFlags=0;
    m_Blend.AlphaFormat=1;
    m_Blend.SourceConstantAlpha=255;//AC_SRC_ALPHA
    //窗体样式为 0x80000 层级窗体
    DWORD dwExStyle=GetWindowLong(m_hWnd,GWL_EXSTYLE);
    SetWindowLong(m_hWnd,GWL_EXSTYLE,dwExStyle^0x80000);
    //绘制内存位图
    HDC hdcTemp=GetDC()->m_hDC;
    m_hdcMemory=CreateCompatibleDC(hdcTemp);
    HBITMAP hBitMap=CreateCompatibleBitmap(hdcTemp,500,500);
    SelectObject(m_hdcMemory,hBitMap);
    //使用 GDI+载入 PNG 图片
    HDC hdcScreen=::GetDC (m_hWnd);
    RECT rct;
    GetWindowRect(&rct);
    POINT ptWinPos={rct.left,rct.top};
    Graphics graph(m_hdcMemory);             //GDI+中的类
    CString strPath = theApp.GetAppPath()+L"bk.png";
    Image image(strPath,TRUE);             //GDI+中的类
    //后面两个参数要设置成跟图片一样大小，否则会失真
    graph.DrawImage(&image,0,0,267,154);
    //使用 UpdateLayerWindow 进行窗口透明处理
    HMODULE hFuncInst=LoadLibrary(L"User32.DLL");
    typedef BOOL (WINAPI *MYFUNC)(HWND,HDC,POINT*,SIZE*,HDC,POINT*,COLORREF,
BLENDFUNCTION*,DWORD);
    MYFUNC UpdateLayeredWindow;
    UpdateLayeredWindow=(MYFUNC)GetProcAddress(hFuncInst,
"UpdateLayeredWindow");
    SIZE sizeWindow={267,154};
    POINT ptSrc={0,0};
    UpdateLayeredWindow( m_hWnd,hdcScreen,&ptWinPos,&sizeWindow,m_hdcMemory,
&ptSrc,0,&m_Blend,2);
```

其中，Blend 和 hdcMemory 是 CTestDlg 的成员变量，定义如下：

```
BLENDFUNCTION m_Blend;
HDC m_hdcMemory;
```

（7）此时运行工程，就可以看到对话框的背景是 png 图片了，但还不能移动，所以添加鼠标拖动代码：

```
LRESULT CTestDlg::OnNcHitTest(CPoint point)
{
    // TODO: 在此添加消息处理程序代码和/或调用默认值
    UINT nHitTest=CDialog::OnNcHitTest(point);
    return (nHitTest==HTCLIENT)?HTCAPTION:nHitTest;
}
```

此时可以在任意区域拖动对话框，这个功能前面章节也讲过。

（8）保存并运行工程，运行结果如图 3-70 所示。

图 3-70

3.9.10　为 PNG 背景的对话框添加控件

在上例中，把 png 图片作为了对话框的背景，但对话框上啥都没有。本例将在对话框上增加一些控件，使得其具有一定的使用价值。到时候只要稍微完善下即可放到实际项目中去使用。

由于窗口已经透明，且被 png 图片遮住，因此用传统的方法直接在对话框上添加控件是没用的，运行后看不到控件。正确的办法是另外添加对话框资源，然后“遮在”主对话框上面，并随着主对话框移动而移动，使其看起来好像一个对话框。

【例 3.25】为 PNG 背景的对话框添加控件

（1）新建一个对话框工程，工程名是 Test。

（2）去掉对话框上的所有控件，设置 Boarder 属性为 None，编译运行，这样会生成一个 Debug 目录，把 bk.png 图片文件放到 Debug 目录下，即图片路径和程序路径一致，注意是和 Test.sln 同路径的 Debug 目录。

（3）（4）（5）（6）（7）（8）步骤同上例，在此不再赘述，下面详细说明如何添加控件。

（9）添加一个对话框资源，名字是 IDD_LOGIN，设置 Boarder 属性为 None，并在其中添加 2 个编辑框，上面一个编辑框的位置要在 bk.png 上的“用户名”旁边，下面一个编辑框的位置要在 bk.png 上的“密码”旁边，并且要设置 Password 属性为 True，这样输入的内容可以用星号代替，然后为该对话框添加对话框类 CDlgLogin。

（10）为类 CTestDlg 添加成员变量：

```
CDlgLogin *pDlgLogin;    //子窗体
```

为 CTestDlg 添加 WM_CREATE 事件函数，在里面创建 CDlgLogin，如下代码：

```
int CTestDlg::OnCreate(LPCREATESTRUCT lpCreateStruct)
{
    if (CDialog::OnCreate(lpCreateStruct) == -1)
        return -1;

    // TODO:  在此添加你专用的创建代码

    //创建子窗体
    pDlgLogin=new CDlgLogin(this);
    pDlgLogin->Create(CDlgLogin::IDD);
    pDlgLogin->ShowWindow(SW_SHOW);

    return 0;
}
```

（11）为 CTestDlg 添加 WM_MOVE 消息响应函数:

```
void CTestDlg::OnMove(int x, int y)
{
    CDialog::OnMove(x, y);

    // TODO: 在此处添加消息处理程序代码
    CRect rcWindow;
    GetWindowRect(rcWindow);
    rcWindow.bottom-=10;
    rcWindow.left+=10;
    rcWindow.right-=10;
    rcWindow.top+=20;
    pDlgLogin->MoveWindow(&rcWindow);
}
```

此时如果运行工程，可以发现子对话框（CDlgLogin）已经遮在主对话框上面了，并且能随着主对话框的拖动而动。下面开始对子对话框进行处理，使主、子两个对话框看起来一体化。

（12）在 CDlgLogin::OnInitDialog()中添加如下代码：

```
BOOL CDlgLogin::OnInitDialog()
{
    CDialog::OnInitDialog();

    // TODO:  在此添加额外的初始化

    m_brush.CreateSolidBrush(RGB(255,0,255));        //背景设置为粉红色
    //SetWindowsLong 将窗体设置为层级窗体
    DWORD dwExStyle=GetWindowLong(m_hWnd,GWL_EXSTYLE);
    SetWindowLong(m_hWnd,GWL_EXSTYLE,dwExStyle|0x80000);

    //用 SetLayeredWindowAttributes 设置透明色为 0，比 UpdateLayeredWindow 要简单
    HMODULE hInst=LoadLibraryA("User32.DLL");
    typedef BOOL (WINAPI *MYFUNC)(HWND,COLORREF,BYTE,DWORD);
    MYFUNC SetLayeredWindowAttributes = NULL;
    SetLayeredWindowAttributes=(MYFUNC)GetProcAddress(hInst,
"SetLayeredWindowAttributes");
    SetLayeredWindowAttributes(this->GetSafeHwnd(),0xff00ff,0,1);
    FreeLibrary(hInst);

    return TRUE;  // return TRUE unless you set the focus to a control
    // 异常: OCX 属性页应返回 FALSE
}
```

其中，m_brush 是 CDlgLogin 的成员变量：

```
CBrush m_brush;          //背景画刷
```

（13）为 CDlgLogin 添加 WM_CTLCOLOR 消息响应函数：

```
HBRUSH CDlgLogin::OnCtlColor(CDC* pDC, CWnd* pWnd, UINT nCtlColor)
{
    // TODO:  在此更改 DC 的任何属性
    HBRUSH hbr = CDialog::OnCtlColor(pDC, pWnd, nCtlColor);
```

```
    if(CTLCOLOR_DLG == nCtlColor) //如果是对话框背景
        return m_brush;
    // TODO:  如果默认的不是所需画笔，则返回另一个画笔
    return hbr;
}
```

此时运行工程，已经可以感觉 2 个对话框“合为一体了”。下面开始添加退出功能，使得单击 CDlgLogin 上的按钮能使整个程序退出。

（14）在 IDD_LOGIN 对话框资源上双击“取消”按钮，为其添加事件函数，如下代码：

```
void CDlgLogin::OnBnClickedCancel()
{
    // TODO: 在此添加控件通知处理程序代码
    HWND hWnd=GetParent()->m_hWnd; //获取父窗口句柄
    ::SendMessage(hWnd,WM_CLOSE,0,0); //向父窗口发出关闭消息
}
```

同样也为“确定”按钮添加事件处理函数：

```
void CDlgLogin::OnBnClickedOk()
{
    // TODO: 在此添加控件通知处理程序代码
    HWND hWnd=GetParent()->m_hWnd; //获取父窗口句柄
    ::SendMessage(hWnd,WM_CLOSE,0,0); //向父窗口发出关闭消息
}
```

（15）保存工程并执行，运行结果如图 3-71 所示。

图 3-71

3.9.11　使对话框大小可调整

通常，在程序运行过程中，对话框的大小是不能调整的，但有时候这样不方便。本例便实现一个可以调整大小的对话框。

其实，不用写一行代码，在对话框编辑器中设置对话框的 Border 为 Resizing 即可。

【例 3.26】使对话框大小可调整

（1）新建一个对话框工程，工程名为 Test。

（2）在对话框编辑器上，去掉对话框上的所有控件，并设置对话框的 Border 属性为 Resizing。

（3）保存并运行工程，运行结果如图 3-72 所示。

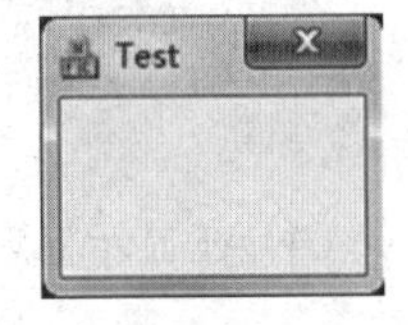

图 3-72

3.9.12　限制对话框最大化时对话框的大小

通常单击最大化的时候，对话框将充满整个屏幕，但在某些场合这是不必要的，比如对话框上没有很多内容的时候，此时只需延伸到一定的大小，让对话框上所有的内容全部显示出来即可。

通过响应 WM_GETMINMAXINFO 消息来设置最大化时的对话框位置和大小。

【例 3.27】限制对话框最大化时对话框的大小

（1）新建一个对话框工程，工程名为 test。

（2）切换到资源视图，在对话框上删除所有控件并设置 Maximize Box 属性为 TRUE。

（3）添加 WM_GETMINMAXINFO 消息的处理函数，如下代码：

```
void CtestDlg::OnGetMinMaxInfo(MINMAXINFO* lpMMI)
{
    // TODO: 在此添加消息处理程序代码和/或调用默认值
    lpMMI->ptMaxSize.x = 800;    //设置对话框最大化时的宽度
    lpMMI->ptMaxSize.y = 600;    //设置对话框最大化时的高度

    lpMMI->ptMaxPosition.x = 100; //设置对话框最大化时左边位置
    lpMMI->ptMaxPosition.y = 100; //设置对话框最大化时上方位置

    CDialog::OnGetMinMaxInfo(lpMMI);
}
```

（4）保存并运行工程，运行工程后单击最大化按钮，可以发现对话框没有撑满整个屏幕了。运行结果如图 3-73 所示。

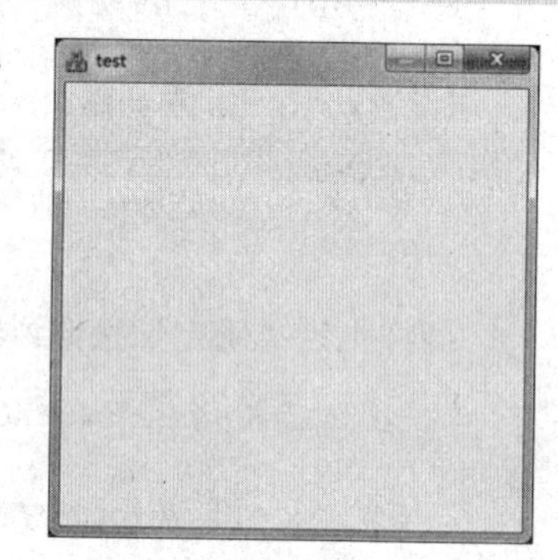

图 3-73

3.9.13 显示或隐藏对话框窗口标题栏

默认情况下，不论是新建的对话框工程还是文档工程，都有标题栏。如果有时候要贴图做出漂亮的自绘标题栏，那么默认的标题栏就显得多余了。本例实现显示和隐藏窗口标题栏。

窗口都有修改风格的函数 ModifyStyle，通过该函数可以对窗口的属性进行添加或删除。是否拥有标题栏是窗口属性之一。

【例 3.28】显示或隐藏对话框窗口标题栏

（1）新建一个对话框工程，工程名是 Test。

（2）去掉对话框上的所有控件，并放置两个按钮，一个用来隐藏标题栏，另一个用来显示标题栏。

（3）在隐藏标题栏按钮事件函数中添加如下代码：

```
void CTestDlg::OnBnClickedHideCaption()
{
    // TODO: 在此添加控件通知处理程序代码
    ModifyStyle(WS_CAPTION, 0, SWP_FRAMECHANGED);
}
```

（4）在显示标题栏时的按钮事件函数中添加如下代码：

```
void CTestDlg::OnBnClickedShowCaption()
{
    // TODO: 在此添加控件通知处理程序代码
    ModifyStyle(0, WS_CAPTION, SWP_FRAMECHANGED);
}
```

（5）保存并运行工程，运行结果如图 3-74 所示。

图 3-74

3.9.14 带启动文字界面的对话框程序

当我们打开 Word、Excel 或 PhotoShop 的时候，会发现这些软件都带有启动界面，在启动界面停留几秒后再进入正式的软件界面，这样使得软件看起来很专业。本例实现一个启动界面，并且是一行文字。

启动界面实际上也是一个对话框，然后加载一幅图片，并在程序中把白色的背景隐去，方法是先获取图片的像素，如果是白色，就和临时创建的区域进行组合，组合的方式是 RGN_DIFF。

【例 3.29】带启动文字界面的对话框程序

（1）新建一个对话框工程，工程名为 Test，并删除对话框上的所有控件。

（2）用画图程序做一个图片，白底黑字，然后加入工程中，资源名为 IDB_BITMAP1。

（3）添加一个对话框资源，并为其添加类 CDlgWork。

（4）在 BOOL CTestDlg::OnInitDialog()中的末尾添加如下代码：

```
// TODO: 在此添加额外的初始化代码
    CDC* pDC;
    CDC     memDC;
    CBitmap    bitmap;
    CBitmap* bmp = NULL;
    COLORREF col;
    CRect rc;
    int    x, y;
    CRgn rgn, tmp;
    pDC = GetDC();
    GetWindowRect(&rc);
    bitmap.LoadBitmap(IDB_BITMAP1);//装载位图
    memDC.CreateCompatibleDC(pDC);
    bmp = memDC.SelectObject(&bitmap);
    rgn.CreateRectRgn(0, 0, rc.Width(), rc.Height());
    //计算得到区域
    for(x=0; x<=rc.Width(); x++)
    {
        for(y=0; y<=rc.Height(); y++)
        {
            //将白色部分去掉
            col = memDC.GetPixel(x, y);//得到像素颜色
            if(col == RGB(255,255,255))
            {
                tmp.CreateRectRgn(x, y, x+1, y+1);
                rgn.CombineRgn(&rgn, &tmp,RGN_DIFF);
                tmp.DeleteObject();
            }
        }
    }
    if(bmp)
    {
        memDC.SelectObject(bmp);
    }
    CenterWindow();
    SetWindowRgn((HRGN)rgn,TRUE);//设置窗体为区域的形状
    ReleaseDC(pDC);
    SetTimer(1,2000,NULL);
```

（5）为 CTestDlg 添加计时器函数，并添加如下代码：

```
void CTestDlg::OnTimer(UINT_PTR nIDEvent)
{
```

```
    // TODO: 在此添加消息处理程序代码和/或调用默认值
    KillTimer(1);
    CDialog::OnCancel();
    CDlgWork dlg;
    dlg.DoModal();
    CDialog::OnTimer(nIDEvent);
}
```

（6）为 TestDlg 添加显示窗口事件(WM_SHOWWINDOW)函数，并添加如下代码：

```
void CTestDlg::OnShowWindow(BOOL bShow, UINT nStatus)
{
    CDialog::OnShowWindow(bShow, nStatus);

    // TODO: 在此处添加消息处理程序代码
    CRect rc,rect;
    GetClientRect(&rc);
    GetWindowRect(&rect);
    rc.left = rect.left;
    rc.top = rect.top;
    rc.right = rc.left + 414;//414 是图片宽度
    rc.bottom = rc.top + 100;//100 是图片高度
    MoveWindow(&rc,true);

}
```

（7）保存并运行工程，可以看到程序启动的时候会显示一个文字提示，然后出现类为 CDlgWork 的对话框。运行结果如图 3-75 所示。

程序正在启动..

图 3-75

3.9.15 让带图像的对话框渐进渐出

在对话框上放置一幅图片，然后在对话框显示的时候渐进渐出，非常漂亮。

从 CDialog 继承一个对话框类，然后在初始化函数里加载位图，并调整对话框大小和图片一样大，最后在时间事件处理函数中调用 AlphaBlend 函数实现渐进渐出。

【例 3.30】 让带图像的对话框渐进渐出

（1）新建一个对话框工程，工程名为 Test。

（2）切换到资源视图，新建一个对话框 IDD_ALPHASPLASH，设置其 Border 属性为 None，然后为其添加类 CAlphaSplashDlg。

（3）在 CAlphaSplashDlg::OnInitDialog 中加载位图并调整对话框大小，如下代码：

```
BOOL CAlphaSplashDlg::OnInitDialog()
{
    CDialog::OnInitDialog();

    // TODO:  在此添加额外的初始化
    m_bf.BlendOp = AC_SRC_OVER;
    m_bf.BlendFlags = 0;
    m_bf.SourceConstantAlpha = 0;
    m_bf.AlphaFormat = 0;

    m_bitmap.LoadBitmap(IDB_SPLASH);
```

```
    BITMAP BitMap;
    m_bitmap.GetBitmap(&BitMap);
    m_nWidth = BitMap.bmWidth;
    m_nHeight = BitMap.bmHeight;

    SetWindowPos(NULL, 0,0,m_nWidth, m_nHeight, SWP_NOMOVE|SWP_NOZORDER|
SWP_NOREDRAW);

    m_nCount = 0;
    CenterWindow();

    return TRUE;  // return TRUE unless you set the focus to a control
    // 异常: OCX 属性页应返回 FALSE
}
```

为 CAlphaSplashDlg 添加计时器，处理函数如下：

```
void CAlphaSplashDlg::OnTimer(UINT_PTR nIDEvent)
{
    // TODO: 在此添加消息处理程序代码和/或调用默认值
    /*--------------------------------------
     * Use following code.
     *--------------------------------------*/
    static int temp = 0;

    if (temp > 255 - 10)
    {
        temp = 0;
        KillTimer(1);
        ShowWindow(SW_HIDE);
    }
    else
    {
        m_nCount += 4;
        temp += (m_nCount/100);
        m_bf.SourceConstantAlpha = temp + 10;

        CClientDC dc(this);
        CDC  dcMem;
        dcMem.CreateCompatibleDC(&dc);

        CBitmap *pOldBitmap  =  dcMem.SelectObject(&m_bitmap);
        AlphaBlend(dc, 0,0, m_nWidth, m_nHeight, dcMem, 0,0,m_nWidth,
m_nHeight,m_bf);

        dcMem.SelectObject(pOldBitmap);
    }

    CDialog::OnTimer(nIDEvent);
}
```

代码的主要意思是随着时间的变化不断改变透明程度，通过函数 AlphaBlend 来实现。

再分别增加两个成员函数，以方便外部调用。

```
void CAlphaSplashDlg::Create(CWnd *pParent)
{
    CDialog::Create(CAlphaSplashDlg::IDD, pParent);
}

void CAlphaSplashDlg::OnInitSplash()
{
    m_nCount = 0;
    ::SetTimer(m_hWnd, 1, 50, NULL);
}
```

本例调用的方式是非模态对话框调用方式。

（4）切换到资源视图，在 IDD_TEST_DIALOG 对话框上放置一个按钮“显示渐进渐出对话框”，并添加如下按钮事件代码：

```
void CTestDlg::OnBnClickedShow()
{
    // TODO: 在此添加控件通知处理程序代码
    m_pSplash->OnInitSplash();
    m_pSplash->ShowWindow(SW_SHOW);

}
```

其中，m_pSplash 的定义在为 CTestDlg 的成员变量，即 CAlphaSplashDlg* m_pSplash;。

（5）为了一开始就出现渐变对话框，要在主对话框的初始函数里对其进行调用。定位到 CTestDlg::OnInitDialog()，添加如下代码：

```
// TODO: 在此添加额外的初始化代码
    m_pSplash = new CAlphaSplashDlg;
    m_pSplash->Create(this);
    m_pSplash->OnInitSplash();
    m_pSplash->ShowWindow(SW_SHOW);
```

（6）为 CTestDlg 添加销毁函数，在里面实现对 m_pSplash 的销毁，如下代码：

```
void CTestDlg::OnDestroy()
{
    CDialog::OnDestroy();

    // TODO: 在此处添加消息处理程序代码
    delete m_pSplash;
}
```

（7）保存工程并运行，运行结果如图 3-76 所示。

图 3-76

3.9.16　对话框上实现 3D 文字

在对话框上写一行 3D 文字，可以更吸引注意力。在对话框的 OnPaint 函数中，通过 CreateFont 创建 3D 字体，并调用 CPaintDC 的 DrawText。

【例 3.31】对话框上实现 3D 文字

（1）新建一个对话框工程。

（2）在 CTestDlg::OnPaint 中的 else 段中注释掉“CDialog::OnPaint();”，然后添加如下代码：

```
    CPaintDC dc(this); // 用于绘制的设备上下文
    CString string;
    string="3D 文字";
    CFont m_fontLogo;
    m_fontLogo.CreateFont(44, 0, 0, 0, 55, FALSE, FALSE,0,0,0,0,0,0, "Arial");
    dc.SetBkMode(TRANSPARENT);
    CRect rectText;
    GetClientRect(&rectText);
    CFont * OldFont = dc.SelectObject(&m_fontLogo);
    // draw text in DC
    COLORREF OldColor = dc.SetTextColor( ::GetSysColor( COLOR_3DHILIGHT));
    dc.DrawText( string, rectText+CPoint(1,1) ,
DT_SINGLELINE|DT_LEFT|DT_Visual C++ENTER|DT_CENTER);
    dc.SetTextColor( ::GetSysColor( COLOR_3DSHADOW));
    dc.DrawText( string, rectText, DT_SINGLELINE|DT_LEFT|DT_Visual
C++ENTER|DT_CENTER);
    // restore old text color
    dc.SetTextColor( OldColor);
    // restore old font
    dc.SelectObject(OldFont);
```

（3）保存工程并运行，运行结果如图 3-77 所示。

图 3-77

3.9.17　对话框程序向另一个对话框发送消息

本例实现两个不同的程序之间发送消息，这两个程序都是对话框程序。

先查找另外一个程序的窗口句柄，然后通过句柄发送消息。

【例 3.32】对话框程序向另一个对话框发送消息

（1）新建一个对话框工程，工程名为 SearchTest。

（2）定义一个消息宏：

```
#define UM_USE_MESSAGE  WM_USER+100
```

在对话框上放置一个按钮，事件如下代码：

```
void CSearchTestDlg::OnBnClickedButton1()
{
    // TODO: 在此添加控件通知处理程序代码
    //根据窗口名来查找，名字大小写是无关的
    CWnd *pWnd = CWnd::FindWindow(NULL,"TEST");
```

```
    if (!pWnd)
        AfxMessageBox("没有找到 TEST 窗口");
    else
    {
        //AfxMessageBox("找到 TEST 窗口");
        pWnd->SendMessage(UM_USE_MESSAGE, NULL, NULL);
    }
}
```

（3）新建一个对话框工程，工程名为 Test。

（4）定义自定义消息的处理函数，如下代码：

```
LRESULT CTestDlg::OnUseMessage(WPARAM wParam, LPARAM lParam)
{
    AfxMessageBox("收到消息");
    return NULL;
}
```

（5）保存工程并运行，运行时先要运行 Test 程序，再运行 SearchTest 程序，然后单击 SearchTest 对话框上的按钮，运行结果如图 3-78 所示。

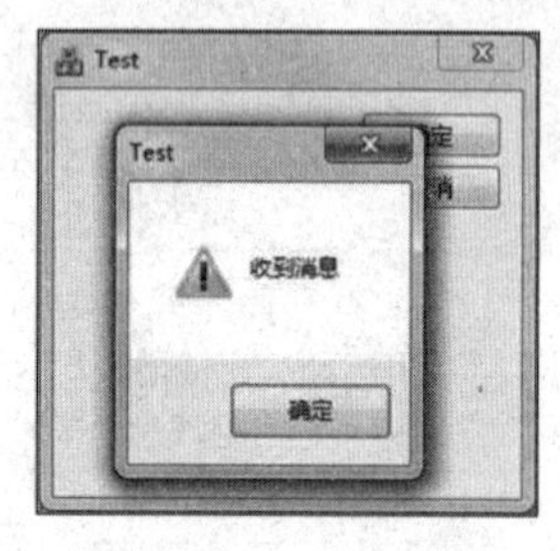

图 3-78

3.9.18 枚举当前所有打开的窗口

本例实现在列表框中显示当前所有打开窗口的标题。

通过 Windows 的 API 函数 EnumWindows，该函数的第一个参数是一个回调函数。

【例 3.33】 枚举当前所有打开的窗口

（1）新建一个对话框工程，工程名为 Test。

（2）在对话框上放置一个按钮和一个列表框，然后添加按钮事件函数：

```
void CTestDlg::OnBnClickedButton1()
{
    // TODO: 在此添加控件通知处理程序代码
    m_lst.ResetContent();
    EnumWindows(EnumWindowsProc,(LPARAM)this);
}
```

其中，EnumWindows 是 Windows API。EnumWindowsProc 为一个回调函数：

```
//枚举窗口回调函数
BOOL static CALLBACK EnumWindowsProc(HWND hWnd, LPARAM lParam)
{
    CString str;
    int length = ::GetWindowTextLength(hWnd);
    CTestDlg *pDlg = (CTestDlg*)lParam;
    if(::GetWindowLong(hWnd,GWL_STYLE)&WS_VISIBLE) //可见窗口
    {
        if( length>0 ) //窗口标题长度大于 0
        {
            if( gCount<1000)
```

```
            {
                //如果是多字节环境，则为 2*length+1
                TCHAR* buf = new TCHAR[length+1];
                memset(buf,0,2*length+1);
                ::GetWindowText(hWnd,buf,2*length);

                str.Format(_T("%s"),buf);

                pDlg->m_lst.AddString(str);
                delete buf;

                gCount++;
            }
        }
    }
    return 1;
}
```

其中，gCount 是一个全局变量，定义如下：

```
int gCount = 0;//统计窗口个数
```

（3）保存工程并运行，运行结果如图 3-79 所示。

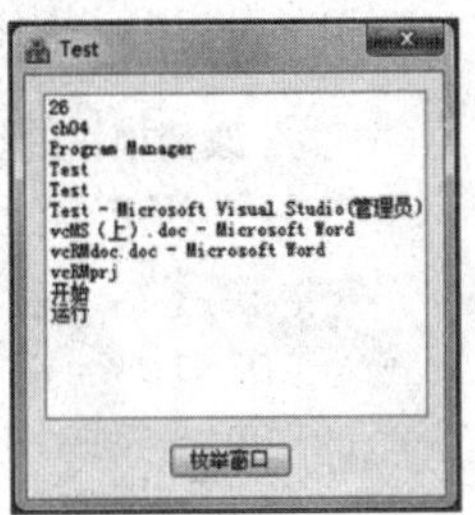

图 3-79

3.9.19　在动态链接库 dll 中调用对话框

本例实现在 dll 中创建对话框，并在 dll 的调用者中与对话框数据进行交互。这种开发方式在小组分工开发中很常用。

本例需要动态链接库的知识，可以学完动态链接库的内容后再来看本例。

新建的 dll 为 MFC Dll，在这个 dll 工程里，可以像普通 MFC 工程那样在资源里添加对话框，并在对话框上放置控件，并且控件事件处理函数也可以可视化地添加。这个对话框可以在 dll 工程里创建。这样 dll 的调用者在使用 dll 的时候，感觉不到对话框是在 dll 中创建的。

【例 3.34】在动态链接库 dll 中调用对话框

（1）新建一个对话框工程，工程名是 Test。

（2）在对话框上放置一个按钮"获取信息"、一个 IP 地址控件和一个编辑框。其中，编辑框用来存放获取到的端口。

（3）切换到解决方案视图，新建一个 MFC DLL 工程，工程名是 dlg，并在向导中选中"使用共享 MFC DLL 的规则 DLL"。

（4）切换到资源视图，在 dlg 工程中添加一个对话框，并在对话框上放置一个 IP 地址控件和编辑框控件，设置 IP 地址控件的 ID 为 IDC_IPADDRESS1_DLG，这一步是必需的，为何不能用默认的 IDC_IPADDRESS1 呢？因为 Test 工程里已经有一个 IP 地址控件的 ID 为 IDC_IPADDRESS1 了，如果 dlg 工程里的 IP 控件的 ID 也为 IDC_IPADDRESS1，将会导致程序运行时崩溃！

同样，dlg 工程中的编辑框控件 ID 也不能和 Test 工程里的编辑框控件 ID 一样，这里设置 dlg 工程里的编辑框控件 ID 为 IDC_TEST2。

总而言之，dlg 工程里的 resource.h 中不能有和 Test 工程里的控件同名的 ID 定义，反之也如此。这两个工程的 resouce.h 中不能有相同 ID 的定义。

（5）为 dlg 工程中的对话框添加类 CDlgTest，然后为 CDlgTest 添加成员变量：

```
CString m_strIP;
```

为 dlg 工程的 IP 地址控件添加变量 m_ip，并为编辑框添加变量 m_port。

然后为“确定”按钮添加事件处理函数，如下代码：

```
void CDlgTest::OnBnClickedOk()
{
    // TODO: 在此添加控件通知处理程序代码
    m_ip.GetWindowText(m_strIP);

    OnOK();
}
```

（6）在 dlg 工程的 del.def 文件中输入导出函数名字 show，并在 dlg.cpp 中添加 show 函数的实现，如下代码：

```
void show(CString &strIP,int &port)
{
    //改变模块的状态
    AFX_MANAGE_STATE(AfxGetStaticModuleState());

    CString str;
    CDlgTest dlg;
    char szip[20];
    if(IDOK==dlg.DoModal())
    {
        //dlg.m_ip.GetWindowText(szip,20);//这样是错误的，想想为什么
        strIP = dlg.m_strIP;
        port = dlg.m_port;
    }

}
```

在 show 函数里的主要功能是显示对话框，然后把输入的 IP 和端口值赋给引用参数，这样外部调用者就能获取到了。

值得注意的是，在这个函数的 if 模块里，不能使用“dlg.m_ip.GetWindowText(szip,20);”，使用的话程序运行时会崩溃。这是因为调用了 dlg.DoModal 后，对话框资源就结束了，所以再获取 dlg.m_ip 时就会出错。

至此，dlg 工程修改完毕。下面在 Test 工程中调用 show 函数。

（7）因为默认情况下，dlg 工程生成的 lib 文件的路径是在解决方案 debug 目录下，所以首先在 Test 工程里设置附加库的路径。打开 Test 工程的属性，然后在左边选择“链接器”|“常规”，在右边的附加库目录中输入“$(SolutionDir)$(ConfigurationName)”。再在左边选择“链接器”|“输入”，然后在右边的附加依赖项中输入“dlg.lib”。这样 Test 工程就能找到 dlg.lib 了。

（8）切换到 Test 工程的资源视图，为“获取信息”按钮添加事件处理函数，如下代码：

```
void CTestDlg::OnBnClickedButton1()
{
    // TODO: 在此添加控件通知处理程序代码
    CString strIP;
    int port;
```

```
    show(strIP,port);

    m_ip.SetWindowText(strIP);
    m_port = port;
    UpdateData(FALSE);
}
```

在 TestDlg.cpp 中添加 show 函数的声明：

```
void show(CString &strIP,int &port);
```

（9）保存工程并运行，运行结果如图 3-80 所示。

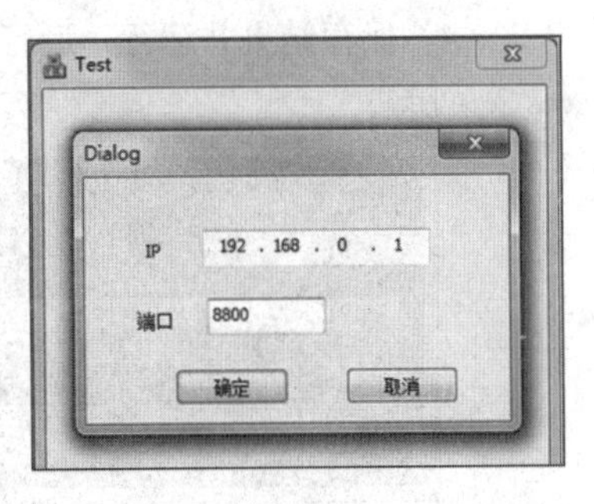

图 3-80

3.9.20　改变对话框的默认背景色

前面讲述了用图片作为对话框的背景，但这样导致程序的尺寸比较大。有时为了美观又不想用对话框的默认背景色，所以设置对话框背景色为自定义颜色也经常被用到。

在 Visual C++ 2017 中，通常有两种方法可以用来改变对话框的默认背景色。这里为什么要说是在 Visual C++ 2017 中呢？因为以前版本的 Visual C++还可以使用 CWinApp::SetDialogBkColor 函数来改变对话框的背景色，但是这个函数在 Visual C++ 2017 中不再支持。

第一种方法是在对话框的 WM_PAINT 消息的响应处理函数 OnPaint()中绘制背景色。

第二种方法是响应对话框的 WM_CTLCOLOR 消息，在消息处理函数 OnCtlColor 中进行绘制。

【例 3.35】改变对话框的默认背景色（OnPaint 法）

（1）新建一个对话框工程。

（2）打开 TestDlg.cpp，在函数 CTestDlg::OnPaint()的 else 下面加入绘制背景色的代码：

```
else
    {
        CRect rect; //定义一个坐标
        CPaintDC dc(this); //定义设备上下文
        GetClientRect(rect); //得到对话框客户端的坐标
        dc.FillSolidRect(rect, RGB(0, 0, 255)); //绘制背景色为蓝色

        CDialogEx::OnPaint(); //这行原来就有，不是我们添加的
    }
```

（3）保存工程并运行，运行结果如图 3-81 所示。

【例 3.36】改变对话框的默认背景色（OnCtlColor 法）

（1）新建一个对话框工程。

（2）为类 CTestDlg 添加一个成员变量：

```
CBrush m_br; //定义一个画刷
```

（3）为对话框添加 WM_CTLCOLOR 消息处理函数，如下代码：

```
HBRUSH CTestDlg::OnCtlColor(CDC* pDC, CWnd* pWnd, UINT nCtlColor)
{
    HBRUSH hbr = CDialogEx::OnCtlColor(pDC, pWnd, nCtlColor);

    // TODO:  在此更改 DC 的任何特性
```

```
    if (CTLCOLOR_DLG == nCtlColor) //判断是否是对话框
        return m_br; //返回蓝色刷子

    // TODO:  如果默认的不是所需画笔，就返回另一个画笔
    return hbr;
}
```

（4）保存结果并运行，运行结果如图 3-82 所示。

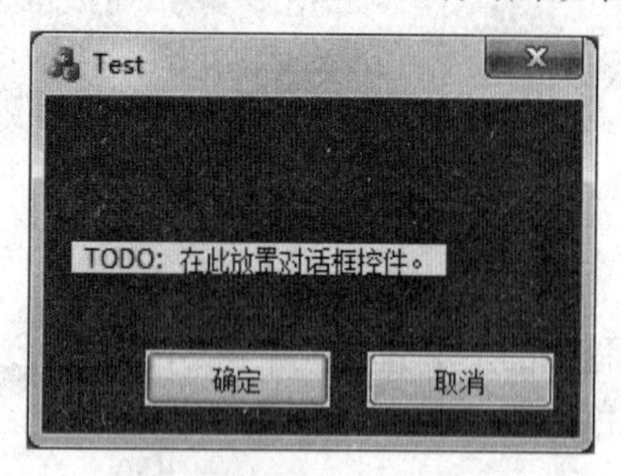

图 3-81

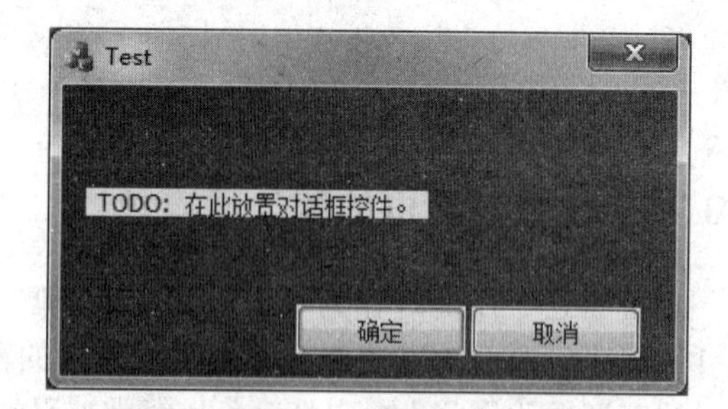

图 3-82

第 4 章 MFC 控件程序设计

4.1 控件概述

控件是用户操作程序的重要途径，在图形化程序中，用户很多操作都是通过控件来完成的，比如单击按钮，在编辑框里输入字符串等。控件就是把一些特定功能进行封装后提供给用户使用的小窗口。Visual C++提供了丰富多样的各种控件，在开发中只需要从工具箱里拖动所需控件到对话框，然后进行属性设置或调用控件对应类的方法就能为程序和用户之间提供强大的交互功能。本章介绍的控件都可以在 Visual C++ 2017 的工具箱中找到。

在 MFC 中，每一种控件都由对应的类来实现，比如按钮控件由类 CButton 实现、编辑框控件由类 CEdit 实现、日期控件由类 CDateTimeCtrl 实现。前面提到每种控件都是一个小窗口，所有控件类都继承自类 CWnd，即窗口类，因此所有控件都可以使用窗口类 CWnd 中的方法，比如让控件不可用就可以调用 CWnd 中的 EnableWindow 方法、修改控件风格可以调用 CWnd 的 ModifyStyle 方法、显示或隐藏控件可以调用 CWnd 的 ShowWindow 方法，等等。

所有的控件都有两种创建方式：静态创建和动态创建。前者在设计的时候把控件从工具箱中拖拉到对话框资源模板上即完成了创建工作，因为是在程序运行前创建的，所以称为静态创建；后者是指在程序运行的时候调用 CWnd1 的创建函数 Create 来完成控件的创建工作，因为是在运行时候创建控件，所以称为动态创建。静态创建其实就是可视化程序开发的方法，一般开发中用静态创建的方法即可满足多数要求，本章绝大多数实例也都是静态创建。但动态创建也有它特殊的用武之地，例如在文档视图类工程的视图上创建控件或工具箱中没有的控件（比如 CMFCListCtrl），就只能用动态创建的方法。

下面我们将对 Visual C++ 2017 工具箱中的控件进行逐一介绍，并演示其基本运用。

4.2 按钮控件

按钮控件可以用来控制程序的很多动作，所以经常被使用。在 Visual C++ 2017 中，按钮控件由类 CButton 实现。按钮控件的用法很简单，当用户单击按钮时将触发 BN_CLICKED 消息，我们要做的就是为这个消息添加消息处理函数。按钮的消息处理函数形式如下：

```
void CdlgDlg::OnBnClickedButton1()
{
    // TODO:  在此添加控件通知处理程序代码
}
```

CButton 的常用成员函数如表 4-1 所示。

表 4-1　CButton 的常用成员函数

成员函数	含　义
CButton	构造一个 CButton 对象
Create	创建 Windows 按钮控件并在 CButton 对象上应用
GetState	检索按钮控件的选中状态、加亮状态和获得焦点状态
SetState	设置按钮控件的加亮状态
GetCheck	检索按钮控件的选中状态
SetCheck	设置按钮控件的选中状态
GetButtonStyle	检索按钮控件的风格
SetButtonStyle	设置按钮控件的风格
GetIcon	检索此前调用 SetIcon 设置的图标句柄
SetIcon	指定一个在按钮上显示的图标
GetBitmap	检索此前调用 SetBitmap 设置的位图的句柄
SetBitmap	设置在按钮上显示的位图
GetCursor	检索此前调用 SetCursor 设置的光标图像的句柄
SetCursor	设置在按钮上显示的光标图像
DrawItem	可以覆盖它来绘制自定义的 CButton 对象

本节通过几个实例对按钮控件的常用属性、方法和事件进行介绍。

4.2.1　设置按钮的标题

有 2 种方法可以设置按钮的标题。一种是通过可视化的方式，直接对按钮的 Caption 属性设置文本。另外一种是通过按钮类的成员函数 SetWindowText 来设置，函数原型为：

```
void SetWindowText( LPCTSTR lpszString );
```

该函数用来设置窗口的标题。其中，lpszString 是要设置的字符串。

【例 4.1】设置按钮的标题

（1）新建一个对话框工程，工程名是 Test。

（2）切换到资源视图，然后在对话框上放置两个按钮。右击其中一个按钮，然后在快捷菜单中选择“属性”命令，然后在属性视图中找到 Caption，并在旁边输入文本“第一个按钮”，这个过程就是设置按钮的 Caption 属性，如图 4-1 所示。

图 4-1

输入文本后，对话框上一个按钮的标题就发生改变了，如图 4-2 所示。

上面利用可视化方式设置按钮的标题，下面我们通过代码的方式来设置按钮的标题。

（3）为 Button2 添加变量。右击 Button2，然后在快捷菜单上选择“添加变量”命令，然后在“添加控件变量”对话框中输入变量名“m_btn2”，再单击“完成”按钮，如图 4-3 所示。

为按钮添加了变量，我们就可以在程序中使用按钮类的成员函数来设置标题了。

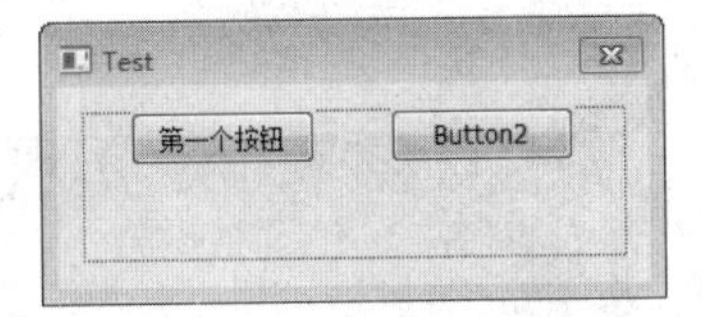

图 4-2

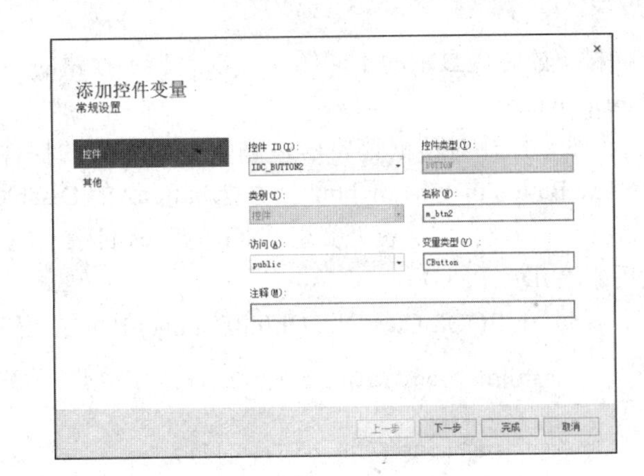

图 4-3

（4）回到对话框编辑界面上，然后双击“第一个按钮”来添加消息处理函数，如下代码：

```
void CTestDlg::OnBnClickedButton1()
{
    // TODO:  在此添加控件通知处理程序代码
    m_btn2.SetWindowText(_T("琵琶曲")); //设置第二个按钮的标题
}
```

也可以不添加变量，而通过引用按钮的 ID 来获取按钮控件的指针，然后调用按钮类的成员函数。此时要借助对话框的成员函数 GetDlgItem，它的参数正是按钮的 ID，该函数原型如下：

```
CWnd* GetDlgItem(int nID );
```

返回控件的窗口指针，其中 nID 为控件的 ID。

回到对话框编辑界面上，然后双击“Button2”按钮来添加消息处理函数，如下代码：

```
void CTestDlg::OnBnClickedButton2()
{
    // TODO:在此添加控件通知处理程序代码
    // 设置第一个按钮的标题
    GetDlgItem(IDC_BUTTON1)->SetWindowText(_T("十面埋伏"));
}
```

（5）保存工程并运行，运行结果如图 4-4 所示。

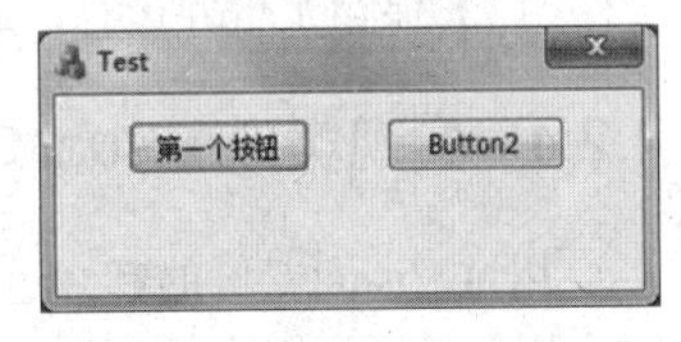

图 4-4

4.2.2 制作图片按钮

现代软件按钮都很漂亮，鼠标放上去是一个样式，按下是一个样式，移走又是一个样式。

根据鼠标的状态来显示不同的图片，所以这种按钮也称为图片按钮。本例在一个成熟的按钮类 CTranButton 的基础上来实现几个图片按钮，很简单。本例也将演示 CTranButton 类应用到其他工程中的方法。

【例 4.2】制作图片按钮

（1）新建一个对话框工程。

（2）切换到类视图，单击菜单“项目”|“添加类”，添加一个继承于 CButton 的 MFC 类，类名是 CTranButton，该类实现了按钮的自绘功能，比如按钮在正常的时候、获得鼠标的时候以及

鼠标按下的时候显示的不同图片，以此表示按钮的不同状态。具体实现见代码 TranButton.h 和 TranButton.cpp。

（3）打开对话框编辑器，删除上面所有的控件，然后添加 2 个按钮，为它们添加变量“CTranButton m_btn1,m_btn2;”并把 button2 的 Disable 属性设为 True。

（4）新建自定义资源类型 PNG，把 res 目录下的 btn.png 导入 PNG 下，并命名为 IDR_BTN，然后删除 IDR_PNG1。

（5）在 BOOL CtestDlg::OnInitDialog()中添加代码：

```
    m_btn1.Load(IDR_BTN, 244);  //244 是单个按钮图片宽度
    m_btn2.Load(IDR_BTN, 244);
```

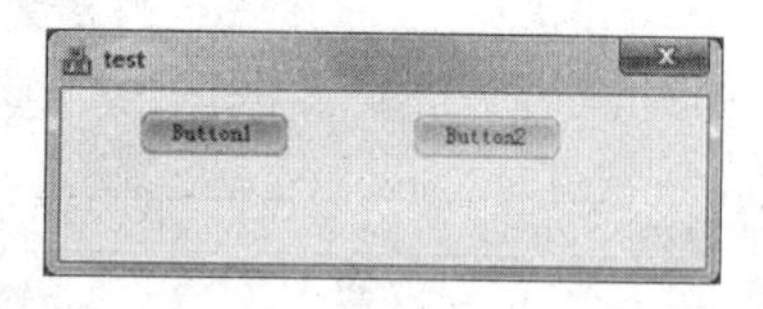

图 4-5

（6）保存并运行工程，运行结果如图 4-5 所示，第一个按钮可用，第二个按钮不可用。

4.2.3 实现一个三角形按钮

默认情况下，按钮是长方形的，但有时为了形象地表明按钮的含义，让其变为其他形状更有意义，比如箭头向右边的三角形按钮表示下一步或者音乐播放器的播放。

【例 4.3】实现一个三角形按钮

（1）新建一个对话框工程。

（2）去掉对话框上的所有控件，然后放置一个按钮，并拉大一点，然后设置它的标题为“播放”。

（3）切换到类视图，添加一个 MFC 类，该类继承于 CButton，类名为 CTriangleButton。

（4）为 CTriangleButton 添加一个 CRgn 类型的成员变量 CurrentRegion，并分别重载 CTriangleButton 的 PreSubclassWindow 和 DrawItem。

（5）两个重载函数代码具体见工程源码，代码中已有注释。

（6）切换到资源视图，打开对话框资源编辑器，然后为对话框上的按钮添加成员变量：

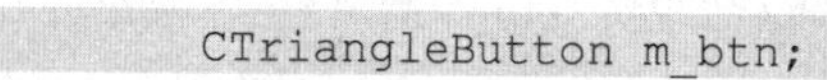

```
    CTriangleButton m_btn;
```

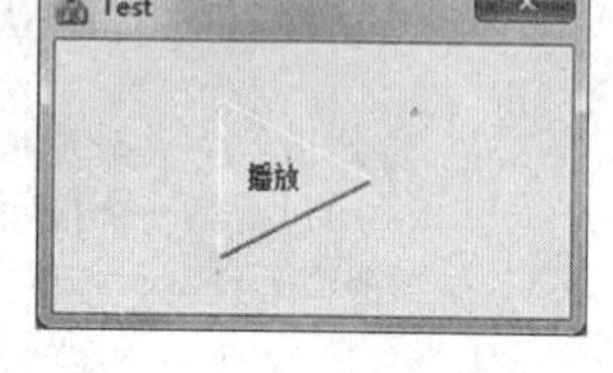

图 4-6

（7）保存工程并运行，运行结果如图 4-6 所示。

4.2.4 实现类似 Visual C++属性表中的钉子按钮

用过 Visual C++的都知道，在控件属性对话框的左上方有一个样子类似钉子的按钮，单击后，这个属性对话框就会成为 IDE 最前面的窗口。钉子按钮的样子见图 4-7 的线框处。

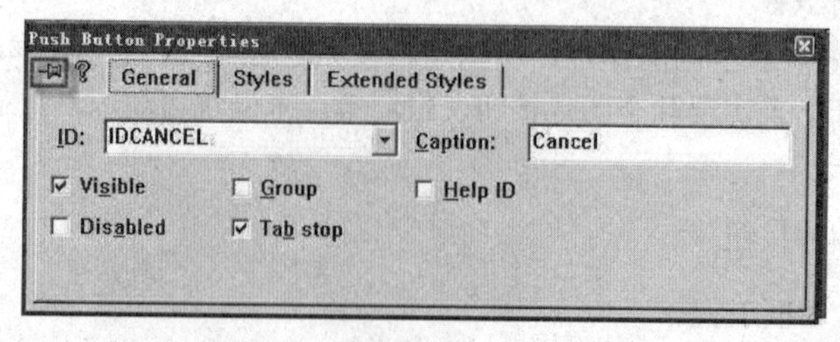

图 4-7

【例 4.4】实现类似 Visual C++属性表中的钉子按钮

（1）新建一个对话框工程。

（2）打开类视图，添加一个类 CMyButton，该类继承自 MFC 类中的 CButton。

（3）在工程中加入两幅位图，分别表示钉子钉下和没有钉下时的状态，两幅图片的 ID 分别为 IDB_NAILIN 和 IDB_NAILON。

（4）在 CMyButton 中添加成员变量：

```
CDC memdc,memdc2;
CBitmap bitmap,bitmap2;
BOOL m_state;
```

（5）在 CMyButton 中重载两个虚拟函数 PreSubclassWindow 和 DrawItem。PreSubclassWindow 的函数原型为“virtual void PreSubclassWindow( );”，作用是子类化窗口。DrawItem 的函数原型是“virtual void DrawItem(LPDRAWITEMSTRUCT lpDrawItemStruct);”。

对于按钮类的 DrawItem 函数，意味着当一个具有自画风格的按钮外观发生改变的时候，MFC 框架会自动调用该函数来重绘。

重载这两个函数的代码为：

```
void CMyButton::PreSubclassWindow()
{
    // TODO: 在此添加专用代码和/或调用基类
    m_state=FALSE;
    bitmap.LoadBitmap(IDB_NAILIN);
    bitmap2.LoadBitmap(IDB_NAILON);
    CDC *pDC=GetDC();
    memdc.CreateCompatibleDC(pDC);
    memdc.SelectObject(&bitmap);
    memdc2.CreateCompatibleDC(pDC);
    memdc2.SelectObject(&bitmap2);
    CButton::PreSubclassWindow();
}
void CMyButton::DrawItem(LPDRAWITEMSTRUCT  lpDrawItemStruct )
{

    // TODO:  添加你的代码以绘制指定项
    CRect client=lpDrawItemStruct->rcItem;
    CDC *pDC=CDC::FromHandle(lpDrawItemStruct->hDC);

    DWORD state=lpDrawItemStruct->itemState;
    CBrush brush;
    brush.CreateSolidBrush(::GetSysColor(COLOR_BTNFACE));
    pDC->FillRect(client,&brush);
    //pDC->Draw3dRect(client,::GetSysColor(COLOR_BTNFACE),::GetSysColor
(COLOR_3DDKSHADOW));
    if(m_state)
    {
        pDC->StretchBlt(client.left,client.top, client.Width(),
client.Height(),&memdc,0,0,24,21,SRCCOPY);
        GetParent()->SetWindowPos(&CWnd::wndTopMost,0,0,0,0,SWP_NOMOVE|
SWP_NOSIZE);
```

```
        }
        else
        {
            pDC->StretchBlt(client.left,client.top, client.Width(),
client.Height(),&memdc2,0,0,24,21,SRCCOPY);
            GetParent()->SetWindowPos(&CWnd::wndNoTopMost, 0,0,0,0,SWP_NOMOVE|
SWP_NOSIZE);
        }

    }
```

（6）为 CMyButton 类添加按下事件函数 OnLButtonDown，代码为：

```
void CMyButton::OnLButtonDown(UINT nFlags, CPoint point)
{
    // TODO: 在此添加消息处理程序代码和/或调用默认值
    m_state=!m_state;
    CButton::OnLButtonDown(nFlags, point);
}
```

主要在里面标记状态，然后框架自动会调用DrawItem。

（7）切换到资源视图，打开对话框编辑器，然后添加一个按钮，并设置其 Owner Draw 属性为 True，然后为按钮添加一个变量 m_btn，变量的类型是 CMyButton。

（8）保存工程并运行，运行结果如图 4-8 所示。

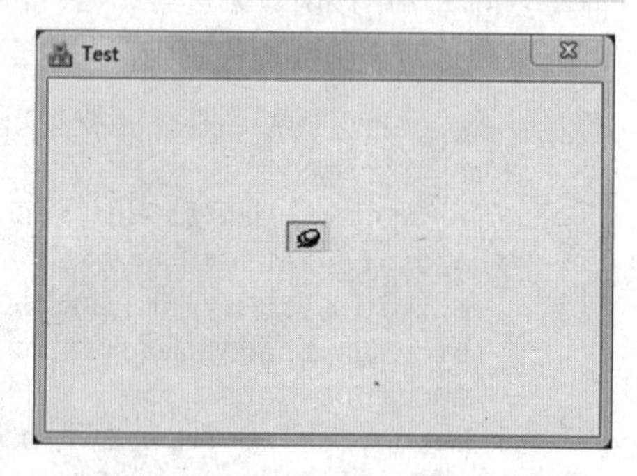

图 4-8

4.2.5 实现具有不同状态的图片按钮

将鼠标放到一个按钮上，会出现不同的样式，大大增加了界面的漂亮程度。思路是分别响应鼠标停留、离开等消息，然后根据当前状态为按钮贴上不同的图片。

【例 4.5】 实现具有不同状态的图片按钮

（1）新建一个对话框工程。

（2）关闭对话框编辑器并切换到类视图，添加一个自定义类 CMyButton，该类继承自 MFC 类的 CButton。

（3）为类 CMyButton 添加成员变量：

```
protected:
    //按钮的外边框
    CPen m_BoundryPen;
    // 按钮的外观样式
    enum SYTLE{ROUNDRECT,ELLIPSE,UPTRIANGLE,DOWNTRIANGLE}m_Style;
    //鼠标指针置于按钮之上时按钮的内边框
    CPen m_InsideBoundryPenLeft;
    CPen m_InsideBoundryPenRight;
    CPen m_InsideBoundryPenTop;
    CPen m_InsideBoundryPenBottom;

    //按钮获得焦点时按钮的内边框
    CPen m_InsideBoundryPenLeftSel;
```

```
    CPen m_InsideBoundryPenRightSel;
    CPen m_InsideBoundryPenTopSel;
    CPen m_InsideBoundryPenBottomSel;
    //按钮的底色，包括有效和无效两种状态
    CBrush m_FillActive;
    CBrush m_FillInactive;
    //按钮的状态
    BOOL m_bOver;           //鼠标位于按钮之上时该值为true，反之为flase
    BOOL m_bTracking;       //在鼠标按下没有释放时该值为true
    BOOL m_bSelected;       //按钮被按下时该值为true
    BOOL m_bFocus;          //按钮为当前焦点所在时该值为true
    CBitmap m_NormalBitmap;
    CBitmap m_PressedBitmap;
    CBitmap m_FocusBitmap;
    CBitmap m_OverBitmap;
    CBitmap m_MaskBitmap;
    CBitmap m_BackBitmap;
    // 是否使用蒙板
    bool IsMask;
    bool IsMaskRgn;
    bool IsBackBmp;
    CRect BackRect;
```

（4）为类 CMyButton 添加成员函数：

```
  public:
     void SetRgnMask(int nMaskBmpId, bool nAction);//设置位图转成有效区域
     void SetBackBmp(int nBgdBmpId,CRect rect);
     //设置蒙板图片，显示不规则图片
     void SetMaskBitmapId(int mask, bool action);
     static HRGN BitmapToRegion(HBITMAP hBmp, COLORREF cTransparentColor,
COLORREF cTolerance = RGB(0,0,0));//位图转换成区域
     void SetRgnStyle(SYTLE nStyle); // 设置按钮有效区域的样式
     // 设置按钮各种状态的图片 ID
     void SetBitmapId(int nOver,int nNormal,int nPressed,int nFocus);
     virtual void DoGradientFill(CDC *pDC, CRect* rect);//绘制按钮的底色
     //绘制按钮的内边框
     virtual void DrawInsideBorder(CDC *pDC, CRect* rect);
  //注意：后两个函数是自定义虚拟函数
```

（5）为类 CMyButton 重载 2 个虚拟函数 PreSubclassWindow 和 DrawItem。这 2 个函数比较重要，如下代码：

```
void CMyButton::PreSubclassWindow() //主要功能是设置自画风格
{
    // TODO: Add your specialized code here and/or call the base class
    CButton::PreSubclassWindow();
    ModifyStyle(0, BS_OWNERDRAW);
}
void CMyButton::DrawItem(LPDRAWITEMSTRUCT lpDrawItemStruct)
```

```
    {
        //从 lpDrawItemStruct 获取控件的相关信息
        CRect rect =  lpDrawItemStruct->rcItem;
        CDC *pDC=CDC::FromHandle(lpDrawItemStruct->hDC);
        int nSaveDC=pDC->SaveDC();
        UINT state = lpDrawItemStruct->itemState;
        //获取按钮的状态
        if (state & ODS_FOCUS)
        {
            m_bFocus = TRUE;
            m_bSelected = TRUE;
        }
        else
        {
            m_bFocus = FALSE;
            m_bSelected = FALSE;
        }

        if (state & ODS_SELECTED || state & ODS_DEFAULT)
        {
            m_bFocus = TRUE;
        }
        //根据按钮的状态贴图
        if (m_bOver)
        {
            CDC MemDC;
            MemDC.CreateCompatibleDC(pDC);
            CBitmap *pOldBmp;
            pOldBmp = MemDC.SelectObject(&m_OverBitmap);
            BITMAP bmp;
            m_OverBitmap.GetObject(sizeof(bmp),&bmp);
            //pDC->StretchBlt(0,0,rect.Width(),rect.Height(),&MemDC,0, 0,
bmp.bmWidth,bmp.bmHeight,SRCCOPY);
            if (IsMask==TRUE) //值为真,则去除图片背景
            {
                CDC MaskDC;
                MaskDC.CreateCompatibleDC(pDC);
                if (IsBackBmp==TRUE)//使用和主窗口相同的背景图片
                {
                    CBitmap *pOldBmp;
                    CDC BackDC;
                    BackDC.CreateCompatibleDC(pDC);
                    pOldBmp = MaskDC.SelectObject(&m_MaskBitmap);
                    BackDC.SelectObject(&m_BackBitmap);
                    pDC->BitBlt(0,0,rect.Width(),rect.Height(),&BackDC,
BackRect.left,BackRect.top,SRCCOPY);
                }

                pDC->BitBlt(0,0,rect.Width(),rect.Height(),&MaskDC,0, 0,
MERGEPAINT);
```

```
            pDC->BitBlt(0,0,rect.Width(),rect.Height(),&MemDC,0, 0,SRCAND);
            ReleaseDC(&MaskDC);
        }
        else
        {
            pDC->BitBlt(0,0,rect.Width(),rect.Height(),&MemDC,0, 0,SRCCOPY);
        }

        pDC->RestoreDC(nSaveDC);
    }
    else
    {
        CDC MemDC;
        MemDC.CreateCompatibleDC(pDC);
        CBitmap *pOldBmp;
        pOldBmp = MemDC.SelectObject(&m_NormalBitmap);
        BITMAP bmp;
        m_NormalBitmap.GetObject(sizeof(bmp),&bmp);
        //pDC->StretchBlt(0,0,rect.Width(),rect.Height(),&MemDC,0, 0,
bmp.bmWidth,bmp.bmHeight,SRCCOPY);

        if (IsMask==TRUE)
        {
            CDC MaskDC;
            MaskDC.CreateCompatibleDC(pDC);
            if (IsBackBmp==TRUE)
            {
                CBitmap *pOldBmp;
                CDC BackDC;
                BackDC.CreateCompatibleDC(pDC);
                pOldBmp = MaskDC.SelectObject(&m_MaskBitmap);
                BackDC.SelectObject(&m_BackBitmap);
                pDC->BitBlt(0,0,rect.Width(),rect.Height(),&BackDC,
BackRect.left,BackRect.top,SRCCOPY);
            }

            CBitmap *pOldBmp;
            pOldBmp = MaskDC.SelectObject(&m_MaskBitmap);
            //BITMAP bmp;
            //m_MaskBitmap.GetObject(sizeof(bmp),&bmp);
            pDC->BitBlt(0,0,rect.Width(),rect.Height(),&MaskDC,0,0,
MERGEPAINT);
            pDC->BitBlt(0,0,rect.Width(),rect.Height(),&MemDC,0, 0,SRCAND);

        }
        else
        {
            pDC->BitBlt(0,0,rect.Width(),rect.Height(),&MemDC,0, 0,SRCCOPY);

        }
        pDC->RestoreDC(nSaveDC);
    }

    //按钮被按下(选中)
```

```
        if (state & ODS_SELECTED)
        {
            CDC MemDC;
            MemDC.CreateCompatibleDC(pDC);
            CBitmap *pOldBmp;
            pOldBmp = MemDC.SelectObject(&m_PressedBitmap);
            BITMAP bmp;
            m_PressedBitmap.GetObject(sizeof(bmp),&bmp);
            //pDC->StretchBlt(0,0,rect.Width(),rect.Height(),&MemDC,0, 0,
bmp.bmWidth,bmp.bmHeight,SRCCOPY);
            if (IsMask==TRUE)
            {
                CDC MaskDC;
                MaskDC.CreateCompatibleDC(pDC);
                if (IsBackBmp==TRUE)
                {
                    CBitmap *pOldBmp;
                    CDC BackDC;
                    BackDC.CreateCompatibleDC(pDC);
                    pOldBmp = MaskDC.SelectObject(&m_MaskBitmap);
                    BackDC.SelectObject(&m_BackBitmap);
                    pDC->BitBlt(0,0,rect.Width(),rect.Height(),&BackDC,
BackRect.left,BackRect.top,SRCCOPY);
                }

                CBitmap *pOldBmp;
                pOldBmp = MaskDC.SelectObject(&m_MaskBitmap);
                //BITMAP bmp;
                //m_MaskBitmap.GetObject(sizeof(bmp),&bmp);
                pDC->BitBlt(0,0,rect.Width(),rect.Height(),&MaskDC,0,
0,MERGEPAINT);
                pDC->BitBlt(0,0,rect.Width(),rect.Height(),&MemDC,0, 0,SRCAND);

            }
            else
            {
                pDC->BitBlt(0,0,rect.Width(),rect.Height(),&MemDC,0, 0,SRCCOPY);
            }
            pDC->RestoreDC(nSaveDC);
        }
    }
```

（6）为类 CMyButton 添加鼠标移动、鼠标离开、鼠标停留和背景擦除消息函数。

```
    public:
        afx_msg void OnMouseMove(UINT nFlags, CPoint point);
        afx_msg LRESULT OnMouseLeave(WPARAM wParam, LPARAM lParam);
        afx_msg LRESULT OnMouseHover(WPARAM wParam, LPARAM lParam);
```

（7）切换到资源视图，打开对话框编辑器，然后添加一个按钮，并把其拖拉大一些，并为该按钮添加变量 m_btn。

（8）添加 4 幅图片，分别表示按钮默认状态、鼠标停留时的状态、鼠标按下时的状态和掩码图片。

（9）打开 CTestDlg::OnInitDialog()，添加初始化代码：

```
CRect btnRect;
m_btn.GetWindowRect(btnRect);                 //获取按钮窗口矩形区域
ScreenToClient(btnRect);                      //转换成客户区域
m_btn.SetMaskBitmapId(IDB_BITMAP4,TRUE);      //设置掩码图片
//设置按钮的 4 种状态
m_btn.SetBitmapId(IDB_BITMAP1,IDB_BITMAP2,IDB_BITMAP3,IDB_BITMAP1);
```

（10）保存并运行工程，运行结果如图 4-9 所示。

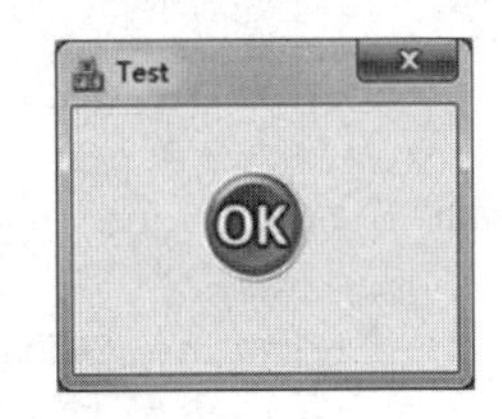

图 4-9

4.2.6　为按钮动态加载的 4 幅状态图

在界面皮肤动态切换时，有可能需要根据磁盘上的位图文件来设置按钮的状态图。在 MFC 中，要使用图形按钮，一般会选择 CBitmapButton 类，使用 CBitmapButton 类可以设置按钮的 Normal（正常状态）、Selected（鼠标单击按钮）、Focused（按钮获得焦点）和 Disabled（按钮失效）4 种状态的 bmp 图像，这 4 幅状态图像要求同尺寸大小，其中 Normal 状态图片是必须提供的。

常见调用代码示例：

```
    CBitmapButton m_bmpBtn;
    m_bmpBtn.SubclassDlgItem(IDC_BUTTON1,this); //关联控件
    // m_bmpBtn 通过 LoadBitmaps 函数加载程序内 bmp 资源
    m_bmpBtn.LoadBitmaps(IDB_BITMAP1,IDB_BITMAP2,IDB_BITMAP3,IDB_BITMAP4);
m_bmpBtn.SizeToContent();
```

遗憾的是：上述代码中 LoadBitmaps 函数只可以加载程序内部 bmp 资源文件，不可以加载磁盘图像文件，但有时我们又急需更改 CBitmapButton 对象的按钮状态图，比如界面皮肤动态切换时，就有可能碰到这种情况。如何才能让 CBitmapButton 对象动态加载状态图像呢？本例给出一个解决方案。

通过继承自 CBitmapButton 的按钮类，扩展其功能来动态加载位图。

【例 4.6】为按钮动态加载的 4 幅状态图

（1）新建一个对话框工程。

（2）关掉对话框编辑器，切换到类视图，添加一个 MFC 类 CMyButton，该类继承自 CBitmapButton。

（3）为类 CMyButton 添加成员变量：

```
CBitmapButton *m_btn;
```

（4）为类 CMyButton 添加一个构造函数，把传进来的 CBitmapButton 指针赋给成员变量 m_btn：

```
CGetBitmaps(CBitmapButton *button)
{
    m_btn=button;
}
```

（5）为类 CMyButton 添加 4 个内联函数，分别表示正常状态、单击按钮、按钮获得焦点和按钮失效。

```
        inline CBitmap * Nor(){ //normal image (REQUIRED)
            return (CBitmap *)(PCHAR(btn)+(ULONG)(PCHAR
(&m_bitmap)-PCHAR(this)));//not PTCHAR, butPCHAR
        }
        inline CBitmap * Sel(){ // selected image (OPTIONAL)
            return (CBitmap *)(PCHAR(btn)+(ULONG)(PCHAR
(&m_bitmapSel)-PCHAR(this)));//not PTCHAR, butPCHAR
        }
        inline CBitmap * Foc(){ // focused but not selected (OPTIONAL)
            return (CBitmap *)(PCHAR(btn)+(ULONG)(PCHAR
(&m_bitmapFocus)-PCHAR(this)));//not PTCHAR, butPCHAR
        }
        inline CBitmap * Dis(){ // disabled bitmap (OPTIONAL)
            return (CBitmap *)(PCHAR(btn)+(ULONG)(PCHAR
(&m_bitmapDisabled)-PCHAR(this)));//not PTCHAR, butPCHAR
        }
```

再添加一个成员函数，用于为按钮动态选择不同的 bmp 图片。

```
    BOOL CMyButton::ChangeImg(CMyButton &button,LPCTSTR lpszFilename)
    {
        CDC   srcDC;
        srcDC.CreateCompatibleDC(NULL);

        CDC   memDC;
        memDC.CreateCompatibleDC(NULL);

        CBitmap  src;

        HBITMAP hbm = (HBITMAP) ::LoadImage (NULL, lpszFilename, IMAGE_BITMAP, 0,
0, LR_LOADFROMFILE|LR_CREATEDIBSECTION);
        if (hbm == NULL)
        {
            return FALSE;
        }
        src.Attach(hbm);

        //得到原指针
        CBitmap* pOldBitmap1   =   srcDC.SelectObject(&src);
        srcDC.SelectObject(&pOldBitmap1);

        //CBitmap* pOldBitmap2   =   memDC.SelectObject(&src); //ERROR ?
        //memDC.SelectObject(pOldBitmap2); //save pOldBitmap2!!

        BITMAP  bmpinfo;
        src.GetBitmap(&bmpinfo);
        int  bmpWidth  =  bmpinfo.bmWidth  / 4;//!!attention!!
        int  bmpHeight  =  bmpinfo.bmHeight;

        CMyButton gbitmap(&button);//class which  we defined
        CBitmap * pbitmap[4];
        pbitmap[0]=gbitmap.Nor();
```

```
        pbitmap[1]=gbitmap.Sel();
        pbitmap[2]=gbitmap.Foc();
        pbitmap[3]=gbitmap.Dis();

        pbitmap[0]->DeleteObject();
        pbitmap[1]->DeleteObject();
        pbitmap[2]->DeleteObject();
        pbitmap[3]->DeleteObject();

        BOOL Rz=TRUE;

        for(int i=0;i<4;i++)
        {
            pbitmap[i]->CreateCompatibleBitmap(&srcDC, bmpWidth,bmpHeight);
            memDC.SelectObject(pbitmap[i]);
            if(  !memDC.BitBlt(0,0,bmpWidth, bmpHeight, &srcDC,bmpWidth*i,0,
SRCCOPY)  )
            {
                Rz=FALSE;
                break;
            }
        }

        srcDC.SelectObject(pOldBitmap1);
        //memDC.SelectObject(pOldBitmap2);

        srcDC.DeleteDC();
        memDC.DeleteDC();

        src.DeleteObject();
        return Rz;
    }
```

（6）切换到资源视图，添加 4 个 bmp 图片，分别表示按钮的 Normal、Selected、Focused 和 Disabled 这 4 种状态。

（7）打开对话框编辑器，添加 3 个按钮，其中上面的按钮是要加载图片的按钮。注意，要设置它的 Owner Draw 属性为 True，左下角的按钮是为了掩饰让上面按钮失效或有效，右下角的按钮是为了动态加载不同的 bmp 图片。

（8）为类 CTestDlg 添加成员变量“CMyButton m_myBtn;”，并包括头文件#include "MyButton.h"。

（9）打开 CTestDlg::OnInitDialog()，添加按钮的初始化代码。

```
    // TODO: 在此添加额外的初始化代码
    m_myBtn.SubclassDlgItem(IDC_BUTTON3,this);
    m_myBtn.LoadBitmaps(IDB_NORMAL,IDB_FOCUSED,IDB_SELECTED,IDB_DISABLED);
    m_myBtn.SizeToContent();
```

（10）为左下角按钮添加单击事件函数。

```
void CTestDlg::OnBnClickedButton3()
{
    // TODO: 在此添加控件通知处理程序代码
    m_myBtn.EnableWindow(!m_myBtn.IsWindowEnabled());
}
```

（11）为右下角按钮添加单击事件函数。

```
        char szFilter[] = _T("*.bmp");
        CString strFile=_T("bmp(*.bmp)");
        //动态加载一个 bmp 文件,被设置成 m_bmpBtn 的 4 种状态图
        CFileDialog   *dialog =new CFileDialog(TRUE, "*.bmp|", NULL,
OFN_HIDEREADONLY | OFN_FILEMUSTEXIST, "bmpfile(*.bmp)|*.bmp||", this);

        INT_PTR result=dialog->DoModal();
        if (result==IDOK)
        {
            CString szFilename = dialog->GetPathName();
            if(    m_myBtn.ChangeImg(m_myBtn,szFilename))
            {

                m_myBtn.SizeToContent();
                m_myBtn.Invalidate();
            }
        }
        delete dialog;
```

（12）保存并运行工程。在运行过程中，可以使用 Tab 键来转移按钮的焦点，可以看到上方按钮的图片发生了变化。另外，单击上方按钮或让其失效也随之发生相应的变化。另外，工程目录的 res 文件夹下有一个 play.bmp 图片文件，可以用来测试动态加载的效果。运行结果如图 4-10 所示。

图 4-10

4.2.7 反映 3 种不同状态的图片按钮

我们知道 MFC 提供了 CBitmapButton 类来帮助实现图片按钮，但在使用过程中发现其用起来并不简单。本例通过继承 CButton 来自己实现一个更好的图片按钮。本例实现的按钮能反映正常状态（就是弹起的时候）、按下的状态和失效的状态，分别用不同的图片来表示。

基本思路是先添加一个自定义的按钮类，继承自 CButton，然后从图片资源中加载 3 个图片，并重载按钮的 DrawItem 虚函数，在这个函数中判断状态并关联不同的图片。

【例 4.7】反映 3 种不同状态的图片按钮

（1）新建一个对话框工程。

（2）切换到类视图，然后添加一个 MFC 类 CMyButton，该类继承自 CButton。

（3）为 CMyButton 添加成员变量。

```
protected:
    BOOL m_fill;       //是否贴图
    UINT up;           //标记按钮弹起的时候，也就是正常的状态
    UINT down;         //标记按钮按下的时候
    UINT disabled;     //标记按钮失效的时候
```

（4）为 CMyButton 按钮添加一个成员函数，用于加载 3 个图片，传入的参数是图片的 ID。

```
//加载图片，参数是图片资源的 ID,分别表示弹起、按下、失效 3 种状态的图片 ID
void CMyButton::LoadBitmaps(UINT up, UINT down, UINT disabled)
{
```

```
        this->up = up; this->down = down; this->disabled = disabled;
    }
```

（5）为 CMyButton 重载虚函数 DrawItem，并添加代码：

```
void CMyButton::DrawItem(LPDRAWITEMSTRUCT lpDrawItemStruct)
{
    // TODO: 添加你的代码以绘制指定项
    // Get a CDC we can use
    CDC * dc = CDC::FromHandle(lpDrawItemStruct->hDC);
    // Copy the button rectangle
    CRect r(lpDrawItemStruct->rcItem);
    HBITMAP bitmap;            // Handle to the bitmap we are drawing
    BITMAP bmpval;             // Parameters of the bitmap
    CPoint fpos(0,0);          // Focus position
    CPoint ipos(0,0);          // Image position
    CSize border(::GetSystemMetrics(SM_CXBORDER),::GetSystemMetrics
(SM_CYBORDER));
    // Dimensions of a border line
    // We use ::GetSystemMetrics so we work on
    // hi-res displays
    // Offset amount if button-down
    CPoint baseOffset(border.cx, border.cy);
    // Save the DC for later restoration
    int saved = dc->SaveDC();
    BOOL grayout = FALSE;          // Gray out stock image?
    CPoint bltStart(0, 0);         // Nominal start of BLT

    //The first thing we do is deflate our useful area by the width of
    // a frame, which is twice a border.
    r.InflateRect(-2 * border.cx, -2 * border.cy);

    // Load the bitmap. The three states are
    //  CDS_SELECTED  ODS_DISABLED
    //      1        n/a        Button is pressed
    //         0        0        Button is up
    //         0        1        Button is disabled
    //
    // The possible images supplied    The images used
    //   ------specified------    ----------use----------
    //      up   down   disabled   up   down   disabled
    //   =====================    =========================
    //      A   B       C          A   B       C
    //      A   0       C          A   A       C
    //      A   B       0          A   B       gray(A)
    //      A   0       0          A   A       gray(A)

    UINT id = 0;
    if(lpDrawItemStruct->itemState & ODS_SELECTED)
    { /* selected */
        // If the down image is given, use that, else use the
        // up image
        id = down != 0 ? down : up;
```

```
        } /* selected */
        else
        { /* unselected */
            if(lpDrawItemStruct->itemState & (ODS_DISABLED | ODS_GRAYED))
            { /* grayed */
                if(disabled == 0)
                { /* no disabled image */
                    id = up;
                    grayout = TRUE; // gray out manually
                } /* no disabled image */
                else
                { /* use disabled image */
                    id = disabled;
                } /* use disabled image */
            } /* grayed */
            else
            { /* enabled */
                id = up;
            } /* enabled */
        } /* unselected */

        bitmap = (HBITMAP)::LoadImage(AfxGetInstanceHandle(),
            MAKEINTRESOURCE(id),
            IMAGE_BITMAP,
            0, 0,
            LR_LOADMAP3DCOLORS);

        // Get the bitmap parameters, because we will need width and height
        ::GetObject(bitmap, sizeof(BITMAP), &bmpval);

        // We compute the desired image size. Because we could offset
        // the image on a button-down, we take that potential into
        // consideration so we don't truncate the image on the right
        // or bottom when we depress the button
        CSize image;

        // Compute the origin of the focus rectangle (fpos) and the
        // bitmap image (ipos)
        // If we are in fill mode, this computation is simple
        // otherwise, we have to take the various alignments into consideration
        if(!m_fill)
        { /* compute alignment */
            // We need to compute the x,y horizontal coordinates
            // Compute the width and height of the available client area for later
convenience
            // This just saves writing r.Width() and r.Height() all the time and
            // having the values recomputed
            CSize clientArea(r.Width(), r.Height());

            DWORD style = GetStyle();

            image.cx = bmpval.bmWidth;
            image.cy = bmpval.bmHeight;
            style &= (BS_LEFT | BS_RIGHT | BS_CENTER);
```

```
switch(style)
{ /* hstyle */
case BS_LEFT:
    fpos.x = 2 * border.cx;
    ipos.x = fpos.x + border.cx;
    break;
case BS_RIGHT:
    fpos.x = clientArea.cx - image.cx;
    if(fpos.x < 2 * border.cx)
    { /* adjust right */
        bltStart.x = image.cx - clientArea.cx;
        fpos.x = 2 * border.cx;
    } /* adjust right */
    ipos.x = fpos.x + border.cx;
    break;
case 0:
case BS_CENTER:
    fpos.x = (clientArea.cx - image.cx) / 2 + border.cx;
    if(fpos.x < 2 * border.cx)
    { /* adjust center */
        bltStart.x = (image.cx - clientArea.cx) / 2;
        fpos.x = 2 * border.cx;
    } /* adjust center */
    ipos.x = fpos.x + border.cx;
    break;
} /* hstyle */

style = GetStyle();
style &= (BS_TOP | BS_BOTTOM | BS_VCENTER);

switch(style)
{ /* vstyle */
case BS_TOP:
    fpos.y = 2 * border.cy;
    ipos.y = fpos.y + border.cy;
    break;
case BS_BOTTOM:
    fpos.y = clientArea.cy - image.cy;
    if(fpos.y < 2 * border.cy)
    { /* adjust to bottom */
        bltStart.y = image.cy - clientArea.cy;
        fpos.y = 2 * border.cy;
    } /* adjust to bottom */
    ipos.y = fpos.y + border.cy;
    break;
case 0:
case BS_VCENTER:
    fpos.y = (clientArea.cy - image.cy) / 2 + border.cy;
    if(fpos.y < 2 * border.cy)
    { /* adjust top */
        bltStart.y = (image.cy - clientArea.cy) / 2;
        fpos.y = 2 * border.cy;
```

```
            } /* adjust top */
            ipos.y = fpos.y + border.cy;
            break;
        } /* vstyle */
    } /* compute alignment */
    else
    { /* fill alignment */
        image.cx = r.Width() - baseOffset.x;
        image.cy = r.Height() - baseOffset.y;
        fpos.x = 2 * border.cx;
        ipos.x = fpos.x + border.cx;
        fpos.y = 2 * border.cy;
        ipos.y = fpos.y + border.cy;
    } /* fill alignment */

    // Compute the focus rectangle area
    CRect focus(fpos.x,
        fpos.y,
        fpos.x + image.cx + 2 * border.cx,
        fpos.y + image.cy + 2 * border.cy);

    // For visual effect, if the button is down, shift the image over and
    // down to make it look "pushed".
    CPoint useOffset(0, 0);
    if(lpDrawItemStruct->itemState & ODS_SELECTED)
    { /* down */
        useOffset = baseOffset;
    } /* down */

    // Draw the traditional pushbutton edge using DrawEdge
    if(lpDrawItemStruct->itemState & ODS_SELECTED)
    { /* down */
        dc->DrawEdge(&lpDrawItemStruct->rcItem, EDGE_SUNKEN, BF_RECT |
BF_MIDDLE | BF_SOFT);
    } /* down */
    else
    { /* up */
        dc->DrawEdge(&lpDrawItemStruct->rcItem, EDGE_RAISED, BF_RECT |
BF_MIDDLE | BF_SOFT);
    } /* up */

    // Adjust the focus position and image position by shifting them
    // right-and-down by the desired offset
    focus += useOffset;
    ipos += useOffset;

    // Select the bitmap into a DC
    CDC memDC;
    memDC.CreateCompatibleDC(dc);
    memDC.SelectObject(bitmap);

    // If the button was disabled but we don't have a disabled image, gray out
    // the image by replacing every other pixel with a gray pixel
    // This is best done only if the bitmap is small
```

```
    if(grayout)
    { /* gray out */
        COLORREF gray = ::GetSysColor(COLOR_3DFACE);
        for(int x = 0; x < bmpval.bmWidth; x+=2)
            for(int y = 0; y < bmpval.bmHeight; y++)
                memDC.SetPixelV(x + (y & 1), y, gray);
    } /* gray out */

    if(m_fill)
        dc->StretchBlt(ipos.x, ipos.y,          // target x, y
        image.cx, image.cy,      // target width, height
        &memDC,             // source DC
        bltStart.x, bltStart.y,     // source x, y
        bmpval.bmWidth - bltStart.x,
        bmpval.bmHeight - bltStart.y, // source width, height
        SRCCOPY);
    else
        dc->BitBlt(ipos.x, ipos.y,          // target x, y
        // target width
        min(bmpval.bmWidth, r.Width() - ipos.x - useOffset.x),
        // target height
        min(bmpval.bmHeight, r.Height() - ipos.y - useOffset.y),
        &memDC,             // source DC
        bltStart.x, bltStart.y,     // source x, y
        SRCCOPY);

    if(lpDrawItemStruct->itemState & ODS_FOCUS)
        ::DrawFocusRect(lpDrawItemStruct->hDC, &focus);

    dc->RestoreDC(saved);
    ::DeleteObject(bitmap);
}
```

（6）切换到资源视图，添加 3 个图片。图片的 ID 为 IDB_UP、IDB_DOWN、IDB_DISABLE。IDB_UP 表示按钮弹起时的图片、IDB_DOWN 表示按钮按下时的图片、IDB_DISABLE 表示按钮失效时的图片。

（7）打开对话框编辑器，添加一个按钮，并把按钮的 Owner Draw 属性设置为 True，然后为按钮添加 CMyButton 类型的变量：CMyButton m_btn。

（8）在 BOOL CTestDlg::OnInitDialog()添加一行代码：

```
m_btn.LoadBitmaps(IDB_UP, IDB_DOWN, IDB_DISABLE);
```

表示加载 3 个图片。

（9）为对话框添加 2 个按钮，功能分别是使图片按钮失效和生效。

```
//使图片按钮失效
void CTestDlg::OnBnClickedButton2()
{
    // TODO: 在此添加控件通知处理程序代码
    m_btn.EnableWindow(0);
}

//使图片按钮生效
void CTestDlg::OnBnClickedButton3()
```

```
{
    // TODO: 在此添加控件通知处理程序代码
    m_btn.EnableWindow(1);
}
```

（10）保存并运行工程，运行结果如图 4-11 所示。

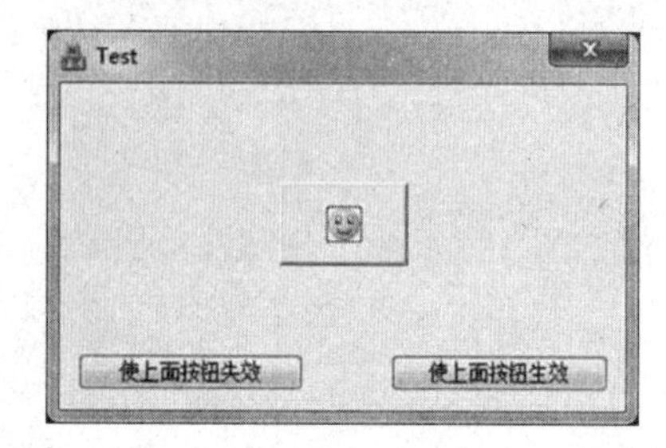

图 4-11

4.2.8 实现一个不自动弹起的按钮

默认情况下，单击按钮后按钮是会自动弹起的，但有时为了表示软件的某种状态，希望按钮弹起的时候是一种状态，而按下的时候是另外一种状态，并希望把这种状态保持住，直到用户再次单击按钮才让它弹起。本例就是实现一个不自动弹起的按钮。

基本思路是通过设置按钮的不同状态来判断当前是按下还是弹起，然后重载 DrawItem 虚函数，在该函数中重画按钮。

【例 4.8】实现一个不自动弹起的按钮

（1）新建一个对话框工程。

（2）切换到类视图，并添加一个 MFC 类 CMyButton，该类继承自 CButton。

（3）为类 CMyButton 添加一个成员变量：

```
protected:
    BOOL depressed;    //表示是否按下
```

（4）为类 CMyButton 添加 2 个成员函数：

```
//返回是否按下的状态；TRUE 表示按下了
    BOOL GetState()
    {
        return depressed;
    }
    //设置新的状态，返回旧的状态
    BOOL SetState(BOOL newstate)
    {
        BOOL old = depressed; depressed = newstate;
        InvalidateRect(NULL);
        return old;
    }
```

（5）为 CMyButton 重载 DrawItem 虚函数，如下代码：

```
void CMyButton::DrawItem(LPDRAWITEMSTRUCT  lpDrawItemStruct)
{

    // TODO:  添加你的代码以绘制指定项
    LPDRAWITEMSTRUCT dis = lpDrawItemStruct;

    CDC * dc = CDC::FromHandle(dis->hDC); // Get a CDC we can use
    CRect r(dis->rcItem);        // Copy the button rectangle
    int saved = dc->SaveDC();      // Save the DC for later restoration
    CPoint pt;                    // left point of text
```

```
    CSize sz;                    // size of text
    CSize border(::GetSystemMetrics(SM_CXBORDER),::GetSystemMetrics
(SM_CYBORDER));
    // Dimensions of a border line
    // We use ::GetSystemMetrics so we work on
    // hi-res displays
    // Offset amount if button-down
    CPoint baseOffset(border.cx, border.cy);

    // The three states are
    //  ODS_SELECTED  ODS_DISABLED
    //      1          n/a        Button is pressed
    //        0         0         Button is up
    //        0         1         Button is disabled
    //

    dc->SetTextColor(::GetSysColor(COLOR_BTNTEXT));
    dc->SetBkMode(TRANSPARENT);
    if(dis->itemState & (ODS_DISABLED | ODS_GRAYED))
    { /* grayed */
       dc->SetTextColor(::GetSysColor(COLOR_GRAYTEXT));
    } /* grayed */

    DWORD style = GetStyle();
    style &= (BS_LEFT | BS_RIGHT | BS_CENTER);

#define MARGIN 4
    CString s;
    GetWindowText(s);
    sz = dc->GetTextExtent(s);

    UINT flags = (GetStyle() & BS_MULTILINE ? 0 : DT_SINGLELINE);
    switch(style)
    { /* hstyle */
    case BS_LEFT:
       pt.x = MARGIN * border.cx;
       flags |= DT_LEFT;
       break;
    case BS_RIGHT:
       pt.x = r.Width() - MARGIN * border.cx - sz.cx;
       flags |= DT_RIGHT;
       break;
    case 0:
    case BS_CENTER:
       pt.x = (r.Width() - sz.cx) / 2;
       flags |= DT_CENTER;
       break;
    } /* hstyle */

    style = GetStyle();
    style &= (BS_TOP | BS_BOTTOM | BS_VCENTER);

    switch(style)
    { /* vstyle */
    case BS_TOP:
```

```
        pt.y = 3 * border.cy;
        flags |= DT_TOP;
        break;
    case BS_BOTTOM:
        pt.y = r.Height() - MARGIN * border.cy - sz.cy;
        flags |= DT_BOTTOM;
        break;
    case 0:
    case BS_VCENTER:
        pt.y = (r.Height() - sz.cy) / 2;
        flags |= DT_VCENTER;
        break;
    } /* vstyle */

    // Compute the focus rectangle area
    CRect focus(pt.x, pt.y, pt.x + sz.cx, pt.y + sz.cy);

    // For visual effect, if the button is down, shift the text over and
    // down to make it look "pushed".
    CPoint useOffset(0, 0);
    if(depressed)
    { /* down */
        useOffset = baseOffset;
    } /* down */

    // Draw the traditional pushbutton edge using DrawEdge
    if(depressed)
    { /* down */
        dc->DrawEdge(&dis->rcItem, EDGE_SUNKEN, BF_RECT | BF_MIDDLE | BF_SOFT);
    } /* down */
    else
    { /* up */
        dc->DrawEdge(&dis->rcItem, EDGE_RAISED, BF_RECT | BF_MIDDLE | BF_SOFT);
    } /* up */

    // Adjust the focus position and text position by shifting them
    // right-and-down by the desired offset
    focus += useOffset;
    pt += useOffset;

    focus.InflateRect(border.cx, border.cy);

    r.InflateRect(-MARGIN * border.cx, -MARGIN * border.cy);
    r += useOffset;

    dc->DrawText(s, r, flags);

    if(dis->itemState & ODS_FOCUS)
        ::DrawFocusRect(dis->hDC, &focus);

    dc->RestoreDC(saved);
}
```

（6）为 CMyButton 添加按下消息函数：

```
void CMyButton::OnLButtonDown(UINT nFlags, CPoint point)
{
```

```
    // TODO: 在此添加消息处理程序代码和/或调用默认值
    depressed = !depressed;
    InvalidateRect(NULL);
    CButton::OnLButtonDown(nFlags, point);
}
```

该函数的主要功能是当按下的时候就更新状态变量 depressed，然后重绘按钮。此时系统会自动调用 DrawItem 函数。

（7）切换到资源视图，打开对话框编辑器，删掉对话框上的所有控件，然后添加一个按钮，并设置按钮的 Owner Draw 属性为 True。接着为按钮添加一个 CMyButton 类型的变量：CMyButton m_btn。

（8）保存并运行工程，运行结果如图 4-12 所示。

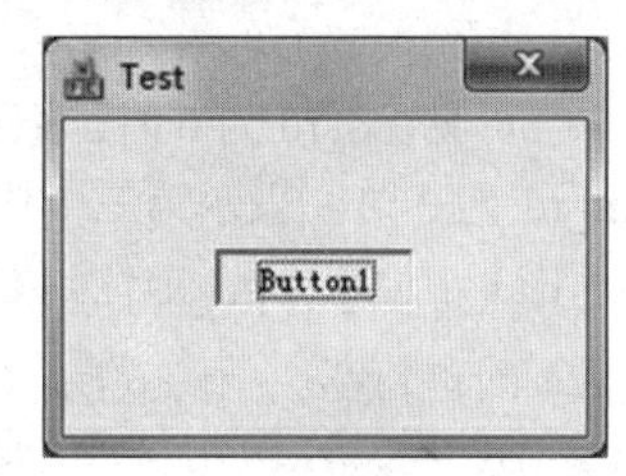

图 4-12

4.2.9　3 种选中 radio button 的方法

radio button 即单选按钮，属于按钮控件的一种。通常用于界面上的互斥选择场合，比如选择性别，要么选择男，要么选择女。通常，要选中单选按钮，只需单击即可。本例通过程序的方法来选中单选按钮，这种用途也会碰到，比如程序刚刚启动的时候，要根据配置文件参数来让界面上的单选按钮选中或不选中。

基本思路是通过程序的方法来选中或不选单选按钮，通常有 3 种方法，即整型变量法、控件指针法和非整型变量非控件指针法。

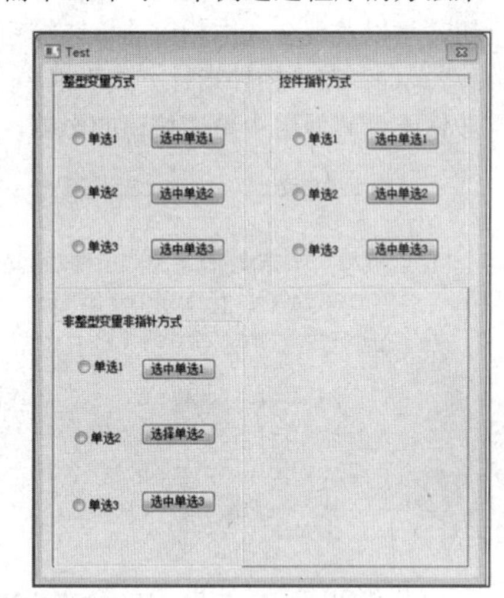

图 4-13

【例 4.9】3 种选中 radio button 的方法

（1）新建一个对话框工程。

（2）切换到资源视图，打开对话框编辑器。在对话框编辑器上删除所有控件，并拖动 9 个单选按钮和 9 个普通按钮到对话框上，排列整齐后的效果如图 4-13 所示。

（3）在“整型变量方式”组中，把第一个单选按钮（单选 1）的 Group 属性设为 True，并为其添加整型变量 m_rd，然后为“选中单选 1”的按钮添加消息函数，如下代码：

```
void CTestDlg::OnBnClickedButton2()
{
    // TODO: 在此添加控件通知处理程序代码
    m_rd = 0;
    UpdateData(FALSE);
}
```

为“选中单选 2”的按钮添加消息函数，如下代码：

```
void CTestDlg::OnBnClickedButton3()
{
    // TODO: 在此添加控件通知处理程序代码
    m_rd = 1;
    UpdateData(FALSE);
}
```

为“选中单选 3”的按钮添加消息函数，如下代码：

```
void CTestDlg::OnBnClickedButton4()
{
    // TODO: 在此添加控件通知处理程序代码
    m_rd = 2;
    UpdateData(FALSE);
}
```

可见，m_rd 为 0 时，表示第一个单选按钮被选中；m_rd 为 1 时，表示第二个单选按钮被选中；m_rd 为 2 时，表示第三个按钮被选中。为了让程序刚刚运行的时候没有单选按钮被选中，我们打开 Ex1_10Dlg.cpp，定位到 CTestDlg 的构造函数，把 m_rd 的初始值由 0 改为-1。如下代码：

```
CTestDlg::CTestDlg(CWnd* pParent /*=NULL*/)
    : CDialog(CTestDlg::IDD, pParent)
    , m_rd(-1)
{
    m_hIcon = AfxGetApp()->LoadIcon(IDR_MAINFRAME);
}
```

至此，第一组（整型变量方式）的选中单选按钮完成了，此时运行程序，单击第一组中的按钮，可以发现会选中相应的单选按钮了。

（4）在“控件指针方式”组中，把第一个单选按钮的 Group 属性设为 True，使该组中的单选按钮不受其他组中单选按钮的影响，然后为该组中的第一个按钮添加消息函数，如下代码：

```
void CTestDlg::OnBnClickedButton5()
{
    // TODO: 在此添加控件通知处理程序代码
    CButton *pBtn = (CButton*)GetDlgItem(IDC_RADIO4);
    pBtn->SetCheck(1);

    CButton *pBtn5 = (CButton*)GetDlgItem(IDC_RADIO5);
    pBtn5->SetCheck(0);
    CButton *pBtn6 = (CButton*)GetDlgItem(IDC_RADIO6);
    pBtn6->SetCheck(0);
}
```

从代码可见，先获取单选按钮控件的指针，然后调用单选按钮类的成员函数 SetCheck，如果 SetCheck(1)表示选中，那么 SetCheck(0)表示没选中。另外要注意的是，控件指针方式不会自动互斥，就是说对某个单选按钮 SetCheck(1)选中后，是不会影响同组其他单选按钮的选中状态的，要改变其他按钮的选中状态只能获得那个单选按钮的指针，然后再调用 SetCheck。这和上面的“整型变量方式”不同，整型变量方式因为是 3 个单选按钮共用一个整型变量，所以整型变量赋予了什么值就代表相应索引的单选按钮选中了。

再为第二个按钮添加消息函数：

```
void CTestDlg::OnBnClickedButton6()
{
    // TODO: 在此添加控件通知处理程序代码
    CButton *pBtn = (CButton*)GetDlgItem(IDC_RADIO5);
    pBtn->SetCheck(1);

    CButton *pBtn4 = (CButton*)GetDlgItem(IDC_RADIO4);
    pBtn4->SetCheck(0);
    CButton *pBtn6 = (CButton*)GetDlgItem(IDC_RADIO6);
```

```
    pBtn6->SetCheck(0);
}
```

最后为第三个按钮添加消息函数：

```
void CTestDlg::OnBnClickedButton7()
{
    // TODO: 在此添加控件通知处理程序代码
    CButton *pBtn = (CButton*)GetDlgItem(IDC_RADIO6);
    pBtn->SetCheck(1);

    CButton *pBtn5 = (CButton*)GetDlgItem(IDC_RADIO5);
    pBtn5->SetCheck(0);
    CButton *pBtn4 = (CButton*)GetDlgItem(IDC_RADIO4);
    pBtn4->SetCheck(0);
}
```

（5）在“非整型变量非指针方式”的组中，选中某个单选按钮最简单了，只要用一个函数 CheckDlgButton 即可。该函数是 CWnd 的虚拟函数，对话框类继承下来了，所以可以直接使用。该函数的原型如下：

```
virtual void CheckDlgButton(
   int nIDButton,
   UINT nCheck
);
```

其中，参数 nIDButton 是单选按钮的 ID；nCheck 为是否要选中的标记，有 3 个取值：

- BST_CHECKED：选中。
- BST_INDETERMINATE：变灰，仅当按钮具有 BS_3STATE 或 BS_AUTO3STATE 属性时才有效。
- BST_UNCHECKED：没选中。

下面为本组中的第一个按钮添加消息函数：

```
void CTestDlg::OnBnClickedButton1()
{
    // TODO: 在此添加控件通知处理程序代码
    CheckDlgButton(IDC_RADIO7,BST_CHECKED);
    CheckDlgButton(IDC_RADIO8,BST_UNCHECKED);
    CheckDlgButton(IDC_RADIO9,BST_UNCHECKED);
}
```

再为第二个按钮添加消息函数：

```
void CTestDlg::OnBnClickedButton8()
{
    // TODO: 在此添加控件通知处理程序代码
    CheckDlgButton(IDC_RADIO8,BST_CHECKED);
    CheckDlgButton(IDC_RADIO7,BST_UNCHECKED);
    CheckDlgButton(IDC_RADIO9,BST_UNCHECKED);
}
```

最后为第三个按钮添加消息函数：

```
void CTestDlg::OnBnClickedButton9()
{
    // TODO: 在此添加控件通知处理程序代码
    CheckDlgButton(IDC_RADIO9,BST_CHECKED);
    CheckDlgButton(IDC_RADIO7,BST_UNCHECKED);
    CheckDlgButton(IDC_RADIO8,BST_UNCHECKED);
}
```

（6）保存工程并运行，运行结果如图 4-14 所示。

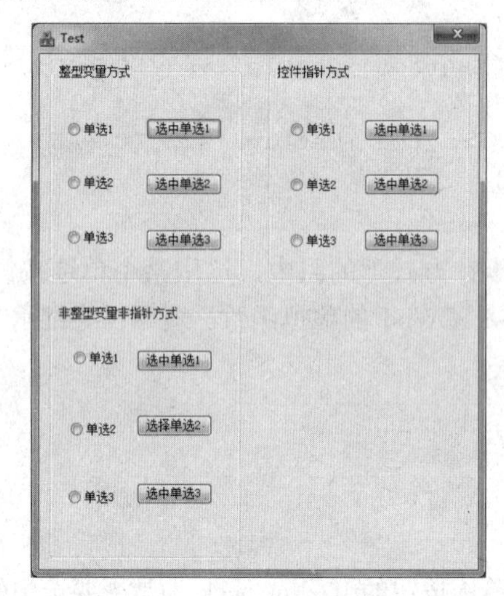

图 4-14

4.2.10 利用 CXPButton 实现图片按钮

本例通过 CXPButton 类来实现一个图片按钮。图片按钮的颜色是渐变的。基本思路是在对话框上放置一个按钮，然后为其添加 CXPButton 变量。

【例 4.10】利用 CXPButton 实现图片按钮

（1）新建一个对话框工程。

（2）把 XPButton.cpp 和 XPButton.h 加入工程中。

（3）放置一个按钮，为其添加一个变量"CXPButton m_btn;"，并为该按钮添加单击事件处理函数，如下代码：

```
void CTestDlg::OnBnClickedButton1()
{
    // TODO: 在此添加控件通知处理程序代码
    AfxMessageBox(_T("你好"));
}
```

图 4-15

（4）保存工程并运行，运行结果如图 4-15 所示。

4.2.11 CButtonST 类的基本使用

CButtonST 是一个功能强大的按钮类，功能上比 CButtonXP 强大得多。本例实现了 CButtonST 类的基本使用。

基本思路就是在对话框上先放置一个按钮，然后为其添加 CButtonST 类型的变量，再调用其功能函数。

【例 4.11】CButtonST 类的基本使用

（1）新建一个对话框工程。

（2）把 ButtonST.cpp、ButtonST.h、BCMenu.cpp 和 BCMenu.h 加入工程中。

（3）在对话框上添加一个按钮“标准按钮”，并稍微拖动大一些，然后为其添加变量“CButtonST m_btnStandard;”，把 res 目录下的 EOapp.ico 导入工程中，设其 ID 为 IDI_EOAPP。

（4）打开 CTestDlg::OnInitDialog()，添加如下代码：

```
m_btnStandard.SetIcon(IDI_EOAPP);
m_btnStandard.SetFlat(FALSE);
```

（5）制作一个带有 48×48 大小图标的扁平按钮，把 res 目录下的 Key manager.ico 导入工程中。在对话框上放置一个按钮“图标大小：48*48”，拖动大一些，设其 ID，变量分别为 IDC_BTNKEYMANAGER 和 CButtonST m_btnKeyManager。

（6）在 CTestDlg::OnInitDialog 中添加如下代码：

```
    short    shBtnColor = 30;
    m_btnKeyManager.SetIcon(IDI_KEYMANAGER);
    m_btnKeyManager.OffsetColor(CButtonST::BTNST_COLOR_BK_IN, shBtnColor);
```

（7）制作一个带有 72×72 大小图标的扁平按钮，把 res 目录下的 JPEG Image.ico 导入工程中，再在对话框上放置一个按钮，标题是“图标大小：72*72”，拖动大一些，设其 ID，变量分别为 IDC_BTNJPEG 和 CButtonST m_btnJpeg。

（8）在 CTestDlg::OnInitDialog 中添加如下代码：

```
m_btnJpeg.SetIcon(IDI_JPEG);
    m_btnJpeg.OffsetColor(CButtonST::BTNST_COLOR_BK_IN, shBtnColor);
```

（9）制作 2 个当鼠标停留在按钮上时图标会改变的按钮。把 res 目录下的 Halloween1.ico 和 Halloween2.ico 导入工程中，图标 ID 分别为 IDI_HALLOWEEN1 和 IDI_HALLOWEEN2。在对话框上放置一个按钮，名字是“图标会改变 1”，拖动大一些，设其 ID，变量分别为 IDC_BTNHALLOWEEN 和 CButtonST m_btnHalloween。

（10）在 CTestDlg::OnInitDialog 中添加如下代码：

```
m_btnHalloween.SetIcon(IDI_HALLOWEEN2, IDI_HALLOWEEN1);
```

（11）把 res 目录下的 Winzip1.ico 和 Winzip2.ico 导入工程中，图标 ID 分别为 IDI_ZIP1 和 IDI_ZIP2。在对话框上放置一个按钮，名字是“图标会改变 2”，拖动大一些，设其 ID，变量分别为 IDC_BTNZIP 和 CButtonST m_btnZip。

（12）在 CTestDlg::OnInitDialog 中添加如下代码：

```
    m_btnZip.SetIcon(IDI_ZIP2, IDI_ZIP1);
    m_btnZip.OffsetColor(CButtonST::BTNST_COLOR_BK_IN, shBtnColor);
```

（13）制作 2 个鼠标停留在按钮上时图标会变亮的按钮。需要注意的是，上面的图标改变使用了 2 个图标，而现在只用到了一个图标，只不过原来是灰的，现在让其恢复成正常状态。把 res 目录下的 Search.ico 导入工程中，并命名为 IDI_SEARCH。

（14）在对话框上放置一个按钮，名字是“图标会变亮 1”，拖动大一些，设其 ID，变量分别为 IDC_BTNSEARCH 和 CButtonST m_btnSearch。

在 CTestDlg::OnInitDialog 中添加如下代码：

```
m_btnSearch.SetIcon(IDI_SEARCH, (int)BTNST_AUTO_GRAY);
m_btnSearch.SetTooltipText(_T("Search"));
```

（15）把 res 目录下的 Lamp.ico 导入工程中，并命名为 IDI_LAMP。

（16）在对话框上放置一个按钮，名字是“图标会变亮 2”，拖动大一些，设其 ID，变量分别为 IDC_BTNLAMP 和 CButtonST m_btnLamp。需要注意的是，这个按钮和上一个按钮相比，鼠标停留的时候按钮没有边框，因为调用了 DrawBorder(FALSE)。在 CTestDlg::OnInitDialog 中添加如下代码：

```
m_btnLamp.SetIcon(IDI_LAMP, (int)BTNST_AUTO_GRAY);
m_btnLamp.DrawBorder(FALSE);
```

（17）制作一个带有提示信息的按钮，其实上面的 search 按钮也是有提示的。把 res 目录下的 Baloon.ico 导入工程中，并命名为 IDI_BALOON。

（18）在对话框上放置一个按钮“带有提示按钮”，拖动大一些，设其 ID，变量分别为 IDC_BTNTOOLTIP 和 CButtonST m_btnTooltip。当鼠标停留在这个按钮上的时候，会出现一个提示信息框。

在 CTestDlg::OnInitDialog 中添加如下代码：

```
m_btnTooltip.SetIcon(IDI_BALOON);
m_btnTooltip.OffsetColor(CButtonST::BTNST_COLOR_BK_IN, shBtnColor);
m_btnTooltip.SetTooltipText(_T("1.今天天气晴天。\r\n2.今天空气优良。"));
```

（19）制作一对前进与后退的按钮。值得注意的是，前进按钮的文字在图标的左边。把 res 目录下的 Left6_32x32x256.ico 导入工程中，并命名为 IDI_LEFT。

（20）在对话框上放置一个按钮“后退”，拖动大一些，设其 ID，变量分别为 IDC_BTNBACK 和 CButtonST m_btnBack。当鼠标停留在这个按钮上的时候会出现一个提示信息框。

在 CTestDlg::OnInitDialog 中添加如下代码：

```
m_btnBack.SetIcon(IDI_LEFT);
m_btnBack.OffsetColor(CButtonST::BTNST_COLOR_BK_IN, shBtnColor);
m_btnBack.SetColor(CButtonST::BTNST_COLOR_FG_IN, RGB(0, 128, 0));
```

（21）把 res 目录下的 Right6_32x32x256.ico 导入工程中，并命名为 IDI_RIGHT。在对话框上放置一个按钮“前进”，拖动大一些，设其 ID，变量分别为 IDC_BTNNEXT 和 CButtonST m_btnBack。

在 CTestDlg::OnInitDialog 中添加如下代码：

```
m_btnNext.SetIcon(IDI_RIGHT);
m_btnNext.OffsetColor(CButtonST::BTNST_COLOR_BK_IN, shBtnColor);
m_btnNext.SetColor(CButtonST::BTNST_COLOR_FG_IN, RGB(0, 128, 0));
m_btnNext.SetAlign(CButtonST::ST_ALIGN_HORIZ_RIGHT);
```

（22）下面再实现一个单击按钮后变灰、不可用的按钮。把 res 目录下的 Sound.ico 导入到工程中，并命名为 IDI_SOUND。

（23）在对话框上放置一个按钮“单击变灰”，拖动大一些，设其 ID，变量分别为 IDC_BTNDISABLED 和 CButtonST m_btnDisabled。在 CTestDlg::OnInitDialog 中添加如下代码：

```
    m_btnDisabled.SetIcon(IDI_SOUND);
    m_btnDisabled.OffsetColor(CButtonST::BTNST_COLOR_BK_IN, shBtnColor);
```

（24）为按钮添加事件，使其单击后不可用，如下代码：

```
void CTestDlg::OnBnClickedBtndisabled()
{
    // TODO: 在此添加控件通知处理程序代码
    m_btnDisabled.SetWindowText(_T("不可用"));
    // Disable the button
    m_btnDisabled.EnableWindow(FALSE);
}
```

（25）保存工程并运行，运行结果如图 4-16 所示。

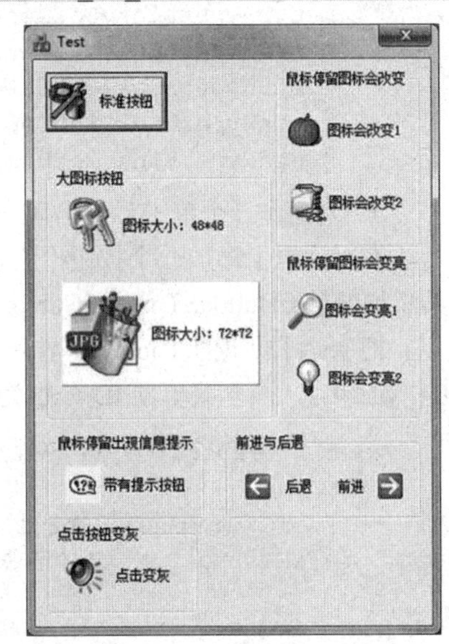

图 4-16

4.2.12　CButtonST 类的高级使用

【实例说明】

CButtonST 是一个功能强大的按钮类，功能上比 CButtonXP 强大得多。本例实现了 CButtonST 类的高级使用。

【设计思想】

基本思路就是在对话框上先放置一些按钮，然后为其添加 CButtonST 类型的变量，再调用其功能函数。

【例 4.12】 CButtonST 类的高级使用

（1）新建一个对话框工程。

（2）把 ButtonST.cpp、ButtonST.h、WinXPButtonST.cpp、WinXPButtonSTh、BCMenu.cpp 和 BCMenu.h 加入到工程中。

（3）在对话框上添加一个按钮“圆角按钮”，并稍微拖大一些，然后为其添加变量 CWinXPButtonST m_btnDerived，把 res 目录下的 Classes1_32x32x16.ico 导入工程中，设其 ID 为 IDI_CLASSES1。

打开 CTestDlg::OnInitDialog()，添加如下代码：

```
    short   shBtnColor = 30;
    m_btnDerived.SetIcon(IDI_CLASSES1);
    m_btnDerived.OffsetColor(CButtonST::BTNST_COLOR_BK_IN, shBtnColor);
    m_btnDerived.SetRounded(TRUE);
```

（4）制作一个单击后打开网页的超级链接按钮。值得注意的是，并不需要在按钮事件中打开网页，只需设置一下网址字符串即可。

在对话框上添加一个按钮“超级链接”，并稍微拖大一些，设 ID 为 IDC_BTNHYPERLINK，然后为其添加变量 CButtonST m_btnHyperLink。

把 res 目录下的 Web.ico 导入工程中，设其 ID 为 IDC_WEB，再把 res 目录下的光标文件 Hand.cur 导入工程，ID 为 IDC_HAND2。

在 TestDlg.cpp 中定义一个宏：

```
#define IDS_WEBADDR_T("http://www.baidu.com")
```

打开 CTestDlg::OnInitDialog()，添加如下代码：

```
    m_btnHyperLink.SetIcon(IDI_WEB);
    m_btnHyperLink.OffsetColor(CButtonST::BTNST_COLOR_BK_IN, shBtnColor);
    m_btnHyperLink.SetURL(IDS_WEBADDR);
    m_btnHyperLink.SetTooltipText(IDS_WEBADDR);
    m_btnHyperLink.SetBtnCursor(IDC_HAND2);
```

（5）制作一个单击后会出现一个下拉菜单的按钮。值得注意的是，菜单项还带有图标。

在对话框上添加一个按钮“菜单按钮”，ID 为 IDC_BTNCURSOR，并稍微拖大一些，然后为其添加变量 CButtonST m_btnCursor。

把 res 目录下的 Tools.ico 导入工程中，设其 ID 为 IDC_TOOL。再新建一个菜单资源，ID 为 ID_MENU1，两个菜单项 ID 分别为 IDM_ITEM1 和 IDM_ITEM2。菜单事件如下代码：

```
void CTestDlg::OnItem1()
{
    // TODO: 在此添加命令处理程序代码
    AfxMessageBox(_T("选项 1"));
}

void CTestDlg::OnItem2()
{
    // TODO: 在此添加命令处理程序代码
    AfxMessageBox(_T("选项 2"));
}
```

切换到资源视图，新建一个工具栏，ID 为 IDR_TOOLBAR，然后为此工具栏添加 2 个按钮，ID 分别为 IDM_ITEM1 和 IDM_ITEM2，此时 Visual C++会在 res 目录下生成一个 toolbar1.bmp 文件。把随书源码工程 res 目录下的 toolbar1.bmp 复制粘贴到工程的 res 目录下，替换原来的 toolbar1.bmp。此时切换到 Visual C++，会提示“资源在外部被修改，是否重新加载？”，单击“是”按钮。

切换到解决方案资源管理器视图，右击 Test.rc，然后选择“查看代码”命令，打开后添加如下代码：

```
/////////////////////////////////////////////////////////////////////////////
//
// Toolbar
//

IDR_TOOLBAR TOOLBAR 16, 15
BEGIN
    BUTTON      IDM_ITEM1
    BUTTON      IDM_ITEM2
END
```

打开 CTestDlg::OnInitDialog()，添加如下代码：

```
    m_btnCursor.SetIcon(IDI_TOOLS);
    m_btnCursor.OffsetColor(CButtonST::BTNST_COLOR_BK_IN, shBtnColor);

    m_btnCursor.SetMenu(IDR_MENU1, m_hWnd,TRUE, IDR_TOOLBAR);
#ifdef    BTNST_USE_BCMENU
#else
```

```
    m_btnCursor.SetMenu(IDR_MENU1, m_hWnd);
#endif
```

为两个菜单项添加事件，如下代码：

```
void CTestDlg::OnItem1()
{
    // TODO: 在此添加命令处理程序代码
    AfxMessageBox(_T("选项 1"));
}

void CTestDlg::OnItem2()
{
    // TODO: 在此添加命令处理程序代码
    AfxMessageBox(_T("选项 2"));
}
```

（6）实现一个带有焦点（虚线框）的按钮。将 res 目录下的 run.ico 导入工程中，设 ID 为 IDI_RUN。

在对话框上添加一个按钮“焦点按钮”，并稍微拖动大一些，设其 ID 为 IDC_BTNFOCUSRECT，然后为其添加变量 CButtonST m_btnFocusRect。

打开 CTestDlg::OnInitDialog()，添加如下代码：

```
    m_btnFocusRect.SetIcon(IDI_RUN);
    m_btnFocusRect.OffsetColor(CButtonST::BTNST_COLOR_BK_IN, shBtnColor);
    m_btnFocusRect.DrawFlatFocus(TRUE);
```

（7）实现一个保持下压状态的按钮。把 res 目录下的 LedOn.ico 和 LedOff.ico 加入到工程中，设其 ID 为 IDI_LEDON 和 IDI_LEDOFF。

在对话框上添加一个 CheckBox“保持下压按钮”，并稍微拖大一些，设其 ID 为 IDC_CHECK1，并为其添加成员变量 CButtonST m_chkCheckbox。

打开 CTestDlg::OnInitDialog()，添加如下代码：

```
m_chkCheckbox.SetIcon(IDI_LEDON, IDI_LEDOFF);
```

（8）实现一个贴有位图的按钮。把 res 目录下的 Palette.bmp 添加到工程中，设 ID 为 IDB_PALETTE。

在对话框上添加一个按钮“位图按钮”，并稍微拖大一些，设其 ID 为 IDC_BTNBITMAP，并为其添加成员变量 CButtonST m_btnBitmap。

打开 CTestDlg::OnInitDialog()，添加如下代码：

```
    m_btnBitmap.SetBitmaps(IDB_PALETTE, RGB(255, 0, 255));
    m_btnBitmap.OffsetColor(CButtonST::BTNST_COLOR_BK_IN, shBtnColor);
```

（9）保存工程并运行，运行结果如图 4-17 所示。

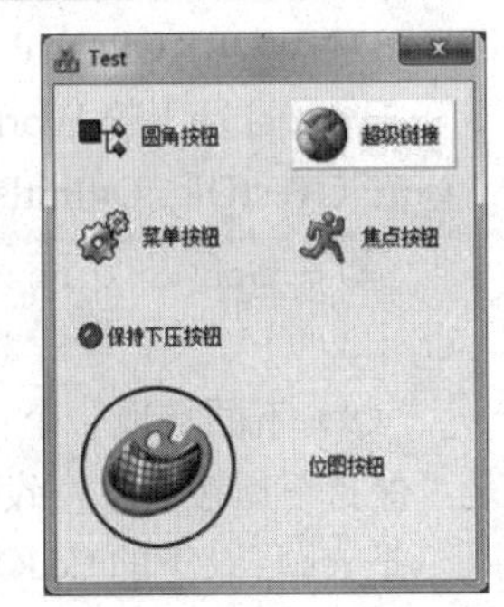

图 4-17

4.2.13　实现 CButtonST 类的透明效果

CButtonST 是一个功能强大的按钮类，功能上比 CButtonXP 强大得多。本例实现 CButtonST 类的透明效果。

基本思路就是在对话框上先放置一些按钮，然后为其添加 CButtonST 类型的变量，再调用其功能函数。

【例 4.13】实现 CButtonST 类的透明效果

（1）新建一个对话框工程。

（2）把对话框上的所有控件去掉，把 BackgroundUtil.h 和 BackgroundUtil.cpp、ButtonST.h 和 ButtonST.cpp、BCMenu.cpp 和 BCMenu.h 加入工程中。

（3）为 CTestDlg 添加成员变量 CDC* m_pDC;。

（4）为 CTestDlg 添加 WM_ERASEBKGND 消息，在消息响应函数中添加如下代码：

```
BOOL CTestDlg::OnEraseBkgnd(CDC* pDC)
{
    // TODO: 在此添加消息处理程序代码和/或调用默认值
    CRect rc;

    GetClientRect(rc);

    m_pDC = pDC;

    if (TileBitmap(pDC, rc) == TRUE)
        return TRUE;
    else
        return CDialog::OnEraseBkgnd(pDC);
}
```

（5）打开 TestDlg.h，为 CTestDlg 添加一个父类：

```
class CTestDlg : public CDialog,CBackgroundUtil
```

然后添加包含头文件：

```
#include "BackgroundUtil.h"
```

（6）打开 CTestDlg::OnInitDialog()，添加设置背景图片的代码：

```
SetBitmap(IDB_SKY);
```

此时运行工程，可以看到对话框背景是图片了。

（7）制作一个带有 48×48 大小图标的扁平按钮，把 res 目录下的 LogOff.ico 导入工程中，并设 ID 为 IDI_LOGOFF。在对话框上放置一个按钮“图标 48*48”，拖大一些，设置其 ID，变量分别为 IDC_BTNLOGOFF 和 CButtonST m_btnLogOff。

在 CTestDlg::OnInitDialog 中添加如下代码：

```
    m_btnLogOff.SetIcon(IDI_LOGOFF);
    m_btnLogOff.DrawTransparent(TRUE);
```

（8）在对话框上放置一个按钮“图标大小：72*72”，拖大一些，设其 ID，变量分别为 IDC_BTNWORKGROUP 和 CButtonST m_btnWorkgroup。

把 res 目录下的 Workgroup.ico 导入工程中，并设 ID 为 IDI_WORKGROUP。

在 CTestDlg::OnInitDialog 中添加如下代码：

```
    m_btnWorkgroup.SetIcon(IDI_WORKGROUP);
    m_btnWorkgroup.DrawTransparent(TRUE);
```

（9）下面实现一个背景透明的能保持下压状态的按钮。在对话框上放置一个 checkbox，标题是“保持下压按钮”，设 ID 为 IDC_CHECK1，并为其添加变量 CButtonST m_chkCheckbox。

把 res 目录下的 LedOn.ico 和 LedOff.ico 加入工程中，设其 ID 为 IDI_LEDON 和 IDI_LEDOFF。

打开 CTestDlg::OnInitDialog()，添加如下代码：

```
m_chkCheckbox.SetIcon(IDI_LEDON, IDI_LEDOFF);
m_chkCheckbox.DrawTransparent(TRUE);
```

（10）下面实现一个贴有位图的按钮。在对话框上添加一个按钮“位图按钮”，并稍微拖大一些，设其 ID 为 IDC_BTNCANNIBAL，并为其添加变量 m_btnCannibal。

把 res 目录下的 Cannibal.bmp 添加到工程中，设 ID 为 IDB_CANNIBAL。

打开 CTestDlg::OnInitDialog()，添加如下代码：

```
m_btnCannibal.SetBitmaps(IDB_CANNIBAL, RGB(0, 255, 0));
m_btnCannibal.DrawTransparent(TRUE);
```

（11）下面实现几个常见图标的按钮，它们也能实现背景透明，并且开始是灰色的。在对话框上添加一个按钮，标题留空，稍微拖大一些，设其 ID 为 IDC_BTNOPEN，并为其添加变量 m_btnOpen。

把 res 目录下的 Open.ico 添加到工程中，设 ID 为 IDI_OPEN。打开 CTestDlg::OnInitDialog()，添加如下代码：

```
m_btnOpen.SetIcon(IDI_OPEN, (int)BTNST_AUTO_GRAY);
m_btnOpen.SetTooltipText(_T("打开"));
m_btnOpen.DrawTransparent(TRUE);
```

（12）在对话框上添加一个按钮，标题留空，稍微拖大一些，设其 ID 为 IDC_BTNSEARCH，并为其添加变量 m_btnSearch。

把 res 目录下的 Search.ico 添加到工程中，设 ID 为 IDI_SEARCH。

打开 CTestDlg::OnInitDialog()，添加如下代码：

```
m_btnSearch.SetIcon(IDI_SEARCH, (int)BTNST_AUTO_GRAY);
m_btnSearch.SetTooltipText(_T("搜索"));
m_btnSearch.DrawTransparent(TRUE);
```

（13）在对话框上添加一个按钮，标题留空，稍微拖大一些，设其 ID 为 IDC_BTNEXPLORER，并为其添加变量 m_btnExplorer。

把 res 目录下的 Explorer.ico 添加到工程中，设 ID 为 IDI_EXPLORER。

打开 CTestDlg::OnInitDialog()，添加如下代码：

```
m_btnExplorer.SetIcon(IDI_EXPLORER, (int)BTNST_AUTO_GRAY);
m_btnExplorer.SetTooltipText(_T("冲浪"));
m_btnExplorer.DrawTransparent(TRUE);
```

（14）在对话框上添加一个按钮，标题留空，稍微拖大一些，设其 ID 为 IDC_BTNHELP，并为其添加变量 CButtonST m_btnHelp。

把 res 目录下的 Help.ico 添加到工程中，设 ID 为 IDI_HELP。

打开 CTestDlg::OnInitDialog()，添加如下代码：

```
m_btnHelp.SetIcon(IDI_HELP, (int)BTNST_AUTO_GRAY);
m_btnHelp.SetTooltipText(_T("帮助"));
m_btnHelp.DrawTransparent(TRUE);
```

（15）在对话框上添加一个按钮，标题留空，稍微拖动大一些，设其 ID 为 IDC_BTNABOUT，并为其添加变量 CButtonST m_btnAbout。

把 res 目录下的 About.ico 添加到工程中，设 ID 为 IDI_ABOUT。

打开 CTestDlg::OnInitDialog()，添加如下代码：

```
m_btnAbout.SetIcon(IDI_ABOUT, (int)BTNST_AUTO_GRAY);
m_btnAbout.SetTooltipText(_T("关于"));
m_btnAbout.DrawTransparent(TRUE);
```

（16）保存工程并运行，运行结果如图 4-18 所示。

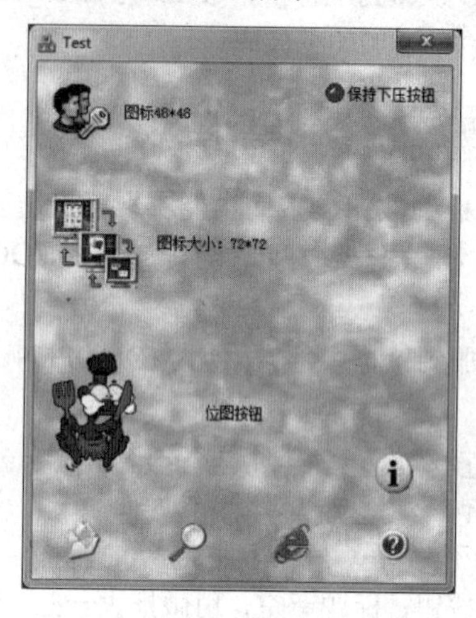

图 4-18

4.2.14 CButtonST 类的阴影效果

CButtonST 是一个功能强大的按钮类，功能上比 CButtonXP 强大得多。本例实现了 CButtonST 类的阴影效果。

基本思路就是在对话框上先放置一些按钮，然后为其添加 CButtonST 类型的变量，再调用其功能函数。

【例 4.14】 CButtonST 类的阴影效果

（1）新建一个对话框工程。

（2）把对话框上的所有控件去掉，并把 ShadeButtonST.h 和 ShadeButtonST.cpp、CeXDib.cpp 和 CeXDib.h、ButtonST.h 和 ButtonST.cpp、BCMenu.cpp 和 BCMenu.h 加入工程。

（3）在对话框上添加一个按钮“阴影效果 1”，稍微拖大一些，设其 ID 为 IDC_BTNSHADE1，并为其添加变量 CShadeButtonST m_btnShadow1。把 res 目录下的 Razor_32x32x256.ico 添加到工程中，设 ID 为 IDI_RAZOR。

打开 CTestDlg::OnInitDialog()，添加如下代码：

```
m_btnShadow1.SetShade(CShadeButtonST::SHS_METAL);
m_btnShadow1.SetIcon(IDI_RAZOR);
```

（4）在对话框上添加一个按钮“阴影效果 2”，稍微拖大一些，设其 ID 为 IDC_BTNSHADE2，并为其添加变量 CShadeButtonST m_btnShadow2。把 res 目录下的 Search.ico 添加到工程中，设 ID 为 IDI_HELP。

打开 CTestDlg::OnInitDialog()，添加如下代码：

```
m_btnShadow2.SetShade(CShadeButtonST::SHS_HARDBUMP);
m_btnShadow2.SetIcon(IDI_HELP);
m_btnShadow2.SetAlign(CButtonST::ST_ALIGN_VERT);
```

（5）在对话框上添加一个按钮“阴影效果 3”，稍微拖大一些，设其 ID 为 IDC_BTNSHADE3，并为其添加变量 CShadeButtonST m_btnShadow3。把 res 目录下的 Search.ico 添加到工程中，设 ID 为 IDI_SEARCH。

打开 CTestDlg::OnInitDialog()，添加如下代码：

```
m_btnShadow3.SetShade(CShadeButtonST::SHS_SOFTBUMP);
m_btnShadow3.SetIcon(IDI_SEARCH, (int)BTNST_AUTO_GRAY);
```

（6）在对话框上添加一个按钮“阴影效果 4”，稍微拖大一些，设其 ID 为 IDC_BTNSHADE4，并为其添加变量 CShadeButtonST m_btnShadow4。把 res 目录下的 Ok3_32x32x256.ico 添加到工程中，设 ID 为 IDI_OK3。

打开 CTestDlg::OnInitDialog()，添加如下代码：

```
m_btnShadow4.SetShade(CShadeButtonST::SHS_NOISE, 33);
m_btnShadow4.SetIcon(IDI_OK3);
m_btnShadow4.SetAlign(CButtonST::ST_ALIGN_VERT);
```

（7）在对话框上添加一个按钮“阴影效果 5”，稍微拖大一些，设其 ID 为 IDC_BTNSHADE5，并为其添加变量 CShadeButtonST m_btnShadow5。把 res 目录下的 Help2_32x32x256.ico 添加到工程中，设 ID 为 IDI_HELP2。

打开 CTestDlg::OnInitDialog()，添加如下代码：

```
m_btnShadow5.SetShade(CShadeButtonST::SHS_VBUMP,8,20,5,RGB(55,55,255));
m_btnShadow5.SetIcon(IDI_HELP2);
```

（8）在对话框上添加一个按钮“阴影效果 6”，稍微拖大一些，设其 ID 为 IDC_BTNSHADE6，并为其添加变量 CShadeButtonST m_btnShadow6。把 res 目录下的 Hand.cur 导入工程中，设 ID 为 IDC_HAND。把 res 目录下的 Web.ico 添加到工程中，设 ID 为 IDI_WEB。

打开 CTestDlg::OnInitDialog()，添加如下代码：

```
#define IDS_WEBADDR _T("www.baidu.com")
m_btnShadow6.SetShade(CShadeButtonST::SHS_HBUMP,8,20,5,RGB(55,55,255));
m_btnShadow6.SetIcon(IDI_WEB);
m_btnShadow6.SetBtnCursor(IDC_HAND);
m_btnShadow6.SetURL(IDS_WEBADDR);
m_btnShadow6.SetTooltipText(IDS_WEBADDR);
```

（9）在对话框上添加一个按钮“阴影效果 7”，稍微拖大一些，设其 ID 为 IDC_BTNSHADE7，并为其添加变量 CShadeButtonST m_btnShadow7。把 res 目录下的 Cancel3_32x32x256.ico 添加到工程中，设 ID 为 IDI_CANCEL3。

打开 CTestDlg::OnInitDialog()，添加如下代码：

```
    m_btnShadow7.SetShade(CShadeButtonST::SHS_VSHADE,8,20,5, RGB(55,55,
255));
    m_btnShadow7.SetIcon(IDI_CANCEL3);
    m_btnShadow7.SetAlign(CButtonST::ST_ALIGN_HORIZ_RIGHT);
```

（10）在对话框上添加一个按钮“阴影效果 8”，稍微拖大一些，设其 ID 为 IDC_BTNSHADE8，并为其添加变量 CShadeButtonST m_btnShadow8。把 res 目录下的 Run.ico 添加到工程中，设 ID 为 IDI_RUN。

打开 CTestDlg::OnInitDialog()，添加如下代码：

```
    m_btnShadow8.SetShade(CShadeButtonST::SHS_HSHADE,8,20,5,RGB(55,55,
255));
    m_btnShadow8.SetIcon(IDI_RUN);
    m_btnShadow8.DrawFlatFocus(TRUE);
```

（11）在对话框上添加一个按钮“阴影效果 9”，稍微拖大一些，设其 ID 为 IDC_BTNSHADE9，并为其添加变量 CShadeButtonST m_btnShadow9。把 res 目录下的 IEDocument_48x48x256.ico 添加到工程中，设 ID 为 IDI_IEDOCUMENT。

打开 CTestDlg::OnInitDialog()，添加如下代码：

```
    m_btnShadow9.SetShade(CShadeButtonST::SHS_DIAGSHADE,8,10,5,
RGB(55,255,55));
    m_btnShadow9.SetIcon(IDI_IEDOCUMENT);
    m_btnShadow9.SetColor(CButtonST::BTNST_COLOR_FG_IN, RGB(0, 178, 0));
    m_btnShadow9.SetColor(CButtonST::BTNST_COLOR_FG_OUT, RGB(0, 128, 0));
```

（12）保存工程并运行，运行结果如图 4-19 所示。

图 4-19

4.2.15 同一程序内模拟按钮事件

平时按钮都要用鼠标点击才会有反应，现在通过代码的方式向同一个程序内的按钮发送消息。方式很多，具体可以见代码。基本思路都是获得接收消息按钮的句柄，然后向其发送消息。

【例 4.15】同一程序内模拟按钮事件

（1）新建一个对话框工程。

（2）在对话框上放置一个按钮“接收消息的按钮”，该按钮会收到其他按钮发来的消息，添加如下代码：

```
void CTestDlg::OnBnClickedButton1()
{
```

```
    // TODO: 在此添加控件通知处理程序代码
    AfxMessageBox("第一个按钮收到消息");
}
```

（3）在对话框上放置一个按钮，添加发送消息给第一个按钮（button1）的代码：

```
void CTestDlg::OnBnClickedButton2()
{
    // TODO: 在此添加控件通知处理程序代码
    SendMessage(WM_COMMAND,IDC_BUTTON1,0);
}
```

（4）在对话框上放置一个按钮，添加发送消息给 button1 的代码：

```
void CTestDlg::OnBnClickedButton3()
{
    // TODO: 在此添加控件通知处理程序代码
    SendMessage(WM_COMMAND,((WPARAM)BN_CLICKED)<<8|(WPARAM)IDC_BUTTON1,0L);
}
```

（5）在对话框上放置一个按钮，添加发送消息给 button1 的代码：

```
void CTestDlg::OnBnClickedButton4()
{
    // TODO: 在此添加控件通知处理程序代码
    SendDlgItemMessage(IDC_BUTTON1,BM_CLICK,0,0);
}
```

（6）在对话框上放置一个按钮，添加发送消息给 button1 的代码：

```
void CTestDlg::OnBnClickedButton5()
{
    // TODO: 在此添加控件通知处理程序代码
    ::SendMessage(GetSafeHwnd(),WM_COMMAND,IDC_BUTTON1,NULL);
}
```

（7）在对话框上放置一个按钮，添加发送消息给 button1 的代码：

```
void CTestDlg::OnBnClickedButton6()
{
    // TODO: 在此添加控件通知处理程序代码
    ::SendMessage(GetDlgItem(IDC_BUTTON1)->GetSafeHwnd(),WM_LBUTTONDOWN,IDC
_BUTTON1,0);
    ::SendMessage(GetDlgItem(IDC_BUTTON1)->GetSafeHwnd(),WM_LBUTTONUP,IDC_B
UTTON1,0);
}
```

（8）在对话框上放置一个按钮，添加发送消息给 button1 的代码：

```
void CTestDlg::OnBnClickedButton7()
{
    // TODO: 在此添加控件通知处理程序代码
    GetDlgItem(IDC_BUTTON1)->SendMessage(WM_LBUTTONDOWN);
    GetDlgItem(IDC_BUTTON1)->SendMessage(WM_LBUTTONUP);


}
```

（9）保存工程并运行，运行结果如图 4-20 所示。可以发现这些方法的最终效果都相同。

图 4-20

4.2.16 不同的程序间发送消息给对方按钮

现在通过代码的方式在不同程序之间向对方的按钮发送消息。方式很多，基本思路是查找对方对话框窗口的句柄，然后发送消息。

【例 4.16】不同的程序间发送消息给对方按钮

（1）新建一个对话框工程。

（2）在对话框上放置一个按钮，该按钮会收到其他程序发来的消息。消息响应如下代码：

```
void CTestDlg::OnBnClickedButton1()
{
    // TODO: 在此添加控件通知处理程序代码
    AfxMessageBox(L"收到消息");
}
```

（3）新建一个对话框工程。

（4）定义一个宏，该宏的值是 Test 程序中按钮的 ID 值。

```
#define TEST_IDC_BUTTON1 1000
```

（5）在对话框上放置一个按钮，向 Test 程序中的按钮 1 发送消息，如下代码：

```
void CSenderDlg::OnBnClickedButton1()
{
    // TODO: 在此添加控件通知处理程序代码
    CWnd *pWnd = FindWindow(NULL, L"Test");
    if(pWnd)
    {
        pWnd->SendMessage(WM_COMMAND,TEST_IDC_BUTTON1,0);
    }
    else AfxMessageBox(L"Test 程序没有运行");
}
```

（6）放置一个按钮，向 Test 程序中的按钮 1 发送消息，如下代码：

```
void CSenderDlg::OnBnClickedButton2()
{
    // TODO: 在此添加控件通知处理程序代码
    CWnd *pWnd = FindWindow(NULL, L"Test");
    if(pWnd)
    {
```

```
        pWnd->SendMessage(WM_COMMAND,((WPARAM)BN_CLICKED)<<8 |(WPARAM)
TEST_IDC_BUTTON1,0L);
        }
        else AfxMessageBox(L"Test 程序没有运行");
    }
```

（7）放置一个按钮，向 Test 程序中的按钮 1 发送消息，如下代码：

```
    void CSenderDlg::OnBnClickedButton3()
    {
        // TODO: 在此添加控件通知处理程序代码
        CWnd *pWnd = FindWindow(NULL,"Test");
        if(pWnd)
        {
            pWnd->SendDlgItemMessage(TEST_IDC_BUTTON1,BM_CLICK,0,0);
            //必须要两次，否则不是每次都能出现信息框
            pWnd->SendDlgItemMessage(TEST_IDC_BUTTON1,BM_CLICK,0,0);
        }
        else AfxMessageBox(L"Test 程序没有运行");
    }
```

（8）放置一个按钮，向 Test 程序中的按钮 1 发送消息，如下代码：

```
    void CSenderDlg::OnBnClickedButton4()
    {
        // TODO: 在此添加控件通知处理程序代码
        CWnd *pWnd = FindWindow(NULL, L"Test");
        if(pWnd)
        {
            ::SendMessage(pWnd->GetSafeHwnd(),WM_COMMAND, TEST_IDC_BUTTON1, NULL);
        }
        else AfxMessageBox(L"Test 程序没有运行");
    }
```

（9）放置一个按钮，向 Test 程序中的按钮 1 发送消息，如下代码：

```
    void CSenderDlg::OnBnClickedButton5()
    {
        // TODO: 在此添加控件通知处理程序代码
        CWnd *pWnd = FindWindow(NULL, L"Test");
        if(pWnd)
        {
            ::SendMessage(pWnd->GetDlgItem(IDC_BUTTON1)->GetSafeHwnd(),
WM_LBUTTONDOWN, TEST_IDC_BUTTON1,0);
            ::SendMessage(pWnd->GetDlgItem(IDC_BUTTON1)->GetSafeHwnd(),
WM_LBUTTONUP,TEST_IDC_BUTTON1,0);
            //必须要两次，否则不是每次都能出现信息框
            ::SendMessage(pWnd->GetDlgItem(IDC_BUTTON1)->GetSafeHwnd(),
WM_LBUTTONDOWN,    TEST_IDC_BUTTON1,0);
            ::SendMessage(pWnd->GetDlgItem(IDC_BUTTON1)->GetSafeHwnd(),
WM_LBUTTONUP,TEST_IDC_BUTTON1,0);
        }
```

```
    else AfxMessageBox(L"Test 程序没有运行");
}
```

（10）放置一个按钮，向 Test 程序中的按钮 1 发送消息，如下代码：

```
void CSenderDlg::OnBnClickedButton6()
{
    // TODO: 在此添加控件通知处理程序代码
    CWnd *pWnd = FindWindow(NULL,"Test");
    if(pWnd)
    {
        pWnd->GetDlgItem(IDC_BUTTON1)->SendMessage(WM_LBUTTONDOWN);
        pWnd->GetDlgItem(IDC_BUTTON1)->SendMessage(WM_LBUTTONUP);
        pWnd->GetDlgItem(IDC_BUTTON1)->SendMessage(WM_LBUTTONDOWN);
        pWnd->GetDlgItem(IDC_BUTTON1)->SendMessage(WM_LBUTTONUP);
    }
    else AfxMessageBox(L"Test 程序没有运行");
    }
```

（11）保存工程并运行，运行结果如图 4-21 所示。

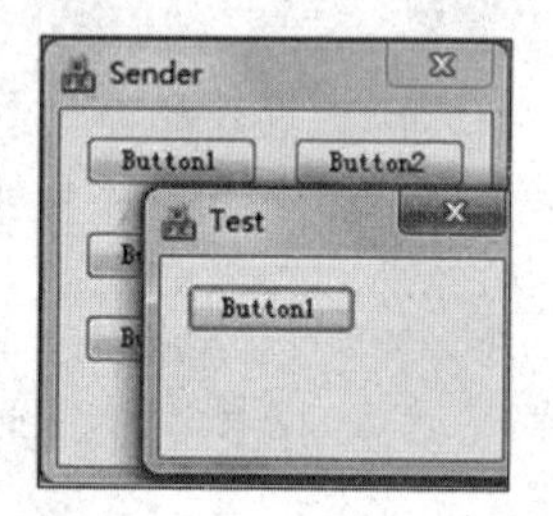

图 4-21

4.2.17 实现按钮凹下和弹起效果

平时单击按钮后会弹起。现在用代码方式实现按钮凹下和弹起的效果。基本思路是向按钮发送 BM_SETSTATE：如果需要凹下去，就用参数 BST_CHECKED；如果需要弹起，就用 BST_UNCHECKED。

【例 4.17】实现按钮凹下和弹起效果

（1）新建一个对话框工程。

（2）在对话框上放置 3 个按钮。第一个按钮用于演示按下和弹起的效果。第二个按钮向第一个按钮发送按下消息，如下代码：

```
void CTestDlg::OnBnClickedButton2()
{
    // TODO: 在此添加控件通知处理程序代码
    GetDlgItem(IDC_BUTTON1)->SendMessage( BM_SETSTATE,BST_CHECKED, NULL);
}
```

（3）第三个按钮向第一个按钮发送弹起消息，如下代码：

```
void CTestDlg::OnBnClickedButton3()
{
    // TODO: 在此添加控件通知处理程序代码
    GetDlgItem(IDC_BUTTON1)->SendMessage( BM_SETSTATE,BST_UNCHECKED, NULL);
}
```

（4）保存工程并运行，运行结果如图 4-22 所示。

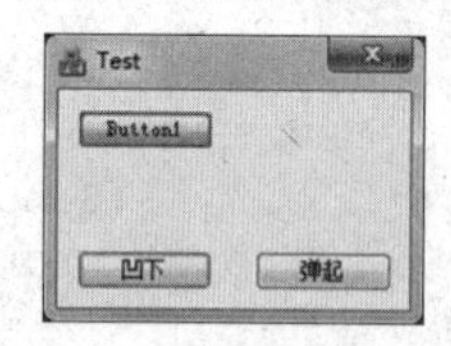

图 4-22

4.2.18　在非客户区上实现按钮

有时我们需要在非客户区（例如：标题栏）上添加按钮，并对按钮做出响应。

基本思路是封装两个类 CNCButton 和 CNCButtonManager：CNCButton 主要用于按钮绘制；CNCButtonManager 用于按钮的管理并对非客户区的消息进行处理。

【例 4.18】在非客户区上实现按钮

（1）新建一个单文档工程。

（2）把 NCButtonManager.h、NCButtonManager.cpp、NCButton.h、NCButton.cpp 加入工程中，其中 CNCButtonManager 用于按钮的管理并对非客户区的消息进行处理，CNCButton 主要用于按钮绘制。

（3）在 MainFrm.h 中加入包含头文件：

```
    #include "NCButtonManager.h"
    #include "NCButton.h"
```

并定义 3 个按钮的 ID：

```
    #define ID_BUTTON1    100
    #define ID_BUTTON2    101
    #define ID_BUTTON3    102
```

（4）为类 CMainFrame 添加按钮和管理类成员变量：

```
    CNCButton m_NcButton1;
    CNCButton m_NcButton2;
    CNCButton m_NcButton3;
    CNCButtonManager m_NcButtonManager;
```

（5）把 res 目录下的 pen1.bmp 和 pen2.bmp 导入工程中，ID 保持默认。

（6）在 CMainFrame::OnCreate 中的末尾处加入按钮创建和初始化的代码：

```
    POINT ptBtn1Offset = { 100, 10 };
       POINT ptBtn2Offset = { 170, 32 };
       POINT ptBtn3Offset = { 190, 10 };

       SIZE sizeBtn1 = {60, 14};
       SIZE sizeBtn2 = {16, 14};
       SIZE sizeBtn3 = {16, 14};

       m_NcButton1.Create(L"", this->m_hWnd, ptBtn1Offset, sizeBtn1,
ID_BUTTON1);
       m_NcButton2.Create(L"", this->m_hWnd, ptBtn2Offset, sizeBtn2,
ID_BUTTON2);
       m_NcButton3.Create(L"", this->m_hWnd, ptBtn3Offset, sizeBtn3,
ID_BUTTON3);

       m_NcButton1.SetText(L"你好！", L"宋体", 12);
       m_NcButton1.SetTooltip(L"标题栏上的按钮");

       m_NcButton2.SetButtonBitmap(IDB_BITMAP1, BTNBMP_NORMAL);
       m_NcButton2.SetButtonBitmap(IDB_BITMAP1, BTNBMP_MOUSEOVER);
       m_NcButton2.SetTooltip(L"我在菜单栏上");
```

```
    m_NcButton3.SetButtonBitmap(IDB_BITMAP1, BTNBMP_NORMAL);
    m_NcButton3.SetButtonBitmap(IDB_BITMAP1, BTNBMP_MOUSEOVER);
    m_NcButton3.SetTooltip(L"我在标题栏上");
```

（7）重写 CMainFrame::DefWindowProc 函数，在里面添加如下代码：

```
LRESULT CMainFrame::DefWindowProc(UINT message, WPARAM wParam, LPARAM lParam)
{
    // TODO: 在此添加专用代码和/或调用基类

    //return CFrameWnd::DefWindowProc(message, wParam, lParam);

    LRESULT lResult = CFrameWnd::DefWindowProc(message, wParam, lParam);

    if(!IsWindow(this->m_hWnd))
        return lResult;

    LRESULT lMyResult = m_NcButtonManager.DefWindowProc(this->m_hWnd, message,
wParam, lParam);
    if(lMyResult != 0)
        return lMyResult;
    else
        return lResult;
}
```

此时运行工程，可以发现标题栏上有两个按钮、菜单栏上有一个按钮，但单击它们没有反映。下面为它们添加单击消息。

（8）手动添加消息映射：

```
BEGIN_MESSAGE_MAP(CMainFrame, CFrameWnd)
    ON_WM_CREATE()
    //手工添加消息映射
    ON_BN_CLICKED(ID_BUTTON1, OnNcButton1Clicked)
    ON_BN_CLICKED(ID_BUTTON2, OnNcButton2Clicked)
    ON_BN_CLICKED(ID_BUTTON3, OnNcButton3Clicked)
END_MESSAGE_MAP()
```

（9）手动为 3 个按钮添加消息响应代码：

```
void CMainFrame::OnNcButton1Clicked()
{
    AfxMessageBox(L"我是普通按钮，我在标题栏上");
}
void CMainFrame::OnNcButton2Clicked()
{
    AfxMessageBox(L"我是图形按钮，在标题栏上");
}
void CMainFrame::OnNcButton3Clicked()
{
    AfxMessageBox(L"我是图形按钮，在菜单栏上");
}
```

（10）把 Windows 7 的桌面主题改为“Windows 经典”，否则标题栏上的按钮不会显示。

（11）保存工程并运行，运行结果如图 4-23 所示。

图 4-23

4.2.19　鼠标移过按钮时发出声音

将鼠标移动到按钮上时发出声音，可以提醒用户这个按钮的存在，意义和鼠标移动到按钮上时按钮凸起一样。

基本思路是在 CButtonST 实现的基础上加入声音播放功能。

【例 4.19】鼠标移过按钮时发出声音

（1）新建一个对话框工程。

（2）把 BCMenu.cpp、BCMenu.h、ButtonST.cpp 和 ButtonST.h 加入工程中。

（3）在 ButtonST.h 开头加入如下代码：

```
#include <mmsystem.h>
#pragma comment(lib,"Winmm.lib")
```

表示需要多媒体的支持。

（4）向 CButtonST 类中添加两个成员变量和两个成员函数：

```
private:
CString SoundID;
BOOL m_bPlaySound;
public:
void PlaySound();
void SetPlaySound(BOOL bPlaySound,LPCTSTR sID=NULL);
```

（5）对变量进行初始化，向 CButtonST 类的构造函数中添加以下代码：

```
m_bPlaySound=FALSE;
SoundID="";
```

（6）为类 CButtonST 添加两个成员函数：

```
void CButtonST::SetPlaySound(BOOL bPlaySound, LPCTSTR sID)
{
   m_bPlaySound=bPlaySound;
   SoundID=sID;
}

void CButtonST::PlaySound()
{
   if(!m_bPlaySound)
      return;

   if(SoundID=="")
```

```
    {
        MessageBeep(-1);
        return;
    }
    else
    {
        CString sID=SoundID;
        HINSTANCE h=AfxGetInstanceHandle();
        HRSRC hr=FindResource(h,sID,L"WAVE");
        HGLOBAL hg=LoadResource(h,hr);
        TCHAR *lp = (TCHAR*)LockResource(hg);
        ////sndPlaySound(lp,SND_MEMORY|SND_SYNC);
        sndPlaySound(lp,SND_MEMORY|SND_ASYNC);
        FreeResource(hg);

    }
}
```

（7）切换到资源视图，然后把 res 目录下的 3 个 wav 文件导入工程中。注意，是导入，不是新建资源。导入的时候选择文件类型是 wav 即可。然后设它们的 ID 为“登录音”“电话铃”“启动音”，注意双引号也要写在 ID 中，相当于 3 个字符串，用的时候直接在"WAVE"中找这 3 个字符串就能找到对应的 wav 文件了。当然这种字符串形式的 ID 是无须在 resource.h 中定义的。

（8）在对话框上添加 4 个按钮，并分别为其添加 CButtonST 类型的变量 m_btnDong、m_btnWav、m_btnWav2、m_btnWav3，然后在 CTestDlg::OnInitDialog()中的末尾处添加如下代码：

```
m_btnDong.SetPlaySound(true);
m_btnWav.SetPlaySound(true,L"电话铃");
m_btnWav2.SetPlaySound(true,L"登录音");
m_btnWav3.SetPlaySound(true,L"启动音");
```

第一个按钮没有传递 wav 名字，所以最终发声是通过 MessageBeep 来实现的。

（9）保存工程并运行，运行结果如图 4-24 所示。

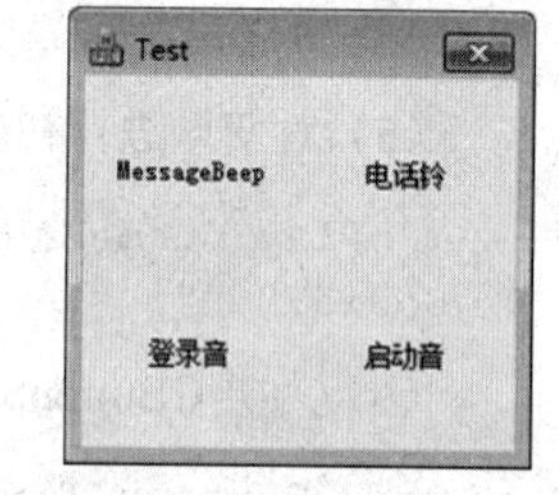

图 4-24

4.2.20 实现一个类似网址形式的链接按钮

一点按钮，就打开网页，这是本例要实现的按钮，也称超级链接按钮。

基本思路是通过一个继承于 CButton 的派生类 CLinkButton 来实现。用该派生类制作的按钮具有以下特点：

（1）按钮的外观类似静态控件类 CStatic 产生的对象。

（2）当鼠标的光标移到按钮上但并未按下时，光标改变形状，字体改变形状；按钮类似应用在工具条和菜单上的扁平按钮效果。

（3）当按钮按下时有立体感（凹凸）。

正因为有这些特性，所以可以做得像网址链接那样。

【例 4.20】实现一个类似网址形式的链接按钮

（1）新建一个对话框工程。

（2）把 res 目录下的 hand.cur 导入工程中，并设 ID 为 IDC_CURSOR1。

（3）把 LinkButton.cpp 和 LinkButton.h 加入工程中。

（4）在对话框上放置 3 个按钮“访问网页”“发送邮件”和“退出”，为其添加 CLinkButton 类型的变量，并设 3 个按钮的 Owner Draw 属性为 TRUE。

（5）为“访问网页”按钮添加事件代码：

```
void CTestDlg::OnBnClickedButton1()
{
    // TODO: 在此添加控件通知处理程序代码
    TCHAR szURL[80];
    _tcscpy(szURL, L"http://www.baidu.com");
    ShellExecute(NULL,
        L"open",
        szURL,
        NULL,
        NULL,
        SW_SHOWNORMAL);
}
```

（6）为“发送邮件”按钮添加事件代码：

```
void CTestDlg::OnBnClickedButton2()
{
    // TODO: 在此添加控件通知处理程序代码
    TCHAR szMailAddress[80];
    _tcscpy(szMailAddress, L"mailto:xxx@163.com");
    ShellExecuteW(NULL,
        L"open",
        szMailAddress,
        NULL,
        NULL,
        SW_SHOWNORMAL);
}
```

（7）为“退出”按钮添加事件代码：

```
void CTestDlg::OnBnClickedButton3()
{
    // TODO: 在此添加控件通知处理程序代码
    CDialog::OnCancel(); //退出
}
```

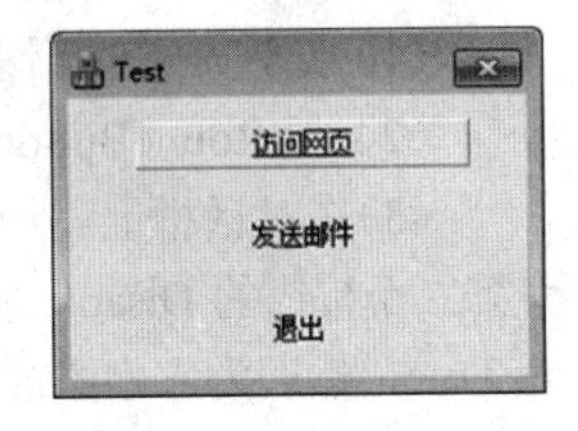

图 4-25

（8）保存工程并运行，运行结果如图 4-25 所示。

4.2.21　通过自绘实现 XP 样式的按钮

在非 XP 系统（比如 Windows 2003/2008 等）上使用按钮，会发现外观很普通，不如 XP 系统下的按钮美观，那如何能在非 XP 系统下实现 XP 按钮呢？本例实现这样一个按钮。

基本思路是借用 CXPButton 这个按钮类，只要把对话框上的按钮 Owner Draw 属性设置为 True，然后为其添加 CXPButton 类型的变量即可。

【例 4.21】通过自绘实现 XP 样式的按钮

（1）新建一个对话框工程。

（2）把 XPButton.h 和 XPButton.cpp 加入工程中。

（3）在对话框上添加 2 个按钮，设置 Owner Draw 属性为 True，并且第二个按钮设置 Disable 为 True，分别为这 2 个按钮添加 CXPButton 类型的变量：

```
CXPButton m_btnNormal;
CXPButton m_btnDisable;
```

（4）保存工程并运行，运行结果如图 4-26 所示。

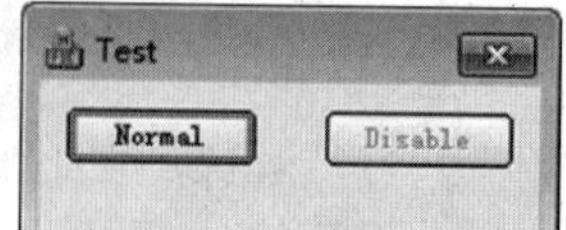

图 4-26

4.2.22 鼠标停留背景改变的按钮

将鼠标移到按钮上时会改变按钮的背景。

基本思路是借用 CMyBtn 这个按钮类，然后为其添加 CMyBtn 类型的变量。按钮自画已经在 CMyBtn 里进行设置：

```
ModifyStyle(0,BS_OWNERDRAW);
```

【例 4.22】鼠标停留背景改变的按钮

（1）新建一个对话框工程。

（2）把 MyBtn.cpp、MyBtn.h、Tools.h 和 Tools.cpp 加入工程中，然后在对话框上放置一个按钮，添加变量 CMyBtn m_btn。

（3）保存工程并运行，运行结果如图 4-27 所示。

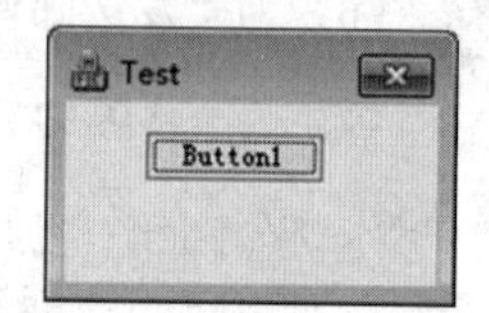

图 4-27

4.2.23 实现圆形按钮

默认情况下，MFC 提供的按钮都是长方形的。本例实现的按钮是圆形的。

基本思路是通过类 CRoundButton 来实现。

【例 4.23】实现圆形按钮

（1）新建一个对话框工程。

（2）把 RoundButton.cpp 和 RoundButton.h 加入工程中。

（3）在对话框上添加 3 个按钮：“Normal”“Disable”和“Flat”。将第二个按钮的 Disable 属性设为 True、第三个按钮的 Flat 属性设为 True，然后为它们添加 CRoundButton 类型的变量。

（4）保存工程并运行，运行结果如图 4-28 所示。

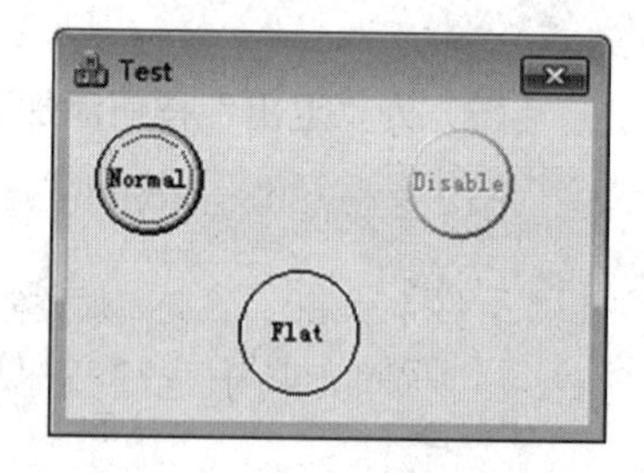

图 4-28

4.2.24 更完美的 XP 样式按钮

以之前设计的 CXPButton 为例，我们来找找它的缺陷。我们把对话框的背景色改为其他颜色，就会看到按钮的 4 个尖角非常突兀。本例实现更加完美的 XP 样式的按钮，尤其适合不同背景颜色的情况。

基本思路是对 CXPButton 类的按钮边角进行圆形化处理。设置对话框背景主要是通过响应对话框的 WM_ERASEBKGND 消息来实现。

【例 4.24】更完美的 XP 样式按钮

（1）新建一个对话框工程。

（2）把 XPButton.cpp 和 XPButton.h 加入工程中。

（3）为对话框类 CTestDlg 添加 WM_ERASEBKGND 消息，并在里面添加如下代码：

```
BOOL CTestDlg::OnEraseBkgnd(CDC* pDC)
{
    // TODO: 在此添加消息处理程序代码和/或调用默认值
    BOOL retValue= CDialog::OnEraseBkgnd(pDC);

    CRect rc;
    GetClientRect(&rc);
    pDC->FillSolidRect(&rc,RGB(0,90,0));

    return retValue;
}
```

该代码使得对话框拥有一个绿色的背景。

此时运行工程，可以看到对话框背景变成绿色了。

（4）在对话框上添加 3 个按钮“Normal”“Disable”“Flat”，并设置第二个按钮的 Disable 属性为 True、第三个按钮的 Flat 属性为 True，然后为这 3 个按钮添加 CXPButton 类型的变量。

（5）保存工程并运行，运行结果如图 4-29 所示。可以看到即使背景是绿色了，按钮的 4 个尖角也是圆润的，显得更完美了。

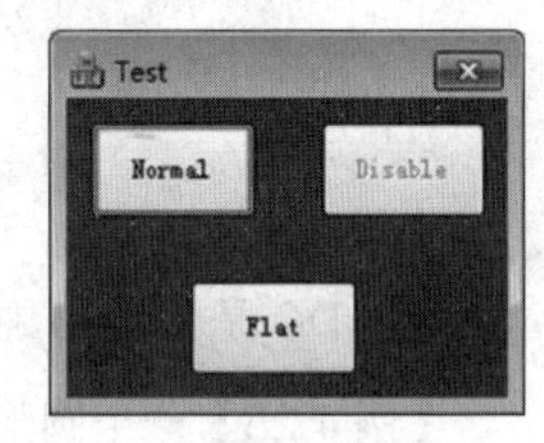

图 4-29

4.2.25　一个圆形的图片按钮

我们知道 Windows 窗口默认都是矩形，要实现任意形状的窗口就需要自绘。为此从 CBUTTON 派生一个按钮类 CControlButton，重载 DrawItem 消息处理进行自绘。图片的背景是矩形的，而图片中有圆形的区域，我们想把圆形的区域贴到按钮上去。当把图片绘制上去之后，我们发现多出了背景部分。那么如何消除背景呢？

为了解决这个问题，我们可以用 BitBlt 中的 MERGEPAINT 和 SRCAND 进行绘制：MERGEPAINT 是把图形反色后再同贴图目的地进行 OR 操作，SRCAND 是把图形和贴图目的地进行 AND 操作。在计算机中，使用的是数字图像处理，每一种颜色都是由 RGB 表示的。RGB 是指红、绿、蓝三原色，只要有这 3 种颜色和对应的颜色强度就可以合成各种颜色了。比如，黑色的 RGB 值为(0,0,0)，白色的 RGB 值为(255,255,255)，括号内对应的是红、绿、蓝 3 种颜色的强度。在数字图像处理中可以实现 OR、AND 等逻辑运算。任何颜色同白色进行 OR 运算的结果都为白色，进行 AND 的运算结果都是该颜色本身。任何颜色跟黑色进行 OR 运算结果都为该颜色本身，进行 AND 运算结果都是黑色。为此，我们准备两张图片，如图 4-30 所示。

图 4-30

在图 4-30 中，左图的背景为白色，右图是将左图中需要显示的部分填充黑色而得。实现去除背景贴图的关键如下代码：

```
    if (IsMask==TRUE) //值为真则去除图片背景
    {
        CDC MaskDC;
```

```
        MaskDC.CreateCompatibleDC(pDC);

        if (IsBackBmp==TRUE)//使用和主窗口相同的背景图片
        {
            CBitmap *pOldBmp;
            CDC BackDC;
            BackDC.CreateCompatibleDC(pDC);
            pOldBmp = MaskDC.SelectObject(&m_MaskBitmap);
            BackDC.SelectObject(&m_BackBitmap);
            pDC->BitBlt(0,0,rect.Width(),rect.Height(),&BackDC,BackRect.left,
BackRect.top,SRCCOPY);
        }

        pDC->BitBlt(0,0,rect.Width(),rect.Height(), &MaskDC,0,0,MERGEPAINT);
        pDC->BitBlt(0,0,rect.Width(),rect.Height(), &MemDC,0,0,SRCAND);
        ReleaseDC(&MaskDC);
    }
    else
    {
        pDC->BitBlt(0,0,rect.Width(),rect.Height(), &MemDC,0,0,SRCCOPY);
    }
```

MaskDC 是图 4-30 左边的 DC，MemDC 为图 4-30 右边的 DC。

【例 4.25】一个圆形的图片按钮

（1）新建一个对话框工程。

（2）添加一个背景位图，ID 为 IDB_BK，然后在 CTestDlg::OnInitDialog()中的末尾处添加对话框背景图片，加载如下代码：

```
CBitmap bmp;
    bmp.LoadBitmap(IDB_BK);
    m_brh.CreatePatternBrush(&bmp);
    bmp.DeleteObject();
    MoveWindow(0,0,163,197);//最好让对话框大小和图片一样大，使得图片能完全显示
    CenterWindow();//对话框居中
```

（3）响应 CTestDlg 的 WM_CTLCOLOR 消息，添加如下代码：

```
HBRUSH CTestDlg::OnCtlColor(CDC* pDC, CWnd* pWnd, UINT nCtlColor)
{
    HBRUSH hbr = CDialog::OnCtlColor(pDC, pWnd, nCtlColor);

    // TODO:  在此更改 DC 的任何属性
    if (pWnd == this)
        return m_brh;
    // TODO:  如果默认的不是所需画笔，则返回另一个画笔
    return hbr;
}
```

（4）此时运行工程，可以发现对话框背景是一个位图了。

（5）把 ControlButton.cpp 和 ControlButton.h 添加到工程中，并在对话框上添加一个按钮，为按钮添加变量 CControlButton m_btn，然后在 CTestDlg::OnInitDialog()中添加按钮图片，加载如下代码：

```
CRect btnRect;
    m_btn.GetWindowRect(btnRect); //获取按钮窗口矩形区域
    ScreenToClient(btnRect); //转换成客户区域
    m_btn.SetBackBmp(IDB_BK,btnRect); //设置按钮的背景图片，跟主窗口的背景图片一样
    m_btn.SetRgnMask(IDB_MASK,TRUE); //设置响应区域,TRUE 表示使用掩码
    m_btn.SetMaskBitmapId(IDB_MASK,TRUE);   //设置掩码图片
    m_btn.SetBitmapId(IDB_B,IDB_A,IDB_C,IDB_A); //设置按钮的 4 种状态图
```

（6）保存工程并运行，运行结果如图 4-31 所示。

图 4-31

4.2.26　又一个 XP 风格按钮的实现

基于 CButtonST 类，在这个类基础之上封装了一个 CWinXPButtonST。使用方法是定义一个 CWinXPButtonST 类型的变量。

【例 4.26】又一个 XP 风格按钮的实现

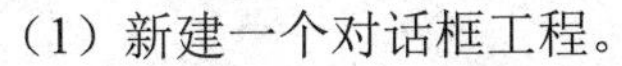

（1）新建一个对话框工程。

（2）把 BtnST.h、BtnST.cpp、WinXPButtonST.cpp 和 WinXPButtonST.h 加入工程。

（3）在对话框上放置一个按钮，为其添加变量 CWinXPButtonST m_btn。

（4）在 CTestDlg::OnInitDialog()中添加如下代码：

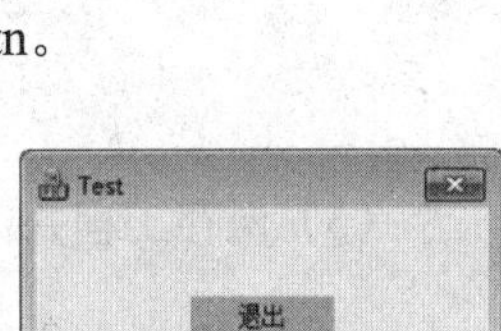

```
    m_btn.OffsetColor(CButtonST::BTNST_COLOR_BK_IN, 30);
    m_btn.SetBkColor(RGB(192,189,54));
    m_btn.SetRounded(TRUE);
    m_btn.SetTooltipText(_T("退出"));
```

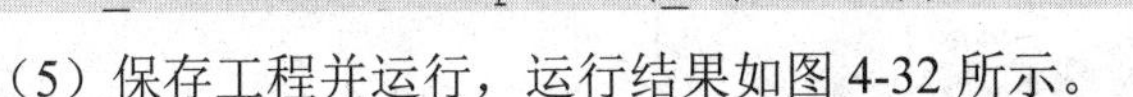

（5）保存工程并运行，运行结果如图 4-32 所示。

图 4-32

4.2.27　实现头像选择按钮

用过 MSN 或 QQ 的人都知道，头像是可以选择的。头像是一个小图标。本例实现这样一个按钮，当单击按钮的时候，会出现一个图标选择器，在里面可以选择头像。

基本思路是当用户按下选择器的时候，应该把所有的图像用一个图片列表显示出来；如果用户选择了其中一个图片，则记录该图片的编号，并把图片列表关闭。如果用户没有选择图片，那么直接把图片列表关闭（响应 WM_KILLFOCUS 消息）。

首先，从 CButton 派生一个类 CIconPicker 。给它增加一些成员用来实现“选择器”的功能，如下所述：

（1）图片列表：CArray 存放所有下拉图片，每个图片都有一个编号，即它在图片数组中的序号。

（2）GetBitmapAt()：顾名思义，按序号获取图片。

（3）AddBitmap()：添加一张图片。

（4）GetCurrentBitmapIndex()：返回选中图片的序号。

当 CIconPicker 收到 WM_LBUTTONDOWN 消息时先不忙给父窗体发送 WM_COMMAND 消息，而是创建一个图片列表 CIconContainer（容器），然后在容器上面创建和图片数量一样多的按钮，每个按钮显示一张图片。当然，为了实现这个功能还得从 CButton 再派生一个类 CInnerButton，用来显示图片，感应鼠标事件。

【例 4.27】实现头像选择按钮

（1）新建一个对话框工程，设置工程字符集为“使用多字节字符集”。

（2）把 RichEditCtrlEx.h、RichEditCtrlEx.cpp、IconContainer.h、IconContainer.cpp、IconPicker.h、IconPicker.cpp、InnerButton.cpp、InnerButton.h 和 oleimpl2.h 加入工程中。

（3）在对话框上添加一个按钮，为其添加变量 CIconPicker m_btn，再在对话框上添加一个 RichEdit 控件，并为其添加变量 CRichEditCtrlEx m_rich。

（4）为按钮添加事件函数：

```
void CTestDlg::OnBnClickedButton1()
{
    // TODO: 在此添加控件通知处理程序代码
    int index = m_btn.GetCurrentBitmapIndex();
    if(index>=0)
    {
        HBITMAP h = (*m_btn.GetBitmapAt(index));
        m_rich.InsertBitmap(h);
        m_btn.InitCurrentBitmapIndex();
    }
}
```

（5）保存工程并运行，运行结果如图 4-33 所示。

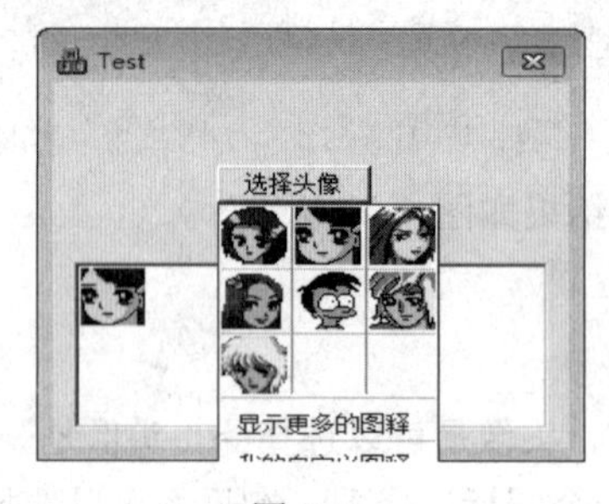

图 4-33

4.3 编辑控件

编辑控件也叫编辑框，可以让用户输入文本字符串，在软件中也会被经常使用。在 Visual C++ 2017 中，编辑控件由类 CEdit 实现。CEdit 的常用成员函数如表 4-2 所示。

表 4-2 CEdit 的常用成员函数

成 员 函 数	含 义
CEdit	构造一个 CEdit 控件对象
Create	创建一个 Windows 编辑控件，并将其与 CEdit 对象连接
CanUndo	决定一个编辑控件操作是否能够被撤销
GetLineCount	获得多行编辑控件中的行数
GetModify	决定编辑控件的内容是否被修改
SetModify	为编辑控件设置或清除修改标记

（续表）

成员函数	含　义
GetRect	为编辑控件获取格式化的矩形
GetHandle	获得为当前多行编辑控件分配的内存的句柄
SetHandle	设置为多行编辑控件使用的本地内存的句柄
SetMargins	为 CEdit 设置左边和右边的空白边界
GetMargins	获得为 CEdit 设置左边和右边的空白边界
SetLimitText	设置 CEdit 能够容纳的文本的最大量
GetLimitText	获得 CEdit 能够容纳的文本的最大量
PosFromChar	获得指定字符索引的左上角的坐标
CharFromPos	获得最靠近指定位置的字符的行和字符索引
GetLine	从编辑控件中获得一行文本
GetPasswordChar	获得当用户输入文本时在编辑控件中显示的口令
GetFirstVisibleLeLine	决定在编辑控件中最顶部的可视的行
EmptyUndoBuffer	重新设置（清除）编辑控件的撤销标记
FmtLines	设置在多行编辑控件中的软回车打开或关闭
LimitText	用户在输入文本时的文本长度限制
LineFromChar	获得包含指定字符索引的行的数目
LineIndex	获得在多行编辑控件中的某行的字符索引
LineLength	获得编辑控件中的行的长度
LineScroll	在多行编辑控件中滚动文本
ReplaceSel	用指定文本覆盖编辑控件中当前被选中的文本
SetPasswordChar	设置或清除当用户输入文本时在编辑控件中显示的口令
SetRect	设置多行编辑控件带格式的矩形，并更新该控件
SetRectNP	设置多行编辑控件带格式的矩形，而不必重新绘制
SetSel	在编辑控件中选定文本
SetTabStops	设置多行编辑控件的制表键停顿位
SetReadOnly	为编辑控件设置只读状态
Undo	撤销上一次的编辑控件操作
Clear	删除（清除）编辑控件中当前选中的文本
Copy	将编辑控件中的当前选中文本以 CF_TEXT 格式复制到剪贴板中
Cut	删除编辑控件中当前选中的文本，并将删除的文本以 CF_TEXT 格式复制到剪贴板中
Paste	在当前光标位置插入剪贴板内的文本。只有在剪贴板数据为 CF_TEXT 格式时才进行插入

下面通过几个实例对编辑控件的常用属性、方法和事件进行介绍。

4.3.1 编辑控件的常用属性

编辑控件的常用属性有设置成多行编辑框、接收回车、输入内容以黑点显示和设置只读等。方法比较简单，对编辑控件的属性进行可视化设置即可。

【例 4.28】编辑控件的常用属性

（1）新建一个对话框工程。

（2）切换到资源视图，删除对话框上的所有控件，然后在工具箱里找到编辑控件。编辑控件在工具箱中的位置如图 4-34 所示。

（3）拖拉 2 个编辑控件到对话框上后，把其中一个编辑控件的尺寸拉大一些，如图 4-35 所示。

默认情况下，编辑框只能输入一行文字并且无法接受回车换行。首先我们来设置上面的编辑框可以输入多行文字，并能接受回车换行。

选中上面的编辑框，然后在属性视图中找到 Multiline 属性，并在右边选择 True，如图 4-36 所示。

图 4-34

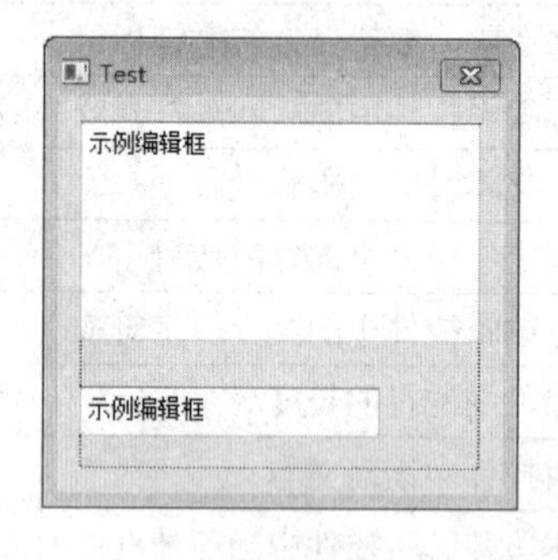

图 4-35

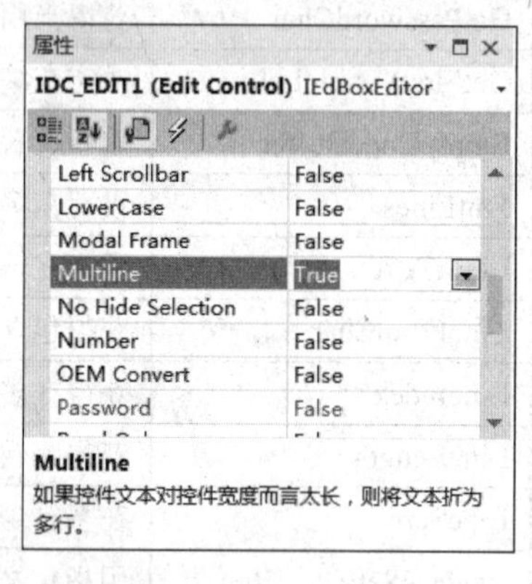

图 4-36

再设置 Want Return 属性为 True，此时运行工程，可以发现在上面的编辑框中能输入多行文字，并且可以接收回车换行了，如图 4-37 所示。

（4）现在我们把下面的编辑框设置成一个密码输入框（输入的内容不能被显示，只能以黑点显示）。选中下面的编辑框，然后在属性视图中找到 Password 属性，并将其设置为 True，对话框上的编辑框就带有黑点了，如图 4-38 所示。

此时运行工程，会发现下面的编辑框所输入的内容都以黑点代替。

（5）如果希望某个编辑框不允许用户输入内容，只需设置其 Readonly 属性为 True。比如设置编辑框的 Readonly 属性为 True，它就会变灰，并且运行的时候无法输入内容，如图 4-39 所示。

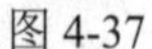
图 4-37

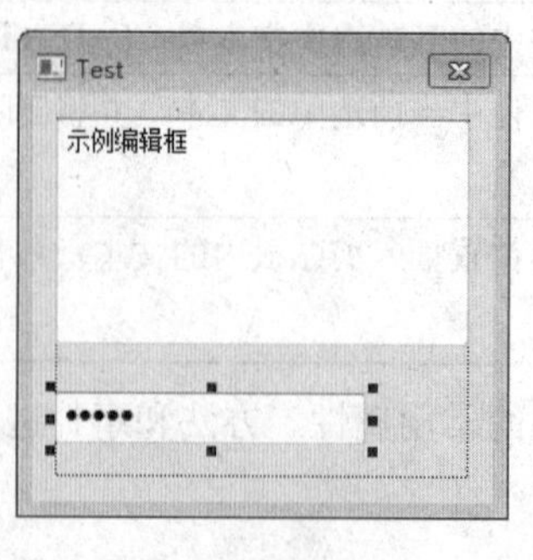

图 4-38

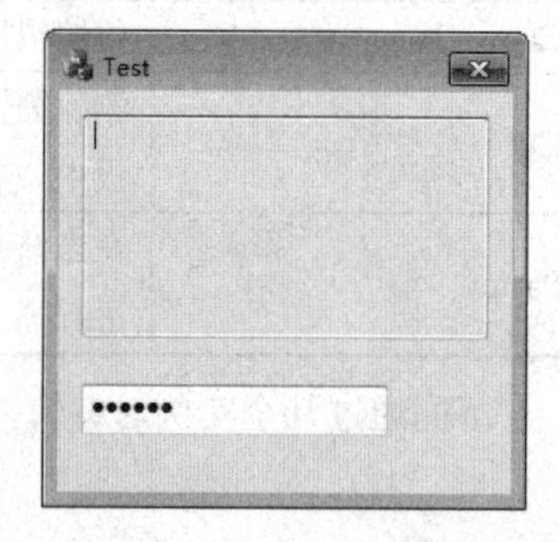

图 4-39

4.3.2 设置和获取编辑框内容

可以通过 CEdit 的成员函数 GetWindowText 和 SetWinodwText 来获取和设置编辑框中的内容，也可以通过为编辑框添加 CString 类型的成员变量直接得到编辑框中的内容。GetWindowText 的函数原型如下：

```
int GetWindowText(LPTSTR lpszStringBuf,int nMaxCount );
void GetWindowText(CString& rstrString);
```

这两个函数都可以获取编辑框中的内容，前一个函数是用来获取长度不超过 nMaxCount 的编辑框内容，后一个函数是获取编辑框中的全部内容。其中，LPTSTR 就是 char *，lpszStringBuf 指向一个字符串的缓冲区；nMaxCount 为该缓冲区的最大长度，如果编辑框中的内容比 nMaxCount 长，则获取的内容将是编辑框中长度为 nMaxCount-1 的内容，并且最后一个字符为'\0'；rstrString 为 CString 变量的引用，它可以完全获得编辑框中的内容，即使内容很长，但第二个函数只能用于 MFC 程序中，而第一个函数还能用于 Win32 SDK 开发中。

SetWindowText 的函数原型如下：

```
void SetWindowText(LPCTSTR lpszString );
```

该函数设置编辑框中的内容。其中，lpszString 是指向字符串缓冲区的指针，LPCTSTR 就是 char*。

【例 4.29】设置和获取编辑框内容

（1）新建一个对话框工程，设置工程的字符集为“使用多字节字符集”。

（2）切换到资源视图，删除对话框上的所有控件，添加 1 个编辑框和 4 个按钮，并把编辑框拖大一些，设置 Multiline 属性和 Want Return 属性为 True，设计界面如图 4-40 所示。

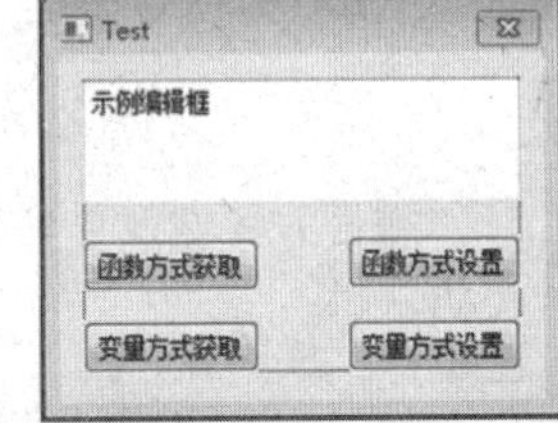

图 4-40

（3）为编辑框添加一个控件变量 m_edt。添加的方式是右击编辑框，然后在快捷菜单中选择“添加变量”，接着在出现的对话框中找到变量名，输入 m_edt 即可。“函数方式获取”按钮的功能就是通过函数 GetWindowText 来获取编辑框中的内容，事件如下代码：

```
void CTestDlg::OnBnClickedButton1()
{
    // TODO: 在此添加控件通知处理程序代码
    CString str;
    char buf[3];

    //获取前 2 个字符，最后一个字符是'\0'，所以这里要传入 3
    m_edt.GetWindowText(buf,3);
    AfxMessageBox("获取前 2 个字符:" + (CString)buf);

    m_edt.GetWindowText(str); //获取编辑框中全部内容
    AfxMessageBox("获取全部字符:" + str);
}
```

“函数方式设置”按钮的功能就是通过函数 SetWindowText 来设置编辑框内容，事件如下代码：

```
void CTestDlg::OnBnClickedButton2()
{
```

```
    // TODO:  在此添加控件通知处理程序代码
    //设置编辑框内容，\r\n 表示换行
    m_edt.SetWindowText("少年强，则中国强\r\n 少年胜于欧洲，则国胜于欧洲");
}
```

为编辑框添加一个 CString 类型的变量 m_str，方法是右击编辑框，然后在快捷菜单中选择“添加变量”，并在“添加控件变量”对话框中设置类别为“值”、变量类型为 CString，输入变量名为 m_str，最后单击“完成”按钮，如图 4-41 所示。

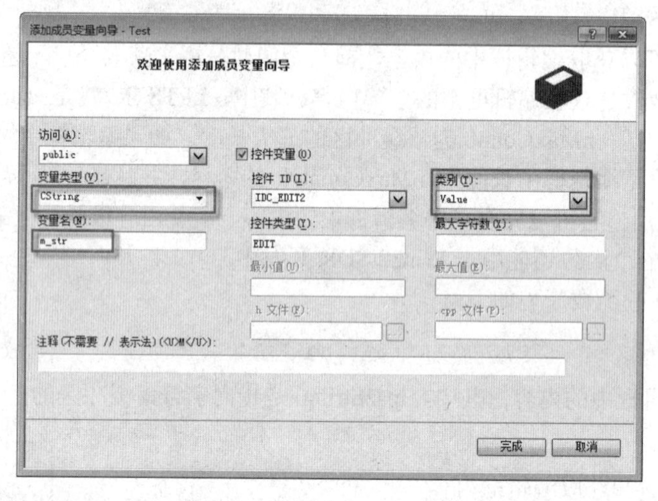

图 4-41

“变量方式获取”按钮的功能是通过编辑框的字符串类型的变量来获得编辑框内容，事件如下代码：

```
void CTestDlg::OnBnClickedButton3()
{
    // TODO:  在此添加控件通知处理程序代码
    UpdateData(TRUE); //把控件中的值更新到变量中
    AfxMessageBox(m_str);
}
```

“变量方式设置”按钮的功能是通过编辑框的字符串类型的变量来设置编辑框的内容（见图 4-42），事件如下代码：

```
void CTestDlg::OnBnClickedButton4()
{
    // TODO:  在此添加控件通知处理程序代码
    m_str = "少年强，则中国强\r\n 少年雄于全球，则国雄于全球";
    UpdateData(FALSE);//把变量中的值更新到控件中
}
```

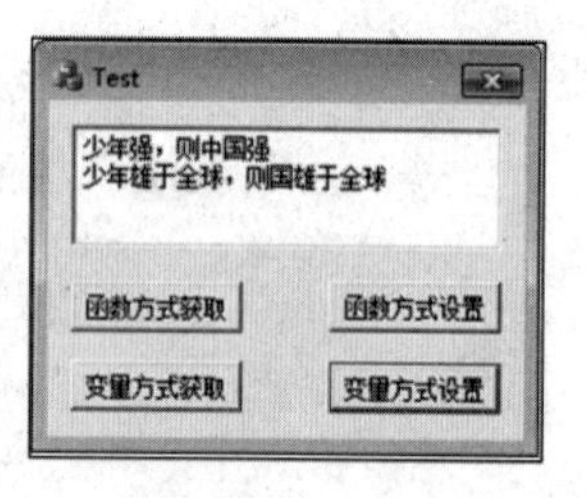

图 4-42

4.3.3 设置和获取密码框

前面讲述了通过设置编辑框的属性来设置编辑框为密码框。另外，也可以通过代码的方式设置编辑框为密码框，并且可以设定密码字符显示的字符形式。这可以通过 CEdit 类的成员函数 SetPasswordChar 来实现，函数原型如下：

```
void SetPasswordChar(TCHAR ch );
```

该函数的功能是设置在编辑控件中显示的密码字符。其中，ch 为要设置的字符。

同样，也可以获取密码框的字符形式，通过 CEdit 类的成员函数 GetPasswordChar 来实现，函数原型如下：

```
TCHAR GetPasswordChar( );
```

该函数返回密码框中显示的字符，如果密码字符不存在，则返回值是 NULL。

【例 4.30】设置和获取密码框

（1）新建一个对话框工程。

（2）切换到资源视图，在对话框上放置一个编辑控件和 2 个按钮，设计界面如图 4-43 所示。

为编辑框添加控件变量 m_edt，然后为标题是“设置编辑框为密码框”的按钮添加单击事件函数，如下代码：

```
void CTestDlg::OnBnClickedButton1()
{
    // TODO:  在此添加控件通知处理程序代码
    m_edt.SetPasswordChar('+'); //设置密码字符为+
}
```

再为标题是“获取密码框的字符形式”的按钮添加单击事件函数，如下代码：

```
void CTestDlg::OnBnClickedButton2()
{
    // TODO:  在此添加控件通知处理程序代码
    TCHAR ch = m_edt.GetPasswordChar();
    if (ch)
        AfxMessageBox(_T("密码框中的字符是: ") + (CString)ch);
    else
        AfxMessageBox(_T("该编辑框不是密码框"));
}
```

（3）保存工程并运行，运行结果如图 4-44 所示。

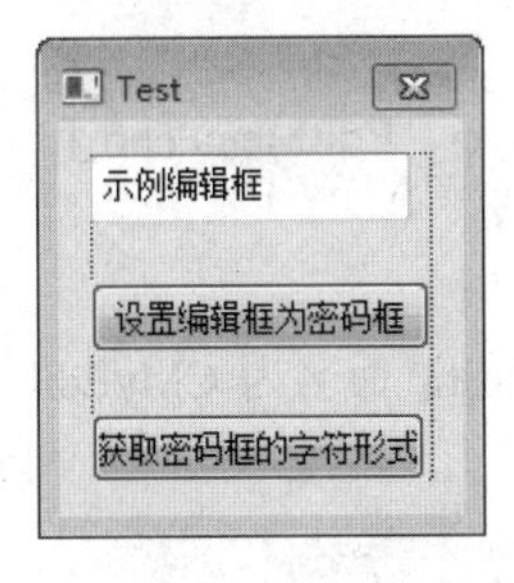

图 4-43

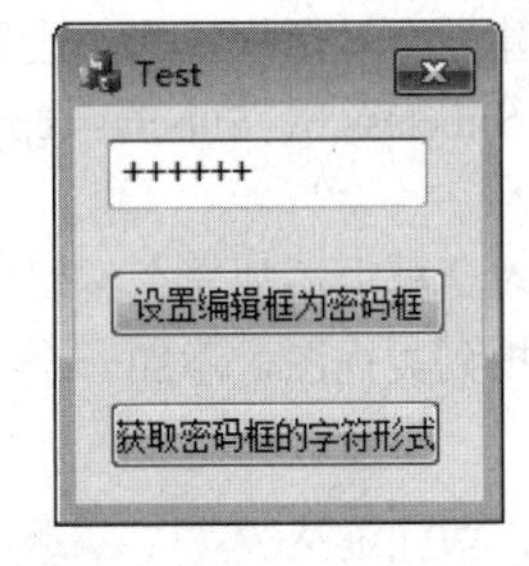

图 4-44

4.3.4　设置 CEdit 控件的字体颜色

在默认情况下，CEdit 控件中的字体颜色是黑色的，在本例中实现让字体颜色变为红色，在特殊场合或许会用到，比如需要提醒用户的时候。

要修改控件的一些属性，比如字体颜色或背景色，只要响应对话框的 WM_CTLCOLOR 消息即可，然后在这个消息的响应函数里判断是否是目标控件，如果是就设置相应的属性。

【例 4.31】设置 CEdit 控件的字体颜色

（1）新建一个对话框工程，设置字符集为多字节。打开对话框资源编辑器，去掉对话框上的所有控件，并添加一个编辑框控件 CEdit，控件 ID 为默认的 IDC_EDIT1。

（2）切换到类视图，单击 CTestDlg，响应 CTestDlg 的 WM_CTLCOLOR 消息，在其消息函数里添加如下代码：

```
HBRUSH CTestDlg::OnCtlColor(CDC* pDC, CWnd* pWnd, UINT nCtlColor)
{
    HBRUSH hbr = CDialog::OnCtlColor(pDC, pWnd, nCtlColor);

    // TODO:  在此更改 DC 的任何属性
    if  (pWnd-> GetDlgCtrlID()   ==   IDC_EDIT1)
    {
        pDC-> SetTextColor(RGB(255,0,0)); //设置字体颜色为红色
        pDC-> SetBkMode(TRANSPARENT);//设置背景透明
    }

    // TODO:  如果默认的不是所需画笔，则返回另一个画笔
    return hbr;
}
```

（3）保存工程并运行，运行结果如图 4-45 所示。

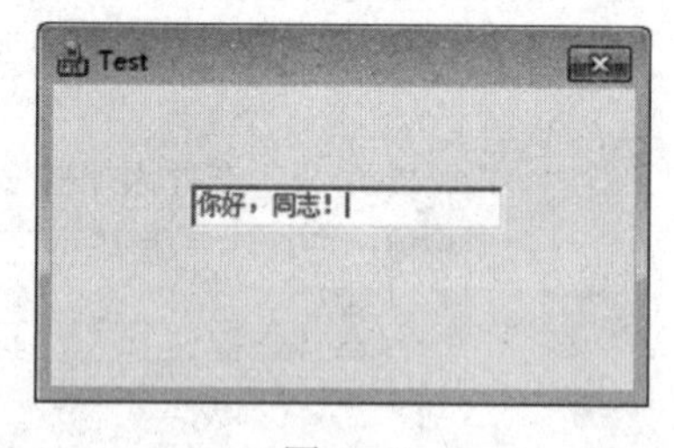

图 4-45

4.3.5 自定义编辑控件的上下文菜单

右击编辑框，出现的菜单项一般都是固定的，本例实现在这些固定的菜单项中插入自己的菜单项。

基本思路是利用现有的一些类，比如 CSubclass、CMenuInit 和 CEditMenu，然后添加一个继承于 CEdit 的类 CMyEdit。

【例 4.32】自定义编辑控件的上下文菜单

（1）新建一个对话框工程，设置字符集为多字节。

（2）把 Subclass.h、Subclass.cpp、MenuInit.h、MenuInit.cpp、EditMenu.cpp 和 EditMenu.h 加入工程中。

（3）在对话框上添加一个编辑控件。

（4）切换到类视图，添加一个 MFC 类，该类继承于 CEdit，命名为 CMyEdit。为 CMyEdit 添加成员：

```
CMenu m_editMenu;
CEditMenuHandler m_editMenuHandler;
```

并包含头文件：

```
#include "EditMenu.h"
```

（5）切换到资源视图，添加一个菜单 IDR_MENU1，该菜单就是以后对编辑框进行右击而显示的上下文菜单。注意，从“撤销”到“全选”这些菜单项的 ID 要用系统预定义的菜单 ID。

为 CMyEdit 添加虚拟函数“virtual void PreSubclassWindow()”，如下代码：

```
void CMyEdit::PreSubclassWindow()
{
    // TODO: 在此添加专用代码和/或调用基类

    m_editMenuHandler.Install(this, IDR_MENU1);

    CEdit::PreSubclassWindow();
}
```

（6）为 CMyEdit 类添加命令事件函数 OnEditCommand，如下代码：

```
void CMyEdit::OnEditCommand(UINT nID)
{
    if (!m_editMenuHandler.OnEditCommand(nID))
    {
        // 这里可以处理你想处理的其他编辑命令
    }
}
```

（7）为 CMyEdit 类添加命令事件函数 OnUpdateEditCommand，如下代码：

```
void CMyEdit::OnUpdateEditCommand(CCmdUI* pCmdUI)
{
    if (!m_editMenuHandler.OnUpdateEditCommand(pCmdUI))
    {
        // update other edit command if you like
    }
}
```

为这 2 个函数添加事件映射宏：

```
ON_COMMAND_RANGE(ID_EDIT_FIRST, ID_EDIT_LAST, OnEditCommand)
ON_UPDATE_COMMAND_UI_RANGE(ID_EDIT_FIRST,ID_EDIT_LAST, OnUpdateEditCommand)
```

（8）为类 CTestDlg 添加成员变量：

```
CMyEdit    m_edtExtension;
```

并在 CTestDlg::OnInitDialog()中添加如下代码：

```
    m_edtExtension.SubclassDlgItem(IDC_EDIT1, this);
    m_edtExtension.SetFocus();
```

（9）分别为 IDR_MENU1 菜单的菜单项“你好”和“世界”添加事件代码：

```
void CMyEdit::OnHello()
{
    // TODO: 在此添加命令处理程序代码
    AfxMessageBox("你好");
}

void CMyEdit::OnWorld()
{
    // TODO: 在此添加命令处理程序代码
    AfxMessageBox("世界");
}
```

（10）保存工程并运行，运行结果如图 4-46 所示。

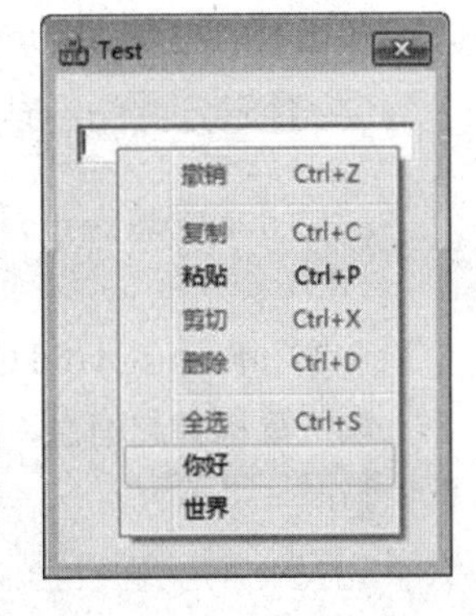

图 4-46

4.3.6 代码方式实现内容全选

基本思路是利用 CEdit 的成员函数 SetSel，该函数原型如下：

```
void SetSel(DWORD dwSelection, BOOL bNoScroll = FALSE);
void SetSel(int nStartChar, int nEndChar, BOOL bNoScroll = False);
```

该函数在一个编辑控件中选择一定范围的字符。其中，dwSelection 低位字指定起始位置，高位字为结束位置。如果低位为 0、高位为-1，那么编辑控件中的全部文本被选中；如果低位字为-1，那么任何当前选定的内容被去掉选定状态。bNoScroll 为 TRUE 表示在选中时不会滚动滚动条，为 FALSE 表示时会随光标位置改变而滚动滚动条。nStartChar 指出当前选中部分的开始位置。如果 nStartChar=0 且 nEndChar=-1，则编辑控件的文本被全选；如果 nStartChar=-1，则任何当前选定内容被去掉选定状态；nEndChar 指出结束位置。

【例 4.33】代码方式实现内容全选

（1）新建一个对话框工程，设置字符集为多字节。

（2）在对话框上添加一个按钮和编辑控件。

（3）为编辑控件添加变量 m_edt。

（4）为按钮事件添加如下代码：

```
void CTestDlg::OnBnClickedButton1()
{
    // TODO: 在此添加控件通知处理程序代码
    m_edt.SetSel(0,-1);
    m_edt.SetFocus(); //这句话必须要，否则看不到效果
}
```

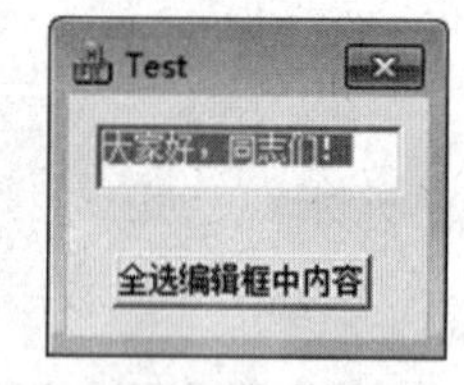

图 4-47

（5）保存工程并运行，运行结果如图 4-47 所示。

4.3.7 用位图更换编辑框的背景

一般编辑框的背景都是白色的，本例实现的编辑框背景是一幅图片，并且可以在运行期间动态切换。

基本思路是通过一个基于 CEdit 的 CMyEditCtrl 类来实现编辑框图片背景。该类的几个重要成员函数解释如下：

（1）void CMyEditCtrl::OnChange()

该函数的主要功能是强制进行更新。如下代码：

```
void CMyEditCtrl::OnChange()
{
    Invalidate(); ///强制进行更新
}
```

（2）afx_msg void OnLButtonUp(UINT nFlags, CPoint point)

响应鼠标弹起消息，该函数实现背景刷新重回。这样可以解决鼠标选择时候的刷新问题。如下代码：

```
void CMyEditCtrl::OnLButtonUp(UINT nFlags, CPoint point)
{
```

```
    Invalidate(); ///强制进行更新
    CEdit::OnLButtonUp(nFlags, point);
}
```

（3）HBRUSH CMyEditCtrl::CtlColor(CDC* pDC, UINT nCtlColor)

一般文字的默认背景是白色的，这里选择了透明的形式，所以底图可以显示。如下代码：

```
HBRUSH CMyEditCtrl::CtlColor(CDC* pDC, UINT nCtlColor)
{
    pDC->SetBkMode(TRANSPARENT); ///选择透明背景模式
    pDC->SetTextColor(RGB(0xff,0xff,0xff)); ///设置文字颜色为白色
    return m_brHollow;
}
```

（4）BOOL CMyEditCtrl::OnEraseBkgnd(CDC* pDC)

该函数把选好的位图显示出来。如下代码：

```
BOOL CMyEditCtrl::OnEraseBkgnd(CDC* pDC)
{
    BITMAP bm;
    m_bmp.GetBitmap(&bm);
    m_pbmCurrent = &m_bmp;
    CDC dcMem;
    dcMem.CreateCompatibleDC(pDC);
    //选择新位图，并保存原先位图
    CBitmap* pOldBitmap = dcMem.SelectObject(m_pbmCurrent);
    //画出位图
    pDC->BitBlt(0,0,bm.bmWidth,bm.bmHeight,&dcMem,0,0,SRCCOPY);
    dcMem.SelectObject(pOldBitmap); //恢复原先位图
    return TRUE;
}
```

【例 4.34】用位图更换编辑框的背景

（1）新建一个对话框工程，设置字符集为多字节。

（2）把 MyEditCtrl.h 和 MyEditCtrl.cpp 加入工程。

（3）在对话框上放置一个编辑控件，为其添加变量 CMyEditCtrl m_edt。

（4）切换到资源视图，把 watermark.bmp 导入工程中。

（5）在 CTestDlg::OnInitDialog()的末尾处加入如下代码：

```
    m_edt.m_bmp.LoadBitmap(IDB_BITMAP1);
    CRect rt;
    m_edt.GetClientRect(&rt);
    m_edt.SetSize(rt.Width(),rt.Height());
    ::SendMessage(m_edt.m_hWnd, WM_PAINT, NULL, NULL);
```

（6）此时运行工程，发现编辑框的背景是我们位图的背景了。

（7）在对话框上放置一个按钮“更换背景”，然后为其添加事件代码：

```
void CTestDlg::OnBnClickedButton1()
{
    // TODO: 在此添加控件通知处理程序代码
    static BOOL bFlag= FALSE;
```

```
    if(bFlag == 0 )
    {
        m_edt.m_bmp.DeleteObject();
        m_edt.m_bmp.LoadBitmap(IDB_BITMAP2);
    }
    else
    {
        m_edt.m_bmp.DeleteObject();
        m_edt.m_bmp.LoadBitmap(IDB_BITMAP1);
    }
    bFlag = !bFlag ;
    m_edt.Invalidate();
    m_edt.SetFocus();
}
```

（8）保存工程并运行，运行结果如图 4-48 所示。

图 4-48

4.3.8 实现一个简单的记事本

本例实现一个类似 Windows 记事本的程序，具体功能有设置字体、打开和保存文本文档等。

基本思路是新建一个继承于 CEditView 的视图类，然后打开和保存文本文档，即 txt 文件要在向导中进行设置，这样打开和保存的时候就能实现 txt 的过滤功能。

【例 4.35】实现一个简单的记事本

（1）新建一个单文档工程，设置字符集为多字节。

在“文档模板字符串”那一步，把文件扩展名改为 txt，把筛选器名改为 Test Files (*.txt)。
在“用户界面”那一步，选择“工具栏”为无。
在“生成的类”那一步，选择“基类”为 CEditView。

（2）切换到资源视图，添加一个菜单“设置字体”，然后为其添加视类的事件函数，如下代码：

```
void CTestView::OnSetFont()
{
    // TODO: 在此添加命令处理程序代码
    LOGFONT lf;        //设置打开字体对话框的默认字体
    CFont *font= GetEditCtrl().GetFont();  //得到当前视图字体
    if(font==NULL)                          //当前无字体，创建默认的字体
    {
        font =new CFont;

        font->CreatePointFont(120,"Fixedsys");
        font->GetLogFont(&lf);     //初始化 LOGFONT
        delete font;
    }
    else
    {
        font->GetLogFont(&lf);     //初始化 LOGFONT
    }
```

```
    CFontDialog cf(&lf);
    if(cf.DoModal()==IDOK)
    {
        m_font.DeleteObject();
        m_font.CreateFontIndirect(&lf);
        SetFont(&m_font);
    }
}
```

（3）为视图类 CTestView 添加 WM_CREATE 事件，里面为初始化字体，这样打开某文档就可以用该字体显示了。

```
int CTestView::OnCreate(LPCREATESTRUCT lpCreateStruct)
{
    if (CEditView::OnCreate(lpCreateStruct) == -1)
        return -1;
    // TODO:  在此添加你专用的创建代码
    CEdit& edit = GetEditCtrl();
    if (m_font.m_hObject == NULL)
    {
        m_font.CreatePointFont(120,"Fixedsys");
    }
    if (m_font.m_hObject != NULL)
        edit.SetFont (&m_font);
    edit.SetTabStops (16);
    return 0;
}
```

（4）保存工程并运行，运行结果如图 4-49 所示。

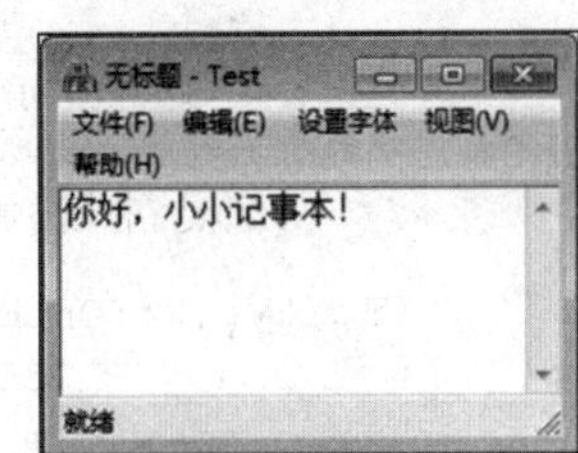

图 4-49

4.3.9　实现可设断点的多文档程序

本例实现一个类似 Visual C++开发工具那样可以设置断点的程序。

仔细观察 Visual C++ IDE 等软件可知，在左边设断点的地方都有不同编辑窗口的背景色。所以需要画一个纵向的矩形，这个功能通过 PaintLeft 来实现。以后在窗口重绘（WM_PAINT）和鼠标移动、按下设断点和弹起等事件响应中都要调用 PaintLeft。

画断点和取消断点的功能在 AddRemoveBP 函数中实现。

【例 4.36】实现可设断点的多文档程序

（1）新建一个多文档工程，在向导的最后一步选择视图类的基类是 CEditView。

（2）为 CTestView 添加成员函数 PaintLeft 和 AddRemoveBP，PaintLeft 用来画左边的空白，AddRemoveBP 用来显示或删除断点符号。

（3）在 CTestView::OnInitialUpdate()中添加如下代码：

```
void CTestView::OnInitialUpdate()
{
    CEditView::OnInitialUpdate();
```

```
    // TODO: 在此添加专用代码和/或调用基类
    SIZE size;
    GetTextExtentPoint(GetDC()->GetSafeHdc (),"A",1,&size);
    m_LineHeight = size.cy;                          //得到行的高度

    CEdit& theEdit = GetEditCtrl ();
    theEdit.SetMargins (m_LineHeight+6,0);          //设置编辑框的左边界
    theEdit.SetLimitText(10 * 1024);                 //设置输入的最大文本
    m_ldown = FALSE;
}
```

（4）为 CTestView 添加 WM_PAINT 事件，在事件函数中添加如下代码：

```
void CTestView::OnPaint()
{
    CPaintDC dc(this); // device context for painting
    // TODO: 在此处添加消息处理程序代码
    // 不为绘图消息调用 CEditView::OnPaint()
    PaintLeft();
}
```

（5）为 CTestView 分别添加左键按下、弹起和鼠标移动的事件函数：

```
void CTestView::OnLButtonDown(UINT nFlags, CPoint point)
{
    // TODO: 在此添加消息处理程序代码和/或调用默认值

    CEditView::OnLButtonDown(nFlags, point);
    m_ldown = TRUE;
    PaintLeft();

}

void CTestView::OnLButtonUp(UINT nFlags, CPoint point)
{
    // TODO: 在此添加消息处理程序代码和/或调用默认值

    CEditView::OnLButtonUp(nFlags, point);
    m_ldown = FALSE;
    if(point.x < m_LineHeight+6)
    {
        point.x += 20;
        CEdit& theEdit = GetEditCtrl ();
        int n = theEdit.CharFromPos(point);
        AddRemoveBP(HIWORD(n)+1);
    }
    PaintLeft();
}

void CTestView::OnMouseMove(UINT nFlags, CPoint point)
{
    // TODO: 在此添加消息处理程序代码和/或调用默认值

    CEditView::OnMouseMove(nFlags, point);
    if(m_ldown == TRUE)
        PaintLeft();
}
```

（6）为 CTestView 添加键盘按键事件函数：

```
void CTestView::OnKeyDown(UINT nChar, UINT nRepCnt, UINT nFlags)
{
    // TODO: 在此添加消息处理程序代码和/或调用默认值

    CEditView::OnKeyDown(nChar, nRepCnt, nFlags);

    CRect rect;
    GetClientRect(&rect);
    InvalidateRect(CRect(rect.left+2 ,rect.top+2 ,rect.left + m_LineHeight +
7, rect.Height ()+2));
}
```

（7）保存工程并运行，运行结果如图 4-50 所示。

图 4-50

4.3.10　日期格式化输入的编辑框

MFC 所提供的组件已经可以完成很多功能了，但有时我们还需要这些控件按自己的意图去处理。比如 EDIT 控件，虽然我们可以设置 EDIT 控件为只能接收数字属性，但如果我们还需要它可以接收数字以外的字符，比如需要控件只能接收"2014-08-02"，本例实现这样一个格式化输入日期的编辑框。

基本思路是对编辑控件进行子类化，然后根据日期的特点进行一些输入限制，比如设置最大文本长度是 10，然后响应 WM_CHAR 消息，在其函数中进行处理。

【例 4.37】日期格式化输入的编辑框

（1）新建一个对话框工程。

（2）切换类视图，添加一个 MFC 类 CMyEdit，该类继承于 CEdit。

（3）为类 CMyEdit 添加一个初始化作用的成员函数：

```
void CMyEdit::init()
{
    SetLimitText(10);
    SetWindowText("    -  -  ");
}
```

（4）为类 CMyEdit 添加 WM_CHAR 消息处理函数，如下代码：

```
void CMyEdit::OnChar(UINT nChar, UINT nRepCnt, UINT nFlags)
{
    // TODO: 在此添加消息处理程序代码和/或调用默认值

    int oldpos=LOWORD(GetSel());
    CString str;
    GetWindowText(str);

    if ( nChar>='0' && nChar<='9' )
    {
        if ( oldpos<4 || ( oldpos>4 && oldpos<7) || oldpos>7)
        {
            str.Delete(oldpos,1);
            SetWindowText(str);
```

```
            SetSel(FormatPos(oldpos,oldpos));
            CEdit::OnChar(nChar, nRepCnt, nFlags);
            if ( LOWORD(GetSel())==4 || LOWORD(GetSel())==7)
            {
                oldpos=LOWORD(GetSel());
                SetSel(FormatPos(oldpos+1,oldpos+1));
            }
        }
        else
            if ( oldpos==4 || oldpos==7 )
            {
                oldpos+=1;
                SetSel(FormatPos(oldpos,oldpos));
                str.Delete(oldpos,1);
                SetWindowText(str);
                SetSel(FormatPos(oldpos,oldpos));
                CEdit::OnChar(nChar, nRepCnt, nFlags);
            }
    }
    else
        if ( nChar==VK_BACK )
        {
            if ( (oldpos>0 && oldpos<5) || ( oldpos>5 && oldpos<8) || oldpos>8)
            {
                str.Insert(oldpos,' ');
                SetWindowText(str);
                SetSel(FormatPos(oldpos,oldpos));
                CEdit::OnChar(nChar, nRepCnt, nFlags);
            }
            else
                if ( oldpos==5 || oldpos==8 )
                {
                    SetSel(FormatPos(oldpos-1,oldpos-1));
                }
        }

    CEdit::OnChar(nChar, nRepCnt, nFlags);
}
```

（5）在对话框上添加一个编辑控件和静态控件。

（6）在 TestDlg::OnInitDialog()中的末尾处添加初始化代码：

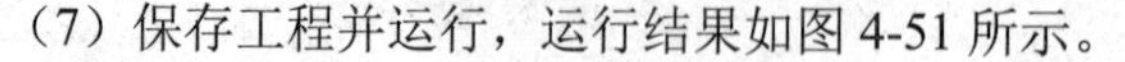

```
m_edt.SubclassDlgItem(IDC_EDIT1,this);
m_edt.init();
```

（7）保存工程并运行，运行结果如图 4-51 所示。

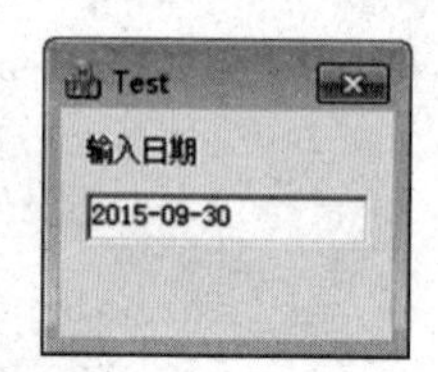

图 4-51

4.3.11 实现联想输入的编辑框

我们在浏览器的地址栏里输入网址的时候，刚输入开头的字符，就会自动把相关的网址列出来供我们选择，这其实就是一种支持联想输入的编辑框。本例也来实现这样的编辑框。

基本思路是利用类 CAutoComplete 来定一个变量并和编辑控件关联。

CAutoComplete 继承于 CSubclassWnd。CSubclassWnd 的主要作用是子类化一个窗口，对窗口进行 hook 或 unhook，然后在 hook 窗口函数中进行一些自己的特殊处理。

【例 4.38】 实现联想输入编辑框

（1）新建一个对话框工程，设置字符集为多字节。

（2）把 AutoComplete.cpp、AutoComplete.h、Subclass.cpp 和 Subclass.h 加入工程中。

（3）切换到资源视图，然后在对话框上添加一个编辑框。

（4）为 CTestDlg 添加一个成员变量 CAutoComplete m_edt，并包含头文件 AutoComplete.h。

在 CTestDlg::OnInitDialog()中添加初始化代码：

```
m_edt.Init(GetDlgItem(IDC_EDIT1));
    static LPCTSTR STRINGS[] = {
        "你好,世界! ",
        "你好，同志! ",
        "alpha",
        "alphabet",
        "alphabet soup",
        "beta",
        "beta blocker",
        "beta carotine",
        "beta test",
        "one",
        "one of six",
        "one two",
        "one two three",
        NULL
    };
    for (int i=0; STRINGS[i]; i++)
    {
        m_edt.GetStringList().Add(STRINGS[i]);
    }

    // set focus to edit control
    GetDlgItem(IDC_EDIT1)->SetFocus();
```

（5）保存工程并运行，运行结果如图 4-52 所示。

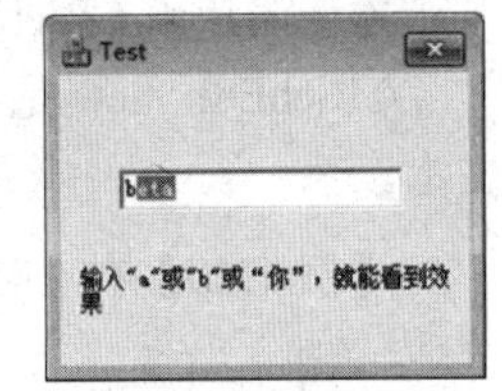

图 4-52

4.3.12　在编辑框中加载位图

编辑框中默认情况下显示的是字符串文本，本例实现在编辑框中显示位图，既可以在运行的时候从外部文件中加载位图，也可以直接加载资源中的位图。

基本思路是利用 MFC 的 CRichEdit，虽然是利用了 CRichEdit，但 MFC 提供的 CRichEdit 控件是没有快捷菜单的，并且不会自动出现滚动条。所以本例扩展了 CRichEdit。

【例 4.39】 在编辑框中加载位图

（1）新建一个对话框工程。

（2）把 oleimpl2.h、RichEditCtrlEx.cpp 和 RichEditCtrlEx.h 加入工程中。

（3）切换到资源视图，把 res 目录下的 apollo11.bmp 加入工程中。

（4）为类 CTestDlg 添加成员变量：

```
CRichEditCtrlEx    m_RichEdit;
```

在 CTestDlg::OnInitDialog()中创建 RichEdit 编辑框，如下代码：

```
CRect rt(10,10,250,200);
    m_RichEdit.Create( WS_VISIBLE | WS_CHILD | ES_MULTILINE |
        ES_WANTRETURN | WS_HSCROLL | WS_VSCROLL |
        ES_AUTOHSCROLL | ES_AUTOVSCROLL | WS_BORDER,
        rt, this, RTF_CTRL_ID );
```

（5）切换到资源视图，在对话框上添加一个按钮“加载位图文件”，事件响应如下代码：

```
void CTestDlg::OnBnClickedButton1()
{
    // TODO: 在此添加控件通知处理程序代码
    CFileDialog dlg(TRUE,NULL,NULL,OFN_READONLY,"bmp file (*.bmp)|*.bmp||");
    if(dlg.DoModal()==IDOK)
        m_RichEdit.InsertBitmap(dlg.GetPathName());
}
```

再在对话框上添加一个按钮“加载资源中的位图”，事件响应如下代码：

```
void CTestDlg::OnBnClickedButton2()
{
    // TODO: 在此添加控件通知处理程序代码
    CBitmap Bitmap;
    Bitmap.LoadBitmap(IDB_BITMAP1);
    m_RichEdit.InsertBitmap(HBITMAP(Bitmap));
}
```

图 4-53

（6）保存工程并运行，运行结果如图 4-53 所示。

4.3.13 在 Rich 编辑框中实现末尾和当前位置插入文本

本例演示了 CRichEdit 的一些常规用法。

CRichEditView 是一个“带格式编辑控件”，是一个窗口，在这个窗口中用户可以输入和编辑文本。

【例 4.40】 在 Rich 编辑框中实现末尾和当前位置插入文本

（1）新建一个多字节的单文档工程，视图类继承于 CRichEditView。

（2）切换到资源视图，在视图菜单下添加菜单“在文档末尾插入一段文字”，添加一个文档类下的菜单事件，事件如下代码：

```
void CTestDoc::OnNewLine()
{
    // TODO: 在此添加命令处理程序代码
    CString str;
    int nTextLength;

    CRichEditView *pView = GetView();
```

```
    CRichEditCtrl &edit = pView->GetRichEditCtrl();

    //要写的内容为 ABCDEFG
    str = "新插入的文字";
    //加入换行
    str += "\r\n";
    //获得文字的长度
    nTextLength = edit.GetWindowTextLength();
    //将光标放在文本最末
    edit.SetSel(nTextLength, nTextLength);
    //写入文本
    edit.ReplaceSel(str);
}
```

（3）再添加一个菜单“在文档当前位置插入一段文字”，添加事件如下代码：

```
void CTestDoc::OnCurrent()
{
    // TODO: 在此添加命令处理程序代码
    CString str;

    CHARRANGE crPos;
    CRichEditView *pView = GetView();
    CRichEditCtrl &edit = pView->GetRichEditCtrl();

    //用 CHARRANGE 结构体获得选择的文本位置
    edit.GetSel(crPos);
    //要写的内容为 12345
    str = "当前位置插入的文字";
    //如果没有选中文本,就直接写在光标后
    //如果选中了文本,就替代选中的文本
    if (crPos.cpMin != crPos.cpMax)
    {
        edit.SetSel(crPos.cpMin, crPos.cpMax);
    }
    else
    {
        edit.SetSel(crPos.cpMax, crPos.cpMax);
    }

    edit.ReplaceSel(str);
}
```

（4）再添加一个菜单“全选”来实现全选功能，如下代码：

```
void CTestDoc::OnSelall()
{
    // TODO: 在此添加命令处理程序代码
    CRichEditView *pView = GetView();
    CRichEditCtrl &edit = pView->GetRichEditCtrl();

    edit.SetSel(0, -1);
}
```

（5）保存工程并运行，运行结果如图 4-54 所示。

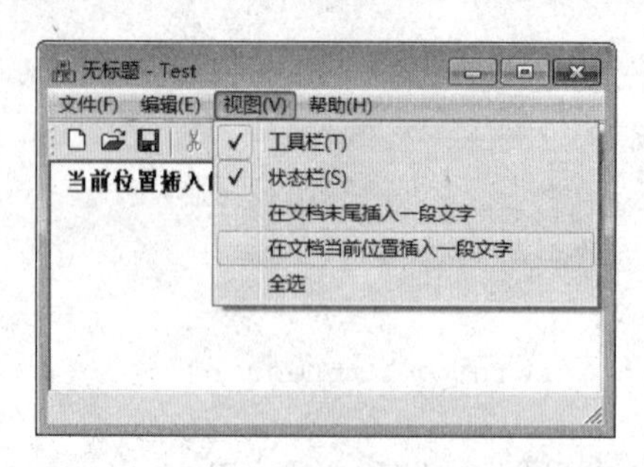

图 4-54

4.3.14　在编辑框末尾追加文本

本例实现代码方式添加文本到编辑框的最末尾，然后滚动条自动随着新增加的文本而滚动，即总是显示最新添加的文本。

基本思路是用到 CEdit 的 GetWindowTextLength 、SetSel 和 ReplaceSel 这 3 个成员函数，联合起来使用就可得到效果。定义如下：

（1）GetWindowTextLength

```
int GetWindowTextLength( );
```

该函数返回窗口中文本内容的长度。

（2）SetSel

```
void SetSel(DWORD dwSelection,BOOL bNoScroll = FALSE );
void SetSel(int nStartChar,int nEndChar,BOOL bNoScroll = FALSE );
```

该函数在编辑控件中选择一定范围的字符。

dwSelection 的类型是 DWORD（双字，一个字是 2 个字节，所以有 4 个字节），它的低位字部分（2 个字节）指定起始位置，高位字部分（2 个字节）为结束位置。如果低位为 0、高位为-1，则编辑控件中的全部文本被选中；如果低位字为-1，则任何当前选定内容被去掉选定状态。

bNoScroll 指示是否显示脱字符是滚动可见的，如果值为 FALSE 就显示，为 TRUE 就不显示。

nStartChar 指出当前选中部分的开始位置。如果 nStartChar = 0 且 nEndChar = -1，则编辑控件的文本被全选；如果 nStartChar = -1，则任何当前选定内容被去掉选定状态。

nEndChar 指出结束位置。

（3）ReplaceSel

```
void ReplaceSel(LPCTSTR lpszNewText,BOOL bCanUndo = FALSE);
```

该函数将编辑控件中的当前选定部分替换为由 lpszNewText 指定的文本。仅替换编辑控件中文本的一部分。如果要替换全部文本，请使用 CWnd::SetWindowText 成员函数。如果当前未选定文本，则将文本插入当前光标位置。

lpszNewText 指向一个以空终止的新的字符串，用来替换选中的字符串。

bCanUndo 如果指定此替代可以被撤销，则将此参数设置为 TRUE。默认值为 FALSE。

【例 4.41】在编辑框末尾追加文本

（1）新建一个多字节的对话框工程。

（2）切换到资源视图，在对话框上放置一个编辑框，并设置其 Multiline、AutoVScroll、VerticalScroll 等属性为 True，意思是让该编辑框支持多行，并自动显示滚动条，然后在对话框上放置一个按钮，并添加按钮事件处理函数，如下代码：

```
void CTestDlg::OnBnClickedButton1()
{
    // TODO: 在此添加控件通知处理程序代码
    CString str = "床前明月光，\r\n 疑是地上霜。";

    int index = m_edt.GetWindowTextLength();
    m_edt.SetSel(index, index);
    m_edt.ReplaceSel(str);
}
```

（3）在 CTestDlg::OnInitDialog()末尾处添加如下代码：

```
m_edt.SetWindowText("唐诗一首\r\n 作者：李白\r\n");
```

（4）保存工程并运行，运行结果如图 4-55 所示。

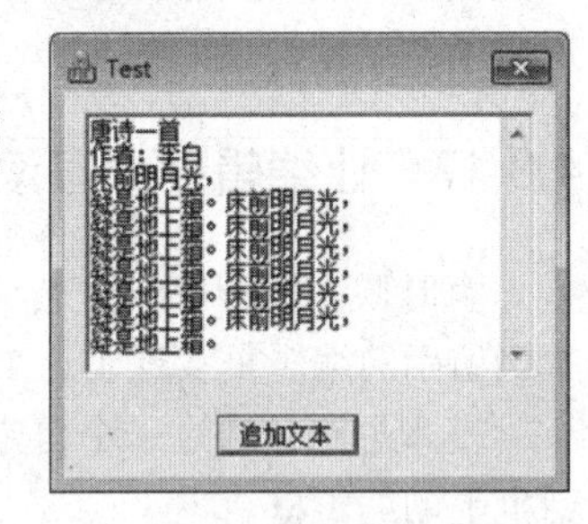

图 4-55

4.3.15　让编辑框支持自动换行

本例实现的功能是：编辑框的某行内容达到右边的时候可以自动从下一行开始，类似记事本的“自动换行”功能。

基本思路是通过设置编辑框的属性来实现。

【例 4.42】让编辑框支持自动换行

（1）新建一个多字节的对话框工程。

（2）切换到资源视图，在对话框上放置一个编辑框，并设置编辑框的 Auto HScroll 属性、Vertical Scroll 属性、Multiline 属性和 WantReturn 属性为 True。

（3）保存工程并运行，此时复制一段文字到编辑框，可以看到自动换行了。运行结果如图 4-56 所示。

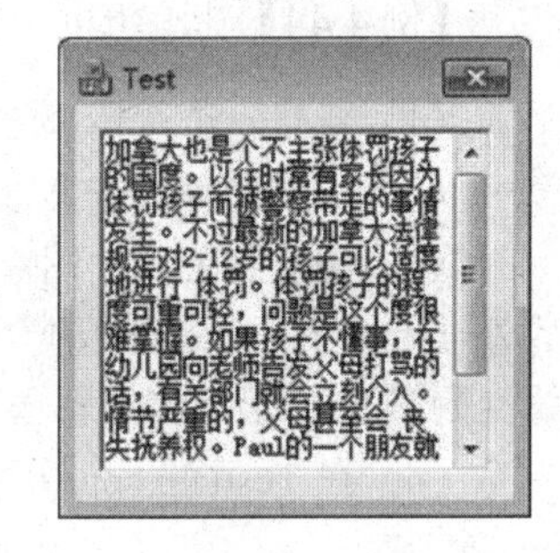

图 4-56

4.3.16　让滚动条随着设置的内容滚动到最后一行

在编辑框中粘贴或输入文本时，让最新的输入内容总是显示在编辑框的最下方，并且滚动条随之滚动。

基本思路是通过设置对话框的 Vertical Scroll 属性和 Multiline 属性。

【例 4.43】让滚动条随着设置的内容滚动到最后一行

（1）新建一个多字节的对话框工程。

（2）切换到资源视图，在对话框上添加一个编辑框，设置对话框的 Vertical Scroll 属性和 Multiline 属性为 True，然后为编辑框添加变量 m_edt。

（3）为对话框添加一个按钮“复制内容到编辑框”，添加按钮事件处理函数，如下代码：

```
void CTestDlg::OnBnClickedButton1()
{
    // TODO: 在此添加控件通知处理程序代码
```

```
    int i;
    CString str,strTmp;
    for(i=0;i<100;i++)
    {
        strTmp.Format("%d\r\n",i);
        str += strTmp;
    }
    m_edt.SetWindowText(str);
    m_edt.LineScroll(m_edt.GetLineCount());
}
```

（4）保存工程并运行，此时单击按钮，可以发现滚动条自动滚动到末尾了。运行结果如图 4-57 所示。

图 4-57

4.3.17 让编辑框一直滚屏

有时候需要程序一直循环运行，屏幕上需要一直不停地实时显示结果，本例所示的编辑框实现了这个功能。

基本思路是通过一个自定义类 CMyEdit 定义一个变量，并关联到对话框上的编辑框。

【例 4.44】 让编辑框一直滚屏

（1）新建一个对话框工程，工程名是 Test。

（2）切换到解决方案管理器，把工程目录下的 MyEdit.cpp 和 MyEdit.h 加入工程中。

（3）切换到资源视图，在对话框上放置一个编辑框和 2 个按钮，一个按钮是“开始滚屏”，另外一个按钮是“停止滚屏”；同时设置编辑框的 Multiline 和 Vertical Scroll 属性为 True，Auto HScroll 属性为 False；最后为编辑框添加变量 CMyEdit m_edt。

（4）在 TestDlg.cpp 中添加一个全局变量：

```
int gStop = 1;
```

添加一个全局函数，这个函数也是线程处理函数，如下代码：

```
UINT HandleTest(LPVOID pParam)
{
    CTestDlg *dlg = (CTestDlg*)pParam;
    CTime t;
    CString str;
    while(gStop)
    {
        t  =  CTime::GetCurrentTime();
        str  =  t.Format("%Y-%m-%d %H:%M:%S");
        dlg->m_edt.AddText(str);
    }
    return 0;
}
```

（5）为“开始滚屏”按钮添加事件处理代码：

```
void CTestDlg::OnBnClickedButton1()
{
    // TODO: 在此添加控件通知处理程序代码
    gStop = 1;
    AfxBeginThread((AFX_THREADPROC)HandleTest,this);
}
```

（6）为“停止滚屏”按钮添加事件处理代码：

```
void CTestDlg::OnBnClickedButton2()
{
    // TODO: 在此添加控件通知处理程序代码
    gStop = 0;
}
```

（7）保存工程并运行，运行结果如图 4-58 所示。

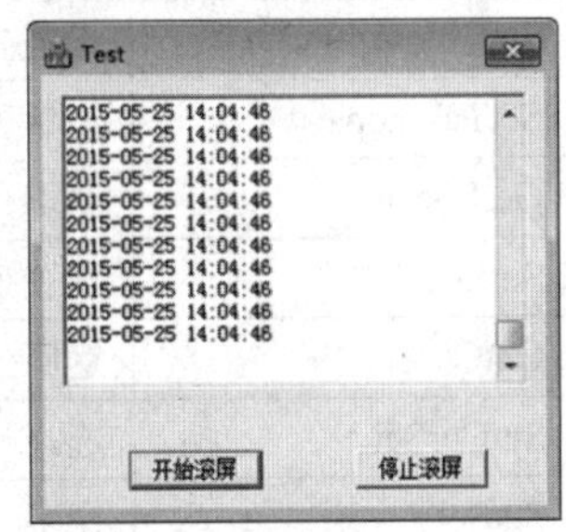

图 4-58

4.4　列表框控件

列表框控件里面的内容是由多行字符串组成的列表，并且可以通过鼠标单击某行字符串来选中，该控件在软件中也会被经常使用。在单选列表框里，用户只可选择一个项。在多选列表框里，可选择许多项。当用户选择某项时，选中的行会高亮显示。

在 Visual C++ 2017 中，列表框控件由类 CListBox 实现。CListBox 常用的成员函数如表 4-3 所示。

表 4-3　CListBox 常用的成员函数

成 员 函 数	含　义
CListBox	构造一个 CListBox 对象
Create	创建 Windows 列表框并附加给 CListBox 对象
InitStorage	为列表框的项和字符串预分配内存块
GetCount	返回列表框中的字符串数目
GetHorizontalExtent	返回列表框的水平宽度，用像素表示
SetHorizontalExtent	设置列表框的水平宽度，用像素表示
GetTopIndex	返回列表框中第一个可见字符串的索引
SetTopIndex	设置列表框中第一个可见字符串基于 0 的索引
GetItemData	返回与列表框有关的 32 位值
GetItemDataPtr	返回指向列表框的指针
SetItemData	设置列表框有关的 32 位值
SetItemDataPtr	设置指向列表框的指针
GetItemRect	返回当前显示的列表框项的相应矩形
ItemFromPoint	返回与某点最近的列表框项的索引
SetItemHeight	设置列表框中项的高度

（续表）

成员函数	含　义
GetItemHeight	确定列表框中项的高度
GetSel	返回列表框某项的选择
GetText	复制某列表框项到缓冲区
GetTextLen	返回列表框的字节长
SetColumnWidth	设置多列列表框的列宽
SetTabStops	设置列表框制表键停止位置
GetLocale	获取列表框的地点标识符
SetLocale	设置列表框的地点标识符
GetCurSel	返回列表框中当前选择串基于 0 的索引
SetCurSel	选择一个列表框字符串
SetSel	在多选列表框中选择或不选某个列表框项
GetCaretIndex	确定在多选列表框中有焦点矩形的项的索引
SetCaretIndex	设置焦点矩形到多选列表框中的指定索引项
GetSelCount	返回多选列表框中当前选择的字符串的数目
GetSelItems	返回列表框中当前选择的字符串的索引
SelItemRange	选择/不选多选列表框中的一些字符串
SetAnchorIndex	设置多选列表框的锚点以开始扩展选择
GetAnchorIndex	获取列表框当前锚点项基于 0 的索引
AddString	添加一个字符串到列表框中
DeleteString	从列表框中删除一个字符串
InsertString	在列表框中指定位置插入一个字符串
ResetContent	清空列表框所有入口
Dir	从当前目录添加文件名称到列表框中
FindString	在列表框中查找一个字符串
FindStringExact	查找与指定的字符串匹配的第一个列表框字符串
SelectString	查找并选择单选列表框中的一个字符串
DrawItem	当自绘制列表框的一个可视部分改变时，被框架调用
MeasureItem	当自绘制列表框创建时，被框架调用来确定列表框维数
CompareItem	被框架调用以确定一系列列表框中某新项的位置
DeleteItem	当用户从自绘制列表框中删除某项时，被框架调用
VKeyToItem	覆盖以提供 LBS_WANTKEYBOARDINPUT 风格列表框的设置所需的定制 WM_KEYDOWN
CharToItem	覆盖以提供不含字符串的自绘制列表框定制 WM_CHAR

下面通过几个实例对该控件的常用属性、方法和事件进行介绍。

4.4.1　向列表框中插入和获取数据

这是列表框最基本的应用。其中，添加数据是利用 CListBox 的成员函数 AddString 来实现。AddString 的函数原型如下：

```
int AddString( LPCTSTR lpszItem );
```

该函数添加一个字符串到列表框中。

返回值：列表框中字符串基于 0 的索引。如果出错，就返回 LB_ERR；如果没有足够的有效空间存储新字符串，则为 LB_ERRSPACE。

参数：lpszItem 指向将被添加的空终止字符串的指针。

说明：调用此成员函数添加一个字符串到列表框中。如果列表框未被创建为 LBS_SORT 风格，则字符串被添加到列表末尾。否则，字符串被插入到列表中，并对列表排序。如果列表被创建为 LBS_SORT 风格而不是 LBS_HASSTRINGS 风格，则框架通过对 CompareItem 成员函数的一个或多个调用来排序列表。

获取数据则是利用 CListBox 成员函数 GetText，该函数的定义如下：

```
int GetText( int nIndex, LPTSTR lpszBuffer ) const;
void GetText( int nIndex, CString& rString ) const;
```

该函数为复制某列表框项到缓冲区。

返回值：字符串长度，不包括空终止字符。如果 nIndex 不是指定的有效索引，则返回 LB_ERR。

参数：

- nIndex：指定获取的字符串基于 0 的索引。
- lpszBuffer：指向接收字符串的缓冲区的指针。缓冲区必须有足够的空间来存储字符串和终止字符。字符串大小可以通过调用 GetTextLen 成员函数提前指定。
- rString：CString 对象的参考。

【例 4.45】向列表框中添加和获取数据

（1）新建一个对话框工程。

（2）切换到资源视图，删除对话框上的所有控件，然后从工具箱中找到列表框控件 List Box，如图 4-59 所示。然后把它拖放到对话框上，同时拖放 2 个按钮到对话框上，如图 4-60 所示。

（3）为列表框控件添加变量 m_lst，然后为标题为“添加数据”的按钮添加单击事件处理函数，如下代码：

```
void CTestDlg::OnBnClickedButton1()
{
    // TODO:  在此添加控件通知处理程序代码
    m_lst.AddString(_T("zzzzz"));
    m_lst.AddString(_T("yyyyy"));
    m_lst.AddString(_T("aaaaa"));
    m_lst.AddString(_T("我好"));
    m_lst.AddString(_T("你好"));
}
```

此时运行程序，单击左边的按钮，得到的结果如图 4-61 所示。

图 4-59

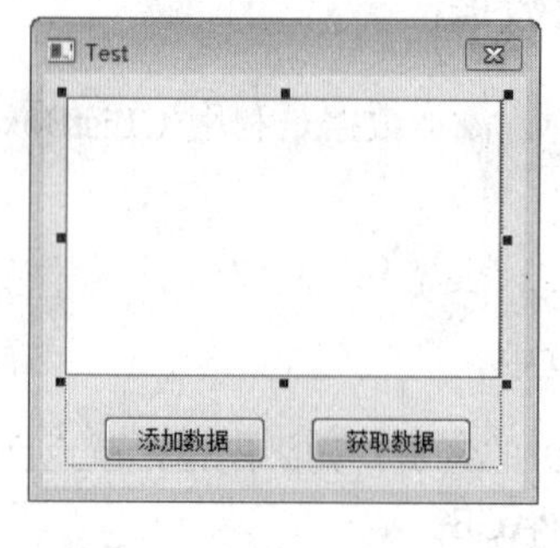

图 4-60

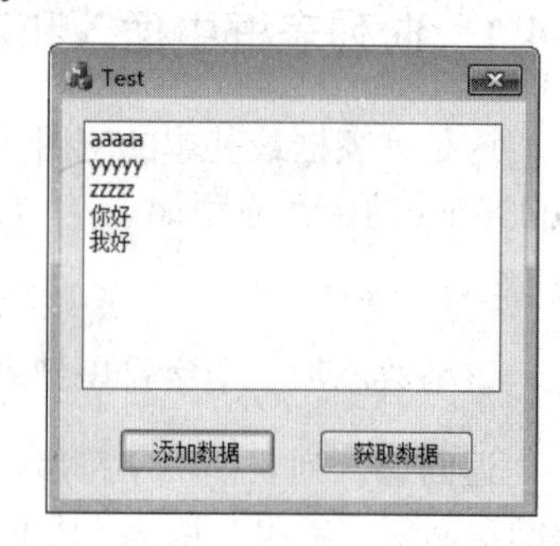

图 4-61

可以发现，运行的结果和上面函数执行的顺序是不一样的，按道理，应该是“zzzzz”在第一行，最后一行是“你好”。造成这个情况的原因是列表框控件默认情况下会自动排序，即它有一个属性 Sort，默认情况下的值为 True，所以添加进去的数据会按照首字符的字母或拼音自动排序。要改变这样的情况，可以通过设置 Sort 属性为 False 来实现。

切换到资源视图，然后打开对话框，并选中列表框控件，然后在属性视图中找到 Sort 属性，在其右边选中 False，如图 4-62 所示。

然后运行工程，单击“添加数据”按钮，可以发现运行结果和我们代码执行的顺序一样了，如图 4-63 所示。

（4）下面为标题是“获取数据”的按钮添加单击处理函数，如下代码：

```
void CTestDlg::OnBnClickedButton2()
{
    // TODO:  在此添加控件通知处理程序代码
    CString str;
    //判断列表框中字符串行数是否为 0，即列表框中是否有数据
    if (m_lst.GetCount() == 0)
    {
        AfxMessageBox(_T("请先添加数据"));
        return;
    }
    m_lst.GetText(0, str);
    AfxMessageBox(_T("第一行的数据是: ") + str);
}
```

其中，GetCount 也是 CListBox 的成员函数，返回列表框中字符串的行数。

（5）保存工程并运行，运行结果如图 4-64 所示。

图 4-62

图 4-63

图 4-64

4.4.2 向列表框指定位置插入数据

这里位置的意思是列表框某行的位置。CListBox 的 AddString 函数通常是在列表框末尾添加一行字符串。如果要向列表框指定的某行插入字符串则可以通过 InsertString 函数来实现。该函数定义如下：

```
int InsertString( int nIndex, LPCTSTR lpszItem );
```

该函数为在列表框中指定位置插入一个字符串。

返回值：字符串被插入位置基于 0 的索引。如果出错，则返回 LB_ERR；如果无足够有效空间来存储新字符串，则返回 LB_ERRSPACE。

参数：

- nIndex 指定插入字符串基于 0 的索引。如果此参数为-1，则字符串添加到列表末尾。
- lpszItem 指向插入的空终止字符串的指针。

说明：插入字符串到列表框中。与 AddString 成员函数不同，InsertString 不受列表框的 Sort 属性影响。

【例 4.46】向列表框指定位置插入数据

（1）新建一个对话框工程。

（2）切换到资源视图，删除对话框上的所有控件，并添加一个列表框控件和按钮，设计界面如图 4-65 所示。

（3）为列表框添加变量 m_lst，然后在对话框的初始化函数 CTestDlg::OnInitDialog()的末尾添加如下代码：

```
    // TODO:  在此添加额外的初始化代码
    m_lst.AddString(_T("abc"));
    m_lst.AddString(_T("bcd"));
```

（4）为按钮添加单击事件处理函数，如下代码：

```
void CTestDlg::OnBnClickedButton1()
{
    // TODO:  在此添加控件通知处理程序代码
    m_lst.InsertString(1, _T("eee(新插入的行)"));
}
```

（5）保存工程并运行，运行结果如图 4-66 所示。

图 4-65

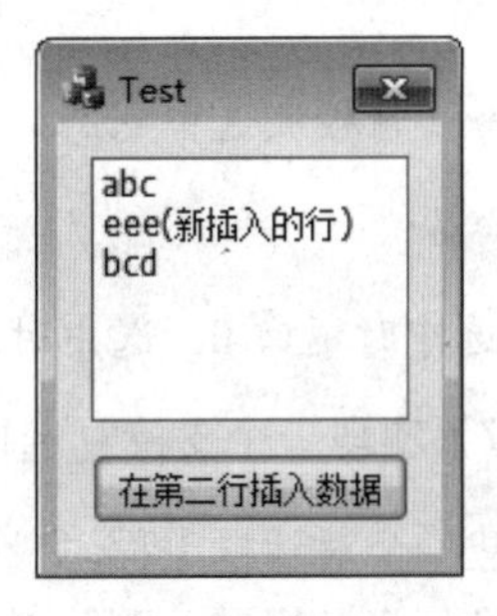

图 4-66

4.4.3 实现一个支持复选框的列表框

默认情况下，选中列表框靠选中行的高亮颜色来表示，但显得不够专业。如果每行开头有个复选框，打勾的时候表示选中，不打勾的时候表示不选中，则显得醒目得多。

基本思路是利用 MFC 库提供的类 CCheckListBox，该类是 CListBox 的子类，拥有 CListBox 的全部功能，而且支持复选框的使用。CCheckListBox 常用的成员函数如下：

构造函数：

- CCheckListBox：构造一个 CCheckListBox 对象。
- Create：创建 Windows 复选列表框并应用到 CCheckListBox 对象上。

属性函数：

- SetCheckStyle：设置控件的复选框风格。
- GetCheckStyle：获取控件的复选框风格。
- SetCheck：设置某个项的复选框状态。
- GetCheck：取得某个项的复选框状态。
- Enable：允许或禁止存取某个项。
- IsEnabled：检测某个项是否允许存取。
- OnGetCheckPosition：由框架调用，取得某个项的复选框状态。

可覆盖的函数：

- DrawItem：当自定义的列表框的某个可视属性改变时由框架调用。
- MeasureItem：当自定义的列表框的风格改变时由框架调用。

最重要的函数是 SetCheck 和 GetCheck。SetCheck 用于设置项的复选框状态，定义如下：

```
void SetCheck( int nIndex, int nCheck ) ;
```

参数：

- nIndex：待设置的复选框所在的项的下标。
- nCheck：复选框的状态，0 表示未选中，1 表示选中，2 表示不确定。

GetCheck 用于检测复选列表框中项的选中状态，定义如下：

```
int GetCheck( int nIndex );
```

参数：

- nIndex：待检测选中状态的项的下标。

返回值：

- 项未选中时返回 0，选中时返回 1，不确定时返回 2。

【例 4.47】实现一个支持复选框的列表框

（1）新建一个对话框工程。

（2）切换到资源视图，删除对话框上的所有控件，并添加列表框控件和按钮，设计界面如图 4-67 所示。

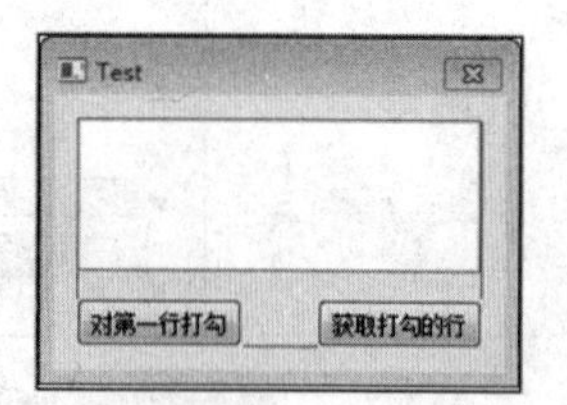

图 4-67

设置列表框的 Has Strings 属性为 True、Owner Draw 属性为 Fixed，然后为列表框添加变量，变量类型是 CCheckListBox，变量名是 m_lst，如图 4-68 所示。

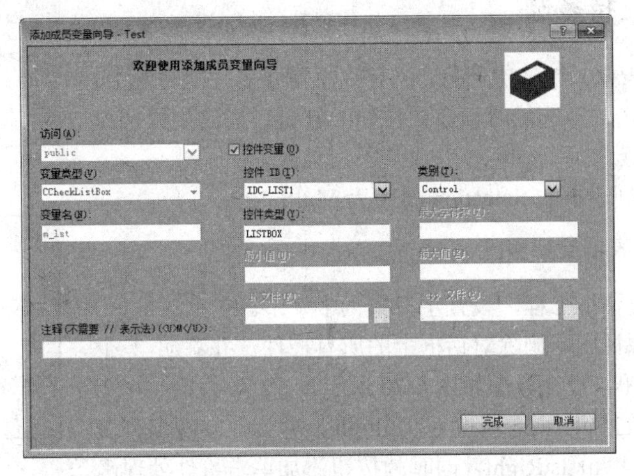

图 4-68

（3）在对话框的初始化函数 CTestDlg::OnInitDialog()中添加如下代码：

```
    m_lst.AddString(_T("aaaa"));
    m_lst.AddString(_T("bbbb"));
    m_lst.AddString(_T("cccc"));
    m_lst.AddString(_T("dddd"));
```

为标题是“获取打勾的行”的按钮添加单击事件处理函数，如下代码：

```
void CTestDlg::OnBnClickedButton1()
{
    // TODO:  在此添加控件通知处理程序代码
    m_lst.SetCheck(0, 1);
}
```

要注意的是，列表框的索引是从 0 开始的。

为标题是“对第一行打勾”的按钮添加单击事件处理函数，如下代码：

```
void CTestDlg::OnBnClickedButton2()
{
    // TODO:  在此添加控件通知处理程序代码
    CString str,strTmp;

    str = _T("打勾的行有: ");
    for (int i = 0; i < m_lst.GetCount(); i++)
    {
        if (m_lst.GetCheck(i))
        {
            strTmp.Format(_T("%d,"), i+1);
            str += strTmp;
        }
    }
    AfxMessageBox(str);
}
```

（4）保存工程并运行，运行结果如图 4-69 所示。

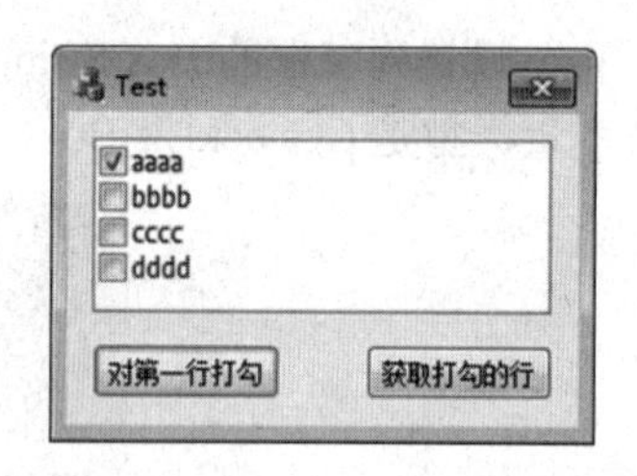

图 4-69

4.4.4　让列表框支持多选

默认情况下，列表框只能选中一行，但有时候需要多行同时选中。本例让列表框支持多选，多选的时候需要按住 Ctrl 键，同时用鼠标单击要选中的项。

基本思路是设置列表框的 Selection 属性为 Multiple。

【例 4.48】让列表框支持多选

（1）新建一个对话框工程，设置字符集为多字节。

（2）切换到资源视图，删除对话框上的所有控件，并添加 2 个列表框控件和一个按钮，设计界面如图 4-70 所示。

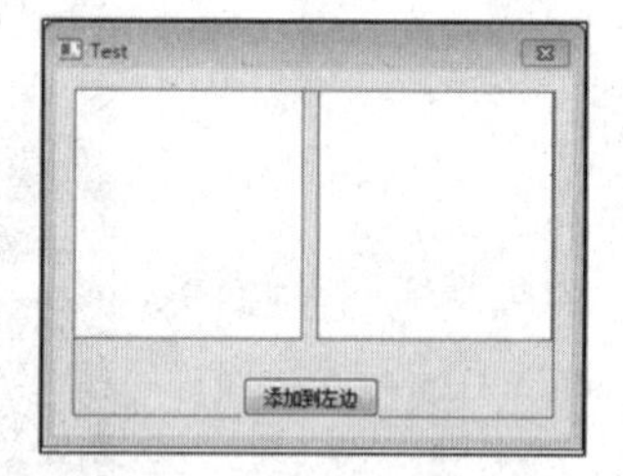

图 4-70

设置左边列表框的 Selection 属性为 Multiple，并为左右两个列表框添加变量 m_lstLeft 和 m_lstRight，同时为按钮添加单击事件处理函数，如下代码：

```
void CTestDlg::OnBnClickedButton1()
{
    // TODO:  在此添加控件通知处理程序代码
    CString str;
    for (int i = m_lstLeft.GetCount() - 1; i >= 0; i--)
    {
        if (m_lstLeft.GetSel(i)) //判断是否选中
        {
            m_lstLeft.GetText(i, str); //获取当前行的字符串内容
            m_lstRight.AddString(str); //添加到右边
            m_lstLeft.DeleteString(i); //在左边删除
        }
    }
}
```

该按钮的作用是将左边列表框中选中的项添加到右边列表框。

（3）保存工程并运行，运行结果如图 4-71 所示。

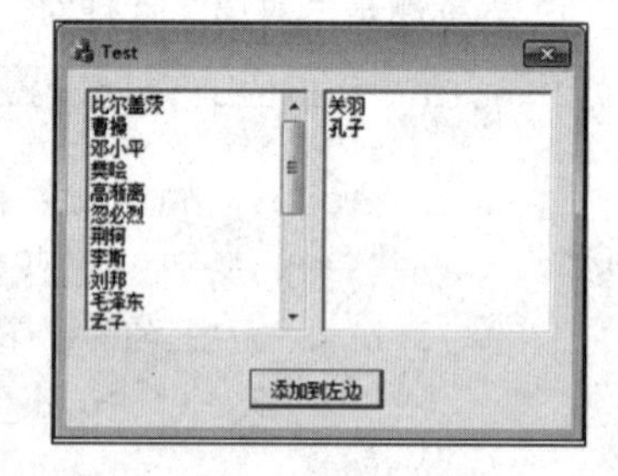

图 4-71

4.4.5　让列表框出现水平滚动条

列表框在默认情况下是不会自动出现水平滚动条的，本例实现让 ListBox 出现水平滚动条。

基本思路是自定义一个类 CMyListBox。为列表框控件添加一个 CMyListBox 类型的变量，当添加的内容（通过 AddString）超过列表框的宽度时会自动出现水平滚动条。

【例 4.49】让列表框出现水平滚动条

（1）新建一个对话框工程，设置字符集为多字节。

（2）在对话框上放置一个列表框控件，设置其属性 Horizontal Scroll 和 Sort 为 True，并为其添加变量 m_lst。

（3）在 CTestDlg::OnInitDialog()里添加为 m_lst 增加内容的代码：

```
m_lst.AddString("后面有 3 个 1 到 9: 123456789123456789123456789");
m_lst.AddString("后面有 1 个 1 到 9: 123456789");
m_lst.InsertString(1,"后面有 3 个 1 到 9: 123456789123456789123456789");
m_lst.AddString("后面有 3 个 1 到 9: 123456789123456789123456789");
m_lst.AddString("后面有 3 个 1 到 9: 123456789123456789123456789");
m_lst.AddString("后面有 3 个 1 到 9: 123456789123456789123456789");
m_lst.AddString("后面有 3 个 1 到 9: 123456789123456789123456789");
m_lst.AddString("后面有 3 个 1 到 9: 123456789123456789123456789");
m_lst.AddString("后面有 3 个 1 到 9: 123456789123456789123456789");
m_lst.AddString("后面有 3 个 1 到 9: 123456789123456789123456789");
m_lst.AddString("后面有 3 个 1 到 9: 123456789123456789123456789");
m_lst.AddString("后面有 3 个 1 到 9: 123456789123456789123456789");
m_lst.AddString("后面有 3 个 1 到 9: 123456789123456789123456789");
m_lst.AddString("后面有 3 个 1 到 9: 123456789123456789123456789");
m_lst.AddString("后面有 3 个 1 到 9: 123456789123456789123456789");
m_lst.AddString("后面有 3 个 1 到 9: 123456789123456789123456789");
m_lst.AddString("后面有 3 个 1 到 9: 123456789123456789123456789");
m_lst.AddString("后面有 3 个 1 到 9: 123456789123456789123456789");
```

（4）此时运行工程，虽然行内容已经超过可显示宽度了，但是仍旧只有垂直滚动条，没有水平滚动条。

（5）把 MyListBox.h 和 MyListBox.cpp 加入工程，并把 m_lst 的定义改为 CMyListBox，并包括其头文件。

（6）保存工程并运行，运行结果如图 4-72 所示。

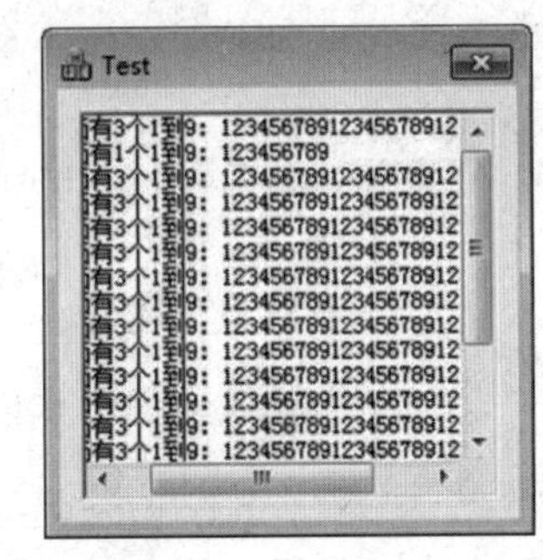

图 4-72

4.4.6 为列表框替换背景图片

如果让一幅图片作为列表框的背景，将大大增加列表框的美观程度。本例实现列表框支持背景图片，并且可以在运行时更换背景。

基本思路是定义一个自定义的类 CMyListBox，然后在对话框上拖放一个列表框，并为该列表框添加 CMyListBox 类型的变量，然后在对话框的初始化函数中加载图片，图片是预先导入工程中的。

其中特别需要注意的是，当你的 LISTBOX 出现了滚动条的时候需要重新设置背景位图的尺寸大小，减去相应的滚动条区域，否则底图会把滚动条覆盖。

下面把类 CMyListBox 的几个重载函数说明一下：

（1）当选择的 ITEM 变化时要刷新。

```
void CMyListBox::OnSelchange()
{
    iSelectChange = TRUE;
}

void CMyListBox::OnLButtonDown(UINT nFlags, CPoint point)
{
    if(iSelectChange)
    {
    iSelectChange= FALSE;
    Invalidate();
    }
```

```
    CListBox::OnLButtonDown(nFlags, point);
}
```

（2）设置画刷、背景模式、文字颜色。

```
HBRUSH CMyListBox::CtlColor(CDC* pDC, UINT nCtlColor)
{
    pDC->SetBkMode(TRANSPARENT);        //设置背景模式透明
    pDC->SetTextColor(RGB(64,32,0));  //设置文字颜色

    return m_brHollow;                 //设置空心画刷
}
```

（3）在垂直滚动时刷新。

```
void CMyListBox::OnVScroll(UINT nSBCode, UINT nPos, CScrollBar* pScrollBar)
{
    Invalidate();
    CListBox::OnVScroll(nSBCode, nPos, pScrollBar);
}
```

（4）在水平滚动时刷新。

```
void CMyListBox::OnHScroll(UINT nSBCode, UINT nPos, CScrollBar* pScrollBar)
{
    Invalidate();
    CListBox::OnHScroll(nSBCode, nPos, pScrollBar);
}
```

（5）画背景位图。

```
BOOL CMyListBox::OnEraseBkgnd(CDC* pDC)
{
    // TODO: Add your message handler code here and/or call default
    BITMAP bm;
    m_bmp.GetBitmap(&bm);
    m_pbmCurrent = &m_bmp;
    CDC dcMem;
    dcMem.CreateCompatibleDC(pDC);
    CBitmap* pOldBitmap = dcMem.SelectObject(m_pbmCurrent);
    pDC->BitBlt(0,0,bm.bmWidth,bm.bmHeight,&dcMem,0,0,SRCCOPY);
    dcMem.SelectObject(pOldBitmap);

    return CListBox::OnEraseBkgnd(pDC);
}
```

此外，对于背景位图的大小，我们事先要判断一下区域大小：

```
RECT   size1;
m_lst.GetClientRect(&size1);
```

如果需要更改背景位图大小，可以调用函数 HBITMAP CMylistboxDlg::GetSizeBITMAP (HBITMAP hBitmap, int w, int h)，把 HBITMAP 剪切至适当大小(w,h)。

【例 4.50】为列表框替换背景图片

（1）新建一个对话框工程，设置字符集为多字节。

（2）切换到资源视图，把 res 目录下的“北面的小门 3.bmp”和“北面的小门 4.bmp”导入工程中。

（3）切换到解决方案视图，把工程目录下的 MyListBox.h 和 MyListBox.cpp 加入工程中。

（4）切换到资源视图，打开对话框编辑器，在对话框上放置一个列表框和一个按钮，按钮的标题是“更换背景”，然后为列表框添加一个变量：

```
CMyListBox m_lst;
```

（5）打开 TestDlg.h 文件，然后为类 CTestDlg 添加如下成员变量：

```
CBitmap bmp;
    HBITMAP hbmp;
    HBITMAP hbmp2;
    int iStatus;
    RECT   size1, size2, size3;
```

再为类 CTestDlg 添加成员函数 GetSizeBITMAP，把我们传入的位图剪切至适当大小(w,h)，如下代码：

```
HBITMAP CTestDlg::GetSizeBITMAP(HBITMAP hBitmap, int w, int h)
{
    CDC sourceDC, destDC;
    sourceDC.CreateCompatibleDC( NULL );
    destDC.CreateCompatibleDC( NULL );
    BITMAP bm;
    ::GetObject( hBitmap, sizeof( bm ), &bm );
    HBITMAP hbmResult = ::CreateCompatibleBitmap(CClientDC(NULL), w, h);
    HBITMAP hbmOldSource = (HBITMAP)::SelectObject( sourceDC.m_hDC, hBitmap );
    HBITMAP hbmOldDest = (HBITMAP)::SelectObject( destDC.m_hDC, hbmResult );
    destDC.BitBlt(0, 0, w, h, &sourceDC, 0, 0, SRCCOPY );
    ::SelectObject( sourceDC.m_hDC, hbmOldSource );
    ::SelectObject( destDC.m_hDC, hbmOldDest );
    return hbmResult;
}
```

打开 CTestDlg::OnInitDialog()函数，在末尾处添加如下代码：

```
m_lst.AddString("我爱上海");
    iStatus = 0 ; // 第一幅图;
    m_lst.GetClientRect(&size1);

    size2.right = size3.right= size1.right;
    size2.bottom = size3.bottom = size1.bottom;
    HBITMAP htempbmp;
    m_lst.m_bmp.LoadBitmap(IDB_BITMAP2);

    hbmp = (HBITMAP )m_lst.m_bmp.Detach();
    htempbmp = GetSizeBITMAP(hbmp , size1.right,size1.bottom);
    m_lst.m_bmp.Attach(htempbmp);

    bmp.LoadBitmap(IDB_BITMAP1);
    hbmp2 =(HBITMAP ) bmp.Detach();
    hbmp2 = GetSizeBITMAP(hbmp2 , size1.right,size1.bottom);

    m_lst.Invalidate();
```

（6）保存工程并运行，运行结果如图 4-73 所示。

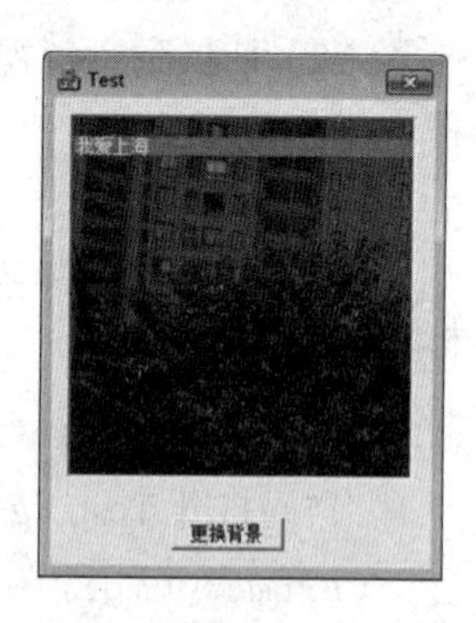

图 4-73

4.4.7 列表框自动选中最后一行

列表框添加数据项的时候，如果没有 Sort 属性，则默认都是添加在最后一行的。数据很多的时候会出现滚动条，随着数据项的增加，滚动条在不断地向上缩小，但列表框中最新添加的数据项却显示不到。本例中我们将实现随着数据项的增加，让最新添加的数据项一直显示。

基本思路是使用 CListBox 的 SetCurSel 函数，定义如下：

```
int SetCurSel( int nSelect );
```

该函数选择一个列表框字符串。如果需要，选择一个字符串并将其滚动到视图中。当新字符串被选择，列表框将前一个选择的字符串去掉高亮显示。只对单选列表框使用此成员函数。它不能用来设置或删除多选框中的选择。

参数：nSelect 指定选择的字符串基于 0 的索引。如果 nSelect 为-1，列表框设置为无选择。

返回值：如果出错，则返回 LB_ERR。

【例 4.51】列表框自动选中最后一行

（1）新建一个对话框工程。

（2）切换到资源视图，删除对话框上的所有控件，然后从工具箱中添加一个列表框控件和一个按钮控件。设计界面如图 4-74 所示。

设置列表框的 Sort 属性为 False，并为列表框添加变量 m_lst，然后为按钮添加单击事件处理函数，如下代码：

```
void CTestDlg::OnBnClickedButton1()
{
    // TODO:  在此添加控件通知处理程序代码
    CTime t;
    CString str;
    int count = 0;
    m_lst.ResetContent();//清空列表框
    for (;;)
    {
        t = CTime::GetCurrentTime(); //得到系统当前时间
        str = t.Format("%Y-%m-%d %H:%M:%S");
        m_lst.AddString(str); //添加数据项
        Sleep(500); //暂停 500 毫秒
        m_lst.UpdateWindow(); //列表框窗口更新
        count = m_lst.GetCount(); //得到列表框数据项数目
         if (count > 30)
           break;
        m_lst.SetCurSel(count - 1);
    }
   AfxMessageBox(_T("滚屏结束"));
}
```

（3）保存工程并运行，运行结果如图 4-75 所示。

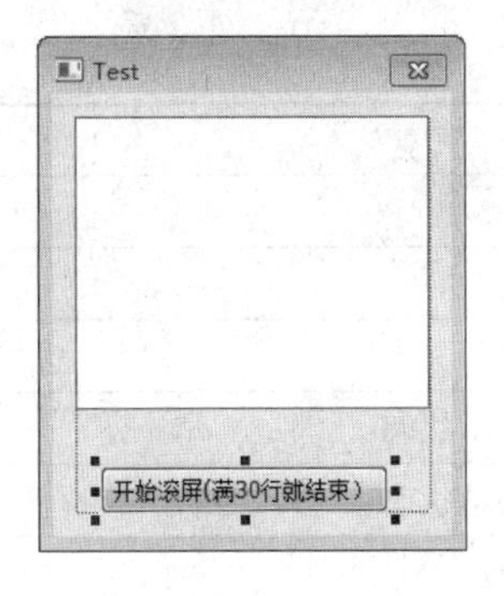

图 4-74

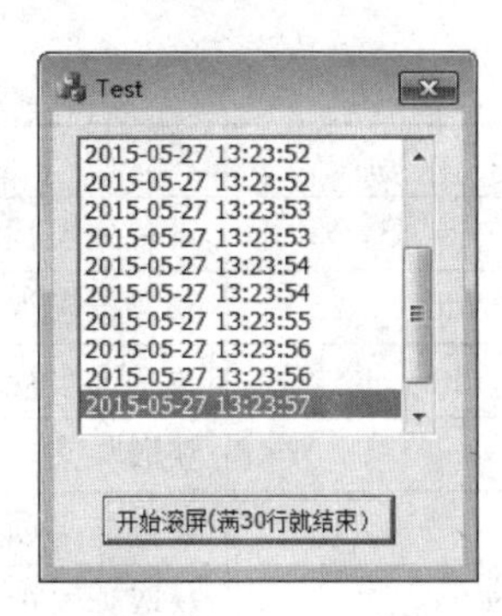

图 4-75

4.5　列表控件

列表控件也是以列表的形式来显示用户数据。它比列表框功能强大得多，既能显示行，也能显示列，类似一个二维表格，通常把每一行的第一列称为（主）项，其他列称为子项。另外，它还能把数据项以图标的形式显示，类似于 Windows 的资源管理器，有多种显示样式。除了显示之外，我们还能对列表控件中的数据进行编辑。

在 Visual C++ 2017 中，列表控件由类 CListCtrl 实现。CListCtrl 常用的成员函数如表 4-4 所示。

表 4-4　CListCtrl 常用的成员函数

成 员 函 数	含　义
ClistCtrl	构造一个 CListCtrl 对象
Create	创建列表控件并将其附加给 CListCtrl 对象
GetBkColor	获取列表视图控件的背景色
SetBkColor	设置列表视图控件的背景色
GetImageList	获取用于绘制列表视图项的图像列表的句柄
SetImageList	指定一个图像列表到列表视图控件
GetItemCount	获取列表视图控件中的项的数量
GetItem	获取列表视图项的属性
GetCallbackMask	获取列表视图控件的回调掩码
SetCallbackMask	设置列表视图控件的回调掩码
GetNextItem	查找指定特性和指定项关系的列表视图项
GetFirstSeletedItemPosition	在列表视图控件中获取第一个选择的列表视图项的位置
GetNextSeletedItem	为重复而获取下一个选择的列表视图
GetItemRect	获取项的有界矩形
SetItemPosition	在列表视图控件中移动一项到指定位置
GetItemPosition	获取列表视图项的位置
GetStringWidth	指定需要显示所有指定字符串的最小列宽
GetEditControl	获取用于编辑一个项文本的编辑控件的句柄
GetColumn	获取控件的列的属性

（续表）

成员函数	含　义
SetColumn	设置列表视图列的属性
GetColumnWidth	获取报表视图或列表视图中列的宽度
SetColumnWidth	改变报表视图或列表视图中列的宽度
GetCheck	获取与某项相关的状态图像的当前显示状态
SetCheck	设置与某项相关的状态图像的当前显示状态
GetViewRect	获取列表视图控件中所有项的有界矩形
GetTextColor	获取列表视图控件的文本颜色
SetTextColor	设置列表视图控件的文本颜色
GetTextBkColor	获取列表视图控件的文本背景色
SetTextBkColor	设置列表视图控件的文本背景色
GetTopIndex	获取最高级项的索引
GetCountPerPage	计算可正好垂直放入列表视图控件中项的数目
GetOrigin	获取列表视图控件最初的当前视图
SetItemState	改变列表视图控件的项状态
GetItemState	获取列表视图控件的项状态
GetItemText	获取列表视图项或子项的文本
SetItemText	设置列表视图项或子项的文本
SetItemCount	准备一个列表视图控件以添加大量的项
GetItemData	获取与某项相关的应用所指定的值
SetItemData	设置项的应用指定的值
GetSelectedCount	获取列表视图控件中选择项的数量
SetColumnOrderArray	设置列表视图控件的列序（左或右）
GetColumnOrderArray	获取列表视图控件的列序（左或右）
SetIconSpacing	设置列表视图控件中的图标的距离
GetHeaderCtrl	获取列表视图控件的标题控件
GetHotCursor	获取在热追踪对列表视图控件有效时的光标
SetHotCursor	设置在热追踪对列表视图控件有效时的光标
GetSubItemRect	获取列表视图控件中某项的有界矩形
GetHotItem	获取当前在游标下的列表视图项
SetHotItem	设置列表视图控件的当前热项
GetSelectionMark	获取列表视图控件的选择屏蔽
SetSelectionMark	设置列表视图控件的选择屏蔽
GetExtendedStyle	获取列表视图控件的当前扩展风格
SetExtendedStyle	设置列表视图控件的当前扩展风格
SubItemHitTest	指定哪个列表视图项在指定位置
GetWorkAreas	获取列表视图控件的当前工作区

（续表）

成员函数	含　义
GetNumberOfWorkAreas	获取列表视图控件的当前工作区数量
SetItemCountEx	设置列表视图控件的项的数量
SetWorkAreas	设置列表视图控件中图标可以显示的区域
ApproximateViewRect	指定显示列表视图控件项所需的宽度和高度
GetBkImage	获取列表视图控件的当前背景图像
SetBkImage	设置列表视图控件的当前背景图像
GetHoverTime	获取列表视图控件的当前逗留时间
SetHoverTime	设置列表视图控件的当前逗留时间
InsertItem	在列表视图控件中插入一个新项
DeleteItem	从控件中删除一项
DeleteAllItems	从控件中删除所有项
FindItem	查找具有指定的字符的列表视图项
SortItems	使用应用定义的比较函数排序列表视图项
HitTest	指定哪个列表视图在指定的位置上
EnsureVisible	保证项是可见的
Scroll	滚动列表视图控件的内容
ReDrawItems	强迫列表视图控件刷新一些项
Update	强迫控件刷新一个指定的项
Arrange	调整一栏里的项
EditLabel	开始项文本在该处编辑
InsertColumn	插入列表视图控件中的新列
DeleteColumn	从列表视图控件中删除一列
CreateDragImage	为指定的项构造一个拖动图像列表
DrawItem	当自绘制控件的可视部分改变时被调用

下面通过几个实例对该控件的常用属性、方法和事件进行介绍。

4.5.1　添加和获取、删除数据项

这是列表控件的基本操作。数据项添加时需要先确定好行和列后再添加，同一行的第一列和后面列的添加方式是不同的。获取数据项时，也需要先确定数据项行号和列号。所谓行号，就是行方向的索引值，从 0 开始。所谓列号，就是列方向的索引值，从 0 开始。删除数据都是整行整行地删除，另外还可以删除全部数据，即清空。

基本思路是利用 CListCtrl 的成员函数 InsertColumn、InsertItem、SetItemText 和 GetItemText。函数 InsertColumn 的定义如下：

```
int InsertColumn(int nCol,const LVCOLUMN* pColumn)
int InsertColumn(int nCol,
                 LPCTSTR lpszColumnHeading,
                 int nFormat = LVCFMT_LEFT,
```

```
                int nWidth = -1,
                int nSubItem = -1
                )
```

该函数在列表视图控件中新插入一列。

参数：

- nCol：新建列的索引值。
- pColumn：包含新建列属性的 LVCOLUMN 结构的地址。LVCOLUMN 结构包含了报表视图中列的属性。
- lpszcolumnHeading：包含列标题的字符串的地址。
- nFormat：指定列对齐方式的整数。它为下列值之一：LVCFMT_LEFT，LVCFMT_RIGHT 或 LVCFMT_CENTER。
- nWidth：以像素为单位的列宽。如果该参数为-1，那么没有设置列宽。
- nSubItem：与列相关联的子项的索引。如果该参数为-1，那么没有子项与列相关。

返回值：

- 如果成功，则返回新建列的索引值，否则为-1。

函数 InsertItem 的定义如下：

```
int InsertItem(const LVITEM* pItem)
int InsertItem(int nItem,LPCTSTR lpszItem)
int InsertItem(int nItem, LPCTSTR lpszItem,int nImage)
int InsertItem(UINT nMask,
               int nItem,
               LPCTSTR lpszItem,
               UINT nState,
               UINT nStateMask,
               int nImage,
               LPARAM lParam
              )
```

该函数向列表控件中新插入一项。

参数：

- pItem：指向指定项属性 LVITEM 结构的指针。
- nItem：被插入项的索引值。
- lpszItem：包含项标签的字符串的地址，或当项为回调项时，该变量为 LPSTR_TEXTCALLBACK。
- nImage：项图像的索引值，或当项为回调项时，该变量为 I_IMAGECALLBACK。
- nMask：参数 nMask 指定了哪个项属性作为参数传递是有效的。它可以是 LVITEM 结构所描述的一个或多个掩码值。有效的数据能够通过位与运算来组合。
- nState：指示项的状态、状态图像及轮廓图像。
- nStateMask：指示状态成员中的哪一位将被获取或修改。
- nImage：图像列表之内项的图像的索引。

- lParam：与项相关联的应用指定的 32 位值。如果该参数被指定，那么必须设置 nMask 的属性为 LVIF_PARAM。

返回值：

- 如果成功，则返回新建列的索引值，否则为-1。

函数 GetItemText 的定义如下：

```
int GetItemText(int nItem,int nSubItem,LPTSTR lpszText,int nLen) const
CString GetItemText(int nItem,int nSubItem) const
```

该函数用来获取列表控件指定行号和列号的数据项文本。

参数：

- nItem：要获取数据项的行号。
- nSubItem：要获取数据项的列号。
- lpszText：指向存放数据项文本的字符串的指针。
- nLen：被 lpszText 指向的缓冲区的长度。

返回值：

- Int 的版本返回获取到的字符串的长度。
- CString 的版本返回项文本。

【例 4.52】添加和获取、删除数据项

（1）新建一个对话框工程。

（2）切换到资源视图，删除对话框上的所有控件，在工具箱中找到列表控件，如图 4-76 所示。然后把它拖动到对话框上，并设置列表控件的 View 属性为 Report，表示将以表格的形式显示数据项，如图 4-77 所示。再设置列表控件的 Always Show Selection 属性为 True，这样列表控件失去焦点后仍旧能看到选中的项。最后添加 4 个按钮到对话框上，设计界面如图 4-78 所示。

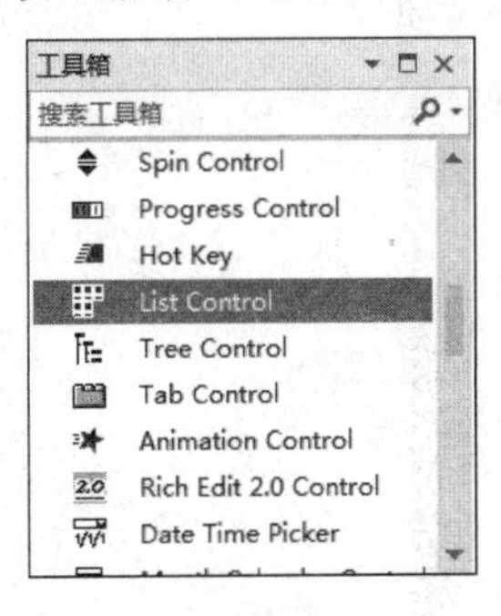

图 4-76

图 4-77

图 4-78

接着，为列表控件添加变量 m_lst。

（3）在对话框的初始化函数 CTestDlg::OnInitDialog()的末尾添加增加列的代码：

```
// TODO:  在此添加额外的初始化代码
    m_lst.InsertColumn(0, _T("姓名"), LVCFMT_CENTER, 100);
    m_lst.InsertColumn(1, _T("年龄"), LVCFMT_CENTER, 50);
```

再为标题是“添加数据项”的按钮添加单击事件函数，如下代码：

```
void CTestDlg::OnBnClickedButton1()
{
    // TODO:  在此添加控件通知处理程序代码
    m_lst.InsertItem(0, _T("张三")); //添加第 0 行第 0 列数据项
    m_lst.SetItemText(0,1, _T("23"));//添加第 0 行第 1 列数据项

    m_lst.InsertItem(1, _T("李四"));//添加第 1 行第 0 列数据项
    m_lst.SetItemText(1, 1, _T("25"));//添加第 1 行第 1 列数据项

    m_lst.InsertItem(2, _T("王五"));//添加第 2 行第 0 列数据项
    m_lst.SetItemText(2, 1, _T("30"));//添加第 2 行第 1 列数据项

    m_lst.InsertItem(3, _T("赵六"));//添加第 3 行第 0 列数据项
    m_lst.SetItemText(3, 1, _T("20"));//添加第 3 行第 1 列数据项
}
```

要注意的是，InsertItem 和 SetItemText 的索引从 0 开始。

再为标题是“获取数据项”的按钮添加单击事件函数，如下代码：

```
void CTestDlg::OnBnClickedButton3()
{
    // TODO:  在此添加控件通知处理程序代码
    CString str;

    //获取第一个选中项的位置
    int pos = (int)m_lst.GetFirstSelectedItemPosition();
    if (0 == pos)
    {
        AfxMessageBox(_T("请先选中数据项"));
        return;
    }
    str = m_lst.GetItemText(pos-1, 0);
    AfxMessageBox(str);
}
```

再为标题是“删除数据项”的按钮添加单击事件函数，如下代码：

```
void CTestDlg::OnBnClickedButton2()
{
    // TODO:  在此添加控件通知处理程序代码
    //获取第一个选中项的行号
    int pos = (int)m_lst.GetFirstSelectedItemPosition();
    if (0 == pos)
    {
        AfxMessageBox(_T("请先选中数据项"));
        return;
    }
    m_lst.DeleteItem(pos - 1); //删除数据项
}
```

再为标题是“清空”的按钮添加单击事件函数，如下代码：

```
void CTestDlg::OnBnClickedButton4()
{
    // TODO:  在此添加控件通知处理程序代码
    m_lst.DeleteAllItems(); //删除全部数据项
}
```

（4）保存工程并运行，运行结果如图 4-79 所示。

图 4-79

4.5.2　图标方式显示列表控件内的项目

列表控件 CListCtrl 可以用多种方式显示项目，比如列表方式（Report）、图标方式（Icon）等。本例用图标方式来显示列表控件内的项目。

基本思路是先把图标加载到 CImageList 中，然后把列表控件关联到 CImageList。这样列表控件在插入项目的时候就可以同时添加图标的索引了。

【例 4.53】 图标方式显示列表控件内的项目

（1）新建一个对话框工程，设置字符集为多字节。

（2）打开对话框资源编辑器，删除上面所有的控件，添加一个 List Control，并设置列表控件的 View 属性为 Icon，为控件添加变量名 m_lst。在资源视图中，添加 res 目录下的 4 个图标，分别命名为 IDI_SAVE、IDI_PRINT、IDI_REPORT、IDI_EDIT。

（3）为对话框类 CtestDlg 增加一个成员变量 CImageList　m_ImageList，再在对话框初始化函数中 BOOL CtestDlg::OnInitDialog()添加如下代码：

```
        //创建图像列表控件
        m_ImageList.Create(16, 16, ILC_COLOR24|ILC_MASK, 1, 0);
        //向图像列表控件中添加图标
        m_ImageList.Add(LoadIcon(AfxGetResourceHandle(),
MAKEINTRESOURCE(IDI_SAVE)));
        m_ImageList.Add(LoadIcon(AfxGetResourceHandle(),
MAKEINTRESOURCE(IDI_PRINT)));
        m_ImageList.Add(LoadIcon(AfxGetResourceHandle(),
MAKEINTRESOURCE(IDI_REPORT)));
        m_ImageList.Add(LoadIcon(AfxGetResourceHandle(),
MAKEINTRESOURCE(IDI_EDIT)));

        //设置列表视图关联的图像列表
        m_lst.SetImageList(&m_ImageList, LVSIL_NORMAL);
        m_lst.InsertItem(0, "保存", 0);          //向列表视图控件中添加数据
        m_lst.InsertItem(1, "打印", 1);
        m_lst.InsertItem(2, "报告", 2);
        m_lst.InsertItem(3, "编辑", 3);
```

（4）保存并运行工程，运行结果如图 4-80 所示。

图 4-80

4.5.3　为列表控件增加背景图片

为列表控件 List Control 的背景增加一个 bmp 图片作为背景，看起来非常漂亮。

基本思路是通过列表控件的 SetBkImage 和 SetTextBkColor 函数设置一幅图片给列表控件作为背景。需要注意的是，程序开始时一定要调用 AfxOleInit();。

【例 4.54】 为列表控件增加背景图片

（1）新建一个对话框工程，设置字符集为多字节。

（2）打开对话框资源编辑器，删除所有控件，并添加一个 List Custom 控件，设置其 View 属性为 Report，然后添加列表控件变量名 m_lst。

（3）在 BOOL CTestApp::InitInstance()中添加 AfxOleInit()，位置要在“CTestDlg dlg;”前。添加获取应用程序目录的函数：

```
CString CTestApp::GetAppPath()//末尾带斜杠
{
    CString path=AfxGetApp()->m_pszHelpFilePath;
    CString  str=AfxGetApp()->m_pszExeName;
    path=path.Left(path.GetLength()-str.GetLength()-4);
    //path.TrimRight(_T("\\"));

    return path;
}
```

（4）在 BOOL CTestDlg::OnInitDialog()中添加如下代码：

```
    m_lst.InsertColumn(0,"第一列",LVCFMT_LEFT,  100);
    m_lst.InsertColumn(1,"第二列",LVCFMT_LEFT,  100);
    CString strPath = theApp.GetAppPath()+"bk.bmp";
    //设置背景位图
    BOOL bRet = m_lst.SetBkImage((char*)(LPCTSTR)strPath, TRUE, 1 , 1);
    m_lst.SetTextBkColor(CLR_NONE);
    m_lst.InsertItem(0,"张三");
    m_lst.SetItemText(0,1,"28岁");
```

（5）把 bk.bmp 图片复制到和 exe 同一目录下，如 debug 目录。

（6）保存并运行工程，运行结果如图 4-81 所示。

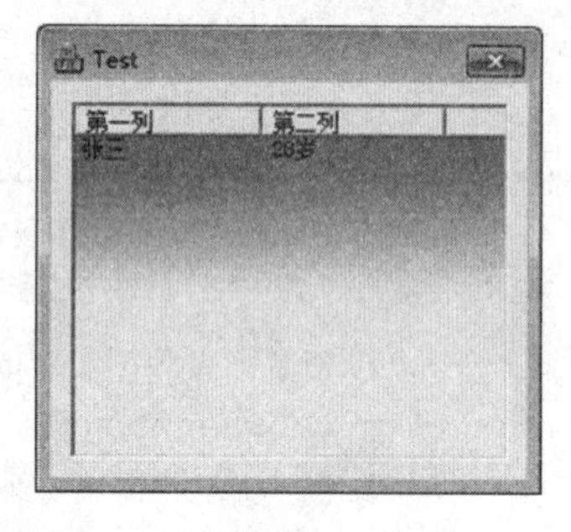

图 4-81

4.5.4 可设置单元格颜色的 CListCtrl 类

本例实现的列表控件（List Control）可以对其中某个单元格的背景色和字体的颜色进行设置，大大美化了列表控件的外观。在实际项目中，可以起到提醒用户和区别其他单元格的作用。

基本思路是通过自定义类 CSortListCtrl 把对话框上的列表控件定义成 CSortListCtrl 类型的变量，然后在使用过程中调用该类设置颜色的成员函数 SetItemColor。

【例 4.55】可设置单元格颜色的 CListCtrl 类

（1）新建一个对话框工程，设置字符集为多字节。

（2）切换到解决方案视图，把工程目录下的 SortHeaderCtrl.cpp、SortHeaderCtrl.h、SortListCtrl.cpp 和 SortListCtrl.h 加入工程中。

（3）切换到资源视图，在对话框上放置一个 listctrl，并设置其 View 属性为 Report，然后为其添加变量：

```
CSortListCtrl m_lst;
```

（4）在 CTestDlg::OnInitDialog()中添加初始化代码：

```
    m_lst.SetExtendedStyle(LVS_EX_FULLROWSELECT|LVS_EX_GRIDLINES);
    m_lst.SetHeadings(_T("ID,50;Name,80;BirthDate,100"));
```

```
m_lst.AddItem(_T("1"),_T("张三"),_T("1992-1-4"));
m_lst.AddItem(_T("2"),_T("李四"),_T("1986-10-3"));
m_lst.SetItemColor(0,1,RGB(255,0,0),RGB(0,255,0));
m_lst.SetItemColor(0,2,RGB(0,255,0),RGB(0,128,128));
m_lst.SetItemColor(1,0,RGB(255,255,200),RGB(0,0,0));
m_lst.SetItemColor(1,1,RGB(128,0,200),RGB(100,200,240));
m_lst.SetItemColor(1,2,RGB(180,80,200),RGB(0,128,128));
```

（5）保存工程并运行，运行结果如图 4-82 所示。

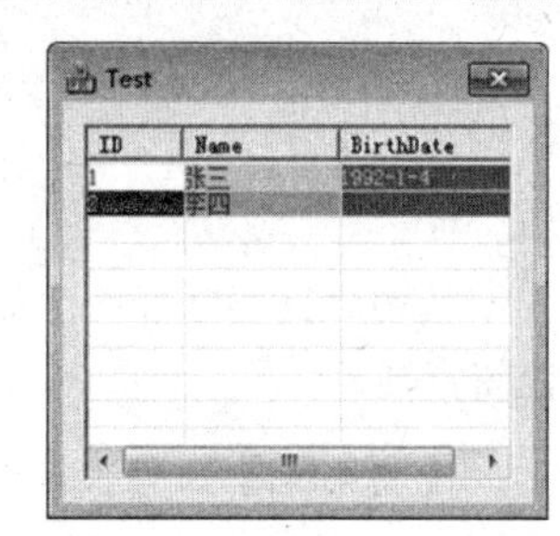

图 4-82

4.5.5 在列表框中实现列表项目的上下移动

列表控件里显示的表格数据通常有排序的需求，本例实现对列表控件中的某行数据上下移动，达到简单排序的要求。

完全通过 CListCtrl 自己的成员函数实现。下移时，先把要下移的那行（比如 n 行）数据保存下来，然后删除该行，再把保存的那行数据插入 n+1 行上。

举个例子，比如：

```
A
B
C
D
E
```

5 行数据，现在要把 C（如果 A 的行号是 0，则 C 的行号是 2）下移一行，则先把 C 的数据记录下来，然后删除 C 这一行，此时表格就变成了：

```
A
B
D
E
```

然后在 2+1=3 的位置，也就是 E 行那里插入 C，则表格就变成：

```
A
B
D
C
E
```

这样，C 下移就完成了。

上移也类似，比如现在有以下 5 行数据：

```
A
B
C
D
E
```

现在要把 C 上移，也就是 C 和 B 要对换位置，首先我们把 C 的数据保存在临时变量里，然后删除 C 那一行（如果 A 是第 0 行，那 C 就是第 2 行），删除了第 2 行之后，表就变成：

```
A
B
D
E
```

此时，再在第 1 行（2-1=1）插入上面保存过 C 的临时变量，则表就变成：

```
A
C
B
D
E
```

其实，只要掌握一个规律，就是在某行插入新行时，从该行往下开始都会下移，以空出位置让新行插入。

【例 4.56】在列表框中实现列表项目的上下移动

（1）新建一个对话框工程，设置字符集为多字节。

（2）切换到资源视图，在对话框上添加一个列表控件（List Control），并设置其 View 属性为 Report，以及 Single Selection 属性为 True，然后为其添加变量 m_lst。

（3）在 CTestDlg::OnInitDialog()中添加如下代码：

```
// TODO: 在此添加额外的初始化代码
    m_lst.InsertColumn(0, "Field1", LVCFMT_LEFT, 110);
    m_lst.InsertColumn(1, "Field2", LVCFMT_LEFT, 130);
    m_lst.InsertColumn(2, "Field3", LVCFMT_LEFT, 130);
    // 设置列表控件扩展样式为整行高亮
    m_lst.SetExtendedStyle(LVS_EX_FULLROWSELECT);

    // 往列表控件中添加项目
    int nItem;
    for (int i=0; i<10; i++)
    {
        CString f1, f2, f3;
        // 格式化字符串
        f1.Format("序列号: %d", i+1);
        f2.Format("行 %d 列 2", i+1);
        f3.Format("行 %d 列 3", i+1);
        nItem = m_lst.InsertItem(i, _T(f1));  // 插入第一列
        m_lst.SetItemText(nItem, 1, _T(f2));  // 插入第二列
        m_lst.SetItemText(nItem, 2, _T(f3));  // 插入第三列
    }
```

（4）切换到资源视图，在对话框上放置 2 个按钮“上移”和“下移”，然后分别为其添加事件响应代码：

```
//上移
void CTestDlg::OnBnClickedButton1()
{
    // TODO: 在此添加控件通知处理程序代码
    m_lst.SetFocus();

    if (m_IndexInFieldList == -1)
```

```
        return;
    // 判断所选项是否位于行首
    if (m_IndexInFieldList == 0)
    {
        AfxMessageBox("已经位于首行!");
        return;
    }
    // 提取所选列表项各列内容
    CString tempField1, tempField2, tempField3;
    tempField1 = m_lst.GetItemText(m_IndexInFieldList, 0);
    tempField2 = m_lst.GetItemText(m_IndexInFieldList, 1);
    tempField3 = m_lst.GetItemText(m_IndexInFieldList, 2);
    // 删除所选列表项
    m_lst.DeleteItem(m_IndexInFieldList);
    // 在 IndexInFieldList-1 位置处插入上面所删列表项的各列内容
    int tempItem;
    tempItem = m_lst.InsertItem(m_IndexInFieldList-1, _T(tempField1));
    m_lst.SetItemText(tempItem, 1, _T(tempField2));
    m_lst.SetItemText(tempItem, 2, _T(tempField3));
    --m_IndexInFieldList;
    // 使得 IndexInFieldList-1 位置处项目高亮显示并获得焦点
    UINT flag = LVIS_SELECTED|LVIS_FOCUSED;
    m_lst.SetItemState(m_IndexInFieldList, flag, flag);
}
//下移
void CTestDlg::OnBnClickedButton2()
{
    // TODO: 在此添加控件通知处理程序代码
    m_lst.SetFocus();
    if (m_IndexInFieldList == -1)
        return;
    // 判断所选项是否位于行尾
    if (m_IndexInFieldList == m_lst.GetItemCount()-1)
    {
        AfxMessageBox("已经位于最后行!");
        return;
    }
    CString tempField1, tempField2, tempField3;
    tempField1 = m_lst.GetItemText(m_IndexInFieldList, 0);
    tempField2 = m_lst.GetItemText(m_IndexInFieldList, 1);
    tempField3 = m_lst.GetItemText(m_IndexInFieldList, 2);
    m_lst.DeleteItem(m_IndexInFieldList);
    // 在 IndexInFieldList+1 位置处插入上面所删列表项的各列内容
    int tempItem;
    tempItem = m_lst.InsertItem(m_IndexInFieldList+1, _T(tempField1));
    m_lst.SetItemText(tempItem, 1, _T(tempField2));
```

```
    m_lst.SetItemText(tempItem, 2, _T(tempField3));
    ++m_IndexInFieldList;
    // 使得 IndexInFieldList+1 位置处项目高亮显示并获得焦点
    UINT flag = LVIS_SELECTED|LVIS_FOCUSED;
    m_lst.SetItemState(m_IndexInFieldList, flag, flag);
}
```

（5）为 listctrl 控件添加单击事件 NM_CLICK，并为其添加如下代码：

```
void CTestDlg::OnNMClickList1(NMHDR *pNMHDR, LRESULT *pResult)
{
    // TODO: 在此添加控件通知处理程序代码
    POSITION pos;
    pos = m_lst.GetFirstSelectedItemPosition();
    m_IndexInFieldList = m_lst.GetNextSelectedItem(pos);  // 得到项目索引
    *pResult = 0;
}
```

（6）保存工程并运行，运行结果如图 4-83 所示。

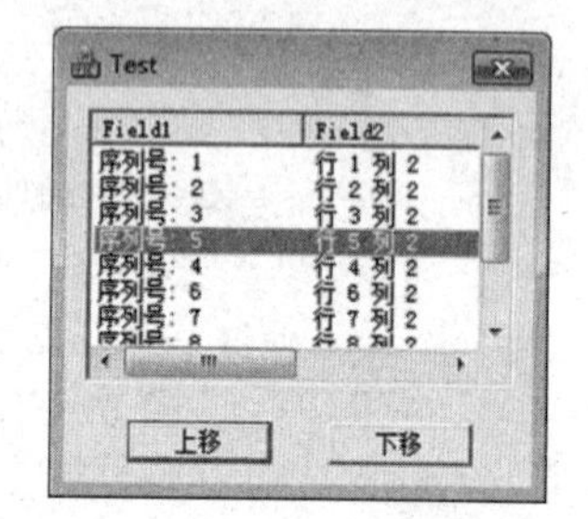

图 4-83

4.5.6 对列表控件列头的字体、颜色、背景进行更改

用 MFC 中的列表控件 CListCtrl 来显示表格数据比较方便，但显示数据的同时，往往有要对某些行、某些列和某一个单元格突出强调的需求，比如对某些重要行显示不同的颜色，以示区别，甚至需要改变一下行高和字体大小，此时 CListCtrl 要改变这些并不是很方便。本例介绍如何派生一个类来改变 CListCtrl 及其表头的高度、字体大小、列背景颜色、单元格背景颜色、列字体颜色、单元格字体颜色。

基本思路是通过自定义类 CHeaderCtrlCl 和 CListCtrlCl 来定义对话框上的列表控件的变量，然后调用该类的成员函数来设置行、列和单元格的颜色。

首先，表头的修改主要是通过新建一个 MFC 类 CHeaderCtrlCl 来完成，其基类为 CHeaderCtrl。在这个新建类中，主要响应 WM_PAINT 消息和 HDM_LAYOUT。消息映射宏如下：

```
BEGIN_MESSAGE_MAP(CHeaderCtrlCl, CHeaderCtrl)
    ON_WM_PAINT()
    ON_MESSAGE(HDM_LAYOUT, OnLayout)
END_MESSAGE_MAP()
```

其中，HDM_LAYOUT 在 Visual C++库文件 commctrl.h 中定义。

消息响应函数如下：

```
// CHeaderCtrlCl 消息处理程序
void CHeaderCtrlCl::OnPaint()
{
    CPaintDC dc(this); // device context for painting
    // TODO: 在此处添加消息处理程序代码
    // 不为绘图消息调用 CHeaderCtrl::OnPaint()
    int nItem;
    nItem = GetItemCount();//得到有几个单元
    for(int i = 0; i<nItem;i ++)
```

```
        {
            CRect tRect;
            GetItemRect(i,&tRect);//得到 Item 的尺寸
            int R = m_R,G = m_G,B = m_B;
            CRect nRect(tRect);//复制尺寸到新的容器中
            nRect.left++;//留出分割线的地方
            //绘制立体背景
            for(int j = tRect.top;j<=tRect.bottom;j++)
            {
                nRect.bottom = nRect.top+1;
                CBrush _brush;
                _brush.CreateSolidBrush(RGB(R,G,B));//创建画刷
                dc.FillRect(&nRect,&_brush); //填充背景
                _brush.DeleteObject(); //释放画刷
                R-=m_Gradient;G-=m_Gradient;B-=m_Gradient;
                if (R<0)R = 0;
                if (G<0)G = 0;
                if (B<0)B= 0;
                nRect.top = nRect.bottom;
            }
            dc.SetBkMode(TRANSPARENT);
            CFont nFont ,* nOldFont;
            //dc.SetTextColor(RGB(250,50,50));
            dc.SetTextColor(m_color);
            nFont.CreateFont(m_fontHeight,m_fontWith,0,0,0,FALSE,FALSE,0,0,0,0,
0,0,_TEXT("宋体"));//创建字体
            nOldFont = dc.SelectObject(&nFont);

            UINT nFormat = 1;
            if (m_Format[i]=='0')
            {
                nFormat = DT_LEFT;
                tRect.left+=3;
            }
            else if (m_Format[i]=='1')
            {
                nFormat = DT_CENTER;
            }
            else if (m_Format[i]=='2')
            {
                nFormat = DT_RIGHT;
                tRect.right-=3;
            }
            TEXTMETRIC metric;
            dc.GetTextMetrics(&metric);
            int ofst = 0;
            ofst = tRect.Height() - metric.tmHeight;
            tRect.OffsetRect(0,ofst/2);
            dc.DrawText(m_HChar[i],&tRect,nFormat);
            dc.SelectObject(nOldFont);
            nFont.DeleteObject(); //释放字体
```

```
    }
    //画头部剩余部分
    CRect rtRect;
    CRect clientRect;
    GetItemRect(nItem - 1,rtRect);
    GetClientRect(clientRect);
    rtRect.left = rtRect.right+1;
    rtRect.right = clientRect.right;
    int R = m_R,G = m_G,B = m_B;
    CRect nRect(rtRect);
    //绘制立体背景
    for(int j = rtRect.top;j<=rtRect.bottom;j++)
    {
        nRect.bottom = nRect.top+1;
        CBrush _brush;
        _brush.CreateSolidBrush(RGB(R,G,B));//创建画刷
        dc.FillRect(&nRect,&_brush); //填充背景
        _brush.DeleteObject(); //释放画刷
        R-=m_Gradient;G-=m_Gradient;B-=m_Gradient;
        if (R<0)R = 0;
        if (G<0)G = 0;
        if (B<0)B= 0;
        nRect.top = nRect.bottom;
    }
}
LRESULT CHeaderCtrlCl::OnLayout( WPARAM wParam, LPARAM lParam )
{
    LRESULT lResult = CHeaderCtrl::DefWindowProc(HDM_LAYOUT, 0, lParam);
    HD_LAYOUT &hdl = *( HD_LAYOUT * ) lParam;
    RECT *prc = hdl.prc;
    WINDOWPOS *pwpos = hdl.pwpos;

    //表头高度为原来1.5倍，如果要动态修改表头高度，将1.5设成一个全局变量
    int nHeight = (int)(pwpos->cy * m_Height);
    pwpos->cy = nHeight;
    prc->top = nHeight;
    return lResult;
}
```

其次，表的修改主要是通过新建一个 MFC 类 CListCtrlCl 来完成，其基类为 CListCtrl，然后在里面定义一个 CHeaderCtrlCl 的成员变量 m_Header，并重载 PreSubclassWindow()，在该函数中修改控件类型为自绘模式，然后子类化表头，如下代码：

```
void CListCtrlCl::PreSubclassWindow()
{
    // TODO: 在此添加专用代码和/或调用基类
    ModifyStyle(0,LVS_OWNERDRAWFIXED);
    CListCtrl::PreSubclassWindow();
    CHeaderCtrl *pHeader = GetHeaderCtrl();
    m_Header.SubclassWindow(pHeader->GetSafeHwnd());
}
```

接着，重载 DrawItem()实现自绘，如下代码：

```
void CListCtrlCl::DrawItem(LPDRAWITEMSTRUCT lpDrawItemStruct)
{
    // TODO:  添加你的代码以绘制指定项
    TCHAR lpBuffer[256];

    LV_ITEM lvi;

    lvi.mask = LVIF_TEXT | LVIF_PARAM ;
    lvi.iItem = lpDrawItemStruct->itemID ;
    lvi.iSubItem = 0;
    lvi.pszText = lpBuffer ;
    lvi.cchTextMax = sizeof(lpBuffer);
    VERIFY(GetItem(&lvi));

    LV_COLUMN lvc, lvcprev ;
    ::ZeroMemory(&lvc, sizeof(lvc));
    ::ZeroMemory(&lvcprev, sizeof(lvcprev));
    lvc.mask = LVCF_WIDTH | LVCF_FMT;
    lvcprev.mask = LVCF_WIDTH | LVCF_FMT;

    CDC* pDC;
    pDC = CDC::FromHandle(lpDrawItemStruct->hDC);
    CRect rtClient;
    GetClientRect(&rtClient);
    for ( int nCol=0; GetColumn(nCol, &lvc); nCol++)
    {
        if ( nCol > 0 )
        {
            // Get Previous Column Width in order to move the next display item
            GetColumn(nCol-1, &lvcprev) ;
            lpDrawItemStruct->rcItem.left += lvcprev.cx ;
            lpDrawItemStruct->rcItem.right += lpDrawItemStruct->rcItem.left;
        }

        CRect rcItem;
        if
(!GetSubItemRect(lpDrawItemStruct->itemID,nCol,LVIR_LABEL,rcItem))
            continue;

        ::ZeroMemory(&lvi, sizeof(lvi));
        lvi.iItem = lpDrawItemStruct->itemID;
        lvi.mask = LVIF_TEXT | LVIF_PARAM;
        lvi.iSubItem = nCol;
        lvi.pszText = lpBuffer;
        lvi.cchTextMax = sizeof(lpBuffer);
        VERIFY(GetItem(&lvi));
        CRect rcTemp;
        rcTemp = rcItem;

        if (nCol==0)
        {
            rcTemp.left -=2;
        }
```

```
if ( lpDrawItemStruct->itemState & ODS_SELECTED )
{
    pDC->FillSolidRect(&rcTemp, GetSysColor(COLOR_HIGHLIGHT)) ;
    pDC->SetTextColor(GetSysColor(COLOR_HIGHLIGHTTEXT)) ;
}
else
{
    COLORREF color;
    color = GetBkColor();
    pDC->FillSolidRect(rcTemp,color);

    if (FindColColor(nCol,color))
    {
        pDC->FillSolidRect(rcTemp,color);
    }
    if (FindItemColor(nCol,lpDrawItemStruct->itemID,color))
    {
        pDC->FillSolidRect(rcTemp,color);
    }

    //pDC->SetTextColor(m_color);
}

pDC->SelectObject(GetStockObject(DEFAULT_GUI_FONT));

UINT   uFormat    = DT_CENTER ;
if (m_Header.m_Format[nCol]=='0')
{
    uFormat = DT_LEFT;
}
else if (m_Header.m_Format[nCol]=='1')
{
    uFormat = DT_CENTER;
}
else if (m_Header.m_Format[nCol]=='2')
{
    uFormat = DT_RIGHT;
}
TEXTMETRIC metric;
pDC->GetTextMetrics(&metric);
int ofst;
ofst = rcItem.Height() - metric.tmHeight;
rcItem.OffsetRect(0,ofst/2);
pDC->SetTextColor(m_color);
COLORREF color;
if (FindColTextColor(nCol,color))
{
    pDC->SetTextColor(color);
}
if (FindItemTextColor(nCol,lpDrawItemStruct->itemID,color))
{
    pDC->SetTextColor(color);
```

```
        }
        CFont nFont ,* nOldFont;
        nFont.CreateFont(m_fontHeight,m_fontWith,0,0,0,FALSE,FALSE,0,0,0,0,0,
0,_TEXT("宋体"));//创建字体
        nOldFont = pDC->SelectObject(&nFont);
        DrawText(lpDrawItemStruct->hDC, lpBuffer, strlen(lpBuffer),
            &rcItem, uFormat) ;

        pDC->SelectStockObject(SYSTEM_FONT) ;
    }

}
```

该函数比较重要，需要细细琢磨。

【例 4.57】 对列表控件列头的字体、颜色、背景进行更改

（1）新建一个对话框工程，设置字符集为多字节。

（2）把工程目录下的 HeaderCtrlCl.cpp、HeaderCtrlCl.h、HeaderCtrlCl.h 和 HeaderCtrlCl.cpp 加入工程中。

（3）切换到资源视图，在对话框上添加一个 listctrl 控件，设置其 View 属性为 Report。然后为其添加变量：

```
CListCtrlCl m_lst;
```

（4）在 CTestDlg::OnInitDialog()的末尾处添加初始化代码：

```
// TODO: 在此添加额外的初始化代码
    m_lst.SetColColor(0,RGB(10,150,20));           //设置列背景色
    m_lst.SetColColor(2,RGB(30,100,90));           //设置列背景色
    m_lst.SetBkColor(RGB(50,10,10));               //设置背景色
    m_lst.SetItemColor(1,1,RGB(100,100,10));       //设置指定单元背景色
    m_lst.SetRowHeigt(25);                         //设置行高度
    m_lst.SetHeaderHeight(1.5);                    //设置头部高度
    m_lst.SetHeaderFontHW(16,0);           //设置头部字体高度和宽度，0 表示默认，自适应
    m_lst.SetHeaderTextColor(RGB(255,200,100));        //设置头部字体颜色
    m_lst.SetTextColor(RGB(0,255,255));                //设置文本颜色
    m_lst.SetHeaderBKColor(100,255,100,8);             //设置头部背景色
    m_lst.SetFontHW(15,0);                 //设置字体高度和宽度，0 表示默认宽度
    m_lst.SetColTextColor(2,RGB(255,255,100));         //设置列文本颜色
    m_lst.SetItemTextColor(3,1,RGB(255,0,0));          //设置单元格字体颜色

    m_lst.InsertColumn(0,_T("名字"),LVCFMT_CENTER,55);
    m_lst.InsertColumn(1,_T("身高"),LVCFMT_CENTER,60);
    m_lst.InsertColumn(2,_T("体重"),LVCFMT_CENTER,60);
    m_lst.InsertColumn(3,_T("测量时间"),LVCFMT_CENTER,180);

    m_lst.InsertItem(0,"张三");
    m_lst.SetItemText(0,1,"182cm");
    m_lst.SetItemText(0,2,"81kg");
    m_lst.SetItemText(0,3,"2010 年 11 月 25 日 13 时 12 分");

    m_lst.InsertItem(1,"李四");
    m_lst.SetItemText(1,1,"176cm");
    m_lst.SetItemText(1,2,"75kg");
```

```
    m_lst.SetItemText(1,3,"2010年11月25日13时33分");

    m_lst.InsertItem(2,"王五");
    m_lst.SetItemText(2,1,"191cm");
    m_lst.SetItemText(2,2,"90kg");
    m_lst.SetItemText(2,3,"2010年11月25日13时40分");

    SetWindowLong(m_lst.m_hWnd ,GWL_EXSTYLE,WS_EX_CLIENTEDGE);
    m_lst.SetExtendedStyle(LVS_EX_GRIDLINES);     //设置扩展风格为网格
    ::SendMessage(m_lst.m_hWnd, LVM_SETEXTENDEDLISTVIEWSTYLE,
        LVS_EX_FULLROWSELECT, LVS_EX_FULLROWSELECT);
```

（5）保存工程并运行，运行结果如图 4-84 所示。

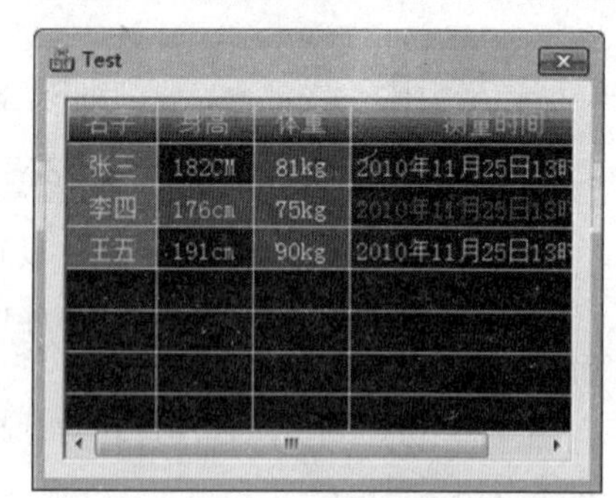

图 4-84

4.5.7 让列表控件的主项可以编辑

通常，列表控件第一列的数据被设成为主项。本例实现的功能是在列表控件中对主项进行单击，出现一个编辑框，然后可以修改主项内容，修改完毕后再回车就可以使修改生效。这样使得默认的列表控件由只读表格变为可写表格。

基本思路是为列表控件添加 LVN_ENDLABELEDIT 通知，然后只要在其响应函数中修改一行代码即可。

【例 4.58】 让列表控件的主项可以编辑

（1）新建一个对话框工程，设置字符集为多字节。

（2）切换到资源视图，在对话框上放置一个 List Custom 控件，设置列表控件的 View 属性为 Report，设置 EditLabels 属性为 True，然后为其添加变量 m_lst。

（3）在 CTestDlg::OnInitDialog 中添加初始化代码：

```
// TODO: 在此添加额外的初始化代码
    m_lst.InsertColumn(0,_T("名字"),LVCFMT_CENTER,55);
    m_lst.InsertColumn(1,_T("身高"),LVCFMT_CENTER,60);
    m_lst.InsertColumn(2,_T("体重"),LVCFMT_CENTER,60);
    m_lst.InsertColumn(3,_T("测量时间"),LVCFMT_CENTER,180);

    m_lst.InsertItem(0,"张三");
    m_lst.SetItemText(0,1,"182cm");
    m_lst.SetItemText(0,2,"81kg");
    m_lst.SetItemText(0,3,"2010年11月25日13时12分");

    m_lst.InsertItem(1,"李四");
    m_lst.SetItemText(1,1,"176cm");
    m_lst.SetItemText(1,2,"75kg");
    m_lst.SetItemText(1,3,"2010年11月25日13时33分");

    m_lst.InsertItem(2,"王五");
    m_lst.SetItemText(2,1,"191cm");
    m_lst.SetItemText(2,2,"90kg");
    m_lst.SetItemText(2,3,"2010年11月25日13时40分");
```

此时如果对列表控件的第一项（也称为主项）进行单击，就会出现一个编辑框，编辑完毕后，再按回车键，发现对话框直接关闭了。这是因为回车信息被对话框先捕捉到了。我们要为列表控件添加 LVN_ENDLABELEDIT 通知。添加后，如果什么都不改，发现编辑主项后再按回车键，对话框不关闭了，但编辑没有生效，项的内容还是恢复到原来。

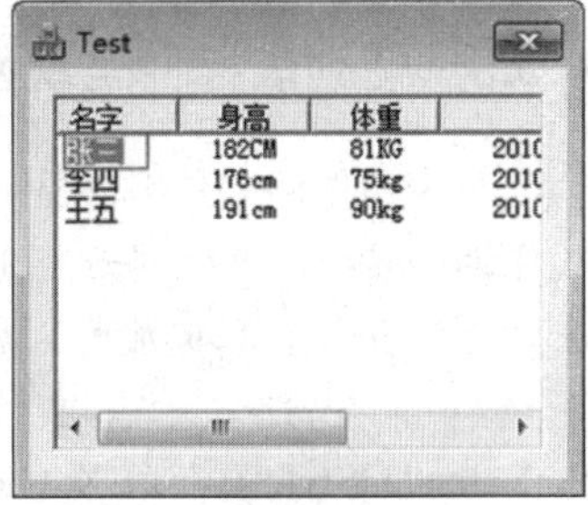

图 4-85

我们要修改一行代码，首先定位到 CTestDlg::OnLvnEndlabeleditList1，然后把最后一行

```
*pResult = 0;
```

改为

```
*pResult = TRUE;
```

此时，编辑列表控件的主项并按回车键，可以发现编辑生效了。

（4）保存工程并运行，运行结果如图 4-85 所示。

4.5.8 使列表控件支持子项可编辑

上例我们实现了列表控件的主项的内容可以编辑修改。本例我们实现列表控件的子项就是每行第一列后面的内容可以编辑修改。

基本思路是通过自定义的类 CEditListCtrl 为对话框上列表控件定义一个变量，然后就可以对子项进行单击并编辑新内容了，十分方便。我们要做的是在初始化函数中为列表控件添加一些内容。

【例 4.59】 使列表控件支持子项可编辑

（1）新建一个对话框工程，设置字符集为多字节。

（2）切换到解决方案视图，把工程目录下的 EditListCtrl.cpp 和 EditListCtrl.h 加入工程中。

（3）切换到资源视图，在对话框上放置一个 List Custom 控件。设置列表控件的 View 属性为 Report，并为其添加变量：

```
CEditListCtrl m_lst;
```

（4）定位到 CTestDlg::OnInitDialog()，在末尾处添加如下代码：

```
    // TODO: 在此添加额外的初始化代码
    m_lst.InsertColumn(0,_T("名字"),LVCFMT_CENTER,55);
    m_lst.InsertColumn(1,_T("身高"),LVCFMT_CENTER,60);
    m_lst.InsertColumn(2,_T("体重"),LVCFMT_CENTER,60);
    m_lst.InsertColumn(3,_T("测量时间"),LVCFMT_CENTER,180);

    m_lst.InsertItem(0,"张三");
    m_lst.SetItemText(0,1,"182cm");
    m_lst.SetItemText(0,2,"81kg");
    m_lst.SetItemText(0,3,"2010年11月25日13时12分");

    m_lst.InsertItem(1,"李四");
    m_lst.SetItemText(1,1,"176cm");
    m_lst.SetItemText(1,2,"75kg");
    m_lst.SetItemText(1,3,"2010年11月25日13时33分");

    m_lst.InsertItem(2,"王五");
    m_lst.SetItemText(2,1,"191cm");
    m_lst.SetItemText(2,2,"90kg");
    m_lst.SetItemText(2,3,"2010年11月25日13时40分");
```

（5）保存工程并运行，运行结果如图 4-86 所示。

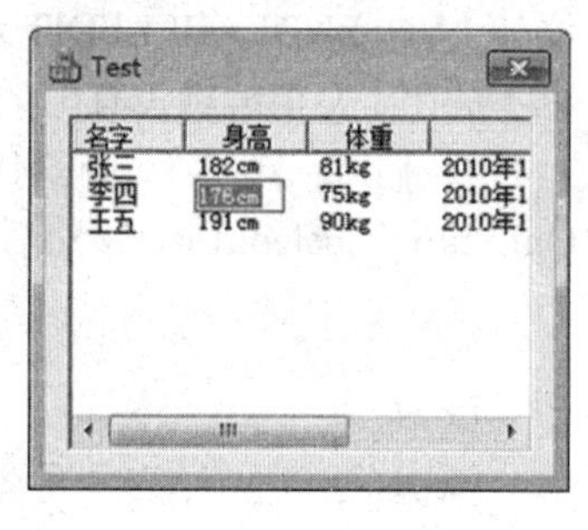

图 4-86

4.5.9 使列表控件呈现网格

列表控件通常是用来显示表格数据的，所以如果行列间都有白线作为分界线，整个列表控件就呈现了网格状，这样列表控件看上去就更像表格了。本例就实现这样的功能。

基本思路是调用 MFC 类 CListCtrl 的成员函数 SetExtendedStyle(LVS_EX_GRIDLINES)来设置网格的风格。

【例 4.60】使列表控件呈现网格

（1）新建一个对话框工程，设置字符集为多字节。

（2）切换到资源视图，在对话框上添加一个 List Custom 控件，设置其 View 属性为 Report，然后为其添加变量：

```
CListCtrl m_lst;
```

（3）在 CTestDlg::OnInitDialog()的末尾处添加初始化代码：

```
// TODO: 在此添加额外的初始化代码
m_lst.InsertColumn(0,_T("名字"),LVCFMT_CENTER,55);
m_lst.InsertColumn(1,_T("身高"),LVCFMT_CENTER,60);
m_lst.InsertColumn(2,_T("体重"),LVCFMT_CENTER,60);
m_lst.InsertColumn(3,_T("测量时间"),LVCFMT_CENTER,180);

m_lst.InsertItem(0,"张三");
m_lst.SetItemText(0,1,"182cm");
m_lst.SetItemText(0,2,"81kg");
m_lst.SetItemText(0,3,"2010 年 11 月 25 日 13 时 12 分");

m_lst.InsertItem(1,"李四");
m_lst.SetItemText(1,1,"176cm");
m_lst.SetItemText(1,2,"75kg");
m_lst.SetItemText(1,3,"2010 年 11 月 25 日 13 时 33 分");

m_lst.InsertItem(2,"王五");
m_lst.SetItemText(2,1,"191cm");
m_lst.SetItemText(2,2,"90kg");
m_lst.SetItemText(2,3,"2010 年 11 月 25 日 13 时 40 分");

SetWindowLong(m_lst.m_hWnd ,GWL_EXSTYLE,WS_EX_CLIENTEDGE);
m_lst.SetExtendedStyle(LVS_EX_GRIDLINES);         //设置扩展风格为网格
::SendMessage(m_lst.m_hWnd, LVM_SETEXTENDEDLISTVIEWSTYLE,
    LVS_EX_FULLROWSELECT, LVS_EX_FULLROWSELECT);
```

（4）保存工程并运行，运行结果如图 4-87 所示。

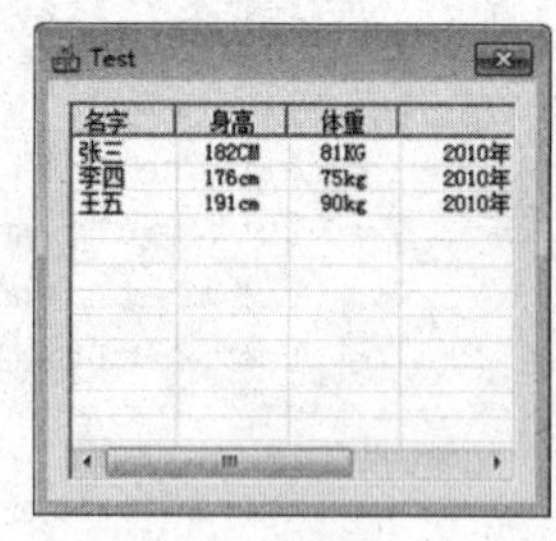

图 4-87

4.5.10 让列表视图的表头无法改变大小

列表控件 List Control 默认情况下表头的宽度是可以拖动大小的。本例实现列表控件表头的宽度固定，无法用鼠标拖动大小。

基本思路是通过自定义的类 CLockableHeader 来实现。注意，本例是一个单文档工程，视图类的基类是 CListView，这是一个列表视图。列表视图和列表控件基本操作类似，只不过列表视图是一个文档工程而已。本例特意选取文档工程，就是让大家体会列表在文档工程中的操作。

类 CLockableHeader 的主要成员函数有：

```
//锁定列表框表头宽度
void Lock(BOOL bLock) {
        m_bLocked = bLock;
    }

    // 判断是否锁定列表框表头宽度
    BOOL IsLocked() {
        return m_bLocked;
    }
```

【例 4.61】 让列表视图的表头无法改变大小

（1）新建一个单文档工程，在向导最后一步选择视图类的基类为 CListView，设置字符集为多字节。

（2）切换到解决方案视图，把工程目录下的 Header.h 和 Header.cpp 加入工程中。

（3）为 CTestView 添加 WM_CREATE 消息，在消息处理函数中添加如下代码：

```
int CTestView::OnCreate(LPCREATESTRUCT lpCreateStruct)
{
    if (CListView::OnCreate(lpCreateStruct) == -1)
        return -1;

    // TODO:  在此添加你专用的创建代码
    return m_header.SubclassDlgItem(0,this) ? 0 : -1;
}
```

（4）在 CTestView 的 PreCreateWindow 中添加设置列表视图风格的代码：

```
BOOL CTestView::PreCreateWindow(CREATESTRUCT& cs)
{
    // TODO: 在此处通过修改
    //  CREATESTRUCT cs 来修改窗口类或样式
    cs.dwExStyle |= WS_EX_CLIENTEDGE;
    cs.style &= ~WS_BORDER;
    cs.style |= LVS_REPORT;

    return CListView::PreCreateWindow(cs);
}
```

（5）在 CTestView 的 OnInitialUpdate 中添加如下代码：

```
void CTestView::OnInitialUpdate()
{
    CListView::OnInitialUpdate();


    // TODO: 调用 GetListCtrl() 直接访问 ListView 的列表控件，
    //  从而可以用项填充 ListView
```

```
    CListCtrl& lc = GetListCtrl();

    ::SendMessage(lc.m_hWnd, LVM_SETEXTENDEDLISTVIEWSTYLE,
LVS_EX_FULLROWSELECT, LVS_EX_FULLROWSELECT);

    // Add a couple of columns
    int i;
    static LV_COLUMN cols[3] = {
       { LVCF_TEXT | LVCF_SUBITEM | LVCF_WIDTH, 0, 150,  _T("所属") },
       { LVCF_TEXT | LVCF_SUBITEM | LVCF_WIDTH, 0, 100, "昵称" },
       { LVCF_TEXT | LVCF_SUBITEM | LVCF_WIDTH, 0, 100, "年龄" },
    };
    const int NUMCOLS = sizeof(cols)/sizeof(cols[0]);
    for(i = 0; i<NUMCOLS; i++) {
       cols[i].iSubItem = i;
       lc.InsertColumn(i,&cols[i]);
    }

    // add some list items
    LV_ITEM lvi;
    lvi.mask = LVIF_TEXT;
    CString s;
    for(i = 0; i < 30; i++) {
       s.Format("第%d组", i+1);
       lvi.iItem = i;
       lvi.iSubItem = 0;
       lvi.pszText = const_cast<LPSTR>((LPCTSTR)s);
       lc.InsertItem(&lvi);

       lc.SetItemText(i,0,s);
       s.Format("长江%d号", i+1);
       lc.SetItemText(i,1,s);
       s.Format("%d", i+1);
       lc.SetItemText(i,2,s);
    }

}
```

（6）切换到资源视图，打开菜单编辑器，在“视图”下添加一个菜单项“锁定列表头宽度”，菜单事件如下代码：

```
void CTestView::On32771()
{
    // TODO: 在此添加命令处理程序代码
    if(m_header.IsLocked())
       m_header.Lock(FALSE);
    else
       m_header.Lock(TRUE);
}
```

再为该菜单添加界面更新函数，使得菜单项前面出现打勾标记，如下代码：

```
void CTestView::OnUpdate32771(CCmdUI *pCmdUI)
{
    // TODO: 在此添加命令更新用户界面处理程序代码
    pCmdUI->SetCheck(m_header.IsLocked());
}
```

（7）保存工程并运行，然后单击“视图”菜单中的“锁定列表头宽度”，可以发现列表头的宽度无法进行拖拉更改大小了，运行结果如图 4-88 所示。

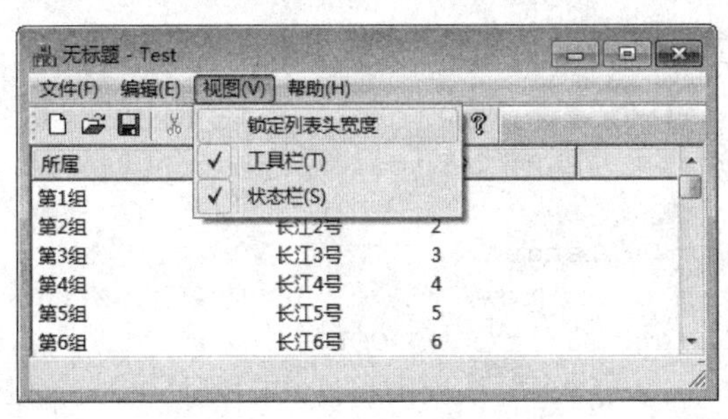

图 4-88

4.5.11　让列表控件可以修改行、列和单元格颜色

本例实现的列表控件可以设置行、列和单元格的颜色，大大增加了编辑框的美观。

基本思路是通过自定义类 CColorListCtrl 来定义一个变量，并关联到对话框上的列表控件。

【例 4.62】让列表控件可以修改行、列和单元格颜色

（1）新建一个对话框工程，设置字符集为多字节。

（2）切换到解决方案视图，把工程目录下的 ColorListCtrl.cpp、ColorListCtrl.h、color.cpp 和 color.h 加入工程中。

（3）切换到资源视图，在对话框上添加一个 List Control，设置 List Control 的 View 属性为 Report、Always Show Selection 属性为 True 以及 Owner Draw Fixed 属性为 True。然后为列表控件添加一个变量 CColorListCtrl m_lst。

（4）在 CTestDlg 的构造函数中添加 m_lst 的构造函数调用，如下代码：

```
CTestDlg::CTestDlg(CWnd* pParent )
: CDialog(CTestDlg::IDD, pParent),m_lst(3)
```

（5）在 stdafx.h 中定义一个宏：

```
#define TESTCOLOR
```

有了这个宏，就可以看到测试颜色了。当然，如果不需要，可以去掉。

（6）切换到资源视图，在对话框上放置一个复选框（CheckBox），名字是“焦点框呈现点状”，当选中这个复选框时，在列表框上选择某行的时候会看到该行被一个虚线框包围。为该复选框添加变量 BOOL m_bDot，然后在对话框构造函数中添加代码：

```
m_bDot = m_lst.GetFocusType();
```

值得注意的是，在构造函数中给 m_bDot 赋值后，在运行时界面上的复选框会自动有变化，不需要再在程序中调用 UpdateData；如果是放在 OnInitDialog 中，则要调用 UpdateData。

接着，为该复选框“焦点框呈现点状”添加单击事件，如下代码：

```
void CTestDlg::OnBnClickedSetCol()
{
    // TODO: 在此添加控件通知处理程序代码
    UpdateData(TRUE);
    int BackColIndex,TextColIndex;


    BackColIndex=m_cbBkCol.GetCurSel();
    TextColIndex=m_cbTextCol.GetCurSel();

    if (BackColIndex!=CB_ERR) BackColIndex=gcolList[BackColIndex].col;
    if (TextColIndex!=CB_ERR) TextColIndex=gcolList[TextColIndex].col;

    if (m_strContent.GetLength())
        m_lst.SetItemText(m_row, m_col, LPCTSTR(m_strContent));
    m_lst.SetItemBackgndColor(ITEM_COLOR(BackColIndex),m_row, m_col);
    m_lst.SetItemTextColor(ITEM_COLOR(TextColIndex), m_row, m_col);
}
```

（7）切换到资源视图，在对话框上放置一个复选框（CheckBox），名字是“列表框拥有矩形”，当选中这个复选框时，在列表框上每一行会被一个实线矩形包围。

为该复选框添加变量 BOOL m_bRect，然后在对话框构造函数中添加代码：

```
m_bRect = m_lst.GetRectType();
```

接着，为该复选框添加单击事件，如下代码：

```
void CTestDlg::OnBnClickedCheck2()
{
    // TODO: 在此添加控件通知处理程序代码
    UpdateData(TRUE);
    m_lst.SetRectType(m_bRect);
}
```

（8）切换到资源视图，在对话框上放置一个复选框（CheckBox），名字是“列表框每列拥有竖线”，当选中这个复选框时，在列表框上每一列会被一条竖线分隔。

为该复选框添加变量 BOOL m_bVerLine，然后在对话框构造函数中添加代码：

```
m_bVerLine = m_lst.GetColumnType();
```

接着，为该复选框添加单击事件，如下代码：

```
void CTestDlg::OnBnClickedCheck3()
{
    // TODO: 在此添加控件通知处理程序代码
    UpdateData(TRUE);
    m_lst.SetColumnType(m_bVerLine);
}
```

（9）切换到资源视图，在对话框上的 3 个复选框下放置一个 Picture 控件，然后设置其凹陷属性（sunken）为 True。最后拉动 Picture 为一条线，以示分割。

（10）在分割线下面添加文本框、单选按钮（Radio Button）和一个按钮“设置状态”，然后为文本框添加 int 型变量 m_nRow，该变量用来记录要进行设置的行号，再为第一个单选按钮设置

Group 属性为 True，并为其添加 int 型变量 m_rd，最后为“设置状态”按钮添加事件处理函数，如下代码：

```
    void CTestDlg::OnBnClickedSet()
    {
        // TODO: 在此添加控件通知处理程序代码
        UpdateData(TRUE);

        switch(m_rd)
        {
        case 0:
    m_lst.SetItemState(m_nRow,0, LVIS_SELECTED|LVIS_FOCUSED|
LVS_EX_FULLROWSELECT);
    break;
        case 1:
    m_lst.SetItemState(m_nRow,LVIS_SELECTED,LVIS_SELECTED|LVS_EX_FULLROWSELECT);
    break;
        case 2:
    m_lst.SetItemState(m_nRow,LVIS_FOCUSED,LVIS_FOCUSED|LVS_EX_FULLROWSELECT);
        m_lst.SetFocus();
        break;
        }
    }
```

（11）切换到资源视图，再在对话框上添加第二条分割线。

（12）在第二条分割线下放置 3 个文本框、2 个组合框和一个按钮，主要用来设置某单元格内的文本、文本颜色和背景色。为两个组合框添加变量：

```
    CComboBox m_cbBkCol;
    CComboBox m_cbTextCol;
```

然后为“设置颜色”按钮添加事件处理函数，如下代码：

```
    void CTestDlg::OnBnClickedSetCol()
    {
        // TODO: 在此添加控件通知处理程序代码
        UpdateData(TRUE);
        int BackColIndex,TextColIndex;


        BackColIndex=m_cbBkCol.GetCurSel();
        TextColIndex=m_cbTextCol.GetCurSel();

        if (BackColIndex!=CB_ERR) BackColIndex=gcolList[BackColIndex].col;
        if (TextColIndex!=CB_ERR) TextColIndex=gcolList[TextColIndex].col;

        if (m_strContent.GetLength())
            m_lst.SetItemText(m_row, m_col, LPCTSTR(m_strContent));
        m_lst.SetItemBackgndColor(ITEM_COLOR(BackColIndex),m_row, m_col);
        m_lst.SetItemTextColor(ITEM_COLOR(TextColIndex), m_row, m_col);
    }
```

（13）保存工程并运行，运行结果如图 4-89 所示。

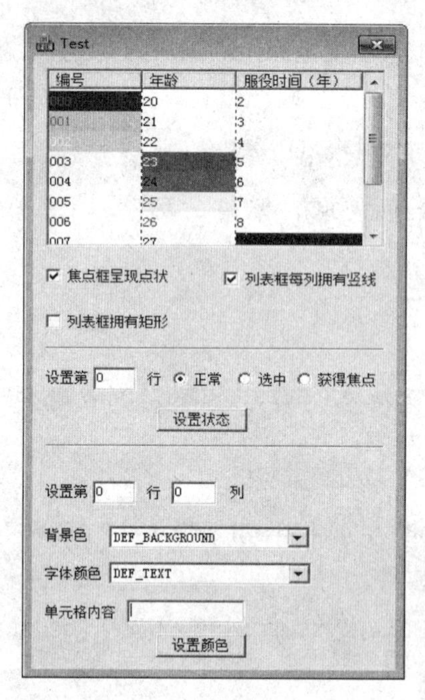

图 4-89

4.5.12　在 dll 中设置外部列表控件

本例需要动态链接库知识，也可以先学完动态链接库再来看本例。

在多人开发中，有一部分人开发界面，一部分人开发 dll 库。本例实现在界面上放置一个空的列表控件，然后里面的内容由库来填充。

基本思路是把界面程序的列表控件指针传入 dll 库中，然后通过该指针来调用列表控件的成员函数。

【例 4.63】在 dll 中设置外部列表控件

（1）新建一个对话框工程，工程名是 Test，再新建一个 MFC DLL 工程，工程名是 mydll。

（2）在 Test 工程中，切换到资源视图，然后在对话框上添加一个 listctrl 控件，并设置 view 风格为 Report，然后为它添加变量 m_lst。

（3）在 mydll 工程中，打开 mydll.cpp，然后添加 2 个全局函数，如下代码：

```
void InitCtrl(CListCtrl *p)
{
    gplst = p;
    gplst->InsertColumn(0,"项目",LVCFMT_LEFT,100);
    gplst->InsertColumn(1,"内容",LVCFMT_LEFT,300);

}
void ShowRes()
{
    int row = gplst->GetItemCount();
    gplst->InsertItem(row,"时间");

    CTime t;
    t  =  CTime::GetCurrentTime();
```

```
    CString strTime  =   t.Format("%Y-%m-%d %H:%M:%S");
    gplst->SetItemText(row,1,strTime);
}
```

其中，InitCtrl 用来设置列表控件的列内容，ShowRes 用来设置列表控件的行内容。再添加一个全局变量：

```
CListCtrl *gplst;
```

然后打开 mydll.def，在这个文件中添加我们要导出的函数名，如下所示：

```
LIBRARY     "mydll"

EXPORTS
; 此处可以是显式导出
InitCtrl
ShowRes
```

（4）再切换到 Test 工程，在 TestDlg.cpp 中添加全局函数声明：

```
void InitCtrl(CListCtrl *p);
void ShowRes();
```

然后在 CTestDlg::OnInitDialog()的末尾处添加如下代码：

```
InitCtrl(&m_lst);
```

再切换到资源视图，在对话框上添加一个按钮“显示结果”，事件如下代码：

```
void CTestDlg::OnBnClickedButton1()
{
    // TODO: 在此添加控件通知处理程序代码
    ShowRes();
}
```

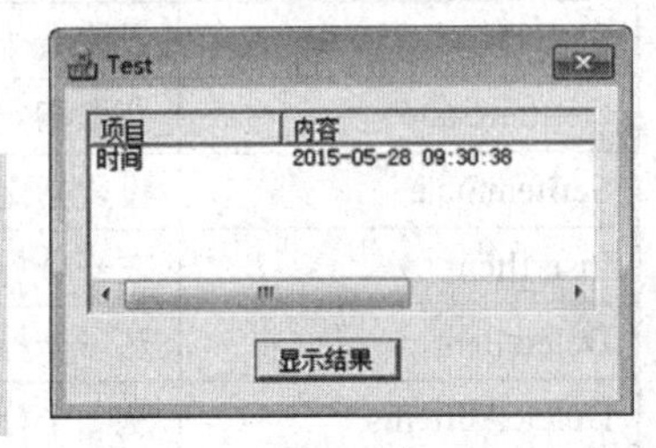

图 4-90

（5）保存工程并运行，运行结果如图 4-90 所示。

4.6　标签控件

标签控件也称 Tab 控件，相当于一个文件柜上的标签。通过使用标签控件，应用程序可以将一个窗口或对话框的相同区域定义为多个页面。每一个页面包含一套信息或一组控件，当用户选择了相应的标签时应用程序就会显示相应的信息或控件。

在 Visual C++ 2017 中，标签控件由类 CTabCtrl 实现。CTabCtrl 常用的成员函数如表 4-5 所示。

表 4-5　CTabCtrl 常用的成员函数

成 员 函 数	含　义
CTabCtrl	构造一个 CTabCtrl 对象
Create	创建一个标签控件并将它与一个 CTabCtrl 对象连接
GetImageList	获取与一个标签控件相关的图像列表
SetImageList	将一个图像列表分配给一个标签控件

（续表）

成 员 函 数	含　义
GetItemCount	获取此标签控件中的标签数目
GetItem	获取此标签控件中的某一个标签的信息
SetItemExtra	设置标签控件中的每一个标签为应用程序定义的数据所保留的字节数
GetItemRect	获取一个标签控件中的一个标签的边界矩形
GetCurSel	确定在一个标签控件中当前选择的标签
SetCurSel	在一个标签控件中选择一个标签
SetCurFocus	将焦点设置到一个标签控件中的指定标签上
SetItemSize	设置某个项的宽度和高度
SetPadding	设置一个标签控件中的每一个标签的图标和标签周围的空间（填料）
GetRowCount	获取一个标签控件中的标签的当前行数
GetToolTips	获取与一个标签控件相关联的工具提示控件的句柄
SetToolTips	将一个工具提示控件赋给一个标签控件
GetCurFocus	获取一个标签控件具有当前焦点的标签
SetMinTabWidth	设置一个标签控件中的项的最小宽度
GetExtendedStyle	获取标签控件当前使用的扩展风格
SetExTendedStyle	设置一个标签控件的扩展风格
GetItemState	获取指定标签控件项的状态
SetItemState	设置指定标签控件项的状态
InsertItem	在一个标签控件中插入一个新的标签
DeleteItem	从一个标签控件中删除一项
DeleteAllItems	从一个标签控件中删除所有的项
AdjustRect	根据一个给定的窗口矩形来估算一个标签控件的显示区域，或根据一个给定的显示区域来估算与之对应的窗口矩形
RemoveImage	从一个标签控件的图像列表中删除一个图像
HitTest	确定哪一个标签（如果有的话）位于指定的屏幕位置
DeselectAll	重新设置一个标签控件中的项，清除任何被按下的项
HighlightItem	设置一个标签项的加亮状态
DrawItem	绘制一个标签控件的指定项

下面通过几个实例对该控件的常用属性、方法和事件进行介绍。

4.6.1 标签控件的基本使用

当一个对话框上的内容过多时，就可以考虑在对话框上放置一个 Tab 控件，让同一类操作的控件在标签控件的每个页面上显示，这样显得有条理，让用户操作起来方便快捷。

标签控件的页面就是由一个个对话框构成的，Tab 页面上的同一类控件其实是放在每个对话框上的。当然，Tab 控件上的对话框要进行相应的属性设置才能成为 Tab 控件的页面（Page）。

图 4-91

【例 4.64】标签控件的基本使用

（1）新建一个对话框工程，设置字符集为多字节。

（2）切换到资源视图，打开对话框编辑器，去掉上面所有控件，然后在工具箱里找到标签控件（Tab Control），如图 4-91 所示。

拖放 Tab Control 到对话框上，并为其添加一个变量 m_myTab。

（3）添加 3 个对话框资源，ID 采用默认即可，把 3 个对话框的 Style 属性设为 Child、Border 属性该为 None，再在每个对话框上添加一个按钮，并设置按钮标题，如图 4-92 所示。

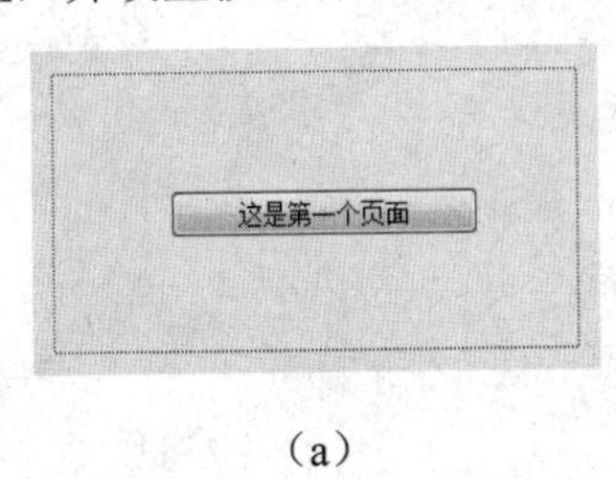

（a）

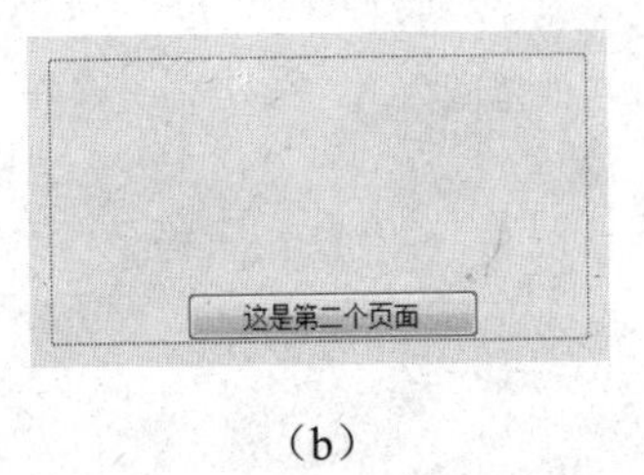

（b）

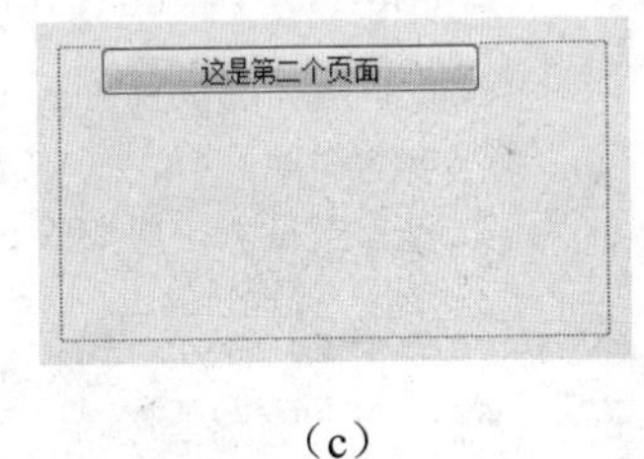

（c）

图 4-92

（4）在第一个对话框的空白处右击，然后选择菜单项“添加类”来为第一个对话框添加类 CPage1，注意基类是 CDialog，如图 4-93 所示。

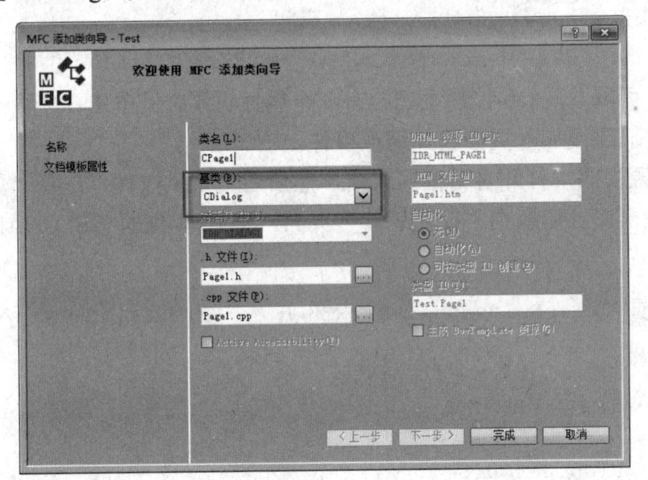

图 4-93

使用同样的方法为另外 2 个对话框添加类，类名分别为 CPage2 和 CPage3。

（5）切换到类视图，双击 CTestDlg 来打开 TestDlg.h，然后为类 CTestDlg 添加 3 个成员变量：

```
public:
    CPage1 m_page1;
    CPage2 m_page2;
    CPage3 m_page3;
```

并在 TestDlg.h 开头包含 3 个头文件：

```
#include "Page1.h"
#include "Page2.h"
#include "Page3.h"
```

（6）切换到类视图，展开类 CTestDlg，然后双击类 CTestDlg 的成员函数 OnInitDialog()，在该函数末尾添加属性页的初始化代码，如下代码：

```
//初始化 m_tab 控件
m_myTab.InsertItem(0,"第一个页面");
m_myTab.InsertItem(1,"第二个页面");
m_myTab.InsertItem(2,"第三个页面");
//建立属性页各页
m_page1.Create(IDD_DIALOG1,&m_myTab);
m_page2.Create(IDD_DIALOG2,&m_myTab);
m_page3.Create(IDD_DIALOG3,&m_myTab);
//设置页面的位置在 m_tab 控件范围内
CRect rs;
m_myTab.GetClientRect(rs);
rs.top+=20;
rs.bottom-=4;
rs.left+=4;
rs.right-=4;
m_page1.MoveWindow(rs);
m_page2.MoveWindow(rs);
m_page3.MoveWindow(rs);
m_page1.ShowWindow(TRUE);
m_myTab.SetCurSel(0);
```

此时运行工程，可以发现 tab 控件上已经有 3 个属性页了，但单击 3 个页头时可以发现页面没有反映，这是因为我们还没加入页面选择切换事件。

（7）切换到资源视图，打开对话框编辑器，然后右击 tab 控件，选择“属性”菜单项，打开其属性窗口，在属性窗口上切换到“控件事件”页面，然后为 TCN_SELCHANGE 添加消息函数，如下代码：

```
void CTestDlg::OnTcnSelchangeTab1(NMHDR *pNMHDR, LRESULT *pResult)
{
    // TODO: 在此添加控件通知处理程序代码
    *pResult = 0;
    int nCurSel;
    nCurSel=m_myTab.GetCurSel();
    switch(nCurSel)
    {
    case 0:
        m_page1.ShowWindow(TRUE);
        m_page2.ShowWindow(FALSE);
        m_page3.ShowWindow(FALSE);
        break;
    case 1:
        m_page1.ShowWindow(FALSE);
        m_page2.ShowWindow(TRUE);
        m_page3.ShowWindow(FALSE);
        break;
    case 2:
```

```
        m_page1.ShowWindow(FALSE);
        m_page2.ShowWindow(FALSE);
        m_page3.ShowWindow(TRUE);
        break;
    default: ;
    }
}
```

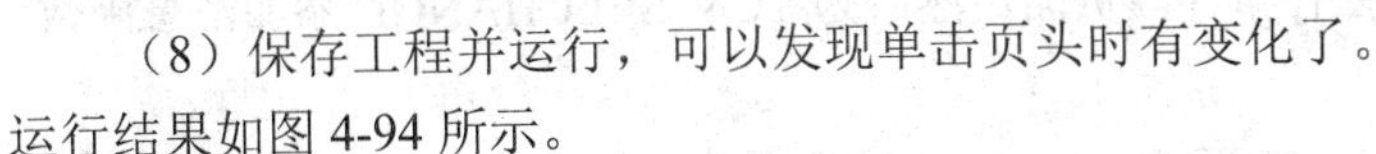

（8）保存工程并运行，可以发现单击页头时有变化了。运行结果如图 4-94 所示。

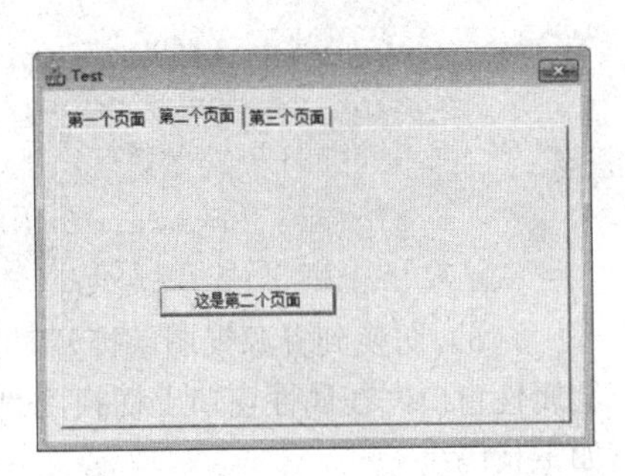

图 4-94

4.6.2　带图标的标签控件

TabCtrl 可以分页显示不同的内容，大大增加了软件显示内容的容量。本例将介绍带图标的标签控件的使用。所谓带图标，就是在标签控件的每页标题旁边带有一个图标。

基本思路是先把图标加载到 CImageList 中，然后把它和 tab 控件关联，这样就能引用图标了。每个 tab 页上的内容其实是一个对话框上的控件，每个 tab 页把一个对话框作为其子控件，切换到相应的 tab 页，就显示相应的对话框。

【例 4.65】带图标的标签控件

（1）新建一个对话框工程，并删除对话框上的所有控件，设置字符集为多字节。

（2）在对话框上添加一个 Tab Custom 控件，并为其添加变量名 m_Tab。把 res 目录下的 2 个 icon 导入工程中，并分别命名为 IDI_PRINT、IDI_SAVE。

（3）在资源视图中添加 2 个对话框 IDD_SAVE 和 IDD_PRINT，并设置这些对话框的 Border 属性为 None、Style 属性为 Child，在这些对话框上放个按钮以示区分。最后在对话框空白处右击，分别为这些对话框添加类，类名是 CDlgSave 和 CDlgPrint，基类都是 CDialog。

（4）为对话框类 CTestDlg 添加如下成员变量，并添加各个对话框类的头文件。

```
CImageList m_ImageList;
    CDlgSave    m_dlgSave;
    CDlgPrint    m_dlgPrint;
```

（5）在 BOOL CTestDlg::OnInitDialog()末尾添加如下代码：

```
    m_ImageList.Create(16, 16, ILC_COLOR24|ILC_MASK, 1, 1);
        m_ImageList.Add(LoadIcon(AfxGetResourceHandle(),
MAKEINTRESOURCE(IDI_SAVE)));
        m_ImageList.Add(LoadIcon(AfxGetResourceHandle(),
MAKEINTRESOURCE(IDI_PRINT)));

        m_Tab.SetImageList(&m_ImageList);
        //向标签控件中添加选项卡
        m_Tab.InsertItem(0, "保存", 0);
        m_Tab.InsertItem(1, "打印", 1);

        m_dlgSave.Create(CDlgSave::IDD, &m_Tab);
        m_dlgPrint.Create(CDlgPrint::IDD, &m_Tab);
        CRect clientRC;
        m_Tab.GetClientRect(clientRC);              //获取标签客户区域
        clientRC.DeflateRect(2, 30, 2, 2);          //减少客户区域大小
```

```
    //移动各个对话框以适应 tab 控件
    m_dlgSave.MoveWindow(clientRC);            //移动子窗口
    m_dlgPrint.MoveWindow(clientRC);           //移动子窗口

    m_dlgSave.ShowWindow(SW_SHOW);             //显示子窗口
    m_Tab.SetCurSel(0);                        //设置默认页面
```

（6）切换到资源视图，打开对话框编辑器，然后右击 tab 控件，选择“属性”菜单项，打开其属性窗口，在属性窗口上切换到“控件事件”页面，然后为 TCN_SELCHANGE 添加消息函数，如下代码：

```
void CTestDlg::OnTcnSelchangeTab1(NMHDR *pNMHDR, LRESULT *pResult)
{
    // TODO: 在此添加控件通知处理程序代码
    *pResult = 0;

    m_dlgSave.ShowWindow(SW_HIDE);
    m_dlgPrint.ShowWindow(SW_HIDE);

    int nCurSel = m_Tab.GetCurSel();
    if (nCurSel == 0) m_dlgSave.ShowWindow(SW_SHOW);
    else if (nCurSel == 1) m_dlgPrint.ShowWindow(SW_SHOW);
}
```

（7）保存并运行工程，运行结果如图 4-95 所示。

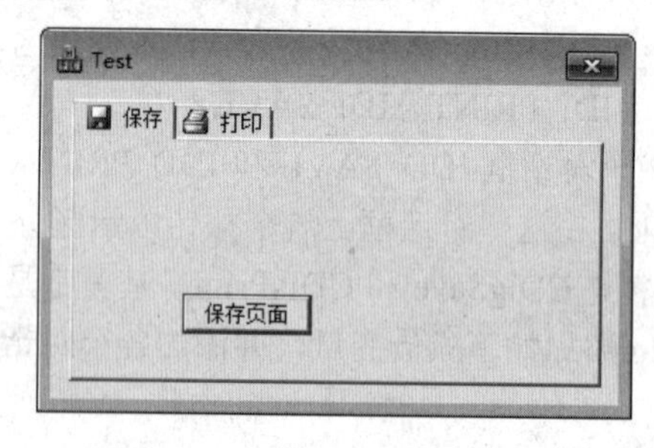

图 4-95

4.7 静态文本控件

静态文本控件用来显示一个文本字符串，它不接收用户输入。在 Visual C++ 2017 中，静态文本控件由类 CStatic 实现。CStatic 的常用成员函数如表 4-6 所示。

表 4-6 CStatic 的常用成员函数

成员函数	含义
CStatic	构造一个 CStatic 对象
Create	创建 Windows 静态控件并将它与该 CStatic 对象连接
SetBitmap	指定要在此静态控件中显示的位图
GetBitmap	获取先前用 SetBitmap 设置的位图的句柄
SetIcon	指定一个要在此静态控件中显示的图标
GetIcon	获取先前用 SetIcon 设置的图标的句柄

（续表）

成员函数	含　义
SetCursor	指定要显示在此静态控件中的光标图像
GetCursor	获取先前用 SetCursor 设置的光标图像的句柄
SetEnhMetaFile	指定要显示在此静态控件中的增强图元文件
GetEnhMetaFile	获取先前用 SetEnhMetaFile 设置的增强图元文件的句柄

下面通过几个实例对该控件的常用属性、方法和事件进行介绍。

4.7.1　设置和获取静态文本控件的内容

设置静态文本控件内容既可以直接对其 Caption 属性输入字符串，也可以通过函数 SetWindowText 来设置。前者只能在运行前设置好，无法在程序运行的时候改变内容；而后者能在程序运行中改变内容。

获取内容则是通过函数 GetWindowText 实现。

【例 4.66】设置和获取静态文本控件的内容实现

（1）新建一个对话框工程。

（2）切换到资源视图，打开对话框，删除对话框上的所有控件。然后在工具箱里找到静态文本控件（Static Text），如图 4-96 所示。

然后把它拖放到对话框上，设置其 Caption 属性为"你好，世界！"，并设置其 ID 为 IDC_STATIC1。为何要改变它的 ID 呢？这是因为如果我们要为静态文本控件添加变量，用默认的 ID 是无法添加变量的，系统会提示错误，如图 4-97 所示。

图 4-96

图 4-97

然后可以为静态文本控件添加变量 m_st，再拖放 2 个按钮到对话框上。最终设计界面如图 4-98 所示。

（3）为"改变内容"按钮添加单击按钮事件处理函数，如下代码：

```
void CTestDlg::OnBnClickedButton1()
{
    // TODO:  在此添加控件通知处理程序代码
    m_st.SetWindowText(_T("谢谢！我很好！"));
}
```

再为"获取内容"按钮添加单击按钮事件处理函数，如下代码：

```
void CTestDlg::OnBnClickedButton2()
{
    // TODO:  在此添加控件通知处理程序代码
    CString str;

    m_st.GetWindowText(str);
    AfxMessageBox(str);
}
```

（4）保存工程并运行，运行结果如图 4-99 所示。

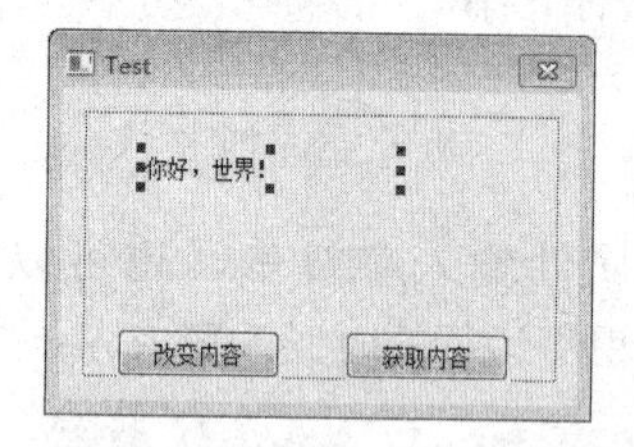

图 4-98

图 4-99

4.7.2 让静态文本控件显示不同风格的字体

静态文本控件通常用来显示信息，默认情况下的文本字体比较单一，本例丰富一下它显示的字体。在某些需要吸引人注意的地方可以派上用场。

基本思路是自定义一个类 CMyStatic，继承于 CStatic，然后在该类里面按照不同的参数来显示不同的字体。该类十分强大，不但可以设置静态文本字体，还可以设置文本颜色和背景色等。具体功能可见该类头文件。

【例 4.67】让静态文本控件显示不同风格的字体

（1）新建一个对话框工程，设置字符集为多字节。

（2）切换到解决方案视图，把工程目录下的 MyStatic.h 和 MyStatic.cpp 引入工程。其中，头文件如下代码：

```
#define    NM_LINKCLICK    WM_APP + 0x100
///////////////////////////////////////////////////////////////////////////////
// CMyStatic window

class CMyStatic : public CStatic
{
    DECLARE_DYNAMIC(CMyStatic)

public:
    CMyStatic();
    virtual ~CMyStatic();

protected:
    DECLARE_MESSAGE_MAP()

public:
    enum FlashType {None, Text, Background };
    enum Type3D { Raised, Sunken};
    virtual CMyStatic& SetBkColor(COLORREF crBkgnd);// 设置背景色
```

```
    virtual CMyStatic& SetTextColor(COLORREF crText);//设置文本颜色
    virtual CMyStatic& SetText(const CString& strText);//设置文本
    virtual CMyStatic& SetFontBold(BOOL bBold=true);//设置粗体
    //设置字体名称
    virtual CMyStatic& SetFontName(const CString& strFont);
    //设置字体是否带下画线
    virtual CMyStatic& SetFontUnderline(BOOL bSet=true);
    virtual CMyStatic& SetFontItalic(BOOL bSet=true);//设置字体为倾斜
    virtual CMyStatic& SetFontSize(int nSize);//设置字体的大小
    virtual CMyStatic& SetSunken(BOOL bSet=true);//设置字体是否下沉
    virtual CMyStatic& SetBorder(BOOL bSet=true);//设置字体宽度
    //设置字体是否透明
    virtual CMyStatic& SetTransparent(BOOL bSet=true);
    //是否闪烁文本
    virtual CMyStatic& FlashText(BOOL bActivate=true);
    //是否闪烁背景
    virtual CMyStatic& FlashBackground(BOOL bActivate=true);
    //设置是否为链接
    virtual CMyStatic& SetLink(BOOL bLink,BOOL bNotifyParent);
    //设置链接时鼠标样式
    virtual CMyStatic& SetLinkCursor(HCURSOR hCursor);
    //设置 3D 字体
    virtual CMyStatic& SetFont3D(BOOL bSet,Type3D type=Raised);
    //设置字体旋转角度
    virtual CMyStatic& SetRotationAngle(UINT nAngle,BOOL bRotation=true);
    virtual CMyStatic& SetText3DHiliteColor(COLORREF cr3DHiliteColor);
    virtual CMyStatic&  SetCircle(bool bSet=true);
    virtual CMyStatic&  SetCheck(bool bSet=true);
public:
        CString       m_strText;
    // Attributes
protected:
    void ReconstructFont();
    COLORREF    m_crText;
    COLORREF    m_cr3DHiliteColor;
    HBRUSH      m_hwndBrush;
    HBRUSH      m_hBackBrush;
    LOGFONT     m_lf;
    CFont       m_font;

    BOOL        m_bState;
    BOOL        m_bTimer;
    BOOL        m_bLink;
    BOOL        m_bTransparent;
    BOOL        m_bFont3d;
    BOOL        m_bToolTips;
    BOOL        m_bNotifyParent;
    BOOL        m_bRotation;
    FlashType   m_Type;
    HCURSOR     m_hCursor;
    Type3D      m_3dType;
    CString     m_strURL;
```

```
    bool        m_bSetCircle ;
    bool        m_bSetCheck ;
    COLORREF    m_crCheck;
    COLORREF    m_crNormal;
    // Operations
public:
    afx_msg void OnPaint();
public:
    afx_msg void OnLButtonDown(UINT nFlags, CPoint point);
    afx_msg void OnSysColorChange();
public:
    afx_msg BOOL OnSetCursor(CWnd* pWnd, UINT nHitTest, UINT message);
public:
    afx_msg void OnTimer(UINT_PTR nIDEvent);
};
```

（3）切换到资源视图，打开对话框编辑器，删除上面所有的控件，然后添加几个静态控件。对话框的设计如图 4-100 所示。

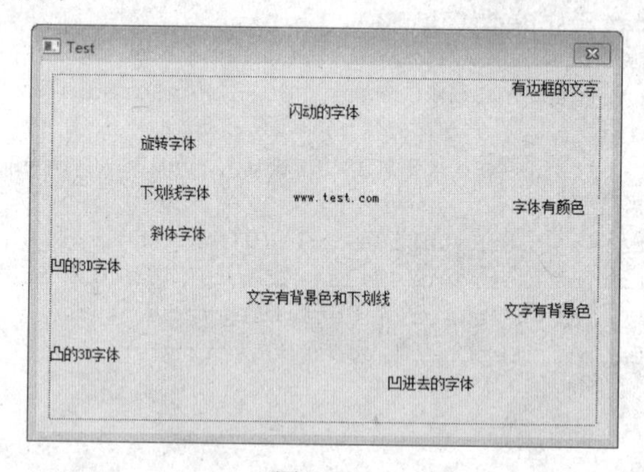

图 4-100

（4）为对话框上每个静态文本控件添加变量：

```
CMyStatic m_stRotate,m_stUline,m_stItalic,m_st3D,m_st3DRaise,m_stFlash,
    m_stLink,m_stBkClr, m_stSunken,m_stBorder,m_stClrText,m_stBClr;
```

然后为对话框类 CTestDlg 添加 WM_TIMER 事件，该计时器为了让 m_stRotate 不停地旋转，事件响应如下代码：

```
void CTestDlg::OnTimer(UINT_PTR nIDEvent)
{
    // TODO: 在此添加消息处理程序代码和/或调用默认值
    if (m_nAngle == 360)
        m_nAngle = 0;

    m_nAngle+=10;
    m_stRotate.SetRotationAngle(m_nAngle,true);
    Invalidate();

    CDialog::OnTimer(nIDEvent);
}
```

其中，m_nAnglc 是 CTcstDlg 的成员变量，标记旋转的角度，初始值为 0。

（5）在 CTestDlg::OnInitDialog 中添加各个静态框的字体设置代码：

```
// TODO: 在此添加额外的初始化代码
    m_stRotate.SetTextColor(RGB(0,0,255))
        .SetFontSize(14)
        .SetFontBold(TRUE)
        .SetFontName("Arial").SetRotationAngle(m_nAngle,true);
    SetTimer(1,100,NULL);

    m_stUline.SetFontUnderline(TRUE);
    m_stItalic.SetFontItalic(TRUE);
    m_st3D.SetFont3D(TRUE,CMyStatic::Sunken)
        .SetFontName("宋体")
        .SetFontSize(20)
        .SetFontBold(TRUE);

    m_st3DRaise.SetFont3D(TRUE,CMyStatic::Raised)
        .SetFontName("黑体")
        .SetFontSize(20)
        .SetFontBold(TRUE)
        .SetWindowText("时间都去哪儿了？");

    m_stFlash.SetBkColor(RGB(0,0,0));
    m_stFlash.SetTextColor(RGB(255,0,0));
    m_stFlash.SetFontBold(TRUE);
    m_stFlash.SetTextColor(RGB(0,0,255));
    //如果 DrawText 最后一个参数赋予 DT_SINGLELINE 属性，则\r\n 不起作用
    m_stFlash.SetWindowText("闪动的\r\n 字体");
    m_stFlash.FlashText(TRUE);

    m_stLink.SetLink(TRUE,FALSE)
        .SetTextColor(RGB(0,0,255))
        .SetFontUnderline(TRUE)
        .SetLinkCursor(::LoadCursor(NULL,IDC_HAND));

    //因为默认是透明的，为了能显示背景色，必须要设置为不透明
    m_stBkClr.SetTransparent(FALSE)
        .SetFontName("Arial")
        .SetFontSize(12)
        .SetTextColor(RGB(0,255,255))
        .SetFontUnderline(TRUE)
        .SetBkColor(RGB(0,0,0))
        .SetFontItalic(TRUE)
        .SetFontBold(TRUE)
        .SetBorder(TRUE)
        .SetSunken(TRUE);

    m_stSunken.SetSunken(TRUE);
    m_stBorder.SetBorder(TRUE);
    m_stClrText.SetTextColor(RGB(255,0,255));

    m_stBClr.SetBkColor(RGB(255,0,255));
    m_stBClr.SetTransparent(FALSE);
```

（6）保存工程并运行，运行结果如图 4-101 所示。

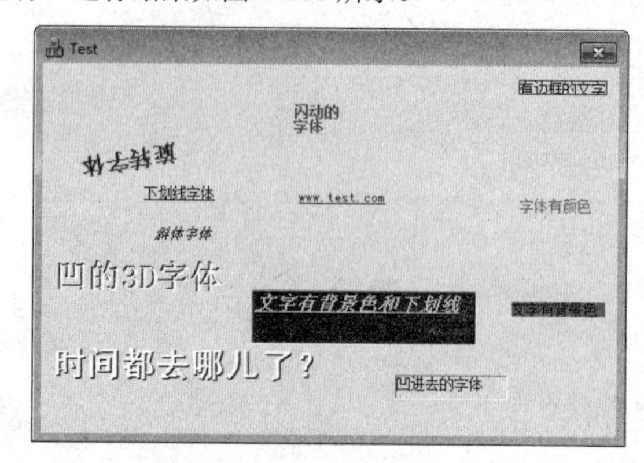

图 4-101

4.7.3 实现边框为 3D 样式的静态框

静态控件默认情况下都是没有边框的，当然也可以在属性中设置“不是很好看”的边框，本例实现的静态控件边框具有 3D 图形的效果，非常好看。

基本思路是自定义一个类 C3DBar。类 C3DBar 的重要成员函数如下：

```
void DrawHorizontal(CDC* pDC, CRect& BarRect);        //画水平 bar
void DrawVertical(CDC*pDC,CRect& BarRect);            //画垂直 bar
void DrawLeft(CDC*pDC,CRect&leftRect);                //画左边 bar
void DrawRight(CDC*pDC,CRect&rightRect);              //画右边 bar
void DrawTop(CDC*pDC,CRect&topRect);                  //画顶边 bar
void DrawBottom(CDC*pDC,CRect&bottomRect);            //画底边 bar
```

其实我们在用的时候一般用的是 SetBarColour(COLORREF cr)、 DrawLeft、DrawRight、DrawTop 和 DrawBottom 这 5 个函数。用法很简单，在一个自定义的 Static CDigiStatic 中使用即可。

【例 4.68】 实现边框为 3D 样式的静态框

（1）新建一个对话框工程，设置字符集为多字节。

（2）把 Curvefit.h、Curvefit.h、MemDC.h、MemDC.h、MemDC.h、MemDC.h、3DBar.cpp 和 3DBar.h 加入工程。

（3）切换到资源视图，在对话框上添加 3 个静态框，然后为其添加变量 CDigiStatic m_st;、CDigiStatic m_st2 和 CDigiStatic m_st3。

（4）在 CTestDlg::OnInitDialog()中添加初始化代码：

```
m_st.SetWindowText("110.9");
m_st.SetColor(DARKRED, LIGHTRED);
m_st.ModifyDigiStyle(0, CDigiStatic::DS_SZ_PROP);
m_st.SetBkColor(RGB(0,0,0));

m_st2.SetWindowText("120.89");
m_st2.SetBkColor(LIGHTBLUE);
m_st2.SetColor(LIGHTBLUE,WHITE);

m_st3.SetWindowText("130.35");
```

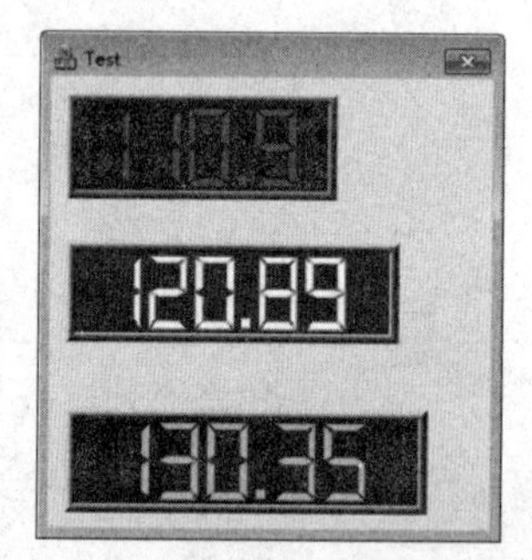

图 4-102

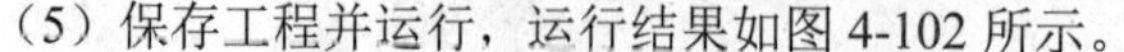

（5）保存工程并运行，运行结果如图 4-102 所示。

4.7.4　用空格键操作超级链接静态控件访问网址

通常打开网址都是通过鼠标单击网址，本例实现通过键盘的空格键来打开网页，而且当按 Tab 键而导致网址静态控件获得焦点的时候可以出现虚线框。

基本思路是通过自定义的类 CStaticLink 和静态控件关联。要注意的是，静态控件的 TabStop 属性要设为 True，并且 Tab 值要在最后。CStaticLink 这个类可以让你在窗体或关于对话框中添加 Web 链接。CStaticLink 类是基于 MFC 的静态控件类 CStatic。

其中，绘制焦点虚线框的如下代码：

```
// 获得或丢失焦点：绘制焦点矩形。对于位图，用窗口矩形；文本则用实际文本矩形。
void CStaticLink::DrawFocusRect()
{
    CWnd* pParent = GetParent();
    ASSERT(pParent);
    // 计算在哪里绘制焦点矩形，用屏幕坐标
    CRect rc;
    DWORD dwStyle = GetStyle();
    if (dwStyle & (SS_BITMAP|SS_ICON|SS_ENHMETAFILE|SS_OWNERDRAW)) {
        GetWindowRect(&rc); // 图像使用全窗口矩形

    }
    else {
        // 文本使用文本矩形. 不要忘了选字体!
        CClientDC dc(this);
        CString s;
        GetWindowText(s);
        CFont* pOldFont = dc.SelectObject(GetFont());
        rc.SetRectEmpty();                    // 重要—DT_CALCRECT 展开，以便起始是空
        dc.DrawText(s, &rc, DT_CALCRECT);          // 计算文本方块区
        dc.SelectObject(pOldFont);
        ClientToScreen(&rc);                       // 转换屏幕坐标
    }

    rc.InflateRect(1,1);                          // 周围添加一个像素
    pParent->ScreenToClient(&rc);                 // 转成父窗口坐标
    CClientDC dcParent(pParent);                  // 父窗口的 DC
    dcParent.DrawFocusRect(&rc);                  // 绘制!
}
```

【例 4.69】用空格键操作超级链接静态控件访问网址

（1）新建一个对话框工程，设置字符集为多字节。

（2）切换到解决方案视图，把 StaticLink.h、StaticLink.cpp 加入工程中。

（3）切换到资源视图，在对话框上添加 3 个静态控件和一个按钮。设置 3 个静态控件的 TabStop 属性为 True，并把按钮的 tab 顺序设为第一。总之，静态控件的 tab 顺序必须置于最后部分，这样以后用 tab 键进行切换的时候，静态控件才能正确地出现焦点的虚线框。

（4）为类 CTestDlg 添加 3 个静态链接变量：

```
CStaticLink m_link1;
CStaticLink m_link2;
CStaticLink m_link3;
```

（5）在 CTestDlg::OnInitDialog()中添加静态链接的初始化代码：

```
m_link1.SubclassDlgItem(IDC_STATIC1,this);
m_link2.SubclassDlgItem(IDC_STATIC2,this);
m_link3.SubclassDlgItem(IDC_STATIC3,this);
```

（6）为退出按钮添加事件代码：

```
void CTestDlg::OnBnClickedQuit()
{
    // TODO: 在此添加控件通知处理程序代码
    OnCancel();
}
```

（7）保存工程并运行，用 tab 键进行切换的时候，静态控件也能获得焦点的虚线框，并且拥有焦点的静态控件按下空格的时候就可以打开网页了。运行结果如图 4-103 所示。

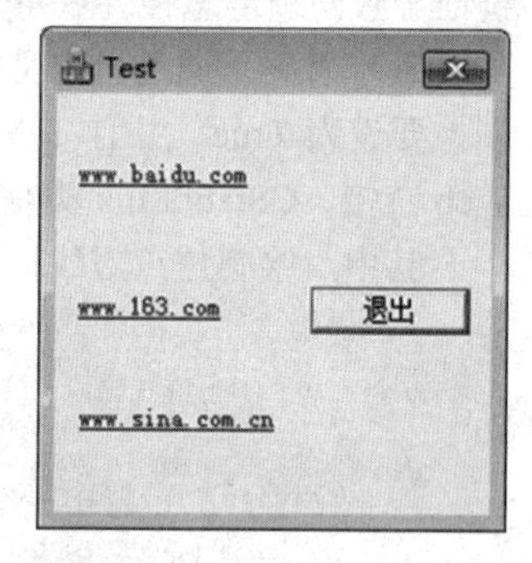

图 4-103

4.7.5 用静态控件实现电子式时钟

本例实现电子时钟的模拟，显示效果就像电子闹钟一样，数码感特强。

基本思路是利用自定义的类 CDigitTime，把该类定义的变量和静态控件关联，再通过位图上的数字来实现数码数字的显示。

其中，类CDigitTime主要提供两个函数接口：一个是set()，用来设置显示位置；另一个是myfun()，用来设置显示数字。具体如下代码：

```
void CDigitTime::set(CDialog *parent,int tnum,int tx,int ty,int tspace)
{
    CTestDlg *mypar=(CTestDlg*)parent;
    for(int i=0;i<num;i++)// 删除以前分配的
        delete *(m_pictur+i);
    // 设置各成员变量
    num=tnum; x=tx;y=ty;space=tspace;
    for(int j=0;j<num;j++)//重新分配
        m_pictur[j]=new(CStatic);
    for(int k=0;k<num;k++)
    {
        //确定显示位置
        CRect aa1(x+k*(space+12),y,40+x+k*(space+12),40+y);
        //创建静态图标控件
        m_pictur[k]->Create(NULL,SS_ICON,aa1,mypar,1);
        m_pictur[k]->ShowWindow(true);
    }
}
void CDigitTime::myfun(CString temp)
{
    m_time=temp;
    int k,mynum=m_time.GetLength();
    for( k=0;k<num-mynum;k++)//添加前面空图标显示
    {
        CImageList m_imgList;
```

```
        //创建位图链，每个位图 12 像素
        m_imgList.Create(IDB_BITMAP1,12, 1, RGB(255,255,255));
        HICON myico= m_imgList.ExtractIcon(10);    //取出图标
        m_pictur[k]->SetIcon(myico);//设置显示的图标
    }
    for(int i=k;i<num;i++)//添加数字图标显示
    {
        CImageList m_imgList;
        m_imgList.Create(IDB_BITMAP1,12, 1, RGB(255,255,255));
        HICON myico= m_imgList.ExtractIcon(change(m_time[i-k]));
        m_pictur[i]->SetIcon(myico);
    }
}
```

【例 4.70】用静态控件实现电子式时钟

（1）新建一个对话框工程，设置字符集为多字节。

（2）把 DigitTime.cpp 和 DigitTime.h 加入工程中。

（3）把 res 目录下的 bitmap1.bmp 导入工程中。

（4）切换到资源视图，添加 2 个静态控件“当前时间”和“输入要显示的数字/符号：”。再添加一个编辑框，在该编辑框内输入内容，可以实时地以数码字体显示。

（5）为 CTestDlg 添加 2 个变量：

```
CDigitTime m_digTime,m_input;
```

（6）为编辑框添加变量 CString str。

（7）在 CTestDlg::OnInitDialog()中添加数码字体的初始化代码：

```
    m_digTime.set(this,10,60,30,0);
    m_digTime.myfun("88888888");
    m_input.set(this,m_str.GetLength(),30,100,0);
    m_input.myfun(m_str);
    SetTimer(1,1000,NULL);
```

（8）为 CTestDlg 添加计时器响应函数：

```
void CTestDlg::OnTimer(UINT_PTR nIDEvent)
{
    // TODO: 在此添加消息处理程序代码和/或调用默认值
    if (1==nIDEvent)
    {//表
        static int flag=0;
        CTime curtime=CTime::GetCurrentTime();
        int Sec1=curtime.GetSecond();
        int Sec2=Sec1%10;
        Sec1/=10;
        int minu1=curtime.GetMinute();
        int minu2=minu1%10;
        minu1/=10;
        int hour1=curtime.GetHour();
        char aa='P';
        if (hour1<=12) aa='A';
        int hour2=hour1%10;
```

```
        hour1/=10;
        CString kk;

        if (0==flag) {
            kk.Format("%c%d%d|%d%d|%d%d",aa,hour1,hour2,minu1,minu2,Sec1,
Sec2);
            flag=1;}
        else {
            kk.Format("%c%d%d|%d%d:%d%d",aa,hour1,hour2,minu1,minu2,Sec1,
Sec2);
            flag=0;}
        m_digTime.myfun(kk);
    }
    CDialog::OnTimer(nIDEvent);
}
```

（9）为编辑框添加输入变化响应函数：

```
void CTestDlg::OnEnChangeEdit1()
{
    // TODO:  如果该控件是 RICHEDIT 控件，则它将不会
    // 发送该通知，除非重写 CDialog::OnInitDialog()
    // 函数并调用 CRichEditCtrl().SetEventMask()，
    // 同时将 ENM_CHANGE 标志“或”运算到掩码中。

    // TODO:  在此添加控件通知处理程序代码
    UpdateData(true);
    m_input.set(this,m_str.GetLength(),30,100,0);
    m_input.myfun(m_str);
}
```

（10）保存工程并运行，运行结果如图 4-104 所示。

4.7.6　一个功能强大的静态控件类

下面介绍一个功能强大的静态文本控件类，该静态控件可以设置文本的背景色、字体颜色、鼠标形状等。

基本思路是通过自定义的类 CLabelEx 来实现。在对话框上放置一个静态控件，然后为其添加 CLabelEx 类型的变量。

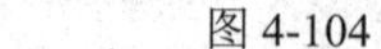

图 4-104

【例 4.71】一个功能强大的静态控件类

（1）新建一个对话框工程，设置字符集为多字节。

（2）切换到解决方案视图，把 LabelEx.cpp 和 LabelEx.h 加入工程中。

（3）切换到资源视图，把 res 目录下的 img1.bmp、img2.bmp、img3.bmp 和 Hand.cur 导入工程中。Hand.cur 的 ID 保持默认。

不要用 IDC_HAND 作为光标 ID，因为 IDC_HAND 为系统预定义的 ID，会引起冲突。

（4）在对话框上放置一个静态控件，然后为其添加变量 CLabelEx m_st。

（5）在 CTestDlg::OnInitDialog()中添加如下代码：

```
    m_st.SetTextColor(RGB(255,0,0));
    m_st.SetUnderLine(TRUE,RGB(0,0,0xff));
    m_st.SetBorder(TRUE,RGB(0,255,0));
    m_st.SetBkColor(RGB(255,255,231));
    m_st.EnableAutoUnderLine(TRUE);
    m_st.SetLabelBitmap(IDB_BITMAP1);
    m_st.SetMouseOverLabelBitmap(IDB_BITMAP2);
    m_st.SetClickedLabelBitmap(IDB_BITMAP3);
```

（6）为静态控件添加 Click 事件，在该事件中添加访问网页功能，如下代码：

```
void CTestDlg::OnStnClickedStatic1()
{
    // TODO: 在此添加控件通知处理程序代码
    CString str;
    m_st.GetWindowText(str);
    ShellExecute(m_hWnd,"open",str,"","",
SW_SHOW );
}
```

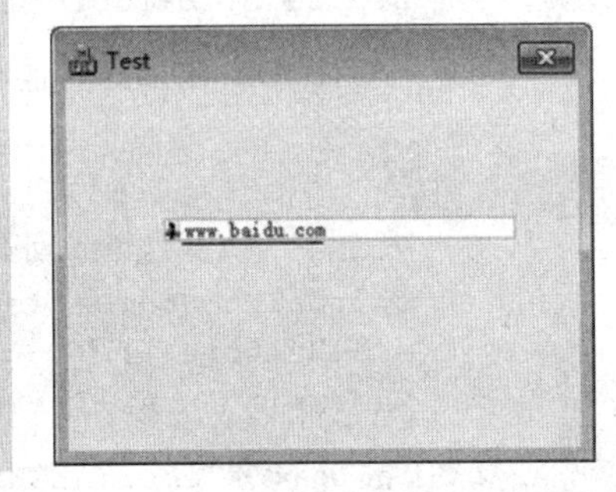

图 4-105

（7）保存工程并运行，运行结果如图 4-105 所示。

4.7.7　静态控件实现电子 8 段管仿真程序

默认情况下，静态控件的显示效果十分单调，颜色单一，字体小。本例通过静态控件实现一个类似电子 8 段管的效果，通过增加定时器还可以让数字实时变化。

基本思路是通过自定义类 CNumPane 来实现。首先在对话框上放置 Picture 控件或静态控件，然后为其添加 CNumPane 类型的变量，最后在初始化函数中调用设置字体颜色、边框颜色等成员函数。

【例 4.72】静态控件实现电子 8 段管仿真程序

（1）新建一个对话框工程，设置字符集为多字节。

（2）把 MemDC.h、NumPane.cpp、NumPane.h 加入工程中。

（3）切换到资源视图，在对话框上添加两个 Picture 控件和一个静态控件，其实用 3 个静态控件也可以，然后为 3 个控件添加变量：

```
CNumPane m_picSt;
CNumPane m_st2;
CNumPane m_st3;
```

（4）在 CTestDlg::OnInitDialog()中添加如下代码：

```
    // TODO: 在此添加额外的初始化代码
    strTest[0]="111.11";
    strTest[1]="-222.22";
    strTest[2]="333.33";
    strTest[3]="-444.44";
    strTest[4]="555.55";
    strTest[5]="666.66";
    strTest[6]="-777.77";
```

```
    strTest[7]="888.88";
    m_index  = 0;

    m_st2.SetShowNumber(3.14159f);
    m_st2.SetNumColor(RGB(255,0,0));
    m_st2.SetBorderColor(RGB(52,0,255));
    SetTimer(1,1000,NULL);

    m_st3.SetShowNumber(3.14159f);
    m_st3.SetNumColor(RGB(255,0,0));
    m_st3.SetBorderColor(RGB(52,0,255));
```

（5）为 CTestDlg 添加计时器响应函数：

```
void CTestDlg::OnTimer(UINT_PTR nIDEvent)
{
    // TODO: 在此添加消息处理程序代码和/或调用默认值
    m_st2.SetShowNumber(strTest[m_index]);
    m_st2.Restore();
    m_index=(m_index+1)%8;

    CDialog::OnTimer(nIDEvent);
}
```

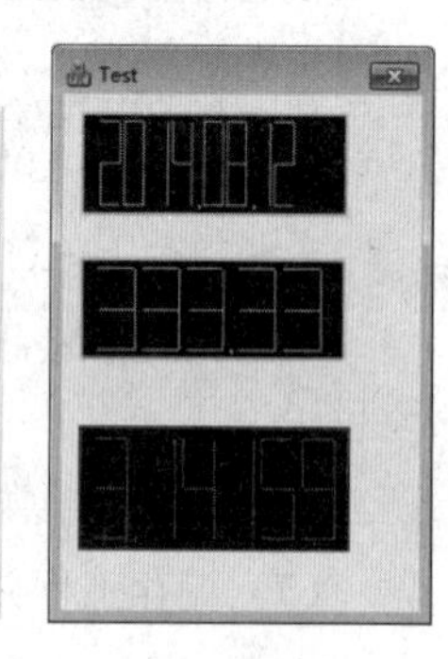

图 4-106

（6）保存工程并运行，运行结果如图 4-106 所示。

4.7.8 用静态框实现项目和颜色列表功能

静态框控件（CStatic）一般是显示文本信息的。本例在静态框中显示信息列表项和颜色列表项，单击颜色项后可以知道当前单击的颜色。另外，该静态框控件可以折叠和伸展，折叠时只显示标题栏。

基本思路是无论列表项还是颜色项，都是利用自定义类 CTaskListBox 来实现。以下是该类的两个重要成员函数：

```
    bool CTaskListBox::CreateTaskList()
    {
        UINT id = this->GetDlgCtrlID();
        CString str;
        GetWindowText(str);
        m_pTaskList = new CTaskList(this, new CTaskFrame(str), new CPuckerBtn(this),
new CTaskItem(this, id));
        ASSERT(m_pTaskList);

        return m_pTaskList != NULL;
    }
    bool CTaskListBox::CreateColorList()
    {
        UINT id = this->GetDlgCtrlID();
        CString str;
        GetWindowText(str);

        m_pTaskList = new CTaskList(this, new CTaskFrame(str), new CPuckerBtn(this),
new CColorItem(this, id));
```

```
    ASSERT(m_pTaskList);

    return m_pTaskList != NULL;
}
```

第一个函数用来创建信息列表项，第二个函数用来创建颜色列表项。

【例 4.73】用静态框实现项目和颜色列表功能

（1）新建一个对话框工程，设置字符集为多字节。

（2）切换到解决方案视图，把 GraphMember.cpp、GraphMember.h、TaskList.h、TaskList.cpp TaskListBox.h、TaskListBox.cpp 加入到工程中。

（3）切换到资源视图，在对话框上添加 2 个静态控件，设置其 ID 分别为 IDC_STATIC1、IDC_STATIC2，Notify 属性为 True，然后为其添加变量：

```
CTaskListBox m_tlbTask;
CTaskListBox m_tlb2;
```

（4）打开 CTestDlg::OnInitDialog()，在末尾处添加如下代码：

```
int i;

    CImageList m_imgList;
    m_imgList.Create(IDB_BITMAP1,16, 1, RGB(255,255,255));

    m_tlbTask.CreateTaskList();
    CString tasks[] =
    {
        "Explorer 7.0",  "WINRAR 4.0", "MediaPlayer", "Reader 7.0",
        "PowerDesigner", "Word 2000",  "EXCEL 2000",  "RealPlayer 10",
        "AutoCAD 2004",  "ACCESS 2003"
    };

    ItemInfo item;
    item.type = II_ICONTEXT;
    for( i = 0; i < sizeof(tasks) / sizeof(tasks[0]); i++)
    {
        item.index = i;
        item.text  = tasks[i];
        item.icon  = m_imgList.ExtractIcon(i % 10);
        m_tlbTask.AddItem(item);
    }
    m_tlbTask.ReSize();

    //右边的静态控件
    COLORREF crs[] =
    {
        RGB(255, 0,   0), RGB(0,   255, 0 ), RGB(0,   0,   255),
        RGB(255, 255, 0), RGB(0,   255, 255), RGB(255, 0,   255),
        RGB(0,   0,   0), RGB(255, 255, 255), RGB(128, 128, 128),
        RGB(128, 0,   0), RGB(0,   128, 128), RGB(0,   128, 0 )
    };

    CString crNames[] =
    {
        "红色",  "绿色",   "蓝色",    "黄色",
```

```
        "这个颜色还真不知道", "粉红",   "黑色",    "白色",
        "灰色", "紫色",   "墨绿色", "草绿色"
    };
    m_tlb2.CreateColorList();
    item.type = II_COLOR;
    for(i = 0; i < sizeof(crs) / sizeof(crs[0]); i++)
    {
        item.color = crs[i];
        item.text  = crNames[i];
        m_tlb2.AddItem(item);
    }
    m_tlb2.ReSize();
```

（5）打开 TestDlg.cpp 文件，在消息映射表 BEGIN_MESSAGE_MAP 中添加单击静态框消息响应的映射：

```
ON_MESSAGE(WM_TASKCLICK, OnTaskClick)
```

并添加消息响应函数：

```
LRESULT CTestDlg::OnTaskClick(WPARAM wParam, LPARAM lParam)
{
    if(wParam == IDC_STATIC1)
    {
        AfxMessageBox("你好");
    }
    else if(wParam == IDC_STATIC2)
    {
        CString* pStr = (CString*)lParam;
        AfxMessageBox(*pStr);
    }
    return 0;
}
```

（6）保存工程并运行，运行结果如图 4-107 所示。

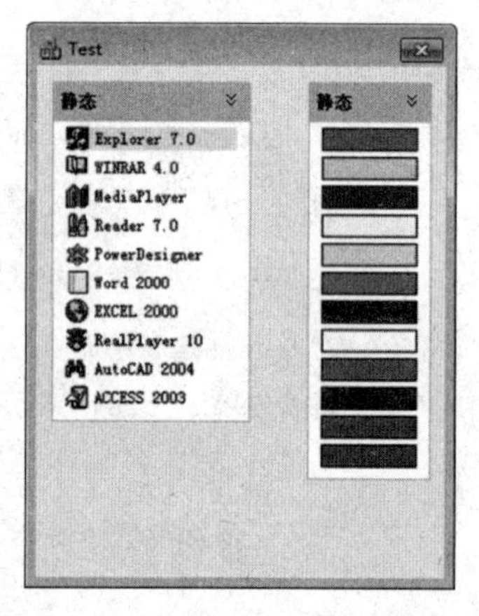

图 4-107

4.7.9 设置静态文本控件的文本颜色

前面已有例子是通过自定义一个类来设置静态文本控件的文本颜色了，但如果只需要设置一下文本颜色，前面的方法会有点“杀鸡焉用牛刀”的感觉。其实设置文本颜色只需要通过 API 函数 SetTextColor 即可。该函数定义如下：

```
virtual COLORREF SetTextColor(COLORREF crColor );
```

该函数用于设置文本颜色。

参数：crColor 指定文本颜色的 RGB 值。

返回值：文本颜色值的前一次 RGB 值。

【例 4.74】设置静态文本控件的文本颜色

（1）新建一个对话框工程。

（2）切换到资源视图，打开对话框，删除对话框上的所有控件，并添加一个静态文本控件，修改 ID 为 IDC_STATIC1，然后为其添加变量 m_st。

（3）切换到类视图，为对话框添加将要绘制控件的消息 WM_CTLCOLOR，然后在消息处理函数中添加如下代码：

```
HBRUSH CTestDlg::OnCtlColor(CDC* pDC, CWnd* pWnd, UINT nCtlColor)
{
    HBRUSH hbr = CdialogEx::OnCtlColor(pDC, pWnd, nCtlColor);

    // TODO:  在此更改 DC 的任何特性
    if (CTLCOLOR_STATIC == nCtlColor) //判断是否即将绘制静态控件
        pDC->SetTextColor(RGB(0, 0, 255));

    // TODO:  如果默认的不是所需画笔，则返回另一个画笔
    return hbr;
}
```

（4）保存工程并运行，运行结果如图 4-108 所示。

图 4-108

4.7.10　让静态文本控件响应单击

虽然静态文本控件不能输入数据，但是可以响应用户的鼠标单击事件，就像按钮一样。在某些特殊场合有用，比如把静态文本控件作为一个网址链接的时候，单击它马上可以打开网页。

基本思路是设置静态文本控件的 Notify 属性为 True，并修改默认 ID。其中，Notify 属性表示控件在被单击或双击的时候将向其父窗口发出通知。

【例 4.75】让静态文本控件响应单击

（1）新建一个对话框工程。

（2）切换到资源视图，打开对话框，删除对话框上的所有控件，并添加一个静态文本控件，修改 ID 为 IDC_STATIC1，再设置其 Notify 属性为 True（这很重要，否则即使添加了事件处理函数，还是不会有任何响应）。

双击对话框上的静态文本控件来添加单击事件处理函数，如图 4-109 所示。

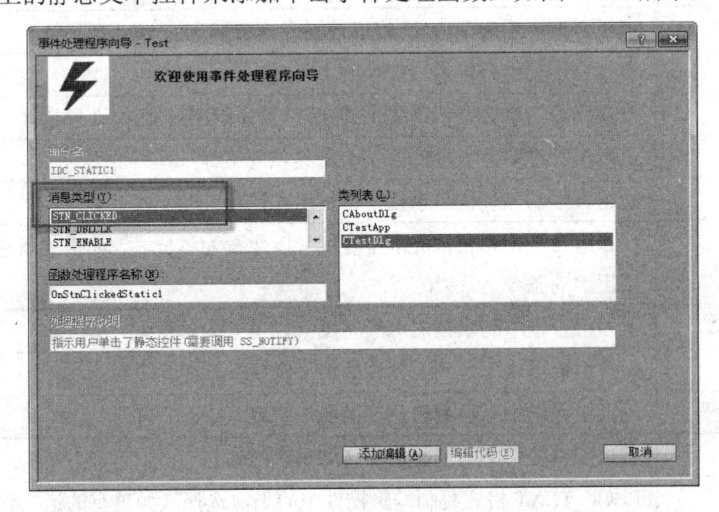

图 4-109

静态文本控件的单击事件处理函数如下代码：

```
void CtestDlg::OnStnClickedStatic1()
{
    // TODO: 在此添加控件通知处理程序代码
    AfxMessageBox(_T("你好，兄弟"));
}
```

（3）保存工程并运行，运行结果如图 4-110 所示。

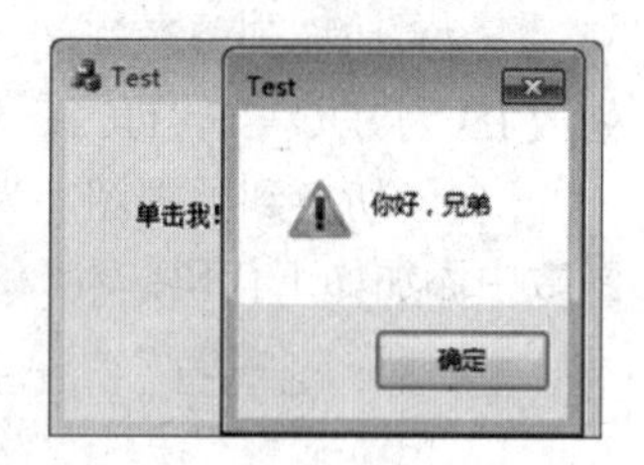

图 4-110

4.8 组合框

组合框也是常见的一种控件，既可以让用户输入数据，又可以让用户选择列表数据。其实，组合框由一个列表框和一个静态控件（或编辑控件）组成。列表框部分可以是一直显示的，也可以是隐藏的，在用户单击编辑控件边上的按钮（下拉箭头）时出现列表框。

在 Visual C++ 2017 中，组合框控件由类 CComboBox 实现。CComboBox 的常用成员函数如表 4-7 所示。

表 4-7　CComboBox 的常用成员函数

成员函数	含　义
CcomboBox	构造一个 CcomboBox 对象
Create	创建一个组合框并应用到 CcomboBox 对象上
InitStorage	预先为组合框列表框中的项和字符串分配内存
GetCount	取得组合框列表框中项的个数
GetCurSel	取得组合框列表框中当前选中项（如果有的话）的下标
SetCurSel	从组合框列表框中选择一个字符串，把它显示在组合框的编辑框中
GetEditSel	取得组合框的编辑控件中当前选项的起止字符位置
SetEditSel	选中组合框的编辑控件中的字符
SetItemData	设置组合框中指定项的 32 位值
SetItemDataPtr	把组合框中指定项的 32 位值设置成一个指定的 void 型指针
GetItemData	检索应用为组合框的项提供的 32 位值
GetItemDataPtr	检索应用为组合框的项提供的 32 位值，返回一个 void 型指针
GetTopIndex	返回组合框中列表框的第一个可见项的下标
SetTopIndex	让组合框的列表框显示指定下标所在的项
SetHorizontalExtent	设置组合框中列表框的水平宽度（以像素为单位），如果列表超过该宽度，将需要用滚动条
GetHorizontalExtent	返回组合框中列表框的水平宽度（以像素为单位）
SetDroppedWidth	设置组合框中下拉列表允许的最小宽度
GetDroppedWidth	返回组合框中下拉列表允许的最小宽度
Clear	删除编辑控件中的当前选择（如果有的话）
Copy	以 CF_TEXT 格式复制编辑控件中的当前选择（如果有的话）到剪贴板

（续表）

成员函数	含　义
Cut	删除编辑控件中的选择项（如果有的话），并把删除的内容以 CF_TEXT 格式复制到剪贴板
Paste	在编辑控件中的当前位置粘贴剪贴板中的内容，仅当剪贴板中的数据是 CF_TEXT 格式的才会真正插入
LimitText	设置用户可以在组合框的编辑控件中输入的文本的最大长度
SetItemHeight	设置组合框中列表框的项的高度或编辑控件（或静态控件）中文本的高度
GetItemHeight	取得组合框中列表项的高度
GetLBText	从组合框的列表框中取得一个字符串
GetLBTextLen	取得组合框的列表框中某个字符串的长度
ShowDropDown	显示或者隐藏风格为 CBS_DROPDOWN 或 CBS_DROPDOWNLIST 的组合框的列表框
GetDroppedControlRect	取得组合框中可见（已经下拉）的列表框的屏幕坐标
GetDroppedState	检测组合框的列表框是否可见（是否已经下拉）
SetExtendedUI	选择风格为 CBS_DROPDOWN 或 CBS_DROPDOWNLIST 的组合框中的列表框的默认用户接口或扩展用户接口
GetExtendedUI	检测组合框的用户接口是默认的还是扩展的
GetLocale	取得组合框的定位标记
SetLocale	设置组合框的定位标记
AddString	在组合框的列表框的列表末尾添加一个字符串，或在具有 CBS_SORT 风格的列表框中按次序所在的位置插入一个字符串
DeleteString	删除组合框的列表框中的一个字符串
InsertString	在组合框的列表框中插入一个字符串
ResetContent	删除组合框的列表框和编辑控件中的所有项
Dir	在组合框的列表框中添加文件名的列表
FindString	在组合框的列表框中查找具有指定前缀的第一个字符串
FindStringExact	在组合框的列表框中查找具有与指定字符串完全匹配的第一个字符串
SelectString	在组合框的列表框中查找字符串，找到后选中它，并把它复制到编辑控件中
DrawItem	当自定义的组合框的某个可视特性改变时，由主程序调用
MeasureItem	当创建一个自定义的组合框时，由主程序调用以检测组合框的维数
CompareItem	由主程序调用以检测在有序的自定义组合框中新项所在的位置
DeleteItem	从自定义的组合框中删除一个列表项时，由主程序调用
CComboBox	构造一个 CComboBox 对象
Create	创建一个组合框并应用到 CComboBox 对象上

下面通过几个实例对该控件的常用属性、方法和事件进行介绍。

4.8.1 组合框的基本使用

要学会使用组合框，首先要知道组合框的 3 种不同样式，并且会调整组合框中的下拉列表框的大小以及设置和获取数据等操作。

组合框有 3 种不同的样式（组合框的 Type 属性）：Simple、Dropdown 和 DropList。其中，Simple 样式的含义是组合框的编辑框和下拉列表框都会显示（注意要把组合框向下拉大些，否则下拉列表框无法显示）；Dropdown 和 Drop List 都会显示编辑框，但下拉列表框要单击编辑框旁边的下拉箭头才会出现，这两种样式的区别在于 Dropdown 的编辑框是可以编辑的，而 Drop List 样式的编辑框是只读的，不可编辑。

为组合框添加数据，可以通过其 Data 属性直接输入文本数据，输入的字符串会显示在下拉列表框中，并且每行字符串以分号隔开，比如输入“aa;bb;cc”，则下拉列表框中将有 3 行文本 aa、bb 和 cc。这种属性法虽然简单，但是要在程序运行时再为组合框添加数据就不行了。可以使用函数 AddString 和 InsertString 来为组合框插入数据，这 2 个函数的定义在前面列表框一节的时候已经介绍了，这里不再赘述。

要从组合框中获取数据，可以使用 CComboBox 的成员函数 GetLBText。该函数的定义如下：

```
int GetLBText( int nIndex, LPTSTR lpszText ) const;
void GetLBText(int nIndex, CString& rString ) const;
```

这两个函数用于从组合框的列表中获取一个字符串。

参数：

- nIndex：指明列表框中待复制的字符串的下标。
- lpszText：指向接收字符串的缓冲。缓冲必须能够容纳下待复制的字符串及其终结符 null。
- rString：对 CString 对象的一个参考。

返回值：返回字符串的字节数，不包括终结符'\0'。如果 nIndex 指定的值无效，则返回 CB_ERR。

【例 4.76】组合框的基本使用

（1）新建一个对话框工程。

（2）切换到资源视图，打开对话框，删除对话框上的所有控件，然后在工具箱里找到组合框（Combo Box），如图 4-111 所示。

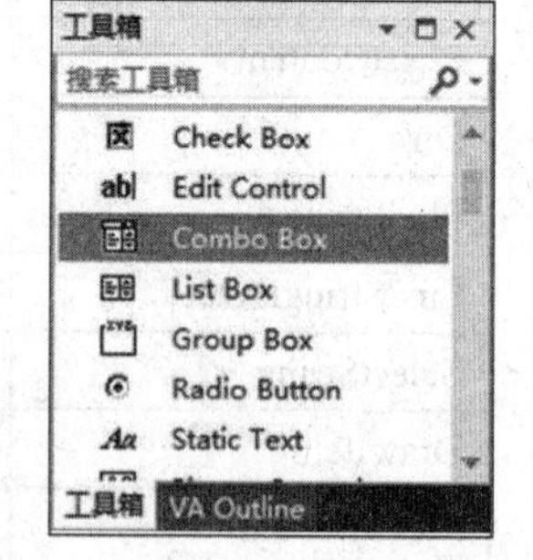

图 4-111

拖放 2 个组合框到对话框上，把左边的组合框的 Type 属性设置为 Simple、右边组合框的 Type 属性设置为 Drop down。然后把左边组合框的大小往下拉大一些，以便列表框完全显示出来。右边组合框的下拉列表要完全显示是不能通过调整组合框大小来实现的，必须要先单击组合框的下拉箭头，然后会出现一个虚框，在虚框的下方中间有个黑色的小矩形，通过下拉这个小矩形才能使得下拉列表框完全显示，如图 4-112 和图 4-113 所示。

（3）为组合框添加数据。既可以在属性里面设置，也可以通过函数来添加。打开左边的组合框的属性视图，在属性里找到 data 属性，然后输入“aa;bb;cc”。其中，分号是分隔符，分号前面的数据表示位于组合框的上一行，分号后面的数据表示下一行。此时运行工程，可以发现左边组合框里有数据了，如图 4-114 所示。

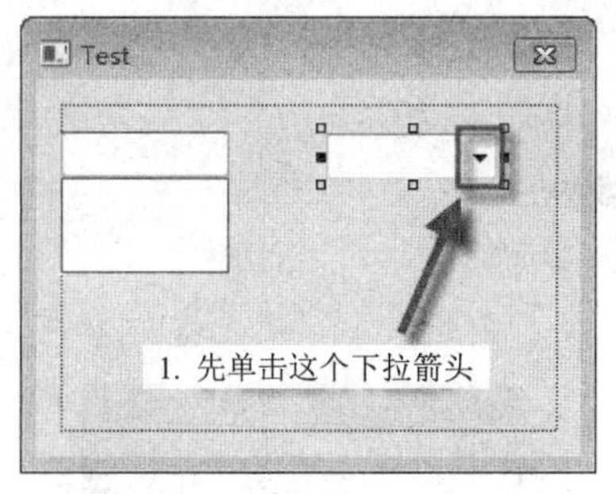

图 4-112

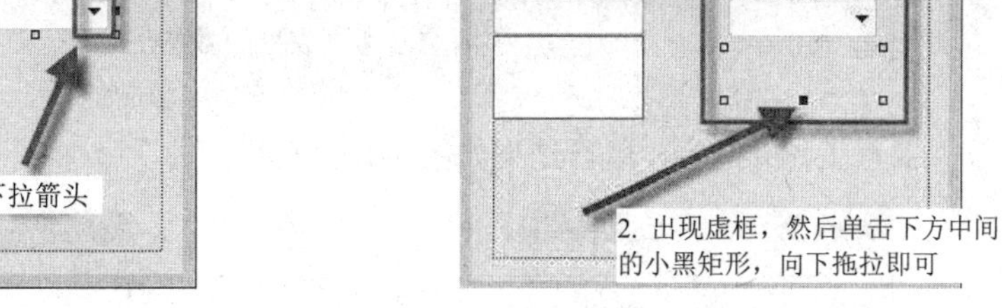

图 4-113

下面再为右边的组合框添加数据，通过函数 AddString 来添加。首先为右边组合框添加变量 m_rCb，并设置右边组合框的 Sort 属性为 False，这样添加进去的内容就不会自动排序了。然后为右边组合框添加数据，在 CTestDlg::OnInitDialog()的末尾添加如下代码：

```
    // TODO:  在此添加额外的初始化代码
    m_rCb.AddString(_T("张三"));
    m_rCb.AddString(_T("李四"));
    m_rCb.AddString(_T("王五"));
    m_rCb.SetCurSel(2);//选中“王五”
```

其中，SetCurSel 的作用是从组合框的列表框中选择一个字符串，把它显示在组合框的编辑框中。

（4）上面讲述了给组合框添加数据的两种方法，下面我们来看一下获取组合框数据的方法。这就要用到函数 GetLBText 了。切换到资源视图，然后在对话框上放置一个按钮，标题是“获取数据”，然后为它添加单击按钮事件处理函数，如下代码：

```
void CTestDlg::OnBnClickedButton1()
{
    // TODO:  在此添加控件通知处理程序代码
    CString str;

    m_rCb.GetLBText(0, str);
    AfxMessageBox(_T("第 0 行的数据是: ") + str);

    m_rCb.GetLBText(1, str);
    AfxMessageBox(_T("第一行的数据是: ")+str);

    //获得当前选中的数据有 2 种方法
    m_rCb.GetWindowText(str);
    AfxMessageBox(_T("组合框当前选中的数据是: ")+str);

    int nSel = m_rCb.GetCurSel(); //获得当前选择项的索引号
    m_rCb.GetLBText(nSel, str);
    AfxMessageBox(_T("组合框当前选中的数据是: ")+str);
}
```

从上面的代码可见，获取当前选择项的数据有两种方法：一种是直接通过函数 GetWindowText，这是因为组合框其实是由一个编辑框和一个列表框组成的，我们获取编辑框的数据就是通过 GetWindowText 来实现的；另外一种是首先获得选择项的索引号，然后通过函数 GetLBText 来实现。

（5）切换到资源视图，在对话框上放置一个按钮，标题是“清空数据”，然后添加单击事件处理函数，如下代码：

```
void CTestDlg::OnBnClickedButton2()
{
    // TODO:  在此添加控件通知处理程序代码
    m_rCb.ResetContent(); //清空右边列表框的数据
}
```

（6）保存工程并运行，运行结果如图 4-115 所示。

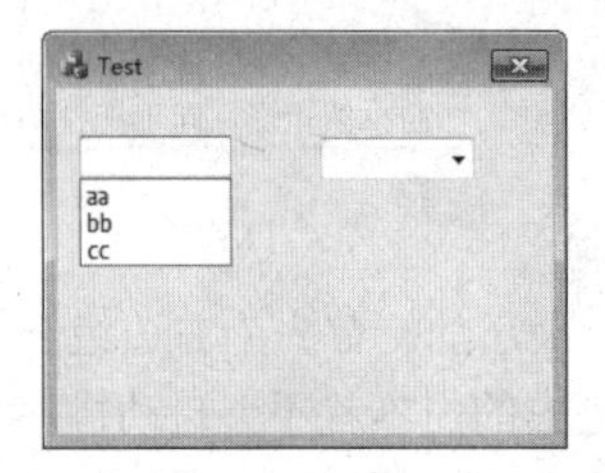

图 4-114

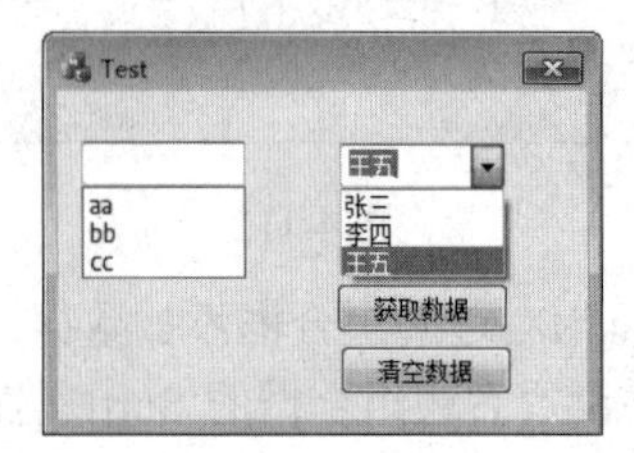

图 4-115

4.8.2　组合框实现联想输入

在组合框中输入一个字母或汉字，就会把相关的单词或词语自动补齐，这就是组合框的联想输入。

基本思路是利用自定义的类 CAutoComplete，把该类定义的变量和组合框相关联。当然，组合框首先要添加一些预定义的字符串。运行后，输入某个字符串的首字符时，就能显示整个字符串了。

【例 4.77】组合框实现联想输入

（1）新建一个对话框工程，设置字符集为多字节。

（2）把 AutoComplete.cpp、AutoComplete.h、Subclass.cpp 和 Subclass.h 加入工程中。

（3）切换到资源视图，然后在对话框上添加一个组合框，并设置 Sort 属性为 False。

（4）为 CTestDlg 添加一个成员变量：

```
CAutoComplete m_cb;
```

并包含头文件 AutoComplete.h。

（5）在 CTestDlg::OnInitDialog()中添加初始化代码：

```
    m_cb.Init(GetDlgItem(IDC_COMBO1)); //关联组合框控件
    static LPCTSTR STRINGS[] = {
        "你好,组合框",
        "大家好! ",
        "alpha",
        "alphabet",
        "alphabet soup",
        "beta",
        "beta blocker",
        "beta carotine",
        "beta test",
        "one",
        "one of six",
        "one two",
        "one two three",
        NULL
```

```
    };
    for (int i=0; STRINGS[i]; i++)
    {
    //向组合框添加数据
    ((CComboBox*)GetDlgItem(IDC_COMBO1))->AddString(STRINGS[i]);
       m_cb.GetStringList().Add(STRINGS[i]);
    }
```

（6）保存工程并运行，运行结果如图 4-116 所示。

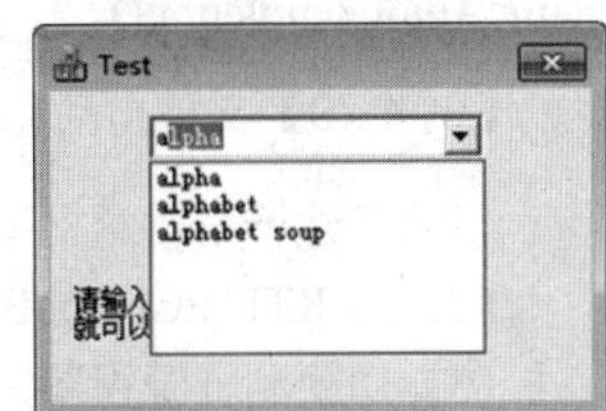

图 4-116

4.8.3　实现一个颜色组合框

本例实现一个颜色组合框，在下拉组合框时，里面的选项都是颜色矩形，比文字更加一目了然。

基本思路是利用自定义类 CColorComboBox 来定义一个变量，把该变量和对话框上的组合框控件相关联，并设置组合框控件的 Sort 属性为 False、Owner Draw 属性为 Variable。

【例 4.78】实现一个颜色组合框

（1）新建一个对话框工程，设置字符集为多字节。

（2）把 ColorComboBox.h 和 ColorComboBox.cpp 加入工程。

（3）切换到资源视图，在对话框上添加一个组合框，设置 Sort 属性为 False、Owner Draw 属性为 Variable。然后为其添加变量：

```
CColorComboBox m_cb;
```

（4）在 CTestDlg::OnInitDialog()的末尾处添加初始化代码：

```
m_wndCombox.InitBSColorCB();
m_wndCombox.SetCurSel(1);
```

（5）在对话框上添加一个按钮“当前颜色”，然后添加如下代码：

```
void CTestDlg::OnBnClickedButton1()
{
    // TODO: 在此添加控件通知处理程序代码
    COLORREF cr = m_cb.GetColor();
    int R, G, B;
    m_cb.GetRGBValue(&R, &G, &B);
    CDC* pDC = CDC::FromHandle(::GetDC(m_btn.m_hWnd));

    RECT rc;
    m_btn.GetClientRect(&rc);
    pDC->FillRect(&rc, &CBrush(cr));
    pDC->DeleteDC();
}
```

（6）保存工程并运行，运行结果如图 4-117 所示。

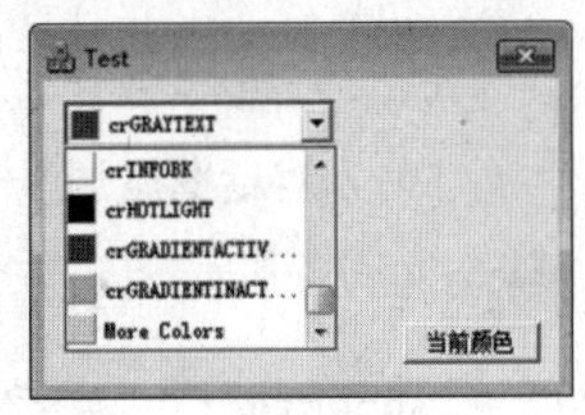

图 4-117

4.8.4 支持自动完成的扁平组合框

本例的组合框不但能支持自动完成输入功能，而且是式样扁平的。

基本思路是利用自定义的类 CXTFlatComboBox 来完成。在对话框上拖放一个组合框，定义一个 CXTFlatComboBox 类型的变量。最后在初始化程序中调用该类的成员函数 EnableAutoCompletion()。

【例 4.79】支持自动完成的扁平组合框

（1）新建一个对话框工程，设置字符集为多字节。
（2）把 XTFlatComboBox.cpp 和 XTFlatComboBox.h 加入工程中。
（3）切换到资源视图，在对话框上添加一个组合框，然后为其添加变量：

```
CXTFlatComboBox m_cb;
```

（4）在 CTestDlg::OnInitDialog()的结尾处添加如下代码：

```
    m_cb.AddString("你好");
    m_cb.AddString("世界");

    m_cb.SetCurSel(0);
    m_cb.SetCurSel(1);

    m_cb.EnableAutoCompletion();
```

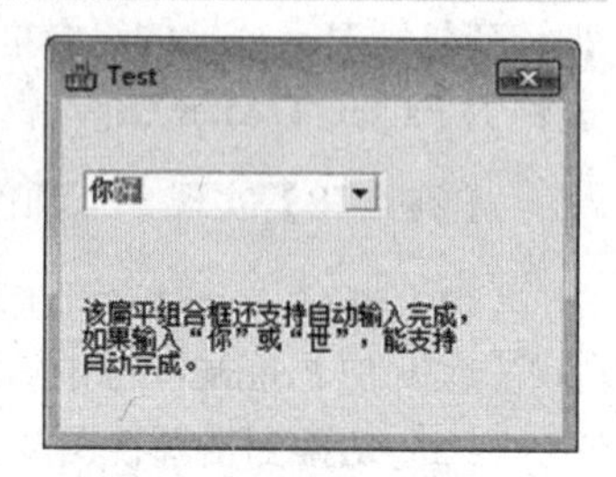

图 4-118

（5）保存工程并运行，运行结果如图 4-118 所示。

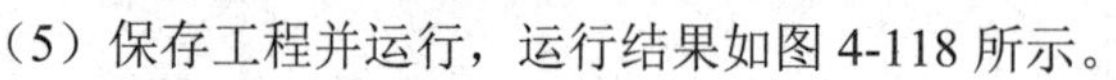

4.8.5 自定义组合框背景

默认情况下，组合框的背景色都是白色的。本例实现的组合框的背景色可以自己定义，大大美化了组合框。

基本思路是利用自定义的类 CXTFlatComboBox。在对话框上拖放一个组合框，定义一个 CXTFlatComboBox 类型的变量。最后响应对话框的 WM_CTLCOLOR 消息，并在该消息事件函数中对组合框设置背景色。

【例 4.80】自定义组合框背景

（1）新建一个对话框工程，设置字符集为多字节。
（2）把 XTFlatComboBox.cpp 和 XTFlatComboBox.h 加入工程中。
（3）切换到资源视图，在对话框上添加一个组合框，并为其添加变量：

```
CXTFlatComboBox m_cb;
```

（4）在 CTestDlg::OnInitDialog()中添加组合框内容代码：

```
m_cb.AddString("你好");
m_cb.AddString("世界");
m_cb.SetCurSel(0);
```

（5）为对话框添加 WM_CTLCOLOR 消息响应，如下代码：

```
HBRUSH CTestDlg::OnCtlColor(CDC* pDC, CWnd* pWnd, UINT nCtlColor)
{
    HBRUSH hbr = CDialog::OnCtlColor(pDC, pWnd, nCtlColor);
```

```
    // TODO:  在此更改 DC 的任何属性

    // TODO:  如果默认的不是所需画笔，就返回另一个画笔
    int nItem = pWnd->GetDlgCtrlID();
    switch (nItem)
    {
    case IDC_COMBO1:
        if( pWnd->IsWindowEnabled( )) {
            pDC->SetTextColor(RGB(255,0,255));
            pDC->SetBkColor(RGB(255,255,0));
        }
        break;
    }

    return hbr;
}
```

（6）在对话框上添加一个按钮，用来退出，如下代码：

```
void CTestDlg::OnBnClickedButton1()
{
    // TODO: 在此添加控件通知处理程序代码
    OnCancel();
}
```

（7）保存工程并运行，运行结果如图 4-119 所示。

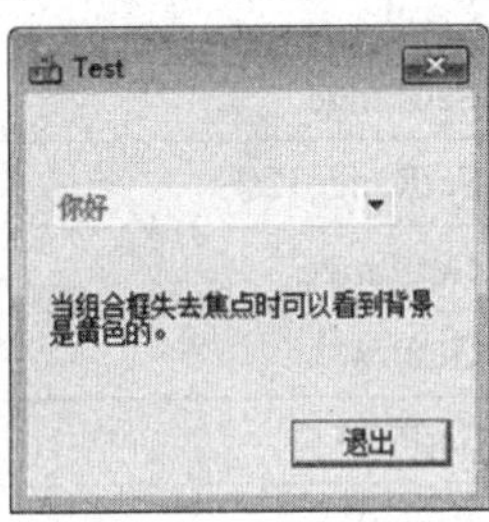

图 4-119

4.8.6 带图标的组合框

普通组合框里的项目都是一行行文字，本例实现的组合框不仅有文字还有图标，并且可以设置颜色。

基本思路是通过自定义的类 CComboBoxCheck 来实现。在对话框上放置一个组合框，然后为其添加 CComboBoxCheck 类型的变量。CComboBoxCheck 的基本实现原理是对组合框进行自绘。

【例 4.81】 带图标的组合框

（1）新建一个对话框工程，设置字符集为多字节。

（2）把 ComboBoxCheck.cpp 和 ComboBoxCheck.h 加入工程中。

（3）切换到资源视图，把 res 目录下的 10 个图标导入工程中。

（4）在对话框上添加一个组合框，并为其添加变量：

```
CComboBoxCheck m_cb;
```

（5）在 CTestDlg::OnInitDialog()的末尾处添加组合框初始化代码：

```
    m_cb.InitControl();
    m_cb.SetCurSel( 0 );
```

（6）保存工程并运行，运行结果如图 4-120 所示。

图 4-120

4.9 进度条

进度条控件通常用来显示一个耗时程序的当前进度，比如文件下载进度、文件复制进度、程序安装进度等。进度条其实也是一个窗口，运行的时候，它上面会出现一个从左到右不断前进的矩形，并且是一个有颜色的矩形，被矩形覆盖的部分表示已经完成的工作。

在 Visual C++ 2017 的 MFC 中，进度条控件由类 CProgressCtrl 实现。CProgressCtrl 的常用成员函数如表 4-8 所示。

表 4-8 CProgressCtrl 的常用成员函数

成员函数	含义
CProgressCtrl	构造一个 CProgressCtrl 对象
Create	创建一个进度条控件并将它与一个 CProgressCtrl 对象连接
SetRange	为进度条控件设置范围的最小值和最大值，并重画进度条来反映新的范围
SetRange32	为进度条控件设置范围的最小值和最大值，并重画进度条来反映新的范围
GetRange	获取进度条控件范围的下限和上限
GetPos	获取进度条的当前位置
SetPos	设置进度条的当前位置并重画进度条来反映新的位置
OffsetPos	用一个指定的增量来增加进度条的当前位置，并重画此进度条来反映新的位置
SetStep	为一个进度条控件指定每一步的增量
StepIt	用每一步的增量来增加一个进度条的当前位置，并重画进度条来反映新的位置

下面通过几个实例对该控件的常用属性、方法和事件进行介绍。

4.9.1 进度条的基本使用

这里通过一个简单的例子来说明进度条的设置范围、设置步长，以及让进度条前进的步骤。我们将在对话框上放置 2 个进度条，第一个进度条将用 SetPos 方式前进，第二个进度条将用 StepIt 方式前进。

进度条控件的一般使用方法是首先设置进度条范围，然后使用函数 SetPos 或 StepIt 来让进度条前进，区别是 StepIt 使用前要先用函数 SetStep 来设置步长，也称增量。

设置进度条范围的函数是 SetRange 或 SetRange32，定义如下：

```
void SetRange( short nLower, short nUpper );
void SetRange32( int nLower, int nUpper );
```

这两个函数用来设置进度条控件范围的上限和下限，并重画此进度条来反映新的范围。成员函数 SetRange32 为进度条设置 32 位的范围。

参数：

- nLower 指定范围的下限（默认值是 0）。
- nUpper 指定范围的上限（默认值是 100）。

让进度条前进的函数有 SetPos 和 StepIt。其中，SetPos 的定义如下：

```
int SetPos( int nPos );
```

该函数根据 nPos 指定的位置来设置进度条控件的当前位置，并重画此进度条来反映新的位置。要注意的是，进度条的这个位置不是它在屏幕上的物理位置，而是在 SetRange 中的上限和下限范围之间的位置。

参数：nPos，进度条控件的新位置。
返回值：返回进度条控件早先的位置。

函数 StepIt 也是让进度条前进，每次走一步，但一步是多大呢？这就需要先用 SetStep 函数来设置步长了。SetStep 函数的定义如下：

```
int SetStep( int nStep );
```

该函数为进度条控件指定步增量。步增量就是每调用一次 CProgressCtrl::StepIt 所增加进度条控件的当前位置的数量。默认的步增量是 10。

参数：nStep，新的步增量。
返回值：返回原来的步增量。

设置了步长后，就可以用函数 StepIt 让进度条前进了。函数 StepIt 的定义如下：

```
int StepIt();
```

该函数用步增量来增加一个进度条控件的当前位置。该步增量由成员函数 CProgressCtrl::SetStep 来设定。

返回值：返回进度条控件原来的位置。

【例 4.82】 进度条的基本使用

（1）新建一个对话框工程。
（2）切换到资源视图，打开对话框，删除对话框上的所有控件。然后在工具箱里找到进度条控件，如图 4-121 所示。

然后把它拖拉到对话框上，并放置一个按钮和静态文本控件，注意把静态文本控件的 ID 改为 IDC_STATIC1，设计界面如图 4-122 所示。

图 4-121

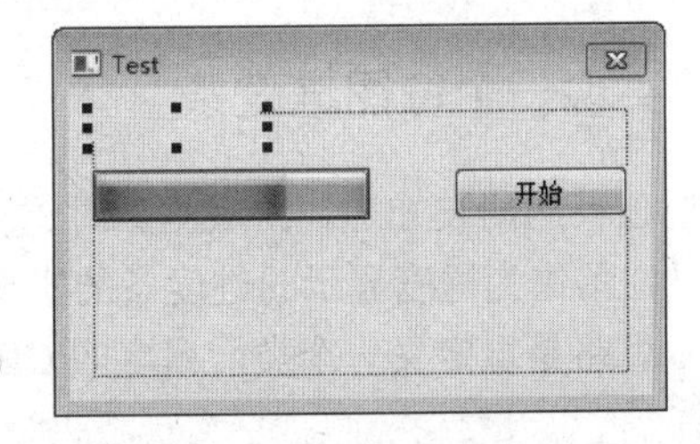

图 4-122

接着为进度条控件添加变量 m_pg1，为静态文本控件添加变量 m_st1，最后为按钮添加如下代码：

```
void CTestDlg::OnBnClickedButton1()
{
    // TODO:  在此添加控件通知处理程序代码
    const int nMaxValue = 100000;
```

```
    CString str;
    m_pg1.SetRange32(0, nMaxValue); //设置进度条的范围
    for (int i = 0; i < nMaxValue; i++)
    {
        m_pg1.SetPos(i); //设置进度条的当前位置
        str.Format(_T("%d"), i); //把数字转为字符串
        m_st1.SetWindowText(str); //在静态文本控件上显示
    }
}
```

此时运行工程，单击“开始”按钮，可以发现进度条能工作了。

（3）切换到资源视图，在对话框上再放置一个进度条控件、一个按钮，然后为按钮添加如下代码：

```
void CTestDlg::OnBnClickedButton2()
{
    // TODO:  在此添加控件通知处理程序代码
    const int nMaxValue = 100000;
    CString str;
    m_pg2.SetRange32(0, nMaxValue); //设置进度条的范围
    m_pg2.SetStep(5); //用 StepIt 方式前进的时候，要设置步长（增量）
    while (1)
    {
        m_pg2.StepIt(); //前进一步
        str.Format(_T("%d"), m_pg2.GetPos()); //把数字转为字符串
        m_st1.SetWindowText(str); //在静态文本控件上显示
        if (m_pg2.GetPos() == nMaxValue)
            break;
    }
    AfxMessageBox(_T("耗时工作运行结束"));
}
```

对比两种方式，可以发现第二个按钮前进的快很多，因为我们设置了每步走 5，一旦判断当前位置到达最大值的时候就退出循环。

（4）保存工程并运行，运行结果如图 4-123 所示。

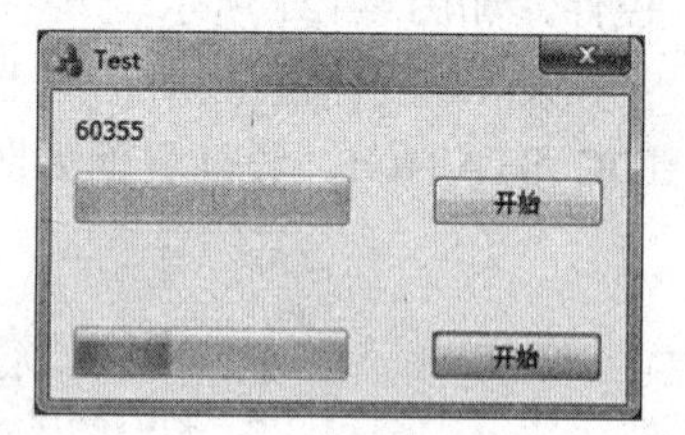

图 4-123

4.9.2 实现一个位图进度条

玩过破天的朋友知道，游戏更新时进度是用位图表示的。本例就介绍以位图作为进度显示的进度条的实现。

基本思路是自定义一个类，名字叫 CBmpProgCtrl，继承于 CStatic。类成员方法有：

- 返回进度条范围：void GetRange(int &lower,int &upper)。
- 获得当前位置：int GetPos()。
- 以当前步长使进度条增长：int StepIt( ) 。
- 设置步长：int SetStep(int nStep) 。
- 设置位置：int SetPos(int nPos) 。
- 设置进度条范围：void SetRange(int nLower, int nUpper) 。

【例 4.83】实现一个位图进度条

（1）新建一个对话框工程，设置字符集为多字节。

（2）将 BmpProgCtrl.h 和 BmpProgCtrl.cpp 添加到工程中。

（3）导入两幅位图，作为前景和背景。把 res 目录下的 fore.bmp 和 back.bmp 导入工程中，资源标识分别为 IDB_FORE 和 IDB_BACK。

（4）在对话框上放置一个静态文本控件或 Picture 控件，修改其 ID，只要不是默认的 IDC_STATIC 就可以了。这里选择的是 Picture 控件，然后设置其属性 Type 为 Bitmap、ID 为 IDC_STATIC2、Image 为 IDB_BACK。最后为该 Picture 控件添加变量 CBmpProgCtrl m_bmpprog。

（5）在对话框上添加一个按钮，按钮事件函数如下：

```
void CTestDlg::OnBnClickedButton1()
{
    // TODO: 在此添加控件通知处理程序代码
    gTimerID = SetTimer(1,500,NULL);
}
```

其中，gTimerID 是一个全局变量 int gTimerID。

（6）为对话框类 CTestDlg 添加时间处理函数：

```
void CTestDlg::OnTimer(UINT_PTR nIDEvent)
{
    // TODO: 在此添加消息处理程序代码和/或调用默认值
    int l,h;
    m_bmpprog.GetRange(l,h);
    if(m_bmpprog.GetPos()==h)KillTimer(timer);
    m_bmpprog.StepIt();

    CDialog::OnTimer(nIDEvent);
}
```

（7）保存工程并运行，运行结果如图 4-124 所示。

图 4-124

4.9.3　实现一个带文字指示的进度条

在下载安装的过程中，我们经常会看到带有文字的进度条，它能给人一种直观的概念。在 Visual C++中也有进度条的控件，但它不能显示文字。

基本思路是通过 CProgressCtrl 类的派生类 CTextProgressCtrl 完成这样的工作。

【例 4.84】实现一个带文字指示的进度条

（1）新建一个对话框工程，设置字符集为多字节。

（2）把 TextProgressCtrl.cpp 和 TextProgressCtrl.h 加入工程中。

（3）在对话框上放置一个进度条控件，并为其添加变量 CTextProgressCtrl m_pos。在对话框上放置一个按钮，按钮事件如下代码：

```
void CTestDlg::OnBnClickedButton1()
{
    // TODO: 在此添加控件通知处理程序代码
m_pos.SetRange(0,100);
    SetTimer(1,1000,NULL);
}
```

该函数开启一个计时器。

（4）为 CTestDlg 添加一个计时器，计时器函数如下：

```
void CTestDlg::OnTimer(UINT_PTR nIDEvent)
{
    // TODO: 在此添加消息处理程序代码和/或调用默认值
static int i=0;

    if (i<100)
    {
        i++;
        m_pos.SetPos(i);
    }
    CDialog::OnTimer(nIDEvent);
}
```

（5）保存工程并运行，运行结果如图 4-125 所示。

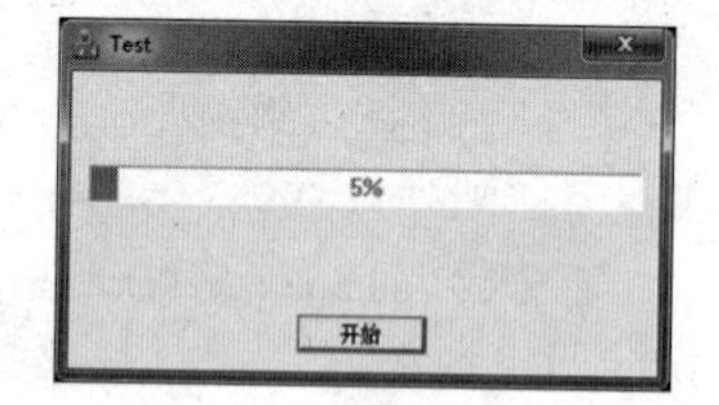

图 4-125

4.9.4 在状态栏中实现进度条显示

通常，进度条是用在对话框中的，那么单文档工程是否可以显示一个进度条？显然没有现成的控件拖拉上去。本例实现在单文档工程的状态栏上显示进度条控件，在打开某个文本文档的时候会在状态栏上显示进度条。

尽管 MFC 提供了标准的进度指示器控件（progress control），但是不能在状态栏里直接使用这个控件，因此只能自己创建可重用 C++类来实现进度指示，这个类从 CStatusBar 派生。整个实现过程不是很难，思路是在状态栏创建一个进度指示器控件，把它作为子窗口来对待，然后根据不同的状态来显示或者隐藏进度指示器。

这里要用到单文档的知识，也可以学完单文档再来看本例。

【例 4.85】在状态栏中实现进度条显示

（1）新建一个单文档工程，在向导中选择视图类的父类为 CEditView。设置字符集为多字节。

（2）把 ProgStatusBar.cpp 和 ProgStatusBar.h 加入工程。

（3）打开 MainFrm.h，把 m_wndStatusBar 的类型改为 CProgStatusBar，然后添加头文件：

```
#include "ProgStatusBar.h"。
```

（4）在 Test.h 中添加一个消息定义：

```
#define MY_PROGRESS (WM_USER+100)
```

（5）在 CTestDoc::Serialize(CArchive& ar)中添加打开文件发现进度消息的代码：

```
void CTestDoc::Serialize(CArchive& ar)
{
    // CEditView 包含一个处理所有序列化的编辑控件
    CWnd* pFrame = AfxGetMainWnd();
    if (!ar.IsStoring()) {
        // loading: simulate length operation by sleeping, but wake up
        // every 150 msec to notify frame of progress.
        //
        for (int pct=10; pct<=100; pct+=10) {
            Sleep(150);
            if (pFrame)
                pFrame->SendMessage(MY_PROGRESS, pct);
        }
    }
    if (pFrame)
        pFrame->SendMessage(MY_PROGRESS, 0);

    reinterpret_cast<CEditView*>(m_viewList.GetHead())->SerializeRaw(ar);
}
```

（6）在 MainFrm.cpp 中添加消息映射：

```
BEGIN_MESSAGE_MAP(CMainFrame, CFrameWnd)
    ON_WM_CREATE()
    ON_MESSAGE(MY_PROGRESS,OnProgress)
END_MESSAGE_MAP()
```

并添加消息处理函数：

```
LRESULT CMainFrame::OnProgress(WPARAM wp, LPARAM lp)
{
    m_wndStatusBar.OnProgress(wp); // pass to prog/status bar
    return 0;
}
```

另外，不要忘了在 MainFrm.h 中添加头文件：

```
    afx_msg LRESULT CMainFrame::OnProgress(WPARAM wp,
LPARAM lp);
```

（7）保存工程并运行，然后选择菜单“文件” | “打开”命令来打开一个文本文件，可以发现运行结果如图 4-126 所示。

图 4-126

4.10　图像列表控件

图像列表控件（CImageList）是相同大小图像的一个集合，每个集合中均以 0 为图像的索引序号基数，图像列表通常由大图标或位图构成，其中包含透明位图模式。和前面的可以拖动到对话框上的控件不同，图像列表控件在工具箱里是不存在的，也就无法用鼠标拖动到对话框上。要使用该控件，必须通过代码的方式来创建，然后使用控件对应类的成员函数。

在 Visual C++ 2017 的 MFC 中，图像列表控件由类 CImageList 实现。CImageList 的常用成员函数如表 4-9 所示。

表 4-9　CImageList 的常用成员函数

成员函数	含　义
CImageList	构造一个 CImageList 对象
Create	初始化一个图像列表并把它附加给一个 CImageList 对象
GetSafeHandle	获取 m_hImageList
operator	返回附加给 CImageList 的 HIMAGELIST
FromHandle	在给设备一个上下文的句柄时，返回指向 CImageList 对象的指针
FromHandlePermanent	在给图像列表一个句柄时，返回指向 CImageList 对象的指针
DeleteTempMap	删除一个由 FromHandle 创建的临时 CImageList 对象
GetImageCount	获取图像列表中的图像数
SetBkColor	设置图像列表的背景色
GetBkColor	获取图像列表的当前背景色
GetImageInfo	获取图像信息
Attach	将一个图像列表附加给一个 CImageList 对象
Detach	分离某图像列表对象与某 CImageList 对象并返回图像列表的句柄
DeleteImageList	删除一个图像列表
SetImageCount	重新设置图像列表中的图像数
Add	添加一个或多个图像到图像列表中
Remove	从图像列表中移走一个图像
Replace	用新图像替代图像列表中的图像
ExtractIcon	构造一个基于某图像的图标的图像列表或掩码
Draw	绘制当前索引的图像
SetOverlayImage	添加一个图像基于 0 的索引到将被用于覆盖掩码的图像列表中
Copy	复制 CimageList 对象中的图像
DrawIndirect	绘制图像列表中的图像
SetDragCursorImage	创建一个新的拖动图像
GetDragImage	取得用于拖动的临时图像列表
Read	从归档文件中读取图像列表
Write	往归档文件中写图像列表
BeginDrag	开始拖动图像
DragEnter	在拖动操作中封锁更新并在确定位置显示拖动图像
EndDrag	结束一个拖动操作
DragLeave	解冻窗口并隐藏拖动图像，使窗口能被更新
DragMove	移动正在拖放操作中被拖动的图像
DragShowNolock	在一个拖动操作中显示或隐藏拖动图像，不封锁窗口

下面通过几个实例对该控件的常用属性、方法和事件进行介绍。

在对话框上显示图像列表中的图像

把一幅位图（bmp 文件）添加到图像列表控件中，然后根据序号在对话框上画出图像列表中的每一幅图像。位图的大小是 32×16，因此我们把每一幅图像的大小设置为 16，这样图像列表中共有 2 幅图像。

图像列表控件使用前要先创建。创建图像列表的函数是 CImageList::Create，定义如下：

```
BOOL Create( int cx, int cy, UINT nFlags, int nInitial, int nGrow );
BOOL Create( UINT nBitmapID, int cx, int nGrow, COLORREF crMask );
BOOL Create( LPCTSTR lpszBitmapID, int cx, int nGrow, COLORREFcrMask );
BOOL Create( CImageList& ImageList1, int nImage1, CImageList& ImageList2, int
nImage2, int dx, int dy );
```

该函数创建图像列表并附加给 CImageList 对象。

参数：

- Cx：每个图像的尺寸，以像素为单位。
- Cy：每个图像的尺寸，以像素为单位。
- nFlags：确定创建的图像列表类型。此参数可能为以下值的组合，但只能有一个 ILC_COLOR 值。nFlags 通常取值如下：
  - ILC_COLOR：如果没有用其他 ILC_COLOR ，则 ILC_COLOR 表示使用默认值。一般默认为 ILC_COLOR4，但对于旧的显示驱动程序，则默认为 ILC_COLORDDB。
  - ILC_COLOR4：使用 4 位（16 色）设备独立位图（DIB）部分作为图像列表的位图。
  - ILC_COLOR8：使用 8 位 DIB 部分。彩色表格使用的颜色与半色调调色板的一样。
  - ILC_COLOR16：使用 16 位（32K/64K 色）DIB 部分。
  - ILC_COLOR24：使用 24 位 DIB 部分。
  - ILC_COLOR32：使用 32 位 DIB 部分。
  - ILC_COLORDDB：使用设备独立位图。
  - ILC_MASK：使用掩码。图像列表包含两个位图，其中一个是用作掩码的位图。如果不包括此值，图像列表只包含一个位图。
- nInitial：图像列表最初包含的图像数。
- nGrow：当系统需要改变列表为新图像准备空间时，图像列表可生成的图像数。此参数替代改变的图像列表所能包含的新图像数。
- nBitmapID：与图像列表联系的位图的源 ID。
- crMask：用于生成一个掩码的颜色。此指定的位图中的颜色的每个像素变为黑色，掩码中相应位设置为 1。
- lpszBitmapID：包含图像的源 ID 的字符串。
- ImageList1：CImageList 对象的参考。
- nImage1：第一个存在的图像的索引。
- ImageList2：CImageList 对象的参考。
- nImage2：第二个存在的图像的索引。
- dx：每个图像的尺寸，用像素表示。
- dy：每个图像的尺寸，用像素表示。

返回值：

- 如果成功，则返回非 0 值，否则为 0。

图像列表控件添加位图的函数是 CImageList::Add，定义如下：

```
int Add( CBitmap* pbmImage, CBitmap* pbmMask );
int Add( CBitmap* pbmImage, COLORREF crMask );
int Add( HICON hIcon );
```

该函数添加一个或多个图像或图标到图像列表中。

参数：

- pbmImage：指向包含一个或多个图像的位图的指针。图像数由位图宽推断。
- pbmMask：指向包含掩码的位图的指针。如果无掩码与图像列表一起使用，则此参数被忽略。
- crMask：生成掩码的颜色。指定位图中此颜色的每个像素被改为黑色，掩码中的相应位数被设置为 1。
- hIcon：包含新图像的位图和掩码的图标的句柄。

返回值：

- 如果成功，则为第一个新图像的基于 0 的索引，否则为-1。

图像列表控制图像的函数是 CImageList::Draw，定义如下：

```
BOOL Draw( CDC* pdc, int nImage, POINT pt, UINT nStyle );
```

该函数绘制当前索引的图像。

参数：

- Pdc：指向目标设备上下文的指针。
- nImage：所绘制图像的基于 0 的索引。
- pt：在确定设备上下文绘图的位置。
- nStyle：确定绘图风格的标记。可能为下列值中的一个或多个：
  - ILD_BLEND25，ILD_FOCUS：绘制图像，混合系统高亮色的 25%。如果图像列表不包含掩码，此值无效。
  - ILD_BLEND50，ILD_SELECTED，ILD_BLEND：绘制图像，混合系统高亮色的 50%。如果图像列表不包含掩码，此值无效。
  - ILD_MASK：绘制掩码。
  - ILD_NORMAL：使用图像列表的背景色绘制图像。如果背景色为 CLR_NONE 值，此图像用掩码透明地绘制而成。
  - ILD_TRANSPARENT：使用掩码绘制图像，不考虑背景色。

返回值：如果成功，则返回非 0 值，否则为 0。

【例 4.86】在对话框上显示图像列表中的图像

（1）新建一个对话框工程。

（2）切换到资源视图，把 res 目录下的 586.bmp 文件导入资源中，如图 4-127 所示。导入后，位图 ID 为 IDB_BITMAP1，如图 4-128 所示。

（3）打开 TestDlg.h，为类 CTestDlg 添加成员变量：

```
    int m_curIndex; //当前显示中的图像索引
    CImageList m_imglst;//定义一个图像列表
```

（4）打开 TestDlg.cpp，在 CTestDlg::OnInitDialog()中添加图像列表初始化代码：

```
// TODO:  在此添加额外的初始化代码
    CBitmap m_bitmap; //定义位图

    m_curIndex = 0; //初始化索引
    //创建图像列表
    m_imglst.Create(IDB_BITMAP1, 16, 0, ILC_COLOR16 | ILC_MASK);
    m_bitmap.LoadBitmap(IDB_BITMAP1); //加载位图
    m_imglst.Add(&m_bitmap, ILC_MASK); //把位图添加到图像列表中
```

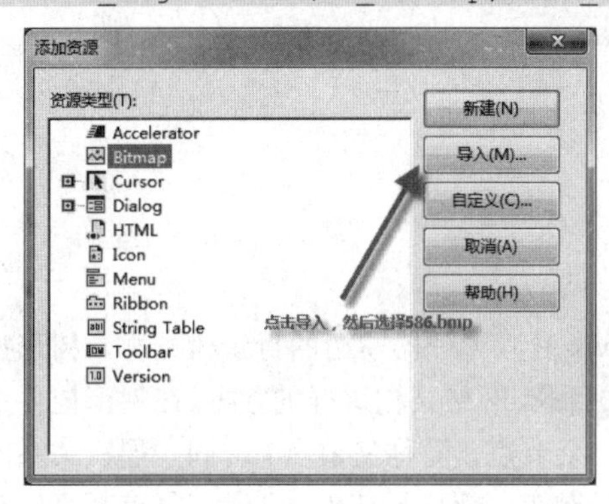

图 4-127

图 4-128

然后在 CTestDlg::OnPaint()中的 else 部分添加画图像代码：

```
    CPaintDC dc(this); //定义 dc
    //在对话框上画列表中的图像
    m_imglst.Draw(&dc, m_curIndex, CPoint(50, 20), ILD_TRANSPARENT);
```

（5）再切换到资源视图，打开对话框，然后在对话框上添加 2 个按钮，按钮标题分别是“上一幅”和“下一幅”，然后为“下一幅”按钮添加单击事件处理代码：

```
void CTestDlg::OnBnClickedButton2()
{
    // TODO: 在此添加控件通知处理程序代码
    if(m_curIndex >= 1)
    {
        AfxMessageBox(_T("已经是最后一幅图像了"));
        return;
    }
    m_curIndex++;
    Invalidate(); //重画窗口
}
```

再为“上一幅”按钮添加单击事件处理代码：

```
void CTestDlg::OnBnClickedButton1()
{
    // TODO:  在此添加控件通知处理程序代码
    if (m_curIndex < 1)
```

```
        {
            AfxMessageBox(_T("已经是第一幅图像了"));
            return;
        }
        m_curIndex--;
        Invalidate();//重画窗口
    }
```

（6）保存工程并运行，运行结果如图 4-129 所示。

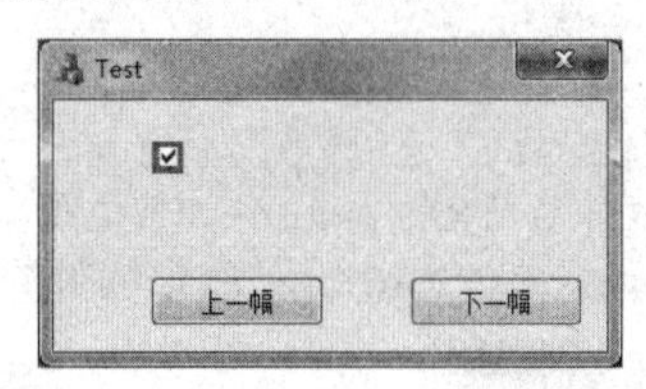

图 4-129

4.11 树形控件

树形控件用来把数据进行分层显示，就像 Windows 资源管理器左边的目录树一样。树形控件用来显示具有层次结构的数据是最自然不过的了，比如目录、网络结构这样的数据。在树形控件中，除了根节点（就是最上边的节点）外，其他节点都有父亲节点（简称父节点）。同一层次关系的节点称为兄弟节点，下一层的节点称为上一层节点的孩子节点（简称子节点）。所有节点都可以有一个或多个兄弟节点或子节点，没有子节点的节点称为叶节点。树形控件的每个节点除了有一个标题文本外，还可以在标题旁边拥有一个图标和复选框。

在 Visual C++ 2017 的 MFC 中，树形条控件由类 CTreeCtrl 实现。CTreeCtrl 的常用成员函数如表 4-10 所示。

表 4-10　CTreeCtrl 的常用成员函数

成 员 函 数	含　义
CTreeCtrl	构造一个 CTreeCtrl 对象
Create	创建一个 tree view 控件并将它与一个 CTreeCtrl 对象连接
GetCount	获取与一个 tree view 控件相关联的 tree 项的数目
GetIndent	获取一个 tree view 项对它的父项的偏移（以像素表示）
SetIndent	设置一个 tree view 项对它的父项的偏移（以像素表示）
GetImageList	获取与一个 tree view 控件相关联的图像列表的句柄
SetImageList	设置与一个 tree view 控件相关联的图像列表的句柄
GetNextItem	获取与指定的关系匹配的下一个 tree view 项
ItemHasChildren	如果指定项有子项则返回非 0 值
GetChildItem	获取一个指定 tree view 项的子项
GetNextSiblingItem	获取指定 tree view 项的下一个兄弟项
GetPrevSiblingItem	获取指定 tree view 项的前一个兄弟项
GetParentItem	获取指定 tree view 项的父项

（续表）

成员函数	含　义
GetFirstVisibleItem	获取指定 tree view 项的第一个可视项
GetNextVisibleItem	获取指定 tree view 项的下一个可视项
GetPrevVisibleItem	获取指定 tree view 项的前一个可视项
GetSelectedItem	获取当前被选择的 tree view 项
GetDropHilightItem	获取一次拖放操作的目标
GetRootItem	获取指定 tree view 项的根
GetItem	获取一个指定 tree view 项的属性
SetItem	设置一个指定 tree view 项的属性
GetItemState	返回一个项的状态
SetItemState	设置一个项的状态
GetItemImage	获取与一个项相关联的图像
SetItemImage	设置与一个项相关联的图像
GetItemText	返回一个项的文本
SetItemText	设置一个项的文本
GetItemData	返回与一个项关联的 32 位的应用程序指定值
SetItemData	设置与一个项关联的 32 位的应用程序指定值
GetItemRect	获取一个 tree view 项的边界矩形
GetEditControl	获取用来编辑指定 tree view 项的编辑控件的句柄
GetVisibleCount	获取与一个 tree view 项关联的可视 tree 项的编号
GetToolTips	获取一个 tree view 控件使用的子 ToolTip 控件的句柄
SetToolTips	设置一个 tree view 控件的子 ToolTip 控件的句柄
GetBkColor	获取控件的当前背景颜色
SetBkColor	设置控件的背景颜色
GetItemHeight	获取 tree view 项的当前高度
SetItemHeight	设置 tree view 项的当前高度
GetTextColor	获取控件的当前文本颜色
SetTextColor	设置控件的文本颜色
SetInsertMark	设置一个 tree view 控件的插入标记
GetCheck	获取一个 tree 控件项的核选状态
SetCheck	设置一个 tree 控件项的核选状态
GetInsertMarkColor	获取 tree view 用来绘制插入标记的颜色
SetInsertMarkColor	设置 tree view 用来绘制插入标记的颜色
InsertItem	在一个 tree view 控件中插入一个新项
DeleteItem	从一个 tree view 控件中删除一个项
DeleteAllItems	从一个 tree view 控件中删除所有的项
Expand	展开或收缩指定 tree view 项的子项

（续表）

成员函数	含　义
Select	选择在视图中滚动或重画一个指定的 tree view 项
SelectItem	选择一个指定的 tree view 项
SelectDropTarget	重画作为一次拖放操作的目标的 tree 项
SelectSetFirstVisible	选择一个指定的 tree view 项作为第一个可视项
EditLabel	现场编辑一个指定的 tree view 项
HitTest	返回与 CtreeCtrl 关联的光标的当前位置
CreateDragImage	为指定的 tree view 项创建一个拖动位图
SortChildren	排序一个给定父项的子项
EnsureVisible	确保一个 tree view 项在它的 tree view 控件中是可视的
SortChildrenCB	使用一个由应用程序定义的排序函数来排列一个给定父项的子项

下面通过几个实例对该控件的常用属性、方法和事件进行介绍。

4.11.1　树形控件的基本使用

树形控件的基本使用包括创建树形控件、向树形控件添加数据、删除数据、清空数据、为节点添加图标等。

【例 4.87】树形控件的基本使用

（1）新建一个对话框工程。

（2）切换到资源视图，打开对话框，然后在工具箱里找到树形控件，如图 4-130 所示。

图 4-130

然后把它拖拉到对话框上，并设置其 Has Lines 属性、Has Buttons 和 Lines At Root 属性为 True，设置了这些属性后，父节点旁边就有了十字标记并且父节点展开的时候和子节点之间有连线了，再设置属性 Always Show Selection 为 True，这样焦点即使离开树形控件，当前选中的节点也有一个阴影覆盖在节点上面。最后为树形控件添加一个变量 m_tree。

（3）打开 CTestDlg::OnInitDialog()，在末尾处添加树形控件初始化代码：

```
// TODO:  在此添加额外的初始化代码
//添加一级节点
HTREEITEM hroot = m_tree.InsertItem(_T("港台明星"), 1, 0, TVI_ROOT);
//添加二级节点
HTREEITEM h1 = m_tree.InsertItem(_T("张学友"), 1, 0, hroot);
//添加二级节点
HTREEITEM h2 = m_tree.InsertItem(_T("刘德华"), 1, 0, hroot);
//添加一级节点
hroot = m_tree.InsertItem(_T("大陆明星"), 1, 0, TVI_ROOT);
h1 = m_tree.InsertItem(_T("刘欢"), 1, 0, hroot);//添加二级节点
h2 = m_tree.InsertItem(_T("孙楠"), 1, 0, hroot);//添加二级节点
```

（4）在对话框上添加 2 个按钮，标题分别为“删除选中的节点”和“清空”，然后为“删除选中的节点”按钮添加如下代码：

```
void CTestDlg::OnBnClickedButton1()
{
    // TODO:  在此添加控件通知处理程序代码
    HTREEITEM hItem = m_tree.GetSelectedItem(); //获取选中节点
    if (!hItem)
    {
        AfxMessageBox(_T("没有节点被选中，请先选中一个节点"));
        return;
    }
    m_tree.DeleteItem(hItem); //删除节点
}
```

再为“清空”按钮添加如下代码：

```
void CTestDlg::OnBnClickedButton2()
{
    // TODO:  在此添加控件通知处理程序代码
    m_tree.DeleteAllItems(); //删除所有节点
}
```

（5）保存工程并运行，运行结果如图 4-131 所示。

图 4-131

4.11.2　判断某节点的复选框是否打勾

树形控件节点旁可以有复选框，这样在需要选中多个节点的时候就会一目了然。

要判断某个节点的复选框是否选中，可以利用树形控件成员函数 GetCheck。

【例 4.88】判断某节点的复选框是否打勾

（1）新建一个对话框工程，设置字符集为多字节。

（2）切换到资源视图，删除对话框上的所有控件，然后添加一个 CTreeCtrl 控件，设置其属性 Has Lines、Has Buttons、Lines At Root 和 Check Boxes 为 True，并为树形控件添加成员变量 m_tree。

（3）打开 CTestDlg::OnInitDialog()，添加树形控件增加项目代码：

```
    HTREEITEM hItem,hSubItem;
    hItem = m_tree.InsertItem("Parent1",TVI_ROOT);//在根节点上添加 Parent1
    //在 Parent1 上添加一个子节点
    hSubItem = m_tree.InsertItem("Child1_1",hItem);
    //在 Parent1 上添加一个子节点，排在 Child1_1 后面
    hSubItem = m_tree.InsertItem("Child1_2",hItem,hSubItem);
    //在 Parent1 上添加一个子节点，排在 Child1_2 后面
    hSubItem = m_tree.InsertItem("Child1_3",hItem,hSubItem);
    m_tree.Expand(hItem, TVE_EXPAND);//展开根节点
```

（4）在对话框上放置一个按钮，标题是“根节点是否打勾”。

（5）添加按钮事件代码：

```
void CTestDlg::OnBnClickedGetcheck()
{
    // TODO: 在此添加控件通知处理程序代码
    HTREEITEM h = m_tree.GetRootItem();

    if(m_tree.GetCheck(h))
```

```
        AfxMessageBox("根节点打勾了");
    else AfxMessageBox("根节点没打勾");
}
```

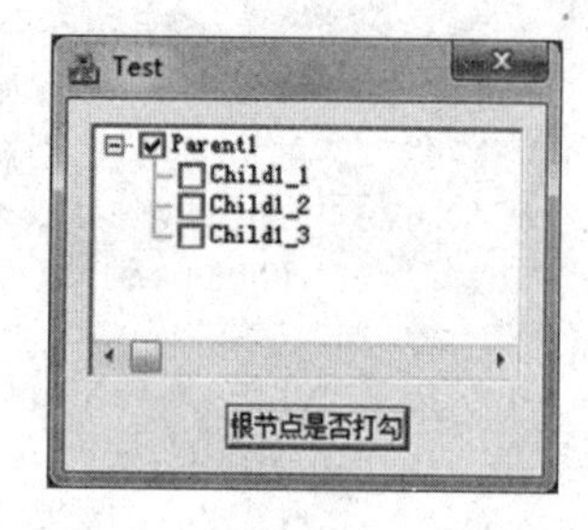

图 4-132

（6）保存工程并运行，运行结果如图 4-132 所示。

4.11.3 某节点的复选框打勾的时候，其儿子节点也打勾

在日常应用中，树形控件某父节点选中的时候，其孩子（本例仅仅是儿子，不包括孙子）节点也需要选中。本例实现这一功能。

基本思路是首先判断父节点的 Check 状态（GetCheck 函数），然后对其孩子节点进行相应的打勾或取消打勾。

【例 4.89】某节点的复选框打勾的时候，其儿子节点也打勾

（1）新建一个对话框工程，设置字符集为多字节。

（2）切换到资源视图，删除对话框上的所有控件，然后添加一个 CTreeCtrl 控件，设置其属性 Has Buttons、Has Lines、Lines At Root 和 Check Boxes 为 True。

（3）打开 CTestDlg::OnInitDialog()，添加树形控件增加项目代码：

```
HTREEITEM hItem,hSubItem;
hItem = m_tree.InsertItem("Parent1",TVI_ROOT);//在根节点上添加 Parent1
//在 Parent1 上添加一个子节点
hSubItem = m_tree.InsertItem("Child1_1",hItem);
m_tree.InsertItem("Child1_1_1",hSubItem);//在 hSubItem 上添加一个子节点
//在 Parent1 上添加一个子节点，排在 Child1_1 后面
hSubItem = m_tree.InsertItem("Child1_2",hItem,hSubItem);
hSubItem = m_tree.InsertItem("Child1_3",hItem,hSubItem);

hItem = m_tree.InsertItem("Parent2",TVI_ROOT,hItem);
hItem = m_tree.InsertItem("Parent3",TVI_ROOT,hItem);
```

（4）为 m_tree 添加单击事件，如下代码：

```
void CTestDlg::OnNMClickTree1(NMHDR *pNMHDR, LRESULT *pResult)
{
    // TODO: 在此添加控件通知处理程序代码
    *pResult = 0;

    CPoint pt;
    GetCursorPos(&pt);  //获得屏幕光标坐标
    m_tree.ScreenToClient(&pt);//屏幕坐标转换到树形控件窗口坐标
    int t;
    UINT uFlag;
    HTREEITEM   hItem=m_tree.HitTest(pt,&uFlag);  //得到光标所在的节点

    if(hItem != NULL && TVHT_ONITEMSTATEICON & uFlag )
    {
        //选中当前单击节点的 checkbox
        if(m_tree.ItemHasChildren(hItem)) //如果有孩子节点
        {
            m_tree.Expand(hItem,TVE_EXPAND); //展开节点
            hItem=m_tree.GetChildItem(hItem); //得到孩子节点
            do
```

```
            {
                //要本函数执行完，父亲节点的状态 GetCheck 才会变化
                t = m_tree.GetCheck(m_tree.GetParentItem(hItem));
                    m_tree.SetCheck(hItem,!t); //设置复选框选中与否状态
                //得到下一个兄弟节点
                hItem=m_tree.GetNextSiblingItem(hItem);
            }
            while(hItem != NULL);
        }
    }
}
```

（5）保存工程并运行，运行时对 Parent1 旁的复选框打勾，可以发现它的儿子节点都会同时打勾，细心的朋友可能会发现孙子节点 Child_1_1 没有随着爷爷的变化而变化，可以想想如何修改才能随着它爷爷节点的变化而变化？（提示用递归）运行结果如图 4-133 所示。

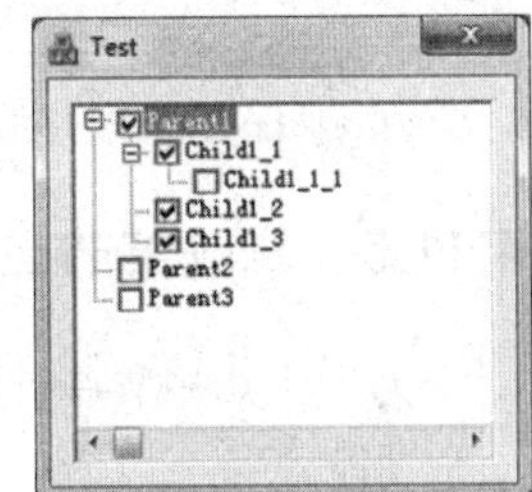

图 4-133

4.11.4 隐藏某些节点的复选框

并不是所有的节点都需要复选框的，在某些场合下，一些节点需要复选框，另外一些节点则不需要复选框，本例将实现这样的功能。

基本思路是先设置 TVITEM 结构里的各个域值，然后向节点发送 TVM_SETITEM 消息。

【例 4.90】隐藏某些节点的复选框

（1）新建一个对话框工程，设置字符集为多字节。

（2）切换到资源视图，删除对话框上的所有控件，然后添加一个 CTreeCtrl 控件，设置其属性 Has Buttons、Has Lines、Lines At Root 和 Check Boxes 为 True，最后为树形控件添加成员变量 m_tree。

（3）打开 CTestDlg::OnInitDialog()，添加树形控件增加项目代码：

```
HTREEITEM hItem,hSubItem;
    hItem = m_tree.InsertItem("Parent1",TVI_ROOT);//在根节点上添加 Parent1
    //在 hsubItem 上添加一个子节点
    hSubItem = m_tree.InsertItem("Child1_1",hItem);
    m_tree.InsertItem("Child1_1_1",hSubItem);//在 Parent1 上添加一个子节点
    //在 Parent1 上添加一个子节点，排在 Child1_1 后面
    hSubItem = m_tree.InsertItem("Child1_2",hItem,hSubItem);
    hSubItem = m_tree.InsertItem("Child1_3",hItem,hSubItem);

    hItem = m_tree.InsertItem("Parent2",TVI_ROOT,hItem);
    hItem = m_tree.InsertItem("Parent3",TVI_ROOT,hItem);
```

（4）此时如果运行工程，每个节点前都有 CheckBox。下面添加隐藏某节点的函数，这是一个自定义的成员函数，如下代码：

```
void CTestDlg::HideCheckBox(HTREEITEM hItem)
{
    TVITEM item;
    item.mask = TVIF_HANDLE | TVIF_STATE;
    item.hItem = hItem;
```

```
    item.stateMask = TVIS_STATEIMAGEMASK;
    item.state = 0;

    m_tree.SendMessage(TVM_SETITEM, 0, (LPARAM)&item);
}
```

（5）在对话框上放置一个按钮，用来隐藏根节点的复选框，按钮事件如下代码：

```
void CTestDlg::OnBnClickedButtonHide()
{
    // TODO: 在此添加控件通知处理程序代码
    HideCheckBox(m_tree.GetRootItem());
}
```

（6）保存工程并运行，运行结果如图 4-134 所示。

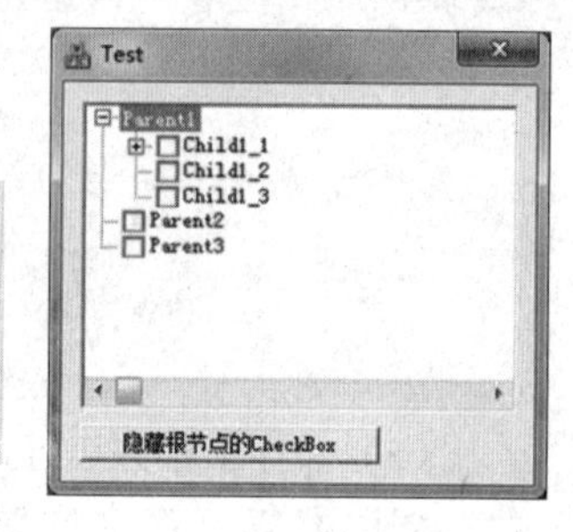

图 4-134

4.11.5 修改某节点字体和颜色

为了让某些节点引起用户注意，可以让这些节点变粗体、改变其字体和颜色，本例实现这样一个功能。

基本思路是新建一个继承于 CTreeCtrl 的自定义类，然后在新类里面的 OnPaint 函数中实现节点标题的重画。

【例 4.91】 修改某节点字体和颜色

（1）新建一个对话框工程，设置字符集为多字节。

（2）切换到资源视图，删除对话框上的所有控件，然后添加一个树形控件，设置其属性 Has Buttons、Has Lines、Lines At Root 为 True，并为树形控件添加成员变量 m_tree。

（3）把 MyTree.h 和 MyTree.cpp 导入工程，并修改 m_tree 的类型为 CMyTree。打开 CTestDlg::OnInitDialog()，添加树形控件增加项目代码：

```
    HTREEITEM hItem,hSubItem;
    hItem = m_tree.InsertItem("Parent1",TVI_ROOT);//在根节点上添加 Parent1
    //在 Parent1 上添加一个子节点
    hSubItem = m_tree.InsertItem("Child1_1",hItem);
    m_tree.InsertItem("Child1_1_1",hSubItem);//在 hSubItem 上添加一个子节点
    //在 Parent1 上添加一个子节点，排在 Child1_1 后面
    hSubItem = m_tree.InsertItem("Child1_2",hItem,hSubItem);
    hSubItem = m_tree.InsertItem("Child1_3",hItem,hSubItem);

    hItem = m_tree.InsertItem("Parent2",TVI_ROOT,hItem);
    hItem = m_tree.InsertItem("Parent3",TVI_ROOT,hItem);
```

（4）添加按钮“根节点粗体”，事件如下代码：

```
void CTestDlg::OnBnClickedButton1()
{
    // TODO: 在此添加控件通知处理程序代码
    m_tree.SetItemBold(m_tree.GetRootItem(),TRUE); //设置粗体

}
```

（5）添加按钮“根节点红色”，事件如下代码：

```
void CTestDlg::OnBnClickedButton2()
{
    // TODO: 在此添加控件通知处理程序代码
    //设置根节点颜色为红色
    m_tree.SetItemColor(m_tree.GetRootItem(),RGB(255,0,0));
    HTREEITEM hItem,hRoot = m_tree.GetRootItem(); //获取根节点
    hItem = m_tree.GetNextSiblingItem(hRoot); //获取兄弟节点

    m_tree.SelectItem(hRoot); //选中节点
    m_tree.SetFocus(); //设置焦点

    m_tree.SelectItem(hItem); //选中节点
    m_tree.SetFocus(); //设置焦点
}
```

（6）添加按钮“根节点字体”，事件如下代码：

```
void CTestDlg::OnBnClickedButton3()
{
    // TODO: 在此添加控件通知处理程序代码
    CFont font;
    HTREEITEM hItem,hRoot = m_tree.GetRootItem();
    LOGFONT lf,lfold;
    memset(&lf, 0, sizeof(LOGFONT));  // 字体结构清零

    lf.lfHeight = 12; //设置字体高度
    lf.lfWidth = 10; //设置字体宽度
    //字体名为Arial
    _tcsncpy_s(lf.lfFaceName, LF_FACESIZE, _T("Arial"), 7);
    VERIFY(font.CreateFontIndirect(&lf));  // 创建字体
    m_tree.SetItemFont(m_tree.GetRootItem(),lf); //为根节点设置字体
    hItem = m_tree.GetNextSiblingItem(hRoot); //得到兄弟节点
    m_tree.SelectItem(hRoot); //选中根节点
    m_tree.SetFocus(); //设置树形控件焦点
    m_tree.SelectItem(hItem); //选中根节点
    m_tree.SetFocus();//设置树形控件焦点
}
```

（7）保存工程并运行，运行结果如图 4-135 所示。

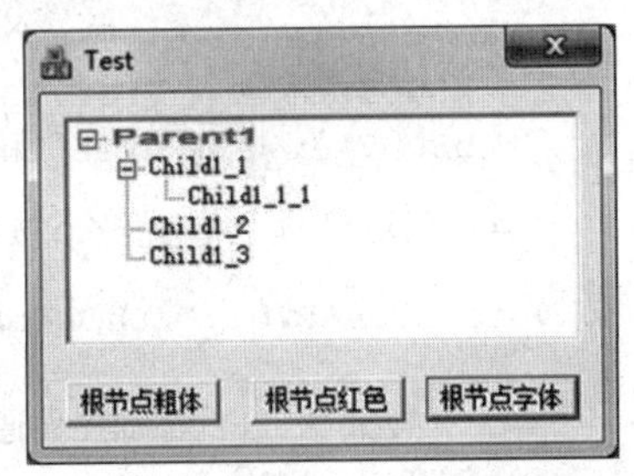

图 4-135

4.11.6 通过代码选中某个节点

通过鼠标可以人工选中某树形控件节点。本例实现另一种方法，通过代码来选中某节点。基本思路是使用 CTreeCtrl 的成员函数 SelectItem，然后设置树形控件焦点。

【例 4.92】 通过代码选中某个节点

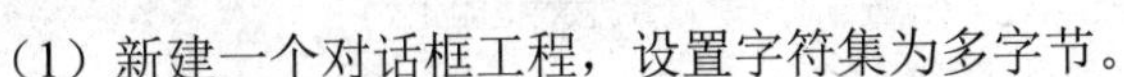
（1）新建一个对话框工程，设置字符集为多字节。

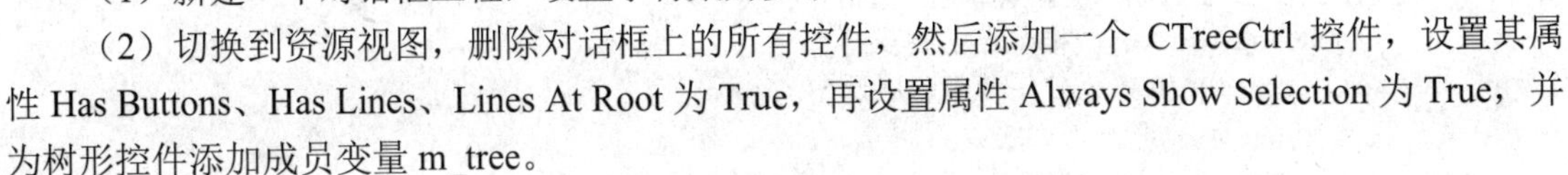
（2）切换到资源视图，删除对话框上的所有控件，然后添加一个 CTreeCtrl 控件，设置其属性 Has Buttons、Has Lines、Lines At Root 为 True，再设置属性 Always Show Selection 为 True，并为树形控件添加成员变量 m_tree。

（3）打开 CTestDlg::OnInitDialog()，添加树形控件增加项目代码：

```
    HTREEITEM hItem,hSubItem;
    hItem = m_tree.InsertItem("Parent1",TVI_ROOT);//在根节点上添加 Parent1
    hSubItem = m_tree.InsertItem("Child1_1",hItem);//在 Parent1 上添加一个子节点
    m_tree.InsertItem("Child1_1_1",hSubItem);//在 hSubItem 上添加一个子节点
    //在 Parent1 上添加一个子节点，排在 Child1_1 后面
    hSubItem = m_tree.InsertItem("Child1_2",hItem,hSubItem);
    hSubItem = m_tree.InsertItem("Child1_3",hItem,hSubItem);
```

（4）在对话框上添加一个按钮“选中根节点”，事件如下代码：

```
void CTestDlg::OnBnClickedButton1()
{
    // TODO: 在此添加控件通知处理程序代码
    m_tree.SelectItem(m_tree.GetRootItem());
    m_tree.SetFocus();
}
```

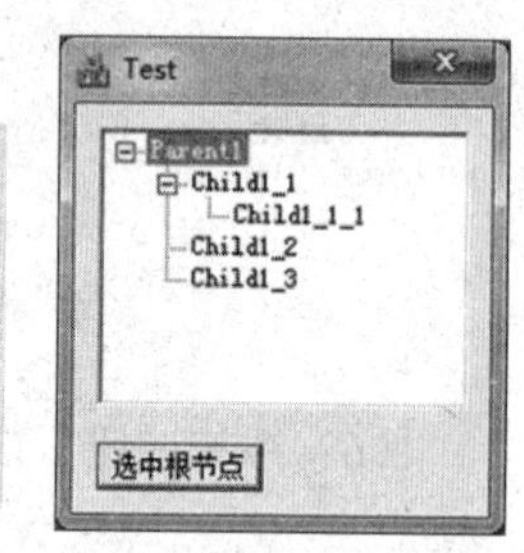

图 4-136

（5）保存工程并运行，运行结果如图 4-136 所示。

4.11.7 判断某节点是否展开

有时我们要知道某个节点处于展开状态还是合拢状态。本例实现这样一个功能，判断某个节点是否已经展开。

基本思路是通过树形控件的成员函数 GetItemState。

【例 4.93】判断某节点是否展开

（1）新建一个对话框工程，设置字符集为多字节。

（2）切换到资源视图，删除对话框上的所有控件，然后添加一个树形控件，设置其属性 Has Buttons、Has Lines、Lines At Root 为 True，并为树形控件添加成员变量 m_tree。

（3）打开 CTestDlg::OnInitDialog()，添加树形控件增加项目代码：

```
HTREEITEM hItem,hSubItem;
    hItem = m_tree.InsertItem("Root",TVI_ROOT);//在根节点上添加 Parent1
    //在 Parent1 上添加一个子节点
    hSubItem = m_tree.InsertItem("Child1_1",hItem);
    //在 Parent1 上添加一个子节点，排在 Child1_1 后面
    hSubItem = m_tree.InsertItem("Child1_2",hItem,hSubItem);
    hSubItem = m_tree.InsertItem("Child1_3",hItem,hSubItem);
```

（4）在对话框上放置一个按钮，标题是“根节点是否展开”。添加按钮事件代码：

```
void CTestDlg::OnBnClickedButton1()
{
    // TODO: 在此添加控件通知处理程序代码
    HTREEITEM hItem = m_tree.GetRootItem();

    UINT nState = m_tree.GetItemState(hItem, TVIS_EXPANDED);
    if (nState & TVIS_EXPANDED)
        AfxMessageBox("根节点已展开");
    else AfxMessageBox("根节点未展开");
}
```

（5）保存工程并运行，运行结果如图 4-137 所示。

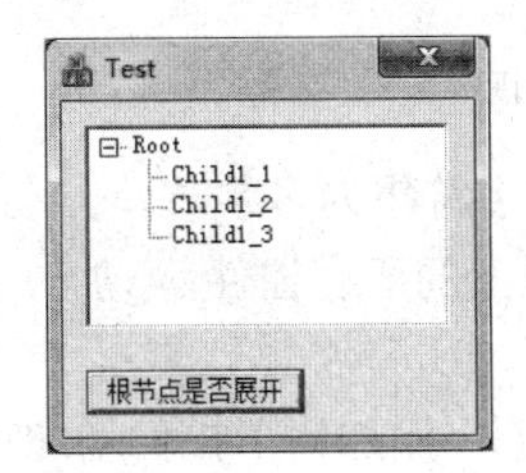

图 4-137

4.11.8　判断某节点是否处于选中状态

在实际应用中，常常要判断某节点是否处于选中状态。值得注意的是，选中和打勾的含义是不同的。本例实现这样一个功能，判断某节点是否处于选中状态。

基本思路是通过树形控件的成员函数 GetItemState 来判断。

【例 4.94】判断某节点是否处于选中状态

（1）新建一个对话框工程，设置字符集为多字节。

（2）切换到资源视图，删除对话框上的所有控件，然后添加一个 CTreeCtrl 控件，设置其属性 Has Buttons、Has Lines、Lines At Root 为 True，再设置其 Always show selection 属性为 True，并为树形控件添加成员变量 m_tree。

（3）打开 CTestDlg::OnInitDialog()，添加树形控件增加项目代码：

```
HTREEITEM hItem,hSubItem;
hItem = m_tree.InsertItem("Root",TVI_ROOT);//在根节点上添加 Parent1
//在 Parent1 上添加一个子节点
hSubItem = m_tree.InsertItem("Child1_1",hItem);
//在 Parent1 上添加一个子节点，排在 Child1_1 后面
hSubItem = m_tree.InsertItem("Child1_2",hItem,hSubItem);
hSubItem = m_tree.InsertItem("Child1_3",hItem,hSubItem);
```

（4）在对话框上放置一个按钮，标题是“根节点是否选中”，添加按钮事件代码：

```
void CTestDlg::OnBnClickedButton1()
{
    // TODO: 在此添加控件通知处理程序代码
    HTREEITEM hItem = m_tree.GetRootItem();

    UINT nState = m_tree.GetItemState(hItem, TVIS_SELECTED);
    if (nState & TVIS_SELECTED)
        AfxMessageBox("根节点已选中");
    else AfxMessageBox("根节点未选中");
}
```

（5）保存工程并运行，运行结果如图 4-138 所示。

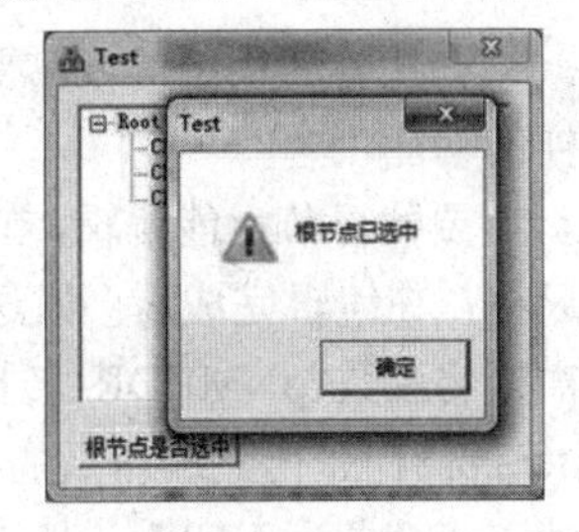

图 4-138

4.11.9　判断是否单击了复选框

单击和勾选节点的复选框是两个不同的事件，有时候需要把它们区分开来，以判断用户的意图。

【例 4.95】判断是否单击了复选框

（1）新建一个对话框工程，设置字符集为多字节。

（2）切换到资源视图，删除对话框上的所有控件，添加一个树形控件，设置其属性 Check Boxes 为 True，并为其添加变量 m_tree。

（3）打开 CTestDlg::OnInitDialog()，添加树形控件增加项目代码：

```
HTREEITEM hItem,hSubItem;
hItem = m_tree.InsertItem("Parent1",TVI_ROOT);//在根节点上添加 Parent1
//在 Parent1 上添加一个子节点
hSubItem = m_tree.InsertItem("Child1_1",hItem);
m_tree.InsertItem("Child1_1_1",hSubItem);//在 hSubItem 上添加一个子节点
//在 Parent1 上添加一个子节点，排在 Child1_1 后面
hSubItem = m_tree.InsertItem("Child1_2",hItem,hSubItem);
hSubItem = m_tree.InsertItem("Child1_3",hItem,hSubItem);

hItem = m_tree.InsertItem("Parent2",TVI_ROOT,hItem);
hItem = m_tree.InsertItem("Parent3",TVI_ROOT,hItem);
```

（4）为树形控件添加单击事件 NM_CLICK，如下代码：

```
void CTestDlg::OnNMClickTree1(NMHDR *pNMHDR, LRESULT *pResult)
{
    // TODO: 在此添加控件通知处理程序代码
    *pResult = 0;

    CPoint pt;
    GetCursorPos(&pt);  //获得屏幕光标坐标
    m_tree.ScreenToClient(&pt);//转换到树
    int t;
    UINT uFlag,st;
    HTREEITEM   hItem=m_tree.HitTest(pt,&uFlag);

    st = TVHT_ONITEMSTATEICON & uFlag ;
    if(hItem)
    {
        if(st) AfxMessageBox("你单击了 Check Box");
        else AfxMessageBox("你单击了节点，但没有单击 Checkbox");
    }

}
```

（5）保存工程并运行，运行结果如图 4-139 所示。

图 4-139

4.11.10 使节点标题可以编辑

在实际应用中，经常要修改某节点的标题（Label）。本例实现这样的功能。

要使得节点能编辑，首先需要设置树形控件的 TVS_EDITLABELS 风格，在编辑完成后会发送 TVN_ENDLABELEDIT，在处理该消息时需要将参数 pNMHDR 转换为 LPNMTVDISPINFO，然后通过其中的 item.pszText 得到编辑后的字符，并重置显示字符。如果编辑在中途取消，该变量为 NULL。

【例 4.96】使节点标题可以编辑

（1）新建一个对话框工程，设置字符集为多字节。

（2）切换到资源视图，删除对话框上的所有控件，设置其属性 Edit Labels 为 True，添加一个树形控件，并为其添加变量 m_tree。

（3）打开 CTestDlg::OnInitDialog()，添加树形控件增加项目代码：

```
HTREEITEM hItem,hSubItem;
hItem = m_tree.InsertItem("Parent1",TVI_ROOT);//在根节点上添加 Parent1
//在 Parent1 上添加一个子节点
hSubItem = m_tree.InsertItem("Child1_1",hItem);
m_tree.InsertItem("Child1_1_1",hSubItem);//在 hSubItem 上添加一个子节点
//在 Parent1 上添加一个子节点，排在 Child1_1 后面
hSubItem = m_tree.InsertItem("Child1_2",hItem,hSubItem);
hSubItem = m_tree.InsertItem("Child1_3",hItem,hSubItem);

hItem = m_tree.InsertItem("Parent2",TVI_ROOT,hItem);
hItem = m_tree.InsertItem("Parent3",TVI_ROOT,hItem);
```

（4）为控件添加消息 TVN_ENDLABELEDIT，事件如下代码：

```
void CTestDlg::OnTvnEndlabeleditTree1(NMHDR *pNMHDR, LRESULT *pResult)
{
    LPNMTVDISPINFO pTVDispInfo = reinterpret_cast<LPNMTVDISPINFO>(pNMHDR);
    // TODO: 在此添加控件通知处理程序代码
    *pResult = 0;

    TV_DISPINFO* pTVDI = (TV_DISPINFO*)pNMHDR;
    //重置显示字符
    m_tree.SetItemText(pTVDI->item.hItem,pTVDI->item.pszText);

}
```

（5）保存工程并运行，运行结果如图 4-140 所示。

图 4-140

4.11.11　使节点可以编辑，并且限制标题长度

在实际应用中，经常要修改某节点的标题（label），并且有时候希望能限制用户输入的标题长度，本例实现这样的功能。

要使得节点能编辑，首先需要设置树形控件的 TVS_EDITLABELS 风格，在编辑完成后会发送 TVN_ENDLABELEDIT，在处理该消息时需要将参数 pNMHDR 转换为 LPNMTVDISPINFO，然后通过其中的 item.pszText 得到编辑后的字符，并重置显示字符。如果编辑在中途取消，该变量为 NULL。要限制用户输入的标题长度就要发送 TVN_BEGINLABELEDIT，在里面判断当前输入的长度。

【例 4.97】使节点可以编辑，并且限制标题长度

（1）新建一个对话框工程，设置字符集为多字节。

（2）切换到资源视图，删除对话框上的所有控件，添加一个树形控件，并为其添加变量 m_tree，设置其属性 Edit Labels 为 True。

（3）打开 CTestDlg::OnInitDialog()，添加树形控件增加项目代码：

```
HTREEITEM hItem,hSubItem;
    hItem = m_tree.InsertItem("Parent1",TVI_ROOT);//在根节点上添加 Parent1
    //在 Parent1 上添加一个子节点
    hSubItem = m_tree.InsertItem("Child1_1",hItem);
    m_tree.InsertItem("Child1_1_1",hSubItem);//在 hSubItem 上添加一个子节点
    //在 Parent1 上添加一个子节点，排在 Child1_1 后面
    hSubItem = m_tree.InsertItem("Child1_2",hItem,hSubItem);
    hSubItem = m_tree.InsertItem("Child1_3",hItem,hSubItem);

    hItem = m_tree.InsertItem("Parent2",TVI_ROOT,hItem);
    hItem = m_tree.InsertItem("Parent3",TVI_ROOT,hItem);
```

（4）为树形控件添加消息 TVN_ENDLABELEDIT，事件如下代码：

```
void CTestDlg::OnTvnEndlabeleditTree1(NMHDR *pNMHDR, LRESULT *pResult)
{
    LPNMTVDISPINFO pTVDispInfo = reinterpret_cast<LPNMTVDISPINFO>(pNMHDR);
    // TODO：在此添加控件通知处理程序代码
    *pResult = 0;
    TV_DISPINFO* pTVDI = (TV_DISPINFO*)pNMHDR;
    //重置显示字符
    m_tree.SetItemText(pTVDI->item.hItem,pTVDI->item.pszText);
}
```

（5）为树形控件添加消息 TVN_BEGINLABELEDIT，在里面限制用户输入的标题长度，事件如下代码：

```
void CTestDlg::OnTvnBeginlabeleditTree1(NMHDR *pNMHDR, LRESULT *pResult)
{
    LPNMTVDISPINFO pTVDispInfo = reinterpret_cast<LPNMTVDISPINFO>(pNMHDR);
    // TODO：在此添加控件通知处理程序代码
    *pResult = 0;
    CEdit*pEdit = m_tree.GetEditControl();    //获取当前选中节点编辑框
    ASSERT(pEdit);
    if (pEdit)
    {
        pEdit->LimitText(15);//设置编辑框文本长度为 15 个字符串
        *pResult = 0;
    }
}
```

（6）保存工程并运行，运行结果如图 4-141 所示。

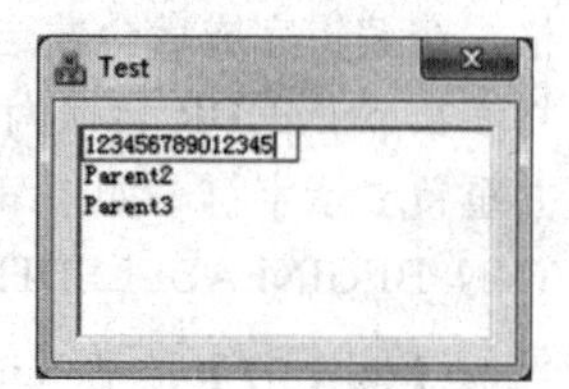

图 4-141

4.11.12 通过代码的方式使树形控件具有 Edit Label 风格

前面的例子使节点具有 label 都是通过可视化的方法来进行的，本例通过代码的方式使得树形控件节点可编辑。

基本思路是先获取树形控件的当前树形，然后为其加上 TVS_EDITLABELS 树形值。

【例 4.98】通过代码的方式使树形控件具有 Edit Label 风格

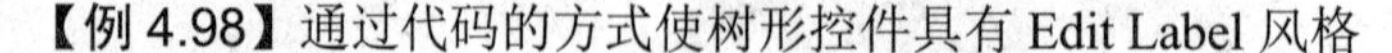

（1）新建一个对话框工程，设置字符集为多字节。

（2）切换到资源视图，删除对话框上的所有控件，添加一个树形控件，并为其添加变量 m_tree，设置其属性 Edit Labels 为 True。

（3）打开 CTestDlg::OnInitDialog()，添加树形控件增加项目代码：

```
HTREEITEM hItem,hSubItem;
hItem = m_tree.InsertItem("Parent1",TVI_ROOT);//在根节点上添加 Parent1
//在 Parent1 上添加一个子节点
hSubItem = m_tree.InsertItem("Child1_1",hItem);
m_tree.InsertItem("Child1_1_1",hSubItem);//在 hSubItem 上添加一个子节点
//在 Parent1 上添加一个子节点，排在 Child1_1 后面
hSubItem = m_tree.InsertItem("Child1_2",hItem,hSubItem);
hSubItem = m_tree.InsertItem("Child1_3",hItem,hSubItem);

hItem = m_tree.InsertItem("Parent2",TVI_ROOT,hItem);
hItem = m_tree.InsertItem("Parent3",TVI_ROOT,hItem);
```

（4）添加一个按钮“使树形控件的 Label 可以编辑”，事件如下代码：

```
void CTestDlg::OnBnClickedButton1()
{
    // TODO: 在此添加控件通知处理程序代码
    long lStyle=::GetWindowLong(m_tree.GetSafeHwnd(),GWL_STYLE);
    lStyle|=TVS_EDITLABELS;
    ::SetWindowLong(m_tree.GetSafeHwnd(),GWL_STYLE,lStyle);
}
```

（5）为树形控件添加消息 TVN_ENDLABELEDIT，事件如下代码：

```
void CTestDlg::OnTvnEndlabeleditTree1(NMHDR *pNMHDR, LRESULT *pResult)
{
    LPNMTVDISPINFO pTVDispInfo = reinterpret_cast<LPNMTVDISPINFO>(pNMHDR);
    // TODO: 在此添加控件通知处理程序代码
    *pResult = 0;
    TV_DISPINFO* pTVDI = (TV_DISPINFO*)pNMHDR;
    //重置显示字符
    m_tree.SetItemText(pTVDI->item.hItem,pTVDI->item.pszText);
}
```

（6）保存工程并运行，运行结果如图 4-142 所示。

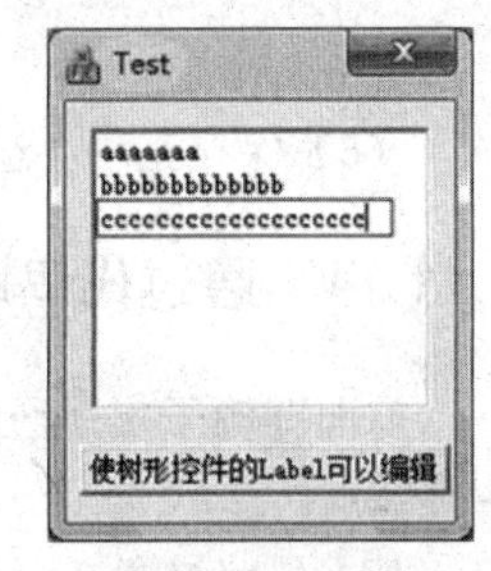

图 4-142

4.11.13　编辑节点 Label 的时候支持回车键和 Esc 键

在对话框上放置的树形控件，上面的节点如果在编辑完成时直接按回车键或按 Esc 键，会导致对话框退出。本例实现这样一个功能，在编辑节点完成后，按回车键生效。

基本思路是在对话框类的消息处理中拦截到回车和 Esc 事件。

【例 4.99】 编辑节点 Label 的时候支持回车键和 Esc 键

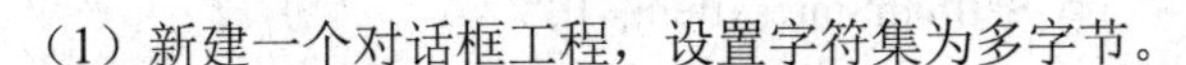

（1）新建一个对话框工程，设置字符集为多字节。

（2）切换到资源视图，删除对话框上的所有控件，添加一个树形控件，设置其属性 Edit Labels 为 True，并为其添加变量 m_tree。

（3）打开 CTestDlg::OnInitDialog()，添加树形控件增加项目代码：

```
HTREEITEM hItem,hSubItem;
    hItem = m_tree.InsertItem("Parent1",TVI_ROOT);//在根节点上添加 Parent1
    //在 Parent1 上添加一个子节点
    hSubItem = m_tree.InsertItem("Child1_1",hItem);
    m_tree.InsertItem("Child1_1_1",hSubItem);//在 hSubItem 上添加一个子节点
    //在 Parent1 上添加一个子节点，排在 Child1_1 后面
    hSubItem = m_tree.InsertItem("Child1_2",hItem,hSubItem);
    hSubItem = m_tree.InsertItem("Child1_3",hItem,hSubItem);

    hItem = m_tree.InsertItem("Parent2",TVI_ROOT,hItem);
    hItem = m_tree.InsertItem("Parent3",TVI_ROOT,hItem);
```

（4）为树形控件添加消息 TVN_ENDLABELEDIT，事件如下代码：

```
void CTestDlg::OnTvnEndlabeleditTree1(NMHDR *pNMHDR, LRESULT *pResult)
{
    LPNMTVDISPINFO pTVDispInfo = reinterpret_cast<LPNMTVDISPINFO>(pNMHDR);
    // TODO: 在此添加控件通知处理程序代码
    *pResult = 0;
    TV_DISPINFO* pTVDI = (TV_DISPINFO*)pNMHDR;
    //重置显示字符
    m_tree.SetItemText(pTVDI->item.hItem,pTVDI->item.pszText);
}
```

（5）为对话框添加虚函数 PreTranslateMessage，在里面对 Esc 键和回车键屏蔽，如下代码：

```
BOOL CTestDlg::PreTranslateMessage(MSG* pMsg)
{
    // TODO: 在此添加专用代码和/或调用基类
    switch(pMsg->message)
    {
    case WM_KEYDOWN:
        if(pMsg->wParam== VK_ESCAPE || VK_RETURN == pMsg->wParam)
            return 0;
    }

    return CDialog::PreTranslateMessage(pMsg);
}
```

（6）保存工程并运行，运行结果如图 4-143 所示。

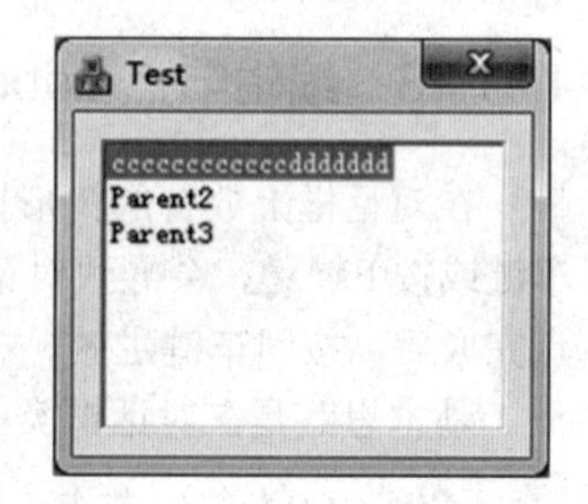

图 4-143

4.11.14　通过代码取消选中某个节点

前面有例子实现通过代码选中某节点，现在实现通过代码取消选中某节点。

基本思路是主要利用 SelectItem。需要注意的是 SetItemState 函数，SetItemState(hItem, 0, TVIS_SELECTED)只是取消选中状态，就是把蓝色去掉，但实际上还是选中该节点的，执行 SetItemState(hItem, 0, TVIS_SELECTED)后，再打印当前所选节点的文本，可以发现还是上次选中的那个节点。

【例 4.100】通过代码取消选中某个节点

（1）新建一个对话框工程，设置字符集为多字节。

（2）切换到资源视图，删除对话框上的所有控件，添加一个树形控件，设置其属性 Edit Labels 为 True，并为其添加变量 m_tree。

（3）打开 CTestDlg::OnInitDialog()，添加树形控件增加项目代码：

```
HTREEITEM hItem,hSubItem;
    hItem = m_tree.InsertItem("Parent1",TVI_ROOT);//在根节点上添加 Parent1
    //在 Parent1 上添加一个子节点
    hSubItem = m_tree.InsertItem("Child1_1",hItem);
    m_tree.InsertItem("Child1_1_1",hSubItem);//在 hSubItem 上添加一个子节点
    //在 Parent1 上添加一个子节点，排在 Child1_1 后面
    hSubItem = m_tree.InsertItem("Child1_2",hItem,hSubItem);
    hSubItem = m_tree.InsertItem("Child1_3",hItem,hSubItem);

    hItem = m_tree.InsertItem("Parent2",TVI_ROOT,hItem);
    hItem = m_tree.InsertItem("Parent3",TVI_ROOT,hItem);
```

（4）在对话框上放置一个按钮“选中 Parent2”，事件如下代码：

```
void CTestDlg::OnBnClickedButton1()
{
    // TODO: 在此添加控件通知处理程序代码
    HTREEITEM hItem = m_tree.GetRootItem();
    hItem = m_tree.GetNextSiblingItem(hItem);

    m_tree.SendMessage(TVM_SELECTITEM,(WPARAM)TVGN_CARET,(LPARAM)hItem);
    m_tree.SetFocus();
}
```

再在对话框上放置一个按钮“取消选中根节点”，事件如下代码：

```
void CTestDlg::OnBnClickedButton2()
{
    // TODO: 在此添加控件通知处理程序代码
    //SetItemState(hItem, 0, TVIS_SELECTED);这个只是取消选中状态，并不是取消选择
    m_tree.SelectItem(NULL);
}
```

再在对话框上放置一个按钮“取消所选节点的蓝颜色”，事件如下代码：

```
void CTestDlg::OnBnClickedButton3()
{
    // TODO: 在此添加控件通知处理程序代码
    HTREEITEM hItem = m_tree.GetSelectedItem();
    if (hItem != NULL);
    {
        m_tree.SetItemState(hItem, 0, TVIS_SELECTED);
    }
}
```

再在对话框上放置一个按钮“得到所选节点文本”，事件如下代码：

```
void CTestDlg::OnBnClickedButton4()
{
    // TODO: 在此添加控件通知处理程序代码
    // TODO: 在此添加控件通知处理程序代码
    HTREEITEM hItem = m_tree.GetSelectedItem();
    if (hItem != NULL);
    {
        AfxMessageBox(m_tree.GetItemText(hItem));
    }
}
```

（5）保存工程并运行，运行结果如图 4-144 所示。

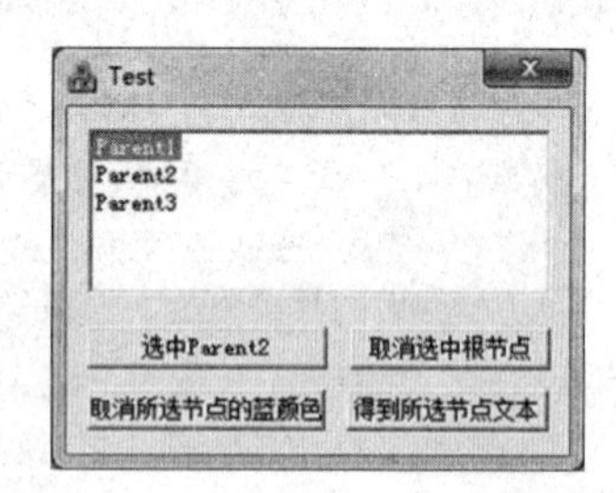

图 4-144

4.11.15 让树形控件出现 ToolTips

当节点的内容很长，超过了树形控件的宽度时，当鼠标停留在节点上时就会出现 ToolTip，即出现一个黄色的小提示框，里面显示完整的节点全名。

方法很简单，只需要把控件的 ToolTips 属性设置为 True 即可。

【例 4.101】让树形控件出现 ToolTips

（1）新建一个对话框工程，设置字符集为多字节。

（2）切换到资源视图，删除对话框上的所有控件，添加一个树形控件，设置其属性 ToolTips 为 True，并为其添加变量 m_tree。

（3）打开 CTestDlg::OnInitDialog()，添加树形控件增加项目代码：

```
    HTREEITEM hItem,hSubItem;
    hItem = m_tree.InsertItem
("Parent111111111111111111111111111111111112",TVI_ROOT);
        //在 Parent1 上添加一个子节点
        hSubItem = m_tree.InsertItem("Child1_1",hItem);
        m_tree.InsertItem("Child1_1_1",hSubItem);//在 hSubItem 上添加一个子节点
        //在 Parent1 上添加一个子节点，排在 Child1_1 后面
        hSubItem = m_tree.InsertItem("Child1_2",hItem,hSubItem);
        hSubItem = m_tree.InsertItem("Child1_3",hItem,hSubItem);

        hItem = m_tree.InsertItem("Parent2",TVI_ROOT,hItem);
        hItem = m_tree.InsertItem("Parent3",TVI_ROOT,hItem);
```

（4）保存工程并运行，运行结果如图 4-145 所示。

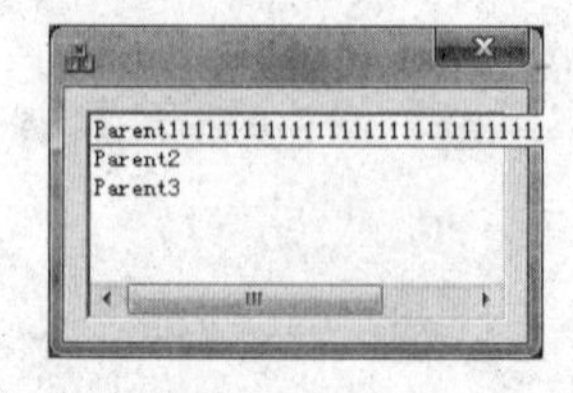

图 4-145

4.11.16 某节点的 checkbox 打勾的时候，其所有的子孙节点也打勾

在日常应用中，树形控件某父节点选中的时候，其孩子节点也需要选中。本例实现这一功能。

基本思路是首先判断父节点的 Check 状态（GetCheck 函数），然后对其孩子（本例是所有的子孙）节点进行相应的打勾或取消打勾。使用递归的办法，应该是深度优先搜索。

【例 4.102】某节点的 checkbox 打勾的时候，其所有的子孙节点也打勾

（1）新建一个对话框工程，设置字符集为多字节。

（2）切换到资源视图，删除对话框上的所有控件，然后添加一个 CTreeCtrl 控件，设置其属性 Has Buttons、Has Lines 和 checkboxes 为 True，前两者不是必需的，只是为了展开的时候好看些。

（3）打开 CTestDlg::OnInitDialog()，添加树形控件增加项目代码：

```
HTREEITEM hItem,hSubItem;
hItem = m_tree.InsertItem("Parent1",TVI_ROOT);//在根节点上添加 Parent1
//在 Parent1 上添加一个子节点
hSubItem = m_tree.InsertItem("Child1_1",hItem);
m_tree.InsertItem("Child1_1_1",hSubItem);//在 hSubItem 上添加一个子节点
//在 Parent1 上添加一个子节点，排在 Child1_1 后面
hSubItem = m_tree.InsertItem("Child1_2",hItem,hSubItem);
hSubItem = m_tree.InsertItem("Child1_3",hItem,hSubItem);

hItem = m_tree.InsertItem("Parent2",TVI_ROOT,hItem);
hItem = m_tree.InsertItem("Parent3",TVI_ROOT,hItem);
```

（4）为 m_tree 添加单击事件，如下代码：

```
void CTestDlg::OnNMClickTree1(NMHDR *pNMHDR, LRESULT *pResult)
{
    // TODO: 在此添加控件通知处理程序代码
    *pResult = 0;
    CPoint pt;
    GetCursorPos(&pt);  //获得屏幕光标坐标
    m_tree.ScreenToClient(&pt);//转换到树
    int t;
    UINT uFlag;
    HTREEITEM   hItem=m_tree.HitTest(pt,&uFlag);

    if(hItem != NULL && TVHT_ONITEMSTATEICON & uFlag )
    {
        //选中当前单击节点的 checkbox
        if(m_tree.ItemHasChildren(hItem)) //如果有孩子节点
        {
            m_tree.Expand(hItem,TVE_EXPAND);
            t = m_tree.GetCheck(hItem);
            hItem = m_tree.GetChildItem(hItem);
            //要本函数执行完，父亲节点的状态 GetCheck 才会变化,所以用!t
            CheckChildItem(hItem,!t);
        }
    }
}
```

其中，CheckChildItem 是一个自定义的成员函数，如下代码：

```
void CTestDlg::CheckChildItem(HTREEITEM item,BOOL bCheck)
{
    int t;
```

```
        while (item)
        {
            t = m_tree.GetCheck(m_tree.GetParentItem(item));
            m_tree.SetCheck(item,bCheck);
            if (m_tree.GetChildItem(item))
            {// 遍历孩子节点
                m_tree.Expand(item,TVE_EXPAND);
                item = m_tree.GetChildItem(item);
                CheckChildItem(item,bCheck);
                // 遍历当前层兄弟节点
                item = m_tree.GetNextSiblingItem(m_tree.GetParentItem(item));
            }
            else
            {// 遍历当前层兄弟节点
                item = m_tree.GetNextSiblingItem(item);
                m_tree.SetCheck(item,bCheck);
            }
        }
    }
```

（5）保存工程并运行，运行结果如图 4-146 所示。

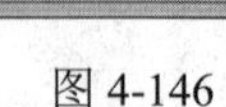

图 4-146

4.11.17 加载图标文件方式为树形控件加入图标

树形控件节点旁边显示图标将会大大增加树形控件的美观。本例实现这样的功能。

先把图标添加（Add）到 CImageList 中，然后调用树形控件的成员函数 SetImageList。

【例 4.103】加载图标文件方式为树形控件加入图标

（1）新建一个对话框工程，设置字符集为多字节。

（2）删除对话框上的所有控件，添加一个树形控件，然后为其添加成员变量 m_tree。

（3）切换到资源视图，把工程 res 目录下的 3 个图标导入资源中。

（4）为类 CTestDlg 增加成员变量 CImageList m_imagelist，然后定位到 CTestDlg::OnInitDialog()结尾处，添加如下代码：

```
        m_tree.ModifyStyle(0,TVS_HASBUTTONS   |   TVS_LINESATROOT   |
TVS_HASLINES);

        m_tree.InsertItem(_T("vc6"),0,0,TVI_ROOT);
        m_tree.InsertItem(_T("app"),1,1,TVI_ROOT);
        m_tree.InsertItem(_T("vc2005"),2,2,TVI_ROOT);

        HICON icon[3];
        icon[0]=AfxGetApp()->LoadIcon(IDI_ICON1);
        icon[1]=AfxGetApp()->LoadIcon(IDI_ICON2);
        icon[2]=AfxGetApp()->LoadIcon(IDI_ICON3);

        m_imagelist.Create(16,16,ILC_COLOR32| ILC_MASK,7,7);//16*16 的图标

        m_imagelist.Add(icon[0]);
```

```
    m_imagelist.Add(icon[1]);
    m_imagelist.Add(icon[2]);

    m_tree.SetImageList(&m_imagelist,TVSIL_NORMAL);
```

（5）保存工程并运行，运行结果如图 4-147 所示。

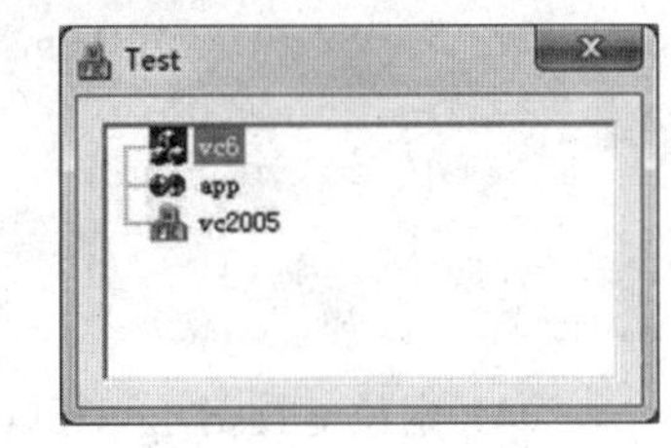

图 4-147

4.11.18　把磁盘某目录下的内容添加到树形控件中

树形控件有一个常用用途，就是显示磁盘上的目录结构。本例让用户输入一个目录，然后在树形控件中把该目录结构显示出来。

基本思路是使用递归的方法遍历目录。

【例 4.104】把磁盘某目录下的内容添加到树形控件中

（1）新建一个对话框工程，设置字符集为多字节。

（2）删除对话框上的所有控件，添加一个树形控件，然后为其添加成员变量 m_tree，并把树形控件的属性 Lines At Root 设为 True。

（3）为类 CTestDlg 添加一个成员函数，用来遍历某个目录，然后把该目录下的文件和文件夹添加到树形控件中，如下代码：

```
/*
 StrPath 为传递过来的目录层次，本次函数调用中搜索的文件都是它下一层的
 faItem 为传递过来的 Tree 节点，本次函数调用中添加的 Tree 节点都是它的子节点
*/
void CTestDlg::AddFile(CString StrPath, HTREEITEM faItem )
{
    CFileFind OneFile;
    CString FName, DirName;
    BOOL BeWorking;
    HTREEITEM NewItem;

    DirName = StrPath+"\\*.*";
    BeWorking = OneFile.FindFile( DirName );
    while ( BeWorking ) //BeWorking 非 0，指找了文件或目录
    {
        //查找同级的目录
        BeWorking = OneFile.FindNextFile();

        //如果查找的结果是目录又不是".."或"."
        if ( OneFile.IsDirectory() && !OneFile.IsDots() )
        {
            //向 Tree1 中添加目录
            DirName = OneFile.GetFilePath();
            FName = OneFile.GetFileTitle();
            //NewItem 取得节点，目的是为了在下一层中添加节点方便，递归时把它传过去
            NewItem = m_tree.InsertItem( FName, faItem );
            //进入下一层递归调用
            AddFile(DirName, NewItem);
        }

        //退出递归时，到了这里
        //如果查找结果是文件
```

```
        if ( !OneFile.IsDirectory() && !OneFile.IsDots() )
        {
            //向 Tree1 中添加文件
            FName = OneFile.GetFileName();
            m_tree.InsertItem( FName, faItem );
        }
    }// end of while

    OneFile.Close();                         //记着用完 CFileFild 实例要关闭
}
```

（4）定位 CTestDlg::OnInitDialog()结尾处，添加初始化代码：

```
    HTREEITEM hRoot = m_tree.InsertItem("本工程目录",
NULL);
    AddFile(".\\",hRoot);
    m_tree.Expand(hRoot,TVE_EXPAND);
```

（5）保存工程并运行，运行结果如图 4-148 所示。

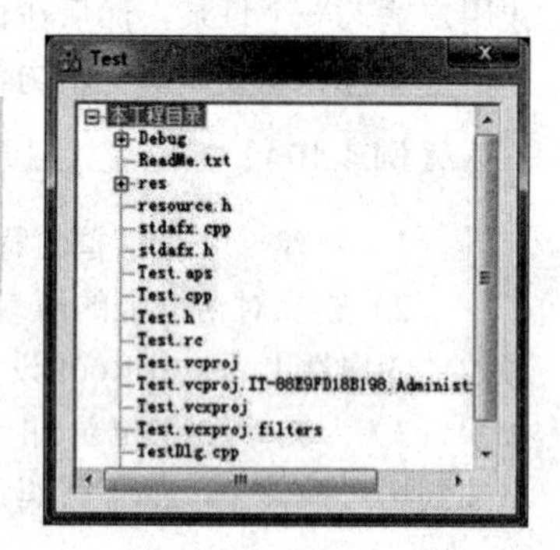

图 4-148

4.11.19 通过代码展开某个含有子节点的父节点

本例比较简单，但也比较常用，有时候希望程序一运行就让树形控件某节点处于展开状态。

基本思路是调用树形控件的成员函数 Expand。该函数原型定义如下：

```
BOOL Expand( HTREEITEM hItem, UINT nCode );
```

其中，hItem 是要被扩展的 tree 项的句柄，可以为树根，那么整棵树都被展开；nCode 用来指示要被进行的动作的标志。这个标志可以是下列值之一：

- TVE_COLLAPSE：表示收缩列表。
- TVE_COLLAPSERESET：表示收缩列表并删除子项。
- TVE_EXPAND：表示展开列表。
- TVE_TOGGLE：表示如果列表当前是展开的则收缩列表；反之，则展开列表。

函数如果成功就返回非 0 值；否则返回 0。

【例 4.105】通过代码展开某个含有子节点的父节点

（1）新建一个对话框工程，设置字符集为多字节。

（2）删除对话框上的所有控件，添加一个树形控件，然后为其添加成员变量 m_tree，并把树形控件的属性 Has Lines、Has Buttons 和 Lines At Root 设为 True。

（3）定位到 CTestDlg::OnInitDialog()结尾处，添加如下代码：

```
    HTREEITEM hItem,hSubItem;
    hItem = m_tree.InsertItem("Parent1",TVI_ROOT);//在根节点上添加 Parent1
    //在 Parent1 上添加一个子节点
    hSubItem = m_tree.InsertItem("Child1_1",hItem);
    m_tree.InsertItem("Child1_1_1",hSubItem);//在 hSubItem 上添加一个子节点
    //在 Parent1 上添加一个子节点，排在 Child1_1 后面
    hSubItem = m_tree.InsertItem("Child1_2",hItem,hSubItem);
    hSubItem = m_tree.InsertItem("Child1_3",hItem,hSubItem);
```

```
    m_tree.Expand(hItem,TVE_EXPAND);
    hItem = m_tree.InsertItem("Parent2",TVI_ROOT,hItem);
    hItem = m_tree.InsertItem("Parent3",TVI_ROOT,hItem);
```

值得注意的是，Expand 必须要在父节点下的孩子节点添加后才能调用，如果先调用 Expand 再加入子节点，则不会有效果。

（4）保存工程并运行，运行结果如图 4-149 所示。

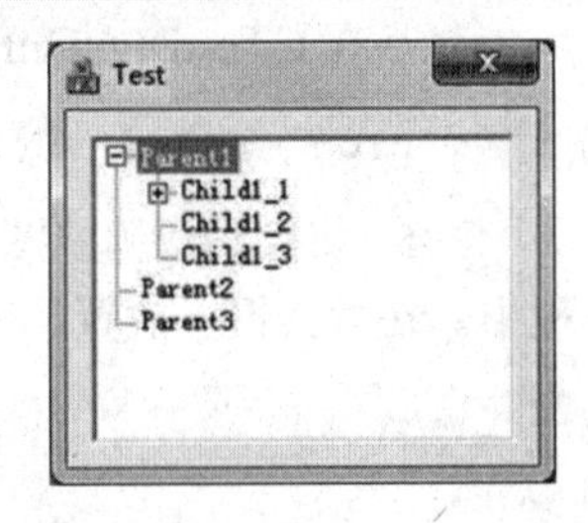

图 4-149

4.11.20　实现类似 Delphi 的属性列表功能

本例把树形控件的展开功能和列表控件的功能结合在一起，实现一个类似于 Delphi 的属性列表功能的控件。

基本思路是通过自定义类 CYJPropertyList 来定义一个变量，并和对话框上的静态控件相关联。

下面描述一下其主要方法。

自定义一个宏来构架列表序列：

```
BEGIN_CREATE_NODE
BEGIN_YJITEM(0,YJ_FOLDER,YJ_DEFAULT,_T("文件"),YJEDIT,true,_T("文件"))
BEGIN_YJITEM(1,YJ_FOLDER,YJ_DEFAULT,_T("新建"),YJEDIT,true,_T("文档"))
BEGIN_YJITEM(1,YJ_ITEM,YJ_DEFAULT,_T("打开"),YJLISTBOX,true,_T("文档#程序#文
本"))
BEGIN_YJITEM(1,YJ_ITEM,YJ_DEFAULT,_T("退出"),YJLISTBOX,true,_T("文档#程序#文
本"))

BEGIN_YJITEM(0,YJ_FOLDER,YJ_DEFAULT,_T("编辑"),YJEDIT,true,_T("文件"))
BEGIN_YJITEM(1,YJ_ITEM,YJ_DEFAULT,_T("撤销"),YJEDIT,true,_T("文件"))
BEGIN_YJITEM(1,YJ_ITEM,YJ_DEFAULT,_T("粘贴"),YJEDIT,true,_T("文件"))
BEGIN_YJITEM(1,YJ_ITEM,YJ_DEFAULT,_T("复制"),YJEDIT,true,_T("文件"))

BEGIN_YJITEM(0,YJ_FOLDER,YJ_DEFAULT,_T("视图"),YJEDIT,true,_T("文件"))
BEGIN_YJITEM(1,YJ_ITEM,YJ_DEFAULT,_T("撤销"),YJEDIT,true,_T("文件"))
BEGIN_YJITEM(1,YJ_ITEM,YJ_DEFAULT,_T("粘贴"),YJEDIT,true,_T("文件"))
BEGIN_YJITEM(1,YJ_ITEM,YJ_DEFAULT,_T("复制"),YJEDIT,true,_T("文件"))
END_CREATE_NODE
```

其中，列表字符串之间以"#"分开。编辑框是 YJEDIT，列表框是 YJLISTBOX，然后在程序里面调用宏：

```
CRATE_STRUCT(&m_propertyList)
m_propertyList.Invalidate();
```

显示遍历属性列表：

```
For(int i=0;i< m_propertyList.GetSize();i++)
    M_propertyList.m_List[i]->GetString();
```

其中的每一条目对应一个 YJPropertyItem 对象的指针。

【例 4.106】 实现类似 Delphi 的属性列表功能

（1）新建一个对话框工程，设置字符集为多字节。

（2）把 ListMaroc.h、YJPropertyList.cpp 和 YJPropertyList.h 加入工程。

（3）切换到资源视图，在对话框上添加一个静态控件 IDC_STATIC1，并设置其 Notify 属性为 True。

（4）为类 CTestDlg 添加成员变量：

```
CYJPropertyList m_propertyList;
```

然后在 CTestDlg::OnInitDialog()中添加初始化代码：

```
m_propertyList.SubclassDlgItem(IDC_STATIC1,this);
```

（5）切换到资源视图，把 res 目录下的 plus.bmp 和 Sub.bmp 导入工程中。在对话框上放置一个按钮，并添加事件函数：

```
void CTestDlg::OnBnClickedButton1()
{
    // TODO: 在此添加控件通知处理程序代码
    CRATE_STRUCT(&m_propertyList)
    m_propertyList.Invalidate();
}
```

（6）保存工程并运行，运行结果如图 4-150 所示。

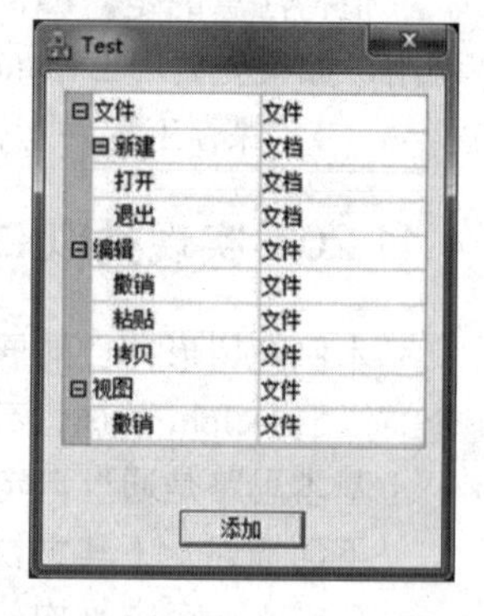

图 4-150

4.11.21　对树形控件中的节点进行拖动

本例实现鼠标拖动树形控件中某节点到其他节点下，作为其他节点的孩子节点。该树形控件有如下特点：

（1）基本拖动的实现。
（2）处理无意拖动。
（3）能处理拖动过程中的滚动问题。
（4）拖动过程中节点会智能展开。

基本思路是通过自定义类 CXTreeCtrl 来实现，并定义变量来关联对话框上的树形控件。

【例 4.107】对树形控件中的节点进行拖动

（1）新建一个对话框工程，设置字符集为多字节。
（2）把工程目录下的 XTreeCtrl.cpp 和 XTreeCtrl.h 加入工程中。
（3）切换到资源视图，在对话框上放置一个树形控件，设置树形控件的 Has Lines、Lines at Root、Has Buttons 和 Edit Label 属性为 True，并为树形控件添加变量：

```
CXTreeCtrl m_tree;
```

（4）切换到资源视图，把 res 目录下的 Tree.BMP 导入工程中。
（5）为 CTestDlg 添加一个成员变量：

```
CImageList m_image;
```

（6）在 CTestDlg::OnInitDialog()中添加如下代码：

```
m_image.Create ( IDB_BITMAP1,16,1,RGB(255,255,255));
m_tree.SetImageList ( &m_image,TVSIL_NORMAL );

HTREEITEM hti1 = m_tree.InsertItem ( _T("香港歌星"),0,1 );
HTREEITEM hti2 = m_tree.InsertItem ( _T("台湾明星"),0,1 );
HTREEITEM hti3 = m_tree.InsertItem ( _T("大陆明星"),0,1 );

HTREEITEM hti4 = m_tree.InsertItem ( _T("刘德华"),0,1,hti1 );
```

```
    m_tree.InsertItem ( _T("爱你一万年"),0,1,hti4 );
    m_tree.InsertItem ( _T("冰雨"),0,1,hti4 );
    m_tree.InsertItem ( _T("男人哭吧哭吧不是罪"),0,1,hti4 );
    m_tree.InsertItem ( _T("练习"),0,1,hti4 );
    m_tree.Expand(hti1, TVE_EXPAND);
    m_tree.Expand(hti4, TVE_EXPAND);

    HTREEITEM  hti5 = m_tree.InsertItem ( _T("许茹芸"),0,1,hti2 );
    m_tree.InsertItem ( _T("如果云知道"),0,1,hti5 );
    m_tree.InsertItem ( _T("我依然爱你"),0,1,hti5 );
    m_tree.InsertItem ( _T("四季歌"),0,1,hti5 );
    m_tree.Expand(hti2, TVE_EXPAND);
    m_tree.Expand(hti5, TVE_EXPAND);

    m_tree.InsertItem ( _T("毛阿敏"),0,1,hti3 );
    m_tree.InsertItem ( _T("那英"),0,1,hti3);
```

（7）保存工程并运行，运行结果如图 4-151 所示。

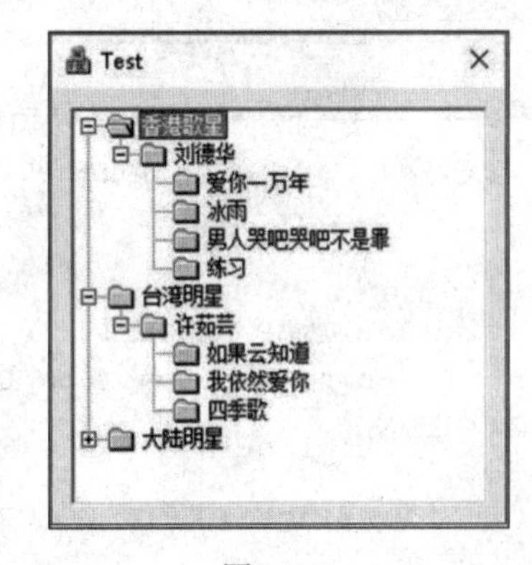

图 4-151

4.11.22　设置树形控件字体颜色

本例实现设置树形控件的字体颜色。

基本思路是直接调用树形控件的成员函数 SetTextColor。

【例 4.108】设置树形控件字体颜色

（1）新建一个对话框工程，设置字符集为多字节。

（2）切换到资源视图，在对话框上放置一个树形控件，并为其添加变量 m_tree。再在对话框上放置一个按钮“设置树形控件字体颜色”，然后为其添加事件处理函数：

```
void CTestDlg::OnBnClickedButton1()
{
    // TODO: 在此添加控件通知处理程序代码
    m_tree.SetTextColor (RGB(0,0,255));
}
```

（3）在 CTestDlg::OnInitDialog()中添加初始化代码：

```
    HTREEITEM hRoot;
    hRoot = m_tree.InsertItem(_T("中国"));
    m_tree.InsertItem("北京",hRoot);
    m_tree.InsertItem("上海", hRoot);
    m_tree.InsertItem("广州", hRoot);
    m_tree.InsertItem("深圳",  hRoot);
    m_tree.InsertItem("江苏",  hRoot);
    m_tree.Expand(hRoot, TVE_EXPAND);
```

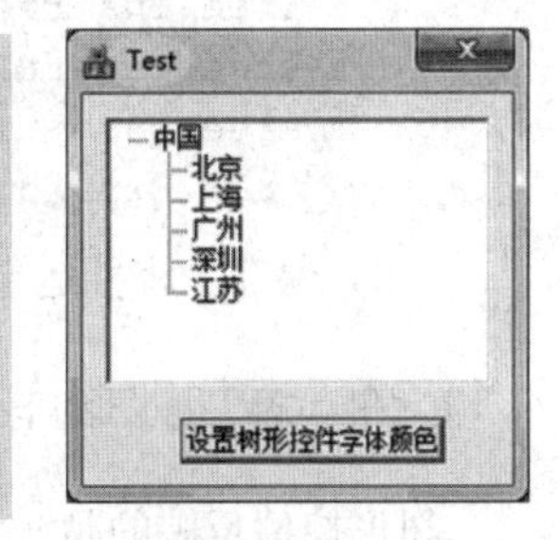

图 4-152

（4）保存工程并运行，运行结果如图 4-152 所示。

4.11.23　通过加载位图文件让树形控件的节点带有图标

前面有例子通过加载图标文件方式让树形控件节点拥有图标，本例实现通过加载位图文件方式让树形控件节点标题前带有图标。

图标是存在于位图中的。基本思路是先加载位图，然后用 CImageList 变量关联到位图，再调用 CTreeCtrl 的成员函数 SetImageList 来关联到 CImageList 变量。

【例 4.109】通过加载位图文件让树形控件的节点带有图标

（1）新建一个对话框工程，设置字符集为多字节。

（2）切换到资源视图，把 res 目录下的 img.bmp 导入工程中。

（3）为 CTestDlg 添加一个成员变量：

```
CImageList m_imgList;.
```

（4）打开 CTestDlg::OnInitDialog()，在末尾处添加初始化代码：

```
    UINT uiBmpId = IDB_BITMAP1;//theApp.m_bHiColorIcons ? IDB_CLASS_VIEW_24 :
IDB_CLASS_VIEW;
        CBitmap bmp;
        if (!bmp.LoadBitmap(uiBmpId))
        {
            TRACE(_T("无法加载位图: %x\n"), uiBmpId);
            ASSERT(FALSE);
            return 0;
        }
        BITMAP bmpObj;
        bmp.GetBitmap(&bmpObj);
        UINT nFlags = ILC_MASK;
        nFlags |= ILC_COLOR24;
        m_imgList.Create(16, bmpObj.bmHeight, nFlags, 0, 0);
        m_imgList.Add(&bmp, RGB(255, 0, 0));
        m_tree.SetImageList(&m_imgList, TVSIL_NORMAL);
        HTREEITEM hRoot;
        hRoot = m_tree.InsertItem(_T("中国"),2,2);
        m_tree.InsertItem("北京",3,3,hRoot);
        m_tree.InsertItem("上海",4,4,hRoot);
        m_tree.InsertItem("广州", 5,5,hRoot);
        m_tree.InsertItem("深圳", 6,6, hRoot);
        m_tree.InsertItem("江苏", 1,1, hRoot);
        m_tree.Expand(hRoot, TVE_EXPAND);
```

（5）保存工程并运行，运行结果如图 4-153 所示。

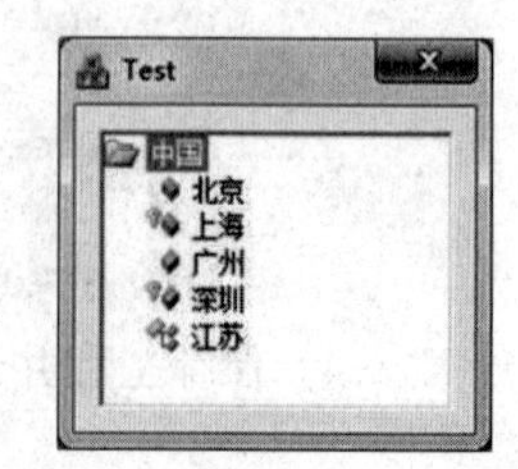

图 4-153

4.11.24　添加数据库里的内容到树形控件节点

树形控件反映的是一定的层次关系，在显示具有层次关系的数据时显得非常方便。本例实现将数据库中的“国家-省份-城市”这样的数据显示到树形控件中。

基本思路是使用递归的方法。

【例 4.110】添加数据库里的内容到树形控件节点

（1）新建一个对话框工程，设置字符集为多字节。

（2）切换到资源视图，在对话框上添加一个树形控件，并设置其 Has Lines、Lines At Root、Has Buttons 属性为 True，然后为树形控件添加变量 m_tree。

（3）把 res 目录下的 tree.bmp 导入工程中。

（4）为类 CTestDlg 添加成员函数 TreeAddSubTree，该函数根据数据库里的存储内容来充实树形控件，如下代码：

```
    void CTestDlg::TreeAddSubTree(CString ParTree, CString strChildTree,
HTREEITEM hPartItem)
    {
        CString strName;

        if (strChildTree!="0")
        {
            //-----------------使用到的变量进行定义----------
            _RecordsetPtr m_pTreeRecordset;    //用于创建一个查询记录集
            _variant_t vChild;
            //--------------Tree 控件操作变量------------------------
            HTREEITEM hCurrent;
            //----------------------------------------------
            CString strSQL,strCurItem;
            //-----------------------------------------------
            strSQL="SELECT * FROM TreeItem where ParentItem like '%" ;
            strSQL=strSQL+ParTree+"%'";
            try
            {
                HRESULT hTRes;
                hTRes = m_pTreeRecordset.CreateInstance(_T("ADODB.Recordset"));
                if (SUCCEEDED(hTRes))
                {
                    //-----------------------------------------------
                    hTRes = m_pTreeRecordset->Open((LPTSTR)strSQL.GetBuffer(130),
                      _variant_t((IDispatch *)(((CTestApp*)AfxGetApp())->m_conn),
                      true), adOpenDynamic,adLockPessimistic,adCmdText);
                    if(SUCCEEDED(hTRes))
                    {
                        TRACE(_T("连接成功!\n"));
                        //-----------------------------------------
                        m_pTreeRecordset->MoveFirst();
                        if (!(m_pTreeRecordset->adoEOF))
                        {

                            while(!m_pTreeRecordset->adoEOF)
                            {
                                strName = CString((LPCTSTR)(_bstr_t)\
                                    (m_pTreeRecordset->GetCollect("Name")));

                                if((strName.GetLength()==6
||strName.GetLength()==8)&& strName.Right(2)=="省")//==8 是因为有黑龙江省
```

```
                              hCurrent = 
m_tree.InsertItem(strName,1,1,hPartItem, NULL);
                          else
                              hCurrent = 
m_tree.InsertItem(strName,3,3,hPartItem, NULL);

                          if (TreeSumRecordCount(VariantToCString\
                              (m_pTreeRecordset->GetCollect("Name")))>0)
                          {
                              TreeAddSubTree(VariantToCString
(m_pTreeRecordset->GetCollect("Name")),(VariantToCString(m_pTreeRecordset->Get
Collect("Name"))),hCurrent);
                          }

                          if (!(m_pTreeRecordset->adoEOF))
                          {
                              m_pTreeRecordset->MoveNext();
                          }
                      }
                  }
                  //---------------------------------------
              }
          }
      }
      catch(_com_error e)///捕捉异常
      {
          CString errormessage;
          MessageBox("创建City记录集失败!",ParTree+strChildTree);
      }
   }
}
```

在 CTestDlg::OnInitDialog()中添加如下初始化代码：

```
UINT uiBmpId = IDB_BITMAP1;
CBitmap bmp;
if (!bmp.LoadBitmap(uiBmpId))
{
   TRACE(_T("无法加载位图: %x\n"), uiBmpId);
   ASSERT(FALSE);
   return 0;
}
BITMAP bmpObj;
bmp.GetBitmap(&bmpObj);

UINT nFlags = ILC_MASK;

nFlags |= ILC_COLOR24;

m_imgList.Create(16, bmpObj.bmHeight, nFlags, 0, 0);
m_imgList.Add(&bmp, RGB(255, 0, 0));

m_tree.SetImageList(&m_imgList, TVSIL_NORMAL);
```

```
    HTREEITEM hRoot;

    hRoot = m_tree.InsertItem(_T("中国"),2,2);
    TreeAddSubTree("中国","1",hRoot);
    m_tree.Expand(hRoot,TVE_EXPAND);
```

（5）为类 CTestDlg 添加成员函数 CTestDlg，如下代码：

```
CString CTestDlg::VariantToCString(VARIANT var)
{
    CString strValue;
    _variant_t var_t;
    _bstr_t bst_t;
    time_t cur_time;
    CTime time_value;
    COleCurrency var_currency;
    switch(var.vt)
    {
    case VT_EMPTY:strValue=_T("");break;
    case VT_UI1:strValue.Format ("%d",var.bVal);break;
    case VT_I2:strValue.Format ("%d",var.iVal );break;
    case VT_I4:strValue.Format ("%d",var.lVal);break;
    case VT_R4:strValue.Format ("%f",var.fltVal);break;
    case VT_R8:strValue.Format ("%f",var.dblVal);break;
    case VT_CY:
        var_currency=var;
        strValue=var_currency.Format(0);
        break;
    case VT_BSTR:
        var_t=var;
        bst_t=var_t;
        strValue.Format ("%s",(const char*)bst_t);
        break;
    case VT_NULL:strValue=_T("");break;
    case VT_DATE:
        cur_time=var.date;
        time_value=cur_time;
        strValue=time_value.Format("%A,%B%d,%Y");
        break;
    case VT_BOOL:strValue.Format ("%d",var.boolVal );break;
    default:strValue=_T("");break;
    }
    return strValue;
}
```

（6）为类 CTestApp 添加成员变量：

```
CString m_strConnString;//连接字符串
_ConnectionPtr  m_conn;
```

（7）在 CTestApp::InitInstance()中添加数据库连接代码：

```
    m_strConnString =_T("Provider=Microsoft.Jet.OLEDB.4.0;Data
Source=City.mdb;");
```

```
        AfxOleInit();//COM 初始化
        HRESULT hRes;
        try
        {
            hRes=m_conn.CreateInstance(_T("ADODB.Connection"));
            m_conn->ConnectionTimeout = 8;
            hRes=m_conn->Open(_bstr_t((LPCTSTR) m_strConnString),_T(""),
_T(""),adModeUnknown);
        }
        catch(_com_error e)
        {
            CString errormessage;
            errormessage.Format(_T("连接 City.mdb 数据库失败!\r\n 错误信息:%s"),
e.ErrorMessage());
            AfxMessageBox(errormessage);
            return FALSE;
        }
```

（8）在 CTestApp::ExitInstance()中添加关闭数据代码：

```
int CTestApp::ExitInstance()
{
    // TODO: 在此添加专用代码和/或调用基类
    m_conn->Close();

    return CWinApp::ExitInstance();
}
```

（9）保存工程并运行，运行结果如图 4-154 所示。

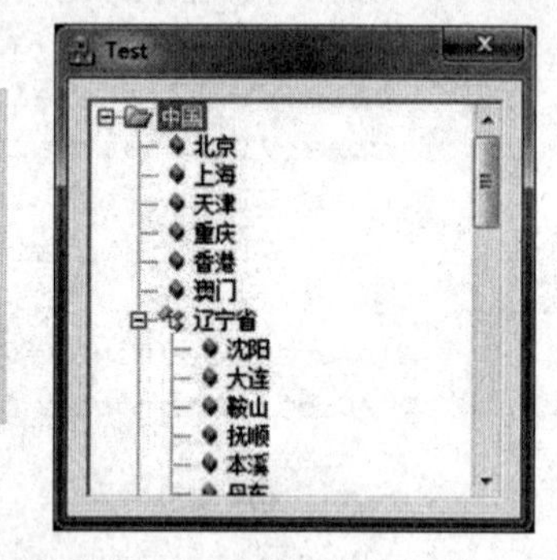

图 4-154

4.11.25 实现类似 QQ 游戏大厅导航的树形控件

玩过 QQ 游戏的朋友知道，QQ 游戏大厅是一个非常漂亮的树形控件，本例实现这样的功能。基本思路是通过自定义类 CTreeCtrlBT 来定义一个变量，并关联到对话框上的树形控件。

【例 4.111】实现类似 QQ 游戏大厅导航的树形控件

（1）新建一个对话框工程，设置字符集为多字节。

（2）切换到解决方案视图，把工程目录下的 TreeCtrlBT.cpp 和 TreeCtrlBT.h 加入工程中。

（3）切换到资源视图，把 res 目录下的 1.bmp、2.bmp、3.bmp、4.bmp、5.bmp、6.bmp、Add.bmp 和 Sub.bmp 导入工程中，并将 Add.bmp 的 ID 设为 IDB_ADD、Sub.bmp 的 ID 设为 IDB_SUB。然后在对话框上添加一个树形控件，并设置树形控件的 Has Buttons 和 Lines At Root 为 True。再为树形控件添加变量：

```
CTreeCtrlBT m_tree;
```

（4）为类 CTestDlg 添加成员函数 InitTree 和 ReSizeTree，如下代码：

```
void CTestDlg::InitTree()
{
    CString strText;
    strText = _T("最热游戏");
    HTREEITEM hRootItem;
```

```
    HTREEITEM hItem;

    hRootItem = m_tree.InsertItemEx(NULL,strText,IDB_BITMAP1);

    hItem=m_tree.InsertItemEx(hRootItem,_T("欢乐斗地主—圣诞好礼送不停(38191)"),
IDB_BITMAP2);
    m_tree.InsertItemEx(hItem,_T("欢乐领奖台"),IDB_BITMAP3);
    m_tree.InsertItemEx(hItem,_T("欢乐充值点"),IDB_BITMAP3);

    HTREEITEM hTmp= m_tree.InsertItemEx(hItem,_T("斗地主市场"),IDB_BITMAP4);
    m_tree.InsertItemEx(hTmp,_T("欢乐新手区"),IDB_BITMAP5);
    m_tree.InsertItemEx(hTmp,_T("欢乐高手区"),IDB_BITMAP2);
    m_tree.Expand(hItem,TVE_EXPAND);

    hItem = m_tree.InsertItemEx(hRootItem,_T("中国象棋"),IDB_BITMAP6);
    m_tree.InsertItemEx(hItem,_T("新手区一区"),IDB_BITMAP5);
    m_tree.InsertItemEx(hItem,_T("新手区二区"),IDB_BITMAP5);
    m_tree.InsertItemEx(hItem,_T("新手区三区"),IDB_BITMAP5);
    m_tree.InsertItemEx(hItem,_T("新手区四区"),IDB_BITMAP5);
    m_tree.InsertItemEx(hItem,_T("新手区五区"),IDB_BITMAP5);
    m_tree.InsertItemEx(hItem,_T("新手区六区"),IDB_BITMAP5);
    m_tree.InsertItemEx(hItem,_T("新手区七区"),IDB_BITMAP5);
    m_tree.InsertItemEx(hItem,_T("新手区八区"),IDB_BITMAP5);
    m_tree.InsertItemEx(hItem,_T("新手区九区"),IDB_BITMAP5);
    m_tree.InsertItemEx(hItem,_T("新手区十区"),IDB_BITMAP5);
    m_tree.InsertItemEx(hItem,_T("高手区一区"),IDB_BITMAP5);
    m_tree.InsertItemEx(hItem,_T("高手区二区"),IDB_BITMAP5);
    m_tree.InsertItemEx(hItem,_T("高手区三区"),IDB_BITMAP5);
    m_tree.InsertItemEx(hItem,_T("高手区四区"),IDB_BITMAP5);
    m_tree.InsertItemEx(hItem,_T("高手区五区"),IDB_BITMAP5);
    m_tree.InsertItemEx(hItem,_T("高手区六区"),IDB_BITMAP5);
    m_tree.InsertItemEx(hItem,_T("高手区七区"),IDB_BITMAP5);
    m_tree.InsertItemEx(hItem,_T("高手区八区"),IDB_BITMAP5);
    m_tree.InsertItemEx(hItem,_T("高手区九区"),IDB_BITMAP5);
    m_tree.InsertItemEx(hItem,_T("高手区十区"),IDB_BITMAP5);
    m_tree.Expand(hItem,TVE_EXPAND);

    hRootItem = m_tree.GetRootItem();

    hRootItem = m_tree.InsertItemEx(NULL,_T("其他游戏"));

    hItem = m_tree.InsertItemEx(hRootItem,_T("视频斗地主"));
    m_tree.InsertItemEx(hItem,_T("深圳一区"));
    m_tree.InsertItemEx(hItem,_T("广东一区"));

    hTmp= m_tree.InsertItemEx(hItem,_T("连连看"));
    m_tree.InsertItemEx(hTmp,_T("华中地区"));
    m_tree.InsertItemEx(hTmp,_T("华南地区"));
    m_tree.Expand(hItem,TVE_EXPAND);

    hItem = m_tree.InsertItemEx(hRootItem,_T("QQ 软件"));
```

```
    m_tree.InsertItemEx(hItem,_T("QQ 工具栏"));
    m_tree.InsertItemEx(hItem,_T("QQ 日历"));
    m_tree.InsertItemEx(hItem,_T("QQ 影音"));
    m_tree.InsertItemEx(hItem,_T("QQ 旋风"));
    m_tree.Expand(hItem,TVE_EXPAND);

    m_tree.EnsureVisible(hRootItem);
    m_tree.SelectItem(hRootItem);
}
void CTestDlg::ReSizeTree()
{
    if ( !m_tree.GetSafeHwnd() )
    {
        return;
    }

    CRect rect;
    GetClientRect(rect);
    rect.left   += 20;
    rect.top    += 20;
    rect.right   = rect.left+240;
    rect.bottom -= 80;

    m_tree.MoveWindow(rect);
}
```

（5）在 CTestDlg::OnInitDialog 中添加如下代码：

```
    m_tree.SetExpandBitmap(IDB_ADD,IDB_SUB,RGB(255,0,255));
    InitTree();
    ReSizeTree();
```

（6）切换到资源视图，在对话框上添加 2 个复选框按钮“不显示节点背景”和“不显示横线”，并为这两个复选框添加事件处理函数，如下代码：

```
void CTestDlg::OnBnClickedCheck1()//不显示节点背景
{
    // TODO: 在此添加控件通知处理程序代码
    m_tree.EnableRootBk( !m_tree.IsEnableRootBk() );
    m_tree.Invalidate(FALSE);
}
void CTestDlg::OnBnClickedCheck2()//不显示横线
{
    // TODO: 在此添加控件通知处理程序代码
    m_tree.EnableRowLine( !m_tree.IsEnableRowLine());
    m_tree.Invalidate(FALSE);
}
```

再在对话框上添加一个按钮“修改节点位图（先要选中节点）”，如下代码：

```
void CTestDlg::OnBnClickedButton2()
{
    // TODO: 在此添加控件通知处理程序代码
    HTREEITEM hItme = m_tree.GetSelectedItem();
```

```
    if ( hItme )
    {
        m_tree.SetItemBitmap(hItme,IDB_BITMAP6);
        m_tree.Invalidate(0);
    }
}
```

（7）保存工程并运行，运行结果如图 4-155 所示。

图 4-155

4.11.26　通过树形控件节点来显示不同的子对话框

对话框是和用户打交道的重要接口，如果软件中的对话框很多，屏幕上就会显得很杂乱。本例让所有对话框作为子对话框都显示在一个母对话框中。具体显示哪个对话框，由左边当前选中的树形节点来控制。

基本思路是把所有的子对话框先创建好，并把每个子对话框的指针先保存好，然后当选中左边某个树形节点的时候就调用 ShowWindow 函数。

【例 4.112】通过树形控件节点来显示不同的子对话框

（1）新建一个对话框工程，设置字符集为多字节。

（2）切换到资源视图，把 res 目录下的 openfolder.ico 和 closefolder.ico 导入工程中。在对话框上放置一个树形控件，并设置树形控件的 Has Lines、Lines At Root 和 Has Buttons 属性为 True。然后添加 2 个对话框，设置对话框的 Style 属性为 Child、Border 属性为 None，并在 2 个对话框上添加一些控件。接着为 2 个对话框添加类 CDlg1 和 CDlg2。

（3）切换到类视图，为类 CTestDlg 添加 2 个成员变量：

```
CDlg1 *m_pDlg1;
CDlg2 *m_pDlg2;
```

并添加相应的头文件。

（4）在 CTestDlg::OnInitDialog()中添加两个子对话框初始化代码：

```
//节点的图标
    int i=0;
    int i_count=2;
    //载入图标
    HICON icon[4];
    icon[0]=AfxGetApp()->LoadIcon (IDI_CLOSEFOLDER);
    icon[1]=AfxGetApp()->LoadIcon (IDI_OPENFOLDER);

    //创建图像列表控件
    CImageList *m_imagelist=new CImageList;
    m_imagelist->Create(16,16,0,7,7);
    m_imagelist->SetBkColor (RGB(0,255,255));
    for(int n=0;n<i_count;n++)
    {
        m_imagelist->Add(icon[n]);  //把图标载入图像列表控件
    }
    //为m_tree 设置一个图像列表，使 CtreeCtrl 的节点显示不同的图标
    m_tree.SetImageList(m_imagelist,TVSIL_NORMAL);
    m_tree.SetBkColor(RGB(192,168,211));//设置m_tree 的背景色
```

```
        //创建节点
        //父节点
        HTREEITEM root0=m_tree.InsertItem("Dialog1",0,1,TVI_ROOT,TVI_LAST);
        HTREEITEM root1=m_tree.InsertItem("Dialog2",0,1,TVI_ROOT,TVI_LAST);
        //一层子节点
        HTREEITEM sub_son0=m_tree.InsertItem("HELLOBOY",0,1,root0,TVI_LAST);
        HTREEITEM sub_son1=m_tree.InsertItem("NICE TO MEET YOU",0,1,root1,
TVI_LAST);

        //建立节点对应的 Dialog
        m_pDlg1 = new CDlg1;
        m_pDlg2 = new CDlg2;
        m_pDlg1->Create(CDlg1::IDD,this);
        m_pDlg1->ShowWindow(SW_SHOW);
        m_pDlg2->Create(CDlg2::IDD,this);
        m_pDlg2->ShowWindow(SW_HIDE);

        //把 Dialog 移到合适位置
        CRect m_rect;
        GetClientRect(m_rect);
        m_rect.left=200;
        m_pDlg1->MoveWindow(m_rect);
        m_pDlg2->MoveWindow(m_rect);
```

（5）切换到资源视图，为树形控件添加选择改变事件函数 OnTvnSelchangedTree1，如下代码：

```
    void CTestDlg::OnTvnSelchangedTree1(NMHDR *pNMHDR, LRESULT *pResult)
    {
        LPNMTREEVIEW pNMTreeView = reinterpret_cast<LPNMTREEVIEW>(pNMHDR);
        // TODO: 在此添加控件通知处理程序代码
        UpdateData(true);
        CString str = m_tree.GetItemText(pNMTreeView->itemNew.hItem);
        //在标题栏显示节点信息
        SetWindowText(str);
        //切换面板
        if(str =="HELLOBOY")
        {
            m_pDlg1->ShowWindow(SW_SHOW);
            m_pDlg2->ShowWindow(SW_HIDE);
        }
        else if(str =="NICE TO MEET YOU")
        {
            m_pDlg1->ShowWindow(SW_HIDE);
            m_pDlg2->ShowWindow(SW_SHOW);
        }
        UpdateData(false);

        *pResult = 0;
    }
```

（6）保存工程并运行，运行结果如图 4-156 所示。

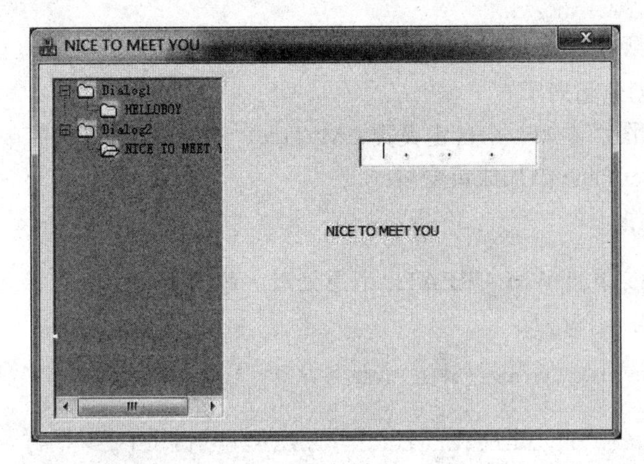

图 4-156

4.11.27　树形控件和文档类程序的联合作战

前面的树形控件都是放在对话框中的，本例实现树形控件放在单文档工程中。

基本思路是首先在主框架的左边创建一个左视图（Pane），然后把树形控件创建在这个左视图中。创建的方式都是调用控件 Create 函数。左视图的类是一个自定义类 CMyLeftPane，它的基类是 CSizingControlBar，这也是一个自定义类。

【例 4.113】树形控件和文档类程序的联合作战

（1）新建一个对话框工程，设置字符集为多字节。

（2）切换到解决方案视图，把工程目录下的 SIZECBAR.CPP 和 SIZECBAR.h 加入工程中。

（3）切换到类视图，添加一个 C++类 CMyLeftPane，基类为 CSizingControlBar。

（4）为 CMyLeftPane 可视化添加系统虚函数 OnUpdateCmdUI，该函数的主要作用是通知状态栏或工具栏更新，然后在该函数中添加如下代码：

```
void CMyLeftPane::OnUpdateCmdUI(CFrameWnd* pTarget, BOOL bDisableIfNoHandler)
{
    // TODO: 在此添加专用代码和/或调用基类
    UpdateDialogControls(pTarget, bDisableIfNoHandler);
}
```

（5）为类 CMainFrame 添加成员变量:

```
CMyLeftPane m_leftPane;
```

然后在 CMainFrame::OnCreate 的末尾处添加初始化代码:

```
    if(!m_leftPane.Create("数据浏览条",this, CSize(200,200),TRUE,123))
    {
        TRACE0("Failed to create mybar\n");
        return -1;
        // fail to create
    }
    m_leftPane.SetBarStyle(m_leftPane.GetBarStyle()|
        CBRS_TOOLTIPS | CBRS_FLYBY | CBRS_SIZE_DYNAMIC);
    m_leftPane.EnableDocking(CBRS_ALIGN_ANY);
    EnableDocking(CBRS_ALIGN_ANY);
```

```
    DockControlBar(&m_leftPane,AFX_IDW_DOCKBAR_LEFT);
```

这样左边视图就创建起来了。

（6）切换到类视图，添加一个自定义类 CMyTree，基类是 MFC 类库中的 CTreeCtrl。

（7）为类 CMyLeftPane 添加成员变量：

```
CMyTree m_tree;
```

再为 CMyLeftPane 添加 WM_CREATE 消息处理函数 OnCreate，在该函数中进行树形控件创建并初始化，如下代码：

```
int CMyLeftPane::OnCreate(LPCREATESTRUCT lpCreateStruct)
{
    if (CSizingControlBar::OnCreate(lpCreateStruct) == -1)
        return -1;
    // TODO:  在此添加你专用的创建代码
        m_tree.Create(WS_VISIBLE | WS_TABSTOP | WS_CHILD | WS_BORDER
        | TVS_HASBUTTONS | TVS_LINESATROOT | TVS_HASLINES
        | TVS_DISABLEDRAGDROP|TVS_EDITLABELS|TVS_TRACKSELECT,
        CRect(10, 10, 300, 100), this, 10001);

    CFont *font =
    CFont::FromHandle((HFONT)::GetStockObject(DEFAULT_GUI_FONT));
    m_tree.SetFont(font);

    HTREEITEM root = m_tree.InsertItem("我的电脑",0,0);
    HTREEITEM subroot1=m_tree.InsertItem("C:\\",1,1,root);
    HTREEITEM subroot2=m_tree.InsertItem("D:\\",1,1,root);
    HTREEITEM subroot3=m_tree.InsertItem("E:\\",1,1,root);
    HTREEITEM subroot4=m_tree.InsertItem("F:\\",1,1,root);
    HTREEITEM subroot5=m_tree.InsertItem("G:\\",1,1,root);
    HTREEITEM subroot6=m_tree.InsertItem("H:\\",1,1,root);

    m_tree.InsertItem("Windows",1,1,subroot1);
    m_tree.InsertItem("Program Files",1,1,subroot1);

    m_tree.InsertItem("游戏",1,1,subroot2);
    m_tree.InsertItem("电影",1,1,subroot2);

    m_tree.InsertItem("照片",1,1,subroot3);

    m_tree.InsertItem("视频",1,1,subroot4);

    m_tree.InsertItem("下载",1,1,subroot5);
    m_tree.InsertItem("广场舞",1,1,subroot5);
    m_tree.InsertItem("京剧",1,1,subroot5);

    m_tree.SelectItem(root);
    m_tree.Expand(root, TVE_EXPAND);
    m_tree.Expand(subroot1, TVE_EXPAND);
    m_tree.Expand(subroot2, TVE_EXPAND);
    m_tree.Expand(subroot3, TVE_EXPAND);
    m_tree.Expand(subroot4, TVE_EXPAND);
    m_tree.Expand(subroot5, TVE_EXPAND);
```

```
    return 0;
}
```

这样左视图中的树形控件就创建起来了。

再为 CMyLeftPane 添加 WM_SIZE 消息处理函数 OnSize，在该函数中进行树形控件和 CMyLeftPane 窗口大小匹配，如下代码：

```
void CMyLeftPane::OnSize(UINT nType, int cx, int cy)
{
    CSizingControlBar::OnSize(nType, cx, cy);

    // TODO: 在此处添加消息处理程序代码
    m_tree.MoveWindow(CRect(0,0,cx,cy));
}
```

（8）保存工程并运行，运行结果如图 4-157 所示。

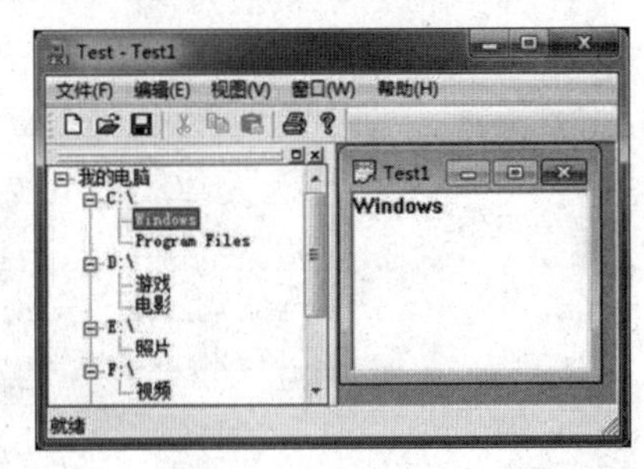

图 4-157

4.11.28　一个简单的 Windows 资源管理器的界面

本例实现一个类似 Windows 资源管理器的界面，程序分为左右两个视图，左边存放一个树形控件，右边存放一个列表控件。当选中左边树形控件某个节点（节点就是磁盘上的一个文件夹名）时，右边会把该文件夹下的内容显示出来，并且是带图标的方式显示。

基本思路是对树形控件的操作，主要涉及节点展开和节点选中两个事件，然后把节点转换为文件夹的磁盘路径，接着遍历该磁盘路径，并把文件夹中的文件名在右边列表框中显示出来。

【例 4.114】 一个简单的 Windows 资源管理器的界面

（1）新建一个对话框工程，设置字符集为多字节。

（2）切换到资源视图，在对话框左边放置一个树形控件，变量名为 m_tree；在右边放置一个列表控件，变量名是 m_lst。

（3）为 CTestDlg 添加成员函数 GetDiskDir，该函数获取磁盘所有目录，并把目录名作为节点加入树形控件，如下代码：

```
void CTestDlg::GetDiskDir(HTREEITEM hParent)
{
    HTREEITEM hChild = m_tree.GetChildItem(hParent);
    while(hChild)
    {
        CString strText = m_tree.GetItemText(hChild);
        if(strText.Right(1) != "\\")
            strText += _T("\\");
        strText += "*.*";
        CFileFind file;
        BOOL bContinue = file.FindFile(strText);
        while(bContinue)
        {
            bContinue = file.FindNextFile();
            if(file.IsDirectory() && !file.IsDots())
                m_tree.InsertItem(file.GetFileName(),hChild);
```

```
        }
        GetDiskDir(hChild);
        hChild = m_tree.GetNextItem(hChild,TVGN_NEXT);
    }
}
```

（4）为 CTestDlg 添加成员函数 GetDiskDriver，该函数得到磁盘所有驱动器符号，然后把符号名作为树形控件节点加入树形控件，如下代码：

```
void CTestDlg::GetDiskDrivers(HTREEITEM hParent)
{
    size_t szAllDriveStrings = GetLogicalDriveStrings(0,NULL);
    char *pHead,*pDriveStrings = new char[szAllDriveStrings + sizeof(_T(""))];
    pHead = pDriveStrings;

    GetLogicalDriveStrings(szAllDriveStrings,pDriveStrings);
    size_t szDriveString = strlen(pDriveStrings);
    while(szDriveString > 0)
    {
        m_tree.InsertItem(pDriveStrings,hParent);
        pDriveStrings += szDriveString + 1;
        szDriveString = strlen(pDriveStrings);
    }

    delete []pHead;
}
```

（5）为 CTestDlg 添加成员变量：

```
HTREEITEM m_hRoot;
CImageList m_ImageList;
```

再在 CTestDlg::OnInitDialog()的末尾处添加初始化代码：

```
    m_ImageList.Create(32,32,ILC_COLOR32,10,30);
    m_lst.SetImageList(&m_ImageList,LVSIL_NORMAL);
    DWORD dwStyle = GetWindowLong(m_tree.m_hWnd,GWL_STYLE);
    dwStyle |= TVS_HASBUTTONS | TVS_HASLINES | TVS_LINESATROOT;
    SetWindowLong(m_tree.m_hWnd,GWL_STYLE,dwStyle);
    m_hRoot = m_tree.InsertItem("我的电脑");
    GetDiskDrivers(m_hRoot);
    GetDiskDir(m_hRoot);
    m_tree.Expand(m_hRoot,TVE_EXPAND);
```

（6）为 CTestDlg 添加成员函数 GetFullPath 和 AddSubDir，如下代码：

```
CString CTestDlg::GetFullPath(HTREEITEM hCurrent)
{
    CString strTemp;
    CString strReturn = "";
    while(hCurrent != m_hRoot)
    {
        strTemp = m_tree.GetItemText(hCurrent);
        if(strTemp.Right(1) != "\\")
            strTemp += "\\";
        strReturn = strTemp  + strReturn;
```

```
        hCurrent = m_tree.GetParentItem(hCurrent);
    }
    return strReturn;
}

void CTestDlg::AddSubDir(HTREEITEM hParent)
{
    CString strPath = GetFullPath(hParent);
    if(strPath.Right(1) != "\\")
        strPath += "\\";
    strPath += "*.*";
    CFileFind file;
    BOOL bContinue = file.FindFile(strPath);
    while(bContinue)
    {
        bContinue = file.FindNextFile();
        if(file.IsDirectory() && !file.IsDots())
            m_tree.InsertItem(file.GetFileName(),hParent);
    }
}
```

其中，AddSubDir 的功能是准备好子目录给树形节点。切换到资源视图，然后为树形控件添加节点展开消息通知 TVN_ITEMEXPANDED，如下代码：

```
void CTestDlg::OnTvnItemexpandedTree1(NMHDR *pNMHDR, LRESULT *pResult)
{
    LPNMTREEVIEW pNMTreeView =
        reinterpret_cast<LPNMTREEVIEW>(pNMHDR);
    // TODO: 在此添加控件通知处理程序代码
    TVITEM item = pNMTreeView->itemNew;
    if(item.hItem == m_hRoot)
        return;
    HTREEITEM hChild = m_tree.GetChildItem(item.hItem);
    while(hChild)
    {
        AddSubDir(hChild);
        hChild = m_tree.GetNextItem(hChild,TVGN_NEXT);
    }

    *pResult = 0;
}
```

（7）切换到资源视图，为树形控件添加节点选择改变事件，如下代码：

```
void CTestDlg::OnTvnSelchangedTree1(NMHDR *pNMHDR, LRESULT *pResult)
{
    LPNMTREEVIEW pNMTreeView =
        reinterpret_cast<LPNMTREEVIEW>(pNMHDR);
    // TODO: 在此添加控件通知处理程序代码
    m_lst.DeleteAllItems();
    TVITEM item = pNMTreeView->itemNew;
    if(item.hItem == m_hRoot)
        return;
    CString str = GetFullPath(item.hItem);
```

```
        if(str.Right(1) != "\\")
            str += "\\";
        str += "*.*";
        CFileFind file;
        BOOL bContinue = file.FindFile(str);
        while(bContinue)
        {
            bContinue = file.FindNextFile();
            if(!file.IsDirectory() && !file.IsDots())
            {
                SHFILEINFO info;
                CString temp = str;
                int index = temp.Find("*.*");
                temp.Delete(index,3);
                SHGetFileInfo(temp + file.GetFileName(),0,&info,sizeof(&info),
SHGFI_DISPLAYNAME | SHGFI_ICON);
                int i = m_ImageList.Add(info.hIcon);
                m_lst.InsertItem(i,info.szDisplayName,i);
            }
        }
        *pResult = 0;
    }
```

这个函数将把当前选中的树形控件节点（目录）下的所有文件显示在列表框中。

（8）保存工程并运行，运行结果如图 4-158 所示。

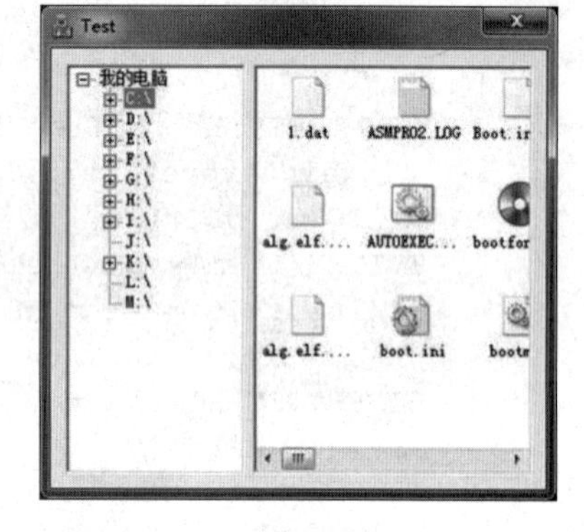

图 4-158

4.11.29 递归添加磁盘上的任一目录

CTreeCtrl 是可视化编程中很实用的一个类，可以用于目录结构、层次结构、属性结构，尤其是在显示文件目录结构时更是应用广泛。本例中的树形控件可以搜索任意层目录。

基本思路是使用递归的方法。递归对树进行遍历有深度优先和广度优先两种常用的搜索方法。本例采用深度优先的算法。

【例 4.115】递归添加磁盘上的任一目录

（1）新建一个对话框工程，设置字符集为多字节。

（2）切换到资源视图，在对话框上添加一个树形控件，并设置属性 Has Buttons、Has Lines、Lines At Root 为 True，然后为其添加变量 m_tree。

（3）为 CTestDlg 添加成员函数 AddFileToTree，如下代码：

```
void CTestDlg::AddFileToTree(CString strPath, HTREEITEM hItem)
{
    CFileFind OneFile;
    CString FName, DirName;
    BOOL BeWorking;
    HTREEITEM NewItem;

    DirName = strPath+"\\*.*";
```

```
    BeWorking = OneFile.FindFile( DirName );
    while ( BeWorking ) //BeWorking 非 0，指找了文件或目录
    {
        //查找同级的目录
        BeWorking = OneFile.FindNextFile();
        //如果查找的结果是目录又不是".."或"."
        if ( OneFile.IsDirectory() && !OneFile.IsDots() )
{
            //向 Tree1 中添加目录;
            DirName = OneFile.GetFilePath();
            FName = OneFile.GetFileTitle();
            //NewItem 取得节点，目的是方便在下一层中添加节点，递归时把它传过去
            NewItem = m_tree.InsertItem( FName, hItem );
            AddFileToTree(DirName, NewItem); //进入下一层递归调用
        }
        //退出递归时，到了这里
        //如果查找结果是文件
        if ( !OneFile.IsDirectory() && !OneFile.IsDots() )
        {
            //向 Tree1 中添加文件
            FName=OneFile.GetFileTitle();//注意这里用的是 GetFileTitle
            m_tree.InsertItem( FName, hItem );//这里是添加文件
        }
    }//while
    OneFile.Close();                    //记着用完 CFileFild 实例要关闭
}
```

其中，参数 strPath 为传递过来的目录层次，本次函数调用中搜索的文件都是它下一层的；hItem 为传递过来的 Tree 节点，本次函数调用中添加的 Tree 节点都是它的子节点。

（4）在 CTestDlg::OnInitDialog 末尾处添加初始化代码：

```
AddFileToTree( "我的目录", NULL );
```

（5）把 Test 工程目录下的文件夹“我的目录”放到工程同一路径。

（6）保存工程并运行，运行结果如图 4-159 所示。

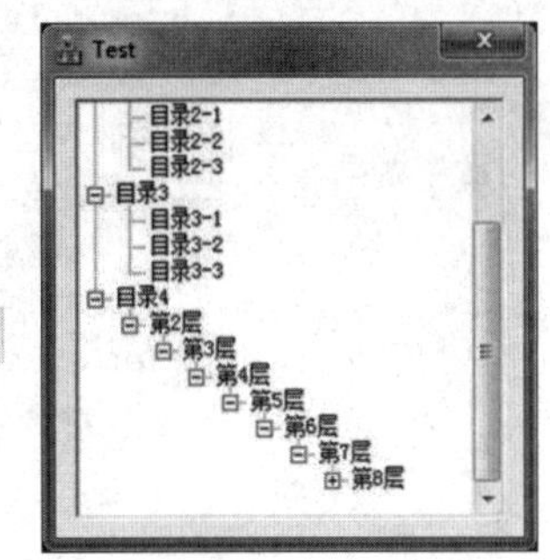

图 4-159

4.11.30　支持编辑框的方式插入节点

本例实现在树形控件上插入节点。

基本思路是响应 TVN_BEGINLABELEDIT 和 TVN_ENDLABELEDIT 两个事件通知。当单击按钮“添加节点”的时候，要在按钮事件处理函数中调用树形控件的 EditLabel 这个成员函数，例如：

```
CEdit* pEdit = m_tree.EditLabel(hItem);
```

【例 4.116】支持编辑框的方式插入节点

（1）新建一个对话框工程，设置字符集为多字节。

（2）切换到资源视图，在对话框上放置一个树形控件，并设置其 Has Buttons、Has Lines、Lines At Root、Edit Labels 等属性为 True，然后为树形控件添加变量 m_tree。

（3）在 TestDlg.cpp 中添加全局变量：

```
char * const TREE_SERVICES[4] =
{
"家人", //1
"朋友(0/3)", //2
"同事(0/3)", //3
"其他", //4
};
//子项目
char * const TREE_SERVICES_ITEMS[4][4] =
{
{"","","",""},//    21
{"张大民","梁朝伟","周润发",""},    //11
{"Shaq","Lisa","Mark",""},    //31
{"","","",""},    //41

};
```

（4）在 CTestDlg::OnInitDialog()的末尾处添加树形控件初始化代码：

```
int    i,j;
HTREEITEM       hCur,hRoot;
TV_INSERTSTRUCT TCItem;//插入数据项数据结构
DWORD dwStyles = GetWindowLong(m_hWnd,GWL_STYLE);//获取树形控件原风格
//设置新的风格
dwStyles |=
TVS_HASBUTTONS|TVS_HASLINES|TVS_LINESATROOT|TVS_EDITLABELS;
SetWindowLong(m_hWnd,GWL_STYLE,dwStyles);
TCItem.hParent = TVI_ROOT;//增加根项
TCItem.hInsertAfter = TVI_LAST;
TCItem.item.mask =
 TVIF_TEXT|TVIF_PARAM|TVIF_IMAGE|TVIF_SELECTEDIMAGE;
TCItem.item.pszText = _T("联系人");
TCItem.item.lParam = 0;
TCItem.item.iImage = 0;    //正常图标
TCItem.item.iSelectedImage = 0;
hRoot = m_tree.InsertItem(&TCItem);

for(i=0;i<4;i++)
{
    TCItem.hParent=hRoot;
    TCItem.item.pszText = TREE_SERVICES[i];
    TCItem.item.lParam = (i+1)*10;//子项序号
    hCur = m_tree.InsertItem(&TCItem);
    for(j=0;j<4;j++)
    {
        if(TREE_SERVICES_ITEMS[i][j] == "")
            continue;
        TCItem.hParent=hCur;
        TCItem.item.pszText=TREE_SERVICES_ITEMS[i][j];
        TCItem.item.lParam=(i+1)*10+(j+1);//子项序号
        m_tree.InsertItem(&TCItem);
    }
}
```

```
    m_tree.Expand(hRoot,TVE_EXPAND);
```

（5）切换到资源视图，为树形控件添加 TVN_BEGINLABELEDIT 和 TVN_ENDLABELEDIT 两个事件通知，如下代码：

```
void CTestDlg::OnTvnBeginlabeleditTree1(NMHDR *pNMHDR, LRESULT *pResult)
{
    LPNMTVDISPINFO pTVDispInfo =
    reinterpret_cast<LPNMTVDISPINFO>(pNMHDR);
    // TODO: 在此添加控件通知处理程序代码
    m_tree.GetEditControl()->LimitText(16);

    *pResult = 0;
}
void CTestDlg::OnTvnEndlabeleditTree1(NMHDR *pNMHDR, LRESULT *pResult)
{
    LPNMTVDISPINFO pTVDispInfo =
    reinterpret_cast<LPNMTVDISPINFO>(pNMHDR);
    // TODO: 在此添加控件通知处理程序代码
    CString strName;
    TV_DISPINFO* pTVDI = (TV_DISPINFO*)pNMHDR;

    m_tree.GetEditControl()->GetWindowText(strName);
    if(strName.IsEmpty())
    {
        AfxMessageBox(_T("数据项名称不能为空，请重新输入!"));
        CEdit* pEdit = m_tree.EditLabel(pTVDI->item.hItem);
        ASSERT(pEdit != NULL);
        return;
    }

    HTREEITEM hRoot = m_tree.GetRootItem();
    HTREEITEM hFind = SearchItem(hRoot,strName);
    if(hFind==NULL)
    {
        char msg[64]={0};
        sprintf(msg,"新添加数据项名称 %s ,确定吗?",strName);
        if(MessageBox(msg,_T("提示"),MB_OKCANCEL) == IDOK)
        {

            m_tree.SetItemText(pTVDI->item.hItem,pTVDI->item.pszText);
            m_tree.SetFocus();
        }
        else
            m_tree.DeleteItem(pTVDI->item.hItem);

    }
    else
    {
        AfxMessageBox(_T("该数据项已存在，请重新输入!"));
        CEdit* pEdit = m_tree.EditLabel(pTVDI->item.hItem);
        ASSERT(pEdit != NULL);
        *pResult = 0;
    }
```

```
    m_tree.SelectItem(pTVDI->item.hItem);
    *pResult = 0;
}
```

（6）切换到资源视图，在对话框上添加一个按钮“添加节点”，事件如下代码：

```
void CTestDlg::OnBnClickedButton1()
{
    // TODO: 在此添加控件通知处理程序代码
    HTREEITEM hRoot = m_tree.GetSelectedItem();
    TVINSERTSTRUCT tvInsert;

    tvInsert.hParent = hRoot;
    tvInsert.hInsertAfter = TVI_LAST;
    tvInsert.item.mask = TVIF_TEXT;
    tvInsert.item.pszText = _T("");
    HTREEITEM hItem = m_tree.InsertItem(&tvInsert);
    ASSERT(hItem!=NULL);
    m_tree.Expand(hRoot,TVE_EXPAND);
    CEdit* pEdit = m_tree.EditLabel(hItem);
    ASSERT(pEdit != NULL);
}
```

（7）切换到类视图，为 CTestDlg 添加虚拟函数 PreTranslateMessage，如下代码：

```
BOOL CTestDlg::PreTranslateMessage(MSG* pMsg)
{
    // TODO: 在此添加专用代码和/或调用基类
    switch(pMsg->message)
    {
    case WM_KEYDOWN:
        if(pMsg->wParam== VK_ESCAPE || VK_RETURN == pMsg->wParam)
            return 0;
    }
    return CDialog::PreTranslateMessage(pMsg);
}
```

该函数的主要作用是用户回车的时候不会关闭对话框。

（8）为 CTestDlg 添加成员函数 SearchItem，如下代码：

```
HTREEITEM CTestDlg::SearchItem(HTREEITEM item, CString strText)
{
    HTREEITEM hFind;
    if(item == NULL)
        return NULL;
    while(item!=NULL)
    {
        if(m_tree.GetItemText(item) == strText)
            return item;
        if(m_tree.ItemHasChildren(item))
```

```
        {
            item = m_tree.GetChildItem(item);
            hFind = SearchItem(item,strText);
            if(hFind)
            {
                return hFind;
            }
            else
                item= m_tree.GetNextSiblingItem(m_tree.GetParentItem(item));

        }
        else
        {
            item = m_tree.GetNextSiblingItem(item);
            if(item==NULL)
                return NULL;
        }
    }

    return item;
}
```

该函数在树形控件中根据数据项名称查找数据项，其中 item 为要查询的数据项及其子数据；strText 为要查询的数据项名称。

（9）保存工程并运行，运行结果如图 4-160 所示。

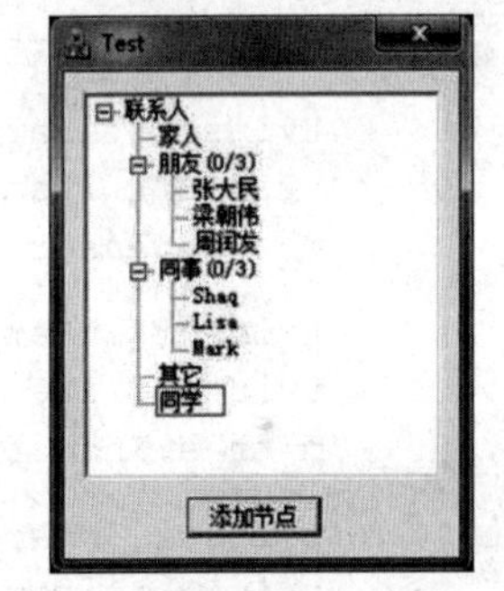

图 4-160

4.11.31　节点检查框的隐藏和显示

有时候，树形控件节点前的检查框需要在程序运行时动态显示或隐藏。本例实现树形控件节点的显示、隐藏和显示并打勾功能。

基本思路主要是 CTreeCtrl 的成员函数 SetItemState 的使用。该函数的定义如下：

```
BOOL SetItemState( HTREEITEM hItem, UINT nState, UINT nStateMask );
```

此函数用来设置由 hItem 指定的项的状态。其中，hItem 为设置其状态项的句柄；nState 指定该项的新状态；nStateMask 指定要改变哪些状态。如果函数成功就返回非 0 值，否则返回 0。

【例 4.117】节点检查框的隐藏和显示

（1）新建一个对话框工程，设置字符集为多字节。

（2）切换到资源视图，在对话框上放置一个树形控件，然后设置其 Check Boxes、Has Buttons、Has Lines 和 Lines At Root 等属性为 True，并为树形控件添加变量 m_tree。

（3）在 CTestDlg::OnInitDialog()末尾处添加树形控件初始化代码：

```
    TV_INSERTSTRUCT tvinsert;
    tvinsert.hParent=NULL;
    tvinsert.hInsertAfter=TVI_LAST;
    tvinsert.item.mask=TVIF_IMAGE|TVIF_SELECTEDIMAGE|TVIF_TEXT|TVIF_STATE;
    tvinsert.item.hItem=NULL;
    tvinsert.item.state=INDEXTOSTATEIMAGEMASK( 1 );
    tvinsert.item.stateMask=TVIS_STATEIMAGEMASK;
    tvinsert.item.cchTextMax=6;
```

```
        tvinsert.item.iSelectedImage=1;
        tvinsert.item.cChildren=0;
        tvinsert.item.lParam=0;

        tvinsert.item.pszText="中国";
        tvinsert.item.iImage=0;
        HTREEITEM hRoot=m_tree.InsertItem(&tvinsert);

        m_tree.SetItemState( hRoot, INDEXTOSTATEIMAGEMASK(0),
TVIS_STATEIMAGEMASK );

        //second level
        tvinsert.hParent=hRoot;
        tvinsert.item.iImage=0;
        tvinsert.item.pszText="海南省";
        m_tree.InsertItem(&tvinsert);

        tvinsert.hParent=hRoot;
        tvinsert.item.pszText="湖北省";
        HTREEITEM h1=m_tree.InsertItem(&tvinsert);

        tvinsert.hParent=hRoot;
        tvinsert.item.pszText="青海省";
        m_tree.InsertItem(&tvinsert);

        tvinsert.hParent=h1;
        tvinsert.item.pszText="武汉市";
        m_tree.InsertItem(&tvinsert);

        tvinsert.hParent=h1;
        tvinsert.item.pszText="黄石市";
        m_tree.InsertItem(&tvinsert);

        tvinsert.hParent=h1;
        tvinsert.item.pszText="荆门市";
        HTREEITEM h2=m_tree.InsertItem(&tvinsert);

        tvinsert.hParent=h1;
        tvinsert.item.pszText="宜昌市";
        m_tree.InsertItem(&tvinsert);

        tvinsert.hParent=h2;
        tvinsert.item.pszText="双河镇";
        m_tree.InsertItem(&tvinsert);

        tvinsert.hParent=h2;
        tvinsert.item.pszText="湖集镇";
        m_tree.InsertItem(&tvinsert);

        tvinsert.hParent=h2;
        tvinsert.item.pszText="王集镇";
        m_tree.InsertItem(&tvinsert);

        tvinsert.hParent=NULL;
        tvinsert.item.pszText="美国";
        tvinsert.item.iImage=0;
        m_tree.InsertItem(&tvinsert);
```

```
    tvinsert.item.pszText="英国";
    tvinsert.item.iImage=0;
    m_tree.InsertItem(&tvinsert);
    tvinsert.item.pszText="德国";
    tvinsert.item.iImage=0;
    m_tree.InsertItem(&tvinsert);
```

（4）切换到资源视图，分别添加 3 个按钮“隐藏检查框”“显示检查框”和“显示检查框并打勾”。3 个按钮的事件处理函数如下代码：

```
//隐藏检查框
void CTestDlg::OnBnClickedButton1()
{
    // TODO: 在此添加控件通知处理程序代码
    HTREEITEM hSelect=m_tree.GetSelectedItem();
    m_tree.SetItemState(hSelect,INDEXTOSTATEIMAGEMASK(0),
TVIS_STATEIMAGEMASK);
}
//显示检查框
void CTestDlg::OnBnClickedButton2()
{
    // TODO: 在此添加控件通知处理程序代码
    int nState1=1;
    HTREEITEM hSelect=m_tree.GetSelectedItem();
    m_tree.SetItemState(hSelect,INDEXTOSTATEIMAGEMASK(nState1),
TVIS_STATEIMAGEMASK);

}
//显示检查框并打勾
void CTestDlg::OnBnClickedButton3()
{
    // TODO: 在此添加控件通知处理程序代码
    int nState1=1;
    HTREEITEM hSelect=m_tree.GetSelectedItem();
    m_tree.SetItemState(hSelect,INDEXTOSTATEIMAGEMASK(2),
TVIS_STATEIMAGEMASK);
}
```

（5）保存工程并运行，运行结果如图 4-161 所示。

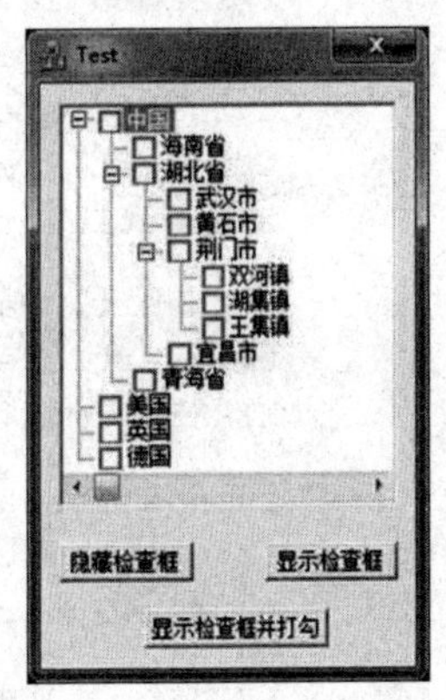

图 4-161

4.11.32　实现一个三态树

所谓三态树，就是带有检查框的树形控件。其节点前的检查框有三种状态：空白表示其子节点没有选择；灰色表示其子节点部分选择；全白表示其子节点全部选中。三态树更能反映出其子节点的选中情况。

基本思路是通过自定义的类 CMutiTreeCtrl 来定义一个变量，并关联到对话框上的树形控件。

【例 4.118】实现一个三态树

（1）新建一个对话框工程，设置字符集为多字节。

（2）把工程目录下的 MutiTreeCtrl.cpp 和 MutiTreeCtrl.h 添加到工程中，并把 res 目录下的 bitmap1.bmp 和 bitmap2.bmp 导入工程中，设置 ID 为 IDB_BITMAP_STATE 和 IDB_BITMAP_FOLDER。

（3）切换到资源视图，在对话框上添加一个树形控件，设置其 Check Boxes、Has Buttons、Has Lines 和 Lines At Root 等属性为 True，然后为其添加变量：

```
CMutiTreeCtrl m_tree;
```

（4）为类 CTestDlg 添加成员变量：

```
CImageList m_imgFolder;
CImageList m_imgState;
```

（5）在 CTestDlg::OnInitDialog()的末尾处添加初始化代码：

```
    m_imgState.Create(IDB_BITMAP_STATE,13, 1, RGB(255,255,255));
    m_imgFolder.Create(IDB_BITMAP_FOLDER,16, 1, RGB(255,255,255));

    m_tree.SetImageList(&m_imgFolder,TVSIL_NORMAL);
    m_tree.SetImageList(&m_imgState,TVSIL_STATE);

    TV_INSERTSTRUCT tvinsert;
    tvinsert.hParent=NULL;
    tvinsert.hInsertAfter=TVI_LAST;
    tvinsert.item.mask=TVIF_IMAGE|TVIF_SELECTEDIMAGE|TVIF_TEXT|TVIF_STATE;
    tvinsert.item.hItem=NULL;
    tvinsert.item.state=INDEXTOSTATEIMAGEMASK( 1 );
    tvinsert.item.stateMask=TVIS_STATEIMAGEMASK;
    tvinsert.item.cchTextMax=6;
    tvinsert.item.iSelectedImage=1;
    tvinsert.item.cChildren=0;
    tvinsert.item.lParam=0;

    tvinsert.item.pszText="食材";
    tvinsert.item.iImage=0;
    HTREEITEM hRoot=m_tree.InsertItem(&tvinsert);

    m_tree.SetItemState( hRoot, INDEXTOSTATEIMAGEMASK(0),
    TVIS_STATEIMAGEMASK );

    //second level
    tvinsert.hParent=hRoot;
    tvinsert.item.iImage=0;
    tvinsert.item.pszText="蔬菜";
    m_tree.InsertItem(&tvinsert);

    tvinsert.hParent=hRoot;
    tvinsert.item.pszText="水果";
    HTREEITEM h1=m_tree.InsertItem(&tvinsert);

    tvinsert.hParent=hRoot;
    tvinsert.item.pszText="荤菜";
    m_tree.InsertItem(&tvinsert);

    tvinsert.hParent=h1;
    tvinsert.item.pszText="鸭梨";
```

```
m_tree.InsertItem(&tvinsert);

tvinsert.hParent=h1;
tvinsert.item.pszText="苹果";
m_tree.InsertItem(&tvinsert);

tvinsert.hParent=h1;
tvinsert.item.pszText="猕猴桃";
HTREEITEM h2=m_tree.InsertItem(&tvinsert);

tvinsert.hParent=h1;
tvinsert.item.pszText="葡萄";
m_tree.InsertItem(&tvinsert);

tvinsert.hParent=h2;
tvinsert.item.pszText="西瓜";
m_tree.InsertItem(&tvinsert);

tvinsert.hParent=h2;
tvinsert.item.pszText="香瓜";
m_tree.InsertItem(&tvinsert);

tvinsert.hParent=h2;
tvinsert.item.pszText="哈密瓜";
m_tree.InsertItem(&tvinsert);

tvinsert.hParent=NULL;
tvinsert.item.pszText="药材";
tvinsert.item.iImage=0;
m_tree.InsertItem(&tvinsert);

m_tree.InsertItem(&tvinsert);
```

（6）保存工程并运行。此时，可以发现当某个父节点下面的子节点部分没有全部选中的时候，该父节点前的勾是灰色的；如果全部选中，则是白色的。运行结果如图 4-162 所示。

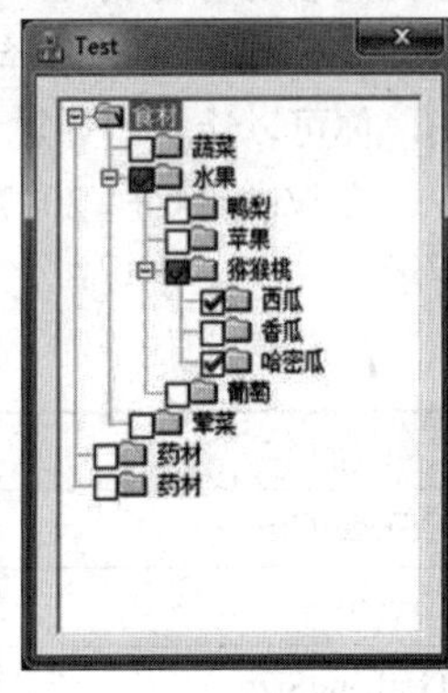

图 4-162

4.11.33　把位图作为树形控件的背景

让一幅位图作为树形控件的背景，将大大增加树形控件的美观程度。

基本思路是自定义一个继承于 CTreeCtrl 的类 CMyTree，然后通过调用类 CMyTree 的成员函数 SetBKImage 来设置位图文件。

【例 4.119】把位图作为树形控件的背景

（1）新建一个对话框工程。

（2）把工程目录下的 MyTree.h 和 MyTree.cpp 加入工程，把路径“5.19\Test\Debug”下的 Freeze.bmp 放到解决方案的 Debug 目录下。

（3）在 CTestDlg::OnInitDialog()的末尾加入代码：

```
// TODO:  在此添加额外的初始化代码
m_tree.SetBKImage(_T("Freeze.bmp")); //设置背景位图

TVINSERTSTRUCT tvInsert;
```

```
        tvInsert.hParent = NULL;
        tvInsert.hInsertAfter = NULL;
        tvInsert.item.mask = TVIF_TEXT;
        tvInsert.item.pszText = _T("香港明星");

        HTREEITEM hRoot = m_tree.InsertItem(&tvInsert);
        HTREEITEM hPA = m_tree.InsertItem(TVIF_TEXT, _T("张学友"), 0, 0, 0, 0, 0,
hRoot, NULL);
        m_tree.InsertItem(TVIF_TEXT, _T("刘德华"), 0, 0, 0, 0, 0, hRoot, NULL);

        m_tree.Expand(hRoot, TVE_EXPAND);
```

（4）保存工程并运行，运行结果如图 4-163 所示。

图 4-163

4.12 滑块控件

滑块控件（也称为跟踪器）是一个包含一个滑动块和可选的刻度线的窗口。当用户用鼠标或方向键移动滑动块时，该控件发送通知消息来表明这些改变。

当你想要用户选择不连续的值或是某一范围内连续值的集合时，滑动块控件是很有用的。比如，你可以让用户通过移动滑动块到一个给定的刻度线来设置鼠标移动的速度。

在 Visual C++ 2017 中，滑块控件由类 CSliderCtrl 实现。CSliderCtrl 的常用成员函数如表 4-11 所示。

表 4-11　CSliderCtrl 的常用成员函数

成员函数	含义
CSliderCtrl	构造一个 CSliderCtrl 对象
Create	创建一个滑动块控件并将它与一个 CSliderCtrl 对象连接
GetLineSize	获取一个滑动块控件的行大小
SetLineSize	设置一个滑动块控件的行大小
GetPageSize	获取一个滑动块控件的页大小
SetPageSize	设置一个滑动块控件的页大小
GetRangeMax	获取一个滑动块的位置的最大值
GetRangeMin	获取一个滑动块的位置的最小值
GetRange	获取一个滑动块的位置的最大值和最小值
SetRangeMin	设置一个滑动块的位置的最小值

（续表）

成 员 函 数	含　义
SetRangeMax	设置一个滑动块的位置的最大值
SetRange	设置一个滑动块的位置的最小值和最大值
GetSelection	获取当前选择的范围
SetSelection	设置当前选择的范围
GetChannelRect	获取滑动块控件的通道的尺寸
GetThumbRect	获取滑动块控件的拇指的尺寸
GetPos	获取滑动块的当前位置
SetPos	设置滑动块的当前位置
GetNumTics	获取一个滑动块控件中的刻度线的数目
GetTicArray	获取一个滑动块控件的刻度线位置的数组
GetTic	获取指定刻度线的位置
GetTicPos	获取指定刻度线以客户坐标表示的位置
SetTic	设置指定刻度线的位置
SetTicFreq	设置对每一个滑动块控件的增量，刻度线的频率
GetBuddy	在一个指定位置获取一个滑动块控件的伙伴窗口句柄
SetBuddy	为一个滑动块控件分配一个伙伴窗口
GetToolTips	获取分配给一个滑动块控件的工具提示（如果有）句柄
SetToolTips	将一个工具提示赋给一个滑动块控件
SetTipSide	定位跟踪器控件使用的工具提示
ClearSel	清除在一个滑动块控件中的当前位置
VerifyPos	检验滑动块控件的位置是否在最小值和最大值之间
ClearTics	将当前刻度线从滑动块控件中移走

下面通过简单实例对滑块控件的用法进行介绍。

4.12.1 滑块控件的基本使用

滑块控件的基本使用包括设置滑块的数据范围、增量和刻度，响应滑块移动的事件，并实时反映滑块的当前位置。

【例 4.120】滑块控件的基本使用

（1）新建一个对话框工程。

（2）切换到资源视图，打开对话框，然后在工具箱中找到滑块控件，如图 4-164 所示。然后把它拖动到对话框上，并设置其 Auto Ticks 和 Tick Marks 属性为 True。设置了这两个属性后，滑块控件的上方和下方会出现刻度线，如果下方没有出现刻度线，可以把滑块控件朝下方拉大一些；再在对话框上放置一个静态文本控件，并修改其 ID 为 IDC_STATIC1；最后为滑块控件添加变量 m_slider，为静态文本控件添加变量 m_st。

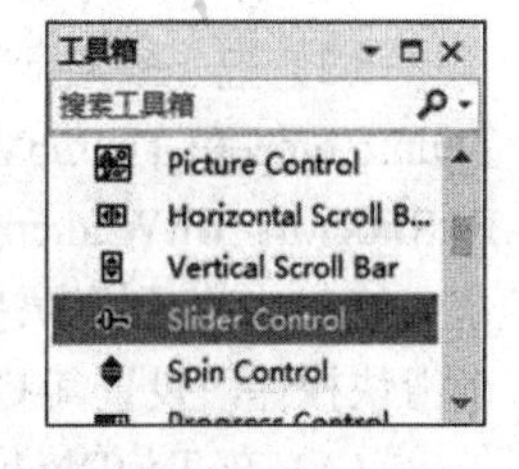

图 4-164

（3）在 CTestDlg::OnInitDialog()中添加滑块控件初始化代码：

```
// TODO:  在此添加额外的初始化代码
   m_slider.SetRange(0, 20);          //设置滑块的数据范围
```

```
    m_slider.SetPos(0);                 //设置滑块的初始值
    m_slider.SetTicFreq(5);             //设置滑块的增量，就是两个刻度之间的距离
//显示滑块控件当前位置
    CString str;
    UINT uPosition = m_slider.GetPos();     //获取滑块控件的位置
    str.Format(_T("滑块当前位置: %d"), uPosition);
    m_st.SetWindowText(str);                //显示当前位置
```

从上面的代码可以看出，我们设置了滑块控件的数据范围为20，就是滑块最大位置是20，并设置了两个刻度之间的长度是5，这样20除以5等于4，则滑块有4个间隔。

（4）移动滑块控件上的小按钮会导致对话框水平滚动消息（WM_HSCROLL）的发生，因此我们要实时捕捉滑块的当前位置，首先要响应WM_HSCROLL消息。切换到资源视图，选中对话框，然后在属性视图消息页下找到WM_HSCROLL，接着添加该消息处理函数，如下代码：

```
void CTestDlg::OnHScroll(UINT nSBCode, UINT nPos, CScrollBar* pScrollBar)
{
    // TODO:  在此添加消息处理程序代码和/或调用默认值
    int nID = pScrollBar->GetDlgCtrlID();//获取控件 ID
    UINT uPosition;
    CString str;
    if (IDC_SLIDER1 == nID) //如果是滑块
    {
        uPosition = m_slider.GetPos();//获取滑块控件的位置
        str.Format(_T("滑块当前位置: %d"), uPosition); //注意不要写成 nPos
        m_st.SetWindowText(str);//显示当前位置
    }
    CDialogEx::OnHScroll(nSBCode, nPos, pScrollBar);
}
```

（5）保存工程并运行，运行结果如图4-165所示。

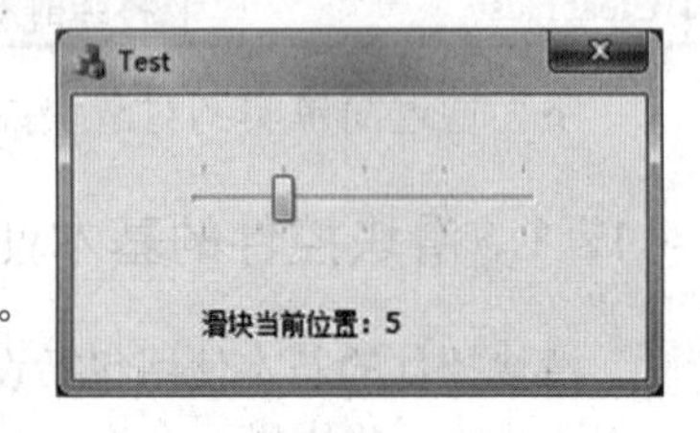

图4-165

4.12.2 让位图作为滑块控件的背景

让位图作为滑块控件的背景将大大增强滑块控件的美观程度。基本思路是自定义一个类CBitSlider，该类继承于CSliderCtrl，然后在这个自定义类中加载位图文件并进行重画。

【例4.121】让位图作为滑块控件的背景

（1）新建一个对话框工程，设置字符集为多字节。

（2）把res目录下的BarActive.bmp、BarActiveVer.bmp、BarBack.bmp、BarBackVer.bmp、Thumb.bmp和ThumbVer.bmp加入工程中，把工程目录下的BitItem.cpp、BitItem.h、BitSlider.cpp、BitSlider.h、BitWnd.cpp和BitWnd.h加入工程中。

（3）切换到资源视图，在对话框上拖入一个滑块控件，并为其添加变量m_Slider1；再拖入一个滑块控件，设置其Orientation属性为Vertical，这样第二个滑块控件就竖着了。

（4）在TestDlg.h中包含头文件：

```
#include "BitSlider.h"
#include "BitItem.h"
```

然后为类 CTestDlg 加入成员变量：

```
    HCURSOR m_hHandCur;
    CBitItem    *m_lpThumb;
    CBitItem    *m_lpActive;
    CBitItem    *m_lpNormal;
```

并添加一个成员函数 GetSysHandCursor，如下代码：

```
HCURSOR    CTestDlg::GetSysHandCursor()
{
    CString        strWinDir;
    HCURSOR        hHandCursor = NULL;
    hHandCursor = ::LoadCursor(NULL, MAKEINTRESOURCE(32649));
    //仍然没有光标句柄，则加载手状光标
    if (hHandCursor == NULL)
    {
        GetWindowsDirectory((TCHAR*)(LPCTSTR)strWinDir, MAX_PATH);
        strWinDir += _T("\\winhlp32.exe");
        //将从 winhlp32.exe 中检索 106 号光标
        HMODULE hModule = ::LoadLibrary(strWinDir);
        DWORD   dwErr = GetLastError();
        if (hModule != NULL)
        {
            HCURSOR    hTempCur = ::LoadCursor(hModule, MAKEINTRESOURCE(106));
            hHandCursor = (hTempCur != NULL) ? CopyCursor(hTempCur) : NULL;
            FreeLibrary(hModule);
        }
    }
    return hHandCursor;
}
```

该函数用来获取鼠标的手状形状。

在构造函数中加入指针并赋空值，如下代码：

```
CTestDlg::CTestDlg(CWnd* pParent /*=NULL*/)
    : CDialogEx(CTestDlg::IDD, pParent),
    m_lpNormal(NULL),
    m_lpActive(NULL),
    m_lpThumb(NULL),
    m_hHandCur(NULL)
{
        m_hIcon = AfxGetApp()->LoadIcon(IDR_MAINFRAME);
}
```

再在函数 CTestDlg::OnInitDialog()的末尾加入初始化代码：

```
// TODO:  在此添加额外的初始化代码
    m_hHandCur =  GetSysHandCursor();
    ASSERT(m_hHandCur != NULL);

    ASSERT(m_lpActive == NULL);
    ASSERT(m_lpNormal == NULL);
    ASSERT(m_lpThumb == NULL);
```

```
    m_lpActive = new CBitItem(IDB_BITMAP_ACTIVE, 0, 0);
    m_lpNormal = new CBitItem(IDB_BITMAP_NORMAL, 0, 0);
    m_lpThumb = new CBitItem(IDB_BITMAP_THUMB, 6, 12);

    m_Slider1.SetFlipCursor(m_hHandCur);
    m_Slider1.BuildThumbItem(m_lpThumb);
    m_Slider1.BuildBackItem(m_lpNormal, m_lpActive);
    m_Slider1.SetTopOffset(3);
    m_Slider1.SetRange(0, 100);
    m_Slider1.SetLineSize(0);
    m_Slider1.SetPos(40);

    m_Slider2.SetFlipCursor(m_hHandCur);
    m_Slider2.BuildThumbItem(IDB_VERTICAL_THUMB, 12, 6);
    m_Slider2.BuildBackItem(IDB_VERTICAL_NORMAL, IDB_VERTICAL_ACTIVE);
    m_Slider2.SetLeftOffset(0);
    m_Slider2.SetRange(0, 100);
    m_Slider2.SetLineSize(0);
    m_Slider2.SetPos(50);
```

最后为类 CTestDlg 添加析构函数，进行空间释放，如下代码：

```
CTestDlg::~CTestDlg()
{
    //释放空间
    if (m_lpNormal != NULL)
    {
        delete m_lpNormal;
        m_lpNormal = NULL;
    }
    if (m_lpActive != NULL)
    {
        delete m_lpActive;
        m_lpActive = NULL;
    }
    if (m_lpThumb != NULL)
    {
        delete m_lpThumb;
        m_lpThumb = NULL;
    }
}
```

（5）保存工程并运行，运行结果如图 4-166 所示。

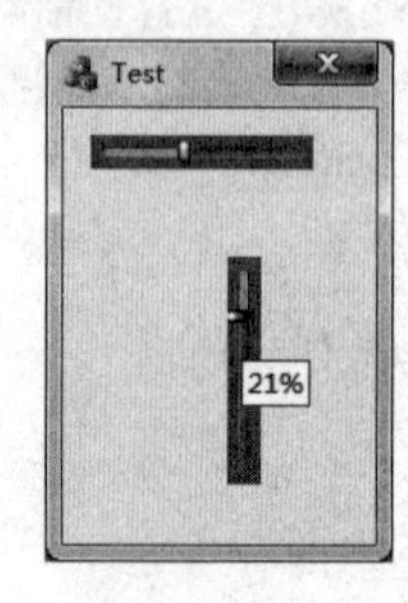

图 4-166

4.13　调节控件

调节控件是一对箭头按钮，用户单击它们来增加或减小一个值，比如一个滚动位置或显示在相应控件中的一个数字。与一个调节控件相联系的值被称为它的当前位置，一个调节控件通常是与一个相伴的控件一起使用的，称为"伙伴控件"。从用户的角度来看，一个调节控件和它的伙伴控件看起来通常就像一个单一控件。可以将一个调节控件与一个编辑控件一起使用，让编辑控件实时反映调节控件的当前位置。

要让调节控件和伙伴窗口联动，需要设置调节控件的 Auto bubby 属性为 True，这样 Tab 序号为调节控件的 Tab 序号前一位的控件就是调节控件的伙伴控件，比如调节控件的 Tab 序号是 5，那么 Tab 序号为 4 的控件就是这个调节控件的伙伴控件。要查看每个控件的 Tab 序号，可以打开对话框资源后选择菜单"格式" | "Tab 键顺序"。

在 Visual C++ 2017 中，调节控件由类 CSpinButtonCtrl 实现。CSpinButtonCtrl 的常用成员函数如表 4-12 所示。

表 4-12　CSpinButtonCtrl 的常用成员函数

成员函数	含　义
CSpinButtonCtrl	构造一个 CSpinButtonCtrl 对象
Create	创建一个调节控件并将它连接到一个 CSpinButtonCtrl 对象上
SetAccel	为一个调节控件设置加速
GetAccel	获取一个调节控件的加速信息
SetBase	为一个调节控件设置基数
GetBase	获取一个调节控件的当前基数
SetBuddy	为一个调节控件设置伙伴控件
GetBuddy	获取指向当前伙伴控件的指针
SetPos	设置控件的当前位置
GetPos	获取一个调节控件的当前位置
SetRange	设置一个调节控件的上限和下限（范围）
GetRange	获取一个调节控件的上限和下限（范围）
SetRange32	设置调节控件的 32 位范围
GetRange32	获取调节控件的 32 位范围

下面通过简单实例对调节控件的用法进行介绍。

4.13.1　调节控件的基本使用

调节控件的基本使用包括调节控件当前数据的获取、为调节控件设置伙伴控件、调节事件的处理等。

【例 4.122】调节控件的基本使用

（1）新建一个对话框工程。

（2）切换到资源视图，打开对话框，删除上面的所有控件，然后在工具箱中找到调节控件，如图 4-167 所示。

接着把它拖动到对话框上，同时再拖动一个编辑控件到对话框上。我们准备把编辑框作为调节控件的伙伴窗口，一旦成为伙伴窗口，程序运行后，编辑框就会紧贴在调节控件旁边，但我们在对话框的设计界面上不必人为地去把编辑框拖放到调节控件旁边，只要我们设置编辑框的 Tab 序号值比调节控件的 Tab 序号值少 1，那么运行的时候编辑框就会自动紧贴在调节控件旁边。单击 IDE 的主菜单"格式" | "Tab 键顺序"，可以看到每个控件的 Tab 序号值，如图 4-168 所示。

因为调节控件是我们第一个拖放到对话框上的，所以现在它的 Tab 序号值是 1，我们先单击一下编辑框，发现编辑框的 Tab 序号值变为 1 了，这就是设置控件 Tab 序号值的方法。按照鼠标的单击顺序给予控件相应的 Tab 序号值，如图 4-169 所示。

图 4-167

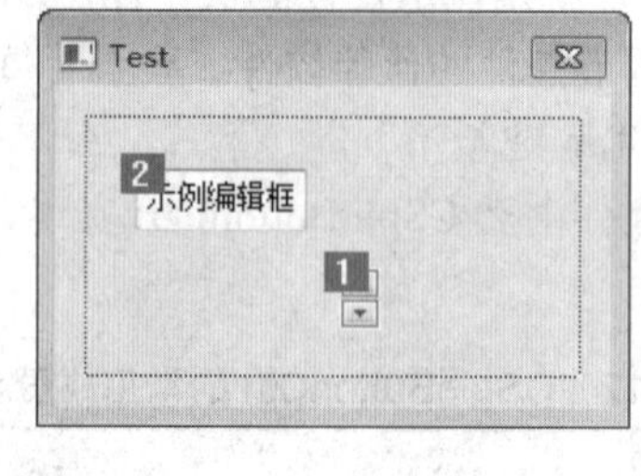

图 4-168

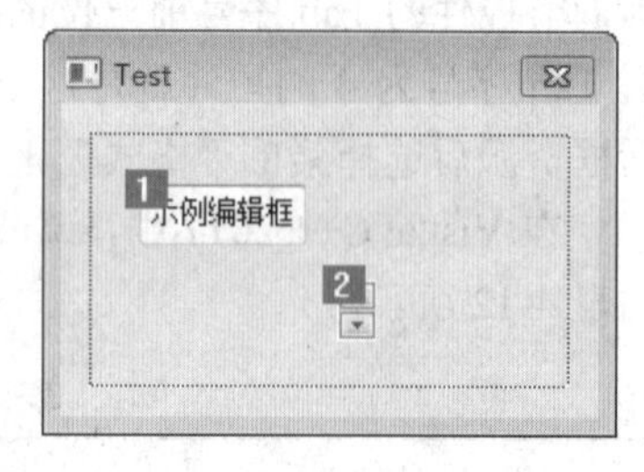

图 4-169

最后设置调节控件的 Auto Buddy 属性为 True，以及 Alignment 属性为 Right Align。这样，运行后编辑框可以自动紧贴在一起，并且调节控件在编辑框的右边。然后再设置 Set Buddy Integer 属性为 True，这样编辑框就能自动显示出调节控件的当前值。

调节控件的属性设置完毕后，我们设置编辑框的 Read Only 属性为 True，让编辑框只读，接着拖放一个滑块控件到对话框上，我们的目的是要滑块控件随着调节控件的数值变化而移动。设置滑块控件的 Auto Ticks 和 Tick Marks 属性为 True，让它出现刻度，然后为滑块控件添加变量 m_slider，为调节控件添加变量 m_spin。

（3）在 CTestDlg::OnInitDialog()中添加控件初始化代码：

```
    // TODO:  在此添加额外的初始化代码
    m_slider.SetRange(0, 20);
    m_slider.SetPos(0);
    m_slider.SetTicFreq(5);
    m_spin.SetRange(0, 20);
    m_spin.SetPos(0);
```

为对话框添加 WM_VSCROLL 消息响应函数，该消息在用户单击调节控件的上下箭头时发生，并且因为我们现在的调节控件是垂直方向的（箭头是朝着上下的），所以是 WM_VSCROLL 消息，如果我们把调节控件设置为水平方向，就应该响应 WM_HSCROLL 消息。WM_VSCROLL 消息响应如下代码：

```
void CTestDlg::OnVScroll(UINT nSBCode, UINT nPos, CScrollBar* pScrollBar)
{
    // TODO:  在此添加消息处理程序代码和/或调用默认值
    if(IDC_SPIN2 == pScrollBar->GetDlgCtrlID())//判断是否是调节控件的 ID
        //把调节控件的当前值设置为滑块控件的当前值
        m_slider.SetPos(m_spin.GetPos());
```

```
    CDialogEx::OnVScroll(nSBCode, nPos, pScrollBar);
}
```

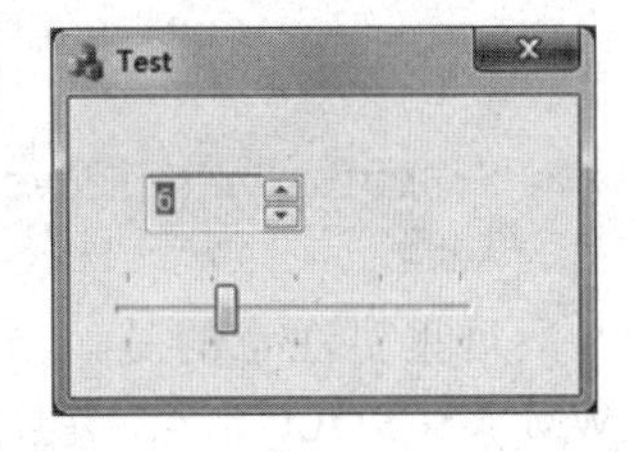

图 4-170

（4）保存工程并运行，运行结果如图 4-170 所示。

4.13.2　用调节控件调节小数

在项目实践中，调节控件和编辑控件的组合通常只支持调节正整数，而我们在应用中还需要每次被按下能增加或减少的值为小数，如 0.1，同时显示在它的伙伴编辑控件中。

【例 4.123】用调节控件调节小数

（1）新建一个对话框工程。

（2）切换到资源视图，打开对话框，删除上面的所有控件，然后拖动一个调节控件和编辑控件到对话框上，同时设置编辑框的 Tab 序号值比调节控件的 Tab 序号值少 1。接着设置调节控件的 Auto Buddy 属性为 True，以及 Alignment 属性为 Left。这样，运行后编辑框就可以自动紧贴在一起了，并且调节控件在编辑框的左边。再设置 Set Buddy Integer 属性为 True，这样编辑框就能显示内容了。最后为调节控件添加控件变量 m_spin。

（3）在 CTestDlg::OnInitDialog()中添加初始化代码：

```
    // TODO:  在此添加额外的初始化代码
    //这个范围只是调节控件 pos 的范围为 0 到 100，就是箭头能上下调节的范围 0 到 20
    //所以小数调节范围是 0 到 2.0，以每步幅度是 0.1 计算的话
    m_spin.SetRange(0, 20);

    //设置起始显示的小数
    CString str;
    int pos = 5; //这里可以自定义初始值，如果要开始显示 0.6，则位置 pos 要为 6
    m_spin.SetPos(pos); //设置初始位置值
    str.Format(_T("%.1f"), (double)pos / 10); //把位置值转为小数并存入字符串
    m_spin.GetBuddy()->SetWindowText(str); //在编辑框上显示小数字符串
```

为对话框添加 WM_VSCROLL 消息响应函数，如下代码：

```
void CTestDlg::OnVScroll(UINT nSBCode, UINT nPos, CScrollBar* pScrollBar)
{
    // TODO:  在此添加消息处理程序代码和/或调用默认值
    if (SB_ENDSCROLL == nSBCode)//释放鼠标时会发生这个通知码
        return; // 为了避免下面做 2 次，这里要拦截

    if (pScrollBar->GetDlgCtrlID() == IDC_SPIN1)
    {
        CString str;
        //得到调节控件指针
        CSpinButtonCtrl* pSpinBtCtrl = (CSpinButtonCtrl*)pScrollBar;
        //这里返回的数据是 GetPos 的结果,而不是真实的编辑框内的数据
        pSpinBtCtrl->GetBuddy()->GetWindowText(str);
        int pos = _wtoi(str); //把字符串转为整数
        //10 表示每步幅度是 0.1 计算，如果要每步幅度是 0.01，则设置 100
        str.Format(_T("%.1f"), (double)pos / 10);

    //在编辑框上显示结果
```

```
        ((CSpinButtonCtrl*)pScrollBar)->GetBuddy()->SetWindowText(str);
    }

    CDialogEx::OnVScroll(nSBCode, nPos, pScrollBar);
}
```

这里要注意的是，当我们单击调节控件的箭头时，会发送两次 WM_VSCROLL 消息，并且两次发送的通知码 nSBCode 是不同的。比如我们单击向上箭头，则鼠标按下的时候发送的通知码是 SB_LINEUP；当鼠标释放的时候，发送的通知码是 SB_ENDSCROLL。为了避免 WM_VSCROLL 消息处理函数做 2 次，所以要对 SB_ENDSCROLL 进行拦截。

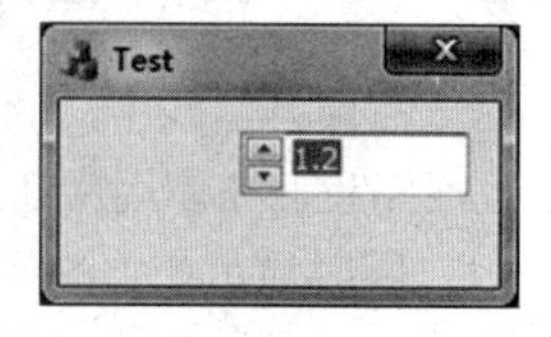

图 4-171

（4）保存工程并运行，运行结果如图 4-171 所示。

4.14 滚动条控件

滚动条控件和调节控件的功能有些类似，也可以用来让用户调节某个数值，方式有单击滚动条两边的箭头或直接拖动滚动块移动，但滚动条控件是没有伙伴控件的。

这里有一点要说明一下，我们知道窗口也是有滚动条的，比如多行编辑框右边的滚动条。窗口的滚动条与滚动条控件是有区别的，窗口的滚动条是为了让窗口显示更多的内容。二者响应滚动事件时，都是响应的 WM_HSCROLL 消息（如果是垂直滚动条则是 WM_VSCROLL 消息），使用函数 OnHScroll(UINT nSBCode, UINT nPos, CScrollBar* pScrollBar) 作为消息响应函数。如果一个窗口里既有窗口滚动条又有控件滚动条，那么系统如何区分用户到底在操作哪一类滚动条呢？区别在于 OnHScroll(UINT nSBCode, UINT nPos, CScrollBar* pScrollBar) 里的参数 pScrollBar，滚动条控件(CScrollBar)发送 WM_HSCROLL 消息时，参数 pScrollBar 是指向滚动条控件指针的。如果是窗口的滚动条，pScrollBar 就是 NULL。

在 Visual C++ 2017 中，滚动条控件由类 CScrollBar 实现。CScrollBar 的常用成员函数如表 4-13 所示。

表 4-13 CScrollBar 的常用成员函数

成员函数	含义
CScrollBar	构造一个 CScrollBar 对象
Create	创建 Windows 滚动条，并将它连接到 CScrollBar 对象上
GetScrollPos	获取一个滚动框的当前位置
SetScrollPos	设置一个滚动框的当前位置
GetScrollRange	获取给定滚动条的当前最大和最小滚动条位置
SetScrollRange	设置给定滚动条的最小和最大位置
ShowScrollBar	显示或隐藏一个滚动条
EnableScrollBar	使一个滚动条的一个或两个箭头有效或无效
SetScrollInfo	设置有关滚动条的信息
GetScrollInfo	获取有关滚动条的信息
GetScrollLimit	获取滚动条的最大位置值，通常是滚动条变化的最大值加 1

下面我们通过简单实例演示滚动条控件的基本使用。

4.14.1　滚动条控件基本使用

滚动条控件的基本使用包括滚动块当前位置的获取、移动滚动块位置等。移动滚动块需要响应滚动消息，然后用函数 SetScrollPos 来设置滚动块的位置。函数 SetScrollPos 的声明如下：

```
int SetScrollPos( int nPos, BOOL bRedraw = TRUE );
```

该成员函数用来将一个滚动块的当前位置设置为 nPos 指定的位置，并且如果指定了重画，则重画滚动条来反映新的位置。其中，参数 nPos 指定滚动框的新位置。它必须是在滚动范围之内。bRedraw 指示滚动条是否应该被重画来反映新的位置，如果 bRedraw 是 TRUE，则滚动条被重画；如果它是 FALSE，则不重画滚动条。默认情况下滚动条将被重画。如果函数成功，则返回滚动框的先前位置；否则返回 0。

水平滚动块在移动的时候会发出 WM_HSCROLL 消息，垂直滚动块在移动的时候会发出 WM_VSCROLL 消息。对这两个消息的默认处理函数是 CWnd::OnHScroll 和 CWnd::OnVScroll，一般需要在派生类中对这两个函数进行重载，以实现滚动功能。也就是说，假设在一个对话框中放入了一个水平滚动条，我们可以在对话框类中重载 OnHScroll 函数，并在 OnHScroll 函数中实现滚动功能。这两个函数的声明如下：

```
afx_msg void OnHScroll(UINT nSBCode,UINT nPos,CScrollBar* pScrollBar);
afx_msg void OnVScroll(UINT nSBCode,UINT nPos,CScrollBar* pScrollBar);
```

其中，参数 nSBCode 是通知消息码，主要通知码和含义如下：

- SB_BOTTOM/SB_RIGHT：滚动到底端（右端）。
- SB_TOP/SB_LEFT：滚动到顶端（左端）。
- SB_LINEDOWN/SB_LINERIGHT：向下（向右）滚动一行（列）。
- SB_LINEUP/SB_LINELEFT：向上（向左）滚动一行（列）。
- SB_PAGEDOWN/SB_PAGERIGHT：向下（向右）滚动一页。
- SB_PAGEUP/SB_PAGELEFT：向上（向左）滚动一页。
- SB_THUMBPOSITION：滚动到指定位置。
- SB_THUMBTRACK：滚动框被拖动。可利用该消息来跟踪对滚动框的拖动。
- SB_ENDSCROLL：滚动结束，鼠标被释放。

nPos 是滚动框的位置，只有在 nSBCode 为 SB_THUMBPOSITION 或 SB_THUMBTRACK 时该参数才有意义。如果通知消息是滚动条控件发来的，那么 pScrollBar 是指向该控件的指针；如果是标准滚动条（就是控件自带的滚动条）发来的，则 pScrollBar 为 NULL。

【例 4.124】滚动条控件的基本使用

（1）新建一个对话框工程。

（2）切换到资源视图，打开对话框，删除上面的所有控件，然后在工具箱中找到水平滚动条控件，如图 4-172 所示。

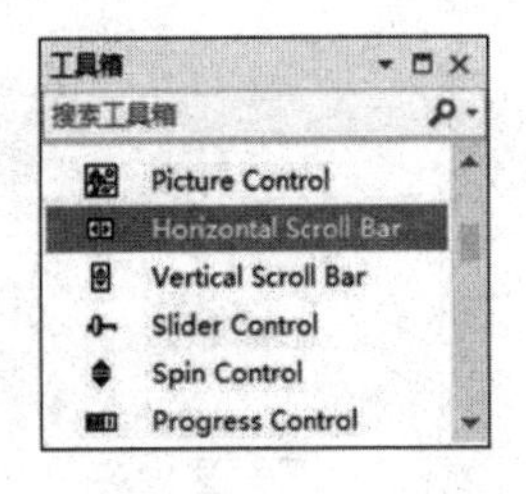

图 4-172

从图 4-172 中可以看到，水平滚动条控件下面就是垂直滚动条控件（Vertical Scroll Bar）。把水平滚动条拖放到对话框上，此时运行工程，拖动滚动条的滚动块，发现拖动后又会自动回到左边。要移动水平滚动条的滚动块位置需要响应滚动消息（WM_HSCROLL），然后在消息响应函数中用函数来设置滚动块的位置，设置滚动块位置的函数是 SetScrollPos。

（3）为滚动条控件添加变量 m_scroH，然后打开 TestDlg.cpp 文件，并在文件开头定义几个全局变量：

```
int gnMaxPos = 20;//定义滚动条最大位置
int gnSpace = 1;//单击滚动条左右箭头或键盘上左右方向键时的步进距离
int gnUpDnSpace = 5;//按下 Page Up 和 Page Down 键后步进的距离
```

接着在 CTestDlg::OnInitDialog()的末尾添加如下代码：

```
// TODO:  在此添加额外的初始化代码
    m_scroH.SetScrollRange(0, gnMaxPos);          //设置水平滚动范围
    m_scroH.SetScrollPos(0);                      //设置水平滚动控件初始值
    CString str;
    str.Format(_T("滚动块当前位置:%d"), m_scroH.GetScrollPos());
    m_st.SetWindowText(str);
```

然后为对话框添加 WM_HSCROLL 消息响应函数，在该函数中实现滚动块的移动，如下代码：

```
void CTestDlg::OnHScroll(UINT nSBCode, UINT nPos, CScrollBar* pScrollBar)
{
    // TODO:  在此添加消息处理程序代码和/或调用默认值
    m_scroH.SetFocus();//水平滚动条获得输入焦点
    int nPosition = m_scroH.GetScrollPos();
    switch (nSBCode)
    {
    case SB_ENDSCROLL:                       //End 键
        return;
    case SB_LINELEFT:                        //按下左箭头
        nPosition -= gnSpace;                //向左步进
        if (nPosition < 0)
            nPosition = 0;
        break;
    case SB_LINERIGHT:                       //按下右箭头
        nPosition += gnSpace;                //向右步进
        if (nPosition > gnMaxPos)
            nPosition = gnMaxPos;
        break;
    case SB_PAGELEFT:                        //按下 Page Up 键
        nPosition -= gnUpDnSpace;            //向左步进
        if (nPosition < 0)
            nPosition = 0;
        break;
    case SB_PAGERIGHT:                       //按下 Page Down 键
        nPosition += gnUpDnSpace;            //向右步进
        if (nPosition > gnMaxPos)
            nPosition = gnMaxPos;
        break;
    case SB_THUMBPOSITION:                   //释放滚动块
        nPosition = nPosition;
        break;
    case SB_THUMBTRACK:                      //按着滚动块拖动
        nPosition = nPos;
        break;
```

```
    }
    m_scroH.SetScrollPos(nPosition);    //设置水平滚动条的位置
    CString str;
    str.Format(_T("滚动块当前位置:%d"), nPosition);
    m_st.SetWindowText(str);

    CDialogEx::OnHScroll(nSBCode, nPos, pScrollBar);
}
```

（4）保存工程并运行，运行结果如图 4-173 所示。

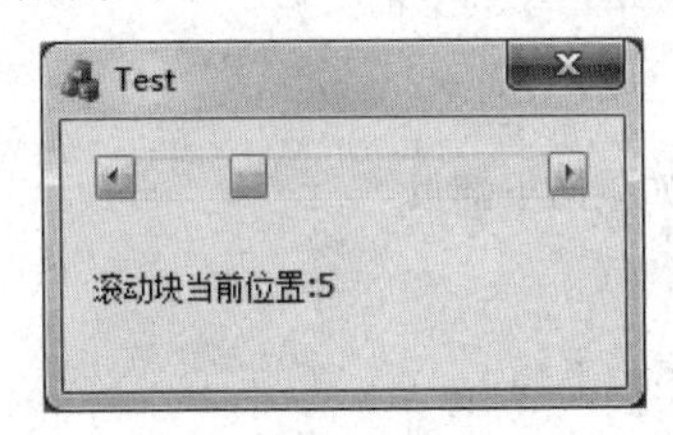

图 4-173

4.14.2　区分多个滚动条

通常情况下，对话框中的每一控件都有自己独立的消息控制函数，但滚动条控件则比较特别，因为对话框中所有的水平滚动条都只有一个 WM_HSCROLL 消息控制函数，而所有的垂直滚动条都只有一个 WM_HSCROLL 消息控制函数。如果对话框中只有一个水平（或垂直）滚动条，则不会出现什么问题，但如果对话框上放置了两个或两个以上的滚动条，则程序必须能识别出哪个滚动条在发送消息。

本例在对话框上放置 3 个滚动条，分别用来调节红、绿、蓝 3 种颜色，并实时反映出 RGB 颜色值和颜色。

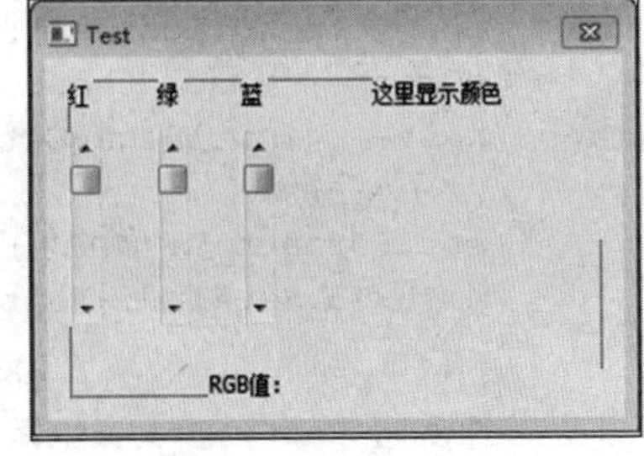

图 4-174

【例 4.125】区分多个滚动条

（1）新建一个对话框工程。

（2）切换到资源视图，打开对话框，删除上面的所有控件。然后添加 3 个垂直滚动条，并添加几个静态文本控件，最终设计界面如图 4-174 所示。

修改右上方的静态文本控件的 ID 为 IDC_STATIC_COLOR，修改右下方的静态文本控件的 ID 为 IDC_STATIC_RGB，然后为这两个静态文本控件添加控件变量 m_stClr 和 m_stRGB，再为 3 个滚动条添加控件变量 m_sclRed、m_sclGreen 和 m_sclBlue，分别用来调节红、绿、蓝 3 种颜色。

（3）在 CTestDlg::OnInitDialog()的末尾为滚动条设置范围，这个范围必须要设置，否则滚动块每次拖动后还是会弹回去，如下代码：

```
    // TODO:  在此添加额外的初始化代码
    m_sclRed.SetScrollRange(0, 255);
    m_sclGreen.SetScrollRange(0, 255);
    m_sclBlue.SetScrollRange(0, 255);
```

（4）为对话框添加 WM_VSCROLL 消息的响应函数，如下代码：

```
void CTestDlg::OnVScroll(UINT nSBCode, UINT nPos, CScrollBar* pScrollBar)
{
```

```
    // TODO:  在此添加消息处理程序代码和/或调用默认值
    BYTE nRed, nGreen, nBlue;
    CString str;
    int nCurPos = pScrollBar->GetScrollPos(); //得到滚动条当前位置
    switch (nSBCode)
    {
    case SB_LINEDOWN: //如果单击了向下箭头
        nCurPos++;
        break;
    case SB_LINEUP: //如果单击了向上箭头
        nCurPos--;
        break;
    case SB_PAGEDOWN: //如果向下翻页
        nCurPos += 10;
        break;
    case SB_PAGEUP: //如果向上翻页
        nCurPos -= 10;
        break;
    case SB_THUMBTRACK: //如果是拖动滚动块在跑
        nCurPos = nPos;
        break;
    default:
        break;
    }
    pScrollBar->SetScrollPos(nCurPos); //设置滚动块位置

    nRed = m_sclRed.GetScrollPos(); //得到当前红色下面的滚动块的位置
    nGreen = m_sclGreen.GetScrollPos();//得到当前绿色下面的滚动块的位置
    nBlue = m_sclBlue.GetScrollPos();//得到当前蓝色下面的滚动块的位置
    //存入字符串
    str.Format(_T("颜色值: RGB(%d,%d,%d)"), nRed, nGreen, nBlue);
    m_stRGB.SetWindowText(str); //显示 RGB 值

    CDC *pDC = m_stClr.GetDC(); //得到右上方静态文本控件的设备上下文指针
    CRect Rect; //定义坐标
    m_stClr.GetClientRect(&Rect); //得到右上方静态文本控件的客户区坐标
    CBrush Brush(RGB(nRed, nGreen, nBlue)); //定义一个画刷
    pDC->FillRect(Rect, &Brush); //用画刷绘制矩形

    CDialogEx::OnVScroll(nSBCode, nPos, pScrollBar);
}
```

从上面的函数可以看出，虽然我们对话框上有 3 个垂直滚动条，但在响应 WM_VSCROLL 消息的时候，可以通过传进来的 pScrollBar 参数来获取当前发生滚动的那个滚动条控件上的滚动块位置。

（5）保存工程并运行，运行结果如图 4-175 所示。

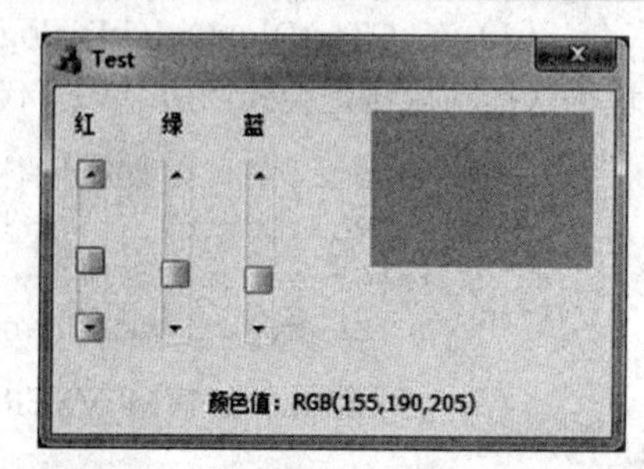

图 4-175

4.15 IP Address 控件

IP Address 控件可以用来设置和获取 IP 地址，用户只需要输入 IP 地址的数字，而不需要输入点号分隔符。IP 控件有 4 个编辑框，每个编辑框只能输入 0 到 255 之间的数字，并且支持用户使用 Tab 键让光标定位到下一个编辑框，使用起来十分方便。

在 Visual C++ 2017 中，IP 控件由类 CIPAddressCtrl 实现。CIPAddressCtrl 的常用成员函数如表 4-14 所示。

表 4-14　CIPAddressCtrl 的常用成员函数

成 员 函 数	含 义
CIPAddressCtrl	构造一个 CIPAddressCtrl 对象
Create	创建一个 IP 地址控件并将其附加给一个 CIPAddressCtrl 对象
IsBlank	确定 IP 地址控件中的所有域是否都为空
ClearAddress	清空 IP 地址控件的内容
GetAddress	获取 IP 地址控件中所有 4 个域的地址值
SetAddress	设置 IP 地址控件中所有 4 个域的地址值
SetFieldFocus	设置键盘焦点到 IP 地址控件中的指定域
SetFieldRange	设置 IP 地址控件中指定域的范围

下面我们通过简单实例演示 IP 控件的基本使用。

4.15.1 IP Address 控件的基本使用

IP Address 控件的基本使用包括获取 IP 控件内的 IP 地址、为 IP 控件设置 IP 地址、IP 控件内容是否为空、清空 IP 控件中的内容等。

获取 IP 控件内的 IP 地址的函数是 GetAddress，该函数定义如下：

```
int GetAddress(BYTE& nField0, BYTE& nField1, BYTE& nField2, BYTE&nField3);
int GetAddress(DWORD& dwAddress);
```

参数：

- nField0：IP 地址中域 0 的值。
- nField1：IP 地址中域 1 的值。
- nField2：IP 地址中域 2 的值。
- nField3：IP 地址中域 3 的值。
- dwAddress：32 位的 IP 地址，32 位的 dwAddress 中各位和 IP 域对应关系如表 4-15 所示。

表 4-15　dwAddress 中各位和 IP 域对应关系

域	包含域值的位
域 0	24 到 31
域 1	16 到 23
域 2	8 到 15
域 3	0 到 7

返回值：

- IP 地址控件中非空域的数目。

设置 IP 地址的函数是 SetAddress，该函数定义如下：

```
void SetAddress(BYTE& nField0, BYTE& nField1, BYTE nField2, BYTE nField3);
void SetAddress(DWORD dwAddress);
```

参数：同 GetAddress。

判断 IP 地址是否为空的函数是 IsBlank，该函数定义如下：

```
BOOL IsBlank() const;
```

返回值：如果所有 IP 地址控件域为空，就返回非 0 值；否则为 0。

【例 4.126】IP Address 控件的基本使用

（1）新建一个对话框工程。

（2）切换到资源视图，打开对话框，并删除上面的所有控件。然后在工具箱中找到 IP 控件，如图 4-176 所示。

把它拖放到对话框上，然后拖放 3 个按钮到对话框上，设计界面如图 4-177 所示。

图 4-176

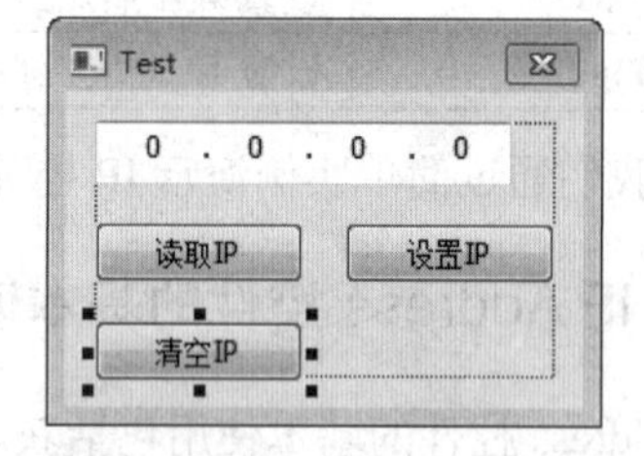

图 4-177

最后为 IP 控件添加变量 m_ip。

（3）为“读取 IP”按钮添加事件处理函数，如下代码：

```
void CTestDlg::OnBnClickedButton1()
{
    // TODO:  在此添加控件通知处理程序代码
    CString str;
    //定义每个域的字节变量
    BYTE nField0 = 0, nField1 = 0, nField2 = 0, nField3 = 0;
    if (m_ip.IsBlank()) //IP 控件是否为空
    {
        AfxMessageBox(_T("请输入 IP 地址"));
        return;
    }
    m_ip.GetAddress(nField0, nField1, nField2, nField3);
    str.Format(_T("%d.%d.%d.%d"), nField0, nField1, nField2, nField3);//存入
字符串中
    AfxMessageBox(str);//显示结果
}
```

为“设置 IP”按钮添加事件处理函数，如下代码：

```
void CTestDlg::OnBnClickedButton3()
{
    // TODO:  在此添加控件通知处理程序代码
    int nField0 = 0, nField1 = 0, nField2 = 0,nField3=0;//定义每个域
    //IP 每个域存入字节变量
    if(4 ==_stscanf_s(_T("192.168.1.1"), _T("%d.%d.%d.%d"), &nField0,
&nField1, &nField2, &nField3))
        m_ip.SetAddress(nField0, nField1, nField2, nField3);//为 IP 控件设置地址
}
```

其中，_stscanf_s 是 sscanf_s 多字节和 Unicode 通用形式，sscanf_s 功能和 sscanf 相同，都是从字符串中读取的具体格式的数据。只不过在 Visual C++ 2017 中，微软建议使用 sscanf_s，这个函数安全性更高。

为“清空 IP”按钮添加事件处理函数，如下代码：

```
void CTestDlg::OnBnClickedButton2()
{
    // TODO:  在此添加控件通知处理程序代码
    m_ip.ClearAddress();
}
```

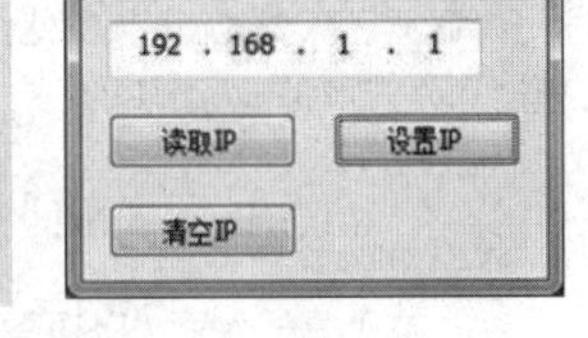

图 4-178

（4）保存工程并运行，运行结果如图 4-178 所示。

4.15.2　获取和设置 IP 地址的另一种用法

函数 GetAddress 和 SetAddress 可以用来向 IP 控件获取地址和设置地址。该函数有两种声明形式，前面演示了参数为字节类型的用法，这里来演示参数为 DWORD 类型时的用法。以 GetAddress 为例，参数为 DWORD 类型时的声明如下：

```
int GetAddress(DWORD& dwAddress);
```

其中，参数 dwAddress 为 32 位的 IP 地址。

返回值：IP 地址控件中非空域的数目。

设置 IP 时的要点在于把一个字符串形式的 IP 转换为 DWORD 类型，这需要借助网络函数 inet_addr，但这个函数的结果是网络字节序，还需要借助函数 ntohl 转换成主机字节序，然后才能存入 IP 地址控件中。

获取 IP 时的要点在于把一个 DWORD 类型的 IP 转换为字符串形式，没有直接的函数可以利用，必须先把 DWORD 地址借助于函数 htonl 转为网络字节序后再存入 IN_ADDR 变量中，然后使用函数 inet_ntoa 把 IN_ADDR 变量转为字符串形式的 IP。

IN_ADDR 是一个结构类型，用于表示 Internet 上的一个主机地址信息。函数 inet_addr、ntohl、htonl、inet_ntoa 和结构体 IN_ADDR 都属于网络编程的知识，具体解释参考网络章节部分。

【例 4.127】获取和设置 IP 地址的另一种用法

（1）新建一个对话框工程。

（2）切换到资源视图，打开对话框，删除上面的所有控件，并添加一个 IP 控件和 2 个按钮，2 个按钮的标题分别是“设置 IP”和“获取 IP”。为 IP 控件添加控件变量 m_ip。

（3）打开 stdafx.h 文件，在开头#pragma once 下一行添加一个宏定义：

```
#define _WINSOCK_DEPRECATED_NO_WARNINGS
```

添加了这个宏定义后，就可以使用一些老的网络函数了，如 inet_addr、inet_ntoa 等。

（4）为“设置 IP”的按钮添加事件处理函数，如下代码：

```
void CTestDlg::OnBnClickedButton1()
{
    // TODO:  在此添加控件通知处理程序代码
    char sz[] = "192.168.0.1";                    //自定义一个字符串形式的 IP
    DWORD dwIP = ntohl(inet_addr(sz));            //转换成 DWORD 型，并转换成主机字节序
    m_ip.SetAddress(dwIP);                        //把 DWORD 类型的 IP 存入 IP 控件
}
```

为“获取 IP”的按钮添加事件处理函数，如下代码：

```
void CTestDlg::OnBnClickedButton2()
{
    // TODO:  在此添加控件通知处理程序代码
    DWORD dwIP;
    IN_ADDR ia;                          //定义一个主机地址
    CString strIP;

    m_ip.GetAddress(dwIP);               //获取 DWORD 类型的 IP 地址
    ia.S_un.S_addr = htonl(dwIP);        //转换成网络字节序后再赋值给主机地址
    strIP = inet_ntoa(ia);               //把主机地址转换成字符串形式的 IP
    AfxMessageBox(strIP);                //显示结果
}
```

（5）保存工程并运行，运行结果如图 4-179 所示。

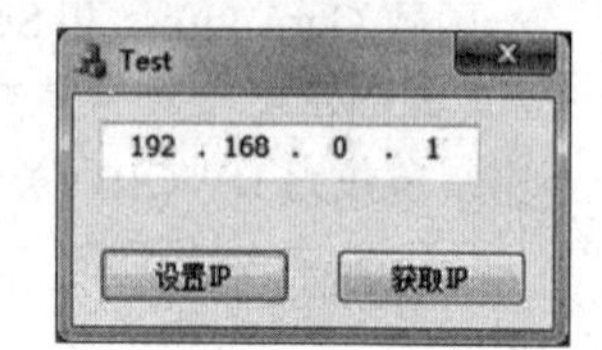

图 4-179

4.15.3 在 IP 控件中显示本机地址

上面例子的 IP 都是自己随便定义的，但在真正开发中通常要获取本机地址，然后显示在 IP 控件中。要获取本机地址需要用到不少网络编程的 API 函数，现在不理解没关系，在网络章节部分会详细解释。

【例 4.128】在 IP 控件中显示本机地址

（1）新建一个对话框工程。

（2）切换到资源视图，打开对话框，删除上面的所有控件，并添加一个 IP 控件和 1 个按钮，按钮的标题分别是“获取本机 IP”和“获取 IP”。为 IP 控件添加控件变量 m_ip。

（3）为按钮添加事件处理函数，如下代码：

```
void CTestDlg::OnBnClickedButton1()
{
    // TODO:  在此添加控件通知处理程序代码
    char name[20]; //定义主机名称的缓冲区
    CString str;
    struct addrinfo *answer, hints, *curr; //定义主机地址
    char ipstr[16]; //用于存放字符串形式的 IP 地址的缓冲区

    AfxSocketInit(); //初始化网络编程环境
```

```
        gethostname(name, 20); //获取本机名称
        memset(&hints, 0, sizeof(struct addrinfo)); //地址信息清零
        hints.ai_family = AF_INET;  //指定地址簇为 IPv4
        hints.ai_flags = AI_PASSIVE; //套接字类型用于监听绑定
        hints.ai_protocol = 0; //通常为 0
        hints.ai_socktype = SOCK_STREAM; //指定套接字类型为 TCP
        int ret = getaddrinfo(name, NULL, &hints, &answer);//根据主机名得到主机地址

        if (ret) //判断是否失败
        {
            str.Format(_T("getaddrinfo: %s"), gai_strerror(ret)); //返回失败代码
            AfxMessageBox(str); //显示失败信息
            return;
        }
    //有可能有多个套接口类型，因此要用循环
        for (curr = answer; curr != NULL; curr = curr->ai_next)
        {
            //把主机地址转为字符串
            inet_ntop(AF_INET,&(((struct sockaddr_in *)(curr->ai_addr))->
sin_addr),ipstr, 16);

            struct in_addr inAddr; //定义主机地址，也可以不定义这个变量
            memmove(&inAddr,&(((struct sockaddr_in *)(curr->ai_addr))->sin_addr),
4); //存入主机地址
            m_ip.SetAddress(inAddr.S_un.S_un_b.s_b1, inAddr.S_un.S_un_b.s_b2,
inAddr.S_un.S_un_b.s_b3, inAddr.S_un.S_un_b.s_b4); //在 IP 控件上显示 IP 地址
            //显示字符串形式的 IP
            MessageBoxA(m_hWnd, ipstr, "本机 IP 地址",IDOK);
        }
        freeaddrinfo(answer); //释放空间
    }
```

出现了很多网络编程的函数，这里可以不深究。值得注意的是，变量 inAddr 也可以不定义，那么在调用 m_ip.SetAddress 的时候，直接用 ((struct sockaddr_in *)(curr->ai_addr))->sin_addr.S_un S_un_b.s_b1 就可以给 IP 控件赋值，但那样太长了，代码看来起来不简洁。

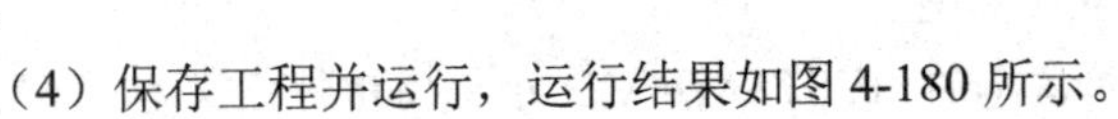

（4）保存工程并运行，运行结果如图 4-180 所示。

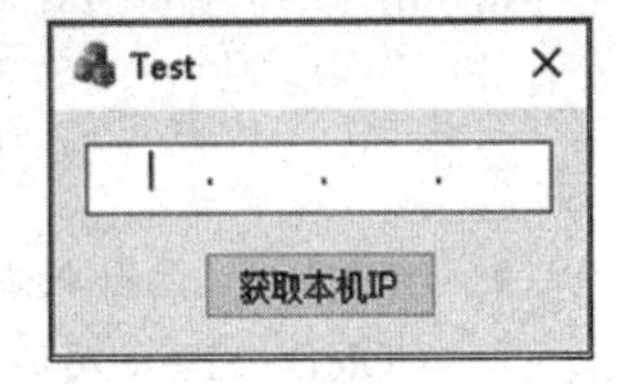

图 4-180

4.16　日期时间拾取控件

日期时间拾取控件可以让用户输入或拾取某个日期和时间，这里拾取的意思就是选择的意思，为了和该控件的英文名字对应，所以用了拾取，该控件的英文名字是 Date Time Picker。

在 Visual C++ 2017 中，日期时间拾取控件由类 CDateTimeCtrl 实现。CDateTimeCtrl 的常用成员函数如表 4-16 所示。

表 4-16　CDateTimeCtrl 的常用成员函数

成 员 函 数	含　义
CDateTimeCtrl	构造一个 CDateTimeCtrl 对象
Create	创建日期和时间拾取控件
GetMonthCalColor	获取日期和时间拾取控件内月历给定部分的颜色
SetMonthCalColor	设置日期和时间拾取控件内月历给定部分的颜色
SetFormat	设置基于给定格式字符串的日期和时间拾取控件的显示
GetMonthCalCtrl	获取日期和时间拾取的子月历控件
GetMonthCalFont	获取日期和时间拾取的子月历控件当前使用的字体
SetMonthCalFont	设置获取日期和时间拾取的子月历控件使用的字体
SetRange	设置日期和时间拾取控件的日期时间范围
GetRange	获取日期和时间拾取控件的日期时间范围
SetTime	设置日期和时间拾取控件中的时间
GetTime	获取从日期和时间拾取控件中当前选取的时间

下面我们通过简单实例演示日期时间拾取控件的基本使用。

4.16.1　日期时间拾取控件的基本使用

日期时间拾取控件的基本使用包括用户在该控件上输入日期和时间、通过代码设置时间、用户在该控件上获取控件上的日期和时间等。

在程序运行的时候，可以直接在控件上输入时间或选择时间。

获取控件上的日期时间的函数是 GetTime，该函数原型如下：

```
BOOL GetTime(COleDateTime& timeDest) const;
DWORD GetTime(CTime& timeDest) const;
DWORD GetTime(LPSYSTEMTIME pTimeDest) const;
```

参数：

- timeDest：两个版本的参数都是用来存放从控件获取到的日期时间，区别只是前一个是 COleDateTime 类型、后一个是 CTime 类型。
- pTimeDest：指向接收控件日期时间信息的 SYSTEMTIME 结构的指针，该参数不可以为 NULL。

返回值：

- 第一个版本中，如果写 COleDateTime 对象成功，就返回 TRUE，否则为 FALSE。第二和第三个版本中的返回值 DWORD 表示日期时间控件是否设置为“无日期”状态：如果返回值等于 GDT_NONE，则控件为“无日期”状态；如果返回值等于 GDT_VALID，则日期时间成功存储到参数中。

设置日期和时间拾取控件中的时间函数是 SetTime，该函数原型如下：

```
BOOL SetTime(const COleDateTime& timeNew);
BOOL SetTime(const CTime* pTimeNew);
BOOL SetTime(LPSYSTEMTIME pTimeNew = NULL);
```

参数：

- timeNew：要设置的时间值。
- pTimeNew：第二个版本的 pTimeNew 是指向包含要设置控件时间的 CTime 对象的指针。第三个版本的 pTimeNew 是指向包含要设置控件时间的 SYSTEMTIME 结构的指针。

返回值：

- 如果成功，就返回 TRUE，否则为 FALSE。

【例 4.129】日期时间拾取控件的基本使用

（1）新建一个对话框工程。

（2）切换到资源视图，打开对话框，然后删除上面的所有控件。在工具箱中找到日期时间控件，如图 4-181 所示。

图 4-181

拖 2 个日期时间控件到对话框上，并设置上面的日期时间控件的 Format 属性为长日期，设置下面的控件的 Format 属性为时间，设置后上面的控件会出现“年月日”字样，下面控件则显示一个时间。然后再拖 2 个按钮到对话框上，左边的按钮标题是“获取设置的日期时间”，右边的按钮标题是“代码设置时间”。最后为上面的日期时间拾取控件添加控件变量 m_date，为下面的日期时间拾取控件添加变量 m_time。

（3）为“获取设置的日期时间”按钮添加事件处理函数，如下代码：

```
void CTestDlg::OnBnClickedButton1()
{
    // TODO:  在此添加控件通知处理程序代码
    CString str;
    CTime date,time;

    m_date.GetTime(date); //获取日期
    str = _T("\n 控件上的时间: ");
    str += date.Format("%Y 年%m 月%d 日"); //格式化后保存到字符串
    m_time.GetTime(time); //获取时间
    str += time.Format(" %H:%M:%S"); //格式化后保存到字符串
    AfxMessageBox(str); //显示结果
}
```

为“代码设置时间”按钮添加事件处理函数，如下代码：

```
void CTestDlg::OnBnClickedButton2()
{
    // TODO:  在此添加控件通知处理程序代码
    CString str;
    CTime time(2020, 10, 1, 12, 10, 34);          //初始化一个时间

    m_date.SetTime(&time);                        //把日期设置到上面的控件中
    m_time.SetTime(&time);                        //把时间设置到下面的控件中
}
```

（4）保存工程并运行，运行结果如图 4-182 所示。

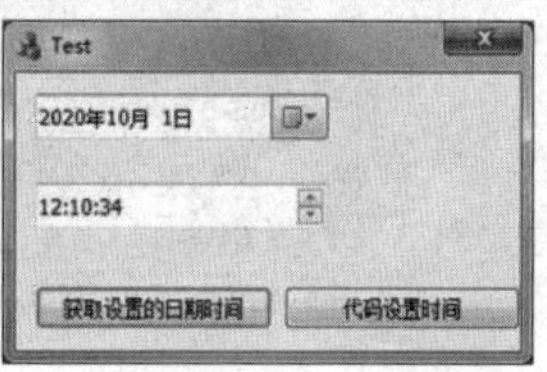

图 4-182

4.16.2 设置日期时间拾取控件的选择范围

有时候选择月份的时候，只需在几个月的范围内进行选择，所以可以为日期时间拾取控件的月份设置范围，这样可以简化用户的操作。在本例中，我们为日期时间拾取控件设置选择的范围是今天的前后一周（7天）。

为日期时间拾取控件设置范围的函数是 SetRange，该函数声明如下：

```
BOOL SetRange(const COleDateTime* pMinRange, const COleDateTime* pMaxRange);
BOOL SetRange(const CTime* pMinRange, const CTime* pMaxRange);
```

其中，参数 pMinRange 指向最早时间的 CTime 对象或 COleDateTime 对象的指针；pMaxRange 指向最晚时间的 CTime 对象或 COleDateTime 对象的指针。如果成功，就返回 TRUE，否则为 FALSE。

获取日期时间拾取控件的范围的函数是 GetRange，该函数声明如下：

```
DWORD GetRange(COleDateTime* pMinRange, COleDateTime*pMaxRange) const;
DWORD GetRange(CTime* pMinRange, CTime* pMaxRange) const;
```

参数同 SetRange，返回值包含指示设置范围的标记的 DWORD 值。

【例 4.130】 设置日期时间拾取控件的选择范围

（1）新建一个对话框工程。

（2）切换到资源视图，打开对话框，然后删除上面的所有控件。拖动一个日期时间拾取控件到对话框上，为该控件添加变量 m_date，再在对话框上放置一个按钮，标题是“获取可选日期范围”。

（3）在 CTestDlg::OnInitDialog()的末尾添加如下代码：

```
// TODO:  在此添加额外的初始化代码
    COleDateTime MinTime(COleDateTime::GetCurrentTime() - COleDateTimeSpan(7,
0, 0, 0));       //上一周
    COleDateTime MaxTime(COleDateTime::GetCurrentTime() + COleDateTimeSpan(7,
0, 0, 0));       //下一周
    m_date.SetRange(&MinTime, &MaxTime);
```

（4）为按钮“获取可选日期范围”添加事件处理函数，如下代码：

```
void CTestDlg::OnBnClickedButton1()
{
    // TODO:  在此添加控件通知处理程序代码
    CString msg;
    //定义最小和最大两个时间,以及当前时间
    CTime MinTime, MaxTime, currentTime;
    //获取可选时间范围
    DWORD result = m_date.GetRange(&MinTime, &MaxTime);
    msg = _T("\n 可选时间的下限: ");
    if (result & GDTR_MIN) //判断是否成功获取到时间的下限
        msg += MinTime.Format("%#x"); //用英文日期格式表示
    else
        msg += _T("None.");
    msg += _T("\n 可选时间的上限: ");
    if (result & GDTR_MAX) //判断是否成功获取到时间的上限
        msg += MaxTime.Format("%#x");//用英文日期格式表示
```

```
        else
            msg += _T("None.");
        m_date.GetTime(currentTime); //获取当前时间
        msg += _T("\n 当前时间: ");
        msg += currentTime.Format("%Y-%m-%d %H:%M:%S"); //格式化当前时间
        AfxMessageBox(msg);
    }
```

（5）保存工程并运行，运行结果如图 4-183 所示。

图 4-183

4.16.3　设置日期时间拾取控件的显示格式

可以对日期时间拾取控件设置显示的格式，比如显示星期。方法很简单，通过成员函数 SetFormat 即可。该函数声明如下：

```
BOOL SetFormat(LPCTSTR pstrFormat);
```

其中，参数 pstrFormat 是指向希望显示的格式字符串的指针，如果设置为 NULL，将把控件设置为当前风格的默认格式字符串。如果成功，就返回 TRUE；否则，返回 FALSE。

表 4-17 列出了 pstrFormat 的取值和解释。

表 4-17　pstrFormat 的取值和解释

取　值	解　释	取　值	解　释
“yyyy”	显示整个年号，比如 2015	“HH”	显示 24 小时格式的时，不足时前面补 0，比如凌晨 1 点，则为“01”
“yy”	显示年号的最后 2 位数	“H”	显示 24 小时格式的时，显示 1 位数或 2 位数
“y”	显示年号的最后一位，比如 2015 年则显示 5	“hh”	显示 12 小时格式的时，不足时前面补 0
“MMMM”	显示完整的月份	“h”	显示 12 小时格式的时，显示 1 位数或 2 位数
“MMM”	把月份缩写成 3 个字符	“dddd”	显示完整的星期
“MM”	月份显示前面 2 位，不足时前面补 0	“ddd”	星期缩写成 3 个字符
“M”	月份显示 1 位数或 2 位数	“mm”	显示两位数分钟，不足时前面补 0
“dd”	两位日期，不足时前面补 0	“m”	显示一位数或两位数分钟
“d”	显示 1 位或 2 位数日期	“tt”	显示 AM 或 PM
		“t”	AM/PM 缩写成一个字符，比如 PM 缩写成 P

【例 4.131】 设置日期时间拾取控件的显示格式

（1）新建一个对话框工程。

（2）切换到资源视图，打开对话框，删除上面的所有控件，然后添加一个日期时间拾取控件和一个按钮，标题为“设置格式”，并为日期时间拾取控件添加变量 m_date。然后为按钮添加事件处理函数，如下代码：

```
void CTestDlg::OnBnClickedButton1()
{
    // TODO: 在此添加控件通知处理程序代码
    //设定控件的显示格式，dddd 表示星期，MMM 表示月份，dd 表示日子，yyyy 表示年
    m_date.SetFormat(_T("dddd',' MMM dd',' yyyy"));
}
```

（3）保存工程并运行，运行结果如图 4-184 所示。

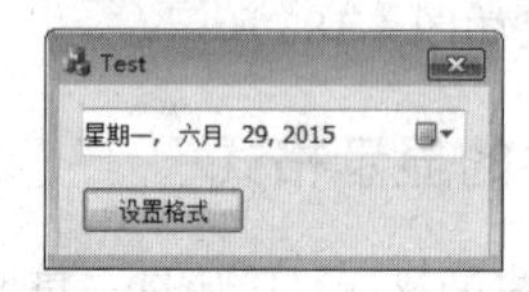

图 4-184

4.17 月历控件

月历控件提供给用户一个简易的月历界面，用户可以通过月历控件来选择日期。用户能够通过下列方式改变其显示：

（1）按月份前滚或后滚。

（2）单击 Today 文本，显示当天的值。

（3）从弹出菜单中挑选月份或年份。

月历控件可以显示多个月，同时可以加粗日期来指定特定的日期（例如，假期）。

在 Visual C++ 2017 中，月历控件由类 CMonthCalCtrl 实现。CMonthCalCtrl 的常用成员函数如表 4-18 所示。

表 4-18　CMonthCalCtrl 的常用成员函数

成 员 函 数	含　　义
CMonthCalCtrl	构造一个 CMonthCalCtrl 对象
Create	创建一个月历控件，并将其附加给 CMonthCalCtrl 对象
GetMinReqRect	获取月历控件显示完整月所需的最小值
SetMonthDelta	为月历控件设置滚动速率
GetMonthDelta	获取月历控件的滚动速率
SetFirstDayOfWeek	在月历的最左边设置要显示的星期值
GetFirstDayOfWeek	获取月历最左边显示的星期值
GetColor	获取月历控件指定区域的颜色
SetColor	查看月历控件指定区域的颜色
SizeMinReq	刷新月历控件到最小化，只显示一个月
SetToday	设置月历控件的当天值
GetToday	获取月历控件指定的作为“今天”的有关日期信息
SetCurSel	设定月历控件当前选定的日期
GetCurSel	获取当前选定日期指定的系统时间

（续表）

成员函数	含　义
SetDayState	在月历控件中设置要显示的日期
SetMaxSelCount	将月历控件中能够被选择的日期值设置为最大
GetMaxSelCount	获取月历控件中能够被选择的日期最大值
SetRange	设置月历控件中所许可的最大和最小日期值
GetRange	获取月历控件中所设置的最大和最小日期值
GetMonthRange	获取代表月历控件显示的日期上限和下限的有关信息
SetSelRange	将被选定的月历控件范围设置为给定的日期范围
GetSelRange	获取代表由用户选定当前日期上限和下限的有关信息
HitTest	决定月历控件的哪一部分位于屏幕指定的位置

下面我们通过简单实例演示月历控件的基本使用。

4.17.1　月历控件的基本使用

月历控件的基本使用包括日期的获取和设置。

【例 4.132】月历控件的基本使用

（1）新建一个对话框工程。

（2）切换到资源视图，打开对话框，删除上面的所有控件，然后在工具箱中找到月历控件，如图 4-185 所示。

图 4-185

把月历控件拖放到对话框上，同时放置两个按钮，左边按钮的标题是“获取选定的日期”，右边按钮的标题是“设置国庆节”，最后为月历控件添加变量 m_cal。

（3）为“获取选定日期”的按钮添加事件处理函数，如下代码：

```
void CTestDlg::OnBnClickedButton1()
{
    // TODO:  在此添加控件通知处理程序代码
    CTime tm;
    CString str;

    m_cal.GetCurSel(tm); //得到月历上选中的日期
    //存入字符串
    str.Format(_T("%d-%d-%d"), tm.GetYear(), tm.GetMonth(), tm.GetDay());
    AfxMessageBox(str); //显示结果
}
```

为“设置国庆节”的按钮添加事件处理函数，如下代码：

```
void CTestDlg::OnBnClickedButton2()
{
    // TODO:  在此添加控件通知处理程序代码
    CTime tm(2015, 10, 1, 0, 0, 0);    //定义日期变量
    m_cal.SetCurSel(tm);//设置新的日期
}
```

（4）保存工程并运行，运行结果如图 4-186 所示。

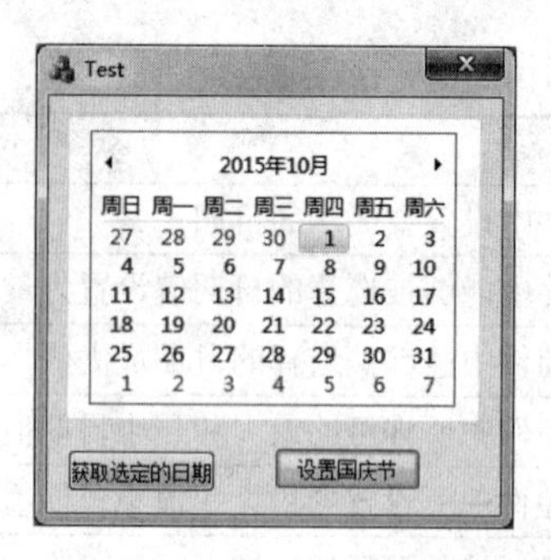

图 4-186

4.17.2 月历控件的其他使用

为了美观，可以为月历控件设置边框颜色，并且可以让月历控件一直显示今天的日期，这样看起来一目了然。还可以设置月历控件的显示模式，比如世纪模式，则显示当前世纪下的 100 个年份，年份模式则显示本年度内的所有月份。

另外，还可以设置月历控件的每周起始日子，默认情况下，每周的起始日子是星期日，但也可以设置其他日子作为每周开始的日子，并且设置了以后，每周开始的日子将会显示在左边开头一列。

为月历控件设置边框色的函数是 SetColor，该函数声明如下：

```
COLORREF SetColor(int nRegion, COLORREF ref);
```

其中，参数 nRegion 指定将要设定的月历控件颜色的整数值，取值如表 4-19 所示。

表 4-19 nRegion 的取值

值	含　义
MCSC_BACKGROUND	两个月之间显示的背景色
MCSC_MONTHBK	同一个月显示的背景色
MCSC_TEXT	同一个月用于显示文本的颜色
MCSC_TITLEBK	月历控件标题显示的背景色
MCSC_TITLETEXT	月历控件标题中用于显示文本的颜色

参数 ref 指定月历控件某个区域将要设置的颜色值。如果函数成功，就返回一个代表月历控件指定区域的以前设置的颜色值，否则返回 0。

设置月历控件的显示模式的函数是 SetCurrentView，该函数声明如下：

```
BOOL SetCurrentView(DWORD dwNewView);
```

其中，参数 dwNewView 为指定的视图模式值，它的取值如表 4-20 所示。

表 4-20 dwNewView 的取值

值	含　义
MCMV_MONTH	月度视图
MCMV_YEAR	年度视图
MCMV_DECADE	十年视图
MCMV_CENTURY	世纪视图

函数成功时返回 TRUE，否则返回 FALSE。

设置月历控件每周起始日子的函数是 SetFirstDayOfWeek，该函数声明如下：

```
BOOL SetFirstDayOfWeek(int iDay, int* lpnOld = NULL);
```

其中，参数 iDay 代表将要设定为每周起始日子的整数值，该值必须为一周中的某天，比如星期一，星期的天数由整数值表示，见表 4-21。

表 4-21　iDay 取值示例

值	星　期　几
0	Monday（星期一）
1	Tuesday（星期二）
2	Wednesday（星期三）
3	Thursday（星期四）
4	Friday（星期五）
5	Saturday（星期六）
6	Sunday（星期日）

参数 lpnOld 指向代表以前设定的每周起始日子的整型指针。如果每周起始日子被设置成不同于 LOCALE_IFIRSTDAYOFWEEK 的值，那么返回非 0 值，否则为 0。

让月历控件一直显示今天的日期可以通过设置属性 No Today 来实现。

【例 4.133】月历控件的其他使用

（1）新建一个对话框工程。

（2）拖放一个月历控件到对话框上，并设置其属性 No Today 为 False，这样可以在月历控件底部显示今天的日期。然后为月历控件添加控件变量 m_cal，再在对话框上放置 4 个按钮，如图 4-187 所示。

图 4-187

（3）为“设置边框颜色为淡蓝色”的按钮添加事件处理函数，如下代码：

```
void CTestDlg::OnBnClickedButton1()
{
    // TODO:  在此添加控件通知处理程序代码
    m_cal.SetColor(MCSC_BACKGROUND, ::GetSysColor(COLOR_INACTIVECAPTION));
}
```

其中，函数 GetSysColor 为系统 Win32 API 函数，用来获取指定宏的颜色。

为“设置周一为一周开始”的按钮添加事件处理函数，如下代码：

```
void CTestDlg::OnBnClickedButton2()
{
    // TODO:  在此添加控件通知处理程序代码
    //设置星期一为一周的开始，左边第一列将显示星期一
    m_cal.SetFirstDayOfWeek(0);
}
```

为“设置世纪视图”的按钮添加事件处理函数，如下代码：

```
void CTestDlg::OnBnClickedButton3()
{
    // TODO:  在此添加控件通知处理程序代码
    m_cal.SetCurrentView(MCMV_CENTURY); //设置世纪视图
}
```

为“设置年视图”的按钮添加事件处理函数，如下代码：

```
void CTestDlg::OnBnClickedButton4()
{
    // TODO:  在此添加控件通知处理程序代码
    m_cal.SetCurrentView(MCMV_YEAR); //设置年份视图
}
```

（4）保存工程并运行，运行结果如图 4-188 所示。

图 4-188

4.18 动画控件

动画控件可以用来播放 AVI 格式（.avi 文件）的动画，一个 AVI 片段是一系列位图帧，就像电影；但不是所有的 AVI 格式文件都可以播放，动画控件只能播放没有声音、未经过压缩以及调色板保持不变的 AVI 动画。

以 avi 文件形式存在的动画短片是一种资源，可以导入到 Visual C++工程的自定义资源中，然后为其定义一个 ID 号。有了这个 ID 号，就可以在程序中引用到动画片了。

在 Visual C++ 2017 中，动画控件由类 CAnimateCtrl 实现。CAnimateCtrl 的常用成员函数如表 4-22 所示。

表 4-22　CAnimateCtrl 的常用成员函数

成 员 函 数	含　义
CAnimateCtrl	构造一个 CAnimateCtrl 对象
Create	创建一个动画控件并将它附加给 CanimateCtrl 对象
Open	由一个文件打开一个动画控件或资源并显示第一帧
Play	播放不带声音的 AVI 片段
Seek	播放 AVI 片段选定的一帧
Stop	停止播放 AVI 片段
Close	关闭原先打开的 AVI 片段

下面我们通过简单实例演示动画控件的基本使用。

动画控件的基本使用

我们将通过一个实例来说明动画控件的基本使用。在这个实例中，先在工程资源里导入一个.avi 动画文件，它就是一个二进制文件，然后我们将调用 CAnimateCtrl 类的成员函数来播放和停止播放这个动画。

播放 AVI 片段的函数是 Play，该函数声明如下：

```
BOOL Play(UNIT nFrom, UINT nTo, UINT nRep);
```

其中，参数 nFrom 是运行开始的那个帧基于 0 的索引，它的值必须小于 65536，如果是 0 就意味着从 AVI 片段的第一帧开始；参数 nTo 是运行结束的那个帧基于 0 的索引，它的值必须小于 65536，如果是-1 就意味着以 AVI 片段的最后一帧结束；参数 nRep 表示重新播放 AVI 片段的次数，如果值为-1 就意味着无限地重新运行此文件。函数如果成功，就返回非 0 值，否则为 0。

停止播放 AVI 片段的函数是 Stop，该函数声明如下：

```
BOOL Stop( );
```

该函数可以停止动画控件中 AVI 片段的播放。如果函数成功，就返回非 0 值，否则返回 0。

图 4-189

【例 4.134】 动画控件的基本使用

（1）新建一个对话框工程。

（2）切换到资源视图，打开对话框，删除上面的所有控件，然后在工具箱中找到动画控件，如图 4-189 所示。

把工具箱中的动画控件拖放到对话框上，并为其添加控件变量 m_ani；然后右击资源视图里的 Test.rc，在快捷菜单上选择“添加资源”命令，在添加资源对话框上单击“导入”按钮，在导入对话框的右下角选择“所有文件（*.*）”，然后定位到工程的 res 目录下，选中 filecopy.avi 文件，然后单击“打开”按钮；接着会出现自定义资源类型对话框，在该对话框上的资源类型下面输入 AVI，然后单击“确定”按钮。

此时会发现资源视图里的 Test.rc 下面多了一项资源类型“AVI”，这就是我们添加的新的资源类型，它下面有一个名为 IDR_AVI1 的资源，双击打开它，可以在左边看到十六进制码，这就是该 avi 文件的内容。这些内容不用去管，最后单击工具栏上的“保存”按钮，添加 avi 文件到工程资源中的过程就完成了。

在对话框上添加 2 个按钮，一个标题是“开始播放“，另外一个是“停止播放”。

（3）在 CTestDlg::OnInitDialog()末尾处添加代码：

```
m_ani.Open(IDR_AVI1); //打开 avi 资源
```

为“开始播放”按钮添加事件处理函数，如下代码：

```
void CTestDlg::OnBnClickedButton1()
{
    // TODO:  在此添加控件通知处理程序代码
    m_ani.Play(0, -1, -1); //从第一帧开始播放，并且是循环播放
}
```

为“停止播放”按钮添加事件处理函数，如下代码：

```
void CTestDlg::OnBnClickedButton2()
{
    // TODO:  在此添加控件通知处理程序代码
    m_ani.Stop(); //停止播放
}
```

图 4-190

（4）保存工程并运行，运行结果如图 4-190 所示。

4.19 热键控件

热键控件是让用户创建热键的窗口，它的样子类似一个编辑框，可以在里面输入所需的热键。热键是用户快速执行一个动作的键的组合，通常是 Ctrl、Shift 或 Alt 键和其他字母或数字键的组合，如 Ctrl+A、Alt+1 等。无论当前窗口是否处于激活状态，当我们按下热键后，程序都会响应，这是因为我们向操作系统注册了热键。

在 Visual C++ 2017 中，热键控件由类 CHotKeyCtrl 实现。CHotKeyCtrl 的常用成员函数如表 4-23 所示。

表 4-23　CHotKeyCtrl 的常用成员函数

成 员 函 数	含　　义
CHotKeyCtrl	构造一个 CHotKeyCtrl 对象
Create	创建一个热键控件
SetHotKey	对一个热键控件设置热键组合
GetHotKey	从热键控件中获取虚拟键代码和默认修正符标志
SetRules	定义热键控件的不可用组合和默认的修正符组合

下面我们通过简单实例演示热键控件的基本使用。

热键控件的基本使用

我们将通过一个实例来说明热键控件的基本使用。在这个实例中，首先让用户在热键控件里输入热键，比如 Ctrl+Q，然后用户按 Ctrl+Q 键，程序会跳出一个信息框来响应用户按下的热键。即使对话框处于非激活状态，也能响应用户的热键，这一点是热键和快捷键的主要区别。快捷键也可以通过键盘按键让程序响应，但程序界面必须处于激活状态。

获取热键的函数是 GetHotKey，该函数声明如下：

```
DWORD GetHotKey( ) const;
void GetHotKey(WORD &wVirtualKeyCode, WORD &wModifiers) const;
```

该函数从一个热键控件中获取一个虚拟键代码和修正符标志。其中，参数 wVirtualKeyCode 为热键的虚拟键代码；wModifiers 为修正符标志，当与 wVirtualKeyCode 组合使用时，定义一个热键组合，返回的修正符标志为以下值的组合：

- HOTKEYF_ALT：Alt 键。
- HOTKEYF_CONTROL：Ctrl 键。
- HOTKEYF_EXT：扩展键。
- HOTKEYF_SHIFT：Shift 键。

在上述第一个用法中，DWORD 包含虚拟键代码及修正符标志，低位字是虚拟键代码，高位字是修正符标志，并且 32 位值的 HIWORD 和 LOWORD 可以在 SetHotKey 成员函数中被用作参数。

【例 4.135】热键控件的基本使用

（1）新建一个对话框工程。

（2）切换到资源视图，打开对话框，删除上面的所有控件，然后在工具箱中找到热键控件，如图 4-191 所示。

图 4-191

把它拖放到对话框上，并为其添加控件变量 m_hot，同时添加一个按钮，标题为“设置输入的热键”。

（3）为“设置输入的热键”的按钮添加事件处理函数，如下代码：

```
void CTestDlg::OnBnClickedButton1()
{
    // TODO:  在此添加控件通知处理程序代码
    WORD wVkCode;
    WORD wModifier;
    UINT modifier = 0;

    m_hot.GetHotKey(wVkCode, wModifier);//获取热键控件设置的热键
    //发送热键值到需要响应热键的窗口，这里只是本对话框
    SendMessage(WM_SETHOTKEY, (WPARAM)MAKEWORD(wVkCode, wModifier));

    //转换组合键
    if (wModifier&HOTKEYF_ALT)
        modifier |= MOD_ALT;
    if (wModifier&HOTKEYF_CONTROL)
        modifier |= MOD_CONTROL;
    if (wModifier&HOTKEYF_SHIFT)
        modifier |= MOD_SHIFT;
    if (wModifier&HOTKEYF_EXT)
        modifier |= MOD_WIN;

    if (::RegisterHotKey(m_hWnd, 12, modifier, wVkCode))//注册热键
        AfxMessageBox(_T("热键注册成功"));
    else
        AfxMessageBox(_T("热键注册失败"));
}
```

为对话框添加 WM_HOTKEY 消息的响应函数，该消息可以响应用户按下热键的事件。注意，该消息可以可视化添加。如下代码：

```
void CTestDlg::OnHotKey(UINT nHotKeyId, UINT nKey1, UINT nKey2)
{
    // TODO:  在此添加消息处理程序代码和/或调用默认值
    if (12 == nHotKeyId) //12 是我们上面定义的热键 ID 号
        AfxMessageBox(_T("热键响应成功！"));

    CDialogEx::OnHotKey(nHotKeyId, nKey1, nKey2);
}
```

（4）保存工程并运行，运行结果如图 4-192 所示。

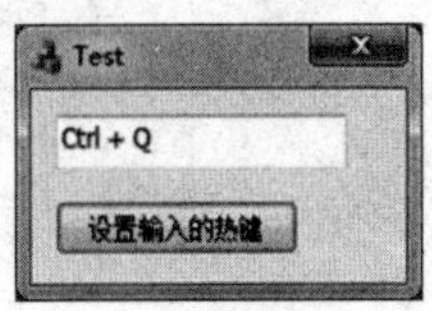

图 4-192

4.20 Custom 控件

Custom 控件也叫子封装控件，是用户自己封装创建的控件。如果 Visual C++没有我们所需要的控件，则可以通过 Custom 控件来创建自己的控件。比如需要一个可以在上面绘图的控件。Custom 控件就是让用户自己定义控件。

Custom 控件通常有两种用法：第一种用法是让它关联一个已有的 Visual C++控件，比如 Button、Edit 等；第二种用法是把 Custom Control 设置为一个自定义类。

下面我们通过简单实例来演示 Custom 控件的基本使用。

4.20.1 让 Custom 控件关联已有控件

在这个实例中，让 Custom 控件关联一个已有的 Windows 通用控件，比如编辑框。关联的过程主要是设置 Custom 控件的 Class 属性为 Edit，然后定义一个 CEdit 变量，并子类化到 Custom 控件。用一个窗口过程替换另一个过程的行为叫子类化，这是 Windows 意义上的派生子类，与面向对象语言的派生子类是完全不同的概念。子类化某个控件后，其原来的 WindowProc 将替换成你自己写的窗口类的 WindowProc，这样你就可以处理这个控件的所有消息了。以后 Custom 控件使用起来就和编辑框控件一样了，因为编辑框能接收到的消息，这个 Custom 控件也都能接收到。

【例 4.136】让 Custom 控件关联已有控件

（1）新建一个对话框工程。

（2）切换到资源视图，删除对话框上的所有控件，并在工具箱里找到 Custom Control，如图 4-193 所示。

把它拖放到对话框上，稍微拉大一点，然后设置其 Class 属性为 Edit。注意，这里的 Class 不是 C++语言中类的概念，而是指窗口类（Window Class），微软把不同的控件分别区分为不同的窗口类型，比如按钮的窗口类是 Button，编辑框的窗口类是 Edit。

（3）为类 CTestDlg 添加成员变量 CEdit m_edt，然后在 CTestDlg::OnInitDialog()的末尾添加如下代码：

```
m_edt.SubclassDlgItem(IDC_CUSTOM1, this); //CEdit 变量子类化到 Custom 控件
    m_edt.SetWindowText(_T("你好，世界")); //在 Custom 控件上显示文本
```

（4）保存工程并运行，运行结果如图 4-194 所示。

图 4-193

图 4-194

4.20.2　把 Custom 控件设置为一个自定义类

在这个实例中，将为 Custom 控件定义一个 C++类，并且这个类没有基类。在自定义类的构造函数中将进行窗口注册。注册时的窗口类名就是对话框上 Custom 控件的 Class 属性所设置的类名。这样对话框上的 Custom 控件就有自己的类了。然后在主对话框中用这个自定义类定义变量，运行的时候就可以在对话框上看到我们自定义的 Custom 控件了。当然因为没有加入什么具体功能，所以这个控件也没有任何功能。

【例 4.137】把 Custom 控件设置为一个自定义类

（1）新建一个对话框工程。

（2）切换到资源视图，删除对话框上的所有控件，然后从工具箱中拖动一个 Custom 控件到对话框上，并设置其 Class 属性为 MyCtrl。然后关掉对话框设计界面，再单击主菜单上的"项目" | "添加类"，在添加类对话框上选择"C++类"，然后单击"添加"按钮，然后在"一般 C++类向导"对话框上输入类名 CMyCustomCtrl。这个类就是我们为 Custom 控件定义的 C++类。

（3）在类 CMyCustomCtrl 的构造函数中输入窗口注册代码：

```
CMyCustomCtrl::CMyCustomCtrl()
{
    WNDCLASS windowclass; //定义窗口类
    HINSTANCE hInst = AfxGetInstanceHandle(); //获得应用程序句柄
    //检查窗口类 MyCustomCtrl 是否已经注册过
    if (!(::GetClassInfo(hInst, _T("myCtrl "), &windowclass)))
    {
        //如果没有注册过，我们把这个窗口类进行注册
        windowclass.style = CS_DBLCLKS; //窗口风格
        windowclass.lpfnWndProc = ::DefWindowProc; //默认窗口过程
        windowclass.cbClsExtra = windowclass.cbWndExtra = 0;
        windowclass.hInstance = hInst;
        windowclass.hIcon = NULL;
        //鼠标为十字箭头
        windowclass.hCursor = AfxGetApp()->LoadStandardCursor(IDC_CROSS);
        windowclass.hbrBackground = ::GetSysColorBrush(COLOR_WINDOW);
        windowclass.lpszMenuName = NULL;
        windowclass.lpszClassName = _T("myCtrl "); //窗口类名是 myCtrl
        if (!AfxRegisterClass(&windowclass)) //注册窗口类
        {
            AfxThrowResourceException(); //如果失败跑出异常
        }
    }
}
```

注意，窗口类只有注册过，控件才能使用。

此时运行工程，会发现程序没有显示任何界面就直接退出了。我们为类 CTestDlg 添加成员变量：

```
CMyCustomCtrl m_ctrl;
```

并在文件 TestDlg.h 开头包含：

```
#include "MyCustomCtrl.h"
```

（4）保存工程并运行，运行结果如图 4-195 所示。

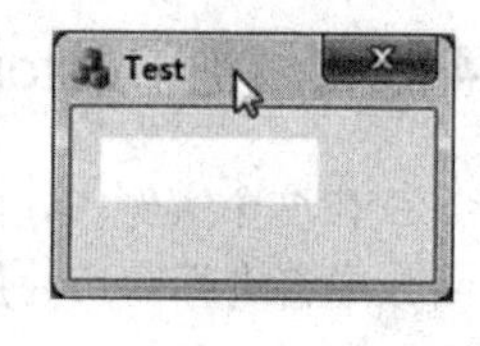

图 4-195

4.20.3 实现一个能自绘的 Custom 控件

上例的 Custom 控件没有添加具体功能，本例将会为 Custom 控件添加鼠标绘图功能。因为要响应鼠标按下、移动、弹起等消息，所以这个 Custom 控件必须继承于 MFC 的窗口类 CWnd。

【例 4.138】实现一个能自绘的 Custom 控件

（1）新建一个对话框工程。

（2）切换到资源视图，删除对话框上的所有控件，从工具箱中拖动一个 Custom 控件到对话框上，并拖大一些，设置其 Class 属性为 MyCtrl，然后关掉对话框设计界面，再单击主菜单上的“项目”|“添加类”，在添加类对话框上选择“MFC 类”，单击“添加”按钮，然后在“MFC 添加类向导”对话框上输入类名 CMyCustomCtrl，并选择基类为 CWnd。这个类就是我们为 Custom 控件定义的 C++类。

（3）在类 CMyCustomCtrl 的构造函数中输入窗口注册代码：

```
CMyCustomCtrl::CMyCustomCtrl()
{
    WNDCLASS windowclass; //定义窗口类
    HINSTANCE hInst = AfxGetInstanceHandle(); //获得应用程序句柄
    //检查窗口类 MyCustomCtrl 是否已经注册过
    if (!(::GetClassInfo(hInst, _T("myCtrl "), &windowclass)))
    {
        //如果没有注册过，我们把这个窗口类进行注册
        windowclass.style = CS_DBLCLKS; //窗口风格
        windowclass.lpfnWndProc = ::DefWindowProc; //默认窗口过程
        windowclass.cbClsExtra = windowclass.cbWndExtra = 0;
        windowclass.hInstance = hInst;
        windowclass.hIcon = NULL;
        //鼠标为十字箭头
        windowclass.hCursor = AfxGetApp()->LoadStandardCursor(IDC_CROSS);
        windowclass.hbrBackground = ::GetSysColorBrush(COLOR_WINDOW);
        windowclass.lpszMenuName = NULL;
        windowclass.lpszClassName = _T("myCtrl "); //窗口类名是 myCtrl
        if (!AfxRegisterClass(&windowclass)) //注册窗口类
        {
            AfxThrowResourceException(); //如果失败跑出异常
        }
    }
}
```

然后，为类 CMyCustomCtrl 添加成员变量：

```
BOOL m_bDown; //鼠标是否按下
    CPoint m_ptLast; //上一次按下的坐标
```

为类 CMyCustomCtrl 添加 WM_LBUTTONDOWN 消息处理函数，该消息当用户按下鼠标左键时发送，如下代码：

```
void CMyCustomCtrl::OnLButtonDown(UINT nFlags, CPoint point)
{
    // TODO:  在此添加消息处理程序代码和/或调用默认值
    if (FALSE == m_bDown) //鼠标左键是否没按下
    {
        m_ptLast = point; //记录位置
        m_bDown = TRUE; //标记鼠标左键按下状态
    }

    CWnd::OnLButtonDown(nFlags, point);
}
```

为类 CMyCustomCtrl 添加 WM_ MOUSEMOVE 消息处理函数，该消息当用户移动鼠标的时候发送，如下代码：

```
void CMyCustomCtrl::OnMouseMove(UINT nFlags, CPoint point)
{
    // TODO:  在此添加消息处理程序代码和/或调用默认值
    if (TRUE == m_bDown) //鼠标左键是否按下
    {
        CDC *pDC = GetDC(); //得到设备上下文

        pDC->MoveTo(m_ptLast); //移动到 m_ptLas 位置
        pDC->LineTo(point); //从 m_ptLas 位置到 point 位置画一条线
        m_ptLast = point; //保存鼠标新的位置
        ReleaseDC(pDC); //是否设备上下文
    }
    CWnd::OnMouseMove(nFlags, point);
}
```

为类 CMyCustomCtrl 添加 WM_ LBUTTONUP 消息处理函数，该消息当用户移动鼠标的时候发送，如下代码：

```
void CMyCustomCtrl::OnLButtonUp(UINT nFlags, CPoint point)
{
    // TODO:  在此添加消息处理程序代码和/或调用默认值
    m_bDown = FALSE; //标记鼠标左键未按下

    CWnd::OnLButtonUp(nFlags, point);
}
```

此时运行工程，会发现程序没有显示任何界面就直接退出了。我们为类 CTestDlg 添加成员变量：

```
CMyCustomCtrl m_ctrl;
```

并在文件 TestDlg.h 开头包含：

```
#include "MyCustomCtrl.h"
```

此时运行工程会发现对话框上虽然能显示 Custom 控件了，但鼠标按下、移动并不能画出线条来。这是因为我们还未在对话框和 Custom 控件之间添加控件数据交换函数。

在 CTestDlg::DoDataExchange(CDataExchange* pDX)的末尾添加数据交换函数，如下代码：

```
//Custom 控件和对话框的数据交换函数
DDX_Control(pDX, IDC_CUSTOM1, m_ctrl);
```

（4）保存工程并运行，运行结果如图 4-196 所示。

图 4-196

4.21 Picture 控件

顾名思义，Picture 控件也叫图片控件，主要作用是为用户显示图片。它本质上是一个静态控件。如果是静态显示图片很简单，设置属性即可；如果要动态显示图片，则需要和其他位图类（CBitmap）一起合作才行。

4.21.1 Picture 控件静态显示图片

Picture 控件静态显示图片很简单，只需在对话框上放置 Picture 控件，然后设置属性并选择导入到工程中的 BMP 图片的 ID 即可。

【例 4.139】Picture 控件静态显示图片

（1）新建一个对话框工程。

（2）切换到资源视图，把 res 目录下的 apollo11.bmp 导入工程中，ID 保持默认，然后打开对话框并删除上面所有的控件，从工具箱中找到 Picture Control，如图 4-197 所示。

把它拖放到对话框上，然后设置其 Type 属性为 Bitmap，并设置 Image 属性为 IDB_BITMAP1。注意先设置 Type 属性，再设置 Image 属性，此时可以看到 Picture 控件上有图片显示了。如果图片没有完全显示出来，可以把对话框拉大一些。

（3）保持工程并运行，运行结果如图 4-198 所示。

图 4-197

图 4-198

4.21.2 Picture 控件动态显示图片

可以预先不把图片导入工程，而是在程序运行的时候让 Picture 控件显示不同路径的图片。在本例中，我们单击按钮，然后出现文件选择框，可以选择磁盘上的位图加以显示。

【例 4.140】Picture 控件动态显示图片

（1）新建一个对话框工程。

（2）切换到资源视图，打开对话框并删除上面所有的控件，然后拖放一个按钮和 Picture 控件到对话框上。

（3）为按钮添加事件处理函数，如下代码：

```
    void CTestDlg::OnBnClickedButton1()
    {
        // TODO:  在此添加控件通知处理程序代码
        CFileDialog fileDlg(TRUE, NULL, NULL,OFN_ALLOWMULTISELECT,
            _T("位图文件(*.bmp)|*bmp||"),AfxGetMainWnd());
        CString strPath;
        HBITMAP hbmp;

        if (fileDlg.DoModal() == IDOK) //显示文件选择框
        {
            strPath = fileDlg.GetPathName(); //得到位图文件路径
            //加载位图
            hbmp = (HBITMAP)::LoadImage(AfxGetInstanceHandle(), strPath,
IMAGE_BITMAP, 0, 0, LR_CREATEDIBSECTION | LR_LOADFROMFILE);
            if (!hbmp)
                return; //如果加载失败，则返回

            //获取加载位图的高度和宽度信息
            m_bmp.Attach(hbmp);
            DIBSECTION ds;
            // bminfo 为指向位图头部的引用
            BITMAPINFOHEADER &bminfo = ds.dsBmih;
            m_bmp.GetObject(sizeof(ds), &ds); //获取位图信息
            int cx = bminfo.biWidth; //得到位图宽度
            int cy = bminfo.biHeight; //得到位图高度

            //根据图像大小来调整控件的大小，让它正好显示一张图片
            CRect rect;
            //得到 Picture 控件原来大小
            GetDlgItem(IDC_STATIC1)->GetWindowRect(&rect);
            ScreenToClient(&rect); //屏幕坐标转为客户坐标
            GetDlgItem(IDC_STATIC1)->MoveWindow(rect.left, rect.top, cx, cy,
true);//调整大小
            GetDlgItem(IDC_STATIC1)->Invalidate(); //重画 Picture 控件
        }
    }
```

然后在 CTestDlg::OnPaint()的 else 部分里添加代码：

```
    else
        {
            //定义 Picture 控件的设备上下文环境
            CPaintDC dc(GetDlgItem(IDC_STATIC1));
            CRect rt;
            //获取 Picture 控件的尺寸
            GetDlgItem(IDC_STATIC1)->GetClientRect(&rt);
```

```
        CDC memdc; //定义内存设备上下文
        memdc.CreateCompatibleDC(&dc); //创建兼容的设备上下文
        CBitmap bitmap;
        //创建兼容的位图
        bitmap.CreateCompatibleBitmap(&dc, rt.Width(), rt.Height());
        memdc.SelectObject(&bitmap); //把位图选择到内存上下文
        CWnd::DefWindowProc(WM_PAINT, (WPARAM)memdc.m_hDC, 0);
        CDC maskdc; //定义灰度图设备上下文环境
        //创建一个与指定设备兼容的内存设备上下文环境
        maskdc.CreateCompatibleDC(&dc);
        CBitmap maskbitmap;
        //创建灰度图的位图
        maskbitmap.CreateBitmap(rt.Width(), rt.Height(), 1, 1, NULL);
        //把该位图选进灰度图的设备上下文环境中
        maskdc.SelectObject(&maskbitmap);
        //将图形数据块从源复制到目标区域
        maskdc.BitBlt(0, 0, rt.Width(), rt.Height(), &memdc,rt.left, rt.top,
SRCCOPY);
        CBrush brush; //定义画刷
        brush.CreatePatternBrush(&m_bmp); //创建具有指定位图模式的逻辑刷子
        dc.FillRect(rt, &brush); //用指定的画刷填充矩形
        //通过“按位或（OR）”操作混合源和目标区域
        dc.BitBlt(rt.left, rt.top, rt.Width(), rt.Height(),&memdc, rt.left,
rt.top, SRCPAINT);
        brush.DeleteObject(); //删除逻辑画刷

        CDialogEx::OnPaint(); //这行原来就有

    }
```

（4）保存工程并运行，运行结果如图 4-199 所示。

图 4-199

4.22 Syslink 控件

Syslink 控件的功能是实现网址超链接的效果，就像 HTML 中的超链接一样，你点下可以链接到一个网页上去。前面我们也通过静态文本控件实现过超链接功能，现在 Visual C++提供了现成的超链接控件，大大提高了开发的效率。

在 Visual C++ 2017 中，Syslink 控件由类 CLinkCtrl 实现。CLinkCtrl 的常用成员函数如表 4-24 所示。

表 4-24　CLinkCtrl 的常用成员函数

成 员 函 数	含　义
CLinkCtrl	构造 CLinkCtrl 对象
Create	创建链接控件并将它附加到 CLinkCtrl 对象
CreateEx	用扩展样式创建链接控件并将它附加到 CLinkCtrl 对象
GetIdealHeight	获取链接控件的理想高度

（续表）

成 员 函 数	含　　义
GetIdealSize	获取链接控件的理想尺寸
GetItem	获取链接控件项的状态和属性
GetItemID	获取链接控件项的 ID
GetItemState	获取链接控件项的状态
GetItemUrl	获取链接控件项表示的 URL
HitTest	确定用户是否单击该指定的链接
SetItem	设置链接控件项的状态和属性
SetItemID	设置链接控件项的 ID
SetItemState	设置链接控件项的状态
SetItemUrl	设置链接控件项表示的 URL

下面通过简单实例来演示 Syslink 控件的使用。

使用 Syslink 控件访问网址

用 Syslink 控件来访问网址很简单，先通过属性设置网址标题，然后调用函数来设置 URL 即可。设置 URL 的函数是 SetItemUrl，该函数声明如下：

```
BOOL SetItemUrl(int iLink,LPCWSTR szUrl );
```

其中，iLink 表示链接控件项的索引；szUrl 表示一个字符串形式的 URL。如果函数成功就返回 TRUE，否则为 FALSE。

【例 4.141】使用 Syslink 控件访问网址

（1）新建一个对话框工程。

（2）切换到资源视图，打开对话框，删除对话框上的所有控件，然后在工具箱中找到 Syslink Control，如图 4-200 所示。

图 4-200

把它拖放到对话框上，然后设置其 Caption 属性为“腾讯官网<a>www.qq.com</a>”。注意双引号不需要输入，然后为其添加控件变量 m_link，并在 CTestDlg::OnInitDialog()中添加设置 URL 的代码：

```
m_link.SetItemUrl(0, _T("www.qq.com"));
```

再切换到资源视图，选中对话框上的 Syslink 控件，然后在其属性视图的控件事件页面下为其添加 NM_CLICK 事件。该事件在用户鼠标左键单击 Syslink 控件时发生，如下代码：

```
void CTestDlg::OnNMClickSyslink1(NMHDR *pNMHDR, LRESULT *pResult)
{
    // TODO:  在此添加控件通知处理程序代码
    PNMLINK pNMLink = (PNMLINK)pNMHDR;
    ShellExecuteW(NULL, _T("open"), pNMLink->item.szUrl, NULL, NULL,
SW_SHOWNORMAL);  //访问网址

    *pResult = 0;
}
```

（3）保存工程并运行，运行结果如图 4-201 所示。

图 4-201

4.23 Command Button 控件

Command Button 控件并没有太多新东西，就是在原有的按钮控件上加了一点新特性，所以本质上它仍然是按钮控件。它用起来不同于普通按钮的地方主要是 3 个方面：

（1）除了按钮上面的 Caption 属性外，显示的文字外还多了一个 note 文字，相当于进一步解释作用的文字，并是用小号的字显示出来。

（2）可以在按钮前面显示一个图标，默认是指向右边的箭头。

（3）鼠标没放过去之前不像一个按钮，倒像一个静态文本控件，鼠标移上去后才变得像按钮。

除了上面说的之外其他操作跟普通按钮一样，连控件变量的类型也是 CButton。

前面也介绍了带图标按钮的实现，现在 Visual C++为我们提供了现成的带图标的按钮，大大提高了开发效率。

Command Button 控件的基本使用

Command Button 控件的基本使用包括设置 note 和 icon，并为其添加鼠标单击事件。Command Button 控件和普通按钮最大的不同就是多了 note 和 icon，前者可以用来设置提示性文字，后者可以在按钮上显示一个图标。

【例 4.142】Command Button 控件的基本使用

（1）新建一个对话框工程。

（2）切换到资源视图，打开对话框，删除对话框上所有的控件，然后在工具箱中找到 Command Button Control，如图 4-202 所示。

图 4-202

把它拖到对话框上，可以看到这个按钮是平的，并且有一个方向朝右边的图标，设置其 Caption 属性为“打开”，接着为其添加控件变量 m_btn。

（3）在 CTestDlg::OnInitDialog 中添加按钮初始化代码：

```
m_btn.SetNote(_T("打开文件"));  //设置 note 的内容
//设置 icon，当然也可以保持默认的 icon，默认的图标是右箭头
m_btn.SetIcon(m_hIcon);
```

再切换到资源视图，打开对话框，双击按钮为其添加鼠标单击事件，如下代码：

```
void CTestDlg::OnBnClickedCommand1()
{
    // TODO:  在此添加控件通知处理程序代码
    AfxMessageBox(_T("打开文件"));
}
```

（4）保存工程并运行，运行结果如图 4-203 所示。

图 4-203

4.24　Network Address 控件

一看这个控件的名字就知道是让你输入 IP 地址或主机名的，但这个控件看起来更像一个编辑框，事实上这个控件对应的类就是继承自 CEdit。细心的朋友会发现前面不是已经有 IP Address 控件了吗？怎么又有一个网络地址（Network Address）控件？其实这两个控件是有一定区别的，IP Address 控件比 Network Address 控件功能更弱，它只让输入类似 IPv4 的 IP 地址，也就是那些数字只让从 0 到 255，不过虽然功能弱，但用起来可是直观方便得多，因为它有点分，输入 IP 非常方便；而 Network Address 控件用起来都有点像编辑框控件了。

在 Visual C++ 2017 中，Network Address 控件由类 CNetAddressCtrl 实现。CNetAddressCtrl 的常用成员函数如表 4-25 所示。

表 4-25　CNetAddressCtrl 的常用成员函数

成 员 函 数	含　义
CNetAddressCtrl	构造 CNetAddressCtrl 对象
Create	使用指定的样式创建网络地址控件并将其附加到当前 CNetAddressCtrl 对象
CreateEx	使用指定的扩展样式创建网络地址控件并将其附加到当前 CNetAddressCtrl 对象
DisplayErrorTip	当用户在网络地址控件输入了一个不受支持的网络地址时，显示气球状的错误提示
GetAddress	获取并验证网络地址
GetAllowType	获取网络地址控件可以支持网络地址的类型
SetAllowType	设置网络地址控件可以支持的网络地址类型

下面通过简单实例来演示网络地址控件的使用。

```
Network Address 控件的基本使用
```

Network Address 控件的基本使用包括设置 Network Address 控件支持的网络地址类型，并验证输入的网络地址是否正确，如果错误，就提示错误信息。

设置 Network Address 控件支持的网络地址类型的函数是 SetAllowType，该函数声明如下：

```
HRESULT SetAllowType(DWORD dwAddrMask);
```

其中，参数 dwAddrMask 是一个按位组合标志，标记可以支持的网络地址类型，标记和相应的含义如表 4-26 所示。

表 4-26　dwAddrMask 标记及含义

标　　记	含　　义
NET_STRING_IPV4_ADDRESS	IPv4 格式的 IP
NET_STRING_IPV6_ADDRESS	IPv6 格式的 IP
NET_STRING_NAMED_ADDRESS	网址

如果函数成功就返回 S_OK，否则返回 COM 错误代码。

验证输入的网络地址是否正确的函数为 GetAddress，该函数声明如下：

```
HRESULT GetAddress(PNC_ADDRESS pAddress );
```

其中，参数 pAddress 为 NC_ADDRESS 结构的指针。在调用 GetAddress 函数之前，需要先设置此结构的 pAddrInfo 成员。如果函数成功就返回 S_OK，否则返回 COM 错误代码。

当用户在网络地址控件中输入了一个不受支持的网络地址时，显示气球状的错误提示的函数是 DisplayErrorTip，该函数声明如下：

```
HRESULT DisplayErrorTip();
```

如果函数成功就返回 S_OK，否则返回错误代码。

【例 4.143】Network Address 控件的基本使用

（1）新建一个对话框工程。

（2）切换到资源视图，打开对话框，删除对话框上的所有控件，然后在工具箱中找到 Network Address Control，如图 4-204 所示。

图 4-204

把它拖放到对话框上，然后为其添加控件变量 m_netAddr，再拖一个按钮到对话框上，标题是"验证"。

（3）在 CTestDlg::OnInitDialog()的末尾输入代码：

```
//设置控件只支持 IPv4 的 IP 地址
m_netAddr.SetAllowType(NET_STRING_IPV4_ADDRESS);
```

为按钮添加事件处理函数，如下代码：

```
void CTestDlg::OnBnClickedButton1()
{
    // TODO:  在此添加控件通知处理程序代码
    NC_ADDRESS m_na; //定义结构体 NC_ADDRESS 的变量
    NET_ADDRESS_INFO m_nai; //定义   NET_ADDRESS_INFO 变量
    //设置成员 pAddrInfo 指向 NET_ADDRESS_INFO 变量
    m_na.pAddrInfo = &m_nai;
    HRESULT rslt = m_netAddr.GetAddress(&m_na); //获取并验证网络地址
    if (rslt != S_OK) //判断输入的网络地址是否正确
        m_netAddr.DisplayErrorTip(); //气球状显示错误提示
    else
        AfxMessageBox(_T("输入的地址正确"));
}
```

（4）保存工程并运行，运行结果如图 4-205 所示。

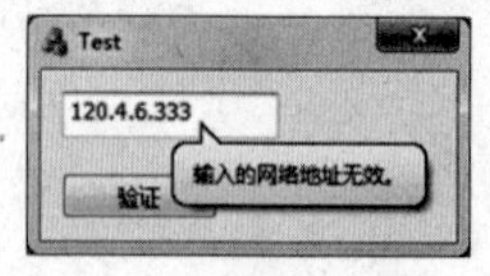

图 4-205

4.25　Split Button 控件

Split Button 控件的中文名叫拆分按钮，拥有普通按钮的功能，并且在按钮右边有一个下拉箭头，可以为其关联菜单，然后在运行的时候当用户单击下拉箭头时将显示自定义菜单。

在 Visual C++ 2017 中，Split Button 控件由类 CSplitButton 实现，该类由 CButton 派生。CSplitButton 的常用成员函数如表 4-27 所示。

表 4-27　CSplitButton 的常用成员函数

成 员 函 数	含　义
CSplitButton	构造 CSplitButton 对象
Create	使用指定的样式创建拆分按钮控件并将其附加到 CSplitButton 对象
SetDropDownMenu	设置下拉菜单，该菜单当用户单击拆分按钮控件的下拉箭头时显示
OnDropDown	处理该系统发送的 BCN_DROPDOWN 通知，用户单击拆分按钮控件的下拉箭头时发出

下面通过简单实例来演示拆分按钮控件的使用。

Split Button 控件的基本使用

为 Split Button 控件关联一个菜单，然后在运行的时候当用户单击下拉箭头时将显示自定义菜单。

【例 4.144】Split Button 控件的基本使用

（1）新建一个对话框工程。

（2）切换到资源视图，打开对话框，删除对话框上所有的控件，然后在工具箱中找到 Split Button Control，如图 4-206 所示。

将其拖放到对话框上，并设置其 Caption 属性为“新建”，然后为其添加控件变量 m_spBtn。再新建一个菜单资源，如图 4-207 所示。

（3）在 CTestDlg::OnInitDialog()中添加初始代码：

```
m_spBtn.SetDropDownMenu(IDR_MENU1, 0); //为拆分按钮设置自定义菜单
```

（4）保存工程并运行，运行结果如图 4-208 所示。

图 4-206

图 4-207

图 4-208

4.26 MFC 新控件

相对于传统控件，Visual C++ 2017 的工具箱中还有一类以 MFC 开头的新控件。它们来自 BCG（BCG 是一个界面库）。现在 Visual C++ 2017 引入了不少优秀控件，这些控件不但功能强大，而且美观。本节将介绍这些控件的使用。

4.26.1 MFC Button 控件

MFC Button 控件和普通按钮类似，但功能强大得多。它可以设置一些风格，比如自动调整大小等。在 Visual C++ 2017 中，MFC Button 控件由类 CMFCButton 实现，该类由 Cbutton 派生。CMFCButton 的常用成员函数如表 4-28 所示。

表 4-28 CMFCButton 的常用成员函数

成 员 函 数	含 义
CMFCButton	默认构造函数
~CMFCButton	析构函数
CleanUp	重置内部变量并释放分配的资源，如图像、位图和图标
CreateObject	创建动态实例
DrawItem	当一个自画风格的按钮发生变化的时候，框架会调用该函数
EnableFullTextTooltip	确定是否让提示全文显示
EnableMenuFont	确定是否让按钮文本的字体与应用程序菜单的字体一样
IsCheckBox	按钮是否为复选框按钮
IsChecked	指示按钮是否已选中
IsHighlighted	按钮是否高亮显示
IsPressed	指示按钮是否按下并高亮显示
IsPushed	按钮是否按下
IsRadioButton	按钮是否为单选按钮
IsWindowsThemingEnabled	指示按钮的边框样式是否符合当前 Windows 主题
SetCheckedImage	为复选框设置图片
SetFaceColor	设置按钮文本的背景色
SetImage	为按钮设置图片
SetMouseCursor	设置鼠标光标
SetMouseCursorHand	设置鼠标光标为手状
SetTextColor	设置按钮未选中时的文本颜色
SetTextHotColor	设置按钮选中时的文本颜色
SizeToContent	自动调整按钮大小来适应按钮上的图片和文本

下面通过简单实例来演示 MFC Button 按钮控件的使用。

【例 4.145】MFC Button 控件的基本使用

（1）新建一个对话框工程。

（2）切换到资源视图，把工程 res 目录下的 button32.bmp 和 button32hot.bmp 导入工程，设其 ID 分别为 IDB_BTN1_32 和 IDB_BTN1_HOT_32，这两幅位图将作为按钮上的图片。再把 res 目录下的 Btn.cur 导入工程，设 ID 为 IDC_CURSOR1，这个光标将作为自定义的光标。

（3）切换到资源视图，打开对话框，删除对话框上所有的控件，然后在工具箱中找到 MFC Button Control，如图 4-209 所示。

把它拖动到对话框上，设置其 Full Text ToolTip 属性为 False，为其添加控件变量 m_btn。然后在对话框上放置 3 个静态文本控件和 3 个组合框，如图 4-210 所示。

图 4-209

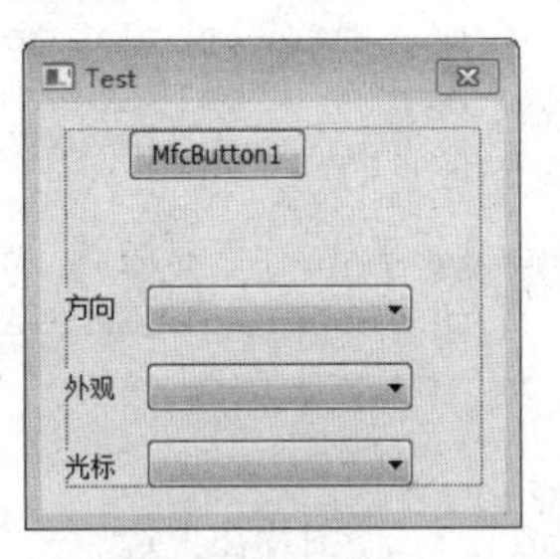

图 4-210

所有组合框都设置 Sort 属性为 False、 Type 属性为 Drop List。然后设置最上的组合框的 data 属性为“图片在左边;图片在右边;图片在上边;”，设置中间的组合框的 data 属性为“图片;文字;图片和文字;”，设置最下的组合框的 data 属性为“标准;手状;用户定义;”。为最上的组合框添加 int 型变量 m_nImageLocation，为中间的组合框添加 int 型变量 m_iImage，为最下的组合框添加 int 型变量 m_iCursor。然后分别双击 3 个组合框，为其添加选择改变事件处理函数，如下代码：

```
void CTestDlg::OnCbnSelchangeImageLocation() //最上的组合框
{
    // TODO:  在此添加控件通知处理程序代码
    SetMFCButton(); //调用自定义函数设置 MFC Button
}
void CTestDlg::OnCbnSelchangeImage()  //中间的组合框
{
    // TODO:  在此添加控件通知处理程序代码
    SetMFCButton(); //调用自定义函数设置 MFC Button
}
void CTestDlg::OnCbnSelchangeCursor() //最下的组合框
{
    // TODO:  在此添加控件通知处理程序代码
    SetMFCButton(); //调用自定义函数设置 MFC Button
}
```

其中，函数 SetMFCButton 是我们自定义的函数，在这个函数里面完成对 m_btn 的风格设置，该函数定义如下：

```
void CTestDlg::SetMFCButton()
{
    UpdateData(); //控件数据更新到变量
```

```
    if (m_iImage == 0) //如果选择图片
        m_btn.SetWindowText(_T("")); //不显示文字
    else
        m_btn.SetWindowText(_T("MFCButton")); //显示文字
    if (m_iImage == 1) // 如果选择文字
        m_btn.SetImage((HBITMAP)NULL); //不显示图片
    else
        m_btn.SetImage(IDB_BTN1_32, IDB_BTN1_HOT_32); //显示图片
    switch (m_nImageLocation) //判断图片位于文字的位置
    {
    case 0: //图片在左边
        m_btn.m_bRightImage = FALSE;
        m_btn.m_bTopImage = FALSE;
        break;
    case 1: //图片在右边
        m_btn.m_bRightImage = TRUE;
        m_btn.m_bTopImage = FALSE;
        break;
    case 2: //图片在上边
        m_btn.m_bRightImage = FALSE;
        m_btn.m_bTopImage = TRUE;
        break;
    }
    switch (m_iCursor) //判断光标的形状
    {
    case 0: //默认光标
        m_btn.SetMouseCursor(NULL);
        break;
    case 1: //手状光标
        m_btn.SetMouseCursorHand();
        break;
    case 2: //自定义光标
        m_btn.SetMouseCursor(AfxGetApp()->LoadCursor(IDC_CURSOR1));
        break;
    }
    m_btn.SizeToContent(); //让MFC Button自动调整大小
    m_btn.Invalidate(); //重画按钮
}
```

最后在 CTestDlg::OnInitDialog()的末尾添加初始化代码：

```
// TODO:  在此添加额外的初始化代码
    m_nImageLocation = 0; //开始图片位于文字左边
    m_iImage = 2; //一开始选择图片和文字都显示
    UpdateData(FALSE); //把变量数据更新到控件
    SetMFCButton(); //调用自定义函数更新MFC Button
    m_btn.SetTooltip(_T("你好，我是笑脸按钮")); //设置工具提示
```

（4）保存工程并运行，运行结果如图 4-211 所示。

图 4-211

4.26.2　MFC ColorButton 控件

MFC ColorButton 控件可以让用户单击后选择一个颜色，功能上和颜色选择对话框类似，但更方便。

在 Visual C++ 2017 中，MFC ColorButton 控件由类 CMFCColorButton 实现，该类由 CMFCButton 派生。CMFCColorButton 的常用成员函数如表 4-29 所示。

表 4-29　CMFCColorButton 的常用成员函数

成 员 函 数	含　义
CMFCColorButton	构造新的 CMFCColorButton 对象
EnableAutomaticButton	启用或禁用常规的颜色按钮上的“auto”按钮
EnableOtherButton	启用或禁用常规的颜色按钮下方的“其他”按钮
GetAutomaticColor	获取当前默认颜色
GetColor	获取当前选定的颜色
SetColor	设置颜色
SetColorName	设置颜色名称
SetColumnsNumber	设置在颜色选取器对话框中的列数
SetDocumentColors	指定在颜色选取器对话框中显示文档特定颜色的列表
SetPalette	指定颜色调色板
SizeToContent	根据按钮上的文本和图像大小更改按钮控件的大小

下面通过简单实例来演示 MFC ColorButton 控件的使用。

【例 4.146】MFC ColorButton 控件的基本使用

（1）新建一个对话框工程。

（2）切换到资源视图，打开对话框，删除对话框上所有的控件，然后在工具箱中找到 MFC ColorButton Control，如图 4-212 所示。

图 4-212

把它拖动到对话框上，并为 MFC ColorButton 控件添加控件变量 m_clrBtn，然后双击颜色控件按钮来添加单击事件处理函数，如下代码：

```
    void CTestDlg::OnBnClickedMfccolorbutton1()
    {
        // TODO:  在此添加控件通知处理程序代码
        CString str;
        COLORREF color = m_clrBtn.GetColor(); //获取当前选定的颜色
        if (color == -1) //如果没有选定颜色
            color = m_clrBtn.GetAutomaticColor(); //获取当前默认颜色
        str.Format(_T("你选择的颜色 RGB 为: %d,%d,%d"), GetRValue(color),
GetGValue(color), GetBValue(color)); //组成字符串
        AfxMessageBox(str); //显示结果
    }
```

其中，GetRValue、GetGValue 和 GetBValue 是系统预定义的宏，用来获取 COLORREF 中的分量值。

（3）保存工程并运行，运行结果如图 4-213 所示。

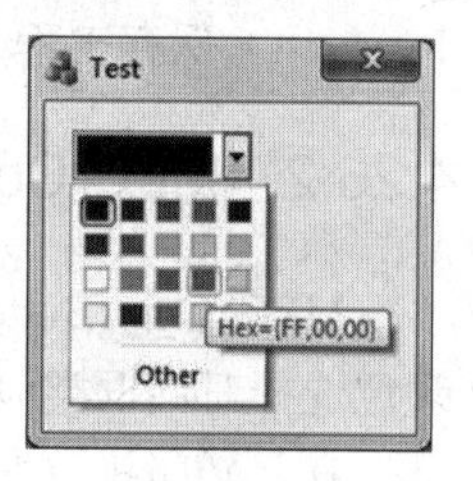

图 4-213

4.26.3 MFC EditBrowse 控件

MFC 编辑浏览控件可以让用户选择文件或文件夹，跟文件选择框和文件夹选择框功能类似，但比文件（夹）选择框更方便。

在 Visual C++ 2017 中，MFC EditBrowse 控件由类 CMFCEditBrowseCtrl 实现，该类由 CEdit 派生。CMFCEditBrowseCtrl 的常用成员函数如表 4-30 所示。

表 4-30　CMFCEditBrowseCtrl 的常用成员函数

成 员 函 数	含　　义
CMFCEditBrowseCtrl	默认构造函数
~CMFCEditBrowseCtrl	析构函数
EnableBrowseButton	启用或禁用（隐藏）浏览按钮
EnableFileBrowseButton	显示浏览按钮，并让控件处于文件选择模式中
EnableFolderBrowseButton	显示浏览按钮，并让控件处于文件夹选择模式中
GetMode	获取当前浏览模式
SetBrowseButtonImage	设置浏览按钮的自定义图像

下面通过简单实例来演示 MFC EditBrowse 控件的使用。

【例 4.147】MFC EditBrowse 控件的基本使用

（1）新建一个对话框工程。

（2）切换到资源视图，打开对话框，删除对话框上所有的控件，然后在工具箱中找到 MFC EditBrowse Control，如图 4-214 所示。

拖动两个 MFC EditBrowse 控件到对话框上，再拖动两个按钮到对话框上，按钮标题分别是“所选的文件路径”和“所选的文件夹路径”，设计界面如图 4-215 所示。

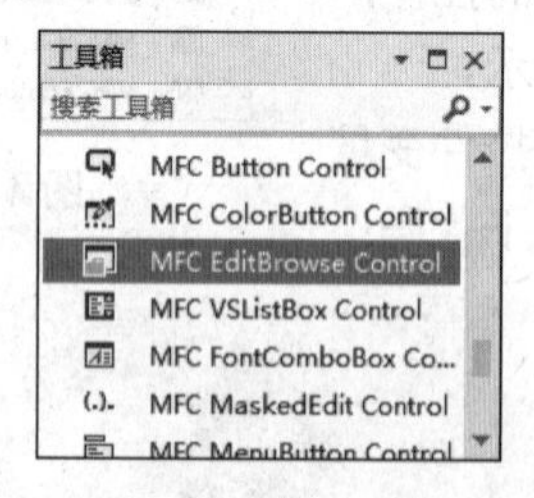

图 4-214

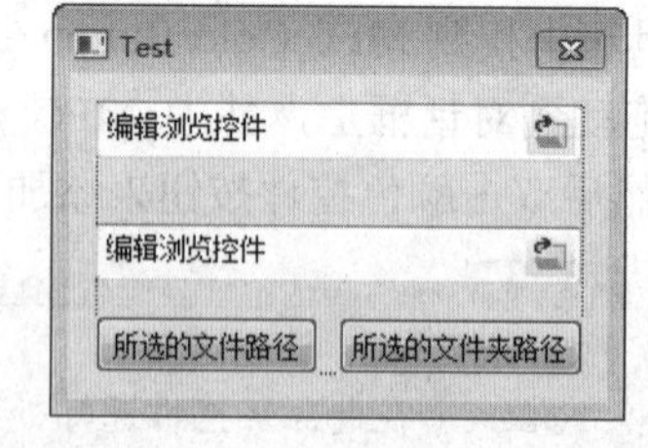

图 4-215

为上面的 EditBrowse 控件添加控件变量 m_edtBro，为下面的 EditBrowse 控件添加控件变量 m_edtBroFolder。

（3）在 CTestDlg::OnInitDialog()的末尾添加初始化代码：

```
// TODO:  在此添加额外的初始化代码
m_edtBro.EnableFileBrowseButton(); //设置 m_edtBro 用来选择文件
// 设置 m_edtBroFolder 用来选择文件夹
m_edtBroFolder.EnableFolderBrowseButton();
```

为“所选的文件路径”按钮添加事件处理函数，如下代码：

```
void CTestDlg::OnBnClickedButton1()
{
    // TODO:  在此添加控件通知处理程序代码
    CString str;

    m_edtBro.GetWindowText(str); //获取编辑框中的内容
    AfxMessageBox(str); //显示结果
}
```

为“所选的文件夹路径”按钮添加事件处理函数，如下代码：

```
void CTestDlg::OnBnClickedButton2()
{
    // TODO:  在此添加控件通知处理程序代码
    CString str;

    m_edtBroFolder.GetWindowText(str);
    AfxMessageBox(str);
}
```

因为EditBrowse控件继承自CEdit，所以CEdit中的方法都可以用。

（4）保存工程并运行，运行结果如图4-216所示。

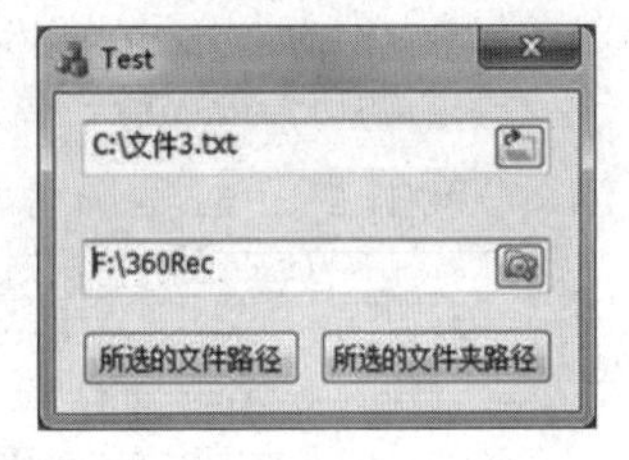

图4-216

4.26.4　MFC VSListBox控件

MFC VSListBox控件类似于ListBox控件，但功能比ListBox强大得多，是一个可编辑的列表框控件。VSListBox控件不但可以新建、删除某项，还能进行上下排序，大大提高了开发效率。

在Visual C++ 2017中，MFC VSListBox控件由类CVSListBox实现。CVSListBox的常用成员函数如表4-31所示。

表4-31　CVSListBox的常用成员函数

成 员 函 数	含　义
CVSListBox	构造CVSListBox对象
~CVSListBox	析构函数
AddItem	添加一个字符串到列表控件
EditItem	开始对列表控件中的项进行编辑操作
GetCount	获取项总数
GetItemData	获取与可编辑列表控件项的一个特定的32位值
GetItemText	获取某项文本
GetSelItem	检索当前选定项的索引
RemoveItem	移除某项
SetItemData	设置与可编辑列表控件项的一个特定的32位值

下面通过简单实例来演示MFC VSListBox控件的使用。

【例 4.148】MFC VSListBox 控件的基本使用

（1）新建一个对话框工程。

（2）切换到资源视图，打开对话框，删除对话框上所有的控件，然后在工具箱中找到 MFC VSListBox Control，如图 4-217 所示。

把它拖动到对话框上，同时添加一个按钮，标题是“所选项的文本”，然后为 VSListBox 控件添加控件变量 m_lst。

（3）在 CTestDlg::OnInitDialog()中添加初始化代码：

```
    // TODO:  在此添加额外的初始化代码
    m_lst.AddItem(_T("111"));
    m_lst.AddItem(_T("222"));
    m_lst.AddItem(_T("333"));
    m_lst.AddItem(_T("444"))
```

再为按钮添加事件处理函数，如下代码：

```
void CTestDlg::OnBnClickedButton1()
{
    // TODO:  在此添加控件通知处理程序代码
    CString str;

    int nSel = m_lst.GetSelItem(); //获取选中项索引
    if (nSel != -1) //判断是否选中了某项
    {
        str = m_lst.GetItemText(nSel); //获取项文本
        AfxMessageBox(str); //打印结果
    }
    else
        AfxMessageBox(_T("请选择某项"));
}
```

（4）保存工程并运行，运行结果如图 4-218 所示。

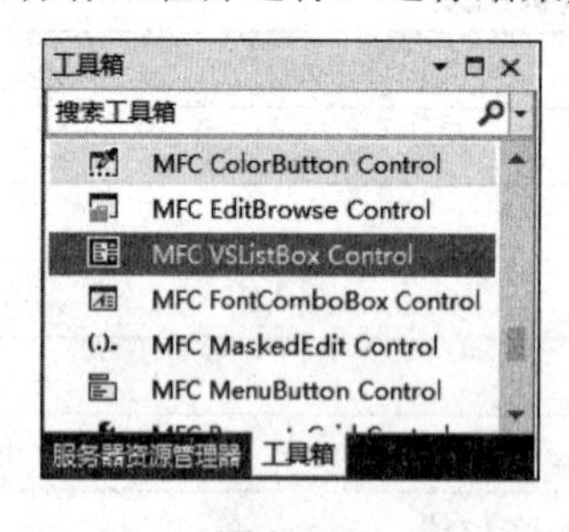

图 4-217

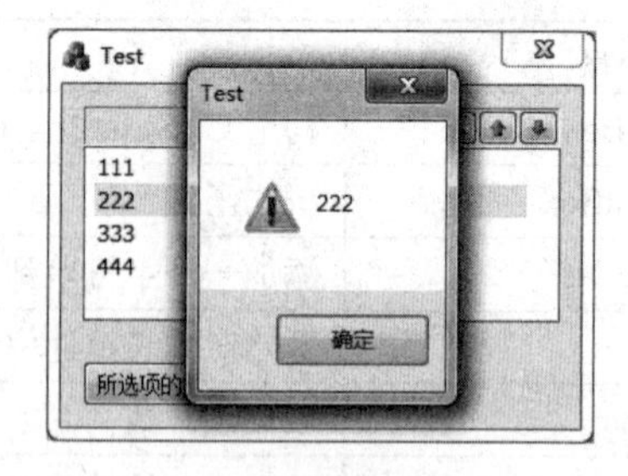

图 4-218

4.26.5 MFC FontComboBox 控件

MFC FontComboBox 控件的中文名字是字体组合框控件，通过组合框就可以选择字体，而不必创建字体对话框，大大提高了开发效率。

在 Visual C++ 2017 中，MFC FontComboBox 控件由类 CMFCFontComboBox 实现。CMFCFontComboBox 的常用成员函数如表 4-32 所示。

表 4-32　CMFCFontComboBox 的常用成员函数

成员函数	含　义
CMFCFontComboBox	构造 CMFCFontComboBox 对象
~CMFCFontComboBox	析构函数
CompareItem	由框架调用，判断新项在控件中的相对位置
DrawItem	由框架调用，绘画字体组合框中某特定项
GetSelFont	获取当前选定的字体的信息
SelectFont	从字体组合框中选择字体
Setup	初始化字体组合框中的字体项列表

下面通过简单实例来演示 MFC FontComboBox 控件的使用。

【例 4.149】MFC FontComboBox 控件的基本使用

（1）新建一个对话框工程。

（2）切换到资源视图，打开对话框，删除对话框上所有的控件，然后在工具箱中找到 MFC FontComboBox Control，如图 4-219 所示。

把它拖动到对话框上，同时拖放一个复选框到对话框，复选框的标题是“每项的字体根据实际字体来显示”，然后为 MFC FontComboBox 控件添加控件变量 m_fontCb，为复选框添加控件变量 m_chk。最后双击复选框为其添加单击事件处理函数，如下代码：

```
void CTestDlg::OnBnClickedCheck1()
{
    // TODO:  在此添加控件通知处理程序代码
    //如果复选框打勾，则字体项根据名称来显示
    m_fontCb.m_bDrawUsingFont = m_chk.GetCheck();
}
```

（3）保存工程并运行，运行结果如图 4-220 所示。

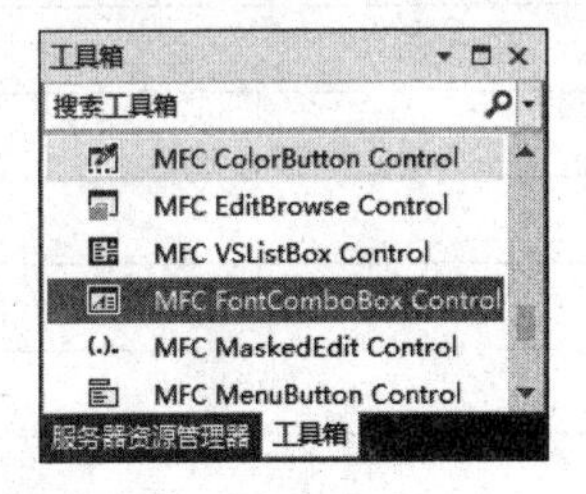

图 4-219

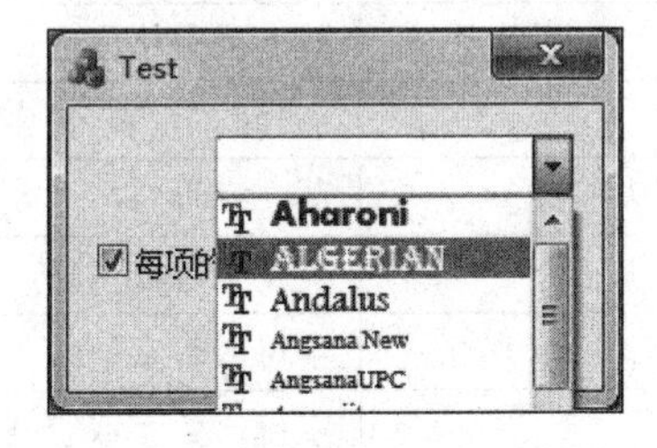

图 4-220

4.26.6　MFC MaskedEdit 控件

MFC MaskedEdit 控件的中文名称是掩码编辑控件，用来限制用户的输入。这里的掩码可以理解为具有某种格式的字符串，比如只能输入 16 进制数或智能输入英文字母。该控件就是一个加强版的编辑框控件，以前这些功能都要自己实现，现在 Visual C++已经提供了现成的控件，大大提高了开发的效率。

在 Visual C++ 2017 中，MFC MaskedEdit 控件由类 CMFCMaskedEdit 实现。CMFCMaskedEdit 的常用成员函数如表 4-33 所示。

表 4-33　CMFCMaskedEdit 的常用成员函数

成 员 函 数	含　义
CMFCMaskedEdit	默认构造函数
~CMFCMaskedEdit	析构函数
DisableMask	禁用验证功能
EnableGetMaskedCharsOnly	决定 GetWindowText 方法是否只返回掩码字符
EnableMask	初始化掩码编辑控件
EnableSelectByGroup	决定掩码编辑控件是否只选择用户输入的特定组，还是选择用户所有的输入
EnableSetMaskedCharsOnly	决定是否仅验证掩码字符，还是所有掩码
GetWindowText	获取验证过的文本
SetValidChars	指定用户可以输入有效字符的字符串
SetWindowText	在掩码编辑控件中显示一个提示

初始化掩码编辑控件的函数是 EnableMask，该函数声明如下：

```
void EnableMask(
   LPCTSTR lpszMask,
   LPCTSTR lpszInputTemplate,
   TCHAR chMaskInputTemplate=_T('_'),
   LPCTSTR lpszValid=NULL
);
```

其中，参数 lpszMask 表示掩码字符串，用来确定在掩码编辑控件中每个位置允许输入的字符类型，该参数的长度必须和参数 lpszInputTemplate 的长度相同。掩码字符见表 4-34。

表 4-34　掩码字符及含义

掩 码 字 符	含　义
D	数字
d	数字或空格
+	加号('+')、减号 ('-')或空格
C	英文字母
c	英文字母或空格
A	字母或数字
a	字母、数字或空格
*	可打印字符

参数 lpszInputTemplate 表示掩码模板字符串，用来确定在每个位置能显示的文字字符，下画线‘_’表示一个占位符；chMaskInputTemplate 表示框架用来代替用户输入无效字符的替换字符，默认替换字符是下画线‘_’；lpszValid 表示包含有效字符集的字符串，默认值是 NULL，表示所有字符都有效。注意一下这个参数，它定义了可以输入字符的一个范围集合，如果不是 NULL，则只能输入这个范围之内的字符。它和第一个参数是不冲突的，第一个参数定义了可以输入字符的类型，如果 lpszValid 里的字符不符合第一个参数所表示的类型，将不能被输入，比如第一个参数规定只能输入数字，而 lpszValid 定义为“abc123”，则这个掩码编辑框只能输入 123。

下面通过简单实例来演示 MFC MaskedEdit 控件的使用。

【例 4.150】MFC MaskedEdit 控件的基本使用

（1）新建一个对话框工程。

（2）切换到资源视图，打开对话框，删除对话框上所有的控件，然后在工具箱中找到 MFC MaskedEdit Control，如图 4-221 所示。

拖动两个掩码编辑控件到对话框上，再在旁边放置两个静态文本控件，设计图如图 4-222 所示。

为上面的掩码编辑控件添加控件变量 m_maskEdt1，为下面的掩码编辑控件添加控件变量 m_maskEdt2。

（3）在 CTestDlg::OnInitDialog()的末尾添加初始化代码：

```
// TODO:  在此添加额外的初始化代码
// 掩码字符串，d 表示数字或空格
m_maskEdt1.EnableMask(_T(" ddd  dddd dddddddd"),
-T("(----) ------------"), // 模板，下画线表示每个字符的位置
-T('-')); // 默认字符
//必须要按照上面的格式赋值，否则将不能显示
m_maskEdt1.SetWindowText(_T("(086) 021 -55558888"));

m_maskEdt2.EnableMask(_T("  AAAA"),   //掩码字符串，A 表示字母或数字
    -T("0x-----"),               //模板，下画线表示每个字符的位置
    -T('-'), // 默认字符是下画线
    -T("1234567890ABCDEFabcdef"));// 能输入的有效字符的范围

//必须要按照上面的格式赋值，否则将不能显示
m_maskEdt2.SetWindowText(_T("0x08cF"));
```

（4）保存工程并运行，运行结果如图 4-223 所示。

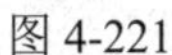

图 4-221

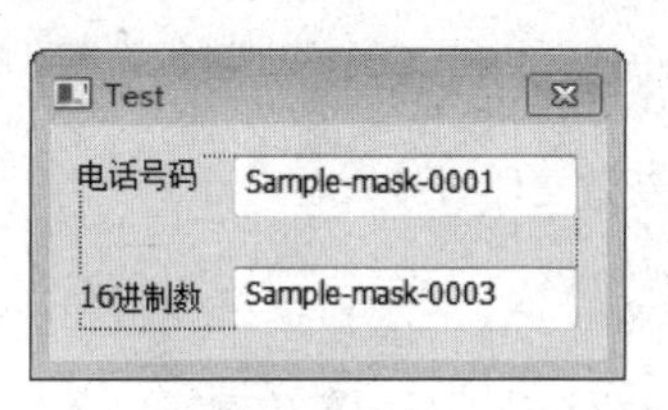

图 4-222

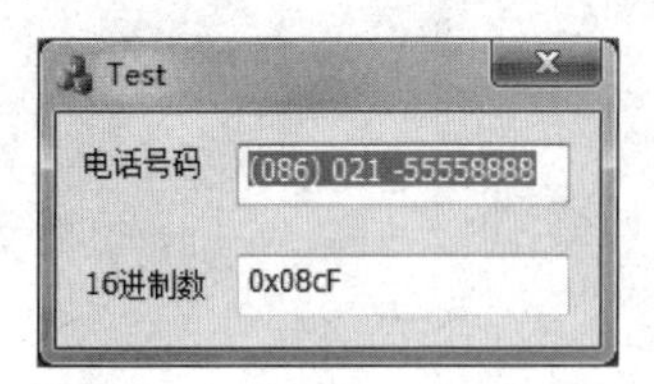

图 4-223

4.26.7　MFC MenuButton 控件

MFC MenuButton 控件的中文名称是菜单按钮控件。该控件和 Split Button 控件非常相似，只是外观更漂亮，定制更加灵活，比如它在按钮旁边有个箭头，单击箭头可以显示一个菜单，也可以通过设置使得单击按钮任何区域都显示菜单。

在 Visual C++ 2017 中，MFC MenuButton 控件由类 CMFCMenuButton 实现，该类继承自 CMFCButton，CMFCMenuButton 的常用成员函数如表 4-35 所示。

表 4-35　CMFCMenuButton 的常用成员函数

成 员 函 数	含　义
CMFCMenuButton	构造 CMFCMenuButton 对象
SizeToContent	根据按钮上的文本和图像的大小更改按钮大小

下面通过简单实例来演示 MFC MenuButton 控件的使用。

【例 4.151】MFC MenuButton 控件的基本使用

（1）新建一个对话框工程。

（2）切换到资源视图，打开对话框，删除对话框上所有的控件，然后在工具箱中找到 MFC MenuButton Control，如图 4-224 所示。

拖动一个菜单按钮控件到对话框上，设置其 Caption 属性为“新建”，然后为其添加控件变量 m_menuBtn，并在下面添加两个复选框，标题分别是“箭头向右”和“单击按钮任何区域显示菜单”，前者让菜单按钮的箭头方向朝右边，后者用户在单击按钮任何区域都可以出现菜单，但不再响应按钮事件。为“箭头向右”复选框添加控件变量 m_chk1，为“单击按钮任何区域显示菜单”复选框添加控件变量 m_chkAllClickShowMenu。

再添加一个菜单资源，该菜单在用户单击菜单按钮时出现，菜单设计如图 4-225 所示。

为类 CTestDlg 添加成员变量：

```
CMenu m_menu; //定义下拉菜单
```

（3）在 CTestDlg::OnInitDialog()中添加初始化代码：

```
    // TODO: 在此添加额外的初始化代码
    m_menu.LoadMenu(IDR_MENU1); //加载菜单资源
    m_menuBtn.m_hMenu = m_menu.GetSubMenu(0)->GetSafeHmenu(); //关联到菜单按钮
```

切换到资源视图，打开对话框，双击菜单按钮，为其添加单击事件处理函数，如下代码：

```
void CTestDlg::OnBnClickedMfcmenubutton1()
{
    // TODO: 在此添加控件通知处理程序代码
    CString str;

    switch (m_menuBtn.m_nMenuResult) //判断单击了哪个菜单项
    {
    case ID_NEW_FILE: //新建文件的菜单项
        str = _T("新建文件");
        break;

    case ID_NEW_PROJECT: //新建项目的菜单项
        str = _T("新建项目");
        break;

    case ID_NEW_WEBSITE: //新建网站的菜单项
        str = _T("新建网站");
        break;

    default:
        //如果是单击所有区域都出现菜单的复选框选中
        if (m_chkAllClickShowMenu.GetCheck())
            return; //直接返回

        str = _T("只能单击箭头才出现下拉菜单"); //直接单击按钮显示的信息
        break;
    }

    AfxMessageBox(str); //显示信息
}
```

由上可见，菜单项的事件需要通过 switch(m_menuBtn.m_nMenuResult)来判定。这一点和传统添加菜单事件不同，我们可以试一试。通过传统添加菜单事件处理的方式是无效的，所以要为下拉菜单项添加事件处理，需要在菜单按钮的单击事件处理函数中进行。

双击“单击按钮任何区域显示菜单”复选框，为其添加单击事件处理函数，如下代码：

```
void CTestDlg::OnBnClickedCheck2()
{
    // TODO:  在此添加控件通知处理程序代码
    //单击箭头出现菜单是默认行为
    m_menuBtn.m_bDefaultClick = !m_chkAllClickShowMenu.GetCheck();
    m_menuBtn.RedrawWindow(); //重绘菜单按钮控件
}
```

双击“箭头向右”复选框，为其添加单击事件处理函数，如下代码：

```
void CTestDlg::OnBnClickedCheck1()
{
    // TODO:  在此添加控件通知处理程序代码
    // bRightArrow 如果是 TRUE 则箭头向右
    m_menuBtn.m_bRightArrow = m_chk1.GetCheck();
    m_menuBtn.RedrawWindow();//重绘菜单按钮控件
}
```

（4）保存工程并运行，运行结果如图 4-226 所示。

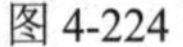

图 4-224

图 4-225

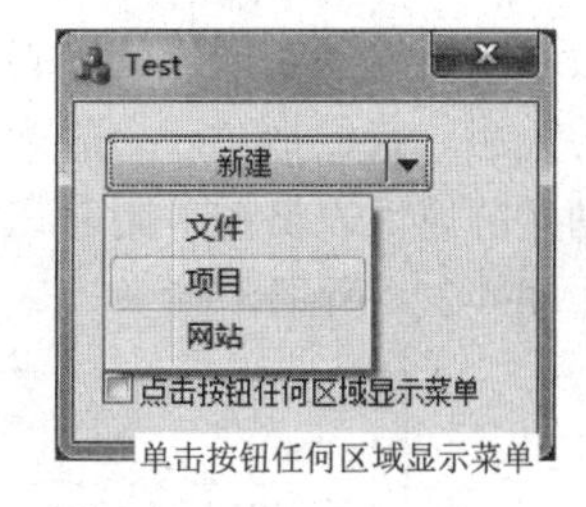

图 4-226

4.26.8　MFC PropertyGrid 控件

MFC PropertyGrid 控件的中文名称是属性网格控件，这个控件就像 Visual C++开发环境里面的属性视图，左边是属性，右边是设置的值。属性网格控件里的内容都是属性项（由专门类 CMFCPropertyGridProperty 来实现），属性项是可以嵌套的，类似一个树结构，父属性项可以添加子属性项。

在 Visual C++ 2017 中，MFC PropertyGrid 控件由类 CMFCPropertyGridCtrl 实现，该类继承自 CWnd。CMFCPropertyGridCtrl 的常用成员函数如表 4-36 所示。

表 4-36　CMFCPropertyGridCtrl 的常用成员函数

成 员 函 数	含　义
AddProperty	添加一个新的属性项到属性网格控件
Create	创建属性网格控件
CloseColorPopup	关闭颜色选择对话框

（续表）

成员函数	含　义
DeleteProperty	从属性网格控件中删除特定的属性项
EnableDescriptionArea	启用或不启用显示在底部的注释区域
EnableHeaderCtrl	启用或不启用显示在头部的表头
ExpandAll	展开所有属性项
FindItemByData	根据用户定义的 DWORD 数据查找属性项
MarkModifiedProperties	表示如何显示修改过的属性项
ResetOriginalValues	恢复所有属性项的原始数据
SetVSDotNetLook	设置 VS.NET 样式的外观
SetAlphabeticMode	设置按字母排序的模式
SetCustomColors	用于确定属性网格控件中不同部位的颜色

下面通过简单实例来演示 MFC PropertyGrid 控件的使用。

【例 4.152】MFC PropertyGrid 控件的基本使用

（1）新建一个对话框工程。

（2）切换到资源视图，打开对话框，删除对话框上所有的控件，然后在工具箱中找到 MFC PropertyGrid Control，如图 4-227 所示。

在本例中将演示一下对话框上控件动态创建的方式，这将用到 CMFCPropertyGridCtrl::Create 函数。既然是动态创建就不必拖动 PropertyGrid 控件到对话框上了，为了方便定位 PropertyGrid 控件的大小，我们拖拉一个静态文本控件到对话框上，并设置其 ID 为 IDC_STATIC1 以后让通过代码创建的属性表格控件附着在它上面，大小也和它一样大。再拖拉 6 个复选框和 1 个按钮，设计示意如图 4-228 所示。

图 4-227

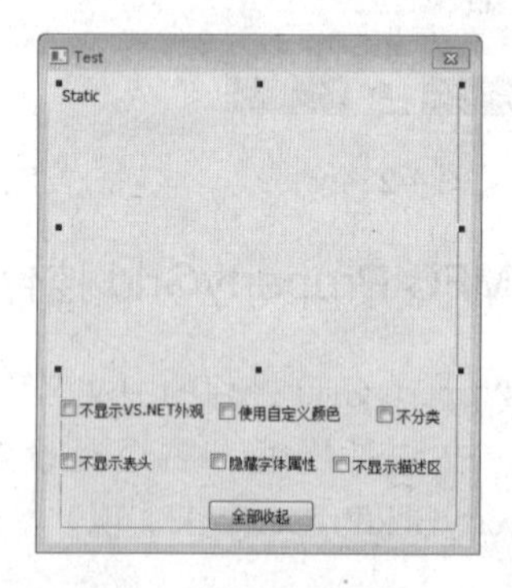

图 4-228

然后为它们添加变量，各个控件和变量的对应关系见表 4-37。

表 4-37　控件和变量的对应关系

控件标题	变量类型	变量名
Static	CStatic	m_st
不显示 VS.NET 外观	BOOL	m_bDotNetLook
使用自定义颜色	BOOL	m_bPropListCustomColors

（续表）

控 件 标 题	变 量 类 型	变 量 名
不分类	BOOL	m_bPropListCategorized
不显示表头	BOOL	m_bHeader
隐藏字体属性	BOOL	m_bHideFontProps
不显示描述区	BOOL	m_bDescrArea
全部收起	CButton	m_btnExpandAll

（3）打开 TestDlg.cpp，在开头添加文件包含：

```
#include <memory>
```

添加了这个文件包含后，就能使用命名空间 std 中的成员了。

为类 CTestDlg 添加成员变量：

```
CMFCPropertyGridProperty* pGroupFont; //定义字体组属性项
```

然后在 CTestDlg 的构造函数中添加：

```
pGroupFont = NULL; //初始化指针
```

在 CTestDlg::OnInitDialog()末尾添加初始化代码：

```
    // TODO: 在此添加额外的初始化代码
    CRect rt;
    m_st.GetClientRect(&rt); //得到静态文本控件的大小
    m_st.MapWindowPoints(this, &rt); //转换为在对话框上的大小
    //创建属性网格控件最后一个参数是控件 ID
    m_grid.Create(WS_CHILD | WS_VISIBLE | WS_TABSTOP | WS_BORDER, rt, this,
(UINT)-1);

    m_grid.EnableHeaderCtrl(TRUE, _T("属性"), _T("值")); //设置每列标题
    m_grid.EnableDescriptionArea(); //启用底部注释区域
    m_grid.SetVSDotNetLook(m_bDotNetLook); //设置 VS.NET 外观

    //定义“外观”属性项，并为其分配空间，它是一个父属性项
    std::auto_ptr<CMFCPropertyGridProperty> apGroup1(new
CMFCPropertyGridProperty(_T("外观")));
    //定义“边框”属性项，并为其分配空间，它是一个子属性项，最后一个参数是注释
    CMFCPropertyGridProperty* pProp = new CMFCPropertyGridProperty(_T("边框")、
_T("对话框边框")、_T("没有边框、细边框、可拉伸、对话框边框"));
    pProp->AddOption(_T("没有边框")); //添加下拉选项
    pProp->AddOption(_T("细边框")); //添加下拉选项
    pProp->AddOption(_T("可拉伸")); //添加下拉选项
    pProp->AddOption(_T("对话框边框")); //添加下拉选项
    pProp->AllowEdit(FALSE); //不允许编辑
    apGroup1->AddSubItem(pProp); //把“边框”属性项加入到“外观”属性项中


    //创建“标题”属性项并加入“外观”属性项中
    apGroup1->AddSubItem(new CMFCPropertyGridProperty(_T("标题"),
(COleVariant)_T("我的控件"), _T("确定控件标题")));
```

```
        m_grid.AddProperty(apGroup1.release());//把“外观”属性项加入属性网格控件

        //分配“字体组”属性项并存入指针
        pGroupFont = new CMFCPropertyGridProperty(_T("字体组"));
        LOGFONT lf; //定义字体
        //得到默认字体
        CFont* font = CFont::FromHandle((HFONT)GetStockObject(DEFAULT_GUI_FONT));
        font->GetLogFont(&lf); //得到逻辑字体
        lstrcpy(lf.lfFaceName, _T("Arial")); //复制字体名称

        //新建“字体”属性项并加入“字体组”属性项
        pGroupFont->AddSubItem(new CMFCPropertyGridFontProperty(_T("字体"), lf,
CF_EFFECTS | CF_SCREENFONTS, _T("字体对话框")));
        //新建“使用系统字体”属性项并加入“字体组”属性项
        pGroupFont->AddSubItem(new CMFCPropertyGridProperty(_T("使用系统字体"),
(COleVariant)VARIANT_TRUE, _T("通过字体对话框选择字体")));

        m_grid.AddProperty(pGroupFont); //把字体组属性项加入属性网格控件

        UpdateData(FALSE); //更新控件
```

从上面的代码可以看出，属性项的添加具有树形层次的结构。

为“不显示 VS.NET 外观”的复选框添加单击事件处理函数，如下代码：

```
    void CTestDlg::OnBnClickedCheck1()
    {
        // TODO: 在此添加控件通知处理程序代码
        UpdateData();
        //根据复选框状态设置 VS.NET 外观是否显示
        m_grid.SetVSDotNetLook(m_bDotNetLook);
    }
```

为“使用自定义颜色”的复选框添加单击事件处理函数，如下代码：

```
    void CTestDlg::OnBnClickedCheck2()
    {
        // TODO: 在此添加控件通知处理程序代码
        UpdateData();

        if (m_bPropListCustomColors) //是否显示自定义颜色
            //为属性网格控件的各个部位设置自定义颜色
            m_grid.SetCustomColors(RGB(24, 34, 53), RGB(243, 122, 113), RGB(77, 4,
56), RGB(55, 33, 99), RGB(23, 53, 3), RGB(128, 0, 0), RGB(5, 8, 99));
        else
        {
            COLORREF c = (COLORREF)-1; //定义默认的系统颜色
            m_grid.SetCustomColors(c, c, c, c, c, c, c); //设置默认系统颜色
        }

        m_grid.RedrawWindow(); //重画控件
    }
```

为“不分类”的复选框添加单击事件处理函数，如下代码：

```
void CTestDlg::OnBnClickedCheck6()
{
    // TODO: 在此添加控件通知处理程序代码
    UpdateData();

    m_grid.SetAlphabeticMode(m_bPropListCategorized); //设置是否分类
    //如果不分类，则让收起按钮失效
    m_btnExpandAll.EnableWindow(!m_bPropListCategorized);
}
```

为“不显示表头”的复选框添加单击事件处理函数，如下代码：

```
void CTestDlg::OnBnClickedCheck3()
{
    // TODO: 在此添加控件通知处理程序代码
    UpdateData();
    //根据状态决定是否显示属性网格控件的表头
    m_grid.EnableHeaderCtrl(m_bHeader, _T("属性"), _T("值"));
}
```

为“隐藏字体属性”的复选框添加单击事件处理函数，如下代码：

```
void CTestDlg::OnBnClickedCheck4()
{
    // TODO: 在此添加控件通知处理程序代码
    UpdateData();

    ASSERT_VALID(pGroupFont); //判断“字体组”属性项是否已经分配控件
    pGroupFont->Show(!m_bHideFontProps);//根据状态决定是否显示“字体组”属性项
}
```

为“不显示描述区”的复选框添加单击事件处理函数，如下代码：

```
void CTestDlg::OnBnClickedCheck5()
{
    // TODO: 在此添加控件通知处理程序代码
    UpdateData();
    //根据状态决定是否显示属性网格控件的描述区
    m_grid.EnableDescriptionArea(!m_bDescrArea);
}
```

双击“全部收起”按钮，为其添加单击事件处理函数，如下代码：

```
void CTestDlg::OnBnClickedButton1()
{
    // TODO: 在此添加控件通知处理程序代码
    static BOOL bExpanded = TRUE;

    m_grid.ExpandAll(!bExpanded); //根据静态变量展开或收起有子项的属性项
    //更新按钮标题
    m_btnExpandAll.SetWindowText(bExpanded ? _T("全部展开") : _T("全部收起"));
    bExpanded = !bExpanded; //更新变量
}
```

（4）保存工程并运行，运行结果如图 4-229 所示。

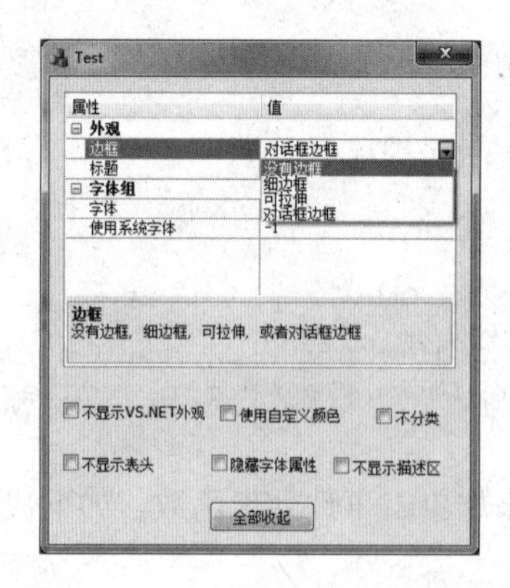

图 4-229

4.26.9　MFC ShellList 控件和 MFC ShellTree 控件

MFC ShellList 控件的中文名称是文件系统列表控件，是把磁盘文件系统显示在一个列表控件中，因此在 List 前面加了一个 Shell。Shell 就是操作系统外壳的意思，这个列表是显示操作系统文件系统信息的。同样，MFC ShellTree 控件的中文名称是文件系统树形控件，就是把磁盘文件系统信息显示在树形控件中。

在 Visual C++ 2017 中，MFC ShellList 控件由类 CMFCShellListCtrl 实现，该类继承自 CMFCListCtrl。CMFCShellListCtrl 的常用成员函数如表 4-38 所示。

表 4-38　CMFCShellListCtrl 的常用成员函数

成 员 函 数	含　义
DisplayFolder	显示某个文件夹中的内容
DisplayParentFolder	显示当前文件夹的上级文件夹的内容
EnableShellContextMenu	启用或不启用文件系统上下文菜单
GetCurrentFolder	获取当前文件夹的路径
GetCurrentFolderName	获取当前文件的名称
GetCurrentItemIdList	返回当前列表控件的 PIDL
GetCurrentShellFolder	返回指向当前 Shell 文件夹的指针
GetItemPath	返回某项的原文路径
GetItemTypes	返回显示在列表控件中的 Shell 项类型
IsDesktop	判断当前选中文件夹是否是桌面文件夹
Refresh	刷新并重画列表控件
SetItemTypes	设置显示在列表控件中的项目类型

在 Visual C++ 2017 中，MFC ShellTree 控件由类 CMFCShellTreeCtrl 实现，该类继承自 CTreeCtrl。CMFCShellTreeCtrl 的常用成员函数如表 4-39 所示。

表 4-39　CMFCShellTreeCtrl 的常用成员函数

成 员 函 数	含　义
EnableShellContextMenu	启用或不启用文件系统上下文菜单
GetFlags	返回传递给 IShellFolder::EnumObjects 的组合标记

（续表）

成 员 函 数	含　义
GetItemPath	返回某项路径
GetRelatedList	返回指向类 CMFCShellListCtrl 的对象的指针
Refresh	刷新并重画当前 CMFCShellTreeCtrl 对象

下面通过简单实例来演示这两个控件的使用。

【例 4.153】利用 MFC ShellList 控件和 MFC ShellTree 控件实现一个简单的资源管理器

（1）新建一个对话框工程。

（2）切换到资源视图，打开对话框，删除对话框上所有的控件，然后在工具箱中找到 MFC ShellList Control，如图 4-230 所示。

把它拖动到对话框上，放置在对话框的右边，为其添加控件变量 m_shelllist，再在工具箱中找到 MFC ShellTree Control，如图 4-231 所示。

图 4-230

图 4-231

把它拖动到对话框上，放置在对话框的左边，为其添加控件变量 m_shelltree。

（3）在 CTestDlg::OnInitDialog()的末尾添加初始化代码：

```
// TODO:  在此添加额外的初始化代码
    //展开 Shell 树形控件
    m_shelltree.Expand(m_shelltree.GetRootItem(), TVE_EXPAND);
    //让 Shell 树形控件关联到 Shell 列表控件
    m_shelltree.SetRelatedList(&m_shelllist);
```

关联后，在 Shell 树形控件中选择某个文件夹后，会同步在 Shell 列表控件中显示该文件夹下的内容。

（4）保存工程并运行，运行结果如图 4-232 所示。

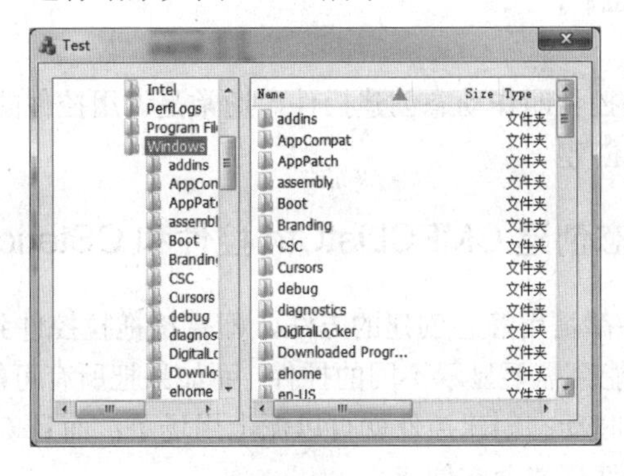

图 4-232

4.26.10 MFC Link 控件

MFC Link 控件的功能是实现网址超链接的效果，就像 HTML 中的超链接一样，单击它可以链接到一个网页上去。前面 SysLink 控件也实现过超链接功能。这两个控件功能差不多。

在 Visual C++ 2017 中，MFC Link 控件由类 CMFCLinkCtrl 实现，该类继承自 CMFCButton。CMFCLinkCtrl 的常用成员函数如表 4-40 所示。

表 4-40 CMFCLinkCtrl 的常用成员函数

成 员 函 数	含 义
SetURL	在控件上设置 URL
SetURLPrefix	设置 URL 前缀（比如 "http:"）
SizeToContent	根据控件文本和图片调整控件大小

下面通过简单实例来演示 MFC Link 控件的使用。

【例 4.154】MFC Link 控件的基本使用

（1）新建一个对话框工程。

（2）切换到资源视图，打开对话框，删除对话框上所有的控件，然后在工具箱中找到 MFC Link Control，如图 4-233 所示。

把它拖动到对话框上，然后设置其 Caption 属性为“腾讯主页”、ToolTip 属性为“www.qq.com”、URL 属性为“www.qq.com”。ToolTip 属性是提示属性，当鼠标放到控件上的时候会出现“www.qq.com”。

（3）保存工程并运行，运行结果如图 4-234 所示。

图 4-233

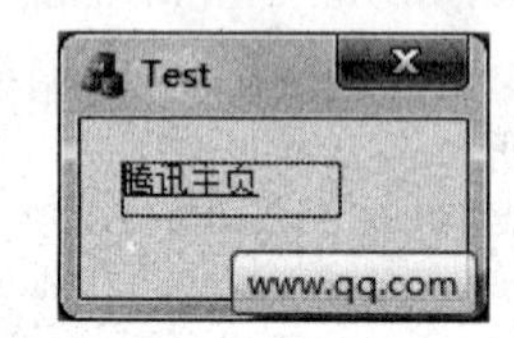

图 4-234

4.27 动态创建控件

在程序运行的时候创建控件叫作动态创建控件，通常是调用控件的 Create 方法。本节将通过简单实例来演示控件的动态创建。

4.27.1 在对话框上动态创建 CMFCListCtrl 控件和 CStatic 控件

一般对话框上创建控件都是用静态创建的方法，即直接拖拉控件到对话框资源模板上。但有时候针对不同操作类型，可能会需要显示不同的控件，而如果把所有可能需要的控件都拖拉到对话框上又会显得比较拥挤，此时动态创建控件就可以派上用场了；而且 CMFCListCtrl 控件在工具箱中是不存在的，要使用该控件只能动态创建。

【例 4.155】在对话框上动态创建 CMFCListCtrl 控件和 CStatic 控件

（1）新建一个对话框工程。

（2）切换到资源视图，打开对话框，删除上面所有的控件，再添加 2 个静态文本控件和一个组合框控件，设计界面如图 4-235 所示。

设置“价目表”的静态文本控件的 ID 为 IDC_STATIC1，并为其添加控件变量 m_stPriceList，然后设置组合框的 data 属性为“普通成人;烈士家属”，并为其添加控件变量 m_cb。

（3）为类 CTestDlg 添加成员变量：

```
    CMFCListCtrl m_lst; //要动态创建 MFC 列表控件
    CStatic m_st; //要动态创建的静态文本控件
```

再次切换到资源视图，打开对话框，选中组合框，然后在属性视图的控件事件列表里添加选择改变事件的处理函数，如下代码：

```
  void CTestDlg::OnCbnSelchangeCombo1()
  {
      // TODO: 在此添加控件通知处理程序代码
      CString str;
      CRect rt,rtlst;

      if (m_lst.GetSafeHwnd()) //是否已经创建了 MFC 列表控件
         //如果创建了就要先销毁该控件，否则再次创建时会引发崩溃
         m_lst.DestroyWindow();

      if (m_st.GetSafeHwnd()) //是否已经创建了静态文本控件
         //如果创建了就要先销毁该控件，否则再次创建时会引发崩溃
         m_st.DestroyWindow();

      //获取“价格表”静态文本控件的客户区坐标和大小
      m_stPriceList.GetClientRect(&rt);
      //转换到在对话框上的相对坐标
      m_stPriceList.MapWindowPoints(this, &rt);

      m_cb.GetWindowText(str); //获取用户在组合框上的选定项文本

  //为列表控件指定坐标和大小
      rtlst.left = rt.right + 20;
      rtlst.top = rt.top;
      rtlst.right = rtlst.left + 200;
      rtlst.bottom = rt.top + 150;

      if (str == _T("普通成人"))
      {
         //创建 CMFCListCtrl 控件，10000 为控件 ID，注意不要和工程中其他控件重复
         m_lst.Create(WS_CHILD | WS_VISIBLE | WS_BORDER | LVS_REPORTS, rtlst,
this, 10000);
         //为列表控件添加一些风格
         m_lst.SendMessage(LVM_SETEXTENDEDLISTVIEWSTYLE, 0,
LVS_EX_FULLROWSELECT | LVS_EX_GRIDLINES);
         //增加第一个列头
         m_lst.InsertColumn(0, _T("菜名"), LVCFMT_LEFT, 100);
         //增加第二个列头
         m_lst.InsertColumn(1, _T("价格（元）"), LVCFMT_LEFT, 100);
```

```
            //增加行数据
            m_lst.InsertItem(0, _T("茭白肉丝"));
            m_lst.SetItemText(0, 1, _T("20"));
            m_lst.InsertItem(1, _T("醋溜土豆丝"));
            m_lst.SetItemText(1, 1, _T("10"));
            m_lst.InsertItem(2, _T("番茄鸡蛋"));
            m_lst.SetItemText(2, 1, _T("15"));
            m_lst.InsertItem(3, _T("大盘鸡"));
            m_lst.SetItemText(3, 1, _T("55"));
            m_lst.InsertItem(4, _T("清蒸鲈鱼"));
            m_lst.SetItemText(4, 1, _T("70"));
        }
        else
        {
            //创建静态文本控件，10001 为该控件 ID，注意不要和工程中其他控件重复
            m_st.Create(_T("所有菜品免费"), WS_CHILD | WS_VISIBLE, CRect(rt.right +
20, rt.top, rt.right + 120, rt.top + 50), this, 10001);
        }
    }
```

这里注意要先判断一下控件是否已经创建，如果创建了要先销毁控件，否则再次创建的时候会引发程序崩溃。另外，为 m_lst 增加风格时，上面是通过 SendMessage 方式为其添加风格，其实这些风格也可以都写在其创建函数 Create 中。这里只是为了演示，通过发送 LVM_SETEXTENDEDLISTVIEWSTYLE 事件也可以为其修改风格。

（4）保存工程并运行，运行结果如图 4-236 所示。

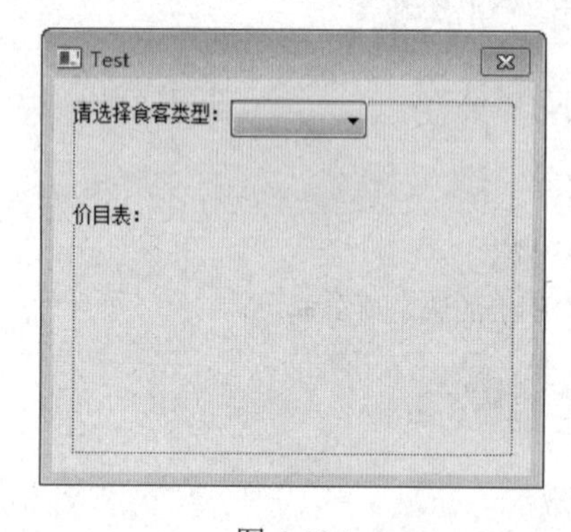

图 4-235

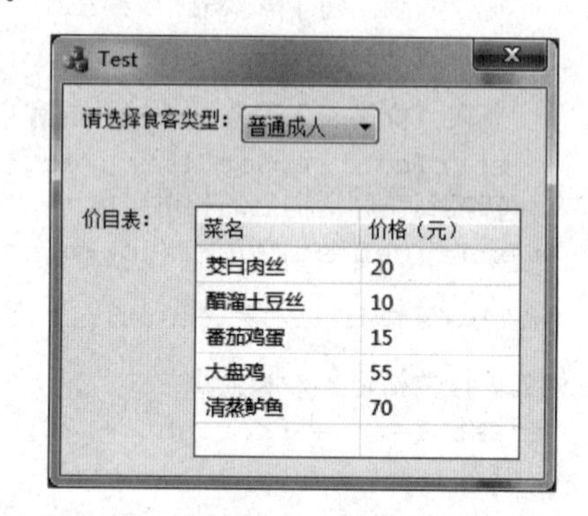

图 4-236

4.27.2 在视图上动态创建控件

所有视图都继承自 CView，CView 继承自窗口类 CWnd，因此任何视图也是一个窗口。如果要在视图上放置控件只能用动态创建控件的方法，并让控件的父类指针指向视图窗口。

【例 4.156】在视图上动态创建控件

（1）新建一个单文档工程。在 MFC 应用程序向导对话框上选择应用程序类型为“单文档”，项目类型选择“MFC 标准”。

（2）为类 CTestView 添加成员变量：

```
    CComboBox m_cb; //定义组合框变量
    CStatic m_stType, m_stPriceList, m_st; //定义静态文本变量
    CMFCListCtrl m_lst; //定义 MFC 列表框变量
```

（3）为视类 CTestView 添加 WM_CREATE 消息处理函数，如下代码：

```
  int CTestView::OnCreate(LPCREATESTRUCT lpCreateStruct)
  {
     if (CView::OnCreate(lpCreateStruct) == -1)
        return -1;

     // TODO:  在此添加你专用的创建代码
     //创建静态文本控件，10001 和 10002 是控件 ID
     m_stType.Create(_T("选择食客类型"), WS_CHILD | WS_VISIBLE, CRect(0, 0, 120,
25), this, 10001);
     m_stPriceList.Create(_T("价格表"), WS_CHILD | WS_VISIBLE, CRect(0, 50,
60,75), this, 10002);

     //创建组合框，10003 是组合框控件 ID
     m_cb.Create(WS_CHILD | WS_VISIBLE | WS_VSCROLL | CBS_DROPDOWNLIST,
CRect(130, 0, 250, 100), this, 10003);
  //为组合框添加数据
     m_cb.AddString(_T("普通成人"));
     m_cb.AddString(_T("烈士家属"));

     return 0;
  }
```

再为视类 CTestView 添加 WM_CTLCOLOR 消息处理函数，在该消息中我们设置静态文本框背景为白色，因为视图窗口默认也是白色的，如果不进行该消息处理，那么静态文本框背景是灰色的，和视图的白色不搭。如下代码：

```
  HBRUSH CTestView::OnCtlColor(CDC* pDC, CWnd* pWnd, UINT nCtlColor)
  {
     HBRUSH hbr = CView::OnCtlColor(pDC, pWnd, nCtlColor);

     // TODO:  在此更改 DC 的任何特性
     if (CTLCOLOR_STATIC == nCtlColor) //如果要处理静态文本控件的颜色
        //返回创建的白色背景刷子
        return CreateSolidBrush(RGB(255, 255, 255));

     return hbr;
  }
```

（4）为组合框添加选择改变事件，因为组合框是动态创建的，所以它的事件处理只能手工添加。首先打开 TestView.h，在类 CTestView 中添加消息处理函数声明：

```
  afx_msg void OnCbnSelchangeCombo1();
```

然后打开 TestView.cpp，在 BEGIN_MESSAGE_MAP(CTestView, CView)里添加消息映射：

```
  ON_CBN_SELCHANGE(10003, OnCbnSelchangeCombo1)
```

其中，10003 是组合框控件的 ID。

最后添加消息处理函数定义：

```
    void CTestView::OnCbnSelchangeCombo1()
    {
        // TODO: 在此添加控件通知处理程序代码
        CString str;
        CRect rt, rtlst;

        if (m_lst.GetSafeHwnd()) //是否已经创建了 MFC 列表控件
            //如果创建了就要先销毁该控件，否则再次创建时会引发崩溃
            m_lst.DestroyWindow();

        if (m_st.GetSafeHwnd()) //是否已经创建了静态文本控件
            //如果创建了就要先销毁该控件，否则再次创建时会引发崩溃
            m_st.DestroyWindow();

        //获取“价格表”静态文本控件的客户区坐标和大小
        m_stPriceList.GetClientRect(&rt);
        //转换到在对话框上的相对坐标
        m_stPriceList.MapWindowPoints(this, &rt);

        m_cb.GetWindowText(str); //获取用户在组合框上的选定项文本

    //为列表控件指定坐标和大小
        rtlst.left = rt.right + 20;
        rtlst.top = rt.top;
        rtlst.right = rtlst.left + 200;
        rtlst.bottom = rt.top + 150;

        if (str == _T("普通成人"))
        {
            //创建 CMFCListCtrl 控件，10000 为控件 ID，注意不要和工程中其他控件重复
            m_lst.Create(WS_CHILD | WS_VISIBLE | WS_BORDER | LVS_REPORTS, rtlst,
this, 10000);
            //为列表控件添加一些风格
            m_lst.SendMessage(LVM_SETEXTENDEDLISTVIEWSTYLE, 0,
LVS_EX_FULLROWSELECT | LVS_EX_GRIDLINES);
            //增加第一个列头
            m_lst.InsertColumn(0, _T("菜名"), LVCFMT_LEFT, 100);
            //增加第二个列头
            m_lst.InsertColumn(1, _T("价格（元）"), LVCFMT_LEFT, 100);

            //增加行数据
            m_lst.InsertItem(0, _T("茭白肉丝"));
            m_lst.SetItemText(0, 1, _T("20"));
            m_lst.InsertItem(1, _T("醋溜土豆丝"));
            m_lst.SetItemText(1, 1, _T("10"));
            m_lst.InsertItem(2, _T("番茄鸡蛋"));
            m_lst.SetItemText(2, 1, _T("15"));
            m_lst.InsertItem(3, _T("大盘鸡"));
```

```
        m_lst.SetItemText(3, 1, _T("55"));
        m_lst.InsertItem(4, _T("清蒸鲈鱼"));
        m_lst.SetItemText(4, 1, _T("70"));
    }
    else
    {
        //创建静态文本控件
        m_st.Create(_T("所有菜品免费 "), WS_CHILD | WS_VISIBLE, CRect(rt.right +
20, rt.top, rt.right + 120, rt.top + 25), this, 10001);
    }
}
```

（5）保存工程并运行，运行结果如图 4-237 所示。

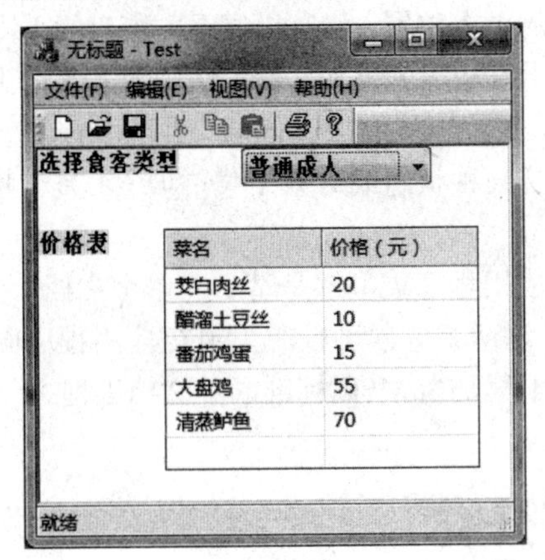

图 4-237

第 5 章 菜单、工具栏和状态栏的开发使用

虽然菜单、工具栏和状态栏可以用在对话框工程中，但它们更多是用在文档视图类工程中。菜单和工具栏通常位于主窗口的上方位置，状态栏位于主窗口的下方位置。菜单和工具栏用来接收用户的鼠标单击事件，以此来引发相应的操作，比如用户单击“退出”菜单项，程序就退出。工具栏和菜单都是执行用户命令的，它们接收的 Windows 消息称为命令消息，如 WM_COMMAND。状态栏通常是显示当前程序处于某种状态或对某个菜单项（工具栏按钮）进行解释，有多个分隔的区域，用来显示不同的信息。

在本章中，大部分实例的应用程序类型都是基于“单个文档”的，并且项目类型是“MFC 标准”，是最传统的单文档工程，这两个选项可以在“MFC 应用程序向导”对话框的第一步上看到。本章默认情况下新建的单文档工程是指 MFC 标准的单文档工程。

5.1 菜单的设计与开发

菜单是 Windows 程序中常见的界面元素，几乎所有的 Windows 程序都有菜单，无论是单文档程序、多文档程序还是对话框程序，菜单是用户操作应用程序功能的重要媒介。菜单一般分两种：一种位于程序界面的顶端，使用鼠标左键单击后才发生动作；另一种在界面中右击鼠标，然后出现一个小菜单，接着用鼠标左键去单击某个菜单项，这种菜单称为快捷菜单。程序中所有的功能基本都可以在菜单中表达。一个菜单包括很多菜单项，当我们单击某个菜单项的时候会发出一个命令消息，然后会引发相应的消息处理函数的执行。

在 Visual C++ 2017 中，菜单由类 CMenu 实现。CMenu 的常用成员函数如表 5-1 所示。

表 5-1 CMenu 的常用成员函数

成员函数	含义
CMenu	构造一个 CMenu 对象
Attach	附加一个 Windows 菜单句柄给 CMenu 对象
Detach	从 CMenu 对象中分离 Windows 菜单的句柄，并返回该句柄
FromHandle	返回一个指向给定 Windows 菜单句柄的 CMenu 对象的指针
GetSafeHmenu	返回由 CMenu 对象包含的 m_hMenu 值
DeleteTempMap	删除由 FromHandle 成员函数创建的所有临时 CMenu 对象
CreateMenu	创建一个空菜单，并将其附加给 CMenu 对象
CreatePopupMenu	创建一个空的弹出菜单，并将其附加给 CMenu 对象
LoadMenu	从可执行文件中装载菜单资源，并将其附加给 CMenu 对象

（续表）

成员函数	含　义
LoadMenuIndirect	从内存的菜单模板中装载菜单，并将其附加给 CMenu 对象
DestroyMenu	销毁附加给 CMenu 对象的菜单，并释放菜单占用的内存
DeleteMenu	从菜单中删除指定的项。如果菜单项与弹出菜单相关联，那么将销毁弹出菜单的句柄，并释放它占用的内存
TrackPopupMenu	在指定的位置显示浮动菜单，并跟踪弹出菜单的选择项
AppendMenu	在该菜单末尾添加新的菜单项
CheckMenuItem	在弹出菜单的菜单项中放置或删除检测标记
CheckMenuRadioItem	将单选按钮放置在菜单项之前，或从组中所有的其他菜单项中删除单选按钮
SetDefaultItem	为指定的菜单设置默认的菜单项
GetDefaultItem	获取指定的菜单默认的菜单项
EnableMenuItem	使菜单项有效、无效或变灰
GetMenuItemCount	决定弹出菜单或顶层菜单的项数
GetMenuItemID	获取位于指定位置菜单项的菜单项标识
GetMenuState	返回指定菜单项的状态或弹出菜单的项数
GetMenuString	获取指定菜单项的标签
GetMenuItemInfo	获取有关菜单项的信息
GetSubMenu	获取指向弹出菜单的指针
InsertMenu	在指定位置插入新菜单项，并顺次下移其他菜单项
ModifyMenu	改变指定位置已存在的菜单项
RemoveMenu	从指定的菜单中删除与弹出菜单相关联的菜单项

下面通过几个实例对菜单的常用属性、方法和事件进行介绍。

5.1.1　添加菜单项并添加消息

本例很基本，就是新建一个单文档工程，然后添加菜单项，并添加代码来响应菜单事件。

添加菜单项十分简单，所有过程都是可视化操作，首先切换到资源编辑器，然后打开菜单编辑器，添加菜单并添加菜单消息响应。

【例 5.1】添加菜单项并添加消息

（1）新建一个单文档工程，设置工程“字符集”为“使用多字节字符集”。

（2）切换到资源视图，双击打开 Menu 下面的 IDR_MAINFRAME（IDR_MAINFRAME 是菜单的资源名），然后单击“编辑”菜单，在末尾添加“我添加的菜单项”，如图 5-1 所示。

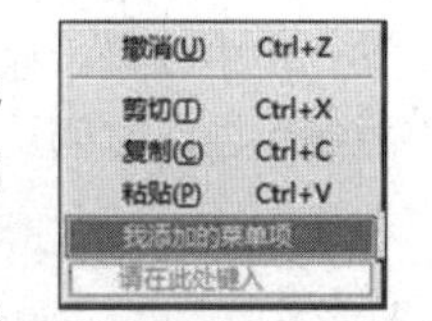

图 5-1

然后在属性视图中设置该菜单项的 ID 为 ID_EDIT_MYMENUITEM，如图 5-2 所示。

（3）右击“我添加的菜单项”，然后选择“添加事件处理程序”，会弹出“事件处理程序向导”对话框。在该对话框上的“类列表”中选择“CMainFrame”，然后单击“添加编辑”按钮，如图 5-3 所示。

图 5-2

图 5-3

Visual C++会自动打开菜单处理函数，可以在该函数中添加相应代码：

```
void CMainFrame::OnEditMymenuitem()
{
    // TODO: 在此添加命令处理程序代码
    AfxMessageBox("你好，世界");
}
```

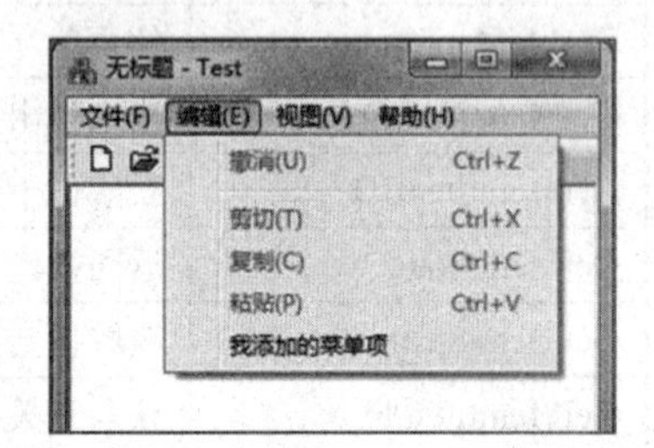

图 5-4

（4）保存并运行工程，运行结果如图 5-4 所示。

5.1.2　为菜单添加快捷键

快捷键又称为键盘快捷键，通常是键盘上 2 个键的组合，比如在 Word 程序中，同时按下 Ctrl 和 N 键并同时放开会新建一个文档。其功能和菜单“文件”｜“新建”是一样的。快捷键就是为了不用鼠标直接用键盘来操作界面以达到更快捷的效果。

添加菜单的快捷键很简单，只要在菜单设计器里的相应菜单后面添加即可。

【例 5.2】为菜单添加快捷键

（1）新建一个单文档工程，设置工程“字符集”为“使用多字节字符集”。

（2）切换到资源视图，展开“Menu”，双击打开“IDR_MAINFRAME”，在“视图”菜单下增加一个菜单项，菜单的 caption 属性是“现在时间\tCtrl+T”，“\t”为前后文本隔开一个 tab 长度，“Ctrl+T”用来指示该菜单项的快捷键是 Ctrl+T，但仅仅用来指示，要实现其作用，还要在下一步中设置。该菜单项的 ID 为 ID_NOW_TIME，然后为其添加消息函数，让它跳出一个框，上面显示当前时间。如下代码：

```
void CMainFrame::OnNowTime()
{
        // TODO: 在此添加命令处理程序代码
        CString str;
        CTime t = CTime::GetCurrentTime();    //得到当前时间
        str = t.Format( "%Y-%m-%d %H:%M:%S"); //把时间转换为字符串并存入 str
        AfxMessageBox(str); //显示结果
}
```

其中，CTime 是 MFC 类库中表示时间的类。

（3）切换到资源视图，展开 Accelerator，双击打开 Accelerator 下的 IDR_MAINFRAME，可以在右边看到系统已经预定义的快捷键。我们在右边空白地方右击，然后在快捷菜单中选择“新建快捷键”，再在属性窗口中定义该快捷键的 ID 为 ID_NOW_TIME，这样该快捷键和我们上一步定义的菜单项就联系起来了，然后在属性窗口中定义 Key 为 T，因为在该快捷键的 Ctrl 属性默认已经为 True，所以该快捷键的按键组合为 Ctrl+T。定义好的快捷键属性如图 5-5 所示。

（4）保存并运行工程，按 Ctrl+T 快捷键就会出现当前时间的对话框了，运行结果如图 5-6 所示。

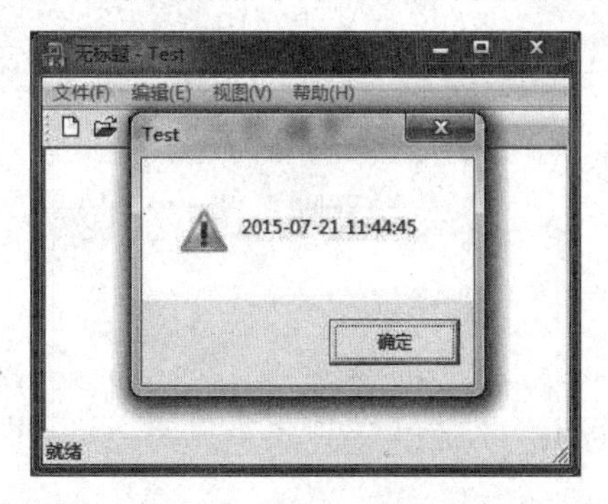

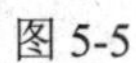

图 5-5　　　　图 5-6

5.1.3　设置菜单的状态来标记任务栏是否隐藏

所谓菜单的状态，通常是指菜单项是否可用（不可用的状态是灰的）、菜单项前是否打勾等，比如我们打开记事本程序，然后单击菜单“格式”下的“自动换行”，可以发现每一次单击它后前面的勾会出现或者不出现（出现表示“自动换行”功能启用，不出现表示“自动换行”功能没启用），这就是通过设置菜单状态来表明当前的一些功能。本例中我们也在菜单项前设置打勾标记，用来标记任务栏是否显示。

菜单状态的变化是响应 UpdateCommandUI 消息类型，然后在该事件处理函数中可以获取 CCmdUI 的指针，通过该指针来设置菜单是否打勾（SetCheck）、是否可用（Enable）、设置选项（SetRadio）等状态。

【例 5.3】设置菜单的状态来标记任务栏是否隐藏

（1）新建一个单文档工程，设置工程“字符集”为“使用多字节字符集”。

（2）切换到类视图，双击类 CMainFrame 来打开 MainFrame.h，然后为 CMainFrame 类添加一个成员变量：

```
BOOL m_bHide;    //是否隐藏任务栏。TRUE 为隐藏，否则为显示
```

在类 CMainFrame 的构造函数中进行初始化，如下代码：

```
CMainFrame::CMainFrame()
{
    // TODO: 在此添加成员初始化代码
    m_bHide = FALSE; //开始的时候为不隐藏
}
```

（3）切换到资源视图，打开菜单资源，然后在“视图”下添加一个菜单项“任务栏”，ID 为 ID_HIDE，并为其添加消息函数，如下代码：

```
void CMainFrame::OnHide()
{
    // TODO: 在此添加命令处理程序代码
    int nCmdShow;
    CWnd  *pWnd;
    LPARAM lParam;

    m_bHide = !m_bHide; //更新隐藏标记
    //查找任务栏，并把任务栏窗口的指针存入 pWnd
    pWnd = FindWindow("Shell_TrayWnd",NULL);
    if(m_bHide == TRUE) //如果要设为隐藏
    {
        nCmdShow = SW_HIDE; //设置隐藏
        lParam = ABS_AUTOHIDE | ABS_ALWAYSONTOP; //设置自动隐藏
    }
    else
    {
        nCmdShow = SW_SHOW; //设置显示
        lParam = ABS_ALWAYSONTOP; //设置总在前面显示
    }
    pWnd->ShowWindow(nCmdShow);//显示或隐藏任务栏
}
```

此时运行程序，发现每次单击该菜单，任务栏会隐藏或显示。下面开始标记菜单的状态。

（4）切换到资源视图，右击刚才添加的菜单“任务栏”，选择“添加事件处理程序”，然后在“事件处理程序向导”对话框上的“类列表”中选择 CMainFrame，在“消息类型”中选择 UpdateCommandUI，然后单击“添加编辑”按钮来添加菜单状态变化处理程序，如下代码：

```
void CMainFrame::OnUpdateHide(CCmdUI *pCmdUI)
{
    // TODO: 在此添加命令更新用户界面处理程序代码
    if(m_bHide)
        pCmdUI->SetCheck(0); //去掉菜单项前面的“勾”
    else
        pCmdUI->SetCheck(1);//显示菜单项前面的“勾”
}
```

（5）保存工程并运行，运行结果如图 5-7 所示。

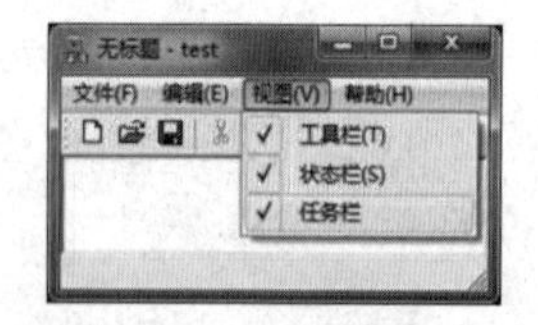

图 5-7

5.1.4 绘制漂亮的快捷菜单

快捷菜单又称 Popup 菜单，是右击鼠标时显示的菜单。在默认情况下，调用快捷菜单函数显示的菜单是和系统当前主题相关的：如果是 XP 主题，那么菜单样式是 XP 样式的；如果是经典的 Windows 主题，显示的菜单是经典的样式。在本例中，我们通过自己绘制菜单的样式，使得快捷菜单十分漂亮，并且不随系统主题的改变而改变，显示出专业的软件水准。

基本思路是从类 CMenu 继承为一个我们自己的菜单类 CMyMenu，然后通过 2 个虚拟函数 MeasureItem 和 DrawItem 把位图作为菜单项的背景，并重绘菜单项的大小和文字。

【例 5.4】绘制漂亮的快捷菜单

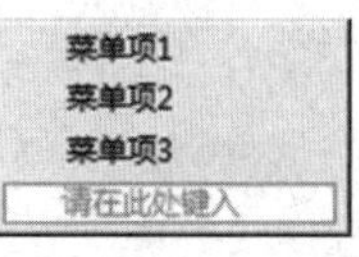

图 5-8

（1）新建一个对话框工程，设置工程“字符集”为“使用多字节字符集”。

（2）打开资源视图，新建一个菜单，菜单名为 IDR_MENU1，如图 5-8 所示。

（3）切换到类视图，添加一个继承自 CMenu 的菜单类 CMyMenu，注意选择基类类型的时候要选择 C++类，MFC 类下面没有 CMenu。

（4）添加 2 个图片作为菜单项的背景图和左边竖向图，两个 bmp 图片的 ID 分别为 IDB_ITEM 和 IDB_LEFT。

（5）在 MyMenu.h 中，添加 3 个全局变量和菜单项的结构体。

```
//菜单项数量、菜单项的高度和宽度
const int MAX_MENUCOUNT = 20,ITEMHEIGHT = 26,ITEMWIDTH= 120;
//CMenuItemInfo 结构用于记录菜单项信息
struct CMenuItemInfo
{
    CString m_ItemText;//菜单项文本
    int m_IconIndex;//菜单项索引
    int m_ItemID;//菜单标记 -2 顶层菜单,-1 弹出式菜单,0 分隔条,其他普通菜单
};
```

（6）为类 CMyMenu 添加成员变量：

```
public:
    int m_index; //临时索引
    int m_iconindex; //图像索引
    BOOL m_isdrawtitle; //是否重绘标题
    CFont m_titlefont; //标题字体
    int m_save;
    CMenuItemInfo m_ItemLists[MAX_MENUCOUNT]; //菜单项信息
```

（7）为类 CMyMenu 添加 2 个虚拟函数 MeasureItem 和 DrawItem。其中，MeasureItem 的作用是设置菜单项大小；DrawItem 的作用是重绘菜单项。

MeasureItem 的原型是：

```
virtual void MeasureItem(LPMEASUREITEMSTRUCT lpMeasureItemStruct);
```

当一个具有自画风格的菜单创建后，MeasureItem 函数会被由 MFC 框架调用来设置菜单项的大小，我们只需通过 lpMeasureItemStruct 结构体来定义菜单项的大小即可。

DrawItem 的原型是：

```
virtual void DrawItem(LPDRAWITEMSTRUCT lpDrawItemStruct );
```

当一个具有自画风格的菜单外观发生改变的时候，MFC 框架会自动调用该函数来重绘菜单项，所以我们可以在该函数中画出我们所需要的菜单风格，包括菜单文本、菜单风格条等。

（8）为 CMyMenu 添加成员函数：

```
BOOL ChangeMenuItem(CMenu* m_menu,BOOL m_Toped = FALSE);
BOOL  AttatchMenu(HMENU m_hmenu);
void DrawItemText(CDC* m_pdc,LPSTR str,CRect m_rect);
//绘制顶层菜单
void DrawTopMenu(CDC* m_pdc,CRect m_rect,BOOL m_selected = FALSE);
```

```
    void DrawSeparater(CDC* m_pdc,CRect m_rect);//绘制分隔条
    void DrawComMenu(CDC* m_pdc,CRect m_rect, COLORREF m_fromcolor,
                        COLORREF m_tocolor, BOOL m_selected = FALSE);
    void DrawMenuIcon(CDC* m_pdc,CRect m_rect,int m_icon );
    void DrawMenuTitle(CDC* m_pdc,CRect m_rect,CString m_title);
```

这些函数都是功能函数，主要功能是用于绘制菜单，从函数名就可以一目了然，具体实现可见配套源码。

（9）为对话框类 CTestDlg 添加成员变量：

```
CMyMenu m_menu; //定义菜单变量
    CMyMenu* m_submenu; //定义子菜单指针
```

（10）在 CTestDlg 的初始化函数 OnInitDialog()中添加菜单加载代码：

```
    // TODO: 在此添加额外的初始化代码
    m_menu.LoadMenu(IDR_MENU1); //加载菜单资源
    m_menu.ChangeMenuItem(&m_menu); //调用成员函数改变菜单
```

（11）为对话框类 CTestDlg 添加快捷菜单事件函数 OnContextMenu、菜单更改事件函数 OnDrawItem 和菜单大小改变事件函数 OnMeasureItem，具体如下代码：

```
    void CTestDlg::OnContextMenu(CWnd* /*pWnd*/, CPoint point)
    {
        // TODO: 在此处添加消息处理程序代码
        CMenu* m_tempmenu = m_menu.GetSubMenu(0); //获取第一个菜单项指针
        //显示快捷菜单
        m_tempmenu->TrackPopupMenu(TPM_LEFTBUTTON|TPM_LEFTALIGN,point.x,
        point.y,this);
    }

    void CTestDlg::OnDrawItem(int nIDCtl, LPDRAWITEMSTRUCT lpDrawItemStruct)
    {
        // TODO: 在此添加消息处理程序代码和/或调用默认值
        m_menu.DrawItem(lpDrawItemStruct); //画菜单
        //CDialog::OnDrawItem(nIDCtl, lpDrawItemStruct);
  }

    void CTestDlg::OnMeasureItem(int nIDCtl, LPMEASUREITEMSTRUCT
lpMeasureItemStruct)
    {
        // TODO: 在此添加消息处理程序代码和/或调用默认值
        m_menu.MeasureItem(lpMeasureItemStruct); //计算菜单项
        //CDialog::OnMeasureItem(nIDCtl, lpMeasureItemStruct);
    }
```

（12）在 TestDlg.h 中添加#include "MyMenu.h"。

（13）保存工程并运行，运行结果如图 5-9 所示。

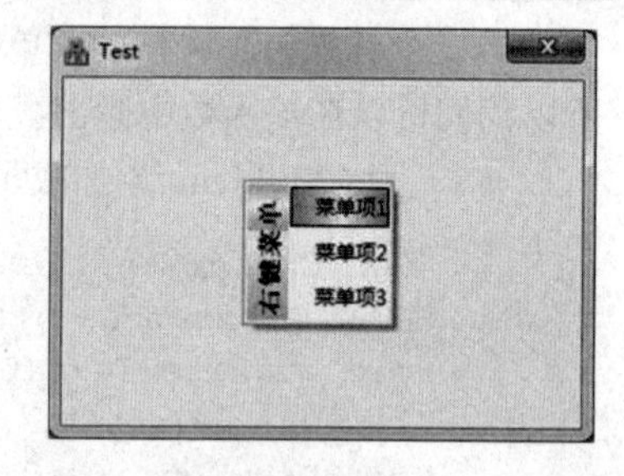

图 5-9

5.1.5 向记事本程序发送菜单信息

本例实现向 Windows 自带的记事本程序发送菜单消息。还可以发送一段文字给记事本，然后记事本把收到的文字显示出来。

基本思路是先查找记事本程序窗口句柄，如果没有找到就运行记事本程序，然后通过句柄发送菜单消息。

【例 5.5】 向记事本程序发送菜单信息

（1）新建一个对话框工程，设置工程“字符集”为“使用多字节字符集”。

（2）在对话框上放置一个按钮“发送文本内容”，单击按钮事件的代码如下：

```
void CTestDlg::OnBnClickedButton1()
{
    // TODO: 在此添加控件通知处理程序代码
    //执行记事本程序
    WinExec("notepad.exe", SW_SHOW); //执行记事本程序
    Sleep(1000); //暂停 1 秒，为了让记事本出现
    gpWnd = FindWindow(NULL, _T("无标题 - 记事本")); //查找记事本
    HWND parent = gpWnd->m_hWnd; //保存指针
    // 向记事本发送字符串信息
    EnumChildWindows(parent, EnumProcTxt, (LPARAM)_T("你好，记事本！"));
}
```

（3）在对话框上放置一个按钮“发送保存消息”，事件代码如下：

```
void CTestDlg::OnBnClickedButton2()
{
    // TODO: 在此添加控件通知处理程序代码
    if(!gpWnd)
        return;

    HWND parent = gpWnd->m_hWnd;
    // 选择记事本文件菜单下的保存菜单项
    ::SetForegroundWindow(parent);
    keybd_event(VK_MENU, 0, 0, 0);
    Sleep(10);
    keybd_event(VK_MENU, 0, KEYEVENTF_KEYUP, 0);
    keybd_event('F', 0, 0, 0);
    Sleep(10);
    keybd_event('F', 0, KEYEVENTF_KEYUP, 0);
    keybd_event('S', 0, 0, 0);
    Sleep(10);
    keybd_event('S', 0, KEYEVENTF_KEYUP, 0);
}
```

（4）在对话框上放置一个按钮“发送展开菜单”，事件代码如下：

```
void CTestDlg::OnBnClickedButton3()
{
    // TODO: 在此添加控件通知处理程序代码
    if(!gpWnd)
        return;

    HWND parent = gpWnd->m_hWnd;
    ::SetForegroundWindow(parent);    设置窗口在前
    // 展开菜单，注意只能展开文件菜单，无法后续选择菜单项
    ::SendMessage(parent, WM_SYSCOMMAND, SC_KEYMENU, (WPARAM)'F');
}
```

（5）保存工程并运行，运行结果如图 5-10 所示。

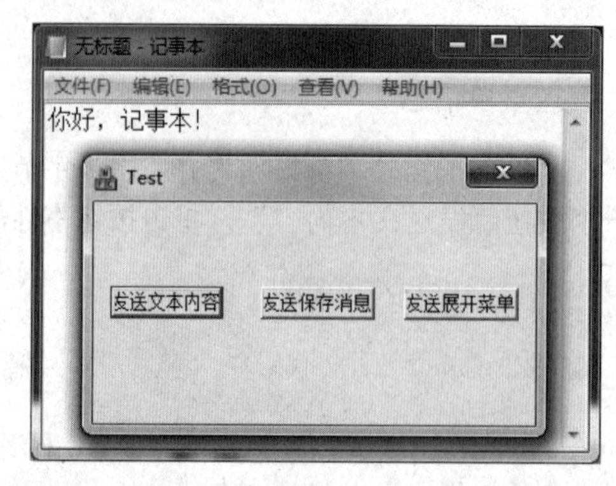

图 5-10

5.1.6　动态生成菜单

在实际开发中，经常需要根据操作来增减菜单和菜单项。在 Visual C++开发环境下，动态生成菜单的方法有多种。例如：可以利用资源编辑器创建菜单资源，然后在程序运行中动态加入菜单，这种动态生成菜单的方法比较常见，运用比较多。用这种方法动态增加菜单时，首先需要在 Resource.h 中添加菜单 ID；由于是动态生成的菜单选项，所以要实现它的功能就不能在 ClassWizard 中映射函数了，需要在头文件中手动添加消息函数原型，在代码文件中手动添加消息映射和添加消息响应函数。动态生成菜单的另一种方法是，不能事先对每个菜单 ID 进行定义，比如从数据库中读出的每条记录内容动态添加为菜单项，菜单项的数量不是固定的，可以在动态添加菜单项时使菜单项的 ID 顺序递增；对菜单项的消息响应不能事先写出响应代码，需要根据菜单 ID 动态响应函数。

首先要了解菜单消息的处理。

Windows 消息分为 3 类：标准 Windows 消息、命令消息、控件通知消息。标准消息指除 WM_COMMAND 之外所有以 WM_前缀开始的消息，包括键盘消息和窗口消息等；命令消息指来自菜单、快捷键、工具栏按钮等用户界面对象发出的 WM_COMMAND 消息。其中，在 MFC 中，通过菜单项的标识（ID）来区分不同的命令消息；在 SDK 中，通过消息的 wParam 参数识别。控件通知消息是对控件操作而引起的消息，是控件和子窗口向其父窗口发出的 WM_COMMAND 通知消息。

菜单命令则属于命令消息，一个菜单命令可以映射到框架类、视图类或文档类的某一个成员函数上，但不能同时映射到多个成员函数上。即使将一个菜单命令同时映射到多个不同的成员函数上，同时只有一个成员的映射是有效的。在 MFC 文档/视图结构中映射有效的优先级高低顺序为视图类、文档类、框架类。 菜单消息一旦在其中一个类中响应，就不再在其他类中查找响应函数。

具体来说，菜单命令消息路由过程是这样的：当单击一个菜单项的时候，最先接受菜单项消息的是 CMainFrame 框架类，CMainFrame 框架类将会把菜单项消息交给它的子窗口 View 类，由 View 类首先进行处理；如果 View 类检测到没对该菜单项消息响应，则 View 类把菜单项消息交由文档类 Doc 类进行处理；如果 Doc 类检测到 Doc 类中也没有对该菜单项消息响应，则 Doc 类又把该菜单项消息交还给 View 类，由 View 类再交还给 CMainFrame 类处理。如果 CMainFrame 类查看到 CMainFrame 类中也没有对该消息响应，则最终交给 App 类进行处理。一个消息一旦在某个类中被响应过，则不再接着传递。

然后要知道常用的几个菜单函数：

- GetMenu()：获得与框架窗口相链接的菜单。
- InsertMenu()：在指定位置插入新的菜单项，其他的选项向下移。
- GetSubMenu()：获得子菜单指针。
- GetMenuItemCount()：得到菜单下的菜单项的个数。
- AppendMenu()：添加一个新菜单。
- GetMenuString()：获得指定菜单项的标记。
- DeleteMenu()：删除菜单。

【例 5.6】动态生成菜单

（1）新建一个对话框工程，设置工程“字符集”为“使用多字节字符集”。

（2）在视图下添加一个菜单项“添加菜单”，事件如下代码：

```
void CTestView::OnAddMenu()
{
        // TODO: 在此添加命令处理程序代码
        //定义成员变量，或者用 menu.Detach()，否则对象离开函数被析构后产生错误
        CMenu menu;
        menu.CreatePopupMenu();  //创建空菜单
        //把菜单添加到现有菜单末尾
        GetParent()->GetMenu()->AppendMenu(MF_POPUP,(UINT)menu.m_hMenu,"动态添加的菜单");
        menu.AppendMenu(MF_STRING|MF_ENABLED,ID_CMD1,"CMD1"); //添加菜单
        menu.AppendMenu(MF_STRING|MF_ENABLED,ID_CMD2,"CMD2"); //添加菜单
        menu.Detach();  //释放菜单资源
        GetParent()->DrawMenuBar();  //画菜单栏

}
```

（3）打开 resource.h，添加两个宏定义：

```
#define  ID_CMD1 200 //定义菜单项 ID
#define  ID_CMD2 201 //定义菜单项 ID
```

（4）手动添加两个新增菜单项的事件：

```
ON_COMMAND(ID_CMD1,OnCMD1)//手动添加菜单命令映射
ON_COMMAND(ID_CMD2,OnCMD2)//手动添加菜单命令映射
```

再添加菜单事件代码：

```
void CTestView::OnCMD1()
{
    AfxMessageBox("你好");
}
void CTestView::OnCMD2()
{
    AfxMessageBox("世界");
}
```

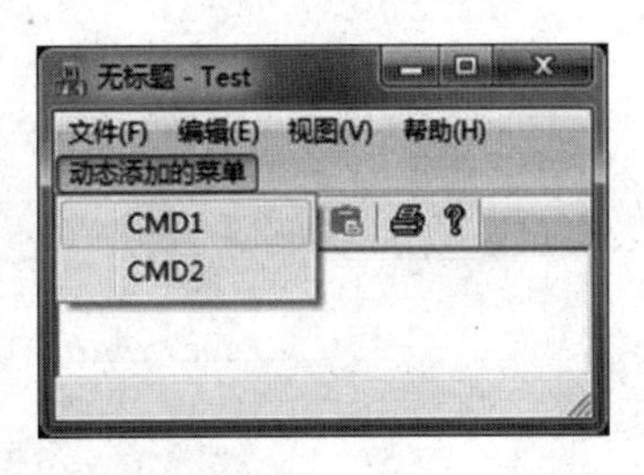

图 5-11

（5）保存工程并运行，运行结果如图 5-11 所示。

5.1.7 实现动态菜单的状态栏提示

单文档程序打开文件后，会在“文件”菜单下显示曾经打开的文件名，把鼠标移到这些文件名上时，在状态栏上会显示提示，但不会显示文件名。本例实现将鼠标移到这些动态菜单上时，能在状态栏上显示相应的文件名。

当用户的鼠标移动到一个菜单项时，Windows 发送 WM_MENUSELECT 和菜单项的 ID。所以要实现动态菜单提示，必须重载 CFrameWnd::OnMenuSelect，并用提示串发送 WM_SETMESSAGESTRIN 消息。

【例 5.7】实现动态菜单的状态栏提示

（1）新建一个单文档工程，设置工程“字符集”为“使用多字节字符集”。

（2）运行工程，随便打开几个文件，然后打开菜单“文件”，可以看到最近打开的几个文件的文件名都在菜单“文件”下了，但将鼠标移到这些文件名上时，发现在状态栏上的提示都是一样的，即都是“打开此文档”。

（3）现在要让它的提示变为“打开文件+文件名”。为类 CMainFrame 添加 WM_MENUSELECT 消息，消息处理函数如下代码：

```
void CMainFrame::OnMenuSelect(UINT nItemID, UINT nFlags, HMENU hSysMenu)
{
    //判断 ID 所在范围
    if (ID_FILE_MRU_FILE1<=nItemID && nItemID<=ID_FILE_MRU_FILE16)
    {
        // 得到菜单项名称
        CMenu* pMenu = GetMenu();                   // 得到顶层菜单指针
        ASSERT(pMenu);                              //判断指针是否为空
        pMenu=pMenu->GetSubMenu(0);                 // 得到文件菜单指针
        ASSERT(pMenu);                              //判断指针是否为空
        CString sFileName;
    //得到菜单标题
        pMenu->GetMenuString(nItemID, sFileName, MF_BYCOMMAND);
        //去掉空格
        int nSkip = sFileName.Find(' ');        //查找空格
        //从右边截取
        sFileName = sFileName.Right(sFileName.GetLength()-nSkip);
        //创建提示字符串
        CString sPrompt;
        sPrompt.Format(_T("打开文件 %s"), (LPCTSTR)sFileName);
        // 在状态栏上设置提示字符串
        SendMessage(WM_SETMESSAGESTRING, 0, (LPARAM)(LPCTSTR)sPrompt);
    }
    else
    {
        CFrameWnd::OnMenuSelect(nItemID, nFlags, hSysMenu);
    }
}
```

（4）保存工程并运行，运行结果如图 5-12 所示。

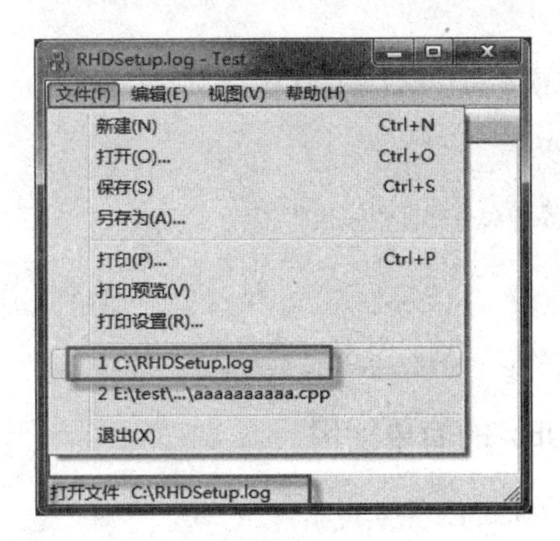

图 5-12

5.1.8　代码方式为对话框加载菜单

在对话框上显示菜单，可以直接用可视化的方法在对话框编辑器中进行设置。本例用代码的方式在程序中实现对话框菜单的显示。

首先定义一个菜单资源，然后通过 CMenu 的成员函数 LoadMenu 来加载该菜单，再调用对话框类的成员函数 SetMenu 来为对话框设置菜单。

函数 CMenu::LoadMenu 的定义如下：

```
BOOL LoadMenu( LPCTSTR lpszResourceName );
BOOL LoadMenu( UINT nIDResource );
```

这两个函数从应用的可执行文件中装载菜单资源，并将其附加给 CMenu 对象。如果菜单没有被指定给某一窗口，那么在离开之前，应用必须释放与菜单相关联的系统资源。应通过调用 DestroyMenu 成员函数来释放菜单。其中，参数 lpszResourceName 指向一个空终止的字符串，该字符串包含了要装载的菜单资源名称；nIDResource 指定将要装载的菜单资源的菜单 ID 号。如果菜单资源装载成功，就返回非 0 值，否则为 0。

函数 CWnd::SetMenu 的定义如下：

```
BOOL SetMenu( CMenu* pMenu );
```

这个函数将当前菜单设为指定的菜单。它使窗口被重画以反映菜单的变化，SetMenu 不会销毁以前的菜单。应用程序必须调用 CMenu::DestroyMenu 成员函数以完成这个任务。其中，参数 pMenu 标识了新的菜单，如果这个参数为 NULL，则当前菜单被清除。如果菜单发生了变化，就返回非 0 值；否则返回 0。

【例 5.8】代码方式为对话框加载菜单

（1）新建一个对话框工程，设置工程“字符集”为“使用多字节字符集”。

（2）切换到资源编辑器，添加一个菜单 IDR_MENU1。

（3）为类 CTestDlg 添加 CMenu m_menu。

（4）在 CTestDlg::OnInitDialog()中的末尾处添加加载菜单代码：

```
m_menu.LoadMenu(IDR_MENU1);
SetMenu(&m_menu);
```

（5）为“退出”菜单项添加事件响应函数：

```
void CTestDlg::On32771()
{
    // TODO: 在此添加命令处理程序代码
    PostQuitMessage(0); //程序退出
}
```

图 5-13

（6）保存工程并运行，运行结果如图 5-13 所示。

5.1.9 自定义类 CMenuEx 的简单使用

通过一个自定义菜单类 CMenuEx 来实现菜单。

CMenuEx 的重要成员函数解释如下：

（1）CMenuEx::LoadMenu

```
BOOL LoadMenu(UINT uMenu);
```

加载菜单项。其中，参数 uMenu 是菜单资源的 ID。

（2）CMenuEx::LoadToolBar

```
void LoadToolBar(UINT uToolBar, UINT uFace);
```

为菜单关联工具栏，这样菜单项就可以有真彩图标了。其中，参数 uToolBar 是工具栏的资源；参数 uFace 是一个替代位图的资源 ID。

【例 5.9】自定义类 CMenuEx 的简单使用

（1）新建一个对话框工程，设置工程“字符集”为“使用多字节字符集”。

（2）把 MenuEx.cpp 和 MenuEx.h 加入工程。

（3）切换到资源视图，添加一个菜单 IDR_MENU1。

（4）为类 CTestDlg 添加 CMenuEx m_menu。

（5）在 CTestDlg::OnInitDialog 中的末尾处添加加载菜单代码：

```
m_menu.LoadMenu(IDR_MENU1); //加载菜单资源
SetMenu(&m_menu); //关联菜单
//设置菜单项的背景色
m_menu.SetBackColor(RGB(128, 128, 255));
```

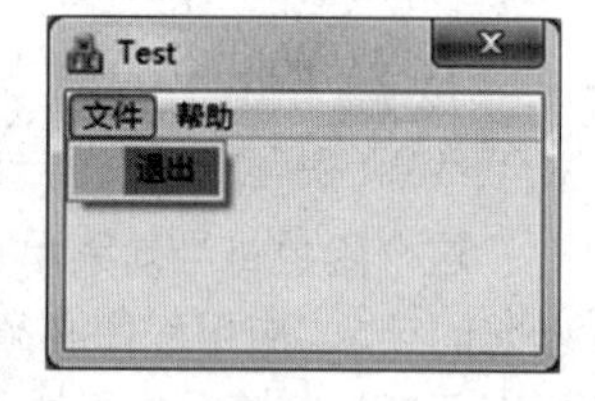

图 5-14

（6）保存工程并运行，运行结果如图 5-14 所示。

5.1.10 通过类 CMenuEx 给菜单增加背景色和左边位图

通过 CMenuEx 来实现一种漂亮的菜单。本例也是通过类 CMenuEx 来实现主要功能，但这个类和上例同名的类是有所区别的，主要是接口函数的不同。

本例 CMenuEx 的重要接口函数解释如下：

（1）CmenuEx::InitMenu

```
void CmenuEx::InitMenu(Cmenu *pMenu, UINT uToolBar, CtoolBar *pToolBar);
```

这个函数最重要，如果要改变主窗口的菜单则应在主窗口的 OnInitMenu 中调用该函数，当然主窗口必须要有工具栏，才会产生菜单项位图。最后还必须重载主窗口的 OnMeasureItem 函数和 OnDrawItem 函数，并在两个函数中分别调用菜单类的另外两个函数 DrawItem 和 MeasureItem。

其中，参数 pMenu 指向主窗口的 OnInitMenu 函数传进来的菜单指针；参数 uToolBar 表示主窗口工具栏的 ID，如 IDR_MAINFRAME；参数 pToolBar 指向主窗口的工具栏指针，如 m_wndToolBar。

（2）CmenuEx::SetImageLeft

```
void SetImageLeft(UINT idBmpLeft);
```

这个函数也很重要，主要实现菜单的左边纵向位图（如“开始”菜单），可以在适当的地方调用该函数。要注意的是，选择位图时要记得高宽的比例。其中，参数 idBmpLeft 为位图的 ID。

【例 5.10】 设计步骤

（1）新建一个单文档工程，设置工程“字符集”为“使用多字节字符集”。

（2）把 MenuEx.cpp 和 MenuEx.h 加入工程中。

（3）为类 CmainFrame 添加变量 CmenuEx m_menu。

（4）把 res 目录下的 left.bmp 加入工程中。

（5）在 CmainFrame::OnCreate 的末尾处加入以下代码：

```
m_menu.SetImageLeft(IDB_BITMAP1); //为菜单加载位图
m_menu.SetBackColor(RGB(0,170,0)); //设置菜单项背景色
```

（6）为 CmainFrame 添加 WM_INITMENU 消息，响应函数如下代码：

```
void CmainFrame::OnInitMenu(Cmenu* pMenu)
{
    CframeWnd::OnInitMenu(pMenu);
    // TODO: 在此处添加消息处理程序代码
    m_menu.InitMenu(pMenu,IDR_MAINFRAME,&m_wndToolBar); //初始化菜单
}
```

（7）为 CmainFrame 添加 WM_DRAWITEM 消息，响应函数如下代码：

```
void CmainFrame::OnDrawItem(int nIDCtl, LPDRAWITEMSTRUCT
lpDrawItemStruct)
{
    // TODO: 在此添加消息处理程序代码和/或调用默认值
    if(!nIDCtl)
m_menu.DrawItem(lpDrawItemStruct); //绘制菜单
    CframeWnd::OnDrawItem(nIDCtl, lpDrawItemStruct);
}
```

（8）为 CmainFrame 添加 WM_MEASUREITEM 消息，响应函数如下代码：

```
void CmainFrame::OnMeasureItem(int nIDCtl, LPMEASUREITEMSTRUCT
lpMeasureItemStruct)
{
    // TODO: 在此添加消息处理程序代码和/或调用默认值
    if(!nIDCtl)
    m_menu.MeasureItem(lpMeasureItemStruct); //绘制菜单
    CframeWnd::OnMeasureItem(nIDCtl, lpMeasureItemStruct);
}
```

（9）保存工程并运行，运行结果如图 5-15 所示。

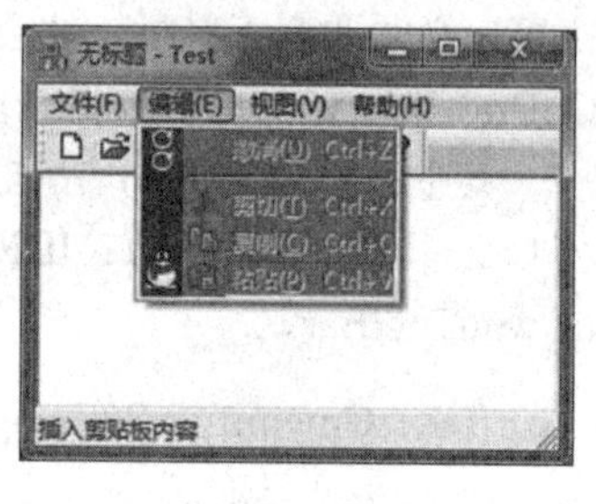

图 5-15

5.1.11 实现中英文菜单的动态切换

中国软件业正在走向世界，而老外不懂中文，所以在软件界面加入英文菜单非常重要。本例实现中英文菜单的动态切换。

基本思路是定义两套菜单资源。

【例 5.11】实现中英文菜单的动态切换

（1）新建一个单文档工程，设置工程“字符集”为“使用多字节字符集”。

（2）在视图下添加一个菜单项“英文”，ID 为 ID_ENGLSIH。

（3）用文本形式打开资源文件，找到 IDR_MAINFRAME 的菜单文本内容如下：

```
//////////////////////////////////////////////////////////////////////////////
//
// Menu
//

IDR_MAINFRAME MENU
BEGIN
POPUP "文件(&F)"
BEGIN
MENUITEM "新建(&N)\tCtrl+N",                     ID_FILE_NEW
MENUITEM "打开(&O)...\tCtrl+O",                  ID_FILE_OPEN
MENUITEM "保存(&S)\tCtrl+S",                     ID_FILE_SAVE
MENUITEM "另存为(&A)...",                        ID_FILE_SAVE_AS
MENUITEM SEPARATOR
MENUITEM "打印(&P)...\tCtrl+P",                  ID_FILE_PRINT
MENUITEM "打印预览(&V)",                         ID_FILE_PRINT_PREVIEW
MENUITEM "打印设置(&R)...",                      ID_FILE_PRINT_SETUP
MENUITEM SEPARATOR
MENUITEM "最近的文件",                           ID_FILE_MRU_FILE1, GRAYED
MENUITEM SEPARATOR
MENUITEM "退出(&X)",                             ID_APP_EXIT
END
POPUP "编辑(&E)"
BEGIN
MENUITEM "撤销(&U)\tCtrl+Z",                     ID_EDIT_UNDO
MENUITEM SEPARATOR
MENUITEM "剪切(&T)\tCtrl+X",                     ID_EDIT_CUT
MENUITEM "复制(&C)\tCtrl+C",                     ID_EDIT_COPY
MENUITEM "粘贴(&P)\tCtrl+V",                     ID_EDIT_PASTE
END
POPUP "视图(&V)"
BEGIN
MENUITEM "工具栏(&T)",                           ID_VIEW_TOOLBAR
MENUITEM "状态栏(&S)",                           ID_VIEW_STATUS_BAR
MENUITEM "英文(&E)",                             ID_ENGLISH
END
POPUP "帮助(&H)"
```

```
BEGIN
MENUITEM "关于 Test(&A)…",                    ID_APP_ABOUT
END
END
```

在此后加入英文菜单资源，先复制上述文本，然后把其中的中文改成英文，修改后如下：

```
IDR_MAINFRAME_ENGLISH MENU PRELOAD DISCARDABLE
BEGIN
POPUP "File(&F)"
BEGIN
MENUITEM "New(&N)\tCtrl+N",          ID_FILE_NEW
MENUITEM "Open(&O)…\tCtrl+O",        ID_FILE_OPEN
MENUITEM "Save(&S)\tCtrl+S",         ID_FILE_SAVE
MENUITEM "Save as(&A)…",             ID_FILE_SAVE_AS
MENUITEM SEPARATOR
MENUITEM "Print(&P)…\tCtrl+P",       ID_FILE_PRINT
MENUITEM "Print Preview(&V)",        ID_FILE_PRINT_PREVIEW
MENUITEM "Print Setting(&R)…",       ID_FILE_PRINT_SETUP
MENUITEM SEPARATOR
MENUITEM "Recent Files",             ID_FILE_MRU_FILE1, GRAYED
MENUITEM SEPARATOR
MENUITEM "Exit(&X)",                 ID_APP_EXIT
END
POPUP "Edit(&E)"
BEGIN
MENUITEM "Undo(&U)\tCtrl+Z",          ID_EDIT_UNDO
MENUITEM SEPARATOR
MENUITEM "Cut(&T)\tCtrl+X",           ID_EDIT_CUT
MENUITEM "Copy(&C)\tCtrl+C",          ID_EDIT_COPY
MENUITEM "Paste(&P)\tCtrl+V",         ID_EDIT_PASTE
END
POPUP "View(&V)"
BEGIN
MENUITEM "ToolBar(&T)",               ID_VIEW_TOOLBAR
MENUITEM "StatusBar(&S)",             ID_VIEW_STATUS_BAR
MENUITEM "Chinese",                   ID_ENGLISH
END
POPUP "Help(&H)"
BEGIN
MENUITEM "About Test&A)…",             ID_APP_ABOUT
END
END
```

修改完成后保存资源。要注意的是，英文菜单的资源 ID 是 IDR_MAINFRAME_ENGLISH，这个非常关键，英文菜单 ID 和中文菜单 ID 必须不同。

（4）在 CmainFrame 中加入变量 Cmenu m_englistmenu 和 m_chinesemenu，它们用来保存中英文菜单资源，再加入变量 enum Enum{e,c}m_current，该变量用于保存当前菜单。

（5）由于默认为中文菜单，因此在 CmainFrame::CmainFrame()中设置 m_current=c;表示当前为中文菜单，在 CmainFrame::OnCreate(LPCREATESTRUCT lpCreateStruct)中装入英文菜单资源，如下代码：

```
m_englistmenu.LoadMenu("IDR_MAINFRAME_ENGLISH");
HMENU m_hMenu=::GetMenu(this->m_hWnd); // 保存中文菜单
m_chinesemenu.Attach(m_hMenu); //保存菜单句柄
```

（6）为“英文”菜单项加入事件代码：

```
void CmainFrame::OnEnglish()
{
// TODO: 在此添加命令处理程序代码
if(m_current==e)
{
SetMenu(&m_chinesemenu); //设置中文菜单
m_current=c; //记录当前菜单是中文
}
else
{
SetMenu(&m_englistmenu); //设置英文菜单
m_current=e; //记录当前菜单是英文
}
}
```

（7）保存工程并运行，运行结果如图 5-16 所示。

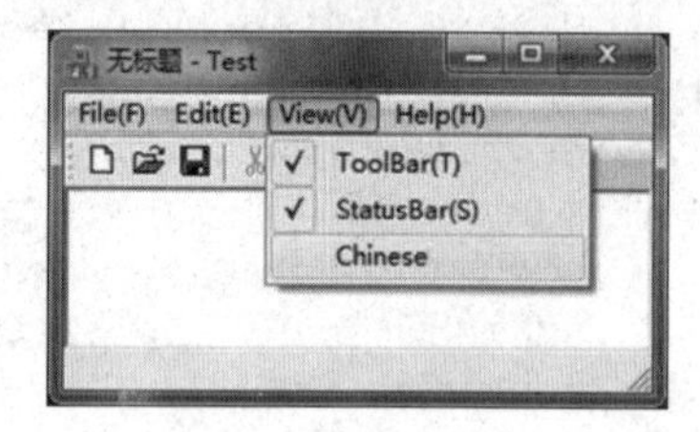

图 5-16

5.1.12 修改并增加系统菜单项

有时候需要在系统菜单中加入自己的菜单项。

基本思路是首先获取系统菜单的指针：

```
Cmenu* pSysMenu = GetSystemMenu(FALSE);
```

然后调用 Cmenu:: AppendMenu 来为系统菜单添加菜单项，Cmenu::AppendMenu 的定义如下：

```
    BOOL AppendMenu( UINT nFlags, UINT nIDNewItem = 0, LPCTSTR lpszNewItem =
NULL );
    BOOL AppendMenu( UINT nFlags, UINT nIDNewItem, const Cbitmap* pBmp );
```

在菜单的末尾添加新项，可以通过设置 nFlags 的值来指定菜单项的状态，若 nIDNewItem 指定一个弹出菜单，那么它也将成为被添加菜单的一部分。假如菜单被销毁，那么添加的菜单也将被销毁。添加的菜单应当从 Cmenu 对象中分离出来，以避免产生冲突。要注意 MF_STRING 和 MF_OWNERDRAW 对于 AppendMenu 函数的位图版本无效，无论何时，当停留在窗口中的菜单发生变化时（不论窗口是否显示），应用都将调用 CWnd::DrawMenuBar 函数。

其中，参数 nFlags 指定了增加到菜单中的新菜单项状态的有关信息，它包括说明中列出的一个或多个值。下面列出的是 nFlags 可以设置的值：

- MF_CHECKED：该值的行为如同使用 MF_UNCHECKED 来作为一个标记，用于替换项前的检测标记。若应用支持检测标记位图（请参阅 SetMenuItemBitmaps 成员函数），那么将显示“检测标记打开”位图。
- MF_UNCHECKED：该值的行为如同使用 MF_CHECKED 来作为一个标记，用于删除项前的检测标记。若应用支持检测标记位图（请参阅 SetMenuItemBitmaps 成员函数），那么将显示“检测标记关闭”位图。
- MF_DISABLED：使菜单项无效以便它不能被选择，但菜单项不变灰。

- MF_ENABLED：使菜单项有效以便它能够被选择，并从灰色状态中恢复原样。
- MF_GRAYED：使菜单项无效以便它不能被选择，同时使菜单项变灰。
- MF_MENUBARBREAK：在静态菜单里的新行中或弹出菜单的新列中放置菜单项。新的弹出菜单列与老的菜单列将由垂直分割线分开。
- MF_MENUBREAK：在静态菜单里的新行中或弹出菜单的新列中放置菜单项。列与列之间没有分割线。
- MF_OWNERDRAW：指定菜单项为一个拥有者描绘的项。当菜单首次显示时，拥有该菜单的窗口将接收 WM_MEASUREITEM 消息，以获取菜单项的高度与宽度。WM_DRAWITEM 消息将使属主窗口必须更新菜单项的可视界面。该选择项对于顶层菜单项无效。
- MF_POPUP：指定菜单项有与之相关联的弹出菜单。参数 ID 指定了与项相关联的弹出菜单的句柄。它用于增加顶层弹出菜单项或用于增加弹出菜单项的下一级弹出菜单。
- MF_SEPARATOR：绘制一条水平的分割线。它仅仅能用于弹出菜单项。该线不能变灰、无效或高亮度显示。其他的参数将被忽略。
- MF_STRING：指定菜单项为一个字符串。

下面列出的各组标志互相排斥，不能一起使用：

- MF_DISABLED、MF_ENABLED 和 MF_GRAYED。
- MF_STRING、MF_OWNERDRAW、MF_SEPARATOR 和位图版本。
- MF_MENUBARBREAK 和 MF_MENUBREAK。
- MF_CHECKED 和 MF_UNCHECKED。

参数 nIDNewItem 指定了新菜单项的命令 ID 号，或如果 nFlags 被设置为 MF_POPUP，那么该参数指定弹出菜单的菜单句柄(HMENU)；如果 nFlags 被设置为 MF_SEPARA-TOR，那么参数 NewItem 将被忽略。

参数 lpszNewItem 指定了新菜单项的内容；参数 pBmp 指向将用作菜单项的 Cbitmap 对象。

如果函数成功，就返回非 0 值，否则为 0。

【例 5.12】修改并增加系统菜单项

（1）新建一个单文档工程，设置工程“字符集”为“使用多字节字符集”。

（2）切换到资源视图，添加一个字符串资源 IDS_HELLO，内容是“你好”。

（3）在 CtestDlg::OnInitDialog()的中间位置添加增加系统菜单的代码：

```
Cstring  strHelloMenu;
strHelloMenu.LoadString(IDS_HELLO);
pSysMenu->AppendMenu(MF_STRING,IDM_HELLO, strHelloMenu);
```

再定位到 CtestDlg::OnSysCommand，添加代码如下：

```
void CtestDlg::OnSysCommand(UINT nID, LPARAM lParam)
{
    if ((nID & 0xFFF0) == IDM_ABOUTBOX)
    {
        CaboutDlg dlgAbout;
        dlgAbout.DoModal();
    }
```

```
    //下面是我们添加的代码
    else if ((nID & 0xFFF0)==SC_CLOSE)
    {
        AfxMessageBox("请通过取消按钮关闭");
        //OnClose();//这里注释后，关闭将不起作用，只能通过取消按钮了
    }
    else if ((nID & 0xFFF0)==IDM_HELLO)
    {
        AfxMessageBox("你好，世界");
    }
    //我们代码结束
    else
    {
        Cdialog::OnSysCommand(nID, lParam);
    }
}
```

其中，IDM_HELLO 是一个宏，定义如下：

```
#define IDM_HELLO 0x0100
```

（4）这样系统菜单里的关闭和右上角的关闭按钮将不起作用了。只能通过取消按钮来退出程序了。

（5）保存工程并运行，运行结果如图 5-17 所示。

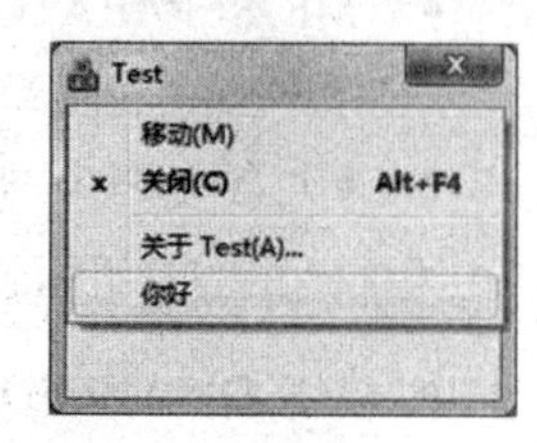

图 5-17

5.2 工具栏的设计与开发

工具栏也是 Windows 应用程序常见的界面元素，通常位于菜单下面。在工具栏上有一个带图标的小按钮，单击这些小按钮会执行相应的动作，通常会把某菜单项相同的 ID 设为工具栏按钮的 ID，这样单击工具栏按钮的时候执行的操作就是和菜单项一样的操作。

工具栏也是一个窗口，可以停靠在父类窗口的某一边，也可以处于悬浮状态。工具栏既可以出现在文档工程中，也可以出现在对话框工程中。

在 Visual C++ 2017 中，工具栏由类 CtoolBar 实现。CtoolBar 的常用成员函数如表 5-2 所示。

表 5-2　CtoolBar 的常用成员函数

成 员 函 数	含　义
CtoolBar	创建一个 CtoolBar 对象
Create	创建 Windows 工具栏并将它与该 CtoolBar 连接
CreateEx	为嵌入的 CtoolBarCtrl 对象创建一个具有附加风格的 CtoolBar 对象
SetSizes	设置按钮及其位图的尺寸
SetHeight	设置工具条的高度
LoadToolBar	装入一个用资源编辑器创建的工具栏资源
LoadBitmap	装入包含位图-按钮图像的位图
SetBitmap	设置一个位图中的图像
SetButtons	设置按钮风格和按钮图像在位图中的索引

（续表）

成 员 函 数	含　义
CommandToIndex	返回具有给定的命令 ID 的按钮的索引
GetItemID	返回具有给定索引值的按钮或分隔线的命令 ID
GetItemRect	获取具有给定索引值的项的显示矩形
GetButtonStyle	获取一个按钮的风格
SetButtonStyle	设置一个按钮的风格
GetButtonInfo	获取一个按钮的 ID、风格和图像号
SetButtonInfo	设置一个按钮的 ID、风格和图像号
GetButtonText	获取要显示在一个按钮上的文本
SetButtonText	设置要显示在一个按钮上的文本
GetToolBarCtrl	允许直接访问基本的通用控件

下面通过几个实例对工具栏的常用属性、方法和事件进行介绍。

5.2.1　显示或隐藏工具栏

在默认情况下，单文档程序是有工具栏的，本例通过菜单来控制显示或隐藏工具栏。方法很简单，在主框架类中发送消息 WM_COMMAND 即可。

【例 5.13】显示或隐藏工具栏

（1）新建一个单文档工程，设置工程“字符集”为“使用多字节字符集”。

（2）在视图菜单下添加一个菜单项“显示或隐藏工具栏”，然后为其添加事件处理函数：

```
void CMainFrame::OnShowhideToolbar()
{
    // TODO: 在此添加命令处理程序代码
    //发送 WM_COMMAND 命令消息
    SendMessage(WM_COMMAND,ID_VIEW_TOOLBAR,NULL);
}
```

其中，ID_VIEW_TOOLBAR 是系统预定义的用来表示工具栏的 ID。

（3）保存工程并运行，运行结果如图 5-18 所示。

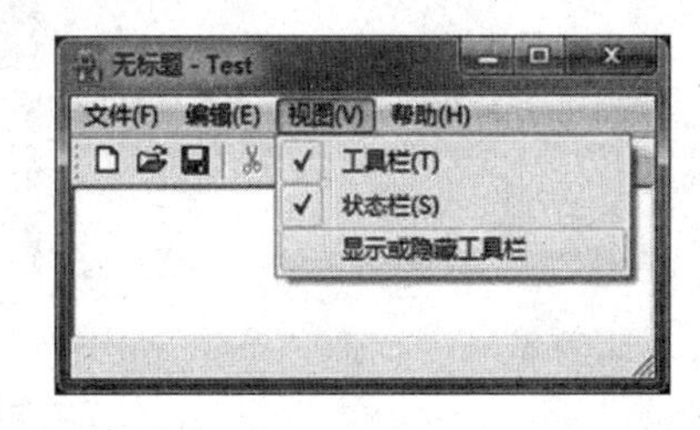

图 5-18

5.2.2　设置工具栏标题

工具栏其实也是一个窗口，可以设置标题，只是平时停靠的时候没有显示。当我们拖动工具栏使其浮动时，就可以看到工具栏的标题了。

同普通窗口设置文本类似，调用工具栏的 SetWindowText 成员函数即可。

【例 5.14】设置工具栏标题

（1）新建一个单文档工程，设置工程“字符集”为“使用多字节字符集”。

（2）在视图菜单下添加一个菜单项“设置工具栏标题”，然后为其添加事件处理函数：

```
void CMainFrame::On32771()
{
    // TODO: 在此添加命令处理程序代码
    m_wndToolBar.SetWindowText("真心真意过一生"); //设置工具栏标题
    AfxMessageBox("工具栏标题设置完毕，拖出工具栏可以看到效果。");
}
```

（3）保存工程，运行结果如图 5-19 所示。

图 5-19

5.2.3 显示或隐藏工具栏上所有按钮

默认情况下，工具栏上的各个方块小按钮是显示着的，本例实现工具栏上的各个小按钮全部隐藏。

同普通窗口设置文本类似，调用工具栏的 ShowWindow 成员函数即可。

【例 5.15】显示或隐藏工具栏上所有按钮

（1）新建一个单文档工程，设置工程“字符集”为“使用多字节字符集”。

（2）在视图菜单下添加菜单项“隐藏工具栏上所有按钮”和“显示工具栏上所有按钮”，然后为其添加事件处理函数：

```
void CMainFrame::OnHide()
{
    // TODO: 在此添加命令处理程序代码
    m_wndToolBar.ShowWindow(SW_HIDE); //隐藏工具栏上所有按钮
}
void CMainFrame::OnShow()
{
    // TODO: 在此添加命令处理程序代码
    m_wndToolBar.ShowWindow(SW_SHOW); //显示工具栏上所有按钮
}
```

（3）保存工程并运行，运行结果如图 5-20 所示。

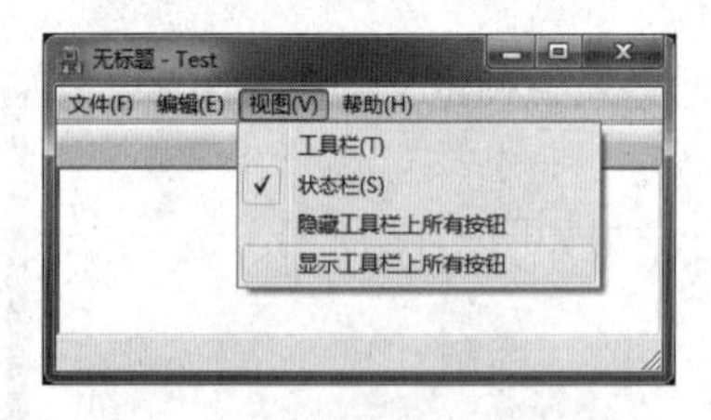

图 5-20

5.2.4 在视图类中判断工具栏是否处于浮动状态

获取了工具栏的指针，可以在非 CMainFrame 类中对工具栏进行操作。本例演示了如何在非框架类中获得工具栏的指针。

同普通窗口设置文本类似，调用工具栏的成员函数即可。

【例 5.16】在视图类中判断工具栏是否处于浮动状态

（1）新建一个单文档工程，设置工程“字符集”为“使用多字节字符集”。

（2）在菜单“视图”下添加一个菜单项“工具栏是否浮动”，菜单 ID 为 ID_TOOLBAR_FLOATING，然后为其添加基于视类的事件函数，如下代码：

```
    void CTestView::OnToolbarFloating()
    {
        // TODO: 在此添加命令处理程序代码
        //获取主框架工具栏指针
        CToolBar * pToolBar= (CToolBar *)AfxGetMainWnd()->GetDescendantWindow
(AFX_IDW_TOOLBAR);
        if(pToolBar) //指针如果获取到
        {
            if(!pToolBar->IsFloating()) //工具栏是否处于浮动状态
                AfxMessageBox("在视图类中判断工具栏未处于浮动状态");
        }
        else
            AfxMessageBox("在视图类中判断工具栏处于浮动状态");
    }
```

注意，当菜单处于浮动状态时，获取的工具栏指针为 NULL。

（3）保存工程并运行，运行结果如图 5-21 所示。

图 5-21

5.2.5　资源法创建工具栏

通常，单文档工程创建时，工具栏都是默认建立好的，而且外观都是默认样式，如果要自定义工具栏，就必须学会自己新建工具栏。本例不让系统自动创建工具栏，而是自己通过添加工具栏资源，然后手工新建一个工具栏。

首先要在资源编辑器中创建工具栏资源，然后在 CMainFrame::OnCreate 中通过加载工具栏资源来创建工具栏。

【例 5.17】资源法创建工具栏

（1）新建一个 MFC 标准的单文档工程，并且在一步步单击向导时，要注意在用户界面功能页上去掉“使用传统的停靠工具栏”前面的对勾，其他都保持默认，如图 5-22 所示。

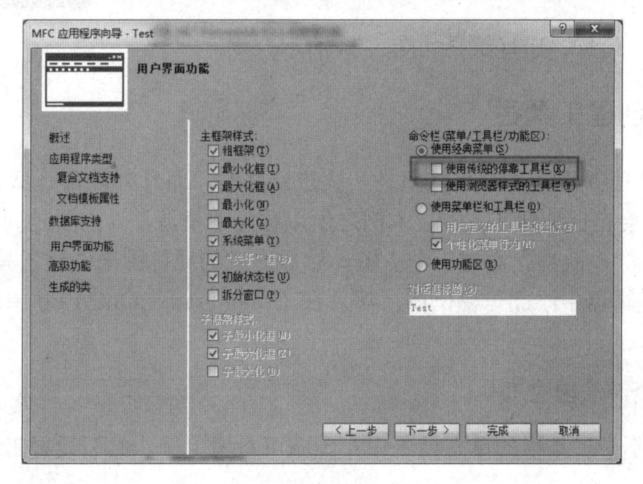

图 5-22

单击“完成”按钮将新建一个没有工具栏的单文档工程，此时运行工程后会发现界面上没有工具栏。然后设置工程“字符集”为“使用多字节字符集”。

（2）切换到资源视图，通过添加资源来新建一个工具栏，然后单击“保存”按钮，此时会在工程的 res 目录下新建一个图片文件 toolbar1.bmp，我们可以准备一幅 16×n×16（就是高是 16 像素，宽是 16 的倍数，每个按钮是 16×16 大小）的位图，如图 5-23 所示。

图 5-23

把这个图片文件复制到工程的 res 目录下，此时 IDE 会提示“toolbar1.bmp 已经被修改，是否要重新加载”，单击“是”按钮，则工具栏资源会变成我们复制过去的位图模样。

（3）切换到类视图，双击类 CMainFrame 打开文件 MainFrm.h，然后为类 CMainFrame 添加一个成员变量：

```
CToolBar m_wndMyToolBar; //定义工具栏变量
```

再定位到 CMainFrame::OnCreate，在函数末尾处添加如下代码：

```
    //自己手动创建工具栏
    if (!m_wndMyToolBar.CreateEx(this, TBSTYLE_FLAT, WS_CHILD | WS_VISIBLE |
CBRS_TOP | CBRS_GRIPPER | CBRS_TOOLTIPS | CBRS_FLYBY | CBRS_SIZE_DYNAMIC)
||   !m_wndMyToolBar.LoadToolBar(IDR_TOOLBAR1))
    {
       TRACE0("未能创建工具栏\n");
       return -1;      // 未能创建
    }
```

（4）如果此时运行，会出现“建立空文档失败”的提示。我们还要在资源文件里添加每个按钮的定义。切换到解决方案管理器，展开资源文件，然后右击 Test.rc，选择快捷菜单项“查看代码”，然后在文件的“// Icon”上面添加以下几行代码：

```
IDR_TOOLBAR1 TOOLBAR   16, 16
BEGIN
   BUTTON      ID_FILE_NEW
   BUTTON      ID_FILE_OPEN
   BUTTON      ID_FILE_SAVE
   BUTTON      ID_APP_ABOUT
END
```

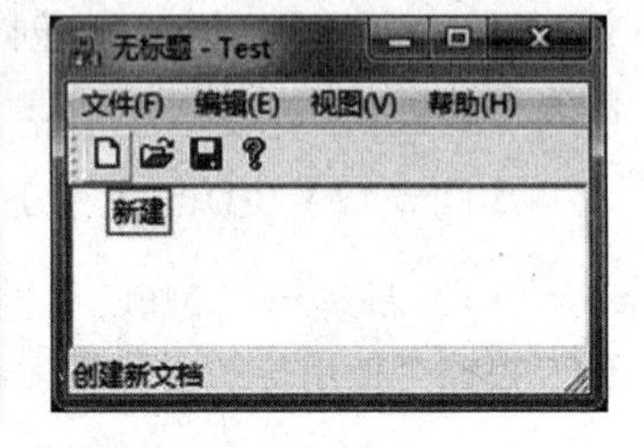

图 5-24

（5）保存工程并运行，运行结果如图 5-24 所示。

5.2.6 非资源法创建工具栏

通常，单文档工程创建时，工具栏都是默认建立好的，而且外观都是默认样式，如果要自定义工具栏，就必须学会自己新建工具栏。本例之所以称为非资源法，主要是同上例区别，本例不是直接添加工具栏资源的，而是先添加一个位图，然后通过加载位图来创建工具栏的。

首先要在资源编辑器中添加一幅位图，然后在 CMainFrame::OnCreate 中通过加载这个位图来创建工具栏。

【例 5.18】非资源法创建工具栏

（1）新建一个不带工具栏的单文档工程，步骤可参考上例，然后设置工程“字符集”为“使用多字节字符集”。

（2）切换到资源视图，把 res 目录下的 Toolbar.bmp 文件导入资源中。

（3）为类 CMainFrame 添加成员变量 CToolBar m_wndMyToolBar，然后定位到 CMainFrame::OnCreate，在末尾处添加如下代码：

```
    //加载位图并创建工具栏
    if(!m_wndMyToolBar.Create(this,WS_VISIBLE|WS_CHILD|CBRS_SIZE_DYNAMIC|CBRS_
LEFT|CBRS_TOOLTIPS|CBRS_FLYBY,10001)
    ||!m_wndMyToolBar.LoadBitmap(IDB_BITMAP1)
    ||!m_wndMyToolBar.SetButtons(buttons,sizeof(buttons)/sizeof(UINT)))
    {
        TRACE0("创建工具栏失败");
        return -1;
    }
```

（4）在 MainFrm.cpp 中添加全局变量，这个是工具栏各个按钮的 ID 定义。

```
    static UINT BASED_CODE buttons[]=
    {
        ID_FILE_NEW,
        ID_FILE_OPEN,
        ID_FILE_SAVE,
        ID_APP_ABOUT
    };
```

图 5-25

（5）保存工程并运行，运行结果如图 5-25 所示。

5.2.7　使工具栏具有任意停靠和漂浮功能

上面两例的工具栏无法浮动和自由停靠，本例在“资源法创建工具栏”的基础上实现工具的任意停靠和漂浮，主要是几个停靠函数的使用。首先要调用工具栏自己的停靠函数，使工具栏具有停靠功能，然后要让框架具有停靠功能，最后通过 DockControlBar 让工具栏和框架联系起来。

【例 5.19】使工具栏具有任意停靠和漂浮功能

（1）参考实例“资源法创建工具栏”的办法创建一个工具栏。

（2）在 CMainFrame::OnCreate 末尾处添加工具栏任意停靠和浮动的代码：

```
    //让工具栏能停靠任何一边
    m_wndMyToolBar.EnableDocking(CBRS_ALIGN_ANY);
    EnableDocking(CBRS_ALIGN_ANY); //支持任何一边都可以停靠
    DockControlBar(&m_wndMyToolBar); //支持工具栏停靠
```

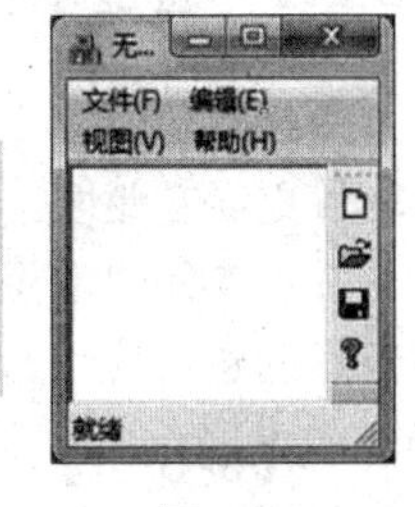

图 5-26

注意这段代码要放在创建工具栏的代码之后。

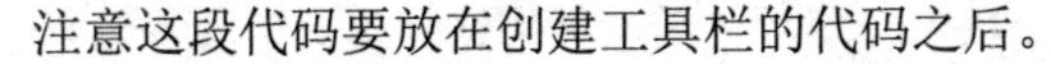

（3）保存工程并运行，运行结果如图 5-26 所示。

5.2.8　通过菜单出现工具栏提示

当鼠标停留在工具栏按钮上时，工具栏按钮就会出现提示信息。让工具栏按钮出现提示能使得软件更显专业性。

让工具栏按钮的 ID 和菜单项 ID 相同，然后通过给菜单项增加提示，工具栏按钮也就会有提示了，当然创建工具栏的时候不要忘了加 CBRS_TOOLTIPS 属性。

【例 5.20】通过菜单出现工具栏提示

（1）按照前面的实例“非资源法创建工具栏”来创建一个工具栏。

（2）切换到资源视图，然后在“视图”菜单下添加两个菜单项“abc”和“停止”。注意要为两个菜单项增加 Prompt 属性，前者为“ABC\nabc”，后者为“停止\nStop”。其中，\n 前面的部分是显示在状态栏最左边的内容，\n 后面的部分是工具栏提示的内容。然后分别为两个菜单项添加事件处理函数，如下代码：

```
void CMainFrame::OnAbc()
{
    // TODO: 在此添加命令处理程序代码
    AfxMessageBox("abc");
}

void CMainFrame::OnStop()
{
    // TODO: 在此添加命令处理程序代码
    AfxMessageBox("停止");
}
```

（3）在 MainFrm.cpp 中找到全局变量 buttons 的定义，然后把最后两个元素的值改为 ID_ABC 和 ID_STOP，即：

```
static UINT BASED_CODE buttons[]=
{
    ID_APP_ABOUT,
    ID_FILE_OPEN,
    ID_ABC,
    ID_STOP
};
```

（4）保存工程并运行，可以发现鼠标停留在工具栏按钮上时有提示了，运行结果如图 5-27 所示。

图 5-27

5.2.9 通过字符串表出现工具栏提示

当鼠标停留在工具栏按钮上时，工具栏按钮就出现提示信息。让工具栏按钮出现提示能使得软件更显专业性。

在实例“非资源法创建工具栏”的基础上，添加字符串 ID，然后让工具栏按钮关联到该 ID。当然创建工具栏的时候不要忘了加 CBRS_TOOLTIPS 属性。

【例 5.21】通过字符串表出现工具栏提示

（1）新建一个不带工具栏的单文档工程，设置工程“字符集”为“使用多字节字符集”。

（2）切换到资源视图，把 res 目录下的 Toolbar.bmp 文件导入资源中。

（3）为类 CMainFrame 添加成员变量 CToolBar m_wndMyToolBar;，然后定位到 CMainFrame::OnCreate，在末尾处添加代码：

```
    //创建工具栏
    if(!m_wndMyToolBar.Create(this,WS_VISIBLE|WS_CHILD|CBRS_SIZE_DYNAMIC|CBRS_
LEFT|CBRS_TOOLTIPS|CBRS_FLYBY,10001)
    ||!m_wndMyToolBar.LoadBitmap(IDB_BITMAP1)
```

```
    ||!m_wndMyToolBar.SetButtons(buttons,sizeof(buttons)/sizeof(UINT)))      {
      TRACE0("创建工具栏失败");
      return -1;
    }
```

（4）切换到资源视图，展开 String Table，然后添加两个字符串资源，ID 分别为 ID_ABC 和 ID_STOP，其标题（Caption）分别为“ABC\nabc”和“停止\nstop”。其中，\n 前面的部分是显示在状态栏最左边的内容，\n 后面的部分是工具栏提示的内容。

（5）打开 MainFrm.cpp 文件，添加一个全局变量：

```
static UINT BASED_CODE buttons[]=
{
    ID_APP_ABOUT,
    ID_FILE_OPEN,
    ID_ABC,
    ID_STOP
};
```

值得注意的是 ID_ABC 和 ID_STOP 都是上一步添加的字符串 ID。

（6）保存工程并运行，运行结果如图 5-28 所示。

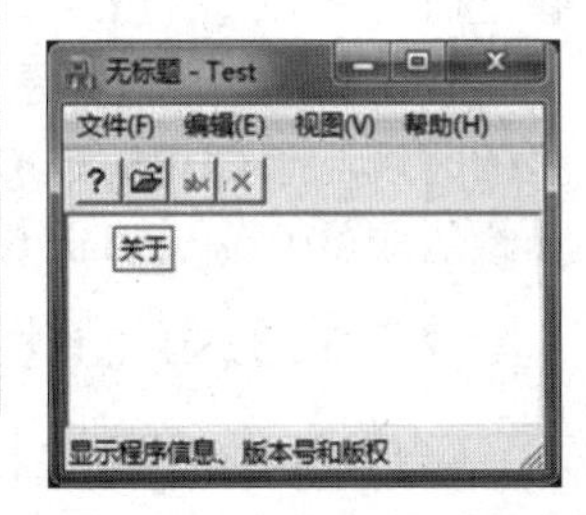

图 5-28

5.2.10　工具栏上放置组合框

工具栏上也可以放置控件，比如 Visual C++ 2005 的工具栏上就有下拉组合框。本例实现在工具栏上放置组合框。

基本思路是在框架类中定义一个 CComboBox 对象，然后在框架类的 OnCreate 创建组合框。

【例 5.22】工具栏上放置组合框

（1）新建一个单文档工程，设置工程“字符集”为“使用多字节字符集”。

（2）为类 CMainFrame 添加一个成员变量 CComboBox m_cb，这是一个组合框。

（3）打开 CMainFrame::OnCreate 函数，定位到工具栏创建代码之后，然后添加如下代码：

```
    //创建组合框
    CRect rt;
    m_wndToolBar.GetItemRect(1,&rt); //获取工具栏第一个按钮的尺寸
    rt.right = rt.left+rt.Width()*2; //重新定义右边
    //创建组合框
    if(!m_cb.Create(WS_CHILD|WS_VISIBLE|CBS_DROPDOWNLIST|WS_VSCROLL,rt,&m_wndT
oolBar,10001))
    {
    TRACE0("未能创建组合框\n");
    return -1;      // 未能创建
    }
    //为组合框增加内容
    m_cb.AddString("1");
    m_cb.AddString("2");
    m_cb.AddString("3");
    m_cb.SetCurSel(0);
    //组合框的宽度为两个工具栏按钮的宽度
    CRect rc;
```

```
m_cb.GetDroppedControlRect(&rc); //得到组合框下拉控件的大小
m_cb.GetParent()->ScreenToClient(&rc); //屏幕坐标转为客户坐标
rc.bottom += 150; //重新定义下边
m_cb.MoveWindow(&rc); //移动窗口位置
```

（4）保存并运行工程，运行结果如图 5-29 所示。

图 5-29

5.2.11 让工具栏不出现提示

默认情况下，在新建的单文档工程中，当鼠标停留在工具栏某个按钮上时，在旁边会出现小的提示框，这个小提示框称为工具栏提示。本例将让工具栏不出现提示，可以使用两种方法：一种方法是在创建工具栏的时候，把 CBRS_TOOLTIPS 风格去掉；另一种是动态方法，通过工具栏的成员函数 SetBarStyle 来实现。

【例 5.23】让工具栏不出现提示

（1）新建一个单文档工程，设置工程“字符集”为“使用多字节字符集”。

（2）打开 CMainFrame::OnCreate 函数，然后在工具创建的地方把 CBRS_TOOLTIPS 风格去掉。

（3）此时运行工程，把鼠标放在某工具栏按钮上，可以看到没有提示了。

以上是第一种方法，先把 CBRS_TOOLTIPS 放回 CreateEx 中。下面采用设置法。

（1）在菜单“视图”下添加一个菜单项，菜单名是“去掉工具栏提示”，并为该菜单添加事件如下处理函数：

```
void CMainFrame::On32771()
{
    // TODO: 在此添加命令处理程序代码
    DWORD dwToolBarStyle = m_wndToolBar.GetBarStyle();//获得工具栏风格
    dwToolBarStyle &= ~CBRS_TOOLTIPS;//在风格中把 CBRS_TOOLTIPS 位去掉
    m_wndToolBar.SetBarStyle(dwToolBarStyle);//再重新设置工具栏风格
}
```

（2）保存工程并运行，运行结果如图 5-30 所示。

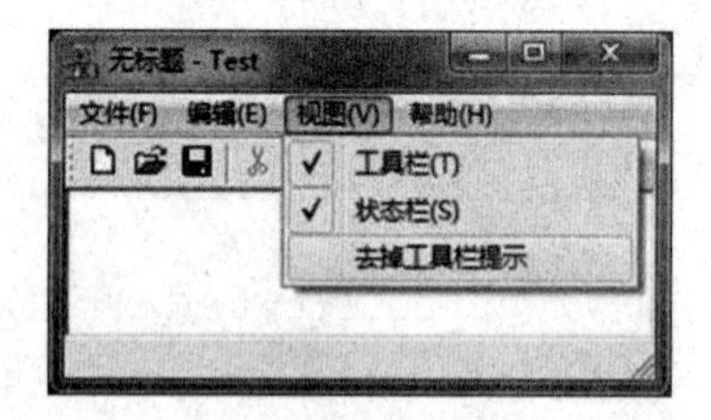

图 5-30

5.2.12 让工具栏按钮出现提示

本例先让工具栏按钮不出现提示，然后通过菜单设置使得提示出现。基本思路是创建工具栏的时候，先把 CBRS_TOOLTIPS 风格去掉，这样工具栏按钮就没有提示了，然后用一个菜单设置工具栏按钮的提示为有。主要通过工具栏的成员函数 SetBarStyle 来实现，要注意添加风格的方法。

【例 5.24】让工具栏按钮出现提示

（1）新建一个单文档工程，设置工程“字符集”为“使用多字节字符集”。

（2）默认情况下，工具栏按钮是有提示的，因为工具栏创建的时候默认有 CBRS_TOOLTIPS 风格属性。现在打开 CMainFrame::OnCreate 函数，在 m_wndToolBar.CreateEx 里把 CBRS_TOOLTIPS 风格去掉。

（3）此时运行工程，工具栏就没有提示框了，然后在“视图”下增加一个菜单“使工具栏出现提示”。为该菜单添加事件处理函数：

```
void CMainFrame::On32771()
{
    // TODO: 在此添加命令处理程序代码
    DWORD dwToolBarStyle = m_wndToolBar.GetBarStyle();//获得工具栏风格
    //在风格中把CBRS_TOOLTIPS位加上，通过或的方式
    dwToolBarStyle |= CBRS_TOOLTIPS;
    m_wndToolBar.SetBarStyle(dwToolBarStyle);//再重新设置工具栏风格
}
```

（4）保存工程并运行，先单击“使工具栏出现提示”，然后把鼠标放到工具栏按钮上，就能看到提示框了，运行结果如图5-31所示。

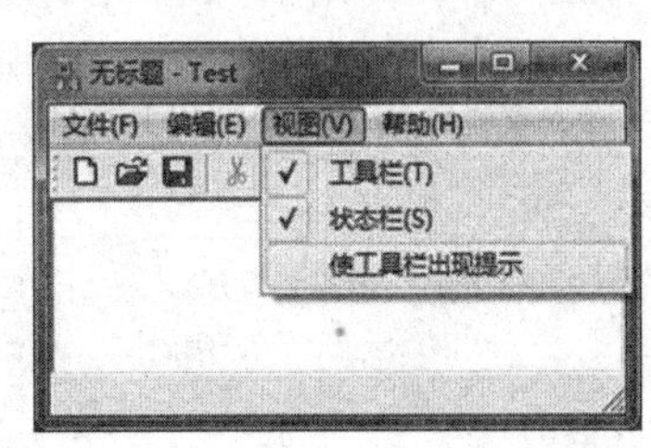

图5-31

5.2.13 使工具栏按钮出现下拉箭头

有时候单个工具栏按钮不能显示同类多个信息，比如“帮助”下面分为“离线帮助”和“在线帮助”，此时如果单击工具栏出现下拉菜单就能解决这个问题。

基本思路是响应工具栏的TBN_DROPDOWN，用户单击工具栏按钮的时候发生该事件，如下代码：

```
ON_NOTIFY(TBN_DROPDOWN, AFX_IDW_TOOLBAR, OnDropDown)
```

然后添加一个菜单，并在OnDropDown中加载显示该菜单。这样单击下拉箭头的时候就能出现菜单了。

【例5.25】使工具栏按钮出现下拉箭头

（1）新建一个单文档工程，设置工程“字符集”为“使用多字节字符集”。

（2）打开CMainFrame::OnCreate函数，在m_wndToolBar.CreateEx后添加如下代码：

```
    //设置整个工具栏的下拉风格属性
        m_wndToolBar.GetToolBarCtrl().SetExtendedStyle
(TBSTYLE_EX_DRAWDDARROWS);
    //得到该工具栏按钮（关于按钮）的索引
        int index = m_wndToolBar.CommandToIndex(ID_APP_ABOUT);
    //得到该工具栏按钮的原有风格属性
    DWORD dwToolBarStyle = m_wndToolBar.GetButtonStyle(index);
    dwToolBarStyle|= TBSTYLE_DROPDOWN;     //为该工具栏按钮增加下拉风格属性
    //为该工具栏按钮设置新的风格属性
        m_wndToolBar.SetButtonStyle(index,dwToolBarStyle);
```

（3）此时运行工程可以发现工具栏的“关于”按钮旁边有一个箭头了，但鼠标单击箭头并没有反应。

（4）为下拉箭头添加消息处理函数。打开MainFrm.h文件，添加函数声明：

```
afx_msg void OnDropDown(NMHDR* pNotifyStruct, LRESULT* pResult);
```

（5）打开MainFrm.cpp，定位到BEGIN_MESSAGE_MAP，添加消息映射：

```
ON_NOTIFY(TBN_DROPDOWN, AFX_IDW_TOOLBAR, OnDropDown)
```

（6）添加一个菜单资源 IDR_MENU1。

（7）再添加下拉事件的消息处理函数：

```
void CMainFrame::OnDropDown(NMHDR* pNotifyStruct, LRESULT* pResult)
{
    NMTOOLBAR* pToolBar = (NMTOOLBAR*)pNotifyStruct;

    if(ID_APP_ABOUT != pToolBar->iItem)
        return;

    //加载自定义菜单
    CMenu Menu;
    Menu.LoadMenu(IDR_MENU1);
    CMenu* pMenu = Menu.GetSubMenu(0);
    CRect Rect;
    m_wndToolBar.SendMessage(TB_GETRECT,pToolBar->iItem, (LPARAM)&Rect);
    m_wndToolBar.ClientToScreen(&Rect);
    pMenu->TrackPopupMenu( TPM_LEFTALIGN | TPM_LEFTBUTTON |
    TPM_VERTICAL,Rect.left, Rect.bottom, this, &Rect);
}
```

（8）为新增的菜单添加事件处理函数：

```
void CMainFrame::On32772()
{
    // TODO: 在此添加命令处理程序代码
    AfxMessageBox("显示离线帮助");
}

void CMainFrame::On32771()
{
    // TODO: 在此添加命令处理程序代码
    AfxMessageBox("显示在线帮助");
}
```

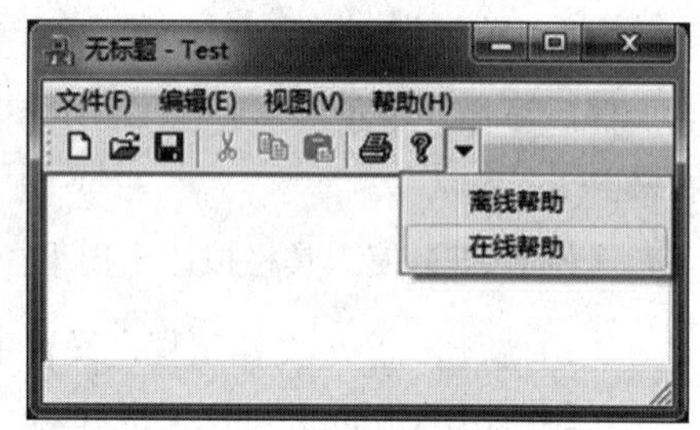

图 5-32

（9）保存工程并运行，运行结果如图 5-32 所示。

5.2.14 使工具栏按钮失效和生效

动态设置工具栏按钮失效或生效。

基本思路是通过菜单的 UPDATE_COMMAND_UI，而菜单是和工具栏按钮的 ID 一致的，这样菜单的状态变化也会体现到工具栏上。

【例 5.26】使工具栏按钮失效和生效

（1）新建一个单文档工程，设置工程“字符集”为“使用多字节字符集”。

（2）在 MainFrm.cpp 中添加一个全局变量 gEnableFlag 用来控制工具栏按钮“关于”的状态。

```
int gEnableFlag = 0;//1 生效，0 失效
```

（3）在“视图”下添加 2 个菜单：使工具栏按钮“关于”失效和使工具栏按钮“关于”生效。为这 2 个菜单添加事件处理函数：

```
void CMainFrame::On32771()
{
    // TODO: 在此添加命令处理程序代码
    gEnableFlag = 0;
}
void CMainFrame::On32772()
{
    // TODO: 在此添加命令处理程序代码
    gEnableFlag = 1;
}
```

（4）为菜单“关于”添加 UPDATE_COMMAND_UI 消息处理函数：

```
void CMainFrame::OnUpdateAppAbout(CCmdUI *pCmdUI)
{
    // TODO: 在此添加命令更新用户界面处理程序代码
    pCmdUI->Enable(gEnableFlag);
}
```

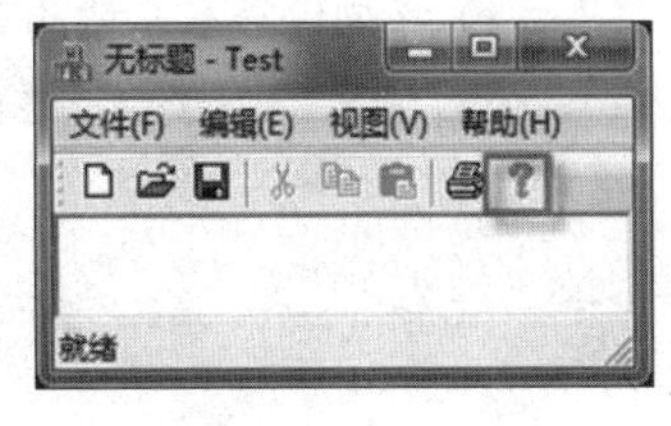

图 5-33

（5）保存工程并运行，结果如图 5-33 所示。

5.2.15　使工具栏按钮保持下压状态

有时候为了表明一种状态，要让工具栏按钮保持下压状态。基本思路是在 UPDATE_COMMAND_UI 事件响应里调用 SetCheck 函数。

【例 5.27】使工具栏按钮保持下压状态

（1）新建一个单文档工程，设置工程“字符集”为“使用多字节字符集”。

（2）添加一个全局变量 gCheckFlag。

```
int gCheckFlag = 0;//0 表示正常，1 表示下压
```

（3）为“新建”菜单项添加事件处理函数：

```
void CMainFrame::OnFileNew()
{
    // TODO: 在此添加命令处理程序代码
    gCheckFlag = !gCheckFlag;
}
```

（4）为“新建”菜单添加 UPDATE_COMMAND_UI 事件函数：

```
void CMainFrame::OnUpdateFileNew(CCmdUI *pCmdUI)
{
    // TODO: 在此添加命令更新用户界面处理程序代码
    pCmdUI->SetCheck(gCheckFlag);
}
```

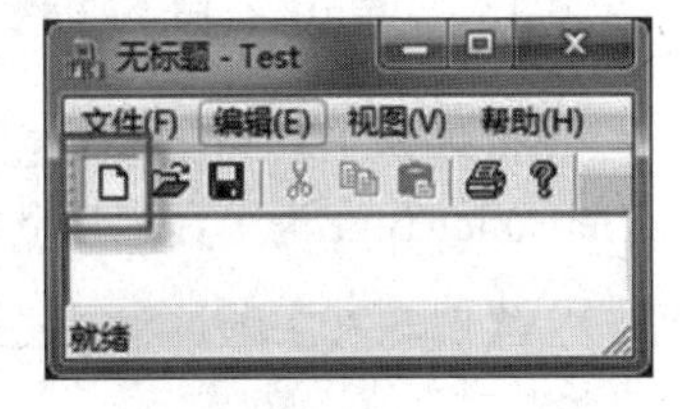

图 5-34

（5）保存工程并运行，运行结果如图 5-34 所示。

5.2.16　使工具栏在任意一边停靠

工具栏可以在上、下、左、右四个边上停靠。基本思路是使用停靠函数 DockControlBar，并在该函数的第三个参数设置要停靠的方向宏。

【例 5.28】使工具栏在任意一边停靠

（1）新建一个单文档工程，设置工程“字符集”为“使用多字节字符集”。

（2）添加 4 个菜单项，分别用来设置工具栏停靠的方位。

（3）添加停靠在底部的菜单事件函数：

```
void CMainFrame::On32771()
{
    // TODO: 在此添加命令处理程序代码
    //停靠工具栏在下边
    DockControlBar(&m_wndToolBar,AFX_IDW_DOCKBAR_BOTTOM);
}
```

（4）添加停靠在左边的菜单事件函数：

```
void CMainFrame::On32772()
{
    // TODO: 在此添加命令处理程序代码
    DockControlBar(&m_wndToolBar,AFX_IDW_DOCKBAR_LEFT); //停靠工具栏在左边
}
```

（5）添加停靠在右边的菜单事件函数：

```
void CMainFrame::On32773()
{
    // TODO: 在此添加命令处理程序代码
    // 停靠工具栏在右边
    DockControlBar(&m_wndToolBar,AFX_IDW_DOCKBAR_RIGHT);
}
```

（6）停靠在顶部的事件函数：

```
void CMainFrame::On32774()
{
    // TODO: 在此添加命令处理程序代码
    //停靠工具栏在上边
    DockControlBar(&m_wndToolBar,AFX_IDW_DOCKBAR_TOP);
}
```

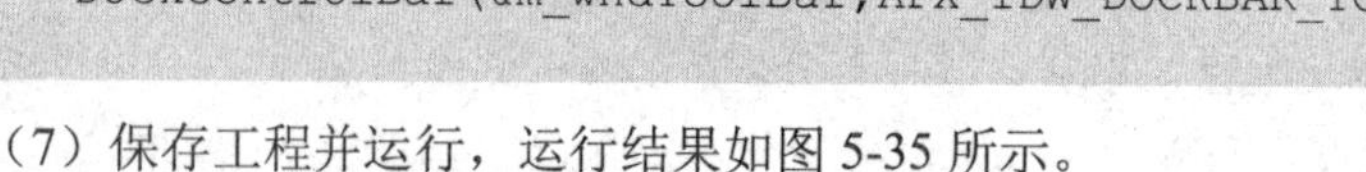

（7）保存工程并运行，运行结果如图 5-35 所示。

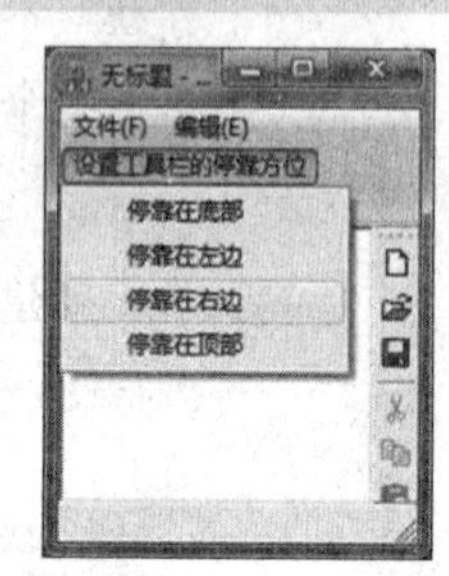

图 5-35

5.2.17 通过工具栏指针动态为工具栏按钮保存一段文本

可以为工具栏某个按钮设置或获取一段文本。通过工具栏类的成员函数 SetButtonText 和 GetButtonText 为工具栏某个按钮设置或获取一段文本。

【例 5.29】通过工具栏指针动态为工具栏按钮保存一段文本

（1）新建一个单文档工程，设置工程“字符集”为“使用多字节字符集”。

（2）在“视图”下添加一个菜单“通过工具栏指针为工具栏按钮（ID_FILE_NEW）保存一段文本”。

（3）为该菜单添加处理函数：

```
    void CMainFrame::On32771()
    {
        // TODO: 在此添加命令处理程序代码
        CToolBar * pToolBar;
        //得到工具栏指针
        pToolBar = (CToolBar * )AfxGetMainWnd()->GetDescendantWindow
(AFX_IDW_TOOLBAR);
        int index = pToolBar->CommandToIndex(ID_FILE_NEW);//得到工具栏新建按钮的索引
        pToolBar->SetButtonText(index,"通过工具栏指针为\r\n 工具栏按钮(ID_FILE_NEW)
\r\n 保存一段文本：我的新建"); //保存一段文本
        AfxMessageBox(pToolBar->GetButtonText(index));//得到刚才保存的文本
    }
```

（4）保存工程并运行，运行结果如图 5-36 所示。

图 5-36

5.2.18　设置工具栏按钮的大小

默认情况下，工具栏按钮和图标是一样的大小，比如 16×16 大小，但是按钮大小也是可以改变的，比如 36×36。

基本思路是通过工具栏类的成员函数 SetSizes 来改变。

【例 5.30】 设置工具栏按钮的大小

（1）新建一个单文档工程，设置工程“字符集”为“使用多字节字符集”。

（2）在“视图”下添加菜单“设置工具栏按钮的大小”。

（3）为该菜单添加处理函数：

```
void CMainFrame::On32771()
{
    // TODO: 在此添加命令处理程序代码
    //设置大小，第一个 size 是按钮的大小，第二个 size 是工具栏图标的大小
    m_wndToolBar.SetSizes(CSize(36,36),CSize(16,16));
}
```

（4）保存工程并运行，拖拉该菜单，可以发现大小变大了。运行结果如图 5-37 所示。

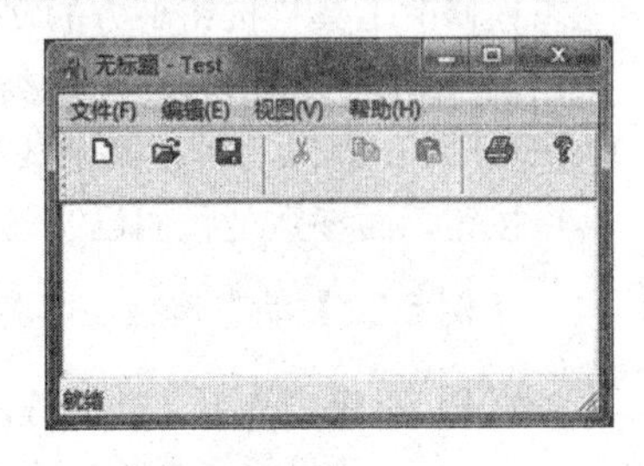

图 5-37

5.2.19　在工具栏按钮下方显示文本

通常，工具栏按钮上只有图标，但有时候为了更加明确地表明工具栏按钮的含义，可以在工具栏按钮的图标下面显示一段文本来表明该工具栏图标的明确意思。

【例 5.31】 在工具栏按钮下方显示文本

（1）新建一个单文档工程，设置工程“字符集”为“使用多字节字符集”。

（2）为要显示的文本的按钮添加文本，在 CMainFrame::OnCreate 函数中工具栏创建后面添加如下代码：

```
CString str;
TBBUTTON tb; //定义工具栏按钮信息变量
```

```
//为第一个按钮插入文本
m_wndToolBar.GetToolBarCtrl().GetButton(0,&tb); //得到第一个按钮
str = "我的新建";
//把字符串保存在工具栏中，并关联第一个按钮
tb.iString = m_wndToolBar.GetToolBarCtrl().AddStrings(str);
m_wndToolBar.GetToolBarCtrl().DeleteButton(0); //删除第一个按钮
m_wndToolBar.GetToolBarCtrl().InsertButton(0,&tb); //再插入第一个按钮
m_wndToolBar.GetButtonText(0,str); //获得按钮文本

//为第二个按钮插入文本
m_wndToolBar.GetToolBarCtrl().GetButton(1,&tb);
str = "我的打开";
tb.iString = m_wndToolBar.GetToolBarCtrl().AddStrings(str);
m_wndToolBar.GetToolBarCtrl().DeleteButton(1);
m_wndToolBar.GetToolBarCtrl().InsertButton(1,&tb);

//为第三个按钮插入文本
m_wndToolBar.GetToolBarCtrl().GetButton(2,&tb);
str = "我的保存";
tb.iString = m_wndToolBar.GetToolBarCtrl().AddStrings(str);
m_wndToolBar.GetToolBarCtrl().DeleteButton(2);
m_wndToolBar.GetToolBarCtrl().InsertButton(2,&tb);

//修改工具栏按钮大小
CSize sizeImage(16,15);
CSize sizeButton(35,35);
//第一个 size 是按钮的大小，第二个 size 是工具栏图标的大小
m_wndToolBar.SetSizes(sizeButton, sizeImage);
```

（3）保存工程并运行，运行结果如图 5-38 所示。

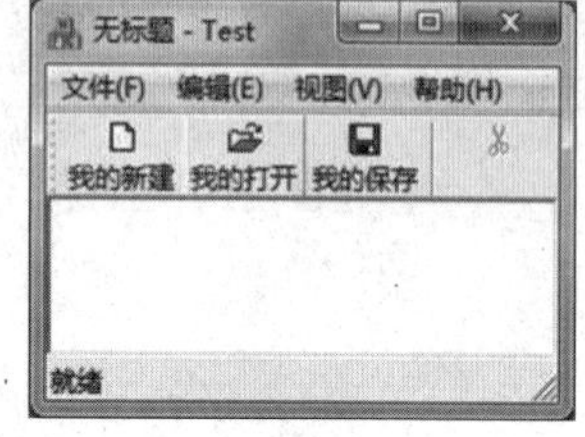

图 5-38

5.2.20 动态修改工具栏按钮的显示文本

在上例中工具栏按钮下方出现了文本，本例将在程序运行过程中动态地修改工具栏按钮下方的文本。

基本思路是通过工具栏类的成员函数来实现。首先通过函数 DeleteButton 删除工具栏某个按钮，再通过函数 InsertButton 来添加工具栏按钮，而参数是我们已经设置了新文本的 TBBUTTON 变量，它是一个结构体。

【例 5.32】动态修改工具栏按钮的显示文本

（1）新建一个单文档工程，设置工程“字符集”为“使用多字节字符集”。

（2）为要显示文本的按钮添加文本，在 CMainFrame::OnCreate 中添加如下代码：

```
CString str;
TBBUTTON tb;
m_wndToolBar.GetToolBarCtrl().GetButton(0,&tb);
str = "我的新建";
//为工具栏添加文本并关联第一个按钮
tb.iString = m_wndToolBar.GetToolBarCtrl().AddStrings(str);
m_wndToolBar.GetToolBarCtrl().DeleteButton(0);
m_wndToolBar.GetToolBarCtrl().InsertButton(0,&tb);
m_wndToolBar.GetButtonText(0,str);
```

```
m_wndToolBar.GetToolBarCtrl().GetButton(1,&tb);
str = "我的打开";
tb.iString = m_wndToolBar.GetToolBarCtrl().AddStrings(str);
m_wndToolBar.GetToolBarCtrl().DeleteButton(1);
m_wndToolBar.GetToolBarCtrl().InsertButton(1,&tb);

m_wndToolBar.GetToolBarCtrl().GetButton(2,&tb);
str = "我的保存";
tb.iString = m_wndToolBar.GetToolBarCtrl().AddStrings(str);
m_wndToolBar.GetToolBarCtrl().DeleteButton(2);
m_wndToolBar.GetToolBarCtrl().InsertButton(2,&tb);

//修改工具栏按钮大小
CSize sizeImage(16,15);
CSize sizeButton(35,35);
//调整工具栏大小，第一个 size 是按钮的大小，第二个 size 是工具栏图标的大小
m_wndToolBar.SetSizes(sizeButton, sizeImage);
```

此时运行工程可以发现工具栏按钮有文本了。现在在视图菜单下添加一个菜单项“修改第一个工具栏按钮的显示文本”，并为其添加如下事件代码：

```
void CMainFrame::On32771()
{
    // TODO: 在此添加命令处理程序代码
    CString str;
    TBBUTTON tb;
    m_wndToolBar.GetToolBarCtrl().GetButton(0,&tb);
    str = "新建是我的";
    //关联新的文本
    tb.iString = m_wndToolBar.GetToolBarCtrl().AddStrings(str);
    m_wndToolBar.GetToolBarCtrl().DeleteButton(0);
    m_wndToolBar.GetToolBarCtrl().InsertButton(0,&tb);
}
```

（3）保存工程并运行，运行结果如图 5-39 所示。

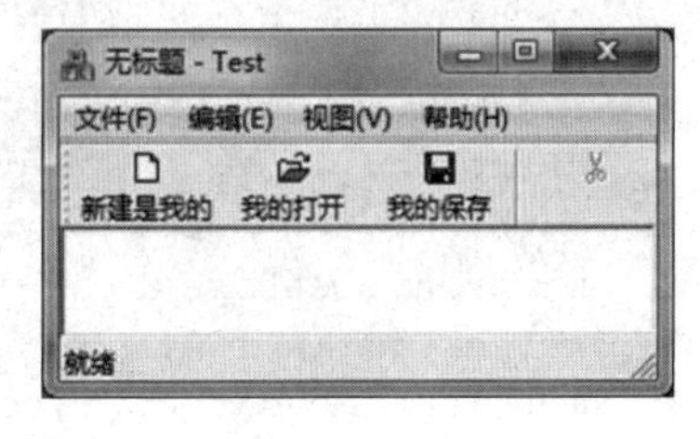

图 5-39

5.2.21　在工具栏上显示字体组合框

在工具栏上不仅可以显示按钮、文本，还可以用来显示一个包含字体名字的组合框。

基本思路是首先在工具栏上多添加几个按钮，为组合框预留位置，然后在这个位置上调用组合框的 Create 函数进行创建。

【例 5.33】在工具栏上显示字体组合框

（1）新建一个单文档工程，设置工程“字符集”为“使用多字节字符集”。

（2）为类 CMainFrame 增加下列变量定义：

```
CComboBox m_cbFont;//存放字体的组合框
CStatic m_csSelFont;//选择字体的提示的静态文本框
```

（3）为了不破坏原来的工具栏按钮，我们在新增按钮的位置上创建字体选择控件。打开工具

栏编辑器，在工具条的右边复制 4 个按钮，复制方法是先对最右边的灰色按钮进行复制（Ctrl+C），然后单击下面的空白处，进行 4 次粘贴（Ctrl+V）。

（4）在 CMainFrame::OnCreate 中增加下列代码：

```
    //创建静态文本框
    CRect rt;
    int index = m_wndToolBar.CommandToIndex(ID_BTN_FONT_SEL1);
    //设置第一个按钮的新 ID，当 style 是 TBBS_SEPARATOR 时，最后一个参数是宽度
    m_wndToolBar.SetButtonInfo(index, ID_FONT_SEL, TBBS_SEPARATOR, 90);
    m_wndToolBar.GetItemRect(index,&rt);
    //创建字体静态文本框，其中 ID_FONT_SEL 是自定义的静态文本框 ID
    if(!m_csSelFont.Create("请选择字体:",WS_VISIBLE|WS_TABSTOP,rt, &m_wndToolBar,
ID_FONT_SEL))
    {
        AfxMessageBox("创建字体静态文本框失败\n");
        return FALSE;
    }
    //为工具栏创建组合框
    index = m_wndToolBar.CommandToIndex(ID_BTN_FONT_SEL2);
    m_wndToolBar.SetButtonInfo(index, ID_FONT_SEL_COMBO, TBBS_SEPARATOR,150);
    m_wndToolBar.GetItemRect(index,&rt);
    if(!m_cbFont.Create(WS_CHILD|WS_VISIBLE|CBS_DROPDOWNLIST|WS_VSCROLL,rt,&m_
wndToolBar,ID_FONT_SEL_COMBO))
    {
            AfxMessageBox("未能创建组合框\n");
            return -1;      // 未能创建
    }
    //获取系统字体类型，并放入组合框中
    ::EnumFontFamiliesEx(GetDC()->m_hDC, NULL,
    (FONTENUMPROC)EnumSysFontFunc, (LPARAM)&m_cbFont,NULL);
    m_cbFont.SetCurSel(0);
    //设置组合框下拉列表的高度
    CRect rc;
    m_cbFont.GetDroppedControlRect(&rc);
    m_cbFont.GetParent()->ScreenToClient(&rc);
    rc.bottom += 150;
    m_cbFont.MoveWindow(&rc);
```

（5）手动添加组合框选择事件，先在 MainFrm.cpp 中的 BEGIN_MESSAGE_MAP 里添加事件映射宏：

```
    BEGIN_MESSAGE_MAP(CMainFrame, CFrameWnd)
    ON_WM_CREATE()
    ON_CBN_SELCHANGE(ID_FONT_SEL_COMBO, OnFontSelChange)
    END_MESSAGE_MAP()
```

然后添加组合框选择事件响应函数：

```
    void CMainFrame::OnFontSelChange()
    {
        CString str,strFont;
```

```
    m_cbFont.GetLBText(m_cbFont.GetCurSel(),strFont);
    str = "你选择的字体是: " + strFont;
    AfxMessageBox(str);
}
```

最后在头文件里添加函数声明“void OnFontSelChange();”。

（6）保持并运行工程，运行结果如图 5-40 所示。

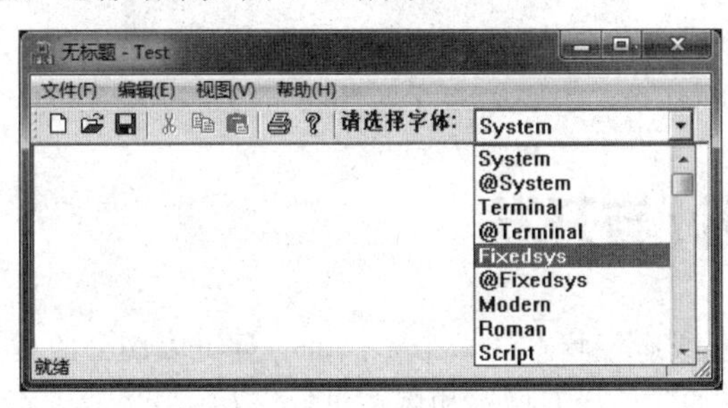

图 5-40

5.2.22　工具栏上出现对话框

在工具栏上不仅可以显示按钮、文本，也可以用来显示一个对话框。

基本思路是通过对话条类 CDialogBar 的 Create 函数来实现。然后创建对话框资源，在对话框资源编辑器内生成一个 Dialog 资源，并将其风格（Style）属性必须设置为 Child，不能设置为 Overlapped 或 Popup，否则运行肯定出错；边界属性必须选择 None，其余属性一般没有特殊要求，还是选择默认的好。

把这个对话框 ID 和 CDialogBar 在创建的时候作为参数传入。

【例 5.34】工具栏上出现对话框

（1）新建一个单文档工程，设置工程“字符集”为“使用多字节字符集”。

（2）添加一个对话框资源 IDD_DLGBAR，并设置其属性 Board 为 None、Style 为 Child。

（3）打开 MainFrm.h，然后为 CMainFrm 添加成员变量：

```
CDialogBar m_dlgBar;
```

（4）在 CMainFrame::OnCreate 中添加对话条创建代码：

```
    //创建对话条
    if (!m_dlgBar.Create(this, IDD_DLGBAR,CBRS_TOP | CBRS_TOOLTIPS | CBRS_FLYBY
| CBRS_HIDE_INPLACE,NULL))
    {
        AfxMessageBox("创建对话条失败");
        return -1;
    }
    //让对话条有停靠功能
    m_dlgBar.EnableDocking(CBRS_ALIGN_TOP | CBRS_ALIGN_BOTTOM);
    EnableDocking(CBRS_ALIGN_ANY);
    DockControlBar(&m_dlgBar);
```

此时运行工程，可以看到对话条已经有了，下面我们添加一个控件。

（5）打开对话框资源 IDD_DLGBAR，把对话条高度调整到普通工具栏一样的高度，并把切换辅助线去掉。

（6）保存工程并运行，运行结果如图 5-41 所示。

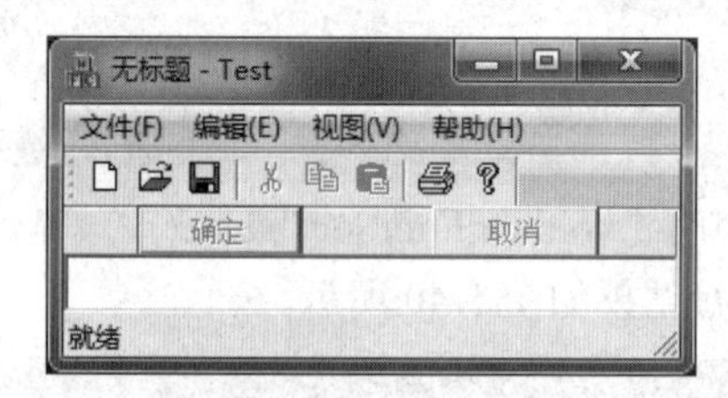

图 5-41

5.3 状态栏的设计与开发

状态栏是用来显示信息或运行状态的一个窗口，并且可以切分成很多小窗格，每个小窗格上根据需要显示不同的内容。通常，状态栏不和用户进行交互。状态栏上除了显示字符串信息外，还能存放其他控件，比如在状态栏上放置一个进度条，这样程序运行的时候进度条也跟着前进。

在 Visual C++ 2017 中，状态栏由类 CStatusBar 实现。CStatusBar 常用的成员函数如表 5-3 所示。

表 5-3 CStatusBar 常用的成员函数

成 员 函 数	含 义
CStatusBar	构造一个 CStatusBar 对象
Create	创建状态栏，并将它与 CStatusBar 对象连接，且设置初始字栏和栏高度
CreateEx	创建一个具有嵌入 CStatusBarCtrl 对象附加风格的 CStatusBar 对象
SetIndicators	设置指示器 ID
CommandToIndex	获取给定指示器 ID 的索引
GetItemID	获取给定索引的指示器 ID
GetItemRect	获取给定索引值的显示矩形
GetPaneInfo	获取一个给定索引的指示器 ID、风格和宽度
SetPaneInfo	设置一个给定索引的指示器 ID、风格和宽度
GetPaneStyle	获取一个给定索引的指示器风格
SetPaneStyle	设置一个给定索引的指示器风格
GetPaneText	获取一个给定索引的指示器文本
SetPaneText	设置一个给定索引的指示器文本
GetStatusBarCtrl	允许直接访问基础通用控件

下面通过几个实例对状态栏的常用属性、方法和事件进行介绍。

5.3.1 在单文档程序的状态栏上显示自定义字符串

默认情况下，生成的单文档会带有状态栏，并且状态栏上会显示预定义的文本字符串。本例将在状态栏上添加一个窗格，并且在窗格中显示自定义的文本字符串。

状态栏其实是由很多小窗格组成的，每个窗格中显示文本字符串。窗格显示的位置是在一个数组中定义的，该数组名字是 indicators，该数组元素是文本字符串的 ID。我们只要在该数组中添加一个我们自己定义的文本字符串 ID，字符串就会在相应位置的窗格中显示。

【例5.35】在单文档程序的状态栏上显示自定义字符串

（1）新建一个单文档工程，设置工程“字符集”为“使用多字节字符集”。

（2）切换到资源视图，打开String Table，然后添加一个字符串，ID为ID_INDICATOR_HELLO，内容为“你好啊，很高兴见到你！”。

（3）打开MainFrm.cpp，定位到数组static UINT indicators[]，为该数组中添加一个元素，位置紧随ID_SEPARATOR之后，即：

```
static UINT indicators[] =
{
    ID_SEPARATOR,           // 状态行指示器
//ID_INDICATOR_HELLO是在String Table设置的字符串ID
    ID_INDICATOR_HELLO,
ID_INDICATOR_CAPS,
    ID_INDICATOR_NUM,
    ID_INDICATOR_SCRL,
};
```

（4）保存并运行工程，运行结果如图5-42所示。

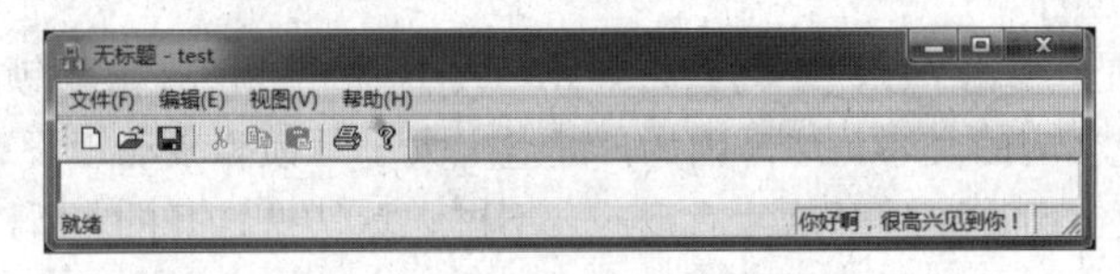

图5-42

5.3.2　在状态栏已有窗格上动态显示字符串

上例在状态栏上显示了我们自定义的文本字符串，但程序运行过程中不能对字符串进行修改。本例将在状态栏预生成的窗格上动态显示字符串，使得在程序运行过程中，状态栏的默认窗格上的字符串可以动态地修改。

Visual C++默认生成的单文档工程已经带有状态栏了，并在状态栏的右边有3个窗格：大小写窗格、数字窗格和滚动窗格，分别表示当前大小写的状态、数字键盘的状态和滚动的状态。如果我们按键盘上的大小写锁键（Caps Lock）、数字锁键（Num Lock）和滚动锁键（Scroll Lock）就能看到相应的窗格上有变化了，提示当前那个锁是打开还是关闭了。

CStatusBar的成员函数SetPaneText可以设置状态栏某个窗格的文本字符串。在本例中我们通过不同的菜单来调用SetPaneText，然后把窗格的索引传入该函数。涉及的重要函数如下：

```
BOOL CStatusBar::SetPaneText(int nIndex,LPCTSTR lpszNewText, BOOL bUpdate = TRUE);
```

其中，nIndex是要设置信息的窗格索引；lpszNewText为要设置的信息；bUpdate如果是TRUE，那么设置了信息后，窗格将重画。

如果函数成功就返回非0值，否则返回0。

【例5.36】在状态栏已有窗格上动态显示字符串

（1）新建一个单文档工程，设置工程“字符集”为“使用多字节字符集”。

（2）切换到资源视图，然后打开菜单编辑器，添加菜单项，如图5-43所示。

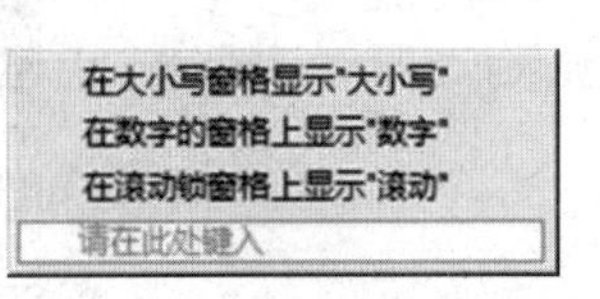

图5-43

（3）分别添加 3 个菜单的事件函数，如下代码：

```
void CMainFrame::On32771()
{
    // TODO: 在此添加命令处理程序代码
    m_wndStatusBar.SetPaneText(1,"大小写"); //为第一个窗口添加字符串
}

void CMainFrame::On32772()
{
    // TODO: 在此添加命令处理程序代码
    m_wndStatusBar.SetPaneText(2,"数字");//为第二个窗口添加字符串
}
void CMainFrame::On32773()
{
    // TODO: 在此添加命令处理程序代码
    m_wndStatusBar.SetPaneText(3,"滚动");//为第三个窗口添加字符串
}
```

（4）保存工程并运行。

（5）值得注意的是，单击“在大小写窗格显示‘大小写’”和“在滚动锁窗格上显示‘滚动’”没有反应，并没有出现相应的文本。这是因为，键盘上大小写锁和滚动锁没有打开，只要打开后就可以看到反应。其实数字锁也要打开后才有反应，不过它默认是打开的，所以一开始就可以看到我们自己的文本字符串了。运行结果如图 5-44 所示。

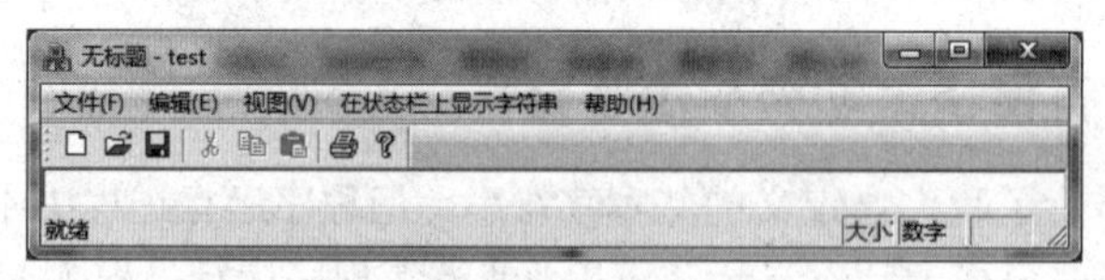

图 5-44

5.3.3 在状态栏新的窗格上动态显示自定义字符串

本例在前两例的基础上，在状态栏上新增两个窗格，然后在这两个新增的窗格上动态显示我们自定义的字符串。

要新增窗格，只需在全局数组 indicators 增加字符串 ID 即可；要动态在窗格上显示字符串，只需调用类 CStatusBar 的成员函数 SetPaneText 即可。

【例 5.37】在状态栏新的窗格上动态显示自定义字符串

（1）新建一个单文档工程，设置工程“字符集”为“使用多字节字符集”。

（2）切换到资源视图，打开 String Table，新增 2 个字符串 IDS_HELLO 和 IDS_FELLOW，如图 5-45 所示。

ID	值	标题
IDS_HELLO	1	左窗格
IDS_FELLOW	2	右窗格
IDP_OLE_INIT_FAILED	100	OLE 初始化失败。请确保 OLE 库是正确的版本。
IDR_MAINFRAME	128	test\n\ntest\n\n\ntest.Document\ntest.Document
AFX_IDS_APP_TITLE	57344	test
AFX_IDS_IDLEMESSAGE	57345	就绪
ID_FILE_NEW	57600	创建新文档\n新建

图 5-45

（3）打开 MainFrm.cpp 文件，定位到 static UINT indicators[]，然后在第一个元素 ID_SEPARATOR 之后添加 2 个元素：IDS_HELLO 和 IDS_FELLOW。此时运行工程，可以发现状态栏有 2 个新增的窗格了，并且显示的文字是我们添加的字符串，如图 5-46 所示。

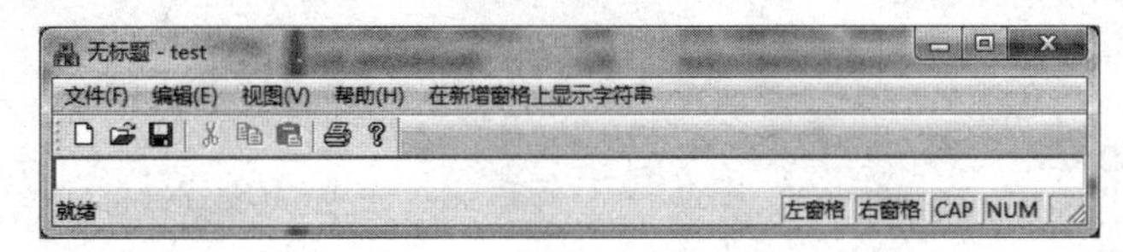

图 5-46

（4）下面开始在新增的窗格上动态显示字符串。切换到资源视图，添加 2 个菜单项，如图 5-47 所示。

图 5-47

（5）为 2 个菜单项添加事件函数，如下代码：

```
void CMainFrame::On32771()
{
    // TODO: 在此添加命令处理程序代码
    m_wndStatusBar.SetPaneText(1,"你好"); //为第一个窗格添加字符串
}
void CMainFrame::On32772()
{
    // TODO: 在此添加命令处理程序代码
    m_wndStatusBar.SetPaneText(2,"伙计"); //为第二个窗格添加字符串
}
```

（6）保存并运行工程，运行结果如图 5-48 所示。

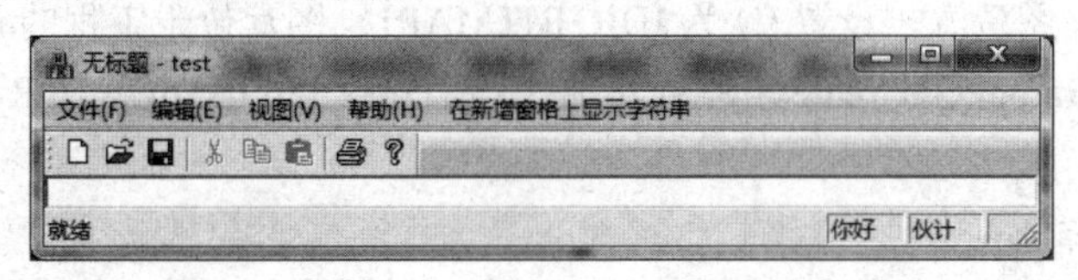

图 5-48

5.3.4　在状态栏上显示图片

状态栏上通常显示的是文字，在本例中将在状态栏显示一个图片。

基本思路是先从 MFC 标准状态栏类继承一个自己的状态栏类，然后在虚拟函数 DrawItem 中加载并显示图片。这里涉及一些画图方面的知识，可以参考后面章节完成本例。

【例 5.38】在状态栏上显示图片

（1）新建一个单文档工程，设置工程“字符集”为“使用多字节字符集”。

（2）添加一个继承于 CStatusBar 的子类 CImgStatusBar，在该类中添加虚拟函数 DrawItem，并添加如下代码：

```
void CImgStatusBar::DrawItem(LPDRAWITEMSTRUCT lpDrawItemStruct)
{
    // TODO:  添加你的代码以绘制指定项
    UINT nID,nStyle;
    int nWidth;
    GetPaneInfo(lpDrawItemStruct->itemID, nID, nStyle, nWidth);
```

```
    switch(nID)
    {
    case ID_INDICATOR_NUM:
        //从资源中选择位图
        CBitmap pBitmap; //定义一个位图变量
        pBitmap.LoadBitmap(IDB_BITMAP1); //加载位图
        //将状态栏附加到一个 CDC 对象
        CDC dc,SourceDC;
        dc.Attach(lpDrawItemStruct->hDC);
        //得到状态栏窗格的大小和坐标
        CRect rect(&lpDrawItemStruct->rcItem);
        //将当前位图放入兼容 CDC
        SourceDC.CreateCompatibleDC(NULL);
        CBitmap* pOldBitmap = SourceDC.SelectObject(&pBitmap);
        dc.BitBlt(rect.left, rect.top, rect.Width(),
        rect.Height(),&SourceDC, 0, 0, SRCCOPY);
        SourceDC.SelectObject(pOldBitmap);
        pBitmap.DeleteObject();
        dc.Detach();
        return;
    }
    CStatusBar::DrawItem(lpDrawItemStruct);
}
```

（3）在头文件 MainFrm.h 中，添加#include "ImgStatusBar.h"，并把类成员变量 m_wndStatusBar 的定义修改为 CImgStatusBar，即“CImgStatusBar　m_wndStatusBar;”。

（4）添加一个位图资源，设置 ID 为 IDB_BITMAP1，图片位于工程的 res 目录下。

（5）在 CMainFrame::OnCreate 末尾处添加代码来修改 ID_INDICATOR_NUM 窗格的属性：

```
    UINT nID,nStyle;
    int nPane,nWidth;
    nPane=m_wndStatusBar.CommandToIndex(ID_INDICATOR_NUM);
    m_wndStatusBar.GetPaneInfo(nPane, nID, nStyle, nWidth) ;
    m_wndStatusBar.SetPaneInfo(nPane, nID, SBPS_OWNERDRAW|SBPS_NOBORDERS,
nWidth);
```

（6）保存并运行工程，运行结果如图 5-49 所示。

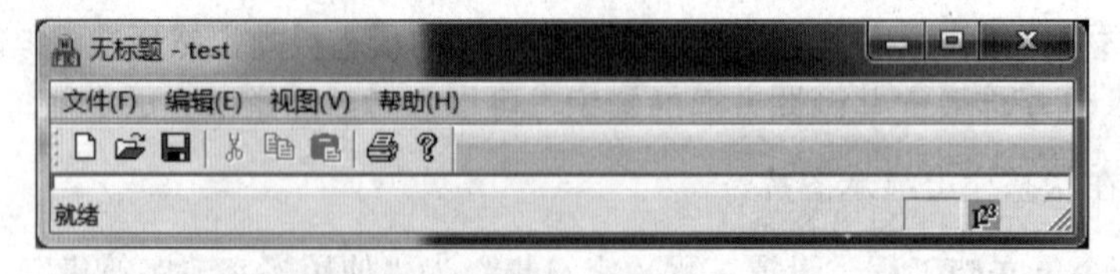

图 5-49

5.3.5　在状态栏上显示按钮

通常，状态栏是用来显示字符串信息的，很少会放置控件。本例将实现在状态栏上放置按钮。通过此例可以举一反三，放置其他控件。

基本思路是重载重新布局窗口函数 RecalcLayout，该函数是虚函数。当标准工具栏或状态栏隐藏或者显示，或者窗口调整大小时，调用这个方法。所以只要在该函数中，设置按钮的位置即可。

【例 5.39】在状态栏上显示按钮

（1）新建一个单文档工程，设置工程“字符集”为“使用多字节字符集”。

（2）在 MainFrm.h 中，为 CMainFrame 添加一个按钮变量：

```
CButton     m_wndAboutButton;
```

（3）在 int CMainFrame::OnCreate(LPCREATESTRUCT lpCreateStruct) 中添加创建按钮的代码：

```
CRect rc;
//创建按钮
m_wndAboutButton.Create(_T("About"),WS_VISIBLE,rc,this,ID_APP_ABOUT);
```

按钮的 ID 用了系统预定义的 ID（ID_APP_ABOUT），所以单击该按钮的时候会跳出 About 对话框。

（4）在 MainFrm.h 中添加“virtual void RecalcLayout(BOOL bNotify = TRUE);”，需要手动添加。

（5）在 MainFrm.cpp 中添加 RecalcLayout 的实现代码：

```
void CMainFrame::RecalcLayout(BOOL bNotify)
{
    CFrameWnd::RecalcLayout(bNotify);
    CRect rc;
    if (m_wndStatusBar.m_hWnd) {
        m_wndStatusBar.GetWindowRect(&rc); //得到状态栏的坐标
        ScreenToClient(&rc); //屏幕坐标转为客户区坐标
        rc.right -= 50;
        //设置状态栏位置
        m_wndStatusBar.SetWindowPos(NULL,rc.left,rc.top,rc.Width(),
rc.Height(),SWP_NOZORDER);
        rc.left = rc.right;
        rc.right += 50;
      //设置按钮位置
        m_wndAboutButton.SetWindowPos(NULL,rc.left,rc.top,rc.Width(),
rc.Height(),SWP_NOZORDER);
    }
}
```

（6）保存工程并运行，运行结果如图 5-50 所示。

图 5-50

5.3.6 显示或隐藏状态栏

默认情况下，单文档工程的状态栏是显示的，本例将实现状态的隐藏和显示。基本思路是通过向框架发送命令 ID_VIEW_STATUS_BAR（系统预定义的状态栏的显示命令 ID）。

【例 5.40】显示或隐藏状态栏

（1）新建一个单文档工程，设置工程“字符集”为“使用多字节字符集”。

（2）在视图菜单下添加一个菜单项“显示或隐藏状态栏”。

（3）为该菜单项添加事件函数，如下代码：

```
void CMainFrame::On32771()
{
    // TODO: 在此添加命令处理程序代码
    //ID_VIEW_STATUS_BAR 是系统预定义的状态栏的 ID
    SendMessage(WM_COMMAND,ID_VIEW_STATUS_BAR,0);//向状态栏发送命令消息
}
```

（4）保存工程并运行，运行结果如图 5-51 所示。

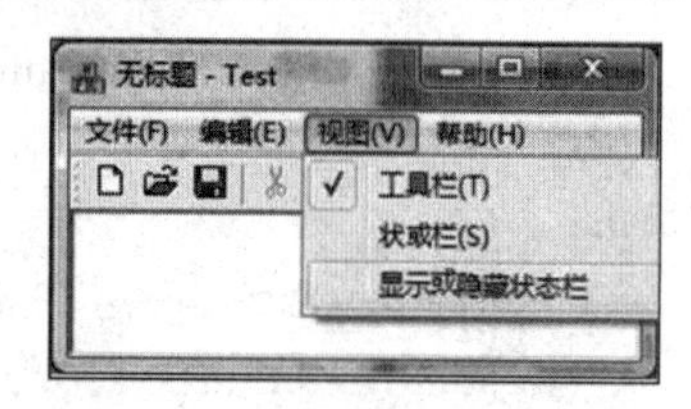

图 5-51

5.3.7 通过自定义字符串资源在状态栏中新增窗格

默认情况下，状态栏右下角只有 3 个窗格，为了显示更多的信息，通常需要增加状态栏的窗格。

本例首先新建字符串资源，然后创建状态栏窗格。涉及的重要函数有 SetPaneInfo，声明如下：

```
void SetPaneInfo(int nIndex,UINT nID,UINT nStyle,int cxWidth);
```

该函数设置每个窗格的 ID、风格和宽度。其中，nIndex 为要设置的窗格在状态栏中的索引；nID 为字符串资源的 ID；nStyle 为设置的风格，可以有如下取值：

- SBPS_NOBORDERS：窗格周围无三维边框。
- SBPS_POPOUT：窗格突出显示。
- SBPS_DISABLED：不画文本。
- SBPS_STRETCH：伸缩窗格以填满空间（每个状态栏中只能有一个窗格可以被设置成伸缩的）。
- SBPS_NORMAL：不伸缩、无边框、不凸显。

它们的定义如下：

```
// Styles for status bar panes
#define SBPS_NORMAL     0x0000
#define SBPS_NOBORDERS  SBT_NOBORDERS
#define SBPS_POPOUT     SBT_POPOUT
#define SBPS_OWNERDRAW  SBT_OWNERDRAW
#define SBPS_DISABLED   0x04000000
#define SBPS_STRETCH    0x08000000  // stretch to fill status bar
```

【例 5.41】通过自定义字符串资源在状态栏中新增窗格

（1）新建一个单文档工程，设置工程“字符集”为“使用多字节字符集”。

（2）切换到资源视图，添加一个字符串资源，设置 ID 为 ID_MYPANE1、内容为“我的窗格”。

（3）在 CMainFrame::OnCreate 中 m_wndStatusBar 创建之后添加新增窗格代码：

```
m_wndStatusBar.SetPaneInfo(1,ID_MYPANE1,0,50); //设置窗格文本
```

（4）保存并运行工程，结果如图 5-52 所示。

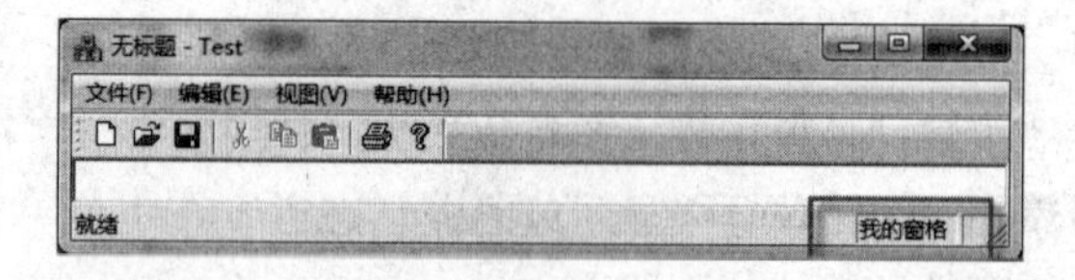

图 5-52

5.3.8　通过使用预定义 ID 在状态栏中新增窗格

本例效果和上例类似，但是方法不同，这里通过预定义 ID 的方法完成。首先新建字符串资源，然后创建状态栏窗格。

【例 5.42】通过使用预定义 ID 在状态栏中新增窗格

（1）新建一个单文档工程，设置工程“字符集”为“使用多字节字符集”。

（2）打开 MainFrm.cpp，在 indicators 中添加一个 ID。

```
//ID 为系统预定义的 ID_SEPARATOR
static UINT indicators[] =
{
    ID_SEPARATOR,              //状态行指示器
    ID_SEPARATOR,              //新添加的 ID，用于在状态栏上新增一个窗格
    ID_INDICATOR_CAPS,
    ID_INDICATOR_NUM,
    ID_INDICATOR_SCRL,
};
```

（3）在 CMainFrame::OnCreate 中 m_wndStatusBar 创建之后添加新增窗格代码：

```
    m_wndStatusBar.SetPaneInfo(1,ID_SEPARATOR,0,50);
    m_wndStatusBar.SetPaneText(1,"新增窗格");
```

（4）保存并运行工程，结果如图 5-53 所示。

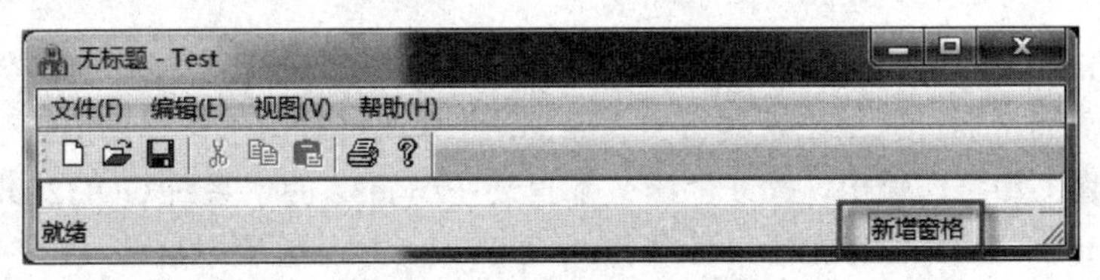

图 5-53

第 6 章

图形和图像

6.1 Windows 图形编程的几个重要概念

6.1.1 图形输出设备

图形输出设备有两类：

- 光栅设备：将图像表现为点（像素），比如视频显示、点阵打印机和激光打印机。
- 矢量设备：用线段来绘制图像，比如绘图仪。

6.1.2 GDI 的概念

GDI（Graphics Device Interface，图形设备接口）是 Windows 提供的一套函数接口，Windows 操作系统的图形界面是通过这套函数接口来实现的，此外还可以用于在屏幕上画图（其实图形界面就是在屏幕上画图）和打印输出。GDI 的函数都封装在 Win32 的子系统 GDI32.DLL 中，大概有几百个函数，Windows 操作系统的窗口管理模块 UER32.DLL 是使用这些 GDI 函数的大客户，Windows 图形界面上的窗口、菜单、图标、滚动条、标题栏等内容都是由 UER32.DLL 来调用 GDI 函数进行绘制。

GDI 既可以用于矢量绘图设备，也可以用在光栅设备上，隔离了具体硬件的特性，使得程序员无须关心硬件设备及设备驱动，就可以将应用程序的输出转化为硬件设备上的输出，大大方便了开发工作。使用 GDI 的程序可以创建 3 种类型的图形输出：矢量图形输出、位图图形输出和文本输出。矢量图形输出指的是创建线条或填充图形，包括点、直线、曲线、多边形、扇形和矩形的绘制。位图图形输出指的是位图图形函数，对以位图形式存储的数据进行操作，包括各种位图和图标的输出，在屏幕上表现为对若干行和列的像素的操作，在打印机上则是若干行和列的点阵的输出，位图图形输出的优点是速度很快，它是直接从内存到显存的复制操作，缺点是需要额外的内存空间。文本输出在 Windows 上也是按图形方式输出的，在输出文本时，必须以逻辑坐标为单位计算文本的输出位置，按图形方式输出文本给文本输出带来很大的灵活性，用户可以通过调用各种 GDI 函数制造出各种文本输出效果，包括加粗、斜体、设置颜色以及字体缩放等。

GDI 的功能十分强大，通常可以分为 17 个领域：

（1）位图：处理创建、绘制设备相关位图（DDB）、设备无关位图（DIB）、DIB 段、像素和区域填充的函数。

（2）画刷：处理创建、修改 GDI 画刷对象的函数。

（3）剪裁：处理设备描述表可绘制区域的函数。

（4）颜色：调色板管理。

（5）坐标和变换：处理映射模式、设备坐标映射逻辑和通用变换矩阵的函数。

（6）设备描述表：创建设备描述表，查询、设置其属性，及选择 GDI 对象的函数。

（7）填充形状：绘制闭合区域及其周线的函数。

（8）字体和文本：在系统中安装和枚举字体，并用它们绘制文本字符串的函数。

（9）直线和曲线：绘制直线、椭圆曲线和贝赛尔曲线的函数。

（10）元文件：处理 Windows 格式的元文件或增强型元文件的生成和回放的函数。

（11）多显示监视器：允许在一个系统中使用多个显示监视器的函数。这些函数实际上是从 uer32.dll 导出的。

（12）画图和绘图：负责绘图消息管理和窗口已绘图区域的函数，其中一些函数实际上是从 uer32.dll 导出的。

（13）路径：负责将一系列直线和曲线组成名为路径的 GDI 对象，并用它来绘制的函数。

（14）画笔：处理直线绘制属性的函数。

（15）打印和打印池：负责将 GDI 绘图命令发送到硬复制设备（如行式打印机和绘图仪）并平滑地管理这些任务。打印池函数是由 Win32 打印池提供的，包括几个系统提供的 DLL 和销售自定义的模块。

（16）矩形：user32.dll 提供的处理 RECT 结构的函数。

（17）区域：负责用区域 GDI 对象描述一个点集的函数，并对该点集进行操作。

现在更新的图形设备接口 GDI+已经出世了，或许有人以为 GDI 不必学了，应该学更好用的 GDI+。在这里，建议 GDI 还是要学，因为很多老的项目都是用 GDI 进行开发的，如果你在公司需要维护这样的项目，那么必须要对 GDI 深入理解。当然如果是新项目，则可以考虑用 GDI+开发。

6.1.3　GDI 对象的概念

与绘图有关的 Windows 对象称为 GDI 对象。这里要说明一下何为 Windows 对象，虽然也叫对象，但 Windows 对象并不是“C++面对对象”程序设计中的“类的对象”，而是指一种 Windows 资源实体，比如窗口对象、画笔、画刷、字体等。Windows 对象通常分为内核对象、GDI 对象和 User 对象这 3 类，通常用句柄来标识。操作系统内核直接拥有内核对象，并且可以被多个进程共享，常见的内核对象有事件对象、互斥对象、管道对象、文件映射对象、信号量对象、线程对象等。GDI 对象的拥有者通常是一个进程，不能被多个进程共有，GDI 对象与绘图有关，GDI 对象有 6 种，包括位图、画刷、画笔、字体、调色板、区域等。User 对象与用户交互有关，其拥有者也是某个进程，不能被多个进程共有，User 对象通常包括窗口、菜单、图标、光标、快捷键等。

6.1.4　设备描述表

在现实生活中画画，我们首先要确定绘画所需要的笔，还要确定笔的颜色、采用什么字体、采用什么坐标等。在 Windows 操作系统中，我们要在屏幕的窗口上画图或在打印机上输出图形，也必须先确定绘图所需的相关工具和参数，这个工具和参数相当于一个绘图的环境，为了方便管理各个工具和参数，GDI 用设备描述表（Device Context，DC，也可称设备上下文、设备环境）这一概念来表示绘图环境，而绘图相关的工具和参数就成为设备描述表的属性。在屏幕上，设备描述表是和窗口密切相关的，因此在窗口上画图，我们必须先取得这个窗口的设备描述表，即先确定好绘图相关的工具和参数，然后开始在窗口上画图。

设备描述表是 GDI 内部的数据结构，Windows 图形界面上的窗口一旦创建，就自动产生了与之对应的设备描述表数据结构，但应用程序是无法直接访问设备描述表的。系统提供一个句柄来引用设备描述表，并且提供 API 函数来访问和修改设备描述表的各个属性。

根据不同的用途，设备描述表有多种类型，可以分为显示设备描述表、打印机设备描述表、内存设备描述表和信息设备描述表 4 大类。显示设备描述表用于在显示设备（比如显示器）上画图；打印机设备描述表用于在点阵打印机、激光打印机和喷墨打印机上画图；内存设备描述表主要用于为特定的设备存储位图，并支持在位图上画图；信息设备描述表用于获取默认设备的数据。

6.2 Win32 图形编程

6.2.1 点的坐标 POINT

在 Win32 中，点的坐标用结构体 POINT 来表示，定义如下：

```
typedef struct tagPOINT {
  LONG x;
  LONG y;
} POINT, *PPOINT;
```

其中，*x* 表示点的横坐标；*y* 表示点的纵坐标。

比如定义一个点，坐标为(5,10)，如下代码：

```
POINT pt={5,10};
```

再定义 5 个点，坐标分别是(5,5)、(10,10)、(20,20)、(30,30)和(40,40)，如下代码：

```
POINT pt[5]={5,5,10,10,20,20,30,30,40,40};
```

6.2.2 矩形尺寸 SIZE

矩形尺寸就是一个矩形的长和宽。在 Win32 中，一个矩形的尺寸（长和宽）可以用结构体 SIZE 来表示，它的定义如下：

```
typedef struct tagSIZE {
  LONG cx;
  LONG cy;
} SIZE, *PSIZE;
```

其中，cx 表示矩形的长度；cy 表示矩形的宽度。

比如定义矩形尺寸：

```
SIZE sz(50,20);
SIZE sz2;
sz2.cx = 30;
sz2.cy = 90;
```

6.2.3　矩形坐标 RECT

矩形坐标就是一个矩形四个角的坐标。在 Win32 中，结构 RECT 表示一个矩形坐标，其定义为：

```
typedef struct _RECT {
  LONG left;
  LONG top;
  LONG right;
  LONG bottom;
} RECT, *PRECT;
```

其中，left、top 分别表示矩形左上角的横坐标和纵坐标，right、bottom 分别表示矩形右下角的横坐标和纵坐标。

比如定义一个矩形坐标：

```
    RECT rt = { 10, 10, 30, 30 }; //注意不要写成“RECT rt(10,10,30,30);”，这样
是错的
```

关于矩形坐标，系统提供了几个有用的 API 函数，比如判断某个点是否在矩形范围内可以用函数 PtInRect 来判断，声明如下：

```
BOOL PtInRect( CONST  RECT *lprc,  POINT pt);
```

其中，参数 lprc 表示一个矩形范围；pt 表示某个点坐标。如果点 pt 的坐标在矩形范围内，就返回非 0，否则返回 0。

可以用函数 SetRect 来确定一个矩形坐标，声明如下：

```
BOOL SetRect( LPRECT lprc, int xLeft,  int yTop,  int xRight,  int yBottom);
```

其中，参数 lprc 指向一个待确定的矩形坐标结构；xLeft 用来指定矩形左上角的横坐标；yTop 用来指定矩形左上角的纵坐标；xRight 用来指定矩形右下角的横坐标；yBottom 用来指定矩形右下角的纵坐标。如果函数成功就返回非 0，否则返回 0。

比如确定一个矩形坐标：

```
RECT rt;
SetRect(&rt,10,10,30,30);
```

可以用函数 InflateRect 来增大或减小矩形的长和宽，函数声明如下：

```
BOOL InflateRect(  LPRECT lprc,  int dx,   int dy );
```

其中，参数 lprc 指向一个待确定的矩形坐标结构；dx 表示左右两端同时延伸的距离，如果是正数，左右两端同时向外延伸 dx 距离，如果是负数，左右两端同时向内延伸|dx|距离；dy 表示上下两端同时延伸的距离，如果是正数，上下两端同时向外延伸 dy 距离，如果是负数，上下两端同时向内延伸|dy|距离。如果函数成功就返回非 0，否则返回 0。

比如下列代码执行后宽度就变为 60 和 80 了：

```
RECT rt = { 10, 10, 30, 30 };
InflateRect(&rt, 20, 30);
```

在上面的代码中，InflateRect 是向左右两端同时向外延伸 20，上下两端同时向外延伸 30，因此执行后 rt 就变成{ left=-10 right=50 top=-20 bottom=60}，长和宽就是 60 和 80 了。

再看个例子：

```
RECT rt = { 10, 10, 30, 40 };
InflateRect(&rt, -5, -10);
```

现在是负数，则都是向内延伸。执行后 rt 就变成{ left=15 right=25 top=20 bottom=30}，此时宽度和高度就是 10 和 10 了。

和矩形坐标相关的函数还有一些，可以参见表 6-1。

表 6-1　矩形函数

矩 形 函 数	含　义
CopyRect	复制一个矩形坐标给另一个矩形
EqualRect	判断两个矩形坐标是否相等
IntersectRect	把两个矩形的交集矩形坐标赋给目标矩形
IsRectEmpty	判断一个矩形坐标是否为空，就是坐标是否都是 0
OffsetRect	对矩形坐标偏移一段距离
SetRectEmpty	创建一个空矩形，空矩形的坐标都是 0
SubtractRect	把两个矩形的坐标相减
UnionRect	创建两个矩形坐标的并集

6.2.4　更新区域、WM_PAINT 和 WM_ERASEBKGND 消息

更新区域（update region）用来标记窗口无效部分的范围，该部分需要重画，而且重画操作只会被限定在更新区域范围内，如果我们画图函数超过了更新区域，不会画出任何东西。如果窗口产生了无效部分，系统会把这部分无效范围记录在更新区域内。系统使用更新区域主要是为了加速，程序只需要在更新区域的范围内绘画，而更新区域范围外的绘画操作会自动被过滤，这样能少画一个像素就少画一个，从而大大加快了绘画速度。

当系统察觉到某个窗口需要更新的时候，它就会把该窗口无效部分的范围记录在更新区域内，但是更新区域设置完毕后不会立即引发应用程序去画窗口，而是等到窗口的消息队列中没有消息了，系统才检查更新区域是否为空，如果不为空就发送 WM_PAINT 消息给窗口过程，然后程序在 WM_PAINT 消息处理中重画窗口内容。

窗口无效部分的产生可能是由于窗口被缩放、移动、创建、滚动等，此时系统会根据该窗口无效部分设置好相应尺寸的更新区域。除此之外，窗口无效部分也可以通过程序员调用 API 函数来产生，比如函数 InvalidateRect 或 InvalidateRgn 能在客户区上产生无效部分，RedrawWindow 既可以在客户区上又可以在非客户区上产生无效部分。如果是客户区产生无效部分，系统会产生 WM_PAINT 消息准备重画；如果是非客户区产生无效区域，系统会产生 WM_NCPAINT 消息准备重画。注意，函数 InvalidateRect 或 InvalidateRgn 本身不会产生 WM_PAINT 消息，它们只是把窗口部分加入到窗口的更新区域中，这两个函数调用完毕后并不会立刻进行重绘，系统要等到窗口的消息队列中没有消息的时候才会去检查更新区域，如更新区域不为空才会发出绘图消息 WM_PAINT。函数 InvalidateRect 的声明如下：

```
BOOL InvalidateRect( HWND  hWnd, CONST RECT* lpRect, BOOL bErase );
```

其中，参数 hWnd 表示窗口句柄；lpRect 指向 RECT 结构，该矩形坐标就是要加入到更新区域中的窗口某块矩形区域的尺寸，若为 NULL 则表示整个客户区都将加入到更新区域；bErase 标记

无效区域的背景是否需要擦除，如果是 TRUE 表示需要擦除背景，否则背景保持不变。如果函数执行成功，就返回非 0，否则返回 0。

函数 InvalidateRgn 和 InvalidateRect 的含义类似，只不过第二个参数指向一个任意形状区域的句柄，这个区域不一定是矩形，声明如下：

```
BOOL InvalidateRgn( HWND hWnd, HRGN hRgn, BOOL bErase );
```

其中，参数 hWnd 表示窗口句柄；hRgn 是窗口某块区域的句柄，该区域将被加入到更新区域中，若该参数为 NULL 则表示整个客户区都将加入到更新区域；bErase 标记无效区域的背景是否需要擦除，如果是 TRUE，表示需要擦除背景，否则背景保持不变。如果函数执行成功，就返回非 0，否则返回 0。关于区域句柄 hRgn，我们会在后面详细讲述。

无效化后不立即重画这样的设计，主要是为了提高系统的绘画效率，因为无效区域产生的原因很多，有可能函数调用产生，也可能用户操作窗口产生，这样很可能在短时间内出现多个无效区域重叠的情况，此时系统让 WM_PAINT 慢点发送（等消息队列中没有其他消息的时候再发送），就能在很大程度上避免多次重复地更新同一区域。

有时候我们希望窗口无效化后立即重画，该怎么做呢？有人可能会想到可以在无效化窗口区域后利用 SendMessage 发送一条 WM_PAINT 消息来强制立即重画，但 Windows 并不推荐我们这样做（大家注意不要手动发送 WM_PAINT 消息或 WM_NCPAINT），正确的做法是调用 API 函数 UpdateWindow，函数 UpdateWindow 的作用是使窗口立即重绘，它首先会检查窗口的更新区域是否为空，如果不为空就立即发送 WM_PAINT 消息到窗口过程（注意不是把 WM_PAINT 放到消息队列，如果放在消息队列里，就会因为 WM_PAINT 的优先级低而导致 WM_PAINT 消息不能立即发送到窗口），如果窗口更新区域为空，就不会发送 WM_PAINT 消息。该函数声明如下：

```
BOOL UpdateWindow( HWND hWnd );
```

其中，参数 hWnd 为窗口句柄。如果函数成功就返回非 0，否则返回 0。

所以，如果要无效客户区后立即重画，则应先调用 Invalidate 函数，再立即调用 UpdateWindow。如果不调用 InvalidateRect 就调用 UpdateWindow，那么 UpdateWindow 什么都不做（因为更新区域为空）；如果调用 InvalidateRect 后不调用 UpdateWindow，则系统会等到在窗口消息队列为空的时候再检查更新区域来决定是否发送 WM_PAINT 消息。

除此以外，还有一种方法可以把这两步合为一步，就是调用函数 RedrawWindow。该函数功能强大，相当于先调用 InvalidateRect，接着马上又调用 UpdateWindow，而且该函数不但能用于客户区，还能用于非客户区，因此还可以发送非客户区的重画消息 WM_NCPAINT。该函数比较复杂，一般用上面的方法即可。

上面讲述了更新区域的产生会导致系统发送 WM_PAINT 消息，那更新区域什么时候为空呢？如果一直不为空，岂不是系统一直要发出 WM_PAINT 消息？的确如此，更新区域不能一直存在，我们在处理 WM_PAINT 消息的时候就要让更新区域消失，为此系统提供了 API 函数 BeginPaint，并要求 WM_PAINT 消息处理中必须调用 BeginPaint，这个函数会把原来更新区域的范围设置为一个裁剪区，裁剪区的作用就是限制后续绘图操作都只能在这个裁剪区范围内进行，同时把更新区域的范围设为空（这样系统就不会一直发出 WM_PAINT 消息了），最后还会填充绘图信息结构 PAINTSTRUCT。函数 BeginPaint 的声明如下：

```
HDC BeginPaint( HWND hwnd, LPPAINTSTRUCT lpPaint);
```

其中，参数 hwnd 是要重画的窗口句柄；lpPaint 是指向绘图信息结构 PAINTSTRUCT 的指针，该参数是一个输出参数，程序员可以通过该参数获得一些画图相关的状态信息。如果函数成功就返回指定窗口的设备描述表句柄，否则返回 NULL。

绘图信息结构 PAINTSTRUCT 的定义如下：

```
typedef struct tagPAINTSTRUCT
{
    HDC             hdc;                    //窗口设备描述表句柄
    BOOL            fErase;                 //是否清除背景色
    RECT            rcPaint;                //更新区域的最小矩形范围
    BOOL            fRestore ;              //系统内部使用
    BOOL            fIncUpdate ;            //系统内部使用
    BYTE            rgbReserved[32] ;       //系统内部使用
} PAINTSTRUCT;
```

其中，hdc 是设备描述表句柄；fErase 将在下一节详细讲述；rcPaint 是一个矩形坐标，用来存放更新区域最小矩形的坐标。所谓更新区域的最小矩形，就是这个矩形范围内不是所有的部分都是更新区域，更新区域有可能是一个多边形，但系统还是用一个矩形来包括这个多边形，所以要注意不能仅凭 rcPaint 就认为这个矩形范围内都会被重画，WM_PAINT 消息处理中的画图操作发生在精确的更新区域范围内。那如何知道精确的更新区域范围呢？系统提供了 API 函数 GetUpdateRect 和 GetUpdateRgn。GetUpdateRect 获取更新区域的矩形范围。如果更新区域是一个矩形，那么 GetUpdateRect 返回的结果和 rcPaint 是相同的。如果更新区域不是一个矩形，就要用 GetUpdateRgn 来获取具体的形状范围了，因为 GetUpdateRgn 涉及区域的使用。关于这两个函数的使用会在区域一节讲完后具体演示。

再强调一遍，函数 BeginPaint 会把更新区域变为裁剪区（设置了裁剪区后，绘图操作只能限制在裁剪区范围内，裁剪区以后会详细讲述），同时把更新区域置为空，这样系统才不至于一直发出 WM_PAINT，所以 WM_PAINT 中必须调用 BeginPaint 函数，而且该函数只能用于 WM_PAINT 消息处理中。另外，绘图完成后需要调用 EndPaint 函数来标记绘图操作已经完成，因此函数 BeginPaint 要和函数 EndPaint 成对使用，函数 EndPaint 的声明如下：

```
BOOL EndPaint( HWND hWnd, CONST PAINTSTRUCT *lpPaint);
```

其中，hWnd 是已经完成重绘的窗口句柄；lpPaint 是指向包含绘图信息的 PAINTSTRUCT 结构体的指针，由 BeginPaint 获得。这个函数的返回值总是非 0。

函数 BeginPaint 将置更新区域为空，从而使得整个客户区变为有效。另外，系统还提供函数 ValidateRect 和 ValidateRgn，它们可以移走更新区域中的部分范围，从而使得窗口的这部分范围变为有效，当然这两个函数也能置更新区域为空，从而使得整个客户区变为有效，当更新区域置空的时候，系统将不再发送 WM_PAINT 消息。这两个函数不经常用，了解即可。

至此，更新区域的生命过程已经了解，它帮系统发出 WM_PAINT，使得我们可以在更新区域范围内重画内容，但有一个问题，更新区域范围内的旧内容怎么办？总不能在旧的内容上重画吧？那窗口上岂不是一团糟？这个时候，WM_ERASEBKGND 消息就应该出场了，更新区域范围内旧内容就靠它来擦除。顾名思义，这个消息中文翻译为擦除背景消息，背景擦除了也就意味着旧内容被擦除了，然后我们可以在干净的窗口上绘图了。

老规矩，先要知道 WM_ERASEBKGND 消息是如何产生的。简单地讲，也是由系统或者程序员调用函数产生的。

当窗口被创建、滚动、缩放或者移动（移动有时只会产生 WM_ERASEBKGND 消息）的时候，系统会先发送 WM_ERASEBKGND 消息，再发送 WM_PAINT 消息。WM_ERASEBKGND 消息的默认处理函数 DefWindowProc 会用预设的画刷擦除背景，这个画刷在我们注册窗口的时候设定：

```
wcex.hbrBackground = (HBRUSH)(COLOR_WINDOW+1);//hbrBackground 是画刷句柄
```

如果想让系统简单地擦除窗口背景，就不需要去处理这个消息，系统会去调用默认消息处理函数 DefWindowProc，在这个函数中会对整个更新区域范围内的窗口背景进行擦除，更新区域范围外则不会擦除。如果想自己绘制窗口背景，则可以在 WM_ERASEBKGND 消息处理中添加自己的代码，然后返回 TRUE，这样就不会调用 DefWindowProc 了。另外，WM_ERASEBKGND 消息处理的返回值会影响到 PAINTSTRUCT 结构的 fErase ，即 pt.fErase，通常程序员根据 pt.fErase 的值来判断是否要进一步对背景进行处理，如果处理 WM_ERASEBKGND 消息时返回 FALSE，则 BeginPaint 标记 pt.fErase 为 TRUE，表示需要程序员进一步处理背景，当然不处理也可以；如果处理 WM_ERASEBKGND 时返回 TRUE，则 BeginPaint 标记 pt.fErase 为 FALSE（注意是 FALSE，不是 TRUE），要注意的是，不能简单根据 pt.fErase 来判断窗口是否被擦除，WM_ERASEBKGND 消息返回的真或者假只是让程序员可以看见 ps.fErase，并做出自己的代码，与窗口背景的真实处理情况没有关系，真正要擦除背景需要执行了 WM_ERASEBKGND 的默认处理函数 DefWindowProc 才行。总而言之，如果我们不想对窗口背景进行处理，就应该让其执行默认处理函数 DefWindowProc（在代码中就是不去处理 WM_ERASEBKGND 消息）；如果我们想自己处理窗口背景，则在 WM_ERASEBKGND 消息中加入自己的背景处理代码，并返回 TRUE，表示背景已经处理过了。比如下面的代码：

```
case WM_ERASEBKGND:
    return TRUE; //虽然返回 TRUE，但背景并没有擦除。返回值将影响 ps.fErase
    break;
case WM_PAINT:
    //函数 BeginPaint 的作用是使无效区域变得有效，并填充 ps 结构
    hdc = BeginPaint(hWnd, &ps);
    // TODO:  在此添加任意绘图代码...
    i++; //可以在这里设断点，查看 ps. fErase 的值
    EndPaint(hWnd, &ps);
    break;
```

除了系统发出 WM_ERASEBKGND 消息外，当程序员调用函数 InvalidateRect 或 InvalidateRgn 的时候，也可以决定后续操作发出 WM_ERASEBKGND 消息，方法是设定 InvalidateRect 或 InvalidateRgn 的最后一个参数 bErase 为 TRUE，但这两个函数本身不会发出 WM_ERASEBKGND 消息，它们只是在这里告诉系统要背景擦除，请在内部做好标识，系统会按照正常的流程来检查更新区域是否为空，如果不空就发出 WM_PAINT 消息，然后进入 WM_PAINT 消息处理，并执行到 BeginPaint 函数的时候，该函数会检查前面设置的标记来向窗口发送一个 WM_ERASEBKGND 消息，WM_ERASEBKGND 消息处理完毕后，再接着执行 BeginPaint 后面的代码。同时，如果 WM_ERASEBKGND 消息返回 FALSE，则 BeginPaint 会置 pt.fErase 为 TRUE，如果处理 WM_ERASEBKGND 时返回 TRUE，BeginPaint 标记 pt.fErase 为 FALSE。

总之，如果不想让系统擦除背景，则在 WM_ERASEBKGND 消息处理中不要让程序有机会执行函数 DefWindowProc。此外，WM_ERASEBKGND 的消息参数 wParam 保存了设备描述表句柄，lParam 不使用。

可以这样理解 WM_ERASEBKGND 消息和 WM_PAINT 消息：消息 WM_ERASEBKGND 相当于通知系统擦除背景或者程序员自己处理（比如绘制背景色或贴图片）；消息 WM_PAINT 相当于通知程序员绘制前景色，比如在 WM_PAINT 中调用 TextOut 函数输出文本或画图形都相当于绘制前景。

关于更新区域，还有一点要注意，就是普通窗口和对话框有些场合会不同，比如拖动窗口边框进行缩放的时候，整个客户区都会称为更新区域，从而使得整个客户区都会得到重绘；而对于对话框，如果拖动对话框边框缩小的时候，是不会有更新区域产生的，也就是系统不会发出 WM_PAINT 消息，但 WM_ERASEBKGND 消息照样会发出来，但是因为更新区域为空，所以系统不会进行擦除操作；如果拖动对话框边框放大的时候，更新区域只是增大的窗口部分，所以在 WM_ERASEBKGND 消息中擦除也只会擦除增大的部分，在 WM_PAINT 中重画也只会重画增大的部分。这些内容因为涉及区域的概念，以后会详细演示，这里大家只要了解即可。出现这种情况的原因是对话框的窗口过程中是没有默认消息处理的，它的窗口过程处理要求直接返回 TRUE 或 FALSE。这一点和普通窗口的窗口过程是不同的。一句话，内部处理过程不同。

这里的内容有点繁杂，不明白不要紧，做了后面的例子再回头体会这里的内容会更加容易理解。一句话，理论总归是理论，只有自己实践过后才是自己的知识。

6.2.5 设备描述表的获取和释放

在 Win32 图形编程中，图形设备描述表用一个句柄（32 位整数值）来表示，具体类型是 HDC。当用户获取了设备描述表句柄后，Windows 会在内部为设备描述表的各个属性用默认值初始化，接着就可以调用相关绘图函数并把设备描述表句柄作为参数传给这些绘图函数了。

在 Windows 操作系统中，屏幕、窗口和窗口客户区分别有不同的设备描述表。要在这 3 个不同区域上画图，必须先取得该区域的设备描述表。

获得屏幕的设备描述表的方法是通过函数 CreateDC，如下面的语句就返回屏幕的设备描述表句柄：

```
HDC hdc = CreateDC(_T("Display"), 0, 0, 0);
```

用完之后，需要释放，释放函数是 DeleteDC，它必须和 CreateDC 配对使用，该函数声明如下：

```
BOOL DeleteDC(HDC hdc);
```

其中，参数 HDC 为要释放的设备描述表的句柄。

对于窗口，获得窗口的设备描述表的方法是通过函数 GetWindowDC，该函数声明如下：

```
HDC GetWindowDC(  HWND hWnd );
```

其中，参数 hWnd 是窗口的句柄。函数返回窗口的 DC 句柄。

用完之后，也需要释放，释放函数是 ReleaseDC，必须和 GetWindowDC 配对使用，该函数声明如下：

```
int ReleaseDC(  HWND hWnd,  HDC hDC);
```

其中，参数 hWnd 是要释放 DC 的窗口句柄；hDC 为要释放的设备描述表的句柄。如果 DC 释放成功就返回 1，否则返回 0。

对于窗口客户区，通常有两种方式可以获取设备描述表句柄。

（1）通过函数 BeginPaint

一般而言，窗口客户区的重画操作都是在 WM_PAINT 消息中进行的，在这个消息处理分支中（case WM_PAINT），先通过函数 BeginPaint 来获取设备描述表句柄，然后进行 GDI 绘图操作，绘图完成后需要调用 EndPaint 函数来标记绘图操作已经完成。函数 BeginPaint 的声明在前面已经介绍过了，这里不再赘述。该函数除了获得 DC 句柄外，还能把更新区域变为裁剪区，同时置更新区域的标记为空（这样系统就不会一直发出 WM_PAINT 消息了），而且该函数还会填充绘图信息结构。

函数 BeginPaint 返回设备描述表句柄后，就可以进行 GDI 绘图操作了。绘图完毕后，要用函数 EndPaint 来标记绘图操作已经完成，该函数必须和 BeginPaint 函数配对使用。

（2）通过函数 GetDC

如果不是在 WM_PAINT 消息中获取设备描述表句柄，就要用到函数 GetDC，比如用户要用鼠标进行画线，那么需要在鼠标消息（按下鼠标、移动鼠标和释放鼠标）中通过 GetDC 来获取设备描述表句柄，然后进行调用画线函数。GetDC 函数的声明如下：

```
HDC GetDC( HWND hWnd );
```

其中，hWnd 是要获取 DC 的窗口句柄，如果这个参数为 NULL，就返回整个屏幕的 DC。如果函数成功就返回指定窗口客户区的设备描述表句柄，否则为 NULL。

绘图完毕后，必须调用函数 ReleaseDC 来释放设备描述表，该函数必须和 GetDC 配对使用。ReleaseDC 的声明如下：

```
int ReleaseDC(  HWND hWnd, HDC hDC);
```

其中，hWnd 是 DC 将要释放的窗口句柄；hDC 是将要释放的 DC。如果 DC 释放成功，则函数返回 1，否则返回 0。

这两种方式获取 DC 句柄是有区别的：

- BeginPaint 函数针对的区域是需要重画的区域（也称无效区域），该区域可能是整个窗口客户区，也可能是客户区中的某块无效矩形区域。BeginPaint 函数获取 DC 句柄后，后续绘图操作都是在无效区域中进行，如果画图范围超过无效区域将被忽略。而 GetDC 针对的区域是整个客户区，其后续绘图操作可以在整个客户区中进行，没有无效区域的概念。
- 调用函数 BeginPaint 会自动把无效区域变为有效区域，而函数 GetDC 则不会，无效的还是无效，有效的依然是有效。
- BeginPaint 只在 WM_PAINT 消息里使用，因为进入了 WM_PAINT 消息处理，说明一定存在无效区域，有无效区域了 BeginPaint 才有用武之地，如果没有无效区域，则 BeginPaint 后续的所有绘画操作都将被过滤掉。GetDC 可以在 WM_PAINT 或非 WM_PAINT 消息中使用。

在这里再强调一遍，Create 出来的 DC 要用 DeleteDC 来释放，BeginPaint 一定要和 EndPaint 成对调用，Get 得到的 DC 一定要用 ReleaseDC 释放。

下面来看几个例子，它们获取窗口客户区的 DC 句柄，然后在客户区中画图。

【例 6.1】 通过函数 BeginPaint 画图

（1）新建一个 Win32 项目。

（2）在窗口消息处理函数 WndProc 中找到 WM_PAINT 消息分支，然后添加如下代码：

```
case WM_PAINT:
    hdc = BeginPaint(hWnd, &ps);
    // TODO:  在此添加任意绘图代码...
    TextOut(hdc, 10, 20, _T("同志们好！"),5);
    Rectangle(hdc, 10, 40, 70, 60);
    EndPaint(hWnd, &ps);
    break;
```

通过 BeginPaint 函数获得窗口 hWnd 的设备描述表句柄 hdc 后，就可以进行绘图操作了。我们首先画了一行文字，然后在下方画了一个矩形，这两个绘图函数的第一个参数都是设备描述表句柄 hdc。最后调用 EndPaint 函数来标记该窗口的绘图操作结束。

画矩形的函数 Rectangle 声明如下：

```
BOOL Rectangle(  HDC hdc,
  int nLeftRect,
  int nTopRect,
  int nRightRect,
  int nBottomRect  // y-coord of lower-right corner of rectangle);
```

其中，hdc 是设备描述表句柄；nLeftRect 是所画矩形的左边位置；nTopRect 表示矩形的上方位；nRightRect 是矩形的右边位置；nBottomRect 是矩形的下方位置。如果函数成功就返回非 0，否则返回 0。

（3）保存工程并运行，运行结果如图 6-1 所示。

图 6-1

【例 6.2】 通过函数 GetDC 实现鼠标画图

（1）新建一个 Win32 项目。

（2）我们要在这个例子中实现鼠标画线，当按下鼠标左键时记录位置，当按住鼠标不放并移动时开始画线，当释放鼠标左键时则画线结束。首先我们要响应鼠标左键按下消息，在函数 WndProc 中的 switch 中添加消息 LBUTTONDOWN 处理：

```
case WM_LBUTTONDOWN:
    bDraw = TRUE; //标记鼠标左键按下
    gx = LOWORD(lParam); //获得鼠标 x 坐标
    gy = HIWORD(lParam); //获得鼠标 y 坐标
    break;
```

其中，bDraw、gx 和 gy 都是全局变量，定义如下：

```
BOOL bDraw = FALSE;  //标记鼠标左键是否按下
int gx, gy; //记录鼠标当前位置
```

然后添加 WM_MOUSEMOVE 消息的处理：

```
case WM_MOUSEMOVE:
    if (bDraw) //如果鼠标按下则开始画线
    {
        hdc = GetDC(hWnd); //获得窗口的 DC 句柄
       //移动画线起始位置到鼠标左键按下时的坐标
        MoveToEx(hdc, gx, gy, NULL);
        gx = LOWORD(lParam); //获取鼠标移动时的 x 坐标
        gy = HIWORD(lParam); //获取鼠标移动时的 y 坐标
        LineTo(hdc, gx,gy); //开始画线从按下左键的位置到移动时的当前位置
        ReleaseDC(hWnd, hdc); //释放 DC
    }
    break;
```

画线分 2 步走，先通过函数 MoveToEx 确定起始位置，再通过函数 LineTo 画到当前位置。MoveToEx 函数声明如下：

```
BOOL MoveToEx(  HDC hdc,         // handle to device context
  int X,           // x-coordinate of new current position
  int Y,           // y-coordinate of new current position
  LPPOINT lpPoint   // old current position);
```

该函数用来更新画图的位置。其中，参数 hdc 为 DC 句柄；X 是新位置的 *x* 坐标；Y 是新位置的 *y* 坐标；lpPoint 指向 POINT 结构体，是一个输出参数，将返回以前位置的坐标，如果该参数为 NULL 则不返回。如果函数成功就返回非 0，否则为 0。

LineTo 函数用于从当前位置画线到指定位置，声明如下：

```
BOOL LineTo(  HDC hdc, int nXEnd,  int nYEnd );
```

其中，hdc 为 DC 句柄；nXEnd 是所画线的终点位置的横坐标；nYEnd 是所画线的终点位置的纵坐标。如果函数成功，则当前位置被设置为指定位置。

画线完毕后，调用 ReleaseDC 来释放 DC。

再添加 WM_ LBUTTONUP 消息的处理：

```
case WM_LBUTTONUP:
    bDraw = FALSE; //表示鼠标左键已经放开
    break;
```

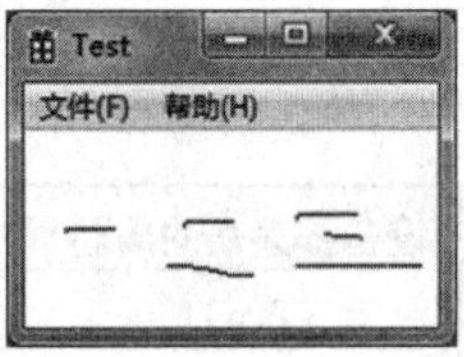

（3）保存工程并运行，运行结果如图 6-2 所示。

图 6-2

【例 6.3】证明 BeginPaint 只用于无效区域中画图

（1）新建一个 Win32 工程。

（2）在窗口消息处理函数 WndProc 中添加鼠标左键按下消息的处理，如下代码：

```
case WM_LBUTTONDOWN:
    bDown = TRUE;
    InvalidateRect(hWnd, &rt, FALSE); //产生一块无效矩形区域
    break;
```

其中，bDown 是一个局部静态变量，用来标记鼠标左键是否按下过，rt 表示无效矩形区域的范围，定义如下：

```
    RECT rt = { 0, 0, 50, 50 }; //定义无效区域范围
    static BOOL bDown = FALSE; //标记鼠标左键是否按下过
```

（3）在 WM_PAINT 中添加画线代码：

```
case WM_PAINT:
    hdc = BeginPaint(hWnd, &ps);
    // TODO:  在此添加任意绘图代码...
    if (bDown) //如果鼠标按下过，则画线
    {
        MoveToEx(hdc, 0, 0, NULL); //移到（0，0）位置
        LineTo(hdc, 100, 100); //画线到（100，100）位置，实际上会被截断
    }
    EndPaint(hWnd, &ps);
    break;
```

虽然上面的代码画线到（100，100）位置，但因为鼠标单击的时候产生的无效矩形区域范围是（0，0，50，50），所以画线只能画到（50，50）位置处，超出部分将被忽略。当然如果让整个

客户区无效，比如拖拉下边框来缩放窗口，就能画到（100，100）位置处了。

（4）保存工程并运行，先单击鼠标左键，可以看到画线到（50，50）处，然后拖拉下边框让整个客户区无效，可以发现能画线到（100，100）处了。运行结果如图 6-3 所示。

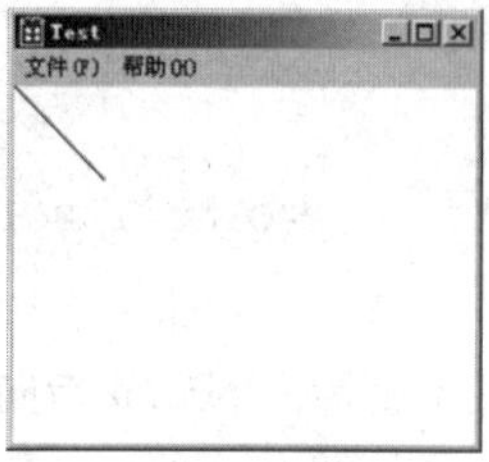

图 6-3

6.2.6 设备描述表的属性

前面说过，设备描述表（Device Context，DC）包含在窗口上进行绘图操作所需要的环境信息，这些环境信息就是设备描述表的属性，比如当前环境的颜色、坐标、映射模式、画文本所用的字体等。在 Win32 中获取设备描述表时，系统会为设备描述表分配一系列默认属性值。举个例子，我们在调用 TextOut 画文本字符串的时候，只需要指定字符串输出的坐标位置即可，而不需要设置文本的字体、颜色等属性，因为系统已经为我们分配了默认字体和默认颜色，所以不需要再对这些属性进行设置，除非想修改这些属性。如果需要修改默认属性值，则可以调用相关的修改属性的函数。常见的设备描述表的属性、获取属性的函数和设置属性的函数见表 6-2。

表 6-2 常见的设备描述表的属性和获取/设置属性的函数

设备描述表的属性	属性默认值	获取属性的函数	设置属性的函数
画笔（Pen）	BLACK_PEN	SelectObject，通过返回值	SelectObject，通过参数
画刷（Brush）	WHITE_BRUSH	SelectObject，通过返回值	SelectObject，通过参数
画刷原点（Brush Origin）	(0,0)	GetBrushOrgEx	SetBrushOrgEx
字体（Font）	SYSTEM_FONT	SelectObject，通过返回值	SelectObject，通过参数
位图（Bitmap）	没有默认值	SelectObject，通过返回值	SelectObject，通过参数
画笔画刷的当前位置	(0,0)	GetCurentPostionEx	MoveTo、LineTo、PolylineTo 或 PolyBezierTo
文本背景色（Background Color）	白色	GetBkColor	SetBkColor
背景模式（Background Mode）	OPAQUE	GetBkMode	SetBkMode
文本颜色（Text Color）	黑色	GetTextColor	SetTextColor
绘图模式（Drawing Mode）	R2_COPYPEN	GetROP2	SetROP2
缩放模式（Stretching Mode）	BLACKONWHITE	GetStretchBltMode	SetStretchBltMode
多边形填充模式（Polygon Fill Mode）	ALTERNATE	GetPolyFillMode	SetPolyFillMode
字符间距（Intercharacter Spacing）	0	GetTextCharachterExtra	SetTextCharachterExtra
裁剪区	窗口客户区	GetClipBox	SelectClipRgn、IntersectClipRgn、OffsetClipRgn、SelectObject、ExcludeClipRect、SelectClipPath

（续表）

设备描述表的属性	属性默认值	获取属性的函数	设置属性的函数
映射模式（Mapping Mode）	MM_TEXT	GetMapMode	SetMapMode
窗口原点（Window Origin）	(0,0)	GetWindowOrgEx	SetWindowOrgEx 或 OffsetWindowOrgEx
视图原点（Viewport Origin）	(0,0)	GetViewportOrgEx	SetViewportOrgEx 或 OffsetViewportOrgEx
窗口范围（Window Extents）	(1,1)	GetWindowExtEx	SetWindowExtEx 或 ScaleWindowExtEx
视图范围（Viewport Extents）	(1,1)	GetViewportExtEx	SetViewportExtEx 或 ScaleViewportExtEx

这些属性以后会分别详述，这里我们需要了解它们的通用操作，设置属性、保存属性和恢复某次修改的属性。设置属性就是针对不同的属性调用不同的函数，表 6-2 已经列出。

保存属性稍微复杂些，因为设备描述表（调用 EndPaint 或 ReleaseDC）被释放的时候，修改过的属性也就跟着没有了，其他地方若还要使用这个属性，则需要重新设置。在这种情况下，可以给窗口风格加上 CS_OWNDC，这样只要在某个地方设置过某个属性，那么以后其他地方获取设备描述表的时候，就会用设置过的属性去代替默认属性值，直到窗口关闭。

下面我们看一个小例子。

【例 6.4】一直使用蓝色来输出文本

（1）新建一个 Win32 工程。

（2）在消息处理函数 WndProc 中为 WM_PAINT 消息添加代码：

```
case WM_PAINT:
    hdc = BeginPaint(hWnd, &ps);
    // TODO:  在此添加任意绘图代码...
    SetTextColor(hdc, RGB(0, 0, 255)); //修改文本颜色这个属性，设置为蓝色
    TextOut(hdc, 10, 10, _T("你好，世界"),5); //输出一段文本
    EndPaint(hWnd, &ps);
    break;
```

（3）添加鼠标左键按下的消息处理，代码如下：

```
case WM_LBUTTONDOWN:
    hdc = GetDC(hWnd); //获取 DC 句柄
    TextOut(hdc, 30, 30, _T("山居秋暝"), 4); //输出一段文本
    ReleaseDC(hWnd, hdc); //释放 DC 句柄
    break;
```

（4）此时运行工程，可以发现输出的“你好，世界”是蓝色的，但“山居秋暝”依然是黑色的，GetDC 的时候，设备描述表的文本颜色属性依然用了默认值黑色。现在我们在窗口风格添加 CS_OWNDC，找到函数 MyRegisterClass，然后添加窗口风格 CS_OWNDC，如下代码：

```
wcex.style    = CS_HREDRAW | CS_VREDRAW | CS_OWNDC;
```

（5）此时运行工程，可以发现“山居秋暝”也是蓝色的了，说明 GetDC 的时候设备描述表的文本颜色属性用了我们在 case WM_PAINT 中设置过的蓝色了。当然如果不添加这个窗口风格，也

可以在 GetDC 后面调用 SetTextColor，同样可达到效果，但是这样就啰唆了。运行结果如图 6-4 所示。

图 6-4

还有一种情况，如果某次设置属性后想在不同的地方用不同的时间设置过的属性，此时可以使用函数 SaveDC 先把设置属性时候的次序保存下来，然后在需要用到这个属性的时候可以使用函数 RestoreDC 进行恢复。SaveDC 会把当前的 DC 保存到一个栈中。函数 SaveDC 的声明如下：

```
int SaveDC(HDC hdc);
```

其中，参数 hdc 是要保存的设备描述表的句柄。如果成功，返回值为保存成功的 DC 的整数标识；如果失败就返回 0，调用 GetLastError 获取扩展错误信息。

函数 RestoreDC 的声明如下：

```
BOOL RestoreDC(HDC hdc, int nSavedDC);
```

其中，参数 hdc 为 DC 的句柄；nSavedDC 指定将要被恢复的 DC，如果该参数为正，则 nSaveDC 代表以前保存时候的标识；如果是-1，则恢复栈顶的一个 DC。 RestoreDC 既可以恢复位于栈顶的 DC，也可以恢复栈中的某个 DC，但要注意，如果是恢复栈中的某个 DC，则从栈顶到这个 DC 之间的所有 DC 都会被丢失，并且恢复成功的 DC 也会弹出栈，再要恢复这个 DC 就不行了，因为栈中已经没有这个 DC 了。

在下面的例子中，窗口刚创建的时候，我们保存两个 DC，第一个 DC 的文本颜色属性为蓝色，第二个 DC 的文本颜色属性为红色，这样红色在栈顶，然后在鼠标左键单击的时候恢复文本颜色为蓝色的 DC，在鼠标右击的时候恢复文本颜色为红色的 DC。我们可以看到如果先按左键，则蓝色的 DC 先出来，就会导致栈顶的红色 DC 丢失，此时再按右键，则提示恢复失败。所以应该先按右键，然后栈顶先出来，再按左键让栈底的蓝色 DC 后出来。

【例 6.5】保存多个属性并恢复

（1）新建一个 Win32 工程。

（2）在函数 WndProc 中添加 WM_CREATE 消息处理，如下代码：

```
case WM_CREATE:
    hdc = GetDC(hWnd);

    SetTextColor(hdc, RGB(0, 0, 255));
    gBlueDC = SaveDC(hdc);
    if (gBlueDC == 0)
    {
        MessageBox(hWnd, _T("蓝色 DC 没有保存成功"), 0, 0);
        break;
    }
    SetTextColor(hdc, RGB(255, 0, 0));
    gRedDC = SaveDC(hdc);
    if (gRedDC == 0)
    {
        MessageBox(hWnd, _T("红色 DC 没有保存成功"), 0, 0);
        break;
    }
    ReleaseDC(hWnd, hdc);

    break;
```

然后添加鼠标左键单击事件处理代码：

```
case WM_LBUTTONDOWN:
    hdc = GetDC(hWnd);

    if (!RestoreDC(hdc, gBlueDC))
    {
        MessageBox(hWnd, _T("蓝色 DC 没有恢复成功"), 0,0);
        break;
    }
    TextOut(hdc, 30, 30, _T("蓝色文本"), 4);
    ReleaseDC(hWnd, hdc);
    break;
```

最后添加鼠标右键单击事件处理代码：

```
case WM_RBUTTONDOWN:
    hdc = GetDC(hWnd);
    if (!RestoreDC(hdc, gRedDC))
    {
        MessageBox(hWnd, _T("红色 DC 没有恢复成功"), 0,0);
        break;
    }
    TextOut(hdc, 50, 50, _T("红色文本"), 4);
    ReleaseDC(hWnd, hdc);
    break;
```

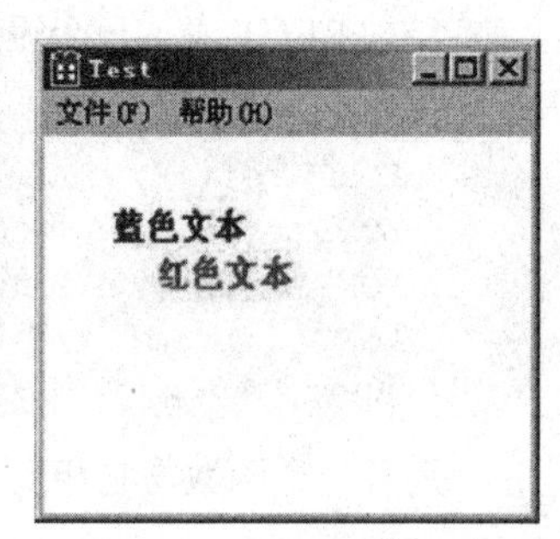

图 6-5

（3）保存工程并运行，先右击鼠标再左击鼠标（如果先左击再右击则会提示错误），运行结果如图 6-5 所示。

6.3　设备坐标系

设备坐标系是屏幕上的窗口在画图时所采用的坐标，是一个直角坐标系，其 x 轴方向为从左到右，y 轴方向是从上到下，坐标原点在窗口（或者客户区，或者屏幕，根据 DC 而定）的左上角，坐标的单位是像素。Windows 在窗口中画图都是基于设备坐标系的。

前面提到，在 Windows 操作系统中，屏幕、窗口和窗口客户区分别有不同的设备描述表，因此也就有了 3 种设备坐标：屏幕坐标系、窗口坐标系和窗口客户区坐标系。

屏幕坐标系的原点在屏幕的左上角，屏幕的设备描述表使用的坐标就是屏幕坐标系。一些与窗口的工作区不相关的函数都是以屏幕坐标为单位，例如设置和取得光标位置的函数 SetCursorPos 和 GetCursorPos，因为光标可以在任意窗口之间移动，不属于任何一个单一的窗口，因此使用屏幕坐标；弹出式菜单使用的也是屏幕坐标；用于设置窗口的函数，如 CreateWindow、 MoveWindow 和 SetWindowPlacement 等都是相对于屏幕的位置，使用的也是屏幕坐标系统。

窗口坐标系的原点位于窗口的左上角，窗口的设备描述表使用的坐标就是窗口坐标系。通常情况下很少在窗口非客户区上画图，因此这种坐标系很少使用。

窗口客户区的坐标系原点位于窗口客户区的左上角，窗口客户区的设备描述表使用的坐标就是客户区坐标系。画图一般都是在客户区中进行，所以这个坐标系经常用到，比如鼠标消息 WM_LBUTTONDOWN、WM_MOUSEMOVE 的坐标都是使用客户区坐标，即都是相对于客户区左上角的。客户区坐标和屏幕坐标是可以互相转换的，转换的函数是 ClientToScreen 和 ScreenToClient，前面一个函数是客户区坐标转换为屏幕坐标，后面的函数是屏幕坐标转换为客户区坐标。ClientToScreen 的函数声明为：

```
BOOL ClientToScreen(  HWND hWnd, LPPOINT lpPoint );
```

其中，参数 hWnd 为窗口句柄，该窗口的客户区坐标将要转换为屏幕坐标；lpPoint 为指向 POINT 结构体的指针，表示一个点的客户区坐标将要转换为屏幕坐标；lpRect 为指向 RECT 结构体的指针，表示一个矩形的客户区坐标将要转换为屏幕坐标。

结构 POINT 表示一个点的坐标，定义如下：

```
typedef struct tagPOINT {
  LONG x; //横坐标
  LONG y; //纵坐标
} POINT, *PPOINT;
```

结构 RECT 表示一个矩形的坐标范围，定义如下：

```
typedef struct _RECT {
  LONG left; //矩形左方位置
  LONG top; //矩形上方位置
  LONG right; //矩形右方位置
  LONG bottom; //矩形下方位置
} RECT, *PRECT;
```

还有一个函数与它相反，是屏幕坐标转换为客户区坐标，函数声明如下：

```
void ScreenToClient(HWND hWnd, LPPOINT lpPoint );
void ScreenToClient( LPRECT lpRect );
```

其中，参数 hWnd 为窗口句柄，该窗口的屏幕坐标将要转换为客户区坐标；参数 lpPoint 指向一个 POINT 结构，表示一个点的屏幕坐标将要转换为客户区组播；参数 lpRect 指向一个 RECT 结构，表示一个矩形的屏幕坐标将要转换为客户区坐标。

我们来看一个小例子加深对设备坐标的理解。

【例 6.6】三种设备坐标的原点

（1）新建一个 Win32 工程。

（2）在窗口消息处理函数 WndProc 中找到 case WM_PAINT，然后添加如下代码：

```
case WM_PAINT:
    hdc = BeginPaint(hWnd, &ps);
    // TODO: 在此添加任意绘图代码...
    TextOut(hdc, 0, 0, _T("客户区原点在客户区左上角"), 12);//在客户区原点处画文本
    EndPaint(hWnd, &ps);

    hdc = GetWindowDC(hWnd); //得到窗口的 DC 句柄
    TextOut(hdc, 0, 0, _T("窗口原点在窗口左上角"),10);//在窗口原点处画文本
    ReleaseDC(hWnd, hdc); //释放窗口的 DC 句柄

    hdc = CreateDC(_T("Display"), 0, 0, 0); //得到屏幕的 DC 句柄
    TextOut(hdc, 0, 0, _T("屏幕原点在屏幕左上角"),10);//在屏幕原点处画文本
    DeleteDC( hdc); //释放屏幕的 DC 句柄

    break;
```

（3）保存工程并运行，运行结果如图 6-6 所示。

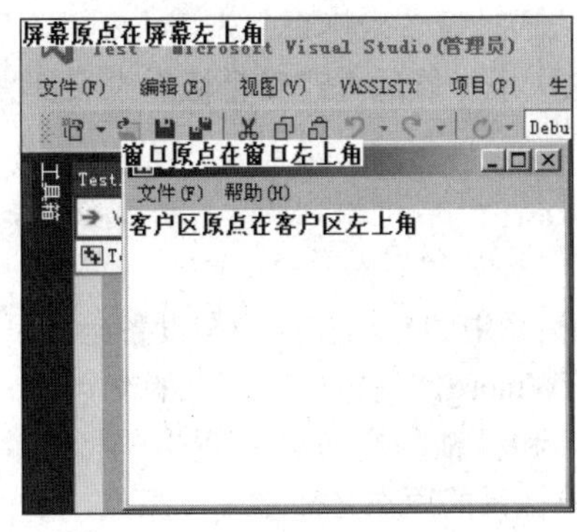

图 6-6

6.4　逻辑坐标和映射模式

前面提到，屏幕上窗口的坐标使用的是设备坐标，原点（纵横轴的交点）总是位于客户区（根据 DC 不同，也可能是整窗口或屏幕）的左上方，Windows 在客户区中画图，就是在这个设备坐标中画图的，或者说是基于设备坐标系的，并且单位只能是像素（可以认为是屏幕上的一个点，一个像素点就是一个单位，并且点和点是碰在一起的，中间没有空隙）。

但是，这种坐标系不符合人们的绘图习惯。让我们回到小学课堂上，老师在黑板上绘图，总是先画一根向右的横轴、向上的纵轴，然后在每根轴上间隔相同的距离，分别标上 1 米、2 米、3 米或其他单位（比如厘米、英寸）。习惯上，人们在纸上或黑板上绘图的时候，y 轴不一定朝下，通常是朝上的，而坐标的刻度也通常不是像素，而是习惯使用尺寸（比如毫米和英寸等）。当然纸上画图也可以采用 y 轴朝下，单位用像素，没有问题。这里我们把人们在纸上或黑板上画图时所习惯采用的直角坐标统称为逻辑坐标系。Windows 为了照顾大家的绘图习惯，让所有 GDI 绘画函数都基于逻辑坐标。这样在纸上画图的时候，我们就能利用这些绘图函数知道它们输出的内容在逻辑坐标系上的哪个位置了。比如，利用“TextOut(1,1,"Hello,world",11);”输出一行文本，我们可以知道（1，1）是逻辑坐标系中的坐标，因此在纸上就可以画出如图 6-7 所示的图形。

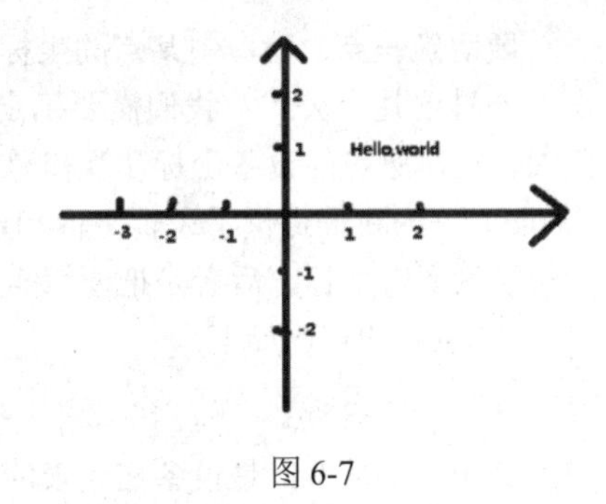

图 6-7

非常好，现在我们要把这个“Hello，world”显示在屏幕的窗口中，会显示在窗口的哪里呢？答案是你要让它显示在窗口的哪里就哪里，甚至是窗口的外面（但是看不见了）。我们来做个演示，就是把屏幕作为一个大玻璃框，玻璃框后面的东西可以看到，玻璃框外面的东西看不到了。我们把白纸在显示器后面移来移去，如果在显示器屏幕后面，就能看到这个白纸了，如果移到外面就看不到了，我们把白纸移到屏幕哪个位置，白纸上的“Hello，world”就在屏幕（当它一个透明的玻璃）哪个位置上显示。当然我们也可以把屏幕上的某个 Windows 窗口看作一个矩形玻璃，再把白纸放在这个“玻璃”后面移来移去地显示或不显示。举这个例子是为了说明“Hello，world”具体显示在窗口哪里，是我们来定的，方法是确定好白纸（也就是逻辑坐标轴）相对于窗口的位置，进一步讲，也就是确定好逻辑坐标系和窗口的设备坐标系之间的相对位置，那么逻辑坐标系上的图形在窗口上显示的位置也就定了。那怎么转换呢？为了叙述正规，我们把白纸用视口这个名词代替，它拥有逻辑坐标系，有特定的大小，能通过设备坐标系来表征大小；而屏幕上的窗口（或客户区，根据DC）拥有设备坐标系，有特定的大小，能通过逻辑坐标系来表征大小；可以通过下面的公式把逻辑坐标转换为设备坐标：

```
xDev = (xLog-xLogOfWinorg)*xDevOfViewext / xLogOfWinext + xDevOfVieworg
yDev = (yLog - yLogOfWinorg)* yDevOfViewext / yLogOfWinext + yDevOfVieworg
```

这两个公式把某点在逻辑坐标系中的坐标转换为在设备坐标系中的点坐标（xDev，yDev）。其中，（xLogOfWinorg，yLogOfWinorg）是窗口左上方的交点（简称窗口原点，也就是设备坐标系的原点，即设备坐标系的横轴和纵轴的交点）在逻辑坐标系中的坐标；（xDevOfVieworg，yDevOfVieworg）是视口中逻辑坐标系的原点（简称视口原点，横轴和纵轴的交点）在设备坐标系中的坐标；xLogOfWinext 和 yLogOfWinext 为窗口（根据 DC）在逻辑坐标系中的大小（简称窗口范围，长度单位是逻辑单位，比如英寸、毫米等）；xDevOfViewext 和 yDevOfViewext 是视口在设备坐标系中的大小（简称视口范围，也就是逻辑坐标系横半轴和纵半轴在窗口中的大小），用设备坐标单位（像素）来表示其长度。DevOfViewext / xLogOfWinext 通常称为 *x* 轴比例因子，yDevOfViewext / yLogOfWinext 通常称为 *y* 轴比例因子。这 4 个参数表示范围值有可能是负数，虽然负数并无具体含义，但却决定比例因子的正负，而比例因子的正负在某些情况下（某种映射模式下）决定着逻辑坐标轴的方向，具体细节会在后面映射模式中讲到。

在这两个公式中，要清楚坐标为（xDev，yDev）的点和坐标为（xLog，yLog）的点是同一个点，（xDev，yDev）和（xLog，yLog）是同一个点在不同坐标系中的坐标而已。但是，设备坐标原点和逻辑坐标原点不一定重合，所以它们可能是两个不同的点。

也可以把设备坐标转换为逻辑坐标，公式如下：

```
xLog = (xDev - xDevOfVieworg  )* xLogOfWinext / xDevOfViewext + xLogOfWinorg
yLog = (yDev - yDevOfVieworg  )* yLogOfWinext /yDevOfViewext + yLogOfWinorg
```

要明确一点：窗口中某点的坐标和视口中某点的坐标有着一一对应的关系（映射关系）。

通过这几个公式，我们需要确定逻辑坐标轴的方向和长度单位、窗口原点的逻辑坐标、窗口范围、视口原点的设备坐标和视口范围这几个参数信息。当这几个参数确定后，也不用手动计算，Visual C++为我们提供了逻辑坐标和设备坐标相互转换的函数 DPtoLP 和 LPtoDP，前者是把设备坐标转换为逻辑坐标，后者是把逻辑坐标转换为设备坐标。

DPtoLP 的声明如下：

```
BOOL DPtoLP( HDC hdc, LPPOINT lpPoints, int nCount);
```

其中，参数 hdc 是设备描述表的句柄；lpPoints 指向点坐标数组，数组中的点设备坐标将转换为逻辑坐标；nCount 表示数组中点的个数。如果函数成功就返回非 0，否则返回 0。

函数 LPtoDP 的声明如下：

```
BOOL LPtoDP( HDC hdc, LPPOINT lpPoints,int nCount );
```

其中，参数 hdc 是设备描述表的句柄；lpPoints 指向点坐标数组，数组中的点逻辑坐标将转换为设备坐标；nCount 表示数组中点的个数。如果函数成功就返回非 0，如果失败就返回 0。

6.4.1 映射模式

映射模式是设备描述表的一个重要属性，确定了逻辑坐标轴的方向（除了 MM_ISOTROPIC MM_ANISOTROPIC）和长度单位。Windows 提供了 8 种映射模式，如表 6-3 所示。

表 6-3　8 种映射模式

映 射 模 式	X 轴（横轴）的正方向	Y 轴（纵轴）的正方向	逻辑单位长度
MM_TEXT	向右	向下	像素
MM_LOENGLISH	向右	向上	0.01 英寸
MM_HIENGLISH	向右	向上	0.001 英寸
MM_LOMETRIC	向右	向上	0.1 毫米
MM_HIMETRIC	向右	向上	0.01 毫米
MM_TWIPS	向右	向上	1/1440 英寸（0.0007 英寸）
MM_ISOTROPIC	由比例因子决定。如果为正，则 x 轴正方向朝右；如果为负，则 x 轴正方向朝左	由比例因子决定。如果为正，则 y 轴正方向朝下；如果为负，则 y 轴正方向朝上	用户定义，并且 x 轴和 y 轴的逻辑单位长度一样
MM_ANISOTROPIC	由比例因子决定。如果为正，则 x 轴正方向朝右；如果为负，则 x 轴正方向朝左	由比例因子决定。如果为正，则 y 轴正方向朝下；如果为负，则 y 轴正方向朝上	用户定义，并且 x 轴和 y 轴的逻辑单位长度可以不同，也可以相同

坐标单位长度就是一个逻辑单位对应的实际物理尺寸，GDI 绘图函数都是基于逻辑单位的，因此很容易换算出实际物理大小。通常把映射模式分为三类：文本映射模式、固定映射模式和可变映射模式。文本映射模式是 MM_TEXT，是 Windows 默认情况下的映射模式，它的两个坐标轴分别向右和向下，符合文本阅读的方向，坐标单位长度是像素，和设备坐标系的坐标单位长度相同，默认的逻辑坐标系的原点在窗口的左上角。固定映射模式的逻辑坐标系的轴方向和长度单位都是固定的（也称公制映射模式，因为逻辑单位都是物理度量单位），比如映射模式 MM_LOMETRIC 的坐标单位长度是 0.01 英寸，两个轴的方向都是固定的，用户不能更改。它对应设备坐标系的长度单位的一个像素，固定映射模式有 MM_LOMETRIC、MM_HIMETRIC、MM_LOENGLISH、MM_HIENGLISH、MM_TWIPS，默认的坐标原点都是在左上角。其区别在于每一个逻辑单位对应的物理大小不一样。MM_ISOTROPIC 和 MM_ANISOTROPIC 属于可变映射模式，它们的坐标轴方向由比例因子的正负决定，坐标单位长度由用户自定义。这里要提一下，MM_TEXT 为何单独划分，是因为它的逻辑单位像素的大小不是固定的，像素的大小主要取决于显示器的分辨率，相同面积不同分辨率的显示屏，其像素点大小是不同的，分辨率是指在长和宽的两个方向上各拥有的像素个数。

可以通过函数 SetMapMode 来设置所需的映射模式，该函数声明如下：

```
int SetMapMode(HDC hdc, int fnMapMode );
```

其中，参数 hdc 是设备描述表的句柄；fnMapMode 是新的映射模式，比如取值 MM_ANISOTROPIC。如果函数成功，就返回设置前的映射模式，如果失败就返回 0。

此外，还可以通过函数 GetMapMode 来获得当前的映射模式，该函数声明如下：

```
int GetMapMode(  HDC hdc );
```

其中，参数 hdc 是设备描述表的句柄。如果函数成功就返回当前的映射模式，如果失败就返回 0。

6.4.2 原点的坐标

原点分为窗口原点（窗口左上方的交点）和视口原点（逻辑坐标轴交点），原点的坐标也分为窗口原点在逻辑坐标系中的坐标和视口原点在设备坐标系中的坐标。Windows 提供了两个函数来设置这两个坐标。函数 SetWindowOrgEx 用来设置窗口原点在逻辑坐标系中的坐标，声明如下：

```
BOOL SetWindowOrgEx( HDC hdc, int X, int Y, LPPOINT lpPoint );
```

其中，参数 hdc 是设备描述表的句柄；X 是窗口原点在逻辑坐标系中新的横坐标；Y 是窗口原点在逻辑坐标系中新的纵坐标；lpPoint 返回窗口原点以前的逻辑坐标，若该参数为 NULL 则不用。如果函数成功就返回非 0，否则返回 0。

函数 SetViewportOrgEx 用来设置视口原点在设备坐标系中的坐标，声明如下：

```
BOOL SetViewportOrgEx( HDC hdc, int X, int Y, LPPOINT lpPoint);
```

其中，参数 hdc 是设备描述表的句柄；X 是视口原点在设备坐标系中新的横坐标；Y 是视口原点在设备坐标系中新的纵坐标；lpPoint 返回视口原点以前的设备坐标，若该参数为 NULL 则不用。如果函数成功就返回非 0，否则返回 0。

通常情况下，SetWindowOrgEx 和 SetViewportOrgEx 不同时使用，两个同时使用的效果用其中一个也可以达到目标。

在任何模式下，视口原点（逻辑坐标系的原点）都默认映射到窗口原点（窗口左上方，即设备坐标系的原点），比如在 MM_TEXT 映射模式下，视口原点（逻辑坐标系的原点）在窗口中默认的位置就是窗口（根据 DC）左上角，即和窗口原点（设备坐标系原点）是重合的。我们可以用下面的代码来验证：

```
case WM_PAINT:
    hdc = BeginPaint(hWnd, &ps);
    // TODO: 在此添加任意绘图代码...
    SetMapMode(hdc,mode); //mode 取 8 种映射模式的任一种
    TextOut(hdc, 0,0 , _T("hello world"), 11);
    EndPaint(hWnd, &ps);
    break;
```

可以发现，这段代码输出的"hello world"总是在窗口左上方，而 TextOut 使用的是逻辑坐标，说明默认情况下逻辑坐标原点是映射到窗口左上角的，即窗口原点。当然，通过 SetWindowOrgEx 或 SetViewportOrgEx 这两个函数我们可以改变原点的默认映射。

下面来看几个小例子，加深理解对这两个函数的使用。

【例 6.7】MM_TEXT 下设置视口原点在客户区中间

（1）新建一个 Win32 工程。

（2）在 WndProc 函数的“case WM_PAINT:”下面添加代码：

```
case WM_PAINT:
    hdc = BeginPaint(hWnd, &ps);
    // TODO: 在此添加任意绘图代码...
    GetClientRect(hWnd,&rt); //获取客户区的大小
    //设置视口原点位于客户区中间
    SetViewportOrgEx(hdc, rt.right / 2, rt.bottom / 2,NULL);
```

```
//画逻辑坐标轴横轴的正半轴
    MoveToEx(hdc, 0, 0, NULL);
    LineTo(hdc, rt.right / 2, 0);
    TextOut(hdc, rt.right / 2 - 20, 10, _T("+X"), 2);  //画“+X”

    //画逻辑坐标轴纵轴的正半轴
    MoveToEx(hdc, 0, 0, NULL);
    LineTo(hdc, 0, rt.bottom / 2);
    TextOut(hdc, 10, rt.bottom / 2-20, _T("+Y"), 2); //画“+Y”

    EndPaint(hWnd, &ps);
    break;
```

默认情况下，映射模式就是 MM_TEXT，因此不需要去特意设置映射模式。首先获取客户区的大小，然后设置视口原点（也就是逻辑坐标轴的原点）位于客户区的中间（rt.right / 2, rt.bottom / 2），最后开始画出逻辑坐标轴的纵横两个正半轴，要注意的是，MoveToEx 和 LineTo 的坐标都是基于逻辑坐标轴的。函数 GetClientRect 的声明如下：

```
BOOL GetClientRect(HWND hWnd, LPRECT lpRect);
```

其中，参数 hWnd 表示要获得客户区坐标的窗口句柄；lpRect 是一个指针，指向获得的客户区坐标，要注意的是，lpRect 指向的 RECT 结构中的 right 和 bottom 字段并不是客户区上最右和最下的像素，而是最右和最下的像素坐标加 1，比如客户区最右的像素横坐标是 xmax，则 right 的值为 xmax+1，客户区最下的像素横坐标是 ymax，则 bottom 的值为 ymax+1，也就是说 right 和客户区的宽度（因为最左边的像素横坐标是 0，所以宽度是 xmax+1）相等，bottom 和客户区的高度相同，而 left 和 top 都是 0，分别表示左边第一个像素的横坐标和上方第一个像素的纵坐标。

（3）保存工程并运行，运行结果如图 6-8 所示。

通过上例我们可以举一反三，比如 MM_TEXT 下设置视口原点在客户区右下角，则可以用语句：

```
GetClientRect(hWnd, &rt); //获取客户区的大小
//设置视口原点位于客户区右下角
SetViewportOrgEx(hdc, rt.right , rt.bottom , NULL);
```

此时的逻辑坐标轴和窗口的关系如图 6-9 所示。

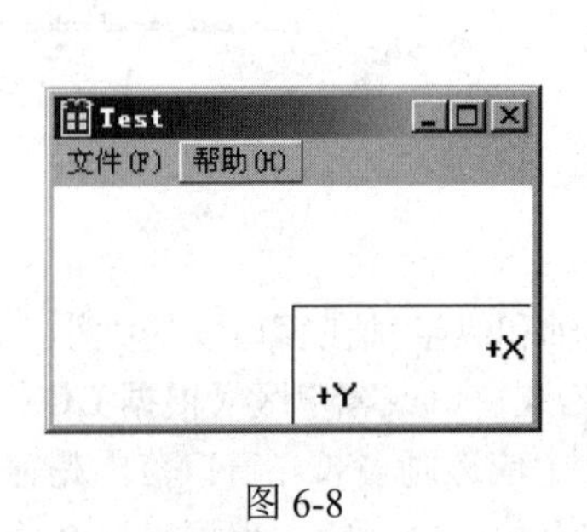

图 6-8

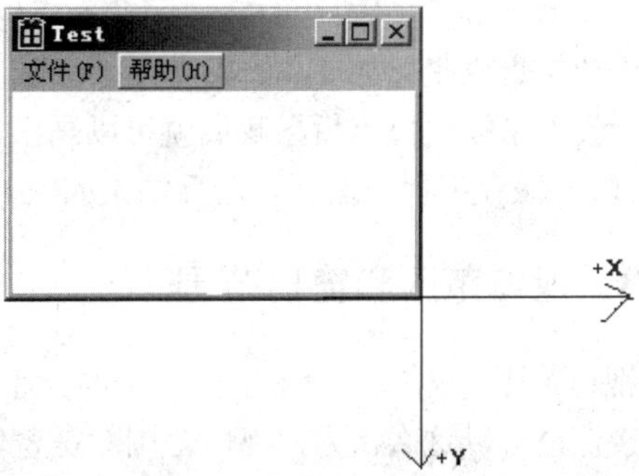

图 6-9

如果要在窗口左上角输出一行文本需要这样写：

```
// TextOut 的坐标是基于逻辑坐标的
TextOut(hdc, -rt.right, - rt.bottom , _T("hello world"), 11);
```

【例 6.8】MM_ISOTROPIC 下设置视口原点在客户区右下角，并且坐标方向和设备坐标方向相反

（1）新建一个 Win32 工程。

（2）在 WndProc 函数的 case WM_PAINT 下面添加代码：

```
case WM_PAINT:
    hdc = BeginPaint(hWnd, &ps);
    // TODO: 在此添加任意绘图代码...
    GetClientRect(hWnd, &rt); //获得客户区范围
    SetMapMode(hdc, MM_ISOTROPIC); //设置映射模式为 MM_ISOTROPIC
    SetWindowExtEx(hdc, rt.right, rt.bottom, NULL); //设置窗口范围
    //设置视口范围，有了负号将导致比例因子为负
    SetViewportExtEx(hdc, -rt.right, -rt.bottom, NULL);
    //设置视口原点在客户区右下角
    SetViewportOrgEx(hdc, rt.right - 1, rt.bottom - 1, NULL);
    //画 X 轴
    MoveToEx(hdc, 0, 0, NULL);
    LineTo(hdc,rt.right,0);
    TextOut(hdc, rt.right - 10, 20, _T("+X"), 2); //画"+X"
    //画 Y 轴
    MoveToEx(hdc, 0, 0, NULL);
    LineTo(hdc, 0,rt.bottom);
    TextOut(hdc, 20, rt.bottom - 10, _T("+Y"), 2); //画"+Y"
    EndPaint(hWnd, &ps);
    break;
```

其中，rt 是一个 RECT 类型的局部变量。因为比例因子都是负的（两个比例因子分别为-rt.right/ rt.right 和-rt.bottom/ rt.bottom），所以逻辑坐标系的方向分别是向上和向左。

要注意的是，我们把视口原点设为（rt.right - 1, rt.bottom – 1），这是因为 rt.right 是最右边的客户区像素横坐标加 1，rt.bottom 是客户区最下边像素纵坐标加 1，如果有疑惑可以参考前面 GetClientRect 的声明。设置了视口原点后，我们就可以画出两条坐标轴了。

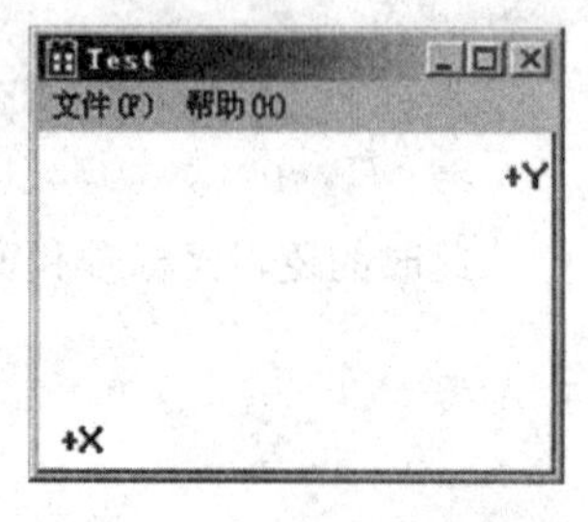

图 6-10

（3）保存工程并运行，运行结果如图 6-10 所示。

6.4.3 视口范围和窗口范围

视口范围是视口在设备坐标系中的大小，也就是横半轴和纵半轴在窗口中的大小，长度单位是像素，也可以这么认为，视口范围就是逻辑坐标轴在屏幕或窗口或客户区（根据 DC）中占据了多少像素，或者说，逻辑坐标轴画到屏幕窗口（根据 DC）中应该画多长。窗口范围是窗口（根据 DC）在逻辑坐标系中的大小，长度单位是逻辑单位，比如英寸、毫米等，也可以这么认为，窗口范围就是逻辑坐标系两个半轴的长度。

知道了映射模式、原点坐标和视口窗口范围，一个很重要的目标就是会把逻辑坐标系画在窗口（根据 DC）上。逻辑坐标轴画出来后，我们就可以开始真正用 GDI 绘图函数进行画画了，因为 GDI 绘图函数都是基于逻辑坐标系的。

设置了映射模式以后，Windows 自动设置窗口及视口的范围，对于可变映射模式，用户可以通过函数 SetWindowExtEx 和 SetViewportExtEx 来改变窗口和视口的范围，而其他 6 种映射下的窗口和视口范围都不可改变，即函数 SetWindowExtEx 和 SetViewportExtEx 只能用于可变映射模式。但除了文本映射模式外，其他的映射模式都可以通过函数 GetWindowExtEx 和 GetViewportExtEx 来获得窗口范围和视口范围。函数 GetWindowExtEx 的声明如下：

```
BOOL GetWindowExtEx( HDC hdc, LPSIZE lpSize);
```

其中，参数 hdc 是设备描述表的句柄；lpSize 是指向 SIZE 结构体的指针，将返回窗口在逻辑坐标系中的大小，单位是逻辑单位。如果函数执行成功就返回非 0，否则返回 0。

函数 GetViewportExtEx 的声明如下：

```
BOOL GetViewportExtEx( HDC hdc, LPSIZE lpSize);
```

其中，参数 hdc 是设备描述表的句柄；lpSize 是指向 SIZE 结构体的指针，将返回视口在设备坐标系中的大小，单位是像素。如果函数执行成功就返回非 0，否则返回 0。

SIZE 结构定义如下：

```
typedef struct tagSIZE
{
    LONG        cx; //水平方向范围
    LONG        cy; //垂直方向范围
} SIZE, *PSIZE, *LPSIZE;
```

对于文本映射模式 MM_TEXT，函数 GetWindowExtEx 和 GetViewportExtEx 得到的结果都是（1,1），它并不是表示大小，只是表示视口和窗口的大小是一样的。

对于固定映射模式，函数 GetViewportExtEx 得到的视口范围是当前的分辨率，函数 GetWindowExtEx 得到的窗口范围约等于适合当前分辨率的标准显示器的尺寸（单位毫米）除以逻辑单位（毫米）。

【例 6.9】固定映射模式下视口范围和窗口范围

（1）新建一个 Win32 工程。

（2）在函数 WndProc 中添加局部变量：

```
    SIZE sizeView, sizeWnd; //表示视口范围和窗口范围
    TCHAR buf[100] = { 0 };
    HDC hdcScreen;
    int nScreenWidth, nScreenHeight; //表示屏幕宽度和高度
```

找到 case WM_PAINT:，然后添加如下代码：

```
case WM_PAINT:
    hdc = BeginPaint(hWnd, &ps);
    // TODO: 在此添加任意绘图代码...
    SetMapMode(hdc, MM_LOMETRIC);
    hdcScreen = GetDC(NULL);    //获取屏幕的 dc 句柄
    //得到屏幕宽度，单位是毫米
    nScreenWidth = GetDeviceCaps(hdcScreen, HORZSIZE);
    //得到屏幕高度，单位是毫米
    nScreenHeight = GetDeviceCaps(hdcScreen, VERTSIZE);
    ReleaseDC(hWnd, hdcScreen); //释放屏幕的 dc 句柄
```

```
        GetViewportExtEx(hdc, &sizeView); //得到视口范围
        GetWindowExtEx(hdc, &sizeWnd); //得到窗口范围

    _stprintf_s(buf, _T("scW=%dmm,scH=%dmm,sizeOfWnd=(%d,%d),sizeOfViewport=
(%d,%d)"), nScreenWidth, nScreenHeight, sizeWnd.cx, sizeWnd.cy, sizeView.cx,
sizeView.cy);
        TextOut(hdc, 0, 0, buf, _tcslen(buf)); //显示字符串
        EndPaint(hWnd, &ps);
        break;
```

首先获取屏幕的 DC 句柄，以此来获得适合当前分辨率下的标准显示器的尺寸，通过函数 GetDeviceCaps 来实现，该函数声明如下：

```
    int GetDeviceCaps( HDC hdc, int nIndex);
```

其中，参数 hdc 是设备描述表的句柄；nIndex 取值为需要返回结果的信息项的宏，如 nIndex 取值为 HORZSIZE 时，表示函数返回的是适合当前分辨率下的标准显示器的宽度，nIndex 取值为 VERTSIZE 时，表示函数返回的是适合当前分辨率下的标准显示器的高度。函数返回值是 nIndex 指定的信息项的值。

接着，我们获取视口范围和窗口范围，并最终把所有结果合在一个字符串中，然后打印出来。

（3）保存工程并运行，运行结果如图 6-11 所示。

图 6-11

由上例可以看到，固定映射模式下的视口范围就是屏幕大小（笔者的屏幕分辨率是 1280×1024），因为映射模式 MM_LOMETRIC 的 *y* 轴的方向向上和设备坐标系的 *y* 轴方向相反（设备坐标系中，向下是正方向），所以 1024 前面有个负号。窗口范围是适合当前分辨率下的标准显示器的大小，比如适合当前分辨率下的标准显示器大小为（452mm，361mm），而映射模式 MM_LOMETRIC 的一个逻辑单位是 0.1 毫米，假设窗口范围是（x 个逻辑单位，y 个逻辑单位），那么存在关系：x×0.1 约等于 452 和 y×0.1 约等于 361，上例的窗口范围（4516，3612）符合这样的关系。大家也可以把映射模式改为 MM_HIMETRIC，可以发现窗口范围变成（45156，36124）了，这是因为逻辑单位是 0.01 毫米了。总之，固定映射模式的窗口范围是跟适合于当前分辨率的标准显示器的大小相关的。那么如果当前的 DC 是窗口，比如上例，那么逻辑坐标怎样画呢？答案是逻辑坐标轴延伸到窗口外面去了，逻辑坐标轴的原点位于窗口左上角，*y* 轴向上，*x* 轴向右，因为窗口尺寸小于此屏幕的分辨率，所以两个轴将延伸到窗口外面，逻辑坐标轴和窗口的关系如图 6-12 所示。

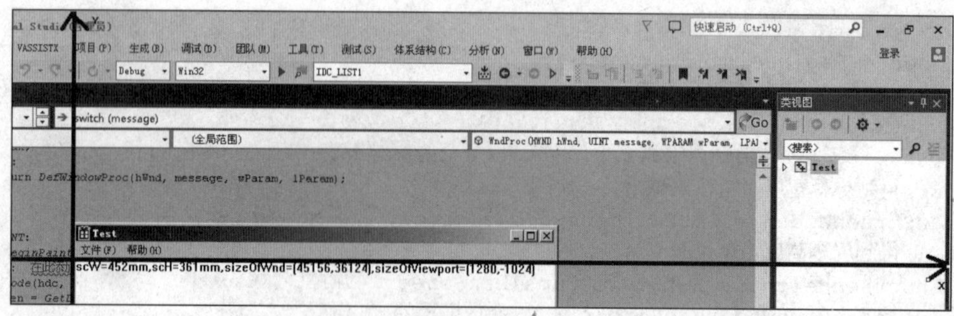

图 6-12

要注意的是，图 6-12 中的逻辑点（45156,0）和（0, 36124）并不在图中，而是在显示器外面了。因为窗口左边和显示器左边还有一段距离，窗口下边和显示器下边也有一段距离。

对于可变映射模式 MM_ISOTROPIC，默认情况下的逻辑坐标轴的 x 轴向右、y 轴向上、逻辑单位是 0.1 毫米，和映射模式 MM_LOMETRIC 一致，这样默认视口范围是当前屏幕分辨率，默认窗口范围是基于适合当前分辨率的标准显示器的大小。对于可变映射模式 MM_ANISOTROPIC，默认情况下同 MM_TEXT。可以通过函数 SetWindowExtEx 和 SetViewportExtEx 来改变可变映射模式下的窗口和视口范围，函数 SetViewportExtEx 的声明如下：

```
BOOL SetWindowExtEx( HDC hdc, int nXExtent, int nYExtent, LPSIZE lpSize );
```

其中，参数 hdc 为设备描述表的句柄；nXExtent 为新的窗口范围的宽度；nYExtent 为新的窗口范围的高度；lpSize 为以前的窗口范围，单位是逻辑单位，如果该参数为 NULL，则不用。如果函数成功就返回非 0，否则返回 0。

函数 SetViewportExtEx 的声明如下：

```
BOOL SetViewportExtEx( HDC hdc, int nXExtent,  int nYExtent,  LPSIZE lpSize );
```

其中，参数 hdc 为设备描述表的句柄；nXExtent 为新的视口范围的宽度；nYExtent 为新的视口范围的高度；lpSize 为以前的视口范围，单位是像素，如果该参数为 NULL，则不用。如果函数成功就返回非 0，否则返回 0。

值得注意的是，映射模式 MM_ISOTROPIC 要求逻辑坐标轴 X 方向和 Y 方向上的逻辑单位要相同，因此在调用之前必须先调用 SetWindowExtEx，这是因为逻辑坐标系两个轴的长短比例关系是由 SetWindowExtEx 确定的，如果 SetWindowExtEx 和 SetViewportExtEx 发生冲突，则以 SetViewportExtEx 为准，以确保两个轴的逻辑单位相同，比如通过 SetWindowExtEx 设置逻辑坐标轴逻辑大小一样，而通过 SetViewportExtEx 来设置的逻辑坐标轴实际在窗口（根据 DC）占据的范围又不同，此时 Windows 会自动调整逻辑坐标轴实际占用的范围大小来符合逻辑坐标轴的两个轴的长度，具体方法是如果 SetViewportExtEx 设置的宽大于高，则缩短宽；如果宽小于高，则缩短高。总之一句话，逻辑坐标轴实际占据的长度要和为其设置的逻辑长度对应起来，只有这样才能做到两个轴的逻辑单位一致。如果不这样，比如两个轴的逻辑大小都是 10000，而在客户区（根据 DC）中横轴实际长度是客户区的宽度、纵轴实际长度是客户区的高度，而客户区的宽度和高度又不同，此时就没法确保逻辑坐标系两个轴的逻辑单位相同了。所谓两个轴的逻辑单位相同，就是都是表示相同的实际物理距离，比如两个轴的 1 个逻辑单位都表示 1 毫米、100cm 或 5 英寸等。下面来看一个例子。

【例 6.10】设置 MM_ISOTROPIC 下窗口范围和视口范围

（1）新建一个 Win32 工程。

（2）在函数 WndProc 中添加局部变量：

```
RECT rt; //保存客户区大小
int xLen, yLen; //表示窗口范围
```

找到 case WM_PAINT:，然后添加代码：

```
case WM_PAINT:
    hdc = BeginPaint(hWnd, &ps);
    // TODO: 在此添加任意绘图代码...
    SetMapMode(hdc,MM_ISOTROPIC); //设置映射模式
```

```
    GetClientRect(hWnd, &rt); //获取客户区大小
    xLen = 55000; yLen = 55000;  //定义窗口范围
    SetWindowExtEx(hdc, xLen, yLen, NULL); //设置窗口范围
    SetViewportExtEx(hdc, rt.right, -rt.bottom, NULL); //设置视口范围

    SetViewportOrgEx(hdc, 0, rt.bottom-1, NULL); //设置视口原点在窗口的左下角

    //画水平线表示 x 轴
    MoveToEx(hdc, 0, 0, NULL);
    LineTo(hdc, xLen, 0);
    //画垂直线表示 y 轴
    MoveToEx(hdc, 0, 0, NULL);
    LineTo(hdc, 0, yLen);

    //画对角线
    MoveToEx(hdc, 0, 0, NULL);
    LineTo(hdc, xLen, yLen);

    EndPaint(hWnd, &ps);
    break;
```

因为比例因子是负的，所以逻辑坐标轴的 y 轴向上。我们设置视口原点在左下角，rt.bottom 减去 1 是因为获取到的客户区大小的 bottom 字段是最下方像素的纵坐标加 1，所以要减去 1。接着，我们从原点画 2 条线，分别表示逻辑坐标系的两个轴，最后还画了一条对角线，这样看起来更直观些。

值得注意的是，我们设置的窗口范围，也就是逻辑坐标轴的正半轴的范围，大小是一样的，都是 55000，这意味着 x 轴和 y 轴在客户区画出来的时候占据的实际长度肯定是一样长的；而我们设置的视口范围是客户区的大小，客户区的宽和高不一定相同，系统为了能确保逻辑单位相同，在运行后可以看到，如果客户区宽度大于高度，系统会自动调整逻辑坐标横轴的长度，使其和纵轴一样长，而不会占据客户区整个宽度那么长，同样，如果客户区高度大于宽度，系统会自动调整逻辑坐标纵轴的长度，使其和横轴一样长，而不会占据客户区整个高度那么长。也就是说，系统会自动调整某个轴的长度，以确保两个轴的逻辑单位相同。

（3）保存工程并运行，运行结果如图 6-13 和图 6-14 所示。

从上例我们可以得到启发，映射模式 MM_ISOTROPIC 下画圆或正方形是很方便的。

如果我们把上面例子中的 yLen 赋值为 5000，则逻辑坐标轴的纵轴也将会变小，如图 6-15 所示。

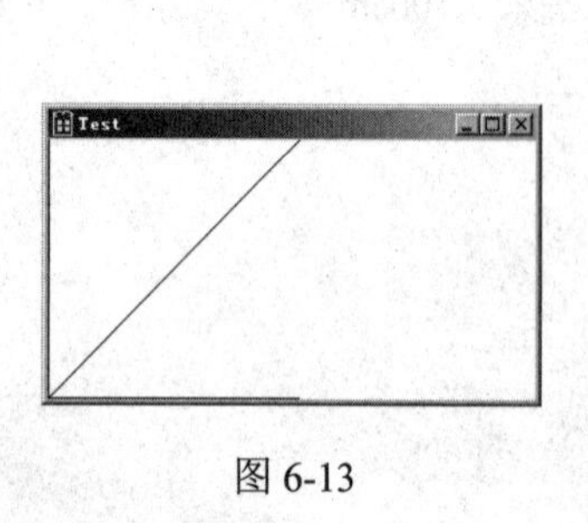

图 6-13

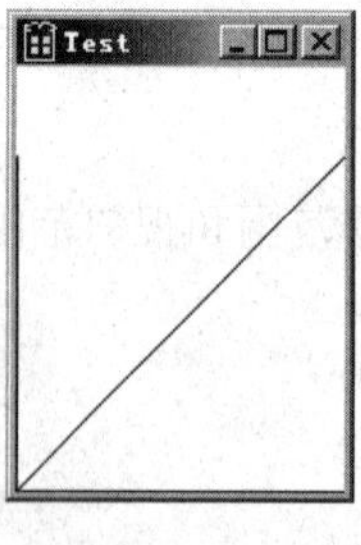

图 6-14

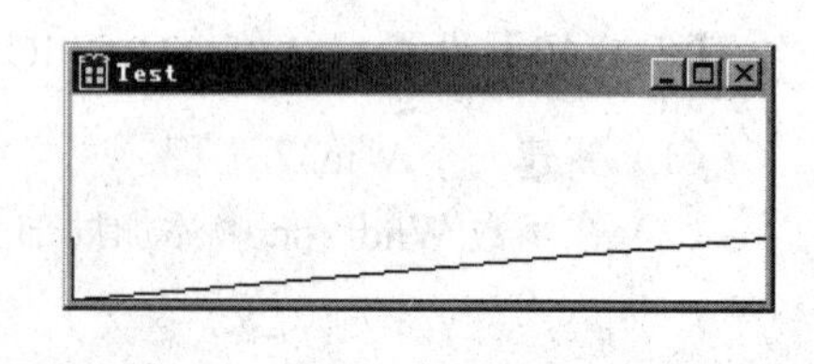

图 6-15

【例 6.11】MM_ISOTROPIC 下图形在逻辑坐标系外面和客户区之内就能显示

（1）新建一个 Win32 工程。

（2）在函数 WndProc 中添加局部变量：

```
    RECT rt; //保存客户区大小
    int xLen, yLen; //表示窗口范围
```

找到“case WM_PAINT:”，然后添加如下代码：

```
case WM_PAINT:
    hdc = BeginPaint(hWnd, &ps);
    // TODO: 在此添加任意绘图代码...
    SetMapMode(hdc, MM_ISOTROPIC); //设置映射模式

    GetClientRect(hWnd, &rt); //获取客户区大小
    xLen = 55000; yLen = 55000;

    SetWindowExtEx(hdc, xLen, yLen, NULL); //设置窗口范围
    SetViewportExtEx(hdc, rt.right/2, -rt.bottom/2, NULL); //设置视口范围

    //设置逻辑坐标系原点在窗口中间位置
    SetViewportOrgEx(hdc, rt.right/2, rt.bottom/2, NULL);

    //画水平线表示 X 轴
    MoveToEx(hdc, 0, 0, NULL);
    LineTo(hdc, xLen, 0);
    //画垂直线表示 Y 轴
    MoveToEx(hdc, 0, 0, NULL);
    LineTo(hdc, 0, yLen);
    //画一个圆
    Ellipse(hdc, 40000, 15000, 60000, 35000);

    EndPaint(hWnd, &ps);
    break;
```

逻辑坐标系的纵轴的逻辑长度是 25000，比横轴的长度 55000 短了近一半，所以画出来后的 y 轴比 x 轴短一半左右。我们设置逻辑坐标轴在窗口中实际占用的长度为客户区大小的一半，当客户区的宽度大出高度近一倍的长度时，y 轴将占据一半的客户区高度，否则 x 轴将占据一半的客户区宽度，这是系统自动调整的，为了保持逻辑坐标系的两个轴的逻辑单位一致，这是因为我们设置了 MM_ISOTROPIC 映射模式。函数 Ellipse 用来画椭圆，当横纵半径相同时便是一个圆，函数声明如下：

```
BOOL Ellipse( HDC hdc, int nLeftRect,int nTopRect,int nRightRect, int
nBottomRect);
```

其中，参数 hdc 是 DC 的句柄；nLeftRect 表示椭圆矩形坐标左上角的横纵标；nTopRect 表示椭圆矩形坐标左上角的纵坐标；nRightRect 表示椭圆矩形坐标右下角的横坐标；nBottomRect 表示椭圆矩形坐标右下角的纵坐标。当函数成功时，返回非 0，否则返回 0。

我们画的是一个圆，圆的半径是 60000-40000=20000=35000-15000，这个圆已经画到逻辑坐标系的外面去了，但只要在客户区之内，还是能够显示的。本例要告诉大家的是即使画图函数都是基于逻辑坐标的，画到逻辑坐标系外面的部分，只要在客户区之内，也是可以显示出来的。

（3）保持工程并运行，运行结果如图 6-16 所示。

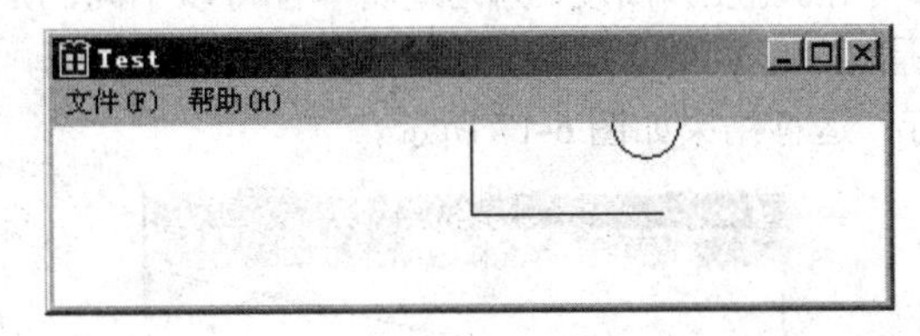

图 6-16

对于映射模式 MM_ANISOTROPIC，x 轴和 y 轴的逻辑单位长度可以不同，也可以相同。

Windows 不会对设置的视口范围进行调整，视口范围设置了两个轴占用多大长度，就占用多大长度。这一点是和 MM_ISOTROPIC 的重要区别。

【例 6.12】设置 MM_ANISOTROPIC 的窗口范围和视口范围

（1）新建一个 Win32 工程。

（2）在函数 WndProc 中添加局部变量：

```
RECT rt; //保存客户区大小
int xLen, yLen; //表示窗口范围
```

找到“case WM_PAINT:”，然后添加如下代码：

```
case WM_PAINT:
    hdc = BeginPaint(hWnd, &ps);
    // TODO: 在此添加任意绘图代码...
    SetMapMode(hdc, MM_ANISOTROPIC); //设置映射模式

    GetClientRect(hWnd, &rt); //获取客户区大小
    xLen = 55000; yLen = 55000;  //定义窗口范围
    SetWindowExtEx(hdc, xLen, yLen, NULL); //设置窗口范围
    SetViewportExtEx(hdc, rt.right, -rt.bottom, NULL); //设置视口范围

    SetViewportOrgEx(hdc, 0, rt.bottom-1, NULL); //设置视口原点在窗口的左下角

    //画水平线表示 x 轴
    MoveToEx(hdc, 0, 0, NULL);
    LineTo(hdc, xLen, 0);
    //画垂直线表示 y 轴
    MoveToEx(hdc, 0, 0, NULL);
    LineTo(hdc, 0, yLen);

    //画对角线
    MoveToEx(hdc, 0, 0, NULL);
    LineTo(hdc, xLen, yLen);

    EndPaint(hWnd, &ps);
    break;
```

因为比例因子是负的，所以逻辑坐标轴的 *y* 轴向上。我们设置视口原点在左下角，rt.bottom 减去 1 是因为获取到的客户区大小的 bottom 字段是最下方像素的纵坐标加 1，所以要减去 1。接着，我们从原点画 2 条线，分别表示逻辑坐标系的两个轴，最后还画了一条对角线，这样看起来更直观些。

值得注意的是，我们设置的窗口范围，也就是逻辑坐标轴的正半轴的范围大小是一样的，都是 55000，但这并不意味着 *x* 轴和 *y* 轴在客户区画出来的时候占据的实际长度也是一样长的，实际画出来是多长，要看视口设置的范围，我们设置的视口范围是客户区的大小，那么两个逻辑轴在客户区中的实际尺寸就是客户区的宽度和高度，因为逻辑单位可以不同，所以即使两个逻辑轴的逻辑长度相同，但实际长度也是可以不同的。

（3）保存工程并运行，运行结果如图 6-17 所示。

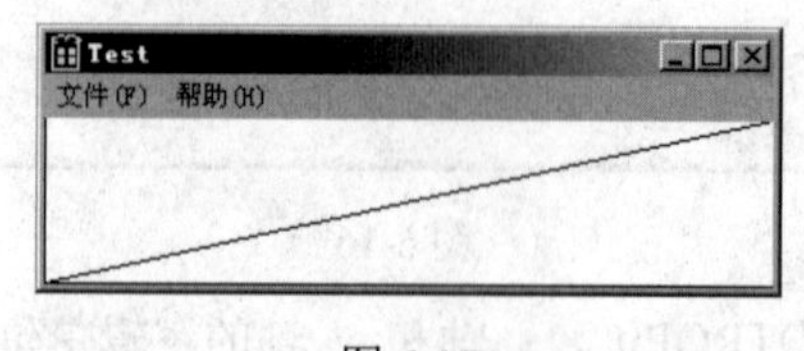

图 6-17

6.5　Win32 中的 GDI 对象

在 Win32 图形编程中，直接使用句柄来引用 GDI 对象，比如字体的句柄 HFONT、画刷的句柄 HBRUSH、画笔的句柄 HPEN、位图的句柄 HBITMAP 等。这些 GDI 对象使用的基本步骤如下：

（1）创建一个 GDI 对象或获取一个库存的 GDI 对象。

（2）因为 DC 已经有默认的 GDI 对象了，如果要用我们自己定义的 GDI 对象，则需要把我们创建的 GDI 对象选入设备描述表中，这样设备描述表中默认的 GDI 对象就会被我们选入的 GDI 对象代替，并且原来的那个 GDI 对象要保存好，以便以后还给设备描述表。为何要把默认的 GDI 对象归还给 DC 呢？这是因为 DC 在销毁的时候，会删除它创建的所有默认的 GDI 对象，如果某个默认的 GDI 对象和 DC 失去关联后，那个默认的 GDI 对象就无法被删除掉，从而导致内存泄漏。而我们自己的 GDI 对象因为是我们创建的，所以我们必须负责它的删除。DC 创建的默认 GDI 对象由 DC 负责删除。

（3）用我们自己的 GDI 对象开始画图。

（4）画图完毕后，要把原来默认的 GDI 对象重新选入 DC 中，这样我们的 GDI 对象就从 DC 中脱离关系了，然后就可以删除我们创建的 GDI 对象了。一定要注意，必须先把我们的 GDI 对象脱离 DC 后才能删除，这是因为已经选入 DC 中的 GDI 对象是无法被删除的。另外，如果是库存的 GDI 对象，是不需要删除的，只需删除创建的 GDI 对象。

把 GDI 对象选入设备描述表的函数是 SelectObject，该函数声明如下：

```
HGDIOBJ SelectObject( HDC hdc, HGDIOBJ hgdiobj);
```

其中，参数 hdc 是指向 DC 的句柄；hgdiobj 是指向 GDI 对象的句柄；如果 hgdiobj 不是一个区域的句柄并且函数执行成功，则返回原先的 GDI 对象句柄；如果 hgdiobj 是一个区域的句柄并且函数执行成功，则返回下列值：

- SIMPLEREGION：由单一矩形组成的区域。
- COMPLEXREGION：由多个矩形组成的区域。
- NULLREGION：区域是空的。

如果 hgdiobj 不是一个区域的句柄并且函数发生错误，就返回 NULL。

删除 GDI 对象的函数是 DeleteObject，该函数声明如下：

```
BOOL DeleteObject(  HGDIOBJ hObject );
```

其中，参数 hObject 是指向 GDI 对象的句柄，可以是画笔、画刷、字体、位图、区域或调色板的句柄。如果函数成功就返回非 0；如果 hObject 不是一个有效的句柄或已经选入到 DC 中，则返回 0。

SelectObject 和 DeleteObject 常用的场合是这样的：

```
HPEN hpen, hpenOld; //定义画笔变量
HBRUSH hbrush, hbrushOld; //定义画刷变量

hpen = CreatePen(PS_SOLID, 10, RGB(0, 0, 255)); //创建一个蓝色画笔
hbrush = CreateSolidBrush(RGB(255, 0, 0)); //创建一个红色画刷

hpenOld = SelectObject(hdc, hpen); //把新的画笔选入 DC，并保存原来的画笔
```

```
hbrushOld = SelectObject(hdc, hbrush); //把新的画刷选入 DC，并保存原来的画刷
Rectangle(hdc, 100,100, 200,200); //画一个矩形

SelectObject(hdc, hpenOld); //把原来的画笔选入 DC
DeleteObject(hpen); //我们的画笔和 DC 脱离关系了，就可以删除我们创建的画笔了
SelectObject(hdc, hbrushOld); //把原来的画刷选入 DC，
DeleteObject(hbrush); //我们的画刷和 DC 脱离关系了，就可以删除我们创建的画刷了
```

再次强调下，画图完毕后，一定要把原来的 GDI 对象重新选入 DC 中，这样我们创建的 GDI 对象才可以被删除，并且 DC 在释放的时候就可以把它创建的默认 GDI 对象删除掉，如果默认的 GDI 对象不被删除，就会造成 GDI 内存泄漏。

6.5.1 画笔

画笔可以用来画线条或图形的轮廓。画笔拥有线条的颜色、宽度和线型（实线、点画线和虚线）这些属性。画笔这个 GDI 对象的句柄类型是 HPEN，比如我们定义一个画笔句柄：

```
HPEN hNewPen;
```

Visual C++提供了 3 种库存画笔，分别是黑色实线画笔（BLACK_PEN）、白色实线画笔（WHITE_PEN）和空笔（NULL_PEN），空笔不会画任何东西，通常不用。设备描述表中默认的画笔是黑色实线画笔（BLACK_PEN）。通过函数 GetStockObject 可以得到库存画笔，该函数声明如下：

```
HGDIOBJ GetStockObject(  int fnObject );
```

其中，参数 fnObject 是库存 GDI 对象的类型，比如取值为 BLACK_BRUSH（黑色画刷）、DKGRAY_BRUSH（深灰色画刷）、GRAY_BRUSH（灰色画刷）、WHITE_PEN（白色实线画笔）、SYSTEM_FONT（系统字体）等. 如果函数执行成功就返回请求的库存对象的句柄，否则返回 NULL。

比如下面的代码返回一个库存的黑色实线画笔：

```
HEPN hPen = GetStockObject(BLACK_PEN);
```

除了使用库存的黑白实线画笔外，我们还可以通过函数 CreatePen 或 CreatePenIndirect 来创建自己的画笔，两者都可以用来创建自己风格的画笔，只是后者的参数又多了一层包裹，显得更“间接些”。CreatePen 声明如下：

```
HPEN CreatePen( int fnPenStyle, int nWidth, COLORREF crColor);
```

其中，参数 fnPenStyle 用来确定画笔的线型，取值如下：

- PS_SOLID: 画笔画出的是实线，画几何图形的时候，线是画在几何图形外部的。
- PS_DASH: 画笔画出的是虚线，比如——————————————。
- PS_DOT: 画笔画出的是点线，比如......................................。
- PS_DASHDOT: 画笔画出的是点画线。
- PS_DASHDOTDOT: 画笔画出的是点点画线。
- PS_NULL: 画笔不可见。
- PS_INSIDEFRAME: 画笔画出的是实线，但在画几何图形时，线是包含在几何图形内部的。

当线型为 PS_DASH、PS_DOT、PS_DASHDOT 或 PS_DASHDOTDOT 时，画笔的宽度必须小于或等于一个设备单位时线性才有效，否则 Visual C++用实线画笔来替换；nWidth 是画笔的宽度，

如果取值为 0，则画笔宽度为一个像素；crColor 用来指定画笔的颜色，比如取值 RGB(255,0,0)，表示创建一个红色画笔。如果函数成功就返回画笔的句柄，否则返回 NULL。

函数 CreatePenIndirect 的声明如下：

```
HPEN CreatePenIndirect(CONST LOGPEN *lplgpn );
```

其中，参数 lplgpn 是指向 LOGPEN 结构体的指针，该结构体定义如下：

```
typedef struct tagLOGPEN {
  UINT      lopnStyle; //画笔的线型
  POINT     lopnWidth; // lopnWidth 中的 x 字段表示画笔的宽度，y 字段不用
  COLORREF lopnColor; //画笔的颜色
} LOGPEN,  *PLOGPEN;
```

lopnStyle 表示画笔的宽度；lopnWidth 是一个点坐标结构体，结构体中的 x 字段表示画笔的宽度，单位是逻辑单位，而字段 y 不用；lopnColor 表示画笔的颜色。如果函数成功就返回画笔的句柄，否则返回 NULL。

通过 LOGPEN 变量可以创建一个画笔的句柄，相反通过画笔句柄也可以获得 LOGPEN 变量，这要用到函数 GetObject，该函数声明如下：

```
int GetObject(  HGDIOBJ hgdiobj, int cbBuffer, LPVOID lpvObject);
```

其中，参数 hgdiobj 是各个 GDI 对象的句柄；cbBuffer 为 lpvObject 指向缓冲区的大小；lpvObject 指向一个缓冲区，用来获得对象 hgdiobj 的信息。如果函数成功并且 lpvObject 是一个有效指针，则返回存入缓冲区的实际字节数；如果函数成功并且 lpvObject 是 NULL，则函数返回所需缓冲区的大小；如果函数失败，则返回 0。

这样我们可以通过函数 GetObject 来获得画笔信息：

```
LOGPEN logPen;
GetObject(hPen,sizeof(LOGPEN),( LPVOID)& logPen);
```

画笔必须关联到设备描述表中后才能真正用于画图。画图完毕后，还必须让画笔和设备描述表失联，然后对于创建出来的画笔（通过函数 CreatePen 或 CreatePenIndirect），需要用函数 DeleteObject 来删除；对于库存画笔（通过函数 GetStockObject 创建），则不能删除。

另外要注意的是，画笔并不会影响文本的输出 TextOut，文本输出的字体样式由字体对象决定，字体的颜色由 SetTextColor 函数决定。画笔主要影响画的图形，比如线条、矩形等。

下面看一个例子，该例子将绘制不同的线型下的矩形。

【例 6.13】绘制不同的线型下的矩形

（1）新建一个 Win32 工程。

（2）切换到资源视图，打开菜单设计器，然后添加一列菜单，如图 6-18 所示。

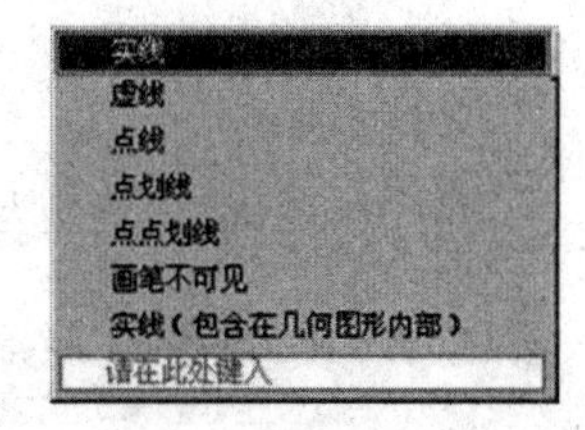

图 6-18

从上到下菜单项的 ID 分别为 ID_SOLID、ID_DASH、ID_DOT、ID_DASHDOT、ID_DASHDOTDOT、ID_NULL 和 ID_INSIDEFRAME。

（3）在函数 WndProc 开头定义变量：

```
HPEN hNewPen,hOldPen; //定义画笔变量
static int nlineStyle = PS_SOLID; //定义线型风格，它是一个局部静态变量
```

然后在 switch 中添加新增菜单项的事件处理：

```
// 分析菜单选择
switch (wmId) //从菜单处理
{
    case ID_SOLID:
        nlineStyle = PS_SOLID; //实线线型
        InvalidateRect(hWnd, NULL, TRUE); //重画客户区
        break;
    case ID_DASH:
        nlineStyle = PS_DASH; //虚线线型
        InvalidateRect(hWnd, NULL, TRUE); //重画客户区
        break;
    case ID_DOT:
        nlineStyle = PS_DOT; //点线线型
        InvalidateRect(hWnd, NULL, TRUE); //重画客户区
        break;
    case ID_DASHDOT:
        nlineStyle = PS_DASHDOT; //点画线线型
        InvalidateRect(hWnd, NULL, TRUE); //重画客户区
        break;
    case ID_DASHDOTDOT:
        nlineStyle = PS_DASHDOTDOT; //点点画线线型
        InvalidateRect(hWnd, NULL, TRUE); //重画客户区
        break;
    case ID_NULL:
        nlineStyle = PS_NULL; //画笔不可见
        InvalidateRect(hWnd, NULL, TRUE); //重画客户区
        break;
    case ID_INSIDEFRAME:
        nlineStyle = PS_INSIDEFRAME; //实线线型，但画几何图形时实线在几何图形内部
        InvalidateRect(hWnd, NULL, TRUE); //重画客户区
        break;
```

每次用户选择不同的新增菜单项后，都会导致客户区重画，我们要在 WM_PAINT 消息中进行绘图，找到 case WM_PAINT，然后添加如下代码：

```
case WM_PAINT:
    hdc = BeginPaint(hWnd, &ps);
    // TODO: 在此添加任意绘图代码...
    //如果线型是 PS_SOLID 或 PS_INSIDEFRAME，创建宽度为 10 像素的画笔
    if (PS_SOLID == nlineStyle ||nlineStyle == PS_INSIDEFRAME )
        hNewPen = CreatePen(nlineStyle, 10, RGB(0, 0, 255));
    //否则创建宽度为 1 的画笔
    else hNewPen = CreatePen(nlineStyle, 1, RGB(0, 0, 255));
    //把画笔选入设备描述表，并保存默认画笔句柄
    hOldPen = (HPEN)SelectObject(hdc, hNewPen);
    Rectangle(hdc, 10, 10, 150, 80); //画矩形
    SelectObject(hdc, hOldPen); //恢复原来的默认画笔
    DeleteObject(hNewPen); //删除我们创建的画笔

    EndPaint(hWnd, &ps);
    break;
```

因为线型为 PS_DASH、PS_DOT、PS_DASHDOT 或 PS_DASHDOTDOT 时，画笔的宽度必须

小于或等于一个设备单位时线性才有效，所以我们要针对不同的线型风格来创建不同宽度的画笔。画笔创建后，我们把新创建的画笔选入设备描述表，然后把原来默认的画笔句柄保存好。接着开始画一个矩形，画完后再恢复原来默认画笔，这样我们创建的画笔就和设备描述表没关系了，此时可以进行删除。

要注意线型风格为PS_SOLID和PS_INSIDEFRAME的时候，两者都是实线画笔风格，主要区别在于在画几何图形（比如矩形）的时候，前者的实线（边框）是不包含在几何图形范围之内的，而后者的实线（边框）是包含在几何图形范围之内的。运行后可以看出两者的区别。

（4）保存工程并运行，运行结果如图6-19所示。

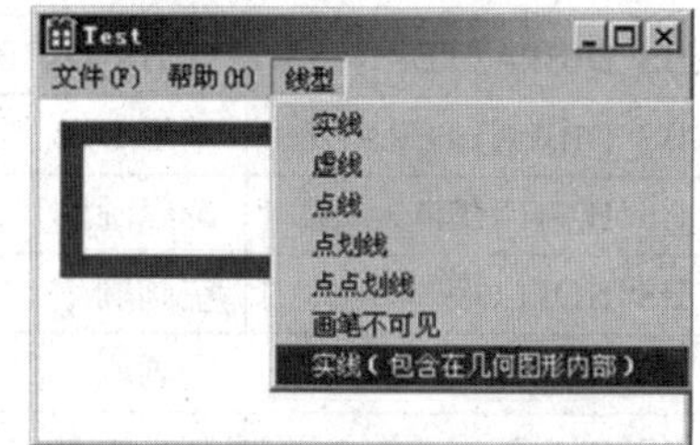

图6-19

6.5.2 画刷

画刷主要用来擦除客户区背景或者填充封闭区域。画刷这个GDI对象的句柄类型是HBRUSH，比如我们定义一个画刷句柄：

```
HBRUSH hNewBrush;
```

Visual C++提供了一些库存的画刷，一共有7个，分别是黑色画刷（BLACK_BRUSH）、深灰色画刷（DAGRAY_BRUSH）、灰色画刷（GRAY_BRUSH）、浅灰色画刷（LTGRAY_BRUSH）、白色画刷（WHITE_BRUSH）、空画刷（HOLLOW_BRUSH）、空画刷（NULL_BRUSH），最后两种等价。设备描述表中默认的画刷是白色画刷（WHITE_BRUSH）。同画笔一样，这些库存画刷也是通过函数GetStockObject来获得的，比如获取一个库存的灰色画刷：

```
HBRUSH hBrush = GetStockObject(GRAY_BRUSH);
```

除了库存画刷外，我们还能自己创建画刷。创建画刷的函数较多，有CreateSolidBrush、CreateBrushIndirect、CreateHatchBrush、CreatePatternBrush和CreateDIBPatternBrush，前3个较为常用，最后两个主要用于创建基于位图的画刷。

函数CreateSolidBrush声明如下：

```
HBRUSH CreateSolidBrush(COLORREF crColor );
```

其中，参数crColor表示要创建的画刷的颜色。如果函数成功，就返回画刷句柄，否则返回NULL。

函数CreateBrushIndirect声明如下：

```
HBRUSH CreateBrushIndirect( CONST  LOGBRUSH *lplb );
```

其中，参数lplb指向LOGBRUSH类型结构体，该结构体用来存放一个画刷信息，定义如下：

```
typedef struct tagLOGBRUSH {
  UINT     lbStyle; //画刷的风格
  COLORREF lbColor; //画刷的颜色或被忽略，具体根据 lbStyle 而定
  LONG     lbHatch; //含义根据 lbStyle 而定
} LOGBRUSH, *PLOGBRUSH;
```

其中，字段lbStyle表示画刷的风格，同时决定了后两个字段的含义，具体取值见表6-4。

表 6-4　lbStyle 取值

lbStyle 取值	lbStyle 含义	lbColor 含义	lbHatch 含义
BS_DIBPATTERN	基于设备独立位图（DIB）的画刷	忽略	位图（DIB）的句柄
BS_DIBPATTERN8X8	同 BS_DIBPATTERN	忽略	8×8 位图（DIB）的句柄
BS_DIBPATTERNPT	基于 DIB 图案的画刷	忽略	指向 DIB 的指针
BS_HATCHED	影线画刷	影线颜色	影线类型
BS_HOLLOW	空画刷	忽略	忽略
BS_NULL	空画刷	忽略	忽略
BS_PATTERN	基于内存位图的画刷	忽略	位图的句柄
BS_PATTERN8X 8	同 BS_PATTERN	忽略	8×8 位图的句柄
BS_SOLID	实体画刷	画刷的颜色	忽略

函数 CreateHatchBrush 主要用来创建带影线的画刷，并且可以指定影线的颜色，其声明如下：

```
HBRUSH CreateHatchBrush(int fnStyle, COLORREF clrref );
```

其中，参数 fnStyle 表示要创建的画刷的影线类型，一共有 6 种影线类型，如图 6-20 所示。

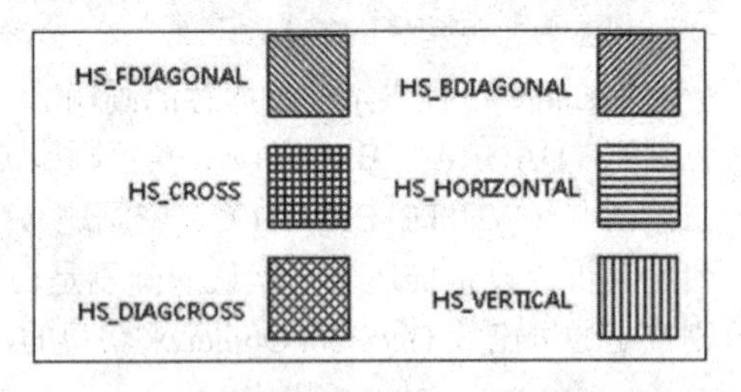

图 6-20

参数 clrref 表示要创建的画刷的颜色。如果函数成功，就返回画刷句柄，否则返回 NULL。

同画笔一样，如果已经有了一个画刷，就可以通过函数 GetObject 来获得画刷的信息结构体 LOGBRUSH 中各个字段的值，比如：

```
LOGBRUSH  logBrush;
GetObject(hBrush,sizeof(LOGBRUSH),(LPVOID)&logBrush);
```

下面看一个例子，用新创建的画刷去填充矩形。

【例 6.14】用创建的画刷填充矩形区域

（1）新建一个 Win32 工程。

（2）在函数 WndProc 开头添加局部变量：

```
HBRUSH hbr;
RECT rt;
```

然后在 case WM_PAINT 下添加如下代码：

```
case WM_PAINT:
   hdc = BeginPaint(hWnd, &ps);
   // TODO: 在此添加任意绘图代码...
   hbr = CreateSolidBrush(RGB(255, 0, 0)); //创建一个红色实体画刷
   //定义矩形的范围
   rt.top=rt.left = 10;
   rt.right = 50;
   rt.bottom = 100;
   FillRect(  hdc,  &rt  ,hbr); //用画刷填充矩形
   DeleteObject(hbr); //用完删除画刷
```

```
//创建一个带影线的蓝色画刷
hbr = CreateHatchBrush(HS_FDIAGONAL,RGB(0,0, 255));
//定义矩形的范围
rt.top = 10;
rt.left = 60;
rt.right = 100;
rt.bottom = 100;
FillRect(hdc, &rt, hbr); //用画刷填充矩形
DeleteObject(hbr); //用完删除画刷

EndPaint(hWnd, &ps);
break;
```

其中，函数 FillRect 的作用是用画刷去填充矩形区域，函数声明如下：

```
int FillRect( HDC hDC, CONST  RECT *lprc, HBRUSH hbr );
```

其中，参数 hDC 是设备描述表的句柄；lprc 指向一个矩形区域；hbr 是用来填充矩形区域的句柄。如果函数成功就返回非 0，否则返回 0。

上面的代码先后创建了两个画刷，第一个画刷用完后要记得删除，然后创建第二个画刷，否则 hbr 的值会被第二个画刷替换掉，导致第一个画刷无法删除。

（3）保存工程并运行，运行结果如图 6-21 所示。

图 6-21

6.5.3　字体

字体是文字显示的外观形式，不同的字体可以让文字以不同的样式、尺寸显示出来，从而增强文字的表现力。例如，警示性的文字可以用红色粗体字体来表现，以体现出强调、突出的意图。

实际安装在操作系统中的字体通常称为物理字体，从物理字体的构造角度讲，物理字体可以分为光栅字体、矢量字体、TrueType 字体和 OpenType 字体。其中，光栅字体也称点阵字体，该字体的每个字符原型都是以固定的位图存储在字库中，该字体依赖于设备的分辨率，是一种与设备有关的字体。后三种字体是与设备无关的字体，可以任意缩放。矢量字体把字符拆分为不同的直线，然后存储起来。TrueType 字体和 OpenType 字体的字符原型是一系列直线和曲线绘制命令的集合。光栅字体和矢量字体在操作系统中是以.FON 文件存储的，内容包括字体尺寸和字体外形数据。TrueType 和 OpenType 字体是由两个文件来存储的，一个以.FON 为后缀名，内容为相关的索引，另一个文件以.TTF 为后缀名，内容为字体的字符数据。

由于不同的设备上物理字体的种类可能不同，所以文本的显示不直接使用物理字体，而是使用一种与设备无关的逻辑字体，应用程序只需设定好逻辑字体，剩下的工作系统会自动从当前设备中选择一种与该逻辑字体最匹配的物理字体去显示，使得开发者不必去关心当前设备有哪些物理字体。

在 GDI 中，逻辑字体也是 GDI 对象之一，用字体句柄 HFONT 来标识，比如：

```
HFONT hFont;
```

Visual C++提供了一些库存的逻辑字体，分别是系统字体（SYSTEM_FONT）、特定设备的默认字体（DEVICE_DEFAULT_FONT）、等宽系统字体（SYSTEM_FIXED_FONT）、图形界面使用的默认字体（DEFAULT_GUI_FONT）、固定宽度字体（ANSI_FIXED_FONT）、宽度可变字体（ANSI_VAR_FONT）、OEM 等宽字体（OEM_FIXED_FONT）。设备描述表中默认的字体是系

统字体（SYSTEM_FONT）。同画笔一样，这些库存字体也是通过函数 GetStockObject 来获得的，比如获取一个库存的图形界面默认字体：

```
HBRUSH hBrush = GetStockObject(DEFAULT_GUI_FONT);
```

除了库存逻辑字体外，我们还能自己创建逻辑字体。创建逻辑字体的函数有 CreateFont、CreateFontIndirect，两者的主要区别是后者用 LOGFONT 结构体作为参数，这个结构体有 14 个字段，分别表示字体的各个属性。函数 CreateFontIndirect 的声明如下：

```
HFONT CreateFontIndirect(CONST LOGFONT* lplf );
```

其中，lplf 是指向字体结构体 LOGFONT 的指针。如果函数成功，就返回新创建的逻辑字体句柄；否则返回 NULL。

结构体 LOGFONT 的定义如下：

```
typedef struct tagLOGFONT {
  LONG lfHeight; //字体的高度
  LONG lfWidth; //采用这种字体的字符的平均宽度
  LONG lfEscapement; //连续字符水平方向逆时针旋转的角度值的十倍
  LONG lfOrientation; //单个字符水平方向逆时针旋转的角度值的十倍
  LONG lfWeight; //字符的磅数，也就是粗细
  BYTE lfItalic; //是否斜体
  BYTE lfUnderline; //是否有下画线
  BYTE lfStrikeOut; //是否有删除线
  BYTE lfCharSet; //定义字体的字符集
  BYTE lfOutPrecision; //定义字体的输出精度
  BYTE lfClipPrecision; //定义位于裁剪区之外的字符的裁剪方式
  BYTE lfQuality; //确定匹配的程度
  BYTE lfPitchAndFamily; //定义字符间距和字族
  TCHAR lfFaceName[LF_FACESIZE]; //字体的名称，如隶书
} LOGFONT, *PLOGFONT;
```

其中，各个字段的定义如下：

- lfHeight：字体的高度，以逻辑单位表示。当 lfHeight>0 时，lfHeight 就是字体的高度；当 lfHeight=0 时，则字体使用默认值作为高度；当 lfHeight<0 时，取 lfHeight 的绝对值作为字体的高度。
- lfWidth：该字体的字符的平均宽度，以逻辑单位表示。如果值为 0，则系统会根据 lfHeight 的值自动设置一个合理的平均宽度。
- lfEscapement：在连续显示字符时，后面的字符相对于前面的字符在水平方向上逆时针旋转的角度，这个角度值以 0.1 度为单位，比如值为 900 时，表示后面的字符相对于前面的字符逆时针旋转 90 度，即前后字符是自下而上显示的。该字段默认值为 0，表示字符是自左向右显示的。
- lfOrientation：单个字符在水平方向上逆时针旋转的角度，也就是一个人在那里翻跟头。这个角度值也是以 0.1 度为单位，比如值为 1800 时，字符就是逆时针旋转 180 度，即颠倒显示。该字段默认值为 0，表示该字符正常显示。要注意的是，这个字段只有在字段 lfCharSet 为 OEM_CHARSET 时才起作用。
- lfWeight：字体的磅数，也就是字体的粗细，取值范围是 0 到 1000，并且 0 是默认值。Visual C++定义了不同的宏来表示字体的粗细，比如：

```
/* Font Weights */
#define FW_DONTCARE        0
#define FW_THIN           100
#define FW_EXTRALIGHT      200
#define FW_LIGHT          300
#define FW_NORMAL         400  //正常粗细
#define FW_MEDIUM         500
#define FW_SEMIBOLD       600
#define FW_BOLD           700 //粗体
#define FW_EXTRABOLD      800
#define FW_HEAVY          900
#define FW_ULTRALIGHT      FW_EXTRALIGHT
#define FW_REGULAR        FW_NORMAL
#define FW_DEMIBOLD       FW_SEMIBOLD
#define FW_ULTRABOLD      FW_EXTRABOLD
#define FW_BLACK          FW_HEAVY
```

- lfItalic：字体是否为斜体，TRUE 为斜体，FALSE 为非斜体。
- lfUnderline：字体是否有下画线，取值 TRUE 表示有下画线，FALSE 表示没有下画线。
- lfStrikeOut：字体是否有删除线，取值 TRUE 表示有删除线，FALSE 表示没有删除线。
- lfCharSet：定义字体的字符集。常见的字符集有：

```
#define ANSI_CHARSET            0
#define DEFAULT_CHARSET         1  //默认字符集，支持中文
#define SYMBOL_CHARSET          2
#define SHIFTJIS_CHARSET        128
#define HANGEUL_CHARSET         129
#define HANGUL_CHARSET          129
#define GB2312_CHARSET          134 //支持中文
#define CHINESEBIG5_CHARSET     136
#define OEM_CHARSET             255  //如果要显示中文，不要用这个字符集
```

- lfOutPrecision：定义字体的输出精度。所谓输出精度，指实际输出与所期望的字体高度、宽度、字符间距等的匹配程度。Visual C++定义了不同的输出精度：

```
#define OUT_DEFAULT_PRECIS          0 //默认值
#define OUT_STRING_PRECIS           1
#define OUT_CHARACTER_PRECIS        2
#define OUT_STROKE_PRECIS           3
#define OUT_TT_PRECIS               4
#define OUT_DEVICE_PRECIS           5
#define OUT_RASTER_PRECIS           6
#define OUT_TT_ONLY_PRECIS          7
#define OUT_OUTLINE_PRECIS          8
#define OUT_SCREEN_OUTLINE_PRECIS   9
#define OUT_PS_ONLY_PRECIS          10
```

- lfClipPrecision：定义裁剪区之外的字符的裁剪方式。Visual C++定义了不同的裁剪方式：

```
#define CLIP_DEFAULT_PRECIS     0  //默认裁剪方式
#define CLIP_CHARACTER_PRECIS  1
#define CLIP_STROKE_PRECIS     2
```

```
#define CLIP_MASK                 0xf
#define CLIP_LH_ANGLES           (1<<4)
#define CLIP_TT_ALWAYS           (2<<4)
```

- lfQuality：用于确定实际字体和期望字体的匹配程度。这个字段只影响光栅字体，而不影响 TrueType 字体。常见的匹配程度定义如下：

```
#define DEFAULT_QUALITY   0   // 默认值，表示字体外观不是很重要
#define DRAFT_QUALITY   1     // 效果比 PROOF_QUALITY 略差，可以对光栅字体进行缩放
// 字体外观比逻辑字体的设置的属性匹配程度更重要，不对光栅字体缩放，选择尺寸上最匹配的字体
#define PROOF_QUALITY  2
```

- lfPitchAndFamily：定义字符间距和字族。所谓字族，表示当期望的字体不可用时，系统以一种通用的方式来描述字体的外观。该字段的低两位定义字符的间距，定义如下：

```
#define DEFAULT_PITCH             0  // 默认值
#define FIXED_PITCH               1  // 等宽字体
#define VARIABLE_PITCH            2  // 变宽字体
```

该字段的高四位定义字符的字族，定义如下：

```
#define FF_DONTCARE         (0<<4)     // 高四位为 0000，不考虑或未知
#define FF_ROMAN            (1<<4)    // 高四位为 0001，变宽字体，比如 MS Serif
#define FF_SWISS             (2<<4)   // 高四位为 0010，变宽字体，非 MS Serif
#define FF_MODERN           (3<<4)    // 高四位为 0011， 固定宽度
#define FF_SCRIPT            (4<<4)   // 高四位为 0100，草书
#define FF_DECORATIVE        (5<<4)   // 高四位为 0101，新奇字体
```

- lfFaceName：一个大小为 LF_FACESIZE（值为 32）的字符串，用来存放字体的名称，包括结尾字符\0 在内，整个字符串长度不能超过 32 个字符。

从上面的解释可以看出，结构体 LOGFONT 的大部分默认值都是 0，如果静态定义一个 LOGFONT 类型的变量，则大部分字段都会自动初始化为 0，这样我们只需设置需要改变的字段即可，而不必去设置每个字段。而 CreateFont 函数直接把这 14 个字段作为参数，如果用 CreateFont 来创建字体，则要对 14 个参数进行赋值，比较繁杂，因此通常用 CreateFontIndirect 函数来创建字体。

逻辑字体也是一个 GDI 对象，创建后必须选入设备描述表中，然后系统会自动选择与之最匹配的物理字体。

【例 6.15】创建字体

（1）新建一个 Win32 工程。

（2）在函数 WndProc 的开头添加变量：

```
    static HFONT hFont1, hFont2, hOldFont;
    static LOGFONT logfont1, logfont2;

    TCHAR szBuf1[] = _T("Hi，字体");
    TCHAR szBuf2[] = _T("Hello,font");
```

然后添加 WM_CREATE 消息处理，在其中我们创建 2 个字体，如下代码：

```
case WM_CREATE:
      logfont1.lfHeight = 40;    //设置字体高度
      logfont1.lfWidth = 20;        //设置平均字符宽度
```

```
        logfont1.lfEscapement = 900; //从下向上显示
        logfont1.lfWeight = FW_BOLD;        //设置字体的粗细为粗体
        logfont1.lfPitchAndFamily = FF_ROMAN;       //设置字符间距和字族
        hFont1 = CreateFontIndirect(&logfont1); //创建字体，并保存字体句柄到 hFont1

        logfont2.lfHeight = 40; //设置字体高度
        logfont2.lfWidth = 20;   // 设置平均字符宽度
        logfont2.lfOrientation = 1800; //每个字体逆时针旋转 180 度
        logfont2.lfCharSet = OEM_CHARSET; //设置字符集
        logfont2.lfWeight = FW_THIN;        // 设置字体的粗细为粗体
        logfont2.lfPitchAndFamily = FF_ROMAN;       //设置字符间距和字族
        hFont2 = CreateFontIndirect(&logfont2); //创建字体，并保存字体句柄到 hFont2

        break;
```

在上面的代码中，我们通过函数 CreateFontIndirect 创建了两个逻辑字体，并分别保存了字体句柄。在创建第一个字体时，我们使用了默认字体集，它是支持中文的。在创建第二个字体时，使用了字体集 OEM_CHARSET，它不支持中文。

在 WM_PAINT 分支中添加如下代码：

```
case WM_PAINT:
        hdc = BeginPaint(hWnd, &ps);
        // TODO:  在此添加任意绘图代码..
        hOldFont = (HFONT)SelectObject(hdc, (HFONT)hFont1); //把字体句柄选入 DC
        TextOut(hdc, 40, 205, szBuf1, _tcslen(szBuf1)); //显示第一个字符串

        SelectObject(hdc, (HFONT)hFont2); //把字体句柄选入 DC
        TextOut(hdc, 150, 50, szBuf2, _tcslen(szBuf2)); //显示第二个字符串

        SelectObject(hdc, hOldFont); //恢复 DC 默认的字体句柄

        EndPaint(hWnd, &ps);
        break;
```

在选入第一个字体句柄到设备描述表的时候，要注意保存 DC 默认的字体句柄，这样以后可以恢复默认字体句柄。_tcslen 函数返回字符串的字符个数。

创建的字体最终需要删除，我们把删除字体的代码放在 case WM_DESTROY 消息处理中，如下代码：

```
case WM_DESTROY:
        DeleteObject(hFont1); //删除字体对象
        DeleteObject(hFont2); //删除字体对象
        PostQuitMessage(0); //退出程序
        break;
```

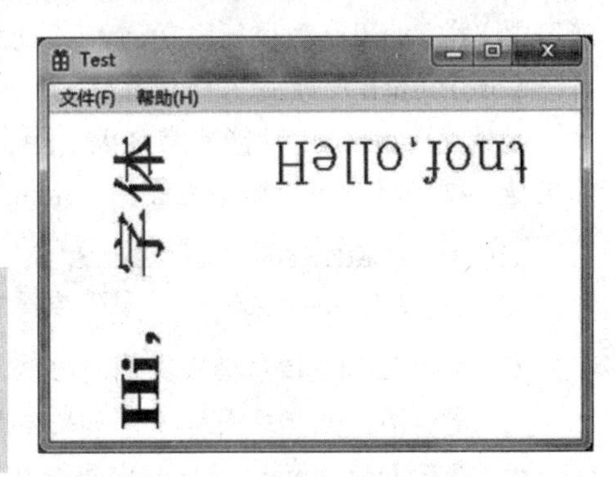

图 6-22

（3）保存工程并运行，运行结果如图 6-22 所示。

6.5.4 GDI 位图

位图（Bitmap）是由像素点组成的图像，通常以后缀名为 bmp 的文件形式保存在磁盘中或者作为资源存在于程序的 EXE 文件或 DLL 文件中。在 Visual C++开发中，位图可以分为 GDI 位图和 DIB（设备无关位图，Device-independent Bitmap）。GDI 位图是与设备有关的，因此又被称为

DDB（Device-dependent Bitmap）。通过 GDI 的位图操作，我们可以在窗口中显示磁盘上的位图文件（.bmp 文件），或者获取和处理位图信息。

GDI 位图也是一种 GDI 对象，用句柄 HBITMAP 来引用，而 GDI 位图的信息则用一个数据结构 BITMAP 来描述，定义如下：

```
typedef struct tagBITMAP {
  LONG   bmType; //位图类型
  LONG   bmWidth; //以像素表示的位图宽度
  LONG   bmHeight; //以像素表示的位图高度
  LONG   bmWidthBytes; //每条扫描线的字节数
  WORD   bmPlanes; //在位图中的颜色面数
  WORD   bmBitsPixel; //描述像素颜色所需位数
  LPVOID bmBits; //指向构成图像数据的字节数组的指针
} BITMAP, *PBITMAP;
```

要获得一个位图，通常有两种方式：一种是加载现有的位图资源，另一种是通过创建位图的方式。加载位图资源的函数有 LoadBitmap 和 LoadImage，两者都可以用来加载位图，但后者功能比前者更强大，前者只能为显示器加载兼容的位图，无法为打印机加载位图，而后者可以。现在微软建议用后者代替前者，但 LoadBitmap 在老项目中会经常碰到，所以有必要对其了解，函数 LoadBitmap 声明如下：

```
HBITMAP LoadBitmap( HINSTANCE hInstance, LPCTSTR lpBitmapName);
```

其中，参数 hInstance 指向模块实例的句柄，该模块的可执行文件包含了要加载的位图，如果该参数为 NULL，则函数可以加载系统预定义的位图，但这个功能主要是为了兼容老程序，新的程序如果要加载预定义的位图资源，则应使用函数 DrawFrameControl；lpBitmapName 指向一个字符串，该字符串是位图资源的名称，或者由低位字是资源标识符（一个整型数）、高位字为 0 的形式组成，可以使用宏 MAKEINTRESOURCE 来创建这个参数值，如果函数要加载预定义的位图，则 lpBitmapName 的值必须为预定义位图的宏，如 OBM_CHECK、OBM_SIZE 或 OBM_CLOSE 等，但要使用这些宏，必须在 windows.h 前加上宏 OEMRESOURCE 的定义，可以把这个宏加载到预处理器定义中。如果函数执行成功，就返回加载成功的位图的句柄，否则返回 NULL。值得注意的是，每个 LoadBitmap 加载成功的位图对象在用完以后都要调用函数 DeleteObject 来释放。

函数 LoadImage 功能非常强大，除了可以加载位图外，还能加载图标和光标。其实图标和光标也是一种图像，可以统称为图像（Image）。该函数声明如下：

```
HANDLE LoadImage(HINSTANCE hinst, LPCTSTR lpszName, UINT uType,int
cxDesired,int cyDesired, UINT fuLoad);
```

- 参数 hinst：指向模块实例的句柄，该模块的可执行文件包含了要加载的图像（该图像可能是位图、光标或图标），如果要加载 OEM 图像，则这个参数要设为 NULL。
- 参数 lpszName：用来指定要加载的图像。它的取值分为多种情况：
  - 如果参数 hinst 非 0 并且 fuLoad 忽略 LR_LOADFROMFILE，则 lpszName 指定模块实例中的图片资源，此时 lpszName 的取值可能是一个字符串（表示图片资源的名称）或者是由宏 MAKEINTRESOURCE 创建的参数值。
  - 如果参数 hinst 为 NULL，并且参数 fuLoad 忽略值 LR_LOADFROMFILE，则 lpszName 指定一个 OEM 图像。OEM 图像可以用预定义的宏来表示，比如：OBM_开头的宏表示 OEM 位图、OIC_开头的宏表示 OEM 图标、OCR_开头的宏表示 OEM 光标，这些宏的具体定义在 Winuser.h 中。为了传给参数 lpszName，可以使用 MAKEINTRESOURCE，比如要加载 OCR_NORMAL 光标，可以把 MAKEINTRESOURCE(OCR_NORMAL)作为 lpszName 的值。

- 如果参数 fuLoad 包含 LR_LOADFROMFILE 值，则 lpszName 表示要加载图像的文件名。

- 参数 uType：表示要加载的图像的类型，如果取值为 IMAGE_BITMAP，表示要加载的是位图；如果取值为 IMAGE_CURSOR，表示要加载的是光标；如果取值为 IMAGE_ICON，表示要加载的是图标。
- 参数 cxDesired：用来指定图标或光标的宽度，以像素为单位。如果这个参数是 0 并且参数 fuLoad 的值是 LR_DEFAULTSIZE，那么函数使用 SM_CXICON 或 SM_CXCURSOR 系统公制值来设定宽度。如果这个参数是 0 并且参数 fuLoad 的值没用 LR_DEFAULTSIZE，则该参数取值为资源的实际宽度。
- 参数 cyDesired：用来指定图标或光标的高度，以像素为单位。如果这个参数是 0 并且参数 fuLoad 的值是 LR_DEFAULTSIZE，那么函数使用 SM_CYICON 或 SM_CYCURSOR 系统公制值来设定高度。如果这个参数是 0 并且参数 fuLoad 的值没用 LR_DEFAULTSIZE，则该参数取值为资源的实际高度。
- 参数 fuLoad：一个或多个宏的组合，每个宏有不同的含义。
  - LR_DEFAULTCOLOR：默认标记，不做任何事情，仅表示非 LR_MONOCHROME。
  - LR_CREATEDIBSECTION：当参数 uType 指定 IMAGE_BITMAP 时，该标记会使得函数返回一个 DIB 部分位图，而不是一个兼容的位图。这个标记在加载一幅颜色没有映射到显示设备的位图时非常有用。
  - LR_DEFAULTSIZE：如果参数 cxDesired 或 cyDesired 被设为 0，使用由系统指定的公制值来标识光标或图标的宽度和高度。如果没有用这个标记，并且参数 cxDesired 和 cyDesired 都设为 0，函数将使用资源的实际尺寸。如果资源包括多个资源，则使用第一个图像的尺寸。
  - LR_LOADFROMFILE：从文件中加载图像，该文件的文件名由参数 lpszName 指定。如果该标记没有被使用，则 lpszName 表示资源的名称。
  - LR_LOADMAP3DCOLORS：搜索图像的颜色表并且按表 6-5 相应的 3D 颜色表的灰度进行替换。

表 6-5　替换颜色值

颜　色	替　换　值
Dk Gray, RGB(128,128,128)	COLOR_3DSHADOW
Gray, RGB(192,192,192)	COLOR_3DFACE
Lt Gray, RGB(223,223,223)	COLOR_3DLIGHT

  - LR_LOADTRANSPARENT：获取图像中第一个像素的颜色值，并且用默认的窗口颜色值（COLOR_WINDOW）来替换颜色表中相应条目的颜色值。图像中凡是使用该条颜色的所有像素，其颜色都会变成默认的窗口颜色。这个选项仅用于有相应颜色表的图像。如果加载的位图的颜色深度大于 8bpp，则不要使用该选项。如果参数 fuLoad 同时具有 LR_LOADTRANSPARENT 和 LR_LOADMAP3DCOLORS，则 LR_LOADTRANSPARENT 优先，但是颜色表条目将会用 COLOR_3DFACE 来取代，而不是 COLOR_WINDOW。

- LR_MONOCHROME：加载一个黑白图像。
- LR_SHARED：如果图像被加载了多次，将共享该图像句柄。如果 LR_SHARED 没有被使用，则同一个图像资源第二次被 LoadImage 函数调用时，将会返回不同的句柄值。当设置了这个标记时，系统将会在资源不再需要时把它销毁。不要对不标准尺寸的图像使用 LR_SHARED。当加载图标或光标时，必须使用 LR_SHARED，否则会加载失败。
- LR_VGACOLOR：使用 VGA 真彩色。

  如果函数成功就返回新加载的图像句柄，如果失败就返回 NULL，错误信息可以通过函数 GetLastError 来查看。值得注意的是，当用完所加载的位图、图标或光标时，并且没有使用标记 LR_SHARED，则需要调用函数来释放内存，比如释放位图用函数 DeleteObject、释放光标用 DestroyCursor 、释放图标用函数 DestroyIcon。

我们通过函数 LoadImage 来加载一个位图，代码可以这样写：

```
HBITMAP hBitmap = (HBITMAP)LoadImage(hInstance, szBmpPath, IMAGE_BITMAP, 0,
0, LR_LOADFROMFILE );
```

由于函数LoadImage可以用来加载光标和图标，因此也可以取代函数LoadCursor和LoadIcon。但LoadImage加载图片时只能加载位图（也就是bmp格式的图片），而无法加载jpg或gif等格式的图片。

除了加载现有位图以外，我们还能创建位图对象。创建位图的函数有 CreateBitmap、CreateBitmapIndirect 和 CreateCompatibleBitmap。函数 CreateBitmap 声明如下：

```
HBITMAP CreateBitmap(int nWidth, int nHeight,UINT cPlanes,UINT cBitsPerPel,
CONST VOID *lpvBits);
```

其中，参数 nWidth 指定位图的宽度，单位是像素；nHeight 指定位图的高度，单位是像素；cPlanes 表示设备使用的颜色位面的数目；cBitsPerPel 指定每个像素中颜色位的个数；lpvBits 指向一个颜色数据的数组，这些颜色用于像素矩阵，如果该参数为 NULL 则表示位图内容还没有定义，如果以后想要为位图填充颜色数据，可以使用函数 SetBitmapBits。如果函数成功，则返回新创建的位图句柄，否则返回 NULL。

函数 CreateBitmapIndirect 的声明如下：

```
HBITMAP CreateBitmapIndirect( CONST BITMAP *lpbm );
```

该函数直接用 BITMAP 结构体来创建一个位图对象。其中，参数 lpbm 是指向结构体 BITMAP 的指针。BITMAP 结构在前面已经阐述，这里不再赘述。如果函数成功，则返回新创建的位图句柄，否则返回 NULL。

函数CreateCompatibleBitmap用来为某设备上下文创建一个指定宽度和高度的位图，声明如下：

```
HBITMAP CreateCompatibleBitmap( HDC hdc, int nWidth, int nHeight );
```

其中，参数 hdc 为设备上下文句柄；nWidth 指定位图的宽度，单位是像素；nHeight 指定位图的高度，单位是像素。如果函数成功，就返回新创建的位图句柄，否则返回 NULL。该函数创建的位图通常充当某个 DC（如内存 DC）的一块画布，有了这块画布，才可以在 DC 上画图。

上面讲述了位图对象的获取方式，可以加载现有位图，也可以创建一个位图对象。获取到位图对象后，通常要把它显示出来。需要注意的是，当前的实际设备描述表是无法直接显示位图的，必须借助于内存设备描述表。要显示一个位图对象通常要做以下几个步骤：

（1）通过加载或创建的方式获取位图对象。

（2）调用函数 CreateCompatibleDC 来创建一个与实际设备描述表关联的内存设备描述表，然后把位图对象选入内存描述表中。

（3）调用函数 BitBlt 或 StretchBlt 将位图复制到实际设备描述表中进行显示。

（4）不再使用内存描述表时，需调用 DeleteDC 来清除内存设备描述表。

函数CreateCompatibleDC用来创建一个与某个已经存在的设备描述表兼容的内存设备描述表。内存设备描述表是仅在内存中存在的设备描述表，当内存描述表被创建时，它的显示界面是标准的一个单色像素宽和一个单色像素高，程序在使用内存设备上下文环境进行绘图操作之前，必须选择一个高和宽都正确的位图到设备上下文环境中，比如通过使用函数CreateCompatibleBitmap来指定高、宽和色彩组合。函数CreateCompatibleDC只适用于支持光栅操作的设备，应用程序可以通过调用函数GetDeviceCaps来确定一个设备是否支持这些操作。函数CreateCompatibleDC声明如下：

```
HDC CreateCompatibleDC( HDC hdc );
```

其中，参数 hdc 为实际存在的设备描述表句柄；如果该参数为 NULL，则函数创建一个与当前屏幕兼容的内存设备描述表。如果函数成功，就返回内存设备描述表，否则返回失败。值得注意的是，当不再需要内存设备描述表时，要调用 DeleteDC 函数来删除它。

有人或许会问，既然已经有了窗口 DC 了，为何还要一个内存 DC？答案是为了绘图效率，假如你要对屏幕进行比较多的 GDI 绘图操作，如果每一步操作都直接对窗口 DC 进行操作，那出现的大多数情况可能会导致屏幕的闪烁。一个较好的解决方案就是使用内存 DC 将这些操作全部先在内存 DC 上做完，最后一次性地复制到窗口 DC 上。值得注意的是，我们无法直接在内存 DC 上画图，必须要先创建与内存 DC 兼容的位图（通过函数 CreateCompatibleBitmap），然后才可以画图。

函数 BitBlt 把像素从一个设备（叫作“源”）的矩形区域传输到另一个设备环境（也就是“目标”）中一个同样大小的矩形区域。函数 BitBlt 的声明如下：

```
    BOOL BitBlt( HDC hdcDest, int nXDest, int nYDest, int nWidth, int nHeight,
HDC hdcSrc, int nXSrc, int nYSrc, DWORD dwRop );
```

其中，参数 hdcDest 是目标设备描述表；nXDest 为目标矩形左上角的 x 坐标，使用逻辑单位；nYDest 为目标矩形左上角的 y 坐标，使用逻辑单位；nWidth 为目标矩形的宽度，使用逻辑单位；nHeight 为目标矩形的高度，使用逻辑单位；hdcSrc 为源设备描述表句柄；nXSrc 为源矩形左上角的 x 坐标，使用逻辑单位；nYSrc 为源矩形左上角的 y 坐标，使用逻辑单位；dwRop 用于指定光栅操作代码，这些代码定义了源图像颜色数据和目标图像颜色数据的组合方式，常见的光栅操作代码有：

- BLACKNESS：使用物理调色板的 0 索引颜色填充目标区域（物理调色板的默认 0 索引颜色是黑色）。
- DSTINVERT：将目标区域的各像素点颜色值进行取反操作。
- MERGECOPY：将源区域取反后与目标区域进行“或（OR）”操作。
- NOTSRCCOPY：将源区域色值取反后复制到目标区域。
- NOTSRCERASE：将源区域与目标区域按照“或（OR）”操作进行混合，然后将结果颜色进行取反操作。
- PATCOPY：将指定的笔刷复制到目标位图上。
- PATINVERT：通过“异或（XOR）”操作，将指定的笔刷与目标区域的颜色进行混合。

- PATPAINT：通过使用布尔型 OR（或）操作符将源矩形区域取反后的颜色值与特定模式的颜色合并，然后使用 OR（或）操作符将该操作的结果与目标矩形区域内的颜色合并。
- SRCAND：通过“按位与（AND）”操作混合源和目标区域。
- SRCCOPY：直接将源复制到目标区域。
- SRCERASE：将目标区域颜色进行取反之后通过“按位与（AND）”操作与源进行混合。
- SRCINVERT：通过“异或（XOR）”操作混合源和目标区域。
- SRCPAINT：通过“按位或（OR）”操作混合源和目标区域。
- WHITENESS：使用物理调色板的 1 索引颜色填充目标区域（物理调色板的默认 1 索引颜色是白色）。

如果函数成功就返回非 0，否则返回 0。

函数 StretchBlt 的声明如下：

```
    BOOL StretchBlt( HDC hdcDest, int nXOriginDest, int nYOriginDest, int
nWidthDest, int nHeightDest,
    HDC hdcSrc, int nXOriginSrc, int nYOriginSrc, int nWidthSrc, int nHeightSrc,
DWORD dwRop);
```

该函数从源矩形复制一幅位图到目标矩形，如有必要，函数为了让位图更适合目标矩形，会对位图进行拉伸或压缩。其中，参数 hdcDest 为目标设备描述表的句柄；nXOriginDest 为目标矩形左上角的 *x* 坐标，使用逻辑单位；nYOriginDest 为目标矩形左上角的 *y* 坐标，使用逻辑单位；nWidthDest 为目标矩形的宽度，使用逻辑单位；nHeightDest 为目标矩形的高度，使用逻辑单位；hdcSrc 为源设备描述表句柄；nXOriginSrc 为源矩形左上角的 *x* 坐标，使用逻辑单位；nYOriginSrc 为源矩形左上角的 *y* 坐标，使用逻辑单位；nWidthSrc 为目标矩形的宽度，使用逻辑单位；nHeightSrc 为目标矩形的高度，使用逻辑单位；dwRop 用于指定光栅操作代码，具体操作代码值同函数 BitBlt。如果函数成功就返回非 0，否则返回 0。

函数 BitBlt 不支持缩放，而 StretchBlt 支持缩放，但 BitBlt 显示速度较快。

下面我们看几个例子：第一个例子用 LoadBitmap 函数来显示工程中的位图资源和系统位图；第二例子演示 LoadImage 的使用，包括加载路径中的位图、厂商图标和厂商光标等；第三个例子演示屏幕截图。

【例 6.16】用 LoadBitmap 加载位图资源和系统位图并显示

（1）新建一个 Win32 工程。

（2）打开资源视图，右击 Test.rc，然后在快捷菜单上选择“添加资源”，然后在“添加资源”对话框上选中资源类型为“Bitmap”，如图 6-23 所示。

然后单击“导入”按钮，选择工程目录下的文件 apollo11.bmp，此时在资源视图中会出现名为 bitmap 的节点，展开它可以看到我们新添加的位图，默认 ID 为 IDB_BITMAP1，这样 ID 也可以修改，这里保持默认。

（3）打开 Test.cpp，然后在函数 WndProc 中添加局部变量：

```
int i, w, y=0; //y 存放 5 个系统位图显示的左上角纵坐标
// hBitmap 存放导入的位图的句柄, hSysBitmap 存放 5 个系统位图的句柄
    static HBITMAP  hBitmap, hSysBitmap[5];
    BITMAP bmp; //存放获取到的位图信息
    HDC memdc; //内存设备描述表的句柄
```

接着添加 WM_CREATE 消息处理，在其中加载位图，如下代码：

```
case WM_CREATE:
        hBitmap = LoadBitmap(hInst, MAKEINTRESOURCE(IDB_BITMAP1));
        if (!hBitmap)
            MessageBox(hWnd, _T("位图加载失败"), NULL, MB_OK);
    for (i = 0; i <sizeof(hSysBitmap) / sizeof(HBITMAP); i++)
        {
            //加载系统位图
            hSysBitmap[i] = LoadBitmap(NULL, (TCHAR*)(OBM_REDUCED + i));
            if (!hSysBitmap[i])
                MessageBox(hWnd, _T("系统位图加载失败"), NULL, MB_OK);
        }
        break;
```

此时如果编译就会提示 OBM_REDUCED 未定义，这是因为我们还没加宏 OEMRESOURCE，打开工程属性页（菜单“项目”|“属性”），在左边展开“C/C++”|“预处理器”，然后在右边“预处理器定义”中加上“OEMRESOURCE”，并用分号和其他内容隔开，如图 6-24 所示。

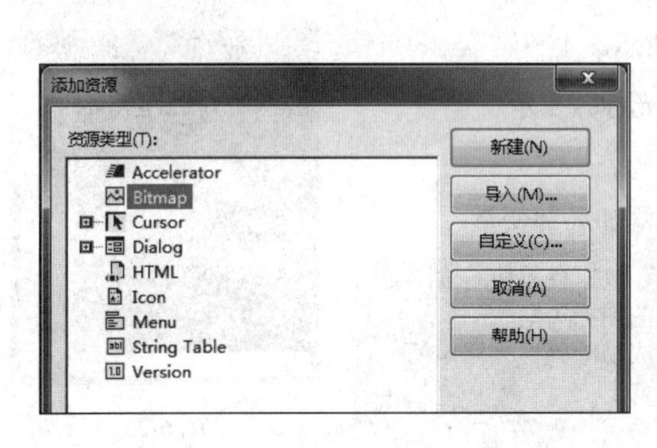

图 6-23

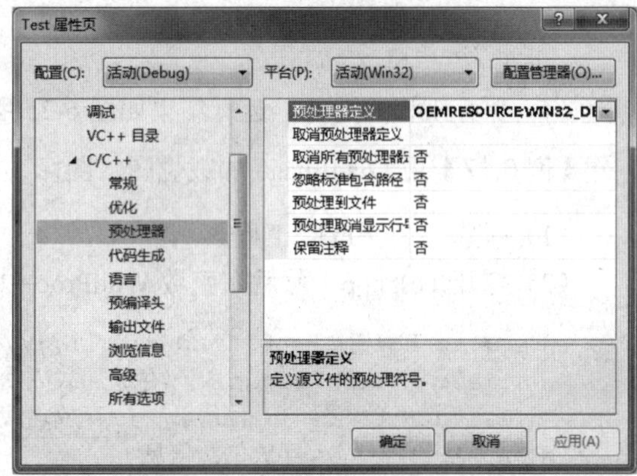

图 6-24

然后单击“确定”按钮，此时再编译就不会报错了。在上面的代码中，除了加载我们导入的位图 IDB_BITMAP1 外，还用了一个循环分别加载了 5 幅系统位图。然后在 WM_PAINT 消息处理中显示位图，如下代码：

```
case WM_PAINT:
        hdc = BeginPaint(hWnd, &ps);
        // TODO:  在此添加任意绘图代码...
        if (hBitmap)
        {
            memdc = CreateCompatibleDC(hdc);//创建内存设备描述表
            SelectObject(memdc, hBitmap);//把位图对象选入内存 DC
            GetObject(hBitmap, sizeof(bmp), &bmp);//取得位图信息
            //将内存 DC 中的位图画复制到当前实际 DC 中，以显示位图
            BitBlt(hdc, 0, 0, bmp.bmWidth, bmp.bmHeight, memdc, 0, 0, SRCCOPY);
            w = bmp.bmWidth;
            //显示 5 幅系统位图
            for (i = 0; i < sizeof(hSysBitmap) / sizeof(HBITMAP); i++)
            {
```

```
                SelectObject(memdc, hSysBitmap[i]);//选入位图至内存 DC
                GetObject(hSysBitmap[i], sizeof(bmp), &bmp);//取得位图信息
                 //显示位图
                BitBlt(hdc, 5 + w, y, bmp.bmWidth, bmp.bmHeight, memdc, 0, 0,
SRCCOPY);
                //更新下一个位图显示的纵坐标，上下两个位图距离隔开 5
                y += bmp.bmHeight + 5;
            }
        DeleteDC(memdc);//删除内存 DC
        }
        EndPaint(hWnd, &ps);
        break;
```

最后我们在 WM_DESTROY 消息处理中删除位图对象，如下代码：

```
    case WM_DESTROY:
        DeleteObject(hBitmap);//删除位图对象
      for (i = 0; i < sizeof(hSysBitmap) // sizeof(HBITMAP); i++)
          DeleteObject(hSysBitmap[i]); //删除系统位图对象
        PostQuitMessage(0);
        break;
```

（4）保存工程并运行，运行结果如图 6-25 所示。

图 6-25

【例 6.17】用 LoadImage 加载位图、图标、光标并显示

（1）新建一个 Win32 工程。

（2）打开 Test.cpp，然后在函数 WndProc 中添加局部变量：

```
      static HBITMAP hBitmap = NULL; //存放加载成功的位图句柄
      static HICON  hIcon; //存放加载成功的图标句柄
      static HCURSOR hCursor; //存放加载成功的鼠标光标句柄
      BITMAP bmp; //存放位图信息
      HDC memdc; //内存 DC 句柄
```

接着添加 WM_CREATE 消息处理，在其中加载位图、图标和光标，如下代码：

```
      case WM_CREATE:
         //加载位图
      hBitmap=(HBITMAP)LoadImage(hInst,_T("c:\\apollo11.BMP"), IMAGE_BITMAP,0,
0, LR_LOADFROMFILE);
         if (!hBitmap)
            MessageBox(hWnd, _T("位图加载失败"), NULL, MB_OK);

         hIcon = (HICON)LoadImage(NULL, MAKEINTRESOURCE(OIC_WARNING),
IMAGE_ICON, 0, 0, LR_SHARED); //加载厂商图标
         if (!hIcon)
            MessageBox(hWnd, _T("OEM 图标加载失败"), NULL, MB_OK);

         hCursor =(HCURSOR)LoadImage(NULL, MAKEINTRESOURCE(OCR_WAIT),
IMAGE_CURSOR, 0, 0, LR_SHARED); //加载厂商的鼠标光标
         if (!hCursor)
            MessageBox(hWnd, _T("OEM 光标加载失败"), NULL, MB_OK);
         break;
```

在 WM_PAINT 消息处理中，添加画位图、图标和光标的代码，因为图标和光标不是 GDI 对象，

所以不需要有选入DC的操作，可以直接调用API函数DrawIcon来画出图标和光标，如下代码：

```
case WM_PAINT:
        hdc = BeginPaint(hWnd, &ps);
        // TODO: 在此添加任意绘图代码...
        if (hBitmap)
        {
            memdc = CreateCompatibleDC(hdc);//创建内存 DC
            SelectObject(memdc, hBitmap);//选入位图至内存 DC
            TextOut(memdc, 10, 10, _T("阿波罗登月"), 5);//在位图上写一行字
            GetObject(hBitmap, sizeof(bmp), &bmp);//取得位图信息
            //显示位图
            BitBlt(hdc, 0, 0, bmp.bmWidth, bmp.bmHeight, memdc, 0, 0, SRCCOPY);

        DeleteDC(memdc); //删除内存 DC
        }
        DrawIcon(hdc, bmp.bmWidth + 5, 0, hIcon); //画出图标
        DrawIcon(hdc, bmp.bmWidth + 5, 30, hCursor); //画出光标
        EndPaint(hWnd, &ps);
        break;
```

其中，函数DrawIcon用于在DC上画图标或光标，声明如下：

```
BOOL DrawIcon(HDC hDC,  int X,  int Y,   HICON hIcon);
```

其中，参数hDC为当前DC的句柄；X为图标或光标显示的左上角的逻辑横坐标；Y为图标或光标显示的左上角的逻辑纵坐标；hIcon为要显示图标或光标的句柄。如果函数成功就返回非0，否则返回0。

（3）通常加载光标的目的是为了更改鼠标光标，这里我们实现这一功能。要设置更改鼠标光标，就要添加WM_SETCURSOR消息处理，在其中设置鼠标光标，如下代码：

```
case WM_SETCURSOR:
        SetCursor(hCursor);
        break;
```

函数SetCursor用来设置鼠标光标的形状，必须在消息WM_SETCURSOR中才有效，该函数声明如下：

```
HCURSOR SetCursor( HCURSOR hCursor);
```

其中，参数hCursor为要设置的鼠标光标句柄，该光标必须由函数CreateCursor创建或由函数LoadCursor、LoadImage等加载。如果该参数为NULL，则屏幕上将不实现鼠标光标。如果先前存在光标，则返回先前光标的句柄，否则返回NULL。

（4）进行资源释放。在WM_DESTROY消息处理中添加如下代码：

```
case WM_DESTROY:
    DeleteObject(hBitmap);//删除位图
    DestroyIcon(hIcon); //删除图标
    DestroyCursor(hCursor); //删除光标

    PostQuitMessage(0);
    break;
```

图6-26

（5）保存工程并运行，运行结果如图6-26所示。

【例 6.18】屏幕截图

（1）新建一个 Win32 工程。

（2）打开 Test.cpp，在函数 WndProc 中添加局部变量：

```
    HDC hdcScreen;
```

然后在 WM_PAINT 消息处理中添加如下代码：

```
case WM_PAINT:
        hdc = BeginPaint(hWnd, &ps);
        // TODO: 在此添加任意绘图代码...
        hdcScreen = CreateDC(TEXT("DISPLAY"), NULL, NULL, NULL); //得到屏幕 DC
        //复制屏幕左上角的一块矩形到窗口 DC
        BitBlt(hdc, 0, 0, 150,100, hdcScreen, 0, 0, SRCCOPY);
        DeleteDC(hdcScreen); //删除屏幕 DC

        EndPaint(hWnd, &ps);
        break;
```

（3）保存工程并运行，运行结果如图 6-27 所示。

图 6-27

6.5.5 区域

区域是重要的 GDI 对象，指的是一种图形。这个图形的形状是矩形、椭圆或多边形，或者这些图形的组合。区域可以被填充、反转显示、移动、比较等。由于区域也是 GDI 对象的一种，因此使用方法和其他 GDI 对象类似，先创建区域得到句柄，使用完毕后用函数 DeleteObject 删除区域这个对象。

画笔这个 GDI 对象的句柄类型是 HRGN，比如我们定义一个画笔句柄：

```
    HRGN  hRgn;
```

对于不同形状的区域，有不同的创建函数。创建矩形区域的函数是 CreateRectRgn 和 CreateRectRgnIndirect。函数 CreateRectRgn 声明如下：

```
    HRGN CreateRectRgn( int  nLeftRect,   int  nTopRect,   int  nRightRect,
int  nBottomRect);
```

其中，参数 nLeftRect 和 nTopRect 是要创建的矩形区域左上角的横坐标和纵坐标；nRightRect 和 nBottomRect 是要创建的矩形区域右下角的横坐标和纵坐标。如果函数成功，就返回新创建区域的句柄，否则返回 NULL。坐标的原点根据不同的场合而定。

函数 CreateRectRgnIndirect 声明如下：

```
    HRGN  CreateRectRgnIndirect(  CONST   RECT *lprc );
```

其中，参数 lprc 指向要创建的矩形区域的矩形坐标；如果函数成功就返回新创建区域的句柄，否则返回 NULL。坐标的原点根据不同的场合而定。

创建椭圆区域的函数是 CreateEllipticRgn 和 CreateEllipticRgnIndirect。椭圆的范围由一个外切矩形来确定，所以这两个函数的参数也是和矩形有关的。这个矩形是椭圆的外切矩形。函数 CreateEllipticRgn 声明如下：

```
    HRGN CreateEllipticRgn(int nLeftRect,  int nTopRect,  int nRightRect,   int
nBottomRect  );
```

其中，nLeftRect 和 nTopRect 是外切矩形左上角的横坐标和纵坐标; nRightRect 和 nBottomRect 是外切矩形右下角的横坐标和纵坐标。如果函数成功就返回新创建区域的句柄，否则返回 NULL。坐标的原点根据不同的场合而定。

函数 CreateEllipticRgnIndirect 声明如下：

```
    HRGN CreateEllipticRgnIndirect(  CONST   RECT  *lprc);
```

其中，参数 lprc 指向 RECT 结构，用来确定外切矩形的坐标。如果函数成功就返回新创建区域的句柄，否则返回 NULL。坐标的原点根据不同的场合而定。

创建圆角矩形区域的函数是 CreateRoundRectRgn。圆角矩形的范围也可以由一个外切矩形和内切椭圆来确定。该函数声明如下：

```
    HRGN CreateRoundRectRgn(int  nLeftRect,  int  nTopRect,  int  nRightRect,
int nBottomRect,
    int  nWidthEllipse, int  nHeightEllipse);
```

其中，参数 nLeftRect 和 nTopRect 为区域外切矩形左上角的横坐标和纵坐标，逻辑单位；nRightRect 和 nBottomRect 为区域外切矩形右下角的横坐标和纵坐标，逻辑单位；nWidthEllipse 和 nHeightEllipse 是用于创建 4 个圆角的椭圆宽度和高度。如果函数成功就返回新创建区域的句柄，否则返回 NULL。坐标的原点根据不同的场合而定。

创建一个多边形区域的函数是 CreatePolygonRgn。多边形必须是封闭的。函数 CreatePolygonRgn 的声明如下：

```
    HRGN CreatePolygonRgn( CONST  POINT  *lppt,  int  cPoints,  int
fnPolyFillMode);
```

其中，参数 lppt 指向一个 POINT 结构的数组，用来确定多边形的顶点；cPoints 用于确定 lppt 数组元素个数；fnPolyFillMode 指定多边形的填充模式，可以取值 ALTERNATE 或 WINDING。如果函数成功就返回新创建区域的句柄，否则返回 NULL。

创建多个多边形组合区域的函数是 CreatePolyPolygonRgn，并且这些多边形可以重叠，声明如下：

```
    BOOL CreatePolyPolygonRgn(LPPOINT  lpPoints, LPINT  lpPolyCounts, int
nCount,int nPolyFillMode );
```

其中，参数lpPoints指向一个POINT结构的数组，该数组存放所有多边形的顶点；lpPolyCounts指向一个INT型数组，该数组用来存放各多边形顶点的个数；nCount表示多边形的个数，也就是lpPolyCounts 数组的个数；nPolyFillMode 确定多边形填充模式，可以取值 ALTERNATE 或 WINDING。如果函数成功就返回新创建区域的句柄，否则返回NULL。

上面讲述了创建区域函数，下面来看一下获取区域相关数据的函数 GetRegionData。该函数用某个区域的数据填充特定的缓冲区，这些数据包含了组成区域的各个矩形的尺寸。函数声明如下：

```
    DWORD GetRegionData(  HRGN  hRgn,  DWORD  dwCount,  LPRGNDATA  lpRgnData );
```

其中，参数 hRgn 是一个区域的句柄；dwCount 用于指定存放区域数据的缓冲区大小；lpRgnData 指向 RGNDATA 结构，用来得到区域的尺寸信息，尺寸的单位是逻辑单位，如果该参数是 NULL，则函数返回值是所需缓冲区的字节数。如果函数成功并且 dwCount 的大小合适，则返回 dwCount；如果 dwCount 太小或者函数失败，则返回 0；如果 lpRgnData 为 NULL，则返回缓冲区所需的字节数。

结构 RGNDATA 包含一个区域信息头和一个组成区域的矩形数组，这些矩形以从上到下、从左到右的方式存储，不重叠。结构 RGNDATA 定义如下：

```
typedef struct _RGNDATA {
    RGNDATAHEADER rdh;
    char          Buffer[1];
} RGNDATA, *PRGNDATA;
```

其中，rdh 用于指定一个区域信息头 RGNDATAHEADER 结构，该结构的成员指定了区域的类型（矩形区域或者不规则四边形区域），以及存放矩形的缓冲区大小等；Buffer 指定一个存放组成区域各个矩形坐标的缓冲区。

区域信息头 RGNDATAHEADER 结构的定义如下：

```
typedef struct _RGNDATAHEADER {
    DWORD dwSize;
    DWORD iType;
    DWORD nCount;
    DWORD nRgnSize;
    RECT  rcBound;
} RGNDATAHEADER, *PRGNDATAHEADER;
```

其中，dwSize 表示区域信息头的大小（字节数）；iType 表示区域的类型，必须是 RDH_RECTANGLES；nCount 表示组成区域的矩形个数；nRgnSize 表示用于存放组成区域的各个矩形的 RECT 坐标所需缓冲区的大小，如果大小不知道，该字段可以为 0；rcBound 指定一个包围区域的矩形坐标，单位是逻辑单位。

除此之外，系统提供了一系列 API 函数来支持区域的使用，比如对区域合并、填充、颜色反转等，具体见表 6-6。

表 6-6　支持区域的 API 函数

区域相关函数	含　义
CombineRgn	把两个区域合并，合并结果存放在第三个区域内
EqualRgn	检查两个区域是否相等
ExtCreateRegion	用某个区域和变形数据创建一个新的区域
FillRgn	用特定的刷子填充一个区域
FrameRgn	用特定的刷子画区域的边框
GetPolyFillMode	得到当前区域的填充模式
GetRgnBox	获取包围区域的矩形范围
InvertRgn	反转某个区域的颜色
OffsetRgn	把区域移动一段偏移
PaintRgn	用当前选入 DC 的刷子画区域
PtInRegion	判断某个点是否在区域范围内
RectInRegion	判断某矩形的一部分是否在区域范围内
SetPolyFillMode	设置区域填充模式
SetRectRgn	把一个区域转换为一个矩形区域

这些函数都是以逻辑坐标来定义区域。

下面来看几个例子。第一个例子裁剪窗口为圆角矩形窗口，首先通过函数 CreateRoundRectRgn 创建一个圆角矩形区域，然后通过函数 SetWindowRgn 来设置窗口为圆角矩形。SetWindowRgn 函数声明如下：

```
int SetWindowRgn( HWND hWnd,  HRGN hRgn, BOOL bRedraw);
```

其中，hWnd 为要裁剪为区域的窗口句柄；hRgn 是区域句柄；bRedraw 用来指定当设置窗口区域后系统是否要重画窗口，如果是 TRUE 就重画，否则不重画。如果函数成功就返回非 0，否则返回 0。要注意的是，设置成功后的区域窗口的左上角坐标是相对于裁剪之前原来窗口的左上角为原点的。

第二个例子创建两个区域，并用不同颜色填充，然后合并这两个区域。区域合并函数 CombineRgn 的声明如下：

```
int CombineRgn( HRGN hrgnDest, HRGN hrgnSrc1, HRGN hrgnSrc2, int
fnCombineMode );
```

其中，参数 hrgnDest 为存放区域合并后的区域的句柄，必须已经存在，即是一个有效的区域句柄；hrgnSrc1 和 hrgnSrc2 是两个要合并的区域；fnCombineMode 是合并的方式，取值如下：

- RGN_AND：创建两个区域的交集区域。
- RGN_COPY：创建一个由 hrgnSrc1 标记的区域的副本。
- RGN_DIFF：合并由 hrgnSrc1 标记的区域的所有部分，但不包括那些属于 hrgnSrc2 标记的区域的部分。
- RGN_OR：创建两个区域的并集。
- RGN_XOR：创建两个区域的并集，但要去掉两个区域的重叠部分。

根据结果区域类型的不同，返回值也不同，取值如下：

- NULLREGION：区域是空的。
- SIMPLEREGION：区域是一个矩形。
- COMPLEXREGION：区域多余一个矩形。
- ERROR：没有成功创建区域。

【例 6.19】裁剪窗口为圆角矩形窗口

（1）新建一个 Win32 工程。
（2）切换资源视图，然后在“文件”菜单下添加一个子菜单项“裁剪窗口”，ID 为 ID_CUTWIN。
（3）打开 Test.cpp，并在函数 WndProc 中添加两个局部变量：

```
RECT  rc; //存放窗口矩形坐标
HRGN  hRgn; //区域句柄
```

然后添加 WM_CREATE 消息，设置窗口坐标为(0,0,200,200)，如下代码：

```
case WM_CREATE:
    MoveWindow(hWnd, 0, 0, 200, 100, TRUE);
    break;
```

接着添加菜单命令 ID_CUTWIN 的响应，其中我们将创建区域并裁剪窗口，如下代码：

```
case ID_CUTWIN:
        GetWindowRect(hWnd, &rc); //得到窗口矩形坐标
        //创建一个圆角矩形区域
```

```
        hRgn = CreateRoundRectRgn(0, 0, rc.right - rc.left, rc.bottom - rc.top,
300, 50);
        SetWindowRgn(hWnd, hRgn, TRUE); //设置窗口为圆角矩形窗口
    DeleteObject(hRgn); //删除区域
        break;
```

SetWindowRgn 所使用的区域的坐标是相对于原窗口的。CreateRoundRectRgn 的最后两个参数是一个椭圆的宽和高，这个椭圆用来裁剪矩形区域的 4 个圆角，相当于把一个这样大小的椭圆分别放在矩形的 4 个角，然后沿着椭圆的圆弧裁取矩形的直角。

（4）保存工程并运行，运行结果如图 6-28 所示。

Test
文件(F) 帮助(H)

图 6-28

【例 6.20】填充、合并区域

（1）新建一个 Win32 工程。

（2）切换资源视图，然后在“文件”菜单下添加子菜单项“填充客户区上的区域”“填充屏幕上的区域”“合并相交的区域(AND 方式)”“合并不相交的区域(OR 方式)”，ID 为 ID_FILL、ID_FILLSCRN、ID_COMBINE 和 ID_COMBINE_OR。

（3）打开 Test.cpp，在函数 WndProc 开头定义几个局部变量：

```
    HRGN  r1 , r2 ,r5; //定义三个区域的句柄，r5 存放合并后的区域句柄
    HBRUSH hbr1, hbr2, hbr3;
    int res;
```

然后添加菜单命令 ID_FILL 的响应，先创建两个圆角矩形区域 r1 和 r2，再用不同的颜色填充这两个区域，如下代码：

```
    case ID_FILL:
        hdc = GetDC(hWnd); //得到客户区 DC 句柄
        r1 = CreateRoundRectRgn(80, 20, 215, 150, 100, 50); //创建圆角矩形区域
        hbr1 = CreateSolidBrush(RGB(255, 0, 0)); //创建红色画刷
        FillRgn(hdc, r1, hbr1); //填充区域
        r2 = CreateRoundRectRgn(200, 75, 250, 125, 10, 10); //创建圆角矩形区域
        hbr2 = CreateSolidBrush(RGB(0, 255, 0)); //创建绿色画刷
        FillRgn(hdc, r2, hbr2); //填充区域
        //删除释放工作
        DeleteObject(r1);
        DeleteObject(r2);
        DeleteObject(hbr1);
        DeleteObject(hbr2);
        ReleaseDC(hWnd, hdc); //释放 DC
        break;
```

FillRgn 用画刷来填充区域，如果第一个参数 hdc 是窗口客户区的 DC 句柄，则创建区域的函数 CreateRoundRectRgn 的坐标就是相对于客户区左上角为原点的；如果 hdc 是屏幕或窗口的 DC 句柄，则创建区域的函数的坐标就是相对于屏幕左上角或窗口左上角的原点。

下面创建屏幕上的两个区域，并填充颜色，添加菜单命令 ID_FILLSCRN 的响应，如下代码：

```
    case ID_FILLSCRN:
        hdc = CreateDC(_T("Display"), 0, 0, 0);  //得到屏幕 DC 句柄
        r1 = CreateRoundRectRgn(80, 20, 215, 150, 100, 50); //创建圆角矩形区域
        hbr1 = CreateSolidBrush(RGB(255, 0, 0)); //创建红色画刷
        FillRgn(hdc, r1, hbr1); //填充区域
```

```
        r2 = CreateRoundRectRgn(200, 75, 250, 125, 10, 10); //创建圆角矩形区域
        hbr2 = CreateSolidBrush(RGB(0, 255, 0)); //创建绿色画刷
        FillRgn(hdc, r2, hbr2); //填充区域
        //删除释放工作
    DeleteObject(r1);
        DeleteObject(r2);
        DeleteObject(hbr1);
        DeleteObject(hbr2);
        DeleteDC(hdc); //删除 DC
        break;
```

再添加菜单 ID_COMBINE 的响应，实现区域 r1 和 r2 的合并，合并的方式通过交集，并把交集区域的句柄存入 r5 中，然后用蓝色画刷填充 r5，如下代码：

```
case ID_COMBINE:
        hdc = GetDC(hWnd);
        r1 = CreateRoundRectRgn(80, 20, 215, 150, 100, 50); //创建区域 r1
        hbr1 = CreateSolidBrush(RGB(255, 0, 0)); //创建红色画刷
        FillRgn(hdc, r1, hbr1); //填充区域 r1
        r2 = CreateRoundRectRgn(200, 75, 250, 125, 10, 10); //创建区域 r2
        hbr2 = CreateSolidBrush(RGB(0, 255, 0)); //创建绿色画刷
        FillRgn(hdc, r2, hbr2); //填充区域 r2
        hbr3 = CreateSolidBrush(RGB(0, 0, 255)); //创建蓝色画刷
        r5 = CreateRectRgn(0, 0, 0, 0); //合并的目标区域必须先创建
        res = CombineRgn(r5, r1, r2, RGN_AND); //以交集方式合并 r1 和 r2
        if (res == ERROR || NULLREGION == res)
            MessageBox(hWnd, _T("CombineRgn failed"), 0, MB_OK);
        else  FillRgn(hdc, r5, hbr3); //填充区域 r5
        //删除释放工作
        DeleteObject(r1);
        DeleteObject(r2);
        DeleteObject(r5);
        DeleteObject(hbr1);
        DeleteObject(hbr2);
        DeleteObject(hbr3);
        ReleaseDC(hWnd, hdc); //释放 DC
        break;
```

r5 必须在合并之前就存在，即必须是一个有效的区域句柄，即便这个区域的大小为 0。

再添加不相交的两块区域的合并，即响应菜单命令 ID_COMBINE_OR，如下代码：

```
case ID_COMBINE_OR:
        hdc = GetDC(hWnd);
        r1 = CreateRoundRectRgn(80, 20, 215, 150, 100, 50); //创建区域 r1
        hbr1 = CreateSolidBrush(RGB(255, 0, 0)); //创建红色画刷
        FillRgn(hdc, r1, hbr1); //填充区域 r1
        r2 = CreateRoundRectRgn(300, 75, 250, 125, 10, 10); //创建区域 r2
        hbr2 = CreateSolidBrush(RGB(0, 255, 0)); //创建绿色画刷
        FillRgn(hdc, r2, hbr2); //填充区域 r2
        hbr3 = CreateSolidBrush(RGB(0, 0, 255)); //创建蓝色画刷
        r5 = CreateRectRgn(0, 0, 0, 0); //合并的目标区域必须先创建
        res = CombineRgn(r5, r1, r2, RGN_OR);  //以并集方式合并 r1 和 r2
        if (res == ERROR || NULLREGION == res)
```

```
        MessageBox(hWnd, _T("CombineRgn failed"), 0, MB_OK);
    else  FillRgn(hdc, r5, hbr3); //填充区域 r5

    //删除释放工作
    ReleaseDC(hWnd, hdc);
    DeleteObject(r1);
    DeleteObject(r2);
    DeleteObject(r5);
    DeleteObject(hbr1);
    DeleteObject(hbr2);
    DeleteObject(hbr3);
    break;
```

由于两个区域不相交，因此以并集方式合并后的 r5 区域将分为两个部分。

（4）保存工程并运行，运行结果如图 6-29 所示。

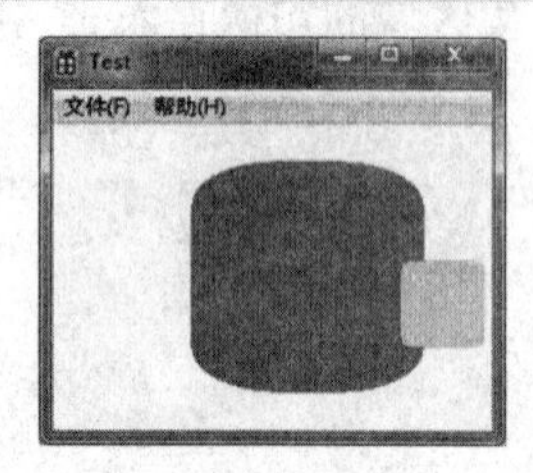

图 6-29

6.5.6 调色板

电脑上显示的图像是由一个个像素组成的，每个像素都有自己的颜色属性。在 PC 的显示系统中，像素的颜色是基于 RGB 模型的，每一个像素的颜色由红（B）、绿（G）、蓝（B）三原色组合而成。每种原色用 8 位表示，这样一个像素的颜色就是 24 位的。以此推算，PC 的 SVGA 适配器可以同时显示 2^{24}（约一千六百多万）种颜色。24 位的颜色通常被称作真彩色，用真彩色显示的图像可达到十分逼真的效果。但是，真彩色的显示需要大量的显卡内存，一幅 640×480 的真彩色图像需要约 1MB 的显卡内存。高质量图像所需显卡内存大增，系统的整体性能迅速下降。为了解决这个问题，人们用调色板来限制颜色的数目，调色板实际上是一个有 256 个表项的 RGB 颜色表，颜色表的每项是一个 24 位的 RGB 颜色值。使用调色板时，在视频内存中存储的不是 24 位颜色值，而是调色板的 4 位或 8 位的索引。这样一来，显示器可同时显示的颜色被限制在 256 色以内，对系统资源的耗费大大降低了。

显示器可以被设置成 16、256、64K、真彩色等显示模式，前两种模式需要调色板。在 16 或 256 色模式下，程序必须将想要显示的颜色正确地设置到调色板中，这样才能显示出预期的颜色。使用调色板的一个好处是不必改变视频内存中的值，只需改变调色板的颜色项就可快速地改变一幅图像的颜色或灰度。

Windows 是一个多任务操作系统，可以同时运行多个程序。如果有几个程序都要设置调色板，就有可能产生冲突。为了避免这种冲突，Windows 使用逻辑调色板来作为使用颜色的应用程序和系统调色板（物理调色板）之间的缓冲。

在 Windows 中，应用程序是通过一个或多个逻辑调色板来使用系统调色板（物理调色板）的。在 256 色系统调色板中，Windows 保留了 20 种颜色作为静态颜色，这些颜色用作显示 Windows 界面，应用程序一般不能改变。默认的系统调色板只包含这 20 种静态颜色，调色板的其他项为空。应用程序要想使用新的颜色，必须将包含有所需颜色的逻辑调色板实现到系统调色板中。在实现过程中，Windows 首先将逻辑调色板中的项与系统调色板中的项完全匹配，对于逻辑调色板中不能完全匹配的项，Windows 将其加入到系统调色板的空白项中，系统调色板总共有 236 个空白项可供使用，若系统调色板已满，则 Windows 将逻辑调色板的剩余项匹配到系统调色板中尽可能接近的颜色上。

每个 DC 都拥有一个逻辑调色板，默认的逻辑调色板只有 20 种保留颜色，如果要使用新的颜色，则应该创建一个新的逻辑调色板并将其选入 DC 中。光这样还不能使用新颜色，程序只有把DC中的逻辑调色板实现到系统调色板中，才能使用新的颜色。在逻辑调色板被实现到系统调色板时，Windows会建立一个调色板映射表。当DC用逻辑调色板中的颜色绘图时，GDI绘图函数会查询调色板映射表以把像素值从逻辑调色板的索引转换成系统调色板的索引，这样当像素被输出到显卡内存中时就具有了正确的颜色值。每个要使用额外颜色的窗口都会实现自己的逻辑调色板，逻辑调色板中的每种颜色在系统调色板中都有相同或相近的匹配。调色板的实现优先权越高，匹配的精度就越高。Windows 规定，当前活动窗口的逻辑调色板具有最高的实现优先权。这是因为活动窗口是当前与用户交互的窗口，应该保证其有最佳的颜色显示。非活动窗口的优先权是按 Z 顺序自上而下确定的（Z顺序就是重叠窗口的重叠顺序）。活动窗口有权将其逻辑调色板作为前景调色板实现，非活动窗口则只能实现背景调色板。

逻辑调色板这个GDI对象的句柄类型是HPALETTE，比如我们定义一个画笔句柄：

```
HPALETTE  hPalette;
```

在使用逻辑调色板之前必须先创建，但不再使用时，要用DeleteObject函数将其删除。创建逻辑调色板的函数是CreatePalette，声明如下：

```
HPALETTE CreatePalette(  CONST   LOGPALETTE  * lplgpl  );
```

其中，参数lplgpl指向逻辑调色板信息结构体LOGPALETTE。如果函数成功就返回逻辑调色板的句柄，否则返回NULL。

逻辑调色板信息结构体LOGPALETTE的定义如下：

```
typedef struct tagLOGPALETTE {
   WORD         palVersion;  //Windows 系统的版本号
   WORD         palNumEntries; //逻辑调色板中颜色表项的个数
   PALETTEENTRY palPalEntry[1]; //每个表项的颜色和使用方法
} LOGPALETTE;
```

上面第三个字段的结构体PALETTEENTRY定义如下：

```
typedef struct tagPALETTEENTRY {
  BYTE peRed;  //红色的强度(0~255)
  BYTE peGreen; //绿色的强度(0~255)
  BYTE peBlue;  //蓝色的强度(0~255)
  BYTE peFlags; //颜色表项的使用方法
} PALETTEENTRY;
```

可以看出，创建调色板的关键是在 PALETTEENTRY 数组中指定要使用的颜色。这些颜色可以是程序自己指定的特殊颜色，也可以从 DIB 位图中载入。逻辑调色板的大小可根据用户使用的颜色数来定，一般不能超过256个颜色表项。

函数 CreatePalette 只是创建了逻辑调色板，此时调色板只是一张孤立的颜色表，还不能对系统产生影响。程序必须调用函数SelectPalette把逻辑调色板选入DC中，然后调用函数RealizePalette把逻辑调色板实现到系统调色板中。函数SelectPalette声明如下：

```
HPALETTE SelectPalette(  HDC  hdc,   HPALETTE  hpal, BOOL  bForceBackground );
```

其中，参数hdc是DC句柄；hpal为逻辑调色板句柄；bForceBackground表示选入的调色板是否总是作为背景调色板。如果函数成功就返回DC以前的调色板句柄，否则返回NULL。

函数RealizePalette实现当前逻辑调色板中的颜色项到系统调色板，函数声明如下：

```
UINT RealizePalette(  HDC  hdc  );
```

其中，参数 hdc 是 DC 句柄。如果函数成功就返回逻辑调色板中映射到系统调色板的颜色项的数目，否则返回 GDI_ERROR。

6.6 路径

路径指一个图形或多个图形的组合，图形的形状既可以是规则的，也可以是不规则的（比如直线和贝叶斯曲线组成的图形），并且也可以对其填充或画轮廓。它能建立更为复杂的图案，大大地丰富了 Windows 的图形功能。

很多GDI绘图函数都可以创建路径，比如画矩形函数Rectangle、椭圆函数Ellipse、画线函数LineTo/MoveToEx甚至文本输出函数TextOut等。只要能在窗口上输出图形的（文字也是一种图形）几乎都可以用来创建路径，但创建路径的操作必须包括在函数BeginPath和EndPath之间。函数BeginPath的功能是告诉设备描述表即将要创建路径，声明如下：

```
BOOL BeginPath(  HDC hdc  );
```

其中，参数 hdc 是 DC 句柄。如果函数成功就返回非 0，否则返回 0。

函数 EndPath 关闭路径创建工作，并且把创建的路径选入设备描述表，声明如下：

```
BOOL EndPath(  HDC hdc  );
```

其中，参数 hdc 为 DC 句柄，新的路径将被选入这个 DC 中。如果函数成功就返回非 0，否则返回 0。

路径创建成功并选入 DC 后，就可以对路径进行更改、画轮廓、填充等操作。常见的操作函数见表 6-7。

表 6-7　常见的路径操作函数

路径操作函数	含　义
AbortPath	关闭并丢弃 DC 中的所有路径
CloseFigure	关闭路径中的某个图形
FillPath	关闭当前路径中的所有图形，并用当前画刷和模式填充内部
FlattenPath	转换路径中的曲线为直线序列
GetMiterLimit	为 DC 返回链接限制
GetPath	返回直线终点的坐标并控制路径中曲线上的点
PathToRegion	从路径中创建一个区域
StrokePath	用当前画笔为路径画轮廓

下面我们看一个例子，产生文字的中空效果。

【例 6.21】通过路径产生文字中空效果

（1）新建一个 Win32 工程。

（2）打开 Test.cpp，在函数 WndProc 中添加局部变量：

```
LOGFONT lf = { 0 };
static HFONT hfont, hOldFont; //用于文本输出所采用的字体
static HPEN hNewPen, hOldPen; //画笔用于画轮廓
```

在消息 WM_CREATE 处理中添加字体的创建和画笔的创建，其中画笔用于画路径的轮廓，如下代码：

```
case WM_CREATE:
    lf.lfHeight = 100;   //设置字体高度
    lf.lfWidth = 20;       //设置平均字符宽度
    lf.lfEscapement = 0;
    lf.lfWeight = FW_BOLD;       //设置字体的粗细为粗体
    lf.lfPitchAndFamily = FF_ROMAN;        //设置字符间距和字族
    _tcscpy_s(lf.lfFaceName, _T("仿宋"));
    hNewPen = CreatePen(PS_SOLID, 2, RGB(0, 0,255));//创建宽度为 2 的画笔
    hNewFont = CreateFontIndirect(&lf);
    break;
```

为 WM_PAINT 消息添加处理，如下代码：

```
case WM_PAINT:
    hdc = BeginPaint(hWnd, &ps);
    // TODO: 在此添加任意绘图代码...
    hOldFont = (HFONT)SelectObject(hdc, hNewFont); //把新字体选入 DC
    BeginPath(hdc); //开始画路径
    TextOut(hdc, 10, 10, _T("大家好"), 3); //输出文字
    EndPath(hdc); //路径结束
    hOldPen = (HPEN)SelectObject(hdc, hNewPen); //把新画笔选入 DC
    StrokePath(hdc); //画字体的轮廓
    SelectObject(hdc, hOldPen); //恢复原来的画笔
    SelectObject(hdc, hOldFont); //恢复原来的字体
    EndPaint(hWnd, &ps);
    break;
```

最后在 WM_DESTROY 消息处理中删除对象，如下代码：

```
case WM_DESTROY:
    DeleteObject(hNewPen);     //删除画笔
    DeleteObject(hNewFont);   //删除字体
    PostQuitMessage(0);
    break;
```

图 6-30

（3）保存工程并运行，运行结果如图 6-30 所示。

6.7　裁剪

裁剪就是把客户区上图形的输出限制在一个区域或路径内，这个用来限制图形输出的区域或路径也被称为裁剪区。裁剪区分为裁剪区域和裁剪路径。裁剪区域的边不是直线就是曲线。裁剪路径的边有可能是直线、贝叶斯曲线或者两者的组合。裁剪区是设备描述表的属性，默认范围是整个客户区。当把一块区域或路径选入 DC 的时候，这块区域或路径就变成了裁剪区，以后图形输出就限制在裁剪区范围内。选入 DC 的函数有 SelectObject、SelectClipRgn 和 SelectClipPath 等。SelectObject 前面已经介绍过了，它返回的是 DC 中原来裁剪区的句柄。函数 SelectClipRgn 把一个区域的副本选入 DC 作为裁剪区，既然是副本，那该区域还能被选入其他 DC 或被删除，该函数声明如下：

```
int SelectClipRgn(HDC hdc,   HRGN hrgn );
```

其中，参数 hdc 为 DC 句柄；hrgn 为要选入 DC 的区域句柄。函数返回区域的复杂度，取值如下：

- NULLREGION：区域是空的。
- SIMPLEREGION：区域是一个简单的矩形。
- COMPLEXREGION：区域是一个或多个矩形的组合。
- ERROR：发生错误。

函数 SelectClipPath 选择当前路径作为 DC 的裁剪区，利用不同的模式可以把新的路径和已经存在的裁剪区合并，该函数声明如下：

```
BOOL SelectClipPath( HDC hdc, int iMode );
```

其中，参数 hdc 为 DC 句柄；iMode 指定使用路径的方式，取值如下：

- RGN_AND：把当前路径和已经存在裁剪区的交集（重叠部分）作为新的裁剪区。
- RGN_COPY：把当前路径作为新的裁剪区。
- RGN_DIFF：去掉已经存在的裁剪区中的当前路径部分。
- RGN_OR：把当前路径和已经存在裁剪区的并集作为新的裁剪区。
- RGN_XOR：把当前路径和已经存在裁剪区的并集(但不包括重叠部分)作为新的裁剪区。

如果函数成功就返回非 0，否则返回 0。

【例 6.22】 裁剪位图的输出

（1）新建一个 Win32 工程。

（2）切换到资源视图，导入一幅位图，ID 为 IDB_BITMAP1。

（3）打开 Test.cpp，为函数 WndProc 添加局部变量：

```
    HRGN hrgn;     //区域句柄
    HBITMAP hbmp; //位图句柄
    BITMAP Bitmap; //位图信息结构
    HDC MemDC;     //内存 DC 句柄
```

然后添加 WM_PAINT 消息的处理，在其中我们创建区域，并选入 DC 作为裁剪区，接着加载位图并显示在裁剪区中，如下代码：

```
case WM_PAINT:
        hdc = BeginPaint(hWnd, &ps);
        // TODO: 在此添加任意绘图代码...
        hbmp = LoadBitmap(hInst, MAKEINTRESOURCE(IDB_BITMAP1));
        GetObject(hbmp, sizeof(Bitmap), &Bitmap);//取得位图信息
        MemDC = CreateCompatibleDC(hdc); //创建内存设备场景
        SelectObject(MemDC,hbmp); //将位图选入内存设备场景
        //创建椭圆形裁剪区并选入内存设备场景
        //创建一个椭圆区域
        hrgn = CreateEllipticRgn( 0, 0, Bitmap.bmWidth, Bitmap.bmHeight / 2);
        SelectClipRgn(hdc,hrgn);//选入区域作为裁剪区
        //显示位图
        BitBlt(hdc,0, 0, Bitmap.bmWidth, Bitmap.bmHeight, MemDC, 0, 0, SRCCOPY);
        DeleteDC(MemDC); //删除内存 DC
        EndPaint(hWnd, &ps);
        break;
```

（4）保存工程并运行，运行结果如图 6-31 所示。

图 6-31

6.8　更新区域

在本章开头介绍了更新区域（update region）的概念，但由于相关基础知识（比如区域）没有讲，所以更理论化，或许大家不是很理解。现在有了裁剪区的知识，我们可以具体看一下更新区域的范围。

更新区域相当于一个裁剪区，要更新的内容只会在这个裁剪区内进行，这样主要是为了提高重绘效率。更新区域的产生既可以由调用函数产生，比如调用 InvalidateRect 或 InvalidateRgn，也可以在操作窗口时由系统产生，比如缩放窗口、移动窗口、创建窗口、滚动窗口等。如果是由函数产生的更新区域，其范围就是函数设定的范围。对于系统产生的更新区域，范围有时候会根据窗口的不同而不同。比如，对于普通窗口来说，一旦进行缩放就会更新整个客户区，更新区域就是整个客户区。对于对话框来说，放大时的更新区域只是扩大的那部分，而缩小的时候不会产生更新区域。

得到更新区域的范围通常有以下四种方式。

（1）利用函数 GetUpdateRect。

该函数得到的更新区域的范围是一个矩形，并且是更新区域组成的最小化矩形。该函数声明如下：

```
BOOL GetUpdateRect( HWND hWnd,      LPRECT lpRect,    BOOL bErase );
```

其中，参数 hWnd 为要获得更新区域的窗口句柄；lpRect 是一个矩形坐标 RECT 的指针，该矩形是更新区域组成的最小矩形；bErase 指定更新区域的背景是否要被擦除。如果更新区域不为空则返回非 0，否则返回 0。

由于更新区域不一定是一个矩形，因此用 GetUpdateRect 得到的更新区域范围不一定是精确的，有可能包括非更新区域。如果更新区域就是一个矩形，那么函数得到的矩形就是更新区域的范围；如果更新区域不是一个矩形，则函数得到的是由更新区域组成的，可能包括非更新区域在内的一个最小化矩形，比如更新区域的精确范围如图 6-32 黑色部分所示。

图 6-32

用函数 GetUpdateRect 返回得到的矩形是包括白色区域在内的这个矩形。因此用函数 GetUpdateRect 得到的更新区域范围不一定精确，尤其是对于对话框缩放的时候。

由于函数 BeginPaint 会把更新区域的范围变为裁剪区，同时把更新区域范围的标记置为空（这样系统不会一直发送 WM_PAINT），BeginPaint 执行后，更新区域就为空了（但此时的裁剪区的大小就是原来的更新区域的大小），因此要把 GetUpdateRect 放在 BeginPaint 前面调用，如果放在后面调用，GetUpdateRect 得到的更新区域就是空了。

（2）利用函数 BeginPaint 的第二个参数

函数 BeginPaint 的第二个参数是一个指向结构 LPPAINTSTRUCT 的指针，该结构的第三个字段 rcPaint 返回更新区域的最小矩形范围，它的值和 GetUpdateRect 返回的矩形范围是一样的。同样，rcPaint 返回的范围也不一定是精确的，除非我们能确定更新区域的范围就是一个矩形。

（3）利用函数 GetClipBox

该函数可以得到当前能画图的可视化范围的最小化矩形尺寸，这个范围相当于一个裁剪区，因为裁剪区就是一块只能在该区内画图的范围。由于更新区域就是一个裁剪区，因此能用该函数来获取更新区域的最小化矩形大小，它得到的更新区域范围和上面的两种方式是一样的。该函数的返回值可以用来判断更新区域的复杂度，即更新区域是不是只是一个矩形。函数声明如下：

```
int GetClipBox( HDC hdc, LPRECT lprc );
```

其中，参数 hdc 是 DC 的句柄；lprc 指向一个矩形坐标 RECT，该矩形是当前能绘图的可视化范围的最小化矩形，该范围可以由裁剪区域、裁剪路径或任一重叠窗口来定义。函数的返回值表明裁剪区的复杂度，取值如下：

- COMPLEXREGION：裁剪区不仅仅由一个矩形组成。
- ERROR：发生错误。
- NULLREGION：裁剪区是空的。
- SIMPLEREGION：裁剪区是一个矩形。

由于函数 GetClipBox 可以返回裁剪区的大致类型，因此在得到裁剪区矩形范围的同时，可以判断裁剪区是否为矩形，如果是矩形，则得到的矩形范围就是更新区域的精确范围。如果不仅仅是一个矩形，则再用其他方法来获取精确范围。因此，函数 GetClipBox 的功能比上面两个函数更为强大些。注意，要把 GetClipBox 放在 BeginPaint 后面，因为 BeginPaint 会把更新区域设为裁剪区，此时再调用 GetClipBox 得到的裁剪区的最小矩形范围就是原来更新区域的最小矩形范围。

（4）利用函数 GetUpdateRgn

该函数能得到更新区域的精确范围，并且更新区域的坐标是相对于客户区左上角的，函数声明如下：

```
int GetUpdateRgn( HWND hWnd,  HRGN hRgn, BOOL bErase );
```

其中，参数 hWnd 为要获得更新区域的窗口句柄；hRgn 是更新区域的区域句柄，该参数是输入参数，即句柄必须已经存在，可以先创建一个区域；bErase 用于确定窗口背景是否要被擦除，以及子窗口的非客户区是否应该被重画。函数的返回值表明更新区域的复杂度，取值如下：

- COMPLEXREGION：更新区域不仅仅由一个矩形组成。
- ERROR：发生错误。
- NULLREGION：更新区域是空的。
- SIMPLEREGION：更新区域是一个矩形。

同样，要把 GetUpdateRgn 放在 BeginPaint 前面调用。如果放在后面调用，GetUpdateRgn 得到的更新区域就是空了。

下面我们来看一个例子，获得对话框缩放时更新区域的大小。

【例 6.23】获得对话框缩放时更新区域的大小

（1）新建一个 Win32 工程。

（2）切换到资源视图，双击打开 IDD_ABOUTBOX 对话框，然后删除上面所有的控件，并设置对话框的 Border 属性为 Resizing，这样我们可以拖拉对话框的边框来进行缩放。

（3）打开 Test.cpp，找到对话框的消息处理函数 About，然后添加局部变量：

```
    HRGN hRgn = 0; //区域句柄
    TCHAR szbuf[100];    //输出结果的缓冲区
    RGNDATA *buff = NULL;    //裁剪区的数据缓冲区指针
    int   i,  res, buffsize = 0;
    RECT rt,rtClient, *prt; //rtClient 存放客户区坐标，prt 指向裁剪区中每个矩形的坐标
    //每次拖拉放大一次，就用系统颜色 nbkclr 来刷背景
    static int nbkclr = COLOR_SCROLLBAR;
    PAINTSTRUCT ps; //绘图信息结构体
    HDC hdc; //DC 句柄
```

然后在 About 函数中添加 WM_PAINT 消息处理，如下代码：

```
case WM_PAINT:
    //创建一个区域，为了让 hRgn 存放一个有效的区域句柄
    hRgn = CreateRectRgn(0, 0, 0, 0);
    GetUpdateRgn(hDlg, hRgn, FALSE); //得到更新区域

    hdc = BeginPaint(hDlg, &ps); //把更新区域转为裁剪区
    res = GetClipBox(hdc, &rt);    //获得裁剪区大小，也就是原来更新区域大小
    GetClientRect(hDlg, &rtClient); //得到客户区大小
    if (res == SIMPLEREGION) //判断更新区域是否是一个矩形
    {
  _stprintf_s(szbuf, _T("更新区域是一个矩形，范围是(%d,%d,%d,%d)\n"), rt.left,
rt.right, rt.top, rt.bottom);
        OutputDebugString(szbuf); //在调试状态下输出信息
    }
    else if (COMPLEXREGION == res) //如果更新区域是由多个矩形组成
    {
        if (nbkclr > COLOR_BTNHIGHLIGHT) //刷子的颜色索引是否超过最大
            nbkclr = COLOR_SCROLLBAR; //重新设置刷子的颜色
        FillRect(hdc, &rtClient, (HBRUSH)(nbkclr + 1));//填充更新区域
        nbkclr++; //累加刷子颜色的索引
        //得到要存放区域数据所需要的缓冲区大小
        buffsize = GetRegionData(hRgn, 0, 0);
        if (buffsize != 0)
        {
            buff = (RGNDATA *) new BYTE[buffsize]; //开辟数据缓冲区
            if (buff == NULL)
                break;

            if (GetRegionData(hRgn, buffsize, buff)) //得到更新区域的具体数据
            {
                _stprintf_s(szbuf, _T("更新区域不仅仅是一个矩形，范围包括:"));
                OutputDebugString(szbuf); //在调试状态下输出信息
                //循环获取区域中的矩阵坐标
```

```
                for (i = 0; i < (buff->rdh.nCount); i++)
                { //prt 指向每个矩阵坐标
            prt = (RECT *)(((BYTE *)buff) + sizeof(RGNDATAHEADER) + (i *
sizeof(RECT)));
            _stprintf_s(szbuf, _T("(%d,%d,%d,%d)  "), prt->left, prt->right,
prt->top, prt->bottom);
                    OutputDebugString(szbuf); //输出每个矩阵坐标
                }
                OutputDebugString(_T("\n"));
            }
            delete[] buff; //释放缓冲区
        }
    }

    if (hRgn != NULL)
        DeleteObject(hRgn); //删除区域对象

    //画纵线和横线 ，分别在高度中间位置和宽度中间位置
    MoveToEx(hdc, rtClient.right / 2, 0, NULL);
    LineTo(hdc, rtClient.right / 2, rtClient.bottom);

    MoveToEx(hdc, 0, rtClient.bottom / 2, NULL);
    LineTo(hdc, rtClient.right, rtClient.bottom / 2);

    EndPaint(hDlg, &ps);
    return (INT_PTR)TRUE; //返回 TRUE 表示该消息处理完毕了
```

虽然我们每次刷（FillRect）的范围是整个客户区，但是由于裁剪区（更新区域）的存在，只会在裁剪区范围内填充背景，而每次画纵横线也只限制在裁剪区（更新区域）范围内。函数 GetRegionData 用来获取区域内的详细信息，该函数在区域那一节介绍过了，这里不再赘述。

（4）保存工程并调试（按 F5 键）。运行期间，我们用鼠标拖拉“关于”对话框的边缘，往外拖拉，可以在 Visual C++ IDE 的输出视图中出现新扩大部分区域的各个矩阵坐标，说明对话框放大的时候更新区域只是扩大部分。当我们缩小对话框时，发现系统没有发出 WM_PAINT 消息。这点和普通窗口不同，普通窗口无论缩小还是放大都是把整个客户区作为更新区域的。如果有需求，想让对话框在放大或缩小的时候也让整个客户区无效，可以在 WM_SIZE 消息处理中调用 InvalidateRect 函数。运行结果如图 6-33 所示。

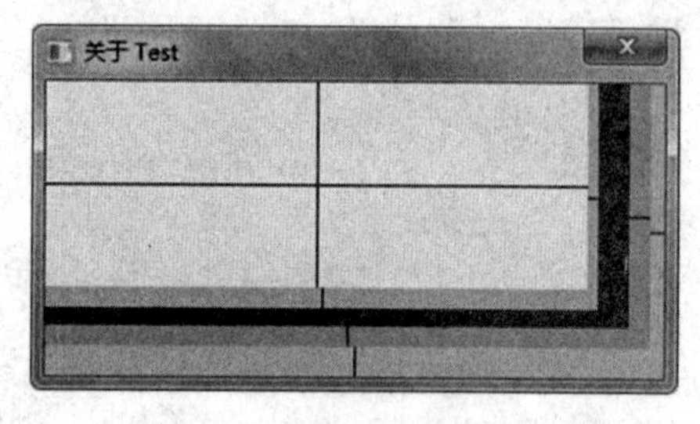

图 6-33

6.9 双缓冲绘图

前面我们绘图都是直接在窗口 DC 上调用 GDI 绘图函数，如果要绘制新图形了，就用画刷擦掉旧的图形，然后画新的。我们把这种绘图方式称为普通绘图方式，这种方式在一些要求不高的场合问题不大。如果绘制的图形比较复杂，特别是含有位图时，这种方式就会显得慢了，而且由于存在刷旧内容（就是用画刷的颜色去填充窗口 DC）这个步骤，一刷一画会导致视觉上闪烁。为此，人们提出了双缓冲绘图，基本思路是不用画刷去刷窗口 DC，新的图形先在内存 DC 中全部画好，然后利用速度较快的图形块复制函数 BitBlt 把内存 DC 上的内容复制到窗口 DC，复制后旧的图形

内容就被覆盖了，因此用不着刷掉旧内容这个步骤了，这样就解决了闪烁问题，还解决了绘制复杂图形速度较慢的问题，因为在内存 DC 中绘制图形要比在窗口 DC 中快得多。

双缓冲绘图的基本步骤是：

（1）创建内存 DC。

（2）创建兼容位图，并把它选入内存 DC，这个兼容位图相当于一块画布，我们就在这个画布上画画。内存 DC 必须有这块兼容位图才能画图。

（3）在内存 DC 上具体绘制图形。

（4）绘制完毕后，把内存 DC 上的内容复制到窗口 DC 中。

（5）释放兼容位图和内存 DC。

这也是内存 DC 存在的最大意义，函数 CreateCompatibleDC 的最大作用也是为了实现双缓冲绘图。

下面看一个例子，分别演示普通绘图和双缓冲绘图。从中可以看到，普通绘图的时候是有闪烁的，而双缓冲绘图则消除了闪烁。

【例 6.24】 普通绘图和双缓冲绘图

（1）新建一个 Win32 工程。

（2）切换到资源视图，添加两个菜单项“普通绘图”和“双缓冲绘图”，ID 分别为 ID_NORMAL 和 ID_DDRAW。

（3）打开 Test.cpp，添加全局变量：

```
int glen = 0; //正方形的边长
HDC hdcMem = NULL; //内存 DC 句柄
HBITMAP hbmp = NULL; //兼容位图句柄
BOOL gbflag = 0; //区别当前是普通绘图还是双缓冲绘图，0 表示普通绘图，1 表示双缓冲绘图
```

在函数 WndProc 中的 WM_CREATE 消息处理，如下代码：

```
    case WM_CREATE:
        ShowWindow(hWnd, SW_MAXIMIZE); //一开始就最大化
        SetTimer(hWnd,1, 100, NULL); //开启计时器，每 100 毫秒就发送 WM_TIMER
        break;
```

添加定时器消息处理，如下代码：

```
case WM_TIMER:
        if (glen < 30) glen++;          //正方形边长慢慢加长
        else    glen = 0; //如果超过 30 了，就重置为 0

        if (gbflag) DDraw(hWnd); //双缓冲绘图
        else NormalDraw(hWnd); //普通绘图

        break;
```

其中，函数 DDraw 是以双缓冲方式绘制很多小的正方形，如下代码：

```
void DDraw(HWND hWnd)
{
    HDC hdc;
    static HBRUSH hbr; //存放当前窗口的默认画刷
    int i, j;
```

```
    RECT rt;

    GetClientRect(hWnd, &rt); //得到窗口大小

    hdc = GetDC(hWnd); //得到窗口 DC 句柄
    if (!hdcMem) //如果内存 DC 还没创建，则要创建
    {
        hdcMem = CreateCompatibleDC(hdc); //创建内存 DC
        //创建兼容位图
        hbmp = CreateCompatibleBitmap(hdcMem, rt.right, rt.bottom);
        SelectObject(hdcMem, hbmp); //把兼容位图选入内存 DC，作为一个画布
        //获得默认背景画刷
        hbr = (HBRUSH)GetClassLong(hWnd, GCL_HBRBACKGROUND);
    }
    FillRect(hdcMem, &rt, hbr);// //刷掉原来画的内容
    // 画很多小正方形
    for ( i = 0; i < rt.right - 1; i += 30)
        for ( j = 0; j < rt.bottom - 1; j += 30)
            Rectangle(hdcMem, i, j, i + glen, j + glen);

    // 一次性将内存设备环境上绘制完毕的图形"贴"到屏幕上
    BitBlt(hdc,0, 0, rt.right, rt.bottom, hdcMem, 0, 0, SRCCOPY);

    ReleaseDC(hWnd,hdc);    // 释放窗口 DC
}
```

函数 NormalDraw 是以普通方式绘制很多小的正方形，这种方式就是直接在窗口 DC 上画图，如下代码：

```
void NormalDraw(HWND hWnd)
{
    HBRUSH hbr;
    HDC hdc;
    int i, j;
    RECT rt;

    GetClientRect(hWnd, &rt);//得到窗口大小
    hdc = GetDC(hWnd); //得到窗口 DC 句柄
hbr = (HBRUSH)GetClassLong(hWnd, GCL_HBRBACKGROUND);// 获得背景画刷
    FillRect(hdc, &rt, hbr);//刷掉原来画的内容
    // 画很多小正方形
    for ( i = 0; i < rt.right - 1; i += 30)
        for ( j = 0; j < rt.bottom - 1; j += 30)
            Rectangle(hdc, i, j, i + glen, j + glen);

    ReleaseDC(hWnd,hdc);    // 释放窗口 DC
}
```

在 WM_COMMAND 消息中添加菜单命令处理，如下代码：

```
case ID_NORMAL:
        gbflag = 0; //设置标记为 0，这样下一次的定时器操作会调用普通绘图
        break;
    case ID_DDRAW:
        gbflag = 1; //设置标记为 1，这样下一次的定时器操作会调用双缓冲绘图
        break;
```

最后要在窗口销毁消息中释放相关资源，如下代码：

```
case WM_DESTROY:
        KillTimer(hWnd, 1); //关闭计时器
        DeleteObject((HGDIOBJ)hbmp); //删除兼容位图
        DeleteDC(hdcMem); //删除内存 DC

        PostQuitMessage(0);
        break;
```

（4）保存工程并运行，运行结果如图 6-34 所示。

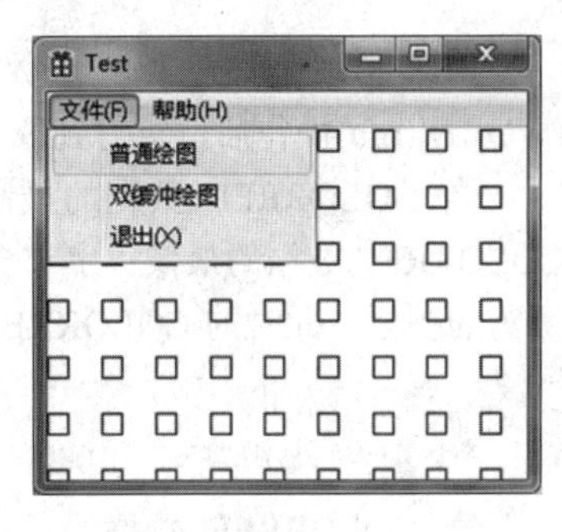

图 6-34

6.10 颜色

6.10.1 颜色的表示

GDI 提供了与“设备无关”的颜色接口，开发者使用颜色时需要和显卡硬件打交道，只需要遵从 GDI 定义的颜色接口即可。

现在的显卡都支持真彩色，用 24 位表示一个像素的颜色，其中，红、绿、蓝三原色各占 8 位，这 24 位是存储在一个 32 位的整数中的，高 8 位置 0。红、绿、蓝（RGB）三种颜色是三原色，意思就是这三种颜色按照不同比例的混合就可以获得不同的颜色，位数越多，能表现的颜色越多，24 位可以表示出 2^{24}=16777216 种颜色。GDI 接口用一个 32 位无符号整型 COLORREF 来表示一种颜色，定义如下：

```
typedef DWORD COLORREF;
typedef DWORD *LPCOLORREF;
```

COLORREF 型值的长度是 4 字节，其中最高位字节可以取三种不同的值，分别对应三种使用颜色的方法，分别是 RGB 方式（最高字节是 00）、调色板索引方式（最高字节是 01）和调色板 RGB 方式（最高字节是 02）。

当 COLORREF 数据的最高字节是 00 的时候，Windows 将用 20 种保留颜色的抖动色来匹配指定的颜色，而不管程序是否实现了自己的调色板，这相当于使用系统调色板中最匹配的颜色。此时 COLORREF 数据的形式为 0x00bbggrr，红色占据低 8 位，然后向高方向依次是绿色和蓝色，最高的 8 位填充为 0，RGB 宏的定义如下：

```
#define RGB(r,g,b)  ((COLORREF)(((BYTE)(r)|
((WORD)((BYTE)(g))<<8))|(((DWORD)(BYTE)(b))<<16)))
```

其中，r 表示红色的强度；g 表示绿色的强度；b 表示蓝色的强度。每个分量的取值范围是 0 到 255，三个分量组成一个 32 位的 COLORREF 数便是该宏返回的结果。

比如，RGB(0,0,0)表示黑色，RGB(255,255,255)表示白色，RGB(255,0,0)表示红色，RGB(0,255,0)表示绿色，RGB(0,0,255)表示蓝色，等等。Visual C++提供了宏 GetRValue、GetGValue 和 GetBValue 来提取 COLORREF 值中的红色、绿色和蓝色分量值，定义如下：

```
#define GetRValue(rgb)      (LOBYTE(rgb))
#define GetGValue(rgb)      (LOBYTE(((WORD)(rgb)) >> 8))
#define GetBValue(rgb)      (LOBYTE((rgb)>>16))
```

RGB 可以是一个 32 位整数，LOBYTE 相当于和 0xff 进行与操作，这样返回的是一个字节数。(WORD)(rgb)操作后，将得到低 16 位数，高 16 位将被丢弃。

当 COLORREF 数据的最高字节是 01 时，表示通过逻辑调色板的索引来指定颜色，此时 COLORREF 数据的最低位字节含有逻辑调色板的索引，Windows 根据该索引在逻辑调色板中找到所需的颜色，此时的 COLORREF 数据可以表示为：

```
//调色板索引方式
#define PALETTEINDEX(i)    ((COLORREF)(0x01000000 | (DWORD)(WORD)(i)))
```

当 COLORREF 数据的最高字节是 02 时，将引用调色板 RGB 的方式来指定颜色，此时 COLORREF 数据三个低位字节分别是红、绿、蓝色的强度，Windows 会在逻辑调色板中找到最匹配的颜色，定义如下：

```
#define PALETTERGB(r,g,b)   (0x02000000 | RGB(r,g,b))  //调色板 RGB 方式
```

关于调色板知识，可以见相关章节。相对来讲，使用逻辑调色板的方式输出的颜色比系统调色板的抖动色好得多，尤其是在颜色显示模式较低的情况下，比如 256 色。

除了用 COLORREF 数据来表示颜色外，Visual C++还定义了一些界面颜色宏，这些宏索引系统界面元素的颜色。在 winuser.h 中有如下定义：

```
#define COLOR_SCROLLBAR               0  //滚动条中两端箭头和滚动块之间空白区域的颜色
#define COLOR_BACKGROUND              1  //屏幕背景颜色
#define COLOR_ACTIVECAPTION           2  //活动窗口标题栏的颜色
#define COLOR_INACTIVECAPTION         3  //非活动窗口标题栏的颜色
#define COLOR_MENU                    4  //菜单背景色
#define COLOR_WINDOW                  5  //窗口背景色
#define COLOR_WINDOWFRAME             6  //窗口框架的颜色
#define COLOR_MENUTEXT                7  //菜单文本的颜色
#define COLOR_WINDOWTEXT              8  //窗口中文本的颜色
#define COLOR_CAPTIONTEXT             9  //标题栏中文本的颜色
#define COLOR_ACTIVEBORDER            10  //活动窗口边框的颜色
#define COLOR_INACTIVEBORDER          11  //非活动窗口边框的颜色
#define COLOR_APPWORKSPACE            12  //多文档程序父窗口背景颜色
#define COLOR_HIGHLIGHT               13  //被选中的选项的颜色
#define COLOR_HIGHLIGHTTEXT           14  //被选中的文本的颜色
#define COLOR_BTNFACE                 15  //三维物体表面或对话框背景的颜色
#define COLOR_BTNSHADOW               16  //按钮阴影的颜色
#define COLOR_GRAYTEXT                17  //无效或禁用的灰色文本的颜色
#define COLOR_BTNTEXT                 18  //按钮上的文本颜色
#define COLOR_INACTIVECAPTIONTEXT     19  //非激活标题栏上的文本颜色
#define COLOR_BTNHIGHLIGHT            20  //三维物体高亮时的颜色
```

这些只是部分系统颜色的宏定义。可以通过函数 GetSysColor 来获取某个宏所对应的具体颜色值，该函数声明如下：

```
DWORD GetSysColor( int nIndex);
```

其中，参数 nIndex 就是系统颜色的索引，比如上面的宏就可以作为其取值。函数返回系统颜色索引所对应的颜色值，如果 nIndex 超过范围，则返回 0。

由于返回值 0 也是一种颜色（黑色），因此不能通过返回值来判断当前系统是否支持 nIndex

所对应的颜色，那怎么判断某个界面元素的颜色系统是否支持呢？用函数 GetSysColorBrush，该函数声明如下：

```
HBRUSH GetSysColorBrush( int nIndex);
```

其中，参数 nIndex 是系统颜色索引。如果 nIndex 所对应的颜色被系统支持，函数将返回对应颜色逻辑画刷的句柄，如果对应的系统颜色不被支持，将返回 NULL。

这样，要获得某个系统颜色，可以先用 GetSysColorBrush 来判断是否支持，再调用 GetSysColor，比如：

```
COLORREF dwColor;
if(!GetSysColorBrush(nIndex))
    dwColor = GetSysColor(nIndex);
else
   //颜色不支持
```

除了获取系统颜色外，还能通过函数 SetSysColor 来设置系统颜色，声明如下：

```
BOOL SetSysColors(  int cElements, const INT* lpaElements, const COLORREF* lpaRgbValues);
```

其中，参数 cElements 是数组 lpaElements 的元素个数，表示要修改的系统颜色项的数目；lpaElements 指向一个整型数组，存放要修改的系统颜色的索引；lpaRgbValues 指向一个颜色数组，用于存放和 lpaElements 对应的系统颜色值。当函数成功时返回非 0，否则返回 0，可以用 GetLastError 来获取错误信息。

这些系统界面元素的颜色可以通过用户手动设置，具体方法是右击“桌面”，然后选择“个性化”，再选择“窗口颜色”|“高级外观设置”。

6.10.2　窗口背景色

窗口背景色并不是设备描述表的属性，画刷才是，而画刷的颜色决定了窗口的背景色。窗口背景是用画刷的颜色来填充的。窗口的默认画刷颜色在注册窗口类时确定，比如：

```
wcex.hbrBackground = (HBRUSH)(COLOR_WINDOW +1);
```

COLOR_WINDOW 表示当前窗口的背景颜色，这个颜色可以由用户自己设定，途径是右击“桌面”，然后选择“个性化”命令，再选择“窗口颜色”|“高级外观设置”菜单。这样窗口背景色就可以随着用户的设置而改变了，加 1 是微软的规定，没有特别含义。这行代码等同于：

```
wcex.hbrBackground = GetSysColorBrush(COLOR_WINDOW );
```

两者效果一样。hbrBackground 虽然是画刷句柄，但是它也能用系统颜色索引加 1 的方式给它赋值。当然我们可以自己设置一个固定颜色的画刷，比如：

```
wcex.hbrBackground = (HBRUSH) GetStockObject(BLACK_BRUSH);
```

这样，我们设置了一个黑色画刷，窗口背景颜色就固定为黑色了。这个方法可以用来设置窗口刚运行时的窗口背景色，但无法在程序运行时设置窗口背景。要在运行时设置窗口背景色就要用到函数 SetClassLong，它可以设置窗口很多属性，比如风格、图标、光标、画刷等。我们在程序运行的时候要更改窗口背景色可以这样写：

```
SetClassLong(hWnd, GCL_HBRBACKGROUND, (LONG)GetStockObject(BLACK_BRUSH));
InvalidateRect(hWnd, NULL,TRUE);
```

如果要获取当前窗口背景色，可以通过窗口默认的画刷颜色来判断。首先要获得画刷的句柄：

```
HBRUSH  hbr = (HBRUSH)GetClassLong(hWnd, GCL_HBRBACKGROUND);
```

有了画刷句柄，就可以通过函数 GetObject 来获得画刷的颜色：

```
LOGBRUSH logbrush;
GetObject(hbr, sizeof(LOGBRUSH), (LPVOID)&logbrush);
```

logbrush 的成员 lbColor 是画刷的颜色，也就是当前窗口的背景色。

需要注意的是，hbr 不一定是画刷句柄值，有可能是操作系统窗口背景颜色索引值，因为在注册窗口的时候一般这样设置窗口画刷句柄：

```
wcex.hbrBackground = (HBRUSH)(COLOR_WINDOW +1);
```

如果是这样，hbr 得到的是一个索引值，因此 GetObject 会返回 0，表示失败。我们要进一步通过窗口背景颜色索引值来获取具体颜色，获取窗口背景的完整代码可以这样写：

```
LOGBRUSH logbrush;
HBRUSH  hbr;
COLORREF clr;
hbr = (HBRUSH)GetClassLong(hWnd, GCL_HBRBACKGROUND);
    res = GetObject(hbr, sizeof(LOGBRUSH), (LPVOID)&logbrush);
    if (!res) //如果为0，说明GetObject失败，hbr并不是画刷句柄，而是颜色索引
        clr = GetSysColor((int)hbr-1);
```

还有一点要注意，宏 RGB(r,g,b)转为十六进制的话，RGB 的次序是相反的，可以从 RGB 定义上看出。比如红色 RGB(255,0,0)，在变量中存储为十六进制形式 0x000000ff。

6.10.3 文本背景色

默认情况下，文本背景色是白色。文本背景色不一定和窗口背景色一样，是在文本大小矩形区域内的颜色，如图 6-35 所示。

图 6-35

窗口背景是红色，文本背景色是白色，文本的颜色是黑色。可以通过函数 SetBkColor 来设置文本背景色，声明如下：

```
COLORREF SetBkColor( HDC hdc, COLORREF crColor );
```

其中，参数 hdc 是窗口 DC 句柄；crColor 为要为文本背景色设置的颜色值。如果函数成功，返回当前的文本背景色，否则返回 CLR_INVALID。

比如为文本背景设置绿色：

```
SetBkColor(hdc,RGB(0,255,0));
```

文本背景色是窗口 DC 的属性，如果在获取 DC 句柄后调用了函数 SetBkColor，就要在释放 DC 之前调用文本输出函数，否则看不到效果，因为下一次获取窗口 DC 的时候又会用默认属性值（白色）来初始化文本背景色了。所以代码可以这样写：

```
    hdc = GetDC(hWnd);
    SetBkColor(hdc, RGB(0, 255, 0));
    TextOut(hdc, 20, 20, _T("hello"), 5);
    ReleaseDC(hWnd,hdc);
```

当然也可以把设置文本颜色和输出文本分开，这就要为窗口风格设置 CS_OWNDC，为窗口风格添加 CS_OWNDC 风格，如下代码：

```
wcex.style    = CS_HREDRAW | CS_VREDRAW | CS_OWNDC;
```

这样下一次重新获得窗口 DC 句柄后，文本颜色依然是上次设置的颜色，而不会是默认文本背景色了。

可以通过函数 GetBkColor 来获取当前文本背景色，函数声明如下：

```
COLORREF GetBkColor(  HDC hdc );
```

其中，参数 hdc 是窗口 DC 句柄；如果函数成功，就返回当前的文本背景色，否则返回 CLR_INVALID。

除了设置文本背景色外，SetBkColor 还能设置点画线的背景色，以及影线画刷填充的封闭区域的背景色。

6.10.4　文本前景色

文本前景色就是文本颜色，是窗口 DC 的属性之一，默认颜色值是黑色。可以通过函数 SetTextColor 来修改文本颜色，该函数声明如下：

```
COLORREF SetTextColor(HDC hdc,  COLORREF crColor );
```

其中，参数 hdc 是窗口 DC 句柄；crColor 为要为文本颜色设置的颜色值。如果函数成功，就返回以前的文本颜色，否则返回 CLR_INVALID。

比如设置文本颜色为绿色：

```
SetTextColor(hdc, RGB(0, 255, 0));
```

获取文本颜色可以用函数 GetTextColor，声明如下：

```
COLORREF GetTextColor( HDC hdc);
```

其中，参数 hdc 是窗口 DC 句柄。如果函数成功，就返回当前的文本颜色，否则返回 CLR_INVALID。

6.11　背景模式

前面提到，SetBkColor 可以用来设置文本背景色、点画线空隙背景色、影线画刷填充的封闭区域的背景色，但背景色还受背景模式的影响。背景模式有两种：TRANSPARENT 和 OPAQUE（默认值）。前者是指窗口背景色作为当前文本、点画线、影线画刷封闭区域的背景色；后者是指背景不受窗口背景色影响，用默认值（白色）或 SetBkColor 设置的值。

可以用函数 SetBkMode 来设置背景模式，也就是两个背景色的混合模式，声明如下：

```
int SetBkMode(  HDC hdc, int iBkMode );
```

其中，参数 hdc 是 DC 句柄；iBkMode 用来确定背景模式，可以取值 TRANSPARENT 或 OPAQUE。如果函数成功就返回以前的背景模式，否则返回 0。

比如当前窗口背景色是红色，下面代码输出的文本背景色依然是白色：

```
hdc = GetDC(hWnd);
TextOut(hdc, 10, 10, _T("HI"), 2);
ReleaseDC(hWnd, hdc);
```

因为默认背景模式是 OPAQUE，不受窗口背景影响。如果我们设置背景模式为 TRANSPARENT，则文本背景色就是窗口背景色了：

```
hdc = GetDC(hWnd);
SetBkMode(hdc, TRANSPARENT);
TextOut(hdc, 10, 10, _T("HI"), 2);
ReleaseDC(hWnd, hdc);
```

相应地，可以用函数 GetBkMode 来获取当前 DC 的背景模式，声明如下：

```
int GetBkMode(  HDC hdc  );
```

其中，参数 hdc 为 DC 句柄。如果函数成功返回当前背景模式，那么取值为 OPAQUE 或 TRANSPARENT；如果函数失败，就返回 0。

6.12 绘图模式

上面提到的背景模式相当于背景色的混合模式，现在讲到的绘图模式相当于前景色的混合模式。绘图模式也是设备描述表的属性，表示在输出图形的时候并不是直接把图形的像素点输出，而是将输出像素点的颜色值和输出目标位置上的像素点的颜色值进行布尔运算，然后输出这个像素点，期间所使用的布尔运算就是设备描述表的绘图模式。默认情况下，绘图模式是 R2_COPYPEN，表示使用当前的画笔的颜色。

要更改 DC 当前的绘图模式，可以使用函数 SetROP2，声明如下：

```
int SetROP2(  HDC hdc,   int fnDrawMode  );
```

其中，hdc 为 DC 句柄；fnDrawMode 为要设置的绘图模式，取值如下：

- R2_BLACK：画出来的像素点颜色为黑色。
- R2_COPYPEN：画出来的像素点颜色为画笔的颜色。
- R2_MASKNOTPEN：R2_NOTCOPYPEN 和屏幕像素值的交集。
- R2_MASKPEN：R2_COPYPEN 和屏幕像素值的交集。
- R2_MASKPENNOT：R2_COPYPEN 和 R2_NOT 的交集。
- R2_MERGENOTPEN：R2_NOTCOPYPEN 和屏幕像素值的并集。
- R2_MERGEPEN：R2_COPYPEN 和屏幕像素值的并集。
- R2_MERGEPENNOT：R2_COPYPEN 和 R2_NOT 的并集。
- R2_NOP：任何绘制将不改变当前的状态。
- R2_NOT：当前绘制的像素值设为屏幕像素值的反，这样可以覆盖掉上次的绘图（自动擦除上次绘制的图形）。
- R2_NOTCOPYPEN：当前画笔的反色。
- R2_NOTMASKPEN：R2_MASKPEN 的反色。
- R2_NOTMERGEPEN：R2_MERGEPEN 的反色。
- R2_NOTXORPEN：R2_XORPEN 的反色。

- R2_WHITE：所有绘制出来的像素为白色。
- R2_XORPEN：R2_COPYPEN 和屏幕像素值的异或。

当函数执行成功时返回以前的绘图模式，否则返回 0。

绘图模式有一个重要应用就是实线橡皮筋画图，即利用绘图模式的“异或”特性，在窗口上用异或的模式画图形，然后用异或模式在相同的位置重新画一次此图形，就会在窗口上擦除上一次所绘制的内容。我们来看一个例子。

【例 6.25】 橡皮筋绘图

（1）新建一个 Win32 工程。

（2）打开 Test.cpp，添加 3 个全局变量：

```
POINT gOriginPos;    // 绘图的起始点
POINT gTargetPos;   // 绘图的目标点
BOOL gDrawing;    // 是否在绘图状态
```

在 WndProc 函数中，添加鼠标左键按下消息的处理，如下代码：

```
case WM_LBUTTONDOWN:
    gDrawing = TRUE; //标记状态为开始绘图
    gOriginPos.x = LOWORD(lParam); //得到鼠标位置的横坐标
    gOriginPos.y = HIWORD(lParam); //得到鼠标位置的纵坐标
    gTargetPos = gOriginPos; //按下的时候，设置目的位置和初始位置一样
    break;
```

然后添加鼠标移动消息的处理，如下代码：

```
case WM_MOUSEMOVE:
        if (!gDrawing) //是否在绘图
            break;;

        hdc = GetDC(hWnd); //得到 DC 句柄
        point[0].x = LOWORD(lParam); //得到移动中的鼠标位置的横坐标
        point[0].y = HIWORD(lParam); //得到移动中的鼠标位置的纵坐标
        //由于鼠标位置是设备坐标，而画图函数为逻辑坐标，故需转为逻辑坐标
        DPtoLP(hdc, point, 1);
        pen = CreatePen(PS_SOLID, 1, RGB(0, 0, 255)); //创建一个蓝色画笔
        //把新建的画笔选入 DC，并保存 DC 默认画笔
        oldPen = (HPEN)SelectObject(hdc, pen);
        //设置绘图模式为屏幕像素的反，这样在原来位置再画时能擦掉原来的
        SetROP2(hdc, R2_NOT);
        //画原来已经画过的线，目的是为了擦掉原来的线
        MoveToEx(hdc, gOriginPos.x, gOriginPos.y, NULL);
        LineTo(hdc, gTargetPos.x, gTargetPos.y);
        //更新目标位置
        gTargetPos = point[0];
        //在新的位置画线
        MoveToEx(hdc, gOriginPos.x, gOriginPos.y, NULL);
        LineTo(hdc, gTargetPos.x, gTargetPos.y);
        SelectObject(hdc, oldPen); //恢复 DC 默认画笔
        break;
```

最后添加鼠标弹起消息的处理，如下代码：

```
case WM_LBUTTONUP:
        if (!gDrawing) //是否处于绘图模式
            break;
        gDrawing = FALSE; //因为弹起鼠标是绘图的最后一步了，所以要重置绘图状态为 FALSE
        hdc = GetDC(hWnd);     //得到 DC 句柄
        point[0].x = LOWORD(lParam); //得到鼠标弹起位置的横坐标
        point[0].y = HIWORD(lParam); //得到鼠标弹起位置的纵坐标
        DPtoLP(hdc,point,1); //转为鼠标位置的设备坐标为逻辑坐标
        pen = CreatePen(PS_SOLID, 1, RGB(0, 0, 255)); //创建蓝色画笔
        oldPen = (HPEN)SelectObject(hdc, pen); //选入 DC，并保存 DC 默认画笔
        SetROP2(hdc,R2_COPYPEN); //设置绘制的像素点的颜色为画笔的颜色
        //画出最终的线，目标位置为鼠标弹起的位置处
        MoveToEx(hdc,gOriginPos.x, gOriginPos.y,NULL);
        LineTo(hdc,gTargetPos.x, gTargetPos.y);
        //恢复 DC 的默认画笔
        SelectObject(hdc,oldPen);
        break;
```

（3）保存工程并运行，运行结果如图 6-36 所示。

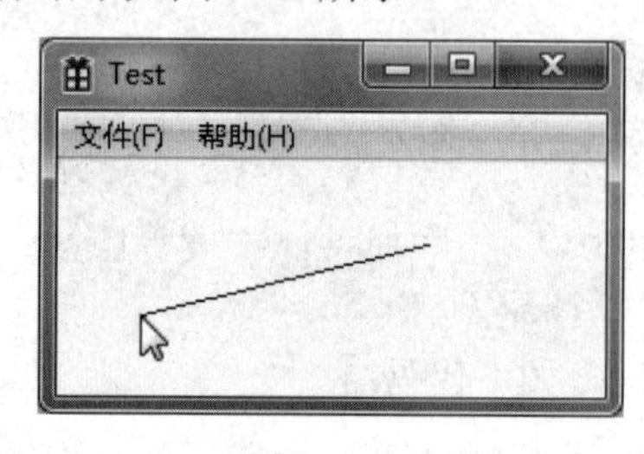

图 6-36

6.13 MFC 图形编程

学过了 Win32 绘图，基于 MFC 的 GDI 绘图就容易多了，因为 MFC 绘图只是把很多 Win32 GDI 函数进行类的封装。很多概念和使用方法都类似，原来是直接调用 API 函数的方式，现在是为对象加上成员函数的方式。

6.13.1 点的坐标 CPoint

在 Win32 中，点的坐标用结构体 POINT 来表示；在 MFC 中，点的坐标用类 CPoint 来表示。CPoint 与 Win32 中的 POINT 结构类似，但它功能更强大，还包括用来操纵 CPoint 和 POINT 结构的成员函数。

在 MFC 中，只要 POINT 结构可以使用的地方，CPoint 对象也可以使用。而且，类 CPoint 派生于 tagPOINT 结构（结构体 tagPOINT 就是 POINT 的别名），这意味着 POINT 结构的数据成员 x 和 y 也是 CPoint 可以访问的数据成员，比如：

```
CPoint pt;
pt.x=5;  pt.y =10;
```

CPoint 有 5 个构造函数：

```
CPoint();
CPoint( int initX, int initY );
CPoint( POINT initPt );
CPoint( SIZE initSize );
CPoint( DWORD dwPoint );
```

其中，参数 initX 指定 CPoint 成员 x 的值；initY 指定 CPoint 成员 y 的值；initPt 用于初始化 CPoint 的一个 POINT 结构或 CPoint 对象；initSize 用于初始化 CPoint 值的 SIZE 结构或 CSize；dwPoint 设此参数的低位字为 x 成员，高位字为 y 成员。如果不给参数，则不初始化 x 和 y 成员。

CPoint 常见的成员如表 6-8 所示。

表 6-8　CPoint 常见的成员

CPoint 常见的成员	含　义
CPoint	构造一个点
Offset	为 CPoint 的成员 x 和 y 增加值
operator ==	检查两个点是否相等
operator !=	检查两个点是否不等
operator +=	通过增加一个尺寸或点来使 CPoint 偏移
operator -=	通过减去一个尺寸或点来使 CPoint 偏移
operator +	返回一个 CPoint 和一个尺寸或点的和
operator -	返回一个 CPoint 和一个尺寸或点的偏差，或一个点的不存在

比如，我们为某点坐标增大值，可以这样写：

```
CPoint  pt(100, 100);
pt.Offset(35, 35);
```

现在，pt 的坐标变成(135,135)了。

6.13.2　矩形尺寸 CSize

在 Win32 中，一个矩形的尺寸可以用 SIZE 结构来表示；在 MFC 中，类 CSize 与 SIZE 结构类似。由于 CSize 从 tagSIZE 派生而来，因此 SIZE 结构的数据成员也是 CSize 中可以访问的数据成员。CSize 一共有 5 个构造函数：

```
CSize( );
CSize( int initCX, int initCY );
CSize(SIZE initSize ) ;
CSize(POINT initPt) ;
CSize(DWORD dwSize);
```

其中，参数 initCX 表示一个矩形区域的横向距离，initCY 表示一个矩形区域的纵向距离；initSize 表示一个 SIZE 结构；initPt 是一个点坐标结构 POINT，用它来初始化后，横纵距离就是该点到坐标原点直接的距离；dwSize 是一个双字变量，低字部分表示 cx 的大小，高字部分表示 cy 的大小。

比如，我们可以这样构造 CSize 对象：

```
CSize szEmpty;
CSize szPointA(10, 25);
//用 SIZE 结构来初始化
SIZE sz;
sz.cx = 10;
sz.cy = 25;
CSize szPointB(sz);
//用相对点坐标来初始化
POINT pt;
pt.x = 10;
pt.y = 25;
CSize szPointC(pt);

CPoint ptObject(10, 25);
CSize szPointD(ptObject);

//用 DWORD 变量来初始化
DWORD dw = MAKELONG(10, 25);
CSize szPointE(dw);
//这 4 个 CSize 对象都应该是相等的
ASSERT(szPointA == szPointB);
ASSERT(szPointB == szPointC);
ASSERT(szPointC == szPointD);
ASSERT(szPointD == szPointE);
```

类 CSize 的成员如表 6-9 所示。

表 6-9　类 CSize 的成员

CSize 的成员	含　义
CSize	构造一个 CSize 对象
operator ==	检查 CSize 是否等于一个尺寸
operator !=	检查 CSize 是否不等于一个尺寸
operator +=	将 CSize 与一个尺寸相加
operator -=	从 CSize 中减去一个尺寸
operator +	将两个尺寸相加
operator -	将两个尺寸相减

6.13.3　矩形坐标 CRect

在 Win32 中，结构 RECT 表示一个矩形坐标；在 MFC 中，用类 CRect 对 Win32 矩形坐标结构 RECT 进行封装，凡是能用 RECT 结构的地方都可以用 CRect 代替。这个类是从 tagRECT 结构派生而来的，所以可以使用 tagRECT 中的成员。CRect 的构造函数有如下 6 个构造函数：

```
CRect();
CRect( int l, int t, int r, int b);
CRect(const RECT& srcRect);
CRect(LPCRECT lpSrcRect);
```

```
CRect(POINT point, SIZE size);
CRect(POINT topLeft, POINT bottomRight);
```

其中，参数 l、t、r、b 分别指定矩形的左边、上边、右边和底边；SrcRect 是一个 RECT 结构的引用；lpSrcRect 是一个指向 RECT 结构的指针；point 指定矩形左上角顶点的坐标，size 指定矩形的长度和宽度；topLeft 指定矩形左上角顶点的坐标，bottomRight 指定矩形右下角顶点的坐标。

比如，我们可以这样构造 CRect 对象：

```
CRect rectUnknown; //默认构造，不进行初始化
CRect rect(0, 0, 100, 50); //初始化左、上、右、下
ASSERT(rect.Width() == 100); //宽度应该是 100
ASSERT(rect.Height() == 50); //宽度应该是 50

//用 RECT 结构来初始化 CRect
//先定义一个 RECT 结构
RECT sdkRect;
sdkRect.left = 0;
sdkRect.top = 0;
sdkRect.right = 100;
sdkRect.bottom = 50;
//再用 RECT 来初始化 CRect
CRect rect2(sdkRect);   //用引用的方式
CRect rect3(&sdkRect);  //用地址的方式
ASSERT(rect2 == rect); //两者应该一样
ASSERT(rect3 == rect); //两者应该一样

// 用点和尺寸来定义一个矩形坐标
CPoint pt(0, 0);
CSize sz(100, 50);
CRect rect4(pt, sz);
ASSERT(rect4 == rect2);

// 用两个点来定义矩形坐标
CPoint ptBottomRight(100, 50);
CRect rect5(pt, ptBottomRight);
ASSERT(rect5 == rect4);
```

类 CRect 的成员较多，常见的如表 6-10 所示。

表 6-10　类 CRect 的成员

CRect 的成员	含　义
Width	计算 CRect 的宽度
Height	计算 CRect 的高度
Size	计算 CRect 的大小
TopLeft	返回 CRect 的左上角点
BottomRight	返回 CRect 的右下角点
CenterPoint	返回 CRect 的中心点
IsRectEmpty	确定 CRect 是否是空的。如果 CRect 的宽度和/或高度为 0，则它是空的
IsRectNull	确定 CRect 的 top、bottom、left 和 right 是否都等于 0
PtInRect	确定指定的点是否在 CRect 之内

（续表）

CRect 的成员	含　义
SetRect	设置 CRect 的尺寸
SetRectEmpty	设置 CRect 为一个空的矩形（所有的坐标都等于 0）
CopyRect	将一个源矩形的尺寸复制到 CRect
EqualRect	确定 CRect 是否等于给定的矩形
InflateRect	增加 CRect 的宽度和高度
DeflateRect	减少 CRect 的宽度和高度
NormalizeRect	使 CRect 的高度和宽度返回规范
OffsetRect	将 CRect 移动到指定的偏移
SubtractRect	从一个矩形中减去另一个矩形
IntersectRect	设置 CRect 等于两个矩形的交集
UnionRect	设置 CRect 等于两个矩形的并集
Width	计算 CRect 的宽度
Height	计算 CRect 的高度
Size	计算 CRect 的大小
operator =	将一个矩形的尺寸复制到 CRect
operator ==	确定 CRect 是否与一个矩形相等
operator +=	使 CRect 增加指定的偏移，或使 CRect 放大
operator -=	从 CRect 中减去给定偏移量，并返回得到的 CRect 对象

6.13.4　设备描述表的获取和释放

在 MFC 中，设备描述表被封装成了类，设备描述表的句柄作为类的成员变量，绘图 API 函数作为类的成员函数。用来描述设备描述表最基本的类是 CDC（被称为设备描述表类），提供成员函数来操作设备描述表，该类除了可以用于一般的窗口显示外，还能用于基于桌面的全屏幕绘制和非屏幕显示的打印机输出。通过类 CDC 的成员函数可进行一切绘图有关的操作，如选择色彩和调色板、获取和设置绘图属性、绘制文本、设置字体、打印机换码、滚动和处理元文件等。类 CDC 封装了所有图形输出函数，包括矢量、位图和文本输出。类 CDC 有几个派生类：CClientDC、CPaintDC、CWindowDC 和 CMetaFileDC。

CDC 是 MFC 绘图基类，一般不直接使用它来定义对象，而是通过它的派生类 CClientDC、CPaintDC 和 CWindowDC 来定义对象，并进行相关绘图操作。这几个派生类也是有区别的。

CClientDC 只用于窗口客户区，在构造函数中封装了 GetDC 函数，在析构函数中封装了 ReleaseDC 函数。一般在响应非 WM_PAINT 消息（如键盘输入时绘制文本、鼠标绘图）绘图时要用到它。CClientDC 类所使用的坐标系是建立在窗口客户区上的，在像素坐标方式下，坐标原点在窗口客户区的左上角。

CPaintDC 也是只用于窗口客户区，并且只在响应消息 WM_PAINT 时才使用。CPaintDC 在构造函数中调用函数 BeginPaint 取得设备描述表 在析构函数中调用函数 EndPaint 释放设备描述表。函数 EndPaint 除了释放设备描述表外，还负责从消息队列中清除 WM_PAINT 消息。因此，在处理窗口重画时，必须使用 CPaintDC，否则 WM_PAINT 消息无法从消息队列中清除，将引起不断地窗口重画。WM_PAINT 消息发生的原因主要有两种，一是可能由于窗口需要维护而由系统发出，二是因为应用程序需要更新重画客户区内容而让系统发出。在窗口刚刚显示、窗口尺寸被改变或者窗口上面的其他窗口被移开、最大化最小化等情况下，系统都会发出 WM_PAINT 消息，传回被破坏的窗口客户区中的内容。有些时候也需要应用程序主动发出，比如用户想在客户区画新的图形，此时可以调用 InvalidateRect 或 InvalidateRgn 函数把指定的客户区区域放到窗口的无效区域（也称更新区域，Update Region）中，当应用程序的消息队列没有其他消息时，系统会检查窗口的无效区域，如果不为空，则系统产生 WM_PAINT。CPaintDC 类所使用的坐标系也是建立在窗口客户区上的，在像素坐标方式下，坐标原点在窗口客户区的左上角。

CWindowDC 用于窗口客户区和非客户区（包括窗口边框、标题栏、控制按钮等）的绘制。除非要自己绘制窗口边框和按钮（如一些 CD 播放程序等），否则一般不用它。在 CWindowDC 绘图类下，坐标系是建立在整个屏幕上的，在像素坐标方式下，坐标原点在屏幕的左上角。

CMetaFileDC 专门用于图元文件的绘制。图元文件记录一组 GDI 命令，通过这组 GDI 命令重建图形输出。使用 CMetaFileDC 时，所有的图形输出命令会自动记录到一个与 CMetaFileDC 相关的图元文件中。

窗口的设备描述表句柄是作为成员变量被封装在这些类中的，好多绘图操作作为这些设备描述表类的成员函数来调用，并且不需要我们传入设备描述表句柄的方式来调用了。CDC 常见的成员，如表 6-11 所示。

表 6-11　CDC 常见的成员及含义

CDC 的一些成员	含　义
m_hDC	设备描述表句柄
CreateCompatibleDC	创建内存设备上下文，与另一个设备上下文匹配，可以用它在内存中准备图像
GetSafeHdc	返回设备描述表句柄 m_hDC
SelectObject	选择 GDI 绘图对象到 DC 中
SetROP2	设置当前绘图模式
SetTextColor	设置文本颜色
SetMapMode	设置当前映射模式
DPtoLP	设备单位转换为逻辑单位
LineTo	从当前位置到目标点画直线，但不包括目标点
TextOut	在指定位置输出字符串

CDC 的成员函数很多，上面只是列举了一些。其实这些成员函数和前面 Win32 图形编程所用的 API 函数一样，只是现在作为了 CDC 的类，通过对象的方式来调用罢了。

下面通过几个实例来说明如何用这几个类来获得设备描述表后绘图。

第一个例子通过类 CPaintDC 在视图窗口客户区画个矩形和文本字符串，因为 CPaintDC 只能在响应 WM_PAINT 的时候使用，所以我们要为视图类添加 WM_PAINT 消息处理函数，然后在这个函数中使用 CPaintDC 来定义对象。

第二个例子通过类 CClientDC 实现鼠标画图。

【例 6.26】通过 CPaintDC 来画图

（1）新建一个单文档工程。

（2）切换到类视图，选中类 CTestView，然后在属性视图中找到 WM_PAINT 消息，为类 CTestView 添加 WM_PAINT 的消息处理函数，如下代码：

```
void CTestView::OnPaint()
{
    CPaintDC dc(this); // device context for painting
    // TODO: 在此处添加消息处理程序代码
    // 不为绘图消息调用 CView::OnPaint()
    dc.Rectangle(50, 50, 100, 100); //在视图窗口客户区画一个矩形
    dc.TextOut(105, 105, _T("你好，世界")); //在视图窗口客户区画一个字符串
}
```

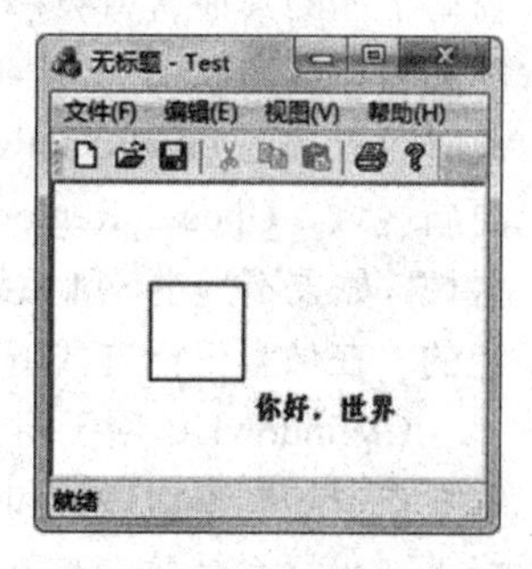

图 6-37

（3）保存工程并运行，运行结果如图 6-37 所示。

【例 6.27】通过 CClientDC 实现鼠标画图

（1）新建一个单文档工程。

（2）切换到类视图，为视图类 CTestView 添加鼠标左键按下消息 WM_LBUTTONDOWN 的消息处理函数，如下代码：

```
void CTestView::OnLButtonDown(UINT nFlags, CPoint point)
{
    // TODO: 在此添加消息处理程序代码和/或调用默认值
    bDraw = TRUE; //标记鼠标左键按下
    gPoint = point; //获得鼠标坐标

    CView::OnLButtonDown(nFlags, point);
}
```

其中，bDraw、gPoint 都是全局变量，定义如下：

```
BOOL bDraw = FALSE;  //标记鼠标左键是否按下
POINT gPoint; //记录鼠标当前位置
```

然后添加 WM_MOUSEMOVE 消息处理函数，如下代码：

```
void CTestView::OnMouseMove(UINT nFlags, CPoint point)
{
    // TODO: 在此添加消息处理程序代码和/或调用默认值
    if (bDraw) //如果鼠标按下则开始画线
    {
        CClientDC dc(this);//定义窗口客户区的设备描述表
        dc.MoveTo(gPoint); //移动画线起始位置到鼠标左键按下时的坐标
        gPoint = point; //获取鼠标移动时的坐标
        dc.LineTo(gPoint); //开始画线从按下左键的位置到移动时的当前位置
    }

    CView::OnMouseMove(nFlags, point);
}
```

画线分 2 步走，先通过函数 MoveTo 确定起始位置，再通过函数 LineTo 画到当前位置。

最后添加鼠标左键弹起消息 WM_LBUTTONDOWN 的消息处理函数，如下代码：

```
    void CTestView::OnLButtonUp(UINT nFlags, CPoint point)
    {
        // TODO:  在此添加消息处理程序代码和/或调用默认值
        bDraw = FALSE; //表示鼠标左键已经放开
        CView::OnLButtonUp(nFlags, point);
    }
```

图 6-38

（3）保存工程并运行，运行结果如图 6-38 所示。

6.13.5　设备描述表的属性

和 Win32 图形编程一样，MFC 中的设备描述表对象一旦定义就会为其分配默认的属性值。这些默认的属性值和 Win32 图形编程的 DC 默认属性值完全一样，设置和获取函数也是一样的，只是现在成为 CDC 的成员函数见表 6-12。

表 6-12　MFC 设备描述表属性及相关值

设备描述表的属性	属性默认值	获取属性的函数	设置属性的函数
画笔（Pen）	BLACK_PEN	CDC::SelectObject，通过返回值	CDC::SelectObject，通过参数
画刷（Brush）	WHITE_BRUSH	CDC::SelectObject，通过返回值	CDC::SelectObject，通过参数
画刷原点（Brush Origin）	(0,0)	CDC::GetBrushOrgEx	CDC::SetBrushOrgEx
字体（Font）	SYSTEM_FONT	CDC::SelectObject，通过返回值	CDC::SelectObject，通过参数
位图（Bitmap）	没有默认值	CDC::SelectObject，通过返回值	CDC::SelectObject，通过参数
画笔画刷的当前位置	(0,0)	CDC::GetCurentPostionEx	CDC::MoveTo、CDC::LineTo、CDC::PolylineTo 或 CDC::PolyBezierTo
文本背景色（Background Color）	白色	CDC::GetBkColor	CDC::SetBkColor
背景模式（Background Mode）	OPAQUE	CDC::GetBkMode	CDC::SetBkMode
文本颜色（Text Color）	黑色	CDC::GetTextColor	CDC::SetTextColor
绘图模式（Drawing Mode）	R2_COPYPEN	CDC::GetROP2	CDC::SetROP2
缩放模式（Stretching Mode）	BLACKONWHITE	CDC::GetStretchBltMode	CDC::SetStretchBltMode
多边形填充模式（Polygon Fill Mode）	ALTERNATE	CDC::GetPolyFillMode	CDC::SetPolyFillMode
字符间距（Intercharacter Spacing）	0	CDC::GetTextCharachterExtra	CDC::SetTextCharachterExtra

6.13.6 在对话框上画点和线

对话框也是窗口，只要是窗口，就可以在上面绘制图形。这一节，我们介绍在对话框上画点、直线、折线和椭圆弧线。

（1）画点

CDC 的成员函数 SetPixel 可以在指定的位置上绘制一个指定颜色的像素点。CDC::SetPixel 的声明如下：

```
COLORREF SetPixel(int x ,int y,COLORREF crColor);
COLORREF SetPixel(POINT point,COLORREF crColor);
```

其中，参数 x 和 y 是要绘制像素点的逻辑坐标；point 是一个点坐标，用来表示所画点的位置；crColor 是要绘制的像素点的颜色。如果函数成功就返回实际绘制的点的 RGB 值，否则返回-1。注意，如果 crColor 指定的颜色不被显卡支持，则用最接近的纯色来画点。

可以用 CDC 的成员函数 GetPixel 来获取指定点像素的 RGB 颜色值。CDC::GetPixel 的声明如下：

```
COLORREF GetPixel(int x,int y) const;
COLORREF GetPixel(POINT point) const;
```

其中，参数 x 是像素点的逻辑横坐标；y 是像素点的逻辑纵坐标；point 是像素点的点坐标。如果函数成功就返回给定点的 RGB 值，否则返回-1。

（2）画直线

画直线通常分为两步，先用函数 CDC::MoveTo 指定当前点的坐标，也就是直线的起始位置，再用函数 CDC::LineTo 画出起点到终点直接的直线。函数 CDC::MoveTo 声明如下：

```
CPoint MoveTo(int x ,int y );
CPoint MoveTo(POINT point );
```

其中，参数 x 指定新位置的逻辑横坐标；y 指定新位置的逻辑纵坐标；point 指定新位置的点坐标，可以为该参数传递 POINT 结构或 CPoint 对象。函数返回先前的位置。注意，Win32 中的移动位置的 API 函数是 MoveToEx。

函数 CDC::LineTo 声明如下：

```
BOOL LineTo(int x,int y );
BOOL LineTo(POINT point)
```

其中，参数 x 为直线终点的逻辑横坐标；y 为直线终点的逻辑纵坐标；point 为直线终点的点坐标，可以为该参数传递 POINT 结构或 CPoint 对象。如果函数成功就返回非 0 值，否则为 0。注意，这个所画的线不包括终点，而且如果函数执行成功，就会把当前位置移到所画直线的终点处。

除了可以用函数 CDC::MoveTo 来移动当前点的坐标外，还能用函数 CDC::GetCurrentPosition 来获取当前点的坐标，函数声明如下：

```
CPoint GetCurrentPosition() const;
```

如果函数成功就返回当前点的坐标，否则返回 NULL。

（3）画折线

折线是一条把多个点用直线连接在一起的线。画折线的函数为 CDC:: Polyline，声明如下：

```
BOOL Polyline (LPPOINT lpPoints ,int nCount);
```

其中，参数 lpPoints 指向一个数组，该数组存放画折线所需的多个点的坐标；nCount 为 lpPoints 数组的数目，该值不能小于 2。如果函数成功就返回非 0，否则返回 0。

如果所有的点的路径是一条曲线路径，那么该函数画出的折线看起来就是一条曲线，比如正弦曲线。曲线在本质上也是由一条条小短线组成的。这个函数可以画出任意图形，只要把图形的每个点都确定好即可。

函数 PolyLine 从 lpPoints 数组的第一个点开始画连接线段，一直连接到最后一个点。和画直线不同，该函数不需要使用当前位置，也不会改变当前位置。

比如下面的语句可以画出一条折线：

```
//画出来样子像个小楼梯，方便观察
POINT pt[5] = { 10, 10, 20, 10, 20, 20, 30, 20, 30, 30 };
dc. Polyline (pt,5);
```

也可以用画直线的方式来画一条折线：

```
dc.MoveTo(pt[0]);
for(i=1;i<5;i++)
       dc.LineTo(pt[i]);
```

效果和上面相同。

还有一个函数也可以用来画折线，即 CDC:: PolylineTo，功能和 CDC:: Polyline 相似，只是需要使用当前位置作为起始点，并且函数执行成功后，会将当前位置改为折线终点位置。该函数声明如下：

```
BOOL PolylineTo(const POINT* lpPoints ,int nCount );
```

其中，参数 lpPoints 指向一个数组，存放有画折线的每个点；nCount 为数组 lpPoints 的大小。如果成功就返回非 0 值，否则返回 0。

比如上面同样效果的画折线还能这样写：

```
dc.MoveTo(pt[0]);
dc. PolylineTo (pt+1,4); //注意是 4，而不是 5，因为从 pt+1 开始了
```

（4）画椭圆弧线

画椭圆弧线的函数是 CDC::Arc，该函数声明如下：

```
BOOL Arc(int x1, int y1, int x2, int y2, int xStart, int yStart, int xEnd, int yEnd);
BOOL Arc(LPCRECT lpRect, POINT ptStart, POINT ptEnd);
```

其中，参数 x1 为外切矩形左上角逻辑横坐标；y1 为外切矩形左上角逻辑纵坐标；x2 为外切矩形右下角逻辑横坐标；y2 为外切矩形右下角逻辑纵坐标；xStart 和 yStart 用来和矩形中心点一起确定圆弧的起点，圆弧的起点就是点（xStart,yStart）和矩形中心点的连线与椭圆的交点；xEnd 和 yEnd 用来和矩形中心点一起确定圆弧的终点，圆弧的终点就是点（xEnd, yEnd）和矩形中心点的连线与椭圆的交点；lpRect 指定外切矩形的矩形坐标（逻辑单位）；ptStart 用来和矩形中心点一起确定圆弧的起点，圆弧的起点就是点 ptStart 和矩形中心点的连线与椭圆的交点；ptEnd 用来和

矩形中心点一起确定圆弧的终点，圆弧的终点就是点 ptEnd 和矩形中心点的连线与椭圆的交点。如果函数成功就返回非 0，否则返回 0。注意，上面的点的坐标都是逻辑单位，并且如果起始点或终点和矩形中心点重合，则系统认为起始点或终点是（RectWidth/4, 0）处。

【例 6.28】在对话框上画折线、正弦曲线和椭圆弧线

（1）新建一个对话框工程。

（2）切换到资源视图，把对话框的 Border 属性设置为 Resizing。这样用户可以通过拖拉对话框边框来缩放对话框的大小。再切换到解决方案视图，打开 TestDlg.cpp，在函数 CTestDlg::OnPaint() 的 else 后面添加如下代码：

```
CPaintDC dc(this); //定义 DC 对象
GetClientRect(&rt); //得到客户区大小
cyClient =  rt.Height(); //保存客户区高度
cxClient =  rt.Width(); //保存客户区宽度
//在中间位置画纵横两条直线
dc.MoveTo(cxClient / 2, 0);
dc.LineTo(cxClient / 2, cyClient);
dc.MoveTo(0, cyClient / 2);
dc.LineTo(cxClient, cyClient / 2);
//画正弦曲线
for (i = 0; i < MAX_NUM; i++)
{
    Points[i].x = i * cxClient / MAX_NUM;
    Points[i].y = (int)(cyClient / 2 * (1 - sin(PI * 2 * i / MAX_NUM)));
}
dc.Polyline(Points, MAX_NUM);

//画小楼梯
dc.MoveTo(pt[0]);
dc.PolylineTo(pt + 1, 4);
//画椭圆弧线
dc.Arc(rt,CPoint(rt.right / 4, 0),CPoint(cxClient / 2, cyClient / 4));

CDialogEx::OnPaint();
```

正弦曲线就是先计算很多个正弦点，然后用折线函数把它们连接起来。画小楼梯体现了折线函数可以用来画直线，所以折线函数功能很强大，它可以画出由点确定的任意图形。小楼梯画在客户区的左上角。最后画出椭圆弧线。

（3）由于对话框改变大小的时候更新区域不会包括整个客户区，具体的是拖拉放大时更新区域是扩大部分，缩小的时候没有更新区域。所以要响应 WM_SIZE 消息，在该消息中让整个客户区无效。添加 WM_SIZE 消息，并添加如下代码：

```
void CTestDlg::OnSize(UINT nType, int cx, int cy)
{
    CDialogEx::OnSize(nType, cx, cy);
    // TODO:  在此处添加消息处理程序代码
    Invalidate(); //让整个客户区无效
}
```

（4）保存工程并运行，运行结果如图 6-39 所示。

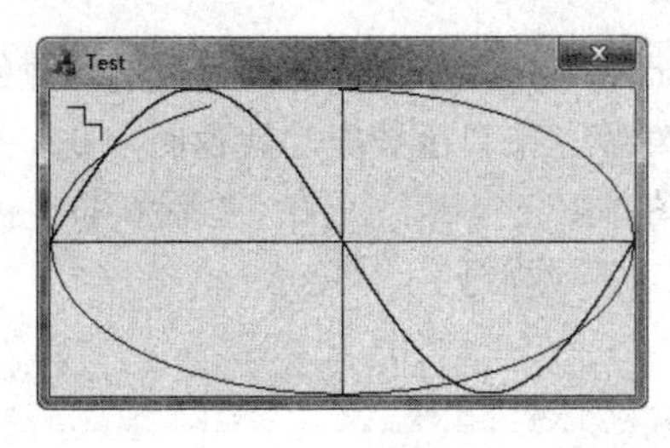

图 6-39

6.13.7　在单文档视图上画填充图形

有一类图形函数，它们画完图形的边框后还会对内部区域进行填充。把这类图形称为填充图形，绘制填充图形的函数有 Rectangle、RoundRect、Ellipse、Chord、Pie、Polygon 和 PolyPolygon，它们都是类 CDC 的成员函数。

函数 CDC::Rectangle 使用当前画笔绘制矩形，并用当前画刷填充内部，声明如下：

```
BOOL Rectangle(int x1 ,int y1 ,int x2 ,int y2 );
BOOL Rectangle(LPCRECT lpRect);
```

其中，参数 x1 指定矩形左上角的逻辑横坐标；y1 指定矩形左上角的逻辑纵坐标；x2 指定矩形右下角的逻辑横坐标；y2 指定矩形右下角的逻辑纵坐标；lpRect 指向一个矩形坐标，可以为该参数传递 RECT 结构的指针或 CRect 对象。如果函数成功就返回非 0，否则返回 0。

函数 CDC:: RoundRect 使用当前画笔绘制圆角矩形，并用当前画刷填充内部，声明如下：

```
BOOL RoundRect(int x1 ,int y1 ,int x2 ,int y2 ,int x3 ,int y3 );
BOOL RoundRect(LPCRECT lpRect ,POINT point );
```

其中，参数 x1 指定圆角矩形左上角的逻辑横坐标；y1 指定圆角矩形左上角的逻辑纵坐标；x2 指定圆角矩形右下角的逻辑横坐标；y2 指定圆角矩形右下角的逻辑纵坐标；x3 用于绘制圆角的椭圆宽度（逻辑单位）；y3 用于绘制圆角的椭圆高度（逻辑单位）； lpRect 指向圆角矩形的外接矩形的矩形坐标，可以为该参数传递 RECT 结构的指针或 CRect 对象；point 的 x 分量表示绘制圆角矩形的椭圆宽度，point 的 y 分量表示绘制圆角矩形的椭圆高度。可以为该参数传递 POINT 结构或 CPoint 对象。如果函数成功就返回非 0，否则返回 0。

函数 CDC::Ellipse 用来绘制椭圆，并填充内部，函数声明如下：

```
BOOL Ellipse(int x1, int y1, int x2,int y2);
BOOL Ellipse(LPCRECT lpRect);
```

其中，参数 x1 指定椭圆外接矩形左上角的逻辑横坐标；y1 指定椭圆外接矩形左上角的逻辑纵坐标；x2 指定椭圆外接矩形右下角的逻辑横坐标；y2 指定椭圆外接矩形右下角的逻辑纵坐标；lpRect 指向椭圆外接矩形的矩形坐标，可以将 RECT 结构的指针或 CRect 对象传递给该参数。如果函数成功就返回非 0，否则返回 0。

函数 CDC::Chord 用来绘制椭圆弧填充图（见图 6-40），即椭圆圆弧和圆弧的两个端点用线段连接围合而成的闭合图形，函数声明如下：

```
BOOL Chord(int x1, int y1, int x2, int y2, int x3, int y3, int x4, int y4);
BOOL Chord(LPCRECT lpRect, POINT ptStart, POINT ptEnd);
```

其中，(x1,y1)和(x2,y2)分别代表椭圆外接矩形的左上角和右下角坐标；(x3,y3)和(x4,y4)分别代表截取椭圆的直线的端点坐标；lpRect 指向椭圆外接矩形的矩形坐标，可以为该参数传递 RECT

结构或 CRect 对象的指针；ptStart 和 ptEnd 分别代表截取椭圆的直线的端点坐标，可以为该参数传递 POINT 结构的指针或 CPoint 对象。如果函数成功就返回非 0，否则返回 0。

函数 CDC::Pie 用来绘制饼图并填充内部。饼图（见图 6-41）由一段椭圆弧、椭圆中心点和圆弧两个端点用线段连接围合而成。声明如下：

```
BOOL Pie(int x1 ,int y1 ,int x2,int y2,int x3 ,int y3 ,int x4 ,int y4);
BOOL Pie(LPRECT lpRect,POINT ptStart ,POINT ptEnd);
```

其中，由(x1,y1)和(x2,y2)（或 lpRect）指定椭圆外接矩形。外接矩形确定了，椭圆中心也就是弧中心，也就确定了。(x3,y3)和(x4,y4)（或 ptStart 和 ptEnd）指定弧的起点和终点。如果函数成功就返回非 0，否则返回 0。

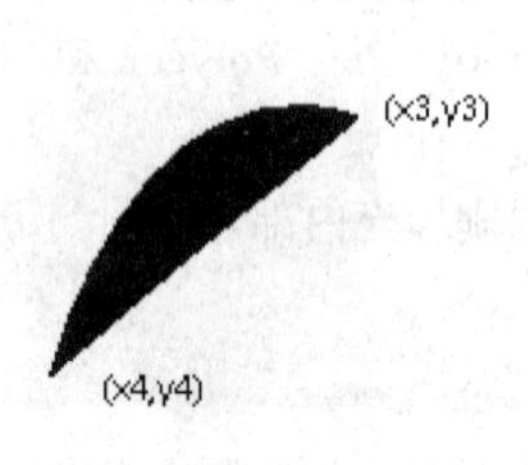

图 6-40

图 6-41

函数 CDC::Polygon 用来绘制并填充单个多边形，声明如下：

```
BOOL Polygon(LPPOINT lpPoints ,int nCount);
```

其中，参数 lpPoints 指向存放多边形各顶点的数组的指针；nCount 为数组中的顶点数目。如果函数成功就返回非 0，否则返回 0。注意，Windows 会自动用直线连接起始顶点和末顶点，从而形成闭合图形。

函数 CDC::PolyPolygon 用来绘制并填充多个多边形，声明如下：

```
BOOL PolyPolygon(LPPOINT lpPoints ,LPINT lpPolyCount,int nCount);
```

其中，参数 lpPoints 是指向 POINT 结构或 CPoint 对象的数组的指针，该数组定义了多个多边形的顶点；lpPolyCount 是指向整数数组的指针，数组中每个元素代表了 lpPoints 数组中一个多边形拥有的顶点数；nCount 表示数组 lpPolyCount 中的个数，即要绘制的多边形的数目，其值不得小于 2。如果函数成功就返回非 0，否则返回 0。

函数 PolyPolygon 的功能也可以由 Polygon 来实现，比如：

```
PolyPolygon(lpPoints,lpPolyCounts,nCount);
```

和下面的语句等价：

```
for(i=0,offset=0;i<nCount;i++)
{
        Polygon(lpPoints+offset,lpPolyCounts[i]);
        offset+=lpPolyCounts[i];
}
```

【例 6.29】单文档视图上绘制矩形、圆角矩形、椭圆、椭圆弧填充图和饼图

（1）新建一个单文档工程。

（2）打开 TestView.cpp，找到函数 CTestView::OnDraw，该函数也可以用于在视图的客户区上画图，并输入如下代码：

```
void CTestView::OnDraw(CDC* pDC)
{
CTestDoc* pDoc = GetDocument();
ASSERT_VALID(pDoc);
if (!pDoc)
    return;
// TODO:  在此处为本机数据添加绘制代码
CRect rt(10, 20, 60, 50);
HBRUSH hOldbr,hbr=CreateSolidBrush(RGB(0, 0, 0));//创建一个黑色画刷
hOldbr = (HBRUSH)pDC->SelectObject(hbr); //选入 DC
pDC->Rectangle(rt);    //画矩形
pDC->RoundRect(CRect(80, 20, 200, 80),CPoint(20, 35));//画圆角矩形
pDC->Ellipse(10, 110, 250, 215); //画椭圆
pDC->Chord(230, 20, 410, 310, 340, 20, 230, 100); //画椭圆弧填充图
pDC->Pie(320, 20, 500, 310, 430, 20, 220, 180);     //画饼图
pDC->SelectObject(hOldbr);    //恢复默认画刷
DeleteObject(hbr); //删除新画刷
}
```

（3）保存工程并运行，运行结果如图 6-42 所示。

图 6-42

6.13.8　OnDraw 和 OnPaint 的关系

前面有例子可以看出，在单文档程序中画图，既可以在 OnPaint 中进行，也可以在 OnDraw 中进行，那么这两个函数有什么区别呢？本节将讲述。

首先我们要知道视图类 CView 继承自窗口类 CWnd，而函数 OnPaint 是 CWnd 的成员函数，它负责响应窗口的 WM_PAINT 消息；函数 OnDraw 是 CView 的成员函数，并且没有响应消息的功能。这就意味基于对话框的程序中，只有 OnPaint 函数。那为何 WM_PAINT 消息也能引起 OnDraw 的执行呢？这是因为 OnPaint 中调用了 OnDraw，我们来看下 CView 的成员函数 OnPaint 的源码：

```
void CView::OnPaint() //来自 VIEWCORE.CPP
{
    CPaintDC dc(this);
    OnPrepareDC(&dc);
    OnDraw(&dc); //调用了 OnDraw
}
```

果然最后调用了 OnDraw，并且定义了 CPaintDC 对象，因此我们在 OnDraw 中不必再自己定义 DC 对象了，直接用参数传进来的指针即可。

此外，CView 的标准打印函数 OnPrint 也调用了 OnDraw，源码如下：

```
void CView::OnPrint(CDC* pDC, CPrintInfo*) //CView 默认的标准的 OnPrint 函数
{
    ASSERT_VALID(pDC);
    OnDraw(pDC); //调用了 OnDraw
}
```

所以无论是视图的画图消息还是标准打印命令，最终都会执行到 OnDraw，如图 6-43 所示。

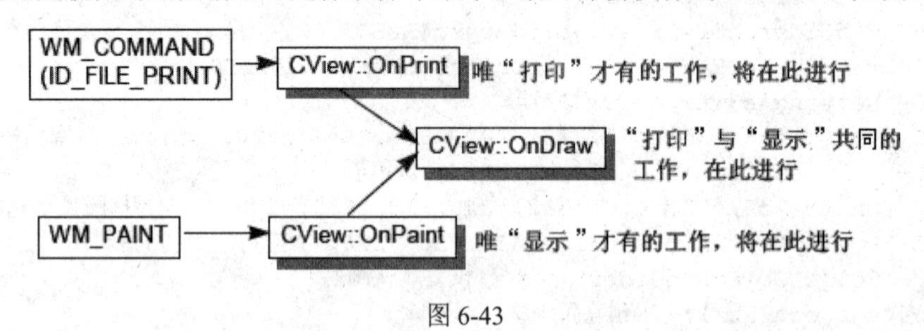

图 6-43

我们把绘图代码放在 OnDraw 中，这样无论是输出图形到窗口还是打印机，只要在一个地方写绘图代码即可。函数 OnDraw 的存在是为了实现各种不同设备上绘图的一致性。OnDraw 是 CView 类中最重要的成员函数，所有的绘图动作都应该放在其中。它不是消息响应函数，而是一个纯虚函数，可以被重写（Override）。

```
virtual void OnDraw(CDC* pDC) = 0;
```

6.14 MFC 中的 GDI 对象

在 MFC 图形编程中，用 C++类封装了 GDI 对象，此时 GDI 对象句柄成为 C++类的成员变量，比如封装 GDI 字体对象的 MFC 类为 CFont，封装 GDI 画刷对象的 MFC 类为 CBrush，封装 GDI 位图对象的 MFC 类为 CBitmap。这些 MFC 对象都继承自类 CGdiObject。CGdiObject 有一个成员变量 m_hObject，这个变量在其子类中就转化为具体的 GDI 对象句柄。比如字体类 CFont 重载了类型 HFONT，使得 CFont 对象可以直接转换为 HFONT 句柄，下面代码是 MFC 的源码。

```
CFont::operator HFONT() const
{ return (HFONT)(this == NULL ? NULL : m_hObject); }
```

类似的，画刷类也有类型转换函数 operator HBRUSH()，使用的时候可以直接得到画刷句柄：

```
CBrush brush;
HBRUSH hBrush = brush;
```

要注意 C++对象和 Windows GDI 对象的区别。C++对象就是 C++语言中的概念，用来定义类的实例；而 GDI 对象是用户创建的 Windows 对象，用来表示 Windows 资源，比如画笔、画刷等。创建了类对象，并不意味着 GDI 对象也创建了。GDI 对象必须用专门的函数来创建或获取系统预设的 GDI 对象。

在 MFC 中，各个 GDI 对象的操作被封装到相应的类中，比如 CPen、CBrush、CBitmap、CFont、CPalette 和 CRgn，分别表示画笔、画刷、位图、字体、调色板和区域。它们的基类是 CGdiObject，其成员见表 6-13。

表 6-13　CGdiObject 的成员及含义

CGdiObject 的成员	含　义
m_hObject	返回附加给对象的 HBITMAP、HPALETTE、HRGN、HBRUSH、HPEN 或 HFONT 的句柄
GetSafeHandle	如果 this 不是 NULL，则返回 m_hObject，否则返回 NULL
FromHandle	返回 GDI 对象的句柄
Attach	将一个 GDI 对象依附到 C++对象上
Detach	将依附在 C++对象上的 GDI 对象进行分离
DeleteObject	从内存中删除附加给 CGdiObject 的 Windows
DeleteTempMap	删去所有 FromHandle 建立的临时 CgdiObject 对象
GetObject	得到 GDI 对象
CreateStockObject	获取一个 Windows 标准的预定义画笔、画刷或字体的句柄
UnrealizeObject	重新设置一个画刷或重新设置一个逻辑调色板
GetObjectType	获取 GDI 对象的类型

6.14.1　画笔

类 Cpen 封装了 Windows 图形设备接口（GDI）画笔。它所创建的对象是一个 C++对象，不是画笔对象，画笔对象要通过专门的创建函数（比如 CreatePen 或 CreatePenIndirect）来创建。创建了不同的画笔，将可以画出不同颜色、不同线形的图形。类 Cpen 的成员见表 6-14。

表 6-14　类 Cpen 的成员及含义

Cpen 的成员	含　义
CreatePen	用指定风格、宽度和画刷属性创建一个逻辑装饰画笔或几何画笔，并将它连接到 Cpen 对象上
CreatePenIndirect	用在一个 LOGPEN 结构中给出的风格、宽度和颜色来创建一只画笔，并将它连接到 Cpen 对象上
FromHandle	通过 HPEN 返回 Cpen 对象的指针
Operator HPEN	返回连接到 Cpen 对象上的 HPEN
GetLogPen	获取一个 LOGPEN 结构

MFC 中的画笔使用和 Win32 中类似，也是先创建画笔，再选入 DC 并保存默认画笔，再开始使用新画笔，使用完毕后再恢复默认画笔。比如画笔在对话框的 OnPaint 中使用：

```
Cpen *pOldPen, newPen; //定义 C++对象
CpaintDC dc(this);
newPen.CreatePen(PS_SOLID, 2, RGB(255, 0, 0)); //创建画笔对象
pOldPen = dc.SelectObject(&newPen); // 新画笔选入 DC 并保存默认画笔
dc.MoveTo(Cpoint(50, 50));
dc.LineTo(Cpoint(100, 100));
dc.SelectObject(pOldPen); //用完恢复默认画笔
newPen.DeleteObject(); //选出 DC 后就可以删除画笔对象了
CdialogEx::OnPaint();
```

6.14.2 画刷

类 Cbrush 封装了 Windows 图形设备接口（GDI）中的画刷。画刷可以是实线的、阴影线的或图案的。类 Cbrush 所创建的对象是一个 C++对象，不是画刷对象，画刷对象要通过专门的创建函数（比如 CreateSolidBrush 或 CreateHatchBrush）来创建。画刷主要影响需要填充的区域。类的 Cbrush 的成员见表 6-15。

表 6-15　Cbrush 的成员及含义

Cbrush 的成员	含　义
CreateSolidBrush	用指定的实线初始化画刷
CreateHatchBrush	用指定的阴影线初始化画刷
CreateBrushIndirect	用结构 LOGBRUSH 中指定的风格、颜色和模式初始化画刷
CreatePatternBrush	用位图指定的模式初始化画刷
CreateDIBPatternBrush	用独立于设备的位图（DIB）初始化画刷
CreateSysColorBrush	创建一个使用系统默认颜色的画刷
FromHandle	给出画刷句柄，返回指向 Cbrush 对象的指针
GetLogBrush	获取一个 LOGBRUSH 结构
operator HBRUSH	返回 Cbrush 对象上的画刷句柄

MFC 中的画笔使用和 Win32 中类似，也是先创建画刷，再选入 DC 并保存默认画刷，再开始使用新画刷，使用完毕后再恢复默认画刷。比如画刷在视图类的 OnDraw 函数中使用：

```
Cbrush * pOldBrush,newbrush;   // 定义 C++对象
newbrush.CreateSolidBrush(RGB(0, 0, 255));   // 创建蓝色画刷对象
pOldBrush = pDC->SelectObject(&newbrush); //选入画刷
pDC->Rectangle(0, 0, 100,200); //画矩形
pDC->SelectObject(pOldBrush); //恢复默认画刷
newbrush.DeleteObject(); //删除新画刷对象
```

6.14.3 GDI 位图

类 Cbitmap 封装了 Windows 图形设备接口（GDI）中的位图，并且提供了操纵位图的成员函数。注意，类 Cbitmap 封装的是 GDI 位图的操作，而不是 DIB 位图。类 Cbitmap 的成员见表 6-16。

表 6-16　Cbitmap 的成员及含义

Cbitmap 的成员	含　义
LoadBitmap	加载位图，并初始化位图对象
LoadOEMBitmap	加载一个预定义的 Windows 位图，并初始化位图对象
LoadMappedBitmap	加载一个位图并把它的颜色映射为系统颜色，并初始化位图对象
CreateBitmap	创建位图对象
CreateBitmapIndirect	用 BITMAP 结构来创建位图对象
CreateCompatibleBitmap	创建与指定设备兼容的位图对象
CreateDiscardableBitmap	创建一个可丢弃的、与指定设备兼容的位图对象

（续表）

Cbitmap 的成员	含　义
GetBitmap	返回位图信息结构 BITMAP
operator HBITMAP	返回位图句柄
SetBitmapDimension	设置位图的宽度和高度（以 0.1 毫米为单位）
GetBitmapDimension	返回位图的宽度和高度，要求已经调用 SetBitmapDimension 设置位图的宽度和高度
FromHandle	给定位图句柄，返回 Cbitmap 对象的指针
SetBitmapBits	把位图的位设为指定的值
GetBitmapBits	获取指定位图的位值

位图和其他 GDI 对象的使用有些不同，它一般是选入内存 DC 中，然后复制到当前设备 DC 中去显示，但基本流程也是类似的，也是先初始化位图对象，然后选入 DC（内存 DC），显示完毕后再选出 DC 并删除位图对象。比如位图在视图类的 OnDraw 函数中使用：

```
    CDC   MemDC;
    HBITMAP  hBmp;
    BITMAP   bm;
    CBitmap  *pOldBitmap, newBitmap;
    hBmp = (HBITMAP)::LoadImage(AfxGetInstanceHandle(), _T
("c:\\apollo11.bmp"), IMAGE_BITMAP, 0, 0, LR_LOADFROMFILE); //加载位图
    newBitmap.Attach(hBmp); //把位图对象依附到 CBitmap 对象上
    newBitmap.GetBitmap(&bm); //获取位图信息
    MemDC.CreateCompatibleDC(pDC); //创建内存 DC
    pOldBitmap = MemDC.SelectObject(&newBitmap); //选入位图对象到内存 DC
    //复制内存 DC 数据到设备 DC
    pDC->BitBlt(10,15, bm.bmWidth, bm.bmHeight, &MemDC, 0, 0, SRCCOPY);
    MemDC.SelectObject(pOldBitmap); //选出位图对象
    MemDC.DeleteDC(); //删除内存 DC
    newBitmap.DeleteObject(); //选出 DC 后，就可以删除位图对象了
```

6.14.4　字体

类 CFont 封装了一个 Windows 图形设备接口（GDI）字体并提供管理字体的成员函数。创建不同的字体，将可以得到丰富多彩的文本输出。类 CFont 所创建的对象是一个 C++对象，不是字体对象，字体对象要通过专门的创建函数（比如 CreatFont 或 CreateFontIndirect）来创建。类 CFont 的成员见表 6-17。

表 6-17　CFont 的成员及含义

CFont 的成员	含　义
CreateFontIndirect	创建一个由 LOGFONT 结构指定的字体
CreateFont	创建字体
CreatePointFont	创建指定高度（用 0.1 点）的字体
CreatePointFontIndirect	与 CreateFontIndirect 相似，但字体高度用 0.1 点定义而不用逻辑单位定义
FromHandle	通过字体句柄返回一个指向 CFont 对象的指针

（续表）

CFont 的成员	含　义
operator HFONT	返回字体句柄
GetLogFont	返回逻辑字体信息结构 LOGFONT

MFC 中的字体使用和 Win32 中类似，也是先创建字体，再选入 DC 并保存默认字体，再开始使用新字体，使用完毕后再恢复默认字体。比如字体在对话框的 OnPaint 函数中使用：

```
CPaintDC dc(this);
    CFont *oldfont,newfont; //定义 CFont 对象
    VERIFY(newfont.CreatePointFont(120, _T("Arial"), &dc)); //创建字体对象
    oldfont = dc.SelectObject(&newfont); //选入 DC
    dc.SetTextColor(RGB(255, 0, 0)); //设置文本颜色为红色
    dc.TextOut(5, 5, _T("大家好"), 3); //输出文本
    dc.SelectObject(oldfont); //恢复默认字体
    newfont.DeleteObject(); //删除字体对象
    CDialogEx::OnPaint();
```

6.14.5 区域

类 CRgn 封装了 Windows 图形设备接口（GDI）区域对象的各个操作。区域指的是一种图形，这个图形的形状是矩形、椭圆或多边形，或者这些图形的组合。区域可以被填充、反转显示、移动、比较等。类 CRgn 所创建的对象是一个 C++对象，不是区域对象。区域对象要通过专门的创建函数（比如 CreateRectRgn 或 CreateEllipticRgn）来创建。类 CRgn 的常用成员见表 6-18。

表 6-18　CRgn 的成员及含义

CRgn 的成员	含　义
CreateRectRgn	创建一个矩形区域
CreateRectRgnIndirect	创建一个由 RECT 结构定义的矩形区域
CreateEllipticRgn	创建一个椭圆形区域
CreateEllipticRgnIndirect	创建一个由 RECT 结构定义的椭圆形区域
CreatePolygonRgn	创建一个多边形区域
CreatePolyPolygonRgn	创建多个封闭的多边形组成的区域，这些多边形可能互不相交或相互重叠
CreateRoundRectRgn	创建一个圆角矩形区域
CombineRgn	设置一个 CRgn 对象，使它等效于两个指定的 CRgn 对象的联合
EqualRgn	检查两个 CRgn 对象，确定它们是否相等
FromHandle	当给定了一个 Windows 区域的句柄时返回指向一个 CRgn 对象的指针
GetRegionData	用描述给定区域的数据来填充指定的缓冲区
operator HRGN	返回区域句柄

创建区域时，所用坐标相对的原点是不确定的，后续哪个 DC 来操作区域才会基于该 DC 的原点。比如是客户区的 DC，则区域坐标相对的原点就是客户区左上角；如果是屏幕 DC，则区域坐标相对的原点就是屏幕左上角。

区域和裁剪区是不同的，裁剪区是 DC 中绘图操作限定的范围。区域不一定是裁剪区，只有当

区域通过相关函数选入到 DC 中后，这块区域才是裁剪区。当然裁剪区也不一定是区域，也有可能是路径。

区域只是某个窗口（根据 DC）上的一块地方或一部分，可以用画刷填充，也可以画其边框，还能把几块区域进行合并、复制等操作。下面的代码演示了区域的操作，这段代码可以放在视图类的 OnDraw 函数中：

```
CRgn   rgnA, rgnB, rgnC; //定义 3 个 CRgn 对象
//创建 3 个矩形区域对象
rgnA.CreateRectRgn(50, 50, 150, 150);
rgnB.CreateRectRgn(100, 100, 200, 200);
rgnC.CreateRectRgn(0, 0, 50, 50);
//联合区域 A 和 B
int nCombineResult = rgnC.CombineRgn(&rgnA, &rgnB, RGN_OR);
ASSERT(nCombineResult != ERROR || nCombineResult != NULLREGION);

CBrush br1, br2, br3;
br1.CreateSolidBrush(RGB(255, 0, 0));  //创建红色画刷
pDC->FrameRgn(&rgnA, &br1, 2, 2); //用红色画刷画区域 B 的边框
br2.CreateSolidBrush(RGB(0, 255, 0));  //创建绿色画刷
pDC->FrameRgn(&rgnB, &br2, 2, 2); //用绿色画刷画区域 B 的边框
br3.CreateSolidBrush(RGB(0, 0, 255));  //创建蓝色画刷
pDC->FrameRgn(&rgnC, &br3, 2, 2);  //用蓝色画刷画区域 C 的边框
```

运行后，蓝色围起来的部分就是区域 C，红色边框是区域 A 的边框，绿色边框是区域 B 的边框，代码运行结果如图 6-44 所示。

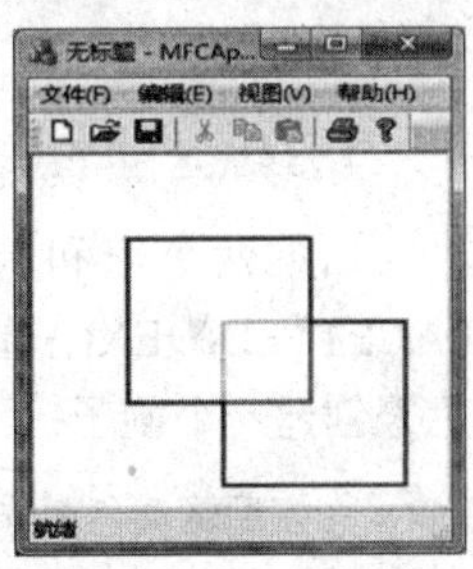

图 6-44

6.14.6 调色板

类 CPalette 封装了 Windows 的逻辑调色板这个 GDI 对象的相关操作。类 CPalette 所创建的对象是一个 C++对象。不是调色板对象，调色板对象要通过专门的创建函数（比如 CreatePalette 或 CreateHalftonePalette）来创建。类 CPalette 的常用成员见表 6-19。

表 6-19　CPalette 的成员及含义

CPalette 的成员	含　义
CreatePalette	创建一个 Windows 逻辑调色板
CreateHalftonePalette	创建一个用于设备环境的半调色板
FromHandle	通过调色板句柄返回 CPalette 对象的指针
AnimatePalette	替换由 CPalette 对象标识的逻辑调色板中的项. 应用程序不需要更新它的客户区，因为 Windows 会立即将新的项映射到系统调色板
GetNearestPaletteIndex	返回逻辑调色板中最匹配某个颜色值的项 0 的索引
ResizePalette	将 CPalette 对象所指定的逻辑调色板的大小改变为指定的项数
GetEntryCount	获取逻辑调色板中的调色板颜色项的数目
GetPaletteEntries	获取逻辑调色板中一段范围内的调色板项
SetPaletteEntries	设置逻辑调色板中一段表项范围内的 RGB 颜色值和标志
Operator HPALETTE	返回逻辑调色板的句柄

下面的代码演示了逻辑调色板的创建：

```
CPalette m_Palette;
LPLOGPALETTE pLogPal;
pLogPal=(LPLOGPALETTE)malloc(sizeof(LOGPALETTE)+
sizeof(PALETTEENTRY)*256);
pLogPal->palVersion=0x300;
pLogPal->palNumEntries=256; //调色板中共有256条颜色项
for(int i=0;i<256;i++)
    {
        pLogPal->palPalEntry[i].peRed=i; //红色的强度逐步增加
        pLogPal->palPalEntry[i].peGreen=0;
        pLogPal->palPalEntry[i].peBlue=0;
        pLogPal->palPalEntry[i].peFlags=0;
    }
if(!m_Palette.CreatePalette(pLogPal))
AfxMessageBox("逻辑调色板创建失败");
```

创建了逻辑调色板后需要选入DC并映射到系统调色板，就可以用逻辑调色板中的颜色为我们服务了，比如创建画刷。我们知道GDI接口用一个32位无符号整型COLORREF来表示一种RGB颜色，而COLORREF数据可以由下面三个宏来得到：

```
    #define RGB(r,g,b)  ((COLORREF)(((BYTE)(r) |((WORD)((BYTE)(g))<<8))|
(((DWORD)(BYTE)(b))<<16)))
    #define PALETTERGB(r,g,b)   (0x02000000 | RGB(r,g,b))
    #define PALETTEINDEX(i)     ((COLORREF)(0x01000000 | (DWORD)(WORD)(i)))
```

后面两个宏和调色板有关，PALETTERGB(r,g,b) 通过调色板 RGB 的引用来表示颜色，PALETTEINDEX(i)通过调色板索引的引用来表示颜色。下面的代码用逻辑调色板的索引2中的颜色来创建一个刷子：

```
//把逻辑调色板选入DC，m_Palette是已经创建的逻辑调色板
pDC->SelectPalette(&m_Palette,FALSE);
pDC->RealizePalette( ); //映射到系统调色板
CBrush brush;
brush.CreateSolidBrush(PALETTEINDEX(2)); //创建画刷
```

下面的代码用逻辑调色板中最匹配的深灰色来创建一个刷子：

```
//把逻辑调色板选入DC，m_Palette是已经创建的逻辑调色板
pDC->SelectPalette(&m_Palette,FALSE);
pDC->RealizePalette( ); //映射到系统调色板
CBrush brush;
brush.CreateSolidBrush(PALETTERGB(20,20,20));
```

如果使用系统调色板的红色来创建画刷，可以这样写：

```
CBrush brush;
brush.CreateSolidBrush(RGB(255,0,0)); //创建画刷
```

第 7 章

动态链接库

库在软件开发中扮演着重要的角色，尤其是当软件规模较大的时候，往往将软件划分为许多模块，这些模块各自提供不同的功能，尤其是一些通用的功能，都放在一个模块里，然后给其他模块来调用，这样可以避免多次重复开发，提高了效率。而且，在多人开发的软件项目中，可以根据模块划分来进行分工，比如指定某个人负责开发某个库。

在 Windows 操作系统上，库以文件的形式存在，并且可以分为动态链接库和静态链接库两种。动态链接库文件以.dll 为后缀名，静态链接库文件的后缀名是.lib。不管是动态链接库还是静态链接库，无非是向它们的调用者提供变量、函数或类。

7.1 动态链接库的定义

动态链接库（Dynamic Linkable Library，DLL）是 Windows 上实现代码共享的一种方式。动态链接库的源码是对函数或类的实现，源码经过编译后，会生成一个后缀名为 dll 的文件，这个文件就是动态链接库文件，它是一个二进制形式的文件，它不可以单独运行，必须和它的调用者一起运行。通常，它可以向其调用者提供变量、函数或类。动态链接库的调用者或称使用者可以是应用程序（可执行程序，exe 程序）或其他动态链接库，下面为了叙述方便，直接说应用程序，大家只要知道 DLL 文件还可以调用其他 DLL 文件。动态链接库里面要给调用者使用的函数通常称为导出函数，要给调用者使用的类通常称为导出类。

动态链接库经过编译后，会生成一个.lib 文件和一个.dll 文件，这里的 lib 文件不是指静态库文件，它是引入库文件（或称导入库文件），虽然后缀名和静态库文件相同，但两者没有任何关系。引入库文件里面存放的是 DLL 文件中导出函数的名称和地址，应用程序在隐式链接动态链接库（使用 DLL 的一种方式）的时候，把引入库文件中的内容（导出函数或类的名称和地址）复制到应用程序的代码中，当应用程序运行时，它就能知道动态链接库中导出函数（或类）的地址了。

DLL 是和开发语言无关的，Visual C++、VB、Delphi 或 C++ Builder 等开发的 DLL 都可以被其他支持 DLL 技术的语言使用。

动态链接库广泛应用于 Windows 操作系统中，Windows 操作系统这个庞大的软件本身就是由很多 dll 文件组成的，我们可以在 C:\windows\system32 下发现很多 DLL 文件。另外，DLL 是组件技术的基础。

根据在 DLL 中是否使用了 MFC 类，可以把 DLL 分为 Win32 DLL 和 MFC DLL 两类。

7.2 使用动态链接库的好处

使用动态链接库有以下几个优点：

（1）有利于代码和数据的共享。有些通用功能，比如字符串处理功能，在多个软件中都会用到，但是没有必要每次需要用到时都去实现一遍，所以可以把通用功能放在一个 DLL 文件中，这样每次使用的时候，只需加载这个 DLL 即可。

（2）有利于系统模块化开发。软件划分为多模块 DLL 后，可以由不同的人负责不同的 DLL，而且只要定义好 DLL 的导出函数（或类）的形式，就可以做到并行开发，大大提高了软件开发效率。

（3）有利于软件升级。软件划分为多个 DLL 模块，当需要升级模块的时候，只需升级相应模块的 DLL 文件即可，不必对整个系统全部升级。

（4）有利于保护软件技术。当软件厂商给其他软件公司提供功能模块时，不需要提供源码，只需要提供二进制形式的 DLL 文件，可以把自己的技术细节隐藏起来。

7.3 动态链接库的分类

根据在 DLL 中是否使用了 MFC 类，可以把 DLL 分为 Win32 DLL 和 MFC DLL。对应的，开发 DLL 也分为 Win32 DLL 的开发和 MFC 下 DLL 的开发。

7.4 Win32 DLL 的开发

7.4.1 在 DLL 中导出全局函数

DLL 的作用是把库中的变量、函数或类提供给其他程序使用，所以要生成一个有用的 DLL，首先要把 DLL 中的变量、函数或类进行导出，然后编译生成 dll 文件。导出就是对那些要给外部程序使用的变量、函数或类进行声明，通常有两种导出方式：第一种方式是通过关键字_declspec(dllexport)导出，另一种是采用模块定义文件。无论哪种方法编译后，最终都会生成 dll 文件和 lib 文件（引入库文件）。

1. 通过关键字_declspec(dllexport)导出

使用关键字_declspec(dllexport)可以从 DLL 导出数据、函数、类或类成员函数。这种方式比较简单，只要导出的内容前加_declspec(dllexport)。比如导出一个函数，可以在头文件中这样声明函数：

```
_declspec(dllexport) void f();
_declspec(dllexport) int min(int a,int b);
```

注意，要写在函数类型之前。在函数 f 定义的时候，可以不加_declspec(dllexport)。

【例 7.1】使用_declspec(dllexport)来导出函数

（1）新建一个 Win32 项目。

（2）在 Windows 桌面项目对话框上，选择应用程序类型为“动态链接库(.dll)”，其他选项选中“空项目”，如图 7-1 所示。

（3）切换到解决方案视图，然后右击“头文件”，在快捷菜单上选择“添加”｜“新建项”，然后在“添加新项”对话框上选择“头文件”，并在名称里输入“Test.h”，如图 7-2 所示。

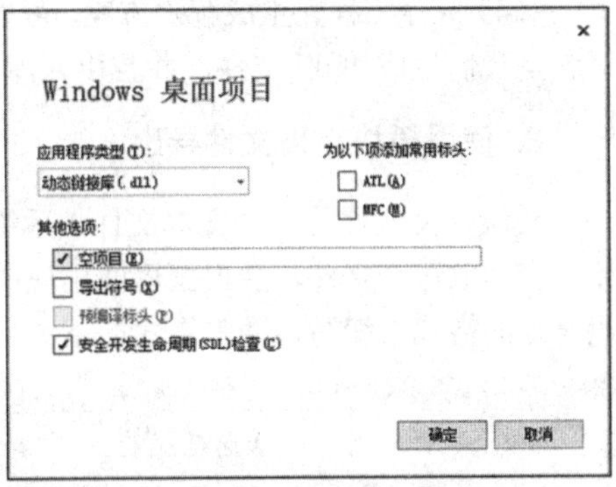

图 7-1

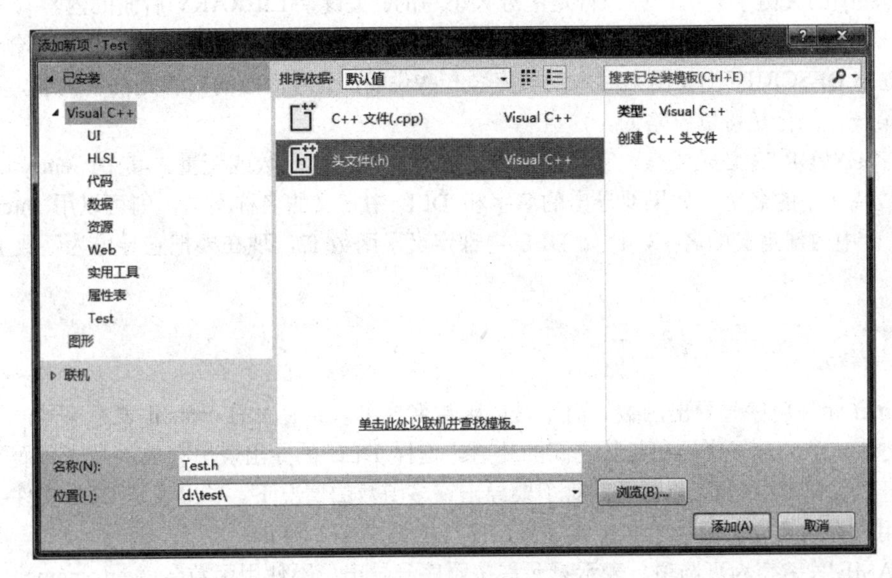

图 7-2

最后单击“添加”按钮。

切换到解决方案视图，然后右击“源文件”，在快捷菜单上选择“添加”｜“新建项”，然后在“添加新项”对话框上选择“C++文件”，并在名称里输入 Test.cpp，最后单击“添加”按钮。

打开 Test.h，输入代码：

```
#ifndef _TEST_H
#define _TEST_H //防止重复引用

_declspec(dllexport) void f();  //声明函数 f 为导出函数

#endif
打开 Test.cpp，输入代码：
#include "Test.h"
#include "windows.h" //为了使用 MessageBox
#include "tchar.h"  //为了使用_T

void f()
{
      MessageBox(0,_T(" 你好，世界"), 0,0);
}
```

（4）保存工程并生成解决方案，可以在解决方案文件夹内 Debug 目录下发现生成的 Test.dll，这就是我们生成的 dll 文件，并且引入库文件 Test.lib 也在同一路径下。

2. 使用模块定义文件导出

模块定义文件是一个文本文件，后缀名是.def，该文件中出现的函数名就是要导出的函数，链接器会读取这个文件，并根据里面出现的函数名知道哪些函数是导出函数。因此，def 文件必须按照一定的格式来编写，通常格式如下：

```
LIBRARY    MYDLL;     //为 DLL 起个名称，此行也可以省略
DESCRIPTION     "这是我的 dll";    //对 dll 的解释，此行也可以省略
EXPORTS entryname[=internalname] [@ordinal[NONAME]] [CONSTANT]   [PRIVATE]
```

def 文件中的关键字和用户标识符是区分大小写的。关键字 LIBRARY 后面的内容只是为 DLL 起个名字，但最终生成的 dll 文件名则不是以它为准，实际上是以工程属性里面设置的输出文件名为准。关键字 DESCRIPTION 用来对本动态库做一些说明。分号后面的内容是注释内容，不会被读取。上面第一、二行是可以省略的。

关键字 EXPORTS 必须要有，它后面的内容就是要导出的函数或变量。其中，entryname 是要导出的函数或变量的名字，如果要导出的名字和 DLL 中定义的名称不同，则可以用 internalname 来说明 DLL 中内部定义的名字，比如 DLL 内部定义了函数 f2，现在要把它导出为函数 f1，则可以这样写：

```
EXPORTS
    f1=f2
```

@ordinal 允许用序号导出函数，而不是以函数名导出，@后面的 ordinal 表示序号，导入库文件（.lib 文件）中包含了序号和函数之间的映射，这样 DLL 的导出表里存放的是序号而不是函数名，这样可以优化 DLL 的大小，尤其对于要导出许多函数的情况下。导出表是 DLL 文件中的一部分，通常用来存放要导出函数的名字或序号。序号的范围是 1 到 n。

NONAME 关键字为可选项，表示只允许按照序号导出，不使用函数名（entryname）导出。

CONSTANT 关键字也是可选项，表示导出的是（变量）数据，而不是函数，使用 DLL 导出变量的程序（调用者）最好声明该变量为_declspec(dllimport)，否则只能当这个变量为地址。

在上述各项中，只有 entryname 项是必需的，其他可以省略。

【例 7.2】使用.def 来导出函数

（1）新建一个 Win32 项目。

（2）在“Win32 应用程序向导”对话框上，选择应用程序类型为“DLL”，附加选项我们选中“空项目”。

（3）切换到解决方案视图，然后右击“头文件”，添加一个 Test.h 头文件，并添加如下代码：

```
#ifndef _TEST_H
#define _TEST_H //防止重复引用

#include "tchar.h"  //为了使用_T

int f1(TCHAR *sz,int n);
void f2();

#endif
```

右击“源文件”，添加一个 C++文件 Test.cpp，并添加如下代码：

```
#include "Test.h"
#include "windows.h" //为了使用 MessageBox

    int f1(TCHAR *sz, int n)
    {
        MessageBox(0,sz, 0, 0);

        return n;
    }

    void f2()
    {
        MessageBox(0, _T(" 你好，f2"), 0, 0);
    }
```

右击“源文件”，打开“添加新项”对话框，在左边选中“代码”，在右边选中“模块定义文件(.def)”，然后在下方名称旁输入“Test.def”，如图 7-3 所示。

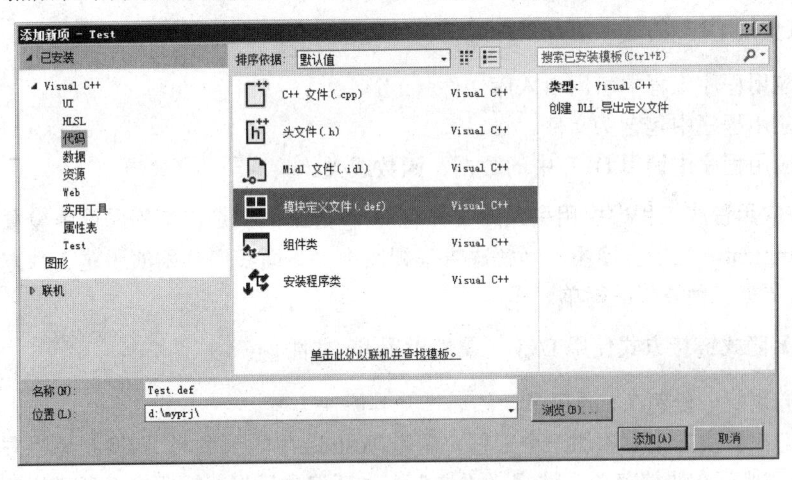

图 7-3

接着单击“添加”按钮，在 Test.def 文件中输入：

```
EXPORTS
f1
f2
```

（4）切换到解决方案，然后右击 Test，在快捷菜单上选择“生成”命令，这样会在解决方案的 Debug 目录下生成 Test.dll 和 Test.lib。

7.4.2　C++语言使用 DLL

应用程序要调用 DLL 中的函数、变量等内容，必须知道这些导出的内容的内存地址，这个过程叫链接。应用程序链接 DLL 有两种方式：隐式（动态）链接和显式（动态）链接。

动态链接库文件（dll 文件）的位置必须按照一定的规则存放，应用程序才能成功将其加载，尤其对于隐式链接，因为隐式链接不能在程序中指定 dll 文件的路径，只会去默认的约定路径中寻找 dll 文件。当几个约定的路径上都没有 dll 文件时，则提示找不到 dll 文件。Windows 遵循下面的搜索顺序来定位 dll 文件：

（1）应用程序 EXE 文件所在的同一目录。

（2）进程的当前工作目录，可以通过 API 函数 GetCurrentDirectory 来获得。

（3）Windows 系统目录 c:\Windows\system32，可以通过 API 函数 GetSystemDirectory 来获得。

（4）Windows 目录，比如 C:\Windows，可以通过函数 GetWindowsDirectory 来获得。

（5）列在 Path 环境变量中的一系列目录。

1. 隐式链接

隐式链接在应用程序（调用者）开发阶段就要把 DLL 的链接信息插入应用程序（EXE）中，即调用者工程最终生成的应用程序（EXE）是包含 DLL 链接信息的，并且在开始执行时就要将 DLL 文件加载到内存当中，最终要等到应用程序运行结束才会释放 DLL。

隐式链接实现起来相对比较简单。DLL 工程编译后会产生 dll 文件和 lib 文件。lib 文件也叫引入库文件，包含了 DLL 各种导出资源（数据、函数或类）的链接信息。应用程序如果要隐式链接 DLL，比如通过引入库文件来获取 DLL 的链接信息，即 DLL 中各种导出资源实际代码的指针（地址），通过这些指针，就可以具体执行 DLL 中的代码了。

隐式链接使用 DLL 的基本流程是：

（1）在应用程序工程中引用引入库文件（.lib）。

（2）在应用程序中包含头文件。

（3）在应用程序中调用 DLL 中的数据、函数或类。

其中，在应用程序工程中引用引入库文件有 3 种方式：一是在工程属性中设置，二是使用指令#pragma comment，三是直接添加到解决方案视图中。下面我们分别演示这 3 种方式的例子，最后可以发现其实第三种方式最简单。

【例 7.3】隐式链接方式使用 DLL（属性设置 lib 文件）

（1）我们复制一份例 7.1 的目录，然后打开其解决方案。

（2）我们在解决方案中添加一个工程，调用 Test.dll 中的函数 f。切换到解决方案视图，右击解决方案 Test，然后在快捷菜单上选择“添加”|“新建项目”，然后在“新建新项目”对话框上选择新建一个 MFC 应用程序，项目的名称是 UseDll，然后在“MFC 应用程序向导”对话框上选择应用程序类型为“基于对话框”，最后单击“完成”按钮，这样我们在解决方案里又建立了一个对话框工程。

再切换到 UseDll 的资源视图，打开对话框设计界面，删掉上面所有的控件，然后拖放一个按钮在上面，并为这个按钮添加单击事件处理函数，如下代码：

```
void CUseDllDlg::OnBnClickedButton1()
{
    // TODO:  在此添加控件通知处理程序代码
    f();
}
```

在 Test.cpp 开头处添加头文件包含：

```
#include "../Test//Test.h"
```

直接包含 Test 工程下的 Test.h。这样如果在 Test.h 中有修改，那么其调用者工程 UseDll 也可以马上知道。

为 UseDll 工程设置 Test.lib，打开 UseDll 的工程属性对话框，在左边选择“链接器”｜“常规”，在右边找到“附加库目录”，在其旁边输入$(OutDir)，如图 7-4 所示。

$(OutDir)表示解决方案的输出路径，如 d:\code\ch07\7.1\Test\Debug\，这样 UseDll 工程就知道要到解决方案的输出目录下去找引入库文件。接着在左边选择“输入”，并在右边的“附加库依赖性”旁输入 Test.lib，如图 7-5 所示。

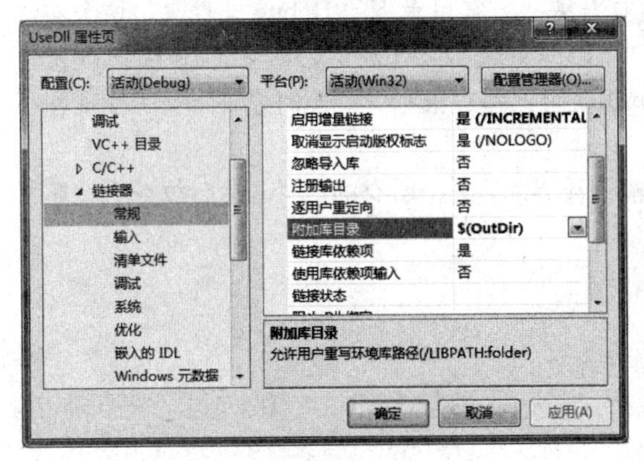

图 7-4

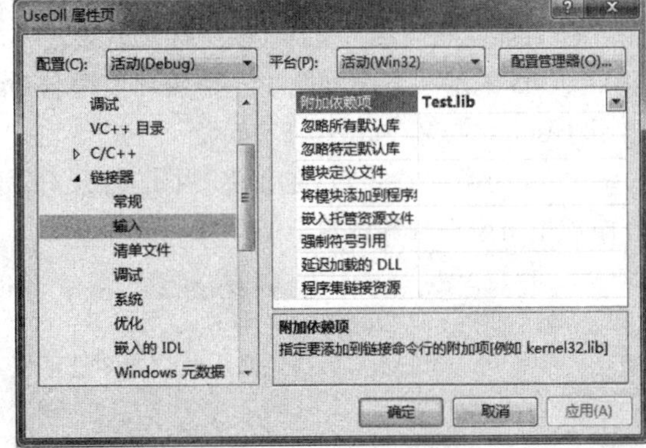

图 7-5

这样就告诉了 UseDLL 需要引入库文件 Test.lib。最后单击“保存”按钮。

（3）保存工程并运行，运行结果如图 7-6 所示。

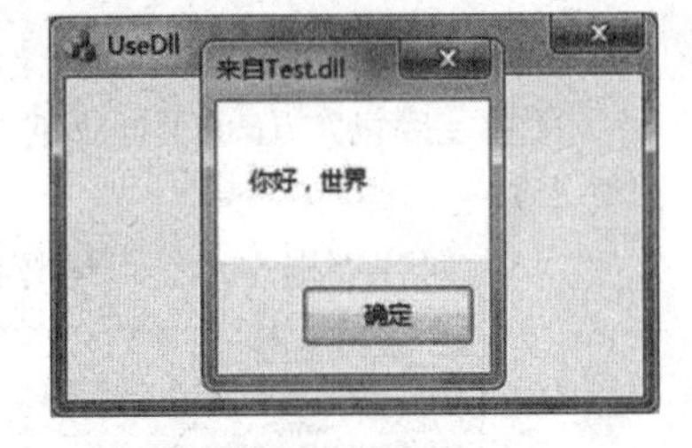

图 7-6

【例 7.4】隐式链接方式使用 DLL（#pragma comment 引用 lib 文件）

（1）复制一份例 7.1 的目录，然后打开其解决方案。

（2）在解决方案中添加一个工程，调用 Test.dll 中的函数 f。在这个工程中，我们通过指令#pragma comment 来引用引入库文件 Test.lib，新建的工程是一个对话框工程，工程名是 UseDll2，然后打开对话框设计界面，去掉所有控件，然后放一个按钮，并添加单击事件处理函数，如下代码：

```
void CUseDll2Dlg::OnBnClickedButton1()
{
    // TODO:  在此添加控件通知处理程序代码
    f();
}
```

再在 Test.cpp 开头处添加头文件包含和引入库包含：

```
#include "../Test//Test.h"
#pragma comment(lib, "Test.lib")
```

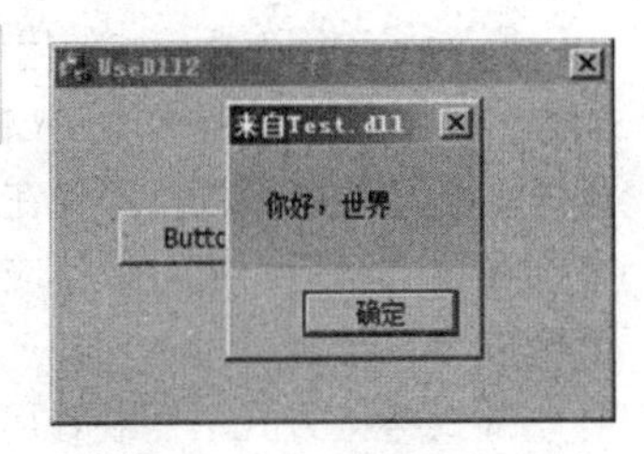

图 7-7

Test.lib 在输出目录，即解决方案的 Debug 目录，这个路径可以用$(OutDir)来表示，因此我们要为 UseDll2 设置 Test.lib 所在路径为$(OutDir)，即在工程属性对话框上设置附加库目录为$(OutDir)，同 UseDll 工程的设置方法一样。

（3）保存工程 UseDll2 并运行，运行结果如图 7-7 所示。

【例 7.5】隐式链接方式使用 DLL（lib 文件添加到解决方案）

（1）复制一份例 7.1 的目录，然后打开其解决方案。

（2）在解决方案中添加一个对话框工程 UseDll3，调用 Test.dll 中的函数 f。把 Test 工程生成的引入库文件 Test.lib 直接拖入新建工程的解决方案视图中。

（3）切换到 UseDll3 的解决方案视图，同时打开解决方案目录下的 Debug 文件夹，这个文件夹下有 Test 工程生成的 Test.lib 文件（如果没有，可以先生成 Test 工程），然后拖住 Test.lib 文件到 UseDll3 的解决方案视图中（拖放到工程名 UseDll3 时再释放鼠标），此时会在 UseDll3 工程下出现 Test.lib 文件，如图 7-8 所示。

（4）切换到 UseDll3 的资源视图，打开对话框设计界面，去掉所有的控件，然后放一个按钮，并添加单击事件处理函数，如下代码：

```
void CUseDll3Dlg::OnBnClickedButton1()
{
    // TODO:  在此添加控件通知处理程序代码
    f();
}
```

再在 Test.cpp 开头处添加头文件包含：

```
#include "../Test//Test.h"
```

我们直接包含 Test 工程下的 Test.h，这样如果在 Test.h 中有修改，那么调用工程 UseDll 也可以马上知道。

（5）保存工程并运行，运行结果如图 7-9 所示。

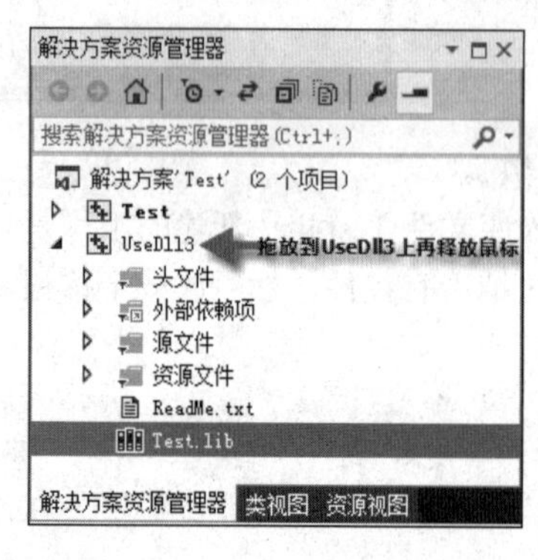

图 7-8

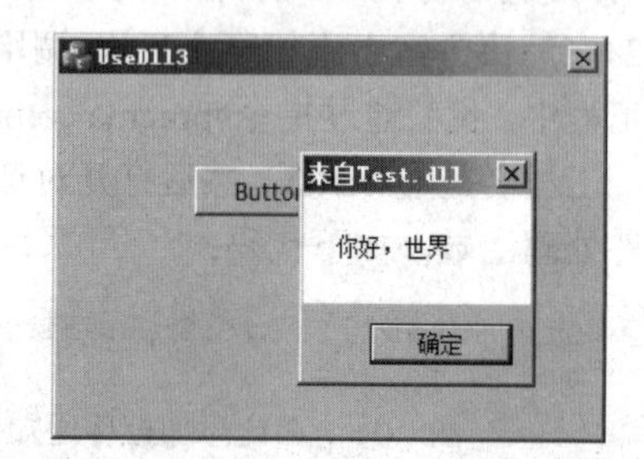

图 7-9

2. 显式链接

前面提到，隐式链接使用 DLL 时，当应用程序（调用者）加载的同时也要把 DLL 加载到内存，如果应用程序要使用多个 DLL，则在应用程序刚开始运行时，就要加载多个 DLL，一直要到应用程序运行结束再释放，即使在运行过程中某个 DLL 已经不需要用了，但也无法释放。显式链接则不存在这个问题，它可以使应用程序在需要用到 DLL 时再加载 DLL，并且在不需要 DLL 的时候就可以马上释放。

显式链接方式不需要使用引入库文件（.lib 文件），而是通过 3 个 API 函数来实现动态链接库的调用，即通过函数 LoadLibrary 来加载动态链接库，再通过 GetProcAddress 来获取动态链接库中的导出函数地址并执行导出函数，最后通过函数 FreeLibrary 来卸载动态链接库。

函数 LoadLibrary 的声明如下：

```
HMODULE WINAPI LoadLibrary( LPCTSTR lpFileName);
```

其中，参数 lpFileName 指向要加载的动态链接库文件的路径（包括文件名的路径）或文件名，如果 lpFileName 不是路径而只是一个文件名，则函数会通过标准的搜索策略来搜索这个文件。如果函数成功就返回加载成功的动态链接库模块句柄，如果失败则返回 NULL，失败错误代码可以通过函数 GetLastError 来获得。

函数 GetProcAddress 的声明如下：

```
FARPROC   GetProcAddress(HMODULE hModule, LPCSTR lpProcName);
```

其中，hModule 是动态链接库的模块句柄；lpProcName 是动态链接库中导出函数或导出变量的名称，类型是 LPCSTR，即 CHAR *。如果函数成功，就返回期望的导出函数或导出变量的地址，否则返回 NULL，失败错误代码可以通过函数 GetLastError 来获得。

函数 FreeLibrary 的声明如下：

```
BOOL  FreeLibrary(HMODULE  hModule);
```

其中，函数 hModule 是已经加载成功的动态链接库的模块句柄。如果函数成功，就返回非 0，否则返回 0。

下面看一个例子来说明显式链接方式使用 DLL。

【例 7.6】显式方式使用动态链接库

（1）复制一份例 7.2 的目录，然后打开其解决方案。

（2）在解决方案中添加一个 Win32 控制台工程 UseDll，调用 Test.dll 中的函数 f。打开 UseDll 工程中的 UseDll.cpp，添加如下代码：

```
// UseDll.cpp : 定义控制台应用程序的入口点。
//

#include "stdafx.h"
#include "windows.h"

typedef int(*FUNC)(TCHAR *, int); //定义函数指针类型

int _tmain(int argc, _TCHAR* argv[])
{
        HINSTANCE hDll = NULL; //定义 dll 的句柄
        FUNC myf;//定义函数
        int res;

        hDll = LoadLibrary(_T("Test.dll")); //加载 dll
        if (!hDll)
        {
            puts("Test.dll 加载失败");
            goto end;
        }
        myf = (FUNC)GetProcAddress(hDll, "f1"); //获取 Test.dll 中函数 f1 的地址
        if (!myf)
        {
            puts("获取函数失败");
            goto end;
```

```
    }
    res = myf(_T("你好"), 10); //执行函数
    printf("返回值是: %d\n", res);

    FreeLibrary(hDll); //释放 dll

    end:
    return 0;
}
```

我们要调用 Test.dll 中的 f1，根据 f1 的函数原型，我们定义了一个函数类型 FUNC。有了这个函数类型，就可以定义函数名 myf，该函数名最终用来存放 Test.dll 中 f1 的函数地址。加载 Test.dll 通过 API 函数 LoadLibrary 来实现，如果成功就把 DLL 模块句柄存放在 hDll 中。然后通过 GetProcAddress 来获得 Test.dll 中 f1 的函数地址，并存于 myf 中，接着执行 myf，其实就是执行 f1。等执行完毕后，最终通过 FreeLibrary 来释放动态链接库。

（3）保存工程并运行，运行结果如图 7-10 所示。

图 7-10

7.4.3 DllMain 函数

控制台程序有入口函数 main；图形界面程序有入口函数 WinMain；DLL 程序也可以有一个入口函数，就是 DllMain，但它不是必需的，是可选的。如果动态链接库程序中有 DllMain 函数，则隐式链接时就会首先调用这个函数，而在显式链接的时候，调用 LoadLibrary 和 FreeLibrary 时都会调用 DllMain 函数。

DllMain 函数不必自己建立，在新建一个默认 Win32 DLL 工程的时候，默认情况下会自动建立一个 DllMain 函数，比如我们新建一个 Win32 项目，在向导的应用程序设置中选择应用程序类型为“动态链接库（dll）”，其他保持默认，然后单击“完成”按钮，如图 7-11 所示。

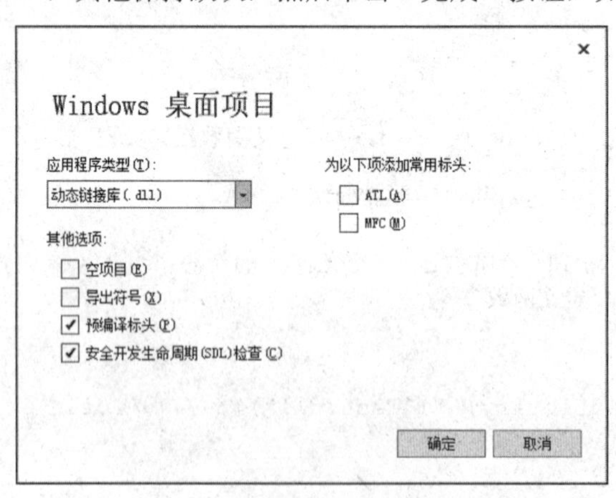

图 7-11

然后会生成一个 Win32 DLL 工程，并且已经为我们建立了两个 cpp 文件：Test.cpp 和 dllmain.cpp。通常，前者存放我们的实现代码；后者存放 DLL 的入口函数 DllMain，它的一般形式如下：

```
BOOL APIENTRY DllMain( HMODULE hModule,
                       DWORD  ul_reason_for_call,
                       LPVOID lpReserved
```

```
                  )
      {
         switch (ul_reason_for_call)
         {
            case DLL_PROCESS_ATTACH:
      case DLL_THREAD_ATTACH:
      case DLL_THREAD_DETACH:
      case DLL_PROCESS_DETACH:
         break;
      }
      return TRUE;
      }
```

DllMain 有 3 个参数，其中 hModule 为该 DLL 实例的句柄，也就是本 DLL 映射到进程地址空间后在该进程地址空间中的位置；ul_reason_for_call 标示了调用 DllMain 函数的原因，有 4 种值，分别是 DLL_PROCESS_ATTACH、DLL_PROCESS_DETACH、DLL_THREAD_ATTACH 和 DLL_THREAD_DETACH。这 4 个宏的含义如下：

（1）DLL_PROCESS_ATTACH

当一个 DLL 文件（通过隐式链接或显式链接的 LoadLibrary）被映射到进程的地址空间时，系统调用该 DLL 的 DllMain 函数，并把 DLL_PROCESS_ATTACH 传递给参数 ul_reason_for_call。这种调用只会发生在第一次映射时，如果同一个进程再次 LoadLibrary 已经映射进来的 DLL，操作系统只会增加 DLL 的使用次数，它不会再用 DLL_PROCESS_ATTACH 调用 DLL 的 DllMain 函数。不同进程用 LoadLibrary 同一个 DLL 时，每个进程的第一次映射都会用 DLL_PROCESS_ATTACH 调用 DLL 的 DllMain 函数。一般可以把一些初始化的工作放在 case DLL_PROCESS_ATTACH 中。

（2）DLL_PROCESS_DETACH

当系统将一个 DLL 从进程地址空间中撤销映射时，则会向 DllMain 传入 DLL_PROCESS_DETACH。可以在此处做一些清理工作。但要注意，当用 DLL_PROCESS_ATTACH 调用 DLL 的 DllMain 函数时，如果返回 FALSE，说明没有初始化成功，系统仍会用 DLL_PROCESS_DETACH 调用 DLL 的 DllMain 函数。因此，必须确保没有清理那些没有成功初始化的东西。

当使用 FreeLibrary 时，若该进程的线程的使用计数为 0 时，操作系统才会使用 DLL_PROCESS_DETACH 来调用 DllMain。如果使用计数大于 0，则只是单纯地减少该 DLL 的计数。

除了 FreeLibrary 可以解除 DLL 的映射之外，当进程结束时，DLL 映射也会被解除。但要注意，如果用函数 TerminateProcess 来结束进程，则系统不会用 DLL_PROCESS_DETACH 来调用 DLL 的 DllMain 函数。

（3）DLL_THREAD_ATTACH

当进程创建一个线程时，系统会检查当前已映射到该进程空间中的所有 DLL 映像，并用 DLL_THREAD_ATTACH 来调用每个 DLL 的 DllMain。

只有当所有 DLL 都完成了对 DLL_THREAD_ATTACH 的处理后，新线程才会执行它的线程函数。比如已经加载了 DLL 的进程中有创建线程的代码：

```
CreateThread(NULL, 0, ThreadProc, 0, 0, NULL);
```

函数 ThreadProc 是线程函数，如下代码：

```
DWORD WINAPI ThreadProc(LPVOID lpParam)
{
        return 0;
}
```

当线程创建的时候会调用 DllMain，并传参数 DLL_THREAD_ATTACH，然后执行线程函数 ThreadProc。

另外，主线程不可能用 DLL_THREAD_ATTACH 来调用 DllMain，因为主线程必然是在进程初始化的时候用 DLL_PROCESS_ATTACH 调用 DllMain 的。

（4）DLL_THREAD_DETACH

当线程函数执行结束的时候，会用 DLL_THREAD_DETACH 来调用当前进程地址空间中所有 DLL 镜像的 DllMain 函数。当每个 DLL 的 DllMain 都处理完后，系统才会真正地结束线程。

如果是线程在 DLL 被卸载（调用 FreeLibrary） 之前结束，则 DLL_THREAD_DETACH 会被调用。如果线程在 DLL 卸载之后结束，则 DLL_THREAD_DETACH 不会被调用。如果要在 case DLL_THREAD_DETACH 中释放内存，一定要注意 DLL_THREAD_DETACH 有没有被执行到，否则会造成内存泄漏。

lpReserved 不用，保留。

下面看一下 DllMain 的序列化调用，举个例子：

进程中有两个线程，A 与 B。在进程的地址空间中映射了一个名为 SomeDll.dll 的 DLL。两个线程都准备通过 CreateThread 来创建另外两个线程 C 和 D。

当线程 A 调用 CreateThread 来创建线程 C 的时候，系统会用 DLL_THREAD_ATTACH 来调用 SomeDll.dll 的 DllMain；当线程 C 执行 DllMain 代码的时候，线程 B 调用 CreateThread 来创建线程 D。

这时，系统同样会用 DLL_THREAD_ATTACH 来调用 SomeDll.dll 的 DllMain，这次是让线程 D 来执行其中的代码。此时，系统会对 DllMain 执行序列化，它会将线程 D 挂起，直至线程 C 执行完 DllMain 中的代码返回为止。当 C 线程执行完 DllMain 中的代码并返回时，可以继续执行 C 的线程函数。此时，系统会唤醒线程 D，让 D 执行 DllMain 中的代码。当返回后，线程 D 开始执行线程函数。

7.4.4 在 DLL 中导出变量

这里指的变量是 DLL 中的全局变量或类静态变量，而不能导出局部的变量或对象，因为它们过了作用域也就不存在了。当你导出一个变量或对象时，载入此 DLL 的每个客户程序都将获得自己的备份。于是如果两个不同的应用程序使用同一个 DLL ，一个应用程序所做的修改不会影响另一个应用程序。

DLL 定义的全局变量可以导出被调用程序访问。有两种方式可以用来导出变量。一种是使用模块定义文件，这种方式下在调用者工程中最好用_declspec(dllimport)来声明 DLL 中的变量，如果不声明也可以，但要把这个变量当作一个指针（地址）来使用，而非变量本身。另外一种方式要使用_declspec(dllexport)来声明，并且在调用者工程中对导出变量要用_declspec(dllimport)来修饰。

如果要导出 DLL 中的类静态变量，则在调用者工程中必须用_declspec(dllimport)来对类进行修饰。

_declspec(dllimport)的作用是告诉调用者工程这些函数、类或变量是从 DLL 中导入的，它能使编译器生成更好的代码，因为编译器通过它可以确定函数、变量或类是否存在于 DLL 中，这使得编译器可以生成跳过间接寻址级别的代码。对于函数，不使用_declspec(dllimport) 也能正确编译代码，但对于全局变量最好使用它，对于类静态变量则必须要使用。

值得注意的是，当导出一个对象或者变量时，载入 DLL 的每个客户程序都有一个自己的备份。也就是说如果两个程序使用的是同一个 DLL，一个应用程序所做的修改不会影响另一个应用程序。

【例 7.7】模块定义文件方式从 DLL 中导出全局变量（不使用_declspec(dllimport)）

（1）新建一个 Win32 项目，在向导的应用程序设置中选择应用程序类型为“DLL”，其他保持默认，然后单击“完成”按钮。

（2）打开 Test.cpp，在其中定义一个全局变量：

```
int gdllvar=888;
```

再添加一个模块定义文件，并输入下列内容：

```
LIBRARY
EXPORTS
gdllvar CONSTANT
```

好了，这样一个导出变量的 DLL 工程完成了，编译后会生成 Test.dll 和 Test.lib。

（3）在解决方案中添加一个新建项目，用来调用 Test.dll。这个新建项目是一个控制台工程，工程名是 caller，同时打开 caller 工程的属性页对话框，展开左边的“链接器 | 常规”，在右边的附加库目录旁输入“$(SolutionDir)$(Configuration)\”，这个字符串表示解决方案的输出目录，再在左边展开“链接器 | 输入”，在右边“附加依赖项”旁边输入“Test.lib”，然后单击“确定”按钮。

（4）打开 caller.cpp，在其中输入如下代码：

```
#include "stdafx.h"
extern int gdllvar; //因为没有用__declspec(dllimport)，所以认为gdllvar为指针

int _tmain(int argc, _TCHAR* argv[])
{
	printf("%d,", *(int*)gdllvar);      //先输出原来的值
	*(int*)gdllvar = 66; //改为66
	printf("%d \n", *(int*)gdllvar);    //再输出新的值

	return 0;
}
```

要注意的是用 extern int gdllvar 声明所导入的并不是 DLL 中全局变量本身，而是其地址，应用程序（调用者）必须通过强制指针转换来使用 DLL 中的全局变量。这一点，从*(int*)gdllvar 中可以看出。因此在采用这种方式引用 DLL 全局变量时，千万不要进行这样的赋值操作：

```
gdllvar= 100;
```

这样做的结果是 gdllvar 指针的内容发生变化，程序中以后再也引用不到 DLL 中的全局变量了。

图 7-12

（5）保存工程并运行，运行结果如图 7-12 所示。

【例 7.8】模块定义文件方式从 DLL 中导出全局变量（使用_declspec(dllimport)）

（1）新建一个 Win32 项目，在向导的应用程序设置中选择应用程序类型为“DLL”，其他保持默认，然后单击“完成”按钮。

（2）打开 Test.cpp，在其中定义一个全局变量：

```
int gdllvar=888;
```

再添加一个模块定义文件，并输入下列内容：

```
LIBRARY
EXPORTS
gdllvar CONSTANT
```

好了，这样一个导出变量的 DLL 工程完成了，编译后会生成 Test.dll 和 Test.lib。

（3）在解决方案中添加一个新建项目，用来调用 Test.dll。这个新建项目是一个控制台工程，工程名是 caller，然后打开 caller.cpp，并在其中输入：

```
#include "stdafx.h"

#pragma comment(lib,"..\\Debug\\Test.lib")
//用_declspec(dllimport)声明 gdllvar 是一个 DLL 中的变量
extern int _declspec(dllimport) gdllvar;
int _tmain(int argc, _TCHAR* argv[])
{
    printf("%d ", gdllvar); //输出变量 gdllvar 原来的值
    gdllvar = 999; //这里就可以直接当变量那样使用，需要进行强制指针转换
    printf("%d\n ", gdllvar); //输出变量 gdllvar 新的值

    return 0;
}
```

通过_declspec(dllimport)方式声明变量后，编译器就知道 gdllvar 是 DLL 中的全局变量了，所以可以当变量来使用，而不再是其地址了。建议大家在导出全局变量的时候最好用_declspec(dllimport)。

（4）保存工程并运行，运行结果如图 7-13 所示。

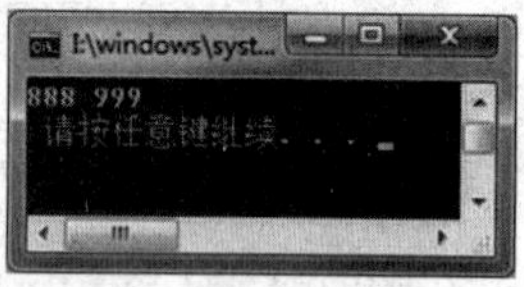

图 7-13

【例 7.9】_declspec(dllexport)方式从 DLL 中导出全局变量

（1）新建一个 Win32 项目，工程名是 Test，在向导的应用程序设置中选择应用程序类型为“DLL”，其他保持默认，然后单击“完成”按钮。

（2）切换到解决方案视图，新建一个头文件 Test.h，输入如下代码：

```
#ifdef  INDLL
#define  SPEC  _declspec(dllexport)
#else
#define  SPEC  _declspec(dllimport)
#endif

SPEC  extern  int gdllvar1; //声明要导出的全局变量
SPEC  extern  int gdllvar2; //声明要导出的全局变量
```

因为在调用者工程中是不认识_declspec(dllexport)的，所以要用一个宏 INDLL 来控制 SPEC 在不同的工程中的定义。在 DLL 工程中，我们将定义 INDLL，这样 SPEC 就是_declspec(dllexport)，而在调用者工程中我们不会定义 INDLL，这样 SPEC 就是_declspec(dllimport)了。另外，变量是在 cpp 文件中定义的，这里只是声明，所以要用 extern。

（3）我们打开 Test.cpp，在其中输入如下代码：

```
#include "stdafx.h"
#ifndef INDLL //这个宏定义必须在 Test.h 前面
#define INDLL
#endif
```

```
#include "Test.h"
int gdllvar1 = 88, gdllvar2=99; //定义两个全局变量
```

宏 INDLL 必须在 Test.h 前面定义，这样 Test.h 中的 SPEC 才会被定义为_declspec(dllexport)。

（4）编译 Test 工程，可以得到 Test.dll 和 Test.lib。

（5）切换到解决方案视图，在解决方案下添加一个新的控制台工程 caller，它将使用 Test.dll 中导出的全局变量。

（6）打开 caller.cpp，输入如下代码：

```
#include "stdafx.h"
#include "../Test/Test.h"
#pragma comment(lib,"../debug/Test.lib")

int _tmain(int argc, _TCHAR* argv[])
{
       printf("%d,%d\n", gdllvar1, gdllvar2);
       gdllvar1++;
       gdllvar2++;
       printf("%d,%d\n", gdllvar1, gdllvar2);

       return 0;
}
```

代码比较简单。

（7）把 caller 工程设为启动项目后编译运行，得到的结果如图 7-14 所示。

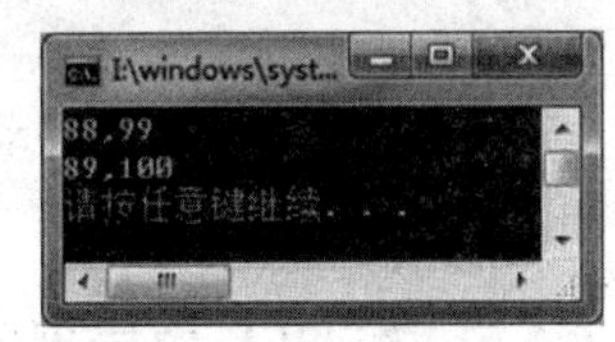

图 7-14

【例 7.10】从 DLL 中导出类静态变量

（1）新建一个 Win32 项目，工程名是 Test，在向导的应用程序设置中选择应用程序类型为“DLL”，其他保持默认，然后单击“完成”按钮。

（2）切换到解决方案视图，新建一个头文件 Test.h，输入如下代码：

```
#ifdef  INDLL
#define  SPEC  _declspec(dllexport)
#else
#define  SPEC  _declspec(dllimport)
#endif

class SPEC CMath
{
   public:
       CMath ();
       virtual ~ CMath ();
   public:
       static double  PI; //定义一个类静态变量
};
```

通过控制宏 INDLL，可以让 SPEC 定义为_declspec(dllexport)或_declspec(dllimport)。在 Test 工程中，SPEC 需要为_declspec(dllexport)；在调用者工程中，SPEC 需要为_declspec(dllimport)。

（3）打开 Test.cpp，在其中添加类 CMath 的实现，如下代码：

```
#include "stdafx.h"
#define INDLL //这样定义后，Test.h 中的 SPEC 为_declspec(dllexport)
#include "Test.h"
CMath::CMath(){}
CMath::~CMath(){};
double CMath::PI = 3.14; //对类静态变量赋值
```

INDLL 必须在 Test.h 之前。编译 Test 工程，此时会生成 Test.dll 和 Test.lib。

（4）切换到解决方案，添加一个新建的控制台工程 caller。caller 生成的程序将对 Test.dll 进行调用。打开 caller.cpp，输入如下代码：

```
#include "stdafx.h"
#include "../Test/Test.h"
#pragma comment(lib,"../debug/Test.lib")
int _tmain(int argc, _TCHAR* argv[])
{
	printf("%f\n", ++CMath::PI); //先让类静态变量自加，然后打印结果
	return 0;
}
```

（5）把 caller 设为启动项目，然后保存工程并运行，运行结果如图 7-15 所示。

图 7-15

7.4.5 在 DLL 中导出类

前面介绍了如何从 DLL 中导出函数和变量，本节将介绍如何从 DLL 中导出类。要从 DLL 中导出类，通常也有两种方式：一是用模块定义文件方式导出；二是用关键字_declspec(dllexport)方式导出。对于导出类，在调用者工程中不使用_declspec(dllimport) 也能正确编译代码。

【例 7.11】在 DLL 中导出类（使用模块定义文件）

（1）新建一个 Win32 DLL 工程，项目名是 Test。

（2）切换到解决方案视图，添加一个头文件 Test.h，然后在其中添加一个类的定义，如下代码：

```
class CMath
{
public:
	int Add(int a, int b);
	int sub(int a, int b);
	CMath();
	~CMath();
};
```

在 Test.cpp 中添加 CMath 类的成员函数的实现，如下代码：

```
#include "stdafx.h"
#include "Test.h"
```

```
int CMath::Add(int a, int b)
{
       return a + b;
}
int CMath::sub(int a, int b)
{
       return a - b;
}
CMath::CMath(){}
CMath::~CMath(){}
```

（3）设置生成 MAP 文件。单击 Visual C++ IDE 的主菜单“项目 | 属性”来打开 Test 工程的项目属性页对话框，然后在对话框左边展开“配置属性 | 链接器 | 调试”，再在右边找到“生成映射文件”，并在其旁边选择“是 (/MAP)”，最后单击“确定”按钮来关闭对话框，如图 7-16 所示。

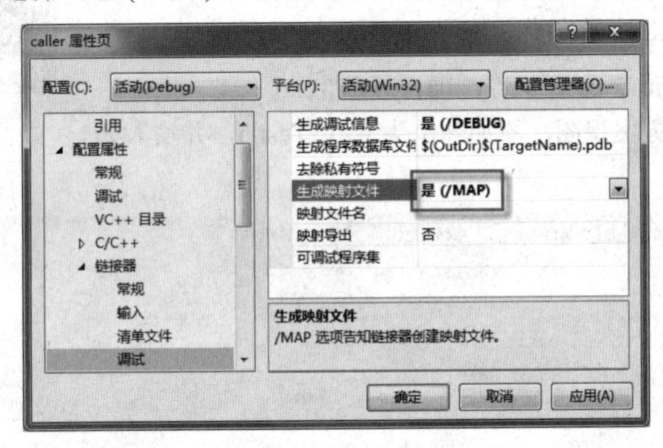

图 7-16

然后重新生成 Test，在解决方案目录下会生成 Test.dll、Test.lib 和 Test.map，此时 Test.dll 中还没有导出函数。下面我们制作模块定义文件，我们用记事本打开 Test.map，找到 CMath 类的 4 个成员函数的修饰名（修饰名就是函数在编译链内部的标识，后面章节会讲到），搜索“Test.obj”可以找到如下部分：

```
0002:00000380       ??0CMath@@QAE@XZ           10011380 f   Test.obj
0002:000003c0       ??1CMath@@QAE@XZ           100113c0 f   Test.obj
0002:00000400       ?Add@CMath@@QAEHHH@Z        10011400 f   Test.obj
0002:00000440       ?sub@CMath@@QAEHHH@Z        10011440 f   Test.obj
```

问号开始的字符串就是函数的修饰名，我们把它们复制出来，粘贴到模块定义文件中，内容如下：

```
LIBRARY
EXPORTS
??0CMath@@QAE@XZ @1         ;构造函数
??1CMath@@QAE@XZ @2         ;析构函数
?Add@CMath@@QAEHHH@Z @3     ;Add 函数
?sub@CMath@@QAEHHH@Z @4     ;Sub 函数
```

然后保存 Source.def，并编译 Test 工程，此时生成的 Test.dll 中有 4 个导出函数，都是类 CMath 的成员函数。现在我们就可以在调用者工程中使用类 CMath 了。

（4）切换到解决方案视图，新增加一个控制台工程caller，然后在caller.cpp中输入如下内容：

```
#include "stdafx.h"
#include "../Test/Test.h"
#pragma  comment(lib,"../Debug/Test.lib") //指定引入库文件 Test.lib

int _tmain(int argc, _TCHAR* argv[])
{
        CMath math; //用 DLL 中的类 CMath 定义一个对象

        printf("sum=%d\n",math.Add(500, 20)); //通过对象调用成员函数 Add
        printf("sub=%d\n", math.sub(500, 20)); //通过对象调用成员函数 sub

        return 0;
}
```

（5）把 caller 设为启动项目，然后保存工程并运行，运行结果如图 7-17 所示。

图 7-17

【例 7.12】在 DLL 中导出类（使用_declspec(dllexport)）

（1）新建一个 Win32 DLL 工程，项目名是 Test。

（2）切换到解决方案视图，添加一个头文件 Test.h，并输入如下代码：

```
class _declspec(dllexport) CMath
{
public:
        int Add(int a, int b);
        int sub(int a, int b);
        CMath();
        ~CMath();
};
```

这里定义了一个类 CMath，并用_declspec(dllexport)进行修饰，表明这个类是一个导出类。然后在 Test.cpp 中添加类的实现，如下代码：

```
#include "stdafx.h"
#include "Test.h"

int CMath::Add(int a, int b)
{
        return a + b;
}
int CMath::sub(int a, int b)
{
        return a - b;
}
CMath::CMath(){}
CMath::~CMath(){}
```

代码比较简单，分别实现加法和减法。编译 Test 工程，可以得到 Test.dll 和 Test.lib。

（3）切换到解决方案视图，添加一个新建的控制台工程 caller，在该工程中我们将使用 Test.dll。在 caller.cpp 中输入如下代码：

```
#include "stdafx.h"
#include "../Test/Test.h"
#pragma comment(lib,"../debug/Test.lib")
```

```
int _tmain(int argc, _TCHAR* argv[])
{
      CMath math;
      printf("%d,%d\n", math.Add(10, 8), math.sub(20,3));

      return 0;
}
```

代码很简单，定义了一个对象 math，然后打印两个成员函数的结果。

（4）把 caller 设为启动项目，然后运行，得到的运行结果如图 7-18 所示。

图 7-18

7.4.6 其他语言调用 DLL

Win32 方式下生成的动态链接库既可以给 C++语言使用，也可以给其他语言使用，比如 Delphi、VB、C#等。这样可以使得掌握不同语言的开发人员相互联合开发，而不必要求大家都使用同一种开发语言。其他语言要调用 C/C++开发的动态链接库，必须要处理好两个问题：一个是函数调用的约定，另一个是函数名称修饰的约定。

1. 函数调用约定

函数的调用约定（Calling Convention）是指在函数调用时关于函数的多个参数入栈和出栈的顺序的约定，通俗地讲就是关于堆栈的一些说明：首先是函数参数压栈顺序，其次是压入堆栈的内容由谁来清除，调用者还是函数自己。不同的语言定义了不同的函数调用约定。Visual C++中有 5 种调用约定：__cdecl、__stdcall、fastcall、thiscall 和 naked call。这里，两个下画线开头的关键字是微软自己的扩展关键字。

（1）__cdecl 调用约定

__cdecl（也可写成_cdecl）调用约定又称 C 调用约定，是 C 函数默认的调用约定，也是 C++全局函数的默认调用约定，通常省略，例如：

```
char func(int n);
char __cdecl func(int n);
```

两者一样，调用约定都是_cdecl，第一种写法没有写调用约定，默认为_cdecl。在_cdecl 调用约定下，函数的多个参数由调用者按从右到左的顺序压入堆栈，被调函数获得参数的序列是从左到右的；清理堆栈的工作由调用者负责，因此函数参数的个数可以是可变的（如果是被调函数清理堆栈，则参数个数必须确定，否则由于被调函数事先无法知道参数的个数，事后的清除工作也将无法正常进行）。Visual C++还定义了宏：

```
#define WINAPIV __cdecl
```

（2）__stdcall 调用约定

__stdcall（也可写成_stdcall）调用约定又称 Pascal 调用约定，也是 Pascal 语言的调用约定。它的使用方式为：

```
char __stdcall func(int n);
```

在_stdcall 调用约定下，函数的多个参数由调用者按从右到左的顺序压入堆栈，被调函数获得参数的序列是从左到右的；清理堆栈的工作由被调用函数负责。在 Visual C++中，常用宏 WINAPI 或 CALLBACK 来表示__stdcall 调用约定，它们的定义如下：

```
#define CALLBACK    __stdcall  //注意有两个下画线
#define WINAPI      __stdcall
```

Win32 API 函数大都是__stdcall 调用，比如：

```
int WINAPI MessageBoxA(HWND,LPCSTR,LPSTR,UINT);
```

（3）__fastcall 调用约定

__fastcall 调用约定称为快速调用约定。前两个双字（DWORD）参数或更小尺寸的参数通过寄存器 ECX 和 EDX 来传递，剩下的参数按照自右向左的顺序压栈传递。清理堆栈工作由被调用者函数来完成。它的使用方式为：

```
char __fastcall func(int n);
```

（4）thiscall 调用约定

thiscall 调用约定是 C++中的非静态类成员函数的默认调用约定。thiscall 只能被编译器使用，没有相应的关键字，因此不能由程序员指定。采用 thiscall 约定时，函数参数按照从右到左的顺序入栈，被调用的函数在返回前清理传送参数的栈。ECX 寄存器传送一个额外的参数：this 指针。

（5）naked call 调用约定

naked call 调用约定也称裸调，是一个不大用的调用约定，不建议使用。编译器不会给这样的函数增加初始化和清理的代码。naked call 不是类型修饰符，必须和_declspec 共同使用，比如：

```
_declspec(naked) char func(int n);
```

上面的 5 种调用约定，前 3 种比较常用。__cdecl 只有在 C/C++语言中才能用，但__cdecl 调用有一个特点，就是能够实现可变参数的函数调用，比如函数 printf，这用__stdcall 调用是不可能的。几乎所有的语言都支持__stdcall 调用，为了让 C++开发的 DLL 供其他语言（比如 Delphi 语言）调用，应该将函数声明为__stdcall。在另外一些地方，比如写 COM 组件，几乎都用的是 stdcall 调用。

2. 函数名修饰的规则

函数名修饰的规则就是编译器使用何种名字修饰方式来区分不同的函数。编译器在编译期间会为函数创建一个具有一定规则的修饰名，这项技术通常被称为名称改编（Name Mangling）或者名称修饰（Name Decoration）。C 编译器和 C++编译器的名称修饰规则是不同的，比如在__cdecl 调用约定下，函数 int f(int)在 C 编译器下产生修饰名为 f，而在 C++编译器下产生的修饰名为?f@@YAHH@Z。我们可以通过工具 Dependency Walker（这个工具是 Visual C++ 6 自带的，可以在 Visual C++ 6 的安装目录下通过搜索文件名“DEPENDS.EXE”后找到，然后单独复制出来，也可以在网上搜索下载）来查看 DLL 中导出函数的修饰名。顺便说一句，这个工具还能查看生成 DLL 和其他 DLL 的依赖关系。所谓依赖关系，就是这个生成的 DLL 运行时所需要的其他 DLL，如果没有其他 DLL，生成的 DLL 则无法加载运行。

打开工具 Dependency Walker，然后把例 7.1 生成的 Test.dll 拖入主窗口，可以看到如图 7-19 所示。

在图 7-19 中，我们可以看到右边 Function 列下有一串字符串“?f@@YAXXZ”，这个字符串正是动态链接库经过编译后导出函数 f 在 DLL 中的名字（确切地说叫函数修饰名），也就是说，在编译生成的 dll 文件中，函数 f 已经没有了，它已经变成函数“?f@@YAXXZ”了，如果调用者还是去调用函数 f，则将导致失败。

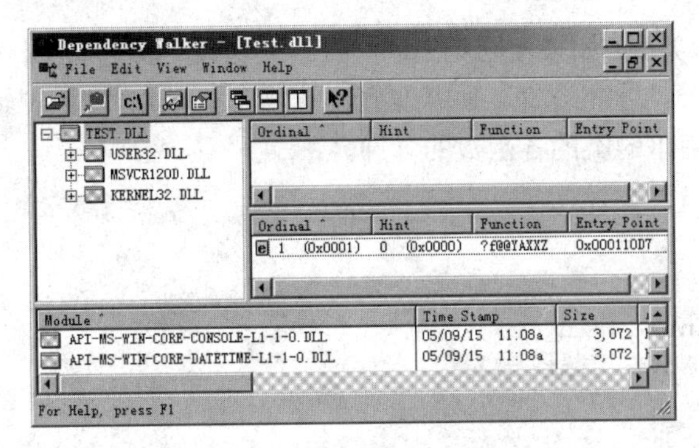

图 7-19

在 C 语言中，对于__stdcall 调用约定，编译器会在导出函数名前加一个下画线作为前缀，函数名后面加上一个“@”符号和其所有参数的字节数之和，例如_functionname@number。对于_cdecl 调用约定，函数名会保持原样。对于__fastcall 调用约定，在导出函数名前加上一个“@”符号，后面也是一个“@”符号和其所有参数的字节数之和，例如@functionname@number。

在 C++语言中，函数修饰名的形式由类名、函数名、调用约定、返回类型、参数等共同决定。在__stdcall 调用约定下遵循如下规则：

（1）函数修饰名以"?"开始，后跟函数名。

（2）函数名后面以"@@YG"标识参数表的开始，后跟参数表。

（3）参数表的第一项为该函数的返回值类型，其后依次为参数的数据类型，指针标识在其所指数据类型前。

（4）参数类型以代号表示，即 X--void、D--char、E--unsigned char、F--short、H--int、I--unsigned int、J--long、K--unsigned long、M--float、N--double、_N--bool、...、PA--指针，后面再加指针类型，如果相同类型的指针连续出现，以"0"代替，一个"0"代表一次重复。

（5）参数表后以"@Z"标识整个名字的结束，如果该函数无参数，则以"Z"标识结束。其格式为"?functionname@@YG*****@Z"或"?functionname@@YG*XZ"，比如：

```
int  test1(char *var1,unsigned long var2)-----“?test1@@YGHPADK@Z”
void test2()  -----“?test2@@YGXXZ”
```

在__cdecl 调用约定下，规则同上面的_stdcall 调用约定，只是参数表的开始标识由上面的"@@YG"变为"@@YA"。

在__fastcall 调用约定下，规则同上面的_stdcall 调用约定，只是参数表的开始标识由上面的"@@YG"变为"@@YI"。

对于 C++的类成员函数，其调用方式是 thiscall，函数的名字修饰与非成员的 C++函数稍有不同，首先是问号“？”开头（如果是构造函数则以两个问号开头），然后加函数名（如果是构造函数，用 0 来代替构造函数名；如果是析构函数，用 1 来代表析构函数名），接着是符号“@”，然后是类名；其次是函数的访问权限标识，公有（public）成员函数的标识是“@@QAE”，保护（protected）成员函数的标识是 “@@IAE”，私有（private）成员函数的标识是“@@AAE”，如果函数声明使用了 const 关键字，则相应的标识应分别为“@@QBE”“@@IBE”和“@@ABE”。如果参数类型是类实例的引用，则使用“AAV1”；对于 const 类型的引用，则使用“ABV1”；最后是参数表的开始，参数表的第一项为该函数的返回值类型，其后依次为参数的数据类型，指针标识在其所指数据类型前，参数类型以代号表示，即 X--void、D--char、E--unsigned char、F--short、H--int、I--unsigned int、J--long、K--unsigned long、M--float、N--double、_N--bool、...、

PA--指针，后面再加指针类型，如果相同类型的指针连续出现，以"0"代替，一个"0"代表一次重复；参数表后以"@Z"标识整个名字的结束，如果该函数无参数，则以"Z"标识结束。

下面先看一个比较简单的类的各函数的修饰名：

```
class CMath
{
public:
        int Add(int a, int b);
        int sub(int a, int b);
        CMath();
        CMath(int a);
        ~CMath();
};
```

根据 thiscall 的修饰规则，函数 Add 的修饰名为“?Add@CMath@@QAEHHH@Z”，函数 sub 的修饰名为“?sub@CMath@@QAEHHH@Z”，构造函数 CMath() 的修饰名为“??0CMath@@QAE@XZ”，构造函数 CMath(int a)的修饰名为“??0CMath@@QAE@H@Z”，析构函数~CMath 的修饰名为“??1CMath@@QAE@XZ”。

下面再看一个稍微复杂的类的 C++成员函数的名字修饰规则：

```
class CTest
{
......
private:
   void Function(int);
protected:
   void CopyInfo(const CTest &src);
public:
   long DrawText(HDC hdc, long pos, const TCHAR* text, RGBQUAD color, BYTE bUnder,
bool bSet);
   long InsightClass(DWORD dwClass) const;
......
};
```

对于成员函数 Function，其函数修饰名为“?Function@CTest@@AAEXH@Z”，字符串“@@AAE”表示这是一个私有函数。成员函数 CopyInfo 只有一个参数，是对类 CTest 的 const 引用参数，其函数修饰名为“?CopyInfo@CTest@@IAEXABV1@@Z”。DrawText 是一个比较复杂的函数声明，不仅有字符串参数，还有结构体参数和 HDC 句柄参数，需要指出的是 HDC 实际上是一个 HDC__结构类型的指针，这个参数的表示就是“PAUHDC__@@”，其完整的函数修饰名为：

```
?DrawText@CTest@@QAEJPAUHDC__@@JPBDUtagRGBQUAD@@E_N@Z
```

InsightClass 是一个 const 函数，成员函数标识是“@@QBE”，完整的修饰名就是：

```
?InsightClass@CTest@@QBEJK@Z
```

3. 在 Dephi 中使用 Visual C++生成的 DLL

知道函数调用约定和函数名修饰约定的概念后，我们就可以在生成 DLL 的时候注意了。为了使其他语言编写的程序（如 Visual Basic 应用程序、Delphi 或 C#的应用程序等）能调用 C/C++编写的动态链接库中的导出函数，必须统一调用者和被调用者各自对函数的调用约定，并且不要让 C/C++编译器对要导出的函数进行任何名称修饰。不对函数名进行修饰通常有如下几个做法：

（1）使用模块定义文件

在模块定义文件中，指定导出函数在编译后的 DLL 中的名称，最终编译生成的 DLL 中的导出函数的名称就是模块定义文件中指定的名字。这是最简单的方式。

（2）用 C 语言方式编译并且指定__cdecl 调用约定

如果不用模块定义文件，而使用关键字_declspec(dllexport)来导出函数，则只能让 C++编译器以 C 语言方式进行编译，并且要指定调用约定为__cdecl，因为这个调用约定下的 C 语言函数名修饰规则是不改动原来的函数名字。

让 C++编译器以 C 语言方式进行编译通常有两种方式：一种方式是把源文件的后缀名改为.c，这样编译器就认为是一个 C 工程了，就以 C 编译器进行编译；第二种方式是在 C++工程中头文件的导出函数前加 extern “C”，比如在头文件中：

```
extern "C" __declspec(dllexport) int _cdecl func (int a, int b);
```

或者如果有多个函数要导出，也可以这样写：

```
extern "C"
{
        __declspec(dllexport) int _cdecl func1(int a, int b);
        __declspec(dllexport) int _cdecl func2(int a, int b);
}
```

这种方式的源文件要求是 cpp 文件（这样 Visual C++会根据后缀名来决定使用 C++编译器）。因为 extern "C"是 C++中的指令，所以只有 C++编译器才认得，它告诉 C++编译器以 C 语言的方式进行编译。这个指令对于 C 编译器是不认的，它无法在 C 工程中使用，但有时为了头文件的可移植性，就是无论当前源文件是.c 还是.cpp，都需要去修改头文件，可以这样写：

```
ifdef __cplusplus
    extern "C" {
#endif
    __declspec(dllexport) int __cdecl func1(int a, int b);
    __declspec(dllexport) int __cdecl func2(int a, int b);
#ifdef __cplusplus
}
#endif
```

通过系统预定义的__cplusplus 来判断当前工程是 C++工程还是 C 工程，如果是 C++工程，则 extern "C"有效，反之无效。要注意的是，调用约定必须是__cdecl，其他调用约定还是会对函数名进行修饰。

我们来看一个例子，在 Delphi 7 中调用 Visual C++ 2017 生成的 DLL，Delphi 中默认的函数调用约定是 register，相当于_fastcall。我们一共导出两个函数，在 Visual C++工程中为两个导出函数指定为__stdcall 和__cdecl 调用约定，相应的在 Delphi 工程中也声明为 stdcall 和 cdecl。

【例 7.13】在 Delphi 中调用 Visual C++的 DLL

（1）打开 Visual C++ 2017，然后新建一个 Win32 工程。在向导的应用程序设置中选择应用程序类型为 DLL，其他保持默认，然后单击“完成”按钮。

（2）切换到解决方案视图，然后添加头文件 Test.h，在其中输入如下代码：

```
int __cdecl func_cdecl(int a, int b); //__cdecl 也可以省略
int __stdcall func_stdcall(int a, int b);
```

并在 Test.cpp 中输入代码：

```
#include "stdafx.h"
#include "Test.h"

int __cdecl func_cdecl(int a, int b) //求和，__cdecl 也可以省略
{
        return a + b;
}
int __stdcall func_stdcall(int a, int b) //求积
{
        return a * b;
}
```

（3）添加模块定义文件，在模块定义文件中输入如下内容：

```
LIBRARY

EXPORTS

func_cdecl @1
func_stdcall @2
```

（4）编译生成 Test.dll。

（5）打开 Delphi7，新建一个表单工程，并添加一个代码文件 Unit2.pas，在其中输入调用 Test.dll 中函数所需要的声明，如下代码：

```
unit Unit2;

interface
   Function func_cdecl( a:integer; b:integer ):integer; cdecl;
   Function func_stdcall( a:integer; b:integer ):integer; stdcall;
implementation
    function func_cdecl;external 'Test.DLL' name 'func_cdecl';
    function func_stdcall;external 'Test.DLL' name 'func_stdcall';
end.
```

然后切换到界面设计，在表单上添加两个按钮，标题分别是“5+6”和“5*6”，并双击按钮，添加事件处理函数，如下代码：

```
procedure TForm1.Button1Click(Sender: TObject);
begin
   ShowMessage(IntToStr(func_cdecl(5,6)));

end;

procedure TForm1.Button2Click(Sender: TObject);
begin
    ShowMessage(IntToStr(func_stdcall(5,6)));
end;
```

（6）保存工程，并把 Test.dll 和 msvcr120d.dll（通过搜索 Visual C++ 2017 安装的目录获得，这个文件被 Test.dll 所依赖，可以通过 Dependency Walker 查看）放到刚才保存的工程目录下，或者放到系统的 System32 也可以，然后运行，运行结果如图 7-20 所示。

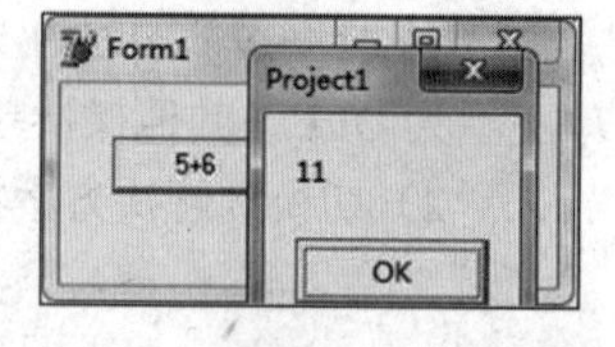

图 7-20

7.5　MFC 下 DLL 的开发

前面讲了 Win32 DLL 的开发，它们不包含 MFC 类。如果 DLL 中包含 MFC 类，这类 DLL 就是基于 MFC 的 DLL。这节我们讲述基于 MFC 的 DLL 开发。由于基于 MFC 的 DLL 能够利用 MFC 类库，因此可以开发出功能更为强大的 DLL。

这里要注意区分两个词：基于 MFC 的 DLL 和 MFC DLL，前者是指我们自己开发的 DLL 中包含了 MFC 类，但有时候会简称为 MFC DLL；后者是指提供 MFC 类库功能的 DLL，它是 Visual C++提供的。

基于 MFC 的 DLL 有 3 种类型：使用共享 MFC DLL 的规则 DLL、带静态链接 MFC 的规则 DLL 和 MFC 扩展 DLL。其中，带静态链接 MFC 的规则 DLL 就是把 MFC 库的代码放在我们最终开发生成的 DLL 中，这样我们最终生成的 DLL 文件尺寸比较大，但运行的时候不需要再提供 MFC DLL 文件；使用共享 MFC DLL 的规则 DLL 只是把 MFC 的一些链接信息包含在我们自己的 DLL，而不是 MFC 类库所有代码都放入，等到运行时需要哪个 MFC 类了就根据链接信息（入口地址）去执行，此种 DLL 不包含 MFC DLL 的代码，因此文件尺寸较小，但要注意我们生成的 DLL 在运行时要能够找到 MFC DLL，通常可以把 MFC DLL 文件放在同一路径，也可以把它放在 System32 文件夹下，尤其是在发布给用户的时候，要把自己的 DLL 和 MFC DLL 都给用户，因为我们的 DLL 用到了 MFC 类，即我们的 DLL 依赖 MFC DLL。

规则 DLL 可以被其他 Windows 编程语言（比如 Delphi、C++Builder 等）使用，但规则 MFC DLL 与应用程序的导出类不能继承自 MFC 类，只能在 DLL 内部使用 MFC 类。如果规则 DLL 静态链接到 MFC DLL，则其调用者（如果是 MFC 程序的话）也最好是静态链接到 MFC DLL，这样可以在导出函数的参数中用 CString，否则会出错。

扩展 MFC DLL 只能被 MFC 应用程序使用，接口可以包含 MFC 类等信息，用户使用 MFC 扩展 DLL 就像使用 MFC 本身的 DLL 一样，除了可以在 MFC 扩展 DLL 内部使用 MFC 外，MFC 扩展 DLL 与应用程序的接口也可以是继承自 MFC，一般使用 MFC 扩展 DLL 来增强 MFC 的功能。MFC 扩展 DLL 只能被动态连接到 MFC 的客户应用程序。另外，应用程序向导会为 MFC 规则 DLL 自动添加一个 CWinApp 对象，而 MFC 扩展 DLL 则不包含该对象，它只是被自动添加了 DllMain 函数。MFC 扩展 DLL 只使用 MFC 动态链接库版本，MFC 扩展 DLL 的真实作用体现在它提供的类虽然派生自 MFC 类，但是提供了比 MFC 类更强大的功能、更丰富的接口。

共享 MFC DLL 的规则 DLL 或 MFC 扩展 DLL 和它们的调用者程序是两个模块，如果 DLL 和 EXE 都有其自己的资源，这些资源的 ID 可能重复，为了能正确找到 DLL 中的资源，在使用 DLL 资源之前要进行模块状态切换，告诉程序，现在进入 DLL 模块了，将要使用的资源是 DLL 模块中的资源。等使用完毕后，再重新切换到应用程序模块中。常用的模块状态切换方法是使用宏 AFX_MANAGE_STATE，并把函数 AfxGetStaticModuleState 的返回值作为宏的参数，如 AFX_MANAGE_STATE(AfxGetStaticModuleState())，最好在每个要使用 DLL 资源的导出函数的开头使用该宏，比如 ShowDlg 是一个导出函数，里面要显示一个对话框，对话框资源是 DLL 中定义，因此要在函数开头进行模块切换：

```
void ShowDlg()
{
    //作为接口函数的第一条语句进行模块状态切换
```

```
    AFX_MANAGE_STATE(AfxGetStaticModuleState());
    CDialog dlg(IDD_DLL_DIALOG);// IDD_DLL_DIALOG是DLL中的对话框ID
    dlg.DoModal();
    …
}
```

宏 AFX_MANAGE_STATE 声明如下：

```
AFX_MANAGE_STATE( AFX_MODULE_STATE* pModuleState )
```

其中，参数 pModuleState 是指向类 AFX_MODULE_STATE 的对象指针，宏将 pModuleState 设置为当前的有效模块状态。

函数 AfxGetStaticModuleState 在栈上（这意味着其作用域是局部的）创建一个 AFX_MODULE_STATE 类（模块全局数据，模块状态）的对象，声明如下：

```
AFX_MODULE_STATE* AFXAPI AfxGetStaticModuleState( );
```

函数返回类 AFX_MODULE_STATE 的对象指针。

由于 AfxGetStaticModuleState 在栈上创建对象，因此放在导出函数中的时候，其作用域范围就是导出函数范围，那么该对象的析构函数将在导出函数结束的时候调用，而在类 AFX_MODULE_STATE 的析构函数中将恢复先前的模块状态（也就是调用者程序的模块状态）。

如果将基于 MFC 的 DLL 切换到静态链接，则不需用宏 AFX_MANAGE_STATE，即使用了也不起作用。

【例 7.14】在规则 MFC DLL 中使用对话框（使用模块定义文件）

（1）新建一个 MFC DLL 工程（在新建项目对话框上选择“MFC DLL”）。

（2）在“应用程序设置”对话框上选择 DLL 类型为“使用共享 MFC DLL 的规则 DLL”，然后单击“完成”按钮。接着会自动生成一些代码，可以发现和普通 MFC 程序相当类似，有应用程序类 CTestApp 和实例句柄 theApp，并且有应用类初始化函数 CTestApp::InitInstance，我们可以在这个函数中加入一些初始化代码。

（3）切换到资源视图，添加一个对话框，ID 为 IDD_MYDLG，在对话框界面右击，在弹出的快捷菜单上选择“添加类”，为对话框添加的类为 CMyDlg，然后在 MyDlg.h 中为该类添加成员变量和成员函数：

```
    CString m_strTitle;    //用来设置对话框的标题
    void SetTitle(CString str);    //用来设置对话框标题
```

再在 MyDlg.cpp 中添加 SetTitle 的实现，如下代码：

```
    void CMyDlg::SetTitle(CString str)
    {
        m_strTitle = str;
    }
```

并重写对话框添加初始化函数 OnInitDialog，如下代码：

```
BOOL CMyDlg::OnInitDialog()
{
        CDialog::OnInitDialog();
        // TODO:  在此添加额外的初始化
        SetWindowText(m_strTitle); //设置对话框标题

        return TRUE;  // return TRUE unless you set the focus to a control
```

```
        // 异常:OCX 属性页应返回 FALSE
}
```

函数 SetTitle 应该在对话框显示之前调用才能在对话框初始化的时候用自定义的字符串 m_strTitle 设置对话框标题。

（4）打开 Test.cpp，在其中添加导出函数 ShowDlg，这个函数中我们将显示对话框，如下代码：

```
void ShowDlg(TCHAR* sz) //调用者程序将传进来字符串
{
        AFX_MANAGE_STATE(AfxGetStaticModuleState()); //模块转换

        CMyDlg dlg;
        CString str;
        str.Format(_T("%s"), sz);
        dlg.SetTitle(str); //设置字符串
        dlg.DoModal(); //创建并显示对话框
}
```

然后在文件开头包含头文件：

```
#include "MyDlg.h"
```

再打开 Test.h，然后添加 ShowDlg 的声明：

```
void ShowDlg(TCHAR*str);
```

然后添加模块定义文件，并输入如下内容：

```
LIBRARY
EXPORTS
    ; 此处可以是显式导出
    ShowDlg @1
```

（5）编译 Test 工程，将生成 Test.dll 和 Test.lib。

（6）切换到解决方案视图，添加一个新建的 MFC 对话框工程，删除对话框上面的所有控件，在对话框上添加一个按钮，并添加事件处理函数，如下代码：

```
#include "../Test/Test.h"
#pragma comment(lib,"../debug/Test.lib")
    void CcallerDlg::OnBnClickedButton1()
    {
        // TODO:  在此添加控件通知处理程序代码
        ShowDlg(_T("我的对话框")); //调用 Test.dll 中导出函数 ShowDlg
    }
```

把 caller 工程设为启动项目，然后运行，发现 Test.dll 中对话框的标题已经是我们设定的“我的对话框”了，运行结果如图 7-21 所示。

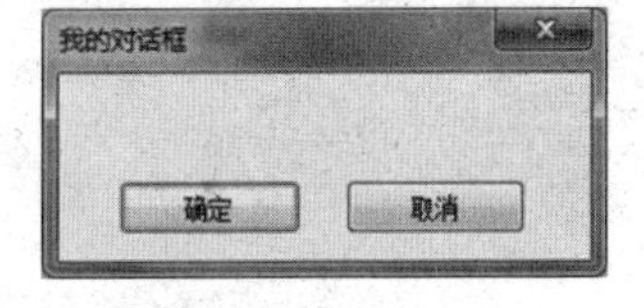

图 7-21

【例 7.15】在规则 MFC DLL 中使用 MFC 类（使用 __declspec(dllexport)）

（1）新建一个 MFC DLL 工程（在新建项目对话框上选择“MFC DLL”）。

（2）在“应用程序设置”对话框上选择 DLL 类型为“使用共享 MFC DLL 的规则 DLL”，然后单击“完成”按钮。

（3）在 Test.cpp 中增加一个导出函数，如下代码：

```
extern "C" _declspec(dllexport) void ShowRes(CSize sz)
{
        AFX_MANAGE_STATE(AfxGetStaticModuleState());
        CString str;
        str.Format(_T("%d,%d"), sz.cx, sz.cy);

        AfxMessageBox(str);
}
```

（4）编译 Test 工程，生成 Test.dll 和 Test.lib。

（5）切换到解决方案视图，新增一个 MFC 对话框工程，工程名是 caller，删除对话框上的所有控件，在对话框上添加一个按钮并输入如下代码：

```
extern "C" _declspec(dllimport) void ShowRes(CSize sz); //声明函数
#pragma comment(lib,"../debug/Test.lib")

void CcallerDlg::OnBnClickedButton1()
{
        // TODO:  在此添加控件通知处理程序代码
        CSize sz(50, 300);
        ShowRes(sz);
}
```

把 caller 工程设为启动项目，然后保存工程并运行，运行结果如图 7-22 所示。

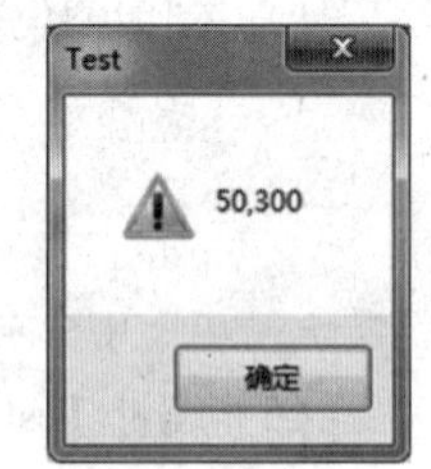

图 7-22

【例 7.16】实现一个扩展 MFC DLL 来增强 CStatic

（1）新建一个扩展 MFC DLL 工程。

（2）切换到类视图，然后选择菜单“添加类”，并添加一个 MFC 类，类名是 CColorStatic，基类是 CStatic。系统将自动生成 ColorStatic.h 和 ColorStatic.cpp。

（3）打开 ColorStatic.h，在类名前输入 AFX_EXT_CLASS，表示这个类是一个扩展 MFC 导出类，然后添加两个私有成员变量来表示文本颜色和背景色，再添加一个公开成员函数来设置颜色，这样类的定义就变成这样：

```
class AFX_EXT_CLASS CColorStatic : public CStatic
{
        DECLARE_DYNAMIC(CColorStatic)
public:
        CColorStatic();
        virtual ~CColorStatic();
        void SetColor(COLORREF TextColor); //设置文本颜色
private:;
        COLORREF  m_clrText; //文本色
    protected:
        DECLARE_MESSAGE_MAP()
public:
        afx_msg void OnPaint();
};
```

打开 ColorStatic.cpp，添加 SetColor 的实现，如下代码：

```
void CColorStatic::SetColor(COLORREF clrTextColor)
{
    m_clrText = clrTextColor; //设置文字颜色
}
```

在 OnPaint 函数中添加输出所设置颜色的文本，如下代码：

```
void CColorStatic::OnPaint()
{
    CPaintDC dc(this); // device context for painting
    // TODO:  在此处添加消息处理程序代码
    // 不为绘图消息调用 CStatic::OnPaint()
    dc.SetBkMode(TRANSPARENT); //设置背景透明
    CFont *pFont = GetParent()->GetFont();//得到父窗体的字体
    CFont *pOldFont;
    pOldFont = dc.SelectObject(pFont);//选入父窗体的字体
    dc.SetTextColor(m_clrText);//设置文本颜色
    CString str;
    GetWindowText(str); //得到静态控件上的文本
    dc.TextOut(0, 0, str); //重新输出文本
    dc.SelectObject(pOldFont); //恢复默认字体
}
```

编译工程生成 Test.dll 和 Test.lib。

（4）切换到解决方案，添加一个新建的对话框工程，然后删除对话框上的所有控件，并添加一个按钮和一个静态文本控件，设置静态文本控件的 ID 为 IDC_STATIC_COLOR，然后为其添加控件变量：

```
CStatic m_stColor;
```

然后把 CStatic 改为 CColorStatic，并在 callerDlg.h 开头添加：

```
#include "../Test/ColorStatic.h"
```

然后在 callerDlg.cpp 中添加 Test.lib 的引用和按钮事件代码：

```
#pragma comment(lib,"../debug/Test.lib")
void CcallerDlg::OnBnClickedButton1()
{
    // TODO:  在此添加控件通知处理程序代码
    m_stColor.SetColor(RGB(255,0,0)); //设置静态控件文本颜色
    m_stColor.Invalidate();
}
```

把 caller 工程设为启动项目，然后运行工程，运行结果如图 7-23 所示。

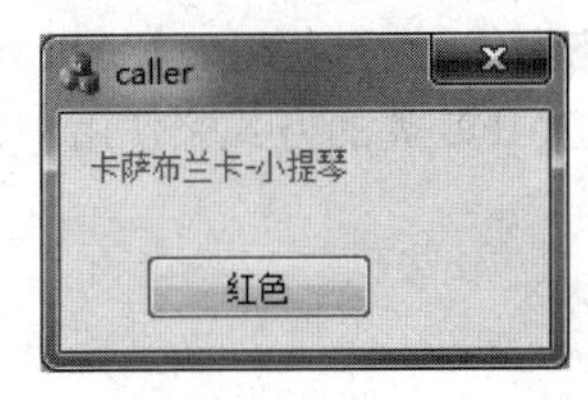

图 7-23

第 8 章 多线程编程

8.1 多线程编程的基本概念

8.1.1 为何要用多线程

前面的绝大多数程序都是单线程程序。如果程序中有多个任务，比如读写文件、更新用户界面、网络连接、打印文档等操作，若按照先后次序，先完成前面的任务才能执行后面的任务。如果某个任务持续的时间较长，比如读写一个大文件，那么用户界面也无法及时更新，这样看起来程序像死掉一样，用户体验很不好。怎么解决这个问题呢？人们提出了多线程编程技术。在采用多线程编程技术的程序中，多个任务由不同的线程去执行，不同线程各自占用一段 CPU 时间，即使线程任务还没有完成，也会让出 CPU 时间给其他线程有机会去执行。这样在用户角度看起来，好像几个任务是同时进行的，至少界面上能得到及时更新，大大地改善了用户对软件的体验，提高了软件的友好度。

8.1.2 操作系统和多线程

要在应用程序中实现多线程，必须要有操作系统的支持。Windows 32 位或 64 位操作系统对应用程序提供了多线程的支持，所以 Windows NT/2000/XP/7/8/10 是一个多线程操作系统。根据进程与线程的支持情况，可以把操作系统大致分为如下几类：

- 单进程、单线程：MS-DOS 大致是这种操作系统。
- 多进程、单线程：多数 UNIX（及类 UNIX 的 Linux）是这种操作系统。
- 多进程、多线程：Win32（Windows NT/2000/XP/7/8/10 等）、Solaris 2.x 和 OS/2 都是这种操作系统。
- 单进程、多线程：VxWorks 是这种操作系统。

具体到 Visual C++开发环境，它提供了一套 Win32 API 函数来管理线程，用户既可以直接使用这些 Win32 API 函数，也可以通过 MFC 类的方式来使用，只不过 MFC 把这些 API 函数进行了简单的封装。

8.1.3 进程和线程

在了解线程之前，首先要理解进程的概念。简单地说，进程就是正在运行的程序。比如邮件程序正在接收电子邮件就是一个进程，杀毒软件正在杀毒就是一个进程，病毒软件正在传播病毒、破坏系统也是一个进程。程序是指计算机质量的静态集合，是一个静态的概念，而进程是一个动态的概念。Windows 操作系统中能同时运行多个进程。比如正在使用 Word 软件打字的同时，又用语音聊天工具在聊天，等等。每个进程都有自己的内存地址空间和 CPU 运行时间等一系列资源。进程有 3 种状态：

- 运行态：正在 CPU 中运行。
- 就绪态：运行准备就绪，但其他进程正在运行，所以只能等待。
- 阻塞态：不能得到所需要的资源而不能运行。

现代操作系统大多支持多线程概念，每个进程中至少有一个线程，所以即使没有使用多线程编程技术，进程也含有一个主线程，所以也可以说，CPU 中执行的是线程，线程是程序的最小执行单位，是操作系统分配 CPU 时间的最小实体。一个进程的执行说到底是从主线程开始，如果需要可以在程序任何地方开辟新的线程，其他线程都是由主线程创建。一个进程正在运行，也可以说是一个进程中的某个线程正在运行。一个进程的所有线程共享该进程的公共资源，比如虚拟地址空间、全局变量等。每个线程也可以拥有自己私有的资源，如堆栈、在堆栈中定义的静态变量和动态变量、CPU 寄存器的状态等。

线程总是在某个进程环境中创建的，并且会在这个进程内部销毁，正所谓“生于进程而挂于进程”。线程和进程的关系是：线程是属于进程的，线程运行在进程空间内，同一进程所产生的线程共享同一内存空间，当进程退出时该进程所产生的线程都会被强制退出并清除。线程可与属于同一进程的其他线程共享进程所拥有的全部资源，但是其本身基本上不拥有系统资源，只拥有一点在运行中必不可少的信息（如程序计数器、一组寄存器和线程栈，线程栈用于维护线程在执行代码时需要的所有函数参数和局部变量）。

相对于进程来说，线程所占用资源更少，比如创建进程，系统要为它分配进程很大的私有空间，占用的资源较多；而对多线程程序来说，由于多个线程共享一个进程地址空间，所以占用资源较少。此外，进程间切换时需要交换整个地址空间，而线程之间切换时只是切换线程的上下文环境，因此效率更高。在操作系统中引入线程带来的主要好处是：

- 在进程内创建、终止线程比创建、终止进程要快。
- 同一进程内的线程间切换比进程间的切换要快，尤其是用户级线程间的切换。
- 每个进程具有独立的地址空间，而该进程内的所有线程共享该地址空间，因此线程的出现也可以解决父子进程模型中子进程必须复制父进程地址空间的问题。
- 线程对解决客户/服务器模型非常有效。

虽然多线程给应用开发带来了不少好处，但是并不是所有情况下都要使用多线程，要具体问题具体分析，通常在下列情况下可以考虑使用：

- 应用程序中的各任务相对独立。
- 某些任务耗时较多。
- 各任务有不同的优先级。
- 一些实时系统应用。

值得注意的是，一个进程中的所有线程共享它们父进程的变量，但同时每个线程可以拥有自己的变量。

8.1.4 线程调度

进程中有了多个线程后，就要管理这些线程如何去占用 CPU，这就是线程调度。线程调度通常由操作系统来安排，不同的操作系统其调度方法不同，比如有的操作系统采用轮询法来调度。Windows NT 以后的操作系统是一个优先级驱动、抢占式操作系统，也就是线程具有优先级，具有高优先级的可运行的（就绪状态下的）线程总是先运行。由于这种抢占式的调度，一个正在运行的线程可能在未完成其时间片时，如果出现一个更高优先级的线程就绪，正在运行的这个线程就可能在未完成其时间片前被抢占。甚至一个线程会在未开始其时间片前就被抢占了，而要等待下一次被选择运行。

Windows 调度线程是在内核中进行的。当发生下面的这些事件时，将触发内核进行线程调度：

- 线程的状态变成就绪状态。例如：一个新创建的线程，或者从等待状态释放出来的线程。
- 线程的时间片结束而离开运行状态，它可能运行结束了，或者进入等待状态。
- 线程的优先级改变了。
- 出现了其他更高优先级的线程。

当 Windows 系统进行切换线程的时候，将执行一个上下文转换的操作，即保存正在运行的线程的相关状态，装载另一个线程的状态，开始新线程的执行。

每个线程都被赋予了一个优先级，优先级的取值范围为 0（最低）到 31（最高），并且规定只有 0 页线程（一个系统线程）可以拥有 0 优先级。

线程最初的优先级（值）也称为基础优先级（值），由两个因素决定：进程的优先级类别和线程所处的优先级层次。每个进程都属于某个优先级类别，进程的优先级类别可以分为这几类（按照从低到高）：

（1）IDLE_PRIORITY_CLASS

该类别被称为空闲优先级类别，该类别的进程中的线程只在系统处于空闲的时候才运行，并且这些线程会被更高优先类别的进程中的线程抢占。屏幕保护程序就是拥有该类别优先级的典型例子。空闲优先级类别能被子进程继承，即拥有空闲优先级类别的进程所创建的子进程也具有空闲优先级类别。该类别定义如下：

```
#define IDLE_PRIORITY_CLASS                    0x00000040
```

（2）BELOW_NORMAL_PRIORITY_CLASS

该类别比空闲优先级类别高，但比正常优先级类别低。Windows 2000 以下操作系统不支持该级别。该类别定义如下：

```
#define BELOW_NORMAL_PRIORITY_CLASS            0x00004000
```

（3）NORMAL_PRIORITY_CLASS

该类别被称为正常优先级类别，是进程默认的优先级类别。该类别定义如下：

```
#define NORMAL_PRIORITY_CLASS                  0x00000020
```

（4）ABOVE_NORMAL_PRIORITY_CLASS

该类别比正常优先级类别高，但低于高优先级类别。Windows 2000 以下操作系统不支持该级别。该类别定义如下：

```
#define ABOVE_NORMAL_PRIORITY_CLASS       0x00008000
```

（5）HIGH_PRIORITY_CLASS

该类别被称为高优先级类别。拥有该类别的进程通常要完成实时性的任务，即比如必须要立即执行的任务。该进程中的线程可以抢占正常优先级类别进程和空闲优先级类别进程中的线程。使用该优先级别应该特别慎重，因为一个拥有高优先级类别的进程几乎可以使用所有 CPU 能提供的运行时间，如果该优先级别的进程长时间运行，那么其他线程很可能一直得不到处理器时间。如果在同一时间设置了多个高优先级别的进程，那么它们的线程效率将降低。该类别定义如下：

```
#define       HIGH_PRIORITY_CLASS       0x00000080
```

（6）REALTIME_PRIORITY_CLASS

该类别被称为实时优先级类别，是最高的优先级类别。拥有该类别的进程中的线程能抢占其他所有进程中的线程，包括正在完成重要工作的操作系统进程。比如，该类别的进程在执行过程中可能会让磁盘缓存不刷新或者鼠标出现停顿没反应。对于该优先级类别，或许应该永远不去使用，因为它会中断操作系统的工作，只有在直接和硬件打交道或完成的任务非常简短时才适合用该优先级类别。该类别定义如下：

```
#define REALTIME_PRIORITY_CLASS           0x00000100
```

上面这些宏都定义在 WinBase.h 中。在用函数 CreateProcess 创建进程的时候，可以指定其优先级类别。此外，还可以通过函数 GetPriorityClass 来获取某个进程的优先级类别，并能通过函数 SetPriorityClass 来改变某个进程的优先级类别。

在进程的每个优先级类别中，不同的线程又属于不同优先级层次。从低到高有如下优先级层次：

```
#define THREAD_PRIORITY_IDLE              -15
#define THREAD_PRIORITY_LOWEST             -2
#define THREAD_PRIORITY_BELOW_NORMAL       -1
#define THREAD_PRIORITY_NORMAL              0
#define THREAD_PRIORITY_ABOVE_NORMAL        1
#define THREAD_PRIORITY_HIGHEST             2
#define THREAD_PRIORITY_TIME_CRITICAL      15
```

所有线程在创建（使用函数 CreateThread）的时候都属于 THREAD_PRIORITY_NORMAL 优先级层次，如果要修改优先级层次，可以在调用 CreateThread 时传入 CREATE_SUSPENDED 标志，这将让线程创建不马上执行，此时我们再调用函数 SetThreadPriority 修改线程优先级层次，接着调用函数 ResumeThread 让线程变为可调度。通常，对于进程中用于接收用户输入的线程，建议使用 THREAD_PRIORITY_ABOVE_NORMAL 或者 THREAD_PRIORITY_HIGHEST 优先级层次，这样可以保证即时响应用户。对于那些后台工作的线程，尤其是密集使用处理器的线程，可以使用 THREAD_PRIORITY_BELOW_NORMAL 或者 THREAD_PRIORITY_LOWEST 优先级层次，这样可以确保必要的时候能被其他线程抢占，不至于它们老是占用着处理器。如果低优先级层次的线程在等待高优先级层次的线程，为了让低优先级层次的线程能得到执行，可以在高优先级层次的线程中使用等待函数 Sleep 或 SleepEx，或者线程切换函数 SwitchToThread。

有了进程的优先级类别和线程的优先级层次，就可以确定一个线程的基础优先级了，具体数值见表 8-1。数值部分就是某个线程的基础优先级值。

表 8-1　线程的基础优先级

线程优先级层次	进程优先级类别	idle	below normal	normal	above normal	high	real-time
time-critical	15	15	15	15	15	31	
highest	6	8	10	12	15	26	
above normal	5	7	9	11	14	25	
normal	4	6	8	10	13	24	
below normal	3	5	7	9	12	23	
lowest	2	4	6	8	11	22	
idle	1	1	1	1	1	16	

表 8-1 中的数值是线程的基础优先级值，是线程开始时拥有的优先级。线程的优先级可以是动态变化的，后来系统可能升高或降低线程的优先级，以确保没有线程处于饥饿状态（好久没有运行）。对于基础优先级处于 16~31 的线程，系统不会再提高这些线程的优先级，只有基础优先级在 0~15 的线程才会被系统动态地提高优先级。

系统公平地对待同一优先级的所有线程。比如，对应最高优先级的所有线程，系统将以轮询的方式为这些线程分配时间片，如果这些线程一个都没有准备好运行，则系统会对下一个最高优先级的所有线程采取轮询的方式分配时间片。如果后来更高优先级的线程运行准备就绪了，则系统会停止运行低优先级的线程，即使该线程的时间片还没用完也会被停止运行，同时会为高优先级的线程分配完整的时间片。每个线程的优先级取决于两个因素：进程的优先级类别和线程的优先级层次。

线程调度程序不会考虑线程所属的进程，比如进程 A 有 8 个可运行的线程、进程 B 有 3 个可运行的线程，而且这 11 个线程的优先级别相同，那么每一个线程将会使用 1/11 的 CPU 时间，而不是将 CPU 的一半时间分配给进程 A、另一半时间分配给进程 B。

8.1.5　线程函数

线程函数就是线程创建后要执行的函数。执行线程，说到底就是执行线程函数。这个函数是我们自定义的，然后创建线程，把函数名作为参数传入线程创建函数。

同理，中断线程的执行，就是中断线程函数的执行，以后再恢复线程的时候，就会在前面线程函数暂停的地方开始继续执行下面的代码。结束线程也就不再运行线程函数。线程的函数可以是一个全局函数或类的静态函数，通常这样声明：

```
DWORD WINAPI ThreadProc(  LPVOID  lpParameter);
```

其中，参数 lpParameter 指向要传给线程的数据，这个参数是在创建线程的时候作为参数传入线程创建函数中的。函数的返回值应该表示线程函数运行的结果：成功还是失败。注意函数名 ThreadProc 可以是自定义的函数名，这个函数是用户先定义好然后系统来调用的函数。

线程函数必须返回一个值，这个返回值会成为该线程的退出代码。

8.1.6　线程对象和句柄

为了方便操作系统对线程进行管理，在创建线程时系统会开辟一小块内存数据结构来存放线程统计信息，这块数据结构就是线程对象。由于它存在于内核中，因此线程对象是一个内核对象。线程内核对象不是线程本身，而是操作系统用来管理线程的一个小的数据结构。为了引用该对象，系统使用线程句柄来代表线程对象。所谓句柄，就是一个 32 位整数值，操作系统会通过这个句柄值来找到所需的内核对象。

内核对象是操作系统创建和管理的，比如创建线程的同时，系统在内核中就创建了一个线程对象。既然线程对象这个数据结构存在于内核中，那么应用程序就不能在内存中直接访问这个数据结构，也不能改变它们的内容，而只能通过 Win32 API 函数来操作，比如关闭线程对象可以用函数 CloseHandle。

另外要注意的是，这里所说的对象的含义和 C++中面向对象的对象概念不同，这里的对象可以理解为操作系统在内核中的一块数据结构，存放一些管理和统计所需的信息。除了线程对象外，内核对象还包括进程对象、文件对象、事件对象、临界区对象、互斥对象和信号量对象等，这些对象也有句柄去标识它们。其实类似概念我们在图形编程一章已经接触过了，比如 GDI 对象中的画笔有画笔句柄 HPEN、画刷有画刷句柄 HBRUSH、字体有字体句柄等。

知道了线程对象的概念，我们就应该知道线程对象句柄的关闭函数 CloseHandle 并不能用来结束线程。

8.1.7　线程对象的安全属性

线程对象是一个内核对象，内核中的东西非常重要，系统通常会为内核对象指定一个安全属性。安全属性是在创建的时候指定的，主要描述这个对象访问权限，比如谁可以访问该对象、谁不能访问该对象。系统会在线程对象创建的时候用一个结构体 SECURITY_ATTRIBUTES 来描述其安全性，通常会把这个结构体作为参数传入创建线程对象的函数（也就是创建线程的函数）中。该结构体定义如下：

```
typedef struct _SECURITY_ATTRIBUTES {  DWORD nLength;
 LPVOID lpSecurityDescriptor;  BOOL bInheritHandle;
} SECURITY_ATTRIBUTES, *PSECURITY_ATTRIBUTES;
```

其中，字段 nLength 表示该结构体的大小，单位是字节；lpSecurityDescriptor 指向线程对象的安全描述符，用来控制该线程对象是否能共享访问，如果该字段为 NULL，则内核对象被赋予一个默认的安全描述符；bInheritHandle 表示内核对象创建函数返回的句柄能否被新创建的进程所继承，如果该字段为 TRUE，则新的进程可以继承线程句柄。

8.1.8　线程标识

既然句柄是用来标识线程对象的，那线程本身用什么来标识呢？在创建线程的时候，系统会为线程分配一个唯一的 ID 作为线程的标识，这个 ID 号从线程创建开始存在，一直伴随着线程的结束才消失。线程结束后该 ID 就自动不存在，我们不需要去显式清除它。

通常线程创建成功后会返回一个线程 ID。

8.1.9　多线程编程的 3 种库

在 Visual C++开发环境中，通常有三种方式可以开发多线程程序，分别是利用 Win32 API 函数、利用 CRT 库（C Runtime Library）函数和利用 MFC 库。这三种方式各有利弊，但有一点要注意，在 Win32 API 创建的线程（函数）中最好不要使用 CRT 库函数，因为这会引起少许的内存泄漏，原因是当 Win32 API 创建的线程在终止时不能正确地清理由 CRT 函数为静态数据和静态缓冲区分配的内存，这对于长时间运行的线程来讲会引起不可预测的结果。CRT 库函数要用在 CRT 库函数创建的线程中。或许有人会说，那我要在 Win32 API 创建的线程中写控制台或开辟内存怎么办？答案是用相应的 Win32 API 函数来代替（具体可以参见第 2 章），无论是读写控制台或者是内存管理，Win32 API 完全可以替代 CRT。这里讲的不要混用，是指不要在线程函数中混用，主线程中还是可以使用 CRT 函数的。

大家要知道，CRT 问世的时候，当时还没有多线程的概念，CRT 库函数都是针对单线程版本的。后来多线程出来了，微软和其他开发工具公司都针对 CRT 进行了多线程版本的改造。单线程版本的 CRT 在现在的 Visual C++中已经不用了。

这三种开发方式只是利用的库不同而已，但它们都可以用在不同类型的程序中，比如都可以用在 MFC 或非 MFC 程序中。

8.2 利用 Win32 API 函数进行多线程开发

在用 Win32 API 线程函数进行开发之前，我们首先要熟悉这些 API 函数。常见的与线程有关的 API 函数见表 8-2。

表 8-2 常见的与线程有关的 API 函数

API 函数	含　义
CreateThread	创建线程
CreateRemoteThread	在其他进程中创建线程
GetCurrentThreadId	得到当前线程的 ID
GetCurrentThread	得到当前线程的伪句柄
GetThreadId	得到某个指定线程的 ID
GetThreadPriority/SetThreadPriority	得到/设置线程的优先级水平
GetThreadTimes	得到与线程相关的时间信息
OpenThread	得到某个存在的线程对象句柄
GetExitCodeThread	得到线程的退出码
SuspendThread/ ResumeThread	暂停/继续一个线程
Sleep/ SleepEx	暂停线程
TerminateThread	结束一个线程
ExitThread	正常结束一个线程

8.2.1 线程的创建

在 Win32 API 中，创建线程的函数是 CreateThread，该函数声明如下：

```
HANDLE CreateThread( LPSECURITY_ATTRIBUTES lpThreadAttributes,
  SIZE_T dwStackSize, LPTHREAD_START_ROUTINE lpStartAddress,
  LPVOID lpParameter, DWORD dwCreationFlags, LPDWORD lpThreadId);
```

其中，参数 lpThreadAttributes 是指向线程对象安全属性结构 SECURITY_ATTRIBUTES 的指针，决定返回的句柄是否可以被子进程所继承，如果为 NULL 表示不能被继承；dwStackSize 表示线程堆栈的初始大小，如果为 0 就采用默认的堆栈大小；lpStartAddress 指向线程函数的地址，线程函数就是线程创建后要执行的函数；lpParameter 指向传给线程函数的参数；dwCreationFlags 表示线程创建的方式，如果该参数为 0，则线程创建后立即执行（就是立即执行线程函数）；如果该参数为 CREATE_SUSPENDED，则线程创建后不会执行，一直要等到调用函数 ResumeThread 后才会执行；lpThreadId 指向一个 DWORD 变量，用来得到线程标识符（就是线程的 ID）。如果函数成功，就返回线程的句柄（严格地讲，应该是线程对象的句柄）；如果函数失败，就返回 NULL，可以用函数 GetLastError 来查看错误码。

CreateThread 创建完子线程后，主线程会继续执行 CreateThread 后面的代码，可能会出现创建的子线程还没执行完主线程就结束了，比如控制台程序，主线程结束就意味着进程结束了。在这种情况下，我们需要让主线程等待，等待子线程全部运行结束后再继续执行主线程。还有一种情况，主线程为了统计各个子线程工作的结果而需要等待子线程结束完毕后再继续执行，此时主线程就要等待了。Visual C++提供了等待函数来阻止某个线程的运行，直到某个指定的条件被满足，等待函数才会返回。如果条件没有满足，调用等待条件的函数将处于等待状态，并且不会占用 CPU 时间。

等待线程结束可以用等待函数 WaitForSingleObject 或 WaitForMultipleObjects（这两个函数在后面互斥对象一节会详述）。前者用于等待一个线程对象的结束，后者用于等待多个线程对象的结束，但最多只能等待 64 个线程对象。这两个函数在线程同步中会详细解释。

线程创建之后，系统会为线程创建一个相关的内核对象——线程对象，并用线程句柄来引用。CreateThread 创建成功后会返回线程对象句柄（简称线程句柄），并且该线程对象的引用计数加 1。系统和用户可以利用线程句柄来对相应的线程进行必要的操纵，比如暂停、继续、等待完成等。如果我们不需要这些线程控制操作，则可以调用函数 CloseHandle 来关闭句柄，该函数声明如下：

```
BOOL CloseHandle(HANDLE  hObject);
```

其中，参数 hObject 是传入的线程句柄。如果函数成功就返回非 0，否则返回 0。

CloseHandle 函数会使得线程对象的引用计数减 1，当变为 0 时，系统删除该内核对象。关闭线程句柄和线程退出并没有联系，所以可以在线程退出之前关闭，甚至刚刚创建成功的时候关闭句柄，比如可以这样写：

```
CloseHandle(CreateThread(…));
```

当然前提是不需要对线程进行控制。如果不用 CloseHandle 函数来关闭线程句柄，那么当整个应用程序结束时，系统也会对其进行回收。当然这是一个不好的习惯。况且很多情况下，我们在程序运行期间需要频繁地重复开启线程，如果不去关闭句柄就会导致系统资源越来越少，导致程序不稳定。因此应该关闭每个线程句柄。

下面看一个例子，该例中会创建 500 个线程，每个线程函数会向屏幕打印传入的线程参数。我们可以看到每个线程执行的时间不是固定的。

【例 8.1】控制台程序中创建线程

（1）新建一个控制台工程。

（2）在 Test.cpp 中输入如下代码：

```
#include "stdafx.h"
#include <windows.h>
#include <strsafe.h>

#define MAX_THREADS 500 //要创建的线程个数
#define BUF_SIZE 255

typedef struct _MyData {  //定义传给线程的参数的类型
    int val1;
    int val2;
```

```
} MYDATA, *PMYDATA;

DWORD WINAPI ThreadProc(LPVOID lpParam) //线程函数
{
    HANDLE hStdout;
    PMYDATA pData;

    TCHAR msgBuf[BUF_SIZE];
    size_t cchStringSize;
    DWORD dwChars;

    hStdout = GetStdHandle(STD_OUTPUT_HANDLE); //得到标准输出设备的句柄，为了打印
    if (hStdout == INVALID_HANDLE_VALUE)
        return 1;
    pData = (PMYDATA)lpParam; //把线程参数转为实际的数据类型
    //用线程安全函数来打印线程参数值
    StringCchPrintf(msgBuf, BUF_SIZE, _T("Parameters = %d,%d\n"),//构造字符串
        pData->val1, pData->val2);
    //得到字符串长度，存于 cchStringSize
    StringCchLength(msgBuf, BUF_SIZE, &cchStringSize);
    //在终端窗口输出字符串
    WriteConsole(hStdout, msgBuf, cchStringSize, &dwChars, NULL);
    HeapFree(GetProcessHeap(), 0, pData); //释放分配的空间

    return 0;
}

int _tmain(int argc, _TCHAR* argv[])
{
    PMYDATA pData;
    DWORD dwThreadId[MAX_THREADS]; //线程 ID 数组
    HANDLE hThread[MAX_THREADS]; //线程句柄数组
    int i;
printf("-----------begin----------------------\n");
//创建 MAX_THREADS 个线程
    for (i = 0; i < MAX_THREADS; i++)
    {
        //为线程参数数据分配空间
        pData = (PMYDATA)HeapAlloc(GetProcessHeap(), HEAP_ZERO_MEMORY,
sizeof(MYDATA));
        if (pData == NULL) //如果分配失败，则结束进程
            ExitProcess(2);

        //为每个线程产生唯一的数据
        pData->val1 = i;
        pData->val2 = i;

        //创建线程
        hThread[i] = CreateThread(NULL,0, ThreadProc,pData,0, &dwThreadId[i]);
        if (hThread[i] == NULL) //如果创建失败就结束进程
            ExitProcess(i);
    }//for

    for (i = 0; i < MAX_THREADS; i++)
    {
```

```
        WaitForSingleObject(hThread[j], INFINITE); //等待第 j 个线程结束
    CloseHandle(hThread[i]);  //线程创建后关闭对应的线程对象句柄，以释放资源
}
printf("-----------end---------------------\n");
    return 0;
}
```

在上述代码中，我们首先用 Win32 API 函数 HeapAlloc 为线程参数的数据开辟空间，该函数在指定的堆上开辟一块内存空间。函数 HeapAlloc 分配的内存要用函数 HeapFree 来释放。CRT 中的内存管理函数完全可以用 Win32 API 中的内存管理函数所代替。它们的声明在第 2 章已经介绍了，这里不再赘述。

在 for 循环里创建所有线程后，主线程会继续执行，由于我们在 for 后面调用了函数 WaitForSingleObject 来循环等待每一个线程的结束，因此主线程就一直在这里等待所有子线程运行结束，并且每当一个线程结束，就关闭其线程对象的句柄以释放资源。函数 WaitForSingleObject 用了参数 INFINITE，表示无限等待的意思，只要子线程不结束，调用该函数的线程将一直等待下去。

在线程函数 ThreadProc 中，只是把传入的线程参数的结构体字段打印到控制台上。函数 StringCchPrintf 是 sprintf 的替代者，StringCchLength 是 strlen 的替代者，CRT 中的函数完全可以用 Win32 API 中的字符串处理函数所代替。这些函数我们在第 2 章介绍过了，这里不再赘述。

Win32 API 函数 GetStdHandle 用来获取标准输出设备的句柄，最后由 WriteConsole 来打印输出到控制台窗口，该 Win32 API 函数又代替了 CRT 库中的 printf 函数，这两个函数都是 win32 中关于控制台编程的 API 函数，具体声明我们在第 2 章介绍过了，这里不再赘述。

再次强调，CreateThread 创建的线程函数中最好不要使用 CRT 库函数，我们完全可以用对应的 Win32 API 函数来替代 CRT 库函数，上面的代码证实了这一点。

函数 ExitProcess 用来结束一个进程及其所有线程，声明如下：

```
VOID ExitProcess( UINT uExitCode);
```

其中，参数 uExitCode 是进程退出码，可以用 API 函数 GetExitCodeProcess 来获取它。

（3）保存工程并运行，运行结果如图 8-1 所示。

由于我们打印了 502 行数据，而控制台窗口默认显示的行没有这么多，因此导致开始很多行数据没有显示，可以右击图 8-1 中的控制台窗口标题栏，然后选择“属性”命令打开属性对话框进行设置。在属性对话框中选择“布局”选项卡（见图 8-2），然后在“屏幕缓冲区大小”下面的“高度”中输入“600”，那么控制台窗口最多就可以显示 600 行了，最后单击“确定”按钮，重新运行我们的程序。

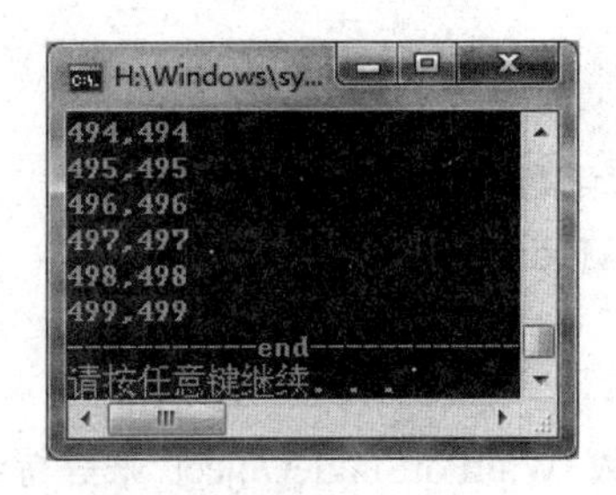

图 8-1

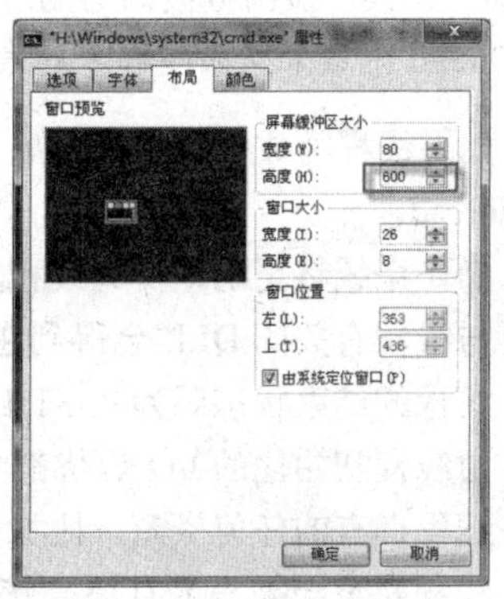

图 8-2

8.2.2 线程的结束

线程的结束通常由以下原因所致：

- 在线程函数中调用 ExitThread 函数。
- 线程所属的进程结束了，比如进程调用了 TerminateProcess 或 ExitProcess。
- 线程函数执行结束后（return）返回了。
- 在线程外部用函数 TerminateThread 来结束线程。

第一种方式最好不用，因为线程函数如果有 C++对象，则 C++对象不会被销毁。第 2、4 种方式尽量避免使用，因为它们不让线程有机会做清理工作、不会通知与线程有关 DLL、不会释放线程初始栈。推荐使用第 3 种方式，线程函数执行到 return 后结束，是最安全的方式，尽量将线程设计成这样的形式，即想让线程终止运行时它们就能够 return（返回）。当用该方式结束线程的时候，会导致下面事件的发生：

（1）在线程函数中创建的所有 C++对象均将通过它们的撤销函数正确地撤销。

（2）操作系统将正确地释放线程堆栈使用的内存。

（3）与线程有关的 DLL 会得到通知，即 DLL 的入口函数（DllMain）会被调用。

（4）线程的结束状态从 STILL_ACTIVE 变为线程函数的返回值。

（5）由线程初始化的 I/O 等待都会取消。

（6）线程拥有的任何资源（比如窗口和钩子）都会得到释放。

（7）线程对象会被设为有信号状态，所以可以用函数 WaitForSingleObject 来等待线程的结束，比如：

```
WaitForSingleObject(hThread, INFINITE);
```

（8）如果当前线程是进程中的唯一主线程，则线程结束的同时所属的进程也结束。

另外，线程结束时并不意味着线程对象会自动释放，必须调用 CloseHandle 来释放线程对象。

结束线程的函数有两个：一个是在线程内部使用的函数 ExitThread，另外一个是在线程外部使用的函数 TerminateThread。函数 ExitThread 声明如下：

```
VOID ExitThread(DWORD dwExitCode);
```

其中，参数 dwExitCode 是传给线程的退出码，以后可以通过函数 GetExitCodeThread 来获取一个线程的退出码。该函数被调用的时候，线程堆栈会被释放。通常该函数在线程函数中调用。调用了 ExitThread 函数来结束线程，通常会导致下列事件发生：

（1）如果线程函数中有 C++对象，则 C++对象得不到释放，因此有 C++对象的线程函数不要调用 ExitThread。

（2）操作系统将正确地释放线程堆栈使用的内存。

（3）与线程有关的 DLL 会得到通知，即 DLL 的入口函数（DllMain）会被调用。

（4）线程的结束状态码为从 STILL_ACTIVE 变为 dwExitCode 参数确定的值。

（5）由线程初始化的 I/O 等待都会取消。

（6）线程拥有的任何资源，比如窗口和钩子会得到释放。

（7）线程对象会被设为有信号状态，所以可以用函数 WaitForSingleObject 来等待线程的结束，比如：

```
WaitForSingleObject(hThread, INFINITE);
```

（8）如果当前线程是进程中的唯一主线程，则线程结束的同时，所属的进程也结束。

可见就第一条和线程函数返回结束时的情况不同。

函数 GetExitCodeThread 用来获取线程的结束状态值，声明如下：

```
BOOL GetExitCodeThread(HANDLE  hThread,  LPDWORD  lpExitCode);
```

其中，参数 hThread 是线程句柄；lpExitCode 是一个指针，指向用于存放获取到的线程结束状态的变量。如果函数成功就返回非 0，否则返回 0。如果线程还没结束，则获取到的结束状态值为 STILL_ACTIVE；如果线程已经结束，则结束状态值可能是由函数 ExitThread 或 TerminateThread 的参数确定的值，或者是线程函数的返回值。

函数 TerminateThread 用来强制结束一个线程，这个函数尽量少用，因为它会导致一些线程资源没有机会释放。该函数声明如下：

```
BOOL  TerminateThread( HANDLE  hThread,  DWORD  dwExitCode);
```

其中，参数 hThread 是要结束的线程的句柄；dwExitCode 是传给线程的退出码，可以用函数 GetExitCodeThread 来获取该退出码。如果函数成功就返回非 0，否则返回 0。函数 TerminateThread 是具有危险性的函数，只应该在某些极端情况下使用。比如线程中有网络阻塞函数 recv，此时结束线程通常没有更好的办法，只能使用 TerminateThread。当 TerminateThread 结束线程时，线程将没有任何机会去执行用户模式下的代码以及释放初始栈。并且，依附在该线程上的 DLL 将不会被通知到该线程结束了。此外，如果要结束的目标线程拥有一个临界区，则临界区将不会被释放；如果要结束的目标线程从堆上分配了空间，则分配的堆空间将不会被释放。因此，这个函数尽量不去使用，比如下面的例子将产生死锁。

下面看几个线程结束有关的例子。

【例 8.2】得到线程的退出码

（1）新建一个控制台工程。

（2）在 Test.cpp 中输入如下代码：

```
#include "stdafx.h"
#include "windows.h"
#include <strsafe.h>
#define BUF_SIZE 255 //字符串缓冲区长度

DWORD WINAPI ThreadProc(LPVOID lpParameter)
{
    HANDLE hStdout;
    TCHAR msgBuf[BUF_SIZE]; //字符串缓冲区
    size_t cchStringSize; //存储字符串长度
    DWORD dwChars;

    //得到标准输出设备的句柄，为了在终端打印
    hStdout = GetStdHandle(STD_OUTPUT_HANDLE);
    if (hStdout == INVALID_HANDLE_VALUE)
        return 1;
    StringCchPrintf(msgBuf, BUF_SIZE, _T("线程 ID = %d\n"),
GetCurrentThreadId()); //构造字符串
    //得到字符串长度，存于 cchStringSize
    StringCchLength(msgBuf, BUF_SIZE, &cchStringSize);
```

```
    //在终端窗口输出字符串
    WriteConsole(hStdout, msgBuf, cchStringSize, &dwChars, NULL);
    //在终端窗口输出字符串
    WriteConsole(hStdout, _T("线程即将结束\n"), 7, &dwChars, NULL);
    ExitThread(5); //结束本线程
    WriteConsole(hStdout, _T("这句话不会有机会打印了\n"), 12, &dwChars, NULL);
    return 0;
}
int _tmain(int argc, _TCHAR* argv[])
{
    HANDLE h;
    DWORD dwCode,dwID;

    h = CreateThread(NULL, 0, ThreadProc, NULL, 0, &dwID);//创建子线程
    Sleep(1500); //主线程等待 1.5 秒
    GetExitCodeThread(h, &dwCode); //得到线程退出码
    printf("ID 为%d 的线程退出码: %d\n", dwID,dwCode); //输出结果
    CloseHandle(h); //关闭线程句柄
}
```

函数 GetCurrentThreadId 可以在线程函数中得到本线程的 ID，该值在 CreateThread 创建线程时确定，如果 CreateThread 函数最后一个参数为 NULL，子线程也会有 ID。

函数 ExitThread 设置了线程退出码为 5，因此 GetExitCodeThread 函数得到的子线程的退出码为 5。

（3）保存工程并运行，运行结果如图 8-3 所示。

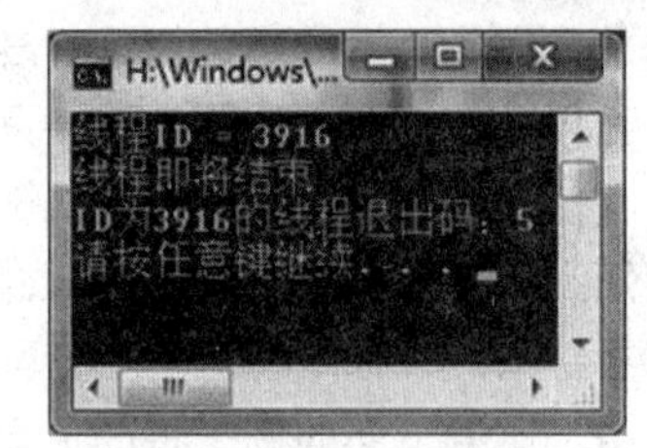

图 8-3

函数 TerminateThread 用来强制结束一个线程，声明如下：

```
BOOL TerminateThread( HANDLE hThread, DWORD dwExitCode);
```

【例 8.3】TerminateThread 结束线程导致死锁

（1）新建一个控制台工程。

（2）在 Test.cpp 中输入如下代码：

```
#include "stdafx.h"
#include "windows.h"
DWORD WINAPI ThreadProc(LPVOID lpParameter)
{
    char* p;
    while (1) //循环地分配和释放空间
    {
        p = new char[5];
        delete []p;
    }
}

int _tmain(int argc, _TCHAR* argv[])
{
    HANDLE h;
    char* q;

    h = CreateThread(NULL, 0, ThreadProc, NULL, 0, NULL); //创建子线程
```

```
        Sleep(1500); //主线程等待 1.5 秒
        TerminateThread(h, 0); //结束子线程
        q = new char[2]; //主线程中分配空间，但程序停在这执行不下去了，因为死锁了
        printf("分配成功\n");
        delete[]q;
        CloseHandle(h); //关闭线程句柄

        return 0;
    }
```

在上面的代码中，主线程执行到“q = new char[2];”时将停滞不前，因为发生了死锁。为什么会产生死锁呢？这是因为子线程中用了 new/delete 操作符向系统申请和释放堆空间，进程在其分配和回收内存空间时都会用到同一把锁。如果该线程在占用该锁时被杀死，即线程临死前还在进行 new 或 delete 操作时，其他线程就无法再使用 new 或 delete 了，所以主线程中再用 new 时就无法执行成功了。

（3）保存工程并运行，运行结果如图 8-4 所示。

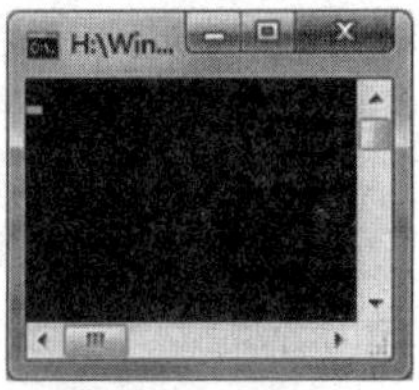

图 8-4

该例子说明一旦函数 TerminateThread 结束线程时，线程函数将立即结束，非常“暴力”。那上面的例子应该如何让线程优雅地退出？简单的方法是用一个全局变量和 WaitForSingleObject 函数。

【例 8.4】 控制台下结束线程

（1）新建一个控制台工程。

（2）在 Test.cpp 中输入如下代码：

```
#include "stdafx.h"
#include "windows.h"

BOOL gbExit=TRUE; //控制子线程中的循环是否结束

DWORD WINAPI ThreadProc(LPVOID lpParameter)
{
    char* p;
    while (gbExit)
    {
        p = new char[5];
        delete[]p;
    }
    return 0;
}

int _tmain(int argc, _TCHAR* argv[])
{
    HANDLE h;
    char* q;

    h = CreateThread(NULL, 0, ThreadProc, NULL, 0, NULL); //创建线程
    Sleep(1500); //主线程休眠一段时间，让出 CPU 给子线程运行一段时间

    gbExit = FALSE; //设置标记，让子线程中的循环结束，以结束子线程
    WaitForSingleObject(h, INFINITE); //等待子线程的退出

    h = NULL;
```

```
    q = new char[2]; //主线程中分配空间
    printf("分配成功\n");
    delete[]q; //释放空间
    CloseHandle(h); //关闭子线程句柄

    return 0;
}
```

由于子线程结束的时候，系统会向其线程句柄发送信号，因此可以用等待函数 WaitForSingleObject 来等待线程句柄的信号。一旦有信号了，说明子线程结束，那么主线程就可以继续执行下去了。由于子线程是线程函数正常返回后退出，因此 new/delete 的锁不被占用了，主线程可以正常使用 new/delete 了。

（3）保存工程并运行，运行结果如图 8-5 所示。

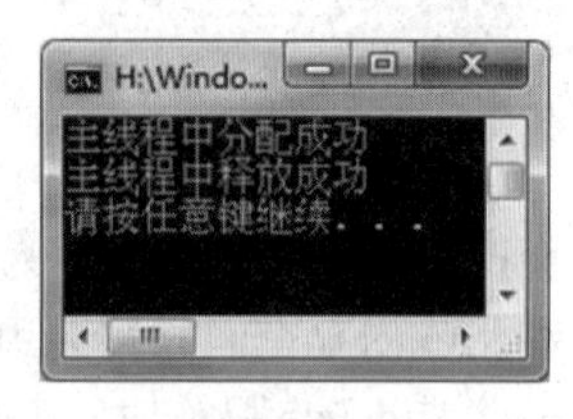

图 8-5

【例 8.5】图形界面下结束线程

（1）新建一个对话框工程。

（2）切换到资源视图，打开对话框设计器，然后删除上面所有的控件，并添加两个按钮，标题分别为“开启线程”和“结束线程”，接着为“开启线程”按钮添加事件处理函数，如下代码：

```
void CTestDlg::OnBnClickedButton1()
{
    // TODO:  在此添加控件通知处理程序代码
    CClientDC dc(this);
    dc.TextOut(0, 0, _T("线程已启动")); //在对话框上显示线程已启动
    GetDlgItem(IDC_BUTTON1)->EnableWindow(0);//设置“开启线程”按钮不可用
    gbExit = TRUE;
    ghThread = CreateThread(NULL, 0, ThreadProc, m_hWnd, 0, NULL); //创建线程
}
```

ghThread 是一个全局变量，保存线程句柄，定义如下：

```
HANDLE ghThread;
```

然后添加线程函数：

```
DWORD WINAPI ThreadProc(LPVOID lpParameter)
{
    while (gbExit)
        ;
    return 0;
}
```

代码很简单，gbExit 是控制循环结束的全局变量，定义如下：

```
BOOL gbExit = TRUE;
```

为“结束线程”添加事件处理函数，如下代码：

```
void CTestDlg::OnBnClickedButton2()
{
    // TODO:  在此添加控件通知处理程序代码
    if (!gbExit)
        return; //如果已经结束则直接返回
```

```
    gbExit = FALSE; //设置循环结束变量
    WaitForSingleObject(ghThread, INFINITE); //等待子线程退出
    CloseHandle (ghThread);//关闭线程句柄
    GetDlgItem(IDC_BUTTON1)->EnableWindow();//设置“开启线程”按钮可用
    CClientDC dc(this);
    dc.TextOut(0, 0, _T("线程已结束")); //在对话框上显示已经结束
}
```

这种方式结束线程是优雅的，尽量不要使用 TerminateThread 函数来结束线程。

（3）保存工程并运行，运行结果如图 8-6 所示。

图 8-6

8.2.3　线程和 MFC 控件交互

在 MFC 程序中，经常有这样的需求，需要把在线程计算的结果显示在某个 MFC 控件上，或者后台线程的工作时间较长，需要在界面上反映出它的进度。

那线程如何和界面打交道呢？或许有人会想到启动线程时把 MFC 控件对象的指针传给线程函数，然后直接在线程函数中使用 MFC 控件对象并调用其方法来显示，但这种方式是不规范的，有可能会出现问题，因为 MFC 控件对象不是线程安全的，不能跨线程使用，或许此种方式在小程序中不出问题，但不出问题不等于没问题，如果在大型程序中早晚要出问题。再次强调：不要在子线程中操作主线程中创建的 MFC 控件对象，否则会带来意想不到的问题。在主线程中界面控件应该由主线程来控制，如果在子线程中也操作了界面控件，就会导致两个线程同时操作一个控件，若两个线程没有进行同步，就可能会发生错误。

那么在 MFC 程序中用 Win32 API 进行多线程开发时，应该如何和界面打交道呢？不同的情况有不同的处理方式。

如果仅仅是把线程计算的结果显示一下，第一种方法是把控件句柄传给线程，然后在线程函数中调用 Win32 API 函数或发送控件消息来操作控件；第二种方法是把界面主窗口的句柄传给线程，然后在线程函数中向主窗口发送自定义消息，接着在主窗口的自定义消息处理函数中调用控件对象的方法来操作控件。总之，如果涉及界面操作，应该传主窗口或控件窗口的句柄给子线程，而不要传主窗口或控件的对象指针，比如主窗口的 this。另外，窗口句柄传给线程后，不要试图通过句柄来获得窗口对象指针，比如想通过 FromHandle 函数把 HWND 转为（对话框）窗口对象指针：

```
    CMyDialog *pDlg = static_cast<CMyDialog*>(CWnd::FromHandle(reinterpret_cast<
HWND> ( pData ) ) );
```

这种情况系统会分配一个临时的窗口对象给你，而不是真正的主窗口对象。原因是强调 HWND 和 CWnd 的映射关系只能在一个线程模块（THREAD_MODULE_STATE）中使用，即不能跨线程的同时跨模块地转换两者。

如果后台工作比较耗时，用户希望它尽快完成工作并且想知道其处理进度，则不能在线程函数中发送消息来更新界面，因为这样会拖慢子线程的工作速度。此时，应该设置一个进度变量（比如一个全局变量）放在子线程中不断累加，而在主线程中采用每隔一段时间去获取该变量值，并转换成百分比，然后把百分比以字符串或进度条的形式显示在界面上。这种方式相当于主线程主动轮询的方式，但界面操作依然是在主线程中完成的。如果要增强同步程度，可以把间隔时间设置得短一点，但代价是降低工作效率。或许有人想完全和计算进度同步，想在线程函数中每计算一步就发送一个界面更新消息去反映进度一次，但这样会拖慢线程工作的计算效率，如果你的线程计算需要

追求速度。这是因为SendMessage是一个阻塞函数，必须要等界面更新完毕后才能返回，在这个过程中线程就阻塞在那里。有人或许又想到了非阻塞发送消息函数PostMessage，这个将直接导致界面死掉。比如我们看个线程函数：

```
DWORD WINAPI ThreadProc(LPVOID lpParameter)
{
    HWND hPos = (HWND)lpParameter; //获取进度条控件的句柄
    i = 0;
    for (i = 0; i < 88;i++) //循环做 88 次计算工作
    {
        myComputeWork();//计算工作
        ::PostMessage(hPos,PBM_SETPOS, i, 0); //发送设置进度的消息
        //Sleep(1);
    }
    return 0;
}
```

在上面的线程函数中，不停地循环做计算工作myComputeWork，并且每计算完一次就向进度条控件发送一次进度前进的消息，由于PostMessage是非阻塞函数，它向消息队列扔一条消息后就立即返回，而界面操作通常比较慢，线程函数的循环向消息队列扔PBM_SETPOS消息会非常快，导致线程结束前消息队列中其他界面消息（比如鼠标单击、菜单操作等）无法进入消息队列，因此界面就不接收用户操作了，看起来就像卡死了。如果我们让线程函数扔消息慢点呢？比如在PostMessage后面加一个Sleep函数，这样界面虽然不会卡死了，但是通常这种循环计算工作对速度都是有要求的，人为地减慢将是不可接受的。虽然每隔一段时间去轮询进度的方法不能完全同步线程计算工作，但通常用户不会对此有严格要求，只要有个大概响应进度就可以了。

下面我们看几个例子来加深理解。第一个例子在线程中向控件发送计算结果，以控件消息来显示。第二个例子向主窗口发送自定义消息，然后在自定义消息处理函数中调用控件对象的方法来显示结果。两个例子传给线程函数的都是窗口句柄。相比较而言，第二种方法更简单一些，因为控件消息大家使用起来不习惯，尤其对于SDK编程不熟悉的人来讲，更喜欢用MFC的方式来操作控件。

【例8.6】发送控件消息，在状态栏中显示线程计算的结果

（1）新建一个单文档工程。

（2）切换到资源视图，打开菜单设计器，然后在“视图”菜单下添加菜单项“开始计算”，ID为ID_WORK。当用户单击该菜单项的时候将开启一个线程，线程中将进行一个计算工作，然后把计算结果以控件消息显示到状态栏上去。

为“开始计算”菜单项添加CMainFrame类下的事件处理函数：

```
void CMainFrame::OnWork()
{
    // TODO: 在此添加命令处理程序代码
    //创建线程
    CreateThread(NULL, 0, ThreadProc, m_wndStatusBar.m_hWnd, 0, NULL);
}
```

代码很简单，就用API函数CreateThread来创建一个线程，线程函数是ThreadProc，线程参数是状态栏的句柄m_wndStatusBar.m_hWnd。由于LPVOID类型占用4个字节，而m_hWnd也占用4个字节，因此可以把句柄直接给LPVOID。

（3）在 MainFrame.cpp 中添加一个全局的线程函数，如下代码：

```
DWORD WINAPI ThreadProc(LPVOID lpParameter)
{
    HWND hwnd = (HWND)lpParameter; //把参数转为句柄
    int nCount = 4; //定义状态栏的 4 个部分
    //定义状态栏每个部分的大小，每个元素是每部分右边的纵坐标
    int array[] = { 100, 200, 300, -1 };
    //向状态栏发送分割部分消息，把状态栏分为 4 个部分，array 存放每部分右边的纵坐标
    ::SendMessage(hwnd, SB_SETPARTS, (WPARAM)nCount, (LPARAM)array);
    //把计算结果发送给控件
    ::SendMessage(hwnd, SB_SETTEXT, (LPARAM)0, (WPARAM)TEXT("1+1=2"));
    ::SendMessage(hwnd, SB_SETTEXT, (LPARAM)1, (WPARAM)TEXT("2+2=4"));
    ::SendMessage(hwnd, SB_SETTEXT, (LPARAM)2, (WPARAM)TEXT("3+3=4"));
    ::SendMessage(hwnd, SB_SETTEXT, (LPARAM)3, (WPARAM)TEXT("4+4=8"));
    return 0;
}
```

我们把状态栏分为 4 个部分，每个部分显示一个计算结果，当然这里也没什么计算过程，直接把计算结果发送出去了。数组 array 存放每部分右边的纵坐标，这个坐标是客户区坐标，都是相对于客户区左边的，最后一个元素-1 表示状态栏剩下的部分的纵坐标一直持续到状态栏右边结束。消息 SB_SETPARTS 是状态栏进行分割的消息，SB_SETTEXT 是为状态栏某个部分设置文本的消息。

（4）定位到函数 CMainFrame::OnCreate，把该函数中的一个语句注释掉：

```
//m_wndStatusBar.SetIndicators(indicators, sizeof(indicators)/sizeof(UINT));
```

这条语句是框架用来切分状态栏部分的，为了防止和我们分割状态栏发生冲突，所以注释掉，否则每次最大化窗口的时候我们的分割就会失效。

（5）保存工程并运行，运行结果如图 8-7 所示。

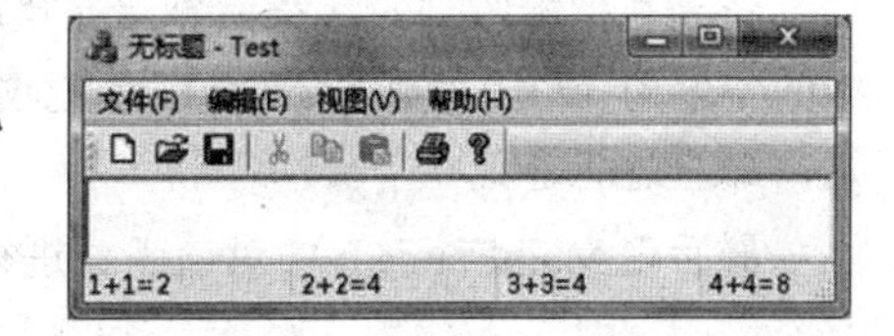

图 8-7

【例 8.7】发送自定义消息，在状态栏中显示线程计算的结果

（1）新建一个单文档工程。

（2）切换到资源视图，打开菜单设计器，然后在“视图”菜单下添加菜单项“开始计算”，ID 为 ID_WORK。当用户单击该菜单项的时候，将开启一个线程，并把主框架窗口的句柄传给线程函数，线程函数中将把计算结果向主框架窗口发送自定义消息，然后在自定义消息处理函数中调用状态栏对象的方法来显示结果。

为“开始计算”菜单项添加 CMainFrame 类下的事件处理函数：

```
void CMainFrame::OnWork()
{
    // TODO: 在此添加命令处理程序代码
    CreateThread(NULL, 0, ThreadProc, m_hWnd, 0, NULL); //创建线程
}
```

代码很简单，就用 API 函数 CreateThread 来创建一个线程，线程函数是 ThreadProc，线程参数是主框架窗口的句柄 m_hWnd。由于 LPVOID 类型占用 4 个字节，而 m_hWnd 也占用 4 个字节，因此可以把句柄直接给 LPVOID。接着添加线程函数：

```
DWORD WINAPI ThreadProc(LPVOID lpParameter)
{
    HWND hwnd = (HWND)lpParameter; //把参数转为句柄
    CString strRes = _T("结果是100b/s");
    ::SendMessage(hwnd, MYMSG_SHOWRES, WPARAM(&strRes), NULL);
    return 0;
}
```

我们把 CString 对象的地址作为消息参数传给消息处理函数。MYMSG_SHOWRES 是在 MainFrame.cpp 开头定义的自定义消息，定义如下：

```
#define MYMSG_SHOWRES  WM_USER +10
```

然后在消息映射表中添加消息映射：

```
ON_MESSAGE(MYMSG_SHOWRES, OnShowRes)
```

OnShowRes 是自定义消息 MYMSG_SHOWRES 的处理函数，定义如下：

```
LRESULT CMainFrame::OnShowRes(WPARAM wParam, LPARAM lParam)
{
    CString* pstr = (CString*)wParam;

    m_wndStatusBar.SetPaneInfo(1, 10001, SBPS_NORMAL, 300);
    m_wndStatusBar.SetPaneText(1, *pstr);

    return 0;
}
```

该函数把接收到的字符串显示在状态栏第一个窗格上。SetPaneInfo 用来设置状态栏第一个窗格的宽度为 300，函数 SetPaneText 把收到的字符串显示在第一个窗格上。注意：窗格次序从 0 开始，最左边的是第 0 个窗格。

最后在 MainFrame.h 中对该函数进行声明：

```
afx_msg LRESULT OnShowRes(WPARAM wParam, LPARAM lParam);
```

该声明写在 DECLARE_MESSAGE_MAP()前面，并且因为是消息处理函数，所以开头要加上 afx_msg。

（3）保存工程并运行，运行结果如图 8-8 所示。

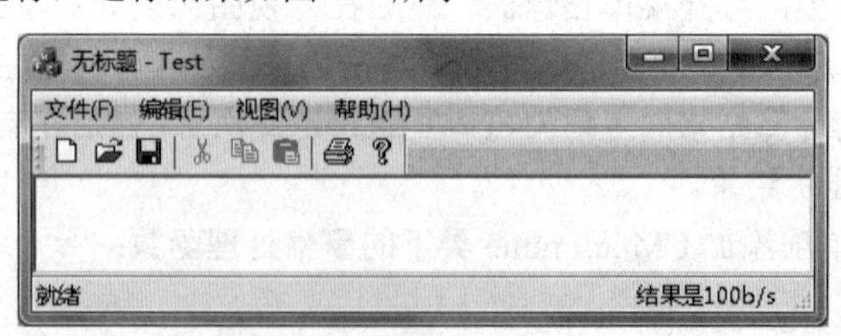

图 8-8

【例 8.8】主动轮询并显示线程工作的进度

（1）新建一个对话框工程。

（2）切换到资源视图，打开对话框编辑器，删除上面所有的控件，然后添加一个按钮和进度条控件，按钮标题是“开启线程”，并为两个控件添加控件变量，分别为 m_btn 和 m_pos。为按钮添加事件处理函数：

```
void CTestDlg::OnBnClickedButton1()
{
    // TODO:  在此添加控件通知处理程序代码
    gjd = 0; //初始化线程工作进度变量
    m_btn.EnableWindow(0); //开启线程时按钮变灰
    m_pos.SetRange(0, 100); //设置进度条范围
    m_pos.SetPos(0); //设置进度条起点位置
    SetTimer(1, 50, NULL); //开启计时器，每隔 50 毫秒轮询一次进度
    //开启线程并关闭句柄
    CloseHandle(CreateThread(NULL, 0, ThreadProc, m_hWnd, NULL, NULL));
}
```

其中，gjd 是整型全局变量，用来记录线程的计算工作进度。由于我们不需要对线程进行控制，因此线程句柄可以开始就关闭了。

添加线程函数：

```
DWORD WINAPI  ThreadProc(LPVOID lpParameter)
{
    int  i=0;
    float res=0.01;
    CString strRes;
    HWND hwnd = (HWND)lpParameter; //把参数转为句柄
    for (i = 0; i < 88;i++)
    {
        res += myComputeWork();//计算工作
        gjd++;
    }
    //发送计算结果自定义消息更新界面
    strRes.Format(_T("计算结果%.2lf"), res);
    ::SendMessage(hwnd, MYMSG_SHOWRES, WPARAM(&strRes), NULL);

    return 0;
}
```

代码很简单，循环 88 次做我们的计算工作，然后把计算结果组织成字符串并通过自定义消息发送出去，以此显示在界面上。myComputeWork 是一个自定义的全局函数，定义如下：

```
float myComputeWork()
{
    int i=0,j;
    double d = 1.0;
    while (i < 2000)
    {
        i++;
        for (j = -600; j < 600; j++)
               d += sin(0.01);
    }
    return d;
}
```

由于使用了正弦函数 sin，因此文件开头不要忘了包含 math.h。

接着，添加自定义消息 MYMSG_SHOWRES 的定义、消息映射以及消息处理函数：

```
LRESULT CTestDlg::OnShowRes(WPARAM wParam, LPARAM lParam)
{
    CString* pstr = (CString*)wParam;
    KillTimer(1); //停止计时器
    m_pos.SetPos(100); //设置进度条最右边
    m_btn.EnableWindow(1); //让“开启按钮”使能
    CClientDC dc(this);
    dc.TextOut(0, 0, *pstr); //在对话框左上角显示结果字符串

    return 0;
}
```

（3）为对话框添加计时器消息处理函数：

```
void CTestDlg::OnTimer(UINT_PTR nIDEvent)
{
    // TODO:  在此添加消息处理程序代码和/或调用默认值
    float f = gjd / 87.0;
    int per = f * 100;
    m_pos.SetPos(per);

    CDialogEx::OnTimer(nIDEvent);
}
```

这是主动轮询的核心所在，我们用一个计时器每隔一段时间来获取进度变量的值，并换算成百分百，然后显示在进度条上。这样看起来进度条就和线程计算工作几乎在同时前进了。

（4）保存工程并运行，运行结果如图 8-9 所示。

图 8-9

8.2.4 线程的暂停和恢复

在上面的程序中，线程句柄似乎没啥用。本节将讲述线程的暂停和恢复继续运行，线程句柄就很重要了。暂停线程执行的 API 函数是 SuspendThread，声明如下：

```
DWORD SuspendThread( HANDLE hThread);
```

其中，参数 hThread 是要暂停的线程句柄，必须要有 THREAD_SUSPEND_RESUME 访问权限。如果函数成功就返回以前暂停的次数，否则返回-1，可以用 GetLastError 来获得错误码。当函数成功的时候，线程将暂停执行，并且线程的暂停次数递增一次。每个线程都有一个暂停计数器，最大值为 MAXIMUM_SUSPEND_COUNT，如果暂停计数器大于 0，那么线程暂停执行。另外，这个函数一般不用于线程同步，如果对一个拥有同步对象（比如信号量或临界区）的线程调用 SuspendThread 函数，则有可能会引起死锁，尤其当被暂停的线程想要获取同步对象的时候。

恢复线程执行的函数是 ResumeThread，但不是说调用该函数线程就会恢复执行，该函数主要是减少暂停计数器的次数，线程的暂停计数器如果恢复到 0，线程才会恢复执行。该函数声明如下：

```
DWORD ResumeThread( HANDLE hThread);
```

其中，参数 hThread 是要减少暂停次数的线程句柄，该句柄必须要有 THREAD_SUSPEND_RESUME 访问权限。如果函数成功就返回以前的暂停次数；若返回值大于 1，则表示线程依旧处于暂停状态；如果函数失败就返回-1，可以用 GetLastError 来获得错误码。函数 ResumeThread 会检查线程的暂停计数器，如果 ResumeThread 返回值为 0，就说明线程当前没有暂

停；如果 ResumeThread 返回值大于 1，则暂停计数器减一，且线程依旧处于暂停状态中；如果 ResumeThread 返回值为 1，则暂停计数器减一，并且原来暂停的线程将恢复执行。

下面我们来看一个图形界面的例子，演示这几个函数的使用。

【例 8.9】线程的暂停、恢复和中途终止

（1）新建一个对话框工程。

（2）切换到资源视图，打开对话框编辑器，删除上面所有的控件，然后添加 4 个按钮和进度条控件，4 个按钮标题是“开启线程”“暂停线程”“恢复线程”“结束线程”，并为“开启线程”按钮和进度条控件添加控件变量，分别为 m_btn 和 m_pos。为“开启线程”按钮添加事件处理函数：

```
void CTestDlg::OnBnClickedButton1()
{
    // TODO:  在此添加控件通知处理程序代码
    gjd = 0; //初始化线程工作进度变量
    gbExit = FALSE; //结束线程函数中循环的全局变量
    m_btn.EnableWindow(0); //开启线程时按钮变灰
    m_pos.SetRange(0, 100); //设置进度条范围
    m_pos.SetPos(0); //设置进度条起点位置
    SetTimer(1, 50, NULL); //开启计时器，每隔 50 毫秒轮询一次进度
    //开启线程并关闭句柄
    ghThread = CreateThread(NULL, 0, ThreadProc, m_hWnd, NULL, NULL);
}
```

其中 gjd 是整型全局变量，用来记录线程计算工作的进度。由于我们不需要对线程进行控制，因此线程句柄可以开始就关闭了。gbExit 是一个 BOOL 型的全局变量，用来控制线程函数中循环的结束。ghThread 是一个全局变量，用来存放线程句柄。

添加线程函数：

```
DWORD WINAPI  ThreadProc(LPVOID lpParameter)
{
    int  i=0;
    float res=0.01;
    CString strRes;
    HWND hwnd = (HWND)lpParameter; //把参数转为句柄
    for (i = 0; i < 88;i++)
    {
        if (gbExit) //控制循环退出
            break;
        res += myComputeWork();//计算工作
        gjd++; // myComputeWork 每执行一次，该进度变量就累加一次
    }
    if (gbExit) strRes.Format(_T("线程被中途结束掉了"), res);
    else strRes.Format(_T("计算结果%.2lf"), res);
    //发送自定义消息
    ::SendMessage(hwnd, MYMSG_SHOWRES, WPARAM(&strRes), NULL);

    return 0;
}
```

代码很简单，循环 88 次做我们的计算工作，然后把计算结果组织成字符串并通过自定义消息

发送出去，以此显示在界面上。gbExit 用来循环，当用户单击“结束进程”的时候会置该变量为TRUE。myComputeWork 是一个自定义的全局函数，模拟一个计算工作，定义如下：

```
float myComputeWork()
{
    int i=0,j;
    double d = 1.0;
    while (i < 2000)
    {
        i++;
        for (j = -600; j < 600; j++)
                d += sin(0.01);
    }
    return d;
}
```

因为使用了正弦函数 sin，所以文件开头不要忘了包含 math.h。

接着，添加自定义消息 MYMSG_SHOWRES 的定义、消息映射以及消息处理函数：

```
LRESULT CTestDlg::OnShowRes(WPARAM wParam, LPARAM lParam)
{
    CString* pstr = (CString*)wParam;
    KillTimer(1); //停止计时器
    CloseHandle(ghThread); //关闭进程句柄
    ghThread = NULL;
    m_pos.SetPos(100); //设置进度条最右边
    m_btn.EnableWindow(1); //让“开启按钮”使能
    CClientDC dc(this);
    dc.TextOut(0, 0, *pstr); //在对话框左上角显示结果字符串

    return 0;
}
```

（3）为对话框添加计时器消息处理函数：

```
void CTestDlg::OnTimer(UINT_PTR nIDEvent)
{
    // TODO:  在此添加消息处理程序代码和/或调用默认值
    float f = gjd / 87.0;
    int per = f * 100;
    m_pos.SetPos(per);

    CDialogEx::OnTimer(nIDEvent);
}
```

这是主动轮询的核心所在，我们用一个计时器每隔一段时间来获取进度变量的值，并换算成百分百，然后显示在进度条上。这样看起来进度条就和线程计算工作在几乎同时前进了。

（4）添加“暂停线程”按钮的事件处理函数，如下代码：

```
void CTestDlg::OnBnClickedButton2()
{
    // TODO:  在此添加控件通知处理程序代码
    if (ghThread)
        SuspendThread(ghThread);
}
```

添加“恢复线程”按钮的事件处理函数，如下代码：

```
void CTestDlg::OnBnClickedButton3()
{
    // TODO:  在此添加控件通知处理程序代码
    if (ghThread)
        ResumeThread(ghThread);
}
```

添加“结束线程”按钮的事件处理函数，如下代码：

```
void CTestDlg::OnBnClickedButton4()
{
    // TODO:  在此添加控件通知处理程序代码
    gbExit = TRUE; //通过全局变量来停止线程函数中的循环以此来结束线程
}
```

（5）保存工程并运行，运行结果如图 8-10 所示。

图 8-10

8.2.5　消息线程和窗口线程

前面所创建的线程没有消息循环，也没有在线程中创建窗口，通常把这种线程称为工作线程。其实函数 CreateThread 创建线程还可以拥有消息队列，甚至创建窗口。拥有消息队列的线程称为消息线程。消息线程有两种类型：创建了窗口的消息线程和没有创建窗口的消息线程，前者通常称为窗口线程（或 UI 线程）。窗口线程中既然创建了窗口，就必须要有窗口过程函数，由窗口过程函数对窗口消息进行处理，并且窗口和消息循环要在一个线程中，因此大家不要跨线程处理 MFC 控件对象，每个控件都是一个窗口，都有各自的消息循环，支持 MFC 把它封装罢了。

要让一个线程成为消息线程，方法是在线程函数中创建消息循环，并在循环中调用 API 函数 GetMessage 函数或 PeekMessage 函数，一旦在线程中调用了这两个函数，系统就会为线程创建一个消息队列，这样两个函数就可以获取消息了。大家一定要明确：消息队列是系统创建的，消息循环是线程创建的。

函数 GetMessage 声明如下：

```
    BOOL GetMessage(LPMSG  lpMsg, HWND  hWnd,UINT  wMsgFilterMin, UINT
wMsgFilterMax);
```

其中，参数 lpMsg 指向 MSG 结构，该结构存放从线程消息队列中获取到的消息；hWnd 为收到的窗口消息所对应的窗口的句柄，这个窗口必须属于当前线程，如果该参数为 NULL，则函数将收到所属当前线程任一窗口的窗口消息，以及收到当前线程消息队列中窗口句柄为 NULL 的消息，如果该参数为 NULL，则不管线程消息是不是窗口消息都将被收到，如果该参数为-1，则只会收到窗口句柄为 NULL 的消息；wMsgFilterMin 指定所收到的消息值的最小值；wMsgFilterMax 指定所收到的消息值的最大值，如果 wMsgFilterMin 和 wMsgFilterMax 为 0，则 GetMessage 将收到所有可得到的消息。如果函数收到的消息不是 WM_QUIT，则返回非 0，否则返回 0。要注意的是，如果 GetMessage 从消息队列中取不到消息，则不会返回而阻塞在那里，一直等到取到消息才返回。因此，当线程消息队列中没有消息时，GetMessage 使得线程进入 IDLE 状态，被挂起；当有消息到达线程时 GetMessage 被唤醒，获取消息并返回。另外，该函数获取消息之后将删除消息队列中除 WM_PAINT 消息之外的其他消息，而 WM_PAINT 则只有在其处理之后才被删除。GetMessage 函数只有在接收到 WM_QUIT 消息时才返回 0，此时消息循环退出。

函数 PeekMessage 的主要功能是查看消息队列中是否有消息，当然也可以取出消息。即使消息队列中没有消息，该函数也会立即返回。相对而言，实际开发中 GetMessage 用的多一点。

在没有窗口的消息线程中，消息循环通常这样写：

```
while (GetMessage(&msg, NULL, NULL, NULL))
{
    switch (msg.message)
    {
    case MYMSG1: //自定义的消息
        break;
    case MYMSG2: //自定义的消息
        break;
    }
}
```

对于有窗口的消息线程，消息循环通常这样写：

```
while (GetMessage(&msg, NULL, NULL, NULL))
    {
        TranslateMessage(&msg);//如果要字符消息，这句也要
        DispatchMessage(&msg); //把消息派送到窗口过程中去
}
```

函数 TranslateMessage 将虚拟键消息转换为字符消息。函数 DispatchMessage 必须要有，它把收到的窗口消息回传给操作系统，由操作系统调用窗口过程函数对消息进行处理。

向线程发送消息可以使用函数 SendMessage、PostMessage 或 PostThreadMessage。SendMessage 和 PostMessage 根据窗口句柄来发送消息，所以如果要向某个线程中的窗口发送消息，可以使用 SendMessage 或 PostMessage，需要注意的是，SendMessage 要一直等到消息处理完才返回，所以如果它发送的消息不是本线程创建的窗口消息，则本线程会被阻塞，而 PostMessage 则不会，它会立即返回。另外，如果 PostMessage 的句柄参数为 NULL，相当于向本线程发送一个非窗口的消息。

函数 PostThreadMessage 根据线程 ID 来向某个线程发送消息，声明如下：

```
BOOL PostThreadMessage(DWORD idThread, UINT  Msg, WPARAM  wParam,  LPARAM
lParam);
```

其中，参数 idThread 为线程 ID，函数就是向该 ID 的线程投递消息；参数 Msg 表示要投递的消息的消息号；wParam 和 lParam 为消息参数，可以附带一些信息。如果函数成功就返回非 0，需否则返回 0。需要注意的是，目标线程必须要有一个消息循环，否则 PostThreadMessage 将失败。此外，PostThreadMessage 发送的消息不需要关联一个窗口，这样目标线程不需要为了接收消息而创建一个窗口。

通常，PostThreadMessage 用于消息线程。SendMessage 或 PostMessage 用于窗口线程。

下面我们来看几个例子来加深这几个函数的使用。

【例 8.10】 PostThreadMessage 发送消息给无窗口的消息线程

（1）新建一个对话框工程。

（2）切换到资源视图，打开对话框编辑器，删除上面的所有控件，然后添加 3 个按钮，标题分别是“创建线程”“发送线程消息 1”“发送线程消息 2”。为“创建线程”按钮添加事件处理函数，如下代码：

```
void CTestDlg::OnBnClickedButton2()
{
    // TODO:  在此添加控件通知处理程序代码
    CloseHandle(CreateThread(NULL, 0, ThreadProc, NULL, NULL, &m_dwThID));
}
```

线程函数是 ThreadProc。因为我们不需要控制线程，所以创建线程后马上调用函数 CloseHandle 关闭其句柄。线程 ID 保存在 m_dwThID 中，该变量是类 CTestDlg 的成员变量：

```
DWORD m_dwThID;
```

在 TestDlg.cpp 开头定义两个自定义消息：

```
#define MYMSG1 WM_USER+1
#define MYMSG2 WM_USER+2
```

为“发送线程消息 1”按钮添加事件处理函数，如下代码：

```
void CTestDlg::OnBnClickedButton1()
{
    // TODO:  在此添加控件通知处理程序代码
    CString str = _T("祖国");
    //向 ID 为 m_dwThID 的线程发送消息
    PostThreadMessage(m_dwThID, MYMSG1, WPARAM(&str),0);
    Sleep(100); //等待 100 毫秒
}
```

把字符串 str 作为消息参数发送给线程函数，然后主线程等待 100 毫秒，这样可以让子线程有机会把字符串显示一下。如果不等待，因为 PostThreadMessage 函数会立即返回，所以函数 OnBnClickedButton1 会很快结束，局部变量 str 会很快销毁，子线程将收不到字符串。

同样，为“发送线程消息 2”按钮添加事件处理函数，如下代码：

```
void CTestDlg::OnBnClickedButton3()
{
    // TODO:  在此添加控件通知处理程序代码
    CString str = _T("强大");
    //向 ID 为 m_dwThID 的线程发送消息
    PostThreadMessage(m_dwThID, MYMSG1, WPARAM(&str), 0);
    Sleep(100); //等待 100 毫秒
}
```

把字符串 n 作为消息参数发送给线程函数，然后主线程等待 100 毫秒。

（3）保存工程并运行，运行结果如图 8-11 所示。

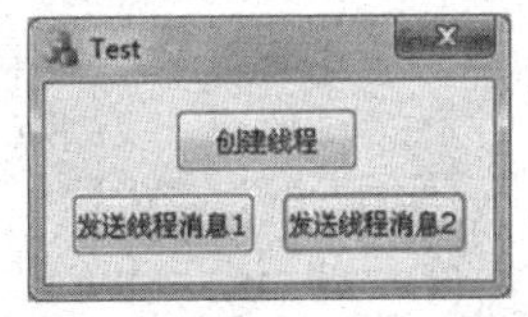

图 8-11

8.2.6　线程同步

线程同步是多线程编程中重要的概念。它的基本意思就是同步各个线程对资源（比如全局变量、文件）的访问。如果不对资源访问进行线程同步，就会产生资源访问冲突的问题。比如，一个线程正在读取一个全局变量，而读取全局变量的这个语句在 C++中获取的是一条语句，但在 CPU 指令处理这个过程的时候需要用多条指令来处理这个读取变量的过程，如果这一系列指令被另外一个线程打断了，就是说 CPU 还没有执行完全部读取变量的所有指令，而去执行另外一个线程了，而另外一个线程却要对这个全局变量进行修改，这样修改完后又返回原先的线程，继续执行读取变量的指令，此时变量的值已经改变了，这样第一个线程的执行结果就不是预料的结果了。

因此，多个线程对资源进行访问，一定要进行同步。Visual C++提供了临界区对象、互斥对象、事件对象、信号量对象（4 个同步对象）来实现线程同步。

我们来看一个线程不同步的例子。模拟这样一个场景，甲、乙两个窗口在售票，一共 10 张票，每张票的号码不同，每卖出一张票，就打印出卖出票的票号。我们可以把开辟两个线程当作两个窗口在卖票，如果线程没有同步，可能会出现两个窗口卖出的票是相同的，这就发生了错误。

【例 8.11】不用线程同步的卖票程序

（1）新建一个控制台工程。

（2）在 Test.cpp 中输入 main 函数代码：

```
int _tmain(int argc, _TCHAR* argv[])
{
    int i;
    HANDLE h[2];

    for (i = 0; i < 2;i++)
        h[i] = CreateThread(NULL, 0, threadfunc, (LPVOID)i, 0, 0);
    for (i = 0; i < 2; i++)
    {
        WaitForSingleObject(h[i], INFINITE);
        CloseHandle(h[i]);
    }
printf("卖票结束\n");
    return 0;
}
```

首先开启两个线程，线程函数是 threadfunc，并把 i 作为参数传入（为了区分不同的窗口）。最后无限等待两个线程结束，一旦结束就关闭其线程句柄。

在 main 函数上面输入线程函数和全局变量，如下代码：

```
#define  BUF_SIZE 100
int gticketId = 10; //当前卖出票的票号
DWORD WINAPI threadfunc(LPVOID param)
{
    HANDLE hStdout;
    DWORD  i,dwChars;
    size_t szlen;
    TCHAR chWin, msgBuf[BUF_SIZE];

    if (param == 0) chWin = _T('甲'); //甲窗口
    else chWin = _T('乙'); //乙窗口

    while (1)
    {
        if (gticketId <= 0) //如果票号小于等于 0，则跳出循环
            break;
        //得到标准输出设备的句柄，为了打印
        hStdout = GetStdHandle(STD_OUTPUT_HANDLE);
        if (hStdout == INVALID_HANDLE_VALUE)
```

```
            {
                return 1;
            }
            //构造字符串
            StringCchPrintf(msgBuf, BUF_SIZE, _T("%c窗口卖出的车票号 = %d\n"), chWin,
gticketId);
            StringCchLength(msgBuf, BUF_SIZE, &szlen);  //得到字符串长度
            WriteConsole(hStdout, msgBuf, szlen, &dwChars, NULL);
            gticketId--;//每卖出一张车票，车票就减少一张
        }
    }
```

线程不停地卖票，每次卖出一张票，就打印出车票号，同时减少一张。

最后添加所需头文件：

```
#include "windows.h"
#include <strsafe.h> //字符串处理函数
```

（3）保存工程并运行，可以看到不同的窗口居然卖出同号的车票，这说明没有线程同步的话 程序就出现问题了，运行结果如图 8-12 所示。

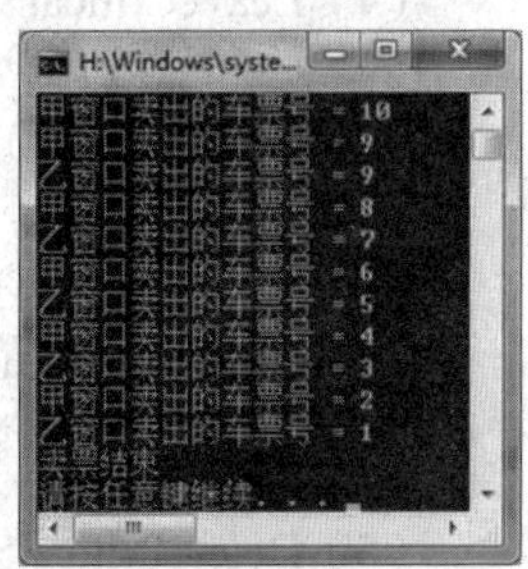

图 8-12

1. 临界区对象

临界区对象通过一个所有线程共享的对象来实现线程同步。线程要访问被临界区对象保护的资源，必须先要拥有该临界区对象。如果另一个线程要访问资源，就必须等待上一个访问资源的线程释放临界区对象。临界区对象只能用于一个进程内不同线程之间的同步。

临界区是一段关键代码，执行代码相当于进入临界区。要执行临界区代码，必须先独占临界区对象。比如可以把对某个共享资源进行访问这个操作看作一个临界区，要执行这段代码（访问共享资源），就必须先拥有临界区对象。临界区对象好比一把钥匙，只有拥有了这把钥匙才能对共享资源进行访问。如果这把钥匙在其他线程手里，则当前线程只能等待，一直等到其他线程交出钥匙。Visual C++提供了几个操作临界区对象的函数。

（1）InitializeCriticalSection 函数

该函数用来初始化一个临界区对象，函数声明如下：

```
void InitializeCriticalSection(LPCRITICAL_SECTION lpCriticalSection);
```

其中，参数 lpCriticalSection 为指向一个临界区对象的指针，CRITICAL_SECTION 是一个结构体，定义了和线程访问相关的控制信息，具体内容我们不需要去管，它定义在 WinBase.h 中。

通常使用该函数之前会先定义一个 CRITICAL_SECTION 类型的全局变量，然后把地址传入该函数。

（2）EnterCriticalSection 函数

该函数用于等待临界区对象的所有权，如果能获得临界区对象则该函数返回，否则函数进入阻塞，线程进入睡眠状态，一直到拥有临界区对象的线程释放临界区对象。该函数声明如下：

```
void EnterCriticalSection( LPCRITICAL_SECTION pCriticalSection);
```

其中，参数 lpCriticalSection 为指向一个临界区对象的指针。

（3）TryEnterCriticalSection 函数

该函数用于等待临界区对象的所有权，和 EnterCriticalSection 不同的是，函数 TryEnterCriticalSection 不管有没有获得临界区对象所有权，都将立即返回，相当于一个异步函数。函数声明如下：

```
BOOL TryEnterCriticalSection( LPCRITICAL_SECTION lpCriticalSection);
```

其中，参数 lpCriticalSection 为指向一个临界区对象的指针。如果成功获取临界区对象所有权，则函数返回非 0，否则 0。

（4）LeaveCriticalSection 函数

该函数用于释放临界区对象的所有权。声明如下：

```
void LeaveCriticalSection( LPCRITICAL_SECTION lpCriticalSection);
```

其中，参数 lpCriticalSection 为指向一个临界区对象的指针。要注意的是，线程获得临界区对象所有权，在使用完临界区后必须调用该函数释放临界区对象的所有权，让其他等待临界区的线程有机会进入临界区。该函数通常和 EnterCriticalSection 函数配对使用，它们中间的代码就是临界区代码。

（5）DeleteCriticalSection 函数

该函数用来删除临界区对象，释放相关资源，使得临界区对象不再可用。函数声明如下：

```
void DeleteCriticalSection( LPCRITICAL_SECTION lpCriticalSection);
```

其中，参数 lpCriticalSection 为指向一个临界区对象的指针。

下面我们对前面不用线程同步卖票的例子进行改造，加入临界区对象，使得线程同步。

【例 8.12】使用临界区对象同步线程

（1）新建一个控制台工程。

（2）在 Test.cpp 中输入如下代码：

```
#include "stdafx.h"
#include "windows.h"
#include <strsafe.h>

#define  BUF_SIZE 100 //输出缓冲区大小
int gticketId = 10; //记录卖出的车票号
CRITICAL_SECTION gcs; //定义临界区对象

DWORD WINAPI threadfunc(LPVOID param)
{
    HANDLE hStdout;
    DWORD  i, dwChars;
    size_t szlen;
    TCHAR chWin,msgBuf[BUF_SIZE];

    if (param == 0) chWin = _T('甲'); //甲窗口
    else chWin = _T('乙'); //乙窗口
    while (1)
    {
        EnterCriticalSection(&gcs);
        if (gticketId <= 0)
        {
```

```
            LeaveCriticalSection(&gcs); //注意要释放临界区对象所有权
            break;
        }
        //得到标准输出设备的句柄，为了打印
        hStdout = GetStdHandle(STD_OUTPUT_HANDLE);
        if (hStdout == INVALID_HANDLE_VALUE)
        {
            LeaveCriticalSection(&gcs); //注意要释放临界区对象所有权
            return 1;
        }
         //构造字符串
        StringCchPrintf(msgBuf, BUF_SIZE, _T("%c窗口卖出的车票号 = %d\n"), chWin,
gticketId);
        StringCchLength(msgBuf, BUF_SIZE, &szlen); //得到字符串长度
        //在终端打印车票号
        WriteConsole(hStdout, msgBuf, szlen, &dwChars, NULL);
        gticketId--;//车票减少一张
        LeaveCriticalSection(&gcs); 释放临界区对象所有权
        Sleep(1); //让出 CPU，让另外一个线程有机会执行
    }
}
int _tmain(int argc, _TCHAR* argv[])
{
    int i;
    HANDLE h[2];

    InitializeCriticalSection(&gcs); //初始化临界区对象

    for (i = 0; i < 2; i++)
        //开辟两个线程
        h[i] = CreateThread(NULL, 0, threadfunc, (LPVOID)i, 0, 0);
    for (i = 0; i < 2; i++)
    {
        WaitForSingleObject(h[i], INFINITE); //等待线程结束
        CloseHandle(h[i]);
    }
    DeleteCriticalSection(&gcs); //删除临界区对象
    printf("卖票结束\n");
    return 0;
}
```

程序中使用临界区对象来同步线程。gcs 是临界区对象，通常定义成一个全局变量。在线程函数中，我们把用到全局变量 gticketId 的地方都包围进临界区内，这样一个线程在使用共享的全局变量 gticketId 时，其他线程就只能等待了。

(3)保存工程并运行，可以看到每次卖出车票的号码都是不同的，如图 8-13 所示。

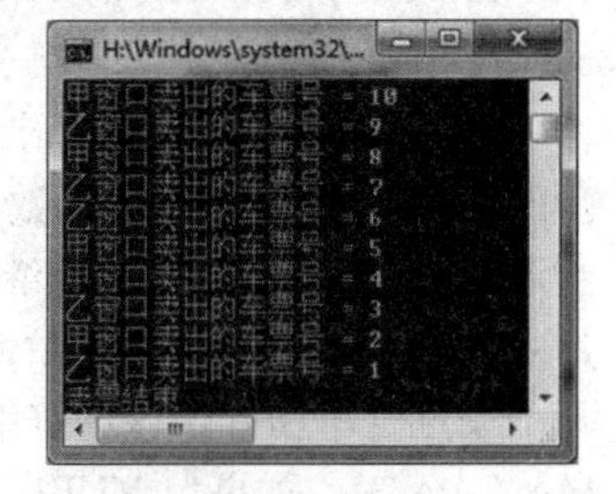

图 8-13

2. 互斥对象

互斥对象也称互斥量（Mutex）。它的使用和临界区对象有点类似，但互斥对象不仅能保护一

个进程内的共享资源，还能保护系统中进程间的资源共享。互斥对象属于系统内核对象。

只有拥有互斥对象的线程才具有访问资源的权限，由于互斥对象只有一个，因此决定了任何情况下共享资源都不会同时被多个线程所访问。互斥对象的使用通常需要结合等待函数，当没有线程拥有互斥对象时，系统会为互斥对象设置有信号状态（相当于向外发送信号），此时若有线程在等待该互斥对象（利用等待函数在等待），则该线程可以获得互斥对象，此时系统会将互斥对象设为无信号状态（不向外发送信号），如果又有线程在等待，则只能一直等待下去，直到拥有互斥对象的线程释放互斥对象，然后系统重新设置互斥对象为有信号状态。

下面先介绍一下等待函数。我们前面已经接触过 WaitForSingleObject 函数，这个就是等待函数，类似的还有 WaitForMultipleObjects。所谓等待函数，就是用来等待某个对象产生信号的函数，比如一个线程对象在线程生命期内它是处于无信号状态的，当线程终止时，系统会设置线程对象为有信号状态，因此我们可以用等待函数来等待线程的结束。类似地，互斥对象没有被任何线程拥有的时候系统会设置有信号状态，一旦被某个线程拥有就会设为无信号状态。线程可以调用等待函数来阻塞自己，直到信号产生后等待函数才会返回，线程才会继续执行。

函数 WaitForSingleObject 用来等待某个对象的信号，直到对象有信号或等待超时才返回，函数声明如下：

```
DWORD  WaitForSingleObject(HANDLE hHandle, DWORD dwMilliseconds);
```

其中，参数 hHandle 是对象句柄；dwMilliseconds 表示等待超时的时间，单位是毫秒，如果该参数是 0，则函数测试对象信号状态后立即返回；如果参数是宏 INFINITE，表示函数不设超时时间一直等待对象有信号为止。如果函数成功，则函数返回值如下：

- WAIT_ABANDONED：指定的对象是互斥对象，该互斥对象在拥有它的线程结束时没有被释放，互斥对象的所有权将被赋予调用本函数的线程，同时互斥对象被设为无信号状态。
- WAIT_OBJECT_0：指定的对象处于有信号状态。
- WAIT_TIMEOUT：等待超时，同时对象仍处于无信号状态。

如果函数失败，就返回 WAIT_FAILED ((DWORD)0xFFFFFFFF)，相当于-1。

WaitForMultipleObjects 可以用来等待多个对象，但数目不能超过 64。该函数相当于在循环中调用 WaitForSingleObject。一般用 WaitForSingleObject 即可。

下面介绍与互斥对象有关的 API 函数。

（1）CreateMutex 函数

该函数创建或打开一个互斥对象。声明如下：

```
HANDLE CreateMutex( LPSECURITY_ATTRIBUTES lpMutexAttributes,
BOOL bInitialOwner, LPCTSTR lpName );
```

其中，参数 lpMutexAttributes 为指向 PSECURITY_ATTRIBUTES 结构的指针，该结构表示互斥的安全属性，主要决定函数返回的互斥对象句柄能否被子进程继承，如果该参数为 NULL，则函数返回的句柄不能被子进程继承；bInitialOwner 决定调用该函数创建互斥对象的线程是否拥有该互斥对象的所有权，如果该参数为 TRUE，表示创建互斥对象的线程拥有该互斥对象的所有权；lpName 是一个字符串指针，该字符串用来确定互斥对象的名称（该名称区分大小写），长度不能超过 MAX_PATH，如果为 NULL，则不给互斥对象起名（为互斥对象起名的目的是在不同进程之间进行线程同步）。如果函数成功就返回互斥对象句柄，否则函数返回 NULL。

（2）ReleaseMutex 函数

该函数用来释放互斥对象的所有权，这样其他等待互斥对象的线程就可以获得所有权。函数声明如下：

```
BOOL  ReleaseMutex( HANDLE hMutex);
```

其中，参数 hMutex 是互斥对象的句柄。如果函数成功就返回非 0，否则返回 0。需要注意的是，函数 ReleaseMutex 用来释放互斥对象的所有权，并不是销毁互斥对象。当进程结束的时候，系统会自动关闭互斥对象句柄，也可以使用 CloseHandle 函数来关闭互斥对象句柄，当最后一个句柄被关闭的时候，系统销毁互斥对象。

下面我们通过互斥对象实现线程同步来改写例 8.11。

【例 8.13】使用互斥对象同步线程

（1）新建一个控制台工程。

（2）在 Test.cpp 中输入如下代码：

```
#include "stdafx.h"
#include "windows.h"
#include <strsafe.h>

#define  BUF_SIZE 100 //输出缓冲区大小
int gticketId = 10;  //记录卖出的车票号
HANDLE ghMutex; //互斥对象句柄

DWORD WINAPI threadfunc(LPVOID param)
{
    HANDLE hStdout;
    DWORD  i, dwChars;
    size_t szlen;
    TCHAR chWin, msgBuf[BUF_SIZE];

    if (param == 0) chWin = _T('甲'); //甲窗口
    else chWin = _T('乙'); //乙窗口
    while (1)
    {
        WaitForSingleObject(ghMutex, INFINITE); //等待互斥对象有信号
        if (gticketId <= 0) //如果车票全部卖出了，则退出循环
        {
            ReleaseMutex(ghMutex); //释放互斥对象所有权
            break;
        }

        //得到标准输出设备的句柄，为了打印
        hStdout = GetStdHandle(STD_OUTPUT_HANDLE);
        if (hStdout == INVALID_HANDLE_VALUE)
        {
            ReleaseMutex(ghMutex);
            return 1;
        }
        //构造字符串
        StringCchPrintf(msgBuf, BUF_SIZE, _T("%c窗口卖出的车票号 = %d\n"), chWin,
gticketId);
```

```
                StringCchLength(msgBuf, BUF_SIZE, &szlen);
        WriteConsole(hStdout, msgBuf, szlen, &dwChars, NULL); //控制台输出
        gticketId--;//车票减少一张
        ReleaseMutex(ghMutex); //释放互斥对象所有权
        //Sleep(1); //这句可以不用了
    }
}
int _tmain(int argc, _TCHAR* argv[])
{
    int i;
    HANDLE h[2];

printf("使用互斥对象同步线程\n");
    ghMutex = CreateMutex(NULL, FALSE, _T("myMutex")); //创建互斥对象

    for (i = 0; i < 2; i++)
        h[i] = CreateThread(NULL, 0, threadfunc, (LPVOID)i, 0, 0); //创建线程
    for (i = 0; i < 2; i++)
    {
        WaitForSingleObject(h[i], INFINITE); //等待线程结束
        CloseHandle(h[i]); //关闭线程对象句柄
    }
    CloseHandle(ghMutex); //关闭互斥对象句柄
    printf("卖票结束\n");
    return 0;
}
```

程序通过互斥对象来实现线程同步。主线程中首先创建互斥对象，并把句柄存储在全局变量 ghMutex 中，创建的时候第二个参数是 FALSE，意味着主线程不拥有该互斥对象所有权。在线程函数中，在用到共享的全局变量 gticketId 之前，调用等待函数 WaitForSingleObject 来等待互斥对象信号，一旦等到，就可以进行关于 gticketId 的操作，等操作完毕后再用函数 ReleaseMutex 来释放互斥对象所有权，使得互斥对象重新有信号，这样其他等待该互斥对象的线程可以得以执行。

与利用临界区对象来实现线程同步相比较，该例的线程函数中不需要用 Sleep(1)来使得当前线程让出 CPU，因为其他线程已经在等待信号对象的信号了，一旦拥有互斥对象的线程释放所有权，其他线程马上可以等待结束，得以执行。

（3）保存工程并运行，可以看到每次卖出车票的号码都是不同的，如图 8-14 所示。

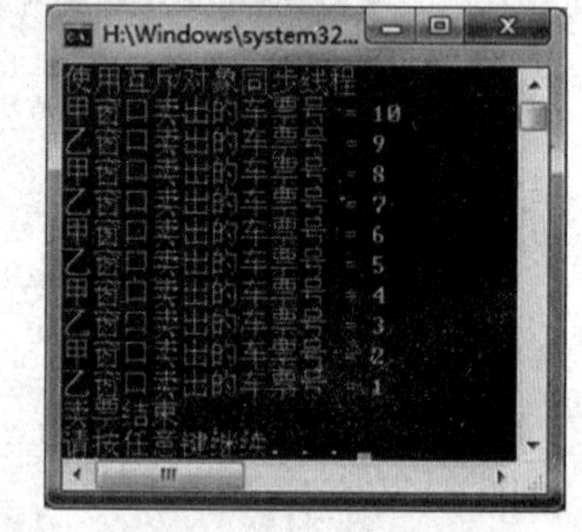

图 8-14

3. 事件对象

事件对象也属于系统内核对象它的使用方式和互斥对象有点类似，但功能更多一些。当等待的事件对象有信号状态时，等待事件对象的线程得以恢复继续执行；如果等待的事件对象处于无信号状态，则等待该对象的线程将挂起。

事件可以分为两种：手动事件和自动事件。手动事件的意思是当事件对象处于有信号状态时，它会一直处于这个状态，一直到调用函数将其设置为无信号状态为止。自动事件是指当事件对象处于有信号状态时，如果有一个线程等待到该事件对象的信号后，事件对象就变为无信号状态了。

事件对象也要使用等待函数，比如 WaitForSingleObject，关于等待函数上一节已经介绍过了，这里不再赘述。

下面介绍有关事件对象的几个 API 函数。

（1）CreateEvent 函数

该函数用于创建或打开一个事件对象，声明如下：

```
HANDLE  CreateEvent(LPSECURITY_ATTRIBUTES lpEventAttributes, BOOL
bManualReset, BOOL bInitialState, LPCTSTR lpName);
```

其中，参数 lpEventAttributes 是指向 SECURITY_ATTRIBUTES 结构的指针，该结构表示一个安全属性，如果该参数为 NULL，表示函数返回的句柄不能被子进程继承；bManualReset 用于确定是创建一个手动事件还是一个自动事件；bInitialState 用于指定事件对象的初始状态，如果为 TRUE 表示事件对象创建后处于有信号状态，否则为无信号状态；lpName 指向一个字符串，该字符串表示事件对象的名称，该名称字符串是区分大小写的，长度不能超过 MAX_PATH，如果该参数为 NULL，则表示创建一个无名字的事件对象，事件对象的名称不能和其他同步对象的名称（比如互斥对象的名称）相同。如果函数成功就返回新创建的事件对象句柄，否则返回 NULL。

（2）SetEvent 函数

该函数将事件对象设为有信号状态，声明如下：

```
BOOL  SetEvent( HANDLE  hEvent);
```

其中，参数 hEvent 表示事件对象句柄。如果函数成功就返回非 0，否则返回 0。

（3）ResetEvent 函数

该函数将事件对象重置为无信号状态，声明如下：

```
BOOL  ResetEvent(HANDLE  hEvent);
```

其中，参数 hEvent 是事件对象句柄，如果函数成功就返回非 0，否则返回 0。

当进程结束的时候，系统会自动关闭事件对象句柄，也可以调用 CloseHandle 来关闭事件对象句柄，当与之关联的最后一个句柄被关掉后，事件对象被销毁。

下面我们通过事件对象实现线程同步来改写例 8.11。

【例 8.14】 使用事件对象同步线程

（1）新建一个控制台工程。

（2）在 Test.cpp 中输入如下代码：

```
#include "stdafx.h"
#include "windows.h"
#include <strsafe.h>

#define  BUF_SIZE 100 //输出缓冲区大小
int gticketId = 10;  //记录卖出的车票号
HANDLE ghEvent; //事件对象句柄

DWORD WINAPI threadfunc(LPVOID param)
{
   HANDLE hStdout;
   DWORD  i, dwChars;
   size_t szlen;
```

```
    TCHAR chWin, msgBuf[BUF_SIZE];

    if (param == 0) chWin = _T('甲'); //甲窗口
    else chWin = _T('乙'); //乙窗口
    while (1)
    {
        WaitForSingleObject(ghEvent, INFINITE); //等待事件对象有信号
        if (gticketId <= 0) //如果车票全部卖出了，则退出循环
        {
            SetEvent(ghEvent); //设置事件对象有信号
            break;
        }
        //得到标准输出设备的句柄，为了打印
        hStdout = GetStdHandle(STD_OUTPUT_HANDLE);
        if (hStdout == INVALID_HANDLE_VALUE)
        {
            SetEvent(ghEvent); //释放事件对象所有权
            return 1;
        }
        //构造字符串
        StringCchPrintf(msgBuf, BUF_SIZE, _T("%c 窗口卖出的车票号 = %d\n"), chWin,
gticketId);
        StringCchLength(msgBuf, BUF_SIZE, &szlen);
        WriteConsole(hStdout, msgBuf, szlen, &dwChars, NULL); //控制台输出
        gticketId--;//车票减少一张
        SetEvent(ghEvent); //设置事件对象有信号
        //Sleep(1); //这句可以不用了
    }
  }
  int _tmain(int argc, _TCHAR* argv[])
  {
    int i;
    HANDLE h[2];
    printf("使用事件对象同步线程\n");
    ghEvent = CreateEvent(NULL, FALSE, TRUE, _T("myEvent")); //创建事件对象

    for (i = 0; i < 2; i++)
        h[i] = CreateThread(NULL, 0, threadfunc, (LPVOID)i, 0, 0); //创建线程
    for (i = 0; i < 2; i++)
    {
        WaitForSingleObject(h[i], INFINITE); //等待线程结束
        CloseHandle(h[i]); //关闭线程对象句柄
    }
    CloseHandle(ghEvent); //关闭事件对象句柄
    printf("卖票结束\n");
    return 0;
  }
```

程序利用事件对象来同步两个线程。首先创建一个事件对象，并在开始时设置有信号状态，然后在使用共享的全局变量 gticketId 之前需要等待，等到事件对象的信号后线程开始操作与 gticketId 有关的代码，同时事件对象处于无信号状态，一旦与 gticketId 有关操作完成就利用 SetEvent 函数设置事件对象为有信号状态，以便其他在等待事件对象的线程能得以执行。

（3）保存工程并运行，可以看到每次卖出的车票的号码都是不同的，如图 8-15 所示。

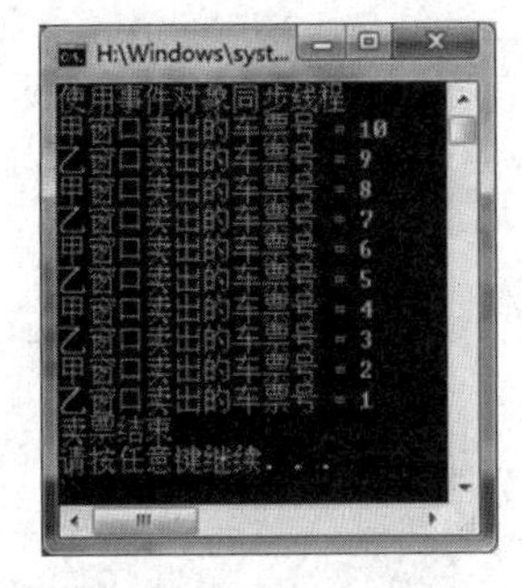

图 8-15

4. 信号量对象

信号量对象也是一个内核对象。它的工作原理是：信号量内部有计数器，当计数器大于 0 时，信号量对象处于有信号状态，此时等待信号量对象的线程得以继续进行，同时信号量对象的计数器减一；当计数器为 0 时，信号量对象处于无信号状态，此时等待信号量对象的线程将被阻塞。下面介绍和信号量操作有关的 API 函数。

（1）CreateSemaphore 函数

该函数创建或打开一个信号量对象，声明如下：

```
HANDLE  CreateSemaphore (LPSECURITY_ATTRIBUTES lpSemaphoreAttributes,
   LONG lInitialCount, LONG lMaximumCount, LPCTSTR lpName);
```

其中，参数 lpSemaphoreAttributes 指向 SECURITY_ATTRIBUTES 结构的指针，该结构表示安全属性，如果为 NULL，表示函数返回的句柄不能被子进程继承；lInitialCount 表示信号量的初始计数，该参数必须大于等于 0，并且小于等于 lMaximumCount；lMaximumCount 指定信号量对象计数器的最大值，该参数必须大于 0；lpName 指向一个字符串，该字符串指定信号量对象的名称，区分大小写，并且长度不能超过 MAX_PATH，如果为 NULL，则创建一个无名信号量对象。如果函数成功就返回信号量对象句柄，如果指定名字的信号量对象已经存在，则返回那个已经存在的信号量对象的句柄，如果函数失败就返回 NULL。

（2）ReleaseSemaphore 函数

该函数用来为信号量对象的计数器增加一定数量，声明如下：

```
    BOOL  ReleaseSemaphore(HANDLE hSemaphore, LONG lReleaseCount, LPLONG
lpPreviousCount);
```

其中，参数 hSemaphore 为信号量对象句柄；lReleaseCount 指定要将信号量对象的当前计数器增加的数目，该参数必须大于 0，如果该参数使得计数器的值大于其最大值（在创建信号量对象的时候设定），计数器值将保持不变，并且函数返回 FALSE；lpPreviousCount 指向一个变量，该变量存储信号量对象计数器的前一个值。如果函数成功就返回非 0，否则返回 0。

下面我们通过信号量对象实现线程同步来改写例 8.11。

【例 8.15】 使用信号量对象同步线程

（1）新建一个控制台工程。

（2）在 Test.cpp 中输入如下代码：

```
#include "stdafx.h"
#include "windows.h"
#include <strsafe.h>

#define  BUF_SIZE 100 //输出缓冲区大小
int gticketId = 10;  //记录卖出的车票号
HANDLE ghSemaphore; //信号量对象句柄

DWORD WINAPI threadfunc(LPVOID param)
{
```

```
        HANDLE hStdout;
        DWORD  i, dwChars;
        size_t szlen;
        LONG cn;
        TCHAR chWin, msgBuf[BUF_SIZE];

        if (param == 0) chWin = _T('甲'); //甲窗口
        else chWin = _T('乙'); //乙窗口
        while (1)
        {
            WaitForSingleObject(ghSemaphore, INFINITE); //等待信号量对象有信号
            if (gticketId <= 0) //如果车票全部卖出了，则退出循环
            {
                ReleaseSemaphore(ghSemaphore,1,&cn); //释放信号量对象所有权
                break;
            }

            //得到标准输出设备的句柄，为了打印
            hStdout = GetStdHandle(STD_OUTPUT_HANDLE);
            if (hStdout == INVALID_HANDLE_VALUE)
            {
                ReleaseSemaphore(ghSemaphore,1, &cn); //释放信号量对象所有权
                return 1;
            }
            //构造字符串
            StringCchPrintf(msgBuf, BUF_SIZE, _T("%c 窗口卖出的车票号 = %d\n"), chWin,
gticketId);
            StringCchLength(msgBuf, BUF_SIZE, &szlen);
            WriteConsole(hStdout, msgBuf, szlen, &dwChars, NULL); //控制台输出
            gticketId--;//车票减少一张
            ReleaseSemaphore(ghSemaphore,1, &cn); //释放信号量对象所有权
            //Sleep(1); //这句可以不用了
        }
    }
    int _tmain(int argc, _TCHAR* argv[])
    {
        int i;
        HANDLE h[2];
        printf("使用信号量对象同步线程\n");
        //创建信号量对象
        ghSemaphore = CreateSemaphore(NULL, 1, 50, _T("mySemaphore"));

        for (i = 0; i < 2; i++)
            h[i] = CreateThread(NULL, 0, threadfunc, (LPVOID)i, 0, 0); //创建线程
        for (i = 0; i < 2; i++)
        {
            WaitForSingleObject(h[i], INFINITE); //等待线程结束
            CloseHandle(h[i]); //关闭线程对象句柄
        }
        CloseHandle(ghSemaphore); //关闭信号量对象句柄
        printf("卖票结束\n");
        return 0;
    }
```

上面的代码通过信号量对象来同步两个线程。首先创建一个计数器为 1 的信号量对象，因为信号量计数器大于 0，所以信号量对象处于有信号状态，然后在子线程中的等待函数就可以等到该信号，并且信号量对象计数器减一变为 0，则其他等待函数就只能阻塞了，等到共享的全局变量 gticketId 操作完成后，让信号量对象计数器加 1，计数器大于 0 则信号量对象重新变为有信号状态，其他线程得以等待返回继续执行。

（3）保存工程并运行，运行结果如图 8-16 所示。

图 8-16

8.3　CRT 库中的多线程函数

CRT 库的全称是 C Run-time Libraries，即 C 运行时库，包含了 C 常用的函数（如 printf、malloc、strcpy 等），为运行 main 做了初始化环境变量、堆、I/O 等资源，并在结束后清理。在 Windows 环境下，Visual C++提供的 C Run-time libraries 分为动态运行时库、静态运行时库、调试版本（Debug）、发行版本（Release）等，它们都是支持多线程的，以前老的 Visual C++版本还有单线程版本 CRT，现在单线程版本 CRT 已经淘汰。我们可以在 IDE 工程属性中进行设置，选择不同版本的 CRT，比如打开工程属性对话框，然后在左边选择“C/C++”｜“代码生成”，在右边的“运行时”旁边可以选择不同的 CRT 库，如图 8-17 所示。

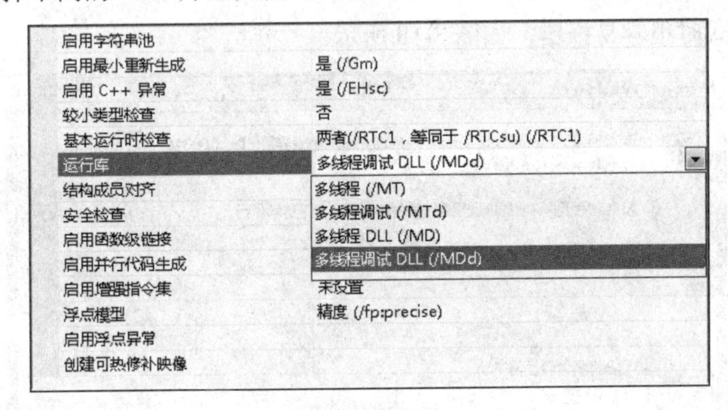

图 8-17

其中，/MT 表示多线程静态链接的 Release 版本的 CRT 库，在 LIBCMT.LIB 中实现。/MTd 表示多线程静态链接的 Debug 版本的 CRT 库，在 LIBCMTD.LIB 中实现。/MD 表示多线程 DLL 的 Release 版本的 CRT 库，它在 MSVCRT.LIB 中实现。/MDd 表示多线程 DLL 的 Debug 版本的 CRT 库，它在 MSCVRTD.LIB 中实现。通常这里保持默认即可。

CRT 库中提供了创建线程和结束线程的函数，比如创建线程函数_beginthread 和_beginthreadex、结束线程函数_endthread 和_endthreadex，_beginthread 和_endthread 对应使用，_beginthreadex 和_endthreadex 对应使用。前面 Win32 API 函数 CreateThread 创建的线程中不应使用 CRT 库中的函数，现在_beginthread 和_beginthreadex 创建的线程则可以使用 CRT 库函数。其实，在_beginthread 和_beginthreadex 内部都调用了 API 函数 CreateThread，但在调用该 API 函数前做了很多初始化工作，在调用后又做了不少检查工作，这使得线程能更好地支持 CRT 库函数。函数_endthread 和_endthreadex 的内部其实调用了 API 函数 ExitThread，但它们还做了许多善后工作。

如果要在控制台程序下使用 CRT 中的线程函数，就要包括头文件 process.h。

函数_beginthread 声明如下：

```
uintptr_t  _beginthread( void( *start_address )( void * ), unsigned  stack_size,
void *arglist );
```

其中，参数 start_address 是线程函数的起始地址，该线程函数的调用约定必须是__cdecl 或__clrcall（用于托管）；stack_size 是线程的堆栈大小，如果为 0，就使用系统默认值；arglist 指向传给线程函数参数的指针。函数如果成功就返回线程句柄（根据平台不同，uintptr_t 可能为 unsigned integer 或 unsigned __int64），如果失败就返回-1。需要注意的是，如果创建的线程很快退出了，则_beginthread 可能返回一个无效句柄。

_beginthread 创建的线程可以用函数_endthread 来结束，该函数声明如下：

```
void _endthread();
```

如果在线程函数中使用_endthread，那么该函数后面的代码将得不到执行。此外，当线程函数返回的时候系统也会自动调用_endthread，并且_endthread 会自动关闭线程句柄，正因为这个原因，我们不需要再去显式调用 CloseHandle 函数来关闭线程句柄，而且也不应该在主线程中使用等待函数（比如 WaitForSingleObject）来等待子线程句柄的方式去判断子线程是否结束，比如这样的代码可能会出现句柄无效的异常报错：

```
    WaitForSingleObject((HANDLE)ghThread1, INFINITE); //等待子线程退出
    CloseHandle((HANDLE)ghThread1);//关闭线程句柄
```

尤其在单步调试时很容易报错，如图 8-18 所示。

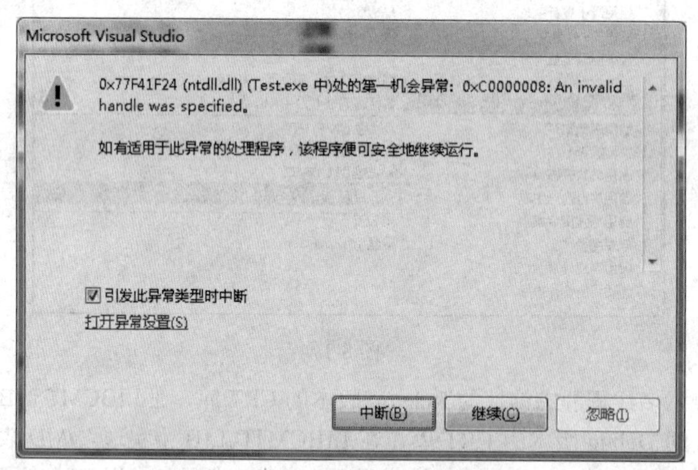

图 8-18

正确的方式是如果要等待_beginthread 创建的线程结束，可以使用同步对象，比如事件等，后面的例子我们会演示。

函数_beginthreadex 比_beginthread 功能强大一些，并且更安全些，声明如下：

```
uintptr_t _beginthreadex(void *security, unsigned stack_size, unsigned
( *start_address )( void * ),void *arglist, unsigned initflag, unsigned *thrdaddr );
```

其中，参数 security 表示线程的安全描述符；stack_size 是线程的堆栈大小，如果为 0，就使用系统默认值；start_address 是线程函数的起始地址，该线程函数的调用约定必须是__stdcall 或__clrcall（用于托管）；arglist 指向传给线程函数参数的指针；initflag 用于指示线程的创建后是否立即执行，0 表示立即执行，CREATE_SUSPENDED 表示创建后挂起；thrdaddr 指向一个 32 位的

变量，该变量用来存放线程 ID。函数如果成功就返回线程句柄（根据平台不同，uintptr_t 可能为 unsigned integer 或 unsigned __int64），如果失败就返回 0。

_beginthread 相当于_beginthreadex 的功能子集，但使用_beginthread，无法创建带有安全属性的新线程，无法创建初始能暂停的线程，也无法获得线程 ID。

_beginthreadex 的功能类似于 API 函数 CreateThread，虽然功能类似，但是推荐使用_beginthreadex，因为不少人对 CRT 函数更熟悉，所以在线程函数中的某些需求经常会用 CRT 函数去解决。前面也提到过，在 CreateThread 创建的线程中使用 CRT 函数会产生一些内存泄漏。

_beginthreadex 创建的线程可以使用函数_endthreadex 来结束，如果在线程函数中调用_endthreadex，则该函数后面的代码将不会执行。同样，_beginthreadex 创建的线程在线程函数返回的时候，系统会自动调用_endthreadex，但_endthreadex 并不会去关闭线程句柄，所以要开发者显式地调用 CloseHanlde 来关闭线程句柄。因为_endthreadex 并不会去关闭线程句柄，所以可以在主线程中使用等待函数（比如 WaitForSingleObject）来等待子线程句柄，以此判断子线程是否结束。_beginthreadex 函数的使用流程和 CreateThread 几乎一样。

下面看几个小例子，第一个例子利用_beginthread 函数不断创建线程，看最多能创建多少个线程。第二个例子是和前面章节类似的卖票程序，用互斥对象来同步_beginthread 函数创建的两个线程，这是一个控制台程序，在这个程序中我们要向控制台打印信息，可以直接使用 CRT 库中的 printf 函数，因为线程也是 CRT 库函数_beginthread 创建的。

【例 8.16】利用_beginthread 不断创建线程

（1）新建一个对话框工程。

（2）切换到资源视图，打开对话框编辑器，删除上面所有的控件，然后添加 4 个按钮和 2 个静态控件。将按钮的标题分别设为“启动”“暂停”“继续”“结束线程”，其中一个静态控件的标题设为“已经创建的线程数：”，放在左上角，然后把另外一个静态控件放在它的右边并设 ID 为 IDC_THREAD_COUNT。双击“启动”按钮，添加事件处理函数，如下代码：

```
void CTestDlg::OnBnClickedButton1()
{
    // TODO:  在此添加控件通知处理程序代码
    if (_beginthread(threadFunc1, 0, m_hWnd) != -1) //创建线程
        GetDlgItem(IDC_BUTTON1)->EnableWindow(FALSE); //按钮变为不可用
    if (!ghEvent)
        ghEvent = CreateEvent(NULL, FALSE, FALSE, NULL);
}
```

一旦成功创建线程，按钮就变为不可用。其中，ghEvent 是一个事件句柄，是全局变量，定义如下：

```
HANDLE ghEvent = NULL;
```

通过这个事件句柄我们将用于等待子线程的退出。threadFunc1 是线程函数，并把对话框句柄 m_hWnd 作为参数传给线程函数。threadFunc1 函数的如下代码：

```
void threadFunc1(void *pArg)
{
    HWND hWnd = (HWND)pArg;
    g_nCount = 0;
    g_bRun = true;
```

```
    while (g_bRun) //不断地创建新的线程
    {
        if (_beginthread(threadFunc2, 0, hWnd) == -1)
        {
            g_bRun = false; //如果创建失败了，则置 false，准备退出循环
            break;
        }
    }
    ::PostMessage(hWnd, WM_SHOW_THREADCOUNT, 1, 0); //发送消息通知，线程结束
SetEvent(ghEvent); //设置事件状态
}
```

代码很简单，就是不停地在循环中创建线程，一直到失败。要注意的是，程序结尾用 PostMessage ，不要用 SendMessage，因为我们后面主线程会等待子线程的结束，等待的时候主线程会挂起，所以如果用 SendMessage，SendMessage 会无法返回（因为主线程挂起了），这样子线程和主线程就互相等待了。其中，g_nCount 和 g_bRun 都是全局变量，定义如下：

```
bool g_bRun = false; // 控制循环结束
long g_nCount = 0; //统计所创建的线程个数
```

WM_SHOW_THREADCOUNT 是自定义消息，定义如下：

```
#define WM_SHOW_THREADCOUNT WM_USER+5
```

threadFunc2 也是线程函数，定义如下：

```
void threadFunc2(void *pArg)
{
    HWND hWnd = (HWND)pArg;

    g_nCount++; //线程个数累加
    //发送消息显示线程个数
    ::SendMessage(hWnd, WM_SHOW_THREADCOUNT, 0, g_nCount);
    while (g_bRun) //如果程序还在创建线程，则每个子线程一直运行
        Sleep(1000);
}
```

该线程函数只是把当前已经创建的线程个数发送消息去显示。添加 WM_SHOW_THREADCOUNT 的消息处理函数：

```
LRESULT CTestDlg::OnMyMsg(WPARAM wParam, LPARAM lParam)
{
    CString str;

    if (wParam == 1)
        //线程准备结束了，则让按钮使能
        GetDlgItem(IDC_BUTTON1)->EnableWindow(TRUE);
    else
    {
        str.Format(_T("%d"), g_nCount);
        GetDlgItem(IDC_THREAD_COUNT)->SetWindowText(str); //显示线程个数
        UpdateData(FALSE);
    }
    return 0;
}
```

别忘了添加消息映射：

```
ON_MESSAGE(WM_SHOW_THREADCOUNT, OnMyMsg)
```

（3）切换到资源视图，打开对话框编辑器，双击“暂停”按钮，为其添加事件处理函数，如下代码：

```
void CTestDlg::OnBnClickedButton2()
{
    // TODO:  在此添加控件通知处理程序代码
    if (ghThread1)
        SuspendThread((HANDLE)ghThread1); //用 API 函数暂停线程的执行
}
```

再为“继续”按钮添加事件处理函数，如下代码：

```
void CTestDlg::OnBnClickedButton3()
{
    // TODO:  在此添加控件通知处理程序代码
    if (ghThread1)
        ResumeThread((HANDLE)ghThread1); //用 API 函数继续线程的执行
}
```

再为“结束线程”按钮添加事件处理函数，如下代码：

```
void CTestDlg::OnBnClickedButton4()
{
    // TODO:  在此添加控件通知处理程序代码
    if (!ghThread1)
        return;

    if (!g_bRun)
        return; //如果已经结束则直接返回
    g_bRun = false; //设置循环结束变量

    WaitForSingleObject(ghEvent, INFINITE); //无限等待事件有信号
    CloseHandle(ghEvent); //关闭事件句柄
    ghEvent = NULL;
    GetDlgItem(IDC_BUTTON1)->EnableWindow();//设置“启动”按钮可用
}
```

（4）保存工程并运行，运行结果如图 8-19 所示。

【例 8.17】利用互斥对象同步_beginthread 创建的线程

（1）新建一个控制台工程。

（2）打开 Test.cpp，在其中输入如下代码：

```
#include "stdafx.h"
#include "windows.h"
#include "process.h"
#include <clocale>

int gticketId = 10;  //记录卖出的车票号
CMutex gcs; // 定义 CMutex 对象

void threadfunc(LPVOID param)
```

```
{
    TCHAR chWin;
    if (param == 0) chWin = _T('甲'); //甲窗口
    else chWin = _T('乙'); //乙窗口
    while (1)
    {
        gcs.
        if (gticketId <= 0) //如果车票全部卖出了，就退出循环
        {
            ReleaseMutex(ghMutex); //释放互斥对象所有权
            break;
        }
        setlocale(LC_ALL, "chs"); //为控制台设置中文环境
        _tprintf(_T("%c 窗口卖出的车票号 = %d\n"), chWin, gticketId); //打印信息
        gticketId--;//车票减少一张
        ReleaseMutex(ghMutex); //释放互斥对象所有权
    }
}
int _tmain(int argc, _TCHAR* argv[])
{
    int i;
    uintptr_t h[2];
    printf("使用互斥对象同步线程\n");
    ghMutex = CreateMutex(NULL, FALSE, _T("myMutex")); //创建互斥对象
    for (i = 0; i < 2; i++)
        h[i] = _beginthread(threadfunc, 0,(LPVOID)i); //创建线程
    for (i = 0; i < 2; i++)
    {
        WaitForSingleObject((HANDLE)h[i], INFINITE); //等待线程结束
        CloseHandle((HANDLE)h[i]); //关闭线程对象句柄
    }
    CloseHandle(ghMutex); //关闭互斥对象句柄
    printf("卖票结束\n");
    return 0;
}
```

（3）保存工程并运行，运行结果如图 8-20 所示。

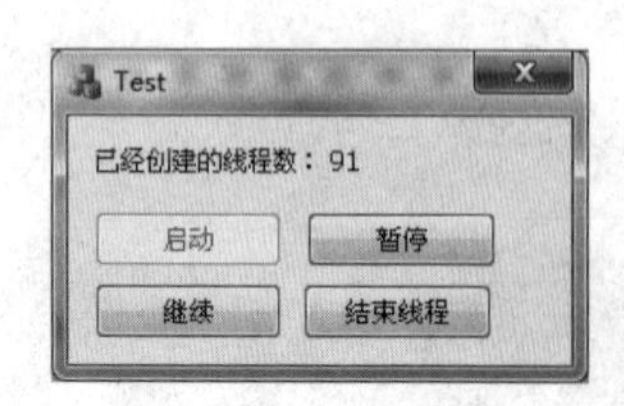

图 8-19

图 8-20

【例 8.18】_beginthreadex 函数的简单示例

（1）新建一个控制台工程。

（2）在 Test.cpp 中输入如下代码：

```
#include "stdafx.h"
#include <windows.h>
#include <stdio.h>
#include <process.h>

unsigned gCounter;
unsigned __stdcall ThreadFunc(void* pArguments)
{
    while (gCounter < 500000) //不断循环累加
        gCounter++;
    printf("子线程运行结果:%d\n", gCounter);
    return 0;
}

int _tmain(int argc, _TCHAR* argv[])
{
    HANDLE hThread;
    unsigned threadID;

    //创建一个子线程
    hThread = (HANDLE)_beginthreadex(NULL, 0, &ThreadFunc, NULL, 0, &threadID);
    WaitForSingleObject(hThread, INFINITE); //等待子线程结束
    printf("子线程运行结果应该是 500000;实际结果%d\n", gCounter); //打印结果
    CloseHandle(hThread); //关闭线程句柄，销毁线程对象
    return 0;
}
```

_beginthreadex 创建的线程可以使用 WaitForSingleObject 函数来等待子线程句柄 hThread 的方式判断子线程释放结束，并且要显式关闭子线程句柄。

（3）保存工程并运行，运行结果如图 8-21 所示。

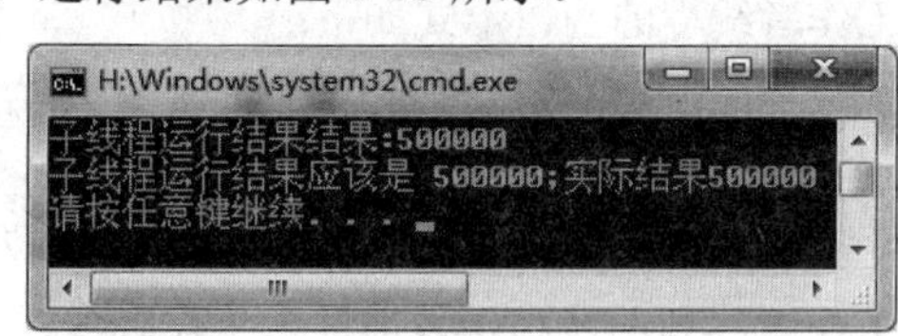

图 8-21

8.4　MFC 多线程开发

前面纯粹使用 Win32 API 函数进行多线程开发，现在我们利用 MFC 库来进行多线程开发。MFC 对多线程的支持是通过对多线程开发相关的 Win32 API 再进行简单的封装后实现的。

在 MFC 中，用类 CWinThread 的对象来表示一个线程，比如每个 MFC 程序的主线程都有一个继承自 CWinApp 的应用程序类，而 CWinApp 继承自 CWinThread。类 CWinThread 支持两种线程类型：工作者线程和用户界面线程。工作者线程没有收发消息的功能，通常用于后台计算工作，比如耗时的计算过程、打印机的后台打印等；用户界面线程具有消息队列和消息循环，可以收发消息，一般用于处理独立于其他线程执行之外的用户输入、响应用户及系统所产生的事件和消息等。

类 CWinThread 的成员中不但包含了控制线程的相关成员函数（比如暂停和恢复），还包括线程的 ID 和句柄。主要成员可以见表 8-3。

表 8-3　类 CWinThread 的主要成员

类 CWinThread 的成员	含　义
m_bAutoDelete	指定线程结束时是否要销毁 CWinThread 对象
m_hThread	当前线程的句柄
m_nThreadID	当前线程的 ID
m_pMainWnd	保存指向应用程序的主窗口的指针
m_pActiveWnd	指向容器应用程序的主窗口，当一个 OLE 服务器被现场激活时
CWinThread	构造一个 CWinThread 对象
CreateThread	创建线程
GetMainWnd	查询指向线程主窗口的指针
GetThreadPriority	获取当前线程的优先级
PostThreadMessage	向其他 CWinThread 对象传递一条消息
ResumeThread	减少一个线程的挂起计数
SetThreadPriority	设置当前线程的优先级
SuspendThread	增加一个线程的挂起计数

8.4.1　线程的创建

在 MFC 中有两种创建线程的方式：一种是调用 MFC 库中的全局函数 AfxBeginThread；另一种是先定义 CWinThread 对象，再调用成员函数 CWinThread::CreateThread。

函数 AfxBeginThread 是 MFC 库中的全局函数，不是 Win32 API 函数，只能在 MFC 程序中使用。该函数创建并启动一个线程，有两种重载形式，分别用于创建工作者线程（辅助线程）和用户界面线程（UI 线程）。创建工作者线程的函数形式如下：

```
    CWinThread* AfxBeginThread(AFX_THREADPROC pfnThreadProc, LPVOID pParam,
      int nPriority = THREAD_PRIORITY_NORMAL,UINT nStackSize = 0,  DWORD
dwCreateFlags = 0,  LPSECURITY_ATTRIBUTES lpSecurityAttrs = NULL );
```

其中，pfnThreadProc 为工作者线程的线程函数地址。工作者线程的线程函数形式如下：

```
    UINT  __cdecl  MyFunction( LPVOID pParam );
```

注意，该线程函数的返回值类型是 UINT，并且函数调用约定为__cdecl，而不是 WINAPI，前面 CreateThread 创建的线程函数的返回值类型为 DWORD，调用约定为 WINAPI，即__stdcall；pParam 为传给线程函数的参数；nPriority 为线程的优先级，如果为 0，即宏 THREAD_PRIORITY_NORMAL，则线程与其父线程具有相同的优先级；nStackSize 表示线程为自己分配的堆栈的大小，其单位为字节，如果该参数为 0，则线程的堆栈被设置成与父线程堆栈相同大小；dwCreateFlags 用来确定线程在创建后释放立即开始执行；如果为 0 则线程在创建后立即执行，如果为 CREATE_SUSPEND，则线程在创建后立刻被挂起；lpSecurityAttrs 表示线程的安全属性指针，一般为 NULL。当函数成功时返回 CWinThread 对象的指针，如果失败就返回 NULL。

用户界面线程也可以用 AfxBeginThread 创建，注意不同的是第一个参数。创建用户界面线程的 AfxBeginThread 函数形式如下：

```
CWinThread* AfxBeginThread(CRuntimeClass* pThreadClass,
    int nPriority = THREAD_PRIORITY_NORMAL,UINT nStackSize = 0,DWORD dwCreateFlags
= 0,  LPSECURITY_ATTRIBUTES lpSecurityAttrs = NULL );
```

其中，参数 pThreadClass 指向从 CWinThread 派生的子类对象的 RUNTIME_CLASS，RUNTIME_CLASS 可以从一个 C++类名获得运行时的类结构；其他参数和函数返回值与上面相同，不再赘述。

用户界面线程通常用于处理用户输入和响应用户事件，这些行为独立于该应用程序的其他线程。用户界面线程必须包含有消息循环，以便可以处理用户消息。创建用户界面线程时，必须首先从 CWinThread 派生类，而且必须要重写类的 InitInstance 函数。

实际上，AfxBeginThread 内部会先新建一个 CWinThread 对象，然后调用 CWinThread::CreateThread 来创建线程，最后 AfxBeginThread 会返回这个 CWinThread 对象，如果我们没有把 CWinThread::m_bAutoDelete 设为 FALSE，则当线程函数返回的时候，将自动删除这个 CWinThread 对象。因此，注意不要等线程结束的时候去关闭线程句柄，因为此时可能 CWinThread 对象已经销毁了，根本无法引用其成员变量 m_hThread（线程句柄）了。比如下面的代码：

```
CWinThread *pwinthread1
pwinthread1 = AfxBeginThread(threadfunc, (LPVOID)0);
WaitForSingleObject(pwinthread1->m_hThread, INFINITE); //等待线程结束
CloseHandle(pwinthread1->m_hThread); //可能已经是无效指针
```

该段代码在单步调试的时候会报异常错误，因为最后一句中的 pwinthread1 很可能是无效的。既然删除了 CWinThread 对象，我们就不必去关闭线程句柄了。

此外，如果我们把 CWinThread::m_bAutoDelete 设为 TRUE，那么最后要自己去删除 CWinThread 对象（比如 delete pwinthread1;），否则会造成内存泄漏。

CWinThread::CreateThread 内部是通过_beginthreadex 函数来创建线程的。只不过 AfxBeginThread 和 CWinThread::CreateThread 做了更多的初始化和检查工作。在 AfxBeginThread 创建的线程中使用 CRT 库函数是安全的。

下面我们创建一个用户界面线程，在用户界面线程中会创建一个窗口，并且单击窗口的时候会出现一个信息框。

【例 8.19】AfxBeginThread 创建用户界面线程

（1）新建一个单文档工程。

（2）切换到类视图，添加一个 MFC 类 CMyThread（用户界面类），继承于 CWinThread；再添加一个 MFC 类 CMyWnd（在界面线程中创建窗口），继承于 CFrameWnd。

（3）打开 MyWnd.h，把 CMyWnd 的构造函数访问属性改为 public，同时添加一个进度条变量：

```
public:
    CProgressCtrl    m_pos; //进度条控件变量
    CMyWnd(); //构造函数
```

为 CMyWnd 添加 WM_CREATE 的消息处理函数 OnCreate，在该函数中我们创建一个进度条控件和设置计时器，如下代码：

```
int CMyWnd::OnCreate(LPCREATESTRUCT lpCreateStruct)
{
    int i;
    if (CFrameWnd::OnCreate(lpCreateStruct) == -1)
```

```
        return -1;

    // TODO:  在此添加你专用的创建代码
    //创建进度条
    m_pos.Create(WS_CHILD | WS_VISIBLE, CRect(10, 10, 300, 50), this, 10001);
    m_pos.SetRange(0, 100); //设置范围
    m_pos.SetStep(1); //设置步长
    SetTimer(1, 50, NULL); //开启计时器，时间间隔为50ms
    return 0;
}
```

为 CMyWnd 添加计时器消息 WM_TIMER 的消息处理函数 OnTimer，其中我们让计时器向前走一步，如下代码：

```
void CMyWnd::OnTimer(UINT_PTR nIDEvent)
{
    // TODO:  在此添加消息处理程序代码和/或调用默认值
    m_pos.StepIt(); //进度条向前走一步
    CFrameWnd::OnTimer(nIDEvent);
}
```

最后为 CMyWnd 添加窗口销毁消息 WM_DESTROY 的消息处理函数 OnDestroy，在其中我们销毁计时器，如下代码：

```
void CMyWnd::OnDestroy()
{
    CFrameWnd::OnDestroy();
    // TODO:  在此处添加消息处理程序代码
    KillTimer(1); //销毁计时器
}
```

我们在线程中创建的窗口完成了，该窗口运行的时候会不停地让进度条往前滚动。

（4）打开 MyThread.cpp，找到函数 CMyThread::InitInstance，在其中添加创建上述窗口的代码：

```
BOOL CMyThread::InitInstance()
{
    // TODO:     在此执行任意线程初始化
    CMyWnd *pFrameWnd = new  CMyWnd(); //分配空间
    pFrameWnd->Create(NULL, _T("线程中创建的窗口" )); //创建窗口
    pFrameWnd->ShowWindow(SW_SHOW);  //显示窗口
    pFrameWnd->UpdateWindow();

return  TRUE;
}
```

虽然我们用 new 分配了一个窗口的堆空间，但我们不要用 Delete 键去删除它，因为窗口在销毁的时候，系统会自动删除这个 C++对象。最后在该文件开头包含头文件 MyWnd.h。

（5）切换到资源视图，打开菜单设计器，然后在“视图”菜单下添加一个菜单项“创建用户界面线程”，并为其添加视类的事件处理函数，其中我们将开启一个界面线程，如下代码：

```
void CTestView::On32771()
{
    // TODO:  在此添加命令处理程序代码
```

```
    AfxBeginThread(RUNTIME_CLASS(CMyThread)); //创建界面线程
}
```

类 CMyThread 就是我们上面创建的界面线程类，最后在文件开头包含头文件 MyThread.h。

（6）保存工程并运行，因为这两个窗口是在不同线程中创建的，所以在任务栏里会出现这两个窗口，它们是相互独立的。需要注意的是，如果直接关闭主线程中的窗口，就会导致子线程直接关闭，子线程窗口的销毁动作得不到执行（大家可以在 CMyWnd::OnDestroy 中显示一个信息框来验证），从而造成内存泄漏，所以应该先关闭子线程窗口再关闭主线程窗口。运行结果如图 8-22 所示。

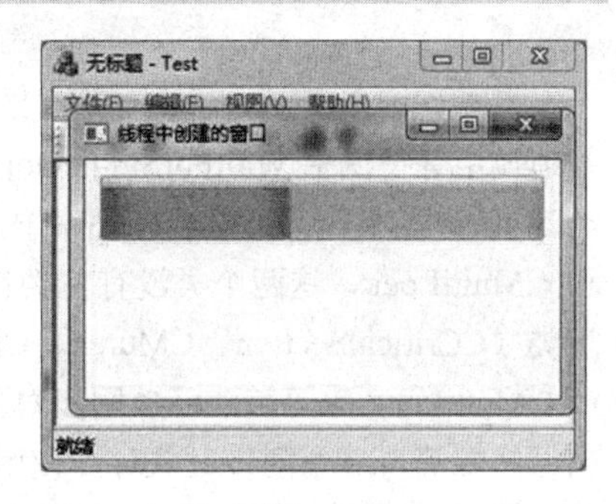

图 8-22

8.4.2　线程同步

我们知道，线程同步可以通过同步对象来实现，前面章节介绍了直接用 Win32 API 进行线程同步。在 MFC 中，对同步对象进行了 C++封装，各个同步函数成为 C++类的成员函数。在 MFC 中，用于线程同步的类有 CCriticalSection（临界区类）、互斥类（CMutex）、事件类（CEvent）和信号量类（CSemaphore），这些类都从同步对象类 CSyncObject 派生。我们来看一下类 CSyncObject 在 afxmt.h 中的定义：

```
class CSyncObject : public CObject
{
    DECLARE_DYNAMIC(CSyncObject)

// Constructor
public:
    explicit CSyncObject(LPCTSTR pstrName);

// Attributes
public:
    operator HANDLE() const;
    HANDLE  m_hObject;

// Operations
    virtual BOOL Lock(DWORD dwTimeout = INFINITE);
    virtual BOOL Unlock() = 0;
    virtual BOOL Unlock(LONG /* lCount */, LPLONG /* lpPrevCount=NULL */)
    { return TRUE; }

// Implementation
public:
    virtual ~CSyncObject();
#ifdef _DEBUG
    CString m_strName;
    virtual void AssertValid() const;
    virtual void Dump(CDumpContext& dc) const;
#endif
```

```
    friend class CSingleLock;
    friend class CMultiLock;
};
```

其中，m_hObject 存放同步对象的句柄。函数 Lock 用于锁定某个同步对象，它在内部只是简单地调用等待函数 WaitForSingleObject。Unlock 是一个纯虚函数，因此类 CSyncObject 是一个纯虚类，所以该类不应该直接用在程序中，而应该使用它的子类。另外，在末尾有两个友元类 CSingleLock 和 CMultiLock，这两个类没有父类也没有子类，主要用于对共享资源的访问控制，要使用 4 大同步类（CCriticalSection、CMutex、CEvent、 CSemaphore）来同步线程，必须要使用 CSingleLock 或 CMultiLock 来等待或释放同步对象。当一次只需要等待一个同步对象时，使用类 CSingleLock；当一次要等待多个同步对象时，使用类 CMultiLock。

类 CSingleLock 的常见成员见表 8-4。

表 8-4　类 CSingleLock 的常见成员

类 CSingleLock 的常见成员	含　义
CSingleLock	构造一个 CSingleLock 对象
IsLocked	判断同步对象释放处于锁定状态
Lock	对同步对象上锁，即等待某个同步对象
UnLock	释放某个同步对象，即解锁

构造函数 CSingleLock 的声明如下：

```
CSingleLock( CSyncObject* pObject, BOOL bInitialLock = FALSE );
```

其中，参数 pObject 为指向同步对象的指针，不可以为 NULL；bInitialLock 表明该同步对象在初始的时候是否锁定同步对象。

函数 CSingleLock::Lock 的声明如下：

```
BOOL Lock(DWORD dwTimeOut = INFINITE );
```

其中，参数 dwTimeOut 为等待同步对象变为可用（有信号状态）所用的时间，单位是毫秒，如果为 INFINITE，则函数一直等到同步对象有信号为止。如果函数成功就返回非 0，否则返回 0。

通常当同步对象变为有信号时，Lock 函数将成功返回，同时线程将拥有该同步对象。如果同步对象处于无信号状态（不可用），则 Lock 等待 dwTimeOut 毫秒或一直等下去直到同步对象有信号。等待 dwTimeOut 毫秒时，若等待超时，则 Lock 返回 0。

函数 Unlock 用于释放某个同步对象，声明如下：

```
BOOL Unlock();
```

如果函数成功就返回非 0，否则返回 0。

函数 IsLocked 判断同步对象释放处于锁定状态，声明如下：

```
BOOL IsLocked( );
```

如果同步对象被锁定，函数就返回非 0，否则返回 0。

在使用 CSingleLock 进行线程同步的时候，不要在多个线程中共享一个 CSingleLock 对象，通常在一个线程中定义一个对象。比如：

```
UINT threadfunc() //线程函数
{
    // gCritSection 是类 CCriticalSection 的全局对象
```

```
    CSingleLock singleLock(&gCritSection);
    singleLock.Lock();  // 试图对共享资源进行上锁
    if (singleLock.IsLocked())  // 判断资源释放上锁
    {
        //使用共享资源
        //
        singleLock.Unlock(); //使用完毕后解锁
    }
}
```

1. 临界区类

类 CCriticalSection 对临界区对象的操作进行了 C++封装。关于临界区的概念前面小节已经介绍过，这里不再赘述。类 CCriticalSection 的常见成员函数见表 8-5。

表 8-5　类 CCriticalSection 的常见成员

类 CCriticalSection 的常见成员	含　义
m_sect	结构体 CRITICAL_SECTION 类型的变量
Lock	用于获得临界区对象的访问权
UnLock	释放临界区对象

类 CCriticalSection 的用法有两种：一种是单独使用；另一种是和 CSingleLock 或 CMultiLock 联合使用。如果是单独使用，首先创建一个 CCriticalSection 对象，然后在需要访问临界区时先调用 CCriticalSection::Lock 函数进行锁定，即获得临界区对象的访问权，然后开始执行临界区代码，在执行完临界区后再调用 CCriticalSection:: UnLock 函数释放临界区对象。

第二种方法先定义一个 CSingleLock 对象，并把 CCriticalSection 对象的指针作为参数传入其构造函数。然后在需要访问临界区的地方调用函数 CSingleLock::Lock，用完临界区后再调用函数 CSingleLock:: Unlock，比如：

```
UINT threadfunc()
{
    // m_CritSection 是类 CCriticalSection 的对象
    CSingleLock singleLock(&m_CritSection);
    singleLock.Lock();  // 试图对共享资源进行上锁
    if (singleLock.IsLocked())  // 判断资源释放上锁
    {
        //  使用共享资源
        //
        singleLock.Unlock(); //使用完毕后解锁
    }
}
```

下面我们来演示这两种用法。同前面 Win32 API 线程同步一样，我们也来对例 8.11 进行改造。

【例 8.20】单独使用 CCriticalSection 对象来同步线程

（1）新建一个控制台工程，并在向导的“应用程序设置”中勾选“MFC”复选框，这是因为 CCriticalSection 属于 MFC 类，如图 8-23 所示。

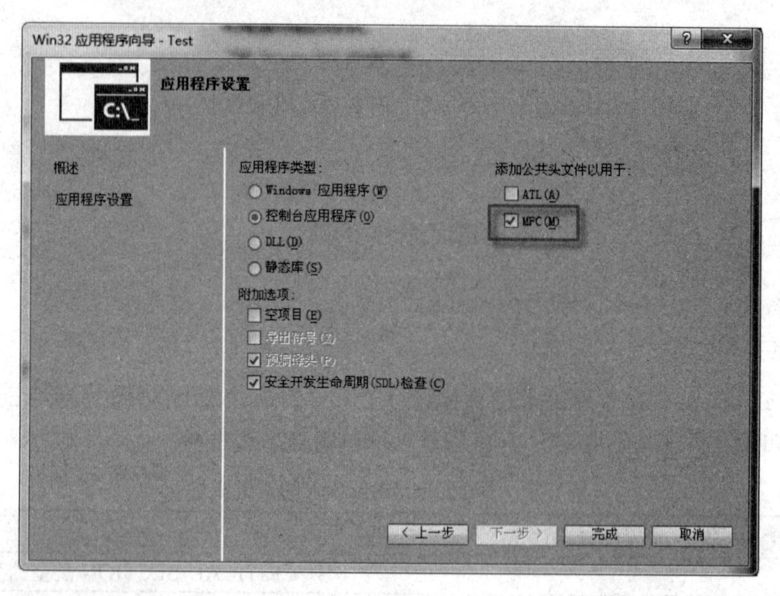

图 8-23

（2）在 Test.cpp 中输入如下代码：

```
// Test.cpp : 定义控制台应用程序的入口点
#include "stdafx.h"
#include "Test.h"
#include "afxmt.h"

#ifdef _DEBUG
#define new DEBUG_NEW
#endif

// 唯一的应用程序对象
CWinApp theApp;
using namespace std;
int gticketId = 10;  //记录卖出的车票号
CCriticalSection gcs; // 定义 CCriticalSection 对象

UINT  threadfunc(LPVOID param)
{
    TCHAR chWin;

    if (param == 0) chWin = _T('甲'); //甲窗口
    else chWin = _T('乙'); //乙窗口
    while (1)
    {
        gcs.Lock();
        if (gticketId <= 0) //如果车票全部卖出了，则退出循环
        {
            gcs.Unlock();
            break;
        }
        setlocale(LC_ALL, "chs"); //为控制台设置中文环境
```

```
        _tprintf(_T("%c 窗口卖出的车票号 = %d\n"), chWin, gticketId); //打印信息
        gticketId--;//车票减少一张
        gcs.Unlock(); //释放临界区对象所有权
        Sleep(1); //让出 CPU 让别的线程有机会执行
    }
    return 0;
}

int _tmain(int argc, TCHAR* argv[], TCHAR* envp[])
{
    int nRetCode = 0;
    CWinThread *pwinthread1, *pwinthread2;
    HMODULE hModule = ::GetModuleHandle(NULL);

    if (hModule != NULL)
    {
        // 初始化 MFC 并在失败时显示错误
        if (!AfxWinInit(hModule, NULL, ::GetCommandLine(), 0))
        {
            // TODO:  更改错误代码以符合你的需要
            _tprintf(_T("错误:  MFC 初始化失败\n"));
            nRetCode = 1;
        }
        else
        {
            // TODO:  在此处为应用程序的行为编写代码
            puts("利用 CCriticalSection 同步线程");
            //创建第一个卖票线程
            pwinthread1 = AfxBeginThread(threadfunc, (LPVOID)0);
            //创建第二个卖票线程
            pwinthread2 = AfxBeginThread(threadfunc, (LPVOID)1);
            //等待线程结束
            WaitForSingleObject(pwinthread1->m_hThread, INFINITE);
            //等待线程结束
            WaitForSingleObject((HANDLE)pwinthread2->m_hThread, INFINITE);
            puts("卖票结束");
        }
    }
    else
    {
        // TODO:  更改错误代码以符合你的需要
        _tprintf(_T("错误:  GetModuleHandle 失败\n"));
        nRetCode = 1;
    }

    return nRetCode;
}
```

程序很简单，首先创建两个工作线程，然后主线程等待它们执行完毕。在线程函数中，每当要卖票时，就先上锁（Lock），卖完票后再解锁（Unlock）。

（3）保存工程并运行，运行结果如图 8-24 所示。

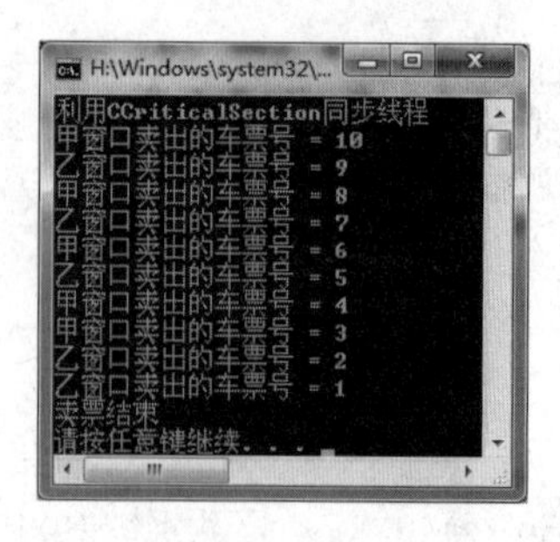

图 8-24

【例 8.21】 联合使用类 CCriticalSection 和类 CSingleLock 来同步线程

（1）新建一个控制台工程，并在向导的“应用程序设置”中勾选“MFC”复选框。

（2）打开 Test.cpp，在其中输入如下代码：

```
#include "stdafx.h"
#include "Test.h"
#include "afxmt.h" //线程同步类所需的头文件
#ifdef _DEBUG
#define new DEBUG_NEW
#endif

// 唯一的应用程序对象
CWinApp theApp;
using namespace std;
int gticketId = 10;  //记录卖出的车票号
CCriticalSection gcs; // 定义 CCriticalSection 对象

UINT  threadfunc(LPVOID param)
{
   TCHAR chWin;

   if (param == 0) chWin = _T('甲'); //甲窗口
   else chWin = _T('乙'); //乙窗口

   //定义一个单锁对象，参数为 CCriticalSection 对象地址
   CSingleLock singleLock(&gcs);
   while (1)
   {
      singleLock.Lock(); //上锁
      if (gticketId <= 0) //如果车票全部卖出了，则退出循环
      {
         singleLock.Unlock();
         break;
      }
      setlocale(LC_ALL, "chs"); //为控制台设置中文环境
      _tprintf(_T("%c 窗口卖出的车票号 = %d\n"), chWin, gticketId); //打印信息
      gticketId--;//车票减少一张
      singleLock.Unlock(); //解锁
      Sleep(1); //让出 CPU，让其他线程有机会执行
   }
   return 0;
}
```

```
int _tmain(int argc, TCHAR* argv[], TCHAR* envp[])
{
    int nRetCode = 0;
    CWinThread *pwinthread1, *pwinthread2;
    HMODULE hModule = ::GetModuleHandle(NULL);

    if (hModule != NULL)
    {
        // 初始化 MFC 并在失败时显示错误
        if (!AfxWinInit(hModule, NULL, ::GetCommandLine(), 0))
        {
            // TODO:  更改错误代码以符合你的需要
            _tprintf(_T("错误:  MFC 初始化失败\n"));
            nRetCode = 1;
        }
        else
        {
            // TODO:  在此处为应用程序的行为编写代码
            puts("联合使用类 CCriticalSection 和类 CSingleLock 来同步线程");
            pwinthread1 = AfxBeginThread(threadfunc, (LPVOID)0);
            pwinthread2 = AfxBeginThread(threadfunc, (LPVOID)1);
            //等待线程结束
            WaitForSingleObject(pwinthread1->m_hThread, INFINITE);
            //等待线程结束
            WaitForSingleObject((HANDLE)pwinthread2->m_hThread, INFINITE);
            puts("卖票结束");
        }
    }
    else
    {
        // TODO:  更改错误代码以符合你的需要
        _tprintf(_T("错误:  GetModuleHandle 失败\n"));
        nRetCode = 1;
    }

    return nRetCode;
}
```

上述代码通过定义 CSingleLock 局部对象来同步两个线程，也可以定义两个全局的 CSingleLock 对象，然后根据不同的线程分别使用不同的全局对象，比如线程函数也可以这样写：

```
CCriticalSection gcs; // 定义 CCriticalSection 对象
CSingleLock singleLock(&gcs);
CSingleLock singleLock2(&gcs);
UINT  threadfunc(LPVOID param)
{
    TCHAR chWin;

    if (param == 0) chWin = _T('甲'); //甲窗口
    else chWin = _T('乙'); //乙窗口
    while (1)
    {
        if (param==0) singleLock.Lock();
```

```
        else singleLock2.Lock();
        if (gticketId <= 0) //如果车票全部卖出了，则退出循环
        {
            if (param == 0)  singleLock.Unlock();
            else singleLock2.Unlock();
            break;
        }
        setlocale(LC_ALL, "chs"); //为控制台设置中文环境
        _tprintf(_T("%c 窗口卖出的车票号 = %d\n"), chWin, gticketId); //打印信息
        gticketId--;//车票减少一张
        if (param == 0) singleLock.Unlock();
        else singleLock2.Unlock();
        Sleep(1);
    }

    return 0;
}
```

两种方式的运行效果相同，但明显第二种方式啰唆了，通常用第一种方式即可。

（3）保存工程并运行，运行结果如图 8-25 所示。

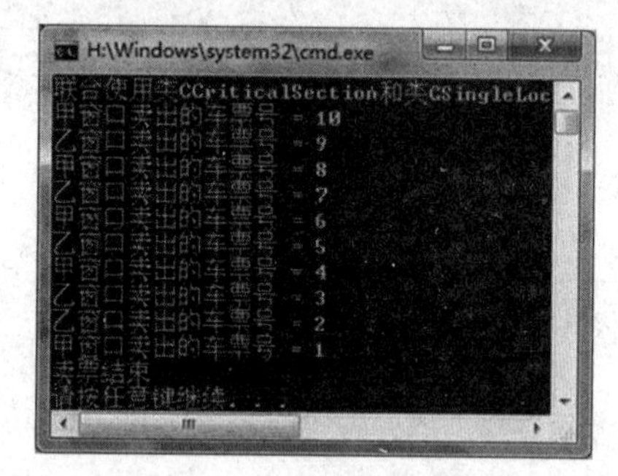

图 8-25

2. 互斥类

MFC 中的互斥类 CMutex 封装了利用互斥对象来进行线程同步的操作。互斥类不但能同步一个进程中的线程，还能同步不同进程之间的线程。该类是 CSyncObject 的子类，继承了 Lock 函数并重载了 Unlock 函数，利用这两个函数实现线程同步。

要用互斥类来同步线程也有两种使用方式：一种是 CMutex 类单独使用；另一种是联合 CSingleLock 或 CMultiLock 类一起使用。当在单独使用的时候，先定义一个 CMutex 对象，然后调用该类的 Lock 函数来等待互斥对象的所有权，如果等到就开始访问共享资源，访问完毕后再调用该类的 Unlock 函数来释放互斥对象的所有权。

实际上，CMutex 类只是简单地对 Win32 API 的互斥操作函数进行了封装。比如，CMutex 的构造函数中会调用 API 函数 CreateMutex 来创建互斥对象并判断释放创建成功。如果要等待互斥对象的所有权，就调用其父类 CSyncObject 的 Lock 函数，而 CSyncObject::Lock 中调用了 WaitForSingleObject。该类的 Unlock 函数重载了父类的 Unlock，它的实现如下：

```
BOOL CMutex::Unlock()
{
    return ::ReleaseMutex(m_hObject);
}
```

实际只是简单地调用了 API 函数 ReleaseMutex 来释放互斥对象的所有权。

下面我们单独使用 CMutex 类来改写例 8.11，增加线程的同步功能。

【例 8.22】 单独使用 CMutex 类实现线程同步

（1）新建一个控制台工程，并在向导的“应用程序设置”中勾选“MFC”复选框。

（2）打开 Test.cpp，在其中输入如下代码：

```
#include "stdafx.h"
#include "Test.h"
#include "afxmt.h"//线程同步类所需的头文件
#ifdef _DEBUG
#define new DEBUG_NEW
#endif

int gticketId = 10;  //记录卖出的车票号
CMutex gmux; // 定义 CMutex 对象

UINT  threadfunc(LPVOID param)
{
    TCHAR chWin;

    if (param == 0) chWin = _T('甲'); //甲窗口
    else chWin = _T('乙'); //乙窗口

    while (1)
    {
        gmux.Lock();
        if (gticketId <= 0) //如果车票全部卖出了，则退出循环
        {
            gmux.Unlock();
            break;
        }
        setlocale(LC_ALL, "chs"); //为控制台设置中文环境
        _tprintf(_T("%c 窗口卖出的车票号 = %d\n"), chWin, gticketId); //打印信息
        gticketId--;//车票减少一张
        gmux.Unlock(); //解锁
        Sleep(1); //让出 CPU，让其他线程有机会执行
    }
    return 0;
}
int _tmain(int argc, TCHAR* argv[], TCHAR* envp[])
{
    int nRetCode = 0;
    CWinThread *pwinthread1, *pwinthread2;
    HMODULE hModule = ::GetModuleHandle(NULL);

    if (hModule != NULL)
    {
        // 初始化 MFC 并在失败时显示错误
        if (!AfxWinInit(hModule, NULL, ::GetCommandLine(), 0))
        {
            // TODO:  更改错误代码以符合你的需要
            _tprintf(_T("错误:  MFC 初始化失败\n"));
            nRetCode = 1;
        }
        else
        {
            // TODO:  在此处为应用程序的行为编写代码。
            puts("单独使用类 CMutex 来同步线程");
            pwinthread1 = AfxBeginThread(threadfunc, (LPVOID)0);
            pwinthread2 = AfxBeginThread(threadfunc, (LPVOID)1);
```

```
            //等待线程结束
            WaitForSingleObject(pwinthread1->m_hThread, INFINITE);
            //等待线程结束
            WaitForSingleObject((HANDLE)pwinthread2->m_hThread, INFINITE);
            puts("卖票结束");
        }
    }
    else
    {
        // TODO: 更改错误代码以符合你的需要
        _tprintf(_T("错误: GetModuleHandle 失败\n"));
        nRetCode = 1;
    }

    return nRetCode;
}
```

（3）保存工程并运行，运行结果如图 8-26 所示。

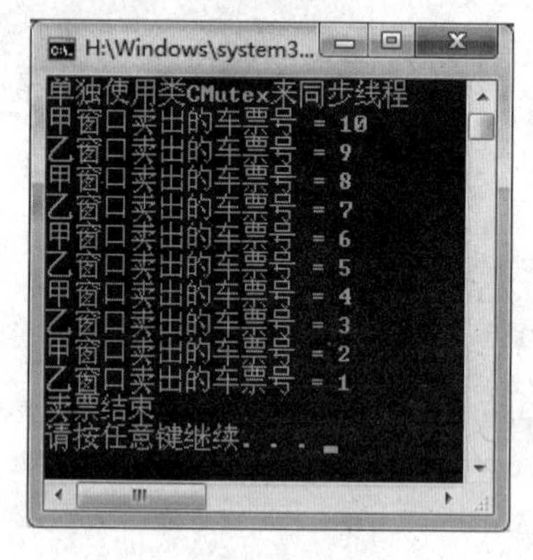

图 8-26

3. 事件类

MFC 中的事件类 CEvent 封装了利用事件对象来进行线程同步的操作。关于事件对象概念前面我们已经介绍过了，这里不再赘述。其实该类也是对 Win32 API 事件对象操作进行了简单封装。它的常用成员函数如表 8-6。

表 8-6 CEvent 的常用成员函数

CEvent 的常用成员函数	含 义
CEvent	构造一个 CEvent 对象
SetEvent	设置事件有信号（可用）
ResetEvent	设置事件无信号（不可用）

如果要等待事件对象变为可用，可以直接使用 API 函数 WaitForSingleObject 或者调用其父类的 Lock 函数（内部也是调用 WaitForSingleObject）。

事件类同步线程也有两种方式：一种是单独使用；另一种是联合 CSingleLock 或 CMultiLock 来使用。

下面我们用事件类为例 8.11 增加线程同步功能。

【例 8.23】单独使用类 CEvent 实现线程同步

（1）新建一个控制台工程，并在向导的“应用程序设置”中勾选“MFC”复选框。

（2）打开 Test.cpp，在其中输入如下代码：

```
#include "stdafx.h"
#include "Test.h"
#include "afxmt.h"//线程同步类所需的头文件
#ifdef _DEBUG
#define new DEBUG_NEW
#endif

int gticketId = 10;  //记录卖出的车票号
CEvent gEvent; // 定义 CEvent 对象

UINT  threadfunc(LPVOID param)
{
    TCHAR chWin;

    if (param == 0) chWin = _T('甲'); //甲窗口
    else chWin = _T('乙'); //乙窗口

    while (1)
    {
        gEvent.Lock();
        if (gticketId <= 0) //如果车票全部卖出了，则退出循环
        {
            gEvent.SetEvent();
            break;
        }
        setlocale(LC_ALL, "chs"); //为控制台设置中文环境
        _tprintf(_T("%c 窗口卖出的车票号 = %d\n"), chWin, gticketId); //打印信息
        gticketId--;//车票减少一张
        gEvent.SetEvent();
        //Sleep(1); //让出 CPU，让其他线程有机会执行
    }
    return 0;
}
int _tmain(int argc, TCHAR* argv[], TCHAR* envp[])
{
    int nRetCode = 0;
    CWinThread *pwinthread1, *pwinthread2;
    HMODULE hModule = ::GetModuleHandle(NULL);

    if (hModule != NULL)
    {
        // 初始化 MFC 并在失败时显示错误
        if (!AfxWinInit(hModule, NULL, ::GetCommandLine(), 0))
        {
            // TODO:  更改错误代码以符合你的需要
            _tprintf(_T("错误:  MFC 初始化失败\n"));
```

```
            nRetCode = 1;
        }
        else
        {
            // TODO: 在此处为应用程序的行为编写代码
            puts("单独使用类 EVent 来同步线程");
            gEvent.SetEvent(); //设置事件处于有信号状态
            pwinthread1 = AfxBeginThread(threadfunc, (LPVOID)0);
            pwinthread2 = AfxBeginThread(threadfunc, (LPVOID)1);
            //等待线程结束
            WaitForSingleObject(pwinthread1->m_hThread, INFINITE);
            //等待线程结束
            WaitForSingleObject(pwinthread2->m_hThread, INFINITE);
            puts("卖票结束");
        }
    }
    else
    {
        // TODO: 更改错误代码以符合你的需要
        _tprintf(_T("错误: GetModuleHandle 失败\n"));
        nRetCode = 1;
    }

    return nRetCode;
}
```

（3）保存工程并运行，运行结果如图 8-27 所示。

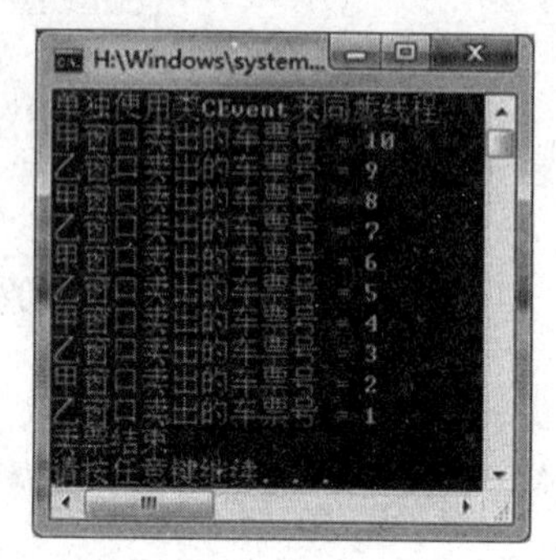

图 8-27

4. 信号量类

MFC 中的信号量类 CSemaphore 封装了利用信号量对象来进行线程同步的操作。关于信号量概念前面我们已经介绍过了，这里不再赘述。类 CSemaphore 在构造函数中调用了 CreateSemaphore 函数来创建信号量对象，并重载了父类的 UnLock 函数，里面调用了 ReleaseSemaphore 函数。说到底，也是对 Win32 API 的信号量对象操作进行了简单封装。等待信号量对象有信号可以用 API 函数 WaitForSingleObject 或者调用其父类的 Lock 函数（内部也是调用 WaitForSingleObject）。

信号量类同步线程也有两种方式：一种是单独使用；另一种是联合 CSingleLock 或 CMultiLock 来使用。

下面我们用信号量类为例 8.11 增加线程同步功能。

【例 8.24】单独使用类 CSemaphore 实现线程同步

（1）新建一个控制台工程，并在向导的“应用程序设置”中勾选“MFC”复选框。

（2）打开 Test.cpp，在其中输入如下代码：

```
#include "stdafx.h"
#include "Test.h"
#include "afxmt.h"//线程同步类所需的头文件
#ifdef _DEBUG
```

```
#define new DEBUG_NEW
#endif

int gticketId = 10;  //记录卖出的车票号
CSemaphore gSp( 1, 50, _T("mySemaphore")); // 定义 CSemaphore 对象

UINT  threadfunc(LPVOID param)
{
    TCHAR chWin;

    if (param == 0) chWin = _T('甲'); //甲窗口
    else chWin = _T('乙'); //乙窗口

    while (1)
    {
        gSp.Lock();
        if (gticketId <= 0) //如果车票全部卖出了，则退出循环
        {
            gSp.Unlock();
            break;
        }
        setlocale(LC_ALL, "chs"); //为控制台设置中文环境
        _tprintf(_T("%c 窗口卖出的车票号 = %d\n"), chWin, gticketId); //打印信息
        gticketId--;//车票减少一张
        gSp.Unlock();
    }
    return 0;
}
int _tmain(int argc, TCHAR* argv[], TCHAR* envp[])
{
    int nRetCode = 0;
    CWinThread *pwinthread1, *pwinthread2;
    HMODULE hModule = ::GetModuleHandle(NULL);

    if (hModule != NULL)
    {
        // 初始化 MFC 并在失败时显示错误
        if (!AfxWinInit(hModule, NULL, ::GetCommandLine(), 0))
        {
            // TODO:  更改错误代码以符合你的需要
            _tprintf(_T("错误:  MFC 初始化失败\n"));
            nRetCode = 1;
        }
        else
        {
            // TODO:  在此处为应用程序的行为编写代码
            puts("单独使用类 CSemaphore 来同步线程");
            pwinthread1 = AfxBeginThread(threadfunc, (LPVOID)0);
            pwinthread2 = AfxBeginThread(threadfunc, (LPVOID)1);
            //等待线程结束
            WaitForSingleObject(pwinthread1->m_hThread, INFINITE);
```

```
            //等待线程结束
            WaitForSingleObject(pwinthread2->m_hThread, INFINITE);
            puts("卖票结束");
        }
    }
    else
    {
        // TODO:  更改错误代码以符合你的需要
        _tprintf(_T("错误:  GetModuleHandle 失败\n"));
        nRetCode = 1;
    }

    return nRetCode;
}
```

（3）保存工程并运行，运行结果如图 8-28 所示。

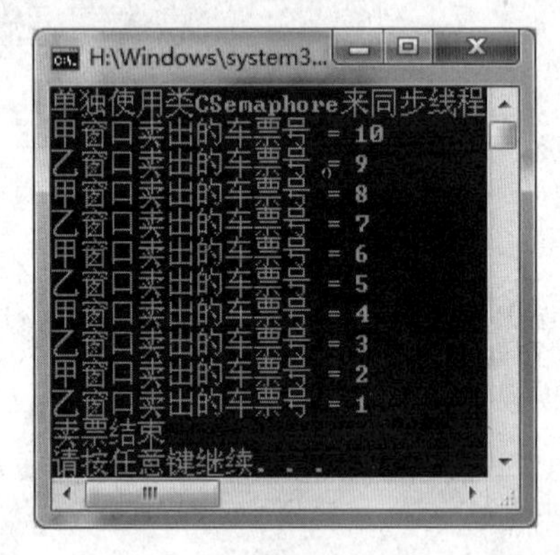

图 8-28

第 9 章

数据库编程

Visual C++提供了多种多样的数据库访问技术——ODBC API、MFC ODBC、DAO、OLE DB、ADO 等。这些技术各有特点，它们提供了简单、灵活、访问速度快、可扩展性好的开发技术。这几种方式中最简单、最成熟的是 ODBC，最新、最强大的数据库编程接口是 ADO。这几种访问技术的特点如下：

（1）ODBC

ODBC（Open DataBase Connectivity，开放数据库接口）是客户应用程序访问关系数据库时提供的一个统一的接口。对于不同的数据库，ODBC 提供了一套统一的 API，使应用程序可以应用所提供的 API 来访问任何提供了 ODBC 驱动程序的数据库。而且，ODBC 已经成为一种标准，所以，目前所有的关系数据库都提供了 ODBC 驱动程序，这使 ODBC 的应用非常广泛，基本上可用于所有的关系数据库。由于 ODBC 只能用于关系数据库，使得利用 ODBC 很难访问对象数据库及其他非关系数据库。由于 ODBC 是一种底层的访问技术，因此 ODBC API 可以使客户应用程序能够从底层设置和控制数据库，完成一些高层数据库技术无法完成的功能。ODBC API 只能访问关系型数据库。

（2）MFC ODBC

由于直接使用 ODBC API 编写应用程序要编制大量代码，比较烦琐，因此 Visual C++中提供了 MFC ODBC 类，封装了 ODBC API，这使得利用 MFC 来创建 ODBC 的应用程序非常简便。

（3）DAO

DAO（Data Access Object）提供了一种通过程序代码创建和操纵数据库的机制。多个 DAO 构成一个体系结构。在这个结构中，各个 DAO 对象协同工作。MFC DAO 是微软提供的用于访问 Microsoft Jet 数据库文件（*.mdb）强有力的数据库开发工具，通过 DAO 的封装，向程序员提供了 DAO 丰富的操作数据库手段。

（4）OLE DB

OLE DB（Object Link and Embedding DataBase）是 Visual C++开发数据库应用中提供的新技术，基于 COM 接口。因此，OLE DB 对所有的文件系统包括关系数据库和非关系数据库都提供了统一的接口。这些特性使得 OLE DB 技术比传统的数据库访问技术更加优越。与 ODBC 技术相似，OLE DB 属于数据库访问技术中的底层接口，直接使用 OLE DB 来设计数据库应用程序需要大量的代码。在 Visual C++中提供了 ATL 模板，用于设计 OLE DB 数据应用程序和数据提供程序。

（5）ADO

ADO（ActiveX Data Object）技术是基于 OLE DB 的访问接口，继承了 OLE DB 技术的优点，

并且 ADO 对 OLE DB 的接口做了封装，定义了 ADO 对象，使程序开发得到简化，ADO 技术属于数据库访问的高层接口。

本章主要介绍基于 MFC ODBC 的编程方法和技巧，这是最通用和基本的技术。

9.1 数据库的基本概念

9.1.1 数据库

数据库是指以一定的组织形式存放在计算机存储介质上相互关联的数据集合，由一个或多个表组成。每一个表中都存储了某种实体对象的数据描述，一个典型的表如表 9-1 所示。

表 9-1 表示例

书　号	书　名	页　数	分　类
001	小学数学习题集	300	教辅类
002	电工技术	253	电子技术类

表的每一列描述了实体的一个属性，如书号、书名、页数和分类等，而表的每一行则是对一个对象的具体描述。一般将表中的一行称作记录（record）或行（row），将表的每一列称作字段（field）或列（column）。数据库通常还包括一些附加结构用来维护数据。

9.1.2 DBMS

DBMS（Database Management System，数据库管理系统）是一种操纵和管理数据库的大型软件，用于建立、使用和维护数据库。它对数据库进行统一的管理和控制，以保证数据库的安全性和完整性。有了 DBMS，用户可以访问数据库中的数据，数据库管理员也可以对数据库进行维护工作。它可以使多个应用程序和用户用不同的方法在同时或不同时刻去建立、修改和查询数据库。

9.1.3 SQL

SQL（Structure Query Language，结构化查询语言）是一种用于数据库查询和编程的语言，用于存取数据以及查询、更新和管理关系数据库系统。SQL 是高级的非过程化编程语言，允许用户在高层数据结构上工作。它不要求用户指定对数据的存放方法，也不需要用户了解具体的数据存放方式，所以具有完全不同底层结构的不同数据库系统可以使用相同的结构化查询语言作为数据输入与管理的接口。SQL 语句可以嵌套，这使它具有极大的灵活性和强大的功能。SQL 基本上独立于数据库本身使用的机器、网络、操作系统。

9.2 ODBC 的概念

ODBC 是微软提出的数据库访问接口标准。它定义了访问数据库 API（应用程序编程接口）的一个规范，这些 API 独立于不同厂商的 DBMS（数据库管理系统），也独立于具体的编程语言（但是 Microsoft 的 ODBC 文档是用 C 语言描述的，许多实际的 ODBC 驱动程序也是用 C 语言写的）。ODBC 规范后来被 X/OPEN 和 ISO/IEC 采纳，作为 SQL 标准的一部分。

ODBC 定义的 API 利用 SQL 来完成大部分任务，其本身也提供了对 SQL 的支持，用户可以直接将 SQL 语句送给 ODBC。使用 ODBC 能使用户编写数据库应用程序变得容易简单，避免了与数据源相连接的复杂性。一个基于 ODBC 的应用程序对数据库的操作不依赖任何 DBMS，不直接与 DBMS 打交道，所有的数据库操作在底层都由 DBMS 对应的 ODBC 驱动程序完成。也就是说，不论数据库是 Access、FoxPro、SQL Server、MySQL 还是 Oracle，均可用 ODBC 的 API 进行访问。由此可见，ODBC 的最大优点是能以统一的方式处理所有的数据库。

虽然可以直接用 ODBC API 进行数据库编程，但是 MFC 对这些 API 进行了封装，使得开发更为简单。在 MFC 中，ODBC 提供数据库类 CDatabase（数据库类）、CRecordSet（记录集类）和 CRecordView（记录视图类）为用户数据库开发提供了强有力支撑。其中，类 CDatabase 封装了对数据源的连接操作；类 CRecordSet 用于提供从数据源中提取的记录集，通常有两种形式，即动态集（dynasets）和快照集（snapshots）（动态集能与其他用户所做更改保持同步，快照集则是数据的一个静态视图）；类 CRecordView 用于显示数据库记录。

9.3　通过 MFC ODBC 来开发数据库应用程序

在用 MFC ODBC 方式来开发数据库应用程序之前首先要建立一个数据库，然后在 Windows 中为我们建立的数据库定义一个 ODBC 数据源。有了数据源，就可以在 Visual C++应用程序向导中选择数据源，最后就可以在我们的程序中让控件关联数据表字段。

9.3.1　建立数据库

这里我们使用微软 Access 2003 数据库软件（其他版本使用方法类似）来建立我们的数据库。数据库的名字是 cardb，数据库中包含一张表，表名是 car。用 Access 软件建立数据库表的步骤如下：

（1）在磁盘某个文件夹下右击，新建一个 cardb.mdb 文件，然后打开它。在 cardb 数据库对话框上，在左边选中“表”，单击“新建”按钮来新建一个表，如图 9-1 所示。

（2）出现“新建表”对话框，选择“设计视图”选项，如图 9-2 所示。

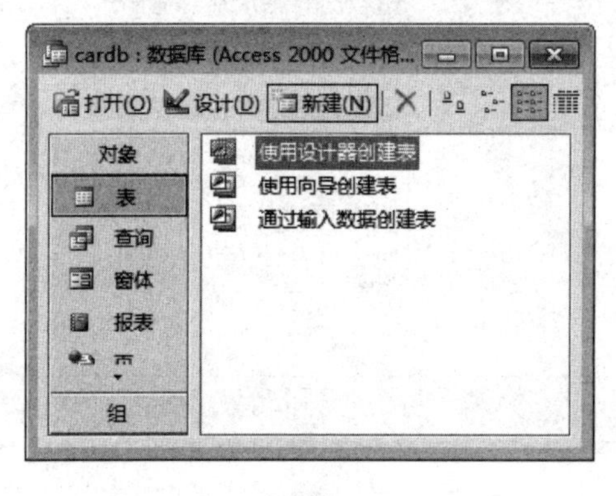

图 9-1

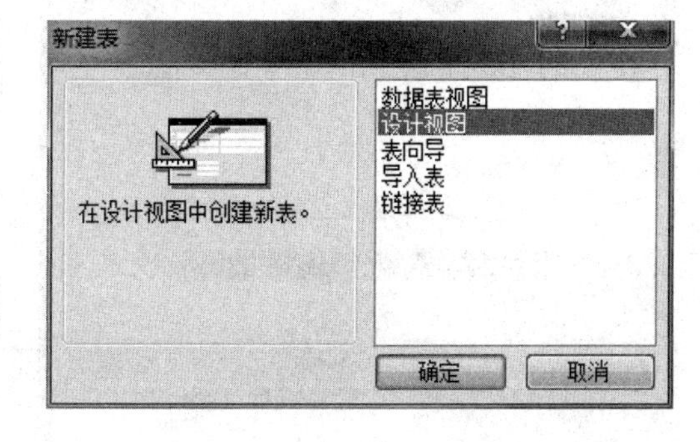

图 9-2

（3）单击“确定”按钮，将打开表的设计视图，在其中可以定义表的每个字段，如图 9-3 所示。

（4）在主工具栏上单击“保存”按钮来保存该表，表名为 car，如图 9-4 所示。

图 9-3　　　　图 9-4

（5）单击“确定”按钮。此时系统会提示还没有定义主键，直接单击“确定”按钮，这样为表 car 添加了一个主键。主键是整个表中具有唯一值的一个字段或一组字段，主键值可用于引用整条记录，因为每条记录都具有不同的键值。每个表只能有一个主键。虽然主键不是必须要有的，但是有了主键可以保证表的完整性、加快数据库的操作速度。

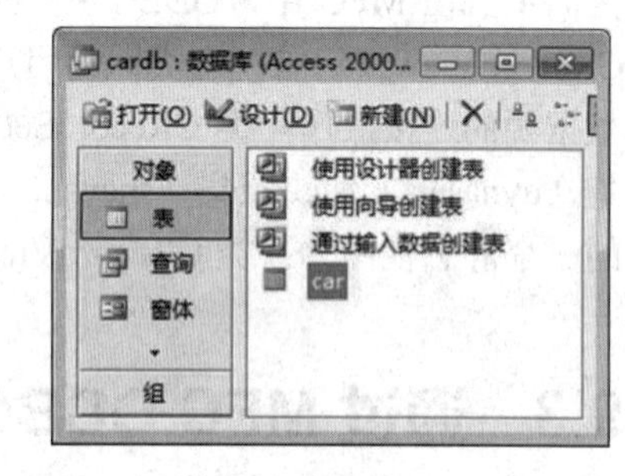

图 9-5

至此，我们已经建立了一个简单的数据库，并且其中有一个表 car，如图 9-5 所示。

在上面的对话框上可以双击 car，然后输入几条记录，最后保存并关闭 Access 2003。

9.3.2　建立 ODBC 数据源

打开 Windows 7 控制面板，然后单击“系统和安全”|“管理工具”，再双击“数据源 ODBC”，此时会出现“ODBC 数据源管理器”对话框，如图 9-6 所示。

下面我们添加用户数据源（DSN），过程如下：

单击“添加”按钮，弹出一个驱动程序列表的“创建新数据源”对话框，在该对话框中选择要添加用户数据源的驱动程序，这里选择“Driver do Microsoft Access”，如图 9-7 所示。

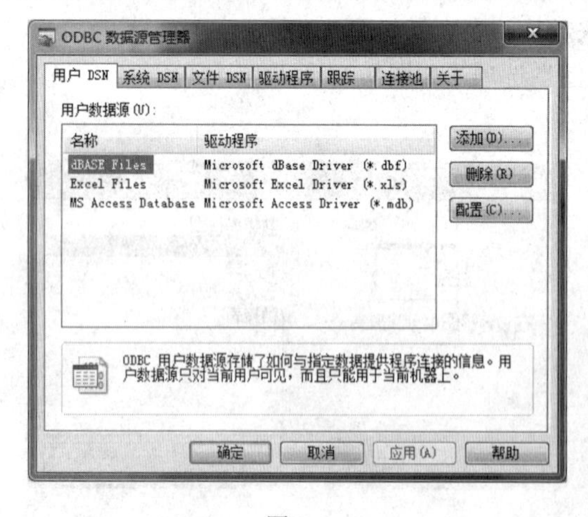

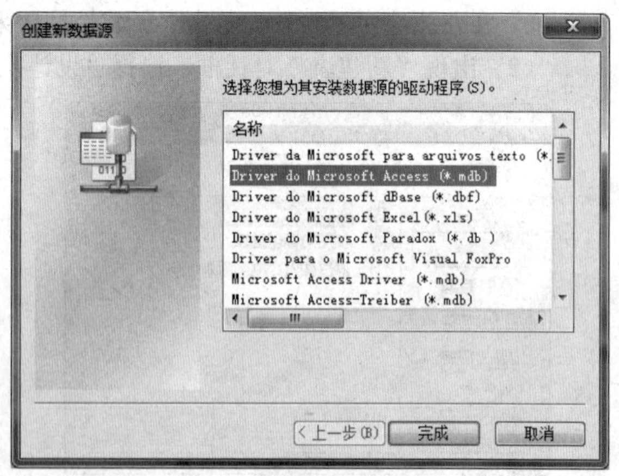

图 9-6　　　　图 9-7

在该对话框上单击“完成”按钮，进入指定数据库路径的对话框，单击“选择”按钮选择前面创建的 cardb.mdb 所在的路径，然后输入数据源名称，这个名称可以自定义，接着输入说明，说明也可以不输入，如图 9-8 所示。

单击“确定”按钮，这样我们的数据源“car database”出现在用户数据源中，如图 9-9 所示。

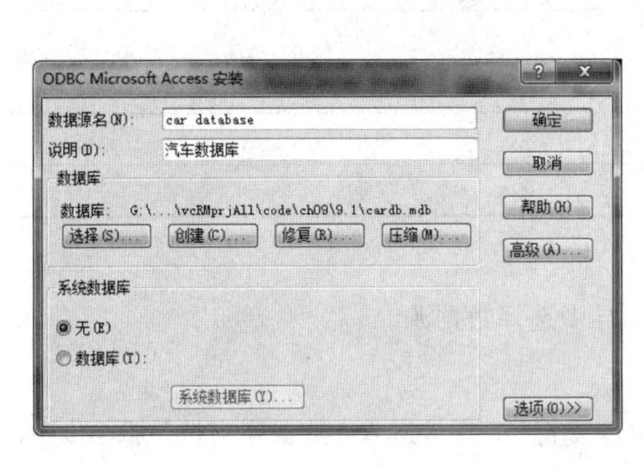

图 9-8

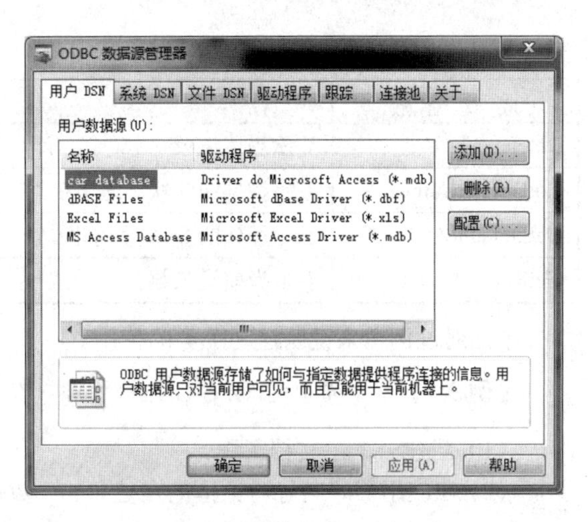

图 9-9

最后单击“确定”按钮来关闭 ODBC 数据源管理器。

9.3.3　在 MFC 中通过 ODBC 进行数据库开发

前面数据源设置完毕后，我们就可以在 Visual C++程序中使用它了。Visual C++为很多标准的数据库格式提供了 ODBC 驱动。标准的数据库包括微软自己的数据库，如 Excel、Access、FoxPro、SQL Server 等，甲骨文的 Oracle 数据库、IBM 的 DBase 数据库，等等。如果想要在 Visual C++中使用其他数据库，则需要提供该数据库相应的 ODBC 驱动以及数据库管理系统（DBMS）。

在 Visual C++下用 ODBC 开发数据库应用程序时，主要用到 3 个类：数据库类（CDatabase）、记录集类（CRecordSet）和记录视图类（CRecordView）。

类 CDatabase 主要封装了针对数据源的操作，比如数据源的连接、关闭。

类 CRecordView 是 CFormView 的派生类，提供了一个表单视图来显示当前记录。通过记录视图，可以修改、添加和删除数据。CRecordView 类对象能以控件的形式显示数据库记录。

类 CRecordset 代表一个记录集，是 ODBC 各个类中最重要、功能最强大的类。所谓记录集，是指从指定数据库中检索到的数据的集合。它既可以包括完整的数据库表，也可以包括表的行和列的子集。

类 CRecordset 的常见成员函数见表 9-2。

表 9-2　类 CRecordset 的常见成员函数

成 员 函 数	含　义
AddNew	将一个新记录插入表中
Update	完成 AddNew 或 Edit 操作之后，调用该函数在内存中的数据保存到磁盘数据库中
MoveNext	将当前记录设置到下一个记录
MovePrev	将当前记录设置到上一个记录
MoveFrist	将当前记录设置到记录集的第一个记录
MoveLast	将当前记录设置到记录集的最后一个记录
IsBOF	判断是否定位于第一个记录之前
IsEOF	判断是否定位于最后一个记录之后
Edit	执行对当前记录的修改

（续表）

成 员 函 数	含　　义
Delete	删除当前记录
GetDefaultConnect	获得数据源的默认连接字符串
GetDefaultSQL	获取默认的 SQL 字符串
GetRecordCount	获取当前记录数

下面通过例子来说明这几个类的使用。

【例 9.1】一个简单的 MFC ODBC 程序（在向导中选择数据源）

（1）新建一个单文档工程。

（2）在应用程序向导对话框的左边单击“数据库支持”，直接进入“数据库支持”那一步中，然后在右边“数据库支持”下面选择“提供文件支持的数据库视图”，“客户端类型”选择“ODBC”，“类型”选择“快照”，如图 9-10 所示。

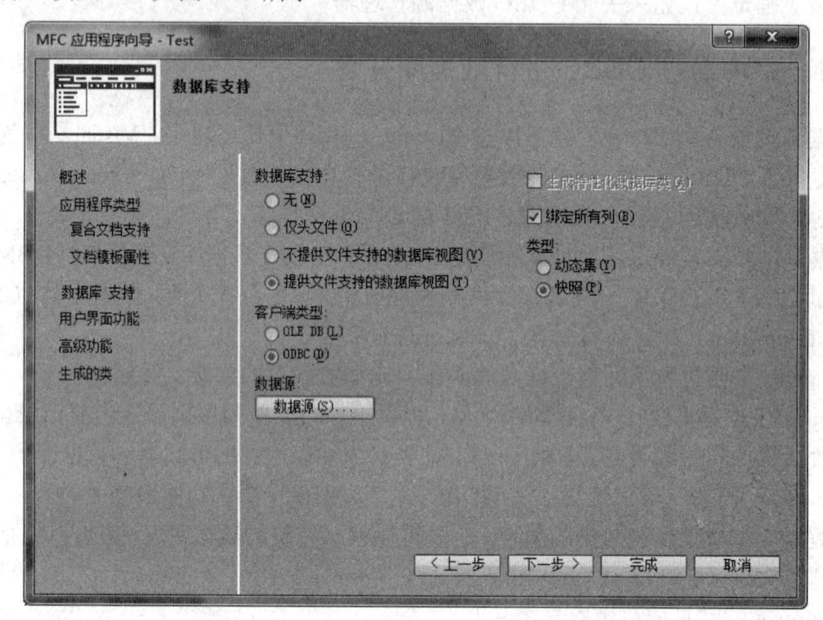

图 9-10

接着单击“数据源”按钮，在弹出的对话框上切换到“机器数据源”，然后在下面选择“数据源名称”为“car database”，如图 9-11 所示。

单击“确定”按钮，此时会显示一个登录框，输入 Windows 登录的账号和密码，就会出现“选择数据库对象”对话框，在其中选中表，如图 9-12 所示。

然后单击“确定”按钮，就可以生成一个支持数据库的单文档工程了。视图类 CTestView 继承自记录视图类 CRecordView。类 CTestSet 继承自数据类 CRecordset。

（3）CRecordView 类由表单视图类 CFormView 派生，因此 CTestView 里面包含一个对话框资源，打开 TestView.h，在类 CTestView 的定义中可以发现“enum{ IDD = IDD_TEST_FORM };”这一行，说明表单对话框资源的 ID 为 IDD_TEST_FORM。切换到资源视图，打开对话框资源 IDD_TEST_FORM，在上面添加一个列表视图控件，并为其添加一个控件变量 m_lst，并设置其 View 风格为 Report。

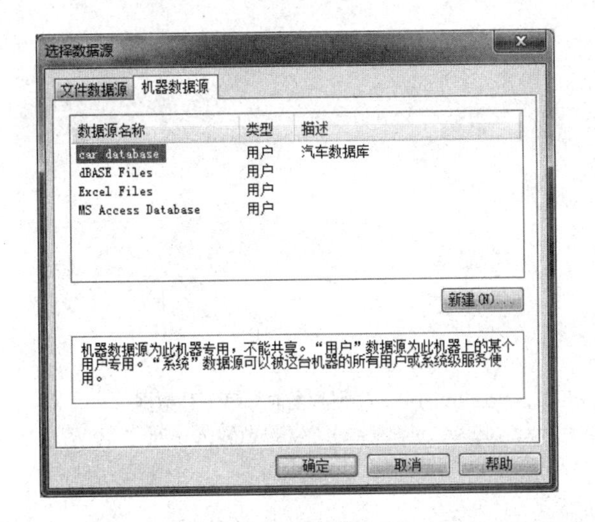

图 9-11

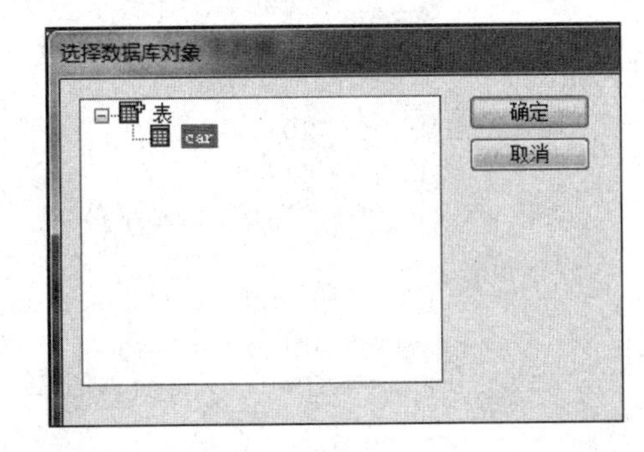

图 9-12

（4）我们的目的是程序刚运行时就加载数据库中的数据，然后显示在列表控件中。为此切换到类视图，选择类 CTestView，然后打开其成员函数 OnInitialUpdate，并在其中添加如下代码：

```
void CTestView::OnInitialUpdate()
{
int i;
    m_pSet = &GetDocument()->m_TestSet;
    //视图更新并初始化，这句执行后 m_pSet 就有数据了
    CRecordView::OnInitialUpdate();

    m_lst.DeleteAllItems(); //用户再次新建视图时，数据要先清空再添加
    for (i = 0; i <=6; i++) //用户再次新建视图时，列要先清空再添加
        m_lst.DeleteColumn(0);
     //插入各个列头
    m_lst.InsertColumn(0, _T("编号"));
    m_lst.InsertColumn(1, _T("车号"));
    m_lst.InsertColumn(2, _T("车名"));
    m_lst.InsertColumn(3, _T("整备重量"));
    m_lst.InsertColumn(4, _T("长度"));
    m_lst.InsertColumn(5, _T("宽度"));
    m_lst.InsertColumn(6, _T("轴距"));
  //设置各列宽度
    RECT rect;
    m_lst.GetWindowRect(&rect);
    int wid = rect.right - rect.left;
    m_lst.SetColumnWidth(0, wid / 6);
    m_lst.SetColumnWidth(1, wid / 6);
    m_lst.SetColumnWidth(2, wid / 6);
    m_lst.SetColumnWidth(3, wid / 6);
    m_lst.SetColumnWidth(4, wid / 6);
    m_lst.SetColumnWidth(5, wid / 6);
    m_lst.SetColumnWidth(6, wid / 6);
    if (m_pSet->GetRecordCount() == 0) //判断数据集中是否有数据
    {
          AfxMessageBox(_T("没有数据"));
```

```
            goto end;
    }
    else
    {
        CDBVariant varValue;
        if (m_pSet->GetRecordCount() != 0)
            m_pSet->MoveFirst();
        TCHAR buf[20];
        i = 0;
        while (!m_pSet->IsEOF())
        {
            m_pSet->GetFieldValue((short)0, varValue);//得到当前行第1列数据
            _stprintf_s(buf, _T("%d"), varValue.m_iVal);//整型转为字符串型
            m_lst.InsertItem(i, buf); //向列表控件插入数据

            m_pSet->GetFieldValue(1, varValue); //得到当前行第2列数据
            m_lst.SetItemText(i, 1, varValue.m_pstring->GetBuffer(1));
            m_pSet->GetFieldValue(2, varValue);
            m_lst.SetItemText(i, 2, varValue.m_pstring->GetBuffer(1));

            m_pSet->GetFieldValue(3, varValue); //得到当前行第3列数据
            _stprintf_s(buf, _T("%d"), varValue.m_iVal);
            m_lst.SetItemText(i, 3, buf);

            m_pSet->GetFieldValue(4, varValue); //得到当前行第4列数据
            _stprintf_s(buf, _T("%d"), varValue.m_iVal);
            m_lst.SetItemText(i, 4, buf);

            m_pSet->GetFieldValue(5, varValue); //得到当前行第5列数据
            _stprintf_s(buf, _T("%d"), varValue.m_iVal);
            m_lst.SetItemText(i, 5, buf);

            m_pSet->GetFieldValue(6, varValue); //得到当前行第6列数据
            _stprintf_s(buf, _T("%d"), varValue.m_iVal);
            m_lst.SetItemText(i, 6, buf);

            m_pSet->MoveNext(); //行指针移到下一行
            i++;
        }
    }
end:
    m_pSet->Close();
}
```

定义“m_pSet->GetFieldValue(0, varValue);”是不行的。下面先看看这个函数的定义：

```
void GetFieldValue(LPCTSTR lpszName, CString& strValue);
void GetFieldValue(short nIndex, CString& strValue);
```

在 Visual C++中 0 的意思可能是 0，也可能是 NULL。

```
#define NULL ((void *)0)
```

可见，NULL 事实上是无值型空指针。

这里，由于系统默认为 0 是整型，因此在执行时系统就会对它进行强制类型转换，系统会将“m_pSet->GetFieldValue(0,str);”解析成“m_pSet->GetFieldValue((short)0,str);”或者

“m_pSet->GetFieldValue((void *)0,str);”，后者等价于“m_pSet->GetFieldValue((LPCTSTR)(void *)0,str);”，这样一来，系统不能确定调用哪个函数，于是就出错了。因此要写成“m_pSet->GetFieldValue((short)0,str);”。

（5）保存工程并运行，运行结果如图 9-13 所示。

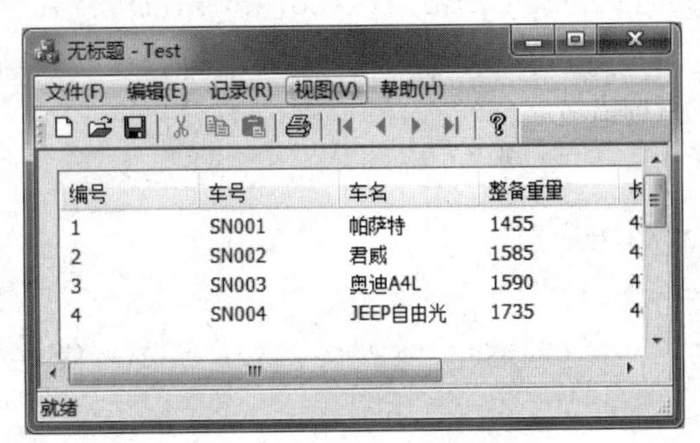

图 9-13

【例 9.2】一个简单的 MFC ODBC 程序（不通过在向导选择数据源）

（1）新建一个对话框工程。

（2）切换到资源视图，打开对话框编辑器，在上面放置一个列表视图控件和按钮控件，为列表控件添加控件变量 m_lst，并设置其 View 属性为 Report。按钮的标题设为“打开”。

（3）为按钮添加事件处理函数，如下代码：

```
void CTestDlg::OnBnClickedButton1()
{
    // TODO:  在此添加控件通知处理程序代码
    ReadFromMdb();
}
```

其中，参数是自定义的成员函数，用于把工程目录下 cardb.mdb 中的两列数据显示在列表控件 m_lst 中，如下代码：

```
void CTestDlg::ReadFromMdb()
{
    CDatabase database;
    CString sSql;
    CString str1, str2;
    CString sDriver;
    CString sDsn;
    CString sFile = "cardb.mdb";      // 将被读取的 mdb 文件名
    int i=0;
    // 检索是否安装有 Access 驱动 "Microsoft Access Driver (*.mdb)"
    sDriver = GetAccessDriver();
    if (sDriver.IsEmpty())
    {
        // 没有发现 Access 驱动
        AfxMessageBox("没有安装 Access 驱动!");
        return;
    }
    // 创建进行存取的字符串
```

```
    sDsn.Format("ODBC;DRIVER={%s};DSN='''';DBQ=%s", sDriver, sFile);
    TRY
    {
        // 打开数据库(Excel 文件)
        database.Open(NULL, false, false, sDsn);
        CRecordset recset(&database);
        // 设置读取的查询语句
        sSql = "SELECT 车号, 车名 "
            "FROM car "
            "ORDER BY 车号 ";
        // 执行查询语句
        recset.Open(CRecordset::forwardOnly, sSql, CRecordset::readOnly);
        // 获取查询结果
        while (!recset.IsEOF())
        {
            recset.GetFieldValue("车号", str1); //获取当前行的列数据
            recset.GetFieldValue("车名", str2); //获取当前行的列数据
            m_lst.InsertItem(i, str1);
            m_lst.SetItemText(i, 1, str2);
            // 移到下一行
            recset.MoveNext(); //继续下一行
            i++;
        }
        // 关闭数据库
        database.Close();
    }
    CATCH(CDBException, e)
    {
        // 数据库操作产生异常时...
        AfxMessageBox("数据库错误: " + e->m_strError);
    }
    END_CATCH;
}
```

其中，函数 GetAccessDriver 也是自定义成员函数，用来获取当前系统有没有安装 Access 驱动，如下代码：

```
CString CTestDlg::GetAccessDriver()
{
    char szBuf[2001];
    WORD cbBufMax = 2000;
    WORD cbBufOut;
    char *pszBuf = szBuf;
    CString sDriver;
    // 获取已安装驱动的名称(函数在 odbcinst.h 里)
    if (!SQLGetInstalledDrivers(szBuf, cbBufMax, &cbBufOut))
        return _T("");
    // 检索已安装的驱动是否有 Access...
```

```
    do
    {
        if (strstr(pszBuf, "Access") != 0) //大小写敏感
        {
            sDriver = CString(pszBuf);
            break;
        }
        pszBuf = strchr(pszBuf, '\0') + 1;
    } while (pszBuf[1] != '\0');

    return sDriver;
}
```

主要利用了函数 SQLGetInstalledDrivers，该函数声明如下：

```
BOOL SQLGetInstalledDrivers( LPSTR  lpszBuf, WORD  cbBufMax, WORD *
pcbBufOut);
```

其中，参数 lpszBuf 为当前系统已经安装的数据库驱动的列表；cbBufMax 为 lpszBuf 的长度；pcbBufOut 为返回给 lpszBuf 的实际长度。

最后在文件开头添加：

```
#include <afxdb.h>
#include <odbcinst.h>
#pragma comment(lib,"odbccp32.lib") // SQLGetInstalledDrivers 需要
```

（4）保存工程并运行，运行结果如图 9-14 所示。

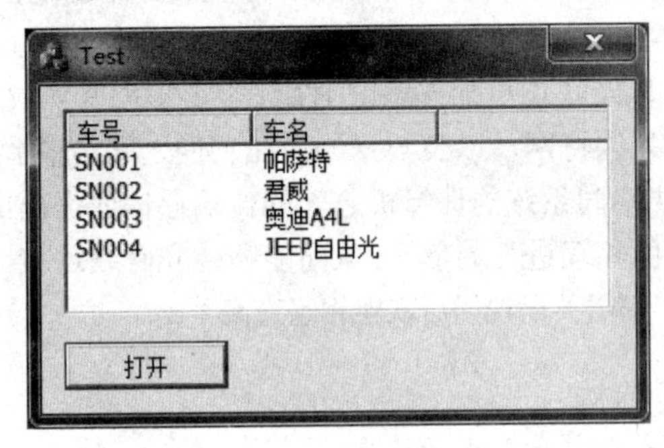

图 9-14

第 10 章

网络 Socket 编程

本章讲述计算机网络编程。这是一个很广的话题，如果要全面论述，一本厚书都不够，根本不可能在一章里讲完。本章首先讲述因特网所采用的 TCP/IP 协议的基本概念，然后讲述基本的 Visual C++套接字（Socket）编程。

10.1 TCP/IP

10.1.1 基本概念

TCP/IP（Transmission Control Protocol/Internet Protocol，传输控制协议/因特网互联协议，又名网络通信协议）是 Internet 最基本的协议、Internet 国际互联网络的基础。TCP/IP 协议不是指一个协议，也不是 TCP 和 IP 这两个协议的合称，而是一个协议簇，包括了多个网络协议，比如 IP 协议、IMCP 协议、TCP 协议，以及我们更加熟悉的 HTTP 协议、FTP 协议、POP3 协议等。TCP/IP 定义了计算机操作系统如何连入因特网，以及数据如何在它们之间传输的标准。

TCP/IP 协议是为了解决不同系统的计算机之间的传输通信而提出的一个标准，不同系统的计算机采用了同一种协议后就能相互进行通信了，从而能够建立网络连接，实现资源共享和网络通信。就像两个不同语言国家的人，都用英语说话后就能相互交流了。

10.1.2 TCP/IP 的分层结构

TCP/IP 协议簇按照层次由上到下，可以分成 4 层，分别是应用层、传输层、网际层和网络接口层。其中，应用层（Application Layer）包含所有的高层协议，比如虚拟终端协议（TELNET，TELecommunications NETwork）、文件传输协议（FTP，File Transfer Protocol）、电子邮件传输协议（SMTP，Simple Mail Transfer Protocol）、域名服务（DNS，Domain Name Service）、网上新闻传输协议（NNTP，Net News Transfer Protocol）和超文本传送协议（HTTP，HyperText Transfer Protocol）等。TELNET 允许一台机器上的用户登录到远程机器上，并进行工作；FTP 提供有效地将文件从一台机器上移到另一台机器上的方法；SMTP 用于电子邮件的收发；DNS 用于把主机名映射到网络地址；NNTP 用于新闻的发布、检索和获取；HTTP 用于在 WWW 上获取主页。

应用层的下面一层是传输层（Transport Layer），著名的 TCP 协议和 UDP 协议就在这一层。TCP 协议（Transmission Control Protocol，传输控制协议）是面向连接的协议，提供可靠的报文传输和对上层应用的连接服务。为此，除了基本的数据传输外，还有可靠性保证、流量控制、多路复用、优先权和安全性控制等功能。UDP（User Datagram Protocol，用户数据报协议）是面向无连接的不可靠传输的协议，主要用于不需要 TCP 的排序和流量控制等功能的应用程序。

传输层下面一层是网际层（Internet Layer，也称 Internet 层或互联网络层）。该层是整个 TCP/IP 体系结构的关键部分，功能是使主机可以把分组发往任何网络，并使分组独立地传向目标。这些分组可能经由不同的网络，到达的顺序和发送的顺序也可能不同。互联网层使用的协议有 IP（Internet Protocol，因特网协议）。

最底层是网络接口层（Network Interface Layer），或称数据链路层。该层是整个体系结构的基础部分，负责接收 IP 层的 IP 数据包，通过网络向外发送；或接收处理从网络上来的物理帧，抽出 IP 数据包，向 IP 层发送。该层是主机与网络的实际连接层。

不同层包含不同的协议，我们可以用图 10-1 来表示各个协议及其所在的层。

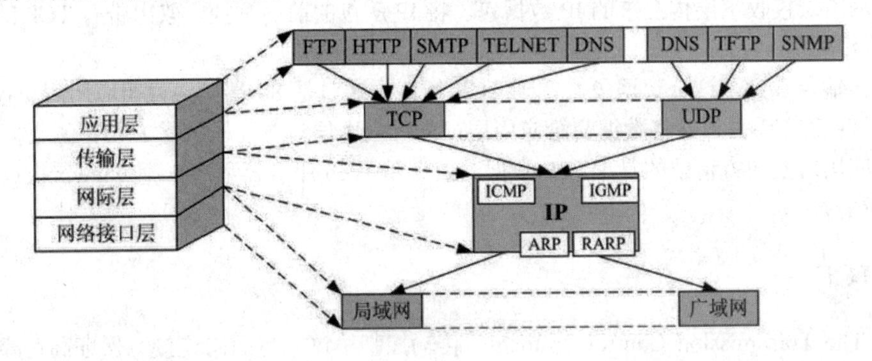

图 10-1

在主机发送端，从传输层开始，会把上一层的数据加上一个报头形成本层的数据，这个过程叫数据封装。在主机接收端，从最下层开始，每一层数据会去掉首部信息，该过程叫作数据解封，如图 10-2 所示。

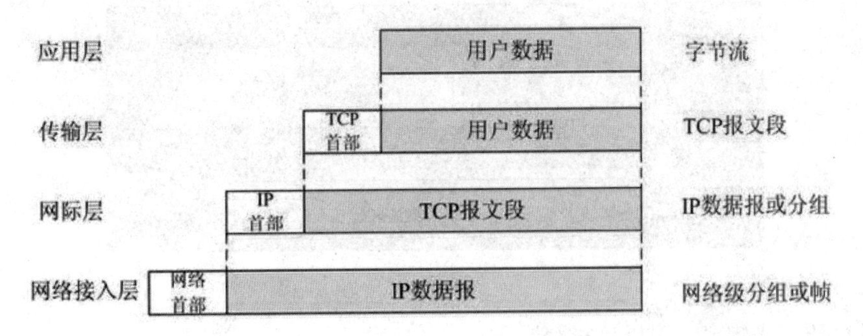

图 10-2

我们来看一个例子，以浏览某个网页为例，看看浏览网页的过程中 TCP/IP 各层做了哪些工作。

发送方：

（1）打开浏览器，输入网址“www.xxx.com”，按回车键，访问网页，其实就是访问 Web 服务器上的网页，在应用层采用的协议是 HTTP，浏览器将网址等信息组成 HTTP 数据，并将数据送给下一层传输层。

（2）传输层将数据前面加上了 TCP 首部，并标记端口为 80（Web 服务器默认端口），将这个数据段给了下一层网络层。

（3）网络层在这个数据段前面加上了自己机器的 IP 和目的 IP，这时这个段被称为 IP 数据包（也可以称为报文），然后将这个 IP 包给了下一层网络接口层。

（4）网络接口层将 IP 数据包前面加上自己机器的 MAC 地址以及目的 MAC 地址。这时加上 MAC 地址的数据称为帧。网络接口层通过物理网卡将这个帧以比特流的方式发送到网络上。

互联网上有路由器，它会读取比特流中的 IP 地址进行选路，到达正确的网段，之后这个网段的交换机读取比特流中的 MAC 地址，找到对应要接收的机器。

接收方：

（1）网络接口层用网卡接收到比特流，读取比特流中的帧，将帧中的 MAC 地址去掉，就成了 IP 数据包，传递给上一层网络层。

（2）网络层接收下层传上来的 IP 数据包，将 IP 从包的前面拿掉，取出带有 TCP 的数据（数据段）交给传输层。

（3）传输层拿到了这个数据段，看到 TCP 标记的端口是 80 端口，说明应用层协议是 HTTP 协议，之后将 TCP 头去掉并将数据交给应用层，告诉应用层对方要求的是 HTTP 的数据。

（4）应用层发送方请求的是 HTTP 数据，就调用 Web 服务器程序，把 www.xxx.com 的首页文件发送回去。

10.1.3 TCP

TCP（The Transmission Control Protocol，传输控制协议）是面向连接、保证高可靠性（数据无丢失、数据无失序、数据无错误、数据无重复到达）的传输层协议。TCP 协议会把应用层数据加上一个 TCP 头，组成 TCP 报文。TCP 报文首部（TCP 头）的格式如图 10-3 所示。

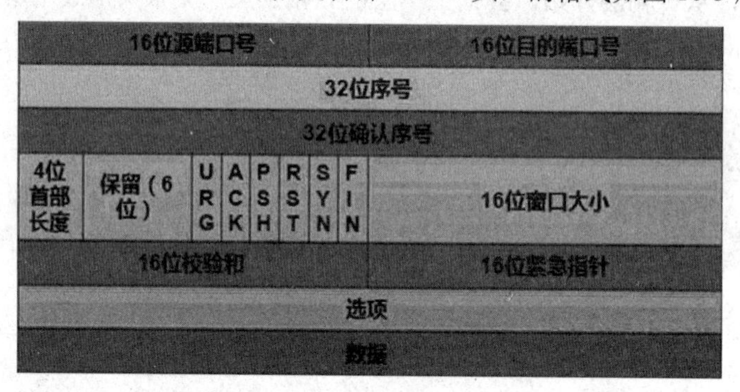

图 10-3

如果用 C 语言来定义，可以这样写：

```
typedef struct _TCP_HEADER           //TCP 头定义，共 20 个字节
{
    short  sSourPort;                // 源端口号 16bit
    short  sDestPort;                // 目的端口号 16bit
    unsigned int  uiSequNum;         // 序列号 32bit
    unsigned int  uiAcknowledgeNum;  // 确认号 32bit
    short  sHeaderLenAndFlag;        // 前 4 位，TCP 头长度，中 6 位，保留；后 6 位，标
志位
    short  sWindowSize;              // 窗口大小 16bit
    short  sCheckSum;                // 检验和 16bit
    short  surgentPointer;           // 紧急数据偏移量 16bit
}TCP_HEADER, *PTCP_HEADER;
```

10.1.4　UDP

UDP（User Datagram Protocol，用户数据报协议）是无连接、不保证可靠的传输层协议。它的协议头相对比较简单，如图 10-4 所示。

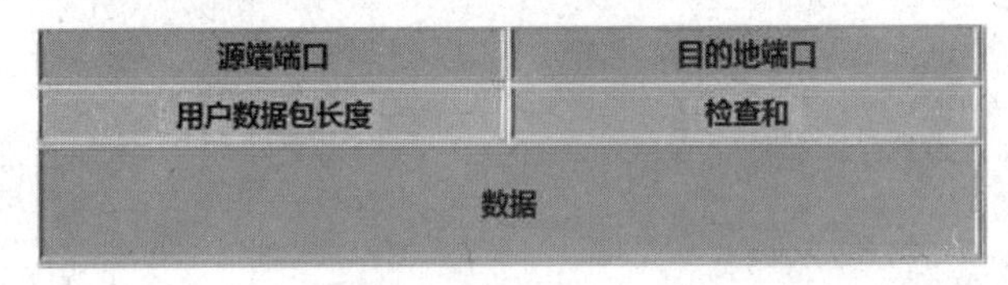

图 10-4

如果用 C 语言来定义，可以这样写：

```
typedef struct _UDP_HEADER                    // UDP 头定义，共 8 个字节
{
   unsigned short m_usSourPort;               // 源端口号 16bit
   unsigned short m_usDestPort;               // 目的端口号 16bit
   unsigned short m_usLength;                 // 数据包长度 16bit
   unsigned short m_usCheckSum;               // 校验和 16bit
}UDP_HEADER, *PUDP_HEADER;
```

10.1.5　IP

IP 是 TCP/IP 协议簇中最为核心的协议。所有的 TCP、UDP、ICMP 及 IGMP 数据都以 IP 数据包的格式传输。它的特点如下：

（1）不可靠

IP 协议不能保证 IP 数据包能成功地到达目的地。IP 协议仅提供最好的传输服务。发生某种错误时，如某个路由器暂时用完了缓冲区，IP 有一个简单的错误处理算法：丢弃该数据报，然后发送 ICMP 消息报给信源端。任何要求的可靠性必须由上层协议来提供（如 TCP 协议）。

（2）无连接

IP 协议并不维护任何关于后续数据报的状态信息。每个数据包的处理都是相互独立的。这也说明，IP 数据报可以不按发送顺序接收。如果一信源向相同的信宿发送两个连续的数据报（先是 A，然后是 B），那么每个数据报都是独立地进行路由选择，可能选择不同的路线，因此 B 可能在 A 到达之前先到达。

IP 数据包的包头格式如图 10-5 所示。

4位版本	4位首部长度	8位服务类型（TOS）	16位总长度（字节数）	
16位标识			3位标志	13位片偏移
8位生存时间（TTL）		8位协议	16位首部校验和	
32位源IP地址				
32位目的IP地址				
选项（如果有）				
数据				

图 10-5

用 C 语言表示，可以这样写：

```
typedef struct _IP_HEADER                    //IP 头定义，共 20 个字节
{
   char m_cVersionAndHeaderLen;              //版本信息(前 4 位)，头长度(后 4 位)
   char m_cTypeOfService;                    //服务类型 8 位
   short m_sTotalLenOfPacket;                //数据包长度
   short m_sPacketID;                        //数据包标识
   short m_sSliceinfo;                       //分片使用
   char m_cTTL;                              //存活时间
   char m_cTypeOfProtocol;                   //协议类型
   short m_sCheckSum;                        //校验和
   unsigned int m_uiSourIp;                  //源 IP 地址
   unsigned int m_uiDestIp;                  //目的 IP 地址
}IP_HEADER, *PIP_HEADER ;
```

10.1.6 IP 地址

1. IP 地址的定义

IP 协议中有一个概念叫 IP 地址。所谓 IP 地址，就是 Internet 中主机的标识。Internet 中的主机要与别的主机通信必须具有一个 IP 地址。就像房子要有个门牌号，这样邮递员才能根据信封上的家庭地址送到目的地。

IP 地址现在有两个版本，分别是 32 位的 IPv4 和 128 位的 IPv6，后者是为了解决前者不够用而产生的。每个 IP 数据包都必须携带目的 IP 地址和源 IP 地址，路由器依靠此信息为数据包选择路由。

这里以 IPv4 为例，IP 地址是由 4 个数字组成的，数字之间用小圆点隔开，每个数字的取值范围为 0~255（包括 0 和 255）。通常有两种表示形式：

（1）十进制表示，比如 192.168.0.1。

（2）二进制表示，比如 11000000.10101000.00000000.00000001。

两种方式可以相互转换，每 8 位二进制数对应一位十进制数，如图 10-6 所示。

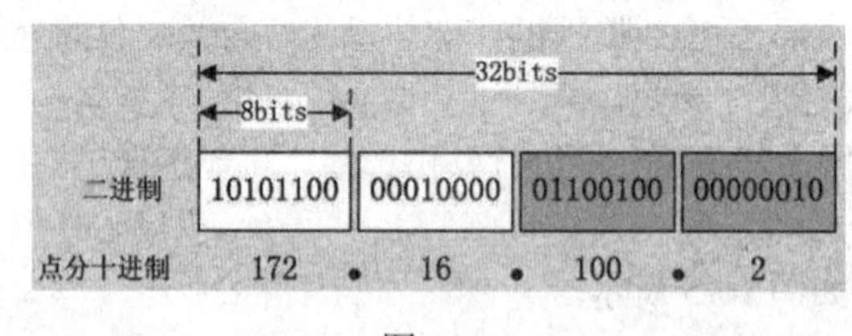

图 10-6

实际应用中多用十进制表示。

2. IP 地址的两级分类编址

因特网由很多网络构成，每个网络上都有很多主机，这样便构成了一个有层次的结构。IP 地址在设计的时候就考虑到地址分配的层次特点，把每个 IP 地址分割成网络号（NetID）和主机号（HostID）两个部分，网络号表示主机属于互联网中的哪一个网络，而主机号则表示其属于该网络中的哪一台主机，两者之间是主从关系，同一网络中绝对不能有主机号完全相同的两台计算机，否则会报出 IP 地址冲突。IP 地址分为两部分后，IP 数据包从网际上的一个网络到达另一个网络时，

选择路径可以基于网络而不是主机。在大型的网际中，这一点优势特别明显，因为路由表中只存储网络信息而不是主机信息，这样可以大大简化路由表，方便路由器的 IP 寻址。

根据网络地址和主机地址在 IP 地址中所占的位数可将 IP 地址分为 A、B、C、D、E 五类，每一类网络都可以从 IP 地址的第一个数字看出，如图 10-7 所示。

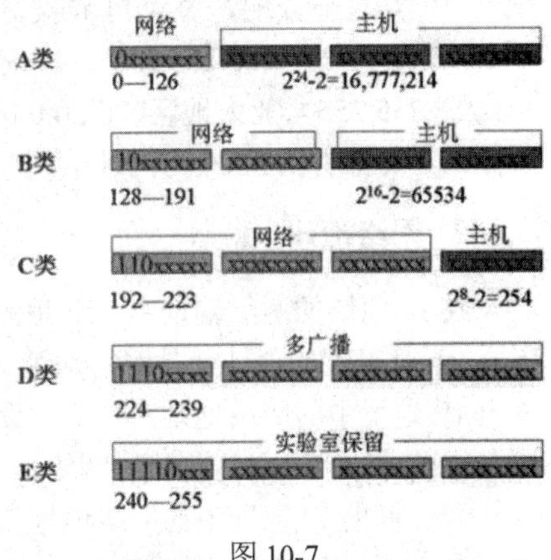

图 10-7

这 5 类 IP 地址中，A 类地址的第一位为 0，第 2~8 位为网络地址，第 9~32 位为主机地址，这类地址适用于为数不多的主机数大于 2 的 16 次方的大型网络，A 类网络地址的数量最多不超过（2 的 7 次方减 2）个，每个 A 类网络最多可以容纳 16777214(2 的 24 次方减 2)台主机。

B 类地址前两位分别为 1 和 0，第 3~16 位为网络地址，第 17~32 位为主机地址，此类地址用于主机数为 2 的 8 至 16 次方的中型网络，B 类网络数量最多（2 的 14 次方−2）个。

C 类地址前 3 位分别为 1、1、0，第 4~24 位为网络地址，其余为主机地址，用于每个网络只能容纳 254 台（2 的 8 次方减 2）主机的大量小型网，C 类网络数量上限为（2 的 21 次方减 2）个。

D 类地址前 4 位为 1、1、1、0，　其余为多目地址。

E 类地址前 5 位为 1、1、1、1、0，其余位数留待后用。

A 类 IP 的第一个字节范围是 0~126，B 类 IP 的第一个字节范围是 128~191，C 类 IP 的第一个字节范围是 192~223，所以 192.X.X.X 肯定是 C 类 IP 地址，大家根据 IP 地址第一个字节的范围就能够推导出该 IP 属于 A 类还是 B 或 C 类。

IP 地址以 A、B、C 三类为主，又以 B、C 两类地址更为常见。除此之外，还有一些特殊用途的 IP 地址：广播地址（主机地址全为 1，用于广播，这里的广播是指同时向网上所有主机发送报文，不是指我们日常听的那种广播）、有限广播地址（所有地址全为 1，用于本网广播）、本网地址（网络地址全 0，后面的主机号表示本网地址）、回送测试地址（127.x.x.x 型，用于网络软件测试及本地机进程间通信）、主机位全 0 地址（这种地址的网络地址就是本网地址）及保留地址（网络号全 1 和 32 位全 0 两种）。由此可见，网络位全 1 或全 0 和主机位全 1 或全 0 都是不能随意分配的。这也就是前面的 A、B、C 类网络的网络数及主机数要减 2 的原因。

总之，主机号全为 0 或全为 1 时分别作为本网络地址和广播地址使用，这种 IP 地址不能分配给用户使用。D 类网络用于广播，可以将信息同时传送到网上的所有设备，而不是点对点的信息传送，这种网络可以用来召开电视电话会议。E 类网络常用于进行试验。网络管理员在配置网络时不应该采用 D 类和 E 类网络。我们把特殊的 IP 地址放在表 10-1 中。

表 10-1　特殊的 IP 地址

特殊 IP 地址	含　义
0.0.0.0	表示默认的路由，这个值用于简化 IP 路由表
127.0.0.1	表示本主机，使用这个地址，应用程序可以像访问远程主机一样访问本主机
网络号全为 0 的 IP 地址	表示本网络的某主机，如 0.0.0.88 将访问本网络中节点为 88 的主机
主机号全为 0 的 IP 地址	表示网络本身
网络号或主机号位全为 1	表示所有主机
255.255.255.255	表示本网络广播

当前，A 类地址已经全部分配完，B 类也不多了，为了有效并连续地利用剩下的 C 类地址，互联网采用 CIDR（Classless Inter-Domain Routing，无类别域间路由）方式把许多 C 类地址合起来作为 B 类地址分配，整个世界被分为 4 个地区，每个地区分配一段连续的 C 类地址：欧洲（194.0.0.0～195.255.255.255）、北美（198.0.0.0～199.255.255.255）、中南美（200.0.0.0～201.255.255.255）、亚太地区（202.0.0.0～203.255.255.255）、保留备用（204.0.0.0～223.255.255.255）。这样每一类都有约 3200 万网址供用。

3. 网络掩码

在 IP 地址的两级编址中，IP 地址由网络号和主机号两部分组成，如果我们把主机号部分全部置 0，此时得到的地址就是网络地址。网络地址可以用于确定主机所在的网络，为此路由器只需计算出 IP 地址中的网络地址，然后跟路由表中存储的网络地址相比较就知道这个分组应该从哪个接口发送出去。当分组达到目的网络后，再根据主机号抵达目的主机。

要计算出 IP 地址中的网络地址，需要借助于网络掩码（或称默认掩码）。它是一个 32 位的数，左边连续 n 位全部为 1，后边 32-n 位连续为 0。A、B、C 三类地址的网络掩码分别为 255.0.0.0、255.255.0.0 和 255.255.255.0。我们通过 IP 地址和网络掩码进行与运算，得到的结果就是该 IP 地址的网络地址。网络地址相同的两台主机处于同一个网络中，它们可以直接通信，而不必借助于路由器。

举个例子，现在有两台主机 A 和 B：A 的 IP 地址为 192.168.0.1，网络掩码为 255.255.255.0；B 的 IP 地址为 192.168.0.254，网络掩码为 255.255.255.0。我们先对 A 做运算，把它的 IP 地址与子网掩码每位相与。

```
IP:            11010000.10101000.00000000.00000001
子网掩码:      11111111. 11111111. 11111111.00000000
AND 运算
网络号:        11010000.10101000.00000000.00000000
转换为十进制:  192.168.0.0
```

再把 B 的 IP 地址和子网掩码每位相与：

```
IP:            11010000.10101000.00000000.11111110
子网掩码:      11111111. 11111111. 11111111.00000000
AND 运算
网络号:        11010000.10101000.00000000.00000000
转换为十进制:  192.168.0.0
```

可以看到，A 和 B 两台主机的网络号是相同的，因此可以认为它们处于同一网络。

IP 地址越来越不够用，为了不浪费，人们对每类网络进一步划分出子网，为此 IP 地址的编址又有了 3 级编址的方法，即子网内的某个主机 IP 地址={<网络号>,<子网号>,<主机号>}，该方法中有了子网掩码的概念。后来又提出了超网、无分类编址和 IPv6。限于篇幅，这里不再叙述。

10.1.7 MAC 地址

网络接口层中的数据通常称为 MAC 帧。帧所用的地址为媒体设备地址，即 MAC 地址，也就是通常所说的物理地址。每一块网卡都有一个全世界唯一的物理地址，它的长度固定为 6 个字节，比如 00-30-C8-01-08-39。我们在 Windows 操作系统的命令行下用 ipconfig/all 可以看到。

MAC 帧的帧头定义如下：

```
typedef struct _MAC_FRAME_HEADER          //数据帧头定义
{
    char  cDstMacAddress[6];              //目的 MAC 地址
    char  cSrcMacAddress[6];              //源 MAC 地址
    short m_cType;       //上一层协议类型，如 0x0800 代表上一层是 IP 协议，0x0806 为 ARP
}MAC_FRAME_HEADER,*PMAC_FRAME_HEADER;
```

10.1.8　ARP 协议

网络上的 IP 数据包到达最终目的网络后，必须通过 MAC 地址来找到最终目的主机，而数据包中只有 IP 地址，为此需要把 IP 地址转为 MAC 地址，这个工作由 ARP 协议来完成。ARP 协议是网际层中的协议，用于将 IP 地址解析为 MAC 地址。通常，ARP 协议只适用于局域网中。ARP 协议的工作过程如下：

（1）本地主机在局域网中广播 ARP 请求，ARP 请求数据帧中包含目的主机的 IP 地址。这一步所表达的意思就是“如果你是这个 IP 地址的拥有者，请回答你的硬件地址”。

（2）目的主机收到这个广播报文后，用 ARP 协议解析这份报文，识别出是询问其硬件地址。于是发送 ARP 应答包，里面包含 IP 地址及其对应的硬件地址。

（3）本地主机收到 ARP 应答后，知道了目的地址的硬件地址，之后的数据包就可以传送了。同时，会把目的主机的 IP 地址和 MAC 地址保存在本机的 ARP 表中，以后通信直接查找此表即可。

我们在 Windows 操作系统的命令行下可以使用“arp –a”命令来查询本机 arp 缓存列表，如图 10-8 所示。

图 10-8

另外，可以使用“arp -d”命令清除 ARP 缓存表。

arp 协议通过发送和接收 arp 报文来获取物理地址，arp 报文的格式如图 10-9 所示。

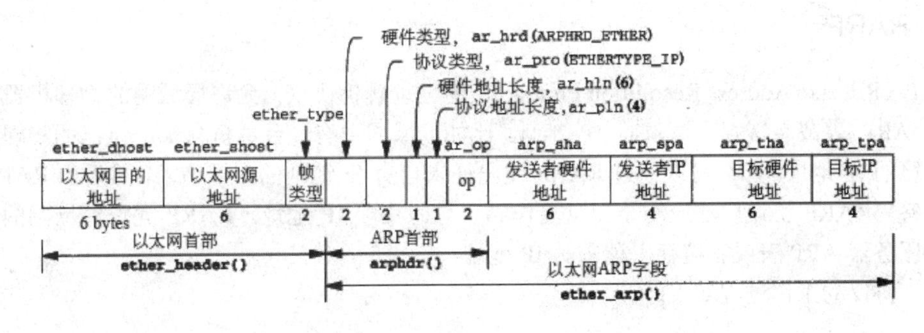

图 10-9

结构 ether_header 定义了以太网帧首部；结构 arphdr 定义了其后的 5 个字段，其信息用于在任何类型的介质上传送 ARP 请求和回答；ether_arp 结构除了包含 arphdr 结构外，还包含源主机和目的主机的地址。如果这个报文格式用 C 语言表述，可以这样写：

```
//定义常量
#define EPT_IP   0x0800              /* type: IP */
#define EPT_ARP   0x0806             /* type: ARP */
#define EPT_RARP 0x8035              /* type: RARP */
#define ARP_HARDWARE 0x0001          /* Dummy type for 802.3 frames */
#define ARP_REQUEST 0x0001           /* ARP request */
#define ARP_REPLY 0x0002                /* ARP reply */
//定义以太网首部
typedef struct ehhdr
{
   unsigned char eh_dst[6];          /* destination ethernet addrress */
   unsigned char eh_src[6];          /* source ethernet addresss */
   unsigned short eh_type;           /* ethernet pachet type */
}EHHDR, *PEHHDR;
//定义以太网 arp 字段
typedef struct arphdr
{
   //arp 首部
   unsigned short arp_hrd;           /* format of hardware address */
   unsigned short arp_pro;           /* format of protocol address */
   unsigned char arp_hln;            /* length of hardware address */
   unsigned char arp_pln;            /* length of protocol address */
   unsigned short arp_op;            /* ARP/RARP operation */

   unsigned char arp_sha[6];         /* sender hardware address */
   unsigned long arp_spa;            /* sender protocol address */
   unsigned char arp_tha[6];         /* target hardware address */
   unsigned long arp_tpa;            /* target protocol address */
}ARPHDR, *PARPHDR;

//定义整个 arp 报文包，总长度 42 字节
typedef struct arpPacket
{
   EHHDR ehhdr;
   ARPHDR arphdr;
} ARPPACKET, *PARPPACKET;
```

10.1.9 RARP

RARP（Reverse Address Resolution Protocol，逆地址解析协议）允许局域网的物理机器从网关服务器的 ARP 表或者缓存上请求其 IP 地址。比如局域网中有一台主机只知道自己的物理地址而不知道自己的 IP 地址，那么可以通过 RARP 发出征求自身 IP 地址的广播请求，然后由 RARP 服务器负责回答。RARP 协议广泛应用于无盘工作站引导时获取 IP 地址。RARP 允许局域网的物理机器从网管服务器 ARP 表或者缓存上请求其 IP 地址。

RARP 协议的工作过程如下：

（1）主机发送一个本地的 RARP 广播，在此广播包中，声明自己的 MAC 地址并且请求任何收到此请求的 RARP 服务器分配一个 IP 地址。

（2）本地网段上的 RARP 服务器收到此请求后，检查其 RARP 列表，查找该 MAC 地址对应的 IP 地址。

（3）如果存在，RARP 服务器就给源主机发送一个响应数据包并将此 IP 地址提供给对方主机使用。

（4）如果不存在，RARP 服务器对此不做任何响应。

（5）源主机收到从 RARP 服务器的响应信息，就利用得到的 IP 地址进行通信。如果一直没有收到 RARP 服务器的响应信息，表示初始化失败。

RARP 的帧格式同 ARP，只是帧类型字段和操作类型不同。

10.1.10　DNS

前面提到因特网上的主机通过 IP 地址来标识自己，但由于 IP 地址是一串数字，人们记住这些数字去访问主机比较困难，因此因特网管理机构又采用了一串英文来标识一个主机，这串英文是有一定规则的，它的专业术语叫域名（Domain Name）。对用户来讲，用户访问一个网站的时候，既可以输入该网站的 IP 地址，也可以输入其域名，对访问而言两者是等价的。例如，微软公司的 Web 服务器的域名是 www.microsoft.com，不管用户在浏览器中输入的是 www.microsoft.com 还是 Web 服务器的 IP 地址，都可以访问其 Web 网站。

域名由因特网域名与地址管理机构（ICANN，Internet Corporation for Assigned Names and Numbers）管理，这是为承担域名系统管理、IP 地址分配、协议参数配置，以及主服务器系统管理等职能而设立的非营利机构。ICANN 为不同的国家或地区设置了相应的顶级域名，这些域名通常都由两个英文字母组成。例如，.uk 代表英国，.fr 代表法国，.jp 代表日本。中国的顶级域名是.cn，.cn 下的域名由 CNNIC 进行管理。

域名只是某个主机的别名，并不是真正的主机地址，主机地址只能是 IP 地址，为了通过域名来访问主机，就必须实现域名和 IP 地址之间的转换。这个转换工作由域名系统（Domain Name System，DNS）来完成。DNS 是因特网的一项核心服务。它作为可以将域名和 IP 地址相互映射的一个分布式数据库，能够使人们更方便地访问互联网，而不用去记住能够被机器直接读取的 IP 数字串。一个需要域名解析的用户先将该解析请求发往本地的域名服务器，如果本地的域名服务器能够解析，则直接得到结果，否则本地的域名服务器将向根域名服务器发送请求。依据根域名服务器返回的指针再查询下一层的域名服务器，以此类推，最后得到所要解析域名的 IP 地址。

10.1.11　端口

我们知道，网络上的主机通过 IP 地址来标识自己，方便其他主机上的程序和自己主机上的程序建立通信。主机上需要通信的程序有很多，那么如何才能找到对方主机上的目的程序呢？IP 地址只是用来寻找目的主机的，最终通信还需要找到目的程序。为此，人们提出了端口这个概念，用来标识目的程序。有了端口，一台拥有 IP 地址的主机可以提供许多服务，比如 Web 服务进程用 80 端口提供 Web 服务、FTP 进程通过 21 端口提供 FTP 服务、SMTP 进程通过 23 端口提供 SMTP 服务，等等。

如果把 IP 地址比作一间旅馆的地址，端口就是这家旅馆内某个房间的房号。旅馆的地址只有一个，但房间却有很多个，因此端口也有很多个。端口是通过端口号来标记的，端口号是一个 16

位的无符号整数，范围是 0~65535（2^{16}-1），并且前面 1024 个端口号是留作操作系统使用的，我们自己的应用程序如果要使用端口，通常用 1024 后面的整数作为端口号。

10.2 Socket 基础

10.2.1 基本概念

Socket 的中文称呼为套接字或套接口，是 TCP/IP 网络编程中的基本操作单元，可以看作是不同主机的进程之间相互通信的端点。套接字是应用层与 TCP/IP 协议簇通信的中间软件抽象层，一组接口，它把复杂的 TCP/IP 协议簇隐藏在套接字接口后面。某个主机上的某个进程通过该进程中定义的套接字可以与其他主机上同样定义了套接字的进程建立通信，传输数据。

在 TCP/IP 协议中，有以下 3 种类型的套接字。

（1）流套接字（SOCK_STREAM）

流套接字用于提供面向连接、可靠的数据传输服务。该服务将保证数据能够实现无差错、无重复发送，并按顺序接收。流套接字之所以能够实现可靠的数据服务，原因在于其使用了传输控制协议，即 TCP。

（2）数据报套接字（SOCK_DGRAM）

数据报套接字提供了一种无连接的服务。该服务并不能保证数据传输的可靠性，数据有可能在传输过程中丢失或出现数据重复，且无法保证顺序地接收到数据。数据报套接字使用 UDP 协议进行数据的传输。由于数据报套接字不能保证数据传输的可靠性，对于有可能出现的数据丢失情况，需要在程序中做相应的处理。

（3）原始套接字（SOCK_RAW）

原始套接字允许对较低层次的协议直接访问，比如 IP、ICMP，常用于检验新的协议实现，或者访问现有服务中配置的新设备，因为 RAW SOCKET 可以自如地控制 Windows 下的多种协议，能够对网络底层的传输机制进行控制，所以可以应用原始套接字来操纵网络层和传输层应用。比如，我们可以通过 RAW SOCKET 来接收发向本机的 ICMP、IGMP 协议包，或者接收 TCP/IP 栈不能够处理的 IP 包，也可以用来发送一些自定包头或自定协议的 IP 包。网络监听技术经常会用到原始套接字。

原始套接字与标准套接字（标准套接字包括流套接字和数据报套接字）的区别在于：原始套接字可以读写内核没有处理的 IP 数据包，而流套接字只能读取 TCP 协议的数据，数据包套接字只能读取 UDP 协议的数据。

无论在 Windows 平台还是 Linux 平台，都对套接字实现了自己的一套编程接口。早在 20 世纪 90 年代初，微软公司就联合了其他几家公司共同制定了一套 Windows 下的网络编程接口，即 Windows Sockets 编程接口，是一套开放的、支持多种协议的 Windows 下的网络编程接口。现在的 Winsock 基本上实现了与协议无关，可以使用 Winsock 来调用多种协议的功能，但较常使用的是 TCP/IP。

10.2.2 网络字节序

学过微机原理的人应该知道，不同的 CPU 的字节序是不同的。所谓字节序，就是一个数据的某个字节在内存地址中存放的顺序，即该数据的低位字节是从内存低地址开始存放还是从高地址开始存放。通常可以分为两种模式：小端字节序和大端字节序。

（1）小端字节序

小端字节序（little-endian）就是数据的低字节存于内存低地址、高字节存于内存高地址。比如一个 long 型数据 0x12345678，采用小端字节序的话，它在内存中的存放情况是这样的：

```
0x0029f458    0x78      //低内存地址存放低字节数据
0x0029f459    0x56
0x0029f45a    0x34
0x0029f45b    0x12      //高内存地址存放高字节数据
```

（2）大端字节序

大端字节序（big-endian）就是数据的高字节存于内存低地址、低字节存于内存高地址。比如一个 long 型数据 0x12345678，采用大端字节序的话，它在内存中的存放情况是这样的：

```
0x0029f458    0x12    //低内存地址存放高字节数据
0x0029f459    0x34
0x0029f45a    0x56
0x0029f45b    0x79    //高内存地址存放低字节数据
```

可以用下面的小例子来测试主机的字节序。

【例 10.1】测试主机的字节序

（1）新建一个控制台工程。

（2）在 Test.cpp 中输入如下代码：

```
#include "stdafx.h"
#include<stdio.h>
void main()
{
   unsigned int num = 0xaabbccdd;
   unsigned char *addr = (unsigned char*)&num;

   printf("地址: %-9x %-9x %-9x %-9x\n", addr, addr + 1, addr + 2, addr + 3);
   printf("数据: %-9x %-9x %-9x %-9x\n", *addr, *(addr + 1), *(addr + 2), *(addr
+ 3));

   if (*addr == 0xdd) printf("你的机子是小端字节序\n");
   else printf("你的机子是大端字节序\n");
}
```

（3）保存工程并运行，运行结果如图 10-10 所示。

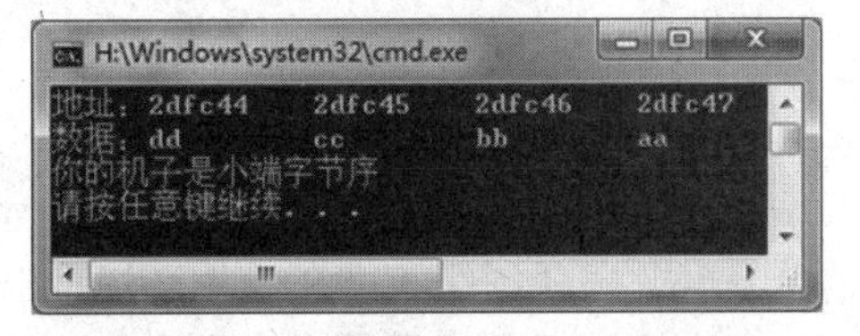

图 10-10

网络中有各种各样的主机，不同主机的字节序是不同的，比如 x86 系列处理器采用的是小端字节序，而 Motorola 6800 采用的则是大端字节序。为了这些字节序不同的主机能相互通信、正确理解对方发来的数据，必须在网络上使用同一种字节序。这个在网络上统一的字节序就是网络字节序（Network Byte Order），与具体的 CPU 类型、操作系统等无关，从而可以保证数据在不同主机之间传输时能够被正确解释。网络字节序采用大端字节序。我们在开发网络程序的时候，应该保证使用网络字节序，为此需要将数据由主机的字节序转换为网络字节序后再发出数据，接收方收到数据后也要先转为主机字节序后再进行处理。这个过程在跨平台开发时尤其重要。

在 Winsock 函数库中提供了几个主机字节序和网络字节序相互转换的函数。比如：

- htons：将 u_short（16 位）类型的数据从主机字节序转为网络字节序。
- htonl：将 u_long（32 位）类型的数据从主机字节序转为网络字节序。
- ntohs：将 u_short（16 位）类型的数据从网络字节序转为主机字节序。
- ntohl：将 u_long（32 位）类型的数据从网络字节序转为主机字节序。

10.2.3 I/O 模式和 I/O 模型

在 Windows 下，套接字有两种 I/O（Input/Output，输入输出）模式：阻塞模式（也称同步模式）和非阻塞模式（也称异步模式）。阻塞模式的套接字在一个 I/O 操作完全结束之前会一直挂起等待，直到该 I/O 操作完成后再去处理其他 I/O 操作。对于处于非阻塞模式的套接字，会马上返回而不去等待该 I/O 操作的完成。针对不同的模式，Winsock 提供的函数也有阻塞函数和非阻塞函数。相对而言，阻塞模式比较容易实现。非阻塞模式就比较复杂了，为了实现套接字的非阻塞模式，微软又提出了套接字的 5 种 I/O 模型：

（1）选择模型，或称 Select 模型，主要是利用 Select 函数实现对 I/O 的管理。

（2）异步选择模型，或称 WSAAsyncSelect 模型，允许应用程序以 Windows 消息的方式接收网络事件通知。

（3）事件选择模型，WSAEventSelect 模型，这个模型类似于 WSAAsynSelect 模型，两者最主要的区别是在事件选择模型下，网络事件发生时会被发送到一个事件对象句柄，而不是发送到一个窗口。

（4）重叠 I/O 模型，该模型下可以要求操作系统为你传送数据，并且在传送完毕时通知你。具体实现时可以使用事件通知或者完成例程两种方式分别实现重叠 I/O 模型。重叠 I/O（Overlapped I/O）模型比上述 3 种模型能达到更佳的系统性能。

（5）完成端口模型，这种模型是最为复杂的一种 I/O 模型，当然性能也是最强大的。当一个应用程序同时需要管理很多个套接字时，可以采用这种模型，往往可以达到最佳的系统性能。

10.3 Winsock API 套接字编程

要进行 Visual C++套接字编程，可以直接用 Winsock API 函数，也可以用 MFC 套接字。本节将讲述 Win32 API 套接字编程。首先我们要知道 API 套接字编程的基本步骤，其次要了解常用的套接字 API 函数。

10.3.1 Winsock API 编程的基本步骤

在网络应用中，常见的应用环境是由一个服务器为众多客户端提供服务的。在这种应用中，客户应用程序向服务器程序请求服务，一个服务程序通常在一个众所周知的地址和端口监听对来自客户端的请求，也就是说，服务进程一直处于休眠状态，直到某个客户向这个服务器提出了连接请求。此时服务程序为客户的请求提供做出适当的反应。

套接字编程就是针对这种使用环境的。通常，套接字编程可以分为 3 种形式：流式套接字（SOCK_STREAM）编程、数据报套接字（SOCK_DGRAM）编程和原始套接字（SOCK_RAW）编程。流式套接字编程针对 TCP，数据报套接字编程针对 UDP。下面看一下流式套接字编程的基本步骤。

服务器端编程的步骤：

（1）加载套接字库（使用函数 WSAStartup），创建套接字（使用 socket)。

（2）绑定套接字到一个 IP 地址和一个端口上（使用函数 bind）。

（3）将套接字设置为监听模式等待连接请求（使用函数 listen），这个套接字就是监听套接字了。

（4）请求到来后，接受连接请求，返回一个新的对应于此次连接的套接字（accept）。

（5）用返回的新套接字和客户端进行通信，即发送或接收数据（使用函数 send 或 recv），通信结束就关闭这个新创建的套接字（使用函数 closesocket）。

（6）监听套接字继续处于监听状态，等待其他客户端的连接请求。

（7）如果要退出服务器程序，则先关闭监听套接字（使用函数 closesocket），再释放加载的套接字库（使用函数 WSACleanup）。

客户端编程的步骤：

（1）加载套接字库（使用函数 WSAStartup），创建套接字（使用函数 socket）。

（2）向服务器发出连接请求（使用函数 connect）。

（3）和服务器端进行通信，即发送或接收数据（使用函数 send 或 recv）。

（4）如果要关闭客户端程序，则先关闭套接字（使用函数 closesocket），再释放加载的套接字库（使用函数 WSACleanup）。

了解了插口编程基本步骤后，我们再来看一下常用的套接字函数。

10.3.2　常用的 Winsock API 函数

2.0 版本的 Winsock API 函数的声明在 Winsock2.h 中，在 Ws2_32.dll 中实现。

（1）WSAStartup 函数

该函数用于初始化 Winsock DLL 库，这个库提供了所有 Winsock 函数，因此 WSAStartup 必须要在所有 Winsock 函数调用之前调用。函数声明如下：

```
int WSAStartup(WORD  wVersionRequested,  LPWSADATA  lpWSAData);
```

其中，参数 wVersionRequested 指明程序请求使用的 Winsock 规范的版本，高位字节指明副版本，低位字节指明主版本；参数 lpWSAData 返回请求的 Socket 的版本信息，是一个指向结构体 WSADATA 的指针。如果函数成功就返回 0，否则返回错误码。

结构体 WSADATA 保存 Windows 套接字的相关信息，定义如下：

```
typedef struct WSAData {
WORD wVersion;  // Winsock 规范的版本号，即文件 Ws2_32.dll 的版本号
WORD wHighVersion;  // Winsock 规范的最高版本号
char szDescription[WSADESCRIPTION_LEN+1];  //套接字的描述信息
char szSystemStatus[WSASYS_STATUS_LEN+1];  //系统状态或配置信息
unsigned short iMaxSockets;  //能打开套接字的最大数目
unsigned short iMaxUdpDg; //数据报的最大长度，2 或以上的版本中，该字段忽略
char FAR* lpVendorInfo;    //套接字的厂商信息，2 或以上的版本中，该字段忽略
} WSADATA,  *LPWSADATA;
```

当一个应用程序调用 WSAStartup 函数时，操作系统根据请求的 Winsock 版本来搜索相应的 Winsock 库，然后绑定找到的 Winsock 库到该应用程序中。以后应用程序就可以调用所请求的 Winsock 库中的函数了。比如一个程序要使用 2.0 版本的 Winsock，代码可以这样写：

```
WORD  wVersionRequested = MAKEWORD( 2,0 );
int err = WSAStartup( wVersionRequested, &wsaData );
```

（2）socket/WSASocket 函数

socket 函数用来创建一个套接字，声明如下：

```
SOCKET WSAAPI socket( int af,  int type,  int  protocol);
```

其中，参数 af 用于指定程序所使用的通信协议簇，如果使用的是 TCP/IP 协议簇，那么该参数置 PF_INET；参数 type 指定要创建的套接字类型；如果要创建流套接字类型，则取值为 SOCK_STREAM；如果要创建数据报套接字类型，则取值为 SOCK_DGRAM；如果要创建原始套接字协议，则取值为 SOCK_RAW；参数 protocol 指定应用程序所使用的通信协议，比如 IPPROTO_TCP 表示 TCP 协议，IPPROTO_UDP 表示 UDP 协议，这个参数通常和前面两个参数都有关。如果函数成功就返回一个 SOCKET 类型的描述符，该描述符可以用来引用新创建的套接字，如果失败就返回 INVALID_SOCKET，可以使用函数 WSAGetLastError 来获取错误码。

SOCKET 的定义如下：

```
typedef  UINT_PTR        SOCKET;
```

其实是一个无符号整型，UINT_PTR 的定义如下：

```
typedef  _W64  unsigned int  UINT_PTR
```

WSASocket 函数是 SOCKET 的扩展版本，功能更为强大，通常用 socket 即可。这两个函数创建的套接字默认情况下都是阻塞模式的。

（3）bind 函数

该函数让本地地址信息关联到一个套接字上，既可以用于连接的（流式）套接字，也可以用于无连接的（数据报）套接字。当新建了一个 Socket 以后，套接字数据结构中有一个默认的 IP 地址和默认的端口号。服务程序必须调用 bind 函数来给其绑定自己的 IP 地址和一个特定的端口号。客户程序一般不必调用 bind 函数来为 Socket 绑定 IP 地址和端口号，客户端程序通常会用默认的 IP 和端口来与服务器程序通信。bind 函数声明如下：

```
int bind(  SOCKET  s,  const struct  sockaddr *  name,   int  namelen);
```

其中，参数 s 标识一个待绑定的套接字描述符；name 为指向结构体 sockaddr 的指针，该结构体包含了 IP 地址和端口号；namelen 确定 name 的缓冲区长度。如果函数成功就返回 0，否则返回 SOCKET_ERROR。

结构体 sockaddr 的定义如下：

```
struct sockaddr {
    ushort  sa_family;    //协议簇，在 socket 编程中只能是 AF_INET
    char     sa_data[14]; //为套接字存储的目标 IP 地址和端口信息
};
```

这个结构体不是那么直观，所以人们又定义了一个新的结构：

```
struct sockaddr_in {
    short     sin_family; //协议簇，在 socket 编程中只能是 AF_INET
    u_short  sin_port;    //端口号（使用网络字节顺序）
    struct   in_addr  sin_addr; //IP 地址，是个结构
    char      sin_zero[8]; //为了与 sockaddr 结构保持大小相同而保留的空字节，填充 0 即可
};
```

这两个结构长度是一样的，所以可以相互强制转换。

结构 in_addr 用来存储一个 IP 地址，定义如下：

```
typedef struct in_addr {
  union {
    struct { UCHAR s_b1,s_b2,s_b3,s_b4; } S_un_b;
    struct { USHORT s_w1,s_w2; } S_un_w;
    ULONG S_addr; //一般使用这个，它的字节序为网络字节序
  } S_un;
} IN_ADDR, *PIN_ADDR, FAR *LPIN_ADDR;
```

我们通常习惯用点数的形式表示 IP 地址，为此系统提供了函数 inet_addr 将 IP 地址从点数格式转换成网络字节格式。比如，已知 IP 为 223.153.23.45，我们把它存储到 in_addr 中，可以这样写：

```
sockaddr_in  in;
unsigned long  ip = inet_addr("223.153.23.45");
if(ip!= INADDR_NONE) //如果 IP 地址不合法，inet_addr 将返回 INADDR_NONE
in. sin_addr.S_un.S_addr=ip;
```

（4）listen 函数

该函数用于服务器端的流套接字，让流套接字处于监听状态，监听客户端发来的建立连接的请求。该函数声明如下：

```
int listen( SOCKET s,  int backlog);
```

其中，参数 s 为一个流套接字描述符，处于监听状态的流套接字 s 将维护一个客户连接请求队列；backlog 表示连接请求队列所能容纳的客户连接请求的最大数量，或者说队列的最大长度。如果函数成功就返回 0，否则返回 SOCKET_ERROR。

举个例子，backlog 设置了 5，当有 6 个客户端发来连接请求时，前 5 个客户端连接会放在请求队列中，第 6 个客户端会收到错误。

（5）accept/ WSAAccept 函数

accept 函数用于服务程序从处于监听状态的流套接字的客户连接请求队列中取出排在最前的一个客户端请求，并且创建一个新的套接字来与客户套接字创建连接通道，如果连接成功就返回新创建的套接字的描述符，以后就用新创建的套接字与客户套接字相互传输数据。该函数声明如下：

```
SOCKET accept(  SOCKET  s,  struct  sockaddr  *  addr,  int * addrlen);
```

其中，参数 s 为处于监听状态的流套接字描述符；addr 返回新创建的套接字的地址结构；addrlen 指向结构 sockaddr 的长度，表示新创建的套接字的地址结构的长度。如果函数成功就返回一个新的套接字的描述符，该套接字将与客户端套接字进行数据传输，如果失败就返回 INVALID_SOCKET。

下面的代码演示了 accept 的使用：

```
    struct  sockaddr_in   NewSocketAddr;
    int addrlen;
    addrlen=sizeof(NewSocketAddr);
    SOCKET  NewServerSocket=accept(ListenSocket, (struct sockaddr *)&
NewSocketAddr, &addrlen);
```

WSAAccept 函数是 accept 的扩展版本。

（6）connect/WSAConnect 函数

connect 函数在套接字上建立一个连接。它用在客户端，客户端程序使用 connect 函数请求与服务器的监听套接字建立连接。该函数声明如下：

```
int connect( SOCKET s,  const struct sockaddr* name,  int namelen);
```

其中，s 为还未连接的套接字描述符；name 是对方套接字的地址信息；namelen 是 name 所指缓冲区的大小。如果函数成功就返回 0，否则返回 SOCKET_ERROR。

对于一个阻塞套接字，该函数的返回值表示连接是否成功，如果连接不上通常要等较长时间才能返回，此时可以把套接字设为非阻塞方式，然后设置连接超时时间。对于非阻塞套接字，由于连接请求不会马上成功，因此函数会返回 SOCKET_ERROR，但这并不意味着连接失败，此时用函数 WSAGetLastError 返回错误码将是 WSAEWOULDBLOCK，如果后续连接成功了，将获得错误码 WSAEISCONN。

函数 WSAConnect 为 connect 的扩展版本。

（7）send/ WSASend 函数

send 用于在已建立连接的 socket 上发送数据，无论是客户端还是服务器应用程序都用 send 函数来向 TCP 连接的另一端发送数据。但在该函数内部，它只是把参数 buf 中的数据发送到套接字的发送缓冲区中，此时数据并不一定马上成功地被传到连接的另一端，发送数据到接收端是底层协议完成的。该函数只是把数据发送（或称复制）到套接字的发送缓冲区后就返回了。该函数声明如下：

```
int send( SOCKET s,  const char* buf,  int len,  int flags);
```

其中，参数 s 为发送端套接字的描述符；buf 存放应用程序要发送数据的缓冲区；len 表示 buf 所指缓冲区的大小；flags 一般设 0。如果函数复制数据成功，就返回实际复制的字节数，如果函数在复制数据时出现错误，那么 send 就返回 SOCKET_ERROR。

如果底层协议在后续的数据发送过程中出现网络错误，那么下一个 socket 函数就会返回 SOCKET_ERROR（这是因为每一个除 send 外的 socket 函数在执行的最开始总要先等待套接字发送缓冲中的数据被协议传送完毕才能继续，如果在等待时出现网络错误，那么该 socket 函数就返回 SOCKET_ERROR）。

函数 WSASend 是 send 的扩展函数。

（8）recv/ WSARecv 函数

recv 函数从连接的套接字或无连接的套接字上接收数据，该函数声明如下：

```
int recv(  SOCKET  s,  char*  buf,  int  len,  int  flags);
```

其中，参数 s 为已连接或已绑定（针对无连接）的套接字的描述符；buf 指向一个缓冲区，该缓冲区用来存放从套接字的接收缓冲区中复制得到的数据；len 为 buf 所指缓冲区的大小；flags 一般设 0。如果函数成功，就返回收到的数据的字节数；如果连接被优雅地关闭了，则函数返回 0；如果发生错误，就返回 SOCKET_ERROR。

函数 WSARecv 是 recv 的扩展版本。

（9）sendto/WSASendto 函数

sendto 用于发送数据，既可用于无连接的 socket，也可以用于有连接的 socket。对于有连接的 socket，它和 send 等价。该函数声明如下：

```
int sendto(SOCKET  s,  const char* buf, int  len, int  flags, const struct
sockaddr * to, int  tolen);
```

其中，参数 s 为套接字描述符；len 为 buf 的字节数；参数 flags 一般设 0；参数 to 用来指定欲传送数据的对端网络地址；tolen 为 to 的字节数；如果函数成功就返回实际发送出去的数据字节数，否则返回 SOCKET_ERROR。

WSASendto 是 sendto 的扩展版本。

（10）recvfrom/WSARecvfrom 函数

该函数可以在一个连接或无连接的套接字上接收数据，但通常用于一个无连接的套接字。函数声明如下：

```
int recvfrom( SOCKET s,  char* buf,  int len,  int  flags,  struct sockaddr*
from,  int* fromlen);
```

其中，参数 s 为已绑定的套接字描述符；buf 指向存放接收数据的缓冲区；len 为 buf 长度；flags 通常设 0；from 指向数据来源的地址信息；fromlen 为 from 的字节数。如果函数成功，就返回收到数据的字节数；如果连接被优雅地关闭，就返回 0；其他情况，返回 SOCKET_ERROR。

函数 WSARecvfrom 是 recvfrom 的扩展版本。

（11）closesocket 函数

该函数用于关闭一个套接字。声明如下：

```
int closesocket(SOCKET s);
```

其中，s 为要关闭的套接字的描述符。如果函数成功，就返回 0，否则返回 SOCKET_ERROR。

（12）ioctlsocket 函数

该函数用于设置套接字的 I/O 模式，声明如下：

```
int ioctlsocket( SOCKET  s,  long  cmd, u_long*  argp);
```

其中，s 为要设置 I/O 模式的套接字的描述符；cmd 表示对套接字的操作命令；argp 为命令参数。如果函数成功就返回 0，否则返回 SOCKET_ERROR。

比如下面的代码设置套接字为阻塞模式：

```
u_long iMode = 0;
ioctlsocket(m_socket, FIONBIO, &iMode);
```

FIONBIO 为是否设置阻塞的命令，如果参数 iMode 传入的是 0，就设置阻塞，否则设置为非阻塞。

（13）inet_addr 函数

该函数用于将一个点分的字符串形式表示的 IP 转换成无符号长整型，函数声明如下：

```
unsigned long inet_addr(  const char* cp);
```

其中，参数 cp 指向一个点分的 IP 地址的字符串。如果函数成功，就返回无符号长整型表示的 IP 地址；如果函数失败，就返回 INADDR_NONE。

下面的代码演示函数 inet_addr 的使用：

```
sockaddr_in  in;
unsigned long  ip = inet_addr("223.153.23.45");
```

```
    if(ip!= INADDR_NONE) //如果 inet_addr 失败，比如 IP 地址不合法，inet_addr 将返回
INADDR_NONE
    in. sin_addr.S_un.S_addr=ip;
```

（14）inet_ntoa 函数

该函数用于将一个 in_addr 结构类型的 IP 地址转换成点分的字符串形式表示的 IP 地址。函数声明如下：

```
    char *  inet_ntoa( struct   in_addr  in);
```

其中，参数 in 是 in_addr 结构类型的 IP 地址。如果函数成功，就返回点分的字符串形式表示的 IP 地址，否则返回 NULL。

（15）htonl 函数

该函数将一个 u_long 类型的主机字节序转为网络字节序（大端），函数声明如下：

```
    u_long  htonl(  u_long  hostlong);
```

其中，参数 hostlong 是要转为网络字节序的数据。函数返回网络字节序的 hostlong。

（16）htons 函数

该函数将一个 u_short 类型的主机字节序转为网络字节序（大端），函数声明如下：

```
    u_short htons(  u_short  hostshort);
```

其中，参数 hostshort 是要转为网络字节序的数据。函数返回网络字节序的 hostshort。

（17）WSAAsyncSelect 函数

该函数把某个套接字的网络事件关联到窗口，以便从窗口上接收该网络事件的消息通知。这个函数用于实现非阻塞套接字的异步选择模型，允许应用程序以 Windows 消息的方式接收网络事件通知。该函数调用后会自动把套接字设为非阻塞模式，并且为套接字绑定一个窗口句柄，当有网络事件发生时，便向这个窗口发送消息。函数声明如下：

```
    int WSAAsyncSelect(  SOCKET  s, HWND  hWnd,  unsigned int  wMsg,  long
lEvent);
```

其中，参数 s 为网络事件通知所需的套接字描述符；hWnd 为当网络事件发生时用于接收消息的窗口句柄；wMsg 为网络事件发生时所接收到的消息；lEvent 为应用程序感兴趣的一个或多个网络事件的比特组合码（或称位掩码）。如果函数成功就返回 0，否则返回 SOCKET_ERROR。

常见的套接字网络事件位掩码值如表 10-2 所示。

表 10-2　常见的套接字网络事件位掩码值

值	描　述
FD_READ	套接字中有数据需要读取时触发的事件
FD_WRITE	刚建立连接或在发送缓冲区从不够容纳到够容纳需要发送的数据时所触发的事件
FD_OOB	接收到外带数据时触发的事件
FD_ACCEPT	接受连接请求时触发的事件
FD_CONNECT	连接完成时触发的事件
FD_CLOSE	套接字上的连接关闭时触发的事件

需要注意的是 FD_WRITE，不是说发送数据时就会触发该事件，这个事件只是在连接刚刚建立或者发送缓冲区原先不够容纳所要发送的数据，现在空间够了，就触发该事件。

此外，可以通过消息 wMsg 的参数 lParam 来判断错误码和获取事件码。在 Winsock2.h 中有这样的定义：

```
#define WSAGETSELECTERROR(lParam)          HIWORD(lParam)
#define WSAGETSELECTEVENT(lParam)          LOWORD(lParam)
```

其中，通过 WSAGETSELECTERROR(lParam)可以判断是否发生错误，并且此时不能用 WSAGetLastError 来获取错误码，要用 HIWORD(lParam)来获取错误码，错误码定义在 Winsock2.h 中；LOWORD(lParam)里存放了事件码，比如 FD_READ、FD_WRITE 等。

另一个消息参数 wParam 存放发生错误或事件的那个套接字。

（18）WSACleanup 函数

无论是客户端还是服务端，当程序完成 Winsock 库的使用后，要调用 WSACleanup 函数来解除与 Winsock 库的绑定并且释放 Winsock 库所占用的系统资源。该函数声明如下：

```
int  WSACleanup ();
```

如果函数成功就返回 0，否则返回 SOCKET_ERROR。

10.3.3　阻塞套接字的使用

当使用函数 socket 和 WSASocket 创建套接字时，默认都是阻塞模式的。阻塞模式是指套接字在执行操作时，调用函数在没有完成操作之前不会立即返回的工作模式。这意味着当调用 Winsock API 不能立即完成时，线程处于等待窗口，直到操作完成。值得注意的是，并不是所有的 Winsock API 以阻塞套接字为参数调用都会发生阻塞。例如，以阻塞模式的套接字为参数调用 bind()、listen()时，函数会立即返回。这里将可能阻塞套接字的 Winsock API 调用分为以下 4 种：

（1）接受连接函数

函数 accept/WSAAcept 从请求连接队列中接受一个客户端连接。以阻塞套接字为参数调用这些函数，若请求队列为空则函数阻塞，线程就会进入睡眠状态。

（2）发送函数

函数 send/WSASend、sendto/WSASendto 都是发送数据的函数。当用阻塞套接字作为参数调用这些函数时，如果套接字缓冲区没有可用空间，函数就会阻塞，线程会睡眠，直到缓冲区有空间。

（3）接收函数

函数 recv/WSARecv、recvfrom/WSARecvfrom 用来接收数据。当用阻塞套接字为参数调用这些函数时，若此时套接字缓冲区没有数据可读，则函数阻塞，调用线程在数据到来前处于睡眠状态。

（4）连接函数

函数 connect/WSAConnect 用于向对方发出连接请求。客户端以阻塞套接字为参数调用这些函数向服务器发出连接时，直到收到服务器的应答或超时才会返回。

使用阻塞模式的套接字开发网络程序比较简单，容易实现。当希望能够立即发送和接收数据且处理的套接字数量较少的情况下，使用阻塞套接字模式来开发网络程序比较合适，而它的不足之处表现为：在大量建立好的套接字线程之间进行通信时比较困难。当希望同时处理大量套接字时，将无从下手，扩展性差。

【例 10.2】一个简单的阻塞套接字程序

（1）新建一个控制台程序，工程名是 Test，我们把 Test 工程作为服务器程序。

（2）打开 Test.cpp，在其中输入如下代码：

```
#include "stdafx.h"
#define _WINSOCK_DEPRECATED_NO_WARNINGS//为了使用 inet_ntoa 时不出现警告
#include <Winsock2.h>
#pragma comment(lib, "ws2_32.lib") //Winsock 库的引入库

int _tmain(int argc, _TCHAR* argv[])
{
    WORD wVersionRequested;
    WSADATA wsaData;
    int err;

    wVersionRequested = MAKEWORD(2, 2); //制作 Winsock 库的版本号

    err = WSAStartup(wVersionRequested, &wsaData); //初始化 Winsock 库
    if (err != 0) return 0;

    //判断返回的版本号是否正确
    if (LOBYTE(wsaData.wVersion) != 2 || HIBYTE(wsaData.wVersion) != 2)
    {
        WSACleanup();
        return 0;
    }
    //创建一个套接字，用于监听客户端的连接
    SOCKET sockSrv = socket(AF_INET, SOCK_STREAM, 0);

    SOCKADDR_IN addrSrv;
    addrSrv.sin_addr.S_un.S_addr = htonl(INADDR_ANY); //使用当前主机任意可用 IP
    addrSrv.sin_family = AF_INET;
    addrSrv.sin_port = htons(8000);  //使用端口 8000

    bind(sockSrv, (SOCKADDR*)&addrSrv, sizeof(SOCKADDR)); //绑定
    listen(sockSrv, 5); //监听

    SOCKADDR_IN addrClient;
    int len = sizeof(SOCKADDR);

    while (1)
    {
        printf("--------等待客户端-----------\n");
        //从连接请求队列中取出排在最前的一个客户端请求，如果队列为空就阻塞
        SOCKET sockConn = accept(sockSrv, (SOCKADDR*)&addrClient, &len);
        char sendBuf[100];
        sprintf_s(sendBuf,"欢迎登录服务器（%s）",inet_ntoa
(addrClient.sin_addr));//组成字符串
        send(sockConn, sendBuf, strlen(sendBuf)+1,0);//发送字符串给客户端
        char recvBuf[100];
        recv(sockConn, recvBuf, 100, 0); //接收客户端信息
        printf("收到客户端的信息：%s\n", recvBuf); //打印收到的客户端信息
        closesocket(sockConn); //关闭和客户端通信的套接字
    puts("是否继续监听？(y/n)");
```

```
        char ch[2];
    scanf_s("%s", ch, 2); //读控制台两个字符，包括回车符
        if (ch[0] != 'y') //如果不是 y 就退出循环
            break;
    }
closesocket(sockSrv); //关闭监听套接字
    WSACleanup(); //释放套接字库
    return 0;
}
```

程序很简单。先新建一个监听套接字，再等待客户端的连接请求，阻塞在 accept 函数处，一旦有客户端连接请求来了，就返回一个新的套接字，这个套接字就和客户端进行通信，通信完毕后关掉这个套接字。监听套接字根据用户输入继续监听或退出。

（3）在 Test 解决方案中添加一个新建的控制台工程，工程名为 client。然后打开 client.cpp，在其中输入如下代码：

```
#include "stdafx.h"
#define _WINSOCK_DEPRECATED_NO_WARNINGS  //为了使用 inet_ntoa 时不出现警告
#include <Winsock2.h>
#pragma comment(lib, "ws2_32.lib")

int _tmain(int argc, _TCHAR* argv[])
{
    WORD wVersionRequested;
    WSADATA wsaData;
    int err;

    wVersionRequested = MAKEWORD(2, 2); //初始化 Winsock 库

    err = WSAStartup(wVersionRequested, &wsaData);
    if (err != 0) return 0;

    //判断返回的版本号是否正确
    if (LOBYTE(wsaData.wVersion) != 2 || HIBYTE(wsaData.wVersion) != 2)
    {
        WSACleanup();
        return 0;
    }
    SOCKET sockClient = socket(AF_INET, SOCK_STREAM, 0);//新建一个套接字

    SOCKADDR_IN addrSrv;
    addrSrv.sin_addr.S_un.S_addr = inet_addr("127.0.0.1"); //服务器的 IP
    addrSrv.sin_family = AF_INET;
    addrSrv.sin_port = htons(8000); //服务器的监听端口
    //向服务器发出连接请求
    err = connect(sockClient, (SOCKADDR*)&addrSrv, sizeof(SOCKADDR));
    if (SOCKET_ERROR == err) //判断连接是否成功
    {
        printf("连接服务器失败，请检查服务器是否启动\n");
        return 0;
    }
    char recvBuf[100];
    recv(sockClient, recvBuf, 100, 0); //接收来自服务器的信息
```

```
    printf("收到来自服务端的信息: %s\n", recvBuf); //打印收到的信息
    //向服务器发送信息
    send(sockClient, "你好，服务器", strlen("你好，服务器") + 1, 0);

    closesocket(sockClient); //关闭套接字
    WSACleanup(); //释放套接字库

    return 0;
}
```

（4）保存工程并运行，运行时先启动服务器程序，再启动客户端程序，运行结果如图 10-11 所示。

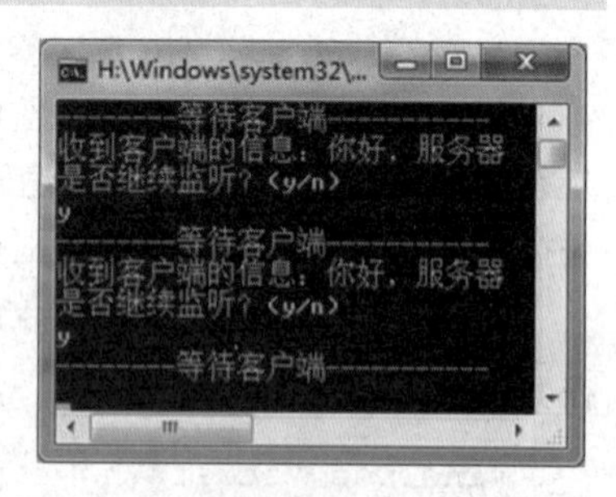

图 10-11

10.3.4 非阻塞套接字的使用

把套接字设为非阻塞模式后，很多 Winsock 函数就会立即返回，但并不意味着操作已经完成。前面提到，实现非阻塞模式的套接字程序有 5 种实现方式（模型）。我们这里看一下异步选择模型来实现非阻塞模式，异步选择模型主要使用函数 WSAAsyncSelect，因此也称 WSAAsyncSelect 模型，后面讲述的 MFC 类 CAsyncSocket 也是采用的这种模型。

需要注意的是，设置套接字非阻塞模式和实现套接字非阻塞模式是两回事。设置套接字非阻塞只需调用函数 ioctlsocket，比如：

```
u_long  iMode = 1;
ioctlsocket(m_socket, FIONBIO, &iMode);
```

实现套接字的非阻塞模式表示在非阻塞套接字的基础上实现网络连接和收发数据的整个网络功能。下面看一个例子，通过 WSAAsyncSelect 模型实现非阻塞套接字模式。

【例 10.3】通过 WSAAsyncSelect 模型实现非阻塞套接字模式

（1）新建一个 Win32 Windows 程序，工程名是 Test。该工程是服务器工程。

（2）打开 Test.cpp，在开头添加头文件、宏定义和全局变量的定义：

```
#define _WINSOCK_DEPRECATED_NO_WARNINGS
#include "winsock2.h"
#pragma comment(lib, "ws2_32.lib")
//新增的宏定义:
#define PORT 8000 //服务器监听端口号
#define MSGSIZE 1024 //收发消息的缓冲区长度
#define WM_SOCKET WM_USER+1 //自定义的窗口消息
int gPosy = -20; //在窗口上显示信息位置的纵坐标
```

然后在函数 WndProc 中添加局部变量：

```
WSADATA wsd;
static SOCKET sListen; //监听套接字描述符
SOCKET sClient; //和客户端通信的套接字描述符
SOCKADDR_IN local, client; //网络地址
int ret, iAddrSize = sizeof(client);
// szSendMessage 存放发送给客户端信息的缓冲区, szRecvMessage 为接收客户端信息的缓冲区
char szSendMessage[MSGSIZE] = "你好，客户端,欢迎登录", szRecvMessage[MSGSIZE];
```

接着在窗口创建的时候添加服务器绑定和监听操作，如下代码：

```
case WM_CREATE:
    WSAStartup(0x0202, &wsd); //初始化 Winsock 库
    sListen = socket(AF_INET, SOCK_STREAM, IPPROTO_TCP); //创建监听套接字
    //给服务器设置当前所有可用地址中的任一个
    local.sin_addr.S_un.S_addr = htonl(INADDR_ANY);
    local.sin_family = AF_INET;
    local.sin_port = htons(PORT); //设置端口号，注意要用网络字节序
    //把地址端口等信息绑定到套接字上
    bind(sListen, (struct sockaddr *)&local, sizeof(local));
    listen(sListen, 3); //开始监听
    //把连接请求事件关联到窗口
    WSAAsyncSelect(sListen, hWnd, WM_SOCKET, FD_ACCEPT);
    return 0;
```

注意最后一句，我们把客户端的连接请求事件通过自定义消息 WM_SOCKET 关联到窗口 hWnd 上，这样我们可以在 WM_SOCKET 消息处理中接收到客户端的连接请求，然后进行处理。调用了 WSAAsyncSelect 后，监听套接字 sListen 就变成非阻塞套接字了。

我们添加自定义消息 WM_SOCKET 的处理，如下代码：

```
case WM_SOCKET:
    if (WSAGETSELECTERROR(lParam))  //可以用 HIWORD(lParam)判断是否出错
    {
        closesocket(wParam); //如果出错了，就关闭监听套接字
        break;
    }
    switch (WSAGETSELECTEVENT(lParam)) //LOWORD(lParam)里面存放具体的事件码
    {
    case FD_ACCEPT:
        //接收一个客户端连接，wParam 存放监听套接字
        sClient = accept(wParam, (struct sockaddr *)&client, &iAddrSize);
        //为新建的套接字 sClient 关联其接收、发送和连接断开事件到窗口
        WSAAsyncSelect(sClient, hWnd, WM_SOCKET, FD_READ | FD_WRITE | FD_CLOSE);
        break;
    case FD_WRITE: //在刚连接成功时，我们发送数据给客户端
        ret = send(wParam, szSendMessage, strlen(szSendMessage)+1, 0);
        if (ret == 0 || ret == SOCKET_ERROR && WSAGetLastError() == WSAECONNRESET)
            closesocket(wParam);
        break;
    case FD_READ: //有数据需要读取时
        ret = recv(wParam, szRecvMessage, MSGSIZE, 0); //接收客户端数据
        if (ret == 0 || ret == SOCKET_ERROR && WSAGetLastError() == WSAECONNRESET)
            closesocket(wParam);
        else
        {
            szRecvMessage[ret] = '\0';
            hdc = GetDC(hWnd);
            gPosy += 20;
            //在窗口上显示接收到的数据
            TextOutA(hdc, 0, gPosy, szRecvMessage, ret - 1);
            ReleaseDC(hWnd,hdc);
```

```
            strcpy_s(szSendMessage, "你的信息已经收到，你可以断开了");
            //再向客户端发信息
            send(wParam, szSendMessage, strlen(szSendMessage) + 1, 0);
        }
        break;
    case FD_CLOSE: //当客户端断开连接时
        hdc = GetDC(hWnd);
        gPosy += 20;
        TextOutA(hdc, 0, gPosy, "客户端断开连接了", strlen("客户端断开连接了"));
        ReleaseDC(hWnd, hdc);
        closesocket(wParam); //关闭和客户端通信的插口
        break;
    }
    return 0;
```

最后我们在 WM_DESTROY 消息处理中关闭监听套接字。

```
case WM_DESTROY:
    closesocket(sListen); //关闭监听套接字
    WSACleanup(); //卸载套接字库
    PostQuitMessage(0);
    return 0;
```

（3）在同一解决方案下建立一个客户端工程，工程名是 client。打开 client.cpp，输入如下代码：

```
#include "stdafx.h"
#define _WINSOCK_DEPRECATED_NO_WARNINGS
#include <Winsock2.h>
#pragma comment(lib, "ws2_32.lib")

int _tmain(int argc, _TCHAR* argv[])
{
    WORD wVersionRequested;
    WSADATA wsaData;
    int err;

    wVersionRequested = MAKEWORD(2, 2);

    err = WSAStartup(wVersionRequested, &wsaData);
    if (err != 0) return 0;

    if (LOBYTE(wsaData.wVersion) != 2 || HIBYTE(wsaData.wVersion) != 2)
    {
        WSACleanup();
        return 0;
    }
    SOCKET sockClient = socket(AF_INET, SOCK_STREAM, 0);

    SOCKADDR_IN addrSrv;
    addrSrv.sin_addr.S_un.S_addr = inet_addr("127.0.0.1");
    addrSrv.sin_family = AF_INET;
    addrSrv.sin_port = htons(8000);
    err = connect(sockClient, (SOCKADDR*)&addrSrv, sizeof(SOCKADDR));
    if (SOCKET_ERROR == err)
    {
        printf("连接服务器失败，请检查服务器是否启动\n");
```

```
        return 0;
    }
    char recvBuf[100];
    recv(sockClient, recvBuf, 100, 0);
    printf("收到来自服务端的信息：%s\n", recvBuf);
    send(sockClient, "你好，服务器", strlen("你好，服务器") + 1, 0);
    recv(sockClient, recvBuf, 100, 0);
    printf("收到来自服务端的信息：%s\n", recvBuf);
    closesocket(sockClient);
    WSACleanup();

    return 0;
}
```

代码很简单，只是和服务器进行收发消息。

（4）保存工程并运行，先把 Test 工程设为启动项目并运行，再把 client 工程设为启动项目并运行，运行结果如图 10-12 所示。

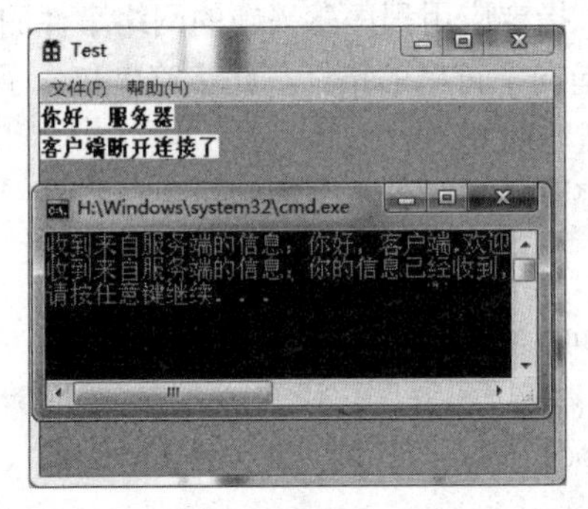

图 10-12

10.4　MFC 套接字编程

前面讲了通过 Winsock API 进行套接字编程，下面将讲述利用 MFC 类进行套接字编程。MFC 提供了两个封装 Winsock API 的类，分别是 CAsyncSocket 和 CSocket，并且 CSocket 是 CAsyncSocket 的子类。虽然为父子类，但是这两个类的区别是很大的，类 CAsyncSocket 使用的是异步套接字，而类 CSocket 使用的是同步套接字。有了这两个类可以很方便地处理同步与异步问题。同步操作的优点是简单易用，但缺点也显而易见，效率低下，因为必须等到一个操作完成之后才能进行下一个操作。如果关注效率，就应该优先使用类 CAsyncSocket，否则使用类 CSocket。

10.4.1　类 CAsyncSocket

类 CAsyncSocket 对 Winsock API 进行了封装，所以其很多成员函数其实就是 Winsock API 函数，功能也一样。类 CAsyncSocket 工作的原理就是 WSAAsyncSelect 模型，即把 Socket 事件关联到一个窗口，并提供 CAsyncSocket::OnConnect、CAsyncSocket::OnAccept、CAsyncSocket::OnReceive、CAsyncSocket::OnSend 等虚函数，以响应 FD_CONNECT、FD_ACCEPT、FD_READ、FD_WRIT 这些事件，我们所要做的工作就是从类 CAsyncSocket 派生出自己的类，然后重载这些虚函数，并在重载的函数里响应 Socket 事件。

类 CAsyncSocket 的目的是在 MFC 中使用 WinSock，程序员有责任处理诸如阻塞、字节顺序和在 Unicode 与 MBCS 间转换字符的任务。

在使用 CAsyncSocket 之前，必须调用 AfxSocketInit 初始化 WinSock 环境，而 AfxSocketInit 会创建一个隐藏的 CSocketWnd 对象（窗口对象，由 CWnd 派生，因此能够接收窗口消息）。所以 CAsyncSocket 能够成为高层 CAsyncSocket 对象与 WinSock 底层之间的桥梁。

类 CAsyncSocket 常见的成员如下：

（1）Create 函数

创建一个套接字并将其附加在类 CAsyncSocket 的对象上，函数声明如下：

```
    BOOL Create( UINT nSocketPort = 0, int nSocketType = SOCK_STREAM,
    long lEvent = FD_READ | FD_WRITE | FD_OOB | FD_ACCEPT | FD_CONNECT | FD_CLOSE,
LPCTSTR lpszSocketAddress = NULL );
```

其中，参数 nSocketPort 为套接字要使用的端口号，如果设为 0，就让 Windows 选择一个端口号；nSocketType 指定是流套接字还是数据报套接字，取值为 SOCK_STREAM 或 SOCK_DGRAM；lEvent 为 Socket 事件的位掩码，指定应用程序感兴趣的网络事件的组合。

参数 lpszSocketAddress 为指向字符串的指针，此字符串包含了已连接的套接字的 IP 地址。如果函数成功就返回非 0 值，否则返回 0。

在该函数内部，会把套接字事件关联到一个窗口对象。

（2）Attach 函数

将套接字句柄附加到 CAsyncSocket 对象上，函数声明如下：

```
    BOOL Attach(SOCKET  hSocket, long lEvent =
FD_READ|READ|FD_WRITE|FD_OOB|FD_ACCEPT|FD_CONNECT|FD_CLOSED);
```

其中，参数 hSocket 是套接字的句柄；lEvent 为套接字事件的位掩码组合。如果函数成功就返回非 0 值，否则返回 0。

（3）FromHandle 函数

根据给出的套接字句柄返回 CAsyncSocket 对象的指针，函数声明如下：

```
    Static CAsyncSocket* PASCAL FromHandle(SCOKET hSocket);
```

其中，参数 hSocket 为套接字句柄。如果函数成功，就返回 CAsyncSocket 对象的指针，否则返回 NULL。

（4）GetLastError 函数

得到上一次操作失败的错误码，函数声明如下：

```
    static int PASCAL GetLastError( );
```

函数返回错误码。

（5）GetPeerName 函数

得到与本地套接字连接的对端套接字的地址，函数声明如下：

```
    BOOL GetPeerName(CString& rPeerAddress, UINT& rPeerPort );
    BOOL GetPeerName(SOCKADDR* lpSockAddr,   int* lpSockAddrLen);
```

其中，参数 rPeerAddress 为对端套接字的点分字符串形式的 IP 地址；rPeerPort 为对端套接字的端口号；lpSockAddr 为 SOCKADDR 形式的套接字地址；lpSockAddrLen 为 lpSockAddr 的长度。

如果函数成功就返回非 0 值，否则返回 0。

（6）GetSockName 函数

得到一个套接字的本地名称，函数声明如下：

```
BOOL GetSockName( CString& rSocketAddress,UINT&rSocketPort );
BOOL GetSockName(  SOCKADDR* lpSockAddr,int*lpSockAddrLen );
```

其中，参数 rSocketAddress 为点分字符串形式的 IP 地址；rSocketPort 为套接字的端口号；lpSockAddr 为 SOCKADDR 形式的套接字地址；lpSockAddrLen 为 lpSockAddr 所指缓冲区的字节数。如果函数成功就返回非 0 值，否则返回 0。

（7）Accept 函数

接收一个套接字的连接。函数声明如下：

```
virtual BOOL Accept( CAsyncSocket& rConnectedSocket,   SOCKADDR* lpSockAddr = NULL, int* lpSockAddrLen = NULL );
```

其中，参数 rConnectedSocket 为连接建立后获得的新建套接字所附加的 CAsyncSocket 对象；lpSockAddr 为新创建的套接字的地址结构；lpSockAddrLen 指向结构 lpSockAddr 的长度，表示新创建的套接字的地址结构的长度。如果函数成功就返回非 0，否则返回 0。

（8）Bind 函数

将本地地址关联到套接字上，函数声明如下：

```
BOOL Bind(  UINT nSocketPort,   LPCTSTR lpszSocketAddress = NULL );
BOOL Bind (  const SOCKADDR* lpSockAddr,  int nSockAddrLen );
```

其中，参数 nSocketPort 为端口号；lpszSocketAddress 为点分字符串形式的 IP 地址；lpSockAddr 为 SOCKADDR 形式的套接字地址；nSockAddrLen 为 lpSockAddr 所指缓冲区的字节数。如果函数成功就返回非 0 值，否则返回 0。

（9）Connect 函数

向一个流式或数据报的套接字发出连接，函数声明如下：

```
BOOL Connect(  LPCTSTR lpszHostAddress,  UINT nHostPort );
BOOL Connect(  const SOCKADDR* lpSockAddr,  int nSockAddrLen );
```

其中，参数 lpszHostAddress 为要连接的对端套接字的点分字符串形式的 IP 地址；nHostPort 为对端套接字端口号；lpSockAddr 指向 SOCKADDR 形式的对端套接字地址的缓冲区；nSockAddrLen 为 lpSockAddr 所指缓冲区的字节数。如果函数成功就返回非 0，否则返回 0。

（10）Listen 函数

监听连接请求，函数声明如下：

```
BOOL Listen(  int nConnectionBacklog = 5 );
```

其中，参数 nConnectionBacklog 为连接请求队列所允许达到的最大长度，范围为 1~5。如果函数成功就返回非 0 值，否则返回 0。

（11）Send 函数

向一个连接的套接字上发送数据，函数声明如下：

```
virtual int Send( const void* lpBuf,  int nBufLen,  int nFlags = 0 );
```

其中，参数 lpBuf 指向要发送数据的缓冲区；nBufLen 为 lpBuf 所指缓冲区长度；nFlags 一般设 0。如果函数成功，就返回发送的字节数（可能比 nBufLen 要小），否则返回 SOCKET_ERROR，错误码可用 GetLastError 来查看。

（12）SendTo 函数

向一个特定地址发送数据，既可用于数据报套接字，也可以用于流式套接字（此时和 Send 等价）。函数声明如下：

```
    int SendTo( const void* lpBuf, int nBufLen, UINT nHostPort, LPCTSTR
lpszHostAddress = NULL, int nFlags = 0 );
    int SendTo( const void* lpBuf, int nBufLen, const SOCKADDR* lpSockAddr, int
nSockAddrLen, int nFlags = 0 );
```

其中，参数 lpBuf 指向要发送数据的缓冲区；nBufLen 为 lpBuf 所指缓冲区长度；nHostPort 为目的套接字的端口号；lpszHostAddress 为目的套接字的点分字符串形式的 IP 地址；nFlags 一般设 0。lpSockAddr 为 SOCKADDR 形式套接字地址；nSockAddrLen 为 lpSockAddr 所指缓冲区的长度。如果函数成功就返回实际发送数据的字节数，否则返回 SOCKET_ERROR。

（13）Receive 函数

从套接字上接收数据，函数声明如下：

```
    virtual int Receive( void* lpBuf, int nBufLen, int nFlags = 0 );
```

其中，参数 lpBuf 为存放接收数据的缓冲区；nBufLen 为 lpBuf 所指缓冲区的长度；nFlags 一般设 0。如果没有错误，就返回实际接收到的字节数；如果连接关闭了，就返回 0；如果出错了，就返回 SOCKET_ERROR。

（14）ReceiveFrom 函数

从数据报套接字或流式套接字（此时等同于 Receive）上接收数据，并存储数据来源地的地址和端口号，函数声明如下：

```
    int ReceiveFrom( void* lpBuf, int nBufLen, CString& rSocketAddress, UINT&
rSocketPort, int nFlags = 0 );
    int ReceiveFrom( void* lpBuf, int nBufLen, SOCKADDR* lpSockAddr, int*
lpSockAddrLen, int nFlags = 0 );
```

其中，参数 lpBuf 为存放接收数据的缓冲区；nBufLen 为 lpBuf 所指缓冲区的长度；rSocketAddress 为数据来源地套接字的 IP 地址；rSocketPort 为数据来源地套接字的端口信息；nFlags 一般设 0。如果没有错误，就返回实际接收到的字节数；如果连接关闭了，就返回 0；如果出错了，就返回 SOCKET_ERROR。

（15）OnAccept 函数

这个函数是一个虚函数，当需要处理 FD_ACCEPT 事件时，就重载该函数。函数声明如下：

```
    virtual void OnAccept( int nErrorCode );
```

其中，参数 nErrorCode 表示套接字上最近的错误码。

（16）OnConnect 函数

这个函数是一个虚函数，当需要处理 FD_CONNECT 事件时，就重载该函数。函数声明如下：

```
    virtual void OnConnect( int nErrorCode );
```

其中，参数 nErrorCode 表示套接字上最近的错误码。

（17）OnSend 函数

这个函数是一个虚函数，当需要处理 FD_WRITE 事件时，就重载该函数。函数声明如下：

```
virtual void OnSend( int nErrorCode );
```

其中，参数 nErrorCode 表示套接字上最近的错误码。

（18）OnReceive 函数

这个函数是一个虚函数，当需要处理 FD_READ 事件时，就重载该函数。函数声明如下：

```
virtual void OnReceive ( int nErrorCode );
```

其中，参数 nErrorCode 表示套接字上最近的错误码。

（19）Close 函数

关闭套接字，函数声明如下：

```
virtual void Close( );
```

10.4.2　类 CSocket

为了给程序员提供更方便的接口以自动处理网络任务，MFC 又给出了 CSocket 类。这个类派生自 CAsyncSocket，提供了比 CAsyncSocket 更高层的接口。类 CSocket 通常和类 CSocketFile、类 CArchive 一起进行数据收发，前者将 CSocket 当作一个文件，后者完成在此文件上的读写操作。这使管理数据收发更加便利。CSocket 对象提供阻塞模式，这对于 CArchive 的同步操作是至关重要的。

下面我们看一下 CSocket 的基本成员。

（1）Create 函数

创建一个套接字，并将其附加到 CSocket 对象上。函数声明如下：

```
BOOL Create(UINT nSocketPort = 0,  int nSocketType = SOCK_STREAM, LPCTSTR
lpszSocketAddres= NULL );
```

其中，参数 nSocketPort 为套接字的端口号，如果取 0，就认为希望 MFC 来选择一个端口号；nSocketType 表示套接字的类型，若取值 SOCK_STREAM 则为流套接字，若取值为 SOCK_DGRAM 则为数据报套接字；lpszSocketAddres 为字符串形式的 IP 地址。如果函数成功就返回非 0 值，否则返回 0。

（2）Attach 函数

将一个套接字句柄附加到 CSocket 对象上，函数声明如下：

```
BOOL Attach( SOCKET  hSocket );
```

其中，参数 hSocket 为套接字句柄。如果函数成功，就返回非 0 值。

（3）FromHandle 函数

传入套接字句柄，获得 CSocket 对象的指针，是一个静态函数，声明如下：

```
static CSocket* PASCAL FromHandle(  SOCKET  hSocket );
```

其中，参数 hSocket 为套接字句柄；如果函数成功就返回指向 CSocket 对象的指针。如果没有为 CSocket 对象附加套接字句柄，就返回 NULL。

（4）IsBlocking 函数

判断套接字是否处于阻塞模式，函数声明如下：

```
BOOL IsBlocking( );
```

如果套接字处于阻塞模式，函数就返回非 0 值，否则返回 0。

（5）CancelBlockingCall 函数

取消一个当前在进行中的阻塞调用，函数声明如下：

```
void CancelBlockingCall( );
```

下面我们来看一个实例。基于 CSocket 的聊天室程序分为服务端程序和客户端程序，每个客户端登录到服务端后可以向服务端发送信息，服务端再把这个信息群发给所有客户端，这样就模拟出一个聊天室的功能了。

【例 10.4】基于 CSocket 网络聊天室程序

（1）新建一个对话框工程，将这个工程作为服务端工程，工程名是 Test。

（2）切换到资源视图，打开对话框编辑器，删除上面所有的控件，然后添加一个 IP 控件、编辑控件和按钮，并为 IP 控件添加控件变量 m_ip，为编辑控件添加整型变量 m_nServPort，设置按钮的标题为“启动服务器”。

（3）切换到类视图，单击主菜单，选择“添加类”，然后添加一个 MFC 类 CServerSocket，其基类为 CSocket。在类视图上选中 CServerSocket，然后在属性视图里选择“重写”页面，接着在虚函数 OnAccept 旁选择添加 OnAccept，这样我们就可以重写 OnAccept 了，如图 10-13 所示。

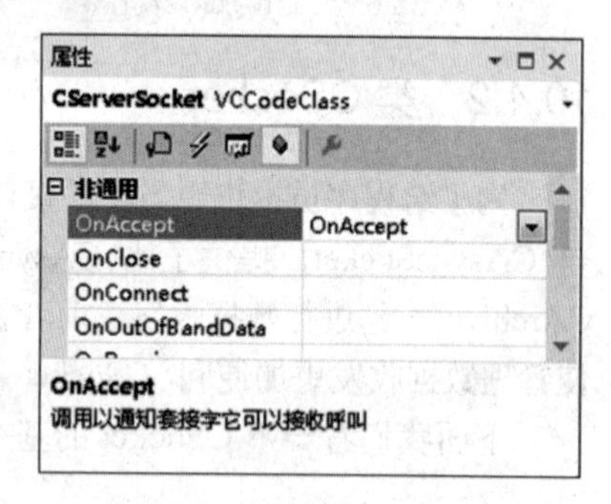

图 10-13

在 OnAccept 函数中添加如下代码：

```
void CServerSocket::OnAccept(int nErrorCode)
{
    // TODO:  在此添加专用代码和/或调用基类
    CClientSocket* psocket = new CClientSocket();
    if (Accept(*psocket))
        m_socketlist.AddTail(psocket);
    else
        delete psocket;

    CSocket::OnAccept(nErrorCode);
}
```

CClientSocket 是新增的 MFC 类，其基类也是 CSocket。在文件开头包含该类的头文件：

```
#include "ClientSocket.h"
```

再添加成员函数 SendAll，用来向所有客户端发送信息，如下代码：

```
void CServerSocket::SendAll(char *bufferdata, int len)
{
    if (len != -1)
    {
        bufferdata[len] = 0;
```

```
        POSITION pos = m_socketlist.GetHeadPosition();
        while (pos != NULL)
        {
            CClientSocket* socket = (CClientSocket*)m_socketlist. GetNext(pos);
            if (socket != NULL)
                socket->Send(bufferdata, len);
        }
    }
}
```

其中，m_socketlist 是 CServerSocket 成员变量，用来存放各个客户端的指针，定义如下：

```
CPtrList  m_socketlist;
```

再为 CServerSocket 添加删除所有客户端对象的函数 DelAll，如下代码：

```
void CServerSocket::DelAll()
{
    POSITION pos = m_socketlist.GetHeadPosition();
    while (pos != NULL) //遍历列表
    {
        CClientSocket* socket = (CClientSocket*)m_socketlist. GetNext(pos);
        if (socket != NULL)
            delete socket; //释放对象
    }
    m_socketlist.RemoveAll();//删除所有指针
}
```

下面为 CClientSocket 添加代码。该类用来和客户端进行交互，主要功能是接收客户端数据，为此我们重载该类的虚函数 OnReceive 并添加如下代码：

```
void CClientSocket::OnReceive(int nErrorCode)
{
    // TODO:  在此添加专用代码和/或调用基类
    char bufferdata[2048];
    int len = Receive(bufferdata, 2048); //接收数据
    bufferdata[len] = '\0';
    theApp.m_ServerSock.SendAll(bufferdata, len);
    CSocket::OnReceive(nErrorCode);
}
```

m_ServerSock 是 CTestApp 的成员变量，定义如下：

```
CServerSocket  m_ServerSock;
```

然后在 Test.h 中增加头文件包含：

```
#include "ServerSocket.h"
```

接着在 CTestApp::InitInstance()中添加初始化套接字库的代码：

```
    WSADATA wsd;
    AfxSocketInit(&wsd);
```

（4）切换到资源视图，打开对话框编辑器，为按钮“启动服务器”添加事件处理函数，如下代码：

```
void CTestDlg::OnBnClickedButton1()
{
    // TODO:  在此添加控件通知处理程序代码
    UpdateData();
    CString strIP;
    BYTE nf1, nf2, nf3, nf4;
    m_ip.GetAddress(nf1, nf2, nf3, nf4);
    strIP.Format(_T("%d.%d.%d.%d"), nf1, nf2, nf3, nf4); //格式化 IP 字符串

    if (m_nServPort>1024 && !strIP.IsEmpty())
    {
        //创建监听套接字
        theApp.m_ServerSock.Create(m_nServPort, SOCK_STREAM, strIP);
        BOOL ret = theApp.m_ServerSock.Listen(); //开始监听
        if (ret)
            AfxMessageBox(_T("启动成功"));
    }
    else AfxMessageBox(_T("信息设置错误"));
}
```

再为 CTestDlg 添加窗口销毁事件处理函数，在其中我们要销毁所有客户端对象，如下代码：

```
void CTestDlg::OnDestroy()
{
    CDialogEx::OnDestroy();

    // TODO:  在此处添加消息处理程序代码
    theApp.m_ServerSock.DelAll(); //该函数前面已经定义
}
```

此时如果运行 Test 工程，在对话框上正确设置 IP 和端口号后，再单击“启动服务器”按钮，可以成功启动服务器程序。

（5）开始增加客户端工程，工程名为 client。它是一个对话框工程。

（6）切换到资源视图，打开对话框编辑器。这个对话框将作为登录用的对话框，因此添加一个 IP 控件、两个编辑控件和一个按钮，上方的编辑控件用来输入服务器端口，并为其添加整型变量 m_nServPort；下方的编辑控件用来输入用户昵称，并为其添加 CString 类型变量 m_strNickname。IP 控件为其添加控件变量 m_ip。按钮控件的标题设置为“登录服务器”。

（7）切换到类视图，选中工程 client，然后添加一个 MFC 类 CClientSocket，基类为 CSocket。

（8）为 CclientApp 添加成员变量：

```
CString m_strName;
    CClientSocket m_clinetsock;
```

同时在 client.h 开头包含头文件：

```
#include "ClientSocket.h"
```

在 CclientApp::InitInstance()中添加套接字库初始化的代码和 CClientSocket 对象创建代码：

```
    WSADATA wsd;
    AfxSocketInit(&wsd);
    m_clinetsock.Create();
```

（9）切换到资源视图，打开对话框编辑器，为按钮“登录服务器”添加事件处理函数，如下代码：

```
void CclientDlg::OnBnClickedButton1()
{
    // TODO:  在此添加控件通知处理程序代码
    CString strIP, strPort;
    UINT port;

    UpdateData();
    if (m_ip.IsBlank() || m_nServPort < 1024 || m_strNickname.IsEmpty())
    {
        AfxMessageBox(_T("请设置服务器信息"));
        return;
    }
    BYTE nf1, nf2, nf3, nf4;
    m_ip.GetAddress(nf1, nf2, nf3, nf4);
    strIP.Format(_T("%d.%d.%d.%d"), nf1, nf2, nf3, nf4);

    theApp.m_strName = m_strNickname;

    if (theApp.m_clinetsock.Connect(strIP, m_nServPort))
    {
        AfxMessageBox(_T("连接服务器成功!"));
        CChatDlg dlg;
        dlg.DoModal();
    }
    else
    {
        AfxMessageBox(_T("连接服务器失败!"));
    }
}
```

其中，CChatDlg 是聊天对话框类。切换到资源视图，添加一个对话框，设置 ID 为 IDD_CHAT_DIALOG，显示聊天记录和发送信息。在对话框上面添加一个列表框、一个编辑控件和一个按钮。其中，列表框用来显示聊天记录，编辑控件用来输入要发送的信息，按钮标题设为“发送”。为列表框添加控件变量 m_lst，为编辑框添加 CString 类型变量 m_strSendContent，为对话框添加类 CDlgChat。

（10）为类 CClientSocket 添加成员变量。

```
CDlgChat *m_pDlg; //保存聊天对话框指针，这样收到数据后可以显示在对话框的列表框里
```

再添加成员函数 SetWnd，传入一个 CDlgChat 指针，如下代码：

```
void CClientSocket::SetWnd(CDlgChat *pDlg)
{
    m_pDlg = pDlg;
}
```

然后重载 CClientSocket 的虚函数 OnReceive，接收数据并显示在列表框里，如下代码：

```
void CClientSocket::OnReceive(int nErrorCode)
{
    // TODO:  在此添加专用代码和/或调用基类
```

```
    if (m_pDlg)
    {
        char buffer[2048];
        CString str;
        int len = Receive(buffer, 2048);  //接收服务端数据
        if (len != -1)
        {
            buffer[len] = '\0';
            buffer[len+1] = '\0';  //在 Unicode 下，'\0'占两个字节
            str.Format(_T("%s"), buffer);
            m_pDlg->m_lst.AddString(str);  //添加到列表框里
        }
    }
    CSocket::OnReceive(nErrorCode);
}
```

（11）切换到资源视图，打开对话框编辑器，然后为“发送”按钮添加事件处理函数，如下代码：

```
void CDlgChat::OnBnClickedButton1()
{
    // TODO:  在此添加控件通知处理程序代码
    CString  strInfo;
    int len;
    UpdateData();

    if (m_strSendContent.IsEmpty())
        AfxMessageBox(_T("发送内容不能为空"));
    else
    {
        strInfo.Format(_T("%s 说:%s"), theApp.m_strName, m_strSendContent);
        //发送数据，注意一个字符占两个字节，所以要乘以 2
        len = theApp.m_clinetsock.Send(strInfo.
GetBuffer(strInfo.GetLength()), 2 * strInfo.GetLength());
        if (SOCKET_ERROR == len)
            AfxMessageBox(_T("发送错误"));
    }
}
```

（12）保存工程并分别启动两个工程，运行结果如图 10-14 所示。

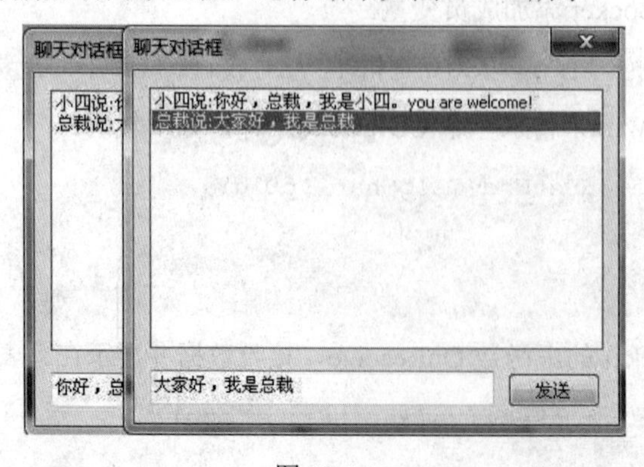

图 10-14